齿 轮 热 处 理 手 册

金荣植 编著

机械工业出版社

本书是一本齿轮热处理综合性技术手册。其主要内容包括：齿轮材料及其热处理，齿轮热处理常用设备和工艺材料，齿轮的整体热处理技术，齿轮的调质热处理技术，齿轮的化学热处理技术，齿轮的表面淬火技术，先进的齿轮热处理技术，齿轮热处理质量控制与检验，齿轮热处理常见缺陷与对策，齿轮的热处理畸变、裂纹与控制技术，齿轮的失效分析与对策，提高齿轮性能与寿命的途径，典型齿轮热处理及其实例。本书内容全面系统，实用性强；图表丰富，便于读者查阅。

本书可供从事齿轮热处理的工程技术人员和工人阅读使用，对从事齿轮的设计、制造及使用的相关人员，以及相关专业的工科院校师生也有很好的参考价值。

图书在版编目（CIP）数据

齿轮热处理手册/金荣植编著．—北京：机械工业出版社，2015.8
ISBN 978 – 7 – 111 – 50759 – 8

Ⅰ．①齿…　Ⅱ．①金…　Ⅲ．①齿轮 – 热处理 – 技术手册
Ⅳ．①TG162.73 – 62

中国版本图书馆 CIP 数据核字（2015）第 149926 号

机械工业出版社（北京市百万庄大街 22 号　邮政编码 100037）
策划编辑：陈保华　责任编辑：陈保华　肖新军
版式设计：霍永明　责任校对：任秀丽　程俊巧
封面设计：马精明　责任印制：康朝琦
北京京丰印刷厂印刷
2015 年 10 月第 1 版·第 1 次印刷
184mm×260mm·38.25 印张·2 插页·1045 千字
0 001—3 000 册
标准书号：ISBN 978 – 7 – 111 – 50759 – 8
定价：129.00 元

前　言

　　齿轮工业是机械工业中技术最密集、资金最密集的产业之一，也是机械基础件中规模最大的行业之一。齿轮产品门类齐全，广泛应用于航空、船舶、兵器装备、汽车摩托、农机、机床、工程机械、轨道交通、建筑、起重运输、冶金、电力能源、石油化工和仪器等20多个领域。

　　齿轮质量的优劣直接影响到各种机械装备使用的可靠性、安全性和经济性。齿轮制造水平的高低，在一些方面直接反映了一个国家制造业水平的高低，而齿轮的热处理是决定齿轮制造水平高低的关键因素之一。高精度、低噪声、长寿命、超大型等一直是齿轮制造业的发展方向。最近国家出台的相关发展规划明确将超大型、长寿命齿轮和传动装置列在其中并作为开发重点，包括：功率2MW以上、噪声95dB（A）、机械效率97%、寿命20年的兆瓦级风力发电齿轮箱，军舰和船用大型齿轮传动装置，高精度、低噪声、长寿命大中型弧齿锥齿轮，汽车自动变速器及关键零部件等。

　　目前，我国齿轮行业已成为了年销售额以千亿元级为基数的中大型制造行业，居世界第二位。作为世界齿轮制造大国，我国的齿轮工业在最近20多年里已取得了很大的发展，在一定程度上，满足了装备制造业的需求。然而，高端齿轮产品在生产技术上与国外先进水平相比还有很大的差距，主要表现在使用寿命低、承载能力差和质量不稳定等方面，而且由于齿轮使用寿命偏低，导致钢材损失巨大，并且热处理耗能较大，成本较高。因此，急需尽快改进和提高。从热处理角度考虑，要提高齿轮的质量和使用寿命、降低生产成本，就是要根据齿轮材料及其结构和技术要求，合理地选用齿轮用钢，正确地制订齿轮热处理工艺，加强质量控制与检验，防止齿轮在热处理过程中出现的缺陷和工作中的损伤。本书针对以上问题，着重介绍了当前的典型齿轮材料及其热处理工艺、齿轮热处理常用设备和工艺材料、先进的齿轮热处理技术、齿轮热处理质量控制与检验技术、齿轮热处理畸变控制技术及提高齿轮性能与寿命的途径等。

　　本书主要内容包括：齿轮材料及其热处理，齿轮热处理常用设备和工艺材料，齿轮的整体热处理技术，齿轮的调质热处理技术，齿轮的化学热处理技术，齿轮的表面淬火技术，先进的齿轮热处理技术，齿轮热处理质量控制与检验，齿轮热处理常见缺陷与对策，齿轮的热处理畸变、裂纹与控制技术，齿轮的失效分析与对策，提高齿轮性能与寿命的途径，典型齿轮热处理及其实例。本书可供从事齿轮热处理的工程技术人员和工人阅读使用，对从事齿轮的设计、制造及使用的相关人员，以及相关专业的工科院校师生也有很好的参考价值。

　　本书是作者根据30多年从事齿轮热处理工作的实践经验和积累资料，并结合当前国内外实用的齿轮新材料、新工艺、新技术、新装备及新检测方法、新标准等编写而成的。书中内容采用了大量的图、表形式加以叙述，一目了然，便于读者阅读和查找。

　　在本书编写过程中，参阅并引用了一些有关齿轮热处理方面的专著及文章，在此谨向这些作者表示衷心感谢！

　　由于作者水平有限，书中难免存在不足之处，恳请广大读者和专家批评指正。

金荣植

目　　录

第1章 齿轮材料及其热处理

齿轮作为连续啮合传递运动和动力的机械零件，广泛应用于航空、船舶、兵器装备、汽车摩托、农机、机床、工程机械、轨道交通、水泥建筑、起重运输、矿山冶金、电力能源、石油化工和仪器等20多个领域。

齿轮材料及其热处理是影响齿轮承载能力和使用寿命的关键因素，也是影响齿轮生产质量和成本主要环节。

1.1 齿轮类别及其性能要求

1.1.1 齿轮的类别

齿轮常见的分类方法见表1-1。

表1-1 齿轮常见的分类方法

分类方式	内容	
按齿轮形状	圆柱齿轮、锥齿轮、齿条、蜗杆蜗轮	按齿长方向的歪斜程度又可分为直齿轮（见图1-1a）、斜齿轮（见图1-1b）、圆弧齿轮（见图1-1c）
按齿轮轮齿的齿廓曲线	渐开线齿轮、摆线齿轮、准双曲面齿轮等	
按齿轮在工作时的圆周速度	低速传动齿轮（<3m/s）、中速传动齿轮（3～15m/s）、高速传动齿轮（>15m/s）	
按齿轮的制造精度	标准齿轮（3～5级精度）、精密机床与仪器齿轮（5～6级精度）、一般机床与机械齿轮（6～7级精度）、汽车与拖拉机传动齿轮（7～8级精度）	
按齿轮工作时承受载荷	轻载荷、中载荷、重载荷和超重载荷，载荷主要包括齿面接触应力和冲击载荷	
按齿轮的服役条件	传递运动齿轮	一般用非铁金属或塑料等材料制造
	传递动力齿轮	常用钢铁制造，重载服役条件工作。目前，在高参数硬齿面齿轮制造中，多采用渗碳淬火工艺
按热处理工艺	渗碳齿轮	因高的表面硬度和良好的心部韧性相结合，齿轮具有耐磨、耐疲劳和耐点蚀等良好的特性。目前，大多数齿轮属于此类
	感应或火焰淬火齿轮	
	调质齿轮	适合于用作中小型、中等载荷和轻载荷齿轮
	正火齿轮	主要用于船用大型低噪声齿轮，其重点是防止噪声
按齿轮传动的工作条件	闭式传动齿轮、开式传动齿轮及半开式传动齿轮。单级的圆柱齿轮和锥齿轮只能实现小的传动比，较大的传动比需要多级传动，蜗杆传动具有较大的单级传动比	

a)   b)   c)

图1-1 几种典型齿轮

a）直齿轮 b）斜齿轮 c）圆弧齿轮

1.1.2　齿轮（材料）的性能要求

为了保证齿轮的正常工作，齿轮（材料）应具有表 1-2 所列的主要性能。

表 1-2　齿轮（材料）性能要求

序号	项目及要求	作　用
1	高的弯曲疲劳强度	高的弯曲疲劳强度，特别是齿根处要有足够的强度，使齿轮运行时所产生的弯曲应力不至于造成疲劳断裂。除材料本身性能外，还可依靠齿轮的表面强化处理来实现
2	高的接触疲劳强度	齿面具有高的硬度和耐磨性，防止齿面损伤（如点蚀）。除材料本身性能外，还可依靠齿轮的表面强化处理来实现
3	高的齿面硬度和耐磨性	以防止黏着磨损和磨粒磨损，主要依靠提高表面强度和降低摩擦因数来实现
4	足够高的心部强度和冲击韧性	以提高齿轮的承载能力，防止齿轮过载与冲击断裂
5	良好的工艺性能	使齿轮易于切削加工，热处理性能好，淬火畸变要小，以获得较低的表面粗糙度值和较高的加工精度，使齿轮抗磨损能力提高，并获得低的噪声
6	高的原材料质量	原材料材质要纯净，断面经浸蚀后不得有目视可见的空隙、气泡、裂纹、非金属夹杂物及白点等缺陷，其疏松、偏析和非金属夹杂物等级应符合有关标准规定的要求
7	钢材价格低廉，来源充足	便于采购、运输，降低制造成本

1.2　齿轮材料及其热处理的选择

选择齿轮材料及其热处理时，主要是根据齿轮的传动方式、载荷性质与大小、传动速度和精度要求等工作条件，同时还要考虑依据齿轮模数和截面尺寸所提出的钢材淬透性及齿面硬化要求、齿轮副的材料及硬度值的匹配等问题。

齿轮所用的材料各种各样，如各种铸铁、钢、粉末冶金材料、非铁合金（如铜合金）及非金属材料等。其中钢是使用最广泛的材料，包括各种低碳钢、中碳钢、高碳钢和合金钢等。

对钢铁材料齿轮进行适当热处理（如正火与退火、整体淬火回火、调质、渗碳、渗氮、表面淬火等），其目的是为了能够提高钢铁的使用性能，充分发挥材料的能力，同时也能够改善钢材的加工性能，提高齿轮加工质量，延长齿轮的使用寿命。

齿轮用各类钢铁材料和热处理的特点及适用条件见表 1-3。

表 1-3　齿轮用各类钢铁材料和热处理的特点及适用条件

材料	牌　号	热处理	特　点	适用条件
调质钢	45、35SiMn、42SiMn、37SiMn2MoV、40MnB、45MnB、40Cr、45Cr、35CrMo、42CrMo 等	调质或正火	1）经调质后具有较好的强度和韧性，常在220~300HBW 的范围内使用 2）当受刀具的限制而不能提高调质小齿轮的硬度时，为保持大小齿轮之间的硬度差，可使用正火处理的大齿轮，但强度较调质者差 3）齿面的精切齿可在热处理后进行，以消除热处理畸变，保持齿轮精度 4）不需要专门的热处理设备和齿面精加工设备，制造成本低 5）齿面硬度较低，易于磨合，但是不能充分发挥材料的承载能力	广泛用于对强度和精度要求不太高的一般中低速齿轮，以及热处理和齿面精加工比较困难的大型齿轮

（续）

材料	牌　号	热　处　理	特　　点	适用条件
调质钢	45、35SiMn、42SiMn、37SiMn2MoV、40MnB、45MnB、40Cr、45Cr、35CrMo、42CrMo 等	表面淬火（感应淬火、火焰淬火）	1）齿面硬度高,具有较强的抗点蚀和耐磨损性能;心部具有较好的韧性,表面经硬化后产生残余应力,大大提高了齿根强度;通常的齿面硬度范围为:合金钢 45～55HRC,碳素钢 40～50HRC 2）为进一步提高心部强度,往往在表面淬火前先进行调质处理 3）感应淬火时间短 4）表面硬化层深度和硬度沿齿面不等 5）因急速加热和冷却,容易淬裂	广泛用于要求承载能力高、体积小的齿轮
渗碳钢	20Cr、20CrMnTi、20CrMnMo、20CrMo、22CrMo、20CrNiMo、18Cr2Ni4W、20Cr2Ni4A 等	渗碳淬火	1）齿面硬度很高,具有很强的抗点蚀和耐磨损性能;心部具有很好的韧性,表面经硬化后产生的残余应力,大大提高了齿根强度;一般齿面硬度范围为 56～63HRC 2）加工性能较好 3）热处理畸变较大,热处理后应磨齿,增加了加工时间和成本,但是可以获得高的精度	广泛用于要求承载能力高、抗冲击性能好、精度高、体积小的中型以下齿轮
渗氮钢	38CrMoAlA、30CrMoSiA、25Cr2MoV 等	渗氮处理	1）可获得很高的齿面硬度,具有较强的抗点蚀和耐磨损性能;心部具有较好的韧性,为提高心部强度,对中碳钢往往先进行调质处理 2）由于加热温度低,故热处理畸变很小,渗氮处理后不需要磨齿 3）硬化层很薄,故承载能力不及渗碳淬火齿轮,不宜用于有冲击载荷的场合 4）渗氮处理周期长,加工成本较高	适用于较大且较平稳载荷下工作的齿轮,以及没有齿面精加工设备而又需要硬齿面的场合
铸钢	ZG310-570、ZG340-640、ZG42SiMn、ZG50SiMn、ZG40Crl、ZG35CrMnSi 等	正火或调质,以及表面淬火	1）可以制造复杂形状的大型齿轮 2）其强度低于同种牌号和热处理的调质钢 3）容易产生铸造缺陷	用于不能锻造的大型齿轮
铸铁	各种灰铸铁、球墨铸铁、可锻铸铁等		1）材料低廉 2）耐磨性好 3）可制造复杂形状的大型齿轮 4）有较好的铸造和切削工艺性 5）承载能力低	灰铸铁和可锻铸铁用于低速、轻载、无冲击的齿轮;球墨铸铁可用于载荷和冲击较大的齿轮

1.2.1　齿轮用钢铁材料的选择

齿轮选用钢铁材料时,必须满足两个基本要求:一是加工和热处理要求,其中包括钢的机械加工性能、铸造性能、锻造性能和热处理性能；二是使用性能要求，包括疲劳强度、热处理规范和其他性能指标。齿轮常用钢铁材料的选择、热处理及性能见表1-4。调质及表面淬火齿轮用钢的选择见表1-5。渗碳齿轮用钢的选择见表1-6。渗氮齿轮用钢铁材料的选择见表1-7。

表1-4　齿轮常用钢铁材料的选择、热处理及性能

传动方式	工作条件		小齿轮			大齿轮		
	速度	载荷	材料牌号	热处理	硬度HBW	材料牌号	热处理	硬度HBW
开式传动	低速	轻载、无冲击、非重要齿轮	Q275	正火	150~190	HT200	正火	170~230
						HT250		170~240
		轻载、小冲击	45	正火	170~200	QT500-5		170~207
						QT600-3		197~269
闭式传动	低速	中载	45	正火	170~200	35	正火	150~180
			ZG310-570	调质	200~250	ZG270-500	调质	190~230
		重载	45	整体淬火	38~48HRC	ZG270-500	整体淬火	35~40HRC
	中速	中载	45	调质	200~250	35	调质	190~230
				整体淬火	38~48HRC		整体淬火	35~40HRC
			40Cr、40MnB、40MnVB	调质	230~280	45、50	调质	220~250
						ZG270-500	正火	180~230
						35、45	调质	190~230
		重载	45	整体淬火	38~48HRC	35	整体淬火	35~40HRC
				表面淬火	45~52HRC	45	调质	220~250
	高速	中载、无猛烈冲击	40Cr、40MnB、40MnVB	整体淬火	35~42HRC	35、40	整体淬火	35~40HRC
				表面淬火	52~56HRC	45、50	表面淬火	45~50HRC
		中载、有冲击	20Cr、20CrMnTi、20CrMo	渗碳淬火	58~63HRC	ZG310-570	正火	160~210
						35	调质	190~230
						20Cr、20CrMnTi	渗碳淬火	56~63HRC
		重载、高精度、小冲击	38CrMoAl	渗氮	>850HV	35CrMo	调质	255~302

表1-5　调质及表面淬火齿轮用钢的选择

齿轮种类	选择牌号	备　注
汽车、拖拉机及机床中的不重要齿轮	45	调质
中速、中载车床变速箱、钻床变速箱次要齿轮，以及高速、中载磨床砂轮用齿轮		调质+高频感应淬火
中速、中载较大截面机床齿轮	40Cr、42SiMn、35SiMn、45MnB	调质
中速、中载并带一定冲击的机床变速箱齿轮，以及高速、重载并要求齿面硬度高的机床齿轮		调质+高频感应淬火

（续）

齿轮种类			选择牌号	备　注
起重机械、运输机械、建筑机械、水泥机械、冶金机械、矿山机械、工程机械、石油机械等设备中的低速重载大齿轮	一般承受载荷不大，截面尺寸也不大，以及要求不太高的齿轮	Ⅰ	35、45、55	1）少数直径大、载荷小、转速不高的末级传动大齿轮可采用 SiMn 钢正火处理 2）根据齿轮截面尺寸大小及重要程度，分别选用各类钢材（从Ⅰ到Ⅴ，淬透性逐渐提高） 3）根据设计，要求表面硬度大于 40HRC 者应采用调质＋表面淬火
		Ⅱ	40Mn、50Mn、40Cr、35SiMn、42SiMn	
	截面尺寸较大，承受较大载荷，以及要求比较高的齿轮	Ⅲ	35CrMo、42CrMo、40CrMnMo、35CrMnSi、40CrNi、40CrNiMo、45CrNiMoV	
	截面尺寸很大，承受载荷大并要求有足够韧性的重要齿轮	Ⅳ	35CrNi2Mo、40CrNi2Mo	
		Ⅴ	30CrNi3、34CrNi3Mo、37SiMn2MoV	

表 1-6　渗碳齿轮用钢的选择

齿轮种类	选择牌号
汽车变速器、分动箱、起动机及驱动桥的各类齿轮	20CrMnTi、20CrMnMo、20CrMo、22CrMo
拖拉机动力传动装置中的各类齿轮	
机床变速箱、龙门铣电动机及立车等机械中的高速、重载、承受冲击的齿轮	12CrNi3、12Cr2Ni4、20CrNi3、20CrNi2Mo、17CrNiMo6
起重、运输、矿山、通用、化工、机车等机械的变速器中的小齿轮	
化工、冶金、电站设备、铁路机车、航空、航天、海运等设备中的汽轮发动机、工业汽轮机、燃气轮机、高速鼓风机、透平压缩机等的高速齿轮，要求长周期、安全可靠地运行	
大型轧钢机减速器齿轮、人字齿轮、机座齿轮，大型带式输送机传动齿轮轴、大型锥齿轮、大型挖掘机传动箱主动齿轮、井下采煤机传动箱齿轮、坦克齿轮等低速重载、并承受载荷的传动齿轮	20CrNi2Mo、17Cr2Ni2Mo、20Cr2Ni4、18Cr2Ni4W、20Cr2Mn2Mo

表 1-7　渗氮齿轮用钢铁材料的选择

齿轮种类	性能要求	选择牌号
一般用途齿轮	表面耐磨	45、40Cr、20CrMnTi、珠光体球墨铸铁
在冲击载荷下工作的齿轮	表面耐磨，心部韧性高	18CrNiWA、18Cr2Ni4WA、30CrNi3、35CrMo
在重载荷下工作的齿轮	表面耐磨，心部强度高	40CrNiMo、35CrMoV、25Cr2MoV、42CrMo
在重载荷及冲击载荷下工作的齿轮	表面耐磨，心部强度高、韧性高	30CrNiMoA、40CrNiMoA、30CrNi2Mo
精密耐磨齿轮	表面高硬度、畸变小	38CrMoAlA、38CrMnAlA

1.2.2　常用齿轮钢材及其力学性能

常用齿轮钢材及其力学性能见表 1-8。

表 1-8　常用齿轮钢材及其力学性能

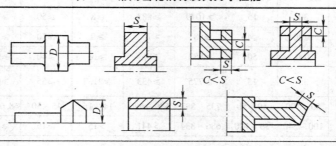

（续）

牌号	热处理状态	截面尺寸		力学性能					硬度 HBW
		直径 D/mm	壁厚 S/mm	R_m/MPa	R_{eL}/MPa	A (%)	Z (%)	a_K/(J/cm²)	
				锻 钢					
42Mn2	调质	50	25	≥794	≥588	≥17	≥59	≥63.7	—
		100	50	≥745	≥510	≥15.5	—	≥19.6	—
50Mn2	正火+高温回火	≤100	≤50	≥735	≥392	≥14	≥35	—	187~241
		100~300	50~150	≥716	≥373	≥13	≥33	—	187~241
		300~500	150~250	≥686	≥353	≥12	≥30	—	187~241
	调质	≤80	≤40	≥932	≥686	≥9	≥40	—	255~302
35SiMn	调质	<100	<50	≥735	≥490	≥15	45	58.8	≥222
		100~300	50~150	≥735	≥441	≥14	≥35	49.0	217~269
		300~400	150~200	≥686	≥392	≥13	≥30	41.1	217~225
		400~500	200~250	≥637	≥373	≥11	≥28	39.2	196~255
42SiMn	调质	≤100	≤50	≥784	≥510	≥15	≥45	≥39.2	229~286
		100~200	50~100	≥735	≥461	≥14	≥42	≥29.2	217~269
		200~300	100~150	≥686	≥441	≥13	≥40	≥29.2	217~255
		300~500	150~250	≥637	≥373	≥10	≥40	≥24.5	196~255
37SiMn2MoV	调质	200~400	100~200	≥814	≥637	≥14	≥40	≥39.2	241~286
		400~600	200~300	≥765	≥588	≥14	≥40	≥39.2	241~269
		600~800	300~400	≥716	≥539	≥12	≥35	≥34.3	229~241
		1270	635	834/878	677/726	19.0/18.0	45.0/40.0	28.4/22.6	241/248
20MnTiB	淬火+低、中温回火	25	12.5	≥1451	—	$A_{11.3}$≥7.5	≥56	≥98.1	≥47HRC
				≥1402	—	$A_{11.3}$≥7	≥53	≥98.1	≥47HRC
				≥1275	—	$A_{11.3}$≥8	≥59	≥98.1	≥42HRC
20MnVB	渗碳+淬火+低温回火	≤120	≤60	1500	—	11.5	45	127.5	心部398
45MnB	调质	45	22.5	824	598	14	60	103	表面241
				≥834	559	16	59	—	表面277
30CrMnSi	调质	<100	<50	≥834	≥588	≥12	≥35	≥58.8	240~292
		100~200	50~100	≥706	≥461	≥16	≥35	≥49.0	207~229
50CrV	调质	40~100	20~50	981~1177	≥785	≥11	≥45	—	—
		100~250	50~125	785~981	≥588	≥13	≥50	—	—
20CrMnTi	渗碳+淬火+低温回火	30	15	≥1079	≥883	≥8	≥50	≥78.5	表面56~62HRC、心部240~300
		≤80	≤40	≥981	≥785	≥9	≥50	≥78.5	
		100	50	≥883	686	≥10	≥40	≥92.2	
20CrMo	淬火+低温回火	30	15	≥775	≥433	≥21.2	≥55	≥92.2	≥217
35CrMo	调质	50~100	50~50	735~883	539~686	14~16	45~50	68.6~88.3	217~255
		100~240	50~120	686~834	>441	>15	≥15	≥49.0	207~269

（续）

牌号	热处理状态	直径 D/mm	壁厚 S/mm	$R_{\rm m}$ /MPa	$R_{\rm eL}$ /MPa	A （%）	Z （%）	$a_{\rm K}$ /(J/cm²)	硬度 HBW
					锻　钢				
35CrMo	调质	100 ~ 300	50 ~ 150	≥686	≥490	≥15	≥50	≥68.6	—
		300 ~ 500	150 ~ 250	≥637	≥441	≥15	≥35	≥39.2	207 ~ 269
		500 ~ 800	250 ~ 400	≥588	≥392	≥12	≥30	≥29.4	207 ~ 269
42CrMo	调质	40 ~ 100	20 ~ 50	883 ~ 1020	>686	≥12	≥50	49.0 ~ 68.6	—
		100 ~ 250	50 ~ 125	735 ~ 883	>539	≥14	≥55	49.0 ~ 78.5	—
		250 ~ 300	125 ~ 150	637	490	≥14	35	39.2	207 ~ 269
		300 ~ 500	150 ~ 250	588	441	≥10	30	39.2	207 ~ 269
20CrMnMo	渗碳 + 淬火 + 低温回火	30	15	≥1079	≥785	≥7	≥40	≥39.2	表面 56 ~ 62HRC、心部 28 ~ 33HRC
		≤100	≤50	≥834	≥490	≥15	≥40	≥39.2	表面 56 ~ 62HRC、心部 28 ~ 33HRC
40CrMnMo	调质	150	75	≥778	≥758	≥14.8	≥56.4	≥83.4	288
		300	150	≥811	≥655	≥16.8	≥52.2	—	255
		400	200	≥786	≥532	≥16.8	≥43.7	≥49.0	249
		500	250	≥748	≥484	≥14.0	≥46.2	≥42.2	213
25Cr2MoV	调质	25	12.5	≥932	≥785	≥14	≥55	≥78.5	247
		150	75	≥834	≥735	≥15	≥50	≥58.8	269 ~ 321
		≤200	≤100	≥735	≥588	≥16	≥50	≥58.8	241 ~ 277
35CrMoV	调质	120	60	≥883	≥785	≥15	≥50	≥68.6	—
		240	120	≥834	≤686	≥12	≥45	≥58.8	—
		500	250	657	490	14	40	49.0	212 ~ 248
38CrMoAl	调质	40	20	≥941	≥785	≥18	≥58	—	—
		80	40	≥922	≥735	≥16	≥56	—	—
		100	50	≥922	≥706	≥16	≥54	—	—
		120	60	≥912	≥686	≥15	≥52	—	—
		160	80	≥765	≥588	≥14	≥45	≥58.8	241 ~ 285
20Cr	渗碳 + 淬火 + 低温回火	60	30	≥637	≥392	≥13	≥40	49.0	心部 178
		60	30	637 ~ 931	392 ~ 686	13 ~ 20	45 ~ 55	49.0 ~ 78.5	1/3 半径处 >182
40Cr	调质	100 ~ 300	50 ~ 150	≥686	≥490	≥14	≥45	≥392	241 ~ 286
		300 ~ 500	150 ~ 250	≥637	≥441	≥10	≥35	≥29.4	229 ~ 269
		500 ~ 800	250 ~ 400	≥588	≥343	≥8	≥30	≥19.2	217 ~ 255
40Cr	碳氮共渗 淬火 + 回火	<40	<20	1373 ~ 1569	1177 ~ 1373	7	25	—	43 ~ 53HRC
40Cr	调质	100 ~ 300	50 ~ 150	≥785	≥569	≥9	≥38	≥49.0	225
40CrNi	调质	300 ~ 500	150 ~ 250	≥735	≥549	≥8	≥36	≥44.1	255
		500 ~ 700	250 ~ 350	≥686	≥530	≥8	≥35	≥44.1	255

（续）

牌号	热处理状态	截面尺寸		力学性能					
		直径 D/mm	壁厚 S/mm	R_m /MPa	R_{eL} /MPa	A （%）	Z （%）	a_K /(J/cm²)	硬度 HBW
锻　钢									
12CrNi2	渗碳 + 淬火 + 低温回火	20	10	≥686	≥539	≥12	≥50	≥88.3	表面≥58HRC
		30	15	≥785	≥588	≥12	≥50	≥78.5	表面≥58HRC
		60	30	≥932	≥686	≥12	≥50	≥88.3	表面≥58HRC
12CrNi3	渗碳 + 淬火 + 低温回火	30	15	≥932	≥686	≥10	≥50	≥98.1	表面≥58HRC、心部225~302
		<40	<20	≥834	≥686	≥10	≥50	≥78.5	表面≥58HRC、心部≥241
20CrNi3	渗碳 + 淬火 + 低温回火	30	15	≥932	≥735	≥11	≥55	≥98.1	表面≥58HRC
		30	15	≥1079	≥883	≥7	≥50	≥88.3	表面≥58HRC、心部284~415
30CrNi3	调质	<100	50	≥785	≥559	≥16	≥50	≥68.6	≥241
		100~300	50~150	≥735	≥539	≥15	≥45	≥58.8	≥241
12Cr2Ni4	渗碳 + 淬火 + 低温回火	15	7.5	≥1079	≥834	≥10	≥50	≥88.3	表面≥60HRC
	渗碳 + 高温回火 + 淬火 + 低温回火	30	15	≥1177	≥1128	≥10	≥55	≥78.5	表面≥60HRC 心部302~388
20Cr2Ni4	渗碳 + 淬火 + 低温回火	25	12.5	≥1177	≥1079	≥10	≥45	≥78.5	表面≥60HRC
	渗碳 + 淬火 + 低温回火	30	15	≥1177	≥1079	≥9	≥45	≥78.5	表面≥60HRC、心部305~405
40CrNiMo	调质	120	60	≥834	≥686	≥13	≥50	≥78.5	—
		240	120	≥785	≥588	≥13	≥45	≥58.8	—
		250	125	686~834	≥490	≥14	—	≥49.0	
		500	250	588~734	≥392	≥18	—	≥68.6	
45CrNiMoV	调质	25	12.5	≥1030	≥883	≥8	≥30	≥68.6	—
		60	30	≥1471	≥1324	≥7	≥35	≥39.2	—
	退火 + 调质	100	50	≥1030	≥883	≥9	≥40	≥49.0	321~363
				≥883	≥686	≥10	≥45	≥58.8	260~321
30CrNi2MoV	调质	120	60	≥883	≥735	≥12	≥50	≥78.5	—
18Cr2Ni4W	渗碳 + 淬火 + 低温回火	15	7.5	≥1128	≥834	≥11	≥45	≥98.1	表面≥58HRC、心部340~387
		30	15	≥1128	≥834	≥12	≥50	≥98.1	表面≥58HRC、心部35~47HRC
		60	30	≥1128	≥834	≥12	≥50	≥98.1	表面≥58HRC、心部341~367
		60~100	30~50	≥1128	≥834	≥11	≥45	≥88.3	表面≥58HRC、心部341~367

（续）

牌号	热处理状态	截面尺寸		力学性能					硬度 HBW
		直径 D/mm	壁厚 S/mm	R_m /MPa	R_{eL} /MPa	A (%)	Z (%)	a_K /(J/cm²)	
铸　钢									
ZG310-570	正火	—	—	570	310	—	—	—	163~197
ZG340-640	正火	—	—	640	340	—	—	—	179~207
ZG40Mn2	正火、回火	—	—	588	392	—	—	—	197
	调质	—	—	834	686	—	—	—	269~302
ZG35SiMn	正火、回火	—	—	569	343	—	—	—	163~217
	调质	—	—	637	412	—	—	—	197~248
ZG42SiMn	正火、回火	—	—	588	373	—	—	—	163~217
	调质	—	—	637	441	—	—	—	197~248
ZG50SiMn	正火、回火	—	—	686	441	—	—	—	217~255
ZG40Cr1	正火、回火	—	—	628	343	—	—	—	212
	调质	—	—	686	471	—	—	—	228~321
ZG35Cr1Mo	正火、回火	—	—	588	392	—	—	—	179~241
	调质	—	—	686	539	—	—	—	179~241
ZG35CrMnSi	正火、回火	—	—	686	343	—	—	—	163~217
	调质	—	—	785	588	—	—	—	197~269

1.2.3　典型齿轮材料及其热处理

　　一般把普通热处理分为最终热处理及预备热处理两大类，最终热处理的目的是使齿轮达到设计和使用的性能要求，而预备热处理的目的是消除或改善工序引起的缺陷，为后续加工做好组织与性能的准备。

　　1. 齿轮的常用热处理方法（见表1-9）

表1-9　齿轮的常用热处理方法

工艺名称	标注举例	热处理工艺	使用目的
淬火	C62（淬火后，回火至60~65HRC）Y35（油冷淬火后，回火至30~40HRC）	将钢件加热到钢材临界温度以上并使之奥氏体化，然后急速冷却，以获得马氏体组织	1）提高齿轮硬度和强度 2）提高齿轮耐磨性能
表面淬火	H54（火焰淬火后，回火至52~58HRC）G52（高频感应淬火后，回火至50~55HRC）	用火焰或高频电流将钢件表面迅速加热到淬火温度，然后迅速冷却，仅使表面获得淬火组织	齿轮表面具有高的硬度，而心部具有一定的韧性。使轮齿表面既耐磨又能承受冲击载荷
渗碳淬火	S0.5~C59（渗碳层深度0.5mm，淬火后，回火至56~62HRC）	在渗碳气氛中加热到900~950℃并进行渗碳，然后预冷，最后淬火及回火	1）提高齿轮表面的硬度和耐磨性 2）提高材料的疲劳强度 3）轮齿心部具有一定韧性

（续）

工艺名称	标注举例	热处理工艺	使用目的
调质	T235（调质硬度 220 ~ 250HBW）	钢件加热并淬火后，在 450 ~ 650℃进行高温回火	可以完全消除内应力，并获得较高的综合力学性能
渗氮	D0.3 ~ 900（渗氮层深度 0.3mm，表面硬度 >850HV）	渗氮是向钢件表面渗入氮原子的化学热处理	提高轮齿表面的硬度、耐磨性、疲劳强度和耐蚀性
正火	Z	将钢件加热到临界温度以上进行完全奥氏体化，然后在空气（或风）中冷却，以得到珠光体组织	1）细化晶粒，提高强度和韧性 2）对力学性能要求不高的齿轮，常用正火作为最终热处理 3）改善低碳钢的加工性能 4）中碳钢正火可代替调质处理，为表面淬火做好组织准备

2. 齿轮材料的工作条件及热处理

（1）常用齿轮材料的工作条件及热处理（见表 1-10）

表 1-10　常用齿轮材料的工作条件及热处理

材料	工作条件	钢种及牌号	热处理		硬度		应用示例	临界淬透直径/mm
			淬火温度/℃	回火温度/℃	HBW	HRC		
渗碳钢	1）可获得表面硬而耐磨和心部强韧相配的性能 2）用于受冲击和磨损条件下的工作，可分为低淬透性（低强度）、中淬透性（中强度）和高淬透性（高强度）几个级别，以适应不同的应用场合	低淬透性渗碳钢 20、15Cr、20Cr、20Mn2、20MnV	1）渗碳:900 ~ 950 2）淬火:一般采用渗碳后预冷至800 ~ 850℃淬火；或渗碳后冷到室温，然后重新加热到750 ~ 780℃淬火。对 20Cr2Ni4 和 18Cr2Ni4W 等高合金渗碳钢，为了减少淬火后的残留奥氏体，可采用高温回火后再加热到800℃左右淬火，有时为了消除网状渗碳体、细化晶粒，也可采用二次淬火方法 3）回火:一般为 180 ~ 200	心部 ≤30	表面 ≥59	用于受力不太大，心部强度要求不高的耐磨零件，如小齿轮、中小机床变速箱齿轮等	水淬 20 ~ 35
		中淬透性渗碳钢 12CrNi3、20CrNi3、20CrMnTi、20MnVB、20CrMnMo		心部 30 ~ 45	表面 58 ~ 63	用于受中等动载荷的耐磨零件，如汽车、拖拉机变速器齿轮、齿轮轴等	油淬 25 ~ 60
		高淬透性渗碳钢 12Cr2Ni4、20Cr2Ni4、18Cr2Ni4W、16SiMn2WV、15SiMn3MoWV、15CrMnSiMo		心部 35 ~ 45	表面 58 ~ 63	用于受重载荷及强烈磨损的重要大型零件，如飞机、坦克变速器齿轮，内燃机车牵引齿轮等	油淬 ≥100

（续）

材料	工作条件	钢种及牌号		热处理		硬度		应用示例	临界淬透直径/mm
				淬火温度/℃	回火温度/℃	HBW	HRC		
调质钢	1）调质钢经调质后获得回火索氏体组织，具有强度、硬度、塑性和韧性良好配合的综合力学性能，用作承受动载荷的重要齿轮 2）为了改善表面耐磨性，可在调质后进行表面淬火、氮碳共渗或渗氮处理 3）调质钢按淬透性和强度分为低、中、较高和高几个等级	低淬透性钢	45	840　水淬	560	210 ~ 250	—	用作小截面零件，如小齿轮等。若齿轮力学性能要求不高，可用正火代替调质	水淬 15 ~ 30
			50	830　水淬	580				
			40Mn	840　水淬	600				
			50Mn	820　水淬	580				
		中淬透性钢	40Cr	850　油淬	520 水淬、油淬	250 ~ 350	—	用于中等截面零件。如在内燃机车、汽车、拖拉机、机床上齿轮等，其中40Cr钢应用最多	油淬 25 ~ 45
			35SiMn	900　水淬	570 水淬、油淬				
			40MnB	850　油淬	500 水淬、油淬				
			38CrMoAl	940　水淬、油淬	640 水淬、油淬				
		较高淬透性钢	40CrNi	820　油淬	500 水淬、油淬	250 ~ 350	—	用于截面较大、受力较重的零件，如大齿轮等	油淬 45 ~ 75
			40CrMn	840　油淬	550 水淬、油淬				
			35CrMo	850　油淬	550 水淬、油淬				
			42CrMo	850　油淬	560 水淬、油淬				
			30CrMnSi	520　油淬	520 水淬、油淬				
		高淬透性钢	37SiMn2MoV	870　水淬、油淬	650 水淬、油淬	250 ~ 350	—	用于大截面、受重载零件，如电力机车大齿轮等	油淬 ≥75
			40CrNiMo	850　油淬	600 水淬、油淬				
			40CrMnMo	850　油淬	600 水淬、油淬				
低淬透性含钛碳素结构钢	这类钢一般是经正火后再进行感应淬火		55Ti	正火：830 ± 10 感应淬火：水冷或 w（PAG）为 5% ~ 15% 水溶液		—	感应淬火后 54 ~ 57	用于齿轮的全齿感应淬火，获得沿齿廓分布的硬化层，以达到齿轮渗碳时的硬化效果 适用于齿轮模数：55Ti 为 ≤ 5mm 60Ti 为 5 ~ 8mm	8 ~ 10（从表面向里3mm处硬度<47HRC）
			60Ti	正火：825 ± 10 感应淬火：水冷或 w（PAG）为 5% ~ 15% 水溶液					10 ~ 12.5（从表面向里3mm处硬度<50HRC）
			70Ti	正火：815 ± 10 感应淬火：w（PAG）为 5% ~ 15% 水溶液					（从表面向里3mm处硬度<55HRC）

（2）典型齿轮的工作条件、材料与热处理（见表1-11）

表1-11　几类典型齿轮的工作条件、材料与热处理

齿轮工作条件	材料牌号与热处理要求	备　注
低速、轻载又不受冲击	HT200、HT250、HT300：去应力退火	（1）机床齿轮按工作条件可分为三组 1）低速：转速2m/s、单位压力350～600MPa 2）中速：转速2～6m/s，单位压力100～1000MPa，冲击载荷不大 3）高速：转速4～12m/s，弯曲力矩大，单位压力200～700MPa （2）机床常用齿轮材料及热处理 1）45钢：淬火、高温回火，200～250HBW，用于圆周速度<1m/s、单位压力中等的齿轮；高频感应淬火，表面硬度52～58HRC，用于表面硬度要求高、畸变小的齿轮 2）20Cr钢：渗碳、淬火，低温回火，56～62HRC，用于高速、单位压力中等、并有冲击的齿轮 3）40Cr钢：调质，220～250HBW，用于圆周速度不大、单位压力中等的齿轮；淬火、回火，40～50HRC，用于圆周速度中等、冲击载荷不大的齿轮；除调质外，如要求热处理畸变小，则用高频感应淬火，52～58HRC （3）汽车、拖拉机齿轮的工作条件比机床齿轮要繁重得多，其要求耐磨性、疲劳强度、心部强度和冲击韧性等方面比机床齿轮高，故一般是承受载荷重、冲击大的齿轮，多采用低碳合金钢，经过渗碳、淬火、低温回火处理 （4）一般机械齿轮最常用的材料是45钢和40Cr钢。其热处理方法选择如下： 1）整体淬火：强度、硬度（50～55HRC）提高，承载能力增大，但韧性减小，畸变较大，淬火后须磨齿或研齿，只适用于载荷较大、无冲击的齿轮 2）调质：由于硬度低，韧性也不太高，不能用于大冲击载荷下工作，只适用于低速、中载的齿轮。一对齿轮的小齿轮齿面硬度要比大齿轮的齿面硬度高出25～40HBW 3）正火：受条件限制不适合于淬火和调质的大直径齿轮 4）表面淬火：45钢、40Cr钢机床齿轮广泛采用高频感应淬火，直径较大的用火焰淬火。但对受较大冲击载荷的齿轮因其韧性不够，可采用低碳钢（有冲击、中小载荷）或低碳合金钢（有冲击、大载荷），经过渗碳、淬火、低温回火处理
低速（<1m/s）、轻载，如车床溜板齿轮等	45：调质，200～250HBW	
低速、中载，如标准系列减速器齿轮	45、40Cr、40MnB（50、42MnVB）：调质，220～250HBW	
低速、重载、无冲击，如机床主轴箱齿轮	40Cr（42MnVB）：淬火、中温回火，40～45HRC	
中速、中载、无猛烈冲击，如机床主轴箱齿轮	40Cr、40MnB、42MnVB：调质或正火，感应淬火，低温回火，时效，50～55HRC	
中速、中载或低速、重载，如车床变速箱中的次要齿轮	45：高频感应淬火，350～370℃回火，40～45HRC	
中速、重载齿轮	40Cr、40MnB（40MnVB、42CrMo、40CrMnMo、40CrMnMoVBA）：淬火、中温回火，45～50HRC	
高速、轻载或高速、中载，有冲击的小齿轮	15、20、20Cr、20MnVB：渗碳、淬火、低温回火，56～62HRC 38CrMoAl：渗氮，渗氮层深度0.5mm，900HV	
高速、中载、无猛烈冲击，如机床主轴箱齿轮	40Cr、40MnB、40MnVB：高频感应淬火，50～55HRC	
高速、中载、有冲击、外形复杂的重要齿轮，如汽车变速器齿轮	20Cr、20MnVB：渗碳、淬火、低温回火或渗碳后高频感应淬火，56～62HRC 20CrMnTi：渗碳层深度1.2～1.6mm，齿面硬度58～60HRC，心部硬度25～35HRC。表面：回火马氏体＋残留奥氏体＋碳化物。心部：低碳马氏体	
高速、重载、有冲击、模数<5mm	20Cr：渗碳、淬火、低温回火，56～62HRC	
高速、重载或中载、模数>6mm，要求高强度、高耐磨性，如立式车床上重要弧齿锥齿轮	20CrMnTi：渗碳、淬火、低温回火，56～62HRC	
高速、重载、有冲击、外形复杂的重要齿轮，如高速柴油机、重型重载汽车、航空发动机等的齿轮	12Cr2Ni4A、20Cr2Ni4A、18Cr2Ni4WA、20CrMnMoVBA（锻造→退火→粗加工→去应力→半精加工→渗碳→退火软化→淬火→冷处理→低温回火→精磨）：渗碳层深度1.2～1.6mm，59～62HRC	
载荷不高的大齿轮，如大型龙门刨齿轮	50Mn2、50、65Mn：淬火、空冷，≤241HBW	
低速、载荷不大、精密传动齿轮	35CrMo：淬火、低温回火，45～50HRC	
精密传动、有一定耐磨性的大齿轮	35CrMo：调质，255～302HBW	
要求耐蚀性的计量泵齿轮	9Cr16Mo3VRE：沉淀硬化	
要求耐磨性的鼓风机齿轮	45：先调质，然后采用尿素盐浴软氮化	
要求耐磨、保持间隙精密度的25L油泵齿轮	粉末冶金制造	
拖拉机后桥齿轮（小模数）、内燃机车变速器齿轮（模数6～8mm）	55Ti或60Ti（均为低淬透性中碳结构钢）：中频感应淬火，回火，50～55HRC，或中频加热全齿淬火	

3. 车辆齿轮用钢铁材料及其热处理

车辆变速齿轮受力较大，超载和受冲击频繁，其耐磨性、疲劳强度、心部强度及冲击韧性等性能要求均比一般机床齿轮要高，通常选用渗碳钢做材料。

国内车辆齿轮用钢主要用于制造汽车、拖拉机、摩托车、工程车等渗碳淬火齿轮，现已形成了比较完整的用钢系列，其中有：16MnCr5、20MnCr5、27MnCr5 等 Mn-Cr 系列渗碳齿轮钢，22CrMoH、20CrMoH 等 Cr-Mo 系列渗碳齿轮钢，20CrMnB、16CrMnB 等 Cr-Mn-B 系列渗碳齿轮钢；20CrNiMo、22CrNiMo 等 Cr-Ni-Mo 系列渗碳齿轮钢和 Cr-Mn-Ti 系列渗碳齿轮钢。

（1）车辆齿轮常用钢铁材料及热处理技术要求（见表 1-12）

表 1-12　车辆齿轮常用钢铁材料及热处理技术要求

序号	齿轮类型	常用材料牌号	热处理	
			工艺	技术要求
1	汽车变速器和差速器齿轮	20CrMnTi、20CrMo、22CrMo、20CrNiMo 等	渗碳	层深： $m_n^{①} \leq 3mm$ 时，$0.6 \sim 1.0mm$ $3mm < m_n < 5mm$ 时，$0.9 \sim 1.3mm$ $m_n > 5mm$ 时，$1.1 \sim 1.5mm$ 表面硬度：$58 \sim 64HRC$ 心部硬度：$m_n \leq 5mm$ 时，$29 \sim 45HRC$ $m_n > 5mm$ 时，$32 \sim 45HRC$
		40Cr	（浅层）碳氮共渗	层深：$> 0.2mm$ 表面硬度：$51 \sim 61HRC$
2	汽车驱动桥主、从动圆柱齿轮	20CrMnTi、20CrMo、22CrMo 等	渗碳	渗碳层深度按图样要求，硬度要求同序号 1 中的渗碳工艺
	汽车驱动桥主、从动弧齿锥齿轮	20CrMnTi、20CrMnMo、20CrMo、22CrMo、20CrNiMo、17CrNiMo6、20CrNi3 等	渗碳	层深： $m_s^{②} \leq 5mm$ 时，$1.0 \sim 1.4mm$ $5mm < m_s \leq 8mm$ 时，$1.2 \sim 1.6mm$ $m_s > 8mm$ 时，$1.7 \sim 2.1mm$ 齿面硬度：$58 \sim 64HRC$ 心部硬度：$m_s \leq 8mm$ 时，$29 \sim 45HRC$ $m_s > 8mm$ 时，$32 \sim 45HRC$
3	汽车驱动桥差速器行星及半轴齿轮	20CrMnTi、20CrMo、20CrMnMo、22CrMo 等	渗碳	同序号 1 中渗碳工艺
4	汽车发动机凸轮轴齿轮	HT200 等		$170 \sim 229HBW$
5	汽车曲轴正时齿轮	35、40、45、40Cr	正火	$149 \sim 179HBW$
			调质	$207 \sim 241HBW$
6	汽车起动电动机齿轮	15Cr、20Cr、20CrMo、15CrMnMo、20CrMnTi 等	渗碳	层深：$0.7 \sim 1.1mm$ 表面硬度：$58 \sim 63HRC$ 心部硬度：$33 \sim 43HRC$
7	汽车里程表齿轮	20	（浅层）碳氮共渗	层深：$0.2 \sim 0.35mm$
8	拖拉机传动齿轮，动力传动装置中的圆柱齿轮及齿轮轴	20Cr、20CrMo、20CrMnMo、20CrMnTi、22CrMo 等	渗碳	层深：不小于模数的 0.18 倍，但不大于 2.1mm 各种齿轮渗层深度的上、下限差不大于 0.5mm，硬度要求同序号 1、2

（续）

序号	齿轮类型	常用材料牌号	热 处 理	
			工 艺	技术要求
9	拖拉机曲线正时齿轮、凸轮轴齿轮、喷油泵驱动齿轮	45	正火	156~217HBW
			调质	217~255HBW
		HT200		170~229HBW
10	汽车拖拉机油泵齿轮	40、45	调质	28~35HRC

① m_n 为法向模数。

② m_s 为端面模数。

（2）车辆齿轮常用钢材及其主要化学成分（见表1-13）

表1-13　车辆齿轮常用钢材及其主要化学成分

牌号		化学成分(质量分数)(%)								
国内	国外	C	Si	Mn	Ni	Cr	Mo	Al	Ti	B
18CrMnTiH	18ХГМ	0.13~0.18				0.90~1.20				
20CrMnTiH1		0.18~0.23	0.17~0.37	0.80~1.10		1.00~1.30		—	0.04~0.10	
20CrMnTiH2										
20CrMnTiH3										
20CrMnTiH4										
20CrMnTiH5				0.90~1.25		1.10~1.45				
20CrMnTiH6										
16MnCrH	16MnCr5	0.14~0.20	≤0.12	1.00~1.40		0.90~1.20		0.02~0.055		
20MnCrH	20MnCr5	0.17~0.23		1.10~1.50		1.00~1.30				
25MnCrH	25MnCr5	0.23~0.28		0.60~0.80		0.80~1.10				
28MnCrH	28MnCr5	0.25~0.30			≤0.15		≤0.10			
16CrMnBH	ZF6	0.13~0.18	0.15~0.40	1.00~1.30	—	0.80~1.10				0.001 ~ 0.003
18CrMnBH	ZF7	0.15~0.20				1.00~1.30				
17CrMnBH	ZF7B									
17Cr2Ni2H	ZF1	0.15~0.19	0.15~0.40	0.40~0.60	1.40~1.70	1.40~1.70				
16CrNiH	16CrNi4	0.13~0.18	0.15~0.35	0.70~1.10	0.80~1.20	0.80~1.20	≤0.10	0.02~0.05		
19CrNiH	19CrNi5	0.16~0.21								
17Cr2Ni2MoH	ZF1A	0.15~0.19	0.15~0.40	0.40~0.60	1.40~1.70	1.50~1.80	0.25~0.35	—		
20CrNiMoH1	8620H1	0.17~0.23	0.15~0.35	0.60~0.95	0.35~0.75	0.35~0.65	0.15~0.25	0.02~0.045		
20CrNiMoH2	8620H2									
20CrNiMoH	8620RH	0.18~0.23	0.15~0.3	0.7~0.9	0.4~0.7	0.4~0.6	0.15~0.25	—		
15CrMoH	SCM415	0.13~0.18	0.17~0.37	0.40~0.70		0.80~1.10	0.25~0.45			
20CrMo	SCM420	0.18~0.23			—		0.15~0.25			—
20CrMoH	SCM420H	0.17~0.23	0.17~0.35	0.55~0.90		0.85~1.25	0.15~0.35	0.02~0.05		
35CrMo	SCM435	0.32~0.40		0.40~0.70		0.80~1.10	0.15~0.25			
20CrH	SCr420	0.18~0.23	0.17~0.37	0.50~0.80		0.70~1.00				
40Cr	40X	0.37~0.44				0.80~1.10				

目前，车辆齿轮大部分都进行渗碳淬火处理，车辆渗碳齿轮用钢见表1-14。

表1-14　车辆渗碳齿轮用钢

类　别	性能要求	钢　号
I	耐磨、一般承载能力	20CrMoH、20CrMnTiH、20CrMnMo、20MnCrH
II	高速连续运行，安全可靠性要求高	12CrNi、20CrNi3、12Cr2Ni4、20Cr2Ni2MoH
II	重载、有冲击载荷、齿轮尺寸大	17CrNiMo6、20Cr2Ni4、18Cr2Ni4W、28MnCrH

（3）国外常用汽车渗碳齿轮材料及其应用（见表1-15）

表1-15　国外常用汽车渗碳齿轮材料及其应用

国名	齿轮材料	牌　号	用　途
日本 JIS	Cr 钢	SCr415、SCr420H（20CrH）	轿车、小型载货汽车变速器齿轮
	Cr-Mo 钢	SCM415、SCM418、SCM420、SCM421	中型汽车变速器齿轮和轻型汽车后桥主、从动弧齿锥齿轮
		SCM822	中型汽车后桥主、从动弧齿锥齿轮
	Ni-Cr-Mo 钢	SNCM415 及 SNCM420	用于要求高淬透性和要求心部韧性较高的重型汽车齿轮
美国 AISI/SAE	Mo 钢	4023	小型汽车变速器齿轮
	Cr-Ni-Mo 钢	8620 和 8720	中型汽车变速器齿轮及后桥主、从动弧齿锥齿轮
	含 Ni 较高的钢	4320	重型汽车齿轮
	含 Mo 较高的钢	8822	
英国 BS	Ni 钢	Ni-Mo 类的 En35、Ni-Cr 类的 En36 和 Ni-Cr-Mo 类的 En352	轻、中型汽车齿轮
	Ni-Cr-Mo 钢	En353	重型汽车齿轮
德国 DIN	Ni-Cr 钢	14NiCr10、14NiCr4 和 14NiCr18	重型汽车齿轮
	Mn-Cr 钢	16MnCr5、20MnCr5、25MnCr5、27MnCr5、29MnCr5 等	桑塔纳、奥迪、捷达及富康轿车变速器齿轴类零件和其他齿轮
	Mn-Cr-B 钢	ZF6（16CrMnBH）、ZF7（20CrMnBH）、ZF7B	轻、中型汽车变速器齿轮
法国 NF	Cr-Mo 钢	20MoCr3、20MoCr4、20MoCrS4、20MoCrS4	汽车变速器齿轮
	Ni-Mo 钢	16NCD6、16NCD13	重型汽车齿轮
俄罗斯 ГОСТ	Cr-Ni-Mo-Ti 钢、Cr-Ni 钢	20XH3A、20X2H4A	汽车驱动桥齿轮
	Cr-Ni 钢、Cr-Mn-Ti 钢和 Cr-Ni-Mo 钢	12XH3A、18XГT 和 20XHM	汽车变速器齿轮
意大利	Cr-Ni-Mo 钢	19CN5	IVECO 轻型载货汽车主动弧齿锥齿轮

（4）摩托车齿轮材料及其热处理　摩托车齿轮材料及其热处理工艺见表1-16。

表 1-16　摩托车齿轮材料及其热处理工艺 （JB/T 10424—2004）

钢　种	牌　号	选用原则	推荐工艺	备　注
碳素钢	20、08、SPC	起动扇(惰)齿轮	中温碳氮共渗淬火、回火	镇静钢
低合金渗碳钢	20CrMo（15CrMo、20CrMnTi）	变速器齿轮及主、副轴	渗碳或中温碳氮共渗淬火、回火	包括 H 钢及易切削钢
中碳合金结构钢	40Cr、35CrMo	变速比大的从动齿轮、链轮以及起动电机轴和转速表齿轮	低温氮碳共渗或齿部高频感应淬火、回火	

4. 轨道交通机车牵引齿轮用钢及其热处理

轨道交通机车牵引齿轮是电力机车和电传动内燃机车牵引传动装置中的重要零件。机车齿轮的材料大致可分为调质钢、渗氮钢及渗碳钢三大类。为了获得高质量的牵引齿轮，国外生产厂家大多采用低碳铬钼钢或低碳铬镍钼钢，并较多地采用保证淬透性钢，进行渗碳淬火、回火。

国内生产厂家一般选用表面硬化钢，多采用低碳合金结构钢制造，并经过渗碳淬火处理。有时采用中碳钢进行感应淬火。通常，主动齿轮多数采用 12CrNi3、12CrNi4、15CrNi3Mo、15CrNi6 等渗碳钢，从动齿轮多采用 20CrMnMo、20CrNi2Mo、20CrNi4、16Cr2Ni2A、17CrNiMo6 等渗碳钢。

目前，我国已成功研制 16Cr2Ni2A 钢高速重载大功率机车渗碳齿轮，广泛用于制作 8K、6GF、SS5、SS6B、SS7 等机车的牵引齿轮，其性能远比 20CrMnMo、50CrMoA 钢优良。大连机车车辆有限公司采用 17CrNiMo6 钢制造的 HXD5 型大功率机车牵引齿轮，并经渗碳淬火。东北特钢集团研制的高速/重载铁路电力机车齿轮用钢为 18CrNiMo7-6 钢，并经渗碳淬火。

（1）齿轮材料　国内外机车牵引齿轮用钢及其化学成分见表 1-17。

表 1-17　国内外机车牵引齿轮用钢及其化学成分（质量分数）　　　　　　（%）

国家	机车型号	牌　号	C	Si	Mn	S	P	Cr	Ni	Mo
中国	东风4SS3	42CrMo	0.38~0.45	0.17~0.37	0.50~0.80	≤0.035	≤0.035	0.09~1.20		0.15~0.25
	东风9	50CrMoA	0.51	0.23	0.60			1.13		0.31
	东风4D	20CrMnMoA	0.17~0.23	0.17~0.37	0.90~1.20	≤0.035	≤0.035	1.10~1.40	≤0.30	0.20~0.30
	SS5	15CrNi6（15CrNi）	0.12~0.17	0.15~0.40	0.40~0.60	≤0.035	≤0.035	1.40~1.70	1.40~1.70	
	HXD2电力机车	18CrNiMo7-6	0.15~0.21	≤0.40	0.5~0.9	≤0.015	≤0.035	1.5~1.8	1.4~1.7	0.25~0.35
美国	ND5	B50AM33D（45）	0.42~0.50	0.17~0.37		≤0.030	≤0.035	≤0.30	≤0.30	
	ND4 6Y2	15CrNi6（15CrNi）	0.16	0.34	0.43	0.008	0.019	1.48	1.57	
法国	6G	AC2F	镍铬钢 w(Ni)>2.5%							
	ALSTOM机车	17CrNiMo6	0.15~0.20	≤0.40	0.40~0.60	≤0.035	≤0.035	1.50~1.80	1.40~1.70	0.25~0.35
日本	6K	SNCM420（20CrNi2Mo）	0.17~0.22	0.15~0.35	0.45~0.65	≤0.04	≤0.035	0.40~0.60	1.65~2.00	0.20~0.30

注：括号的牌号为我国钢材的相当牌号。

（2）齿轮热处理 机车齿轮模数通常为 10~15mm，热处理多采用气体渗碳淬火工艺，一般要求渗碳层深度 2~4mm，表面与心部硬度分别为 58~62HRC 和 30~45HRC，理想金相组织为隐针或细针马氏体 + 少量残留奥氏体 + 细小而均匀分布的颗粒状碳化物。国内外电力机车牵引齿轮用钢及其热处理见表 1-18。

表 1-18　国内外电力机车牵引齿轮用钢及其热处理

国别	制造厂	型号	单轴功率/kW	构造速度/(km/h)	主动齿轮		从动齿轮		备　注
					牌　号	热处理	牌　号	热处理	
中国	株洲厂	SS3	800	100	20CrMnMo	渗碳淬火，硬度为 ≥58HRC	42CrMoA	调质、单齿中频感应淬火，硬度为 57~60HRC	—
		SS5	800	140	20CrMnMo	渗碳淬火，硬度为 58~61HRC	15CrNi6	渗碳淬火，硬度为 57~61HRC	—
法国	ALSTOM	6Y2	790	100	NFC3（12CrNi3Mo）、14CrNi4（14Cr2Ni2）	渗碳淬火	NCT4（42CrMo）、15CrNi6（15CrNi）	单齿感应淬火，渗碳淬火	使用寿命 430000~620000km
		6G	940	112	AC2FC[镍铬钢，$w(Ni)>2.5\%$]	—	AC2FC[镍铬钢，$w(Ni)>2.5\%$]	—	使用寿命 1500000~1600000km
日本	三菱、川崎等	6K	850	100	SNCM616（17Cr2Ni3Mo）	渗碳淬火	SNCM420（20CrNi2Mo）	渗碳淬火	齿轮裂纹严重，但非材质原因

注：括号中的钢号为我国钢材的相当牌号或所含合金元素。

5. 风电齿轮用钢及其热处理

代表齿轮最高技术的风电设备反映出热处理技术水平。目前，国内外风电齿轮箱外啮合齿轮均采用渗碳淬火工艺；国外行星传动的内齿圈主要采用渗碳淬火，但目前国内对大型薄壁内齿圈的渗碳淬火畸变规律尚未完全掌握，内齿圈多采用渗氮工艺，少数采用高、中频感应淬火（常用材料为 42CrMoA、34Cr2Ni2MoA、4140H、4340H 等优质中碳合金钢）；风电变速器输出齿轮轴（17CrNiMo6 钢）采用渗碳热处理。

（1）常用的风电齿轮用钢化学成分（见表 1-19）

表 1-19　常用的风电齿轮用钢化学成分

牌　号	化学成分（质量分数，%）						备　注
	C	Mn	Si	Cr	Ni	Mo	
17CrNiMo6	0.15~0.20	0.40~0.60	≤0.40	1.50~1.80	1.40~1.70	0.25~0.35	外齿轮用钢
15CrNi6H	0.14~0.19	0.40~0.60	≤0.40	1.40~1.70	1.40~1.70	—	外齿轮用钢
20CrNi2MoA	0.17~0.23	0.30~0.65	0.17~0.37	0.60~0.95	2.70~3.25	0.20~0.30	外齿轮用钢
17Cr2Ni2MoA	0.15~0.19	0.40~0.60	0.15~0.35	1.50~1.80	1.40~1.70	0.15~0.25	外齿轮用钢
42CrMoA	0.38~0.45	0.50~0.80	0.50~0.80	0.90~1.20	—	0.15~0.25	内齿轮用钢
34Cr2Ni2MoA	0.30~0.40	0.50~0.80	0.17~0.37	1.10~1.70	2.75~3.25	0.25~0.40	内齿轮用钢

（2）风电齿轮常用热处理工艺的比较　几种风电硬齿面齿轮常用热处理方法对比见表1-20。

表1-20　风电硬齿面齿轮常用热处理方法对比

热处理方法	有效硬化层深度 /mm	表面硬度	接触疲劳强度 σ_{Hlim}/MPa	弯曲疲劳强度 σ_{Flim}/MPa	特　点
渗碳淬火	0.4 ~ 8	57 ~ 63HRC	1500	500	适用范围宽、承载能力高、工艺复杂、畸变大、成本高
渗氮	0.2 ~ 1.1	800 ~ 1200HV	1250	420	畸变小,大于1mm 的深层渗氮难度大、层深和心部硬度影响大
感应淬火	1 ~ 2（高频） 3 ~ 6（中频）	600 ~ 850HV	1150	360	适用范围较宽、成本较低,易淬火开裂,工艺稳定性较差

注：1. 表中极限应力值对应于 MQ 级的材料热处理质量等级。
　　2. 感应淬火齿根未淬硬时,其弯曲极限应力数值将大幅度降低。

（3）风电变速器齿轮常用钢材及其热处理（见表1-21）

表1-21　风电变速器齿轮常用钢材及其热处理

齿轮名称	齿轮材料	热处理工艺	热处理工艺	热处理设备
外齿轮	17CrNiMo6、15CrNi6、 20CrNi2MoA、 17Cr2Ni2MoA、17Cr2Ni2A、 20CrMnMo、20CrNi2MoA 等	渗碳淬火	1）17CrNiMo6 钢齿轮心部硬度选择 35 ~ 45HRC,表面碳的质量分数选择 0.80% ~ 0.95% 2）碳化物 1 ~ 3 级,17CrNiMo 钢残留奥氏体选择 10% ~ 25%（体积分数）且细小	大型可控气氛井式渗碳炉生产线、大型可控气氛密封箱式渗碳炉生产线等设备。采用计算机自动控制碳势及温度,并对热处理生产过程进行自动控制
内齿轮 （内齿圈）	42CrMoA、34Cr2Ni2MoA 等	调质 + 渗氮（内齿轮深层渗氮）或感应（高、中频）淬火,激光淬火	42CrMoA 钢内齿轮心部硬度选择 300 ~ 330HBW	1）可控气氛罩式渗氮炉、可控气氛密封箱式渗氮炉等。采用计算机自动控制氮势、温度以及热处理生产过程 2）易孚迪 EFD 公司采用 HARD-LINE——固定的感应加热系统,可对风力发电机中齿轮组件的单齿或整体淬火（主要指中频感应淬火）;以及混频概念（MFC）的最新感应加热技术,可使齿轮得到最大的强化和最小的热处理畸变 3）激光淬火设备
齿轮轴	16CrNi、17CrNi5、17CrNi-Mo6、20CrMo、20CrNi2Mo 等	渗碳淬火	17CrNiMo6 钢齿轮:心部硬度选择 35 ~ 45HRC,表面碳的质量分数选择 0.80% ~ 0.95%,碳化物 1 ~ 3 级,残留奥氏体选择 10% ~ 25%（体积分数）且细小	大型可控气氛井式渗碳炉、大型可控气氛密封箱式渗碳炉等。采用计算机自动控制碳势、温度以及热处理生产过程

6. 机床齿轮用钢及其热处理

一般情况下,机床齿轮工作条件相对较好,转速中等、载荷不大、运行平稳且无强烈冲击,故对齿轮的表面耐磨性和心部韧性要求不很高。一般选用调质钢，如 45 钢、40Cr 钢等制造。经正火或调质处理后再经感应淬火处理，齿面硬度可达 40~56HRC，齿轮心部硬度为 200~280HBW，完全可满足性能要求。

对于承受中、高速及中等载荷而且精度要求较高的机床变速箱齿轮，通常选择渗氮钢（如 35CrMo、38CrMoAl 钢等）进行表面渗氮或离子渗氮处理。还有极少数高速、重载、承受冲击的机床齿轮，可选用渗碳钢（如 20Cr、20CrMnTi、20CrMo 钢等）进行渗碳淬火及低温回火。一般机床齿轮常用钢材及其热处理工艺见表 1-22。

表 1-22 一般机床齿轮常用钢材及其热处理工艺

工作条件	齿轮种类	性能要求	牌　号	热处理工艺
低速低载	变速箱齿轮、挂轮架齿轮、车溜板齿轮	耐磨性为主，强度要求不高	45、50、55	预备热处理采用调质工艺，硬度为 200~250HBW 或 240~280HBW
				感应淬火，硬度为 40~45HRC 或 52~56HRC
中、高速，中载	车床变速箱齿轮、钻床变速箱齿轮、磨床变速箱齿轮、高速机床进给箱变速器齿轮	较高的耐磨性和强度	40Cr、42CrMo、42SiMn	感应淬火（沿齿廓），硬度为 52~56HRC
			38CrMoAl、38CrMoAlA、25Cr2MoV	渗氮，渗氮层深度 0.15~0.4mm
高速，中、重载，有冲击	机床变速箱齿轮、龙门铣床电动机齿轮、立车齿轮	高强度、耐磨及良好的韧性	20Cr、20CrMo、20CrMnTi、20CrNi2Mo、12CrNi3	渗碳处理
	大截面齿轮	高的淬透性	35CrMo、42CrMo、50Mn2、60Mn2	调质处理

7. 航空齿轮用钢及其热处理

航空齿轮是用来传递动力和改变运行速度的，因此在功率传递机构如减速器中，需要使用各种形式的齿轮。常用齿轮钢一般为碳的质量分数为 0.10%~0.20% 的高淬透性钢，采用渗碳热处理工艺。部分齿轮钢采用优质渗氮钢进行渗氮热处理。

（1）航空齿轮用钢的分类（见表 1-23）

表 1-23 航空齿轮用钢的分类

分类方法	钢　种	使用条件与发展趋势
按合金类型	碳素钢	适于非主要条件使用
	低合金钢（如 15CrA、12CrNi3A、AISI9310、20CrMnTiA 钢等）	可满足一般使用性能要求
	高合金钢	随着承载能力和耐温性能要求的提高，高合金齿轮钢得以发展，而且抗氧化性、耐蚀性等也成为高性能齿轮钢的重要性能指标
	不锈钢（如 440C、Pyrowear 675、CSS-42L、440N-Dur 钢等）	适于腐蚀介质中使用

（续）

分类方法	钢　种	使用条件与发展趋势
按工作温度	常温齿轮钢（如 12CrNi3A、12Cr2Ni4A 钢等）	工作温度通常在 150℃ 以下
	高温齿轮钢（如 M50NiL、M50NiL、CSS-42L 钢等）	工作温度在 350℃ 以上，并在不断发展工作温度更高的新钢种
按齿轮的组织或硬度	表层硬化钢（如 12CrNi3A、12Cr2Ni4A、16CrNi3MoA、16Cr3NiWMoA、38CrMoAl 钢等）	采用渗碳、渗氮和碳氮共渗等获得表面高硬度，表面硬、心部韧的结构使齿轮具有优良的使用性能
	全淬硬钢（如 M50NiL、M50NiL、440C、440N-Dur 钢等）	具有工艺简单、更低的成本和心部强度高而更抗冲击等优点

（2）常用航空齿轮钢及技术要求（见表 1-24）

表 1-24　常用航空齿轮钢及技术要求

牌　号	技术要求					
	R_m/MPa	R_{eL}/MPa	$A(\%)$	$Z(\%)$	a_K/(kJ/m²)	硬度 HBW
	≥					
15CrA	590	390	15	50	885	170 ~ 302
12CrNi3A	885	635	12	55	1175	262 ~ 363
12Cr2Ni4A	1030	785	12	55	980	293 ~ 388
14CrMnSiNi2MoA	1080	885	12	55	980	321 ~ 415
18Cr2Ni4WA	1030	785	12	50	1175	321 ~ 388
38CrMoAlA	930	785	15	50	980	285 ~ 321
	980	835	15	50	880	292 ~ 302

（3）常用的航空齿轮用钢及其热处理工艺（见表 1-25）。

表 1-25　常用航空齿轮钢及其热处理工艺

牌　号	渗碳工艺或预备热处理工艺	最终热处理工艺或渗氮工艺
15CrA	渗碳：(920 ± 10)℃ 保护箱冷却	一次淬火：(860 ± 10)℃ 油淬 二次淬火：780 ~ 810℃ 油淬 回火：(160 ± 10)℃ 空冷
12CrNi3A	渗碳：(920 ± 10)℃ 保护箱冷却	一次淬火：(860 ± 10)℃ 油淬 二次淬火：780 ~ 810℃ 油淬 回火：(160 ± 10)℃ 空冷
12Cr2Ni4A	1）普通渗碳工艺：(920 ± 10)℃，渗剂为甲醇 + 丙酮，5 ~ 8h，炉冷。当硬度≥38HRC 时进行高温回火(580 ± 20)℃ ×(3 ~ 4)h 2）氮基气氛渗碳工艺：≤800℃ 通入氮气 + 甲醇，(840 ± 10)℃ ×1.2h 通入氮气和渗剂[w(苯)：w(甲醇) = 2：1]，保持(925 ± 10)℃，碳势 w(C) 为 1.15%，后期碳势 w(C) 为 0.8%，空冷或炉冷	一次淬火：(860 ± 10)℃ 油淬 二次淬火：780 ~ 810℃ 油淬 回火：(160 ± 10)℃ 空冷
14CrMnSiNi2MoA	(920 ± 10)℃ 渗碳 8 ~ 12h，渗剂为甲醇 + 乙酸乙酯	淬火：800 ~ 840℃ 油淬 回火：150 ~ 200℃ 空冷

（续）

牌　号	渗碳工艺或预备热处理工艺	最终热处理工艺或渗氮工艺
18Cr2Ni4WA	1）普通渗碳工艺：(840±10)℃×1.2h 滴入渗剂，(925±10)℃继续滴入渗剂渗碳，空冷或箱冷 2）氮基气氛渗碳工艺：≤800℃通入氮气＋甲醇，(840±10)℃×1.2h 通入氮气和渗剂[w(苯):w(甲醇)＝2:1]，保持(925±10)℃，碳势 w(C) 为1.15%，后期碳势 w(C) 为0.8%，空冷或箱冷	淬火：840~870℃油冷 回火：150~170℃空冷
38CrMoAlA	1）(940±10)℃空冷正火 2）(930±10)℃油淬或温水淬火 3）600~670℃油冷或空冷	1）渗氮：(500~510)℃×(28~30)h，通氨渗氮，氨分解率20%~30% 2）渗氮：(525~535)℃×(30~35)h通氨渗氮，氨分解率30%~50%

8. 冶金机械类齿轮用钢及其热处理

现代大型冶金设备重要的齿轮传动装置中齿轮轴、齿轮和焊接齿轮齿圈的材料全部选用优质合金钢，现代大型冶金设备齿轮用钢及其热处理见表1-26。

表1-26　现代大型冶金设备齿轮用钢及其热处理

序号	牌　号	热处理工艺	齿面硬度	接触疲劳强度/MPa	弯曲疲劳强度/MPa
1	38SiMnMo	调质	250HBW	693	206.7
2	35CrMo	调质	250HBW	658	213.5
3	42CrMo4	调质	250HBW	776	256.3
4	20CrMnMo	渗碳淬火	60~62HRC	1572	215.6
5	20Cr2Ni4	渗碳淬火	58~62HRC	1352	276.3
6	20CrNi2Mo	渗碳淬火	58~62HRC	1415	329.4
7	15CrNi3Mo	渗碳淬火	58~62HRC	1326	379.7
8	17CrNiMo6	渗碳淬火	58~62HRC	1497	323.6
9	25Cr2MoV	离子渗氮	760HV5	1648	322.5
10	16NCD13	渗碳淬火	59~62HRC	1475	410.7

9. 矿山机械设备齿轮用钢及其热处理

矿山机械设备齿轮用钢及其热处理见表1-27。

表1-27　矿山机械设备齿轮用钢及其热处理

序号	牌　号	热处理工艺	力学性能	适用范围
1	20CrMnMo、17CrNiMo6、12Cr2Ni4、20Cr2Ni4、20CrMnTi 等	渗碳淬火	表面硬度58~63HRC，心部硬度≥39HRC	齿面接触疲劳应力＞1000MPa。采煤机、连采机、掘进机、重型刮板输送机等减速器齿轮
2	40Cr、35CrMo、42CrMo、40CrMnMo、40CrNi 等	调质及表面淬火	调质硬度240~280HBW，然后进行盐浴整体淬火或感应淬火，其表面硬度45~56HRC	齿面接触应力为500~1100MPa。矿井提升绞车、露天采掘机械、冶金矿山机械等减速器齿轮

（续）

序号	牌　号	热处理工艺	力学性能	适用范围
3	38CrMoAl、42CrMo、35Cr-Mo、30CrMnSi、35CrMnV、40CrMnMo 等	渗氮	一般渗氮层硬度达 1100HV5，经渗氮后的齿轮比淬火硬化齿轮的疲劳强度高 25%～30%	38CrMoAl 钢的许用接触应力为 1100MPa，许用弯曲应力为 375MPa，其他中碳合金钢的许用接触应力为 1000MPa，许用弯曲应力约为 425MPa。采掘机上内齿轮和转速不高、载荷大的齿轮

1.2.4　铸铁齿轮材料及其热处理

　　铸铁齿轮与钢制齿轮相比，具有可加工性好、耐磨性高、噪声低及成本低等优点。因此，适合于负荷小、低速运转、不受冲击、精度要求不高、但耐磨的场合。如采用灰铸铁 HT200、HT250、HT300 等，铸铁齿轮一般在铸造后进行去应力退火、正火，机械加工后进行表面淬火，目的是提高耐磨性。灰铸铁齿轮多用于开式齿轮传动。近年来在闭式齿轮传动中，采用球墨铸铁 QT600-3、QT500-7 代替铸钢来制造齿轮的趋势越来越明显。

　　由于铸铁中存在的游离石墨和多孔性结构，所以齿轮耐磨性良好、噪声小、成本低，可在许多负荷不大、工作条件不苛刻的蜗杆传动中替换铜合金蜗轮。常用的铸铁主要包括灰铸铁、球墨铸铁、可锻铸铁和合金铸铁等四种。齿轮最常用的是灰铸铁和球墨铸铁。

　　常用齿轮铸铁性能对比见表 1-28，常用灰铸铁、球墨铸铁的力学性能见表 1-29。

表 1-28　常用齿轮铸铁性能对比

性　能	灰　铸　铁	珠光体可锻铸铁	球墨铸铁
抗拉强度 R_m/MPa	100～300	450～700	400～1200
屈服强度 R_{eL}/MPa	—	270～530	250～900
伸长率 A(%)	0.3～0.8	2～6	2～18
弹性模量 E/GPa	103.5～144.8	155～178	159～172
弯曲疲劳极限 σ_{-1}/MPa	0.33～0.47[1]	220～260	206～343[4] 145～353[5]
硬度 HBW	150～280	150～290	12HBW～43HRC
冲击韧度 a_K/(J/cm^2)	9.8～15.68[2][3] 14.7～27.44 21.56～29.4	5～20	5～150[4] 14(11),12(9)[6]
齿根弯曲疲劳极限 σ_F/MPa	50～110	140～230	150～320
齿面接触疲劳极限 σ_H/MPa	300～520	380～580	430～1370
相邻振幅比值的对数（减振性应力为 110MPa）	6.0	3.30	2.2～2.5

①　弯曲疲劳比，弯曲疲劳极限与抗拉强度之比，设计时推荐使用 0.35 的疲劳比。

②　分别为珠光体、灰铸铁范围：154～216MPa、216～309MPa 和大于 309MPa 的对应值。

③　按 ISO R946 标准，在 20mm 试棒上测得。

④　无缺口试样。

⑤　有缺口试样（45°，V 形），上贝氏体球墨铸铁。

⑥　V 形缺口（单铸试块），球墨铸铁 QT400-18，括号外数据分别为试验温度(23±5)℃和(−20±2)℃时 3 个试样的平均值，括号内的数据则分别为前述 2 种试验温度下单个试样的值。

表 1-29　常用灰铸铁、球墨铸铁的力学性能

材料牌号	截面尺寸 壁厚 S/mm	力 学 性 能		硬度
		R_m/MPa	R_{eL}/MPa	HBW
HT200	>4.0~10	270		175~263
	>10~20	240		164~247
	>20~30	220		157~236
	>30~50	200		150~225
HT300	>10~20	290		182~273
	>20~30	250		169~255
	>30~50	230		160~241
HT350	>10~20	340		197~298
	>20~30	290		182~273
	>30~50	260		171~257
QT500-7	—	500	320	170~230
QT600-3	—	600	370	190~270
QT700-2	—	700	420	225~305
QT800-2	—	800	480	245~335
QT900-2	—	900	600	280~360

1. 齿轮用灰铸铁及其热处理

（1）灰铸铁的选用　灰铸铁的抗弯及抗冲击能力很差，但它易于铸造、易切削，具有良好的耐磨性和减振性、最小的缺口敏感性、成本低。可用于低速、载荷不大的开式齿轮传动。

齿轮用灰铸铁的牌号及抗拉强度见表 1-30。

表 1-30　齿轮用灰铸铁的牌号及抗拉强度

材料牌号	抗拉强度 R_m/MPa	材料牌号	抗拉强度 R_m/MPa
HT150	150	HT300	300
HT200	200	HT350	350
HT250	250	HT400	400

根据铸件使用条件和目的不同，应采用合理的热处理工艺，通常有消除内应力退火、消除白口的石墨化退火、提高铸件硬度和耐磨性的表面淬火（如感应淬火、火焰淬火、激光淬火，其中，常用高、中频感应淬火，淬火加热温度 850~950℃，淬火采用 PAG 水溶液等）和等温淬火，以及提高铸件强度和塑性的正火等。HT200、HT250、HT300、HT350 材料可用于制作承受高负荷的重要零件，如汽车发动机凸轮轴齿轮等。铸铁齿轮去应力退火工艺规程参见表 3-7 和表 3-8。铸铁齿轮的正火工艺如图 3-6 和图 3-7 所示。

（2）齿轮用可锻灰铸铁的选用　可锻灰铸铁系白口灰铸铁经可锻化退火而得，它有较高的强度和塑性，近似于钢和球墨铸铁，而耐磨性和减振性优于普通碳素钢，铸造性能比灰铸铁差，加工性能优于钢而接近于灰铸铁。

作为齿轮材料的主要是珠光体可锻铸铁，如 KTZ450-06、KTZ550-04、KTZ650-02 与 KTZ700-02 等。

2. 齿轮用球墨铸铁及其热处理

齿轮用球墨铸铁性能介于钢和灰铸铁之间,强度比灰铸铁高很多,具有良好的韧性和塑性,在冲击不大的情况下,可代替钢制齿轮。主要使用珠光体基体的球墨铸铁(如 QT600-3、QT700-2 和 QT800-2 等)和贝氏体基体的球墨铸铁(如 QT900-2 等),通常在齿面硬度低于 250HBW 的情况下,球墨铸铁齿轮齿面的接触疲劳强度不低于钢件。若将不同牌号的球墨铸铁与不同种类的钢相比较,则珠光体球墨铸铁的接触疲劳强度相当于调质钢,而贝氏体球墨铸铁的接触疲劳强度处于调质钢和渗碳钢之间,相当于渗氮钢的水平。

(1)球墨铸铁热处理 球墨铸铁热处理的目的是消除应力,提高机械加工性能,改善基体的组织和性能,同时也提高硬度和耐磨性等。例如,QT600-3、QT700-2、QT800-2 材料通过热处理获得铁素体 + 珠光体基体组织,具有中等的强度和韧性,用于制造受力不大的齿轮、齿条等;QT900-2 材料通过热处理获得贝氏体组织,具有较高的强度和韧性,可代替低合金结构钢制造汽车、拖拉机的弧齿锥齿轮或减速齿轮、柴油机齿轮轴等。

球墨铸铁齿轮毛坯的预备热处理一般采用退火、正火,也可进行正火 + 回火,或调质处理。最终热处理多采用等温淬火(提高综合力学性能),部分采用感应淬火(提高齿面硬度及耐磨性)及化学热处理(如渗氮,提高齿面硬度、接触疲劳强度,延长寿命)。

(2)球墨铸铁牌号、基体组织、力学性能及其在不同热处理状态下的力学性能(见表 1-31 和表 1-32)

表 1-31 球墨铸铁牌号、基体组织及力学性能

材料牌号	基体组织	R_m/MPa	$R_{p0.2}$/MPa	$A(\%)$	$a_K/(J/cm^2)$	硬度 HBW
		≥				
QT400-18	铁素体	400	250	18	14(V 形缺口,3 个试样平均值)	130 ~ 180
QT400-15	铁素体	400	250	15	50 ~ 150	≤180
QT450-10	铁素体	450	310	10	—	160 ~ 210
QT500-7	铁素体 + 珠光体	500	320	7	—	170 ~ 230
QT600-3	珠光体	600	370	3	15 ~ 35(无缺口试样)	190 ~ 270
QT700-2	珠光体	700	420	2	—	225 ~ 305
QT800-2	珠光体	800	560	2	—	245 ~ 335
QT900-2	下贝氏体	900	600	2	30 ~ 100(无缺口试样)	280 ~ 360

表 1-32 球墨铸铁在不同热处理状态下的力学性能

球墨铸铁基体种类	热处理状态	R_m/MPa	$A(\%)$	硬度	$a_K/(J/cm^2)$
铁素体	铸态	450 ~ 550	10 ~ 20	137 ~ 193HBW	30 ~ 150
铁素体	退火	400 ~ 500	15 ~ 25	121 ~ 179HBW	60 ~ 150
珠光体 + 铁素体	铸态或退火	500 ~ 600	5 ~ 10	141 ~ 241HBW	20 ~ 80
珠光体	铸态	600 ~ 750	2 ~ 4	217 ~ 269HBW	15 ~ 30
珠光体	正火	700 ~ 950	2 ~ 5	229 ~ 302HBW	20 ~ 50

（续）

球墨铸铁基体种类	热处理状态	R_m/MPa	$A(\%)$	硬度	a_K/(J/cm^2)
珠光体 + 碎块状铁素体	亚温正火	600 ~ 900	4 ~ 9	207 ~ 285HBW	30 ~ 80
贝氏体 + 碎块状铁素体	亚温贝氏体等温正火	900 ~ 1100	2 ~ 6	32 ~ 40HRC	40 ~ 100
下贝氏体	贝氏体等温淬火	1200 ~ 1500	1 ~ 3	38 ~ 50HRC	30 ~ 100
回火索氏体	淬火,550 ~ 600℃回火	900 ~ 1200	1 ~ 5	32 ~ 43HRC	20 ~ 60
回火马氏体	淬火,200 ~ 250℃回火	700 ~ 800	0.5 ~ 1	55 ~ 61HRC	10 ~ 20

（3）球墨铸铁齿轮的常用热处理工艺（见表1-33）

表1-33　球墨铸铁齿轮的常用热处理工艺

热处理工艺	工艺目的	工艺实例	基体组织	备注
等温退火	消除白口及游离渗碳体,并使珠光体分解,改善可加工性,提高塑性、韧性	温度/℃：920~980（保温 2~5 h），炉冷至 700~750（保温 3~6 h），炉冷 600；横坐标 时间/h	铁素体	—
去应力退火	使珠光体分解,提高塑性、韧性	温度/℃：700~760（保温 3~6 h），炉冷 600，空冷；横坐标 时间/h	铁素体	铸态,无游离渗碳体
正火	提高组织均匀度及强度、硬度、耐磨性或消除白口及游离渗碳体	温度/℃：880~950（保温 1~3 h），空冷或风冷；横坐标 时间/h	珠光体 + 少量铁素体（牛眼状）	复杂铸件正火后需要进行回火
两次正火	提高组织均匀度及强度、硬度、耐磨性或消除白口及游离渗碳体,防止出现二次渗碳体	温度/℃：920~980（保温 1~3 h），炉冷至 860~880（保温 1~2 h），空冷；横坐标 时间/h	珠光体 + 少量铁素体（牛眼状）	复杂铸件正火后需要进行回火
正火	获得良好的强度和韧性	温度/℃：840~880（保温 1~2 h），空冷或风冷；横坐标 时间/h	珠光体 + 铁素体（碎块状）	铸态且无游离渗碳体,复杂铸件正火后需要进行回火
高温不保温正火	获得良好的强度和韧性	温度/℃：740~760（保温 1~1.5 h），升至 900~940，空冷或风冷；横坐标 时间/h	珠光体 + 铁素体（碎块状）	铸态且无游离渗碳体,复杂铸件正火后需要进行回火

（续）

热处理工艺	工艺目的	工艺实例	基体组织	备 注
淬火 + 回火	提高强度、硬度和耐磨性	<图：温度/℃, 860~900, 油冷, 0.5, ①550~600 1~3, ②250~550 1~3, ③200~250 1~3, 时间/h>	①回火索氏体 + 残留奥氏体 ②回火马氏体 + 回火托氏体 + 少量残留奥氏体 ③回火马氏体 + 少量残留奥氏体	淬火前最好先进行正火
贝氏体等温淬火	提高强度、硬度、耐磨性及韧性	<图：温度/℃, 850~900, 0.5, ①350~380 1.0 空冷, ②260~280 1.0 空冷, ③230~240 1.0 空冷, 时间/h>	①贝氏体 + 残留奥氏体 ②下贝氏体 + 残留奥氏体 ③下贝氏体 + 马氏体 + 残留奥氏体	铸态组织应无游离渗碳体

（4）球墨铸铁齿轮的齿根弯曲疲劳强度与接触疲劳强度（见表1-34 和表1-35）

表1-34　球墨铸铁齿轮的齿根弯曲疲劳强度

球铁种类	硬　度	$P=0.5$ 时的频率曲线方程	失效概率 P	循环基数 N_0	疲劳极限 σ_{Hlim} /MPa
铁素体	180HBW	$\sigma_H^{14.161} N = 5.194 \times 10^{46}$	0.50	5×10^7	569.1
			0.01	5×10^7	536.5
珠光体 + 铁素体	226HBW	$\sigma_H^{8.394} N = 2.242 \times 10^{31}$	0.50	5×10^7	657
			0.01	5×10^7	632
珠光体	253HBW	$\sigma_H^{7.941} N = 3.688 \times 10^{30}$	0.50	5×10^7	758
			0.01	5×10^7	715
下贝氏体	41HRC	$\sigma_H^{4.5} N = 1.307 \times 10^{21}$	0.50	1×10^7	1371
			0.01	1×10^7	1235
铁素体（软渗氮）	64HRC	$\sigma_H^{20.83} N = 2.307 \times 10^{70}$	0.50	1×10^7	1100
			0.01	1×10^7	1060

表1-35　球墨铸铁齿轮的接触疲劳强度

球铁种类	硬　度	$P=0.5$ 时的频率曲线方程	失效概率 P	循环基数 N_0	疲劳极限 σ_{Flim} /MPa
珠光体	244HBW	$\sigma_F^{3.209} N = 4.0733 \times 10^{14}$	0.50	5×10^6	292.0
			0.01	5×10^6	198.2
上贝氏体	37HRC	$\sigma_F^{5.1704} N = 2.272 \times 10^{19}$	0.50	3×10^6	308.48
			0.01	3×10^6	289.45
下贝氏体	43.5HRC	$\sigma_F^{4.8870} N = 2.0116 \times 10^{18}$	0.50	3×10^6	263.01
			0.01	3×10^6	236.91
下贝氏体	41.8HRC	$\sigma_F^{3.8928} N = 1.7844 \times 10^{16}$	0.50	3×10^6	324.25
			0.01	3×10^6	307.35

（续）

球铁种类	硬　度	$P = 0.5$ 时的频率曲线方程	失效概率 P	循环基数 N_0	疲劳极限 σ_{Flim} /MPa
钒钛下贝氏体	32.3HRC	$\sigma_F^{2.6307} N = 2.5074 \times 10^{70}$	0.50	3×10^6	427.84
			0.01	3×10^6	407.45
合金钢（调质）	37.5HRC		0.01	3×10^6	305.0
合金铸铁（调质）	37.5HRC		0.01	3×10^6	255.0

（5）等温淬火球墨铸铁（ADI）及其等温淬火　等温淬火球墨铸铁（ADI）是铸铁经奥氏体化等温淬火处理后获得的。热处理使其综合力学性能提高（高的强度、伸长率和冲击值），同时又保留原有铸造的优点。其适合于制造大、中型齿轮。

球墨铸铁经贝氏体等温淬火后（金相组织为贝氏体 + 残留奥氏体），强度高，韧性好。国内外大多采用传统的硝盐等温淬火获得贝氏体组织，或采用高温油代替盐浴进行等温淬火。等温淬火球墨铸铁（ADI）及其等温淬火工艺见表 1-36。

表 1-36　等温淬火球墨铸铁（ADI）及其等温淬火工艺

材料要求	工　艺	性能与特点
由于 ADI 是在较高强度下使用，为了保证具有足够的延展性和韧性，要求其有害杂质（如硫、磷等）含量（质量分数比较低（≤0.02%，最好≤0.005%），而且硫含量的降低还有利于石墨强化率的增高。等温淬火前的基体显微组织必须符合要求，最好是80% ~ 90% P + 20% ~ 10% F（体积分数）	1）对要求高强度、高耐磨，而不要求韧性的 ADI 件，可采用较低的等温淬火，以获得下贝氏体及小于 10%（体积分数）残留奥氏体 2）对于要求韧性为主的 ADI 件，采用偏高的等温淬火温度，以获得上贝氏体及大于 10%（体积分数）残留奥氏体 采用改进等温淬火法，即先淬冷至 Ms 点稍下温度（如 200℃）使其形成少量的淬火马氏体，立即置于 Ms 点稍上温度（如 250℃）的炉中等温保持，可缩短等温保持时间，经该法热处理后的硬度为 56 ~ 60HRC。典型的 ADI 等温淬火工艺曲线如下： 	强度高、质量轻、耐磨性好、耐疲劳性能好、减音性能和吸震性好、成本低。由于 ADI 具有更高的抗拉强度、疲劳强度、断裂韧度和更好的耐磨性，加工尺寸更近无余量，可 100% 回用，价格比铸钢、锻钢便宜

注：P 为珠光体；F 为铁素体。

1.2.5　齿轮用铸钢及其热处理

某些尺寸较大（如直径 $D > 400\text{mm}$）、形状复杂并承受一定冲击载荷的齿轮，在使用毛坯锻造方法难以加工成形时，可采用铸钢制作，其强度比锻钢齿轮低 10% 左右。

齿轮用铸钢多为碳素钢和低合金钢，常用的碳素钢为 ZG270-500、ZG310-570 等，载荷较大的采用合金铸钢，如 ZG40Cr1、ZG35Cr1Mo、ZG42MnSi 等。铸钢齿轮铣齿前需经退火、正火及调质处理，以提高齿轮强度和硬度。一般性能要求不高、转速较慢的铸钢齿轮可在退火或正火、调质后经切削加工后直接使用；对于要求耐磨性高的，可进行表面淬火等。

（1）齿轮用铸钢的牌号、特性与用途（见表 1-37）

表 1-37 齿轮用铸钢的牌号、特性与用途

材料牌号		特性与用途
铸造碳素钢	ZG31-570	具有较高强度,可加工性良好,塑性及韧性较低;铸造性较好,焊接性较差;用于负荷较高的大齿轮等
	ZG340-640	具有高的强度、硬度和耐磨性,可加工性中等,焊接性较差,流动性好,裂纹敏感性较大,用于齿轮等
铸造低合金钢	ZG40Mn	铸造性能较好,焊接性较差,用于承受摩擦的零件,如齿轮等
	ZG40Mn2	
	ZG30SiMn	可用于齿轮等
	ZG50SiMn	可用于齿轮等
	ZG30CrMnSi	用于受冲击及磨损零件,如齿轮等
	ZG35CrMnSi	
	ZG50Mn2	可用于高强度零件,如齿轮、齿轮缘等
	ZG40Cr1	可用于高强度齿轮
	ZG32Cr2Ni2Mo	可用于特殊要求的零件,如锥齿轮,小齿轮及轴等
	ZG20Cr1Mo	可用于齿轮、锥齿轮等
	ZG34Cr1Mo	可用于齿轮、齿圈等
	ZG42Cr1Mo	可用于高负荷零件,如齿轮、锥齿轮等
	ZG28NiCrMo	用于承受冲击载荷的齿轮,适用于直径 >300mm 的齿轮铸件
	ZG30NiCrMo	
	ZG30Ni2Mo	
	ZG35NiCrMo	

(2) 铸钢齿轮的热处理 与锻造齿轮毛坯相比,铸钢齿轮毛坯容易隐藏缺陷,如气孔、夹渣、缩孔以及其他杂质等。因此,使用铸钢齿轮毛坯时应进行充分的预备热处理,如扩散退火、正火或完全退火等。

铸钢齿轮一般采用退火、正火及调质工艺作为预备热处理或最终热处理。但应区别情况,采用不同的热处理方法。铸钢齿轮热处理的选择见表 1-38。

表 1-38 铸钢齿轮热处理的选择

序 号		内 容
退火		中碳铸钢及合金铸钢一般采用完全退火或等温退火作为预备热处理,获得铁素体 + 片状(或球状)珠光体组织。同时,可以清除铸造中出现的粗大晶粒、网状铁素体和魏氏体组织等微观缺陷和应力,改善加工性能,并细化组织,为最终热处理做好组织准备,同时也减少畸变与开裂倾向
		对大型铸钢齿轮,往往出现枝晶偏析,可采用扩散退火作为预备热处理。由于扩散退火温度较高,热处理后组织变得异常粗大,因此在扩散退火后,还应进行一次完全退火或正火,细化晶粒,提高力学性能,改善加工性能,为最终热处理做好组织准备
		碳钢铸造齿轮退火加热温度、退火规范分别参见表 3-9 和表 3-10
		低合金钢铸造齿轮退火加热温度、退火规范分别参见 3-11 和表 3-12

（续）

序　号	内　容
正火 正火回火	低碳铸钢一般选用正火处理作为预备热处理,获得均匀的铁素体+细片状珠光体组织。同时,可以清除铸造中出现的粗大晶粒、网状铁素体和魏氏体组织等缺陷及残余应力,改善加工性能,并细化组织,为最终热处理做好组织准备,同时也减少畸变与开裂倾向
	碳素钢铸造齿轮正火加热温度、正火工艺分别参见表3-18和图3-8,其正火回火加热温度、正火回火规范分别参见表3-19和表3-20
	对于低合金钢铸造齿轮,在淬火+回火(调质处理)前,最好先进行一次正火或正火+回火预备热处理,以细化晶粒,均匀组织,提高最终调质处理的效果,也有利于减少铸态组织对调质后铸钢件性能的影响,以及避免铸钢件内部铸造应力所导致的铸钢件淬火时产生的较大畸变或开裂 如对于碳含量<0.20%(质量分数)的低碳低合金钢铸造齿轮,调质前可采用正火预备热处理
	低合金钢铸造齿轮正火加热温度、正火规范分别参见表3-21和表3-22
调质	铸钢齿轮的调质处理是为了调整铸钢的组织,消除应力,改善钢的韧性和塑性,得到所需的综合力学性能。适合于碳素钢、低合金钢和中合金钢铸钢齿轮。可作为预备热处理或最终热处理

大型铸钢齿轮用铸造低合金钢的牌号、化学成分及力学性能应符合 JB/T 6402—2006 的规定。部分大型铸钢件用铸造低合金钢的力学性能见表 1-39。

表 1-39　部分大型铸钢件用铸造低合金钢的力学性能

材料牌号	热处理状态	R_{eL}/MPa $\geqslant$	R_m/MPa $\geqslant$	$A(\%)$ $\geqslant$	$Z(\%)$ $\geqslant$	KU_2/J $\geqslant$	KV_2/J $\geqslant$	硬度 HBW $\geqslant$	用　途
ZG40Mn	正火+回火	295	640	12	30			163	用于承受摩擦和冲击的零件,如齿轮等
ZG40Mn2	正火+回火	395	590	20	40	30	—	179	用于承受摩擦的零件,如齿轮等
	调质	685	835	13	45	35	—	269~302	
ZG45Mn2	正火+回火	392	637	15	30			179	用于齿轮、模块等
ZG50Mn2	正火+回火	445	785	18	37			—	用于高强度零件,如齿轮、齿轮缘等
ZG35SiMnMo	正火+回火	395	640	12	20	24		—	用于承受负荷较大的零件
	调质	490	690	12	25	27			
ZG35CrMnSi	正火+回火	345	690	14	30			217	用于承受冲击、摩擦的零件,如齿轮、滚轮等
ZG40Cr1	正火+回火	345	630	18	26			212	用于高强度齿轮
ZG34Cr2Ni2Mo	调质	700	950~1000	12			32	240~290	用于特别要求的零件,如锥齿轮、小齿轮、轴等
ZG20CrMo	正火+回火	245	460	18	30	30	—	135~180	用于齿轮、锥齿轮及高压缸零件等
	调质	245	460	18	30	24	—		
ZG35Cr1Mo	正火+回火	392	588	12	25	23.5	—		用于齿轮、电炉支承轮轴套、齿圈等
	调质	510	686	12	25	31	—	201	

（续）

材料牌号	热处理状态	R_{eL}/MPa ≥	R_m/MPa ≥	$A(\%)$ ≥	$Z(\%)$ ≥	KU_2/J ≥	KV_2/J ≥	硬度 HBW ≥	用　途
ZG42Cr1Mo	正火＋回火	343	569	12	20	—	30	—	用于承受高负荷零件、齿轮、锥齿轮等
	调质	490	690～830	11	—	—	—	200～250	
ZG50Cr1Mo	调质	520	740～880	11	—	—	—	200～260	用于减速器零件、齿轮、小齿轮等
ZG28NiCrMo	—	420	630	20	40	—	—	—	适用于直径大于300mm的齿轮铸件
ZG30NiCrMo	—	590	730	17	35	—	—	—	
ZG35NiCrMo	—	660	830	14	30	—	—	—	

1.2.6　齿轮用非铁金属合金

非铁金属合金适合于仪器、仪表工业及在腐蚀性介质中工作的轻载荷齿轮，以及机械传动用蜗轮等。用作齿轮的非铁金属合金主要是铜合金。铜合金大多数情况下用来制造蜗轮。

1. 齿轮常用铜合金的选用

仪器仪表齿轮常用铜合金来制造，如铍青铜 QBe2、QBe1.7 可用于钟表等仪表齿轮；10-4-4 铝青铜 QAl10-4-4 可用于 400℃ 以下工作的齿轮。

硅青铜 QSi3-1 可用于耐蚀件及齿轮等；钛青铜 QTi3.5、QTi3.5-0.2、QTi6-1 等有高的强度、硬度、弹性、耐磨性、耐热性、耐疲劳性和耐蚀性，并且无铁磁性，适宜制造齿轮等耐磨零件。

铸造锡青铜、铸造铝青铜常用于蜗轮等。

2. 蜗杆副材料的选用

蜗轮与蜗杆的转速相差比较悬殊，在相同时间内，蜗杆受磨损的机会远较蜗轮大得多，因此蜗轮、蜗杆要采用不同的材料来制造，蜗杆材料要比蜗轮材料坚硬耐磨。

（1）蜗轮材料　用作蜗轮的材料有铸造锡青铜、铸造铝青铜和铸铁等。为节约贵重的铜合金，直径 100～200mm 青铜蜗轮的轮缘用青铜做成，轮毂用灰铸铁或钢制造。蜗轮材料及其适用条件见表1-40。

表 1-40　蜗轮材料及其适用条件

序号	材　料	适用条件
1	铸造锡青铜如 ZCuSn10P1、ZCuSn10Zn2 等	滑动速度 $v \geqslant 3m/s$
2	铸造铝青铜如 ZCuAl9Mn2、ZCuAl10Fe3Mn2 等	强度较高，如再进行热处理，强度还能提高，价格较低，但耐磨性较差，容易发生胶合破坏，一般用于滑动速度 $v \leqslant 4m/s$ 的场合。相配的蜗杆硬度 ≥45HRC
3	普通灰铸铁及球墨铸铁如 HT150、HT200、HT250、HT300 及 QT700-2 等	滑动速度 $v \leqslant 2m/s$、对性能要求不高的传动齿轮

（2）蜗杆材料　蜗杆绝大部分做成整体式。一般选用优质碳素钢或合金钢制造。

1）滑动速度高的蜗杆以及与铸造锡青铜相配的蜗杆都用高硬度的材料来制造，如用 15 钢、20 钢和 15Cr 钢、20Cr 钢，表面渗碳淬硬至 56～62HRC，或 45 钢、40Cr 钢，表面高频淬硬至 45

~50HRC，并经磨削、抛光以降低表面粗糙度值。

2）一般速度的蜗杆可用 45 钢、50 钢或 40Cr 钢制造，经调质处理后表面硬度可达 220 ~ 260HBW，最好再经最终抛光。低速传动的蜗杆也可用 Q275 普通碳素钢制造。

3）蜗杆常用材料、分类及技术要求见表 1-41。

表 1-41　蜗杆常用材料、分类及技术要求

分类	材料牌号	热处理	硬度	齿面粗糙度 $Ra/\mu m$
表面或整体淬火钢	45、42SiMn、37SiMn2MoV、40Cr、35CrMo、35CrMnSiA、38SiMnMo、42CrMo、40CrNi	表面淬火	45 ~ 55HRC	1.6 ~ 0.8
渗氮钢	35CrMo、42CrMo、40CrMo、40CrNiMo、25CrMoV	渗氮	450 ~ 650HV	经中硬调质（310 ~ 330HBW）后再进行渗氮处理
渗碳钢	15CrMn、20CrMn、20Cr、20CrV、20CrNi、12CrNi3A、20CrMnTi、18Cr2Ni4W	渗碳淬火、回火	58 ~ 63HRC	1.6 ~ 0.8
调质钢	45、40Cr、40CrNi、42CrMo、40CrMoMn、35CrMo 等	调质	30 ~ 35HRC	6.3
	45（用于不重要的传动）	调质	<270HBW	6.3

4）蜗杆、蜗轮材料选用推荐见表 1-42。

表 1-42　蜗杆、蜗轮材料选用推荐

名称	材料牌号	使用特点	应用范围
蜗杆	20、15Cr、20Cr、20CrNi、20MnVB、20SiMnVB、20CrMnTi、20CrMnMo	渗碳淬火（56 ~ 62HRC）并磨削	用于高速、重载传动
	45、40Cr、40CrNi、35SiMn、42SiMn、35CrMo、37SiMn2MoV、38SiMnMo	淬火（45 ~ 55HRC）并磨削	
	45	调质处理	用于低速、轻载传动
蜗轮	ZCuSn10Pb1、ZCuSn5Pb5Zn5	抗胶合能力强，力学性能较低（R_m < 350MPa），价格较贵	用于滑动速度较大（v_s = 5 ~ 15m/s）及长期连续工作处
	ZCuAlFe3、ZCuAl10Fe3Mn2、ZCuZn38Mn2Pb2	抗胶合能力较差，但力学性能较高（R_m >300MPa），与其相配的蜗杆必须经表面硬化处理，价格较廉	用于中等滑动速度（v_s ≤8m/s）
	HT150、HT200	力学性能低，冲击韧性差，但加工容易，且价廉	用于低速、轻载传动（v_s <2m/s）

注：可以选用合适的新型材料。

5）常用齿轮铜合金的主要特征及用途见表 1-43。常用齿轮铜合金的力学性能见表 1-44。

表 1-43　常用齿轮铜合金的主要特征及用途

序号	材料牌号	主要特性	用途
1	HAl60-1-1	属铝黄铜。强度高，耐蚀性好	耐蚀齿轮、蜗轮
2	HAl66-6-3-2	属铝黄铜。强度高，耐磨性好，耐蚀性好	大型蜗轮

（续）

序号	材料牌号	主要特性	用途
3	ZCuZn25Al6Fe3Mn3	属铸造黄铜。有很高的力学性能,铸造性能良好,耐蚀性较好,有应力腐蚀开裂倾向,可以焊接	蜗轮
4	ZCuZn40Pb2	属铸造黄铜。有好的铸造性能及耐磨性,可加工性好,耐蚀性较好,在海水中有应力腐蚀倾向	齿轮
5	ZCuZn38Mn2Pb2	属铸造黄铜。有较高的力学性能,耐蚀性、耐磨性较好,可加工性较好	蜗轮
6	QSn6.5-0.1	属锡青铜。强度高,耐磨性好,压力加工性和可加工性好	精密仪器齿轮
7	QSn7-0.2	属锡青铜。强度高,耐磨性好	蜗轮
8	ZCuSn5Pb5Zn5	属铸锡青铜。耐磨性和耐蚀性好,减摩性好,能承受冲击载荷,易加工,铸造性能及气密性较好	较高载荷,中等滑动速度下工作的蜗轮
9	ZCuSn10Pb1	属铸锡青铜。硬度高,耐磨性极好,有较好的铸造性能及可加工性,在大气和淡水中有良好的耐蚀性	高载荷,抗冲击和高滑动速度(8m/s)下的齿轮、蜗轮
10	ZCuSn10Zn2	属铸锡青铜。耐蚀性、耐磨性及可加工性,铸造性能好,铸件气密性较好	中等及较多载荷和小滑动速度的齿轮、蜗轮
11	QAl5	属铝青铜。较高的强度,耐磨性、耐蚀性好	耐蚀齿轮、蜗轮
12	QAl7	属铝青铜。强度高,较好的耐磨性及耐蚀性	耐蚀齿轮、蜗轮
13	QAl9-4	属铝青铜。高强度,高减摩性,耐蚀性好	高载荷齿轮、蜗轮
14	QAl10-3-1.5	属铝青铜。高的强度,耐磨性好,可热处理强化,高温抗氧化性及耐蚀性好	高温下使用的齿轮
15	QAl10-4-4	属铝青铜。高温(400℃)力学性能稳定,减摩性好	高温下使用的齿轮
16	ZCuAl9Mn2	属铸铝青铜。高的力学性能,在大气、淡水和海水中耐蚀性好,耐磨性好,铸造性能好,组织紧密,可以焊接,不易钎焊	耐蚀、耐磨的齿轮及蜗轮
17	ZCuAl10Fe3	属铸铝青铜。高的力学性能、耐磨性和耐蚀性好,可以焊接,不易钎焊,大型铸件自700℃空冷可以防止变脆	高载荷大型齿轮、蜗轮
18	ZCuAl10Fe3Mn2	属铸铝青铜。高的力学性能,耐磨性好,可热处理,高温下耐蚀性和抗氧化性好,在大气、淡水和海水中耐蚀性好,可焊接,不易钎焊,大型铸件自700℃空冷可以防止变脆	高温、高载荷、耐蚀齿轮、蜗轮
19	ZCuAl8Mn13Fe3Ni2	属铸铝青铜。很高的力学性能,耐蚀性好,应力腐蚀疲劳强度高,铸造性能好,合金组织致密,气密性好,可以焊接,不易钎焊	高强、耐腐蚀重要齿轮、蜗轮
20	ZCuAl9Fe4Ni4Mn2	属铸铝青铜。很高的力学性能,耐蚀性好,应力腐蚀疲劳强度高,耐磨性良好,在400℃以下具有耐热性,可热处理,焊接性能好,不易钎焊,铸造性能尚好	要求高强度、耐腐性好和400℃以下工作的重要齿轮、蜗轮

表 1-44　常用齿轮铜合金的力学性能

序号	材料牌号	状态	力学性能　≥					
			抗拉强度 R_m/MPa	屈服强度 $R_{p0.2}$/MPa	伸长率(%)		冲击韧度 a_K/(J/cm²)	硬度 HBW
					A	$A_{11.5}$		
1	HAl60-1-1	软态	440	—	—	18	—	95
		硬态	735	—	—	8	—	180

（续）

序号	材料牌号	状态	抗拉强度 R_m/MPa	屈服强度 $R_{p0.2}$/MPa	伸长率(%) A	$A_{11.5}$	冲击韧度 a_K/(J/cm²)	硬度 HBW
2	HAl66-6-3-2	软态	735	—	—	7	—	—
		硬态	—	—	—	—	—	—
3	ZCuZn25Al6Fe3Mn3	S	725	380	10	—		160
		J	740	400	7	—		170
4	ZCuZn40Pb2	S	220	—	15	—		80
		J	280	120	20	—		90
5	ZCuZn38Mn2Pb2	S	245	—	10	—		70
		J	345	—	18	—		80
6	QSn6.5-0.1	软态	343~441	196~245	60~70	—		70~90
		硬态	686~784	578~637	7.5~1.2	—	—	160~200
7	QSn7-0.2	软态	353	225	64	55	174	≥70
		硬态	—	—	—	—	—	—
8	ZCuSn5Pb5Zn5	S	200	90	13	—		60
		J	200	90	13	—		60
9	ZCuSn10Pb1	S	200	130	3	—		80
		J	310	170	2	—		90
10	ZCuSn10Zn2	S	240	120	12	—		70
		J	245	140	6	—		80
11	QAl5	软态	372	157	65	—	108	60
		硬态	735	529	5	—	—	200
12	QAl7	软态	461	245	70	—	147	70
		硬态	960	—	3	—		154
13	QAl9-4	软态	490~588	196	40	12~15	59~69	110~190
		硬态	784~980	343	5	—		160~200
14	QAl10-3-1.5	软态	590~610	206	9~13	8~12	59~78	130~190
		硬态	686~882	—	9~12	—		160~200
15	QAl10-4-4	软态	590~690	323	5~6	4~5	29~39	170~240
		硬态	880~1078	539~588	—	—		180~240
16	ZCuAl9Mn2	S	390	—	20	—		85
		J	440	—	20	—		95
17	ZCuAl10Fe3	S	490	180	13	—		100
		J	540	200	15	—		110
18	ZCuAl10Fe3Mn2	S	490	—	15	—		110
		J	540	—	20	—		120

（续）

序号	材料牌号	状态	力学性能 ≥					
			抗拉强度 R_m/MPa	屈服强度 $R_{p0.2}$/MPa	伸长率（%）		冲击韧度 a_K/(J/cm²)	硬度 HBW
					A	$A_{11.5}$		
19	ZCuAl8Mn13Fe3Ni2	S	645	280	20	—	—	160
		J	670	310	18			170
20	ZCuAl9Fe4Ni4Mn2	S	630	250	16'			160

注：1. 软态为退火态，硬态为压力加工态。
　　2. S 为砂型铸造；J 为金属型铸造。

3. 蜗轮与蜗杆的材料与性能

蜗轮多采用铜合金制作。几种蜗轮材料在与蜗杆配对使用时的许用接触应力见表 1-45 和表 1-46。几种蜗轮材料的许用弯曲应力见表 1-47。

表 1-45　$N=10^7$ 时蜗轮材料的许用接触应力 σ_{HP}

蜗轮材料牌号	铸造方法	适用的滑动速度/(m/s)	力学性能		蜗杆齿面硬度	
			R_{eL}/MPa	R_m/MPa	≤350HBW	>45HRC
					σ_{HP}/MPa	
ZCuSn10Pb1	砂型	≤12	137	216	177	196
	金属型	≤25	196	245	196	216
ZCuSn5Pb5Zn5	砂型	≤10	78	177	108	123
	金属型	≤12	78	196	132	147

表 1-46　几种蜗杆副材料配对时的许用接触应力 σ_{HP}

蜗轮材料牌号	蜗杆材料	滑动速度/(m/s)							
		0.25	0.5	1	2	3	4	6	8
		σ_{HP}/MPa							
ZCuAl10Fe3 ZCuAl10Fe3Mn2	钢（淬火）[1]	—	245	226	206	177	157	118	88.3
ZCuZn38Mn2Pb2	钢（淬火）[1]		211	196	177	147	132	93.2	73.6
HT200，HT150 （120～150HBW）	渗碳钢	157	127	113	88.3	—	—	—	—
HT150（120～150HBW）	钢（调质或正火）	137	108	88.3	68.7	—	—	—	—

[1]　蜗杆未经淬火时，须将表中 σ_{HP} 值降低 20%。

表 1-47　$N=10^6$ 时蜗轮材料的许用弯曲应力 σ_{FP}

材料组	蜗轮材料牌号	铸造方法	适用的滑动速度/(m/s)	力学性能		σ_{FP}/MPa	
				R_{eL}/MPa	R_m/MPa	一侧受载	两侧受载
锡青铜	ZCuSn10P1	S	≤12	137	220	50	30
		J	≤25	170	310	70	40

（续）

材料组	蜗轮材料牌号	铸造方法	适用的滑动速度/(m/s)	力学性能		σ_{FP}/MPa	
				R_{eL}/MPa	R_m/MPa	一侧受载	两侧受载
锡青铜	ZCuSn5Pb5Zn5	S	≤10	90	200	32	24
		J	≤12	90	200	40	28
铝青铜	ZCuAl10Fe3	S	≤10	180	490	80	63
		J		200	540	90	80
	ZCuAl10Fe3Mn2	S	≤10	—	490		
		J		—	540	100	90
黄铜	ZCuZn38Mn2Pb2	S	≤10		245	60	55
		J			345		
铸铁	HT150	S	≤2		150	40	25
	HT200	S	≤2 ~ 5		200	47	30
	HT250	S	≤2 ~ 5		250	55	35

注：S——砂型铸造；J——金属型铸造。

1.2.7　齿轮用粉末冶金材料及其热处理

（铁基）粉末冶金法是以铁粉为主要原料，通过压制、烧结等制造各种工件的工艺方法。其通过表面淬火、回火、时效处理、化学热处理和感应淬火等处理，以提高强度、硬度和耐磨性能。粉末冶金制品与锻造或轧制的工件的最大区别是其有孔隙存在（一般密度达到 7.5g/cm³ 左右为好）。

粉末冶金齿轮材料一般适用于制作大批量生产的小齿轮，例如汽车发动机的定时齿轮（材料 Fe-C0.9）、摩托车齿轮、分电器齿轮（材料 Fe-C0.9-Cu2.0）、农用柴油机中的凸轮轴齿轮（材料 Fe-Cu-C），以及要求耐磨、保持间隙精密度的 25L 油泵齿轮等。

（1）铁基粉末冶金材料的主要特点与应用举例（见表 1-48）

表 1-48　铁基粉末冶金材料的主要特点与应用举例

材料牌号	主要特点与应用举例
FTG60-15、FTG60-20、FTG60-25	强度较高，可以进行热处理。适于制造轻负荷结构零件和要求热处理零件，例如传动小齿轮等
FTG70Cu3-25、FTG70Cu3-35、FTG70Cu3-50	强度与硬度高，耐磨性能好，抗大气氧化性较好，可进行热处理。适于制造受力较高或耐磨的零件。例如齿轮、链轮等
FTG60Cu3Mo-40、FTG60Cu3Mo-55	强度与硬度高，耐磨性能好，淬透性好，热稳定性好，第二类回火脆性低。适于制造受力较高、要求耐磨或要求调质处理的零件，例如齿轮等

（2）铁基粉末冶金件热处理用保护气氛　铁基粉末冶金件热处理常用保护气氛或在固体填料保护下加热。保护气氛主要有中性气氛，氮基气氛、吸热式气氛、放热式气氛，还原气氛，分解氨、碳氢化合物或混合气等。

（3）铁基粉末冶金材料的淬火、回火工艺

1）淬火和回火处理：

通常，中碳和高碳的 Fe-C、Fe-C-Cu 粉末冶金件可以热处理强化。淬火加热温度为 790 ~ 900℃，油冷；在 175 ~ 250℃ 空气炉或油炉中回火 0.5 ~ 1h。铁基粉末冶金材料的淬火、回火工艺见表1-49。

表1-49　铁基粉末冶金材料的淬火、回火工艺

密度 /(g/cm³)	淬火工艺				回火工艺	
	加热温度/℃	保温时间/min	转移时间/s	冷却方式	温度/℃	时间/h
6.4 ~ 6.8	870 ~ 890	30 ~ 45	< 8	快速油冷	—	
6.8 ~ 7.2	850 ~ 870	45 ~ 60	< 12		150 ~ 180	0.5 ~ 1
> 7.2	820 ~ 850	60 ~ 75	< 25		170 ~ 220	0.5 ~ 1

2）齿轮高频感应淬火用粉末冶金材料：

如 Fe-C-Mo、FTG30、FTG60、FTG90、FTG70Cu3、FTG60Cu3Mo 等。粉末冶金齿轮的高频感应淬火见6.3.5内容。

（4）铁基粉末冶金齿轮的化学热处理　低碳铁基粉末冶金齿轮可通过化学热处理进行表面强化，以提高硬度和耐磨性。铁基粉末冶金齿轮几种典型化学热处理工艺见表1-50。

表1-50　铁基粉末冶金齿轮几种典型化学热处理工艺

序号	工艺方法	内　容
1	渗碳和碳氮共渗	1）气体渗碳或碳氮共渗在密封箱式炉、井式炉或连续式炉中进行。气体渗碳温度可取 900 ~ 930℃，用煤油或吸热式气氛做渗剂，碳势控制在 $w(C)$ 为 0.8% ~ 1.2%，渗碳时间 1.5 ~ 3.5h，渗碳件在炉内降温至 850 ~ 870℃ 后淬油，150 ~ 200℃ 回火 2h，渗碳后表面碳含量 $w(C)$ 为 0.8% ~ 1.0%，表面硬度约 50HRC 2）气体碳氮共渗的温度范围在 820 ~ 870℃，根据渗层要求，共渗时间 1 ~ 3h，共渗后直接油淬，低温回火 2h
2	气体渗氮与氮碳共渗	气体渗氮与钢铁件相同，在分解氨中进行。气体氮碳共渗温度为 (570 ± 10)℃，采用工业酒精（或甲醇）和氨气或三乙醇胺做渗剂，共渗时间 1.5 ~ 2.5h，出炉油冷
3	蒸汽处理（发蓝处理）	其是将粉末冶金件放在过热和过饱和蒸汽中加热氧化，处理温度 540 ~ 560℃，时间 40 ~ 60min，使其表面形成一层均匀、致密、有铁磁性、厚度为 3 ~ 4μm 的蓝色 Fe_3O_4 薄膜。主要用于齿轮、计算机齿轮、汽车减振器活塞等

（5）汽车粉末冶金齿轮的性能和热处理举例（见表1-51）

表1-51　汽车粉末冶金齿轮的性能和热处理举例

序号	齿轮名称	材料	性能	节省加工工时	热处理及表面处理	
					热处理	铜合金熔浸
1	计时齿轮	Fe、Fe-C	耐磨性好	✓	渗碳淬火、回火	✓
2	燃烧泵控制齿轮	Fe-Cu-Ni、Fe-Cu-C		✓		
3	起动器减速齿轮	Fe-Cu、Fe-Cu-Ni、Fe-Cu-C		✓		
4	车窗开闭调节器齿轮	Fe-Cu-C		✓	渗碳淬火、回火	

第2章 齿轮热处理常用设备和工艺材料

齿轮热处理设备是保证齿轮热处理质量的重要因素。齿轮热处理设备应保证对热处理工艺参数进行精确控制，这是保证齿轮获得技术要求的关键因素之一。

选择合适及优质的生产用工艺材料是保证齿轮获得优良热处理质量、防止产生热处理缺陷重要的前提条件之一。

2.1 齿轮热处理常用设备

（1）设备与分类 热处理设备主要包括热处理主要设备及辅助设备，具体又可以分为生产设备、辅助设备和质量检测设备及仪器。齿轮热处理设备及其分类见表2-1。

表 2-1 齿轮热处理设备及其分类

主要设备	热处理加热炉	炉膛式	电阻炉、可控气氛炉、真空炉	箱式炉、井式炉、台车式炉、转底式炉等	间歇式炉
					连续式炉
		浴槽式	内热式	插入式电极浴炉、埋入式电极浴炉等	
			外热式	电阻式炉、燃气炉等	
		流态粒子炉		内电阻加热炉或外电阻加热炉等	
	热处理加热装置	感应加热装置		高频、超音频、中频、工频等加热装置	
		火焰加热装置		氧乙炔、氧甲烷、氧丙烷等火焰	
		接触电阻加热装置		行星差动式、往复移动式等	
		激光和电子束加热装置		固体、气体、液体、半导体等激光器	
		离子轰击加热装置		离子渗氮、渗碳等处理炉	
	热处理冷却设备	连续冷却	缓慢	埋灰冷却炉、缓冷坑炉、缓冷井炉、缓冷炉等	
			中速	空冷、风冷、雾冷等	
			快速	水冷、油冷、盐碱水溶液冷、乳化液冷等	
			冷处理	冰冷处理箱、中冷处理机和深冷处理冷冻机	
		等温冷却	箱体式	低温恒温箱等	
			浴槽式	低温熔盐、低温熔碱、低温油槽等	
			炉膛式	等温正火、退火、淬火、回火等处理炉	
辅助设备	清理、清洗设备	清洗设备		清洗槽、超声波和真空以及溶剂清洗机等	
		酸洗设备		酸洗槽等	
		喷砂、喷丸、抛丸设备		机械式喷丸机、强力抛丸机、液体喷砂机	
	气氛制取设备			吸热式、放热式、工业氮等气氛制备装置和气体净化装置等	
	介质加热和冷却设备	介质加热设备		气体热交换、液体热交换等装置	
		介质冷却设备		淬火冷却介质循环冷却设备、气体对流装置等	
	质量检验设备	硬度检验设备		布氏硬度计、洛氏硬度计、肖氏硬度计、里氏硬度计、显微硬度计等	
		组织结构分析设备		显微镜、X射线检测仪、电子探针等	
		工件检测设备		磁粉检测机、渗透检测机、超声波检测机等	
	工件板正设备			手动式矫直机、机械式矫直机、液压式矫直机和手动工具、畸变检验仪器等	

（2）设备选择原则　热处理设备选择原则见表2-2。

表2-2　热处理设备选择原则

序号	内　容
1	热处理炉本身设计的合理性、炉子密封性以及各种炉内构件、材料及相应部件的质量等
2	温度控制的准确性和炉内温度分布的均匀性
3	可控气氛化学热处理炉的碳势或氮势控制的准确性
4	价格的合理性,应具有良好的性价比
5	尽量采用标准系列设备,并便于运输和安装
6	采用新的节能技术,降低能耗,并能够满足排放要求
7	满足企业的产品技术与生产(生产纲领)要求等

2.1.1　齿轮热处理常用生产设备

齿轮热处理常用设备包括热处理电阻炉、热处理盐浴炉、可控气氛热处理炉、真空热处理炉和离子渗氮炉、表面加热设备和冷却设备等。齿轮热处理常用设备见表2-3。

表2-3　齿轮热处理常用设备

分类原则						
按热源	按介质	按工作方式	按传输方式	按结构	按工艺	按温度
电炉、感应炉、特种能源(激光等)	空气炉、气氛炉、盐浴炉、离子炉、真空炉等	周期式炉、半连续式炉、连续式炉等	推杆式炉、网带式炉、台车式炉等	箱式炉、密封箱式炉、井式炉、转底式炉等	淬火加热炉、正火炉、退火炉、回火炉、等温炉、渗氮炉、渗碳炉等	低温(750℃)炉、中温(800～950℃)炉、高温(1000～13000℃)炉

1. 热处理电阻炉

热处理电阻炉的种类很多。按照操作规程可分为周期式炉和连续式炉两大类。电阻炉的分类、特点、用途及常用设备见表2-4。

表2-4　电阻炉的分类、特点、用途及常用设备

电阻炉分类	特　点	用　途	常用设备
周期式电阻炉	工件整批入炉,在炉中完成加热、保温等工序,出炉后,另一批工件再入炉,如此周期式地生产	常用于退火、正火、调质等,适用于小批量、多品种	箱式电阻炉、井式电阻炉、台车式电阻炉等
连续式电阻炉	工件连续地(或脉动地)进入炉膛,并不断前进移动,完成整个加热、保温等工序后工件即出炉	适用于大批量热处理生产,如正火、调质等	推杆式炉、转底式炉、振底式炉、传送带式炉等

（1）箱式电阻炉　箱式电阻炉广泛用于中小型齿轮等零件的小批量热处理生产,如淬火、正火、退火,也可以进行回火及固体渗碳等。按工作温度可分为高温箱式电阻炉、中温箱式电阻炉和低温箱式电阻炉。其中以中温箱式电阻炉使用最为广泛。常用的 RX 系列中温箱式电阻炉的型号及技术参数见表2-5。

表 2-5　RX 系列中温箱式电阻炉的型号及技术参数

型　号	额定功率/kW	额定电压/V	相数	最高使用温度/℃	炉膛尺寸（长×宽×高）/mm	炉温850℃时的指标		
						空炉耗损功率/kW	空炉升温时间/h	最大装载量/kg
RX3-15-9	15	380	1	950	650×300×250	≤5	≤3	80
RX3-30-9	30	380	3	950	950×450×350	≤8	≤3	200
RX3-45-9	45	380	3	950	1200×600×400	≤10	≤3	350
RX3-60-9	60	380	3	950	1500×750×450	≤13	≤3	500
RX3-75-9	75	380	3	950	1800×900×550	≤15	≤3	800

（2）井式电阻炉　井式电阻炉一般适用于细长齿轮轴等零件的加热，以减少加热过程中齿轮轴的畸变。井式电阻炉按其工作温度可分为低温井式电阻炉、中温井式电阻炉及高温井式电阻炉三种。一般通用井式电阻炉国产已有 RJ 系列定型产品。此外还有很多非标准的井式电阻炉，其中大型井式电阻炉深度可达 30m，有的直径可达 5m 左右，可用于大型齿轮（轴）等零件热处理。

1）低温井式电阻炉。通常又称为井式回火炉。广泛用于齿轮等零件的回火处理。RJ 型低温井式电阻炉的型号及技术规格见表 2-6。

表 2-6　RJ 型低温井式电阻炉的型号及技术规格

型　号	额定功率/kW	额定电压/V	相数	额定温度/℃	炉膛尺寸（直径×深度）/mm	炉温650℃时的指标		
						空炉耗损功率/kW	空炉升温时间/h	最大装载量/kg
RJ2-25-6	25	380	1	650	φ400×500	≤4	≤1	150
RJ2-35-6	35	380	3	650	φ500×650	≤4.5	≤1	250
RJ2-55-6	55	380	3	650	φ700×900	≤7	≤1.2	750
RJ2-75-6	75	380	3	650	φ950×1200	≤10	≤1.5	1000

2）井式气体渗碳电阻炉。国产井式气体渗碳电阻炉有 RQ3-□-9 系列。主要用途是齿轮等零件的气体渗碳，也可用来进行气体渗氮、碳氮共渗及氮碳共渗处理，以及重要齿轮等零件的淬火、退火处理等。井式气体渗碳电阻炉的规格及技术参数见表 2-7。

表 2-7　井式气体渗碳电阻炉的规格及技术参数

型　号	额定功率/kW	额定电压/V	相数	额定温度/℃	工作区尺寸（直径×深度）/mm	炉温950℃时的指标		
						空炉耗损功率/kW	空炉升温时间/h	最大装载量/kg
RQ3-25-9	25	380	3	950	φ300×450	≤7	≤2.5	50
RQ3-35-9	35	380	3	950	φ300×600	≤9	≤2.5	70
RQ3-60-9	60	380	3	950	φ450×600	≤12	≤2.5	150
RQ3-75-9	75	380	3	950	φ450×900	≤14	≤2.5	220
RQ3-90-9	90	380	3	950	φ600×900	≤16	≤3	400
RQ3-105-9	105	380	3	950	φ600×1200	≤18	≤8	500

3）井式气体渗氮炉。井式气体渗氮炉型号及技术参数见表 2-8。可用于齿轮等零件的气体渗氮及氮碳共渗处理等。

表 2-8　井式气体渗氮炉型号及技术参数

参　　数		TL75-93	TL80-201	RN-30-6K	RN-60-6K	RN-90-6K	RN-140-6K	RN-35-6A	RN-60-6A
额定功率/kW		30	50	30	60	90	140	35	60
额定电压/V		380	380	380	380	380	380	380	380
相数		3	3	—	—	—	—	3	3
额定温度/℃		650	650	650	650	650	650	650	650
升温时间/h		3~5	3~5	≤1.5	≤2	≤2	≤2	—	—
最大装炉量/kg		300	600	200	630	1450	2500	—	—
炉膛尺寸	直径/mm	500	500	450	650	800	800	450	800
	高度/mm	550	1000	650	1200	1800	3500	650	900

4）台车式电阻炉。目前国产台车式电阻炉有标准型 RT2-□-9 系列和非标准型 RT-□-10 系列两种。台车式电阻炉常用于大型或大批量铸、锻件（如齿轮毛坯等）的退火及正火处理，也可用于固体渗碳（如较大型齿轮等固体渗碳）处理。台车式电阻炉型号及技术参数见表 2-9。

表 2-9　台车式电阻炉型号及技术参数

型　　号		额定功率/kW	额定电压/V	相数	额定温度/℃	炉膛尺寸（长×宽×高）/mm	炉温 950℃时的指标		
							空炉损耗功率/kW	空炉升温时间/h	最大装载量/kg
标准系列	RT2-65-9	65	380	3	950	1100×550×450	≤14	≤2.5	1000
	RT2-105-9	105	380	3	950	1500×800×600	≤22	≤2.5	2500
	RT2-180-9	180	380	3	950	2100×1050×750	≤40	≤4.5	5000
	RT2-320-9	320	380	3	950	3000×1350×950	≤75	≤5.0	12000
非标系列	RT-75-10	75	380	3	1000	1500×750×600	≤15	≤3.0	2000
	RT-90-10	90	380	3	1000	1800×900×600	≤20	≤3.0	3000
	RT-150-10	150	380	3	1000	2800×900×600	≤35	≤4.5	4500

5）推杆式电阻炉。推杆式电阻炉通常制成直通式结构。推杆式电阻炉的用途很广，可用于大、中、小型工件（如齿轮等）的淬火、正火、退火、回火和化学热处理等多用途。

2. 热处理盐浴炉

盐浴炉按温度可分为低温盐浴炉、中温盐浴炉、高温盐浴炉。低温盐浴炉浴液主要是硝盐，用于 150~550℃ 温度范围内的等温淬火、分级淬火和回火。用于齿轮淬火冷却时，可以显著减小齿轮畸变；中温、高温盐浴炉可用于 600~1300℃ 温度范围内的工件加热及液态化学热处理。

RDM 系列埋入式电极中温盐浴炉的型号及技术参数见表 2-10。RYD-A 系列中、低温插入式电极盐浴炉的技术参数见表 2-11。

表 2-10　RDM 系列埋入式电极中温盐浴炉的型号及技术参数

型号	额定功率/kW	额定电压/V	相数	额定温度/℃	炉膛尺寸（长×宽×高）/mm	电极工作电压/V	变压器容量/kV·A	最大生产率/(kg/h)
RDM-20-8	20	380	1	850	200×200×600	12~29.2	24	8
RDM-30-8	30	380	3	850	300×250×700	14.5~30.7	25.1	13

（续）

型号	额定功率/kW	额定电压/V	相数	额定温度/℃	炉膛尺寸（长×宽×高）/mm	电极工作电压/V	变压器容量/kV·A	最大生产率/(kg/h)
RDM-45-8	45	380	3	850	350×300×700	14.5～30.6	25.1	18
RDM-70-8	70	380	3	850	450×350×700	16.2～34	28	24
RDM-130-8	130	380	3	850	900×450×700	16.2～34	28	50

表 2-11　RYD-A 系列中、低温插入式电极盐浴炉的技术参数

	型号	额定功率/kW	额定电压/V	相数	额定温度/℃	炉膛尺寸（长×宽×高）/mm	电极工作电压/V	变压器容量/kV·A	最大生产率/(kg/h)
中温	RYD-25-8A	25	380	1	850	380×300×490	6.9～20	30	90
	RYD-100-8A	100	380	3	850	920×600×540	8.02～19.65	105	160
	RYD-100-9A	100	380	3	950	300×300×1600	9.02～23.5	120	—
低温	RYD-50-6A	50	380	3	600	920×600×540	7.98～20	55	100

3. 可控气氛热处理炉

齿轮热处理广泛采用可控气氛热处理炉。如气体渗碳、碳氮共渗、渗氮、氮碳共渗及光亮淬火、正火、退火等。可控气氛热处理炉分类见表 2-12。

表 2-12　可控气氛热处理炉分类

按作业方式的不同分类	常用炉型
周期式炉	井式气体渗碳炉、密封箱式可控气氛炉、预抽真空井式气氛炉等
连续式炉	推杆式可控气氛连续炉、网带式可控气氛连续炉、转底式可控气氛连续炉等

（1）密封箱式可控气氛炉　密封箱式可控气氛炉的组成、代表炉型与用途见表 2-13。目前，齿轮热处理用先进的可控气氛多用热处理炉见表 2-14。

表 2-13　密封箱式可控气氛炉的组成、代表炉型与特点

项　目	内　容
组成	一般由加热室、前室、淬火槽、缓冷室、传动机构、温度及气氛控制仪表等组成，其中，炉内碳势采用氧探头自动控制系统，温度控制采用计算机控制。此外，还有工件清洗机、气源与产气装置、回火炉等附属设备
代表炉型	国产有 UNICASE、UNZCASE、RM、NS、GY 型等，国外有 TQF-8-ERM 型（德国易普森）、VKES4/1 型（奥地利爱协林）、WE0-48-30 型（美国索菲斯）等
特点	齿轮渗碳热处理过程所包括的预热、渗碳、扩散、冷却（油冷、气冷）等完全在可控气氛保护下进行处理，不会与空气接触，能够获得高的热处理质量（包括高的表面质量）

表 2-14　几种典型的齿轮热处理用先进的可控气氛多用热处理炉

序号	炉型	内　容
1	高温可控气氛多用炉	在 1010℃以上高温渗碳比在 850～930℃常规渗碳工艺缩短 30%甚至 50%以上，可显著降低成本和能源消耗。如 QS6110-H 型高温可控气氛多用炉，最高使用温度 1200℃（常规工作温度为 800～1150℃），炉温均匀性为±5℃，碳势控制精度为±0.05%C，渗碳层深度偏差为±10%，装炉量为 600kg
2	前室预抽真空多用炉	1）如 BBH 前室预抽真空多用炉，由于前室采用真空技术，不存在爆炸的危险，整个设备无须火帘，有效降低了齿轮的内氧化及淬火油氧化程度，产品质量显著提高，整个生产线控制精确，真正实现全自动无人操作

（续）

序号	炉　型	内　　容
2	前室预抽真空多用炉	2）BBH-600 型前室预抽真空多用炉与 UBE-600 型普通多用炉相比较，更加节能、节气。BBH 前室预抽真空多用炉及其自动生产线见下图 
3	底装料立式多用炉	1）如 SOLO、RM9D 型，该炉不仅具有少无氧化脱碳、精确控制特点，还可以选择不同淬火冷却介质以适应不同材料和零件对淬火冷却的不同要求，使热处理零件获得最佳的性能，最大限度地减少热处理畸变 2）该炉温度和气氛恢复与转换快，可实现可控气氛保护淬火、退火、回火、渗碳、碳氮共渗、渗氮、氮碳共渗等多种工艺的快速转换，生产效率高，成本低，还可以实现无内氧化渗碳、碳势可控的薄层渗碳等高质量化学热处理

　　（2）推杆式可控气氛连续渗碳炉　又称为连续式气体渗碳自动生产线，适用于大批量零件（如齿轮等）的热处理生产，可以进行气体渗碳、碳氮共渗等工艺。国产有 LSX、STL、LS 型（长春一汽嘉信公司）等，国外有 CJ-1463 型（美国霍尔科夫特 AFC-HOL-CROFT 公司）及爱协林公司（奥地利 Aichelin 公司）和易普森公司（德国 Ipsen 公司）生产的多型号单排、双排、三排炉等。图 2-1 所示为国产双排连续式气体渗碳自动生产线。

图 2-1　国产双排连续式气体渗碳自动生产线

　　几种典型齿轮渗碳用推杆式可控气氛连续渗碳炉的组成与特点见表 2-15。

表 2-15　几种典型齿轮渗碳用推杆式可控气氛连续渗碳炉的组成与特点

序号	炉　型	组成与特点
1	单室（排）连续式可控气氛渗碳炉	主要由前室、贯通式单室炉膛、后室、清洗机、回火炉等部分组成，可完成渗碳、淬火、清洗和回火等工艺过程。贯通式单室炉膛常划分为 5 个区：加热区、均热区、渗碳区、扩散区、预冷区。各区之间以双拱墙隔开，使各区形成相对独立的温度、气氛控制区
2	具有中间冷却区和淬火加热区的渗碳炉	又称带中冷室的连续式可控气氛渗碳炉。其主要由前室、加热区、渗碳扩散区、中间冷却区、淬火加热区、淬火油槽、清洗机、回火炉等组成。其中，中间冷却区的作用是使渗碳齿轮等零件冷至珠光体转变温度以下，使组织细化，奥氏体得到充分的分解，以便为下一步重新加热淬火做好准备。中间冷却区的辐射管是两用的，既可通水用来冷却，也可通电用来加热。当零件不需要中间冷却时，此区段可作为渗碳区或扩散区来使用。设有的淬火加热区作用是将已被冷却的渗碳件重新加热到淬火温度。当渗碳件不允许直接淬火时，可经小炉门拉出从动齿轮移至淬火压床上进行压力淬火

（续）

序号	炉　型	组成与特点
3	多室连续式可控气氛渗碳炉	如具有双室（排）的连续式渗碳炉、具有三室的连续式渗碳炉及具有四室的连续式渗碳炉等。主要由前室、加热室、渗碳室、扩散室、冷却室等组成。具有三室的连续式渗碳炉的三室是指加热室、渗碳室和扩散室。这三个室用炉门隔开，当推送料盘开启一个炉门时，由于相邻两室的温度和压力基本相同，故各室气氛干扰较小，可获得更加优质渗碳热处理质量。典型设备是爱协林多室连续式渗碳自动生产线
4	带高压气淬的推盘式气体渗碳炉	为发挥高压气淬淬火畸变小、清洁环保等优点，爱协林公司将高压气淬技术与推盘式气体渗碳生产线相结合，该生产线综合了推盘式可控气氛自动生产线和高压气淬的优点，具有以下特点： 生产能力大，400kg/h（有效硬化层深度 1.4mm，550HV）；避免了油淬时的油气污染，实现了清洁生产；省去了后清洗；生产成本可降低 20% 左右；减少齿轮等零件淬火畸变
5	STKEs 型连续推盘式渗碳盐浴分级淬火自动生产线	爱协林公司研发制造的该生产线采用推盘和辊棒相结合的传动方式，以及淬火槽内辊棒式传动机构的工件液下转移装置，双排炉具有一定的生产柔性，实现了连续推盘式渗碳盐浴分级淬火，有利于提高中小齿轮、齿轮轴类等零件大批量生产的质量，具有齿轮畸变小、内氧化层浅、心部硬度稳定均匀等优点

（3）转底式可控气氛热处理炉　适用于从动齿轮、齿圈、齿套等二次加热（保护气氛）压力淬火。典型转底式可控气氛热处理炉技术指标见表 2-16。

表 2-16　典型转底式可控气氛热处理炉技术指标

炉　型	技　术　参　数
易普森 QDEs-185型	炉床直径接近 2m，平均淬火能力 170kg/h，最高炉温 950℃，工作温度 830～860℃，加工周期 10～40min，最大装载直径 330mm，最大装载质量 15kg，采用 Carb-o-Prof 控制工艺系统，采用吸热式气体（RX）需要 15m³/h，外加富化气；采用直生式天然气/空气系统，天然气消耗量平均为 1.5m³/h，显著节省渗碳介质消耗
国产如无锡天龙 RZL 型	由清洗机、预热换气室、转底式渗碳炉、淬火油槽、回火炉等组成，装料尺寸 500mm（长）×500mm（宽）×600mm（高）～1200mm（长）×1200mm（宽）×800mm（高），单盘工件质量 200～1800kg，最高工作温度 950℃

（4）大型井式气体、密封箱式渗碳炉及其生产线

1）大型井式气体渗碳炉及其生产线。该渗碳炉最适合于处理大型深层（3～8mm）渗碳零件（包括大型齿轮、齿轮轴等）。设备配备先进碳势与温度自动控制系统。该渗碳炉炉内最大直径已达 5m 左右。国产厂家有无锡天龙炉业公司、民生炉业公司、大丰热技术股份有限公司等，设备有 RQD-500/200-TL 等，国外设备有 VBEK4000/2000（奥地利爱协林）等。

2）大型密封箱式渗碳炉及其生产线。该渗碳炉最适合于处理大型深层（3～8mm）渗碳零件（包括大型齿轮等）。设备配备先进碳势与温度自动控制系统。该渗碳炉最大炉膛有效尺寸为 1800mm（长）×1200mm（宽）×1100mm（高），最大处理能力 5t。国产厂家有大丰热技术股份有限公司等，设备有 BBH-5000 型等。

4. 真空热处理炉和离子渗氮炉

精密齿轮的热处理常采用真空热处理炉及离子渗氮炉，可以获得优质的热处理质量。

（1）真空热处理炉的基本类型　真空热处理炉通常按照用途和特性（真空度、工作温度、

作业性质、炉型热源等）不同来分类。真空热处理炉的分类见表 2-17。国产 WZST 系列三室真空高温低压渗碳炉主要技术指标见表 2-18。

表 2-17　真空热处理炉的分类

分类方式	炉　型
按真空度	低压真空炉（$1333 \times 10^{-1} \sim 1333\mathrm{Pa}$）、高压真空炉（$1333 \times 10^{-4} \sim 1333 \times 10^{-2}\mathrm{Pa}$）、超高压真空炉（$<1333 \times 10^{-4}\mathrm{Pa}$）
按工作温度	低温真空炉（$\leqslant 700℃$）、中温真空炉（$>700 \sim 1000℃$）、高温真空炉（$>1000℃$）
按作业性质	间歇式真空炉、半连续式真空炉、连续式真空炉
按炉型	立式真空炉、卧式真空炉、组合真空炉
按热源	电阻加热真空炉、感应加热真空炉、电子束加热真空炉、等离子加热真空炉
按炉子结构和加热方式（常用分类方法）	外热式真空炉（也称热壁炉） 内热式真空炉（也称冷壁炉），国产 VCOQ2、HZCT、DCO、WZST 型等，国外 ICBP 型（法国 ECM 公司产）等

表 2-18　国产 WZST 系列三室真空高温低压渗碳炉主要技术指标

技术指标	WZST45 型	WZST60 型	WZST60G 型
有效加热区（长×宽×高）/mm	$670 \times 450 \times 400$	$900 \times 600 \times 450$	$900 \times 600 \times 600$
额定装炉量/kg	150	300	500
最高温度/℃	1320	1320	1320
加热功率/kW	63	100	160
炉温均匀性/℃	±5	±5	±5
极限真空度/Pa	4.0×10^{-3}	4.0×10^{-3}	4.0×10^{-3}
压升率/(Pa/h)	0.65	0.65	0.65
气冷压力/MPa	1.5	1.5	1.5

图 2-2 所示为典型连续式低压真空渗碳自动生产线。该生产线可用于精密齿轮的渗碳淬火处理，如轿车等变速器、轿车及飞机发动机等齿轮，以及汽车差速器齿轮等。

（2）离子渗氮炉　离子渗氮炉主要用于精密机械零件（如齿轮）的离子渗氮、离子氮碳共渗等离子化学热处理，使机械零件表面改性，获得所需要的力学性能和物理化学性能。成套离子渗氮设备是由直流电源、真空炉体、真空获得系统、测控温系统及供气系统等组成。

图 2-2　ICBP 型连续式低压真空渗碳自动生产线

离子渗氮炉分类见表 2-19。离子渗氮设备的型号和规格见表 2-20。

表 2-19　离子渗氮炉分类

分类方式	炉　型
控制系统电源种类	直流电源（LD 系列）、脉冲电源（LDMC 系列）
炉体结构	钟罩式离子渗氮炉、井式离子渗氮炉、笼屉式离子渗氮炉及卧式离子渗氮炉

表 2-20　离子渗氮设备的型号和规格

项　目	LD-25	LD-50	LD-100	LD-25Z	LD-150
真空室容积/m³	0.5	1.2	2.0	0.5	2.7
极限真空度/Pa	6.65	6.65	6.65	6.65	6.65
抽至极限真空度所需时间/min	≤30	≤30	≤30	≤30	≤30
升压率/(Pa/min)	≤0.133	≤0.133	≤0.133	≤0.133	≤0.133
工作室尺寸/mm	$\phi750 \times 800$	$\phi750 \times 1750$	$\phi750 \times 2500$	$\phi750 \times 800$	$\phi1250 \times 1500$
最大装炉量/t	0.5	1	2	0.5	2
最高工作温度/℃	650	650	650	650	650
额定输出直流电压/V	0~800 0~1000	0~750 0~1000	0~750 0~1000	0~1000	0~1000
额定输出电流/A	0~25	0~50	0~100	0~25	0~50
额定输入电压/V	380	380	380	380	380
额定输入电流/A	46	92	100	46	—
整流变压器容量/kVA	30	60	118	26	—

5. 表面加热设备

齿轮的表面加热设备主要有感应淬火加热装置、火焰淬火加热装置及激光淬火加热装置等。

（1）感应加热设备　感应热处理可以应用于表面热处理和整体热处理，齿轮主要应用于表面热处理。

感应热处理设备是由感应加热电源、淬火机床、感应器（及冷却器）、设备冷却和淬火冷却介质循环系统所组成。感应加热电源装置分类方式见表 2-21。

表 2-21　感应加热电源装置分类方式

分类方式	装置名称
频率	超高频、高频、超音频、中频和工频
变频方式	电子管变频、机式变频、晶体管变频、固体电路逆变及工频加热装置

1）高频感应加热装置。

①电子管式高频感应加热装置。其主要由晶闸管调压器、升压变压器、高压整流器、电子管振荡器及微机控制调压系统所组成。部分电子管式高频感应加热装置技术参数见表 2-22。

表 2-22　电子管式高频感应加热装置技术参数

型　号	电源电压/V	输出功率/kW	振荡频率/kHz	输入容量/kV·A	冷却方式
GP30		25	350	50	
GP60	380	45	300	100	水
GP100		75	250	180	
GP200		160	250	400	

②晶体管式高频变频装置。晶体管式高频变频装置逐渐取代了寿命短、效率低、负载稳定性差的电子管式高频电源装置。其主要由整流器、逆变器和控制电流所组成。其中常用的 HKSP 型

和 HKTP 型晶体管式高频变频装置的技术参数见表 2-23。

表 2-23　常用的 HKSP 型和 HKTP 型晶体管式高频变频装置的技术参数

型　号	电源电压/V	输出功率/kW	振荡频率/kHz	冷却方式	冷却水量/L·h⁻¹
HKSP-25	三相 380	25	100～400	水	2
HKTP-50		50			3
HKTP-75		75			4
HKTP-100		100			5
HKTP-150	三相 480	150			6
HKTP-200		200			8
HKTP-250	三相 540	250			10

③超音频感应加热装置。其分为电子管式超音频变频装置及晶体管式超音频变频装置，如 SH-100 型超音频感应加热装置。

2）中频感应加热装置。中频感应加热装置主要有机械式及晶闸管式（SCR）两种。几种国产晶闸管式中频变频装置的技术参数见表 2-24。IGBT 中频电源型号和技术参数见表 2-25。

表 2-24　几种国产晶闸管式中频变频装置的技术参数

设 备 型 号	额定功率/kW	额定频率/kHz	中频电压/V	中频电流/A
KGPS-160/8	160	8	750	340
KGPS-160/4～8	160	4～8		340
KGPS-200/8	200	8		440
KGPS-200/4～8	200	4～8		440
KGPS-300/2.5	300	2.5		660
KGPS-300/4～8	300	4～8		660
KGPS-400/2.5	400	2.5		880
KGPS-400/4	400	4		880
KGPS-700/2.5	700	2.5		1500

表 2-25　IGBT 中频电源型号和技术参数

电 源 型 号	额定功率/kW	额定频率/kHz	中频电压/V	用　途
IGBT-50	50	1～10	750/375	感应加热及淬火
IGBT-100	100	1～10	750/375	感应加热及淬火
IGBT-160	160	1～10	750/375	感应加热及淬火
IGBT-250	250	1～10	750/375	感应加热及淬火
IBGT-500	500	1～10	750/375	感应加热及淬火

3）感应淬火机床。现代感应淬火机床已经形成系列产品，采用了可编程序控制器（PLC）和微机数控（CNC）技术，并有从传统的单机作业向通用设备柔性化、感应热处理自动生产线方向发展的趋势，并实现了与感应电源系统的联机控制。

感应淬火机床分类：按生产方式分为通用型、专用型和生产线三种。具体分类方法见表 2-26。

表 2-26　感应淬火机床分类

分类方式	机 床 名 称
感应电源	高频感应淬火机床、中频感应淬火机床及工频感应淬火机床
处理工件类型	齿轮淬火机床、轴类件淬火机床等
主要传动形式	液压式淬火机床、全机械式淬火机床
处理工件的装夹方式	立式淬火机床、卧式淬火机床

先进的齿轮专用感应淬火机床见表 2-27。

表 2-27　先进的齿轮专用感应淬火机床

机 床 名 称	技术参数、组成、用途及特点
GCQKK1460 型汽车(转向器)齿条专用淬火机床	加工长度 600mm,工位运行速度 1～30mm/s,重复定位精度 ±0.25mm,淬火后的齿条畸变量径向圆跳动量 <0.4mm
CNC 淬火机床	单齿沿齿沟淬火时对感应器与齿轮之间的间隙很敏感,最佳方案采用滚珠丝杠 + 步进(或伺服)电动机传动代替原来的液压传动;同时采用计算机对相对位置、移动速度、加热功率、加热时间、冷却时间、淬火冷却介质压力及流量等参数进行控制,从而达到对感应淬火质量的有效控制
GCK1050 型立式数控感应淬火机床	1) 其是匹配高频、超音频、中频电源使用的成套设备之一,主要针对齿轮类、盘类及轴类等零件进行表面连续加热淬火。主控制采用德国西门子 802C 双轴数控系统、工业级人机界面和能力显示屏。可任意设定加热工艺参数。机械传动系统由西门子 1FT5072-1AC71-1FH0 伺服电动机驱动滚动丝杠沿不锈钢圆导轨运行,程序控制器控制变频器实现工件加热时无级调速。机床通过 DLY0-5 电磁离合动作分别完成工件整体、连续加热淬火功能及单齿一次加热、连续加热淬火功能。另外,机床还设有多路介质管路,管路中配有电磁水阀,由 PLC 控制开启与闭合 2) 淬火机床最大夹持长度 50mm,最大行程长度 600mm,最大加工直径 500mm,工件移动速度 1～100mm/s,主轴旋转速度 20～200r/min 3) 锥齿轮整体一次加热、喷淋淬火冷却,齿轮单齿一次加热、喷淋冷却,齿轮单齿连续加热、连续喷淋冷却,齿轮旋转连续加热、连续喷淋冷却
德国贝丁豪斯(Peddinghaus)大模数齿轮感应淬火机床	最大淬火齿轮直径 3m,最大淬火长度 900mm,最大模数 40mm,齿轮螺旋角 5°～30°,感应器移动速度 1～10mm/s,机床驱动电源容量 8kW,齿轮自动分度(数控)
奥地利依林(ELIN)1HMB 通用感应淬火机	全套系统主要由 5 个部分组成。其中,立式齿轮中频感应淬火机型号为 1HMB-330/220,淬火最大长度 2m,淬火齿轮最大直径 3.3m。采用 CNC SIEMENS 控制系统,齿轮自动分度。其中频电源型号为 IGBT 150kW,5～15kHz,效率大于 90%。其淬火机床可用于最长工件 3m,工件直径 6.5m,装载质量可达 25t
美国阿贾克斯(Ajax)大模数齿轮单齿连续淬火系统	1) T 系列中频电源,功率 150kW,频率 6～10kHz。10 型单齿感应连续淬火机床,淬火直径 0.5～4.5m,淬火齿轮最大宽度 660mm,工件最大质量 11t。在机床上设有质量保证检测系统,包括能量指示、淬火液流量指示、淬火温度指示和淬火压力指示 2) 中频电源器频率范围可达 50kHz,功率可达 800kW。对大模数齿轮单齿连续淬火用感应器的喷水孔是 4 排。目前采用单齿连续淬火工艺可获得 2～6mm 有效硬化层

(2) 火焰表面加热装置　火焰淬火的主要设备有喷水器、喷嘴和淬火机床以及冷却装置。近年来,由于采用了新型的温度测量仪器和机械化、自动化的火焰淬火机床,工件(如齿

轮）的热处理质量有所提高。

（3）激光表面热处理装置 激光淬火装置系统主要有激光器系统（激光器、激光功率监测、激光功率反馈装置等）、导光系统（光路转折调整机构）和计算机控制淬火机床组成。用于齿轮激光淬火时，可以获得较小的畸变、高的齿轮精度。适用于精度要求很高及其他热处理方式不宜的齿轮表面硬化处理。

6. 热处理冷却设备

热处理冷却设备的功能主要是保证齿轮等零件淬火时有足够的冷却能力，其次是保证冷却速度均匀、环保节能和安全防火。

热处理冷却设备主要包括淬火槽、淬火冷却介质的循环冷却系统、淬火冷却介质的温度控制、淬火冷却介质的搅拌装置、淬火机床、淬火压床、冷处理设备等。

淬火冷却设备根据工件在冷却过程中的冷却速度与冷却性质可分为需要加热的冷却设备、冷却室、淬火槽、淬火机床和冷处理设备。热处理冷却设备的类别及用途见表2-28。

表 2-28 热处理冷却设备的类别及用途

序号	设备类别		用 途
1	连续冷却设备	缓冷设备	埋灰冷却、缓冷坑、缓冷井、缓冷炉等	适用于各种退火工艺冷却
		中速冷却设备	空冷、吹风冷却、喷雾冷却及流态粒子冷却装置等	适用于结构钢正火冷却和高合金钢淬火冷却等
			惰性气体冷却及埋金属粉末冷却装置	高合金钢淬火冷却等
		快速冷却设备	水冷、油冷、盐碱水溶液冷、乳化液冷等固定式、可移动式淬火槽及其喷液淬火装置等	适用于各种钢的淬火冷却
		冷处理设备	冰冷箱、中冷处理冷冻机和深冷处理冷冻机	适用于高碳钢和高碳合金钢
2	等温冷却设备	箱体式冷却设备	低温恒温箱等	适用于液-气双介质淬火冷却
		浴槽式冷却设备	低温熔盐、低温熔碱、低温油浴槽等	适用于分级或等温淬火冷却
		炉膛式冷却设备	适用于等温正火及等温退火等的冷却	
3	强制冷却设备	淬火机	齿轮淬火机床、轴类淬火机床、大型环类件淬火机等	
		淬火压床	齿轮淬火压床等	
		淬火冷却液搅拌装置	开式搅拌装置、闭式搅拌装置	适用于各种淬火槽
4	辅助装置	零件冷却传送机械	工件冷却提升机、连续冷却输送机械	适用于批量生产
		排烟和净化装置	淬火油槽上排烟系统、侧排烟系统，静电净化系统、湿式净化系统等	
		热处理冷却工夹具	各种吊具、挂具、料筐、料盘、料篮等	

目前淬火槽已基本成为具有带搅拌、加热、冷却等多功能的淬火槽。一些先进的淬火槽配备有 PLC 控制的变频电动机，根据工艺要求调整淬火冷却介质的搅拌速度。同时，配置排烟与灭火装置。

国内外齿轮生产中采用各种快速淬火油、等温淬火油及硝盐与带搅拌的多功能淬火槽相配合，可以显著提高齿轮的淬火质量。

7. 热处理辅助设备

热处理辅助设备主要包括清洗设备、清理及强化设备、校正及矫直设备、热处理夹具、制氮机等。其中，清洗设备包括清洗槽、清洗机。清理及强化设备主要包括清理滚筒、喷砂机、喷丸机、抛丸机。

（1）热处理常用的清洗设备 热处理常用的清洗设备及其特点见表 2-29。

表 2-29 热处理常用的清洗设备及其特点

设备类别		特点
一般清洗机	间歇式	有清洗槽、室式清洗机、强力喷射清洗机等。适用于清洗工件表面的残油、残盐等
	连续式	有输送带式、板链式、悬挂链式、推杆式和往复式等清洗机。适用于清洗连续生产线上的工件
超声波清洗机	单槽式	超声波清洗机采用中性清洗剂等。适用于特殊零件（如有沉孔、深而窄槽等）的清洗
	双槽式	
	三槽式	
真空清洗机	单室式	真空清洗机是一种少无污染的新型清洗设备。特别适用于零件表面存在易蒸发的残留物的清洗
	双室式	
溶剂型真空清洗机		同时具有真空清洗和溶剂型清洗双重优点
脱脂炉清洗设备		它是一种在 450~550℃ 使工件上的残油汽化的装置

（2）热处理常用的清理及强化设备（见表 2-30）

表 2-30 热处理常用的清理及强化设备

设备类别		特点
机械式抛丸机	滚筒式、转台式、履带式、台车式、悬挂输送链式	根据不同类型工件技术要求和生产规模适当选择机型
喷丸强化式清理机	通用喷丸强化清理机	适用于齿轮、轴类等零件的强化和清理
	室式喷丸强化清理机	适用于重载机械的各种传动齿轮强化和清理
抛丸和喷砂机	吸入式、重力式、压出式	适用于清理工件表面污物和氧化皮及强化性能
液体喷砂清理机	手动式、半自动式	适用于清理和强化各种工件

（3）常用矫直机 常用矫直机的主要技术参数与特点见表 2-31，可用于齿轮轴等零件的矫直。

表 2-31 常用矫直机的主要技术参数与特点

设备名称	型号	公称压力/（×10⁴N）	工作台高度/mm	最大行程/mm	功率/kW	工作台尺寸（长×宽）/mm	特点
手动齿条压力机	J01-1	1	—	250	—	—	适用于压力为 10~30kN 的单件和小件小批量生产
手动螺杆压力机	—	3	—	200	—	—	
单柱矫直液压机	Y41-2.5	2.5	882	160	2.2	340×320	适用于压力为 25~2500kN 的单件、小批量和大批量生产，可用于小、中及大件的矫直
单柱矫直液压机	Y41-10	10	710	400	2.2	410×420	
单柱矫直液压机	Y41-25	25	710	500	5.5	570×510	
单柱矫直液压机	Y41-63	63	800	500	5.5	1000×450	
单柱矫直液压机	Y41-100	100	1000	500	10	2000×600	
单柱矫直液压机	Y41-160	160	1050	500	10	2000×590	
双柱矫直液压机	Y42-250	250	—	500	22	4600×600	

（4）膜分离制氮机　随着制氮机制造技术的不断提高，采用真空纤维薄膜技术生产制氮机的技术已经成熟，并广泛应用于热处理生产，不仅制氮纯净度可以高达 99.99%，而且由于采用了先进的自控装置，制氮机质量和制氮纯度稳定。几种国产膜分离制氮机及其技术指标见表2-32。

表 2-32　几种国产膜分离制氮机及其技术指标

序号	型　　号	主要技术指标
1	（天津）NC3652 型（氮气膜分离器采用美国氮膜）	N_2 出口压力≤0.8MPa，储氮气罐工作压力≤0.8MPa，N_2 纯度≥99.5%（体积分数），N_2 产气量≥40Nm³/h
2	（苏州）MZN-25/99.5 型（氮气膜分离器采用美国柏美亚公司 PRISM 氮膜）	产气量≥25Nm³/h，制氮气纯度≥99.5%（体积分数），氮气压力≤0.8MPa（可调），氮气露点≤-50℃

2.1.2　齿轮热处理检测设备及仪器

（1）原材料检验设备及仪器　主要用于齿轮等零件的成分光谱分析、钢中成分偏析与带状组织、钢中非金属夹杂物检验等。

成分光谱分析设备用于成分光谱分析。成分光谱分析设备包括荧光 X 射线光谱分析设备、原子发射光谱分析设备和原子吸收光谱分析设备等。成分光谱分析设备分类见表2-33。

表 2-33　成分光谱分析设备分类

分类方式	仪器名称
荧光 X 射线分析常用仪器设备	根据能量分辨原理不同，可分为波长色散 X 射线荧光光谱仪、能量色散 X 射线荧光光谱仪和非色散光谱仪
原子发射光谱分析常用仪器设备	火焰发射光谱仪、微波等离子体光谱仪、电感耦合等离子体光谱仪、光电光谱仪、色谱仪等

（2）显微组织检验设备　显微组织检验是借助于金相显微镜检验齿轮等零件用钢的内部组织及其缺陷，包括奥氏体晶粒的测定，以及钢中非金属夹杂物、脱碳层深度和钢中化学成分偏析的检验等。还用于齿轮的普通热处理、化学热处理、表面热处理等的金相检验。典型金相显微镜见表2-34。

表 2-34　典型金相显微镜

产地	显微镜名称
国产	上海光学仪器厂的 4XI、4XB、9XB 型金相显微镜以及南京江南光电集团的 XJL 系列、XJG 系列等
国外	德国"卡尔·蔡司"ZEISS 系列材料显微镜，日本"奥林巴斯"OLYMPUS 系列光学显微镜（如 IX51、IX71 型倒置显微镜）等

（3）力学性能测试设备　力学性能测试设备主要用于齿轮等零件的硬度试验、静拉伸试验、冲击试验等。

1）硬度试验设备。主要有布氏硬度计、洛氏硬度计、维氏硬度计、显微硬度计、肖氏硬度计及里氏硬度计等。它们的应用范围有较大的区别。几种硬度计的适用范围和特性对比见表2-35。

国产齿轮洛氏硬度计（测试齿轮齿面硬度）型号有 G6（用于模数 2.5～35mm 齿轮）、G28

（用于模数 3～70mm 齿轮）等。便携式齿轮硬度计规格参数见表 2-36。

表 2-35 常见硬度计的适用范围和特性

硬度计名称	硬度标尺	典型型号	压头类型	总试验力/N	硬度值有效范围	应用范围
布氏硬度计	HBW	HB-3000	钢球直径（mm）：1、2.5、5、10	9.807～29420	35～450HBW	钢、铸铁、铜及其合金、轻金属等
洛氏硬度计	HRC	HR-150A	120°金刚石圆锥体	1471.0	20～67HRC	淬火钢、调质钢、渗碳淬火钢
	HRB	HR-150B	$\phi\frac{1}{16}$in 淬火钢球	980.7	25～100HRB	软钢、退火钢、正火钢、铸铁及非铁金属等
	HRA	HR-150C	120°金刚石圆锥体	588.4	70～85HRA	硬质合金、表面淬火钢、硬度较高的薄壁件等
维氏硬度计	HV	HV-5～50	两面夹角为 136°的金刚石四棱角锥体	1.961～50 和 50～1000	25～1145HV	较薄材料、渗碳和渗氮层的表面硬度
显微硬度计	HMV	HMV-1T	两面夹角为 136°的金刚石四棱角锥体	0.098～9.8	300～1145HMV	特别微小、超薄件，细丝和软质材料等
肖氏硬度计	HS	—	—	—	20～90HS（72HRB～65HRC）	大型零件或工具
里氏硬度计	HL、TH	TH-130～160 系列 HL-11 系列	—	—	300～900HL	碳素钢和铸钢、耐热钢、合金工具钢、铜铝合金等

注：1in=25.4mm。

表 2-36 便携式齿轮硬度计规格参数

型　号	规　格	精　度
NFF	模数 $m=2～10$mm，最大公法线长度 140mm，节圆直径 30～40mm	±2HRC（20～50HRC 时）
NFN	$m=3～35$mm，最大公法线长度 400mm	
NFP	$m=3～35$mm，最大公法线长度 700mm	
NFR	$m=3～35$mm，最大公法线长度 1000mm	
NFS	$m=3～35$mm，最大公法线长度 1500mm	
NFH	内齿模数 $m>3$mm，公法线长度 80～118mm	
N9Y	螺旋齿面，模数 $m=3～32$mm	

注：1. N7N、N7P、N7R、N7S 型带特殊装置时，模数 m 可达 35～70mm；
　　2. 可选择 HRA、HR15、HR30N、HR45N 测试方法。

2）静拉伸试验设备。在材料力学实验中，最常用的设备是万能材料试验机，它可以进行拉伸、压缩、剪切、弯曲等试验。静拉伸试验设备见表 2-37。

表 2-37 静拉伸试验设备

设备名称	设备型号
液压式万能材料试验机	国产有 WE100、WE300、WE600、WE1000 型等
电子万能材料试验机	国产有 WDS100 型、CMT5000 系列，国外有日本"岛津"AG-X 系列等

3）冲击试验设备。冲击试验时，用冲断试样所消耗的功或试样断口形貌特点，经过整理得到规定定义的冲击性能指标。常用冲击试验设备分类与型号见表 2-38。

表 2-38　常用冲击试验设备分类与型号

试验机分类方式	试验机名称与型号
冲击方式	落锤式、摆锤式和回转圆盘式。其中，摆锤式试验机的型号主要有 JB300、JB300A 和 JB300B 等
试样受力状态	弯曲冲击、拉伸冲击和扭转冲击等

（4）无损检测设备及仪器　无损检测设备及仪器主要用于齿轮等零件内部缺陷无损检测、表层缺陷无损检测等。

1）内部缺陷无损检测设备及仪器。内部缺陷无损检测用于齿轮等零件的内部缺陷无损检测，可以对畸变、裂纹、应力变化、材料组织缺陷等检测。其主要检测仪器有射线检测机、超声波检测仪、声发射检测仪等。常用无损检测设备及其用途与分类见表 2-39。

表 2-39　常用无损检测设备及其用途与分类

设备名称	用　途	分　类
X 射线检测设备	应用 X 射线或 γ 射线透照或透视的方法来检验成品和半成品中的内部宏观缺陷	按其结构型式大致可分为两大类：移动式 X 射线机和携带式 X 射线机。移动式型号有 XYY-2515、XYT-3010、XYD-4010X 等。携带式型号有国产 XXQ-2005、2505、3005，XXH（P）-2005、3005，XXG-2505 等。国外有日本产 RF-200EG-SP 型等
超声波检测设备	超声检测技术主要用于在不破坏金属材料的情况下，常用物理、化学等手段和方法来探测所检测对象内部和表面的各种潜在缺陷	根据其显示可分为 A 型、B 型、C 型、准二维显示超声波检测仪和超声透视检测仪。几种超声波检测仪的型号为 CTS-22、CTS-26、XCTY-11、JTS-5、JTSZ-1、CST-7、TUD210～360 等
声发射检测设备及仪器	声发射技术是一种评价材料或构件损伤的动态无损检测诊断技术。它是通过对声发射信号的处理和分析来评价缺陷的发生和发展规律，并确定缺陷位置	常见类型有单通道声发射检测仪、多通道声发射源定位和分析仪等

2）表层缺陷无损检测设备。无损检测的目的在于检出和测量位于材料和构件表面的缺陷或近表面下的隐匿缺陷。常用检测设备有磁力检测设备、渗透检测设备及涡流检测设备等，常用表层缺陷无损检测设备及其组成见表 2-40。

表 2-40　常用表层缺陷无损检测设备及其组成

设备名称	设备组成与分类
磁力检测设备	由主体装置和附属装置组成。主体装置也称磁化装置，磁化装置有多种形式：如降压变压器式、蓄电器充放电式、可控硅控制单脉冲式、电磁铁式和交叉线圈式。目前在固定式磁粉检测设备中，用得比较多的是降压变压器式，而在携带式小型磁粉检测设备中用得多的是电磁铁式。磁粉检测机中固定式有 CEW-100、500、2000、4000、6000、9000、12500 等，移动式有 CY500、1000、2000、3000、5000 等
渗透检测设备	一般分为四类：固定式渗透检测装置、便携式渗透检测装置、自动化渗透检测装置及专业化渗透检测装置
涡流检测设备	主要由涡流检验线圈和涡流检测仪等组成

（5）疲劳试验机　失效的机器零件约有 80% 的为疲劳破坏。采用疲劳试验机研究齿轮等零件在交变载荷作用下断裂的能力非常重要。常用齿轮疲劳试验机见表 2-41。

表 2-41　常用齿轮疲劳试验机

分类方式	设备组成、技术参数
齿轮接触疲劳试验机	如国产 JG-150 型机械功率全封闭型试验机,其中心距为 150mm,最大加载扭矩为 1960N·m,用 50 号极压工业齿轮油润滑,油温 50~60℃。国外如德国 STRAMA 公司生产的中心距为 160mm 的标准疲劳试验机
齿轮接触磨损疲劳试验机	如德国 GIM 齿轮接触磨损疲劳试验机主要技术规格:试验台的转速应实现双向无级可调,转速范围 ±(0~4500)r/min;试验台的扭矩加载应实现双向无级可调,扭矩范围 ±(0~2000)N·m
齿轮双齿脉冲弯曲疲劳试验机	如 PW-10 型 10t 高频疲劳试验机,通过双齿对称脉冲加载进行,频率为 130~135Hz,条件疲劳试验极限为 3×10^6
齿轮拉压疲劳试验机	如 PLG-300C 型拉压疲劳试验机,对齿轮进行弯曲疲劳强度试验,通过对齿轮进行脉动加载,直至出现弯曲疲劳失效(加载频率降低)或越出(加载周期 $\geqslant 3 \times 10^6$)
齿轮 FZG 胶合试验机	如国产 CL-100 型试验机,用 L-AN68 全损耗系统用油润滑。大小两个齿轮进行试验,判定胶合性能的指标:胶合承载级别,胶合温度
变速器(齿轮)的试验台	如英国 CD110 型变速器试验台,用于测试齿轮箱、差速器和变速驱动桥等。其循环功率 400kW,变频器的输入速度高达 3000r/min,有一个标准 COMPEND 2000 计算机控制和数据采集系统提供自动测试控制
驱动桥(齿轮)的疲劳强度试验机	有专用的闭式齿轮试验机或开式齿轮试验机两种。如国产 QKT7-1 型,不需要陪衬齿轮,可进行输入扭矩 20000N·m 以下的驱动桥齿轮试验

（6）磨损试验机　主要用于检测齿轮等零件材料在摩擦力作用下其表面形状、尺寸发生的磨损情况，可以了解金属材料的化学成分、组织状态以及力学性能与磨损的关系，为利用热处理尤其是化学热处理、表面涂覆技术等大幅度提高材料的耐磨性提供依据。齿轮磨损试验机有国产 MR-C1 型、MRC-1 型、FZG 型、CL-100 型等。

2.2　齿轮热处理用工艺材料

热处理过程使用的各种材料，细分为工艺材料、辅助材料、筑炉材料、测温材料及检测材料等五大类。

2.2.1　热处理生产用材料及其分类

（1）热处理工艺材料　热处理工艺材料及其分类见表 2-42。

表 2-42　热处理工艺材料及其分类（JB/T 8419—2008）

分类方式	材料名称
加热介质	制备的原料气、有机液体滴注剂、盐、甲烷和惰性气体等
淬火冷却介质	淬火油、聚合物溶液、等温分级盐浴、惰性气体、压缩空气等
渗剂	固体渗碳剂、渗碳用盐、共渗膏剂、碳氮共渗用盐、烷烃、烯烃、炔烃、芳香烃、烃的含氧衍生物、胺催渗剂等
保护涂料和材料	无机涂料、有机涂料等
防渗剂	防渗碳及渗氮涂料、镀铜液等
表面处理剂	磷化液、发黑液等

（2）热处理辅助材料（见表 2-43）

表 2-43　热处理辅助材料

分类方式	材料名称
清洗剂	清洁溶剂、金属清洁剂、真空清洁剂、碱液等
防锈剂	各种缓蚀剂和有缓蚀剂的液体等,用于盐浴加热、清洁后工件防锈
干燥剂	硅胶、$CaCl_2$、5A 分子筛等,用于吸收水分、降低露点
催化剂（触媒）	Ni 催化剂、ZnO 催化剂、除硫剂、残余氨裂解催化剂
盐浴校正剂（脱氧剂）	SiC、CH_4Cl、SiCa、ZnO 等
添加剂	淬火油和聚合物溶液中的抗氧剂、抗凝剂、消泡剂、活化剂等
吸收剂	5A 分子筛、碳分子筛、乙酰胺等,用于吸收气体中的 CO_2、空分制氮

（3）热处理筑炉材料　主要包括耐火材料、隔热材料、炉用耐热构件材料、辐射管及热交换器材料、电阻发热材料、耐热涂料及特殊涂料等。

（4）热处理测温材料　主要包括热电偶丝、热电阻丝、热敏电阻、热电偶保护管等。

（5）热处理检测材料　主要包括磁粉、X 光胶片、砂纸、砂轮、研磨粉、腐蚀剂、镶片料等。

2.2.2　金属热处理保护涂料及其分类

金属热处理保护涂料包括各种防渗涂料和加热保护涂料,均属于热处理工艺材料范畴。保护涂料的分类见表 2-44。齿轮用防渗碳、防碳氮共渗及防渗氮涂料参见 5.1.13 和 5.3.1 内容。

表 2-44　保护涂料的分类

分类方式	保护涂料名称
功能	粗分为加热保护涂料和防渗涂料两大类。前者有抗氧化、防脱碳及热轧保护的涂料等;后者有防渗碳、防碳氮共渗、防渗氮和防各种元素的涂料
涂料特性	防氧化、防脱碳涂料,可根据其加热温度、时间、被保护金属材质等,分成不同品种,对口选用。根据涂料干燥性能不同,分成自然干燥、烘干等品种;根据涂层的自剥性能分成极少自剥、部分自剥、大部分自剥和水煮剥落等品种;防渗碳涂料还可按渗碳温度高低及防渗层深浅分类
隔离剂	热处理保护涂料主要是以硅酸盐或硼酸盐为隔离剂
分散剂	分散剂有水和有机溶剂两类。具体如下: 1) 以水为分散剂的涂料符合环保要求。但其干燥慢,必须在相应的条件下才能干燥,其多数是以水溶性硅酸盐（Na、Ka、Li）为黏结剂。以水溶性有机聚合物为黏结剂的涂料改善了水性涂料的自然干燥性能 2) 以有机溶剂为分散剂的涂料易燃、易爆、有毒、气味大,污染环境,应少用或不用。有机溶剂涂料容易自然干燥,不受或少受环境影响
外观	可分为单组分和双组分两类。单组分涂料为研磨好的浆状物。填料、黏结剂、分散剂和助剂已搭配好,组成不变,性能稳定,使用方便;双组分涂料是将填料（干粉剂）和基料（黏结剂 + 分散剂）分开供货,用户自调配

2.2.3　齿轮热处理用淬火冷却介质

1. 常用淬火冷却介质的特性和使用范围（见表 2-45）

表 2-45　常用淬火冷却介质的特性和使用范围

介质种类	特　性	应用范围
水	剧烈淬火冷却介质,工件易畸变开裂,随水温的升高,冷却性能变缓	中碳钢、低碳钢马氏体淬火
盐、碱水溶液	冷却时,蒸汽膜易破,冷速比水大	大型碳钢工件
油	冷却比水慢,易燃,有烟	中碳、低碳合金结构钢等
水溶性淬火冷却介质	冷速随浓度变化,多逆溶性,高温冷却快,低温慢,不燃烧,无污染	各种钢铁材料淬火
熔盐	硝盐混合物、混合碱浴	等温分级淬火
高压气体(N_2、H_2、Ar、He)冷却	在高压气体中淬冷可达到油的冷速,由于冷却均匀,工件畸变小	合金钢工件在真空炉中加热或低压渗碳后淬火

2. 常见淬火冷却介质及其定级结果

1) 选用最新国际标准(ISO/DIS 950)规定的方法测定淬火冷却介质300℃冷却速度,作为钢件300℃冷速的参考值来进行定级。表2-46为常见淬火冷却介质及其定级结果,供齿轮淬火时参考。

表 2-46　常见淬火冷却介质及其定级结果

序号	淬火冷却介质	级　别	说　明
1	自来水	90	水温30℃,未搅动
2	$w(NaOH)$为5%的水溶液	100	水温30℃,未搅动
3	$w(NaCl)$为5%的水溶液	90	水温30℃,未搅动
4	饱和 $CaCl_2$ 溶液	50	液温40~70℃,未搅动
5	三硝水溶液	70	液温30℃,未搅动
6	三氯水溶液	80	液温30℃,未搅动
7	$w(PAG)$为15%的水溶液	20~60(品种不同)	液温30℃,未搅动
8	w(今禹8-20)为15%的水溶液	20	液温30℃,未搅动
9	0号柴油	30	油温40~50℃,未搅动
10	L-AN32全损耗系统用油	0	油温40~50℃,未搅动
11	快速淬火油	0~20(因品种而异)	油温40~50℃,未搅动
12	碱浴	0	碱浴温度160℃,未搅动

注: 1. 9~10号为非水溶性淬火冷却介质。在此列出相应级别,只用以说明其300℃冷速大小。由于它们的冷却速度分布与水溶性淬火冷却介质有很大差异,用于淬火时淬火效果与同级别的水溶性淬火冷却介质有很大不同。

　　2. PAG类属含量可变因而冷却特性可调的淬火冷却介质。通常降低含量,级别提高;反之升高含量,级别降低。本表以15%含量定级别,这基本上是各种PAG淬火冷却介质可能达到的最低级别。

2) 淬火冷却介质定级选择原则和步骤见表2-47。

表 2-47　淬火冷却介质定级选择原则和步骤

步骤	选择原则
1	碳含量高、淬透性好的钢种,应选低级别(或浓度)的淬火冷却介质
2	在保证不淬裂的前提下,选用级别(或浓度)稍高的淬火冷却介质可获得更深的淬火硬化层深度
3	在适合的级别中,应选择性能稳定、使用寿命长、容易管理且价格低的品种
4	确定各钢种适用的参考级别范围。例如碳素结构钢为70~110,低合金碳钢为50~80,碳量较低的中合金钢为30~70,中碳中合金钢为10~30

3. 齿轮淬火冷却介质的选择

齿轮淬火冷却介质的选择应同时从以下 5 个方面加以考虑:钢的碳含量,钢的淬透性高低,齿轮的有效厚度,齿轮的形状复杂程度及允许的畸变大小等。

大部分齿轮选用的都是亚共析钢,其热处理工艺主要是渗碳淬火,也有表面淬火(如火焰淬火、感应淬火)、整体淬火及调质处理。对渗碳淬火齿轮一般可按照淬透性、尺寸(或齿轮模数)、热处理工艺类型(包括硬度与畸变要求)选择淬火冷却介质。

齿轮淬火冷却介质的选择(以好富顿淬火冷却介质为例)见表 2-48。

表 2-48　齿轮淬火冷却介质的选择(以好富顿淬火冷却介质为例)

类　　别	项　目	适用淬火油
淬透性大小	低淬透性钢,如 20Cr、20CrMo 等钢	一般以(HQ K 或 HQ G)快速淬火油为主
	中等淬透性钢,如 20CrMnTi、20CrNiMo、20CrMnMo 等钢	一般以(HQ G)快速淬火油或(MT 355)等温淬火油为主
	高淬透性钢,如 20Cr2Ni4、18Cr2Ni4W 等钢	一般以(MT 355)等温淬火油或(HQ S)快速淬火油为主
齿轮尺寸或模数大小	模数 4mm 以下	一般以(MT 355)等温淬火油或(HQ G)快速淬火油为主
	模数 6mm 以下	一般以(HQ G)快速淬火油或(MT 240、ZMT 340)马氏体等温淬火油为主
	模数 8mm 以上	一般以(HQ K、HQ G)快速淬火油为主
热处理工艺类型	渗碳淬火工艺	一般以(HQ G)快速淬火油或(MT 355)马氏体等温淬火油为主
	感应淬火工艺	一般可选择 PAG 类的聚合物水溶液
硬度和畸变要求	心部硬度 <32HRC	一般以(MT 355)等温淬火油为主
	心部硬度 >35HRC	一般以(HQ G)快速淬火油为主
	在既满足上述硬度要求,同时又有淬透性保证的前提下,结合模数和畸变要求,模数为 6mm 以下齿轮	一般可选择(MT 755 或 MT 2565 等)使用温度更高、具有更缓和冷却能力的马氏体分级淬火油
	以满足力学性能(如硬度)为主的齿轮	以选择(HQ G 等)快速淬火油为主
	既要求硬度、又要求畸变的齿轮	以选择(MT 355)等温或分级淬火油为主

4. 常用无机物水溶液及其特性与应用范围

往水中加入各种无机盐、碱或其混合物,形成各种不同的无机物水溶液,可提高工件在高温区的冷却速度,改善冷却均匀性,使工件淬火后获得较高的硬度,降低淬火开裂和畸变倾向。常用无机物水溶液及其特性与应用范围见表 2-49。

表 2-49　常用无机物水溶液及其特性与应用范围

序号	淬火冷却介质名称	特性与应用范围
1	NaCl 水溶液	最常用质量分数为 5% ~15%,溶液密度在 $1.05 \sim 1.1 \mathrm{g/cm^3}$ 较好,使用温度一般不超过 40℃,其淬透能力强,淬火硬度高,冷却均匀性好,能减少裂纹和畸变,成本低,广泛用于碳素钢及合金钢的淬火,但对工件有锈蚀作用
2	Na_2CO_3 水溶液	常用质量分数为 3% ~5%,其冷却能力比同样质量分数的 NaCl 水溶液略低,常用于碳素钢和合金结构钢的淬火,使用温度低于 60℃,工件易生锈

（续）

序号	淬火冷却介质名称	特性与应用范围
3	NaOH 水溶液	常用质量分数为 5% ~15%，一般使用温度低于 60℃，使工件淬火后硬度高而且均匀，不易生裂纹，畸变小，适用于淬透性较低、易产生畸变和裂纹的碳素钢和低合金结构钢的淬火，碱水腐蚀性较强
4	$CaCl_2$ 水溶液	可代替水-油双介质淬火，减少畸变开裂，使用温度为 30 ~65℃，易生锈，适用于碳素钢和低合金结构钢淬火，常用密度 1.40 ~1.41g/cm^3
5	过饱和三硝水溶液 [w($NaNO_3$) 为 25%、w($NaNO_2$) 为 20%、w(KNO_3) 为 20%、w(H_2O) 为 35%，密度为 1.44 ~1.46g/cm^3]	使用温度 20~60℃，其冷却能力较理想，能降低畸变和开裂倾向，可代替水-油双介质淬火，适用于碳素钢和低淬透性合金钢的淬火

5. 常用聚合物水溶液及其主要性能

采用有机聚合物水溶液实施控时浸淬技术（经控制的搅拌技术），可获得比油或盐水淬火更好的组织性能和淬火均匀性，并且畸变小，解决了常规淬火冷却介质出现的淬火开裂问题。

（1）有机聚合物水溶液分类、用途与特点（见表 2-50）

表 2-50　有机聚合物水溶液分类、用途与特点

分类、名称	特点与用途	应用范围
聚乙醇（PAG）水溶液	1）使用温度 ≤45℃。盐对聚合物（PAG）水溶液的污染会严重影响其冷却性能。通过改变质量分数、温度、搅拌速度可调整冷却能力 2）质量分数为 2% ~5% 时，冷却速度与盐水相似；质量分数为 15% ~30% 时，冷却速度接近于油；质量分数为 5% ~10% 时，冷却速度在两者之间	1）适用于碳素钢、合金结构钢、球墨铸铁等 2）用盐浴加热奥氏体化的工件，一般不宜用聚合物（PAG）水溶液
聚乙烯噁唑啉（PEO）水溶液	其逆熔点在 63℃ 以上，作为非黏性淬火冷却介质，冷却性能覆盖水/油之间很大范围	使用质量分数可在 1% ~25% 范围内调整，主要用于感应淬火
聚乙烯醇（PVA）水溶液	质量分数为 10% ~12%，密度 1.015 ~1.035g/cm^3，该介质的冷却能力介于水/油之间，可减少淬火工件畸变，避免开裂	用于感应淬火的喷冷时质量分数为 0.05% ~0.3%，也可用于工件的整体浸入淬火。其工作温度应严格保持在 25 ~45℃
聚乙烯吡咯烷酮（PVP）水溶液	一般使用质量分数为 4% ~10%，外加防锈及防腐剂等添加剂，作为淬火冷却介质使用	主要用于感应淬火、火焰淬火等，中碳钢淬火使用质量分数小于 40%，高碳钢、合金钢淬火使用质量分数为 4% ~10%。使用液温在 25 ~35℃
聚乙烯二醇（PEG）水溶液	当工件冷却到 350℃ 左右时，表面形成一层浓缩薄膜，可降低钢材在马氏体转变阶段的冷却速度，有效地防止淬火开裂	喷射冷却淬火时使用质量分数为 10% ~50%，浸入淬火时质量分数为 15% ~25%
聚氧化烷撑（PAO）水溶液	其是一种共聚物，有逆溶性，热、机械稳定性较好，使用寿命长，带出量少	质量分数可在现场测定，是目前使用最广泛的聚合物水溶液之一

（2）聚合物水溶液主要性能　常用水溶液淬火冷却介质浓缩液的物理化学性能见表 2-51。几种聚合物水溶液及其主要性能见表 2-52。

表 2-51　常用水溶液淬火冷却介质浓缩液的物理化学性能（JB/T 6955—2008）

淬火冷却介质（浓缩液）	物理化学性能					
	外观目测	密度/(g/cm³)	运动黏度(40℃)/(mm²/s)	浊点/℃ ≥	pH 值	折光率 ≥
聚丙烯酸钠淬火冷却介质	浅黄色黏稠液体	1.05 ~ 1.15	—	—	6 ~ 8	—
聚乙烯醇合成淬火冷却介质	浅黄色半透明液体	1.05 ~ 1.15	—	—	6 ~ 8	1.34
聚合物(PAG)淬火冷却介质	微黄色黏稠液体	1.05 ~ 1.15	200 ~ 700	70	8 ~ 10	1.39

表 2-52　几种聚合物水溶液及其主要性能

产品性质	华立		傲兰		德润宝		好富顿	科润	
	PAG 今禹 8-20	PAG 今禹 8-50	CMC JB-W3	PAG JB-W4	Aqua-tensid	Ferr-quench LQR	PAG Aqua-Quench 251 (AQ251)	PAG KR6480	PAG KR6380
密度(20℃)/(g/cm³)	1.09	1.09	1.01	1.09	1.093	1.04	1.078	1.09	1.07
运动黏度(40℃)/cst	360 ± 40	280 ± 30	—	310 ~ 390	290 ~ 340	~ 500	280 ± 20	480	380
防锈性	合格	合格	—	合格	—	—	质量分数≥5%时,有良好防锈性	—	—
pH 值	9.0 ~ 11.0	9.0 ~ 11.0	7 ~ 8	9 ~ 11	9.65 ~ 10.05	9.5	9.5	9 ± 1	9 ± 1
浊点/℃	70	73	62	> 70	67		74	70 ± 5	70 ± 5
冷却特性级别	20	50	—	—	—		—	—	—

（3）常用聚合物水溶液　几种常用聚合物水溶液及其质量分数、使用温度、性能指标、特点及适用范围见表 2-53 ~ 表 2-56。

表 2-53　部分钢种适合的今禹 8-60 型 PAG 水溶液质量分数表

工艺	质量分数5%	质量分数10%	质量分数15%
	牌　号		
浸液淬火或感应淬火	30、35、45、50、30Cr、40Cr、30CrMnTi、35CrMo、42CrMo 等	40Cr、30CrMnTi、35CrMo、42CrMo、50Cr 等	50Cr、38CrMoAl 等
渗碳淬火	15、20、20Cr、20CrNi 等	20CrMo、20CrNi、20CrMnMo、20CrMnTi 等	20CrMnMo、20CrMnTi 等

表 2-54　科润 KERUN 聚合物水溶液质量分数、使用温度、特点及适用范围

介质型号	质量分数(%)	使用温度/℃	特点及适用范围
KR6180	5 ~ 10	5 ~ 45	具有较高的高温、中温及低温冷却速度。使齿轮获得高而均匀的淬火硬度。适合于较大尺寸合金钢如 15CrMo、20CrMo、20CrMnTi、35CrMo、40Cr、42CrMo 等整体或连续淬火;中小尺寸碳素钢如 20、35、45 等整体或连续淬火

（续）

介质型号	质量分数（%）	使用温度/℃	特点及适用范围
KR6280	5～10	10～45	可解决中碳钢等齿轮水（包括盐水、碱水）淬开裂、油淬不硬的难题，减小齿轮淬火畸变。可进行轴件整体淬火，齿轮的中高频感应淬火，如 35、45、35CrMo、40Cr、40CrMo 等钢的中、小尺寸齿轮淬火
KR6480	5～20	10～45	
KR6680	5～20	10～50	高温冷速与 KR6480 相当，而低温冷速更接近快速淬火油，可代替快速淬火油，使齿轮获得高而均匀的淬火硬度，如 40Cr、42CrMo、40CrMnMo、40CrNiMo 等合金钢的调质淬火及 20Cr、20CrMo、20CrMnTi 等钢的渗碳淬火

表 2-55　好富顿 Aqua-Quench 系列聚合物水溶液性能指标、适用范围及特点

产品名称	性能指标		适用范围及特点
	pH 值（质量分数 5%）	黏度（原液）（温度 40℃）/（mm²/s）	
Aqua-Quench 140	8.7（原液）	72～78	PAG 类聚合物水溶液。具逆溶性；特别适用于表面淬火，如感应淬火、火焰淬火等
Aqua-Quench 145	8.7（原液）	72～78	同上；具有生物稳定性
Aqua-Quench 251	9.5	280～320	PAG 类聚合物水溶液。具逆溶性；冷速介于水/油之间。广泛应用于表面、渗碳、整体调质、厚大尺寸中等程度淬透性等钢种的淬火。可取代传统水淬油冷淬火工艺
Aqua-Quench 364	9.5	295～335	PAG 类聚合物水溶液。具逆溶性；对流阶段冷速较低。可做一般合金钢的淬火冷却介质
Aqua-Quench 365	8.3	365～395	
Aqua-Quench 371	9.5	280～320	

表 2-56　陶氏 Ucon 聚合物水溶液质量分数、特点及其适用范围

Ucon 聚合物水溶液	质量分数（%）	特　点	适　用　范　围
UconE	15	具有最慢冷速，相当于中速至慢速的冷油	适用于中等淬透性的钢材，可代替油
UconA	2.5～6	具有最快冷速，相当于从水至中速淬火油的冷速	适用于碳素钢、低碳合金钢
	8～10		适用于中低碳低合金钢、低淬透性钢
	15～30		适用于中低碳低合金钢、低淬透性钢，更适用于表面淬火处理
UconRL	—	比 UconA 的冷速慢	适用于感应淬火
UconHT	—	用于中等冷速	适用于铸钢、合金钢

6. 热处理淬火油的分类及主要技术指标

近年来热处理采用的淬火油均为矿物油，适用于淬透性好、工件壁薄、形状复杂、要求淬火畸变小的工件。但淬火油成本高、油污多，淬火时易引起火灾。

（1）齿轮常用热处理淬火油的分类　齿轮常用热处理淬火油的分类、性能特点及适用范围见表 2-57。

表 2-57   齿轮常用热处理淬火油的分类、性能特点及适用范围

类别	名　称	性能特点	用　途	适用范围
冷油	普通淬火油	1) 可在全损耗系统用油中加入催冷剂、抗氧化剂、催渗剂等添加物,调制成普通淬火油 2) 冷却性能强、氧化安定性好,成本低	小尺寸及淬透性好的材料淬火	1) 要求不高的较小截面合金钢齿轮淬火 2) 合金钢和渗碳钢等齿轮在盐浴炉或保护气氛条件的淬火。最佳使用温度 50~80℃
	快速淬火油	1) 使用寿命优于快速光亮淬火油,更优于 L-AN32 全损耗系统用油 2) 冷却速度快、氧化安定性好、光亮性中等	中、大型齿轮淬火	1) 要求高冷速的调质、渗碳等齿轮零件和大型锻造齿轮、大型齿轮、齿轮淬火压床的淬火。使用温度 20~80℃ 2) 淬火齿轮无裂纹、畸变小、硬度偏差小,适用于碳素钢、合金钢齿轮淬火
	快速光亮淬火油	冷却速度快、氧化安定性好、光亮性好	中型及淬透性差的材料在可控气氛下淬火	结构钢等齿轮在保护气氛下淬火。使用温度 20~80℃
	超速淬火油	冷却速度更快、氧化安定性好	大型及淬透性差的材料淬火	1) 可以代替水-油双液淬火,用于碳素结构钢(如 45 钢)齿轮等淬火,尤其适合于形状复杂、淬火易畸变、开裂的齿轮 2) 对于大截面中碳合金结构钢齿轮的淬火显示出较强的冷却能力,可明显地提高淬硬性和淬透性
		对于渗碳和碳氮共渗的 20CrMnTi 和 20MnVB 钢等大模数齿轮采用 CS 超速淬火油淬火冷却		1) 汽车、冶金机械等大型齿轮等零件的加热淬火、渗碳或碳氮共渗淬火,也适用于中碳钢及其他类型合金钢淬火。使用温度 20~60℃ 2) 不仅可以明显提高齿轮基体硬度,还可以消除硼钢齿轮根部分托氏体和碳氮共渗齿轮的黑色组织
	真空淬火油	国产真空淬火油 ZZ-1 和 ZZ-2 具有冷却能力高、饱和蒸汽压低、热稳定性良好等特点	适于在低于大气的条件下使用	对齿轮无腐蚀、质量稳定,适用于航空结构钢齿轮等真空淬火
热油	分级淬火油	冷却性能好、零件畸变小	120℃ 左右热油淬火	1) 渗碳钢制齿轮、汽车齿轮等零件以及易畸变齿轮的淬火。使用温度 120℃ 左右 2) 如好富顿 355 分级淬火油可用于畸变要求小的齿轮渗碳后直接淬火
	1 号回火油	使用寿命优于 L-AN32 全损耗系统用油	使用温度 < 180℃	适用于合金渗碳钢等齿轮的低温回火

（2）全损耗系统用油（机械油）

1）全损耗系统用油的质量指标见表 2-58。

表 2-58   几种全损耗系统用油的质量指标

项　目	质　量　指　标					
品种	L-AN10	L-AN15	L-AN22	L-AN32	L-AN46	L-AN68
黏度等级	10	15	22	32	46	68

（续）

项　　目	质　量　指　标					
40℃时的运动黏度/(mm²/s)	9.00～11.0	13.5～16.5	19.8～24.2	28.8～35.2	41.4～50.6	61.2～74.8
闪点(开口)/℃≥	130	150			160	
机械杂质(质量分数)(%)	无	≤0.005		≤0.007		
色度/号	≤2		≤2.5	报告		
倾点/℃	≤-5					
水溶性酸碱	无					
中和值/(mgKOH/g)	报告					
水分	痕迹					
腐蚀试验(铜片,100℃,3h)/级	≤1					

2）几种全损耗系统用油的新、旧牌号对照见表 2-59。

表 2-59　几种全损耗系统用油的新、旧牌号对照

新牌号 GB/T 7631.13—2012	旧牌号 GB 443—1989	新牌号 GB/T 7631.13—2012	旧牌号 GB 443—1989
L-AN15	10 号	L-AN46	30 号
L-AN22	15 号	L-AN68	40 号
L-AN32	20 号		

（3）专用淬火油　专用淬火油的物理化学性能见表 2-60。

表 2-60　专用淬火油的物理化学性能（JB/T 6955—2008）

类别	运动黏度/(mm²/s)≤		闪点/℃≥	倾点/℃≤	光亮性无标准/级≤	水分
	40℃	100℃				
快速光亮淬火油	38	—	170	-9	1	痕迹
快速淬火油	28	—	160	-9	2	痕迹
快速等温(分级)淬火油	70	—	210	-8	2	痕迹
等温(分级)淬火油	120	—	230	-5	2	痕迹
快速真空淬火油	35	—	190	-9	1	痕迹
真空淬火油	70	—	210	-8	1	痕迹
回火油	—	—	260	-5	—	痕迹

注：试样的水分少于 0.03%（体积分数），认为是痕迹。

2.2.4　齿轮淬火冷却用盐浴、碱浴的配方及使用温度

齿轮淬火冷却用盐浴、碱浴，可明显减少齿轮畸变。冷却用盐浴、碱浴的配方及使用温度见表 2-61，供齿轮淬火时参考。

表 2-61　盐浴、碱浴的配方及使用温度（JB/T 6955—2008）

类　　别	成分配方(质量分数)(%)	熔点/℃	工作温度/℃
盐浴	45NaNO₃+55KNO₃	218	230～550
	50NaNO₃+50KNO₃	218	230～550

（续）

类　　别	成分配方（质量分数）（%）	熔点/℃	工作温度/℃
盐浴	75NaNO$_3$ + 25KNO$_3$	240	280 ~ 550
	55NaNO$_3$ + 45KNO$_2$	220	230 ~ 550
	55KNO$_3$ + 45KNO$_2$	218	230 ~ 550
	50KNO$_3$ + 50NaNO$_2$	140	150 ~ 550
	55KNO$_3$ + 45NaNO$_3$	137	150 ~ 550
	46NaNO$_3$ + 27NaNO$_2$ + 27KNO$_3$	120	140 ~ 260
	75CaCl$_2$ + 25NaCl	500	540 ~ 580
	30KCl + 20NaCl + 50BaCl$_2$	560	580 ~ 800
碱浴	65KOH + 35NaOH	155	170 ~ 300
	80KOH + 20NaOH + 10H$_2$O	130	150 ~ 300
	80NaOH + 20NaNO$_2$	250	280 ~ 550

第3章 齿轮的整体热处理技术

齿轮的整体热处理分为预备热处理和最终热处理。齿轮的整体热处理主要包括退火、正火、淬火、回火、时效和冷处理。

齿轮毛坯（简称齿坯）常采用退火和正火作为预备热处理，以消除残余应力，改善不均匀的组织缺陷以及切削加工性能，去除钢中的氢，防止白点和氢脆的产生。有时对性能要求不高的中碳钢大型齿轮，为了减小热处理畸变，也采用正火工艺作为最终热处理，代替淬火与回火工艺。淬火与回火是齿轮热处理的基本工艺，其目的是强化钢材性能，获得要求的显微组织和力学性能。

3.1 齿轮的退火与正火技术

1. 低碳合金钢齿轮锻坯的退火、正火工艺（见表3-1）

表3-1 低碳合金钢齿轮锻坯的退火、正火工艺

工艺	分 类	材 料	工 艺
退火	锻造余热等温退火	低碳合金钢，如 20CrMnTi、20CrMnMo 钢等	锻坯终锻切边后，以 40~50℃/min 的冷速冷却到珠光体转变温度 600~700℃，并保温至完全转变成珠光体
	简易锻造余热等温退火	低碳合金钢	其是利用锻坯锻造后的余热(900~950℃)，将锻坯快速投入保温箱中进行保温，以获得平衡状态的金相组织的工艺
	等温退火	中碳合金钢、低碳合金钢	等温退火工艺规范见表3-13
正火	锻造余热正火	低碳合金钢，如 20Cr、20CrMnB 钢	终锻后，以一定的速度冷却到 500~600℃后，立即加热到 Ac_3 以上进行正火处理，其正火温度： 牌号 / 余热正火温度/℃ / 硬度HBW 20Cr / 880~900 / 144~198 20CrMnB / 950~970 / 150~207
	正火+高温回火工艺	低合金钢	20CrMnTi 钢锻坯经正火+高温回火:930℃×2h+700℃×(2~3)h，硬度 150~200HBW，有利于彻底消除粒状贝氏体，改善切削加工性能
			20CrMnMo 钢齿坯经 910~940℃正火，再经 650~700℃高温回火 2~3h，硬度 173~201HBW，符合技术要求，机械加工后齿轮表面粗糙度 Ra 达到 6.3μm
	等温正火工艺	合金渗碳钢，如 20CrMnTi 钢	装料厚度150mm，加热温度 920~960℃，保温时间为 150min，在速冷室强制风冷 <15min，冷至 620~630℃入炉中保温 25min，出炉风冷 60min，温度降至 300℃左右空冷。获得先析铁素体+均匀分布的较细片状珠光体组织，硬度为 160~180HBW
	简单适用的等温正火工艺	合金渗碳钢，如 20CrMnTi 钢	(950~960)℃×2h 加热，然后装入 150~200℃炉中随炉冷却，显微组织均匀，铁素体+珠光体组织为 1 级

2. 渗碳钢齿轮毛坯的预备热处理

常用渗碳钢齿坯的预备热处理工艺见表 3-2。

表 3-2 常用渗碳钢齿坯的预备热处理工艺

牌　　号	预备热处理工艺	显 微 组 织	硬度 HBW
20	正火 900~960℃空冷	均匀分布的片状 P+F	160~190
15Cr、20Cr	1）正火 900~950℃空冷 2）调质:淬火 880~940℃,回火 600~680℃	1）均匀分布的片状 P+F 2）回火索氏体	179~217
12CrNi3A、12Cr2Ni4A	正火 + 高温回火:正火 850~870℃,高温回火 650~680℃	均匀分布的粒状 P+F	200~240
20CrMnTi、20CrMo、20CrV、20CrMnTiB	正火 950~970℃空冷	均匀分布的片状 P+F	179~217
20CrNi3、20Cr2Ni4A、18Cr2Ni4WA、20CrMnMo	正火 880~940℃空冷 高温回火 650~680℃	粒状或细片状 P+少量 F	220~280 180~230
20Cr2Ni4A、18Cr2Ni4WA（锻坯晶粒粗大时）	1）(640±20)℃回火 6~12h 空冷 2）正火(920±20)℃空冷 4~6h, (680±20)℃高温回火 4~6h,空冷	粒状 P+少量 F	207~269
20CrMo、20CrMnTi	正火(940±20)℃ + 不完全淬火,高温回火(780±10)℃水冷或油冷	低碳 M+F	220~280

注：P 为珠光体；F 为铁素体；M 为马氏体。

3. 铸钢齿坯的预备热处理

一般采用退火或正火工艺。但应区别情况,采用不同的预备热处理方法。铸钢齿坯的预备热处理见表 3-3。

表 3-3 铸钢齿坯的预备热处理

名　　称	钢　材	组　　织	作　　用
正火	低碳钢	获得均匀的铁素体 + 细片状珠光体组织	提高力学性能,改善可加工性
完全退火或等温退火	中碳钢及合金钢	获得铁素体 + 片状（或球状）珠光体组织	清除铸造中出现的粗大晶粒、网状铁素体和魏氏体组织等微观缺陷和应力。改善工件的可加工性,并细化组织,为最终热处理做好组织准备,同时也降低畸变、开裂倾向
低温退火	铸钢齿坯	采用低温退火工艺	消除铸造应力
扩散退火 + 完全退火（或正火）	枝晶偏析的大型铸件	由于扩散退火温度较高,处理后组织变得异常粗大,故在扩散退火后,还应进行一次完全退火或正火	细化晶粒,提高力学性能,改善可加工性,为最终热处理做好组织准备

3.1.1　齿轮的退火技术

齿轮常用的退火工艺有完全退火、去应力退火、等温退火等。

1. 完全退火与去应力退火

（1）去应力退火工艺　加热温度 $<A_1$,加热速度 100~150℃/h,保温时间 3~5min/mm,冷

却速度50～100℃/h。去应力退火工艺曲线如图3-1所示。

（2）完全退火工艺 完全退火工艺曲线如图3-2所示。完全退火加热温度为Ac_3 +（30～50）℃。完全退火工艺参数确定原则见表3-4，供齿坯退火时参考。

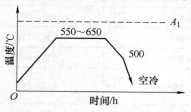

图3-1 去应力退火工艺曲线

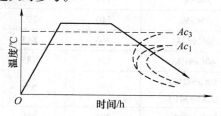

图3-2 完全退火工艺曲线

表3-4 完全退火工艺参数确定原则（空气炉）

钢　种	加热速度/(℃/h)	保温时间系数/(min/mm)	冷却速度/(℃/h)	出炉温度/℃	备　注
碳素钢	150	1～1.5	100～200	≤500	单件完全退火，允许在650℃以下出炉
合金钢	80～150	1.5～2	50～100	≤500	
高合金钢	50～70	2～2.5	<50	≤500	

（3）齿轮退火相关工艺规范及工艺参数（见表3-5～表3-12）

表3-5 常用齿轮钢材退火工艺规范

牌　号	临界点/℃			退火		
	Ac_1	Ac_3	Ar_1	加热温度/℃	冷却	HBW
35	724	802	680	850～880	炉冷	≤187
45	724	780	682	800～840	炉冷	≤197
45Mn2	715	770	640	810～840	炉冷	≤217
40Cr	743	782	693	830～850	炉冷	≤207
35CrMo	755	800	695	830～850	炉冷	≤229
40MnB	730	780	650	820～840	炉冷	≤207
40CrNi	731	769	660	820～850	炉冷	≤250

表3-6 常用齿轮钢种退火或正火及高温回火温度

牌　号	Ac_1/℃	Ac_3/℃	退火或正火温度/℃	去氢高温回火温度/℃
20Cr	740	815	880～900	630～660
20CrMo	730	825	890～900	630～660
18CrMnB	741	840	880～900	630～660
20CrMnTi	730	820	920～940	630～660
12CrNi2	715	830	880～900	630～660
20Cr2Ni4	685	775	890～910	630～660
17Cr2Ni2Mo	730	820	880～900	630～660
18Cr2Ni4W	695	800	920～940	630～660

（续）

牌　号	Ac_1/℃	Ac_3/℃	退火或正火温度/℃	去氢高温回火温度/℃
40Cr	730	780	840～860	630～660
35CrMo	740	790	850～870	630～660
38CrMoAl	760	885	940～960	630～710
40CrNiMo	730	785	840～860	630～660
40CrNi2Mo（SAE4341）	732	774	840～860	630～660
34CrNi3Mo	705	750	850～870	630～660

表 3-7　各种铸铁的去应力退火规程

铸铁	装炉温度/℃	加热速度/(℃/h)	加热温度/℃	保温时间/h	冷却速度/(℃/h)	出炉温度/℃
普通灰铸铁	<100～300	<60～150	～550	每25mm/h 再加 2～8h	<30～80	100～300
合金灰铸铁	<100～300	<60～150	低合金:600 高合金:650	每25mm/h 再加 2～8h	<30～80	100～300
普通球墨铸铁	<100～300	60～150	550～600	每25mm/h 再加 2h	空冷	—
合金球墨铸铁	<100～300	60～150	580～620	每25mm/h 再加 2h	空冷	—

表 3-8　灰铸铁件去应力退火工艺规范（JB/T 7711—2007）

铸铁分类	铸件质量/kg	装炉温度/℃	升温速度/(℃/h)	加热温度/℃		保温时间/h	冷却速度/(℃/h)	出炉温度/℃
				普通铸铁	低合金铸铁			
一般铸件	<200	≤200	≤100	500～550	550～570	4～6	30	200
	200～2500		≤80			6～8		
	>2500		≤60			8		
精密铸件	<200	≤200	≤100	500～550	550～570	4～6	20	200
	200～2500		≤80			6～8		
简单或圆筒状铸件 一般精密铸件	<300	10～40	100～300	100～150	500～600	2～3	40～50	<200
	300～1000	15～60	100～200	<75	500	8～10	40	
结构复杂、较高精度铸件	1500	<40	<150	<60	420～450	5～6	30～40	<200
		40～70	<200	<70	450～550	8～9	20～30	
		>70	<200	<75	500～550	9～10	20～30	
纺织机械小铸件	<50	<15	<150	50～70		1.5	30～40	150
机床小铸件	<1000	<60	≤200	<100	500～550	3～5	20～30	150～200
机床大铸件	>2000	20～80	<150	30～60		8～10	30～40	150～200

表 3-9　铸造碳钢件退火加热温度

牌　号	退火温度/℃	牌　号	退火温度/℃
ZG230-450	880～900	ZG310-570	840～860
ZG270-500	860～880	ZG340-640	840～860

表 3-10　铸造碳钢件退火规范

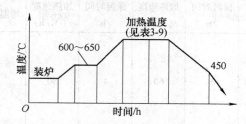

牌号	铸件壁厚 /mm	装炉温度 /℃	保温时间 /h	加热速度 /(℃/h)	保温时间 /h	加热速度 /(℃/h)	均温	保温时间 /h	冷却	冷却	出炉温度 /℃
ZG230-450 ZG270-500	<200	<650	—	—	2	≤120	目测	1~2	随炉冷	开炉门炉冷	450
	201~500	400~500	2	≤70	3	≤100		2~5			400
	501~800	300~350	3	≤60	4	≤80		5~8			350
	801~1200	250~300	4	≤40	5	≤60		8~12			300
	1201~1500	≤200	5	≤30	6	≤50		12~15			250
ZG310-570 ZG340-640	<200	400~500	2	≤80	3	≤100		2~3			350
	201~500	250~350	3	≤60	4	≤80		3~6			350
	501~800	200~300	4	≤50	5	≤60		6~9			300

表 3-11　铸造低合金钢件退火加热温度

牌　　号	退火温度/℃	牌　　号	退火温度/℃
ZG35Mn	880~900	ZG30CrMnSi	870~890
ZG20SiMn	900~930	ZG45SiMn	840~860
ZG30SiMn	860~880	ZG45Mn	840~860
ZG35Cr1Mo	860~880	ZG40Mn2	860~880
ZG35SiMn	870~890	ZG40Cr1	840~860
ZG40Mn	860~880	ZG35CrMnSi	880~900
ZG42SiMn	840~860	ZG35SiMnMo	870~890

表 3-12　铸造低合金钢件退火规范

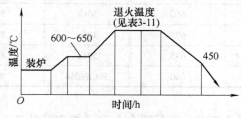

牌号	铸件壁厚 /mm	装炉温度 /℃	保温时间 /h	加热速度 /(℃/h)	保温时间 /h	加热速度 /(℃/h)	均温	保温时间 /h	冷却	出炉温度 /℃
ZG35Mn ZG40Mn ZG45Mn ZG40Cr1 ZG20SiMn	<200	400~500	2	80	3	100	目测	2~3	炉冷	350

（续）

牌号	铸件壁厚/mm	装炉温度/℃	保温时间/h	加热速度/(℃/h)	保温时间/h	加热速度/(℃/h)	均温	保温时间/h	冷却	出炉温度/℃
ZG30SiMn ZG35SiMn ZG42SiMn ZG45SiMn ZG40Mn2 ZG35Cr1Mo	201～500	250～350	3	60	4	80	目测	3～6	炉冷	350
ZG30CrMnSi ZG35CrMnSi ZG35SiMnMo ZG50SiMn ZG50MnMo	501～800	200～300	4	50	5	60		6～9		300

2. 等温退火

等温退火主要用于中碳合金钢、经渗碳处理的低碳合金钢和某些高合金钢的大型铸锻件等。

1) 等温退火加热温度与等温时间视对组织的要求而定，可以与完全退火相同 $[Ac_3 + (30～50)℃]$ 或在 $Ac_3～Ac_1$ 选择。奥氏体化保温后的齿轮应迅速转移到等温炉内进行等温。等温时间通常为 3～4h，高合金钢 5～10h 或更长。在等温炉中完成等温转变后，小型、简单齿轮可自炉中取出空冷；大型或形状复杂的齿轮可随炉冷至 500～550℃后，出炉空冷。等温退火工艺曲线如图3-3所示。

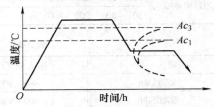

图3-3　等温退火工艺曲线

2) 几种常用钢材的等温退火工艺规范见表3-13，供齿轮等温退火时参考。

表3-13　几种常用钢材的等温退火工艺规范

牌　号	加热温度/℃	等温温度/℃	牌　号	加热温度/℃	等温温度/℃
40Mn2	830	620	40CrNiMo	830	650
20CrNi	885	650	20Cr	885	690
40CrNi	830	660	30Cr	845	675
30CrMo	855	675	40Cr	830	675
40CrMo	845	675	50Cr	830	675
20CrNiMo	885	660	30CrNiMo	845	660

3) 齿轮锻造余热等温退火工艺。将低碳合金钢（如 20CrMnTi、20CrMnMo、20CrMo 钢等）锻坯在锻造终锻切边后，以 40～50℃/min 的冷却速度，冷却至 600～700℃保温至完成珠光体转变，然后空冷或在室内冷却。同常规等温退火相比，该工艺不仅可以节省约 70%的燃料，而且还可以改善组织与性能。

为了保证结构钢的可加工性，往往在终锻后迅速冷至 600℃（约 7～10min），保温 3h 后可获得微细珠光体 + 铁素体组织，利于机械加工。锻坯锻造余热等温退火工艺曲线如图3-4所示。一些钢材的锻造余热等温退火温度及硬度见表3-14。

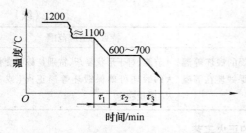

图 3-4　锻造余热等温退火工艺曲线

τ_1—7 ~ 10min，急冷时间为本工艺关键项目

τ_2—根据奥氏体等温转变图求得，并适当的增加

τ_3—空冷或冷却室内冷却

表 3-14　锻造余热等温退火温度及硬度

牌　号	等温退火温度/℃	硬度 HBW
20CrMnMo	650	174 ~ 209
20CrNi	650 ~ 680	157 ~ 207
20CrMo	650 ~ 670	160 ~ 207
20CrMnTi	660 ~ 680	156 ~ 228
30CrMnTi	660 ~ 680	170 ~ 228
50Mn2	650 ~ 700	< 229

工艺举例：20CrMo 钢齿轮锻坯经终锻切边后，以约 55℃/min 的冷速冷却到珠光体转变温度 660℃，即以 8min 从终锻温度 1100℃ 冷到 660℃，并保温 90min 至完全转变成珠光体后，出炉空冷，其工艺曲线如图 3-5 所示。

金相组织为片状珠光体 + 块状及粗针状铁素体，硬度为 163 ~ 173HBW，内外均匀一致，晶粒局部达 4 级。齿轮毛坯机械加工时，可加工性好，插齿后齿面表面粗糙度 Ra 达 1.60μm。齿轮经渗碳淬火后，畸变较小。

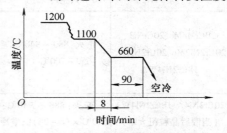

图 3-5　齿轮锻坯锻造余热等温
退火工艺曲线

3.1.2　齿轮的正火技术

齿轮正火相关工艺、工艺参数及工艺规范见表 3-15 ~ 表 3-24 和图 3-6 ~ 图 3-8，供齿轮正火时参考。

表 3-15　几种正火工艺比较

序号	工艺种类	内　　容	特点与适应范围
1	普通正火	将齿坯加热至 Ac_3 + (30 ~ 50)℃（亚共析钢）或 Ac_m + (30 ~ 50)℃（共析钢或过共析钢），保温一定时间后空冷，得到珠光体组织	受多种因素影响，即使是同一炉齿坯，其硬度值分散度较大，显微组织不稳定，性能也不一致。适用于一般性能要求的齿坯预备热处理或最终热处理
2	等温正火	将齿坯加热到 Ac_3 或 Ac_m 以上 30 ~ 50℃，保温到完全奥氏体化并均匀化，快速冷至低于 Ar_1 以下的珠光体转变区的某一温度保温，以获得珠光体组织，然后出炉空冷或随炉冷、油冷、水冷的正火工艺	等温正火后的齿坯硬度均匀，晶粒度细小，带状组织减小，可显著减少齿轮畸变
3	锻造余热正火	低碳合金钢，如 15Cr、20Cr、20CrMnB 等锻坯锻后空冷以取代原来的重新加热正火	节能，降低成本，适于对硬度与显微组织要求不高的齿坯预备热处理
4	锻造余热等温正火	1) 锻坯锻后急速冷却至等温温度后保温，取代重新加热等温正火，其晶粒度较常规热处理工艺（如正火或等温正火）粗大 2) 对晶粒度有细化要求的齿坯，可将锻坯冷却至 600 ~ 650℃，然后再将锻坯加热到所需要的温度进行等温正火（或正火），从而节省了能源	1) 节能，其晶粒度较常规热处理工艺（如正火或等温正火）粗大 2) 一般用于对晶粒度要求高的锻坯，也可采用锻造余热均温正火

（续）

序号	工艺种类	内　　容	特点与适应范围
5	锻造余热均温等温正火（或正火）	锻坯锻后直接送入均温炉，仍按常规的锻坯等温正火（或正火）工艺。锻坯均温后，确保锻坯在等温正火（或正火）时的温度一致	节能，对于形状复杂，特别是截面变化大的锻坯可确保锻坯等温正火（或正火）质量稳定

表 3-16　齿轮锻坯的正火工艺

牌　号	工艺规范	硬度 HBW	显微组织	备　注
20Cr	正火：900～960℃	156～179（179～207）	均匀分布的片状珠光体＋铁素体	1）如果设备条件允许，尽可能选用高于渗碳温度 30～50℃正火 2）为了改善可加工性，降低表面粗糙度值，一般常用以下方法： ①提高正火温度加强冷却 ②采用等温正火工艺
20CrMo、20CrMnTi	正火：920～1000℃（常用 950～970℃），空冷	156～207（179～217）	
20CrMnMo、20CrNi3、20Cr2Ni2Mo、20Cr2Ni4A、18Cr2Ni4WA	正火：880～940℃，空冷；高温回火：650～700℃	171～220（20CrMnMo）、207～269（其余）	粒状或细片状珠光体＋少量铁素体	
20Cr2Ni4A、18Cr2Ni4WA（当锻后晶粒粗时）	正火：880～940℃；高温回火：640℃×（6～24）h，空冷	207～269		
40Cr、42Mn2	正火：860～900℃，空冷	179～229	均匀分布的片状珠光体＋铁素体	
21NiCrMo5	正火：（940～950）℃×1h，空冷；高温回火：（650～660）℃×2h，空冷	170～178	铁素体＋珠光体	
22CrMoH	正火：（950±10）℃，空冷；高温回火：（670±10），空冷	149～241	铁素体＋珠光体＋贝氏体	
20CrNiMo	正火：（950±10）℃，空冷	170～196	珠光体＋铁素体	
17CrNiMo6	正火：940℃，空冷；高温回火：650℃，空冷	229～239	铁素体＋贝氏体	
20Cr2Ni4	正火：920×2h，空冷；高温回火：（620～630）℃×2h，空冷或炉冷	180 左右	珠光体＋少量铁素体	
17Cr2Ni2Mo	正火：950℃×3h，空冷；高温回火：670℃×4h，空冷	—		

表 3-17　常用中碳钢齿轮的正火温度及硬度值

牌　号	加热温度/℃	正火后硬度 HBW	备　注
35	860～900	146～197	—
45	840～850	170～217	—
40Cr	870～890	179～229	渗氮前的预备热处理
40MnVB	860～890	159～207	正火后 680～720℃高温回火
40CrNiMoA	890～920	220～270	—
38CrMoAlA	930～970	179～229	正火后 700～720℃高温回火

表 3-18　碳钢铸件正火加热温度

牌　号	正火温度/℃	
	范　围	最适宜
ZG230-450	880～920	890～910
ZG270-500	840～880	850～870
ZG310-570	830～870	840～860

表 3-19　碳钢铸件正火回火加热温度

牌　号	正火温度/℃		回火温度/℃
	范　围	最适宜	
ZG230-450①	880～920	890～910	600～650
ZG270-500②	840～880	850～870	
ZG310-570②	830～870	840～860	

① 铸件形状简单，可不必回火。
② 小件可不必回火。

表 3-20　碳钢铸件正火回火规范

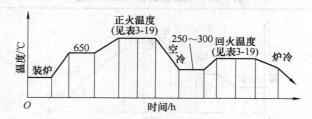

牌　号	截面厚度/mm	正火								回火				
		装炉温度/℃	保温时间/h	加热速度/(℃/h)	保温时间/h	加热速度/(℃/h)	均温时间/h	保温时间	250～300℃保温时间/h	加热速度/(℃/h)	均温时间/h	冷却方式	出炉温度/℃
ZG200-400、ZG230-450、ZG270-500	≤200	≤350	~2	60～80	>3	≤100	—	(1.2～2)h/100mm	—	≤100	—	炉冷	≤350
	201～500	≤300	2～4	40～70	3～5	≤80			2	≤80	—		250～300
	501～800	≤300	4～5	30～60	5～6	≤60			3	50～60	—		200～250
	801～1200	≤250	5～6	≤40	6～7	≤50			4	≤50	—		≤200
	1201～1500	≤200	6～8	≤30	7～8	≤40			5	≤40	—		≤200
ZG310-570、ZG340-640	≤200	200～300	≥2	30～50	>4	60～80	—	(1.5～3)h/100mm	2～3	40～50	—		200～300
	201～500	150～250	3～5	25～50	4～6	50～70			2～5	30～50	—		200～250
	501～800	100～200	5～7	20～40	6～8	≤40	—		3～7	20～30	—		≤200

表 3-21　低合金钢铸件正火加热温度

牌　号	正火温度/℃	牌　号	正火温度/℃
ZG22Mn	880～900	ZG50Mn2	820～840
ZG35Mn	880～900	ZG20SiMn	900～930
ZG40Mn	850～870	ZG30SiMn	860～880
ZG45Mn	840～860	ZG35SiMn	860～880
ZG40Mn2	850～870	ZG42SiMn	850～870

（续）

牌　号	正火温度/℃	牌　号	正火温度/℃
ZG45SiMn	850~870	ZG35Cr1Mo	860~880
ZG50SiMn	840~860	ZG30CrMnSi	870~890
ZG20MnMo	900~920	ZG35CrMnSi	880~890
ZG30SiMnMo	880~900	ZG55CrMnMo	830~850
ZG35SiMnMo	870~890	ZG30Cr1MnMo	860~880
ZG40Cr1	840~860		

表 3-22　低合金钢铸件正火规范

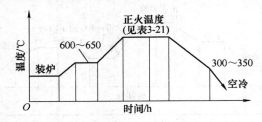

牌号	铸件壁厚/mm	装炉温度/℃	装炉后保温时间/h	加热速度/(℃/h)	600~650℃保温时间/h	加热速度/(℃/h)	均温	保温时间/h	冷却
ZG35Mn、ZG40Mn、ZG45Mn、ZG40Cr1、ZG20SiMn、ZG30SiMn、ZG35SiMn、ZG42SiMn、ZG45SiMn、ZG40Mn2、ZG30CrMnSi、ZG35CrMnSi、ZG35SiMnMo	<200	400~500	2	80	3	100	目测	2~3	300~350℃出炉空冷
	201~500	250~350	3	60	4	80		3~6	
	501~800	200~300	4	50	5	60		6~9	

表 3-23　低合金钢铸件正火回火规范（一）

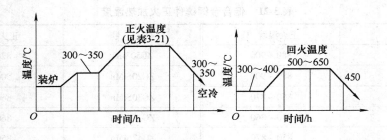

（续）

牌号	铸件壁厚/mm	装炉温度/℃	正火 保温时间/h	加热速度/(℃/h)	300~350℃保温时间/h	加热速度/(℃/h)	均温	回火 保温时间/h	300~400℃保温时间/h	加热速度/(℃/h)	均温	保温时间/h	冷却速度/(℃/h)	≤450℃冷却速度/(℃/h)	出炉温度/℃
ZG35Mn	≤200	400~500	2	80	3	100	目测	2~3	1	80	目测	2~3	炉冷		350
	201~500	250~350	3	60	4	80		3~6	2	70		3~8	50	30	3~8
	501~800	200~300	4	50	5	60		6~9	3	60		8~12	50	30	8~12

表3-24　低合金钢铸件正火回火规范（二）

牌号	热处理规范 方法	温度/℃	冷却	硬度 HBW	牌号	热处理规范 方法	温度/℃	冷却	硬度 HBW
ZG35Mn	正火 回火	850~860 560~600	空冷		ZG50SiMn	正火 回火	850~870 580~600	空冷	217~255
ZG40Mn	正火 回火	850~850 400~450	空冷 炉冷	163	ZG20MnMo	正火 回火	900~920 550~660	空冷	156
ZG45Mn	正火 回火	840~850 550~600	空冷 炉冷	196~235	ZG35SiMnMo	正火 回火	840~860 550~650	空冷	—
ZG40Mn2	正火 回火	850~870 550~600	空冷	≥197	ZG40Cr1	正火 回火	830~860 520~680	空冷 炉冷	≤212
ZG50Mn2	正火 回火	820~840 590~690	空冷	—	ZG30CrMnSi	正火 回火	880~900 400~450	空冷 炉冷	202
ZG20SiMn	正火 回火	900~920 570~600	空冷	156	ZG35CrMnSi	正火 回火	900 400~450	空冷 炉冷	≤217
ZG30SiMn	正火 回火	870~890 570~600	空冷	—	ZG20CrMo	正火 回火	880~900 600~650	空冷	135
ZG35SiMn	正火 回火	800~860 550~650	空冷	—	ZG35Cr1Mo	正火 回火	900 550~600	空冷	—
ZG42SiMn	正火 回火	860~880 500~600	空冷	≥229	ZG20CrMoV	正火 回火	920~940 690~710	— —	—
ZG45SiMn	正火 回火	860~880 520~680	空冷	—					

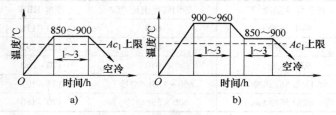

图3-6　灰铸铁的正火工艺

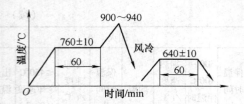

图 3-7　球墨铸铁低碳奥氏体化正火工艺

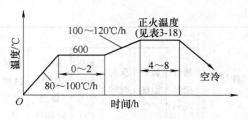

图 3-8　碳钢铸件正火工艺

3.1.3　齿轮毛坯的等温正火技术

等温正火可分为正常等温正火和锻造余热等温正火。图 3-9 所示为等温正火工艺示意图。

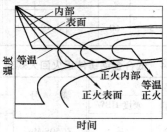

图 3-9　等温正火工艺示意图

（1）国外汽车制造公司渗碳齿轮毛坯等温正火的技术要求（见表 3-25）

表 3-25　国外汽车制造公司渗碳齿轮毛坯等温正火的技术要求

公司名称	牌号	硬度 HBW	显微组织	晶粒度/级	备注
菲亚特	16MnCr5	140～207	P＋F	—	—
	20MnCr5	150～207	P＋F	—	—
	21NiCrMo5H	166～201	P＋F	—	—
斯太尔	16MnCr5	140～187	P＋F	4～6	
	20MnCr5	152～201	P＋F		
	18CrNi18	170～217	P＋F		
大众	16MnCr5	140～187	P＋F	3～6	魏氏体组织≯1 级；带状组织＜1 级；无粒状贝氏体组织；正火硬度散差：一批次≯15HBW，单件≯5HBW
	20MnCr5	150～201	P＋F		
	25MnCr5	160～201	P＋F		
	28MnCr5	170～207	P＋F		

注：P 为珠光体；F 为铁素体。

（2）齿轮的等温正火工艺

1）几种合金渗碳钢齿轮的等温正火工艺见表 3-26。

表 3-26　几种合金渗碳钢齿轮的等温正火工艺

牌号	奥氏体化温度/℃	等温转变温度/℃	硬度 HBW	金相组织
21NiCrMo5	940（风冷）	650	170～178	F＋P
22CrMoH	940（风冷）	650	187～193	F＋P
20CrNi3	930（风冷）	670	170～260	F＋P＋B
17CrNiMo6	950×2.5h（风冷）	660×1.5h（空冷）	173～197	块状 F＋P
20CrNiMoH	880×2h（风冷 5min）	620×2h（空冷）	170～180	F＋P

注：F 为铁素体；P 为珠光体；B 为贝氏体。

2）美国几种合金渗碳钢齿轮的等温正火工艺见表 3-27。

表 3-27　美国几种合金渗碳钢齿轮的等温正火工艺

牌　号	奥氏体化温度/℃	等温转变温度/℃	等温转变时间/h	硬度 HBW
SAE9310	900	650	4	约 195
SAE3310	870	595	14	约 187
SAE4027	855	650	1	约 175
SAE4317	925	620	2	约 185
SAE4320	885	660	6	约 197
SAE4615	925	640	10	约 165
SAE4620	885	650	6	约 187
SAE8620RH	880	600	3	160 ~ 195

（3）（等温正火自动生产线）等温正火工艺的制订　采用等温正火自动生产线对渗碳齿轮锻坯进行等温正火时的工艺流程：锻坯→（高温 930 ~ 950℃）加热炉加热→速冷室（锻坯速冷至 560 ~ 680℃）冷却→等温炉（根据齿轮材料和硬度要求确定等温温度和时间）加热→出炉。

低碳合金钢渗碳齿轮锻坯等温正火工艺的制订见表 3-28。

表 3-28　渗碳齿轮锻坯等温正火工艺的制订

项　目	内　容
装炉方式	关键是要保证齿坯之间通风畅通。设备采用上下周期性风冷，不宜采用平放方式（见图 3-10），最好采用单层摆放
	沿料筐宽度方向摆放（即竖直立放，见图 3-11），齿坯内外温差最小（40℃左右），金相组织、硬度均匀，且不降低生产效率
	双联齿轮采用图 3-12 所示平放方式，可避免齿坯中间连接部位因迅速受冷而形成粒状贝氏体组织
等温正火的加热温度	高的加热温度有利于降低材料缺陷，而适当降低加热温度，即相对缩小了冷却阶段的温差，更有利于保证锻坯温度的均匀性。等温正火加热温度通常要高于渗碳温度，通常采用 940 ~ 960℃
等温温度	1）不同钢材获得最佳组织和硬度范围是不同的，这需要根据各钢材的奥氏体冷却转变图来确定。通常等温温度在 560 ~ 680℃ 2）随着等温温度的降低，所得的珠光体间距减小，硬度值增高。可根据（如 20CrMnTi 钢）等温正火时等温温度与硬度试验曲线（见图 a）选择，一般为 560 ~ 680℃；从加热温度到等温温度的冷却速度可根据普通正火硬度——冷速关系曲线确定（见图 b） 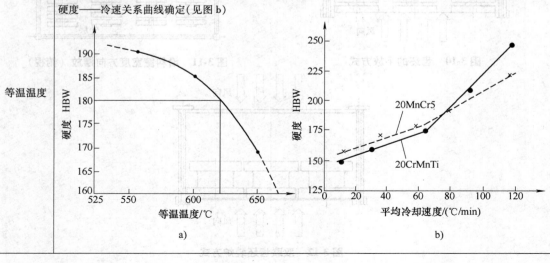 　　a)　　　　　　　　　　　b)

（续）

项　目	内　容
等温温度	3）等温正火生产线上不同齿轮材料的等温温度： 表格见下

材 料 牌 号	等温温度/℃	材 料 牌 号	等温温度/℃
20CrMnTi	560～580	16MnCr5	560～600
20MnCr5	580～600	30CD4	620～650
19CN5	580～620	27CD4	600～630
14CN5	560～580	27MC5	620～660

项　目	内　容
风温	风温即接触锻坯的气流温度。一般情况下，选择较高的风温有利于锻坯的温度均匀性，在风冷管路中设置混风装置更有利于热风与冷风的均匀，从而确保接触锻坯的风温均匀可控
冷却速度和风量大小	目前的等温正火生产线多采用强冷＋缓冷的交替风冷模式来实现齿坯快速而均匀冷却，同时具有风量选择，通过强冷使毛坯迅速冷却至700℃左右，然后通过缓冷使齿坯之间或同一齿坯不同部位间均匀降至等温温度。对于齿坯来说，要综合考虑其外径、内径及厚度，合理分配强冷、缓冷时间以及风量 在风冷过程中若采取分段冷却则更有利于同盘齿坯的温度均匀性，从而保证齿坯的硬度均匀性。同时，选择较小的风量也可达到相近效果 等温正火的关键是齿坯从奥氏体化温度以某一冷速在限制的时间内降到等温温度。需要强制鼓风获得较高的冷速。但过大的冷速会造成齿坯之间及齿坯截面不同部位的冷速不均，所以必须根据装炉量与齿坯结构来调整风量和风压，以达到最佳冷速
环境温度	等温正火生产线冷却方式主要有两种：一种是通过设备自身的加热器或等温炉加热形成的热风进行循环冷却，另一种是通过抽风机从环境中抽取空气直接冷却。由于后者易受环境温度的影响，风温随着天气发生变化，故应根据季节变化，合理调节冷却时间和风量。某 $\phi 140mm$ 齿坯不同环境温度速冷参数：

环境温度/℃	>30		10～30		<10	
速冷参数/s	强冷	缓冷	强冷	缓冷	强冷	缓冷
	240	210	210	180	180	180

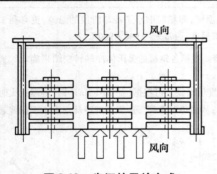

图3-10　齿坯的平放方式

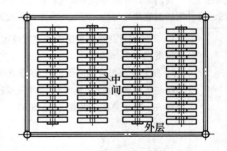

图3-11　沿料筐宽度方向摆放（俯视）

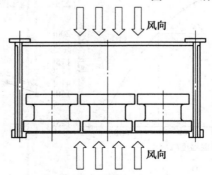

图3-12　双联齿坯装炉方式

（4）等温正火工艺应用举例　一汽集团公司采用等温正火自动生产线对部分渗碳齿轮毛坯进行等温正火处理，具体检验结果见表 3-29。

表 3-29　一汽公司渗碳齿轮毛坯等温正火检验结果

零件名称	材　料	抽样件数/件	测量点数	同件硬度最大散差 HBW	同批硬度最大散差 HBW	平均硬度 HBW	金相组织
一档齿圈	20MnCr5	4	16	10	11	160	F + 细 P
一档齿圈	20MnCr5	74	296	10	23	162	F + P
二档齿轮	19CN5	4	16	4	12	177	F + P
二档齿轮	19CN5	22	88	11	24	180	F + P
四、五档齿毂	16MnCr5	4	16	10	13	163	F + 细 P
二轴	16MnCr5	12	48	8	13	160	F + P
9T 一、二速齿座	20CrMnTi	6	12	12	24	164	F + P
9T 五、六速齿座	20CrMnTi	6	12	11	23	172	F + 细 P

注：F——铁素体；P——珠光体。

3.1.4　齿轮的锻造余热正火工艺

低碳合金结构钢如 15Cr、20Cr、20CrMnB 等，锻坯终锻切边后，以一定的冷却速度冷至 500 ~ 600℃（一般 5 ~ 7min），然后立即加热到 Ac_3 以上进行正火处理。

在一些情况下利用锻造余热进行正火处理，可以代替常规正火处理。图 3-13 所示为锻造余热正火工艺曲线。几种牌号钢的锻造余热正火温度及硬度见表 3-30。

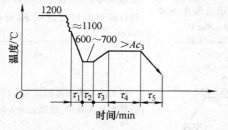

图 3-13　锻造余热正火工艺曲线

τ_1—5 ~ 7min　τ_2—尽量短时间

τ_3—正常加热时间的 2/3　τ_4—根据装炉量大小等定

τ_5—空冷或冷却室内冷却

表 3-30　锻造余热正火温度及硬度

牌　　号	余热正火温度/℃	硬度 HBW
15Cr	880 ~ 900	144 ~ 198
20Cr	880 ~ 900	144 ~ 198
20CrMnB	950 ~ 970	150 ~ 207

3.1.5　齿轮的退火、正火热处理实例

齿轮的退火、正火热处理实例见表 3-31。

表 3-31　齿轮的退火、正火热处理实例

齿轮技术条件	工　艺	效　果
减速机齿轮,材料为 QT700-2,要求正火 + 回火处理,提高铸造齿轮的综合力学性能,特别是提高齿轮的塑性和韧性	采用中温部分奥氏体化正火 + 回火的方法,其热处理工艺曲线如下图: 900~920　2~3　800~820　1~2　冷却　600~620　1~1.5　温度/℃　时间/h	热处理后力学性能: R_m = 700 ~ 840MPa, A = 2% ~ 5%, a_K = 16 ~ 22J/cm^2, 硬度为 212 ~ 254HBW。金相组织为珠光体 + 破碎铁素体 + 球状石墨

（续）

齿轮技术条件	工　艺	效　果
减速机齿轮，材料为QT700-2，要求低温奥氏体化正火＋回火处理	采用低温奥氏体化正火＋回火的方法，其热处理工艺曲线如下图：	热处理后力学性能：$R_m = 720 \sim 730\text{MPa}$，$A = 6.4\% \sim 7.2\%$，$a_K > 50\text{J/cm}^2$，硬度为247HBW。金相组织为粒状珠光体＋少量点状铁素体＋球状石墨
CYTJ10-0型抽油机左右斜齿轮，外径640mm，内径110mm，宽度135mm，毛坯质量200kg，材料为ZG35SiMn，力学性能要求：$R_m \geqslant 580\text{MPa}$，$A \geqslant 14\%$，$R_{eL} \geqslant 350\text{MPa}$。金相组织为珠光体＋铁素体，细颗粒碳化物$\leqslant 1.5\%$（体积分数）	采用完全退火，其热处理工艺曲线如下图：	热处理后，力学性能：$R_m = 617\text{MPa}$，$A = 6\%$，$R_{eL} = 355\text{MPa}$。金相组织为珠光体＋铁素体，细颗粒碳化物1.5%（体积分数）。超声检测：无疏松、夹杂及裂纹等缺陷
船用齿轮轴，锻坯直径$\phi200 \sim \phi500$mm，长度800～1000mm，20CrMnMo钢，晶粒度细于或等于5级，$KV_2 \geqslant 28$J	1）改善混晶组织和细化晶粒的二次正火工艺：第一次正火加热温度为$Ac_3 + (100 \sim 200)$℃，第二次正火加热温度$Ac_3 + (25 \sim 50)$℃ 2）20CrMnMo钢的第一次正火温度：980～1000℃；第二次正火温度为860～880℃	晶粒度达到7.5～8级（GB/T 6394—2002），视场中晶粒跨级度＜3级，晶粒度和混晶级别符合船舶制造规范要求。KV_2平均值为40J，符合船舶制造规范要求，合格率100%
一汽解放汽车变速器齿轮毛坯，材料为28MnCr5钢和20CrMnTi钢	等温正火热处理工艺曲线见下图：	齿轮毛坯采用等温正火生产线进行等温正火处理，结果见表3-32

表3-32　齿轮毛坯等温正火处理结果

调试零件	牌　号	加热炉温度/℃	等温炉温度/℃	检验结果	
				硬度 HBW	金相组织
170128-JA	28MnCr5	950	650	180～197	块状铁素体＋片状珠光体
1701362-JA	25MnCr5	950	650		
1701314-11	20CrMnTi	950	600	172～197	
2403056-01	20CrMnTi	950	600		

3.2　齿轮的整体淬火、回火技术

　　淬火与回火的目的是使过冷奥氏体进行马氏体转变，得到马氏体组织。根据齿轮图样技术要求，采用不同温度进行回火，以获得不同的硬度、韧性、耐磨性、强度及疲劳强度等，从而满足各种齿轮的不同使用要求。

3.2.1　齿轮的淬火技术

1. 齿轮常用的淬火工艺

（1）加热温度　亚共析碳素钢为 $Ac_3 + (30 \sim 50)$℃；共析及过共析碳素钢为 $Ac_1 + (30 \sim 50)$℃；合金结构钢淬火加热温度适当提高。选择淬火加热温度时还应考虑齿轮的材料牌号、性能要求、原始组织状态等因素。常用钢淬火温度、淬火冷却介质与淬火后硬度见表3-33。供齿轮淬火时参考。

表 3-33　常用钢淬火温度、淬火冷却介质与淬火后硬度

牌　　号	加热温度/℃	淬火冷却介质	淬火后硬度 HRC　≥
35、40	850 ~ 870	盐水	50
45	820 ~ 850	水或盐水	50
40Cr	840 ~ 860	油淬或水淬油冷	50
40MnVB	830 ~ 850	油	45
40CrMnMo	850 ~ 870	油	52
35CrMoSiA	880 ~ 900	油	45
35CrMo	830 ~ 860	油	45
42CrMo	840 ~ 860	油	45
HT200	830 ~ 870	油淬或水淬油冷	45
ZG310-570	830 ~ 850	水淬或水淬油冷	50
ZG340-640	790 ~ 810	水淬或水淬油冷	50

注：一般工件取中间温度，大型工件或箱式炉加热的调质件可取上限温度，复杂易畸变工件可取下限温度，甚至可采用 $Ac_3 \pm 10$℃淬火。淬火工件取下限温度，淬油、碱或硝盐分级淬火工件可取上限温度。

（2）加热速度　对形状复杂或截面大的齿轮应进行预热，或者采用低温入炉。控制升温速度的加热方式，以减少齿轮畸变与开裂倾向。

（3）保温时间　保温时间可按以下经验公式计算：

$$\tau = \alpha K D$$

式中　τ——加热保温时间（min）；

　　　α——加热系数（min/mm 或 s/mm），参见表3-34；

　　　D——工件有效厚度（mm）；

　　　K——工件装炉方式修正系数，通常取 1.0 ~ 1.5，见表3-35。

表 3-34　碳素钢和合金钢的加热系数（α 值）

钢　　种	每毫米有效厚度的加热时间	
	空气电阻炉	盐浴炉
碳素钢	0.9 ~ 1.1min	25 ~ 30s
合金钢	1.3 ~ 1.6min	50 ~ 60s；15 ~ 20s(一次预热)

表 3-35　工件装炉方式修正系数（K 值）

钢　　种	工件直径或厚度/mm	<600℃气体介质炉中预热	800 ~ 900℃气体介质炉中加热	750 ~ 850℃盐浴炉中加热或预热	1100 ~ 1300℃盐浴炉中加热
碳素钢	≤50	—	1.0 ~ 1.2	0.3 ~ 0.4	
	>50	—	1.2 ~ 1.5	0.4 ~ 0.5	

（续）

钢　种	工件直径或厚度/mm	<600℃气体介质炉中预热	800~900℃气体介质炉中加热	750~850℃盐浴炉中加热或预热	1100~1300℃盐浴炉中加热
低合金钢	≤50	—	1.2~1.5	0.45~0.5	—
	>50	—	1.5~1.8	0.5~0.55	—
高合金钢	—	0.35~0.4		0.3~0.35	0.17~0.2

（4）常用钢整体淬火后表面硬度与有效厚度的关系　常用钢整体淬火后表面硬度与有效厚度的关系见表3-36，供齿轮淬火时参考。

表3-36　常用钢整体淬火后表面硬度与有效厚度的关系

牌号及工艺	有效厚度/mm						
	<3	4~10	10~20	20~30	30~50	50~80	80~120
35,水淬	47~52HRC	47~52HRC	47~52HRC	37~47HRC	32~42HRC	—	—
45,水淬	58~61HRC	52~60HRC	52~57HRC	50~54HRC	47~52HRC	42~47HRC	27~37HRC
45,油淬	42~47HRC	32~37HRC	—	—	—	—	—
20Cr,渗碳油淬	61~66HRC	61~66HRC	61~66HRC	61~66HRC	58~63HRC	47~57HRC	—
40Cr,油淬	52~61HRC	52~57HRC	52~57HRC	42~52HRC	42~47HRC	37~42HRC	—
35SiMn,油淬	50~55HRC	50~55HRC	50~55HRC	47~52HRC	42~47HRC	37~42HRC	—

（5）常用钢的淬火临界直径　常用钢的淬火临界直径见表3-37，供齿轮淬火时参考。

表3-37　常用钢的淬火临界直径

牌号	淬火冷却介质				牌号	淬火冷却介质			
	静油	20℃水	40℃水	20℃的w(NaCl)为5%的水溶液		静油	20℃水	40℃水	20℃的w(NaCl)为5%的水溶液
30	7	15	12	16	42SiMn	25	42	38	43
40	9	18	15	19	25Mn2V	18	33	28	34
45	10	20	16	21.5	42Mn2V	25	42	38	43
50	10	20	16	21.5	40B	10	20	16	21.5
55	10	20	16	21.5	45B	10	20	16	21.5
20Mn	15	28	24	29	40MnB	18	33	28	34
30Mn	15	28	24	29	45MnB	18	33	28	34
40Mn	16	29	25	30	20Mn2B	15	28	24	29
50Mn	17	31	26	32	20MnVB	15	28	24	29
20Mn2	15	28	24	29	30Cr	15	28	24	29
35Mn2	20	36	31.5	37	35Cr	18	33	28	34
40Mn2	25	43	—		40Cr	22	38	35	40
45Mn2	25	42	38	43	45Cr	25	42	38	43
50Mn2	28	45	41	46	50Cr	28	45	41	46
35SiMn	25	42	38	43	20CrV	8	17	14	18

（续）

牌 号	淬火冷却介质				牌 号	淬火冷却介质			
	静油	20℃水	40℃水	20℃的 $w(NaCl)$ 为 5%的水溶液		静油	20℃水	40℃水	20℃的 $w(NaCl)$ 为 5%的水溶液
40CrV	17	31	26	32	40CrMnMo	40	58	54.5	59
20CrMo	8	17	14	18	30CrMnTi	18	33	28	34
30CrMo	15	28	24	29	20CrNi	19	34	29	35
35CrMo	25	42	38	43	40CrNi	24	41	37	42
42CrMo	40	58	54.5	59	45CrNi	85	>100	>100	>100
25Cr2MoV	35	52	50	54	12Cr2Ni4A	36	56	52	57
20CrMn	50	71	68	74	40CrNiMoA	22.5	39	35.5	41
40CrMn	60	81	74	82	38CrMoAlA	47	69	65	70
20CrMnMo	25	42	38	43					

2. 齿轮常用的淬火方法

（1）齿轮淬火方法 齿轮淬火方法分类与选用见表3-38。齿轮淬火的冷却方式如图3-14所示，中碳钢经最佳亚温淬火处理与调质处理后的性能对比见表3-39。

表3-38 齿轮淬火方法分类与选用

分类	项目	淬火方法 工 艺	选用说明
所用介质	单介质淬火	将工件加热到 Ac_3 或 Ac_1 以上规定温度,保温一定时间后,直接淬入单一淬火冷却介质中冷却的方法,如图3-14所示	齿轮采用直接单介质淬火最普遍,因为它简单、经济,适合于大批量生产。为了提高齿轮淬火硬度,减少淬火畸变,防止淬火开裂,可采用专用淬火油、聚合物水溶液等
	双介质淬火	1）将工件加热到 Ac_3 或 Ac_1 以上规定温度,保温一定时间后,先淬入冷却能力强的淬火冷却介质中,在组织即将发生马氏体转变时立即转入另一种冷却能力较缓慢的淬火冷却介质中冷却的方法,如图3-14所示 2）在水中停留时间(s)为 $t=KD$。式中,D 是工件最易开裂处的厚度,K 是常数,水-油双介质淬火水冷系数 K: 厚度 D/mm: <25, 25≤D<30, 30≤D<60, ≥60 系数 $K/(s/mm)$: 0.2~0.3, 0.5~0.6, 0.7~0.8, 0.8~1.0 3）油中冷却时间:$\tau=(0.05\sim0.10)D$ 式中,τ 是油中冷却时间(min);D 是工件有效厚度(mm);0.05~0.10 是系数(min/mm)	对于某些淬透性较差的钢(如高碳钢)齿轮用盐水淬火易裂,用油淬又淬不硬,往往采用双介质淬火的方法
	风冷淬火	以强迫流动的空气或压缩空气作为淬火冷却介质的淬火方法	中碳合金钢大型工件
	气冷淬火	以 N_2、H_2、He、Ar 等气体在负压、常压和高压下冷却的淬火	在真空炉内的淬火冷却,适用于淬透性好的合金钢齿轮

（续）

分类	项目	淬火方法		选用说明
		工　艺		

按冷却方式　预冷淬火：

齿轮加热保温后在炉中或空气中冷却一定时间再进行淬火的方法。预冷淬火工艺参数的选择：

预冷时间		稍高于 Ar_3 或 Ar_1
预冷时间	中、低淬透性碳素钢、低合金钢	$\tau = 12 + R\delta$ 式中，τ 是工件预冷时间（s）；δ 是危险截面厚度（mm）；R 是与工件尺寸有关的系数，一般为 3~4s/mm

选用说明：形状复杂的齿轮可预冷后淬火。几种钢的预冷温度：

牌号	预冷温度/℃
45	770~790
40Cr	750~770

喷液淬火（工艺）：

1）用喷射液体流（多为水）作为淬火冷却介质的淬火方法，由于这种淬火方法不会在工件表面形成蒸汽膜，因此可以保证比普通水淬得到更深的淬硬层

2）采用细密水流并使工件上下运动或旋转，可保证实现工件均匀冷却淬火

3）喷液淬火可以是单面喷冷、双面喷冷或多面喷冷。喷液时间可长可短，目视观察直接控制淬火质量

喷液淬火（选用说明）：

1）主要用于表面或局部淬火的齿轮，可以在特制的喷液装置中淬火，经喷液淬火后的齿轮表面硬度均匀、热处理畸变小、淬火开裂倾向小。喷液包括喷盐水、水、乳化液、聚合物（PAG）水溶液等

2）齿轮或喷液装置可随意移动，灵活性很大，齿根部位用一般方法冷却时，淬硬层和硬度均匀性较难保证。采用喷液淬火冷却能够得到满意的结果

喷雾冷却淬火（工艺）：工件在水和空气混合喷射的雾气中冷却的淬火

喷雾冷却淬火（选用说明）：中碳合金钢大型工件

按加热冷却后组织　**分级淬火**（工艺）：将工件加热到 Ac_3 以上奥氏体化后，淬入温度稍高或稍低于钢的马氏体开始转变点温度的液体介质（盐浴或碱浴），保持适当时间，然后取出空冷，如图 3-14 所示

分级淬火（选用说明）：对于形状复杂、畸变控制严格的齿轮，可采用分级淬火

等温淬火（工艺）：将工件加热到 Ac_3 以上奥氏体化后，在贝氏体转变温度区间（400~260℃）保温，使奥氏体转变为下贝氏体为主的组织，如图 3-14 所示

等温淬火（选用说明）：齿轮采用等温淬火的显著特点是在保证有较高硬度（共析碳素钢硬度约为 56~58HRC）的同时还保持有很高的韧性，同时淬火畸变显著减少

按淬火加热温度　**完全淬火**（工艺）：将亚共析钢或其制件加热到 Ac_3 点以上温度，保温后以大于临界冷却速度的冷却速度急速冷却，得到马氏体组织，以提高强度、硬度及耐磨性的热处理方法

完全淬火（选用说明）：通常形状简单的齿轮，可采用上限的加热温度；形状复杂、易淬裂的齿轮，则应使用下限的加热温度

亚温淬火（工艺）：亚共析钢（中碳钢）的亚温淬火是在 Ac_1~Ac_3 加热淬火，又称临界淬火

亚温淬火（选用说明）：亚温淬火可显著改善钢的韧性、减小畸变，适用于低碳钢、中碳钢及低合金钢齿轮

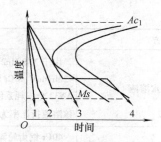

图 3-14　工件淬火冷却方式示意图

1—单介质淬火冷却　2—双介质淬火冷却

3—分级淬火冷却　4—等温淬火冷却

表 3-39　中碳钢经最佳亚温淬火处理与调质处理后的性能对比

牌号	相变点/℃		热处理规范	硬度 HRC	$a_K/(J/cm^2)$						冷脆转变温度差/℃
	Ac_1	Ac_3			25℃	−20℃	−60℃	−80℃	−100℃	−196℃	
22CrMnSiMo	—	800 ~ 860	860℃Q + T575℃ ×2h	27.5	62.4	—	27.1	—	—	—	>60
			860℃Q + T575℃ ×2h + 785℃Q + T575℃ ×2h	24.4	96.8	75.8	62.2	—	—	—	
35CrMo	755	800	860℃Q + T575℃ ×2h	36.4	122.5	122.3	78.7	66.2	62.5	38.3	约60
			785℃Q + T550℃ ×2h	37.3	150.7	148.6	142.9	131.2	120.1	55.8	
40Cr	743	782	860℃Q + T630℃ ×2h	30.7	157.0	109.9	76.9	67.4	65.4	27.3	<20
			770℃Q + T600℃ ×2h	29.8	147.2	133.3	89.9	69.0	67.0	28.2	
42CrMo	730	780	860℃Q + T600℃ ×2h	36.0	120.1	119.7	115.9	105.9	85.8		—
			765℃Q + T600℃ ×2h	38.7	—	126.3	117.0	95.5	94.1		
45	724	780	830℃Q + T600℃ ×2h	17.0	146.8	145.7	112.1	92.9	85.2		—
			830℃Q + T600℃ ×2h + 780℃Q + T600℃ ×2h	20.2	152.6	149.7	119.0	99.6	85.1	35.7	

注：Q 为淬火；T 为回火。

（2）齿轮常用淬火冷却介质　常用水溶液淬火冷却介质（配方）及其应用效果见表 3-40，供齿轮淬火时参考。齿轮常用淬火油详见第 2 章有关内容。

表 3-40　常用水溶液淬火冷却介质（配方）及其应用效果

介质名称	配　　方	应用与效果
三硝水溶液	以代替水-油双介质淬火或碱液分级淬火。其成分：$w(KNO_3)20\% + w(NaNO_2)20\% + w(NaNO_3)25\% + w(H_2O)35\%$	用于低淬透性钢。三硝水溶液使用温度 60℃，一般对碳素钢密度控制在 $1.45g/cm^3$；对低合金钢密度控制在 $1.45 \sim 1.60g/cm^3$；常用密度为 $1.40 \sim 1.44g/cm^3$
盐水和碱性混合水溶液	$[w(NaOH)0.5\% \sim 1.2\%] + [w(Na_2CO_3)3.5\% \sim 6.0\%]$ 的混合水溶液，使用温度 20 ~ 50℃	齿轮等零件畸变、开裂倾向均比盐水小，比碱性水溶液成本高一倍，但具有零件不清洗、不易生锈等优点
防锈水基淬火冷却介质	$[w(NaNO_3)5\% \sim 10\%] + w(Na_2CO_3)0.5\% +$ 其余为 H_2O，使用温度 <60℃	碳素钢和铬钢，如 45 钢、40Cr 钢齿轮等零件采用亚温淬火，淬入防锈水基淬火冷却介质，硬度均匀，畸变较小

（续）

介质名称	配　方	应用与效果
PAS-1 聚合物水溶液	w(PAS-1)9%～10% 水溶液	用于 37SiMn2MoV 钢，也可用于低、中合金钢（40MnMo、42MnMoV、40Cr 钢等）齿轮等零件淬火，其力学性能优于 L-AN32 全损耗系统用油冷却效果。液温控制在 20～60℃。该溶液折光率为 1.3591，pH 值 7～8，密度 1.0858g/cm³
聚乙烯醇水溶液	选择 w(聚乙烯醇)0.35%～0.50% 淬火冷却介质	40Cr 钢齿轮淬火，液温温度 30～50℃，溶液 pH 值控制在 6.5～7.5。在淬火槽内添加 w(NaNO₃)0.05% 溶液，可明显提高淬火零件的防锈能力
今禹 8-20 淬火冷却介质	w(今禹 8-20)15% 淬火冷却介质	结构钢等齿轮淬火，在 300℃ 的冷却速度为 20℃/s，相当于超速淬火油。允许使用温度为 0～70℃，今禹 8-20 淬火冷却介质与水无限互溶，用普通自来水稀释即可使用
PQA 淬火冷却介质	w(PQGP)2%～4% 母液，40Cr 合金结构钢使用 w(PQGP)5%～6% 母液	碳素钢和球墨铸铁齿轮等零件高、中频感应淬火
	w(PAQT)2%～5% 淬火冷却介质	20Cr、20CrMo、20CrMnMo、20CrMnTi 钢齿轮等零件渗碳、碳氮共渗淬火
	w(PQG)2%～5% 母液	中碳钢和球墨铸铁齿轮等零件淬火
	w(PQG)8%～12% 淬火冷却介质	40Cr、42CrMo、38CrMoAl、30CrMo、40Mn 钢齿轮等零件淬火
NQ 水溶性淬火冷却介质	NQ-A 型（通用型）取代双介质、三硝水溶液、氯化钙饱和液	用于水淬开裂、油淬硬度不足的场合，适用于中碳钢和高碳钢齿轮等零件整体淬火，经渗碳、碳氮共渗齿轮等零件淬火及感应加热喷液淬火，也可以取代淬火油用于合金钢齿轮等零件淬火
	NQ-B 型（慢速型）取代油	高合金钢齿轮等零件淬火
	NQ-C 型（快速型）取代盐水、碱浴等	黑皮齿轮毛坯调质淬火
AQ251 水溶液	使用含量 w(AQ251)≥5% 水溶液	齿轮轴材料为 20CrMnMo 钢，碳氮共渗后直接淬火
AQ364 水溶液	代替快速淬火油	齿轮淬火后表面光洁，硬度均匀，淬火软点或畸变可减至最低限度
PM121-200T 淬火冷却介质	其易溶于水、无毒、无味、不燃烧、不变质，是一种性能稳定的高分子聚合物水溶液	适用于碳素钢、合金钢齿轮等零件，在保证硬度的情况下，比油淬、水淬畸变小，不开裂、不生锈，淬火后的金相组织也优于油淬及水淬

3. 齿轮的分级淬火工艺

为了尽可能降低淬火时产生的内应力，常借助奥氏体等温转变来进行各种类型的分级和等温淬火，以减少齿轮淬火畸变。

（1）分级淬火工艺参数　分级淬火工艺参数的选择见表 3-41。

表 3-41　分级淬火工艺参数的选择

项　目	选　择　内　容
淬火加热温度	可比普通淬火温度提高 10～20℃
分级温度	对于淬透性较好的钢材，分级温度 > Ms +（10～30）℃。马氏体转变在随后的空冷时进行
	要求淬火后硬度较高、淬硬层较深时，分级温度取 Ms -（20～50）℃。使部分奥氏体在分级转变前转变成马氏体

（续）

项　目	选 择 内 容
分级停留时间	根据奥氏体等温转变图上等温转变时间确定,可以忽略工件的均温时间
	使用熔盐作为分级淬火冷却介质时,分级停留时间可用经验公式计算:$T = \alpha D + 30$s。式中,T 是停留时间(s);α 是系数(一般取 5s/mm);D 是有效厚度(mm)。截面较小的工件的分级时间一般为 1~5min
	生产中,有的也采用与淬火加热相等的时间进行等温停留
分级淬火冷却介质的选择	1)硝盐浴、碱浴。一般分级淬火是在 $Ms + (10~20)$℃热介质中进行的,马氏体转变是在随后的空冷时进行的。热介质采用硝盐浴及碱浴。分级淬火常用的硝盐浴和碱浴成分及其使用温度:

热介质名称	成分(质量分数)	熔点/℃	使用温度/℃
硝盐浴	55% KNO₃ + 50% NaNO₂	218	220~250
硝盐浴	55% KNO₃ + 45% NaNO₂ + (4%~6%)H₂O	137	160~180
碱浴	80% KOH + 20% NaOH 另加 6% H₂O	130	140~250

	2)热油。其是在 $Ms - (20~50)$℃热油中进行的。对畸变要求高的齿轮,常用等温分级淬火油有:今禹 Y35-Ⅰ、今禹 Y35-Ⅱ及科润 KR468、KR498,德润宝分级淬火油 PETROFER MAR-QUENCH 3500、875、729、722、107 和好富顿 Mar-Temp2565、355、365 等
硝盐浴及碱浴中水的加入量	以工件淬入后液面能沸腾而又不太剧烈为原则,此时的含水量为 4%~6%(质量分数)。一般碳素钢马氏体分级淬火,可在含 2%~3%(质量分数)水的热碱浴中冷却。当碱浴温度约为 220℃时仅适用于有效直径或厚度为 8~10mm 的工件;当碱浴温度为 160~170℃时有效直径或厚度可增至 11~12mm。否则,达不到预期的较高硬度

（2）分级淬火后的硬度　几种钢材分级淬火后的硬度见表3-42。

表 3-42　几种钢材分级淬火后的硬度

牌　号	加热温度/℃	冷却方式	硬度 HRC	备　注
45	820~830	水	>45	<12mm 可淬硝盐浴
	860~870	160℃硝盐浴或碱浴	>45	<30mm 可淬碱浴
40Cr	850~870	油或 160℃硝盐浴	>45	

4. 齿轮的等温淬火工艺

（1）等温淬火工艺参数　等温淬火工艺参数的选择见表3-43。

表 3-43　等温淬火工艺参数的选择

工艺参数	选 择 内 容
等温温度	常用钢等温淬火的等温温度:

牌号	等温温度/℃
65	280~350
65Mn	270~350
30CrMnSi	320~400

等温停留时间	经验公式:$t = \alpha D$。式中,t 是等温停留时间(min);D 是工件有效尺寸(mm);α 是系数(min/mm),一般 $\alpha = 0.5~0.8$min/mm
	根据奥氏体等温转变图上等温转变时间确定,可以忽略工件的均温时间

(2) 马氏体等温淬火 这种淬火方法的冷却速度较分级淬火时快，因此适用于淬透性低的钢种制造的齿轮，同时也可以起到减小淬火畸变和防止淬火裂纹产生的作用。等温介质温度一般在所用钢的 Ms 点以下 $10 \sim 50 ℃$。

(3) 贝氏体等温淬火工艺

1) 等温淬火的加热温度。对合金钢来说与一般淬火相同，但对淬透性较低的钢种（如碳素钢及某些合金钢），一般可以比正常淬火温度高 $20 \sim 30 ℃$。

2) 等温温度。主要根据钢的奥氏体等温转变图而定，一般在 $250 \sim 400 ℃$，即下贝氏体转变温度范围内。

3) 等温时间。应根据奥氏体等温转变图中贝氏体转变开始和终了的曲线来决定。等温时间的选择决定于钢材的成分、齿轮的尺寸和形状等因素。一般等温时间为 $30 \sim 120 min$，具体可通过工艺试验来决定。

4) 等温淬火。一般是在硝盐浴内进行。在齿轮数量不太多的情况下，可充分利用中温回火炉或硝盐炉。齿轮在等温淬火后不需再进行回火。

5) 等温淬火的最大截面尺寸。一般碳素钢不能大于 $5mm$，合金钢可达 $30mm$。部分钢材等温淬火的最大截面尺寸和可获得的最高硬度见表 3-44。40Cr、65 钢等温温度和等温时间参见表 3-45。

表 3-44 部分钢材等温淬火的最大截面尺寸和可获得的最高硬度

牌 号	最大截面尺寸/mm	最高硬度 HRC
30CrMnSiA	≤15	47
40Cr	≤12	≤52
55CrMnMo	≤15	≤52

表 3-45 部分钢材等温温度和等温时间

牌 号	等温温度/℃	等温时间/min
40Cr	240 ~ 350	10 ~ 20
65	280 ~ 350	10 ~ 20

(4) 球墨铸铁齿轮的等温淬火工艺 为获得高强度、高韧性和高耐磨性的综合性能，对球墨铸铁进行等温淬火以获得下贝氏体组织。常用的球墨铸铁等温淬火工艺曲线如图 3-15 所示。

工艺举例：拖拉机减速齿轮，球墨铸铁的化学成分（质量分数）：$3.3\% \sim 3.6\% C$，$2.2\% \sim 2.4\% Si$，$0.3\% \sim 0.5\% Mn$，$< 0.06\% P$，$< 0.03\% S$，$≈ 0.15\% Mo$，$0.035\% \sim 0.06\% Mg$，$0.03\% \sim 0.05\% RE$。

1) 等温淬火工艺曲线。球墨铸铁齿轮等温淬火工艺曲线，如图 3-16 所示。

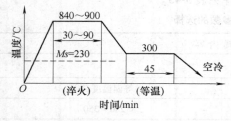

图 3-15 常用的球墨铸铁等温淬火工艺曲线

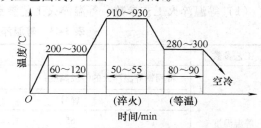

图 3-16 球墨铸铁齿轮等温淬火工艺曲线

2) 检验结果。$R_m = 1270 \sim 1500 MPa$，$A = 1\% \sim 2\%$，$a_K = 60 J/cm^2$，硬度 $43 \sim 45 HRC$。

3.2.2 齿轮的回火工艺

根据对工件的使用要求和性能不同，按加热的温度高低通常将回火分为低温回火（$150 \sim$

250℃)、中温回火（350～500℃）和高温回火（500～650℃）三种。回火后的冷却方式有空冷、水冷或油冷等。齿轮常用回火方法有低温回火和高温回火，其方法的分类与选用见表3-46。

表 3-46　齿轮回火方法的分类与选用

齿轮回火方法		选 用 说 明
分　类	工　艺	
低温回火	将淬火后的齿轮加热到第一类回火脆性温度以下，保温适当时间后冷却	化学热处理、表面淬火及要求高硬度的耐磨齿轮，采用低温回火可在保留齿轮高硬度的条件下消除淬火应力，改善力学性能
高温回火	将淬火（正火）后的齿轮加热到第二类回火脆性温度以上，保温适当时间后冷却	碳素钢和低中合金钢齿轮淬火或回火后，采用高温回火可调整钢的组织，并使其兼有高的强度和良好的韧性

（1）回火温度的选择　回火温度的确定除了考虑齿轮要求的硬度外，还应考虑其他因素的影响，如采用快速淬火或表面淬火时，回火温度应选择偏低一些；如果淬火温度偏高，齿轮尺寸小，淬火冷速快，宜选用上限回火温度；反之，则应取下限回火温度。对于批量较大的齿轮，通常需通过工艺试验来确定回火温度。

1）常用钢不同硬度值下的回火温度见表3-47，可供齿轮回火时参考。

表 3-47　常用钢不同硬度值下的回火温度　　　　　　　　　（单位：℃）

牌　号	回火后硬度 HRC							备　　注
	25～30	30～35	35～40	40～45	45～50	50～55	55～60	≥60	
30	350	300	200	<160				160～200	
35	520	460	420	350	290	<170			
45	550	520	450	380	320	300	180		
12CrNi3				400	370	240	180～200		渗碳淬火后
20CrMnTi						240	180～200		渗碳淬火后
20MnVB							180～200		渗碳淬火后
35CrMnSi	560	520	460	400	350	200			
40Cr	580	510	470	420	340	200～240	<160		
40CrMo	620	580	500	400	300				
40CrMnMo		550	500	450	400	250			
40MnB	650	450	420	360～380	280～320	200～240	180～220		

2）常用钢的回火经验方程见表3-48，供齿轮回火时参考。

表 3-48　常用钢的回火经验方程

序号	牌　　号	淬火温度/℃	淬火冷却介质	回火方程	
				H_i	T
1	30	855	水	$H_1 = 42.5 - \dfrac{1}{20}T$	$T = 850 - 20H_1$
2	40	835	水	$H_1 = 65 - \dfrac{1}{15}T$	$T = 950 - 15H_1$
3	45	840	水	$H_1 = 62 - \dfrac{1}{9000}T^2$	$T = (558000 - 9000H_1)^{1/2}$

（续）

序号	牌　号	淬火温度 /℃	淬火冷却 介质	回火方程 H_i	回火方程 T
4	50	825	水	$H_1 = 70.5 - \dfrac{1}{13}T$	$T = 916.5 - 13H_1$
5	60	815	水	$H_1 = 74 - \dfrac{2}{25}T$	$T = 925 - 12.5H_1$
6	65	810	水	$H_1 = 78.3 - \dfrac{1}{12}T$	$T = 942 - 12H_1$
7	20Mn	900	水	$H_1 = 85 - \dfrac{1}{20}T$	$T = 1700 - 20H_1$
8	20Cr	890	油	$H_1 = 50 - \dfrac{2}{45}T$	$T = 1125 - 22.5H_1$
9	12Cr2Ni4	865	油	$H_1 = 72.5 - \dfrac{3}{40}T\,(T \leqslant 400)$ $H_1 = 67.5 - \dfrac{1}{16}T\,(T > 400)$	$T = 966.7 - 13.3H_1\,(H_1 \geqslant 42.5)$ $T = 1080 - 16H_1\,(H_1 < 42.5)$
10	18Cr2Ni4W	850	油	$H_1 = 48 - \dfrac{1}{24000}T^2$	$T = (1.15 \times 10^6 - 2.4 \times 10^4 H_1)^{1/2}$
11	20CrMnTiA	870	油	$H_1 = 48 - \dfrac{1}{16000}T^2$	$T = (7.68 \times 10^5 - 1.6 \times 10^4 H_1)^{1/2}$
12	30CrMo	880	油	$H_1 = 62.5 - \dfrac{1}{16}T$	$T = 1000 - 16H_1$
13	30CrNi3	830	油	$H_1 = 600 - \dfrac{1}{2}T$	$T = 1200 - 2H_3\,(H_3 \leqslant 475)$
14	30CrMnSi	880	油	$H_1 = 62 - \dfrac{2}{45}T$	$T = 1395 - 22.5H_1$
15	35SiMn	850	油	$H_2 = 637.5 - \dfrac{5}{8}T$	$T = 1020 - 1.6H_2$
16	35CrMoV	850	水	$H_2 = 540 - \dfrac{2}{8}T$	$T = 1350 - 2.5H_2$
17	38CrMoAl	930	油	$H_1 = 64 - \dfrac{1}{25}T\,(T \leqslant 550)$ $H_1 = 95 - \dfrac{1}{10}T\,(T > 550)$	$T = 1600 - 25H_1\,(H_1 \geqslant 45)$ $T = 950 - 10H_1\,(H_1 < 45)$
18	40Cr	850	油	$H_1 = 75 - \dfrac{3}{40}T$	$T = 1000 - 13.3H_1$
19	40CrNi	850	油	$H_1 = 63 - \dfrac{3}{50}T$	$T = 1050 - 16.7H_1$
20	40CrNiMo	850	油	$H_1 = 62.5 - \dfrac{1}{20}T$	$T = 1250 - 20H_1$

注：1. 表中符号 H_i 为硬度：H_1 为 HRC，H_2 为 HBW，H_3 为 HV，H_4 为 HRA；T 为回火温度（℃）。

　　2. 本表方程取自经验数据，使用时化学成分应符合相关标准规定；最大直径或厚度为临界直径；限于常规淬火、回火工艺。

3）常用钢回火脆性的温度范围见表3-49，供齿轮回火时参考。

表3-49　常用钢回火脆性的温度范围

牌　号	第一类回火脆性/℃	第二类回火脆性/℃
20MnVB	200 ~ 260	520 左右
40Cr	300 ~ 370	450 ~ 650

（续）

牌　号	第一类回火脆性/℃	第二类回火脆性/℃
35CrMo	250 ~ 400	无明显脆性
20CrMnMo	250 ~ 350	—
30CrMnTi	—	400 ~ 450
20CrNi3A	250 ~ 350	450 ~ 500
12Cr2Ni4A	250 ~ 350	—
40CrNiMo	300 ~ 400	一般无脆性
38CrMoAlA	300 ~ 450	无脆性

（2）回火保温时间及冷却方式选择

1）回火保温时间的确定。一般情况下，回火时间不少于1h。空气炉回火保温时间可按表3-50选择。盐浴炉回火保温时间可按表3-51选择。

表 3-50　空气炉回火保温时间

有效厚度/mm	≤20	20 ~ 40	40 ~ 60	60 ~ 80	80 ~ 100
保温时间/min	30 ~ 60	60 ~ 90	90 ~ 120	120 ~ 150	150 ~ 180

表 3-51　盐浴炉回火保温时间表

有效厚度/mm	≤20	20 ~ 40	40 ~ 60	60 ~ 80	80 ~ 100
保温时间/min	10 ~ 20	20 ~ 30	30 ~ 40	40 ~ 50	50 ~ 60

合金钢件应按表3-50或表3-51所列时间增加1/3保温时间。成批工件在井式回火炉中回火时，其时间每炉应 >1.5h。低温回火的保温时间应 >2h。

2）冷却方式的选择。一般工件出炉后，可在空气中冷却。如果具有第二类回火脆性的钢材，回火后应注意采取快速冷却方式，如水冷或油冷。

3.2.3　冷处理

1）冷处理工艺选择原则见表3-52，供部分齿轮冷处理时参考。

表 3-52　冷处理工艺选择原则

项　目	说　明
冷处理温度	在 Mf 附近或远远低于 Mf 点
冷处理时间	圆截面工件：$\tau = DCT_{终}/(T_{冷剂}+30)$ 方截面工件：$\tau = 2DCT_{终}/(T_{冷剂}+30)$ 式中，τ 是保温时间（min）；$T_{终}$ 是工件最终处理温度（℃）；$T_{冷剂}$ 是制冷剂的温度（℃）；D 是工件有效厚度（mm）；C 是常数，工件与制冷剂直接交换热量时，$C=1$，通过空气交换热量时，$C=1.15 ~ 1.20$
降温和升温速度	一般在 ≤40℃/h，也可以采用分段降温、升温的方式
冷却介质	干冰、氨、甲醇、氟利昂、液氮等

2）常用冷处理工艺参数见表3-53。

表 3-53　常用冷处理工艺参数（GB/T 25743—2010）

性 能 要 求	工件形状	降温速度 /(℃/min)	冷处理温度 /℃	冷保温时间 /h	回温速度 /(℃/min)
提高硬度、耐磨性（一般）	一般形状	2.5 ~ 6.0	−100 ~ −70	1 ~ 2	2.0 ~ 10.0
	复杂形状	0.5 ~ 2.5			
提高硬度、耐磨性（特殊）	一般形状	2.5 ~ 6.0	−190 ~ −120	1 ~ 4	
	复杂形状	0.5 ~ 2.5			
提高尺寸稳定性（一般）	一般形状	2.5 ~ 6.0	−100 ~ −70	1 ~ 2	
	复杂形状	0.5 ~ 2.5			
提高尺寸稳定性（特殊）	一般形状	2.5 ~ 6.0	−150 ~ −120	1 ~ 4	
	复杂形状	0.5 ~ 2.5			

3.2.4　齿轮的整体淬火、回火技术应用实例

表 3-54 为齿轮的整体淬火、回火技术应用实例。

表 3-54　齿轮的整体淬火、回火技术应用实例

齿轮技术条件	工　艺	效　果
汽车主、从动弧齿锥齿轮，材料为高强度、高韧性球墨铸铁，其化学成分：$w(Si)2.8\% \sim 3.0\%$，$w(Mn)<0.5\%$，$w(Mg)0.2\%$，$w(Cu)0.6\% \sim 0.7\%$；要求提高齿轮综合力学性能	采用等温淬火，其热处理工艺曲线如下：	齿轮经等温淬火后，其力学性能：$R_m = 1300 \sim 1500MPa$，$a_K = 60 \sim 100J/cm^2$，硬度为 45 ~ 49HRC
农用车后桥齿圈，模数 ≥3mm，采用贝氏体球墨铸铁等温淬火代替 20CrMnTi 钢渗碳淬火	采用等温淬火方法，等温冷却在硝盐槽中进行，其热处理工艺曲线如下：	力学性能：$R_m = 1100 \sim 1200MPa$，$A = 1\% \sim 1.5\%$，$a_K = 20 \sim 25J/cm^2$，硬度为 40 ~ 45HRC。金相组织：石墨形态为球化 1 ~ 3 级，球径 5 ~ 7 级，基体为 1 ~ 3 级的下贝氏体和等量残留奥氏体
滚丝机变速系统用蜗杆，45 钢，齿面硬度要求 >48HRC	箱式电阻炉中 450℃ 预热 1h 后，立即转到另一个箱式电阻炉中 900℃ 保温加热 15 ~ 25min（时间根据蜗杆尺寸确定），然后取出进行双介质淬火，先在水中停留 20 ~ 30s，然后立即转入全损耗系统用油中冷却，再进行 200℃ 低温回火。水中淬火时间可以根据蜗杆尺寸进行试验后确定	回火后检测，蜗杆齿部硬度在 48HRC 以上，没有淬火裂纹，淬火畸变小，技术指标达到设计要求，经机床满负荷运转试验，使用性能良好
齿轮，外径 ϕ576mm，高度 260mm，模数 24mm，材料为 ZG45，齿轮硬度要求 40 ~ 45HRC	齿轮加热采用 RQ3-90-9 型井式气体渗碳炉，在保护气氛下加热后喷水冷却	处理结果满足技术要求，硬度均匀，齿轮畸变小

第4章 齿轮的调质热处理技术

调质作为中硬齿面齿轮的最终热处理及表面淬火和渗氮齿轮的预备热处理，有时还作为重要渗碳齿轮的预备热处理。最终热处理淬火易畸变的齿轮，往往增加调质工序作为预备热处理。为改善齿轮的心部强度和韧性，也常选用调质处理。

以调质处理为最终热处理的齿轮称为调质齿轮。调质齿轮的特点是尺寸和质量大，但设计、加工及热处理较容易，运行中利于磨合，齿根强度高，抗冲击能力强，所以在空间位置要求不严的重型齿轮传动中，调质齿轮占有相当大的比重。由于调质齿轮切削加工后不再进行热处理，能保证齿轮的制造精度，因此对大型齿轮特别适宜。

4.1 常用调质齿轮钢材及其热处理

调质钢通常是指采用调质处理（淬火 + 高温回火）的中碳结构钢和中碳合金结构钢。

铸钢齿轮的调质处理是为了调整铸钢的组织，获得回火马氏体等马氏体分解产物，消除应力，改善铸钢的韧性和塑性，得到所需的综合力学性能。适合于碳素钢、低合金钢和中合金钢铸件。

4.1.1 调质钢的分类

按调质钢淬透性的高低，可分成低淬透性调质钢、中淬透性调质钢和高淬透性调质钢三大类。表4-1为调质齿轮用钢的分类。

表4-1 调质齿轮用钢的分类

淬透性	牌　　号	油淬临界直径/mm
低淬透性调质钢	35、45、50、55、40Cr、40Mn、50Mn、45Mn2、40MnB、35SiMn、42SiMn 等	≤30
中淬透性调质钢	35CrMo、42CrMo、50CrMoA、30CrMnSi、35CrMnSi、40CrMn、40CrNi 等	40～60
高淬透性调质钢	40CrMnMo、40CrNiMo、40CrNi2Mo、30CrNi3、34CrNi3Mo、37SiMn2MoV、25Cr2Ni4WA 等	60～100

4.1.2 国内外调质钢材

国内外调质钢材（包括保证淬透性能调质钢）见表4-2，供齿轮选材时参考。

表4-2 国内外调质钢材

国家	钢　　材
中国	我国优质碳素钢（GB/T 699—1999）和合金结构钢（GB/T 3077—1999）标准中所列的中碳钢，以及保证淬透性能结构钢技术条件（GB/T 5216—2004，其中调质钢6个，包括45H、40CrH、45CrH、40MnBH、45MnBH 和 42CrMoH 钢，也可作为感应淬火用钢）钢材
美国（H 钢）	美国保证淬透性能钢（H 钢）和缩窄淬透性能钢（RH 钢）分别见（ASTM A304—1990 标准）和（ASTM A914/A914M—1992 标准），包括 1038H、1045H、1330H、13335H、1340H1345H、1541H、15B35H、15B37H、15B41H、15B48H、15B62H、4032H、4037H、4042H、4047H、4135H、4137H、4142H、4147H、4150H、4161H、E4340H、4340H、50B44H、5046H、50B46H、50B50H、50B60H、5132H、5135H、5145H、5147H、5150H、5155H、51B60H、6150H、81B45H、8630H、86B30H、8637H、8640H、8642H、8645H、86B45H、8650H、8655H、8660H、8740H、9260H、94B30H、15B35RH、4130H、4130RH、4140H、4140RH、4145H、4145RH、4161H、4161RH、50B40H、50B40RH、5130H、5130RH、5140RH、5160H、5160RH 钢

（续）

国家	钢　　　材
德国	德国调质钢（DIN EN 10083-1:1991），包括 2C22、3C22、2C25、3C25、2C30、3C30、2C35、3C35、2C40、3C40、2C45、3C45、2C50、3C50、2C55、3C55、2C60、3C60、28Mn6、38Cr2、38CrS2、46Cr2、46CrS2、34Cr4、34CrS4、37Cr4、37CrS4、41Cr4、41CrS4、25CrMo4、25CrMoS4、34CrMo4、34CrMoS4、42CrMo4、42CrMoS4、50CrMo4、36CrNiMo4、34CrNiMo6、30CrNiMo8、36NiCrMo16、51CrV4 钢
日本	日本调质用碳素钢（JIS G4051），包括 S28C、S30C、S33C、S35C、S40C、S43C、S45C、S46C、S50C、S53C、S55C、S58C钢。日本保证淬透性能的调质钢（JIS G4052），包括 SMn433H、SMn438H、SMn443H、SMnC433H、SCr430H、SCr435H、SCr440H、SCM435H、SCM440H、SCM445H、SNC631H 钢

4.1.3　调质齿轮常用钢材与用途

　　调质齿轮常用合金结构钢、优质碳素结构钢、一般工程用铸造碳素钢及合金铸钢，调质齿轮常用钢材与用途见表4-3。

表4-3　调质齿轮常用钢材与用途

类　　别	钢　　种	用　　途
合金结构钢，如 40Cr、35SiMn、35CrMo、42CrMo、50CrMoA、40CrNi、40CrMnMo、40CrNiMo、40CrNi2Mo、34CrNi3Mo、37SiMn2MoV 钢等	低淬透性合金钢，如40Cr 钢，此类钢油冷时最大临界直径为 $\phi20 \sim \phi30mm$，与碳素钢相比具有较好的淬透性。调质后 R_{eL} 为 600 ~ 800MPa	一般适用于制造重要的小截面蜗杆及齿轮、花键轴等零件，调质后硬度为 200 ~ 300HBW
	中淬透性合金钢，如 42CrMo、40CrNi 钢，此类钢油淬临界直径为 $\phi40 \sim \phi60mm$。调质后 R_{eL} 为 800 ~ 1000MPa	可用于制造一些重要齿轮等零件
	高淬透性钢，如 40CrMnMo、40CrNiMo、40CrNi2Mo、34CrNi3Mo、37SiMn2MoV 钢，此类钢油淬临界直径为 $\phi60 \sim \phi100mm$。调质后 R_{eL} 均在 850MPa 以上	一般适用于制造大截面、高强度、高韧性、重载荷的齿轮等零件。调质硬度大于 300HBW，达到中硬度，以满足齿轮高强度、重负荷的要求
优质碳素结构钢，如 40 钢、45 钢、50 钢、55 钢等	此种钢的淬透性较差，淬火时畸变和开裂倾向大。多采用水冷淬火，最大临界直径不大，例如 45 钢的水冷淬火最大临界直径 <20mm，油冷淬火最大临界直径 <5mm	可用于中低速和负荷较轻的工作条件下的齿轮、齿条及齿轮轴等零件，调质后硬度为 200 ~ 300HBW
铸造碳素钢及合金铸钢	一般采用 ZG250-500、ZG310-570、ZG340-640、ZG40Cr1、ZG35CrMo、ZG35CrMnSi 等材料	应根据齿轮毛坯具体的化学成分和调质齿轮副的硬度选配要求，据实调整和制订调质工艺，以达到齿轮组织性能要求

4.1.4　常用调质齿轮钢截面与力学性能

　　常用调质齿轮钢截面与力学性能见表4-4。

表4-4　常用调质齿轮钢截面与力学性能（JB/T 6077—1992）

牌　号	截面直径 /mm	表面最高硬度[1] HBW	力 学 性 能						对应表面硬度[3] HBW
			R_m/MPa	R_{eL}/MPa	$A(\%)$	$Z(\%)$	KU_2/J	HBW[2]	
45	≤100	302	686/784	372/470	17/11	40/32	49/34.3	197/229	229/262
	>100 ~ 300	217	637	343	15	36	39.2	183	212
	>300 ~ 500	212	568	314	12	34	29.4	163	179

（续）

牌　号	截面直径 /mm	表面最高硬度[1] HBW	力学性能						对应表面硬度[3] HBW
			R_m/MPa	R_{eL}/MPa	$A(\%)$	$Z(\%)$	KU_2/J	HBW[2]	
55	≤100	321	706/833	392/510	15/10	38/30	39.2/29.4	207/255	241/285
	>100~300	285	666/706	363/392	14/10	36/30	29.4/24.5	187/207	217/255
	>300~500	241	617	333	12	32	24.5	179	—
	>500~700	212	568	294	10	30	19.6	163	—
40Cr	≤100	477/388	784/931	568/706	15/10	45/38	49/29.4	241/285	255/321
	>100~300	363/302	735/833	509/568	13/10	42/35	39.2/29.4	217/255	241/285
	>300~500	302/217	686	450	12	38	29.4	201	217
	>500~700	255	637	372	10	35	19.6	179	197
35CrMo	≤100	461/388	784/931	392/686	15/12	45/40	58.8/39.2	241/285	255/311
	>100~300	363/285	666/706	363/392	13/11	42/36	49/34.3	217/241	241/269
	>300~500	285/217	686	450	12	38	39.2	201	229
	>500~700	241	637	372	10	35	29.4	179	197
42CrMo	≤100	477/388	833/931	607/744	15/12	45/40	58.8/39.2	255/285	262/302
	>100~300	375/321	745/833	529/588	13/11	42/35	49/34.3	229/241	248/269
	>300~500	302/241	705	490	12	38	39.2	217	241
	>500~700	212	588	343	10	28	24.5	167	187
35SiMn	≤100	401/321	784/882	529/637	15/10	45/30	58.5/29.4	229/255	269/285
	>100~300	321/269	735/784	441/539	14/10	35/30	49/24.5	212/223	229/262
	>300~500	269/212	637	372	11	30	34.3	179	212
	>500~700	212	588	343	10	28	24.5	167	187
37SiMn2MoV	≤100	401	882/1078	735/882	15/12	45/35	49/29.4	262/331	262/341
	>100~300	375	833/931	686/784	14/11	40/32	39.2/24.5	255/285	262/303
	>300~500	321	784/882	607/686	12/10	35/30	29.4/19.6	229/262	255/293
	>500~700	285	764	568	12	35	24.5	223	248
40CrMnMo	≤100	461	882/1078	529/637	16/11	45/35	49/29.4	269/341	269/341
	>100~300	375	833/980	637/784	15/10	42/32	49/24.5	255/311	269/341
	>300~500	341	784/882	568/686	14/10	40/30	39.2/19.6	241/285	269/341
	>500~700	302	735	490	12	35	29.4	223	262
40CrNi	≤100	—	834	588	10	40	39	269~302	—
	>100~300	—	785	569	9	38	31	241~286	—
	>300~500	—	736	549	8	36	27	228~226	—
	>500~700	—	686	529	8	35	24	217~255	—
40CrNi2Mo	≤200	—	1060	964	17.4	51.3	—	321	—
	>300	—	1023	900	17.2	50.5	—	311	—
	>480	—	997	845	16.6	48.4	—	302	—

（续）

牌　号	截面直径 /mm	表面最高硬度[1] HBW	力学性能						对应表面硬度[3] HBW
			R_m/MPa	R_{eL}/MPa	$A(\%)$	$Z(\%)$	KU_2/J	HBW[2]	
34CrNi3Mo	≤100	—	902	785	14	40	55	269 ~ 341	—
	>100 ~ 300	—	853	736	14	38	47	269 ~ 341	—
	>300 ~ 500	—	804	686	13	35	39	269 ~ 342	—
	>500 ~ 700	—	755	635	12	32	31	241 ~ 302	—

注："/"表示不同冷却方法得到的力学性能。在"/"前面的数字为水淬油冷后回火的力学性能；"/"后面的数字为水冷后回火的力学性能。

[1] 表面最高硬度：淬火后所能达到的表面最高硬度。

[2] HBW：力学性能试样的硬度。

[3] 对应表面硬度：被取试样材料调质后的表面硬度，可作为工艺硬度。

4.1.5　调质齿轮的硬度选配

各类齿轮副的硬度选配方案参见表 4-5。

表 4-5　各类齿轮副的硬度匹配

齿轮硬度	齿轮种类	齿轮的热处理		齿轮工作齿面硬度差	工作齿面硬度举例	
		小齿轮	大齿轮		小齿轮	大齿轮
软齿面 （≤350HBW）	直齿	调质	正火 调质	（硬度_小）_{min} - （硬度_大）_{max} ≥（20 ~ 25）HBW[1]	262 ~ 293HBW 269 ~ 302HBW	179 ~ 212HBW 201 ~ 229HBW
	斜齿及人字齿	调质	正火 调质	（硬度_小）_{min} - （硬度_大）_{max} ≥（40 ~ 50）HBW	241 ~ 260HBW 262 ~ 293HBW 269 ~ 302HBW	163 ~ 192HBW 179 ~ 212HBW 201 ~ 229HBW
软、硬齿面组合 （硬度_小 >350HBW） （硬度_大 ≤350HBW）	斜齿及人字齿	表面淬火	调质	齿面硬度差很大	45 ~ 50HRC	269 ~ 302HBW 201 ~ 229HBW
		渗氮 渗碳	调质		56 ~ 62HRC	269 ~ 302HBW 201 ~ 220HBW
硬齿面 （>350HBW）	直齿、斜齿及人字齿	表面淬火		齿面硬度大致相同	45 ~ 50HRC	
		渗氮 渗碳	渗碳		56 ~ 62HRC	

注：硬度_小和硬度_大分别表示小齿轮和大齿轮的硬度。

4.1.6　齿轮钢材调质硬度与硬化层深度的确定

1. 调质齿轮的硬度确定

调质齿轮硬度与疲劳强度密切相关，提高齿轮硬度可有效提高疲劳强度，国外中硬度调质齿轮硬度多数在 350HBW 以上，而国内调质齿轮硬度一般 ≤300HBW，其主要原因是受加工刀具切削能力的制约。

调质齿轮淬火后的最低硬度主要决定于所要求的强度，并考虑具有足够的韧性。齿轮所需强度越高，相应其硬度也就要求越高，淬火时马氏体转变就应当越完全。这种关系如图 4-1 所示，图中影线重叠区具有较高的韧性。

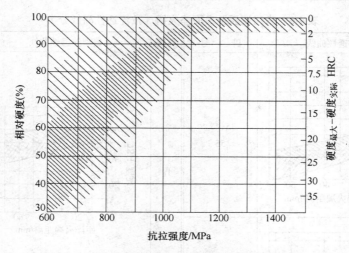

图 4-1　要求的最低硬度与调质钢强度之间的关系

相对硬度值的大小对调质钢的强度、塑性和韧性有影响，特别是在高强度时这种影响就显得更大，如图 4-2 所示。

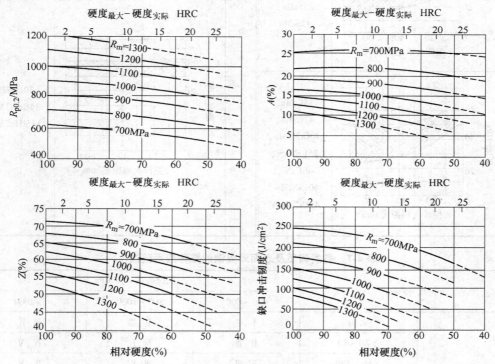

图 4-2　相对淬火硬度对力学性能的影响

2. 调质硬化深度的确定

调质齿轮大多数为棒料或锻造毛坯，还有部分铸造件，调质后用砂轮打磨出平面以检测硬度，表面硬度达到要求即合格。实际上这对齿轮调质的真正要求还相差很远，因为齿轮调质应保证齿根以下一定深度范围的硬度都要达到技术要求，因此就要考虑钢材淬透性、齿轮毛坯尺寸及冷却条件等因素。调质钢的淬透性和齿轮的尺寸大小决定其调质硬化深度。根据齿轮要求的抗拉强度 R_m 和有效截面尺寸选用钢材，可参考表 4-6 和表 4-7。

表 4-6   常用调质及表面淬火钢（按淬透性高低分类）

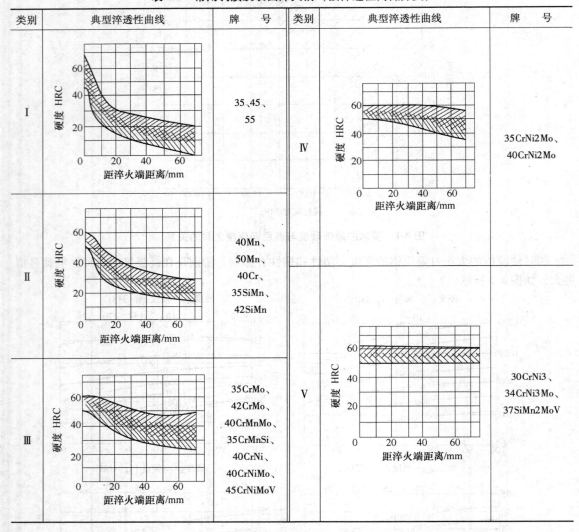

类别	典型淬透性曲线	牌　号	类别	典型淬透性曲线	牌　号
I		35、45、55	IV		35CrNi2Mo、40CrNi2Mo
II		40Mn、50Mn、40Cr、35SiMn、42SiMn			
III		35CrMo、42CrMo、40CrMnMo、35CrMnSi、40CrNi、40CrNiMo、45CrNiMoV	V		30CrNi3、34CrNi3Mo、37SiMn2MoV

表 4-7   各类调质及表面淬火钢的推荐应用范围

齿轮尺寸/mm		抗拉强度 R_m/MPa		
		600~800	800~1000	>1000
圆棒直径	≤40	I、II	II、III	III、IV
	>40~80	II、III	III、IV	IV、V
	>80~120	II、III	III、IV	IV、V
	>120~180	II、II	III、IV、V	V
	>180~250	II、III、IV	IV、V	V
	>250	III、IV	IV、V	V
齿圈厚度	≤20	I、II	III、IV	IV
	>20~40	I、II	III、IV	IV、V
	>40~60	I、II、III	IV	IV、V

（续）

齿轮尺寸/mm		抗拉强度 R_m/MPa		
		600 ~ 800	800 ~ 1000	> 1000
齿圈厚度	> 60 ~ 90	Ⅱ、Ⅲ、Ⅳ	Ⅳ	Ⅳ、Ⅴ
	> 90 ~ 120	Ⅲ、Ⅳ	Ⅳ、Ⅴ	Ⅴ
	> 120	Ⅲ、Ⅳ	Ⅳ、Ⅴ	Ⅴ
盘状齿坯宽度	≤12.5	Ⅰ、Ⅱ	Ⅱ、Ⅲ	Ⅲ、Ⅳ
	> 12.5 ~ 25	Ⅰ、Ⅱ	Ⅱ、Ⅲ	Ⅲ、Ⅳ
	> 25 ~ 50	Ⅰ、Ⅱ、Ⅲ	Ⅲ、Ⅳ	Ⅳ
	> 50 ~ 100	Ⅱ、Ⅲ	Ⅲ、Ⅳ	Ⅴ
	> 100 ~ 200	Ⅱ、Ⅲ	Ⅳ	Ⅴ
	> 200	Ⅱ、Ⅲ	Ⅳ	Ⅴ

注：表中的 Ⅰ ~ Ⅴ 系指表 4-6 中相应的类别。

当钢材牌号和齿坯尺寸已定，可通过"已知齿轮材料及圆棒直径求截面硬度分布的方法"来判断其调质深度是否满足要求。

当齿轮尺寸参数确定后，要选用合适的钢材来满足调质技术要求时，可以采用"计算截面尺寸的确定方法"确定。这一方法主要是考虑齿坯的近似最大截面尺寸。

3. 调质齿轮有效截面尺寸的确定

表 4-8 列举了各种典型结构形式、齿轮有效断面尺寸的确定方法，可供参考。

表 4-8　典型结构齿轮断面尺寸确定方法

4. 常用调质钢整体淬火后硬度值与截面尺寸的关系（见表 4-9）

表 4-9　常用调质钢整体淬火后硬度值与截面尺寸的关系

牌号及淬火冷却介质	截面尺寸/mm						
	≤3	4 ~ 10	11 ~ 20	20 ~ 30	30 ~ 50	50 ~ 80	80 ~ 120
	硬度值 HRC						
35 钢盐水淬火	45 ~ 50	45 ~ 50	45 ~ 50	35 ~ 45	30 ~ 40	—	—
45 钢盐水淬火	54 ~ 59	50 ~ 58	50 ~ 55	48 ~ 52	45 ~ 50	40 ~ 45	25 ~ 35

（续）

牌号及淬火冷却介质	截面尺寸/mm						
	≤3	4~10	11~20	20~30	30~50	50~80	80~120
	硬度值 HRC						
45 钢油淬火	40~45	30~35	—				
40Cr 钢油淬火	50~60	50~55	50~55	45~50	40~45	35~40	30~40
40Cr 钢盐水淬火	53~60	50~57	50~56	45~55	45~55	40~50	40~50
35SiMn 钢油淬火	48~53	48~53	48~53	45~50	40~45	35~40	—

5. 几种钢工艺（调质）硬度与图样要求硬度差值（见表4-10）

表 4-10　几种钢工艺硬度与图样要求硬度差值（JB/T 6077—1992）（硬度　HBW）

牌号	要求硬度与截面 模数 m/mm	269~302		229~269	
		≥φ100~φ200mm	≥φ200~φ400mm	≥φ100~φ200mm	≥φ200~φ400mm
45、55	<8	—	15	—	10
	8~6	15	20	10	20
	>16~25	20	30	20	30
40Cr	<8	—	—	—	—
	8~16	10	20	10	15
	>16~25	15	30	10	20

注：工艺硬度等于图样要求硬度加相应差值。

4.2　齿轮的调质热处理

4.2.1　调质齿轮钢材的预备热处理

1）一般可以选择退火、正火，显微组织要求一般为片状珠光体。大件（直径或有效厚度大于100mm）调质前一定要经过预备热处理。

2）合金元素较多、淬透性较好的齿轮可采用正火＋高温回火或完全退火处理作为预备热处理。硼钢应该采用正火＋高温回火处理，以防止硼钢在750℃左右缓慢冷却时在晶界析出硼化物，使钢出现硼脆现象，所以硼钢应该避免采用退火工艺。

3）调质钢其他热处理见表4-11。

表 4-11　调质钢其他热处理

名称	材料	工艺说明
消除白点热处理	碳素钢及低合金钢	锻件终锻后冷至 620~660℃并保温 4~6h，空冷，使氢从 α-Fe 中析出
	中合金钢	锻件终锻后先过冷至 280~320℃全部分解为贝氏体，然后在 600~650℃长时间保温，使氢析出
	高合金钢	在 280~300℃贝氏体区等温，再加热到 Ac₃ 以上（860~880℃）保温，发生再结晶，然后再空冷或炉冷至 280~320℃下贝氏体区域，继续析出部分氢，并得到 α 相，最后将锻件在 630~650℃长时间保温，炉冷至400℃，再以 15℃/h 冷却到 120℃出炉空冷
消除带状组织热处理	42SiMn、40Cr、45MnB、40MnVB 钢	第一次正火：900℃保温 2.5~3h，空冷 第二次正火：860℃空冷（保温时间根据尺寸确定）

4.2.2　齿轮的调质热处理工艺

调质既可作为齿轮最终热处理，有时也可用来作为预备热处理，如合金钢制造的齿轮经调质处理后，可减少后序淬火时的畸变。

1）齿轮调质工艺参数的选择原则见表 4-12。

表 4-12　齿轮调质工艺参数的选择原则

工　艺	参　数	内　容
淬火	加热温度	一般在 Ac_3 以上 30 ~ 50℃，对某些钢材也可采用亚温淬火，或锻造余热淬火，参见表 4-13 ~ 表 4-15 等
	加热速度	对于大型锻坯或铸坯，应采用阶梯加热法，并应控制其升温速度
	加热时间	其应确保原始组织完全奥氏体化，加热计算经验公式参见 3.2.1 中内容
	淬火冷却	淬火冷却速度应确保绝大多数过冷奥氏体均转变为马氏体，齿轮表层的铁素体的体积分数不得超过 3% ~ 5%
		介质温度控制：水温≤40℃；油温≤80℃
高温回火	淬火后至回火时的时间间隔	淬火后应及时回火，一般间隔时间不超过 4h；对于大截面水冷后的中、低合金钢锻件及铸件，回火间隔时间不得超过 2 ~ 3h
	温度	应根据钢种和对调质处理的硬度要求而定
	时间	一般按有效截面尺寸计算，当有效截面尺寸 <60mm 时，保温 1.5 ~ 2h；当有效截面尺寸为 60 ~ 100mm 时，保温 2 ~ 3h；当有效截面尺寸 >100mm 时，应适当延长保温时间
	冷却方式	一般在空气中冷却即可，对于大截面齿轮应随炉冷却至低于 400℃ 后出炉再空冷；对于具有第二类回火脆性的钢种，回火后则必须采用油冷或水冷，然后再在 400 ~ 450℃ 保温一段时间后空冷
		对于某些精度要求高的精密齿轮，在高温回火快速冷却后还应进行一次低温回火（180 ~ 200℃），以消除因快冷而产生的内应力
补充回火、退火		齿轮轴矫直后应补充回火，其温度比调质的回火温度低 30 ~ 50℃
		焊接齿轮焊接后的中间退火和最终退火的温度比齿圈调质时的回火温度低 30℃，保温 2 ~ 6h，然后以 25 ~ 50℃/h 的冷却速度冷却到 300℃ 以下再空冷

2）常用齿轮钢材的调质热处理工艺、常用钢材的调质处理工艺与结果分别见表 4-13 和表 4-14。

表 4-13　常用齿轮钢材的调质热处理工艺（JB/T 6077—1992）

牌　号	淬火温度/℃	硬度要求			回火脆性
		180 ~ 220HBW	220 ~ 260HBW	260 ~ 300HBW	
		回火温度/℃			
35	850 ~ 870	550 ~ 570	540 ~ 560	—	—
40	840 ~ 860	560 ~ 580	550 ~ 570	—	—
45	830 ~ 850	570 ~ 590	560 ~ 580	—	—
50	820 ~ 840	600 ~ 620	570 ~ 590	510 ~ 530	—
55	810 ~ 830	—	590 ~ 610	530 ~ 550	有

（续）

牌　号	淬火温度/℃	硬度要求			回火脆性
		180~220HBW	220~260HBW	260~300HBW	
		回火温度/℃			
40Cr	840~860	—	590~610	560~580	有
50Cr	830~850	—	580~600	560~580	有
55Cr	820~840	—	590~610	550~570	—
35CrMo	850~870	—	580~600	560~580	—
35SiMn	860~880	—	580~600	540~560	—
34CrMoA	850~870	—	610~630	570~590	—
42CrMo	840~870	—	590~610	550~570	—

表4-14　常用钢材的调质处理工艺与结果

牌　号	淬火温度/℃	回火温度/℃	硬度 HBW	显微组织
45	820~840 水淬	550~600	220~250	S + 少量 F（体积分数 <10%）
50	820~840 水淬	560~620	220~250	S + B + 少量 F
40Cr	840~860 油淬	600~650	220~250	S + 少量 F
45MnB	840~860 油淬	550~650	220~250	S + 少量 F
38CrMoAl	930~950 油淬	630~650	240~280	S + 少量 F

注：S 为索氏体；F 为铁素体；B 为贝氏体。

3）几种低碳钢的调质热处理工艺见表4-15，可供齿轮预备调质处理时参考。

表4-15　几种低碳钢的调质热处理工艺

牌　号	临界点/℃		淬火		回火/℃	硬度	操　作
	Ac_1	Ac_3	温度/℃	淬火冷却介质			
ZG230-450	—	—	880	水 水温:20~40℃	350±10 水冷至室温	330~360 HBW	水淬 2min 左右出水冷却,出水后 1min 左右工件表面温度约为 150℃
20CrMnMo	710	830	880	水-油; 水温:20~40℃	350 空冷	35~40 HRC	采用双介质淬火工艺:淬火时,水冷 8~10s 入油冷至室温
25CrMo	740	810	860±10	水-空; 水温:20~40℃	600~620 空冷	260~280 HBW	淬火时,水冷约 3min,未完全冷透即出水空冷,约 1min 后工件表面温度为 150℃左右
20CrMoH	743	818	880	水-油; 水温:20~40℃	250 空冷	35~40 HRC	淬火时,水冷 10s 左右入油冷至室温
20Cr	766	838	880	油或水	550 水冷	229~241 HBW	淬火时,油冷至室温

4）调质钢高温回火（450~650℃）保温时间见表4-16。

表 4-16　调质钢高温回火保温时间　（单位：min）

回火设备	零件有效厚度/mm					
	<25	25 ~ 50	>50 ~ 75	>75 ~ 100	>100 ~ 125	>125 ~ 150
盐浴炉	20 ~ 40	30 ~ 45	45 ~ 70	80 ~ 100	100 ~ 120	130 ~ 150
空气炉	40 ~ 60	80 ~ 100	110 ~ 130	150 ~ 180	180 ~ 220	220 ~ 240

注：1. 零件尺寸大或装炉量多时，保温时间适当延长。

　　2. 合金元素多的调质钢，回火时间延长 1/4。

　　3. 在回火脆性温度内回火，回火时间尽可能缩短。

　　4. 大批量生产零件回火保温时间由试验确定。

5）调质钢淬火、回火的硬度关系见表 4-17。

表 4-17　调质钢淬火、回火的硬度关系

回火后达到的硬度 HRC	15	20	25	30	35	40	45	50	55	60
淬火后要求的硬度 HRC	42.5	43	44	45	47	48.5	52	55	58	62

6）碳素钢铸件的调质淬火温度、调质回火温度、调质规范之一（直接调质）和调质规范之二（经预备热处理后）见表 4-18 ~ 表 4-21，供铸造碳素钢齿轮调质时参考。

表 4-18　碳素钢铸件调质淬火温度

牌　号	调质淬火温度/℃
ZG270-500	860 ~ 880
ZG310-570	840 ~ 860

表 4-19　碳素钢铸件调质回火温度

牌　号	硬度 HBW						
	179 ~ 207	197 ~ 228	207 ~ 241	217 ~ 255	228 ~ 269	241 ~ 286	269 ~ 302
	调质回火温度/℃						
ZG270-500	580 ± 10	570 ± 10	560 ± 10	550 ± 10	540 ± 10	—	—
ZG310-570	600 ± 10	590 ± 10	580 ± 10	570 ± 10	550 ± 10	—	—

表 4-20　碳素钢铸件调质规范之一（直接调质）

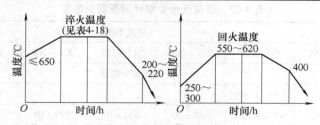

铸件壁厚/mm	淬火				回火				
	加热	均温	保温时间/h	冷却	加热	均温	保温时间/h	冷却	冷却
<150	按炉子功率	目测	2 ~ 2.5	40 ~ 50℃ 温水	按炉子功率	目测	4	炉冷	空冷

注：适用于 ZG270-500、ZG310-570 等碳素钢铸件在铸造后直接调质，采用温水断续冷却。

表 4-21　碳素钢铸件调质规范之二（经预备热处理后）

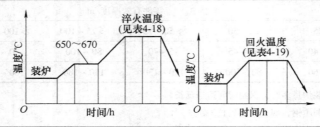

牌　号	铸件壁厚/mm	淬火								回火					
		装炉温度/℃	保温时间/h	加热速度/(℃/h)	保温时间/h	加热速度/(℃/h)	均温	保温时间/h	冷却	装炉温度/℃	保温时间/h	加热速度/(℃/h)	均温	保温时间/h	冷却
ZG270-500 ZG310-570	≤300	<850	—	按炉子功率	—	按炉子功率	目测	45min/100mm	据实际情况定	<600	—	按炉子功率	目测	90min/100mm	空冷
	301～500	<850	—	≤100	1～2					<450	1	≤80		120min/100mm	空冷
	501～800	<650	1～2	≤80	2～4					<450	2	≤60			空冷

7）铸造低合金钢件的调质淬火温度、调质回火温度、调质规范之一（直接调质）、调质规范之二（经预备热处理后）和调质规范之三见表4-22～表4-26，供铸造低合金钢齿轮调质时参考。

表 4-22　铸造低合金钢件调质淬火温度

牌　　　号	调质淬火温度/℃	牌　　　号	调质淬火温度/℃
ZG40Mn	840～860	ZG35SiMnMo	880～900
ZG50Mn2	810～830	ZG40Cr1	840～860
ZG35SiMn	870～890	ZG35Cr1Mo	860～880
ZG42SiMn	850～870	ZG30CrMnSi	870～880
ZG45SiMn	850～870	ZG35CrMnSi	870～890

表 4-23　铸造低合金钢件调质回火温度

牌　　　号	硬度 HBW						
	179～207	197～228	207～241	217～255	228～269	241～286	269～302
	调质回火温度/℃						
ZG40Mn	590±10	540±10					
ZG40Cr1	600±10	620±10	610±10	600±10	590±10		
ZG35SiMn			590±10	580±10	570±10	560±10	
ZG45SiMn			600±10	590±10	580±10	570±10	560±10
ZG50Mn2			610±10	600±10	600±10	580±10	
ZG30CrMnSi			600±10	590±10	580±10		
ZG35CrMnSi			610±10	600±10	590±10		

表 4-24　铸造低合金钢件调质规范之一（直接调质）

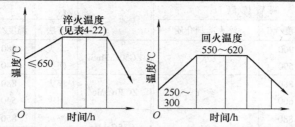

铸件壁厚 /mm	淬火				回火				
	加热	均温	保温时间/h	冷却	加热	均温	保温时间/h	冷却	冷却
<150	按炉子功率	目测	2～2.5	40～50℃温水	按炉子功率	目测	4	炉冷	空冷

注：适用于 ZG50Mn2 等铸钢件在铸造后的直接调质，采用温水 40～50℃断续冷却。

表 4-25　铸造低合金钢件调质规范之二（经预备热处理后）

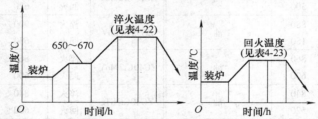

牌　号	淬火									回火					
	铸件壁厚 /mm	装炉温度 /℃	保温时间 /h	加热速度 /(℃/h)	保温时间 /h	加热速度 /(℃/h)	均温	保温时间 /h	冷却	装炉温度 /℃	保温时间 /h	加热速度 /(℃/h)	均温	保温时间 /h	冷却
ZG40Mn、ZG35SiMn、ZG42SiMn、	≤300	<650	—	≤70	—					<450	1	≤60			空冷
ZG45SiMn、ZG50Mn2、ZG35SiMnMo、ZG40Cr1、ZG35Cr1Mo、	301～500	<650	2	≤60	2	≤80	目测	60min /100mm	根据实际情况定	<350	2	≤60	<450	1	空冷至40℃空冷
ZG30CrMnSi、ZG35CrMnSi	501～800	<450	3	≤50	2～4	≤80				<350	3	≤50			

表 4-26　铸造低合金钢件调质规范之三

牌　号	调 质 规 范			牌　号	调 质 规 范		
	方法	温度/℃	淬火冷却介质		方法	温度/℃	淬火冷却介质
ZG35Mn2	淬火 回火	840 500	水	ZG40Mn2	淬火 回火	840 550	水

（续）

牌　号	调质规范			牌　号	调质规范		
	方法	温度/℃	淬火冷却介质		方法	温度/℃	淬火冷却介质
ZG35SiMn	淬火 回火	900 590	水	ZG30CrMnSi	淬火 回火	880 540	油
ZG36Mn2Si	淬火 回火	880 600	空气	ZG30CrMo	淬火 回火	880 540	油
ZG20MnV	淬火 回火	880 200	油	ZG35Cr1Mo	淬火 回火	850 560	油
ZG25MnV	淬火 回火	900 650	油	ZG22CrMnMo	淬火 回火	850 190	油
ZG42Mn2V	淬火 回火	860 600	油	ZG25Cr2MnMo	淬火 回火	940 660	空气
ZG30Cr	淬火 回火	860 500	油	ZG40CrMnMo	淬火 回火	850 600	油
ZG40Cr1	淬火 回火	850 500	油	ZG25Cr2MoV	淬火 回火	970 620	油
ZG20CrMn	淬火 回火	880 180	油	ZG35CrMoV	淬火 回火	900 630	油
ZG35CrMn2	淬火 回火	860 600	油	ZG40Cr2MoV	淬火 回火	860 600	油
ZG40CrMn	淬火 回火	840 520	油	ZG40CrNiTi	淬火 回火	840 600	水
ZG20CrMnSi	淬火 回火	880 500	油	ZG40CrNi	淬火 回火	860 600	水

4.3　球墨铸铁齿轮的调质处理工艺

1. 调质工艺

对于要求高的铸件常采用调质处理工艺获得索氏体组织。调质后的性能仅次于等温淬火。球墨铸铁常规调质处理工艺如图4-3所示。供球墨铸铁齿轮调质时参考。

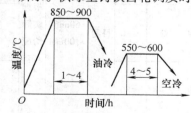

图 4-3　球墨铸铁常规调质处理工艺曲线

球墨铸铁调质工艺参数的选择见表4-27。

表 4-27　球墨铸铁调质工艺参数的选择

序号	参　数	内　容
1	淬火加热温度	通常选择在 Ac_1 以上 30 ~ 50℃，即 860 ~ 900℃
2	保温时间	在盐浴中加热，保温时间为 46 ~ 60s/mm

（续）

序号	参　　数	内　　容
3	淬火冷却	有效截面尺寸在 40mm 以下者，一般在油中即可淬透。选择 L-AN15 或 L-AN22 全损耗系统用油，一般不采用水和水溶性淬火冷却介质进行淬火，以避免淬裂的危险
4	回火	大齿轮球墨铸铁的回火温度为 550～600℃，保温时间为 2～4h，保温后大多采用出炉空冷方式，为避免产生第二类回火脆性，有时也采用风冷和油冷，随后再补充一次低温回火，以消除内应力

2. 力学性能与金相组织

球墨铸铁经 870℃×90min 淬油、580℃×2h 回火后，获得力学性能：$R_m = 823.2$MPa，$R_{p0.2} = 450.8$MPa，$A = 2\%$，硬度为 227HBW。金相组织：石墨球化率 2～3 级，局部大于 6 级，石墨为 2～3 级，基体索氏体，1%（体积分数）磷共晶。

3. 应用

大型船用柴油机大齿轮采用球墨铸铁制造，为获得较高的塑性和韧性，采用调质处理工艺。

4.4　大齿轮调质工艺设计

大齿轮（直径≥100mm）调质处理时，由于受淬透性、散热条件及淬火冷却介质的限制，心部允许有部分下贝氏体、细珠光体或铁素体及上贝氏体组织；同时，大件内部缺陷较多，容易造成较大的内应力，所以开裂的倾向较大。对此，应合理制订调质热处理工艺。

（1）大型齿轮调质热处理工艺　大型齿轮调质过程中，淬火加热时应采用分段加热方式，并应控制其升温速度，以减少畸变与开裂倾向。图 4-4 所示为大型齿轮调质分段加热曲线。

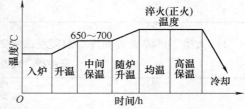

图 4-4　大型齿轮调质分段加热曲线

1）大型齿轮的调质工艺设计见表 4-28。

表 4-28　大型齿轮的调质工艺设计

步骤	工　　艺		内　　容
1	淬火加热（空气炉）	入炉温度	400～450℃，保温 1～3h
		升温	30～70℃/h
		中间保温	600～650℃，保温 2～3h
		随炉升温	随炉升温速度 <100℃/h
		淬火温度	多采用淬火加热温度的上限，以增加钢的淬透性
		高温均温	目测齿轮火色和炉墙颜色一致为止，一般需要 1～2h
		高温保温时间	对碳素钢和低淬透性合金钢，保温时间按 0.6～0.8h/100mm；对中合金钢按 0.8～1.0h/100mm；铸件根据经验，每 25mm 壁厚保温 0.5～1h，大于 25mm 者，每增加 25mm 延长保温时间 0.5h
2	淬火冷却	冷却方式	1）通常采用水冷、水淬油冷、水→空气→水的冷却方式；水淬有开裂的倾向时，可采用油→空气→油、聚合物水溶液淬火方式，具体参见表 4-30 2）淬火冷却介质温度应控制在：室温≤40℃，油温≤80℃

（续）

步骤	工艺		内　容
2	淬火冷却	冷却时间	1）按下式计算：$\tau=\alpha D$。式中，τ 是冷却时间(s)；D 是工件有效厚度(mm)；α 是系数，水淬时取 1.5 ~ 2，油淬时取 9 ~ 13，水淬油冷时，水淬取 0.8 ~ 1.0，油冷取 7 ~ 9 2）也可参见表 4-30
		淬火表面终冷温度	见表 4-29
3	回火（空气炉）	控制回火与淬火的时间间隔	一般规定如下：碳素钢及合金结构钢，直径 <700mm 时，时间间隔应 <3h；直径 >700mm 时，时间间隔应 <2h。中合金钢，时间间隔≤2h。水淬、水淬油冷齿轮应立即回火
		入炉温度	250 ~ 350℃装炉，保温 2 ~ 6h
		升温速度	30 ~ 100℃/mm
		回火温度	见表 4-31
		均温及保温时间	均温时间以 1h/100mm 估算，保温时间以 2h/100mm 估算。当齿轮截面较小时，应适当延长保温时间，一般可增加 30% ~ 50% 的保温时间
		回火后的冷却	大截面锻件或铸件应随炉冷却至 400℃出炉再空冷；对有第二类回火脆性的钢材，回火后应采用油冷或水冷。为消除应力，可在 450℃以下进行一次补充回火后空冷

2）大型零件淬火表面终冷温度见表 4-29，供齿轮调质淬火冷却时参考。

表 4-29　大型零件淬火表面终冷温度

牌　号	截面厚度/mm			
	150 ~ 450		>450	
	最小截面	最大截面	最小截面	最大截面
30、40、45、50、40Cr、45Cr、55Cr、45Mn2、35CrMo、42CrMo、35SiMn	≥150℃	≤250℃	≥200℃	≤300℃
35CrMnSi、40CrMnMo、34CrNi3Mo	≥100℃	≥200℃	≥150℃	≤250℃

3）大型零件淬火冷却时的冷却时间见表 4-30，供齿轮调质淬火冷却时参考。

表 4-30　大型零件淬火冷却时的冷却时间

冷却方式 \ 直径/mm		~ 100	101 ~ 250		251 ~ 400		401 ~ 600		601 ~ 800	801 ~ 1000
油冷	淬火冷却介质	油	油		油		油		油	油
	冷却时间/min	20	20 ~ 50		45 ~ 80		70 ~ 120		110 ~ 160	150 ~ 220
水淬油冷	淬火冷却介质	水、油	水	油	水	油	水	油	—	—
	冷却时间/min	1 ~ 2 ~ 15	1 ~ 3	15 ~ 30	2 ~ 5	25 ~ 60	3 ~ 6	50 ~ 100	—	—
水冷	淬火冷却介质	水	水		水		—		—	—
	冷却时间/min	1 ~ 3	3 ~ 10		10 ~ 16		—		—	—

（续）

冷却方式 直径/mm		~100	101~250			251~400			401~600	601~800			801~1000		
间歇冷	淬火冷却介质	—	水	空气	水	水	空气	水	—	油	空气	油	油	空气	油
	冷却时间/min	—	1~3	2~3	3~6	4~8	3~5	6~8	—	80~100	5~10	30~60	100~140	10~15	50~80

注：1）碳素钢及低合金钢冷却时间用下限，中合金钢用上限。

　　2）截面尺寸为401~600mm，水-油冷却仅适用于碳素结构钢及低合金结构钢。

　　3）工件装载垫板上淬火时适当延长淬火时间。

　　4）淬火前油温不大于80℃，水温15~35℃。

4）大型零件回火温度与表面硬度的关系见表4-31，供齿轮调质回火时参考。

表 4-31　大型零件回火温度与表面硬度的关系　　　　（硬度　HBW）

温度/℃ 钢号	160~220	180~220	197~241	217~255	229~269	241~285	269~302	280~320
35	640	570	510	—	—	—	—	—
45	—	590	550~590	530~560	530	510	—	—
55	—	—	—	590	570	—	—	—
40Cr	—	590	560~610	530~590	510~560	540	—	—
55Cr	—	—	—	—	600	570	—	—
35CrMo	—	660	610	580	560	530~580	560	—
40CrNi	—	680	570	—	—	—	—	—
35CrMnMo	—	—	—	610	580	—	—	—
40CrMnMo	—	—	—	620	600	570	—	—
32Cr2MnMo	—	—	—	—	—	610	590	580
30CrMnSi	—	—	—	610	580	—	—	—
34CrNiMo	—	—	—	630	—	—	—	—
34CrNi2Mo	—	—	—	—	620	—	—	—
34CrNi3Mo	—	—	—	630	620	590	560	550
30Cr2Ni2Mo	—	—	—	640	—	590~620	600	560
35CrMoV	—	—	—	590	—	—	—	—
30CrMoV9	—	—	—	—	—	620	—	—
30Cr2MoV	—	—	—	690	—	680	—	—
35CrNiW	—	—	—	630	600	580~630	—	—

（2）举例　大型齿轮调质工艺举例见表4-32。

表 4-32　大型齿轮调质工艺举例

齿轮名称	大型齿轮，外形尺寸［φ2200mm（外径）/φ1880mm（内径）~φ880（外径）/φ480mm（内径）］×400mm（宽度），质量约6174kg
技术条件	ZG50SiMn，调质硬度要求217~255HBW

（续）

调质工艺	淬火加热。采用较低温度入炉；淬火前两次预热；淬火冷却采用油冷＋空冷方式，以上措施是为了减小大齿轮的畸变与开裂
	高温回火。低温入炉，冷却采用空冷，以上措施是为了减小大齿轮畸变与开裂
	调质工艺。大齿轮齿坯粗（机械）加工后的调质工艺曲线： 

4.5 大模数齿轮的开齿调质工艺

当所选材料的齿轮毛坯工艺硬度达不到图样标注的硬度及要求的硬度差值时，应在开齿（即粗铣齿）后再调质处理，尤其是大模数齿轮毛坯采用调质处理时，因受到齿轮材料淬透性限制，往往在齿根部位不能获得要求的调质组织和硬度。因此，当齿轮模数较大时，如碳素结构钢齿轮模数大于 12mm 时，应采用先开齿（即粗铣齿）后调质的工艺，其加工流程：齿轮毛坯锻造→退火处理→粗车→精车→开齿（即粗铣齿）→调质→精铣齿。

图 4-5 所示为 42CrMo 钢制模数 22mm、齿数 20 的大齿轮开齿后轮齿各部位的硬度分布情况。由于采用开齿调质，改善了齿部的冷却条件，故可以使用淬透性较低的、合金元素较少的钢材，从而降低了制造成本。

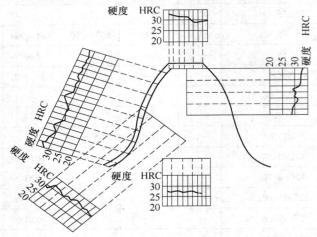

图 4-5　开齿调质齿轮的轮齿硬度分布

4.6 焊接齿轮的调质处理工艺

在焊接齿轮的调质过程中必须解决开裂与畸变问题。由于采用不同材料的零件焊接，焊缝区在热处理时容易开裂。由于不同材质的零件焊接后热处理时热应力和组织应力比同一材质零件大，因而齿轮畸变倾向严重。对此，可以增加单个零件的预备热处理（调质）、焊接后进行去应力退火、（焊后）整体快速加热淬火、改进冷却方式、及时回火等措施。

（1）焊接齿轮的调质热处理工艺　其与第 4.2 中锻钢齿轮调质热处理工艺一样。其焊接后中间退火和最终退火的温度比齿圈调质时的回火温度低 30℃，保温 2～6h，然后以 25～50℃/h 的冷却速度冷却到 300℃以下再空冷，以防齿轮畸变与开裂。

（2）举例　焊接齿轮的调质工艺举例见表 4-33。

表 4-33　焊接齿轮的调质工艺举例

齿轮名称	采煤机焊接齿轮
技术条件	齿轮采用组合焊接结构,齿圈材料为 34CrNiMo 钢,齿轴材料为 42CrMo 钢,技术要求:齿圈径向圆跳动量 < 0.40mm,齿圈轴向圆跳动量 < 2.0mm,齿轴弯曲度 < 2.5mm,调质硬度 350 ~ 380HBW
调质工艺	1)单个零件的预备热处理。进行调质处理,调质硬度为 230 ~ 270HBW 2)焊接后进行去应力退火 3)焊后整体调质处理。快速加热,900℃高温入炉,860℃保温淬火,减少高温加热时间,防止氧化脱碳和畸变,沿轴向垂直入油淬火;高温回火 500℃
效果	焊前采用预堆焊低碳钢,热处理后焊缝区与热影响区无裂纹。焊缝区与热影响区金相组织均为回火索氏体。齿圈径向圆跳动量 0.30 ~ 0.40mm,齿圈轴向跳动量 1.0 ~ 1.1mm,齿轴弯曲度 1.5 ~ 1.8mm。调质后力学性能:$R_m = 1066.7$MPa,$A = 6.6\%$,$KV_2 = 60.2$J。调质后硬度为 370 ~ 380HBW

4.7　齿轮调质热处理的实例

齿轮调质热处理的实例见表 4-34。

表 4-34　齿轮调质热处理的实例

齿轮技术条件	热处理工艺	效　　果
矿山机械用大模数重载齿轮,42CrMo 钢,调质处理	连续冷却工艺:采用连续冷却控制冷却速度,淬火后硬度 43HRC,最后进行回火。调质工艺如下图所示: 	调质后得到马氏体 + 贝氏体混合物组织,贝氏体约占 35%(体积分数),回火后碳化物呈短杆状
大齿圈,外形尺寸 $\phi800$mm × 50mm,45 钢,要求调质处理	工艺流程:860℃加热→淬火(淬火转移时间控制在 30s 以内,并沿中心线竖直入水)→520℃回火→校正→去应力退火 480℃ × 4h 	经检验,大齿圈调质硬度达到技术要求
大齿轮,材料为 ZG42Cr1Mo,要求调质热处理	1)预备正火处理。650℃进行预热,然后在 870℃加热并保温,出炉空冷 2)调质工艺。如下图所示: 	大齿轮调质后满足技术要求

（续）

齿轮技术条件	热处理工艺	效　果
橡胶机械设备 XM-250/20G 密炼机齿轮，外径 ϕ1880mm，宽度 500mm，法向模数 16mm，齿数 116，毛坯质量 4780kg，材料为 ZG310-570，铸造后正火。调质后的力学性能要求：$R_m \geqslant 570MPa$，$R_{eL} \geqslant 310MPa$，$Z \geqslant 15\%$，调质后硬度 210 ~ 270HBW	1）正火 + 回火工艺。如图 a 所示 2）调质工艺。如图 b 所示 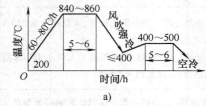 a) 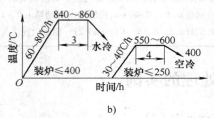 b)	调质后，金相组织：回火索氏体，硬度为 210 ~ 260HBW，力学性能合格
150t 转炉大齿轮轴，铸造大齿轮轴结构为一不等截面轴。外形尺寸：直径为 ϕ850 ~ ϕ1050mm，长度为 3870mm。质量为 24.5t，承受低速重载。材质为铸造低合金钢 ZG35CrMoV。要求调质处理	1）热处理目的。消除铸造过程中产生的粗大魏氏体组织，提高强度与硬度 2）热处理方法。先进行扩散退火（见图 a），再进行调质处理（见图 b） 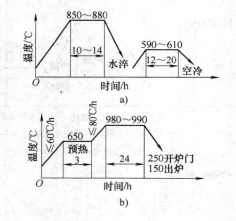 a) b)	大齿轮轴经预先扩散退火和调质处理后，满足技术要求
矿山机械大型齿轮，外形尺寸为 ϕ990mm（外径）× ϕ245mm（内径）× 142mm（宽度），42CrMo4V 钢，调质后的力学性能要求：$R_m = 900 ~ 1050MPa$，$R_{eL} \geqslant 750MPa$，$A \geqslant 14\%$，$Z \geqslant 50\%$，$-40℃$ 冲击吸收能量 $KV_2 \geqslant 42J$，硬度为 260 ~ 300HBW	1）预备热处理。齿坯锻后空冷至 350 ~ 400℃ 时装炉正火，其工艺如图 a 所示 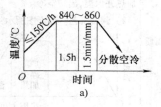 a)	精车后齿轮硬度均匀，硬度偏差不大于 25HBW，晶粒度 6.5 ~ 7 级，显微组织为回火索氏体 + 少量沿晶界分布的铁素体，力学性能合格

（续）

齿轮技术条件	热处理工艺	效　果
矿山机械大型齿轮，外形尺寸为φ990mm（外径）× φ245mm（内径）× 142mm（宽度），42CrMo4V 钢，调质后的力学性能要求：R_m = 900 ~ 1050MPa，R_{eL} ≥750MPa，A≥14%，Z≥50%，－40℃冲击吸收能量 KV_2≥42J，硬度为 260 ~ 300HBW	2）调质。淬火冷却介质为 AQ251 水溶液，调质工艺曲线如图 b 所示 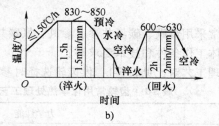 b)	精车后齿轮硬度均匀，硬度偏差不大于 25HBW，晶粒度 6.5 ~ 7 级，显微组织为回火索氏体＋少量沿晶界分布的铁素体，力学性能合格

第5章 齿轮的化学热处理技术

齿轮的化学热处理常采用渗碳、碳氮共渗、渗氮、氮碳共渗等。在齿轮的热处理工艺的选择上，要考虑到齿轮的具体工作条件和技术要求等。

齿轮常用化学热处理工艺对比见表5-1，供齿轮选择时参考。

表 5-1 齿轮常用化学热处理工艺对比

工艺方法	硬化层状态		力学性能				畸变倾向	设备投资
	层深/mm	组织	硬度 HV	耐磨性	接触疲劳极限 σ_{Hlim}/MPa	弯曲疲劳极限 σ_{Flim}/MPa		
渗碳	0.4~2 >2~4 >4~8	马氏体+碳化物+残留奥氏体	650~850 (57~63HRC)	高	1500	450	较大	较高
碳氮共渗	0.2~1.2		700~850 (58~63HRC)	很高			较小	
渗氮	0.2~0.6 >0.6~1.1	合金氮化物+含氮固溶体	800~1200	很高	1000(调质钢) 1250(渗氮钢)	350(调质钢) 400(渗氮钢)	很小	中等
氮碳共渗	0.3~0.5	氮碳化合物+含氮固溶体	500~800		900	350		

5.1 齿轮的渗碳热处理技术

渗碳齿轮可以得到高的表面硬度和韧的心部，具有良好的综合力学性能，可满足较多齿轮的技术要求。目前，渗碳淬火技术已经成为高参数硬齿面齿轮的主导热处理工艺。

5.1.1 齿轮渗碳工艺的分类与典型加工流程

1. 齿轮渗碳工艺的分类

根据渗碳剂的不同，渗碳方法分为气体渗碳、固体渗碳、真空渗碳和液体渗碳等。齿轮渗碳工艺的分类见表5-2。供齿轮渗碳热处理时选择。

表 5-2 齿轮渗碳工艺的分类

分类方法	含　义	特点与适用范围
气体渗碳	1) 它是将工件置于特制的渗碳炉中，并在高温(900~950℃)渗碳气氛中进行渗碳的工艺方法 2) 主要有滴注式气体渗碳、吸热式气体渗碳、氮基气氛渗碳、直生式气体渗碳、真空式气体渗碳等	最大优点是气氛碳势易于控制，渗碳质量高，目前已经成为齿轮等零件应用最广的渗碳方法
固体渗碳	它是将工件置于填满固体渗碳剂的箱中，用盖和耐火泥将箱密封后，在900~950℃温度下进行渗碳的工艺方法	设备费用低，操作简单，大小齿轮均可使用，渗碳速度慢，渗碳后不易直接淬火，劳动条件差

（续）

分类方法	含　义	特点与适用范围
液体渗碳	它是在熔融状态的含碳盐浴中进行渗碳的工艺方法	设备简单，渗碳速度快，渗碳层均匀，齿轮畸变小，适于中、小齿轮渗碳，对环境有一定危害
局部渗碳	或称局部防渗碳法。有些零件因特殊要求，仅对其某一部分或某一区域进行渗碳	操作灵活，成本低，适于齿轮的螺纹及不需得到高硬度的区域的防渗处理

2. 渗碳齿轮的典型加工流程

坯料→锻造→预备热处理→机械加工（制坯）→渗碳→淬火＋低温回火→喷丸→机械精加工（7～8级精度齿轮不磨齿，可进行珩齿、研齿）→成品。

5.1.2　齿轮的渗碳热处理技术参数

1. 渗碳层深度

各种齿轮的渗碳层深度可参考表5-3的数据来确定。

表5-3　各种齿轮的渗碳层深度与模数的关系（JB/T 7516—1994）

齿轮种类	推荐值	数据来源	齿轮种类	推荐值	数据来源
汽车齿轮	$(0.1 \sim 0.3)m$	汽车行业	机床齿轮	$(0.15 \sim 0.20)m$	机床行业
拖拉机齿轮	$(0.18 \sim 0.21)m$	拖拉机行业	重型齿轮	$(0.25 \sim 0.30)m$	重型机械行业

注：m 为齿轮模数。

1）图5-1所示为根据新近试验提供的齿轮有效硬化层深度选择依据。从图5-1可以看到，对于齿轮的弯曲疲劳强度，最佳硬化层深度要小于接触疲劳强度所需的层深，故合理的硬化层深度要兼顾两者。

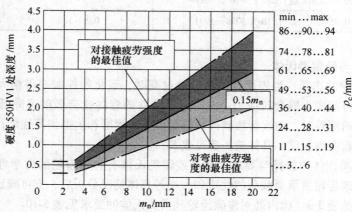

图5-1　具有常规 m_n / ρ_c 比值渗碳齿轮的最佳有效硬化层深度

m_n—齿轮的法向模数　　ρ_c—轮齿的当量曲率半径

2）有关齿轮渗碳渗层深度的选择参见表5-4～表5-7。

表5-4　机床齿轮模数与渗碳淬火有效硬化层深度的关系

齿轮模数 m	1～1.25	1.5～1.75	2～2.5	3	3.5	4～4.5	5	>5
渗碳淬火有效硬化层深度/mm	0.3～0.5	0.4～0.6	0.5～0.8	0.6～0.9	0.7～1.0	0.8～1.1	1.1～1.5	1.2～2

表 5-5　汽车、拖拉机齿轮的模数与渗碳淬火有效硬化层深度的关系

齿轮模数 m	2.5	3.5 ~ 4	4 ~ 5	5	>5
渗碳淬火有效硬化层深度/mm	0.6 ~ 0.9	0.9 ~ 1.2	1.2 ~ 1.5	1.4 ~ 1.8	1.5 ~ 2

表 5-6　汽车、拖拉机齿轮按工作性质的不同渗碳淬火有效硬化层深度

工 作 性 质	变速齿轮	差速器齿轮	减速器齿轮
渗碳淬火有效硬化层深度/mm	0.6 ~ 1.2	0.9 ~ 1.4	1.5 ~ 1.9

表 5-7　国外对渗碳齿轮渗碳层深度的推荐值

推 荐 数 据	来　　源	推 荐 数 据	来　　源
$t = 0.25m$	德国 DIN3990 标准	$t = 0.15m$　($m \leqslant 8mm$)	瑞士 MAAG 标准
$t = (0.15 ~ 0.2)m$	德国奔驰公司标准	$t = 0.8 + 0.05m$　($m > 8mm$)	
$t = (1/7 ~ 1/5)$ 齿厚	美国 AGMA		
$t \geqslant 3.15b$ (b 为两齿轮面接触宽度 1/2)	日本石田推荐	$t = (0.18 ~ 0.26)m$　($m = 1.27 ~ 6.35mm$)	英国 BS 公司标准

注：t 为渗碳层深度；m 为齿轮模数。

2. 渗碳齿轮表面碳质量分数

通常可以按渗碳齿轮的服役条件、受力状态和渗碳钢的化学成分来决定。大型、重载及高速渗碳齿轮表面碳质量分数要求见表 5-8。

表 5-8　大型、重载及高速渗碳齿轮表面碳浓度要求

序号	表面碳质量分数(%)	标准	序号	表面碳质量分数(%)	标准
1	共析碳含量 + 0.20 ~ 10(ME 级)	GB/T 3480.5—2008	3	0.75 ~ 1.10	JB/T 6141.2
2	0.75 ~ 0.95	JB/T 5078—1991	4	0.8 ~ 1.0	JB/T 7516—1994

3. 表层碳化物与残留奥氏体

（1）表层碳化物的选择　当表面碳质量分数过高时，碳化物控制变得粗大而数量增多，在表面的残余压应力可能成为残余拉应力。此时，渗碳件的弯曲疲劳强度可降低 25% ~ 30%；当碳化物呈细小均匀的颗粒时，能改善渗碳件的接触疲劳、耐磨和抗擦伤等性能；当碳化物呈网状或大块时，容易引起磨削裂纹。具体选择参见表 5-11。

（2）表层残留奥氏体的选择与要求　适量残留奥氏体有利于齿轮的力学性能。渗碳钢残留奥氏体量需要对渗碳齿轮所承受载荷的性质和大小等具体情况分析后，方可确定。渗碳齿轮表层残留奥氏体的选择见表 5-9。国内外对渗碳齿轮残留奥氏体的要求见表 5-10。

表 5-9　渗碳齿轮表层残留奥氏体的选择

项目	残留奥氏体(体积分数)	适 用 条 件
1	以 20% 定为最大值为宜	对于类似蜗杆这类要求高的滑动抗力、载重并以滑动为主的齿轮
2	以 25% ~ 30% 定为最大值为宜	对于以弯曲和冲击疲劳为主的齿轮
3	最佳的残留奥氏体为 50%，最大值可达 55% ~ 60%	对于以接触疲劳（点蚀）为损坏形式的齿轮
4	表面最小残留奥氏体量规定为 10% ~ 15% 较为合理	在任何工作条件下的渗碳齿轮

表 5-10 国内外对渗碳齿轮残留奥氏体的要求

项目	残留奥氏体(体积分数)	标准/实例	项目	残留奥氏体(体积分数)	标准/实例
1	≤25%且细小弥散(ME 级)	GB/T 3480.5—2008	5	10%~25%	重载汽车齿轮
2	应在30%以内	JB/T 6141.2—1992	6	10%左右	德国奔驰汽车齿轮
3	马氏体和残留奥氏体1~4级合格	JB/T 6141.3—1992	7	≤5 级	中国汽车齿轮
4	高精度齿轮应控制在20%以下	JB/T 7516—1994			

4. 表面碳（氮）含量、表面硬度、表层组织及心部硬度要求

渗碳（碳氮共渗）齿轮的表面碳（氮）含量、表面硬度、表层组织及心部硬度要求见表5-11。国内外渗碳淬火齿轮心部硬度参考值见表5-12。大型、重载渗碳齿轮心部硬度要求见表5-13。

表 5-11 渗碳（碳氮共渗）齿轮表面碳（氮）含量、表面硬度、表层组织及心部硬度要求

技 术 参 数		推 荐 值	说 明
表面 C、N 含量（质量分数）(%)		渗碳:$w(C)0.7\%~1.0\%$ 碳氮共渗: $w(C)0.7\%~0.9\%$ $w(C)0.2\%~0.4\%$	对受载平稳、以耐磨和抗麻点剥落为主的齿轮,C、N 含量选高值;对受冲击的齿轮,C、N 含量选低值
心部硬度 HRC		$m≤8$ 时 33~48 $m>8$ 时 30~45	汽车、拖拉机齿轮
		30~40	重载齿轮
表层组织	马氏体	细针状,1~5 级	各类齿轮
	残留奥氏体	渗碳:1~5 级 碳氮共渗:1~5 级	汽车齿轮
	碳化物	常啮合齿轮:≤5 级 换档齿轮:≤4 级	汽车齿轮
		平均粒径≤1μm	重载齿轮
表面硬度 HRC		58~63	各类齿轮
		56~60	重载齿轮

表 5-12 国内外渗碳淬火齿轮心部硬度参考值 （硬度 HRC）

德国奔驰公司	日本丰田公司	意大利菲亚特公司	美国 Allis Charners	日本大型重载齿轮	中国汽车行业	中国大型重载齿轮
36.5 (1200MPa)	45	33~40 (1100~1300MPa)	32~40	30~40	$m≤8mm$ 时,33~48; $m>8mm$ 时,29~45	30~40

注: m 为齿轮模数。

表 5-13 大型、重载渗碳齿轮心部硬度要求

序号	心部硬度 HRC	标准/实例	序号	心部硬度 HRC	标准/实例
1	35 以上(ME 级)	GB/T 3480.5—2008	5	32~40	美国工程机械齿轮
2	30~45	JB/T 7516—1994	6	32~42	德国大众汽车齿轮
3	30~45	JB/T 6141.2	7	30~40	中国大型、重载齿轮
4	30~40	日本大型、重载齿轮			

5.1.3 齿轮的渗碳工艺参数的选择与控制

1. 渗碳层深度与渗碳温度

齿轮渗碳温度常用 900 ~ 930℃。渗碳层深度与渗碳温度的关系见表 5-14，可供齿轮渗碳时参考。

表 5-14　渗碳层深度与渗碳温度的关系

序　号	渗碳层深度/mm	渗碳温度/℃	序　号	渗碳层深度/mm	渗碳温度/℃
1	0.35 ~ 0.65	880 ± 10	3	0.85 ~ 1.0 以上	920 ± 10
2	0.65 ~ 0.85	900 ± 10			

2. 渗碳气氛碳势

目前齿轮多采用气体渗碳，渗碳阶段的炉气组分应基本上符合表 5-15 的数值。

表 5-15　渗碳阶段的炉气组分（体积分数）　　　　（%）

C_nH_{2n+2}	C_nH_{2n}	CO	H_2	CO_2	O_2	N_2
5 ~ 15	≤0.5	15 ~ 25	40 ~ 60	≤0.5	≤0.5	余量

渗碳过程中的碳势控制是工艺的关键所在，目前齿轮渗碳基本上已实现了微机碳势控制，使渗碳质量稳定性得到大幅度提高。渗碳控制系统分为单级控制系统和集散式控制系统。渗碳控制系统的配制，可根据齿轮种类、生产量及对质量的要求，参考表 5-16 进行选择。

表 5-16　渗碳控制系统的配制

炉型	工件渗碳质量要求	工艺过程管理要求	单级控制系统	集散式控制系统	
				用于分段工艺控制和工艺过程记录管理	用于自适应法工艺管理和工艺过程记录管理
周期式渗碳炉	一般	一般	✓		
		较高		✓	
	较高				✓
连续式渗碳炉	一般	✓			
	较高		✓		

3. 渗碳时间

1) 渗碳时间主要根据渗层深度确定，且与渗碳温度及炉内气氛等因素有关。在某一给定条件下，渗层深度与渗碳时间存在以下关系：

$$\delta = K\sqrt{\tau}$$

式中　δ——渗碳层深总深度（mm）；

　　　τ——渗碳时间（h）；

　　　K——与渗碳温度有关的系数，870℃时 $K = 0.457$，900℃时 $K = 0.533$，925℃时 $K = 0.635$。

2) 简单计算渗碳和扩散时间公式如下式：

$$T_c = T_t \times (D/C)^2$$

式中　T_c——渗碳时间（h）；

T_t——渗碳时间 + 扩散时间（h）；

D——扩散终了时的表面碳量和材料的碳含量之差（质量分数）（%）；

C——初始碳势和材料碳含量之差（质量分数）（%）。

举例：在 927℃渗碳，取总渗碳层深度 1.6mm，使表面碳量达到 0.80%（质量分数），按碳势 $w(C)$ 为 1.00% 的气体渗碳时间和按碳势 $w(C)$ 为 0.8% 的气体扩散时间可用下述方法求得。即由哈里斯（F. E. Harris）求得的渗碳时间-温度-渗碳深度的关系（见表 5-17），可知要求得到 1.6mm 的渗碳层需要 6h。

由上式计算：

$$T_c = 6 \times (0.80 - 0.19/1.00 - 0.19)^2 = 3.4h$$

式中　0.19——材料的原始碳的质量分数（%）。

因而在碳势 $w(C)$ 为 1.00% 下渗碳 3.4h，然后在碳势 $w(C)$ 为 0.80% 下，再进行 6h - 3.4h = 2.6h 的扩散，就可得到表面碳的质量分数为 0.80%、总渗碳层深度为 1.6mm 的渗碳件。

上述公式适合于渗碳层深度较浅的渗碳场合，而较深的渗碳场合，则产生较大的偏差。

表 5-17　渗碳温度-时间-总渗碳层深度的关系（摘取部分）

时间/h	温度/℃									
	760	788	816	843	871	900	927	954	982	1010
	总渗碳层深度/mm									
1	0.20	0.25	0.31	0.38	0.46	0.53	0.64	0.74	0.86	1.02
2	0.28	0.36	0.43	0.53	0.64	0.76	0.89	1.04	1.22	1.42
3	0.36	0.43	0.53	0.64	0.79	0.94	1.09	1.30	1.50	1.75
4	0.41	0.51	0.61	0.74	0.89	1.07	1.27	1.50	1.75	2.01
5	0.46	0.56	0.69	0.84	1.02	1.19	1.42	1.68	1.96	2.26
6	0.48	0.61	0.76	0.91	1.09	1.32	1.60	1.83	2.13	2.46
7	0.53	0.66	0.81	0.99	1.19	1.42	1.68	1.98	2.31	2.67
8	0.56	0.71	0.86	1.04	1.27	1.52	1.80	2.11	2.46	2.85
9	0.61	0.74	0.91	1.12	1.35	1.60	1.90	2.24	2.62	3.02
10	0.64	0.79	0.97	1.17	1.42	1.70	2.00	2.36	2.74	3.20

5.1.4　齿轮的气体渗碳工艺

气体渗碳方法有滴注式气体渗碳、吸热式气体渗碳、氮基气氛渗碳、直生式气体渗碳和真空（式）气体渗碳等。

（1）常用气体渗碳方法及其工艺特点、适用范围（见表 5-18）

表 5-18　常用气体渗碳方法及其工艺特点、适用范围

渗碳方法	渗碳工艺	工艺特点及适用范围
吸热式气体渗碳	吸热式气体渗碳介质由吸热式气体加富化气组成并进行渗碳的工艺方法。用吸热式气体作为稀释气，甲烷或丙烷等作为富化气	需要发生器制备 RX 载体气；主要用于大型渗碳炉、多用炉或连续式渗碳炉；易在炉内形成积炭，故应定期烧炭黑
氮-甲醇气氛气体渗碳	以氮气与甲醇裂解气氛为载体气，再添加富化气（剂）的气体渗碳方法。富化气（剂）有丙酮、异丙醇、煤油、天然气、丙烷气等	炉内气氛与吸热式气氛基本相同，具有更大的安全性，渗碳速度比吸热式气氛快，耗能低。主要适用于井式渗碳炉、多用炉和连续式渗碳炉等

（续）

渗碳方法	渗碳工艺	工艺特点及适用范围
直生式气体渗碳（或称 Ipsen 超级渗碳）	将渗碳剂与空气或 CO_2 气体直接通入渗碳炉内形成渗碳气氛并进行渗碳的工艺方法（通过空气的加入量来调节炉内碳势）。渗碳剂（气）常用天然气、丙酮、丙酮、乙酸乙酯、煤油、丁烷、异丙醇。常用的有空气+煤油，空气+丙酮，空气+天然气，空气+丙烷等	渗碳速度快；投资少；渗碳速度快于吸热式和氮基气氛渗碳；渗碳层较均匀；对原料气的要求不高，气体消耗低于吸热式气体渗碳。主要适用于井式渗碳炉、多用炉等周期式炉
滴注式气体渗碳	向炉内同时滴注两种碳氢化合物（如甲醇和丙酮），形成渗碳气氛并进行渗碳的工艺方法。一般用甲醇作为载体气，再添加富化气（剂）如丙酮、异丙醇、煤油、天然气、丙烷气等	成本较低，但工艺稳定性较差，可满足一般渗碳要求。适应各种炉型

（2）常用气体渗碳剂的特性　气体渗碳使用的渗碳剂可分为两大类。一类是液态渗碳剂，主要有煤油、苯、二甲苯、甲醇、乙醇、丙酮、醋酸乙酯、乙醚等液体有机物；另一类是直接使用气体渗碳剂如天然气、丙烷、丁烷、发生炉煤气、吸热式气体等。

对渗碳剂的要求：分解后的炭黑要少，含硫和其他杂质少，不形成环境污染。常用气体渗碳剂的特性、主要指标、组成及使用方法见表 5-19 ~ 表 5-21。

表 5-19　常用气体渗碳剂的特性

名称	分子式	相对分子质量	碳当量/(g/mol)	碳氧比	产气量/(L/mL)	渗碳反应式	用途
甲醇	CH_3OH	32	—	1	1.66	$CH_3OH \rightarrow CO + 2H_2$	稀释剂
乙醇	C_2H_5OH	46	46	2	1.55	$C_2H_5OH \rightarrow [C] + CO + 3H_2$	渗碳剂
异丙醇	C_3H_7OH	60	30	3	—	$C_3H_7OH \rightarrow 2[C] + CO + 4H_2$	强渗碳剂
乙酸乙酯	$CH_3COOC_2H_5$	88	44	2		$CH_3COOC_2H_5 \rightarrow$ $2[C] + 2CO + 4H_2$	渗碳剂
甲烷	CH_4	16	16	—	—	$CH_4 \rightarrow [C] + 2H_2$	强渗碳剂
丙烷	C_3H_8	44	14.7	—	—	$C_3H_8 \rightarrow 3[C] + 4H_2$	强渗碳剂
丙酮	CH_3COCH_3	58	29	3	1.23	$CH_3COCH_3 \rightarrow 2[C] + CO + 3H_2$	强渗碳剂
乙醚	$C_2H_5OC_2H_5$	74	24.7	4		$C_2H_5OC_2H_5 \rightarrow 3[C] + CO + 5H_2$	强渗碳剂
煤油	$C_{12}H_{26} \sim C_{16}H_{34}$	—	25 ~ 28		0.73	$C_nH_{2n+2} \rightarrow n[C] + (n+1)H_2$	强渗碳剂

表 5-20　几种渗碳用有机液体的主要指标

介质名称	密度/g·cm⁻³	沸点/℃	碳当量/g	主要成分（质量分数）（%）
乙醇	0.789	78.4	46	纯度≥99.5，水≤0.5
异丙醇	0.7854	82.4	30	纯度≥99.7，水≤0.20
丙酮	0.792	56.5	29	纯度≥99.0，水≤0.4
乙酸乙酯	0.910	77.15	44	纯度≥99.0，水≤0.5

表 5-21　常用气体渗碳剂组成及使用方法

渗碳剂	形态	组成及特点	使用方法
煤油	液体	为石蜡烃、烃烷及芳香烃的混合物。一般航空用煤油含 $w(S) < 0.04\%$ 者均可使用，价格便宜，来源容易，但易产生炭黑	直接滴入或用燃烧泵喷入渗碳炉内。调节液滴数量（或流量）以控制齿轮表面碳势。多用于井式渗碳炉
甲醇添加酮、酯类有机化合物	液体	甲醇和一定比例的丙酮或醋酸乙酯滴入炉内裂解。靠调整丙酮或醋酸乙酯滴量控制碳势	直接滴入或用燃烧泵喷入渗碳炉内。调节液流量以控制齿轮表面碳势。用甲醇、丙酮或醋酸乙酯可实现滴注式可控气氛渗碳，如用于多用炉或连续式渗碳炉
天然气	气体	主要组成为甲烷，尚含有少量乙烷和氮气	通过气体流量计，直接通入炉内裂解
工业丙烷和丁烷	气体	是炼油厂副产品，价格便宜，运贮方便	直接通入炉内或添加少量空气在炉内裂解
吸热式气氛	气体	用天然气或工业丙烷、丁烷或焦炉煤气与空气按一定比例混合，在高温和有镍催化剂作用下裂解而成	一般用吸热式气体做载体气，用天然气或丙烷作为富化气，以调整炉气碳势

（3）气体渗碳炉换气率的计算　渗碳炉气体换气率较小时，容易产生渗碳不均匀情况，气体渗碳炉载体气的换气率见表 5-22。

表 5-22　气体渗碳炉载体气的换气率

炉子种类	换气率/（次/h）
连续式渗碳炉（单排）	3～5
连续式渗碳炉（双排）	2～3
多用炉	9～13

计算公式为

换气率 = 每小时的载体气流量/炉膛容积

举例：连续式渗碳炉（单排，共 4 个区），炉膛容积 8.52m³；载体气供给量 =（1 区）6（m³/h）+（2 区）12（m³/h）+（3 区）10（m³/h）+（4 区）14（m³/h）= 42m³/h。

其渗碳炉载体气的换气率 = 载体气供给总量/炉膛容积 = 42（m³/h）/8.52（m³）= 5 次/h。

当然，即使载体气的换气率较大，工件和载体气氛也不一定是均匀的接触。为了使工件和炉气适当地接触，除了合理装炉，渗碳炉搅拌风扇应保证正常，风扇电动机功率可使用 2.2～5.5kW，风扇的叶片 4、6 或 8 个，搅拌的转速 2.5～6m/s。

（4）各种炉型吸热式气氛用量与炉膛关系的经验数据（见表 5-23～表 5-25）

表 5-23　带前室的多用炉吸热式气氛用量与炉膛体积的关系

炉膛体积/m³	吸热式气氛总量/（m³/h）	富化气用量
0.10～0.20	5～10	
0.20～0.50	10～15	
0.50～1.00	15～20	为吸热式气氛总量的 0～4%
1.00～1.50	20～25	
1.50～2.00	25～30	

表 5-24　井式渗碳炉吸热式气氛用量与炉膛体积的关系

炉膛体积/m³	吸热式气氛总量/(m³/h)	富化气用量
0.10 ~ 0.20	4 ~ 5	
0.20 ~ 0.30	5 ~ 7	
0.30 ~ 0.50	7 ~ 11	
0.50 ~ 0.60	11 ~ 13	为吸热式气氛总量的 0 ~ 3%
0.60 ~ 0.70	13 ~ 15	
0.70 ~ 0.80	15 ~ 17	
0.80 ~ 1.00	17 ~ 21	

表 5-25　连续推杆式渗碳炉吸热式气氛用量与炉膛体积的关系

炉膛体积/m³	吸热式气氛总量/(m³/h)	富化气用量
2 ~ 5	20 ~ 25	
5 ~ 10	25 ~ 30	
10 ~ 15	30 ~ 40	为吸热式气氛总量的 0 ~ 4%
15 ~ 20	40 ~ 50	
20 ~ 30	50 ~ 60	
30 ~ 40	60 ~ 70	

1. 齿轮在井式渗碳炉中的气体渗碳工艺

（1）甲醇-煤油滴注式气体渗碳　甲醇-煤油滴注式气体渗碳通用工艺如图 5-2 所示，供齿轮渗碳时参考。

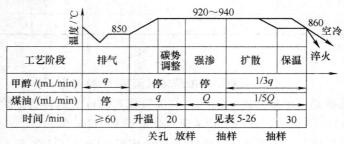

图 5-2　甲醇-煤油滴注式通用气体渗碳工艺

图 5-2 中，q 为按渗碳炉电功率计算的渗剂滴量（mL/min），由下式计算：

$$q = CW$$

式中　C——每千瓦功率所需要的滴量 [mL/(kW·min)]，取 $C = 0.13$；

　　　W——渗碳炉功率（kW）。

Q 为按工件有效吸碳面积计算的渗剂滴量（mL/min），由下式计算：

$$Q = KNA$$

式中　K——每平方米吸碳表面积每分钟耗渗碳剂量 [mL/(m²·min)]，取 $K = 1$；

　　　N——装炉工件数（件）；

　　　A——单件有效吸碳表面积（m²/件）。

上述工艺适用于不具备碳势测量与控制仪器的情况。强渗时间、扩散时间与渗碳层深度的关系可参考表 5-26，使用时可根据具体情况进行修正。

表 5-26 强渗时间、扩散时间与渗碳层深度的关系

渗碳层深度/mm	强渗时间/min			强渗后渗碳层深度/mm	扩散时间/h	扩散后渗碳层深度/mm
	920℃	930℃	940℃			
0.4~0.7	40	30	20	0.20~0.25	≈1	0.5~0.6
0.6~0.9	90	60	30	0.35~0.40	≈1.5	0.7~0.8
0.8~1.2	120	90	60	0.45~0.55	≈2	0.9~1.0
1.1~1.6	150	120	90	0.60~0.70	≈3	1.2~1.3

注：若渗碳后直接降温淬火，则扩散时间应包括降温及降温后停留的时间。

（2）井式炉用甲醇+煤油作为滴注剂用量（见表5-27）

表 5-27 井式炉用甲醇+煤油作为滴注剂用量

设备型号	排气阶段		强渗阶段		扩散降温阶段	
	甲醇/(滴/min)	煤油/(滴/min)	甲醇/(滴/min)	煤油/(滴/min)	甲醇/(滴/min)	煤油/(滴/min)
RQ3-35-9	120	20~50	20~50	80~100	20~50	60~80
RQ3-60-9	160	25~55	25~55	100~120	25~55	80~100
RQ3-75-9	200	30~60	30~60	120~140	30~60	100~120
RQ3-90-9	220	35~65	35~65	160~180	35~65	140~160
RQ3-105-9	300	50~80	50~80	200~220	50~80	180~220

（3）以煤油为渗剂的气体渗碳

不同型号井式气体渗碳炉各阶段煤油滴量见表5-28。

表 5-28 不同型号井式气体渗碳炉各阶段煤油滴量 （单位：滴/min）

设备型号	排气		强渗	扩散	降温
	850~900℃	900~930℃			
RQ3-25-9	50~60	100~120	50~60	20~30	10~20
RQ3-35-9	60~70	130~150	60~70	30~40	20~30
RQ3-60-9	70~80	150~170	70~80	35~45	25~35
RQ3-75-9	90~100	170~190	85~100	40~50	30~40
RQ3-90-9	100~110	200~220	100~110	50~60	35~45
RQ3-105-9	120~130	240~260	120~130	60~70	40~50

注：1. 煤油100滴为3.8~4.2mL。

2. 数据适用于合金钢，碳素钢应增加10%~20%；装入工件的总面积过大或过小时，应适当修整。

3. 渗碳温度为920~930℃。

（4）以苯、煤油+酒精、甲醇+丙酮为渗剂的井式炉气体渗碳（见表5-29）

表 5-29 井式炉其他渗碳剂滴量 （单位：滴/min）

阶段	排气阶段				强渗阶段				扩散降温阶段			
设备功率/kW	60	75	90	105	60	75	90	105	60	75	90	105
渗碳剂	滴/min											
苯	—	60~160	—	80~130	—	130~150	—	180~200	—	10~50	—	—
煤油+酒精	酒精140~160	—	—	—	酒精60~80 煤油100~120	—	—	—	酒精140~160	—	—	—
甲醇+丙酮	甲醇、丙酮各100~120	—	—	—	甲醇60~80 丙酮120~140	—	—	—	甲醇、丙酮各120~160	—	—	—

（5）以天然气为渗剂的井式炉气体渗碳工艺　利用天然气、裂化气、氨气进行气体渗碳，不仅可以使渗碳时间大为缩短，节省能源，而且可以获得较好的渗碳质量。表 5-30 为井式炉天然气渗碳工艺应用实例。

表 5-30　井式炉天然气渗碳工艺应用实例

齿轮名称	变速器齿轮
技术条件	20Cr2Ni4A 钢，渗碳层深度 1.1~1.5mm，表面硬度≥58HRC
原料气的选用	1）天然气的主要成分为甲烷（CH_4），价格低廉，且甲烷是最小的低分子烃，渗碳能力极强，渗速快，内氧化层薄，非马氏体组织层浅，是一种很好的渗碳介质 2）裂化气（RX）作为一种载体气，其主要成分（体积分数）为 20% CO +40% N_2 +40% CH_4 3）氨气（NH_3）作为一种稀释气，还可以加快渗碳速度，并有利于减少炭黑的形成
渗碳工艺	井式炉天然气渗碳工艺曲线如下图所示。在升温排气阶段，加大裂化气和氨气流量，以排尽炉内废气；齿轮的渗碳速度按每小时渗入 0.20~0.23mm 计算；齿轮的强渗与扩散的时间比例控制在 3:1 左右
效果	1）渗碳层未出现网状或大块状碳化物，碳化物级别为 1~2 级。齿轮表面硬度均匀（59~61HRC），渗层深度为 1.2~1.3mm 2）渗碳时间大为缩短，由原工艺的 600min 缩短到现工艺的 430min，节能降耗效果显著

（6）齿轮在井式炉中的渗碳工艺实例（见表 5-31）

表 5-31　齿轮在井式炉中的渗碳工艺实例

技术条件		渗碳工艺
变速器齿轮，20CrMnTi 钢，技术要求：渗碳层深为 0.8~1.2mm	设备：RQ3-75-9	
轧钢机齿轮，12CrNi3 钢，技术要求：渗碳层深为 3.0~3.5mm，表面碳含量为 0.7% ~0.9%（质量分数）	设备：300kW 井式渗碳炉	

2. 齿轮在连续式渗碳炉中的渗碳工艺

（1）连续式渗碳炉各区温度及碳势的选择　连续式渗碳炉各区温度应控制在 ±10℃ 以内，温度波动不仅会引起碳势的变动还会影响渗碳层深度，包括渗碳质量。其各区温度及碳势选择见表 5-32。

表 5-32　连续式渗碳炉各区温度及碳势的选择

区　段	温度与碳势的选择	说　明
1 区（加热区）	低温态齿轮入炉吸收热量大，1 区加热功率大，一般温度选择 850~890℃。1 区不做碳势控制	选择 1 区温度越低气氛中的碳势越高，工件表面越易产生炭黑；温度太高齿轮易于氧化，齿轮加热会产生不均匀现象，畸变加大
2 区（预渗区）	一般选择 900~920℃。2 区碳势可以进行控制。可作为强渗区进行控制，碳势可设定相对高一些（以不出现炭黑为界限），有利于提高渗碳速度	零件在 800℃ 以上，炉气氛已对零件有渗碳能力，从炉内测温曲线看，本区温度在 1 区、3 区之间，属过渡状态，合理确定温度会使齿轮均匀达到渗碳温度
3 区（渗碳区）	1）一般温度设定在 920~930℃，碳势的设定主要考虑碳质量分数与碳化物控制及氧探头不宜过高，一般选择最高碳势 $w(C)1.15\%~1.20\%$ 2）此区基本达到渗碳层深的下限，此区温度过高，容易造成直接淬火后，表面碳化物过多，晶粒粗大及畸变加大	为了减小畸变，对要求较浅渗碳层的齿轮，有时也可以采用较低的渗碳温度，如 890~900℃
4 区（扩散区）	该区温度过高，会增加奥氏体的稳定性，使淬火后残留奥氏体增多，硬度降低，一般温度选择 890~910℃，碳势宜控制在 0.80%~1.10%（质量分数），国外汽车齿轮生产是以表面碳质量分数达到共析为准	为了获得连续平缓的过渡区，即平缓的碳质量分数梯度，4 区碳势的设定主要考虑齿轮在扩散区自表面至心部形成平缓的碳质量分数梯度，使表面碳量和渗碳层深达到技术要求
5 区（预冷淬火区）	该区进一步降低奥氏体含量以减少淬火畸变，一般低合金渗碳钢在此区温度为 830~850℃，温度的选择与齿轮材料有直接关系，为了获得无游离铁素体的淬火组织，要使淬火温度不低于 Ac_3。碳势一般选择最低，一般在 0.80%~0.90%（质量分数）	例如 20CrMnTiH 钢的 Ac_3 温度为 817~835℃。对于其直接淬火齿轮，5 区温度可确定为 840~850℃；对于经缓冷区出炉齿轮，温度有所降低。因而本区温度可提高 20℃，即出炉温度定为 860℃

连续式渗碳炉（单排）吸热式气氛和丙烷流量的分配比例见表 5-33。

表 5-33　连续式渗碳炉（单排）吸热式气氛和丙烷流量的分配比例

区　段 气体种类	加热区		渗碳区（Ⅲ）	扩散区（Ⅳ）	预冷区（Ⅴ）
	Ⅰ 段	Ⅱ 段			
吸热式气体量/（m³/h）	7	6	4	5	6
丙烷气量/（m³/h）	0	0.1~0.2	0.15~0.25	—	0
体积比	—	(0.1~0.2)/6	(0.15~0.25)/4	—	—
温度/℃	800~840	920~940	950~960	900	830~860

注：1. 吸热式气氛的露点在 -5~0℃，渗碳时的露点在 -15~ -5℃。

　　2. 通气量应根据炉膛尺寸大小而定。

（2）齿轮在连续式渗碳炉中的渗碳工艺（见表 5-34）

表 5-34　齿轮在连续式渗碳炉中的典型渗碳工艺

技 术 条 件		渗 碳 工 艺				
载货汽车后桥弧齿锥齿轮，22CrMoH 钢，技术要求：渗碳淬火有效硬化层深 1.7～2.1mm，齿轮表面与心部硬度分别为 58～63HRC 和 35～45HRC，碳化物 1～5 级，马氏体与残留奥氏体 1～5 级	设备：双排连续式渗碳炉	淬火油温 80～100℃。推料周期（生产节拍）35min，100～160kg/盘。一汽公司连续式渗碳炉工艺：				
		区段 项目	1 区 加热	2 区 透烧	3 区 渗碳	4 区 扩散
		温度/℃	900	930	940	930
		RX 气体/(m³/h)	8	10	14	19
		碳势 $w(C)$(%)	—	1.00	1.15	0.85
		推料周期/min	35			
轧钢机齿轮，20CrMnTi 钢，技术要求：渗碳淬火有效硬化层深 0.9～1.3mm，齿轮表面与心部硬度分别为 58～63HRC 和 30～40HRC，碳化物 1～4 级，马氏体与残留奥氏体 1～4 级	设备：单排连续式渗碳炉，炉膛容积 10m³	区段 项目	1	2	3	4	5
		各区温度/℃	840	900	930	940	850
		吸热式气体量/(m³/h)	7	6	4	5	6
		丙烷气量/(m³/h)	0	0.10～0.18	0.15～0.25	0～0.10	0
		推料周期/min	25				
		炉压/Pa	200～250				

3. 齿轮在可控气氛多用炉中的渗碳工艺

齿轮在可控气氛多用炉中的渗碳工艺见表 5-35。

表 5-35　齿轮在可控气氛多用炉中的渗碳工艺

技 术 条 件	设备与渗剂	渗 碳 工 艺
汽车齿轮，20CrMnTi 钢，技术要求：渗碳层深为 0.8～1.2mm	炉膛尺寸为 900mm×700mm×500mm；吸热式气氛＋丙烷；发生炉 $\varphi(CO_2)$ 为 0.3%～0.4%；红外仪控制碳势	 温度/℃　920～930　850　热油冷 140 RX/(m³/h)　15～16 丙烷/(m³/h)　0.2～0.6（自动控制） $\varphi(CO_2)$(%)　0.2～0.3　0.2～0.4 时间/min　210　30　60　30
转向器齿轮，20CrNiMo 钢，技术要求：渗碳层深为 0.6～1.10mm	密封箱式炉；用氧探头控制碳势；红外仪测定 φ(CO) 并动态补偿；CH₄ 监视报警；CO₂ 监视报警	 渗碳热处理工艺参数： （见下表）

渗碳热处理工艺参数：

工艺阶段	碳势 $w(C)$(%)	$\varphi(CO)$(%)	$\varphi(CH_4)$(%)	$\varphi(CO_2)$(%)
①	/	/	1.5～2.0	/
②	1.00	20	1.2～1.5	0.08
③	1.05	20	0.8～1.2	0.07
④	0.85	20	0.4～0.6	0.10
⑤	0.85	21	0.4～0.6	0.10
⑥	0.85	21	0.4～0.6	0.10

4. 直生式气氛渗碳技术及其应用

直生式气氛渗碳，即超级渗碳，它是将原料气体（或液体渗碳剂）与空气或 CO_2 气体直接通入渗碳炉内，直接生成渗碳气氛的一种渗碳工艺。燃料气体或液体是定数，炉内碳势通过调节空气输入量来控制。图 5-3 所示为现代化计算机控制的直生式气氛渗碳工艺控制原理图。

直生式气氛渗碳的特点：碳势调整速度快于吸热式和氮基渗碳气氛；渗碳层均匀，重现性好；具有较高的碳传递系数（见表 5-36），对原料气的要求较低，气体消耗量低于吸热式气体渗碳。最大优点是节省渗碳原材料，缩短渗碳周期；直生式气氛由于炉内气体不稳定，CH_4 含量较高，对此须采用特殊氧探头，并用 O_2、CO、温度 T 三参数微机进行碳势控制，从而提高炉气碳势控制精度。

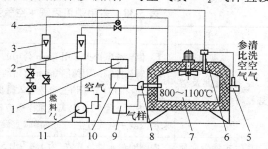

图 5-3　直生式气氛渗碳工艺控制原理
1—Carb-O-prof 渗碳专家系统　2—空气流量计
3—燃料气流量计　4—空气电磁阀　5—辅助单元
6—氧探头　7—炉膛　8—热电偶　9—CO 分析仪
10—微机　11—空气泵

表 5-36　直生式气氛与其他气氛中的碳传递系数（β）比较

渗碳气氛类型	吸热式（天然气）	吸热式（Cr_3H_8）	甲醇 + 40%N_2	甲醇 + 20%N_2	天然气 + 空气（直生式）	丙烷 + 空气（直生式）	丙酮 + 空气（直生式）	异丙醇 + 空气（直生式）	天然气 + CO_2（直生式）	丙烷 + CO_2（直生式）
$\varphi(CO)$（%）	20	23.7	20	27	17.5	24	32	29	40	54.5
$\varphi(H_2)$（%）	40	31	40	54	47.5	35.5	34.5	41.5	48.7	39.5
$\beta/(\times 10^{-5}$cm/s)	1.25	1.15	1.62	2.12	1.30	1.34	1.67	1.78	2.62	2.78

注：渗碳温度要求为 950℃，碳势 $w(C)$ 要求为 1.15%。

（1）直生式气氛渗碳工艺在双排连续式渗碳炉上的应用　一汽公司在双排连续式渗碳炉中采用直生式气氛（丙烷 + 空气）渗碳工艺及其应用实例见表 5-37。

表 5-37　直生式气氛（丙烷 + 空气）渗碳工艺及其应用实例

项　　目	内　　容
设备、温度及碳势控制系统	采用 Ipesn 公司双排连续式渗碳炉，同时采用直生式气氛(丙烷 + 空气)渗碳工艺，加热渗碳炉和扩散炉配有各自独立的温度控制系统及碳势控制系统
直生式渗碳气氛	辅助气为氨气，稀释气为空气，富化气为丙烷气，保护气为氮气
齿轮技术条件	齿轮及齿轮轴材料均为 20CrMnTi 钢，技术要求：渗碳层深为 0.6~1.0mm，设定 550HV 处的有效硬化层深为 0.8mm
直生式气氛渗碳工艺	该工艺由于气氛的高碳活性易使设备产生炭黑，当丙烷气量 <1.5m³/h 时，可减少或避免炭黑的产生，直生式气氛渗碳工艺：

区　段	1 区	2 区	3 区	4 区	5 区	6 区
温度/℃	820	900	920	920	890	850
丙烷气量/(m³/h)	≤1.5					
炉压/Pa	≤1.8 × 10²					
推料周期/min	12					

| 与滴注式渗碳工艺比较 | 与原采用滴注式(丙酮 + 甲醇)渗碳工艺(单排连续式渗碳炉，推料周期为 22min)相比，双排推杆式连续渗碳炉采用直生式气氛(丙烷 + 空气)渗碳工艺，渗碳周期缩短 5%~15% |

（2）直生式渗碳气氛在多用炉上的应用　多用炉用丙酮＋空气直生式气氛渗碳工艺及其应用实例见表 5-38。

表 5-38　多用炉用丙酮＋空气直生式气氛渗碳工艺及其应用实例

项　目	内　容
设备、温度及碳势控制系统	1）齿轮渗碳淬火采用 Ipsen 公司的 RTQPF-10-EM 型密封箱式炉 2）碳势控制采用德国 Ipsen 公司的 CARB-O-TRONIC B 碳势控制仪。炉气碳势采用温度、氧探头输出 mV 值和 CO 分析值三参数输入微机来控制 3）丙酮＋空气直生式气氛渗碳方法需要采用多参数控制碳势，CO 基础值预先设定在 28% 为宜。采用丙酮＋空气直生式气氛渗碳宜设定碳势最高值，以防止形成炭黑
直生式渗碳介质与控制	丙酮的输入量是常数，为 1.4 ~ 1.5L/h。空气的输入量，依据碳势，由空气电磁阀调节，在 1.5 ~ 2.0m³/h 范围内
齿轮技术条件	20CrMnTi 钢，要求渗碳层深度 1.10 ~ 1.50mm
直生式气氛渗碳工艺	采用两段多碳势渗碳工艺，渗碳温度为 930℃，强渗阶段碳势为 1.05%（质量分数），扩散阶段碳势为 0.85%（质量分数），直生式气氛渗碳工艺见下图：
与传统渗碳工艺比较	丙酮＋空气直生式气氛渗碳方法的耗电量约为传统渗碳方法的 1/2，见下表： | 渗碳方法	牌　号	渗碳层深度/mm	耗电量/(kW·h/t)
---	---	---	---
传统渗碳法	20Cr、35CrMo	0.8 ~ 1.0	5000
丙酮＋空气直生式气氛渗碳法	20CrMnTi	1.25	2550	

5. 氮-甲醇气氛渗碳技术及其应用

（1）氮-甲醇气氛渗碳技术　在可控气氛中，氮气是作为稀释剂使用的，当气氛中加入一定量的氮气时，可以减少原料气的消耗与炭黑的形成。在氮基气氛中，不仅 CO_2 和 H_2O 可减少，而且 CO 也可适当降低。由于 CO_2 和 H_2O 可与钢中的 Cr、Mn、Si 等元素发生氧化作用，无疑氮基气氛渗碳可降低钢件的内氧化程度。

一般推荐的最佳氮气与甲醇分解产物的比例：40% 氮气＋60% 甲醇裂解气。这种气氛组成和吸热式气氛（RX）发生气的组成基本一样。

大型井式气体渗碳炉采用氮气-甲醇气氛，异丙醇作为富化剂，红外分析仪检测炉内 CO 体积分数，L-探头控制碳势，CO 参与计算时，碳势波动和偏差均较小。

几种类型氮基渗碳气氛的成分见表 5-39。

表 5-39　几种类型氮基渗碳气氛的成分

原料气组成	炉气成分（体积分数，%）					碳势 $w(C)$（%）	备　注
	CO_2	CO	CH_4	H_2	N_2		
甲醇＋N_2＋CH_4（或 C_3H_8）	0.4	15 ~ 20	0.3	35 ~ 40	余量	—	Endomix 法，用于连续式渗碳炉或多用炉
甲醇＋N_2＋丙酮（或乙酸乙酯）							CarmaaⅡ法，用于周期式炉

（续）

原料气组成	炉气成分(体积分数,%)					碳势 $w(C)$ (%)	备 注
	CO_2	CO	CH_4	H_2	N_2		
$N_2 + (CH_4/$空气$=0.7)$	—	11.6	6.9	32.1	49.4	0.83	CAP 法
$N_2 + (CH_4/CO_2=6.0)$	—	4.3	2.0	18.3	75.4	1.0	NCC 法
$N_2 + C_3H_8$ 或 $N_2 + CH_4$	0.024	0.4	15				用于渗碳
	0.01	0.1					用于扩散

注：甲醇 $+ N_2 +$ 富化气中氮气与甲醇裂解气的体积比为 2:3。

（2）氮-甲醇和吸热式渗碳气氛的应用与比较（见表 5-40）

表 5-40　氮-甲醇和吸热式渗碳气氛的应用与比较

项 目	内 容
试验条件	1、2 号爱协林推杆式双排连续渗碳炉使用吸热式气氛 RX,富化气为丙烷(C_3H_8);3 号爱协林推杆式双排连续渗碳炉使用氮-甲醇气氛,渗碳剂为丙酮(CH_3COCH_3)。三台设备规格型号一致,炉压均控制在 250Pa,推料周期相同,主炉换气倍数为 0.5。选择在实际生产中使用的 8620H(20CrNiMoH)试棒各 9 个,分别挂在 3 条生产线上 3 条生产线工艺相同: <table><tr><td>项目＼区段</td><td>加热一区</td><td>加热二区</td><td>强渗一区</td><td>强渗二区</td><td>高温扩散</td><td>低温扩散</td></tr><tr><td>温度/℃</td><td>890</td><td>920</td><td>920</td><td>920</td><td>890</td><td>840</td></tr><tr><td>碳势 $w(C)$(%)</td><td>—</td><td>—</td><td>1.2</td><td>1.2</td><td>1.0</td><td>0.9</td></tr></table> 注:炉压为 250Pa,淬火油为好富顿 G 油,油温为 70℃,搅拌速度为 1500r/min。
试验结果与原因分析	1）在相同工艺下试棒有效硬化层深: <table><tr><td rowspan="2">生产线号</td><td>1</td><td>2</td><td>3</td><td>4</td><td>5</td><td>6</td><td>7</td><td>8</td><td>9</td><td rowspan="2">平均有效硬化层深</td></tr><tr><td colspan="9">有效硬化层深度/mm</td></tr><tr><td>1 号</td><td>1.25</td><td>1.20</td><td>1.28</td><td>1.19</td><td>1.22</td><td>1.25</td><td>1.30</td><td>1.26</td><td>1.25</td><td>1.244(550HV1)</td></tr><tr><td>2 号</td><td>1.22</td><td>1.27</td><td>1.23</td><td>1.18</td><td>1.25</td><td>1.27</td><td>1.25</td><td>1.20</td><td>1.27</td><td>1.237(550HV1)</td></tr><tr><td>3 号</td><td>1.40</td><td>1.45</td><td>1.48</td><td>1.42</td><td>1.38</td><td>1.40</td><td>1.39</td><td>1.44</td><td>1.45</td><td>1.423(550HV1)</td></tr></table> 2）从上表可以看出,氮-甲醇气氛的 3 号生产线比以 C_3H_8 为原料气的吸热式渗碳气氛的 1、2 号生产线处理试棒的有效硬化层深厚 15% 左右 1）氮-甲醇气氛比吸热式气氛渗碳速度要快,主要是因为炉气中 $CO + H_2$ 总量较高而导致碳传递系数 β 值较高,渗碳的反应速度加快。在氮-甲醇气氛中,炉内分解后的气体中含有 20% CO、40% H_2(体积分数),而 RX 气氛炉内气体在理论上含有 23% CO、31% H_2(体积分数) 2）用爱协林公司渗碳仿真软件计算氮-甲醇气氛的碳传递系数 β 为 1.246×10^{-5} cm/s、吸热式气氛 RX 的碳传递系数 β 为 1.15×10^{-5} cm/s

（3）多用炉氮基气氛渗碳工艺设计（见表 5-41）

表 5-41　多用炉氮基气氛渗碳工艺设计

项目	内 容
工艺设计条件	制氮机采用 NC3652 型膜分离制氮机,氮气纯度≥99.5%(体积分数),氮气流量≥40Nm³/h,氮气中氧含量≤0.5%(体积分数)。采用 UBE-1000 型密封箱式多用炉,炉膛容积约 0.73m³
	采用氮气 + 甲醇裂解气氛作为载体气,丙烷(C_3H_8)气作为渗碳富化气,甲醇(CH_3OH)与丙烷气纯度要求分别为 99% 和 99.7%

（续）

项目		内　容

<table>
<tr><td rowspan="7">工艺设计</td><td rowspan="4">介质流量的设计</td><td>

1）甲醇在高温下裂解后产气量计算：

$$CH_3OH \longrightarrow CO + 2H_2$$

已知 1mL 的 CH_3OH 在高温下完全分解可产生气体（$CO + H_2$）1.66L，即 1.66L/mL

设本工艺每分钟向炉内滴注甲醇为 X（mL），则 1h 内产气量为：

$$V_{CO+H_2} = 99.6X \qquad (1)$$

2）利用 N_2 和 CH_3OH 制备氮基气氛时，当体积分数 $N_2 : CH_3OH = 40 : 60$ 时，气氛中的 $CO : H_2 : N_2 = 20 : 40 : 40$。故在本工艺下可设计 1h 需要 N_2 为 V_{N_2}，$V_{CO+H_2} : V_{N_2} = 60 : 40$，则：

$$V_{N_2} = 99.6X \times 40/60 \qquad (2)$$

3）因渗碳炉内换气次数 $n_{换气}$ = 每小时载体气流量 V/炉膛容积 $V_炉$。通常多用炉换气次数 $n_{换气} = 9 \sim 13$，$V_炉 = 0.73m^3$，则每小时载体气的流量 $V = V_炉 \times n_{换气} = 7 \sim 10m^3/h$，同时

$$V = V_{CO+H_2} + V_{N_2} \qquad (3)$$

将式（1）、式（2）代入式（3），则 $V = 7 \sim 10m^3/h$，$X = 42.2 \sim 63.3mL/min$，X 取 2500/60（mL/min），则所需氮气量为 $2.988m^3/h$，V_{N_2} 取 $3m^3/h$

4）通常渗碳富化气丙烷加入量占总配气量的 1% ～5%（体积比），则丙烷气加入量 $V_{C_3H_8} = (V_{CO+H_2} + V_{N_2}) \times (1\% \sim 5\%) = 1.3 \sim 6.3L/min$。根据齿轮装炉密度，并考虑其渗碳速度，丙烷气量为其平均值 4L/min

</td></tr>
<tr><td></td></tr>
<tr><td></td></tr>
<tr><td></td></tr>
<tr><td rowspan="3">工艺温度与碳势设计</td><td>

渗碳阶段碳势一般不宜超过 1.2%（质量分数），本工艺碳势设定为 1.15%（质量分数）。齿轮在扩散阶段从表面至心部最好形成平缓的碳质量分数梯度，而表面碳质量分数宜控制在 0.85% ～1.0%，本设计设定炉内碳势为 0.95%（质量分数）。预冷淬火阶段，齿轮表面碳含量控制在 0.80% ～0.95%（质量分数），本设计为 0.85%（质量分数）

</td></tr>
<tr><td>

在齿轮装炉后的升温阶段先设定一个较低碳势如 0.80%（质量分数）和温度 860℃，在炉温到达 860℃ 就自动向炉内通入丙烷气进行预渗碳，即可节约部分渗碳时间

</td></tr>
<tr><td>

渗碳阶段温度一般为 900 ～930℃，本设计综合考虑齿轮畸变与渗碳速度，取渗碳温度为 920℃。预冷淬火温度考虑齿轮材料淬透性、心部强度及齿轮畸变要求，可选择 830 ～850℃，本设计取 840℃

设定空气流量为 6 ～8L/min，通过碳控仪系统自动调节炉内碳势，但空气流量不得设计过高，否则炉内通入空气量太大，齿轮表面易出现内氧化情况

</td></tr>
</table>

应用	

多用炉 2-1-1 线，采用氮-甲醇渗碳工艺，甲醇、丙烷气与氮气供给量分别为 2500mL/h、4L/min 和 3m³/h，下图为采用氮-甲醇渗碳工艺，22CrMoH 钢齿轮工艺参数：

工艺阶段	碳势 $w(C)$（%）	温度/℃	时间/min
①	0.80	860	0
②	0.80	860	0.1
③	0.80	920	30
④	1.15	920	300
⑤	0.95	920	90
⑥	0.85	840	0.1
⑦	0.85	840	30

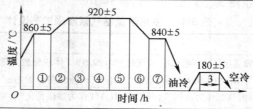

同以往滴注式渗碳工艺（采用甲醇、丙酮及醋酸乙酯等）相比，每年可节约甲醇费用约 10 万元

（4）在推杆式连续渗碳炉上的氮基气氛碳氮共渗工艺设计（见表 5-42）

表 5-42　在推杆式连续渗碳炉上的氮基气氛碳氮共渗工艺设计

项目		内　　容
工艺设计条件		轿车齿轮,材料为 27MC5JV 钢(法国牌号,近似于国产的 30CrMnTi 钢)
		单排推杆式连续渗碳炉,炉内料盘 13 个,共有 4 个区,其中 2 区和 3 区送入氮-甲醇,同时 3 区送入富化气丙烷和氨气,4 区送入调节碳势的丙烷气和空气(氨气孔预留)
工艺设计	气体的选择及流量设定	通入体积分数为 0.2% ~0.6% 的氨气。工艺要求纯度(体积分数):氮气≥99%,甲醇≥99.5%(质量分数),丙烷≥95%,氨气≥99.6%
	氮-甲醇流量的设定	氮-甲醇裂解气的配比(体积)通常为 4:6(40% 氮气,60% 甲醇)、3:7(30% 氮气,70% 甲醇)等。本设备生产时每小时炉内换气次数为 3.1,炉膛体积为 11m³,若氮气流量为 V_{N_2}(m³/h),甲醇流量为 V_{OH}(L/h),甲醇在炉内按以下方式裂解: $$CH_3OH \longrightarrow CO + 2H_2$$ 每升 CH_3OH 裂解为 1.66 m³ 的气态 CO 和 H_2,因此: $$V_{N_2} + 1.66V_{OH} = 3.1 \text{ 次/h} \times 11m^3$$ $$V_{N_2} : 1.66V_{OH} = 22:78$$ 式中,$1.66V_{OH}$ 指每小时流量的甲醇裂解的 CO 和 H_2 总体积,单位为 m³/h。计算出 $V_{N_2} \approx 7.5m^3/h$,$V_{OH} \approx 16L/h$。氮气和甲醇各平分一半同时送到 2 区和 3 区,并将压力大致调整为 147Pa
	氨气流量的选择	在碳氮共渗时,通常氨气流量占注入气体总量的 2% ~10%(体积分数)。为防止齿轮表面氮含量过高形成粗大的碳氮化合物或形成黑色缺陷组织,可选择氨气流量占注入气体总量(11m³ ×3.1 次/h = 34m³/h,其中 11m³ 为炉膛体积,3.1 次/h 为炉子换气次数)的比例在 0.2% ~0.6%(体积分数)。此次选择 0.32%,其氨气流量如下: $$V_{NH_3} = 34 \text{ m}^3/h \times 0.32\% \approx 110L/h$$
	丙烷和空气流量的设定	本设备碳势调节采用比例积分(P.I.)方式控制丙烷和空气电磁阀的通断时间,按以下方式设定时,P.I. 参数较合理: 3 区大流量丙烷 = 1% × 注入气体总流量 = 1% ×34m³/h≈350L/h 3 区小流量丙烷 = 0.6% × 注入气体总流量 = 0.6% ×34m³/h≈200L/h 4 区丙烷设定 0 ~150 L/h,空气设定 0 ~150L/h 式中,注入气体总流量 =11m³ ×3.1 次/h =34m³/h,其中 11m³ 为炉膛体积,3.1 次/h 为单排炉换气次数
	共渗及淬火温度的选择	为缩短生产时间、防止奥氏体晶粒长大,选择碳氮共渗温度 $t \approx A_3 + 50℃$,对于 27MC5JV (30CrMnTi) 钢,其 $A_3 \approx 820℃$,取共渗温度为 875 ±10℃。因温度不是很高,炉子不长,3 区和 4 区差别不明显。相关温度设定如下: 1 区:$t_1 = 860 + 20℃$。2 区:$t_2 = 875 + 10℃$。3 区:$t_3 = 875 + 10℃$。4 区。$t_4 = 865 + 10℃$。淬火油槽:$t_油 = 160 + 10℃$
	碳势的调节	在温度和循环时间不变的条件下,通过各种碳势下的试验可得出:碳势在 0.68% ~0.80%(质量分数)范围变化时,齿轮质量指标在公差范围内,优选碳势 $w(C)0.75\%$,在计算时发现,同样成分的气体,4 区计算出来的碳势总比 3 区高,这是由于 4 区温度较 3 区低 10℃,使平衡系数 K 发生了变化,故将 3 区碳势设定为 0.75%(质量分数),4 区碳势设定为 0.78%(质量分数)。如果 3 区和 4 区均设定为 0.75%(质量分数),则 4 区将通入较多的空气,易产生非马氏体组织
检验		齿轮表面硬度 790 ~860HV10 和 760 ~820HV50;心部硬度 350HV50;有效硬化层深度约 0.35mm(650HV0.5)

6. 典型渗碳齿轮材料及其渗碳工艺的实例

典型渗碳齿轮材料及其渗碳工艺的实例见表5-43。

表5-43　典型渗碳齿轮材料及其渗碳工艺的实例

齿轮技术条件与设备	热处理工艺	检验结果
依维柯汽车后桥主、从动锥齿轮，21NiCrMo5 钢，要求渗碳 采用多用炉进行渗碳热处理	渗碳热处理工艺如下： 温度/℃　920　860 240　100　30 氧势/mV　1125　1115　1090　油冷 O　时间/min	齿顶无碳化物，表面马氏体及残留奥氏体2级，心部组织为板条状马氏体，表面与心部硬度分别为64HRC和43HRC，有效硬化层深度1.1mm（515HV处）
齿轮，18Cr2Ni4W 钢，要求渗碳热处理 采用易普森 TQF-13 型多用炉	渗碳热处理工艺如图 a 所示，冷处理工艺如图 b 所示 温度/℃　850　940　900　860　650　810　180～240 8　0.5　0.5　空冷　6　空冷　5　油冷　4　空冷 O　时间/h a) 温度/℃　810　空冷　180～240　空冷 5　4 O　−50℃　时间/h b)	表层少量碳化物＋细小马氏体组织＋残留奥氏体，表面硬度为60～61HRC，冷处理后齿轮表面硬度62～63HRC，无磨削裂纹
某微型汽车变速器一档从动齿轮，20CrMo 钢，技术要求：齿面与心部硬度分别为（82±2）HRA 和 30～43HRC，有效硬化层深0.5～0.7mm，齿距累计误差不大于0.04mm，显微组织检验按 HB 5492—1991 执行	1）加工流程：锻造→等温正火→粗车→精车→铣齿、剃齿→渗碳淬火→回火→抛丸→精磨内孔 2）选用 VKSE5/Ⅰ型多用炉，采用三点支承摆放装炉，淬火采用 MT355 分级淬火油，渗碳工艺见下图： 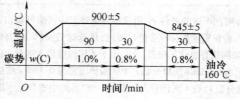 温度/℃　900±5　845±5 90　30　30 碳势 w(C)　1.0%　0.8%　0.8%　油冷 160℃ O　时间/min	有效硬化层深0.5～0.7mm，表面与心部硬度分别为81～83HRC和31～34HRC，表面组织为马氏体＋碳化物＋少量残留奥氏体，齿距累计误差0.023～0.040mm

（续）

齿轮技术条件与设备	热处理工艺	检验结果
微型汽车转向器上小齿轮（见图 a），20CrMnMo 钢，热处理技术要求：渗碳层深度 0.3～0.6mm，表面与心部硬度分别为（82±2）HRA 和 27～40HRC；热处理后齿轮节圆及外圆的径向圆跳动量≤0.05mm 采用 VKES4/2 密封箱式多用炉	 齿轮氮-甲醇碳氮共渗工艺。如图 b 所示 	齿轮表面与心部硬度分别为 63～64HRC 和 30～35HRC；（节圆处）渗层深度 0.6mm；齿顶组织有少量（1 级）微细的碳氮化合物+（1 级）马氏体及残留奥氏体；有 50% 工件的径向圆跳动量≤0.05mm，其余的不合格的畸变量＜0.10mm，经过矫直即可达到合格要求

DCT 双离合器变速器齿轮（最大齿轮 ϕ230mm×30.3mm），20MnCrS5 钢，技术要求：渗碳淬火有效硬化层深 0.7～1.0mm，表面与心部硬度分别为 80.5～83HRA 和≥300HV10。碳化物≤4 级，马氏体与残留奥氏体≤5 级，铁素体＜4 级，非马氏体组织≤0.03mm

采用爱协林双排推盘式渗碳炉。淬火采用等温分级淬火油，油温 130℃，快搅拌时间 8min，快搅拌速度 1000r/min。

氮-甲醇渗碳工艺：

区段	1 区	2 区	3 区	4 区	5 区
温度/℃	890	910	920	910	830
氮气/$m^3 \cdot h^{-1}$	3.3	3.3	3.3	3.3	3.3
甲醇/$L \cdot h^{-1}$	0	3.0	3.0	3.0	3.0
丙酮/$L \cdot h^{-1}$	0	0	0～1.5	0～1.5	0～1.5
碳势 $w(C)$（%）	—	—	1.10	0.95	0.88
推料周期/min			25		

齿轮与齿轮轴有效硬化层深分别为 0.82mm 和 0.95mm，表面硬度 81～83HRA，心部硬度 305～410HV10；碳化物 1 级，马氏体与残留奥氏体 3 级，心部铁素体 1 级

齿轮渗碳层深度要求为 2.0～2.5mm，表面硬度 58～63HRC，表面碳质量分数 0.85%～1.05%

1）采用单排连续式渗碳缓冷自动线，主炉为 5 个区，料盘 18 个。以氮气作为载体气、甲醇为稀释气、丙酮为渗碳剂。2～4 区压缩空气的电磁阀受控于碳控仪并调节碳势。氮气可送入主炉的各区，甲醇和丙酮通入 2～4 区

2）工艺参数：主炉氮气总流量 15m³/h，甲醇流量 8.8L/h，丙酮总流量 1.5L/h，空气总流量 0.4m³/h。1～5 区温度分别为 900℃、920℃、930℃、900℃和 860℃。2～4 区碳势 $w(C)$ 分别为 1.15%、1.50% 和 1.35%

齿轮渗碳层深度 2.1～2.3mm，表面碳的质量分数为 0.99%～1.05%，表面硬度 59～63HRC

5.1.5　常用结构钢齿轮的渗碳淬火、回火热处理规范

常用结构钢齿轮的渗碳淬火、回火热处理规范见表 5-44。

表 5-44　常用结构钢齿轮的渗碳淬火、回火热处理规范

牌　　号	渗碳温度/℃	淬火		回火		表面硬度
		温度/℃	介质	温度/℃	介质	HRC
20Cr	900～930	770～820	油或水	160～200	油或空气	58～64
20CrMo	920～940	降至 810～830	油或水	160～200	空气	58～64

（续）

牌　号	渗碳温度/℃	淬火		回火		表面硬度 HRC
		温度/℃	介质	温度/℃	介质	
20CrMnMo	900～930	810～830	油	180～200	空气	58～63
20CrNi	900～930	800～820	油	180～200	—	58～63
20CrMnTi	920～940 920～940	降至820～850 830～870	油	180～200	空气	58～63
12CrNi3	900～920	810～830	油	150～200	空气	—
12Cr2Ni4	900～930	770～880	油	1600～200	空气	≥60
20Cr2Ni4	900～930 900～950	780～820 810～830	油	160～200 150～180	空气	≥58
18Cr2Ni4WA	900～940	840～860	油	150～200	空气	≥56
20CrNiMo	920～940	780～820	油	180～200	空气	58～65
20CrNiMo	920～940	780～820	油	180～200	空气	58～65

5.1.6　齿轮渗碳后常用热处理工艺、特点及适用范围

　　为使渗碳齿轮具有高的力学性能，渗碳后应进行淬火和回火处理，表5-45列出了渗碳齿轮的淬火回火工艺、特点及适用范围，供齿轮渗碳后选择合适的热处理工艺。

表5-45　渗碳齿轮的淬火回火工艺、特点及适用范围

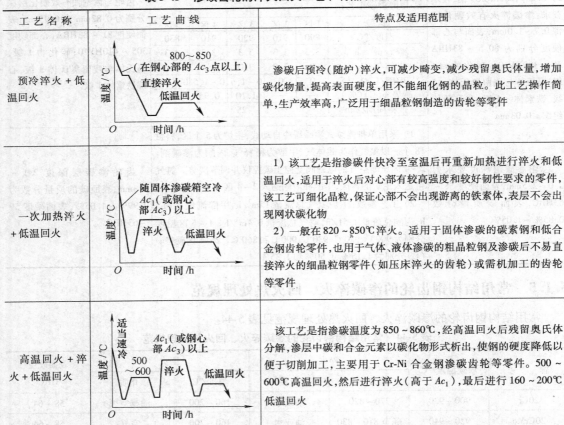

工艺名称	工艺曲线	特点及适用范围
预冷淬火＋低温回火		渗碳后预冷（随炉）淬火，可减少畸变，减少残留奥氏体量，增加碳化物量，提高表面硬度，但不能细化钢的晶粒。此工艺操作简单，生产效率高，广泛用于细晶粒钢制造的齿轮等零件
一次加热淬火＋低温回火		1）该工艺是指渗碳件快冷至室温后再重新加热进行淬火和低温回火，适用于淬火后对心部有较高强度和较好韧性要求的零件，该工艺可细化晶粒，保证心部不会出现游离的铁素体，表层不会出现网状碳化物 2）一般在820～850℃淬火。适用于固体渗碳的碳素钢和低合金钢齿轮零件，也用于气体、液体渗碳的粗晶粒钢及渗碳后不易直接淬火的细晶粒钢零件（如压床淬火的齿轮）或需机加工的齿轮等零件
高温回火＋淬火＋低温回火		该工艺是指渗碳温度为850～860℃，经高温回火后残留奥氏体分解，渗层中碳和合金元素以碳化物形式析出，使钢的硬度降低以便于切削加工，主要用于Cr-Ni合金钢渗碳齿轮等零件。500～600℃高温回火，然后进行淬火（高于Ac_1），最后进行160～200℃低温回火

（续）

工艺名称	工艺曲线	特点及适用范围
二次淬火＋低温回火	温度/℃；冷却；淬火或正火 Ac_3 以上；Ac_1（或 Ac_3）以上；淬火；低温回火；O 时间/h	1）第一次淬火加热温度 850～870℃，然后进行淬火，可改善或消除渗层中的网状碳化物、细化钢的心部组织。第二次淬火主要是改善渗层组织（Ac_1 以上即可），但当心部性能要求较高时，应在心部 Ac_3 以上淬火，最后 160～200℃ 低温回火 2）该工艺周期长，能耗大，零件易氧化、脱碳及畸变。主要适用于力学性能要求很高、有过热倾向的碳素钢和表面要求具有高耐磨性、心部要求具有高冲击性的重载荷齿轮等零件
二次淬火＋（冷处理＋低温回火）	温度/℃；冷却；Ac_1（或钢心部 Ac_3）以上；低温回火；O；－80～－70；时间/h	1）对于 12CrNi3A、20Cr2Ni4A、18Cr2Ni4WA 等高合金钢，因合金含量高，采用一般的淬火、回火，其表层组织中会出现大量的残留奥氏体 2）低温回火前增加冷处理，以进一步提高齿轮等零件表面硬度和耐磨性 3）经上述处理后齿轮等零件畸变大
渗碳后感应淬火＋低温回火	温度/℃；高频或中频加热淬火；冷却；低温回火；O 时间/h	1）对心部要求强度不高，而表面主要承受接触应力、磨损以及转矩或弯矩作用的齿轮等零件，可在渗碳缓冷后进行高频或中频感应淬火 2）可细化渗碳层及渗碳层附近组织，因此具有较好的韧性，淬火畸变小，不允许硬化的部位（如齿轮轴孔、轮辐上的螺纹孔等）不需预先防渗。多用于齿轮和齿轮轴等零件，生产效率高

5.1.7　齿轮经渗碳（碳氮共渗）后的热处理

不同钢材的齿轮经渗碳和碳氮共渗后，根据要求进行不同的淬火、回火处理，其热处理工艺见表 5-46。渗碳、碳氮共渗后冷却方式（直接淬火除外）的选择见表 5-47。

表 5-46　渗碳、碳氮共渗齿轮各种热处理方式

牌号	序号	齿轮类型	热处理工艺
20CrMnTi、20SiMnVB、20CrMo、20CrMnMo	1	大多数经气体或液体渗碳（或碳氮共渗）的齿轮	渗碳（920～940℃）或碳氮共渗（840～860℃）→炉内预冷，均热（830～850℃），（碳氮共渗者不预冷）→直接淬火（油淬或热油马氏体分级淬火）→回火（180℃×2h）
	2	1）直接淬火后畸变不符合要求而需用压床或套芯轴淬火的齿轮 2）渗碳后需进行机械加工的齿轮 3）固体渗碳齿轮	渗碳或碳氮共渗→冷却（冷却方式的选择参见表 5-47）→再加热（850～870℃）→淬火（油淬或热油马氏体分级淬火）→回火
	3	精度要求较高（7 级）的齿轮	齿轮在渗碳前经过粗加工成形；渗碳后以较慢的冷速冷下来，进行齿形的半精加工；再用高频或中频感应加热设备透热齿部及齿根附近部位进行淬火，回火后再进行齿形的精加工（珩齿或磨齿），并用推刀精整花键内孔

（续）

牌　号	序号	齿轮类型	热处理工艺
20、20Cr	4	渗碳齿轮	渗碳后直接淬火，如晶粒较粗大，宜用序号2的热处理工艺进行热处理
12CrNi3A、20CrNi3A、12Cr2Ni4A、20CrNi2Mo、17Cr2Ni2Mo、20Cr2Ni4A、18Cr2Ni4WA	5	渗碳齿轮	渗碳（900 ~ 920℃）→冷却（冷却方式选择参见表5-47）→再加热 [12CrNi3A、20CrNi3A、12Cr2Ni4A、20Cr2Ni4A 钢为（800 ± 10）℃[1]，18Cr2Ni4WA 钢为（850℃ ± 10）℃]→淬火 [油或（200 ± 30）℃碱槽，保持 5 ~ 10min后，空冷]→冷处理（ -70 ~ -80℃ × 1.5 ~ 2h）→回火
	6	渗碳后还需进行切削加工的齿轮	渗碳→冷却→高温回火（650 ± 10）℃ × （5.5 ~ 7.5）h，空冷，18Cr2NiWA 钢则应随炉冷到350℃以下出炉空冷[2]→再加热→淬火→回火
	7	一般淬火后，心部硬度过高的齿轮	淬火可按下述规范进行： 1）18Cr2Ni4WA 钢：（850 ± 10）℃保温后，快速放入 280 ~ 300℃碱槽中，保持 12 ~ 20min，转入 560 ~ 580℃硝盐浴中保持 30 ~ 50min，油冷 2）12CrNi3A 钢：820 ~ 850℃保温后，在（230 ± 50）℃的碱槽内保持 8 ~ 12min 后油冷
	8	碳氮共渗齿轮	碳氮共渗（830 ~ 850℃）→直接淬火（油或碱槽，马氏体分级淬火，18Cr2Ni4WA 钢可用空淬）→冷处理→回火
	9	碳氮共渗后还需进行切削加工的齿轮	碳氮共渗→冷却（冷却方式的选择参见表5-47）→高温回火→淬火→回火

① 渗层残留奥氏体过多或心部硬度过高时，可降低淬火温度到760℃；心部硬度偏低、铁素体量过多时，可提高淬火温度到850℃。

② 回火后硬度应不高于35HRC。如个别齿轮硬度偏高时，可再进行680 ~ 700℃高温回火一次。

表 5-47　渗碳、碳氮共渗后冷却方式（直接淬火除外）的选择

牌　号	冷却方式	说　明
20Cr、20CrMnTi、20CrMo、12CrNi3A、12Cr2Ni4A、20CrNi2Mo、18Cr2Ni4WA	空冷	气体或盐浴渗碳（或碳氮共渗）后采用。比较简单易行，但齿表面形成一定的贫碳层，影响齿轮使用性能；宜适当降温后出炉并单独摆开，以增加冷速、减少脱碳
	在冷却井中冷却	冷却井为四周盘有蛇形管通水冷却的带盖容器。齿轮自井式渗碳炉中移入冷却井内冷却后，应向其中通入保护气或滴入煤油以保护齿面氧化，最好先在冷却井中倒入适量甲醇
	在 700℃等温盐浴中保持一段时间后空冷	盐浴渗碳（或碳氮共渗）后采用。齿轮出炉空冷时温度降低，可减少齿面脱碳
20CrMnMo、17Cr2Ni2Mo、20CrNi3、20Cr2Ni4A	在缓冷坑中冷却或油冷	20CrMnMo 等这类钢的齿轮如渗碳后空冷，表面易产生裂纹，对此需慢冷或速冷到550 ~ 650℃等温回火

5.1.8　齿轮的固体渗碳技术

固体渗碳简单易行，不需要专门的渗碳设备，但渗碳时间长，层深及碳含量波动较大，不便于直接淬火，适用于单件、小批量生产。目前有部分大、中型齿轮采用固体渗碳工艺。

（1）固体渗碳剂　对固体渗碳剂的要求：具有稳定的、高的渗碳活性，密度小，导热性好，强度高，渗碳温度下收缩小，不易烧损，硫、磷等杂质含量少。常用固体渗碳剂见表 5-48。

表 5-48　常用固体渗碳剂

序号	渗碳剂成分（质量分数）	使 用 情 况
1	15% 碳酸钡 + 5% 碳酸钙 + 木炭（余量）	新旧渗剂配比 3:7，920℃ ×（10 ~ 15）h 时，平均渗速为 0.11mm/h，表面碳的质量分数为 1.0%
2	20% ~ 25% 碳酸钡 + 3.5% ~ 5% 碳酸钙 + 木炭（白桦木，余量）	（930 ~ 950）℃ ×（4 ~ 15）h，渗碳层深度为 0.5 ~ 1.5mm
3	3% ~ 5% 碳酸钡 + 木炭（余量）	1）20CrMnTi 钢，930℃ ×7h，渗碳层深度为 1.33mm，表面碳的质量分数为 1.07% 2）用于低合金钢时，新旧渗剂配比为 1:3；用于低碳钢时，碳酸钡应增至 15%（质量分数）
4	3% ~ 4% 碳酸钡 + 0.3% ~ 1% 碳酸钠 + 木炭（余量）	18Cr2Ni4WA、20Cr2Ni4A 钢渗碳层深度为 1.3 ~ 1.9mm 时，表面碳的质量分数为 1.2% ~ 1.5%。用于 12CrNi3 时，碳酸钡应增至 5% ~ 8%（质量分数）
5	10% 碳酸钡 + 3% 碳酸钠 + 1% 碳酸钙 + 木炭（余量）	新旧渗剂的比例为 1:1。20CrMnTi 钢汽轮机从动齿轮（φ561mm，模数 5mm），在 900℃ ×（12 ~ 15）h 时，渗碳层深度为 1.0 ~ 1.2mm

（2）固体渗碳温度的选择　渗碳钢碳含量为 0.15% ~ 0.25%（质量分数），其奥氏体化温度应在 900℃ 以上，固体渗碳温度一般选择在 900 ~ 950℃。

（3）固体渗碳透烧时间（见表 5-49）

表 5-49　固体渗碳透烧时间

渗碳箱尺寸（直径 × 高）/mm	φ250 × 450	φ350 × 450	φ350 × 600	φ400 × 450
透烧时间/h	2.5 ~ 3	3.5 ~ 4	4 ~ 4.5	4.5 ~ 5

（4）固体渗碳时间（保温时间）与渗层深度和箱子断面的关系（见表 5-50）

表 5-50　固体渗碳时间（保温时间）与渗层深度和箱子断面的关系

箱子/mm	渗层深度/mm				
	0.4 ~ 0.6	0.6 ~ 0.8	0.8 ~ 1.0	1.0 ~ 1.2	1.2 ~ 1.4
	固体渗碳时间/h				
200	3.5 ~ 5.0	5.0 ~ 5.5	5.5 ~ 6.5	6.5 ~ 7.5	7.5 ~ 9.5
250	4.5 ~ 6.5	5.5 ~ 6.0	6.0 ~ 7.0	7.0 ~ 8.5	8.5 ~ 11.5
300	5.0 ~ 6.5	6.0 ~ 6.5	6.5 ~ 7.5	7.5 ~ 9.0	9.0 ~ 11.5
350	5.5 ~ 6.0	6.5 ~ 7.0	7.0 ~ 8.0	9.0 ~ 10.0	9.5 ~ 12.0
400	6.0 ~ 6.5	7.0 ~ 8.0	8.0 ~ 9.0	9.5 ~ 11.0	10 ~ 13

注：1. 保温时间按仪表到温后开始计算。
　　2. 碳素钢保温用 $BaCO_3$ 做催渗剂时取上限，合金钢用 Na_2CO_3 做催渗剂时取下限。

（5）固体渗碳时间与渗层深度、渗碳温度的关系（见表 5-51）

表 5-51　固体渗碳时间与渗层深度、渗碳温度的关系

渗碳温度/℃	渗层深度/mm							
	0.4	0.8	1.2	1.6	2.0	2.4	2.8	3.2
	渗碳时间/h							
870	3.5	7	10	13	16	19	22	25
900	3	6	8	10	12	14	16	18

（续）

渗碳温度/℃	渗层深度/mm							
	0.4	0.8	1.2	1.6	2.0	2.4	2.8	3.2
	渗碳时间/h							
930	2.75	5	6.5	8	9.5	11	12.5	14
955	2	4	5	6	7	8.5	11	11.5
985	1.5	3	4	5	6	7	8	9
1010	1	2	3	4	5	6	7	8

（6）不同牌号钢固体渗碳层深和保温时间的关系（见表5-52）

表5-52　不同牌号钢固体渗碳层深和保温时间的关系

牌　号	渗碳层深/mm	保温时间/h	牌　号	渗碳层深/mm	保温时间/h
15、20	0.4~0.6	2.5~4	20Cr、20MnVB、20CrMnTi、20CrMnMo、12CrNi3A	0.2~0.6	2~3
	0.6~0.8	3.5~4.5		0.6~0.8	3~4
	0.8~1.0	4.5~6.5		0.8~1.0	4~5
	1.0~1.2	6.8~8		1.0~1.2	5~6
	1.2~1.4	8~9.5		1.2~1.4	6.5~8

（7）出炉时间的确定　固体渗碳齿轮出炉时间应根据需要的渗碳层深度来决定。当渗碳温度为930℃，渗层深度在0.8~1.5mm范围内时，出炉时间一般可按平均渗速0.10~0.15mm/h估算，并在预计出炉时间前0.5~1h检查试棒，渗层符合要求后即可出炉，渗碳箱出炉后，可根据情况选择放在空气中冷却到300℃以下，开箱取出齿轮，以防齿轮畸变等。

（8）装箱　渗碳箱一般由4~8mm厚的耐热钢板或低碳钢板焊接而成，也可采用壁厚为10~15mm的铸铁箱，渗碳箱的外形有矩形、圆柱形、环形，其形状和外形尺寸应根据齿轮的形状、尺寸及使用设备的炉膛大小而定。固体渗碳通常采用箱式电阻炉或井式炉。

齿轮装箱时箱底均匀铺上一层厚为20~30mm的渗碳剂，上下层之间铺一层20~25mm的渗碳剂。炉盖用黏土+水；水玻璃+耐火泥；或耐火土+水，将盖封严。在渗碳箱盖上留有直径为φ12~φ18mm的两个孔，插入试样。齿轮摆放间距参见表5-53。齿轮固体渗碳的装箱方法如图5-4所示。

表5-53　工件摆放间距

序号	项目	保持间距/mm
1	工件与箱底	30~40
2	工件与箱壁	20~30
3	工件与工件	10~15
4	工件与箱盖	40~50

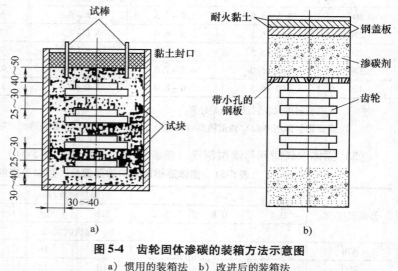

图5-4　齿轮固体渗碳的装箱方法示意图

a）惯用的装箱法　b）改进后的装箱法

（9）常用的固体渗碳工艺　普通装箱固体渗碳工艺、分段固体渗碳工艺及固体气体渗碳工艺见表 5-54。固体渗碳典型工艺如图 5-5 所示。

表 5-54　普通装箱、分段固体渗碳工艺及固体气体渗碳工艺

序号	工艺名称	内　容
1	普通装箱固体渗碳（见图 5-5a）	将齿轮置于填充固体渗碳剂的渗箱内，箱盖用耐火泥密封，然后置于炉中加热。炉温升到 800～850℃时应保持一段时间，使渗箱透烧，然后再继续加热到渗碳温度 900～960℃。渗碳保温时间由插在渗箱中的外试样测量的结果确定。一般渗层深度 0.6～1.5mm 时，固体渗碳速度为 0.10～0.15mm/h
2	分段固体渗碳（见图 5-5b）	预热预透烧 800～850℃→渗碳 930～960℃→扩散 840～860℃。对于本质细晶粒钢种，只要在分段降温阶段无网状碳化物析出，就可以免去正火工序，或实现分段渗碳后预冷开箱直接淬火；对于尺寸小、形状复杂的齿轮，渗碳剂粒度要小。用过的渗碳剂要经过筛选，以除去碎粒及氧化皮等杂质
3	固体气体渗碳	其是指将渗碳件放入渗碳箱中，渗碳剂置于网格筒中，渗碳剂与使用件没有接触，利用炉子加热后渗碳剂形成的渗碳气氛来完成渗碳过程。由于使用的渗碳剂较少，在其他条件相同的条件下，升温时间仅为普通固体渗碳时间的 1/3 左右，加快了渗碳过程。其操作与一般固体渗碳相同。例如，使用这种方法，20 钢或 15Cr 钢在 920～930℃或 930～940℃渗碳时，平均渗速约 1.2mm/h，而使用普通固体渗碳方法的渗速为 0.10～0.15mm/h

图 5-5　固体渗碳典型工艺

a）普通工艺　b）分段渗碳工艺

（10）齿轮的固体渗碳技术应用实例（见表 5-55）

表 5-55　齿轮的固体渗碳技术应用实例

齿轮技术条件	工　艺	检验结果
传动齿轮轴，20CrMnMo 钢，技术要求：渗碳层深度为 0.15～0.40mm，渗碳淬火后表面硬度 56～60HRC	采用固体活性炭（粒状）作为渗碳剂，用 55% 新渗碳剂 ＋45% 旧渗碳剂（质量分数）。渗碳空冷后在（780～800）℃×（60～80）min 保护气氛加热，在油中冷却；回火在硝盐槽中加热（300～350）℃×（45～50）min，水冷。薄层固体渗碳工艺如下图所示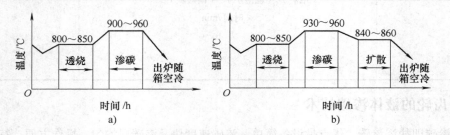	渗碳层深度 0.25～0.38mm，符合技术要求。渗碳层碳含量为 0.85%～1.1%（质量分数）。表面硬度为 57～60HRC，100% 合格，齿轮内孔尺寸和外观检查均合格

(续)

齿轮技术条件	工 艺	检 验 结 果
锥 齿 轮，18Cr2Ni4WA 钢，要求渗碳热处理	1）预备热处理。毛坯正火(920~930)℃×(2~3)h空冷；高温回火(650±10)℃×(6~8)h,空冷 2）消除应力处理。(620~630)℃×(2~3)h,空冷 3）渗碳及高温回火。采用商品固体渗碳剂,新旧渗碳剂配比为1:3。其固体工艺如图 a 所示 4）马氏体等温淬火。其工艺如图 b 所示 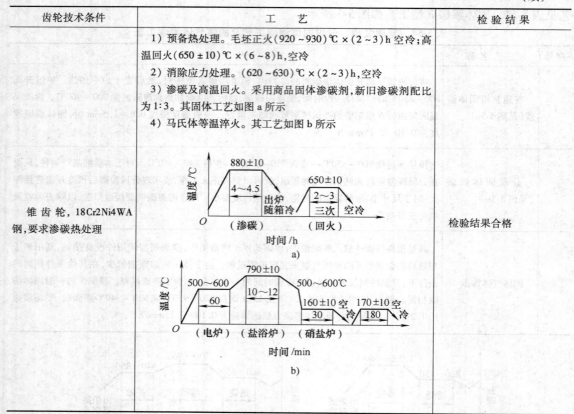	检验结果合格

5.1.9 齿轮的液体渗碳技术

液体渗碳即盐浴渗碳,优点是设备简单,渗碳速度快,渗碳层均匀,操作方便,特别适用于中小型齿轮及有不通孔的齿轮等零件。

(1) 盐浴配制　渗碳用盐浴一般由基盐 (NaCl、KCl、$BaCl_2$ 或复盐)、催化剂 (Na_2CO_3、$BaCO_3$)、供碳剂 (NaCN、SiC 木炭粉) 三部分组成。表 5-56 为几种盐浴渗碳剂的成分,可供齿轮渗碳时参考。

表 5-56 　几种盐浴渗碳剂的成分

盐 浴 类 别	供碳剂(质量分数)	基盐(质量分数)
低氰盐	6%~16% NaCN	(45%~55% $BaCl_2$)+(10%~20% NaCl)+(10%~20% KCl)+30% Na_2CO_3
原料无毒盐浴	10%(50% 木炭粉+20% 尿素+15% Na_2CO_3+10% KCl+5% NaCl)	(35%~40% NaCl)+(40%~45% KCl)+10% Na_2CO_3
无毒盐浴(国产 C90 渗剂)	10%(70% 木炭粉+30% 高聚塑料粉)	(35%~40% NaCl)+(30%~40% KCl)+20% Na_2CO_3

(2) 液体渗碳　表 5-57 列出了各种液体渗碳盐浴的组成和使用效果。20CrMnTi、20、20Cr 钢液体渗碳层深度见表 5-58。

表5-57 各种液体渗碳盐浴的组成和使用效果

盐浴类别	盐浴组成（质量分数）			使用效果
	组成	新盐成分（%）	盐浴控制成分（%）	
无毒盐浴	渗碳剂[1]	10	5~8（碳）	920~940℃时渗碳层深度和时间的关系： 	渗碳时间/h	渗碳层深度/mm		
	20钢	20Cr钢	20CrMnTi钢
1	0.3~0.4	0.55~0.65	0.55~0.65
2	0.7~0.35	0.90~1.00	1.00~1.10
3	1.0~1.10	1.40~1.50	1.42~1.52
4	1.28~1.34	1.56~1.62	1.56~1.64
5	1.40~1.50	1.80~1.90	1.80~1.90	 注：表面碳质量分数为0.9%~1%
	NaCl	40	40~50	
	KCl	40	35~40	
	Na_2CO_3	10	2~8	
	NaCl	24		900℃向盐浴中通丙烷渗碳直接淬火后硬化层深： 	渗碳时间/h	1	2	3	4
层深/mm	0.55	0.78	1.0	1.2	
	KCl	37		
	Na_2CO_3	39		
	石墨粉（粒度0.595~0.9mm）[2]	10		
	Na_2CO_3	78~85		1）880~900℃渗碳30min，层深0.15~0.20mm，共析层深度0.07~0.10mm，硬度72~78HRA。为得到较深的渗层可加入NH_4Cl催渗 2）850~870℃时渗层深和时间关系： | 保温时间/h	1	1.5	2	3	4	5	6.5	8
层深/mm	0.4	0.6	0.8	1.0	1.2	1.4	1.6	1.8	
	NaCl	10~15		
	SiC（粒度0.355~0.700mm）	6~8		
原料无毒盐浴	"603"渗碳剂[3]	10	2~8（碳）	在920~940℃，装炉量为盐浴总量的50%~70%时，20钢随炉渗碳试棒测定的渗碳速度： 	保温时间/h	渗层深度/mm
1	>0.5
2	>0.7
3	>0.9	
	KCl	40~45	40~45	
	NaCl	35~40	35~40	
	Na_2CO_3	10	2~8	
	KCl	35		20钢930℃时渗碳层深和时间关系： 	渗碳时间/h	1	2	3	4
层深/mm	0.75	1.2	1.4	1.5	
	NaCl	45		
	Na_2CO_3	10		
	渗碳剂[4]	10		
低氰盐浴[5]	NaCN	4~6	0.9~1.5	低氰盐浴较易控制，渗碳齿轮表面碳含量较稳定，如20CrMnTi、20Cr钢齿轮在920℃渗碳3.5~4.5h，层深大于1mm，表面最高碳含量为0.83%~0.87%（质量分数）
	BaCl_2	80	68~74	
	NaCl	14~16	—	

[1] 渗碳剂（质量分数）：70%木炭粉（粒度为0.28~0.154mm）+30%NaCl。
[2] 当熔盐熔至580~620℃时加入少量硼酸盐或磷酸盐改变表面状态。向盐浴中通丙烷（或甲烷），使温度成分均匀并补充碳。
[3] "603"渗碳剂的组成（质量分数）：5%NaCl+10%KCl+15%Na_2CO_3+20%（NH_2)_2CO+50%木炭粉（粒度为0.154mm）。
[4] 渗碳剂（质量分数）：60%木炭粉+10%NaCl+3%ZnCl_2+7%BaCl_2+10%NH_4Cl+10%Na_2CO_3。
[5] 用黄血盐配制的渗碳盐浴也属于此类，因在高温下会分解产生氰盐，应注意操作安全和妥善处理废盐。

表 5-58　20CrMnTi、20、20Cr 钢液体渗碳层深度[1]

渗碳时间/h	渗碳层深度(920~940℃)/mm[2]		
	20CrMnTi 钢	20 钢	20Cr 钢
1	0.55~0.65	0.30~0.40	0.55~0.65
2	1.00~1.10	0.70~0.75	0.90~1.00
3	1.42~1.52	1.00~1.10	1.40~1.50
4	1.56~1.64	1.28~1.34	1.56~1.62
5	1.80~1.90	1.40~1.50	1.80~1.90

[1] 无毒盐浴配方：渗碳剂（含粒度为 0.280~0.154mm，木炭粉70%，30%NaCl）10 份；KaCl 40 份；Na$_2$CO$_3$ 10 份。

[2] 表面碳质量分数 w(C)0.90%~1.00%。

5.1.10　齿轮的高温渗碳技术

1. 齿轮高温渗碳用钢

齿轮高温渗碳用钢都是含有 Al 和 N 本质细晶粒钢，如 15CrNi6、16MnCr5、18CrNi8、17CrNiMo6、20MnCr5 钢等。16MnCr5 钢和 17CrNiMo6 钢都有两个不同的品种。特别是 17CrNiMo6 钢，其两个品种的 Al/N 含量比值分别为 4.1 和 2.2。

2. 齿轮的高温渗碳工艺

在 1010℃以上高温渗碳比在 850~930℃常规渗碳工艺时间缩短 30%甚至 50%以上，可显著降低成本和能源消耗。

按普遍应用的哈里斯（F. E. Harris）公式，钢的渗碳层深度 δ（mm）与渗碳时间 t（h）的关系取决于温度 T（K，开尔文），即

$$\delta = K\sqrt{t}$$

式中，$K = 660 \times e^{-8287/T}$。通过 $K = 660 \times e^{-8287/T}$ 可以看出，在一定温度 T 渗碳时，K 是常数。K 随温度的升高而明显增大，也就是说在相同渗碳时间下，温度稍许提高，渗层就显著变厚。由此关系可知，随着渗碳温度的提高，渗碳时间明显缩短。例如把渗碳温度由常用的 930℃提高到 1040℃，可减少渗碳时间 50%。提高渗碳温度，常数 K 的增长速率远大于加热设备电耗的增加（见图 5-6），故节能效果显著。

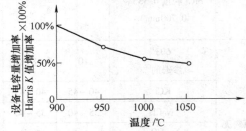

图 5-6　渗碳时哈里斯（Harris）的 K 值（$\delta = K\sqrt{t}$）

随着要求的渗碳层深度的增加，高温渗碳所节省的时间越加显著（见表 5-59），并且提高渗碳后的直接淬火温度也可显著缩短周期时间。

高温渗碳可以选择的设备有真空渗碳炉、盐浴炉及高温可控气氛多用炉等。

表 5-59　高温渗碳所节省的时间与层深的关系

要求的渗层深度/mm	处理时间缩短百分数(%)	备　注
0.7±0.1	<35	若将直接淬火温度提高到 950℃,则可节省时间 45%
1.05±0.15	35~39	
1.60±0.2	46~54	

3. 高温渗碳技术应用举例（见表5-60）

表5-60　高温渗碳技术应用举例

齿轮技术条件	工艺	效果
齿轮轴,20CrNi2Mo 钢,渗碳层深度要求 2.0～2.5mm	1）传统渗碳采用可控气氛多用炉的最高使用温度为950℃,其渗碳热处理工艺如图 a 所示 温度/℃；碳势 w(C)(%)；900；1/1.1；17/1.2；3/1.1；（渗碳）缓冷；880；0.5；油冷；180；2；空冷；（淬火）（回火）；时间/h；a) 2）高温渗碳采用 QS6110-H 型高温可控气氛多用炉（最高使用温度为1200℃）,其工艺如图 b 所示 温度/℃；碳势 w(C)(%)；980；1050；0～5/1.2；7/1.5；3/1.3；油冷 1min；860；0.5；C_p1.0；油冷；180；2；空冷；（渗碳）（淬火）（回火）；时间/h；b)	与传统渗碳工艺(26h)相比,高温渗碳工艺(15h)周期缩短40%以上,提高设备生产能力30%以上,同时也减少了渗碳剂的消耗与齿轮畸变
齿轮轴,20CrMnTi 钢,技术要求:渗碳层深度为3.8～4.2mm,渗碳、淬火与回火处理	1）原采用井式气体渗碳炉,按照传统渗碳工艺（见图 a)生产时,总工艺时间为73h 温度/℃；碳势 w(C)(%)；900；24/1.0；48/0.85；（渗碳）缓冷；880；1；油冷；200；3；空冷；（淬火）（回火）；时间/h；a) 2）现渗碳采用 QS6110-H 型高温可控气氛多用炉（最高使用温度为1200℃）。高温渗碳工艺如图 b 所示 温度/℃；碳势 w(C)(%)；1010；7/1.8；1/1.3；缓冷 450；880；0.5/0.8；油冷；180；3；空冷；（渗碳）（淬火）（回火）；时间/h；b)	1）原工艺生产周期长、成本高、齿轮轴畸变大;按高温渗碳工艺处理后,渗碳层深度4mm,其他指标均满足要求 2）高温渗碳总工艺时间为16h。同传统工艺相比,渗碳时间缩短57h,提高设备生产能力2倍以上,同时减少了齿轮轴的热处理畸变

（续）

齿轮技术条件	工　艺	效　果
东风汽车行星轮轴，20CrMnTi 钢，技术要求：渗碳淬火有效硬化层深度为 1.4～1.7mm	1）原渗碳工艺为传统工艺，如图 a 所示 温度 /℃　935±5　935±5　840±5　70～80℃ 快速光亮淬火油 30min 碳势 (C) (%)　30/0.40　660/1.25　180/0.85　30/0.85 丙烷按 C_p 值调整 0.17～0.20m³/h　180±10　210　空冷 时间 /min　a) 2）现采用 RTQF-13 型 Ipsen 多用炉，高温渗碳工艺如图 b 所示 温度 /℃　950±5　950±5　840±5　70～80℃ 快速光亮淬火油 30min 碳势 (C) (%)　30/0.40　360/1.25　90/1.00　30/0.85 丙烷按 C_p 值调整 0.17～0.20m³/h　180±10　210　空冷 时间 /min　b)	采用高温渗碳工艺后，整个热处理周期缩短了近 6.5h，降低了能耗和成本，同时减小了齿轮畸变
东风汽车中桥齿轮是最大外径为 φ170mm，内径为 φ53mm，整体高度为 231mm 的主动圆柱螺旋齿轮，SCM420H 钢（相当于 20CrMo 钢），技术要求：渗碳淬火有效硬化层深度为 1.2～1.6mm	1）原采用氮-甲醇气氛的 UBE-1000 型多用炉，其工艺如图 a 所示 温度 /℃　930　930　840　70～80℃ 快速光亮淬火油 30min 碳势 (C) (%)　20/1.20　350/1.20　120/0.80　30/0.85 丙烷按照 C_p 值调整 丙烷 8L/min 甲醇 2～3L/h　180±10　210　空冷 时间 /min　a) 2）高温渗碳工艺。如图 b 所示 温度 /℃　950　950　840　70～80℃ 快速光亮淬火油 30min 碳势 (C) (%)　20/1.20　300/1.50　60/0.85　30/0.85 丙烷按照 C_p 值调整 丙烷 8L/min 甲醇 2～3L/h　180±10　210　空冷 时间 /min　b)	采用高温渗碳工艺后，每炉缩短处理时间 110min

注：表中 C_p 表示碳势。

5.1.11　大型齿轮的渗碳热处理技术

　　大型齿轮渗碳层深度一般要求 3～5mm，最深可达 8mm，单件齿轮质量从数吨到数十吨。相应渗碳周期达数十小时，最大可达 150～200h。深层渗碳工艺的关键是既要快速渗碳以尽量缩短工艺周期，又要限制渗层碳含量过高，以避免不良碳化物的形成及过多残留奥氏体的产生，并减少畸变。

　　1. 大型重载齿轮深层渗碳热处理技术要求

　　为了防止大型重载齿轮表面硬化层被压碎并防止齿面剥落，其主要热处理技术要求见表 5-61。

表 5-61　大型重载齿轮深层渗碳热处理技术要求

序号	项　目	要　求
1	渗碳层深度 δ	$\delta = 0.12 \sim 0.15m$（m 为齿轮模数，单位为 mm）
2	硬化层过渡区中剪切应力与材料抗剪切强度之比	$\leqslant 0.55$
3	表面碳的质量分数	宜控制在 0.75% ~ 0.95%
4	表面硬度要求	表面硬度要求为 4 级：58 ~ 62HRC、55 ~ 60HRC、54 ~ 58HRC 和 52 ~ 56HRC
5	心部硬度	30 ~ 46HRC
6	渗碳层中的碳化物	颗粒应接近球形，直径 <1μm 且较均匀
7	渗层与心部间过渡	渗层与心部间应平缓过渡，自 $w(C)$ 为 0.4% 处至心部组织的深度应占整个渗碳层的 30%
8	渗碳后心部晶粒度	不应低于 6 级

2. 大型重载齿轮对渗碳层质量要求和表面碳质量分数及碳化物、残留奥氏体的控制

大型重载齿轮对渗碳层质量要求和表面碳质量分数及碳化物、残留奥氏体的控制见表 5-62。

表 5-62　大型重载齿轮对渗碳层质量要求和表面碳质量分数及碳化物、残留奥氏体的控制

项　目		内　容
大型重载齿轮对渗碳层质量的要求	表面碳质量分数	1）其对齿部弯曲疲劳强度的影响很大。与表面碳含量为 0.9%（质量分数）相比，表面碳含量为 1.5% 时弯曲疲劳强度下降 10%；表面碳含量为 1.42% 时下降 30% 2）提高表面碳质量分数可明显提高齿面的抗磨损性能，但碳质量分数过高易产生磨削裂纹，JB/T 6141.2—1992《重载齿轮　渗碳质量检验》标准规定重载齿轮表面碳质量分数一般为 0.75% ~ 1.1%。一般以 0.75% ~ 0.95%（质量分数）进行控制。有些国家将控制范围提高到 0.85% ~ 1.0%（质量分数）
	碳质量分数分布	大型重载硬齿面齿轮的主要失效形式是齿面剥落，这是接触疲劳的一种。提高过渡区的强度是减少疲劳裂纹萌生的有效手段。通过控制工艺参数，使过渡区碳质量分数尽量下降缓慢一些。渗碳层中过渡层＋共析层的深度要求大于总渗层深度的 60%
	碳化物形貌和大小	要求大型重载齿轮深层渗碳后碳化物的最大尺寸 ≤2μm，大于 1μm 的碳化物数量不得超过碳化物总量的 10%，碳化物的平均尺寸控制在 0.5μm 以下。条状或杆状碳化物应小于碳化物总量的 7%，其短径与长径之比 ≥0.6。碳化物应为细小球状
表面碳质量分数及碳化物、残留奥氏体的控制	表面碳质量分数的控制	采用计算机动态控制新技术，对渗碳过程（强渗、扩散等阶段）进行最优动态控制。能将渗碳工艺参数控制在很精确的范围内。其关键在于正确选择强渗和扩散的时间之比
	碳化物的控制	深层渗碳时切忌出现大块状碳化物，否则很难消除。设计一种"变温变碳势深层渗碳工艺"，即在较低温度、高碳势下短时渗碳，使齿轮表面形成一层含有弥散细颗粒碳化物的高碳层，随后逐渐下调碳势并提高温度直至获得所需的渗层深度及理想的碳化物形状和大小
	渗碳层表面的残留奥氏体的控制	1）对于大齿轮渗碳来讲，有些残留奥氏体是难免的。通常将渗碳层表面的残留奥氏体量控制在 20% ~ 30%（体积分数）是适宜的 2）ISO 标准中对渗碳齿轮的残留奥氏体量（体积分数）规定：MQ 级控制在 30% 以下；ME 级则控制在 20% 以下

3. 大型重载齿轮的深层渗碳工艺

（1）渗碳工艺参数的选择

1）渗碳温度通常选择 920 ~ 930℃。

2）渗层深度与渗碳扩散时间的关系如下式：

$$\delta = K\sqrt{\tau}$$

式中　δ——渗碳层深度（mm）；

　　　τ——渗碳扩散时间（h）；

　　　K——计算系数，根据生产经验确定。据介绍在 925℃ 渗碳扩散时，K 值可取 0.63；930℃

时，$K = 0.648$；950℃时，$K = 0.727$。

3）强渗与扩散时间的选择。其是根据强渗碳势 C_p 来确定，在变温变碳势深层渗碳时碳势 w（C）1.6% ~ 1.8%，强渗时间（τ_1）：扩散时间（τ_2）= 1:4。

大型重载齿轮表面碳的质量分数为 0.75% ~ 0.95%。大型重载齿轮表面碳含量控制在下限，有利于控制碳化物大小和形状。

（2）典型大型重载齿轮深层渗碳工艺、球化退火工艺及淬火回火工艺   20CrNi2Mo 钢大型人字齿轮深层渗碳工艺、球化退火工艺及淬火回火工艺如图 5-7 所示。

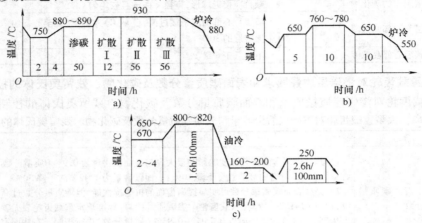

图 5-7   20CrNi2Mo 钢大型人字齿轮深层渗碳工艺、球化退火工艺及淬火回火工艺
a）变温度变碳势深层渗碳工艺曲线   b）球化退火工艺曲线   c）淬火回火工艺曲线

1）变温度变碳势深层渗碳工艺。均温 750℃ × 2h →渗碳（880 ~ 890）℃ × 4h →强渗（880 ~ 890）℃ × 50h →扩散 Ⅰ（从 880 ~ 890℃升温至 930℃并进行保温）× 12h →扩散 Ⅱ 930℃ × 56h →扩散Ⅲ 930℃ × 56h →炉冷至 800℃出炉空冷，如图 5-7a 所示。

2）球化退火工艺。650℃ × 5h →（760 ~ 780）℃ × 10h →650℃ × 10h →炉冷至 550℃出炉空冷，如图 5-7b 所示。

3）淬火回火工艺。在保护气氛下预热（650 ~ 670）℃ ×（2 ~ 4）h →加热（800 ~ 820）℃ × 1.6h/mm →油冷至（160 ~ 200）℃ × 2h →回火 250℃ × 2.6h/mm，如图 5-7c 所示。

4）检验结果。经渗碳、球化退火、淬火、回火处理后，齿轮有效硬化层深度为 6mm，齿面硬度为 75 ~ 77HS。

（3）减小大型齿轮渗碳淬火畸变的措施

1）预备热处理。对于大型齿轮和齿轮轴，采用正火作为预备热处理；对于齿圈，则采用调质处理。

2）淬火冷却控制。合金钢渗碳后表面马氏体转变温度为 130 ~ 140℃，将最终冷却温度控制在 160 ~ 180℃为宜。将油淬齿轮冷至一段时间后，转入 180℃炉中回火，保温数小时后，再冷至室温。也可采用 80 ~ 100℃热油淬火，最终温度 120 ~ 150℃。

为了防止齿轮和齿圈淬火后产生喇叭状畸变，可用冷端部加盖板的方法改善冷却条件和畸变。为了减小大型齿轮淬火后外圈胀大，可采用将中心孔和轮辐进行预包装封闭的淬火方法。根据齿轮畸变的规律对齿轮的几何尺寸进行预修正，以使最后的磨削量减少到最低程度。

4. 大型齿轮渗碳热处理的实例

大型齿轮渗碳热处理的实例见表 5-63。

表 5-63 大型齿轮渗碳热处理的实例

齿轮技术条件	工 艺	检 验 结 果
轧钢机大型齿轮轴,质量约 3t,18Cr2Ni4W 钢,要求渗碳热处理	采用固体渗碳,把齿轮轴放在装满木炭的铁箱内密封,用 Na₂CO₃ 作为催渗剂,940℃ 高温渗碳。淬火后进行两次 250℃×(7~15)h 的低温回火,每次回火后将齿轮轴放置在室外冷却至 -20℃ 左右,使齿轮轴经过一定程度的冷处理。改进工艺如下图所示 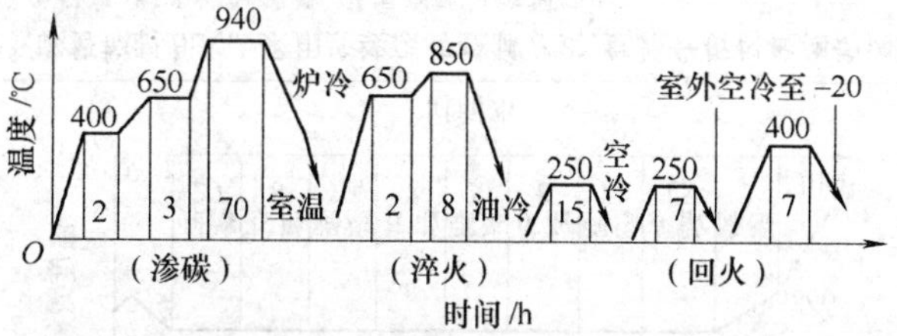	经渗碳二次加热淬火,低温回火,冷处理后,使部分残留奥氏体发生转变,齿轮轴的硬度显著升高。无磨削裂纹产生
齿轮轴(见下图),质量 5t,17CrNi2Mo 钢,技术要求:齿面渗碳层深度 2.8~3.2mm,淬火后齿面硬度 55~60HRC 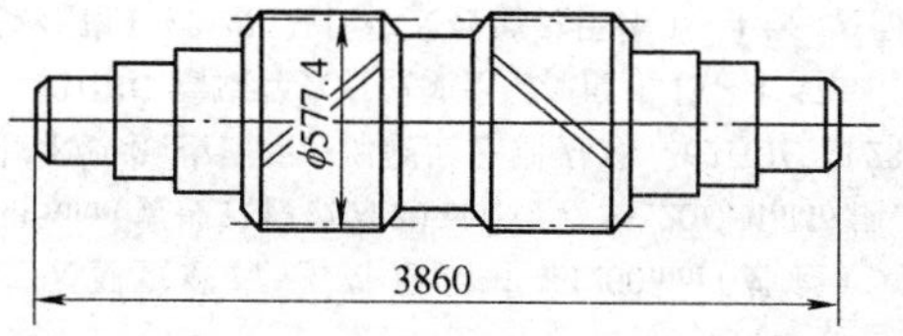	采用台车炉与渗碳箱进行固体渗碳。渗剂成分(质量分数):90% 木炭 +10%BaCO₃+ 催渗剂,在渗剂中加 5% 的淬火油。渗碳与淬火,回火工艺如下图所示。渗碳齿轮经精加工后进行加热淬火,装入渗碳箱后加热。在箱底加 60~80mm 木炭,箱盖密封,以防氧化脱碳 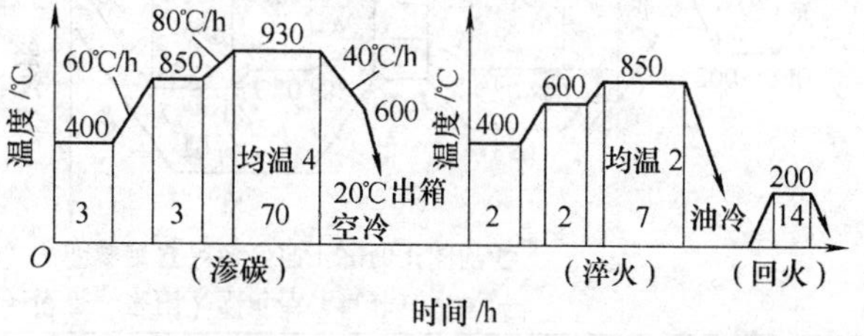	渗碳层深度 3.2mm,齿面硬度 60~64HRC

（续）

齿轮技术条件	工艺	检验结果
大型重载齿轮，外形尺寸 φ1200mm（外径）×336mm（宽度），模数为 20mm，齿数 56，20CrMnMo 钢，技术要求：齿面淬火有效硬化层深度 4.13～4.57mm，齿面与心部硬度分别为 58～62HRC 和 28～33HRC，渗碳淬火有效硬化层深度 4.13～4.57mm，表面非马氏体深度 ≤0.05mm，心部组织 1～3 级，马氏体及残留奥氏体 1～4 级，表面脱碳层深度 ≤0.1mm，齿轮公法线尺寸畸变允差 ≤1.0mm	1) 设备。采用大型可控气氛井式渗碳炉 2) 节能渗碳复合热处理工艺如下图所示 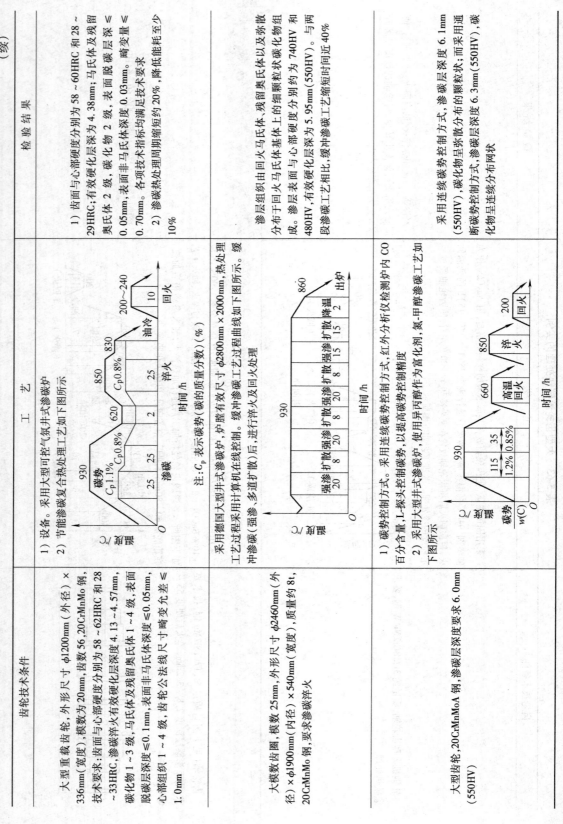 注：C_p 表示碳势（碳的质量分数）（%）	1) 齿面与心部硬度分别为 58～60HRC 和 28～29HRC；有效硬化层深为 4.38mm；马氏体及残留奥氏体 2 级，碳化物 2 级，表面脱碳层深度 ≤0.05mm，表面非马氏体深度 0.03mm。畸变量 ≤0.70mm。各项技术指标均满足技术要求 2) 渗碳热处理周期缩短约 20%，降低能耗至少 10%
大模数齿圈，模数 25mm，外形尺寸 φ2460mm（外径）×φ1900mm（内径）×540mm（宽度），质量约 8t，20CrMnMo 钢，要求渗碳淬火	采用德国大型井式渗碳炉，炉膛有效尺寸 φ2800mm×2000mm，热处理工艺过程采用计算机在线控制。缓冲渗碳工艺过程曲线如下图所示（强渗、多道扩散）后，进行淬火及回火处理	渗层组织由回火马氏体、残留奥氏体以及弥散分布于回火马氏体基本上的细颗粒状碳化物组成。渗层表面硬度分别为 740HV 和 480HV，有效硬化层为 5.95mm（550HV）。与两段渗碳工艺相比，缓冲渗碳工艺缩短时间近 40%
大型齿轮，20CrMnMoA 钢，渗碳层深度要求 6.0mm（550HV）	1) 碳势控制方式。采用连续渗碳炉，采用连续碳势控制方式，红外分析仪检测炉内 CO 百分含量，L 探头控制碳势，以提高碳势控制精度 2) 采用大型井式渗碳炉，使用异丙醇作为富化剂，氮-甲醇渗碳工艺如下图所示	采用连续碳势控制方式，渗碳层深度 6.1mm（550HV），碳化物呈弥散分布的颗粒状；而采用通断碳势控制方式，渗碳层深度 6.3mm（550HV），碳化物呈连续分布网状

5.1.12　大型焊接齿轮渗碳淬火技术

大型焊接齿轮的结构形式一般可分为单辐板、双辐板和多辐板结构。渗碳焊接齿轮在加热或淬火冷却时开裂倾向很大，因此应尽可能将内外圈和辐板处焊缝的拉应力减小到最低限度。设计结构合理，保证焊缝质量，优化热处理工艺是避免开裂的关键。

实例 1　大型焊接齿轮，齿圈选用低碳优质合金钢 20CrNi2MoA；轮辐和筋板采用 Q235AF钢；轮毂采用 ZG35 铸钢。

（1）焊接齿轮设计参数　此次试验的两件齿轮（直）径宽（度）比均在 3～5 之间，当直径 $D > 1000\text{mm}$ 时采用双辐板，$D < 1000\text{mm}$ 时采用单辐板。两件试验焊接齿轮的主要设计参数见表 5-64。

表 5-64　焊接齿轮设计参数表

设 计 参 数	齿轮 I（单辐板）			齿轮 II（双辐板）	
模数/mm	10			12	
齿数	75			118	
齿顶圆/mm	779.541			1461.697	
齿宽/mm	225			360	
质量/kg	444			1546	
硬度 HRC	齿面 55～60，心部 35～40			齿面 55～60，心部 35～40	
渗碳淬火有效硬化层深度	2.4～3.0			3.0～3.6	
力学性能	R_{eL}/MPa	R_m/MPa	$A(\%)$	$Z(\%)$	$a_K/(\text{J/cm}^2)$
	800	1050	12	35	60

（2）焊接齿轮加工流程　冶炼→锻造→正火，回火→齿圈粗加工，正火，回火→齿圈二次粗加工，无损检测，堆焊过渡层，去应力退火→堆焊层粗加工，无损检测→焊接（轮辐与齿圈焊接成一体）→去应力退火，焊缝无损检测→粗滚齿→渗碳，球化退火→车内孔与端面渗碳层，焊缝无损检测→淬火，回火，焊缝无损检测→精车，精滚齿（或磨齿）→装配试车。

（3）焊接齿轮的预备热处理　焊接齿轮应进行退火（包括低温退火）、正火及高温回火来消除内应力、改善焊接接头组织，充分考虑其在淬火过程中焊缝及热影响区组织的细化。

（4）焊接齿轮的渗碳与淬火

1）齿轮粗滚齿后将焊缝清洗干净，涂覆防渗涂料，将齿轮密封包装（减重孔填充耐火泥，在齿轮上下大端面设置盖板后，放在专用吊装挂具上），干燥后入炉渗碳。渗碳工艺如图 5-8 所示。渗碳设备为爱协林 200kW 大型井式气体渗碳炉，采用氧探头系统进行碳势控制，三段控温，两个对称滴注器。

2）以双辐板结构齿轮 II 为例，渗碳工艺采用"滴注式变温变碳势法"，渗剂采用甲醇和煤油。升温采用阶梯式以减小齿轮加热时的内外温差。炉子升温到 900℃后排气 3h，装入外试样 $W_1 \sim W_4$，强渗 18h 后扩散，

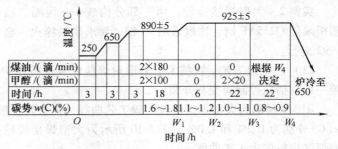

图 5-8　大型焊接齿轮 II 渗碳工艺曲线
（$W_1 \sim W_4$ 为外试样顺序）

当最后一个外试样 W_4 渗碳层深度达 4.2~4.4mm 时，炉冷到 650℃，保温 4h 后升温球化退火。球化退火后检查齿轮畸变情况，内试样检验渗碳层表面碳质量分数、碳化物形态和渗碳层深度。

3）防止齿轮开裂的措施

①严格控制焊接质量，尤其是内外 4 条环焊缝，不允许存在任何宏观缺陷，夹杂、气孔大小和数量按 GB/T 3323—2005 规定的 Ⅱ 级控制。

②淬火时对齿轮密封式装夹，即齿轮上下加盖密封，中间用耐火泥填实，可保证除齿部具有一定冷却速度外，其余部分冷却较为均匀、缓和，减小了焊缝处的拉应力。

③控制终冷温度，当齿面冷到 160~180℃ 出油空冷，借密封填充物的蓄热使齿轮处于"等温马氏体转变"而减小齿轮畸变。

（5）检验结果　齿轮渗碳淬火试样质量检验见表 5-65。齿轮渗碳淬火畸变情况检验见表 5-66。齿轮渗碳淬火后略呈椭圆和喇叭状，其圆度为 1.51mm，锥度平均为 1.8mm。热处理后对焊缝试样焊缝处进行金相分析，其熔合区、过渡区和热影响区均未发现热裂、冷裂等缺陷。进行力学性能检验，焊缝没有降低性能。冲击试样断口无气孔、夹渣等缺陷，断口呈暗灰色。

表 5-65　齿轮 Ⅱ（双辐板）渗碳淬火试样质量检验

检 验 项 目	检 查 结 果				
表面碳质量分数(%)	0.78				
有效硬化层深度/mm	4.4				
齿部硬度 HRC	35				
表面硬度 HRC	55.2(精滚齿前平均值),56.8(精滚齿后)				
心部晶粒度/级	7				
表面组织	细马氏体 + 残留奥氏体 + 少量粒状碳化物				
心部组织(淬火后)	细板条马氏体 + 少量铁素体				
力学性能	R_{eL}/MPa	R_m/MPa	A(%)	Z(%)	a_K/(J/cm^2)
	1204.8	1407.7	12	53.9	108.8

表 5-66　齿轮 Ⅱ（双辐板）渗碳淬火畸变情况检验

热处理状态	外径 D/mm	公法线 W/mm	齿向 ψ/mm
渗碳、球化退火后	$D_{min} = D - 0.75$	$W_{min} = W - 0.35$	$\psi_{max} = \psi + 1.2$
淬火、回火后	$D_{max} = D + 2.62$	$W_{max} = W + 0.65$	

实例 2　大型焊接齿轮，由三部分构成——齿圈、辐板及轮毂，齿圈采用 20CrNi2MoA 钢，辐板采用 Q235AF 钢，轮毂采用 35 钢，要求渗碳淬火，金相组织检验按 JB/T 6141.1~6141.4—1992 进行。

（1）热处理工艺　在技术上采取对焊缝位置进行保护、在辐板上开排气口、控制升温速度等一系列措施控制畸变与开裂。

图 5-9 所示为大型焊接齿轮渗碳工艺曲线，强渗与扩散时间比为 3∶1，强渗与扩散期的碳势 $w(C)$ 分别为 1.2% 和 1.0%；图 5-10 所示为大型焊接齿轮高温回火工艺曲线；图 5-11 所示为大型焊接齿轮淬火工艺曲线。

（2）检验结果　图 5-12 所示为随炉试样有效硬化层硬度梯度曲线，由图 5-12 可以看出，渗碳齿轮有效硬化层硬度梯度比较平缓；渗碳淬火有效硬化层深为 3.2mm（550HV）；齿表面硬度

54～56HRC，心部硬度为 37HRC；碳化物为弥散分布的颗粒状（3 级），渗层为针状马氏体及少量残留奥氏体（3 级）；热处理畸变中，公法线畸变 ≤0.4mm，齿顶圆畸变 ≤0.5mm，端面翘曲量 ≤2.0mm；齿轮无裂纹情况。

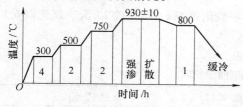

图 5-9　大型焊接齿轮渗碳工艺曲线

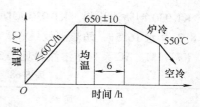

图 5-10　大型焊接齿轮高温回火工艺曲线

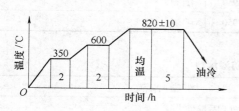

图 5-11　大型焊接齿轮淬火工艺曲线

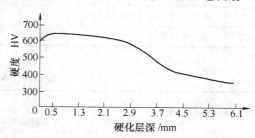

图 5-12　随炉试样有效硬化层硬度梯度曲线

5.1.13　齿轮的防渗技术及防渗涂料的清理方法

在齿轮渗碳及碳氮共渗过程中，经常会遇到防渗方面的问题，如齿轮轴尾部螺纹、花键部位等的防渗。采用涂覆防渗涂料的方法进行局部防渗，使其在热处理后直接获得理想的硬度；另有部分齿轮采用防渗涂料保护后可直接淬火，淬火后防渗部位可直接进行切削加工。齿轮的防渗主要有涂覆防渗剂（膏）方法（包括深层防渗、浅层防渗；中温防渗、高温防渗等）、机械防渗方法等。

1. 齿轮的涂覆防渗剂（膏）方法

目前，齿轮的防渗多采用涂覆防渗剂（膏）方法。采用自制防渗涂料方法，生产成本较低，但配制过程繁琐；采用市售商品防渗涂料（膏），防渗效果较好，使用方便，但费用相对较高。

（1）自制防渗碳涂料方法　几种常用的防渗碳涂料配方及使用要求见表 5-67。

表 5-67　几种常用的防渗碳涂料配方及使用要求

序号	成分组成（质量分数）	使 用 要 求
1	石英砂（85%～90%）+ 硼砂（1.5%～2%）+ 滑石粉（10%～15%）	用水玻璃调匀后使用
2	氧化铜 30% + 滑石粉 20% + 水玻璃 50%	涂刷两层
3	玻璃粉（粒度细于 0.074mm，70%～80%）+ 滑石粉（20%～30%）	用水玻璃调匀后，涂刷 0.5～2mm 厚，在 130～150℃烘干
4	铅丹 4% + 氧化铝 8% + 滑石粉 16% + 水玻璃余量	调匀使用，涂覆两层，适用于高温渗碳
5	石英粉（12%～14.5%）+ 硅藻土（18.5%～20%）+ 氧化铬（6.0%～7.0%）+ 余量水玻璃	用水玻璃调匀后使用，100～150℃进行干燥，然后装炉渗碳
6	$48gSiO_2 + 20.5gSiC + 6.8gCuO + 8.2gK_2SiO_3 + 16.5gH_2O$	涂料是黑色，适用于 900～950℃气体渗碳
7	$29.6gAl_2O_3 + 22.2gSiO_2 + 22.2gSiC + 7.4gK_2SiO_3 + 18.6gH_2O$	涂料呈白色，密度为 2.25g/cm³，适用于 1000～1300℃高温度下渗碳使用

（2）商品防渗涂料及其选择　商品防渗涂料，如 KT、PC、AC 系列防渗涂料等。应选择适应性强、黏结性能一般、流淌性好、干燥快、剥落性适中（如油中不易剥落而清洗时易于剥落）的涂料。

1）KT-930 型防渗涂料。KT-930 型防渗涂料配方：氧化锌 48g、碳化硅 20.5g、氧化铜 6.8g、硅酸钾 8.2g、水 16.5g，防渗碳效果好。

2）KT、PC、AC 系列防渗涂料见表 5-68 和表 5-69。

表 5-68　KT 及 PC 系列防渗涂料

品名	用　途	适用温度/℃	涂层特点
KT-98	防渗碳、防碳氮共渗，防渗层深度 >2.5mm	850~950	渗碳后淬火，涂层不能剥落，但快速溶于水
PC-3C	深层（>6.0mm）防渗碳	850~950	自剥
PC-2	局部防渗碳	850~950	自剥

表 5-69　AC 系列防渗涂料

品　名	型　号	性 能 特 点
防渗碳、防碳氮共渗涂料	AC100	淬火时涂料不脱落，热处理后喷砂去除
	AC106	深层渗碳（渗碳层深度 >6mm）时局部防渗
	AC200	涂层溶于水，适用于螺纹及花键防渗
	AC201	深层渗碳时螺纹防渗

（3）涂覆方法　防渗涂料可采用涂刷、浸涂及喷涂等方法，具体见表 5-70。

涂料涂层的厚度同防渗与漏渗的效果有一定的关系，同渗碳淬火后的硬度也有一定的关系。通常涂层越薄，漏渗碳层越深，漏渗层硬度越高；涂层越厚，漏渗碳层越浅，漏渗层硬度越低。具体可通过试验确定合适的涂层厚度，使漏渗层厚度接近于"0"，硬度降至最低要求值。

表 5-70　齿轮的防渗涂料涂覆方法

序号	方法名称	内　容
1	喷涂法	一次喷涂厚度 0.40~0.80mm，干燥后装炉
2	浸涂法	将齿轮局部缓慢放入涂料槽内使其浸没，再缓慢取出齿轮，轻轻甩掉或从齿轮下端刮去多余的涂料。第一浸涂后，在室温下放置 30~60min 后可进行第二次浸涂，涂层达到要求厚度后，放置 2~3h，待其完全干燥后即可进行装炉。涂层总厚度以 0.8~1.5mm 为宜
3	涂刷方法	如主动齿轮尾部螺纹涂刷方法： 1）在对齿轮螺纹涂刷防渗剂前，应经清洗机清洗，并将防渗涂料搅拌均匀后，涂刷在螺纹及过渡区上，要求先后两次均匀涂刷（上次涂料干燥后才能进行下一次涂刷），涂层厚度达到 1~1.5mm。自然干燥后，装炉 2）涂刷厚度。通过生产试验发现，对一些材料齿轮若涂刷防渗碳层涂料偏薄（如达到 0.3~0.5mm）时，金相检验虽然合格（即无渗碳层），但尾部螺纹硬度偏高，达到 41~45HRC（技术要求 ≤38HRC），不合格。当涂刷的防渗碳涂料较厚时，尾部螺纹硬度可以保证（如 37~38HRC）；反之，硬度易超标

（4）齿轮上细小通孔的防渗处理方法　如行星齿轮（见图 5-13），材料 20CrMnTi 钢，齿轮 $\phi49$mm 内孔及 $\phi2$mm 通孔需防渗处理，然后进行渗碳、淬火和回火处理。

选用水溶性防渗涂料，对 ϕ49mm 内孔采用毛刷涂防渗涂料，效果很好，而对 ϕ2mm 通孔进行防渗方法是，首先把防渗涂料装在注射器针管内，然后选用大号针头，从 ϕ49mm 内孔注射防渗涂料到 ϕ2mm 通孔内，这样既能保证通孔的防渗效果，又不把防渗涂料涂到齿面上。采用此种防渗方法，其防渗效果好，效率高。

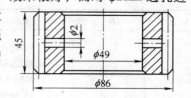

图 5-13　行星齿轮简图

2. 机械防渗方法

齿轮机械防渗方法见表 5-71。

表 5-71　齿轮机械防渗方法

序号	方　法	内　容	特　点
1	堵塞和遮掩方法	对不需渗碳的孔用耐火土与水玻璃混合后将其塞住，也可将非渗碳面用石棉绳捆扎或用钢套等掩盖	可实现渗碳后直接淬火，操作简单，成本低
2	主动齿轮尾部螺纹采用防渗碳螺母防渗方法	热处理前对主动齿轮尾部螺纹采用戴不锈钢（或耐热钢）做的防渗碳螺母（见下图）方法进行防渗，螺母与花键端面应紧密贴合，使其在渗碳中碳原子不能渗入或少量渗入，以使螺纹淬火后获得韧性好的低碳（或中碳）组织和低的硬度，保证螺纹的使用性能 1—防渗碳螺母　2—齿轮尾部螺纹　3—主动齿轮	可实现渗碳后直接淬火，防渗螺母可反复使用，但成本较高
3	齿轮内孔机械防渗方法 如拖拉机终端传动从动齿轮 ϕ419mm（外径）×ϕ260mm（内径）×35mm（宽度），质量约为 40kg，材料为 20Cr 钢	齿轮渗碳时采用带圆盘的三角架吊具成串装夹，齿轮（因自重）相互接触十分紧密，渗碳气氛很难从工件渗入内孔。同时设计一个防渗帽（见下图），以解决吊具最上层的密封问题。要求防渗帽与齿轮端面接触面车削平整。装炉时，先将吊具连同齿轮装入炉内（齿轮上下应整齐摆放），然后在最上层盖上防渗帽，靠其自重压紧接触面。渗碳后出炉时，先吊出防渗帽，再将齿轮吊出直接淬火。为使淬火油能够从齿轮内孔流出，在吊具的底部上钻一个 ϕ40mm 的孔	1) 可实现渗碳后直接淬火，操作简单，成本较低 2) 检测防渗碳的端面硬度为 241~269HBW，个别达 285HBW，淬火组织为索氏体 + 铁素体，适合于机械加工

3. 防渗效果检验方法

在采用防渗涂料及机械防渗方法时，如果操作不当，经常会出现漏渗情况，漏渗严重时，将直接影响到产品质量。对此，应进行防渗效果检验。几种齿轮防渗效果检验方法见表 5-72，供参考选择。

表 5-72　齿轮防渗效果检验方法

序号	方　法	内　　容
1	硬度测试法	1）测定试样（材质、热处理工艺和产品相同）或齿轮心部和防渗面的显微维氏硬度，防渗面渗层深度和硬度的测量应符合 GB/T 9450—2005 的规定。测量显微硬度的试验力规定为 1.96N（0.2kgf） 2）检测防渗部位硬度值低于技术要求即为合格
2	主动齿轮螺纹扭矩检测方法	可先拧紧（载重汽车）主动弧齿锥齿轮尾部螺纹上的螺母，然后在扭力机上进行扭力台架试验，拧紧力矩 1000N·m（或按技术要求），然后再放置48h，如果螺纹没有滑扣（即螺纹牙齿断裂）情况，表明防渗合格
3	金相检验方法	通过解剖试样（材质、热处理工艺和产品相同）或齿轮，检验其防渗部位的渗碳（碳氮共渗）层深度，通常以漏渗碳层深度不超过工件渗层深度的10%为合格，或者按技术要求执行

4. 防渗涂料的清理方法

在齿轮需要防渗部位涂刷防渗涂料后，进行渗碳（或碳氮共渗）、淬火及回火处理，对防渗部位上残留的防渗涂料可采取表 5-73 所列方法清理。

表 5-73　防渗涂料的清理方法

序号	方　法	内　　容	特　点
1	吹砂清理法	采用手动压缩空气（0.5~0.6MPa）喷枪（嘴），经过空气带动（细）石英砂向螺纹部表面喷射清理。吹砂清理时注意：及时转动齿轮，不得过度清理某处，以防其尺寸减小，下图为齿轮螺纹吹砂清理示意图 接除尘　接压缩空气　接细砂管 4　3　2　1　5 1—转台　2—防渗螺纹　3—喷砂嘴　4—喷砂枪体　5—主动齿轮	用于螺纹精度要求不高的场合。清理效率高，但现场粉尘较大，应安装除尘装置
2	钢丝轮清理法	利用自制电机带动钢丝轮传动机构，设计并制成合理的主动齿轮卡位机构，以利于对主动齿轮尾部螺纹等进行均匀、彻底、安全的清理，下图为主动齿轮螺纹清理示意图 1　2　3　4　5 1—电机　2—防护罩　3—钢丝轮　4—齿轮　5—卡位机构	清理干净，效率高，成本低，劳动强度低
3	化学清理法	将涂覆涂料部位浸泡在热（70~80℃）的 NaOH 溶液（质量分数为10%~15%）中 2~3h，可使其防渗涂层溶解	清理较干净，效率较低，成本相对较低
4	液体喷砂清理方法	采用液体喷砂机，对涂覆防渗涂料部位进行清理	可简便彻底地清除螺纹沟槽中残存的涂料

5.2　齿轮的碳氮共渗技术

碳氮共渗一般用于渗层深度要求在 1mm 以下的齿轮。低碳钢（如 20Cr 等）、低碳合金钢（如 20CrMnTi、20CrMo、20CrMnMo 等）以及部分中碳钢（如 40Cr、40CrMo、38CrSi、35CrMo、30CrMo 等）均可进行碳氮共渗。由于碳氮共渗齿轮的渗层较薄，为了提高心部强度，因而多选用碳含量较高的钢材，碳含量可达 0.5%（质量分数），对于要求表面高硬度、高耐磨性，可采用 40Cr、40CrMo、40CrNiMo、40CrMnMo 等中碳合金结构钢。重载齿轮采用 20CrNiMoA、20Cr2Ni4A 等含 Ni 材料。

碳氮共渗分类，供齿轮碳氮共渗时参考，见表 5-74。

表 5-74　碳氮共渗分类

序号	分类	工　艺	适 用 范 围
1	共渗介质	气体碳氮共渗、固体碳氮共渗及液体碳氮共渗	齿轮多采用气体碳氮共渗
2	共渗温度	氮碳共渗（500～560℃）、中温碳氮共渗（780～880℃）和高温碳氮共渗（900～950℃）	氮碳共渗以渗氮为主，又称软氮化；后两种以渗碳为主，齿轮多采用中温碳氮共渗
3	渗层深度	薄层碳氮共渗（<0.2mm），一般碳氮共渗（0.2～0.8mm）和深层碳氮共渗（>0.8mm）	一般碳氮共渗的渗层深度控制在 0.2～0.8mm，应用的范围主要是承受中、低负荷的耐磨工件。深层碳氮共渗的层深可达 3mm 左右，用于受载较大的工件，由于有足够深的渗层，故渗层不致被压陷及剥离

5.2.1　齿轮的气体碳氮共渗工艺

齿轮的碳氮共渗主要是采用气体碳氮共渗工艺。

1. 碳氮共渗技术参数的选择

（1）碳氮共渗层深度的选择　共渗层深度应与齿轮服役条件、承载能力和钢材成分相适应，一般都较浅，通常控制在 0.20～0.75mm 范围内。当心部的碳含量较高或齿轮承载较轻时，如 40Cr 钢制汽车齿轮等，渗层应薄一些，通常小于 0.5mm；心部碳含量较低、齿轮承受重载时，如高速大功率柴油机传动齿轮渗层应厚一些，通常大于 0.75mm。齿轮碳氮共渗层深度的选择见表 5-75。

表 5-75　齿轮碳氮共渗层深度的选择

序号	共渗层深	适 合 条 件
1	若钢材心部强度较高，共渗层深度还可以减薄，如共渗层深度为 0.10～0.15mm	例如用中碳合金钢制造的变速器齿轮
2	40Cr 钢，选择 0.25～0.4mm；低碳合金渗碳钢，选择 0.4～0.6mm	一般汽车、拖拉机的小模数齿轮
3	共渗层深度 >0.6mm	用于模数 4～6mm 的齿轮
4	共渗层深度 >0.7mm	一般情况下，用于模数 >6mm 的齿轮

（2）表面碳氮含量的选择　一般推荐共渗层表面的最佳碳、氮含量为 $w(C)$ 0.70%～0.95% 和 $w(N)$ 0.10%～0.40%。

2. 碳氮共渗工艺参数的选择

（1）碳氮共渗温度的选择　　生产中多在 820～880℃的温度范围内进行中温碳氮共渗。齿轮的碳氮共渗温度的选择见表 5-76。

表 5-76　齿轮的碳氮共渗温度的选择

共渗层深度/mm	共渗温度/℃	备　　　注
<0.5	800～840℃	一般直接淬火
0.5～0.8mm	840～880℃	精度要求高的齿轮，中温共渗后应在炉内预冷至较低的温度（高于 Ar_3），并等温 30min 以上，然后出炉淬火
>0.8mm	推荐采用两段工艺： 第一阶段采用 880～920℃较高温度进行共渗或渗碳，然后降温至 820～860℃进行中温碳氮共渗	可提高渗速，减少齿轮畸变

（2）碳氮共渗时间的选择　　碳氮共渗时间主要取决于共渗温度、齿轮所要求的共渗层深度、共渗介质的碳势和氮势、钢材的化学成分等。当共渗温度和共渗介质一定时，共渗时间与共渗层深度的关系式为

$$x = K\sqrt{\tau}$$

式中　x——共渗层深度（mm）；

　　　τ——共渗时间（h）；

　　　K——共渗系数，与共渗温度、共渗介质和钢种有关。常用钢材的 K 值见表 5-77。

表 5-77　常用钢材的 K 值

牌　　号	K 值	共渗温度/℃	共渗介质
20Cr	0.3	860～870	氨气 0.05m³/h，液化气 0.1m³/h
20CrMnTi	0.32	860～870	保护气氛装炉后，20min 内通入保护气 5m³/h
40Cr	0.37	860～870	保护气氛装炉后，20min 后通入保护气 0.5m³/h
20	0.28	860～870	液化气 0.15m³/h，其余同上
20CrMnTi	0.315	840	氨气 0.42m³/h，保护气 7m³/h
20CrMnMoB	0.345	840	渗碳气（CH_4）0.28m³/h

碳氮共渗时间与温度及要求层深等因素有关，在 840～850℃共渗时共渗层深度与共渗时间的关系见表 5-78。

表 5-78　碳氮共渗层深度与共渗时间的关系

共渗层深度/mm	0.3～0.5	0.5～0.7	0.7～0.9	0.9～1.1	1.1～1.3
共渗时间/h	3	6	8	10	13

（3）碳氮共渗介质及其流量

1）常用气体碳氮共渗剂的组成见表 5-79。

表 5-79　常用气体碳氮共渗剂的组成

渗剂类别	渗剂组成	适用设备	说　　明
液体有机化合物＋氨气（体积分数）	1）煤油＋（20%～30%）氨气 2）甲苯或丙酮＋（2%～10%）氨气 3）甲醇＋丙酮＋氨气	多用于周期式井式炉	换气次数为 2.5～5 次/h 较好，大炉罐取小值，小炉罐取大值

（续）

渗剂类别	渗剂组成	适用设备	说　明
液体含氮有机物（质量分数）	1）100% 三乙醇胺 2）20% 尿素 + 80% 三乙醇胺 3）20% 甲醇 + 80% 苯胺或甲酰胺	多用于周期式井式炉	1）三乙醇胺在 200～300℃易堵塞滴注管，但加甲醇可防止堵塞 2）为增加尿素流动性，可加热至 70～100℃后使用
气体渗碳剂 + 氨气（体积分数）	1）（70%～80%）城市煤气 +（20%～30%）氨气 2）98%（吸热式气氛 + 丙烷）+（2%～3%）氨气	多用于连续式炉	1）煤气应去硫 2）换气次数 6～10 次/h，大炉罐取小值，小炉罐取大值

注：共渗介质可参见 JB/T 9209—2008《化学热处理渗剂　技术条件》。

2）碳氮共渗介质流量。使用煤油 + 氨气时，氨气应占炉气总体积的 25%～35% 为宜，当采用稀释气（如 RX 气体）的介质共渗时，氨气应占炉气总体积的 2%～10% 为宜。井式炉气体碳氮共渗时，不同阶段介质的滴量见表 5-80。

表 5-80　井式炉气体碳氮共渗时，不同阶段介质的滴量

设备型号	排气阶段	碳氮共渗	
	甲醇/（滴/min）	煤油/（滴/min）	NH_3/（m^3/h）
RQ3-35-9D	106	55	0.08
RQ3-60-9D	120	60	0.10
RQ3-75-9D	160	90	0.17
RQ3-90-9D	200	100	0.25
RQ3-105-9D	240	160	0.35

碳氮共渗时，在共渗 20min 后取气进行分析，其炉气组分应基本上符合表 5-81 的数值。

表 5-81　碳氮共渗时的炉气组分（体积分数）　　　（%）

C_nH_{2n+2}	C_nH_{2n}	CO	H_2	CO_2	O_2	N_2
6～10	≤0.5	5～10	60～80	≤0.5	≤0.5	余量

注：共渗 20min 后，取气分析，末期 $\varphi(CO_2)=0.4\%$，$\varphi(CO)=20\%$，$\varphi(CH_4)=1.2\%$，$\varphi(H_2)=34.2\%$。

（4）气体碳氮共渗后的冷却方式（见表 5-82）

表 5-82　气体碳氮共渗后的冷却方式

钢　号	共渗层深/mm	表面硬度 HRC	冷却方式	备　注
15、20	≥0.1～0.2	50～55 58～62	直接入水冷却	形状复杂可油冷
35、45	≥0.10	≥50	直接入机械油冷却	—
40Cr	0.20～0.55	54～63	直接入机械油冷却	—
30CrMnTi	0.6～0.9	≥58	降温到 820℃保温 1h 入油冷却	

（5）常用结构钢齿轮碳氮共渗工艺参数（见表5-83）

表5-83　常用结构钢齿轮碳氮共渗工艺参数

钢　号	共渗温度 /℃	淬火		回火		表面硬度 HRC
		温度/℃	冷却介质	温度/℃	冷却介质	
40Cr	830~850	直接	油	140~200	空气	≥48
20CrMnMo	830~860	780~830	油或碱浴	160~200	空气	≥60
12CrNi2A	830~860	直接	油	150~180	空气	≥58
12CrNi3A	840~860	直接	油	150~180	空气	≥58
20CrNi3A	820~860	直接	油	150~180	空气	≥58
30CrNi3A	810~830	直接	油	160~200	空气	≥58
12CrNi4A	840~860	直接	油	150~180	空气	≥58
20Cr2Ni4A	820~850	直接	油	150~180	空气	≥58
20CrNiMo	820~840	直接	油	150~180	空气	≥58

3. 齿轮在连续式渗碳炉中碳氮共渗工艺

齿轮在连续式渗碳炉中碳氮共渗工艺举例。见表5-84所列实例。

表5-84　齿轮在连续式渗碳炉中碳氮共渗工艺举例

齿轮名称	变速器齿轮				
技术条件	20CrMnTi 钢，技术要求：渗层深度为 0.8~1.2mm，表面硬度为 58~62HRC				
共渗区段	I-1	I-2	II	III	IV
温度/℃	860	860	880	860	840
RX 吸热式气体/(m³/h)	7	6	4	5	6
丙烷/(m³/h)	0	0.08~0.2	0.15~0.2	0.08~0.1	0
氨气/(m³/h)	0.1	0	0	0.3	0.3
吸热式气体成分	CO_2	C_nH_{2n}	CO	H_2	CH_4	N_2
（体积分数）（%）	0.2	0.4	23	34	1.5	余量
炉气成分	CO_2	C_nH_{2n}	CO	H_2	CH_4	N_2
（体积分数）（%）	0.2	0.4	20	39	1.6	余量
炉内总时间/h	10				
渗层碳、氮含量	$w(C)0.85\%~0.98\%$, $w(N)0.25\%~0.30\%$				

4. 齿轮在密封箱式炉中的碳氮共渗工艺

齿轮在密封箱式炉中碳氮共渗工艺举例。见表5-85所列实例。

表5-85　齿轮在密封箱式炉中碳氮共渗工艺举例

齿轮技术条件	低碳 Cr-Ni-Mo 钢（质量分数：0.2% C、0.58% Cr、0.64% Ni、0.18% Mo）				
碳氮共渗设备	密封箱式炉				
碳氮共渗	1）每炉装齿轮净重 341.5kg 2）工艺过程：全程以 21.2m³/h 流量，通入露点为 -15~-14℃ 的吸热式气体 RX 作为载体气，在 815℃ 保温 33min 后通入丙烷和氨气，进行碳氮共渗，共渗 30min 后出炉直接淬火 3）碳氮共渗末期炉气的成分分析结果：				

取样位置	气体含量（体积分数）（%）				
	CO_2	CO	CH_4	H_2	N_2
工作室	0.4	20.4	1.2	34.2	余量
前室	0.8	22.4	1.2	34.2	余量

5. 碳氮共渗工艺在密封箱式炉和连续式渗碳炉中的应用

齿轮在密封箱式炉、连续式渗碳炉中碳氮共渗工艺应用实例见表 5-86。

表 5-86　齿轮在密封箱式炉、连续式渗碳炉中碳氮共渗工艺应用实例

炉　型	渗　剂	供 NH_3 量 /(m^3/h)	NH_3 占炉气总量的比例(体积分数)(%)	检验情况
密封箱式炉(炉膛尺寸:915mm×610mm ×460mm)	丙烷制备吸热式气氛 12 m^3/h,丙烷 0.4 ~ 0.5m^3/h	1.0 ~ 1.5	7.5 ~ 10.7	20Cr、20CrMnTi 钢;共渗温度为 850℃;总时间 160min;层深 0.58 ~ 0.59mm,表面硬度≥58HRC
推杆式连续渗碳炉	丙烷制备吸热式气氛 28m^3/h,丙烷 0.4m^3/h	0.5	1.7	20CrMnTi 钢;共渗区温度为 880℃;总时间 10h;层深 0.7 ~ 1.1mm,表面硬度 58 ~ 63HRC

6. 齿轮在井式气体渗碳炉中的碳氮共渗工艺

碳氮共渗法分为一段法和两段法,一段法用于处理容易畸变的薄件或小件,两段法多用于大型零件的处理。

(1)煤油 + 氨气碳氮共渗工艺　在 RQ 型井式气体共渗炉中煤油和氨气的用量见表 5-87。

表 5-87　在 RQ 型开式气体共渗炉中煤油和氨气的用量

设　备	温度/℃	煤油加入量/(滴/min)	氨气加入量/(m^3/h)
RQ3-25-9D	840	55	0.08
RQ3-35-9D	850	60	0.10
RQ3-35-9D	840	68	0.17
RQ3-60-9D	850	90	0.17
RQ3-60-9D	840	100	0.15
RQ3-75-9D	850	80	0.15
RQ3-75-9D	840	100	0.25
RQ3-75-9D	820	180	0.15
RQ3-105-9D	820	160	0.35

注:表中数据来自工厂生产工艺;煤油每 15 ~ 18 滴为 1mL。

(2)吸热式气氛(RX)+ 富化气 + 氨气的碳氮共渗工艺　JT-60 型井式炉碳氮共渗工艺参数见表 5-88。

表 5-88　JT-60 型井式炉碳氮共渗工艺参数

钢　号	氨气流量 /(m^3/h)	液化气流量 /(m^3/h)	吸热式气体流量/(m^3/h)		温度/℃	淬火冷却介质	共渗层深度 x(mm)与时间 t(h)的关系
			装炉 20min 内	装炉 20min 后			
20、35	0.05	0.15	5.0	0.5	上区 870,下区 860	碱水	$x = 0.28\sqrt{t}$
15Cr、20Cr	0.05	0.1	5.0	5.0	上区 870,下区 860	油	$x = 0.38\sqrt{t}$
18CrMnTi							$x = 0.32\sqrt{t}$
40Cr							$x = 0.37\sqrt{t}$

注:吸热式气体成分为 $\varphi(CO_2) \leqslant 1.0\%$,$\varphi(O_2) = 0.6\%$,$\varphi(C_nH_{2n}) = 0.6\%$,$\varphi(CO) = 26\%$,$\varphi(CH_4) = 4\% ~ 8\%$,$\varphi(H_2) = 16\% ~ 18\%$,$N_2$ 余量。

（3）齿轮在井式渗碳炉中的碳氮共渗工艺举例（见表 5-89）

表 5-89　齿轮在井式渗碳炉中的碳氮共渗工艺举例

技术条件与设备	碳氮共渗工艺
汽车变速器齿轮，40Cr 钢，技术要求：共渗层深度为 0.25～0.4mm，表面硬度为 60HRC 采用 RQ3-60-9 型井式渗碳炉	温度 850℃（关闭排气孔）；热油分级淬火 140，直接淬火，空冷 工艺阶段：排气／保温 煤油 /(mL/min)：4／5 氨 /(L/h)：420／150 时间 /min：50～60
拖拉机变速器齿轮，30CrMnTi 钢，技术要求：共渗层深度为 0.6～0.9mm，表面硬度为 58HRC 采用 RQ3-35-9 型井式渗碳炉	温度 850℃，预冷 820℃，淬火 工艺阶段：排气／共渗／扩散／预冷 煤油 /(滴 /min)：55～65 三乙醇胺 /(滴 /min)：10～14／60～64／30～40 炉压 /Pa：100～150／400～600／200～300 时间 /min：0.5／3／2／1
拖拉机高低档滑动齿轮，25MnTiBRE 钢，技术要求：共渗层深度为 0.8～1.2mm，表面硬度为 58～62HRC 采用 RQ3-75-9 型井式渗碳炉	温度 860～870℃，840℃，淬火 150～200 工艺阶段：排气／共渗 甲醇 /(滴 /min)：250 煤油 /(滴 /min)：220／110／80 氨 /(L/h)：300／300／300／200 炉压 /Pa：250～300 时间 /min：40／300

7. 齿轮的高浓度气体碳氮共渗工艺

（1）高浓度气体碳氮共渗　高浓度（过饱和）碳氮共渗是指在高的碳势、氮势下，使工件表层形成相当数量的细小颗粒状、弥散分布的碳氮氧化物（碳化物），使共渗层碳、氮含量达到很高的数值（碳的质量分数 >2%，氮的质量分数为 0.3% 左右），它显示出比普通渗碳、碳氮共渗更加优异的耐磨性、耐蚀性，更高的接触疲劳强度与弯曲疲劳强度，较高的冲击韧性与较低的脆性，同时还具有处理温度较低（800～860℃）、齿轮畸变小等优点。

高浓度气体碳氮共渗的层深由共渗温度及保温时间而定。对高负荷工件层深可取 0.7～0.8mm，对低负荷工件层深可取 0.4～0.6mm。

（2）应用实例　国内某特种车辆制造公司对坦克车齿轮用 20Cr2Ni4A 钢，研制出"三段控制"碳氮共渗工艺。即对坦克车齿轮采用碳氮共渗直接淬火工艺代替渗碳加二次加热淬火工艺。其应用实例见表 5-90。

表 5-90　高浓度气体碳氮共渗工艺应用实例

齿轮名称	坦克车齿轮（如坦克车传动双联齿轮，模数 7～10mm）
齿轮技术条件	20Cr2Ni4A 钢，碳氮共渗层深≥1.0mm，表面硬度≥58HRC，精度要求 6～8 级
渗碳设备	井式气体渗碳炉

（续）

	碳氮共渗工艺
锻坯预备热处理	采用等温正火工艺。即 880～920℃加热后快速冷却→650℃高温回火处理
原渗碳热处理工艺	渗碳工艺过程：装炉→均温→升温排气→高温回火→二次加热淬火（进行碳氮共渗）→低温回火→检验 1）均温。为减少齿轮畸变与得到均匀的金相组织和渗碳层，齿轮装入井式渗碳炉后停电 1h 进行均温，温度为 560～570℃，相当于预热。然后送电升温 2）升温排气，煤油滴量 5～5.5mL/min；强渗 920℃×3h，煤油滴量 10～11mL/min，炉压 19.6kPa；扩散期温度 920℃，煤油滴量为强渗滴量的 25%，即 2.5～2.8mL/min，920℃出炉气冷，以防网状碳化物出现。表面碳含量为 0.8%～1.07%（质量分数） 3）600℃高温回火。可分解残留奥氏体至 10%～15%（体积分数） 4）二次加热淬火。810℃通氨气进行碳氮共渗，然后淬火 5）低温回火。150℃×3h 6）检验。金相组织：碳化物呈颗粒状，表面硬度 60～63HRC 原工艺虽获得了较好的显微组织和表面硬度，但由于齿轮加工路线长，工序多，不仅齿轮畸变大，而且能源消耗大，生产效率低，成本高
碳氮共渗直接淬火工艺	新工艺采用高浓度气体碳氮共渗"三段控制"直接淬火工艺。其热处理工艺如下图所示 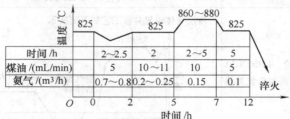
新工艺检验结果	下图为应用新工艺所得渗层的金相组织照片（500 倍）。共渗层深≥1.1mm，碳氮化合物层是呈弥散分布的碳氮化合物组织，其淬火组织中的残留奥氏体量较少，显微组织理想，力学性能提高。通过采用磨齿工艺进一步提高齿轮精度要求 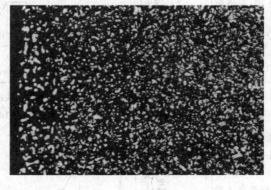

5.2.2　典型齿轮的碳氮共渗技术应用实例

典型齿轮的碳氮共渗技术应用实例见表 5-91。

表 5-91　典型齿轮的碳氮共渗技术应用实例

工艺名称	技术条件与设备	工　艺	检验结果
井式炉碳氮共渗工艺	汽车变速器轴和齿轮，40Cr 钢；技术要求：碳氮共渗层深 0.25～0.40mm，齿轮或轴表面硬度为 60HRC 采用 RQ3-60-9 型井式渗碳炉	1）碳氮共渗工艺如下图所示。共渗时间约为 2.5h 2）共渗后齿轮在热油内直接淬火或分级淬火（油温 140±10℃） 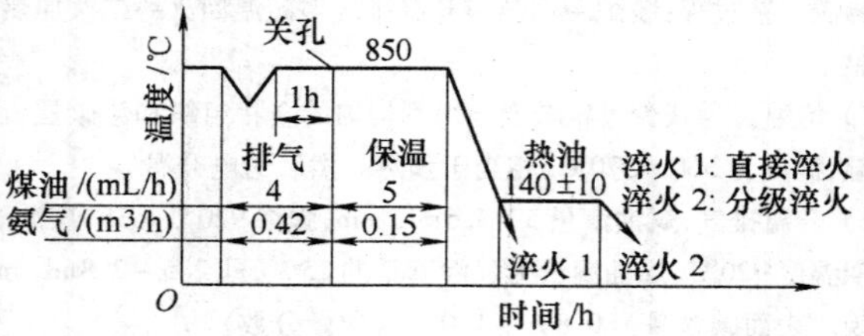 关孔　850 1h 排气　保温 热油 140±10 淬火 1：直接淬火 淬火 2：分级淬火 煤油/(mL/h)　4　5 氨气/(m³/h)　0.42　0.15 淬火 1　淬火 2 温度/℃　时间/h	低温回火后齿轮表面硬度 60～63HRC，齿轮表层（<0.1mm）碳、氮质量分数分别为 0.8% 及 0.3%～0.4%
齿轮的两段碳氮共渗工艺	汽车变速器和齿轮，20CrMnTi 钢；技术要求：碳氮共渗层深度 0.8～0.9mm，碳、氮质量分数分别为 0.8%～0.9% 和 ≥0.2% 采用 RQ3-60-9 型渗碳炉（经改造）	1）二段碳氮共渗工艺如下图所示 2）回火工艺。200℃×90min 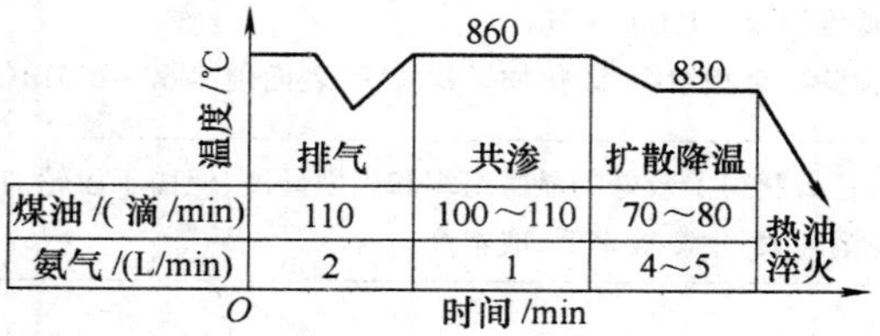 860　830 排气　共渗　扩散降温 热油淬火 煤油/(滴/min)　110　100～110　70～80 氨气/(L/min)　2　1　4～5 温度/℃　时间/min （注：4～5mL/100 滴）	检验结果符合技术要求
齿轮的薄层气体碳氮共渗工艺	齿轮，12Cr2Ni3A 钢，要求薄层碳氮共渗处理	薄层气体碳氮共渗工艺如下图所示 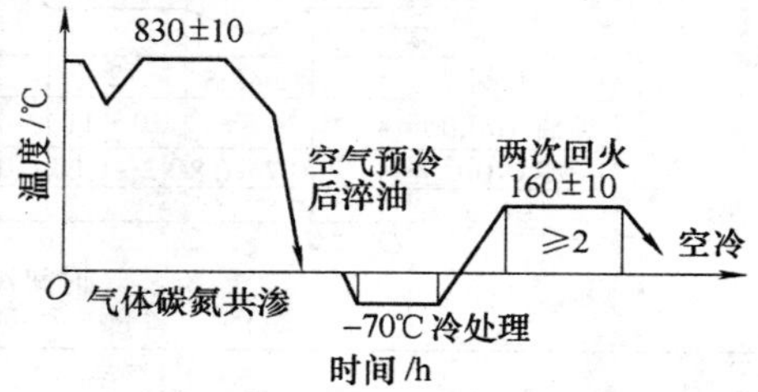 830±10 空气预冷后淬油 两次回火 160±10　≥2　空冷 气体碳氮共渗 -70℃冷处理 温度/℃　时间/h	碳氮共渗层深 0.13～0.15mm，硬度 762～782HV，心部硬度 ≥250HV，R_m = 1235～1265MPa，A = 13.2%～13.8%，a_K = 91～93J/cm²
高精度重载齿轮最佳碳氮复合处理工艺	高精度重载齿轮，20Cr2Ni4A 钢，要求碳氮共渗 采用 RQ3-75-9 型渗碳炉	最佳碳氮共渗复合处理工艺如下图所示 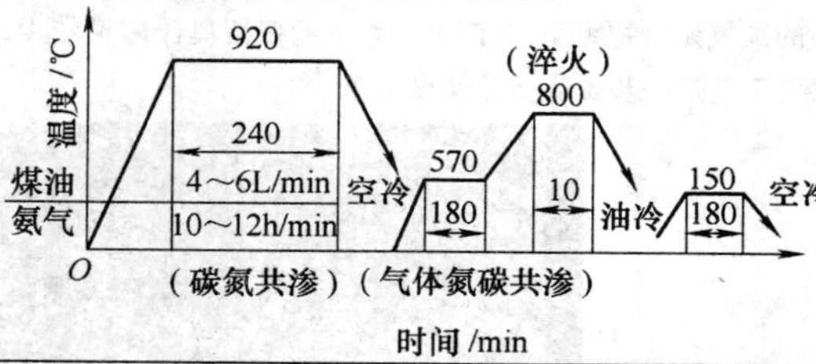 920　（淬火）800 240　空冷　570　10　150 4～6L/min　180　油冷　180　空冷 10～12h/min 煤油　氨气 （碳氮共渗）　（气体氮碳共渗） 温度/℃　时间/min	该复合工艺可使齿轮耐磨性优于渗碳和碳氮共渗。适合于高精度重载齿轮，检验结果符合产品技术要求
高浓度气体碳氮共渗工艺	齿轮，18Cr2Ni4WA、20Cr2Ni4A 钢，要求碳氮共渗 采用 105kW 井式渗碳炉	高浓度气体碳氮共渗工艺如下图所示。共渗介质为煤油及氨气。升温时，煤油为 2.5～3mL/min，氨气为 1m³/h；保温时，煤油为 11～12mL/min，氨气为 0.4m³/h 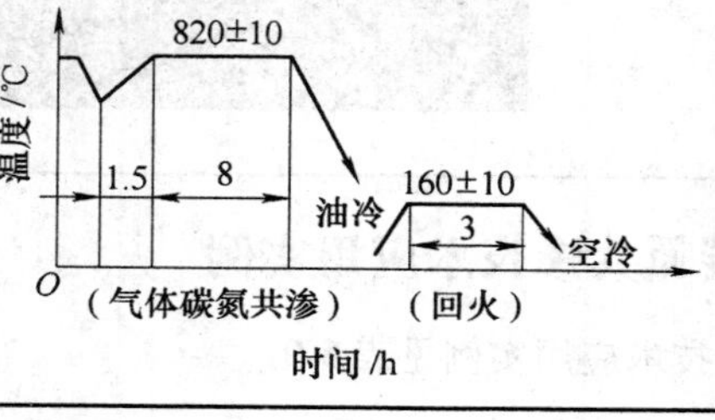 820±10 1.5　8　油冷　160±10　3　空冷 （气体碳氮共渗）　（回火） 温度/℃　时间/h	共渗层外表面碳氮化合物层深 0.03～0.06mm，次层为化合物、马氏体及残留奥氏体。表面硬度大于 58HRC

5.2.3　碳氮共渗后的热处理方法

碳氮共渗常用的共渗温度为 820~880℃（低碳钢及低合金钢为 840~860℃）。中温碳氮共渗后常用的热处理方法见表 5-92，供齿轮碳氮共渗后参考选择。

表 5-92　中温碳氮共渗后常用的热处理方法

热处理方式	工艺过程	钢　种	特点与适用范围
直淬 + 低温回火		中碳钢、低碳钢及低合金钢	1) 碳氮共渗后由共渗温度（820~860℃）直接淬火，然后进行低温回火（160~200）℃×（2~3）h 2) 工艺简单，可获得满意的表面及心部组织。一般选择油淬（或水淬）
分级淬火 + 低温回火		合金钢	1) 碳氮共渗后由共渗温度 820~860℃ 直接在 110~200℃ 热油或碱浴中分级 1~15min 后空冷，再进行 160~200℃低温回火 2) 适用于畸变要求严格的小型合金钢齿轮等零件
一次加热淬火法 + 低温回火		合金钢	1) 碳氮共渗后空冷或在冷却坑中缓冷，然后重新加热淬火 + 低温回火 2) 适用于共渗后需要机械加工或不宜直接淬火的齿轮等零件。淬火加热需要在保护气氛或脱氧良好的盐浴中进行
直接淬火、冷处理 + 低温回火		含铬、镍较多的合金钢，如 12CrNi3A、20Cr2Ni4A、18Cr2Ni4WA 钢等	1) 碳氮共渗后从共渗温度直接淬火后，在 −80~−70℃ 介质中进行冷处理，随后进行低温回火 2) 该工艺可减少渗层残留奥氏体量，提高齿轮等零件硬度，稳定尺寸
缓冷、高温回火、再重新加热淬火 + 低温回火		含铬、镍较多的合金钢	1) 碳氮共渗后空冷或在冷却坑中缓冷，然后进行高温回火（应在生铁屑或保护气氛中），以减少残留奥氏体，再重新加热淬火 + 低温回火 2) 适用于碳氮共渗后需要机械加工的齿轮等零件，高温回火应在生铁屑或保护气氛中进行，齿轮畸变较大

5.3　齿轮的渗氮及氮碳共渗技术

渗氮齿轮一般用于齿条、蜗杆、轻载高速传动齿轮泵齿轮等。齿轮常用的渗氮工艺有气体渗氮、离子渗氮、气体氮碳共渗等。

几种低温化学热处理工艺参数和组织结构与功能见表 5-93，供齿轮化学热处理时选择。

表 5-93　几种低温化学热处理工艺参数和组织结构与功能

工艺名称	工艺参数			渗层深度/μm			渗层主要相组成物	主要功能
	温度/℃	时间/h	其他参数	化合物层	扩散层（弥散相析出区）	过渡区		
气体渗氮	490 ~ 650（通常为520 ~ 550）	10 ~ 120	控制氨分解率	5 ~ 30	50 ~ 700	100 ~ 1000以上	ε 相——（Fe，M)$_{2-3}$N；γ' 相——(Fe，M)$_4$N；M_XN_Y。M 为合金元素	耐磨、抗疲劳、抗咬合、耐蚀
离子渗氮	500 ~ 580	6 ~ 70	控制 N_2、H_2、Ar 流量与电参数	0 ~ 30	50 ~ 700	100 ~ 1000以上	γ' 相：α(N)——含氮铁素体；M_XN_Y	耐磨、抗疲劳咬合
盐浴硫氮碳共渗	520 ~ 580	0.1 ~ 4	盐浴成分（质量分数）为34.5 ~ 37.5% CNO^-；$15 \times 10^{-6} \sim 40 \times 10^{-6}S^-$	0 ~ 25	15 ~ 350	50 ~ 600	ε 相；γ' 相，FeS 及 M_XN_Y	减摩、抗咬合、抗疲劳黏着磨损
气体氮碳共渗	500 ~ 650	1 ~ 6	控制氨分解率及 CO_2 含量	0 ~ 25	15 ~ 350	50 ~ 600	ε 相；γ' 相，及 M_XN_Y	高的硬度、耐磨性和疲劳强度

5.3.1　齿轮的渗氮技术

1）推荐在以下条件下选用齿轮渗氮工艺，见表 5-94。

表 5-94　选用渗氮处理的推荐齿轮参数

齿轮参数	选用范围	齿轮参数	选用范围
齿轮模数 m	2 ~ 10mm	圆周线速度 v	≤120m/s
载荷系数 K	≤3.0kN/mm²	加工精度（GB/T 10095.1—2008）	7 ~ 6 级

2）齿轮模数与渗氮层深度。齿轮的渗氮层深度可根据模数按表 5-95 中推荐的数值选用。

表 5-95　齿轮模数与渗氮层深度的关系

模数/mm	公称深度/mm	深度范围/mm	模数/mm	公称深度/mm	深度范围/mm
≤1.25	0.15	0.10 ~ 0.25	4.5 ~ 6	0.50	0.45 ~ 0.55
1.5 ~ 2.5	0.30	0.25 ~ 0.40	>6	0.60	>0.50
3 ~ 4	0.40	0.35 ~ 0.50			

注：目前渗氮齿轮的模数最大到 10mm；为了提高承载能力，对高速重载齿轮其渗氮层深度已增加到 0.7 ~ 1.1mm。

3）影响渗氮齿轮力学性能的因素见表 5-96。

表 5-96　影响渗氮齿轮力学性能的因素

力学性能		影响因素及其倾向性		
接触疲劳强度		1）渗氮层深度增加，接触疲劳强度提高 2）心部强度提高，接触疲劳强度提高 3）表面硬度提高，接触疲劳强度提高		
弯曲疲劳强度	光滑试样	1）扩散层深度增加，弯曲疲劳强度提高 2）氮的固溶量增加，弯曲疲劳强度提高		
	缺口试样	1）化合物层越厚，弯曲疲劳强度越下降 2）晶间化合物严重，弯曲疲劳强度下降		
耐磨性	有润滑条件	ε 相最耐磨，$\varepsilon+\gamma'$ 次之，γ' 相差		
	干摩擦条件	γ' 相最耐磨（γ' 相的韧性起主导作用）		
抗咬合性能		ε 相具有最高的抗胶合性能，依次是 $\varepsilon+\gamma'$，γ' 相和纯扩散层		
渗氮层脆性		以 ε 相为主的化合物层脆性最高，单相化合物层的渗层具有高的韧性		
冲击韧度		1）经渗氮后的试样冲击韧度下降 2）预备热处理为正火时，其冲击韧度比调质的更低，不同材料渗氮后的试样结果：		

钢号	预备热处理	离子渗氮	冲击韧度 $a_K/(\mathrm{J/cm^2})$
38CrMoAl	930℃正火	—	92.6
		530℃×12h	27.2
	930℃油淬,670℃回火	—	105
		530℃×12h	86.6
40Cr	880℃正火	—	80
		530℃×12h	38
	860℃油淬,600℃回火	—	162
		530℃×12h	72.5
20CrMnTi	930℃正火	—	254
		530℃×12h	25.5
	930℃油淬,620℃回火	—	251
		530℃×12h	68.2

1. 渗氮齿轮的加工流程

渗氮齿轮的加工流程见表 5-97。

表 5-97　渗氮齿轮的加工流程

一般精度要求	锻造→调质（或正火）→车削→滚齿→剃齿→渗氮
精度要求高的齿轮	锻造→正火或退火→粗车→调质→精车→半精滚齿→去应力退火→精滚齿→剃齿→渗氮→珩齿
典型加工流程	坯料→锻造→正火或调质→机械加工（制坯）→去应力退火→机械加工（制齿）→渗氮（或氮碳共渗）→成品

2. 预备热处理

齿轮渗氮前的预备热处理主要包括调质与正火处理。

（1）调质与正火处理　渗氮前的预备热处理主要采用调质处理，其淬火加高温回火后的组织为回火索氏体，满足了基体韧性与强度的要求。对于仅要求表面耐磨、承受载荷不高的齿轮，也可以采用正火处理，但正火冷却速度要快。

1）常用渗氮齿轮钢材的调质工艺规范见表5-98。不同钢材齿轮（经预备热处理）渗氮层表面硬度参考范围见表5-99。

表5-98　常用渗氮齿轮钢材的调质工艺规范

牌号	工 艺 规 范		硬度 HBW
	淬火/℃	回火/℃	
30、35、45	820~860 水冷	560~620	—
20Cr	880±10 水冷	560±20	302~321
38CrMoAl	940±10 油冷	650±20	241~285
	930±10 油冷	630±20	269~321
18Cr2Ni4WA 25Cr2Ni4WA	870±10 油冷	560±20	302~321
18CrMnTi	880±10 水冷	560±20	302~321
20CrMnTi	920±10 油冷	610±10	241
25Cr2MoVA	950±10 油冷	650±10	270~286
25CrNi4WA	870±10 油冷	560±20	302~321
30CrMnSiA	900±10 油冷	520±20	37~41HRC
35CrMo	860±10 油冷	600±20	220~280
42CrMo	850±10 油冷	600±20	250~269
35CrMnMo	860±10 油冷	540±20	285~321
40CrMnMo	860±10 油冷	600±20	260~280
40Cr	860±10 油冷	590±20	220~250
40CrNiMoA	850±10 油冷	560±20	331~363
		600±20	260~300
45CrNiMoA	860±10 油冷	680±20	269~277
34CrNi3Mo	860±10 油冷	650±20	300~330
37SiMn2MoV	880±10 油冷	640±20	241~286
20Cr3MoWA	970±10 油冷	650±10	280~293

表5-99　不同钢材齿轮（经预备热处理）渗氮层表面硬度参考范围

牌　号	原 始 状 态		渗氮表面硬度 HV5
	预备热处理	硬度	
45	正火	—	250~400
20CrMnTi	正火	180~200HBW	650~800
	调质	200~220HBW	600~800
40CrMo	调质	29~32HRC	550~700
40CrNiMo	调质	26~27HRC	450~650

（续）

| 牌 号 | 原 始 状 态 | | 渗氮表面硬度 |
	预备热处理	硬度	HV5
40CrMnMo	调质	220~250HBW	550~700
40Cr	正火	200~220HBW	500~700
	调质	210~240HBW	500~650
37SiMn2MoV	调质	250~290HBW	48~52HRC（超声检测）
25Cr2MoV	调质	270~290HBW	700~850
18Cr2Ni4W	调质	27HRC	600~800
35CrMoV	调质	250~320HBW	550~700
30CrMoAl	正火	207~217HBW	850~1050
	调质	217~223HBW	800~900
38CrMoAl	调质	260HBW	950~1200

注：为了提高承载能力，对高速重载齿轮其心部硬度最好调质到300HBW以上。

2）调质硬度不仅影响齿轮齿部强度，同时还影响表面渗氮硬度。渗氮齿轮的心部硬度一般不应低于300HBW，渗氮齿轮的心部硬度规定（美国）见表5-100，最高渗氮层硬度与心部硬度的关系（美国4340）钢见表5-101。

表 5-100 渗氮齿轮的心部硬度规定（美国）

序 号	牌 号	心部硬度 HBW	调质回火温度/℃
1	4140	300~340	552
2	4145	300~340	552
3	4340	300~340	552
4	Nitralloy N	260~300[①]	650~677
5	Herding Ⅲ	300~340	552

① 渗氮过程中硬度会因沉淀硬化提高到360~415HBW。

表 5-101 最高渗氮层硬度与心部硬度的关系（美国4340钢）

| 调质回火温度 /℃ | 最高渗层硬度 HRC | 心部硬度 HBW | |
		回火后	渗氮后
538	56	380	350
566	56	363	343
593	56	342	332
621	51	317	315
649	50	292	292
677	47	258	258

注：材料4340钢（相当于40CrNiMoA钢），渗氮524℃×40h。

（2）去应力退火 对于精度要求较高和容易畸变的齿轮，调质及机械粗加工后应进行一次或几次去应力退火（稳定化处理）。去应力退火温度低于调质回火温度而高于渗氮温度20~30℃。

3. 齿轮的气体渗氮工艺

齿轮的渗氮工艺多采用气体渗氮工艺。日本在汽车变速器齿轮、摩托车主从动齿轮热处理时采用渗氮工艺,法国 TM 公司生产的"海豚"发动机中部分齿轮采用渗氮处理,提高了齿轮精度和使用寿命。

(1)气体渗氮齿轮材料 为了提高气体渗氮齿轮表面硬度和心部硬度,应选用含有 Cr、Mo、W、V、Ti、Al 等极易与氮形成稳定氮化物的中碳合金结构钢作为渗氮用钢。常用渗氮齿轮钢渗氮后的性能特点及其主要用途见表 5-102。

表 5-102 常用渗氮齿轮钢渗氮后的性能特点及其主要用途

钢 种	牌 号	渗氮后的性能特点	主 要 用 途
中碳结构钢	35、40、45、50、55、60 等	提高耐磨性能、抗疲劳性能及耐蚀性能等	低档齿轮、齿轮轴等
低碳合金结构钢	20Cr、18Cr2Ni4WA、18CrNiWA、12CrNi3A、12Cr2Ni4A、20CrMnTi、25Cr2Ni4WA、25Cr2MoVA	耐磨、抗疲劳性能优良,心部强韧性好,可承受冲击载荷	轻负荷齿轮、中负荷齿轮、齿圈、蜗杆等中、高精密零件
中碳合金结构钢	40Cr、50Cr、38CrMoAl(A)、35CrMo、35CrMoV、35CrNiMo、40CrMnMo、40CrNiMo、42CrMo、30CrMnSi、ZG40Cr1、ZG40Cr1Mo	耐磨、抗疲劳性能优良,心部强韧性好,可承受冲击载荷	较大载荷的齿轮等

38CrMoAl(A)是目前应用最成熟、最广泛的渗氮专用钢材,其临界点 Ac_1、Ac_3、Ar 分别为 800℃、940℃和730℃。38CrMoAl(A)钢的常用热处理工艺见表 5-103。

表 5-103 38CrMoAl(A)钢的常用热处理工艺

工艺方法	退火	正火	高温回火	调质		渗氮
				淬火	回火	
加热温度/℃	860~870	930~970	700~720	930~950	600~680	500~540
冷却方式	炉冷	空冷	空冷	油冷	水冷或油冷	随炉冷
硬度 HBW	≤220	—	≤229	—	约330	表面1000HV

(2)渗剂 气体渗氮常用渗剂有氨、热分解氨、氨-氮混合气等。

(3)气体渗氮的工艺参数的选择 渗氮工艺主要影响因素有渗氮温度、保温时间。不同加热、保温阶段渗氮炉罐内渗氮介质的氮势,直接影响到齿轮渗氮层的硬度、深度及齿轮的使用性能。

1)气体渗氮的工艺参数的选择见表 5-104。

表 5-104 气体渗氮的工艺参数的选择

序号	工艺参数	选 择 内 容
1	渗氮温度	1)渗氮温度必须低于其调质回火温度,通常渗氮温度为 500~560℃。渗氮温度不应低于480℃。但渗氮温度的提高对齿轮的畸变影响较大,一般渗氮后外径胀大 0.01~0.03mm 2)综合考虑温度对齿轮表面硬度、畸变量、心部性能的影响,一般推荐渗氮温度为 500~560℃,比调质时回火温度低 20~30℃
2	渗氮时间	按齿轮材料、渗氮层深度要求选择的工艺类别等综合确定,一般要通过生产实践才能得到正确的工艺参数,通常按每小时 0.01mm 的平均渗速估算时间

（续）

序号	工艺参数	选 择 内 容						
3	氨分解率	一定温度下的分解率通常控制在一定的范围内：						
		渗氮温度/℃	470	500	510	525	540	600
		氨分解率（%）	12 ~ 20	15 ~ 25	20 ~ 30	25 ~ 35	35 ~ 50	45 ~ 60
4	冷却方式	气体渗氮后在炉内冷至 200℃ 以下出炉空冷。为减少畸变，对高精度不磨齿的齿轮可采用分段冷却方式						

图 5-14 所示为渗氮温度对 38CrMoAl 钢渗氮层深度及表面硬度的影响，采用一段法渗氮时渗氮层深度与渗氮时间的关系如图 5-15 所示。

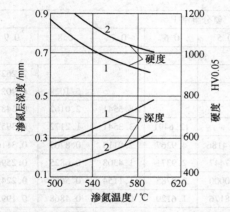

图 5-14　渗氮温度对 38CrMoAl 钢渗氮层
深度及与表面硬度的影响
1—离子渗氮　2—气体渗氮

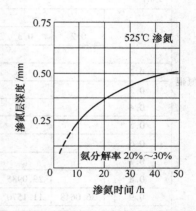

图 5-15　38CrMoAl 钢采用一段法渗氮时
渗氮层深度与渗氮时间的关系

氨分解率与渗氮温度的关系见表 5-105。氨分解率增加到 60% ~ 65% 对硬度和深度的影响不大（见图 5-16）。为了控制脆性 ε 相的生成，应增大氨分解率。

表 5-105　氨分解率与渗氮温度的关系

渗氮温度/℃	氨分解率（%）
500 ~ 520	20 ~ 40
520 ~ 540	30 ~ 50
540 ~ 560	40 ~ 60

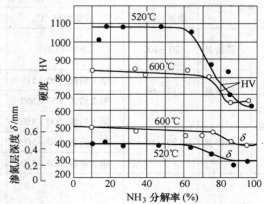

图 5-16　氨分解率对 38CrMoAl 钢渗
氮层深度及硬度的影响

2）气体渗氮时氮势与氨分解率的关系见表 5-106。

表 5-106　气体渗氮时氮势与氨分解率的关系（GB/T 18177—2008）

渗氮气源	氮势与氨分解率值			
纯氨或氨分解气	氨分解率 $V = 1 - p_{NH_3}$，其中 p_{NH_3} 为炉气中氨的分压；氮势 $N_p = 1 - V/(0.75V)^{1.5}$。氮势与氨分解率对照：			
	氨分解率 V	氮势 N_p	氨分解率 V	氮势 N_p
	0.1	43.8178	0.6	1.3251
	0.2	13.7706	0.7	0.7887
	0.3	6.5588	0.8	0.4303
	0.4	3.6515	0.9	0.1803
	0.5	2.1773	0.95	0.0831

氮势 $N_p = (1 - V)\left[(1 + x)/1.5(x - 1 + V)\right]^{1.5}$，其中 x 为通入气体中 NH_3 的体积分数。氮势与氨分解率对照：

氨+氮混合气体	氨分解率 V							
$x(\%)$	0.2	0.3	0.4	0.5	0.6	0.7	0.8	0.9
	氮势							
0.2								2.2627
0.3							5.1028	0.9021
0.4						8.5541	2.0162	0.5487
0.5					12.6491	3.3541	1.2172	0.3953
0.6				17.4186	4.9267	2.0113	0.8709	0.3116
0.7			22.8922	6.7447	2.9371	1.4308	0.6825	0.2596
0.8		29.0985	8.8182	4.0000	2.0785	1.1154	0.5657	0.2245
0.9	36.0648	11.1570	5.2055	2.8176	1.6129	0.9202	0.4868	0.1992

（4）气体渗氮方法的选择

1）气体渗氮工艺方法、特点及适用范围见表 5-107，供齿轮渗氮时参考。

表 5-107　气体渗氮工艺方法、特点及适用范围（摘自 GB/T 18177—2008）

渗氮工艺		工艺方法			工艺特点及适用范围
		渗氮时间/h	渗氮温度/℃	氨分解率（%）	
常规渗氮	一段渗氮	20~100	490~520	渗氮时间的前 1/4~1/3:20~35	硬度要求高、畸变小的工件
				渗氮时间的前 2/3~3/4:35~50	
	二段渗氮	15~60	第1阶段:500~510	占总渗氮时间的 1/3~1/2:20~20	硬度要求略低、渗层较深、不易畸变的工件
			第2阶段:550~560	占总渗氮时间的 1/2~2/3:40~60	
	三段渗氮	30~50	第1阶段:500~510	20~30	硬度要求较高,不易畸变的工件
			第2阶段:550~560	40~60	
			第3阶段:520~530	30~40	
短时渗氮		2~4	500~580	35~65	1）采用较高的氨分解率 2）各种碳素钢、合金渗氮钢、合金结构钢、铸铁都可以采用短时渗氮工艺

2）齿轮气体渗氮工艺方法及其应用见表 5-108，可根据齿轮材料及不同技术要求进行选择。

表 5-108 齿轮气体渗氮工艺方法及其应用

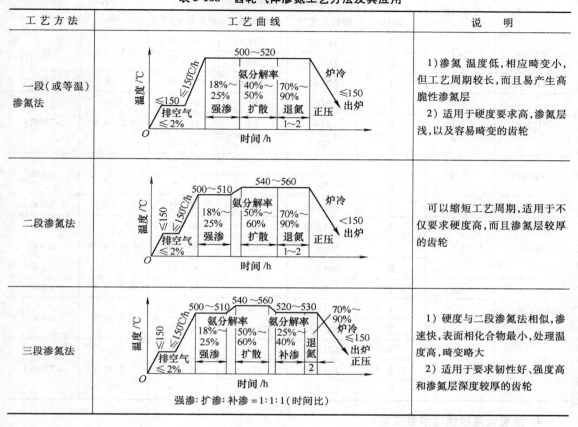

工艺方法	工艺曲线	说 明
一段（或等温）渗氮法		1）渗氮温度低，相应畸变小，但工艺周期较长，而且易产生高脆性渗氮层 2）适用于硬度要求高，渗氮层浅，以及容易畸变的齿轮
二段渗氮法		可以缩短工艺周期，适用于不仅要求硬度高，而且渗氮层较厚的齿轮
三段渗氮法	强渗:扩渗:补渗 = 1:1:1（时间比）	1）硬度与二段渗氮法相似，渗速快，表面相化合物最小，处理温度高，畸变略大 2）适用于要求韧性好、强度高和渗氮层深度较厚的齿轮

3）对于表面硬度适当，要求具有高的疲劳强度、交变负荷、接触应力较大的齿轮，可选用表 5-109 所列的渗氮工艺规范。

表 5-109 几种结构钢、球铁的渗氮工艺规范

牌 号	处理方法	渗氮工艺规范				渗氮层深度/mm	表面硬度 HV
		阶段	渗氮温度/℃	时间/h	氨分解率（%）		
38CrMoAlA	一段	Ⅰ	505 ± 5	50	18 ~ 25	0.5 ~ 0.8	>1000
	二段	Ⅰ	510 ± 10	25	18 ~ 25	0.5 ~ 0.7	>1000
		Ⅱ	550 ± 10	35	50 ~ 60	0.5 ~ 0.7	>1000
			550 ± 10	2	>80		
	三段	Ⅰ	520 ± 10	10	20 ~ 25	0.4 ~ 0.6	>1000
		Ⅱ	570 ± 10	16	40 ~ 60		
		Ⅲ	530 ± 10	18	30 ~ 40		
			530 ± 10	2	>90		
40CrNiMoA	一段	Ⅰ	520	75	25 ~ 35	0.4 ~ 0.7	≥82HRN15
	二段	Ⅰ	520 ± 5	20	25 ~ 35	0.5 ~ 0.7	≥83HRN15
		Ⅱ	540 ± 5	40 ~ 50	35 ~ 50		

（续）

牌　　号	处理方法	渗氮工艺规范				渗氮层深度 /mm	表面硬度 HV
		阶段	渗氮温度/℃	时间/h	氨分解率(%)		
35CrMo	二段	I	520 ± 5	24	18 ~ 30	0.5 ~ 0.6	687
		II	515 ± 5	26	30 ~ 50		
30CrMnSiA	一段	I	500 ± 5	25 ~ 30	20 ~ 30	0.2 ~ 0.3	≥58HRC
25CrNiW	三段	I	520	10	24 ~ 35	0.2 ~ 0.4	≥73HRA
		II	550	10	45 ~ 60		
		III	520	12	50 ~ 70		
25Cr2MoV	二段	I	490	70	15 ~ 22	0.3	≥681
		II	480	7	15 ~ 22		
18Cr2Ni4WA	一段	I	490 ± 10	30	25 ~ 35	0.2 ~ 0.3	≥600
QT600-3	三段	I	420 ± 10	15	10 ~ 18	0.25 ~ 0.35	≥900
		II	510 ± 10	20	30 ~ 35		
		III	560 ± 10	20	40 ~ 50		
40Cr	一段	I	490	24	15 ~ 35	0.2 ~ 0.3	≥600
	二段	I	480 ± 10	20	20 ~ 30	0.3 ~ 0.5	≥600
		II	500 ± 10	15 ~ 20	30 ~ 60		
	三段	I	520 ± 10	10	25 ~ 35	0.40	≥73HRA
		II	550 ± 10	10	45 ~ 65		
		III	520 ± 10	12	50 ~ 70		

4. 预氧化两段快速渗氮工艺

对于要求渗氮层深度 0.3 ~ 0.5mm 的 40Cr、38CrMoAl、42CrMo 钢齿轮，采用传统渗氮工艺需要 40 ~ 80h 左右，生产周期长、效率低、成本高、齿轮畸变较大。对此，可采用预氧化两段快速渗氮工艺。预氧化两段快速渗氮工艺及效果见表 5-110。

表 5-110　预氧化两段快速渗氮工艺及效果

项　　目	内　　容
预氧化两段快速渗氮工艺	
工艺特点	所处理的齿轮外观质量好，渗氮层、硬度均达到技术要求，齿轮畸变小，可缩短渗氮时间近一半
检验结果	预氧化两段快速渗氮工艺结果：

齿轮材料牌号	渗氮层深度/mm	表面硬度 HV
40Cr	0.5 ~ 0.7	500 ~ 580HV10
42CrMo	0.4 ~ 0.6	580 ~ 600HV1
38CrMoAl	0.4 ~ 0.6	840 ~ 1028HV10

5. 齿轮的深层渗氮工艺

齿轮接触疲劳强度与其硬化层深度/模数之比密切相关，为了提高齿轮承载能力和扩大应用范围，因而发展了深层渗氮工艺技术。常规渗氮层深度一般都小于 0.6mm，而齿轮的深层渗氮可达 1.1mm 左右。

美国费城齿轮公司生产的高参数齿轮中有 43% 采用渗氮处理，层深 1mm 的渗氮工艺周期为 150h。我国常规气体渗氮层深 0.5mm，大约要 80h。德国 Clocker - 离子公司将离子渗氮应用于汽车齿轮、蜗杆及机床齿轮。日本大阪制锁造机（株）对直径 3m 的大功率中速柴油机大齿轮采用 0.8mm 的深层渗氮取得良好的效果。

（1）深层气体渗氮工艺　深层气体渗氮工艺与结果见表 5-111 ~ 表 5-113。

表 5-111　单周期气体渗氮工艺

第一段			第二段		
温度/℃	时间/h	氨分解率（%）	温度/℃	时间/h	氨分解率（%）
524	16	30 ~ 34	524	56	60 ~ 64

表 5-112　单周期气体渗氮结果

试 样 材 料	表面硬度 HRC	渗层深度/mm	白亮层深度/μm	脆性级别/级
25Cr2MoV	61	0.63	6	I
42CrMo	60	0.78	3.1	I
40CrNiMo	59	0.74	2	I

表 5-113　两周期气体渗氮结果[①]

试 样 材 料	表面硬度 HRC	渗层深度/mm	白亮层深度/μm	脆性级别/级
25Cr2MoV	63	0.80	8	I
42CrMo	56	0.95	12	II
40CrNiMo	53.2	1.02	10	I

① 两周期工艺，即表 5-112 单周期气体渗氮工艺再重复一次，以达到深层渗氮的目的。

（2）深层气体渗氮工艺应用实例（见表 5-114）

表 5-114　深层气体渗氮工艺应用实例

齿轮技术条件	工　艺	检　验　结　果
风电增速器内齿圈,31CrMoV9 钢 [w(C) 0.37% ~ 0.34%, w(Si) $\leq$ 0.40%, w(Mn) 0.40% ~ 0.70%, w(P) $\leq$ 0.025%, w(S) $\leq$ 0.035%, w(Cr) 2.30% ~ 2.70%, w(Mo) 0.15% ~ 0.25%, w(V) 0.1% ~ 0.2%],技术要求:渗氮层深 $\geq$ 0.6mm,氮化物级别 $\leq$ 2 级,白亮层厚度 $\leq$ 20μm,脆性级别 $\leq$ II 级,疏松级别 $\leq$ 2 级	1) 设备。采用爱协林可控气氛氮化炉 2) 超深层气体渗氮工艺如下图所示	渗氮层深 0.62 ~ 0.65mm,表面硬度 795 ~ 800HV,氮化物级别 2 级,白亮层厚度 6 ~ 9μm,疏松级别 2 级,脆性级别 I 级。内齿圈热处理畸变小

6. 齿轮的快速渗氮技术

　　快速渗氮技术如离子渗氮、真空渗氮、催渗氮化（采用催渗剂）、通氧渗氮、电解气相渗氮等。采用这些渗氮工艺方法可以显著加快渗氮速度，缩短深层渗氮（>0.6mm）的工艺周期。其中，催渗氮化用催渗剂的作用是能够破坏钢表面钝化膜，提高表面活性，从而加速氮原子的吸附过程。目前常用的催渗剂有氯化铵（NH_4Cl）、四氯化碳（CCl_4）、四氯化钛（$TiCl_4$）及稀土化合物等。

　　快速渗氮技术及其特点与工艺举例见表5-115。

表5-115　快速渗氮技术及其特点与工艺举例

技术名称	特　点	工艺举例与效果
离子渗氮	1）常规离子渗氮层组织和相组成可以控制，渗层脆性小、质量好，可显著提高渗氮速度，其处理周期为气体渗氮的1/3~1/5 2）对工件要有一定批量，对深孔、小孔、狭缝的渗氮在工艺上有一定困难	例如渗氮齿轮(中硬调质处理+深层离子渗氮,硬化层深度达0.55~0.70mm)比渗碳齿轮(有效硬化层深1.2~1.3mm)弯曲疲劳强度略高,抗接触疲劳性能提高10%~15%,抗胶合能力明显提高。就齿轮强度而言,离子渗氮优于气体渗氮
	循环变温离子渗氮可以显著提高渗氮层深度,缩短工艺周期	例如45钢循环渗氮工艺:560℃×3h+300℃×0.5h+560℃×3h+300℃×0.5h+560℃×3h+300℃×0.5h,180~200℃出炉,对应层深0.7mm,仅需13h。而普通二段式渗氮、三段式渗氮一般需要60h
加压脉冲渗氮	1）提高炉压可增加零件表面氮原子的吸附量,提高氮气活度、界面反应速度和对狭缝、深孔等渗氮能力 2）采用增压气体渗氮工艺,压力保持在0.05~0.1MPa	加压脉冲气体渗氮工艺方式如图5-17所示。不同压力对35CrMo钢渗氮层硬度分布的影响如图5-18所示。加压脉冲循环两段渗氮试验工艺及效果见表5-116
	采用 RN₅-KM 系列井式脉冲渗氮炉和RNW-KM系列卧式脉冲渗氮炉,渗氮上限压力不超过0.05MPa时均可实现增压渗氮	1）对18Cr2Ni4WA钢,530℃×16h加压脉冲渗氮,渗氮层深度0.52mm 2）对38CrMoAl钢,500℃×5h(氨分解率18%~30%)+540℃×26h(氨分解率30%~60%)的常压渗氮,渗氮层深度0.59mm 3）加压脉冲渗氮速度明显高于常压渗氮
低压脉冲渗氮	1）低压脉冲抽气对工件表面有脱气和净化作用,在低压真空状态下增强工件表面活性,提高工件表面对所渗元素的吸附能力,加快扩散,从而获得均匀的渗氮层 2）WLV型低真空变压渗氮炉,实现低压脉冲快速渗氮处理	例如南昌飞机制造公司对38CrMoAl钢进行540℃低压脉冲渗氮10h,渗氮层深度>0.3mm,相当于常规渗氮40h的效果
高温渗氮	1）高温渗氮是指采用更高的工艺温度(一般在540~580℃),在相同的氨分解率下,提高钢件表面的吸氮能力和氮原子的扩散能力,因而提高了渗氮速度 2）高温渗氮最高工艺温度一般根据零件畸变情况和预备热处理温度进行选择	1）42CrMo钢风电增速器内齿圈,外径2300mm,齿宽420mm,模数16mm,渗氮层深度要求≥0.6mm 2）高温渗氮工艺。550℃×38h,氨分解率30%~50% 3）结果。渗氮层深度0.60~0.62mm,工艺周期较常规渗氮缩短49.3%,氮化物2级,白亮层厚度0.0125mm,表面硬度630HV。节圆跳动、基准轴向跳动量均在0.04mm范围内,以上结果均符合技术要求

（续）

技术名称	特　　点	工艺举例与效果
催渗渗氮	NH₄Cl 催渗渗氮：在渗氮罐底部放入适量 NH₄Cl，NH₄Cl 加热分解析出的 HCl 气体，破坏钢件表面氧化物，起到洁净表面促进渗氮的作用	1）采用 RQ3-75-9 型井式炉。用 NH₄Cl 做催渗剂，将 NH₄Cl 粉溶于工业酒精（一般按每立方米炉膛容积加入 130 ~ 150g 的 NH₄Cl 计算），38CrMoAl 钢齿轮催渗气体氮碳共渗工艺曲线如下图所示 2）结果。渗氮层深度 0.4 ~ 0.6mm，表面硬度 1000HV，同时可节省时间 50% 左右，节省氨气消耗 5m³ 左右
	稀土催化渗氮：稀土的加入，提高了扩散系数。稀土的存在使铁原子晶格畸变加剧，氮原子在该处的扩散系数要高得多，大量弥散、细小的氮化物和畸变区的存在，增加了氮的扩散通道，加速了渗氮过程 可将稀土化合物溶入有机溶剂并通入炉罐中，稀土气体渗氮温度在 500 ~ 600℃	38CrMoAl 钢进行常规及稀土催渗气体渗氮，渗氮速度的对比见下表，当渗层深度为 0.40mm 时，稀土催化渗氮仅需 18h，而常规渗氮则需 40h，每炉即可缩短工时 22h {表}
	预氧化催渗渗氮：在渗氮升温阶段未赶出空气之前，增加一道预氧化处理，可使钢件表面产生轻度氧化，提高钢件表面的化学活性，形成悬键，产生表面活化中心，能强烈地促进化学反应，对活性氮原子的吸收概率大大提高，即提高了渗氮速率，具有较好的催渗效果	1）预氧化催渗渗氮工艺如下图所示。38CrMoAl 钢制齿轮要求渗氮层深度 0.3 ~ 0.5mm，表面硬度要求 750 ~ 1000HV10；40Cr 钢制齿轮要求渗氮层深度 0.3 ~ 0.5mm，硬度 ≥500HV10 2）预氧化催渗渗氮比传统（未氧化催渗）两段渗氮工艺保温时间缩短了 20 ~ 26h
电解气相催渗渗氮	该工艺是指以氨气或氮气作为载体，将电解气体带入渗氮罐内，以加速渗氮的一种工艺方法	38CrMoAl 钢齿轮在渗氮温度（570℃）、时间（12h）、氨分解率（50% ~60%）相同情况下，电解气相催渗渗氮与普通气体渗氮获得的层深及硬度脆性级别分别为 0.35mm/0.29mm、927HV10/782HV10、Ⅰ级/Ⅰ级，渗氮速度提高 17%

稀土催化渗氮对比表：

渗氮工艺	渗氮层深度/mm	渗氮时间/h	渗氮层硬度 HV0.1	脆性级别/级
常规两段式气体渗氮	0.40 ~ 0.42	40	900 ~ 1030	Ⅰ
稀土催化渗氮	0.42 ~ 0.45	18	920 ~ 1040	0 ~ Ⅰ

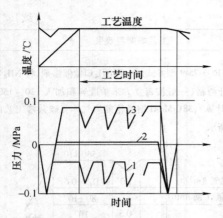

图 5-17 加压脉冲气体渗氮工艺
方式示意图

1—低真空脉冲工艺曲线 2—恒压
工艺曲线 3—加压脉冲工艺曲线

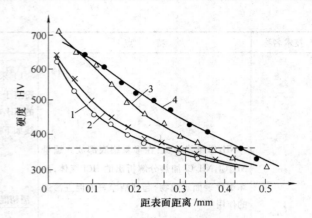

图 5-18 不同压力对 35CrMo 钢渗氮
层硬度分布的影响

1—0.2kPa 2—4kPa 3—8kPa
4—30~50kPa

表 5-116 加压脉冲循环两段渗氮试验工艺及结果

循环次数	工艺时间 /h	氨分解率 （%）	表面硬度 HV1		化合物层深度/μm		渗氮层深度/mm	
			38CrMoAl	35CrMo	38CrMoAl	35CrMo	38CrMoAl	35CrMo
1	5	40（530℃）	1051	713	8	21	0.25	0.3
2	10		916	713	13	19	0.34	0.46
3	15	60（580℃）	1051	636	16	25	0.42	0.60

7. 防渗氮技术

在气体渗氮中，常用防渗氮方法有镀锡、镀铜及涂料（如商品防渗氮涂料）法。而在离子渗氮中，由于零件是带电工作的，故不能简单按照气体渗氮的方法。离子渗氮防渗一般采用钢制辅件的覆盖屏蔽法，用其隔断辉光而达到防渗的目的。然而对外形复杂件或单件、小批件，采用涂料防渗更适合。

齿轮不需要渗氮的部位要进行防渗处理，不渗氮部位的局部防渗方法见表 5-117。

表 5-117 不渗氮部位的局部防渗方法

渗氮法	局部防渗方法
气体渗氮	电镀金属法（非渗氮部位的电镀金属防护方法）。采用以下电镀金属方法均可达到防渗氮的效果 1）局部镀铜层 0.012~0.015mm。要求无孔隙铜膜 2）局部镀锡层 0.012~0.015mm。当锡膜厚度大于 0.01mm 时，为了防止流锡，可进行 350℃左右加热 1~2h 的均锡处理。镀锡的防渗效果远优于镀铜。采用氯化铵做催渗剂进行渗氮时，不得用镀锡法而应用镀镍法 3）局部挂锡法。用电烙铁将锡焊丝熔化后，将锡液擦涂于需要防渗的部位上，只要目视锡层覆盖均匀、完整即可。此法适用于渗氮层深 >0.4mm 的渗氮零件 4）局部镀镍层 0.025~0.1mm 5）用热镀法镀上一薄层锡 0.004~0.008mm，镀锡的防渗效果远优于镀铜 涂料法（防渗氮涂料配方及其使用方法）。齿轮非渗氮部位的防渗方法如下： 1）采用其他有机和无机防渗氮涂料。一般要求工件表面粗糙度 $Ra \geqslant 3.2\mu m$，保证工件表面一定吸附力。 防渗氮涂料配方与使用方法：

（续）

渗氮法	局部防渗方法	
气体渗氮	配方（质量份）	配 制 方 法
	铅粉1份+铬粉1份+锡粉2分	研成细末，用氧化锌调成糊状
	氧化锌6份+甘油1份	与含有少量氯化铵的盐酸溶液搅拌成糊状，涂于工件表面，在200°C下烘干，覆以薄铝纸
	铅粉6份+锡粉4份+混合剂13份	混合剂由植物油1份，硬脂油1份，猪油4份，松香2份，氯化锌1份组成，将铅粉、锡粉研细加入混合剂调匀
	中性水玻璃8~9份+石墨粉1~2份	工件在70~90°C预热后用毛刷涂料均匀涂2次或3次，厚度0.5~1mm，然后在150~170°C的炉中烘干
	2）市售商品 AN110 及 AN112 型防渗氮涂料分别适用于气体渗氮和离子渗氮 3）对形状复杂或锋利棱边、尖角及螺纹等部位的防渗，采用挂锡法不易操作时，可采用市售的激光淬火用的吸光涂料（如黑色），用毛笔在需要防渗处薄薄地涂上一层即可。此法适用于渗氮层深>0.4mm 的渗氮零件	
	锈蚀防渗方法。其是把不需要渗氮的部位清洗去脂后，放在空气中，任其表面生锈。渗氮时，在生锈的表面上涂上一层油脂，便能有效防止氮的渗入	
离子渗氮	采用以下机械防渗方法均可达到防离子渗氮要求： 1）采用顶丝、销钉、螺钉等对齿轮上孔和螺钉孔进行防渗保护。如从动齿轮安装用螺纹孔的防渗，可采用防渗螺钉（材料 Q235 钢等），通过手动（或电动、气动）方式拧入防渗螺钉达到防渗目的。此种方法的特点是，防渗效果较好，防渗螺钉可以反复使用，可取代原采用的涂防渗涂料方法或其他方法 2）采用螺母对齿轮外螺纹进行保护 3）采用带内螺纹孔或套保护齿轮外螺纹或齿轮外圆 4）采用芯轴或压盖屏蔽齿轮内孔 几种机械防渗示例如下 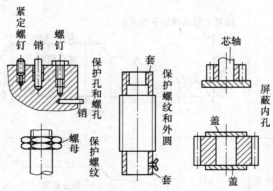	

8. 齿轮气体渗氮工艺实例（见表 5-118）

表 5-118　齿轮气体渗氮工艺实例

齿轮技术条件	工 艺	检 验 结 果
机床齿轮，模数为 3mm，38CrMoAl 钢，渗氮层深度 0.25~0.40mm	520±10 温度/℃ 氨分解率 15%~ 30%~ 25% 50% 200 2 15~20 15~20 1 <150 出炉 70%~ 90% O 时间/h	检验结果，符合技术要求

（续）

齿轮技术条件	工　艺	检验结果
机床齿轮,模数 5mm,20CrMnTi 钢,渗氮层深度要求 0.45 ~ 0.55mm	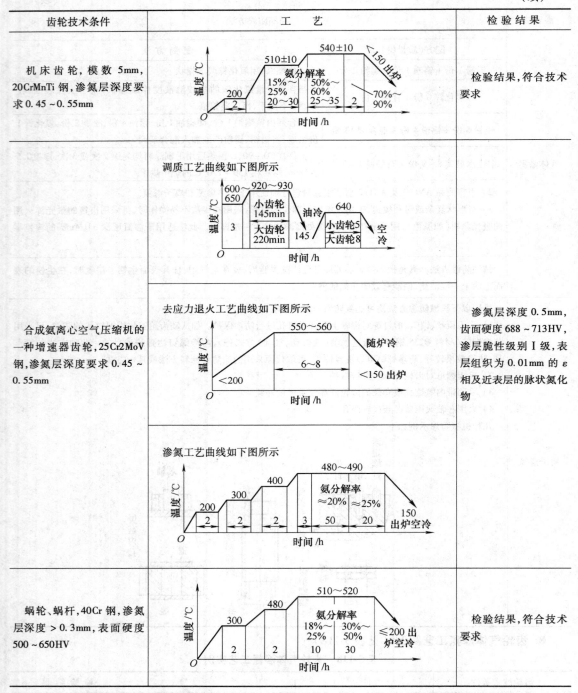	检验结果,符合技术要求
合成氨离心空气压缩机的一种增速器齿轮,25Cr2MoV 钢,渗氮层深度要求 0.45 ~ 0.55mm		渗氮层深度 0.5mm,齿面硬度 688 ~ 713HV,渗层脆性级别 Ⅰ 级,表层组织为 0.01mm 的 ε 相及近表层的脉状氮化物
蜗轮、蜗杆,40Cr 钢,渗氮层深度 > 0.3mm,表面硬度 500 ~ 650HV		检验结果,符合技术要求

5.3.2　齿轮的气体氮碳共渗技术

气体氮碳共渗可以显著提高齿轮的耐磨性、抗胶合和抗擦伤能力、耐疲劳性能及耐腐蚀性能。目前,气体氮碳共渗工艺广泛应用于轿车、轻型客车变速器齿轮等零件中。

气体氮碳共渗常用的方法见表 5-119。常用材料气体氮碳共渗的技术参数见表 5-120。

表 5-119　气体氮碳共渗常用的方法

序号	方　　　　法
1	混合气体氮碳共渗,其又包括两种:吸热式气体(RX) + NH₃,放热式气体(NX) + NH₃
2	尿素热分解氮碳共渗
3	含 N、C 有机溶剂滴入法
4	含氧气体氮碳共渗法

表 5-120　常用材料气体氮碳共渗的技术参数

材　料	总渗层深度/mm	表面硬度 HV	材　料	总渗层深度/mm	表面硬度 HV
45 钢	0.15 ~ 0.30	550 ~ 700	灰铸铁	0.10 ~ 0.15	550 ~ 700
40Cr 钢	0.10 ~ 0.25	650 ~ 800	球墨铸铁	0.05 ~ 0.08	490 ~ 680
35CrMn 钢	0.10 ~ 0.20	57 ~ 64HRC	QT600-3 球墨铸铁	0.04 ~ 0.06	52 ~ 62HRC
50CrMn 钢	0.10 ~ 0.20	57 ~ 64HRC	合金钢	0.10 ~ 0.40	600 ~ 1200
38CrMoAl 钢	0.10 ~ 0.20	900 ~ 1100	碳素钢	0.10 ~ 0.40	300 ~ 600

1. 预备热处理

齿轮在氮碳共渗前应进行调质或正火处理,以稳定显微组织、保持齿轮心部具有一定的强韧性。其各种钢的调质工艺参数与气体渗氮所用调质工艺参数相同。碳素钢氮碳共渗齿轮在冲击性能要求不高时,可采用正火处理。

2. 氮碳共渗工艺

(1) 常用气体氮碳共渗剂组成　常用有氨加甲醇、氨加二氧化碳、氨加吸热性气氛等。常用气体氮碳共渗剂组成见表 5-121。

表 5-121　常用气体氮碳共渗剂组成

类　　型	共渗剂组成	备　　注
氨气 + 通入式气氛 (体积分数)	50% 氨气 + 50% 放热式气氛	排出的废气中有剧毒的 HCN,应经过处理后达标排放
	(50% ~ 60%)氨气 + (40% ~ 50%)放热式气氛	
	50% 氨气 + 50% 放热 – 吸热式气氛	
	(50% ~ 60%)NH₃ + (40% ~ 50%)CH₄ 或 C₃H₈	
	(40% ~ 95%)NH₃ + 5%CO₂ + (0 ~ 55%)N₂	添加氮气有助于提高氮势和碳势
滴注式渗剂 (质量分数)	50% 三乙醇胺 + 50% 乙醇	渗氮活性大小顺序:尿素 > 甲醇 > 三乙醇胺
	100% 甲酰胺	
	70% 甲酰胺 + 30% 尿素	
尿素	100%(直接加入 500℃ 以上的炉中或在炉外预先热分解后通入炉内)	完全分解时炉气组成(体积分数)为 25% CO + 25% N₂ + 50% H₂

(2) 齿轮的气体氮碳共渗工艺参数选择 (见表 5-122)

表 5-122　齿轮的气体氮碳共渗工艺参数选择

序号	参　数	内　容
1	共渗温度	氮碳共渗温度一般为 570℃ ±10℃。低于此温度,渗速太慢,渗层韧性差,硬度耐磨性差;高于此温度,表面易产生疏松结构,畸变加大

（续）

序号	参　数	内　容
2	共渗时间	根据共渗层深度要求而定,一般到温后,排气 0.5 ~ 1h,保温 2 ~ 5h,一般为 2 ~ 4h
3	炉内压力	600 ~ 1200Pa
4	氨分解率	30% ~ 60%
5	共渗后的冷却方式	共渗后一般采用快速冷却方式,碳素钢采用水冷;合金钢采用油冷;对畸变要求较严格者,可采用缓冷方式

（3）常用齿轮钢氮碳共渗工艺及结果（见表 5-123）

表 5-123　常用齿轮钢氮碳共渗工艺及结果

牌　号	工艺号	化合层		扩散层		备　注
		厚度/μm	硬度 HV0.05	侵蚀层厚度/mm	硬化层厚度/mm	
45	1	10 ~ 12	562 ~ 685	0.2 ~ 0.4		—
	2	24 ~ 26	760		0.05	
	3	7 ~ 15	550 ~ 700HV0.1	0.35 ~ 0.55		—
	4	10 ~ 25	450 ~ 650	0.24 ~ 0.38		—
40Cr	1	7 ~ 15	211 ~ 772	0.15 ~ 0.25		
	2	20 ~ 24	960	0.40	0.30	—
	3	6 ~ 12	550 ~ 800HV0.1	0.10 ~ 0.20		
	4	4 ~ 10	560 ~ 600	0.12		
30CrMoA	1	7 ~ 12	888 ~ 940	0.10 ~ 0.20		
	2	20 ~ 22	1170	0.35	0.22	—
	3	5 ~ 12	900 ~ 1100HV0.1	0.10 ~ 0.20		
30CrMo	2	19 ~ 21	960	0.40	0.32	
35CrMo	3	5 ~ 12	650 ~ 800HV0.1	0.10 ~ 0.20		
18Cr2Ni4W	1	9 ~ 10	860		0.27	560℃ × 4h

工艺号	氮碳共渗工艺	温度/℃	时间/h
1	酒精 + 氨		3
2	盐酸催渗气体氮碳共渗	570	2
3	尿素		3
4	甲酰胺 + 尿素		2

（4）常用材料气体氮碳共渗后的表面硬度和共渗层深度（见表 5-124）

表 5-124　常用材料气体氮碳共渗后的表面硬度和共渗层深度（GB/T 22560—2008）

序号	材料类别	牌　号	表面硬度 HV	化合物层深度/mm	扩散层深度/mm
1	碳素结构钢	Q195、Q215、Q235	≥480	0.008 ~ 0.025	≥0.20
2	优质碳素结构钢	25、35、45、20Mn、25Mn	≥550		

（续）

序号	材料类别	牌　号	表面硬度 HV	化合物层深度/mm	扩散层深度/mm
3	合金结构钢	20Cr、40Cr、20CrMn、40CrMn、20CrMnSi、25CrMnSi、30CrMnSi、35MnSi、42MnSi、20CrMnMo、40CrMnMo、20CrMo、35CrMo、42CrMo、20CrMnTi、30CrMnTi、40CrNi、12Cr2Ni4、12CrNi3、20CrNi3、20Cr2Ni4、30CrNi3、18Cr2Ni4WA、25Cr2Ni4WA	≥600	0.008 ~ 0.025	≥0.15
		38CrMoAl	≥800	0.006 ~ 0.020	≥0.15
4	灰铸铁	HT200、HT250	≥500	0.003 ~ 0.020	≥0.10
5	球墨铸铁	QT500-7、QT600-3、QT700-2	≥550		
6	铁基粉末冶金	—	450 ~ 500HV0.1 (41 ~ 49HRC)	0.003 ~ 0.010	—

（5）70%甲酰胺 + 30%尿素氮碳共渗效果（见表5-125）

表5-125　70%甲酰胺 + 30%尿素氮碳共渗效果

材料	温度/℃	共渗层深度/mm		共渗层硬度 HV0.05	
		化合物层	扩散层	化合物层	扩散层
45 钢	570 ± 10	0.010 ~ 0.025	0.244 ~ 0.379	450 ~ 650	412 ~ 580
40Cr 钢	570 ± 10	0.004 ~ 0.010	0.120	500 ~ 600	532 ~ 644
灰铸铁	570 ± 10	0.003 ~ 0.005	0.100	530 ~ 750	508 ~ 795
20CrMo 钢	570 ± 10	0.004 ~ 0.006	0.079	672 ~ 713	500 ~ 700

3. 吸热式气氛气体氮碳共渗工艺

吸热式气氛气体氮碳共渗工艺见表5-126。

表5-126　吸热式气氛气体氮碳共渗工艺

钢号	工艺参数						表面硬度 HV	化合物层深度 /mm	扩散层深度/mm
	温度/℃	时间/h	冷却方式	气氛	氨分解率(%)	露点/℃			
45	570	2	油冷	$\varphi(NH_3)$: $\varphi(RX) = 2:3$	20 ~ 30	-2 ~ 2	540	0.020	0.50
15CrMo							580	0.014	0.50
42CrMo							720	0.014	0.50

5.3.3　齿轮的离子（气体）氮碳共渗技术

部分材料常用离子（气体）氮碳共渗层深度及硬度见表5-127。供齿轮离子氮碳共渗时选用。

表5-127　部分材料常用离子（气体）氮碳共渗层深度及硬度

材料牌号	心部硬度	化合物层深度/μm	总渗层深度/mm	表面硬度 HV
45	≈150HBW	10 ~ 15	0.4	600 ~ 700
60	≈30HRC	8 ~ 12	0.4	600 ~ 700

（续）

材料牌号	心部硬度	化合物层深度/μm	总渗层深度/mm	表面硬度 HV
35CrMo	220 ~ 300HBW	12 ~ 18	0.4 ~ 0.5	650 ~ 750
42CrMo	240 ~ 320HBW	12 ~ 18	0.4 ~ 0.5	700 ~ 800
40Cr	240 ~ 300HBW	10 ~ 13	0.4 ~ 0.5	600 ~ 700
QT600-3	240 ~ 350HBW	5 ~ 10	0.1 ~ 0.2	550 ~ 800HV0.1
HT250	≈200HBW	10 ~ 15	0.1 ~ 0.15	500 ~ 700HV0.1

5.3.4　齿轮的盐浴氮碳共渗技术

液体渗氮可显著提高零件的疲劳强度、耐蚀性、表面耐磨性、抗咬合性等。可用于精密齿轮氮碳共渗。

1. 常用钢盐浴氮碳共渗层深度和表面硬度

表 5-128 为常用钢盐浴氮碳共渗层深度和表面硬度。供齿轮氮碳共渗时选用。

表 5-128　常用钢盐浴氮碳共渗层深度和表面硬度

材料牌号	预备热处理工艺	化合物层深度/μm	扩散层深度/mm	表面硬度
45	调质	10 ~ 17	0.30 ~ 0.40	500 ~ 550HV0.1
20Cr	调质	10 ~ 17	0.15 ~ 0.25	600 ~ 650HV0.1
38CrMoAl	调质	8 ~ 14	0.15 ~ 0.25	950 ~ 1100HV0.2
20CrMnTi	调质	8 ~ 12	0.10 ~ 0.20	600 ~ 620HV0.05
HT250	退火	10 ~ 15	0.18 ~ 0.25	600 ~ 650HV0.1

注：处理工艺为（565 ±5）℃共渗 1.5 ~ 2.0h。

2. 无公害盐浴氮碳共渗（渗氮）技术

无公害盐浴氮碳共渗（或渗氮）技术——QPQ（Quench-Polish-Quench，淬火-抛光-淬火），是一种包括盐浴渗氮 + 盐浴氧化或氮碳共渗 + 盐浴氧化的零件表面改性处理技术，实现了渗氮工序和氧化工序的复合。渗层组织是氮化物和氧化物的复合，性能是耐磨性和耐蚀性的复合，工艺是热处理技术和防腐技术的复合。其中，渗氮包括液体渗氮、液体氮碳共渗等。

（1）QPQ 盐浴氮碳共渗技术用途　主要用于要求高耐磨、高耐蚀、耐疲劳、微畸变的各种钢铁及铁基粉末冶金件等。其常用来代替渗碳淬火、高频感应淬火、离子渗氮、气体渗氮及软氮化等热处理和表面强化处理，以提高耐磨、减磨、抗咬合、抗疲劳及耐腐蚀性能。使用该技术工件畸变微小，特别用来解决硬化时畸变难题。

（2）常用材料 QPQ 处理工艺参数及效果（见表 5-129）

表 5-129　常用材料 QPQ 处理工艺参数及效果

材料牌号	预备热处理工艺	渗氮温度/℃	渗氮时间/h	表面硬度 HV	化合物层深度/mm
Q235、20、20Cr	—	570	0.5 ~ 4	500 ~ 700	0.015 ~ 0.020
45、40Cr	不处理或调质	570	2 ~ 4	500 ~ 700	0.012 ~ 0.020
38CrMoAl	调质	570	3 ~ 5	900 ~ 1000	0.0089 ~ 0.015
QT500-7	—	570	2 ~ 3	500 ~ 600	总深度 0.100

（3）QPQ 盐浴氮碳共渗技术、应用与检验（见表 5-130）

表 5-130　QPQ 盐浴氮碳共渗技术、应用与检验

项　目	内　容
热处理工艺流程	清洗→预热 300~350℃→盐浴氮化（525~580）℃×（10~180）min→（氧化性盐浴中）氧化（350~400）℃×（5~20）min→抛光（轻度机械抛光、精研或振动精加工，以获得要求的表面粗糙度）→（氧化性盐浴中）二次氧化（350~400）℃×（5~20）min→清洗→浸油
特点	1）QPQ 处理后的工件耐磨性远高于高频感应淬火、渗碳淬火的工件 2）具有高耐蚀性、高耐磨性、微畸变、无公害的优点 3）可使调质的 45 钢疲劳强度提高 40% 以上 4）耐蚀性比发黑零件高几十倍到几百倍 5）可代替很多零件的高频感应淬火或渗碳淬火→回火→发黑工序
QPQ 处理工艺曲线	
齿轮应用	1）奥地利斯太尔重型汽车驱动桥减速器的内齿轮采用该项技术 2）国内 5 大摩托车厂采用 QPQ 技术处理摩托车齿轮，产品质量稳定 3）利用 QPQ 技术成功地解决了直径达 200mm 的建筑用内齿轮的渗碳淬火畸变问题，齿圈啮合噪声小 4）利用 QPQ 技术成功地解决了汽车变速器内的 1、2 档同步器齿轮渗碳淬火畸变超差问题。并通过台架试验，齿轮的各项性能指标均符合技术要求 5）用于大型蜗杆，直径 100~150mm，长度 1000~1500mm，用退火状态的原材料或调质材料进行机械加工，然后作 QPQ 盐浴复合处理
检验	1）在显微硬度计上测量表面硬度：碳素钢、低合金钢 500~700HV 2）用硬度法测量渗层深度：深度值是由表面到比心部硬度高 30~50HV 处的距离。中、低碳钢总渗层深度一般为 0.6~1.0mm，有效硬化层深 0.3~0.5mm，化合物层深 10~20μm 3）渗层的疏松与脆性检测按 QC/T 469—2002 标准执行，1~3 级合格，4~5 级不合格

5.3.5　齿轮的氮碳共渗技术应用实例

齿轮的氮碳共渗技术应用实例见表 5-131。

表 5-131　齿轮的氮碳共渗技术应用实例

齿轮技术条件	工　艺	检验结果
大型装载机械（推土机、起重机、重型汽车等）用内齿圈和齿轮，齿轮直径 φ150~φ400mm 不等，40Cr 钢，技术要求：氮碳共渗层深 0.25~0.40mm，硬度 550~700HV，直径畸变量 <0.10mm	1）采用 RJJ-36-9T 型井式渗碳炉 2）将 50~200g 的氯化铵放在密封的罐底部，随炉升温至 570℃保温 6.5h，其氨流量 0.8~1.0m³/h，酒精滴量 140~160 滴/min	渗层 0.30~0.37mm，硬度为 595~680HV，畸变量 0.08mm，符合技术要求

（续）

齿轮技术条件	工 艺	检 验 结 果
齿轮,材料为铁素体球墨铸铁,要求氮碳共渗处理	采用气体氮碳共渗工艺。共渗介质 CO_2:NH_3 = 5:100,氨分解率为62% ~ 63%,氮碳共渗温度为570℃,处理时间4h,然后随炉冷却	齿轮表面硬度64HRC,白亮层深度7μm,扩散层深度143μm,接触疲劳极限提高73%(氮碳共渗前569MPa,氮碳共渗后1060MPa)
柴油机齿轮,45钢,技术要求:氮碳共渗表面硬度>480HV0.1,渗层深度≥0.20mm,畸变量≤0.05mm	1)调质。830℃×1h处理水淬后560℃×3h回火,硬度240~290HBW 2)采用RN₃-90-6型井式渗氮炉 3)氮碳共渗。570℃×2.5h,共渗剂采用"N_2 + NH_3 + CH_3CH_2OH + 催渗剂",油冷淬火	表面层为白色的化合物ε相,次表面层为γ相,经油冷后发生马氏体相变,心部为回火索氏体;白亮层和扩散层深度分别为0.02mm和0.25mm,表面硬度500HV0.1;内孔畸变量≤0.05mm
机床齿条,300mm(长)×26mm(宽)×20mm(高),45钢,技术要求:氮碳共渗后硬度≥480HV,热处理后畸变量≤0.08mm;M3螺孔保护不渗氮	1)采用RN-60-6K型井式渗氮炉。共渗介质选用 CO_2 气体做渗碳剂、氨气做渗氮剂 2)氮碳共渗工艺。200℃预热1~3h;530℃均温,氨分解率35%,氨流量12~18L/min;570℃氮碳共渗4~6h,氨分解率40%~55%,氨流量自控,CO_2 流量为氨流量的1/20~1/17,炉冷至200℃以下空冷	氮碳共渗后齿条表面硬度为550~600HV,耐磨性提高约10倍,其共渗层深度在0.5mm以下;用平台角尺检查齿条弯曲畸变量

第6章 齿轮的表面淬火技术

齿轮常用的表面淬火方法有火焰淬火、感应淬火和接触电阻加热淬火等，此外还有先进的激光淬火等。利用表面淬火而得到表面硬化层后，齿轮的心部仍可以保持原来的显微组织和性能不变，从而达到提高疲劳强度和耐磨性并保持心部韧性的优良综合性能。并可以节省能源、减小齿轮淬火畸变。

6.1 表面淬火技术概述

1. 表面淬火的分类（见表6-1）

表6-1 表面淬火的分类

分 类		工 艺
粗分	细分	
加热时所具有的供热方法		感应淬火、火焰淬火、盐浴加热淬火、电解液淬火、接触电阻加热淬火、激光淬火、电子束淬火、离子束淬火、高频脉冲电流感应淬火、太阳能加热淬火等
能量密度	较低能量密度加热	感应淬火、火焰淬火、盐浴加热淬火、电解液淬火等
	高能量密度加热	激光淬火、电子束淬火、离子束淬火、接触电阻加热淬火、太阳能加热淬火等
能量来源	内热源加热	感应淬火、高频脉冲电流感应淬火等
	外热源加热	火焰淬火、盐浴加热淬火、电解液淬火、接触电阻加热淬火、激光淬火、电子束淬火、离子束淬火、太阳能加热淬火等

2. 表面淬火齿轮的一般技术要求

（1）表面淬火齿轮的技术要求（见表6-2）。

表6-2 表面淬火齿轮的技术要求

项目	小齿轮	大齿轮	说 明
硬化层深度/mm		$(0.2 \sim 0.4)$ m①	有效硬化层深度按标准 GB/T 5617—2005 规定
齿面硬度 HRC	$50 \sim 55$	$45 \sim 50$，或 $300 \sim 400$HW	如果传动比为1:1，则大小齿轮齿面硬度可以相等
表层组织		细针状马氏体	齿部不允许有铁素体
心部硬度 HBW		调质：碳素钢 $265 \sim 280$ 合金钢 $270 \sim 300$	对某些要求不高的齿轮可以采用正火作为预备热处理

① m 为齿轮模数。

（2）齿轮表面淬火硬化层分布形式、强化效果及应用范围（见表6-3）。

（3）表面淬火齿轮的典型加工流程 加工流程：坯料→锻坯正火（或退火）→机械粗加工→调质→机械半精加工（制坯）和制齿→表面淬火→低温回火→机械精加工→成品。

表6-3 齿轮表面淬火硬化层分布形式、强化效果及应用范围

硬化层分布形式	工艺方法	强化效果	应用范围		
			高频（包括超音频）感应淬火	中频（2.5kHz、8kHz）感应淬火	火焰淬火
齿根不淬硬 a)	回转加热淬火法	齿面耐磨性提高，弯曲疲劳强度没有多大影响，许用弯曲应力低于该钢材调质后的水平	感应淬火齿轮直径由设备功率决定，齿轮宽度10～100mm，$m \leqslant 5$mm	处理齿轮直径由设备功率决定；齿轮宽度35～150mm，个别可达400mm；$m \leqslant 10$mm	齿轮直径可达450mm；专用淬火机床；$m \leqslant 6$mm，个别情况可到$m \leqslant 12$mm
齿根淬硬 b)	回转加热淬火法	齿面耐磨性及齿根弯曲疲劳强度都得到提高，许用弯曲应力比调质状态提高30%～50%，可部分代替渗碳齿轮	感应淬火齿轮直径由设备功率决定，齿宽10～100mm，$m \leqslant 5$mm	处理齿轮直径由设备功率决定；齿轮宽度35～150mm，个别可达400mm；$m \leqslant 10$mm	齿轮直径可达450mm；$m \leqslant 6$mm，个别情况可到$m \leqslant 10$mm
齿根淬硬 c)	单齿连续加热淬火法	齿面耐磨性提高，弯曲疲劳强度受一定影响（一般硬化层结束于离齿根2～3mm处），许用弯曲应力低于该钢材调质后的水平	齿轮直径不受限制，$m \geqslant 5$mm	齿轮直径不受限制，$m \geqslant 8$mm	齿轮直径不受限制，$m \geqslant 6$mm
齿根淬硬 d)	沿齿沟连续加热淬火法	齿面耐磨性及齿根弯曲疲劳强度均提高，许用弯曲应力比调质状态提高30%～50%，可部分代替渗碳齿轮	齿轮直径不受限制，$m \geqslant 5$mm	齿轮直径不受限制，$m \geqslant 8$mm	齿轮直径不受限制，$m \geqslant 10$mm

注：m 为齿轮模数。

6.2 齿轮的火焰淬火技术

火焰淬火是利用氧乙炔（或其他可燃气，如丙烷气、天然气等）焰使工件表层加热并快速冷却的淬火方法。火焰淬火设备简单，操作灵活方便，适用于各种形状齿轮等零件，特别是大尺寸齿轮或小批量、多品种齿轮等零件的表面淬火。

1. 齿轮火焰淬火用钢

为了使齿轮火焰淬火后的表面硬度大于50HRC，必须采用中碳或高碳含量的钢材，常用的火焰淬火的钢材见表6-4。

表6-4 常用的火焰淬火的钢材

牌号	淬火温度/℃	硬度HRC	牌号	淬火温度/℃	硬度HRC
40、45、50	820～880	50～55	40CrNi	800～850	56～60
45Mn2	820～840	55～58	40CrMo	820～860	50～60
40Cr	820～850	50～55			

如果要得到较薄的硬化层，除选择常用的火焰淬火的钢种外，还可以选用低淬透性钢种。在选用钢种，特别是合金钢钢种时，应充分考虑钢的淬透性。

2. 齿轮火焰淬火加热所用喷嘴结构

火焰淬火喷嘴是火焰加热的关键元件，其结构应根据齿轮加热面的形状和加热方法来具体设计和制造。图 6-1 所示为几种典型齿轮火焰加热喷嘴结构，供设计时参考。火焰喷嘴一般用纯铜管（$\phi10 \sim \phi16\text{mm}$，厚度为 $2 \sim 3\text{mm}$）制造，一般分为单焰（孔）式和多焰（孔）式两类。

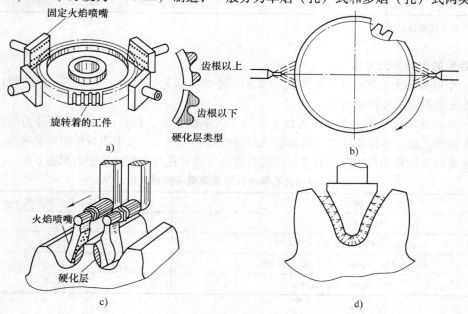

固定火焰喷嘴
旋转着的工件
齿根以上
齿根以下
硬化层类型
a)
b)

火焰喷嘴
硬化层
c)
d)

图 6-1　典型齿轮火焰加热喷嘴
a)、b) 回转加热　c) 单齿连续加热　d) 沿齿沟连续加热

沿齿沟加热喷嘴结构比较复杂，图 6-2 所示为一种直齿轮沿齿沟加热喷嘴。喷嘴外廓与齿沟轮廓相似，两者各处间距基本相等，一般为 $3 \sim 5\text{mm}$。火孔直径一般为 $\phi0.5 \sim \phi0.7\text{mm}$，水孔直径一般为 $\phi0.8 \sim \phi1.0\text{mm}$。齿根部火孔数量要多一些，齿顶部容易过热，火孔位置要低于齿顶面 $3 \sim 5\text{mm}$。几种模数齿轮沿齿沟加热喷嘴设计参数见表 6-5。表 6-5 中各参数代号参见图 6-2。

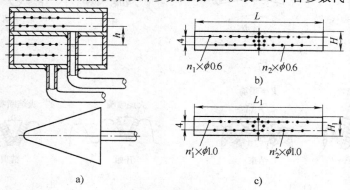

a)

b)
$n_1 \times \phi0.6$　$n_2 \times \phi0.6$

c)
$n'_1 \times \phi1.0$　$n'_2 \times \phi1.0$

图 6-2　直齿轮沿齿沟加热喷嘴
a) 喷嘴结构　b) 火孔　c) 水孔

表 6-5　几种模数齿轮沿齿沟加热喷嘴设计参数

模数 m/mm	L/mm	L_1/mm	H/mm	H_1/mm	n_1/个	n_2/个	n_1'/个	n_2'/个	n[①]/个
10	80	80	15	25	12	10	14	12	8
12	80	80	15	25	14	12	16	14	9
14	90	90	15	25	16	14	20	18	10
16	95	95	15	25	18	16	22	20	11

① 齿顶火孔数目。

3. 齿轮的火焰淬火方法

（1）全齿旋转火焰淬火法　此方法主要用于小模数齿轮、短齿，全齿淬火后的硬化层深度主要取决于加热温度和保温时间。

（2）单齿连续火焰淬火法　此方法主要用于大模数齿轮、较长齿，其又可分为沿齿腹淬火法和沿齿沟淬火法。单齿连续淬火后的硬化层深度与氧气压力、喷嘴或齿轮的移动速度、火孔与水孔的距离以及齿轮预热温度等有关。不同材质对应的火孔与水孔排间距离见表 6-6。

表 6-6　火孔和水孔排间距离与钢材关系

牌　号	火孔与水孔排间距离/mm
35、35Cr、40、45	10
40Cr、45Cr、ZG30Mn、ZG45Mn	15
55、50Mn、50Mn2、40CrNi、55CrMo	20
35CrMnSi、40CrMnMo	25

沿齿沟淬火时，由于齿根处的热量流失比齿腹要多，所以喷嘴上加热齿根用的火孔要适当多布置一些。此外，相邻的两个齿腹应采用水管通水喷冷，避免已淬硬部分受热回火而使硬度下降。

（3）典型齿轮火焰淬火方法（见图 6-3）

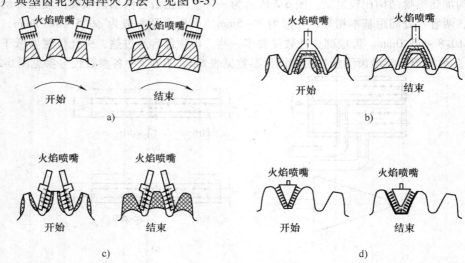

图 6-3　几种典型齿轮火焰淬火方法

a）齿圈火焰淬火　b）齿面火焰淬火　c）沿齿沟火焰淬火（单侧）　d）沿齿沟火焰淬火（两侧）

4. 齿轮火焰淬火工艺

（1）齿轮的预备热处理　火焰淬火齿轮一般采用调质作为预备热处理，要求不高的齿轮也可采用正火。对于一些铸件，则应预先进行退火处理，以细化铸态组织。

（2）齿轮火焰淬火的推荐工艺参数（见表6-7）

表6-7　齿轮火焰淬火的推荐工艺参数

工艺参数	推荐数值		说　　明
加热温度	$Ac_3 + (30 \sim 80)$℃		根据齿轮钢材确定
火焰强度	乙炔$(0.5 \sim 1.5) \times 10^5$Pa 氧$(3 \sim 6) \times 10^5$Pa 乙炔/氧 = 1/1.5 ~ 1/1.1		1）乙炔/氧一般取 1/1.5 ~ 1/1.25，在这种比例下火焰强度大，温度高，稳定性好，并呈蓝色中性火焰 2）处理重要齿轮时，可选用光电高温计或便携式红外辐射温度计作为测温装置
焰心距齿轮距离/mm	齿圈淬火 8 ~ 15		焰心与齿顶距离
	齿面淬火 5 ~ 10 沿齿沟淬火 2 ~ 3		焰心与齿面距离
喷嘴（或齿轮）的移动速度	旋转加热 50 ~ 300mm/min		1）要求淬火温度高、淬硬层深时，采用低的速度；反之，采用高的速度 2）重要齿轮及批量生产齿轮可选用齿轮专用淬火机床
	单齿加热		
	模数/mm ｜ >20 ｜ 11 ~ 20 ｜ 5 ~ 10 移动速度/(mm/min) ｜ <90 ｜ 90 ~ 120 ｜ 120 ~ 150		
水孔与火孔距离	见表6-6 水孔角度为 10° ~ 30°		连续加热淬火时，要防止水花飞溅影响加热效果，喷水孔与火孔间应有隔板
淬火冷却介质	碳素钢可用自来水，一般压力为$(1 \sim 1.5) \times 10^5$Pa 合金钢常用聚合物（PAG）水溶液、乳化液及压缩空气		温度、压力等参数要保持稳定
回火	要求硬度 HRC ｜ 45 ~ 50 ｜ 50 ~ 55 回火温度/℃ ｜ 200 ~ 250 ｜ 180 ~ 220		1）一般回火保温时间为 45 ~ 90min 2）经淬火后齿轮应及时回火，其间隔时间不大于 4h

火焰淬火加热速度比较快，奥氏体化温度向高温方向推移。不同材料的火焰淬火温度要比一般普通淬火温度高 20 ~ 30℃。各种钢材及铸铁的火焰加热温度见表6-8。

表6-8　各种钢材及铸铁的火焰加热温度

钢材及铸铁	加热温度/℃	钢材及铸铁	加热温度/℃
35、ZG270-500、40 钢	900 ~ 1020	42CrMo、40CrMnMo、35CrMnSi 钢	900 ~ 1020
45、ZG310-570、50、ZG340-570 钢	880 ~ 1000	灰铸铁、球墨铸铁	900 ~ 1000
40Cr、35CrMo 钢	900 ~ 1020		

5. 齿轮火焰淬火的检验与畸变情况

小齿轮整体加热者可用酸浸法检查其硬化层与显微组织，并进行硬度检查及尺寸检查。一般节圆误差为 0.04mm，外圆胀大 0.02mm，环形齿轮易于产生圆度畸变（0.03mm），齿向微有畸变，内孔淬火回火后畸变在 0.02mm 以内。

6. 齿轮火焰淬火实例

大、中及小齿轮火焰淬火的情况如图 6-4 所示。

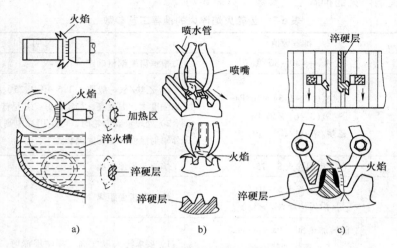

图 6-4　齿轮火焰淬火示意图

a）小齿轮　b）中齿轮　c）大齿轮

1）模数 $m < 3mm$ 的小型齿轮，火焰喷嘴应离开齿顶远一些，边加热边旋转，齿全部加热后，在水中淬火。

2）旋转整体加热适用于 $m = 3 \sim 5mm$ 的中型齿轮淬火，火焰喷嘴与齿轮的距离以 18mm 为佳，齿轮圆周速度以 100mm/s 为佳，加热后把齿轮取出淬水或油。

3）连续顺序逐齿淬火适用于 $m \geq 8mm$ 的齿轮，火焰喷嘴距齿面 $4 \sim 6mm$ 为宜，移动速度随硬化层深度而定。乙炔消耗量为 $2.8 \sim 3.5L/cm^2$ 时硬化层深度与移动速度的关系见表 6-9。

表 6-9　乙炔消耗量为 $2.8 \sim 3.5L/mm^2$ 时硬化层深度与移动速度的关系

要求硬化层深/mm	4.8	3.2	2.5	1.6	0.8
喷嘴移动速度/(mm/min)	100	125	140	150	175

4）淬火加热温度以经验观察，并通过调整移动速度加以控制，一般表面控制在 $850 \sim 900℃$。

7. 工艺举例

C660 重型车床齿轮（$m = 14mm$，外径为 870mm，宽度为 200mm，齿轮最大转速为 200r/min，最小转速为 3r/min，齿数 84，7 级精度）。

（1）齿轮技术条件　材料为 45 钢，技术要求：表面淬火硬度 42HRC。

（2）热处理工艺　火焰淬火使用氧乙炔混合气体（$C = 1.25$），采用图 6-5 所示的喷嘴，移动速度为 $150 \sim 250mm/min$，淬火冷却介质为水；回火温度为 $200 \sim 240℃$，回火时间为 120min。

（3）检验结果　硬度和硬化层深度符合技术要求，未发现有严重畸变。

8. 齿轮火焰淬火工艺实例

齿轮火焰淬火工艺实例见表 6-10。

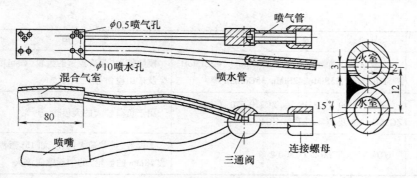

图 6-5 齿轮火焰淬火喷嘴结构

表 6-10 齿轮火焰淬火工艺实例

齿轮技术条件	加热方式	加热时间 /min	淬硬层深 /mm	硬度 HRC	氧气压力 /MPa	乙炔压力 /MPa	齿轮至焰心 距离/mm	推进速度/(mm/min) 或旋转速度/(r/min)
大齿轮，45 钢	旋转推进式	0.66/齿	3	58	1.0	0.1	2	手动
齿轮，45 钢	旋转移动式	3	5	58	1.2	0.08	4	60

6.3 齿轮的感应淬火技术

感应加热速度快，几乎完全没有氧化、脱碳，齿轮畸变很小，还易于实现局部加热及自动化生产，适用于处理钢制的齿轮等零件。

6.3.1 感应淬火方法的分类

感应加热设备按电源频率主要分为高频、超音频、中频、工频等。感应加热方法的分类及适用范围见表 6-11。

表 6-11 感应加热方法的分类及适用范围

感应加热 类型	工作电流频率/kHz	比功率 /(W/cm²)	淬硬层深度 /mm	应 用 范 围
高频	100 ~ 1000(常用 200 ~ 300)	200 ~ 1000	0.5 ~ 2.0	中小模数齿轮($m < 3mm$)、中小轴等
超音频	20 ~ 60(常用 30 ~ 40)	200 ~ 1000	2.5 ~ 3.5	中小模数齿轮($m = 3 ~ 6mm$)、花键轴、曲轴等
中频	0.5 ~ 10(常用 0.8 ~ 2.5)	<500	2 ~ 10	中大模数齿轮($m = 8 ~ 12mm$)、大直径轴类等
工频	0.05	10 ~ 100	10 ~ 20	大型工件，如冷轧辊、火车车轮等

注：m 为齿轮模数。

6.3.2 感应加热齿轮常用钢铁材料与用途

1. 感应加热齿轮常用钢铁材料与用途（见表 6-12）

表 6-12 感应加热齿轮常用钢铁材料与用途

分类	牌 号	用 途
优质中碳结构钢	35、40、45、50 等	小模数、轻载荷齿轮(如机床齿轮)
中碳低合金 结构钢	30Cr、35Cr、40Cr、45Cr、40MnB、45MnB、30CrMo、35CrMo、40CrMo、35CrNiMo、40CrNiMo、45CrNiMo、42CrMo 等	

（续）

分类	牌　号	用　途
中碳低合金结构钢	37CrNi3A、40CrNi、42CrMo、42CrMoH、37SiMn2MoV、35SiMn、42SiMn、35CrMnSi 等	模数较大、载荷较重的齿轮（如起重机、内燃机、冶金及矿山设备等）
铸钢	ZG270-500（ZG35）、ZG310-570（ZG45）、ZG35CrlMo 及 ZG42CrlMo、ZG40Crl 等	用于负荷较大的大齿轮
球墨铸铁	QT600-3、QT700-2、QT800-2 等	大模数、重载荷大齿轮（如 15t 蒸汽导轨起重机模数 18mm 的齿轮）的中频感应淬火

2. 典型铸钢齿轮（$m = 1 \sim 10$mm）及其感应淬火规范（见表 6-13）

表 6-13　典型铸钢齿轮（$m = 1 \sim 10$mm）及其感应淬火规范

材质牌号	加热方法	冷却方法	淬火冷却介质
ZG310-570	同时加热	喷射	水或质量分数为 0.05% ~ 0.3% 聚乙烯醇水溶液
ZG40Crl	同时加热	喷射或浸淬	油或质量分数为 0.3% 聚乙烯醇水溶液

6.3.3　感应加热设备的选择

常用齿轮感应加热设备技术参数见表 6-14。感应加热设备及处理齿轮的尺寸范围见表 6-15。

表 6-14　常用齿轮感应加热设备技术参数

设备型号	额定功率/kW	频率/kHz	适合模数/mm 最佳	适合模数/mm 一般	同时一次加热最大尺寸/mm
GP100-C$_3$	100	200 ~ 250	2.5	≤4	ϕ300 × 440
CYP100-C$_2$	≥75	30 ~ 40	3 ~ 4	3 ~ 7	ϕ300 × 40
CYP200-C$_4$	≥150	30 ~ 40	3 ~ 4	3 ~ 7	ϕ400 × 60
BPS100/8000	100	8	5 ~ 6	4 ~ 8	ϕ350 × 40
BPS250/2500	250	2.5	9 ~ 11	6 ~ 12	ϕ400 × 80
KGPS100/2.5	100	2.5	9 ~ 11	6 ~ 12	ϕ350 × 40
KGPS100/8	100	8	5 ~ 6	4 ~ 8	ϕ350 × 40
KGPS250/2.5	250	2.5	9 ~ 11	6 ~ 12	ϕ400 × 80

表 6-15　感应加热设备及处理齿轮的尺寸范围

功率/kW	频率/kHz	模数 m/mm	同时加热最大尺寸/mm	功率/kW	频率/kHz	模数 m/mm	同时加热最大尺寸/mm
60	200/250	≤4	ϕ200 × 435	100	8.0	4 ~ 3	ϕ300 × 40
85	45	≤4	ϕ400 × 40	100	200/250	≤4	ϕ300 × 40
100	2.5	4 ~ 12	ϕ350 × 80	200	70	3 ~ 7	ϕ400 × 120

6.3.4　齿轮的感应淬火工艺

1. 感应淬火齿轮的技术参数

感应淬火齿轮的主要技术参数：表面硬度、硬化层深度、淬硬区分布、畸变与开裂、金相组织等。

（1）表面硬度要求 应当特别注意的是，最终的齿轮硬度要求应由选用不同的回火温度来满足。即使最终硬度要求较低时，也必须保证淬火后的高硬度。

机床齿轮感应淬火常用材料的硬度要求见表 6-16。

表 6-16 机床齿轮感应淬火常用材料的硬度要求

牌号	表面硬度 HRC	备 注
45	40 ~ 45、45 ~ 50	预备热处理采用正火或调质
40Cr	40 ~ 45、45 ~ 50、50 ~ 55	
20Cr、12Cr2Ni4	56 ~ 62	渗碳后高频感应淬火

（2）硬化层深度的确定 零件表面的硬化层深度根据其服役条件来确定，表 6-17 列出了几种典型服役条件下的零件表面硬化层深度要求。高频感应淬火硬化层深度与模数的关系见表 6-18。美国 Verson 和 P&H 公司的感应淬火齿轮硬化层深度的规定见表 6-19。

表 6-17 几种典型服役条件下的零件表面硬化层深度要求（JB/T 9201—2007）

失效原因	工作条件	硬化层深度及硬度值要求
磨损	滑动磨损且负荷较大或承受冲击载荷	以尺寸公差为限，一般为 1 ~ 2mm，硬度为 55 ~ 63HRC，可取上限；一般为 2.0 ~ 6.5mm 时，硬度为 55 ~ 63HRC，可取下限
疲劳	承受周期性弯曲或扭转负荷	一般为 2.0 ~ 12mm，中小型轴类可取半径的 10% ~ 20%，直径小于 40mm 取下限；过渡层为硬化层的 25% ~ 30%

注：齿轮硬化层深度一般取（0.2 ~ 0.4）m，m 为齿轮模数。

表 6-18 高频感应淬火硬化层深度与模数的关系

齿轮模数/mm	硬化层深度/mm	齿轮模数/mm	硬化层深度/mm	齿轮模数/mm	硬化层深度/mm
1.5	0.3 ~ 0.5	3.0	0.6 ~ 0.9	4.25	0.9 ~ 1.1
2.0	0.4 ~ 0.6	3.25	0.6 ~ 0.9	4.5	1.0 ~ 1.2
2.25	0.5 ~ 0.7	3.5	0.5 ~ 1.0	5.0	1.2 ~ 1.4
2.5	0.5 ~ 0.8	4.0	0.9 ~ 1.1		

表 6-19 美国 Verson 和 P&H 公司的感应淬火齿轮硬化层深度的规定

公司名称	齿轮模数/mm							
	8	10	12	14	16	20	25	32
Verson	3.0	3.0	3.0	3.0	5.0	6.9	6.0	6.0
P&H	—	3.0	—	—	4.5	—	5.5	—

（3）感应淬火齿轮硬化层分布 齿轮感应淬火后常见的几种硬化层形式见表 6-20。

表 6-20 齿轮感应淬火后常见的几种硬化层形式

分类	硬化层分布形式	获得条件	说 明
A		模数 <2.5mm 的齿轮采用高频感应全齿淬火	模数 2.5 ~ 4mm 的齿轮采用高频全齿淬火也能得到此种硬化层。但加热时间延长，生产效率低，且齿顶部容易过热

（续）

分类	硬化层分布形式	获得条件	说　明
B	1/3 齿高	模数 2.5～4mm 的齿轮采用高频感应全齿淬火；模数 >5mm 的齿轮采用高频感应单齿沿齿面连续加热淬火；模数 >8mm 的齿轮采用中频感应单齿连续加热淬火	此种类型硬化层切忌将硬化层淬及齿根部，因淬火过渡区的拉应力和外加应力在齿根处叠加，降低了弯曲疲劳强度，容易引起疲劳断裂
C		模数 >5mm 的齿轮采用高频感应单齿同时沿齿面淬火	当感应器沿齿高方向较宽或感应器比较接近齿顶时，齿顶部也可以淬得较深，具有 B 类硬化层。此情况在齿端部尤为显著
D		模数 >5mm 的齿轮采用高频或中频感应沿齿沟淬火	大模数齿轮沿齿沟淬火采用中频感应淬火方法较为合适
E		模数 3～8mm 的齿轮选用低淬透性钢用高频或中频感应全齿淬火；模数 2～8mm 的齿轮选用渗碳钢在渗碳后用高频或中频感应全齿淬火；双频感应淬火	模数 6～8mm 的齿轮选用普通碳素钢采用中频感应全齿淬火，也可以得到类似的硬化层

2. 齿轮感应淬火电参数的选择

（1）电流频率的选择　电流频率选择的原则及电流频率、加热时间的选择见表 6-21。电流频率与热透入深度的关系见表 6-22。齿轮全齿同时加热淬火的最佳电流频率见表 6-23。

表 6-21　电流频率选择的原则及电流频率、加热时间的选择

项目	内　容
电流频率选择的原则	1）其是根据齿轮淬火生产率、技术经济指标、淬硬层组织的均匀性、零件淬裂的倾向性、齿轮的疲劳强度进行选择 2）实际生产中，一般认为淬硬层深度为电流热透入深度的一半时为最佳。即 $f_{最佳} = 62500/X_{淬}^2$。式中，$f_{最佳}$ 是最佳电流频率（Hz）；$X_{淬}$ 是淬硬层深度（mm） 3）电流频率选择时，除了考虑获得透入式加热、感应器能够可靠工作因素外，还要考虑感应器的电效率。即 $3062500/D^2 < f < 25000000/D^2$。式中，$D$ 是齿轮直径（厚度）
电流频率的选择	1）对于中、小模数齿轮和齿轮轴，采用全齿连续加热淬火时，推荐使用俄罗斯的经验公式：$f = 600/m^2$。式中，f 是最佳频率（kHz）；m 是齿轮模数（mm） 2）当选择合适频率时，即使齿根的电能略大于齿部的电能，齿轮的加热也比较理想。齿轮感应淬火时，频率选择：

（续）

项目	内　　容			

<table>
<tr><td colspan="4">加热淬火方法</td><td>模数/mm</td><td>频率/kHz</td><td>效　　果</td></tr>
</table>

项目	加热淬火方法	模数/mm	频率/kHz	效　　果
电流频率的选择	全齿同时加热淬火（或连续淬火）	1~4	200~300	m = 2.5 ~ 3.5mm 时，加热质量较好
		2~6	60~70	m = 4 ~ 5mm 时，加热轮廓线明显，加热较均匀
		3~6	30~36	齿顶与齿根表面温度较均匀
		5~10	8	m = 7 ~ 8mm 时，齿顶与齿根加热质量较好
	单齿加热淬火（沿齿面或沿齿沟连续淬火）	5~10	200~300	沿齿沟连续淬火，可得到较理想的硬化层分布
		8~25	8	

注：1. m 为齿轮模数。
　　2. 小模数齿轮沿齿廓仿形硬化有困难时，可以采用低淬透性钢。

3) 各种硬化层深度与电流频率的关系：

硬化层深度/mm	1	1.5	2	3	4	5	6	8
最高频率/kHz	250	110	62.5	27	15.6	10	7	3.9
最低频率/kHz	15	6.7	3.75	1.7	0.94	0.6	0.42	0.23
最佳频率/kHz	60	27	15	6.7	3.8	2.4	1.7	0.94

加热时间的选择	加热时间与齿轮模数密切相关：$\tau_{加热} \approx 0.05m^2$。式中，$\tau_{加热}$ 是加热时间(s)；m 是齿轮模数(mm)

表 6-22　电流频率与热透入深度的关系（GB/T 5617—2005）

频段	高　　频				
频率/kHz	500~600	300~500	200~300	100~200	30~40
热透入深度/mm	0.7~0.56	0.9~0.7	1.1~0.9	1.6~1.1	2.9~2.5
频段	超音频	中　　频			
频率/kHz	30~40	8	4	2.5	1
热透入深度/mm	2.9~2.5	5.6	7.9	10	15.8

表 6-23　齿轮全齿同时加热淬火的最佳电流频率

模数/mm	1	2	3	4	5	6	7	8	9	10
电流频率/kHz	250	62.5	28	16	10	7	5	4	3	2.5

（2）比功率的确定　在确定比功率时，必须考虑硬化层深度、齿轮尺寸、加热时间、电流频率以及加热方法等因素。感应加热零件时比功率与加热方法的关系见表 6-24。不同模数齿轮同时加热时比功率见表 6-25。在实际生产中，比功率还要结合齿轮大小、加热方法以及试验淬火时的金相组织、硬度及硬化层分布进行最后的调整。

表 6-24　感应加热零件时比功率与加热方法的关系

感应加热装置	同时加热时比功率/(kW/cm²)	连续加热时比功率/(kW/cm²)
高频感应加热装置	0.5~2.0	1.0~3.0
中频感应加热装置	0.5~2.0	0.8~2.0

表 6-25　不同模数齿轮同时加热时比功率

模数/mm	1～2	2.5～3.5	3.75～4	5～6
比功率/（kW/cm²）	2～4	1～2	0.5～1	0.3～0.6

（3）感应器与齿轮淬火表面之间的间隙（见表 6-26）　为了保证感应淬火过程中齿形与感应器的间隙始终保证一致，以使其在感应加热时加热均匀、淬火后齿形两侧硬度均匀、金相组织稳定，为此应保证感应淬火时分度准确，可以采用淬火机床全自动齿形跟踪定位机构。

表 6-26　感应器与齿轮淬火表面之间的间隙

序号	加热方式	感应器与齿轮之间间隙/mm
1	齿轮内孔采用高频感应设备进行同时加热	一般为 1～2
	齿轮内孔采用高频感应设备进行连续加热	一般为 1～2
2	齿轮内孔（$\phi > 70$mm）采用中频感应设备进行同时加热	一般为 2～3
	齿轮内孔（$\phi > 70$mm）采用中频感应设备进行连续加热	一般为 2～3
3	轴类件采用中频感应设备进行同时加热	2～5
	轴类件采用中频感应设备进行连续加热	2.5～5
4	采用多匝感应器加热齿轮（各匝之间的距离一般为 1.6～2.4mm）	1.6～3.2

3. 加热温度

表 6-27 列出了几种牌号钢材随原始组织和加热速度不同，为获得合格的淬火组织所应选取的加热温度范围。

表 6-27　几种钢的感应淬火推荐加热温度（喷水冷却）

牌号	原始组织	预备热处理	下列情况下的加热温度/℃			
			炉中加热	$\dfrac{Ac_1 \text{ 以上的加热速度}}{Ac_1 \text{ 以上的加热持续时间}}$		
				30～60℃/s 2～4s	100～200℃/s 1.0～1.5s	400～500℃/s 0.5～0.8s
35	细片状 P + 细粒状 F	正火	840～860	880～920	910～950	970～1050
	片状 P + F	退火	840～860	910～950	930～990	980～1070
	S	调质	840～860	860～900	890～930	930～1020
40	细片状 P + 细粒状 F	正火	820～850	860～910	890～940	950～1020
	片状 P + F	退火	820～850	890～940	910～960	960～1040
	S	调质	820～850	840～890	870～920	920～1000
45	细片状 P + 细粒状 F	正火	810～830	850～890	880～920	930～1000
	片状 P + F	退火	810～830	880～920	900～940	950～1020
	S	调质	810～830	830～870	860～900	920～980
45Mn2、50	细片状 P + 细粒状 F	正火	790～810	830～870	860～900	920～980
	片状 P + F	退火	790～810	860～900	880～920	930～1000
	S	调质	790～810	810～850	840～880	860～920
40Cr、45Cr、40CrNiMo	P + F	退火	830～850	920～960	940～980	980～1050
	S	调质	830～850	860～900	880～920	940～1000

（续）

牌号	原始组织	预备热处理	下列情况下的加热温度/℃			
			炉中加热	$\dfrac{Ac_1\ 以上的加热速度}{Ac_1\ 以上的加热持续时间}$		
				30 ~ 60℃/s 2 ~ 4s	100 ~ 200℃/s 1.0 ~ 1.5s	400 ~ 500℃/s 0.5 ~ 0.8s
40CrNi	P + F	退火	810 ~ 830	900 ~ 940	920 ~ 960	960 ~ 1020
	S	调质	810 ~ 830	840 ~ 880	860 ~ 900	920 ~ 980

注：P 为珠光体；F 为铁素体；S 为索氏体。

4. 齿轮的感应淬火方法的选择与确定

（1）齿轮的感应淬火方法　齿轮的感应淬火方法主要分为两类：同时加热感应淬火法和连续加热感应淬火法。

大模数齿轮常采用沿齿面逐齿（即单齿）感应淬火，其又可分为沿齿面逐齿（单齿）感应淬火法及沿齿沟逐齿（单齿）感应淬火法两种。

齿轮的感应淬火方法与适用范围见表 6-28。不同模数齿轮的感应淬火方法见表 6-29。

表 6-28　齿轮的感应淬火方法与适用范围

淬火种类	淬火方法	适用范围与作用
同时加热感应淬火	齿轮淬火部位同时加热到淬火温度，转瞬间就有淬火冷却介质喷射到位，将加热部位淬火，也可将齿轮移出感应器迅速浸入淬火槽中淬火冷却	多用于小模数（如 $m < 3mm$）齿轮。该方法优点是生产效率高，淬火质量稳定，适用于大批量生产。喷水冷却参数调整好后，可实现自行回火
连续加热感应淬火（即移动淬火，又称扫描淬火）	齿轮与感应器相对移动，使加热和冷却连续不断地进行，一直到将所有轮齿齿面淬火为止。该方法适用于淬硬区较长，设备功率达不到同时加热要求的情况	多用于大模数（如 $m > 4mm$）齿轮。某些齿轮在用水作为淬火冷却介质，连续加热感应淬火后，容易出现淬火裂纹，可将水温提高到 60℃，喷水压力调为 0.05 ~ 0.08MPa，使用水幕式喷水器，冷却时就形成一个完整的水帘喷淋齿轮表面
自冷淬火法	指齿轮局部或表面快速加热奥氏体化后，加热区的热量自行向未加热区传导，从而使奥氏体化区迅速冷却的淬火。应用自冷淬火法要求原始组织为调质组织，加热比功率要大一些，材料的淬硬性要好，如 50Cr 钢等	主要用于模数 $m > 6mm$ 的单齿连续加热淬火。这种淬火方法获得淬火硬化层一般不超过 2mm。可完全避免淬火裂纹的产生
埋液淬火	把齿轮放在油中或水中进行感应淬火	常用于齿轮的单齿连续加热淬火。水中加热淬火用于模数 $m > 3mm$ 的中碳钢齿轮淬火；油中加热淬火用于模数 $m > 8mm$ 的大齿轮淬火
浸液冷却方式淬火（又称浸沉冷却方式淬火）	对一些合金钢齿轮，在感应加热完毕后，立即浸入淬火槽中冷却（齿轮感应加热后整体在油中或水中的冷却），浸沉冷却时间随淬火冷却介质的种类不同而不同，对于 L-AN15 或 L-AN32 全损耗系统用油，浸沉冷却时间 $t_c \geqslant 120s$	减小齿轮感应淬火畸变与开裂倾向

表 6-29　不同模数齿轮的感应淬火方法

序号	齿轮模数 m/mm	方　　法	备　　注
1	m < 5	一般都可用同时加热淬火	若齿宽太大（60～80mm）时，则可采用整体连续加热淬火，此法对模数为 3～5mm 的圆柱齿轮，加热前应先预热一次，使其温度均匀
		对锥齿轮，通常也采用同时加热淬火	设计合适的感应器
		m = 2.5～4.5，采用同时加热淬火	可在 30kW 或 60kW 的高频加热设备上加热淬火
2	m = 5（或 m = 4）	大直径（如 φ500mm）齿轮，其齿宽又较大者，则可按齿宽部分一段一段加热淬火	当允许有软带情况下
3	m ≥ 6	对锥齿轮，可采用逐齿加热淬火	若齿尖容易过热，则可在齿端部加铜片，以吸去其多余的热量
		圆柱齿轮，也可采用逐齿加热淬火	为避免邻近齿的加热回火软化，可采用 0.5～1.5mm 的纯铜板弯成屏蔽套，放置在邻近的齿上加以保护
4	m > 6	可采用单齿淬火	若齿宽大，则用逐齿连续淬火

（2）齿轮的感应淬火冷却方式及淬火冷却介质　齿轮感应淬火时可应用喷液或浸液方式进行淬火冷却。

1）喷液淬火。用于连续加热时的冷却较为方便。淬火冷却介质有水、压缩空气、乳化液及 PAG 水溶液等。淬透性低而形状简单的齿轮常用喷水冷却，通过改变水温及水压来改变冷却速度。乳化液及 PAG 水溶液等适用于合金钢或碳素钢制齿轮，可减少其畸变与开裂。

2）浸液淬火。用于同时加热齿轮的淬火冷却较为方便，常用淬火冷却介质为水和油。

3）感应淬火时淬火冷却介质的冷却方式及冷却特性见表 6-30。

表 6-30　感应淬火时淬火冷却介质的冷却方式及冷却特性

淬火冷却介质及冷却方式			冷却条件		冷却速度/（℃/s）	
			压力/MPa	温度/℃	600℃	250℃
喷水	喷水圈与工件的间隙/mm	10	0.4	15	1450	1900
			0.3	15	1250	1750
			0.2	15	610	860
		40	0.4	20	1100	400
			0.4	30	890	330
			0.4	40	650	270
			0.4	60	500	200
浸水			—	15	180	560
喷油（L-AN10 全损耗系统用油）			0.2	20	190	190
			0.3	20	210	210
			0.4	20	230	210
			0.6	20	260	320
浸油			—	50	65	10

（续）

淬火冷却介质及冷却方式			冷却条件		冷却速度/ (℃/s)	
			压力/MPa	温度/℃	600℃	250℃
喷聚乙烯醇水溶液	溶液的质量分数	0.025%	0.4	15	1250	1000
		0.05%	0.4	15	730	550
		0.10%	0.4	15	860	240
		0.30%	0.4	15	900	320

4）齿轮感应淬火时的冷却方法及所用淬火冷却介质见表 6-31。齿轮感应淬火常用冷却介质的性能及其适用性见表 6-32。

表 6-31　齿轮感应淬火时的冷却方法及所用淬火冷却介质

齿轮模数/mm	材料	加热方法	冷却方法	淬火冷却介质（质量分数）	操作注意事项
1~3	45 钢	同时	喷液	0.05% 或 0.3% 聚乙烯醇（PVA）水溶液	停止喷液时温度高于 200℃
	40Cr 钢	同时	浸液	油	—
3~5	45 钢	同时	喷液	自来水；0.05% 聚乙烯醇水溶液	停止喷液时温度高于 200℃
	40Cr 钢	同时	喷液或浸液	0.3% 聚乙烯醇水溶液；1% 乳化液；自来水；油	冷却到 200℃ 时，停止喷液
>5	45 钢	逐齿同时；单齿连续；沿齿沟连续	喷液	自来水	—
	40Cr 钢	逐齿同时；单齿连续；沿齿沟连续	喷液	0.05% ~0.1% 聚乙烯醇水溶液；自来水	—
	淬透性高于 40Cr 的合金钢	逐齿同时；单齿连续；沿齿沟连续	间歇冷却	自来水	用自来水喷射冷却相邻两齿面

表 6-32　齿轮感应淬火常用淬火冷却介质的性能及其适用性

淬火冷却介质种类	性　　能	适　用　性
水	水的冷却速度随着水温、水压（流速）的变化而变化。一般工艺规定水温范围为 15~30℃，当齿轮采用自回火工艺时，水温范围缩小为 15~25℃，50℃ 以上的自来水冷却速度明显降低	淬火用水的压力常用 0.1~0.4MPa。例如中碳钢制造的齿轮，可采用喷水进行冷却
淬火油	当采用淬火油槽时，常用油温为 40~80℃；当采用喷油淬火时，喷油量一定要大到淬火齿轮不产生燃烧火焰为度	喷油压力为 0.2~0.6MPa。对于易淬裂的碳素钢齿轮及合金钢齿轮可进行油淬、喷油淬火
水溶性淬火冷却介质	1）主要是有机聚合物类。广泛使用的是聚合物（PAG）水溶液、聚乙烯醇水溶液 2）对于易淬裂的碳素钢齿轮及合金钢齿轮还可以采用质量分数为 0.05% ~0.3% 聚乙烯醇水溶液，液温 <45℃；也可以采用 UCON B 型聚二醇水溶液，常用质量分数为 4% ~15%，温度在 15~50℃；也可采用 AQ251 及 364 型水溶液（聚烯烃乙二醇，PAG），常用质量分数为 5% ~15%，温度在 15~50℃；或采用国产科润 KR6480（PAG）水溶液等	水溶性淬火冷却介质主要适用于碳素结构钢、低合金结构钢齿轮等零件。由于其冷却速度比水低，比油高，因此能解决有些齿轮等零件的淬裂问题，如花键轴、齿轮等淬火已广泛采用聚合物（PAG）水溶液

（3）感应淬火冷却时间　感应淬火冷却时间的选择见表6-33，供齿轮感应淬火冷却时参考。

表6-33　感应淬火冷却时间的选择

参数	选　择　内　容
冷却 时间 t_c	感应加热的比功率为正常值，喷射压力为 $0.1 \sim 0.3$MPa，以水为淬火冷却介质时，其冷却时间 t_c 按下式选用：$t_c = (1 \sim 2)t_H$。式中，t_c 是感应淬火冷却时间；t_H 是同时加热淬火时的加热时间
	聚乙烯醇水溶液和聚醚水溶液的冷却时间 t_c 按下式选用：$t_c = (1.5 \sim 3)t_H$。t_c 要经过试验或修正后才能最后确定
	一些合金钢齿轮，在感应加热后可以采用浸沉冷却方式进行淬火，浸沉冷却时间随淬火冷却介质的种类不同而不同，对于 L-AN15 或 L-AN32 全损耗系统用油，浸沉冷却时间 $t_c \geqslant 120$s

（4）感应淬火齿轮的回火　齿轮感应淬火后通常要进行低温回火，可选择炉中回火、自回火和感应加热回火。

1）炉中回火。多采用井式回火炉，适用于各种中小型齿轮淬火后的回火。具体回火温度应根据齿轮的材质、淬火后的硬度及要求的硬度等来确定。表6-34 为感应淬火工件炉中回火工艺参数。表6-35 为常用钢种在感应淬火后回火温度与硬度的关系。供齿轮感应淬火后回火时参考。

表6-34　感应淬火工件炉中回火工艺参数

牌　号	要求硬度 HRC	淬火后硬度 HRC	工　艺　参　数	
			温度/℃	时间/min
45	$40 \sim 45$	$\geqslant 50$	$280 \sim 300$	$45 \sim 60$
		$\geqslant 55$	$300 \sim 320$	$45 \sim 60$
	$45 \sim 50$	$\geqslant 50$	$200 \sim 220$	$45 \sim 60$
		$\geqslant 55$	$220 \sim 250$	$45 \sim 60$
	$50 \sim 55$	$\geqslant 55$	$180 \sim 200$	$45 \sim 60$
50	$55 \sim 60$	$55 \sim 60$	$180 \sim 200$	60
40Cr	$45 \sim 50$	$\geqslant 50$	$240 \sim 260$	$45 \sim 60$
		$\geqslant 55$	$260 \sim 280$	$45 \sim 60$
42SiMn	$45 \sim 50$	$\geqslant 55$	$220 \sim 250$	$45 \sim 60$
	$50 \sim 55$	$\geqslant 55$	$180 \sim 220$	$45 \sim 60$
15、20Cr、20CrMnTi、 20CrMnMo（渗碳后）	$56 \sim 62$	$56 \sim 62$	$180 \sim 200$	$90 \sim 120$

表6-35　常用钢种在感应淬火后回火温度与硬度的关系

牌号	硬度 HRC				
	$30 \sim 35$	$35 \sim 40$	$40 \sim 45$	$45 \sim 50$	$50 \sim 55$
	温度/℃				
35	430 ± 10	380 ± 10	300 ± 10	—	—
45	480 ± 10	420 ± 10	350 ± 10	300 ± 10	200 ± 10
55	—	390 ± 10	300 ± 10	180 ± 10	
40Cr	—	450 ± 10	400 ± 10	300 ± 10	180 ± 10
35SiMn	—	460 ± 10	410 ± 10	310 ± 10	180 ± 10

（续）

牌号	硬度 HRC				
	30~35	35~40	40~45	45~50	50~55
	温度/℃				
45SiMn	—	480±10	430±10	330±10	180±10
35CrMnSi	—	480±10	420±10	320±10	200±10
35CrMo	—	470±10	420±10	320±10	200±10
50Mn2	—	470±10	420±10	—	200±10
55Cr	—	470±10	420±10	—	—
42MnMoV	—	480±10	420±10	350±10	200±10
37SiMn2MoV	—	—	450±10	380±10	—

2）自回火。其是利用感应淬火冷却后残留下来的热量而实现的短时间回火。采用自回火可简化工艺，节约能源并可在许多情况下避免淬火开裂。

对于形状简单或大批量生产的齿轮可采用自回火。通常改变加热规范、冷却条件和冷却时间，可调节齿轮表面的回火温度。由于齿轮自回火的时间较短，所以自回火温度要比炉中回火温度高许多（50~100℃）。由于操作上难以精确控制温度，因而常出现温度和硬度不均匀的现象。生产中可使用测温笔或表面测温计来测定齿轮的自回火温度，自行回火时间一般大于20s。

表面硬度与自回火温度之间的关系见表6-36。

表6-36　表面硬度与自回火温度之间的关系

表面硬度 HRC	58~63	55~63	52~63	48~58	45~58
自回火温度/℃	180~250	250~300	300~350	>300	>350

陈守阶给出了感应淬火后自回火温度与硬度的关系曲线，如图6-6所示。这一对应关系可供制订工艺时参考。

3）感应加热回火。感应加热回火的回火时间是普通炉子回火时间的1/10左右。目前，将感应淬火与回火结合在一起的淬火机床正在得到应用与发展。

感应加热回火可用于不能进行自回火的零件。感应加热回火方法、工艺制订与感应器要求见表6-37。

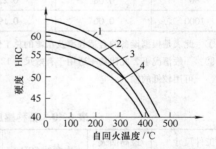

图6-6　自回火温度与硬度的关系曲线
1—45 钢水淬　2—40MnB（或40Cr）钢水淬
3—40MnB（或40Cr）钢，w（聚乙烯醇）
0.3%水溶液淬火　4—35 钢水淬

5. 齿轮的全齿回转感应淬火技术

1）全齿回转感应淬火技术见表6-41。

表6-37　感应加热回火方法、工艺制订与感应器要求

项目	内　　容
感应加热回火方法	1）对连续加热淬火工件，需采用较低的电流频率或较小的比功率，比功率一般取小于0.1kW/cm²，延长回火时间，利用工件热传导使加热层增厚，同时使硬化层得到回火 2）对于一次加热淬火工件，可用断续加热法使加热层增厚，使其硬度值接近炉中回火时的硬度值，一般为15~25℃/s 3）为降低过渡层的拉应力，加热深度应较淬火硬化层深度大一些

（续）

项目	内　容
感应加热回火温度 与时间	1）应较获得相同硬度的炉中回火温度高 30～50℃。感应加热回火温度范围通常为 120～600℃ 2）碳素钢的低温回火（120～300℃）主要用于降低内应力，而此时硬度降低一般不超过 1～2HRC；对于合金钢，在不高于 600℃下的回火可能不会导致硬度显著下降 3）感应加热回火温度通过电参数来控制 4）感应加热回火时间由感应器长度和齿轮移动速度来控制
感应加热回火频率	感应加热回火可采用超音频或中频感应加热设备。感应加热回火的频率选择参见表 6-38。表 6-39 和表 6-40 列出了感应加热回火的比功率、功率和频率选择
感应加热回火 感应器	回火感应器通常设计成用来加热比淬硬区大得多的区域，甚至是加热整个工件。为此，可采用弱耦合多匝线圈

表 6-38　感应加热回火的频率选择

零件直径 /mm	回火温度 /℃	电流频率/kHz					
		0.05	1.0	3.0	10	20～100	100
10～25	149～426	—	最佳	最佳	最佳	可以	可以
25～50	149～426	—	最佳	最佳	可以	勉强	勉强
50～150	149～426	最佳	最佳	可以	—	—	—

表 6-39　感应加热回火需要的大约比功率

频率[①]/Hz	热输入[②]/（W/mm²）		频率[①]/Hz	热输入[②]/（W/mm²）	
	150～425℃	425～705℃		150～425℃	425～705℃
60	0.09	0.23	3000	0.05	0.16
80	0.08	0.22	10000	0.03	0.12
1000	0.06	0.19			

① 此表是根据设备的合适频率及正常的总工作效率制定。

② 一般情况下，此比功率适用于有效尺寸 12～50mm 的工件。尺寸较小的工件采用较高的输入，尺寸较大的工件可用较低的输入。

表 6-40　各种感应加热回火应用的功率、频率选择

工件尺寸 /mm	最高回火 温度/℃	电源线 50Hz	频率转换器 180Hz	固态变频或中频			晶体管大于 200kHz
				1000Hz	3000Hz	10000Hz	
3.2～6.4	705	—	—	—	—	—	良好
6.4～12.7	705	—	—	—	—	良好	良好
12.7～25	425	—	较好	良好	良好	良好	较好
	705	—	差	良好	良好	良好	较好
25～50	425	较好	较好	较好	良好	较好	差
	705	较好	较好	良好	良好	较好	差
50～152	425	良好	良好	良好	较好	—	—
	705	良好	良好	良好	较好	—	—
152 以上	705	良好	良好	良好	较好	—	—

表 6-41　全齿回转感应淬火技术

项目	内　容

| 电流频率的选择 | 常用感应加热电源频率的适用范围： |

频率/kHz	硬化层深度/mm			齿轮模数/mm
	最小	适中	最大	
250～300	0.8	1～1.5	2.5～4.5	1.5～5(2～3 最佳)
30～80	1.0	1.5～2.0	3～5	3～7(3～4 最佳)
8	1.5	2～3	4～6	5～8(5～6 最佳)
2.5	2.5	4～6	7～10	8～12(9～11 最佳)

感应加热器

施感导体及导磁体

1) 感应加热的施感导体采用纯铜材料制造，感应器用纯铜材料厚度的选择：

冷却情况	200～300/kHz	8kHz	2.5kHz
	感应器用纯铜材料厚度/mm		
加热时不通水 (同时加热自喷式感应器)	1.5～2.5	6～8	10～12
加热时通水	0.5～1.5	1.5～2	2～3

2) 常用导磁体的种类和规格：

频率/kHz	导磁体	规格	备注
2.5	硅钢片	片厚度 0.2～0.5mm	硅钢片需要进行磷化处理，以保证片间绝缘
8	硅钢片	片厚度 0.1～0.35mm	
200～300	铁氧体	根据具体要求	

感应器结构

全齿回转加热淬火感应器均为圈式结构。常用感应器结构尺寸见表 6-45

感应器喷孔设计

1) 自喷式感应器喷孔直径参见表 6-74
2) 连续加热自喷式感应器喷孔分布：

频率/kHz	孔间距离/mm	喷孔轴线与工件轴线间夹角	说明
200～300	1.5～3.0	35°～55°	通常为一列孔
8	2.5～3.5	35°～55°	一列或二列孔

电加热规范

加热功率的确定

1) 齿轮加热时所需总功率估算：$P_{齿} = \Delta PA$。式中，$P_{齿}$ 是齿轮加热所需总功率(kW)；ΔP 是比功率(kW/cm^2)；A 是齿轮受热等效面积(cm^2)

2) 比功率与齿轮模数、受热面积及硬化层深度有关，可参见表 6-42～表 6-44

3) 齿轮受热等效面积的计算：$A = 1.2\pi D_p B$。式中，D_p 是齿轮分度圆直径(cm)；B 是齿轮宽度(cm)

设备功率的估算

1) 根据齿轮加热所需功率，要求设备提供的总功率按下式计算：$P_{设} = P_{齿}/\eta$。式中，$P_{设}$ 是设备总功率(kW)；机械式中频发电机总效率 $\eta = 0.64$，真空管高频设备的总效率 $\eta = 0.4～0.5$，新的固态电源总效率较高，可达 $\eta = 0.90$ 以上

2) 感应加热电源的频率和功率范围：

参数 \ 电源	SCR 晶闸管	IGBT 晶体管	MOSFET 晶体管	SIT 晶体管	RF 高频 电子管	SHF 超高频 电子管
频率/kHz	0.2～10	1～100	50～600	30～200	30～500	1MHz～27.12MHz
功率/kW	30～3000	10～1000	10～400	10～250	3～800	8～100

（续）

项目		内　容
感应加热与冷却规范	感应加热温度	各种钢材感应加热温度可根据其碳和合金元素的含量选择，钢材在不同碳和合金元素含量时的加热温度： | $w(C)(\%)$	加热温度/℃	合金元素的考虑
0.30	900～925	含 Cr、Mo、Ti、V 等碳化物形成元素的合金钢需在相应碳素钢加热温度之上提高 40～100℃
0.35	900	
0.40	870～900	
0.45	870～900	
0.50	870		
	同时加热时的加热时间(τ)的计算	$$\tau = \Delta Q / \Delta P$$ 式中，τ 是同时加热淬火时间(s)；ΔQ 是单位表面所需消耗能量(kW·s/cm²)；ΔP 是比功率(kW/cm²)
	连续加热淬火时的加热时间的计算	$$\tau = h / v$$ 式中，τ 是连续加热淬火时间(s)；h 是感应器高度(mm)；v 是感应器与齿轮的相对移动速度(mm/s)
感应淬火的淬火冷却介质及其冷却方式	齿轮感应淬火的淬火冷却介质及其冷却方式	感应淬火的淬火冷却介质及其冷却方式：

淬火冷却介质	介质温度/℃	所　用　牌　号	
		喷射冷却①	浸液冷却
水	20～50	45	45
5%～15%(质量分数)乳化液	<50	40Cr、45Cr、42SiMn、35CrMo	—
油	40～80	—	20Cr，20CrMo，20CrMnTi 经渗碳、感应加热后直接浸冷 40Cr,45Cr,42SiMn,38SiMnMo
5%～15%(质量分数)聚合物(PAG)水溶液	10～40	35CrMo、42CrMo、42SiMn、38SiMnMo、55Ti、60Ti、70Ti	

①　喷射压力一般为 $(1.5～4) \times 10^5$ Pa

表 6-42　100kW 高频设备上齿轮表面积和比功率、单位能量的关系

齿轮表面积/cm²	20～40	45～65	70～95	100～130	140～180	90～240	250～300	310～450
比功率 ΔP/(kW/cm²)	1.5～1.8	1.4～1.5	1.3～1.4	0.9～1.2	0.7～0.9	0.53～0.65	0.4～0.5	0.3～0.4
单位能量 ΔQ/(kW·s/cm²)	6～10	10～12	12～14	13～16	16～18	16～18	16～18	16～18

表 6-43　齿轮模数与比功率、单位能量的关系

模数	比功率 ΔP（kW/cm²）	单位能量 ΔQ/（kW·s/cm²）
3	1.2～1.8	7～8
4～4.5	1.0～1.6	9～12
5	0.9～1.4	11～15

表6-44 中频感应淬火硬化层深度与比功率的关系

频率/kHz	硬化层深度/mm	比功率/ (kW/cm²)		
		低值	最佳值	高值
8	1.0 ~ 3.0	1.2 ~ 1.4	1.6 ~ 2.3	2.5 ~ 4.0
	2.0 ~ 4.0	0.8 ~ 1.0	1.5 ~ 2.0	2.5 ~ 3.5
	3.0 ~ 6.0	0.4 ~ 0.7	1.0 ~ 1.7	2.0 ~ 2.8
2.5	2.5 ~ 5.0	1.0 ~ 1.5	2.5 ~ 3.0	4.0 ~ 7.0
	4.0 ~ 7.0	0.8 ~ 1.0	2.0 ~ 3.0	4.0 ~ 6.0
	5.0 ~ 10.0	0.8 ~ 1.0	2.0 ~ 3.0	3.0 ~ 5.0

2）全齿回转加热淬火感应器均为圈式结构，常用全齿淬火感应器结构尺寸见表6-45。

表6-45 常用全齿淬火感应器结构尺寸

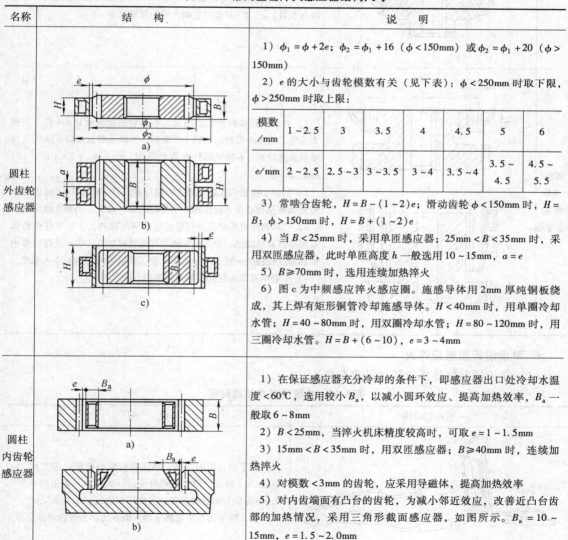

名称	结构	说明
圆柱外齿轮感应器	a) b) c)	1）$\phi_1 = \phi + 2e$；$\phi_2 = \phi_1 + 16$（$\phi < 150mm$）或 $\phi_2 = \phi_1 + 20$（$\phi > 150mm$） 2）e 的大小与齿轮模数有关（见下表）：$\phi < 250mm$ 时取下限，$\phi > 250mm$ 时取上限： 模数表见下 3）常啮合齿轮，$H = B - (1 \sim 2)e$；滑动齿轮 $\phi < 150mm$ 时，$H = B$；$\phi > 150mm$ 时，$H = B + (1 \sim 2)e$ 4）当 $B < 25mm$ 时，采用单匝感应器；$25mm < B < 35mm$ 时，采用双匝感应器，此时单匝高度 h 一般选用 $10 \sim 15mm$，$a = e$ 5）$B \geqslant 70mm$ 时，选用连续加热淬火 6）图 c 为中频感应淬火感应圈。施感导体用 2mm 厚纯铜板绕成，其上焊有矩形铜管冷却施感导体。$H < 40mm$ 时，用单圈冷却水管；$H = 40 \sim 80mm$ 时，用双圈冷却水管；$H = 80 \sim 120mm$ 时，用三圈冷却水管。$H = B + (6 \sim 10)$，$e = 3 \sim 4mm$
圆柱内齿轮感应器	a) b)	1）在保证感应器充分冷却的条件下，即感应器出口处冷却水温度 $< 60℃$，选用较小 B_a，以减小圆环效应、提高加热效率，B_a 一般取 $6 \sim 8mm$ 2）$B < 25mm$，当淬火机床精度较高时，可取 $e = 1 \sim 1.5mm$ 3）$15mm < B < 35mm$ 时，用双匝感应器；$B \geqslant 40mm$ 时，连续加热淬火 4）对模数 $< 3mm$ 的齿轮，应采用导磁体，提高加热效率 5）对内齿端面有凸台的齿轮，为减小邻近效应，改善近凸台齿部的加热情况，采用三角形截面感应器，如图所示。$B_a = 10 \sim 15mm$，$e = 1.5 \sim 2.0mm$

模数/mm	1 ~ 2.5	3	3.5	4	4.5	5	6
e/mm	2 ~ 2.5	2.5 ~ 3	3 ~ 3.5	3 ~ 4	3.5 ~ 4	3.5 ~ 4.5	4.5 ~ 5.5

（续）

名　称	结　　构	说　　明
锥齿轮感应器	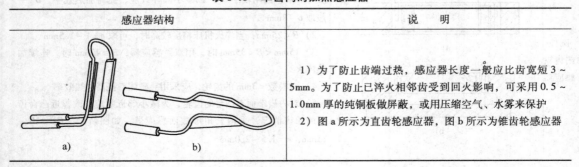	1）$2\theta_{节}\leqslant20°$，可用圆柱外齿轮感应器，感应器高度 $H=h_i+(1\sim1.5)\delta$，$\delta=2\sim2.5mm$，δ 为大端面间隙 2）$20°<2\theta_{节}\leqslant90°$，感应器制成锥形，工作面的圆锥角 $\theta_i\approx\theta_{节}$，$\delta=2\sim2.5mm$，感应器的垂直高度 $H=h_i+(1\sim1.5)\delta$ 3）$90°<2\theta_{节}\leqslant130°$，$\theta_i\approx\theta_{根}$，$\theta_{根}$ 为锥齿轮齿根圆锥角，$\delta=2\sim2.5mm$，感应器的垂直高度 $H=h_i+(1\sim1.5)\delta$ 4）$2\theta_{节}>130°$，为改善大端面的加热情况，在感应器大端面外接一块，$a=2\sim4mm$，如图 b 所示 5）中频用锥齿轮感应器，如图 c 所示，也用纯铜板绕成，焊上冷却水管。e_i、δ、H 参照上面介绍的原则选取
双联、多联齿轮感应器		1）对双联及多联齿轮，当大、小齿轮的距离 $\leqslant15mm$ 时，先淬大齿轮，后淬小齿轮。加热小齿轮时，为减小邻近效应，采用三角形截面感应器。e 参照圆柱外齿轮选配，$\phi_2=\phi_1+2\times(10\sim15)mm$，$H\approx B$ 2）加热小齿轮仍用圆柱外齿轮感应器，但用厚度为 1mm 的纯铜板或低碳钢板套在大齿轮邻近小齿轮的那一面上，起到屏蔽作用 3）三联齿轮可用串联的双匝感应器同时加热，上、下联齿轮依靠感应器直接加热，中联齿轮依靠邻近效应加热，在双匝感应器中加热速度较慢的一匝上加导磁体，使三联齿轮同时达到淬火温度 4）中频用双联齿轮感应器结构如图 b 所示

6. 单齿沿齿面感应淬火

（1）单齿同时加热感应器（见表 6-46）

表 6-46　单齿同时加热感应器

感应器结构	说　　明
	1）为了防止齿端过热，感应器长度一般应比齿宽短 $3\sim5mm$。为了防止已淬火相邻齿受到回火影响，可采用 $0.5\sim1.0mm$ 厚的纯铜板做屏蔽，或用压缩空气、水雾来保护 2）图 a 所示为直齿轮感应器，图 b 所示为锥齿轮感应器

（2）单齿连续加热感应器的结构及尺寸（见表 6-47）

表 6-47　单齿连续加热感应器结构及尺寸

感应器结构	单齿连续加热感应器与轮齿的间隙尺寸				说　　明
	模数/mm	δ_1/mm	δ_2/mm	δ_3/mm	
a) b)	5 ~ 6	< 1	1	3 ~ 4	1）淬火冷却有自喷（见图 a）与附加冷却喷嘴（见图 b）两种 2）$m = 5 \sim 10$mm 的齿轮，喷液孔应低于齿顶 1.5 ~ 2mm，以防齿顶因冷却过激而产生开裂 3）$m > 10$mm 的齿轮，喷液孔则应高于齿顶 1.5 ~ 2mm，以保证齿顶能够淬硬
	8 ~ 12	1	1 ~ 1.5	4 ~ 4.5	

（3）单齿连续加热感应器淬火的电气规范（见表 6-48）

表 6-48　单齿连续加热感应器淬火的电气规范

模数/mm	功率/kW	阳极电压/kV	阳极电流/A	栅极电流/A	移动速度/mm·s^{-1}
5	18 ~ 20	8 ~ 8.5	2.5	0.6	5 ~ 6
6	20 ~ 27	8.5 ~ 9	2.5	0.6	4 ~ 5
8 ~ 9	25 ~ 33	9 ~ 9.5	3 ~ 4	0.8	4 ~ 5
10	33 ~ 35	10 ~ 11	3.5	0.8	4 ~ 5
12	34 ~ 40	11 ~ 11.5	3.5	0.8	3 ~ 4
16	40 ~ 45	11 ~ 11.5	3.5 ~ 4	0.8	3 ~ 4
18	45 ~ 50	11.5 ~ 12	4 ~ 5	0.8 ~ 1	3 ~ 4
20	66 ~ 75	12 ~ 12.5	5.5 ~ 6	1 ~ 1.2	3 ~ 4

注：输出功率取上限时，则移动速度取上限；反之，输出功率取下限时，移动速度取下限。

7. 沿齿沟感应淬火

（1）感应器　图 6-7 所示为几种常用感应器结构形式。

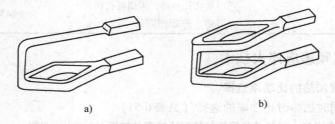

a)　　　　　　　　　　　　　b)

图 6-7　常用感应器结构示意图

a）适用于模数 $m < 6$mm 齿轮，超音频电源　b）适用于 $m = 6 \sim 2$mm 齿轮，超音频 ~ 中频（8kHz）电源

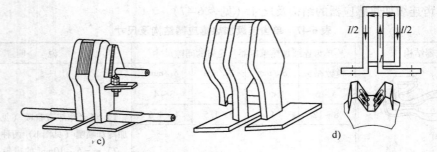

图 6-7　常用感应器结构示意图（续）

c）适用于 $m > 10mm$ 齿轮，中频（8kHz、2.5kHz）电源　d）适用于 $m > 10mm$ 齿轮，中频电源：其特点为上、下两加热导板分流（$I/2$）后，可改善加热效果，尤其可防止感应器移动出齿沟时造成的端面过热

（2）沿齿沟感应淬火工艺　沿齿沟感应淬火工艺举例见表 6-49。

表 6-49　沿齿沟感应淬火工艺举例

模数 /mm	牌号	功率/kW	电压/V	电流/A	感应器移动速度 /（mm/s）	淬火冷却介质	表面硬度 HRC
14	ZG270-500	65	580	125	5	水，25~30℃	45~50
20	ZG35CrMo	50	350	155	7		50~55
26	ZG35Mn	100	500	210	6.5	5%~15%（质量分数） 聚合物（PAG）水溶液	50~55
26	ZG35CrMo	60	380	165	7.5		50~55
26	35CrMoV	50	350	155	7.5		50~55

注：电源中频 8kHz。

（3）沿齿沟感应淬火的冷却　沿齿沟感应淬火的淬火冷却介质、冷却器结构及感应器移动速度见表 6-50。为了防止已淬火齿受到过分回火影响，可以采用旁冷方法。

表 6-50　沿齿沟感应淬火冷却规范

材料	淬火冷却介质	喷冷器结构	感应器移动速度 v/（mm/s）
碳素钢	一般采用自来水	1）喷孔孔径 0.6~ 0.8mm 2）喷孔间距 2~2.5mm 3）喷射角 30°~45° 4）孔的排列通常是齿底喷孔一排，齿侧喷孔两排，并交错排列	$v = s/\tau$ 式中　s—感应器加热结束至冷却开始移动的距离（mm）； 　　τ—自加热结束至冷却开始的时间（待冷时间），碳素钢为 2~3s，合金钢为 3~5s
合金钢	1）10%~15%（质量分数）乳化液 2）5%~15%（质量分数）聚合物（PAG）水溶液 3）喷雾 4）压缩空气		

6.3.5　齿轮的高频感应淬火技术

1. 齿轮高频感应加热的比功率选择

（1）齿轮全齿同时加热时比功率的选择（见表 6-51）

表 6-51　齿轮全齿同时加热时比功率的选择（$f = 200~300kHz$）

模数/mm	1~2	2.5~3.5	3.75~4	5~6
比功率/（kW/cm²）	2~4	1~2	0.5~1	0.3~0.6

（2）机床齿轮似仿形硬化的比功率（见表6-52）

表6-52 机床齿轮似仿形硬化的比功率（200～400kHz）

齿轮模数 m/mm	比功率/(kW/cm²)	单位能量/(kW·s/cm²)
3	1.2～1.8	7～8
4～4.5	1.0～1.6	9～12
5	0.9～1.4	11～15
2～2.5	不能得到似仿形硬化	

2. 圆柱齿轮高频感应加热时电流频率的选择（见表6-53）

表6-53 圆柱齿轮高频感应加热时电流频率的选择

轮齿部分的硬化层形状	电流频率的选择
仿齿廓硬化	1）其硬化层深度约为齿轮模数的0.30。高频感应电流的频率应满足以下的条件：$f = 250/m^2$。式中，f 是频率（kHz）；m 是齿轮模数（mm） 2）频率 $f = 200～300$kHz 的高频感应加热设备，当齿轮模数 $m = 1$ 时才有可能实现仿形齿廓硬化
似仿形齿廓硬化	可选择频率 $f = 200～300$kHz 的高频感应加热设备，加热模数 $m = 2.5～3.5$ 的齿轮时似仿形齿廓硬化效果较好
透齿齿圈硬化	可选择频率 $f = 200～300$kHz 的高频感应加热设备，加热模数 $m \leqslant 4$ 的齿轮均可采用齿圈硬化

3. 圆柱齿轮外径与感应器的间隙、不同条件用感应器高度及有效圈厚度（见表6-54）

表6-54 圆柱齿轮外径与感应器的间隙、不同条件用感应器高度及有效圈厚度

项目	内 容		
圆柱齿轮外径与感应器的间隙	圆柱齿轮外径与感应器的间隙：		
	齿轮模数/mm	齿轮与感应器的间隙/mm	
	1～3	2～5	
	3～4.5	4～6	
不同条件用感应器高度	不同条件用感应器高度：		
	感应加热电源	轴类零件感应器高度/mm	齿轮类零件感应器高度/mm
	高频	要求硬化区 +（3～6）	齿轮宽度 -（2～4）
	中频	要求硬化区 +（8～12）	齿轮宽度 -（3～6）
感应器有效圈厚度	有效圈厚度的推荐数值：		
		有效圈厚度/mm	
	电源频率/kHz	加热时感应器通水	加热时感应器不通水
	200～300	1.0～1.5	3.0～6.0
	8	1.5～2.0	6.0～8.0
	2.5	2.0～3.0	6.0～12.0
感应器喷水孔的设计	孔径：1.5～2.0mm		
	喷水孔密度：4～8孔/cm² 或喷射孔的总面积占有效圈内孔总面积的12%～20%		

4. 齿轮高频感应淬火实例（见表6-55）

表 6-55　齿轮高频感应淬火实例

齿轮技术条件与设备	工　艺						检验结果
双联齿轮（大齿轮外径 130mm，小齿轮外径 60mm），模数为 2.5mm，40Cr 钢，要求预先调质处理，齿部高频感应淬火、回火硬度 48 ~ 52HRC 采用 100kW 高频感应加热设备	大齿轮/小齿轮同时加热淬火工艺参数：						高频感应淬火后齿轮畸变、硬度与硬化层深度均符合要求
	阳极电压 /kV	阳极电流 /A	栅极电流 /A	加热时间 /s	加热温度 /℃	淬火冷却介质（质量分数）	
	10.5 ~ 12.5	7.8、8.9	0.8 ~ 1.0、0.9 ~ 1.1	9 ~ 11	880 ~ 900	10% ~ 15% 乳化液	
万能铣床齿轮，外径 ϕ164mm，齿宽 20mm，40Cr 钢，高频感应淬火，齿部硬度要求 50 ~ 55HRC 采用 100kW 高频感应加热设备	1）采用回火炉进行预热。（300 ~ 340）℃ × （60 ~ 90）min 2）高频感应淬火工艺参数：						检验结果均符合技术要求
	阳极电压/kV	阳极电流/A	栅极电流/A	加热时间/s	加热温度/℃	淬火冷却介质（质量分数）	
	12 ± 0.5	7	1	13 ~ 14	900 ~ 940	10% ~ 15% 乳化液	
	3）利用淬火余热自回火						
万能铣床三联齿轮，40Cr 钢，三联齿轮齿部（最大外径 96mm）及拨叉高频感应淬火，硬度要求 50 ~ 55HRC 采用 100kW 高频感应加热设备	1）高频加热正火工艺参数：						硬化层深度应在齿根以下 0.5 ~ 1mm 或接近齿根，马氏体 4 ~ 7 级
	阳极电压/kV	阳极电流/A	栅极电流/A	加热时间/min	加热温度/℃	冷却介质	
	10.5	4	1	8 ~ 11	700 ~ 730	空气	
	2）高频感应淬火工艺参数：						
	阳极电压/kV	阳极电流/A	栅极电流/A	加热时间/s	加热温度/℃	淬火冷却介质（质量分数）	
	10.5 ± 0.5	6	1	13	900 ~ 940	10% ~ 15% 乳化液	
	3）回火工艺。（200 ~ 240）℃ × （60 ~ 90）min						
轿车齿条齿轮转向机构中的小齿轮（模数 1.75mm，齿数 7），42CrMo 钢，坯件整体调质硬度 20 ~ 27HRC。表面强化区进行高频感应淬火，表面硬度 55 ~ 61HRC。硬化层深度：外圆部位（ϕ20mm、ϕ12mm 处）0.8 ~ 1.5mm；齿部、齿根 0.6 ~ 1.2mm。齿轮节圆、外圆径向圆跳动量 <0.05mm	1）高频感应加热电源为 JGGC75-2-C 型全固态高频感应加热装置，输入功率≤100kW，输出功率≥75kW，振荡频率 200kHz。淬火机床为单工位 802CNC 型数控全机械淬火机床 2）感应线圈用高 9mm、厚度 1mm 的方铜管制作成内孔为 ϕ23 的自喷液连续加热淬火感应器。淬火采用 w（AQ251）5% ~ 11% 水溶液 3）按预先设定的加热能量、加热时间、移动速度和喷射冷却时间先后对小齿轮 ϕ20mm 部位、中间齿部和 ϕ12mm 部位分 3 个过程进行感应加热、淬火						小齿轮 ϕ20mm 部位、齿部、齿根及 ϕ12mm 部位的淬硬层深度、硬度合格；小齿轮节圆及外圆的径向圆跳动量 <0.05mm，合格；无损检测，表面无裂纹等缺陷

（续）

齿轮技术条件与设备	工　艺						检验结果
锥齿轮，45 钢，技术要求：调质硬度为 25～30HRC，齿部淬火硬度为 40～50HRC 采用 GP100 型高频感应加热设备	1）感应器设计为锥形，采用同时加热喷水冷却。高频感应淬火工艺参数：						齿部淬火硬度等均满足技术要求
	频率/kHz	阳极电压/kV	阳极电流/A	栅极电流/A	加热时间/s	淬火冷却介质	
	250	11～13	4～5	1～1.5	5～6	喷水	
	2）采用井式回火炉，加热（220±10）℃×60min 后空冷						

5. 粉末冶金齿轮的高频感应淬火

（铁基）粉末冶金齿轮通过渗碳、感应淬火等处理，以提高表面硬度和耐磨性能，可以用作一些齿轮（如油泵齿轮）等零件。

在感应淬火时，容易出现局部烧损和裂纹。对此，可选用较高密度的粉末冶金材料。同时，（铁基）粉末冶金（如 Fe－C－Mo、FTG30、FTG60、FTG70Cu3Mo、FTG60Cu3 等）齿轮感应加热后，采用聚合物（PAG）水溶液，如质量分数为 8%～9% UconE 聚合物水溶液（具有从中速油至慢速油的冷却速度），可以有效提高感应淬火质量，解决其感应淬火裂纹问题。

粉末冶金齿轮高频感应淬火工艺实例见表 6-56。

表 6-56　粉末冶金齿轮高频感应淬火工艺实例

齿轮技术条件	工装与工艺	裂纹控制
摩托车齿轮（见下图），材料为粉末冶金，要求齿部高频感应淬火处理 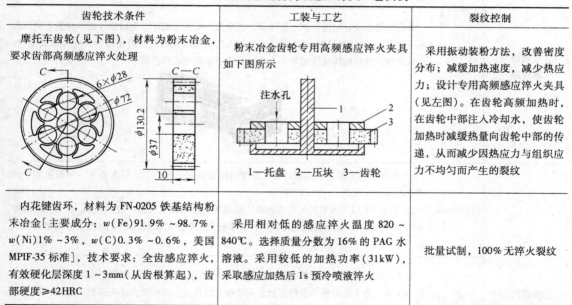	粉末冶金齿轮专用高频感应淬火夹具如下图所示 1—托盘　2—压块　3—齿轮	采用振动装粉方法，改善密度分布；减缓加热速度，减少热应力；设计专用高频感应淬火夹具（见左图）。在齿轮高频加热时，在齿轮中部注入冷却水，使齿轮加热时减缓热量向齿轮中部的传递，从而减少因热应力与组织应力不均匀而产生的裂纹
内花键齿环，材料为 FN-0205 铁基结构粉末冶金［主要成分：$w(Fe)91.9\%～98.7\%$，$w(Ni)1\%～3\%$，$w(C)0.3\%～0.6\%$，美国 MPIF-35 标准］，技术要求：全齿感应淬火，有效硬化层深度 1～3mm（从齿根算起），齿部硬度≥42HRC	采用相对低的感应淬火温度 820～840℃。选择质量分数为 16% 的 PAG 水溶液。采用较低的加热功率（31kW），采取感应加热后 1s 预冷喷液淬火	批量试制，100% 无淬火裂纹

6.3.6　齿轮的中频感应淬火技术

与高频感应淬火相同，中频感应淬火也可以提高齿轮表面的硬度、耐磨性及疲劳强度，可以获得更深的硬化层深度（一般为 2～10mm）。适用于大、中型齿轮（齿圈）的表面硬化处理。

（1）预备热处理　为保证齿轮心部性能，淬火前也需要进行调质或正火处理作为预备热处理。

（2）低淬透性钢及其应用　使用低淬透性钢（如55Ti、60Ti及65Ti等）制造齿轮，经中频感应加热、喷水冷却，就只在其表面形成马氏体组织，得到沿齿廓分布的硬化层，而轮齿心部仍保持原有的较高的强韧性。这种齿轮已部分代替汽车、拖拉机中承受较重载荷的合金渗碳钢齿轮。

（3）典型齿轮的中频感应淬火工艺举例　风电增速齿轮箱内齿圈的中频感应淬火见表6-57。

表6-57　风电增速齿轮箱内齿圈的中频感应淬火

齿轮名称		1）1.65MW风电增速齿轮箱内齿圈，模数 $m = 14mm$，1635mm（外径）×1359mm（内径）×400mm（宽度） 2）2MW风电增速齿轮箱内齿圈，模数 $m = 14mm$，外径1670mm，内径1402.52mm
内齿圈常用材料		42CrMoA、4140H（相当于42CrMoH）、4340H（相当于40CrNiMoH）等优质中碳合金钢
感应淬火技术要求		齿面感应淬火硬度54~58HRC。有效硬化层深度：齿面3.3~4.0mm，齿根2.5~3.2mm。表层金相组织要求细针状马氏体，参照JB/T 9204—2008《钢件感应淬火金相检验》，4~6级合格，无未溶铁素体，表面无裂纹
加工流程		锻造→正火→粗车→超声检测→粗铣齿→调质→精车→精铣齿→去应力退火（300℃×3h）→感应淬火→磨削→磁粉检测
中频感应淬火方法		采用逐齿/隔齿沿齿沟扫描工艺进行感应淬火
感应设备与感应器	感应设备	如采用德国EFD公司的HARDLINE中频设备。感应加热时配合气氛保护以提高表面质量和降低生产成本
	感应器	采用仿形法设计制造，如下图所示。感应器上安装导磁体，应根据导磁体种类不同而采用不同方式：硅钢片结构的导磁体应在修形后重新磷化处理，防止硅钢片间导通或击穿；铁氧体结构的导磁体应注意加工力度，防止磁粉冶金成形件破裂 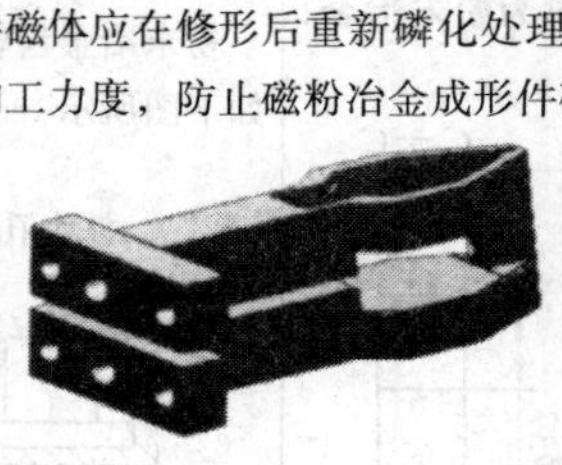
工艺参数的选择	工作频率	1）根据感应电流透入深度计算。针对内齿圈数毫米级的工艺层深要求，一般采用中频感应电源进行加热 2）对2MW以下规格的风电内齿圈，感应淬火有效硬化层深一般<5mm，推荐工作频率为7.5~8.5kHz。如果齿圈规格较大，有效硬化层深度要求较深，可以将工作频率调低试验
	感应器与齿圈间隙	由工艺试验确定。推荐各处间隙保证在1.5mm以上。下图为齿圈轮齿间的齿沟与感应器的间隙。为了在齿根部获得理想的有效硬化层深度，顶间隙大小是关键控制点。推荐顶间隙大小控制在1.2~1.8mm 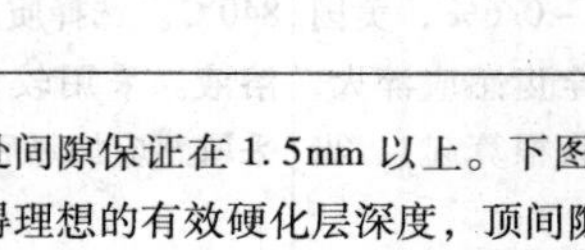 侧间隙　侧间隙　顶间隙

（续）

工艺参数的选择	加热功率及扫描速度	由工艺试验确定。对于 2MW 以下规格内齿圈，如果有效硬化层深度不超过 5mm，推荐加热功率不高于 65kW，行走速度 240mm/min
	加热-淬火间隔	通过调节相关机构及扫描速度来控制。采用喷淋淬火方式，可采用主喷淋与侧喷淋装置，主喷淋的宽度应能覆盖单个齿沟和两侧轮齿齿顶宽度之和。侧喷淋是为防止已淬硬的一侧被淬火加热的热量高温回火
淬火冷却介质与喷淋速度		1）采用 w（PAG）12%～15% 水溶液进行淬火。推荐淬火冷却介质温度 28～35℃ 2）喷淋速度保持在 25～27L/min
残余温度的控制		内齿圈感应淬火后，保留一定的残余温度，可抑制裂纹的产生，推荐控制在 70～90℃。残余温度可通过调整喷淋时间来进行控制
检验结果		内齿圈经感应淬火+低温回火后的有效硬化层轮廓如图 a 所示，表面硬度 55～56HRC。有效硬化层深度：齿顶部位 3.6～3.8mm，节圆位置 3.6～3.8mm，齿根位置 3.0mm。图 b 为两侧齿面节圆位置的有效硬化层硬度梯度曲线，从图 b 中可以看出，在自表面至有效硬化层临界区，硬度波动较平稳。有效硬化层表层显微组织按 JB/T 9204—2008 评级为 4～5 级。对齿圈全部轮齿进行逐齿湿式荧光磁粉检测，无裂纹

（4）大模数齿圈、齿条单齿中频感应淬火工艺（见表6-58）

表 6-58　大模数齿圈、齿条单齿中频感应淬火工艺

齿轮名称	齿圈、齿条，模数 $m=8\sim12mm$			
齿轮技术条件	中频单齿淬火			
感应器	设计制作单齿感应器（如 $m=8mm$、$m=10mm$），将感应器按渐开线设计制作，前端通水冷却部分和感应器上下通水板采用圆棒纯铜料，通过机械加工并根据齿轮模数大小加工成一体式；感应器尖部为了保证通水量，通水管采用键槽式长通水管，以增大通水量；将感应器端部与齿根间隙保证到最小范围 1～1.5mm，感应器的外形与齿条齿形一致，如下图所示 			
中频感应淬火工艺参数	模数为 8mm、40Cr 钢斜齿条的中频感应淬火工艺参数：			
	电压/kV	电流/A	功率/kW	距齿根间隙/mm
	0.50	102	51	1～1.5
	模数为 10mm 的大齿圈的感应淬火工艺参数：			
	电压/kV	电流/A	功率/kW	距齿根间隙/mm
	0.60	102	61	1～1.5

（续）

模数为8mm、40Cr钢斜齿条。感应淬火后用线切割方法沿齿条齿根方向切开，经平磨分层切磨后，检测数据结果如图a（齿条感应淬火硬度曲线）和图b（齿条齿根部感应淬火硬化区）所示

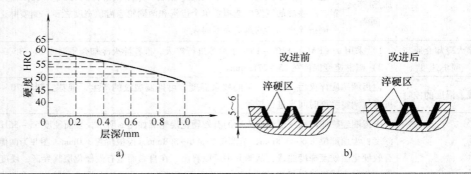

a)　　　　　　　　　　　b)

检验结果				

1）模数为10mm的大齿圈中频感应淬火检测结果：

淬火后硬度 HRC	淬硬层深度/mm	齿根部淬硬区	
		改进后	改进前
50 ~ 55	1.5 ~ 2	见图 d	见图 c

2）模数为10mm的大齿圈的感应淬火硬化区情况如图 c 和图 d 所示

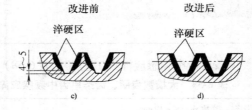

c)　　　　　　　　　　d)

（5）齿轮中频感应淬火实例（见表6-59）

表6-59　齿轮中频感应淬火实例

齿轮技术条件	工　艺	检验结果
齿圈，尺寸为 $\phi 322$mm（外径）× $\phi 281$mm（内径）× 77mm（宽度），50Mn2 钢，技术要求：中频感应淬火硬度为 50 ~ 55HRC，齿根处淬硬层 1 ~ 4mm。齿圈的齿距累计误差 <0.10mm，齿向误差 < 0.055mm，齿形误差 <0.035mm	1）中频感应淬火机床额定功率不能小于 400kW。感应器采用 14mm × 14mm 的纯铜方管制作而成，匝数为 5 　2）齿圈与感应器之间的预留间隙：将感应器的直径增大 2mm，并增加感应器高度 3mm 　3）中频电加热规范：最高输出电压 540V，最高输出电流 430A，频率 8000Hz，齿圈加热到 22s 时被加热区域已经亮红，完全达到了淬火所需温度。采用同时加热淬火方式。比功率为 0.8 ~ 1.5kW/cm²。淬火采用 AQ251 聚合物水溶液，配比质量分数控制在 9% ~ 13%	金相组织检验、尺寸检验完全达到技术要求。齿根硬化层深度可以达到 2.5 ~ 4.0mm。齿向跳动 < 0.05mm，齿形跳动 < 0.04mm，圆周累计误差 <0.1mm

（续）

齿轮技术条件	工　艺	检验结果
冶金轧制设备精轧线上的主传动件——鼓形齿接轴齿轮座侧内齿圈（见右图），模数 $m = 12mm$，齿数 z 为 37、44、47、48、58、59，齿长一般在 340 ~ 420mm；材料为 34CrNi3Mo、40CrNiMo、30Cr2Ni2Mo 钢，技术要求：齿部感应淬火硬度为 53 ~ 58HRC，淬硬层深度 2.5 ~ 3.0mm；$R_m \geqslant 980MPa$，$R_{eL} \geqslant 685MPa$，$A \geqslant 8\%$，$Z \geqslant 35\%$，$KU_2 \geqslant 38J$	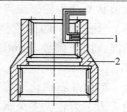1—感应器　2—内齿圈 1）感应器。沿齿廓淬火感应器需要在感应器的导体上卡上 Π 字形导磁体（硅钢片，厚度 0.2mm）。用铜坯料根据被热处理的内齿圈的齿形坐标，用数控机床精加工而成（中心空心矩形）。两齿形之间的槽安装 0.2mm 厚硅钢片导磁体 2）采用 BPS100kW/8000Hz 中频电源，电感应淬火工艺参数：淬火温度 880 ~ 900℃，电压 750V，电流 > 60A，频率 8000Hz，移动速度 < 100mm/s 当对某一齿沟进行淬火时，将防水压板分别压在与淬火槽相邻的左右齿沟中，以压板上的 20°斜面定位	1）齿部硬度均在 54HRC 左右，对齿部无损检测无裂纹，淬火畸变非常小，内孔的圆度误差在 0.05mm 以内，检验结果符合技术要求 2）30Cr2Ni2Mo 钢淬透性很高，采用连续加热方式，即使空冷，只要冷却速度达到一定的条件，就能完全满足淬火要求，解决了齿部的开裂问题
大直径偏心齿轮，由齿圈及偏心体组成（见右图），齿圈材料为 45 钢，要求齿面感应淬火、回火后硬度 48HRC，淬硬层深 3 ~ 5mm	 中频设备功率 39 ~ 45kW，设备频率 4.2kHz，中频电流频率选择 8kHz 以下，加热温度 850 ~ 880℃，采用连续淬火方式，感应器移动速度 120 ~ 150mm/min，自来水温度 20 ~ 40℃	中频感应淬火后硬度 59 ~ 61.7HRC，齿面节圆处有效硬化层深 3 ~ 5mm，节圆处淬硬层获得细马氏体，5 级
大齿轮，质量 80.3kg，材料为 ZG270-500 铸钢，要求调质后中频感应淬火处理	1）调质工艺如图 a 所示 2）中频感应淬火及回火工艺如图 b 所示 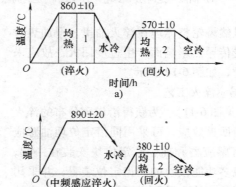	热处理后，齿轮调质硬度 207 ~ 241HBW，齿轮经中频感应淬火及回火后表面硬度 35 ~ 40HRC

6.3.7 齿轮的埋液感应淬火技术

为了有效地防止合金钢齿轮及形状复杂齿轮感应淬火畸变与开裂,另一种沿齿沟加热及冷却的方式是在冷却液体(如油、水等)下进行,即齿轮整体埋在油(或水)里加热及冷却,淬火冷却介质一般为淬火油。水中加热淬火用于模数 3mm 以上的中碳钢齿轮淬火。油中加热淬火用于模数 8mm 以上的大齿轮淬火。

埋液感应淬火技术可满足冶金、矿山、石油化工等行业的大型轧机、推钢机、磨球机、混合机等传动齿轮中的直齿轮、斜齿轮、人字齿轮、多头蜗杆、锥齿轮及弧齿锥齿轮等表面淬火。

(1)齿轮埋液淬火机床 其主要由立柱、感应器及托架、行走床身、传动箱、尾座和淬火油箱组成。例如,某国产 YMZ150 型齿轮埋油淬火机床,可加工齿轮模数 $m = 12 \sim 40mm$、齿数 $z = 16 \sim 150$、螺旋角 $\beta = \pm (5° \sim 30°)$、直径为 $300 \sim 1500mm$、长度 $L = 4800mm$、质量 $= 5t$。

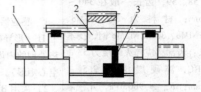

图 6-8 埋液逐齿感应淬火机床示意图
1—淬火油 2—齿轮 3—感应器

埋液逐齿感应淬火机床示意图如图 6-8 所示。

(2)埋液淬火感应器移动速度对硬化层深度的影响(见图 6-9)

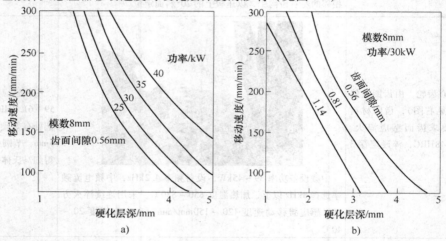

图 6-9 埋液淬火感应器移动速度对硬化层深度的影响
a)间隙一定时功率变化 b)功率一定时间隙变化

埋液感应淬火时,虽然齿轮整体埋在淬火油里,但加热过程中,相邻齿面还是会受传导热影响而产生过度回火,故应采用侧喷冷却方法予以保护,如图 6-10 所示。

(3)同齿定位埋油感应淬火工艺

1)同齿定位装置(见图 6-11)。为获得沿齿廓分布的淬火层均匀一致、齿顶无邻齿回火效应,可采用同齿定位埋油感应加热连续淬火工艺。即将感应器和前、后定位块安装在一起,并位于同一齿中,制造成多功能模块的同齿定位装置,并采用感应器自动调节、自动跟踪、外形采用仿形与渐开线相结合的方法,使淬火加热、冷却同时进行,实现连续感应淬火。同齿

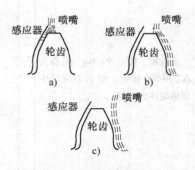

图 6-10 侧喷冷却示意图
a)不正确 b)正确 c)不正确

定位装置有效克服了隔齿定位装置所产生的淬火层硬度不均匀及邻齿回火现象。

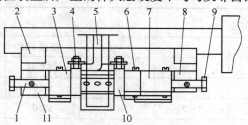

图 6-11　同齿定位装置示意图

1、9—固定螺钉　2—基座　3—前定位块　4—感应器调节装置　5—感应器
6—弹性调节螺钉　7—后定位块　8、11—固定块　10—绝缘板

2）同齿定位埋油感应淬火工艺举例。电动轮自卸车内齿圈同齿定位埋油感应淬火工艺见表 6-60。

表 6-60　电动轮自卸车内齿圈同齿定位埋油感应淬火工艺

齿轮技术条件	电动轮自卸车内齿圈，模数 10mm，全齿长 165mm，42CrMoA 钢，技术要求：硬化层深度为 2.5～3.5mm（齿侧）、2～3mm（齿沟）；淬硬层硬度 55～60HRC
中频埋油感应淬火工艺	1）中频电源频率为 2.5kHz，电压 400V，电流 100A，频率 2.5kHz，淬火时间 26s 2）采用图 6-11 所示同齿定位装置

同齿定位沿齿宽淬硬层分布见下图：

轮齿左、右侧淬硬层沿齿廓深度：

左侧深度/mm	右侧深度/mm	齿沟深度/mm
2.83	2.82	2.60

同一齿的前端、中端、后端三个部位淬硬层深度均匀性：

齿号	左侧深度/mm	右侧深度/mm	齿沟深度/mm
1	2.88	2.80	2.68
2	2.83	2.82	2.60
3	2.82	2.86	2.63

沿齿轮圆周方向三等份处轮齿的淬硬层深度均匀性：

齿号	左侧深度/mm	右侧深度/mm	齿沟深度/mm
1	2.83	2.82	2.6
2	2.89	2.83	2.53
3	2.85	2.85	2.52

检验结果

（续）

检验结果	齿轮的硬度均匀性：

齿轮的硬度均匀性：

齿号	硬度 HRC				
	左顶	右顶	左节圆	右节圆	齿沟
01	52.0	56.5	57.0	56.5	57.0
02	56.5	56.0	57.0	56.5	57.0

从以上结果可以看出：

1）采用同齿定位工艺所得到硬化层深度基本达到均匀一致的效果

2）采用同齿定位埋油感应淬火工艺，可有效克服轮齿回火效应，邻齿齿顶硬度只降低4.5HRC。同时，同常规工艺相比淬火效率提高3倍

经装车使用寿命考核，其使用寿命达到12000h以上。达到美国GE公司生产的齿轮寿命

（4）齿轮中频埋液感应淬火实例（见表6-61）

表6-61 齿轮中频埋液淬火实例

齿轮技术条件	工艺	检验结果
108t 电动自卸车用内齿圈，节圆直径为870mm，齿高为126mm，模数为10mm，齿数为87，要求感应淬火表面硬度52~63HRC，淬硬层深度：齿表面2.0~3.0mm，齿沟为1.6~2.8mm	1）感应器与齿沟的相对位置如下图所示，其中：a 为感应器鼻尖与齿沟间隙；b 为感应器鼻尖角与齿沟角间隙；c 为齿节圆处与感应器间隙；d 为离齿顶1/3 侧处与感应器间隙；e 为齿顶尖与感应器间隙；f 为齿顶与感应器齿形底部的距离。可采用 $a=1.4mm$，$b=1.0mm$，$c=1.4mm$，$d=1.6mm$，$e=2.0mm$，$f \geqslant 6.0mm$ 2）采用8000Hz中频电源和埋油淬火机床，进行单齿中频埋油感应淬火 1—感应器　2—齿轮	中频埋油感应淬火后检验：左右齿侧硬化层深度分别为 2.66mm 和 2.62mm，齿沟硬化层深度 2.48mm，硬度均为 55~56HRC
大型齿轮轴，模数33.775mm，质量 14.08t，37SiMn2MoV 钢，齿部要求感应淬火	1）采用 YMZ150 型齿轮埋油淬火机床 2）采用中频埋油感应淬火工艺 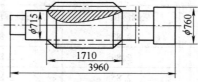	中频感应淬火后齿轮轴齿距偏差为 ±0.07mm、齿向公差与齿形公差无变化，齿轮轴各项畸变指标均都达到图样技术要求

（续）

齿轮技术条件	工　艺	检验结果
水泥机械用减速器内齿圈，1155.6mm（外径）×1405mm（内径）×300mm（宽度），模数14mm，齿数83，材料为42CrMo钢，技术要求：齿面硬度50~55HRC，齿面淬硬层深度3.5~5.4mm，齿根淬硬层深度≥2mm。要求感应淬火处理	1）采用 IGBT 电源 2）中频埋油感应淬火电加热参数。电压 160V，电流 265A，功率 42.5kW，频率 7680Hz，淬火速度 1.5mm/s 3）感应器与齿面间隙：$a=0.85~1$mm；$b=1$mm；$c=1.25~1.5$mm；$d=5~8$mm，应低于齿顶；e 为硅钢片全齿高一半加上 4~5mm 下图为感应器与齿沟的相对位置示意图 1—感应器　2—轮齿	1）经调质 + 中频沿齿沟埋油淬火后，获得了沿齿廓分布的硬化层，因加热和淬火只在齿轮局部进行，很好地解决了原齿圈渗碳淬火畸变超差和尺寸胀大问题 2）齿面与齿根硬化层深分别为 4.55~4.65mm 和 2.55~2.77mm，齿面硬度 637~679HV10

6.3.8　齿轮超高频脉冲和大功率脉冲感应淬火工艺

超高频脉冲和大功率脉冲感应淬火具有加热速度快、淬火后显微组织细小、不必回火、硬度和耐磨性高等特点。

1. 超高频脉冲和大功率脉冲感应淬火工艺参数（见表 6-62）

表 6-62　几种高频感应淬火工艺的主要参数对比

工艺参数	超高频脉冲感应淬火	大功率脉冲感应淬火	普通高频感应淬火
频率/kHz	27.12MHz	200~300	200
功率/kW	—	>100	—
比功率/(kW/cm²)	10~30	5	0.2
加热速度/(℃/s)	$(1×10^4)~(1×10^6)$	10^5	$(1×10^2)~(1×10^4)$
加热时间/s	0.001~0.1	0.2~0.6	0.1~5

2. 超高频脉冲及大功率脉冲感应淬火的应用实例（见表 6-63 和表 6-64）

表 6-63　超高频脉冲感应淬火的应用实例

类别	工件名称	材料	脉冲/μs	硬度 HRC
齿轮类	精密齿轮	4130（40CrNiMo）钢	25	55.5
	打火机火石轮	渗碳钢	15	66.6

表 6-64　大功率脉冲感应淬火的应用实例

零件类型	牌号	淬火工艺				
		感应器	加热方法	加热时间	冷却方法	备注
小模数齿轮	40Cr	仿形	整体加热	0.7s	自冷	700HV
汽车转向齿条	40Cr	环形与齿顶平行	逐齿加热	140μs	自冷	700HV，淬硬层浅
汽车转向齿条	40Cr	圆铜线仿齿形	埋水逐齿加热	206μs	埋水冷	840~927HV，齿顶未淬硬
汽车转向齿条	40Cr	矩形铜板仿齿形	埋水逐齿加热	206μs	埋水冷	900HV，淬硬层理想
汽车转向齿条	40Cr	矩形铜板仿齿形	逐齿加热	140μs	自冷	硬度稍低

6.3.9　国内外大模数齿轮感应淬火设备与工艺

国外广泛采用感应淬火来强化大模数齿轮的齿面。通常采用沿齿沟淬火，包括喷液单齿连续加热淬火、埋油淬火。英国 En19（相当于 42CrMo）或 En24 钢大型汽轮机齿轮经沿齿沟埋油淬火和磨齿后，其承载能力与 En36（相当于 12CrNi3）钢渗碳淬火差不多，但为保证齿轮心部强度，在感应淬火前进行调质处理。

国内外大模数齿轮感应淬火设备与工艺见表 6-65。

表 6-65　国内外大模数齿轮感应淬火设备与工艺

生产厂家及设备名称	设备组成与参数	适用范围与工艺
德国贝丁豪斯（Peddinghaus）大模数齿轮感应淬火机床	感应器移动速度 1~10mm/s，机床驱动电源容量 8kW，齿轮自动分度（数控）	最大淬火齿轮直径 3m，最大淬火长度 900mm，最大模数 40mm，齿轮螺旋角 5°~30°
奥地利依林（ELIN）1HMB 型通用感应淬火机	1）立式齿轮中频感应淬火机。型号为 1HMB - 330/220。采用 CNC SIEMENS 控制系统，齿轮自动分度 2）中频电源。型号为 IGBT 150kW，5~15kHz，效率 >90%	中频感应淬火最大长度 2m，中频感应淬火齿轮最大直径 3.3m
美国阿贾克斯（Ajax）大模数齿轮单齿连续淬火系统	T 系列中频电源，功率 150kW，频率 6~10kHz；中频电源频率可达 50kHz，功率可达 800kW。对大模数齿轮单齿连续淬火用感应器的喷水孔是 4 排	1）10 型单齿感应连续淬火机床：淬火直径 0.5~4.5m，淬火齿轮最大宽度 660mm，齿轮最大质量 11t 2）采用单齿连续淬火工艺可获得 2~6mm 有效硬化层
美国大功率中频电源与感应器	1）设备及感应器。中频电源功率 3×250kW，电压 800V，频率 9600Hz。感应器规格：匝数 4，内径 508mm，铜管截面尺寸 19mm×19mm，每匝间距 6.35mm。感应器下方有一只内径 508mm、高 101.6mm 的喷油圈，油压 0.365MPa	1）对廉价的中碳硼钢［AISITS14B50，$w(C)$ 0.57%、$w(Mn)$ 0.83%、$w(Si)$ 0.24%、$w(B)$ 0.007%］齿轮（外径 493.7mm，齿宽 82.5mm，齿数 76，模数 6.35mm）进行感应淬火处理 2）中频感应淬火工艺。加热 11s（输出功率 650kW），间歇 2s，油冷 60s。经 204℃×1h 回火后，齿面节圆上硬度 57HRC
西安特种电源研究所齿圈感应淬火成套设备	KGPS-750kW/2.5kHz 型中频电源 1 套，3500kW 中频变压器 1 个，进线变压器容量 1250kW，GC13080 型淬火机床（含控制系统）一台，红外测温仪 1 套	1）ϕ692mm×118mm、模数 12mm 的齿圈中频感应淬火工艺参数：交流电压 700V，直流电压 475~500V，功率 575kW，频率 2420Hz，直流电流 900~1400A，加热时间 1.5min，加热温度 1000℃ 2）齿根淬硬层深度 3mm

6.3.10　齿轮感应淬火的屏蔽技术

在齿轮感应加热中，屏蔽主要起防止不希望加热部位受磁力线的作用。

1. 大模数齿轮单齿感应淬火时齿顶的屏蔽（见图 6-12）

这种屏蔽可避免齿顶热透，同时还可以保护已淬火邻齿不被回火。

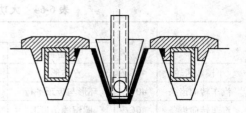

图 6-12　大模数齿轮单齿感应淬火时齿顶的屏蔽

2. 小模数齿轮回转加热淬火时齿根部位的屏蔽

通常齿轮感应淬火是为了达到沿齿廓硬化效果，即齿面和齿根均硬化，但有的齿轮由于特殊情况却规定齿根部位不能硬化，如汽车自动变速器飞轮齿圈及同步器齿毂等，为了达到技术要求，只有采用屏蔽措施。齿圈的屏蔽方法与效果如图6-13所示。

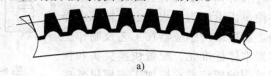

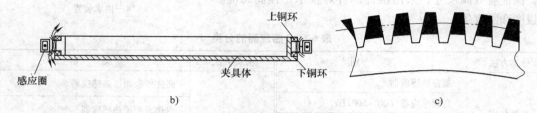

图6-13 齿圈的屏蔽方法与效果

a）常规淬火硬化效果 b）飞轮齿圈屏蔽方法 c）齿圈硬化效果

1）同步器齿毂感应淬火硬化层分布要求如图6-14所示。

2）屏蔽导流块结构如图6-15所示，图6-16所示为屏蔽导流感应淬火效果。

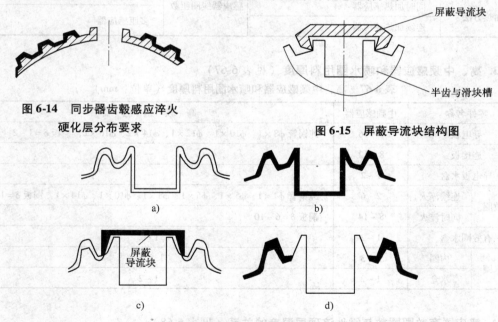

图6-14 同步器齿毂感应淬火硬化层分布要求

图6-15 屏蔽导流块结构图

图6-16 屏蔽导流感应淬火效果

a）无屏蔽导流 b）半齿和滑块槽都硬化 c）屏蔽导流块在滑块槽半齿的齿根部 d）半齿和滑块槽都未硬化

6.3.11 齿轮的高、中频感应器及喷水器

1. 感应器组成与分类

感应器主要包括施感导体（或称有效线圈）、汇流条（又称汇流排）和连接板（又称连接结

构）三个主要组成部分，如图 6-17 所示。此外，多数感应器还附有供水装置和定位紧固装置等，其分类见表 6-66。

2. 新型感应器

欧美各国及日本普遍采用 CAD 技术设计感应器，近年来新开发感应器结构，使单齿沿齿沟淬火、台阶轴感应淬火等难题相继得到解决。新型结构感应器在工艺及制作上体现出以下特点：感应器本体标准化，配置快换夹头和快换接头以便更换不同有效圈的感应器；机加工或模机具成形，保证有效圈尺寸；采用银钎剂钎焊技术，提高感应器的强度和刚度等。

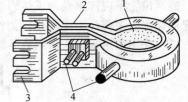

图 6-17　感应器结构示意图
1—施感导体　2—汇流条　3—连接板
4—供水装置

表 6-66　感应器的分类

分类方法	类　别	分类方法	类　别
电源频率	超音频感应器	感应器形状	圆柱外表面加热感应器
	高频感应器（20~500kHz）		内孔表面加热感应器
	中频感应器（1~10kHz）		平面加热感应器
	工频感应器（50Hz）		特殊形状表面加热感应器
电源相	单相感应器		
	三相感应器	感应器线圈匝数	单匝感应器
加热方法	同时加热感应器		多匝感应器
	连续加热感应器		

3. 高、中频感应器和喷水圈用料厚度（见表 6-67）

表 6-67　高、中频感应器和喷水圈用料厚度（单位：mm）

零件名称		中频感应器	高　频　感　应　器
导电板		3~16	纯铜管 $\phi8\times1$、$\phi10\times1$、$\phi12\times1$、$\phi14\times2$、$\phi16\times2$，铜板 $\delta=1~2$
连接板		8~12	—
导电板水盒		1~2	—
有效圈	连续淬火	2~6	纯铜管 $\phi4\times1$、$\phi5\times1$、$\phi6\times1$、$\phi8\times1$、$\phi10\times1$、$\phi14\times1$，铜板 $\delta=1~2$
	同时淬火	8~14	铜板 $\delta=6~10$
有效圈水盒		1~2	1~2
喷水圈	内圈	2~3	1.5~2
	水盒	1~2	1~2

4. 感应器有效圈圈数与零件淬硬层深度的关系（见表 6-68）

表 6-68　感应器有效圈圈数与零件淬硬层深度的关系

淬硬层深度/mm	≤1	1~2	2~4
有效圈圈数	1	2	3~4
匝间距/mm		1.5~3	1.5~3

5. 中频连续淬火感应有效圈截面尺寸及高、中频内孔淬火感应器有效圈矩形截面尺寸（见表 6-69、表 6-70 和表 6-71）

表 6-69　中频连续淬火感应有效圈截面尺寸

a/mm（宽度）	10	10	13	15
L/mm（高度）	10 ~ 15	20	25	30
δ/mm（壁厚）	2	2	2	2 ~ 3
α/(°)（喷水孔角度）	30 ~ 45	30 ~ 45	30 ~ 45	30 ~ 45
水孔直径/mm	1.5 ~ 2.0	1.5 ~ 2.0	1.5 ~ 2.0	1.5 ~ 2.0
孔距/mm	3 ~ 4	3 ~ 4	3 ~ 4	3 ~ 4

表 6-70　高频内孔淬火感应器有效圈矩形截面尺寸

a/mm（宽度）	7.8	7.8	7.8	7.8	9.8	11.8	11.3
L/mm（高度）	9	9.8	8.2	8.8	10.8	12.8	27.8
δ/mm（壁厚）	1 ~ 2	1 ~ 2	1 ~ 2	1 ~ 2	1 ~ 2	1 ~ 2	1 ~ 2
α/(°)（喷水孔角度）	30	30	30	30	30	30	30
水孔直径/mm	1.5 ~ 2	1.5 ~ 2	1.5 ~ 2	1.5 ~ 2	1.5 ~ 2	1.5 ~ 2	1.5 ~ 2
孔距/mm	3 ~ 3.5	3 ~ 3.5	3 ~ 3.5	3 ~ 3.5	3 ~ 3.5	3 ~ 3.5	3 ~ 3.5
导磁体型号	TQ-001	TQ-002	TQ-004	TQ-011	TQ-014、TQ-012	TQ-013	TQ-010

表 6-71　中频内孔淬火感应器有效圈截面尺寸

宽度 a/mm	8	9	10
高度 L/mm	15	20	25
壁厚 δ/mm	1.5 ~ 2	1.5 ~ 2	1.5 ~ 2
喷水孔角度 α/(°)	30	30	30
水孔直径/mm	1.5 ~ 2	1.5 ~ 2	1.5 ~ 2
孔距/mm	3 ~ 3.5	3 ~ 3.5	3 ~ 3.5
外、内导电套用料厚度/mm	1.5 ~ 3	1.5 ~ 3	1.5 ~ 3

6. 喷水器常用尺寸（见表 6-72）

表 6-72　喷水器常用尺寸

喷水圈	连续淬火		同时淬火	
	高频	中频	高频	中频
高度/mm	10 ~ 30	15 ~ 40	$H + (10 ~ 20)$	$H + (10 ~ 20)$
内径/mm	80 ~ 200	100 ~ 400	80 ~ 200	100 ~ 400
外径/mm	110 ~ 250	150 ~ 500	110 ~ 250	150 ~ 500
喷水角 α/(°)	15	15	0	0

注：表中 H 为感应器高度。

7. 喷水器的喷水孔设计

1）同时加热淬火喷水圈往往是感应器有效圈本身，图 6-18a 所示喷水圈的水孔沿圆周方向距离为7mm，轴向距离为3mm。这种设计对改善或消除淬火螺旋带也有好处。图6-18b所示为喷水板水孔分布设计，喷水板的水孔可以均布，喷水板与淬火表面的距离较远，一般有30~50mm，这对消除淬火裂纹有利。

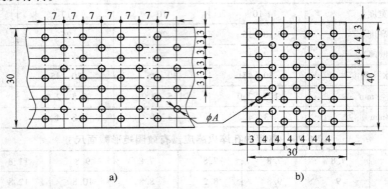

图6-18 喷水孔分布设计

a）喷水圈水孔分布 b）喷水板水孔分布

喷水孔的直径与淬火冷却介质的品种有关，淬火冷却介质是水时，$\phi A = 1.2 \sim 1.8$mm；淬火冷却介质是聚合物水溶液时，$\phi A = 1.8 \sim 2.5$mm。

连续加热感应器的喷水孔排列与喷水孔距离见表6-73。

表6-73 连续加热感应器的喷水孔排列与喷水孔距离

项目	高频设备功率			中频设备功率 100kW
	30kW	60kW	100kW	100kW
喷水孔间距/mm	1.6~2.0	2.0~2.5	2.5~3.0	2.5~3.5
喷水孔轴线与零件轴线夹角/（°）	35~55			35~55
感应器上钻孔	通常为一列孔			一列或两列孔

2）合理设计感应器喷水孔大小与分布形式。同时加热自喷射式的感应器都带有喷水孔，可对齿轮进行淬火冷却。喷水孔直径大小与淬火冷却介质和电流频率有关，见表6-74。

表6-74 喷水孔直径大小与淬火冷却介质和电流频率关系

淬火冷却介质	在不同电流频率下的感应器喷水孔直径/mm	
	200~300kHz	8kHz、2.5kHz
水	0.7~0.85	1.0~1.2
聚乙烯醇水溶液	0.8~1.0	1.2~1.5
乳化液	1.0~1.2	1.5~2.0
油（用于附加喷头）	1.2~1.5	1.5~2.5

注：1. 淬火冷却介质为油时，通常用附加喷头。

2. 孔排列为棋格式，相邻两孔的中心线距离为6~8mm。

3. 孔一般钻成阶梯孔。

8. 齿轮高频感应淬火感应器的种类与选择（见表6-75）

表6-75　齿轮高频感应淬火感应器的种类与选择

类别	名称	结构图	适宜加热工件	备　注
外表面加热感应器	外圆表面同时加热感应器		圆柱齿轮、圆盘，或圆锥角 < 20° 的锥齿轮等	单匝，感应器高度 < 15mm。齿轮的淬火冷却可在附加喷水圈中进行，或采用浸液冷却
	外圆表面同时加热感应器		圆柱齿轮、圆盘、短轴，或圆锥角 < 20° 的锥齿轮等	单匝，感应器高度 ≤15mm。齿轮的淬火冷却可在附加喷水圈中进行，或采用浸液冷却
	外圆表面同时加热感应器		圆柱齿轮、短轴等	多匝。齿轮的淬火冷却可在附加喷水圈中进行，或采用浸液冷却
	外表面同时加热淬火感应器		齿轮、飞轮齿圈等	单匝。加热时感应器不通水，淬火冷却时自行喷射冷却
	外表面同时加热感应器		锥齿轮等	单匝、锥形。齿轮的淬火冷却可在增添的辅助喷水圈中进行，或采用浸液冷却
	外表面同时加热感应器		锥齿轮等	多匝、锥形。齿轮的淬火冷却可在增添的辅助喷水圈中进行，或采用浸液冷却
	外表面同时加热感应器（波浪形）		锥齿轮等	齿轮可在感应器外设置喷水圈冷却，也可在齿轮离开感应器后在喷水圈中进行喷射冷却，或采用浸液冷却
	蜗杆加热感应器		蜗杆等	用纯铜圆管制作感应器。感应器导线与蜗杆螺旋方向垂直，对齿根加热有较好的质量。蜗杆可在感应器外直接加喷水圈冷却，或离开感应器后在喷水圈中进行喷射冷却

（续）

类别	名称	结构图	适宜加热工件	备　注
外表面加热感应器	蜗杆加热感应器		蜗杆等	用方形纯铜管制作感应器。感应器导线与蜗杆螺旋方向垂直，工件加热时必须旋转，对齿根加热有较好的质量。蜗杆可在感应器外直接加喷水圈冷却，或离开感应器后在喷水圈中进行喷射冷却
	平面同时加热感应器		端面为圆平面且圆锥角很大的锥齿轮等	多匝、圆盘形。齿轮的淬火可用增添的辅助喷水圈冷却，或采用浸液冷却
内孔加热感应器	内孔表面同时加热感应器		孔深度较浅的内孔及内齿等	单匝。齿轮的淬火可用增添的辅助喷水圈冷却，或采用浸液冷却
	内孔（$\phi >$ 50mm）连续加热淬火感应器		大深度内孔、内齿、内花键等	自行喷射冷却
特殊感应器	单齿齿面同时加热感应器		模数 $m > 15$mm 的大齿轮	双匝。齿轮淬火时可增添一个辅助喷水头冷却
	单齿沿齿面连续加热淬火感应器		大模数锥齿轮	单匝。齿轮淬火时可增添一个辅助喷水头冷却
	单齿沿齿面连续加热淬火感应器		模数为 5~14mm 的齿轮	单匝。自行喷射冷却

（续）

类别	名称	结构图	适宜加热工件	备 注
特殊感应器	单齿沿齿沟连续加热淬火感应器（V形，与齿沟轮廓仿形）		模数为 6~14mm 的大齿轮	1）感应器用1mm厚纯铜片置于齿间弯制成形；汇流条采用 ϕ10mm 纯铜管弯制；冷却水管用 ϕ14mm 钢管弯制后焊在一根汇流条上；导磁体可用金刚砂浇水磨制 2）感应器与齿面的间隙一般为1mm，与齿根间隙可小于1mm；感应器高度6~8mm；导磁体高度10~12mm 3）采用这种感应器也可将齿轮埋入水中进行水下加热，此时仍需要自行喷射冷却
	单齿沿齿沟连续加热淬火感应器（双三角形）		模数为 5~12mm 的齿轮	自行喷射冷却，或采用喷射冷却相邻两个侧面，或同时采用两种冷却方法

9. 齿轮中频感应淬火感应器的种类与选择（见表6-76）

表6-76 齿轮中频感应淬火感应器的种类与选择

类别	名称	结构图	适宜加热工件	备 注
外表面同时加热淬火感应器	外圆表面同时加热感应器		圆柱齿轮、圆盘、短轴等	单匝并焊接薄铜板。齿轮淬火冷却可以在增添的辅助喷水圈中进行，或采用浸液冷却
	外圆表面同时加热淬火感应器		圆柱齿轮、圆盘，或圆锥角 < 20° 的锥齿轮等	单匝。加热时不通水，淬火冷却时通水
外表面连续加热淬火感应器	外表面连续加热淬火感应器		轴类件、齿轮（齿宽大）等	双匝，下部设喷水圈。齿轮可在附带喷水圈中进行喷射冷却，或在下面一匝钻喷水孔，进行自行喷射冷却
特殊感应器	单齿沿齿面连续加热淬火感应器		模数 $m > 8$mm 的大齿轮等	齿轮淬火冷却由增添的辅助喷水头进行喷射冷却。齿根得不到淬火

（续）

类别	名称	结构图	适宜加热工件	备 注
特殊感应器	单齿沿齿沟连续加热淬火感应器（V 形，与轮齿仿形）	固定夹 感应圈 导磁体	模数 $m > 7mm$ 的齿轮等	1）淬火冷却根据齿轮材料的性能决定，对允许直接喷射冷却的材料可用自行喷射冷却 2）对于不宜用喷射冷却的材料，可增添一个辅助喷水头进行喷射冷却相邻两齿面，依靠传导冷却。这类感应器可用于埋油淬火
	单齿沿齿面连续加热淬火感应器（三角形）		模数 $m > 12mm$ 的大齿轮等	
	沿齿沟、齿槽连续加热淬火感应器（Ⅱ形）		模数 $m > 8mm$ 的大齿轮	感应器与轮齿仿形。齿轮淬火冷却时由增添的辅助喷水头冷却。大模数齿轮沿齿沟淬火时，有的齿轮材料不宜采用直接喷射冷却，可增添辅助喷水头进行喷射冷却所加热齿沟的相邻两齿面，依靠热传导冷却

10. 典型感应器设计及感应淬火工艺实例（见表 6-77）

表 6-77　典型感应器设计及感应淬火工艺实例

齿轮技术条件	感 应 器 设 计	感应淬火工艺
锥齿轮	（1）模数较小的各种锥齿轮　高频和超音频淬火的感应器设计可采用传统的设计方法 （2）模数较大的锥齿轮　可在传统设计方法的基础上对其进行修正： 例如对模数 $m = 6 \sim 10mm$ 的锥齿轮，在频率为 8kHz 的 GC-2405 型中频感应淬火机床上进行加热淬火。感应器设计方法：以锥齿轮的分锥角大小进行分类。分锥角分为 4 类：$2\theta_节 < 20°$，$20° < 2\theta_节 < 90°$（见图 a）；$90° < 2\theta_节 < 130°$ 与 $2\theta_节 > 130°$（见图 b）。其中，$2\theta_节$——两倍分锥角，H——感应器的高度，h——齿面高度 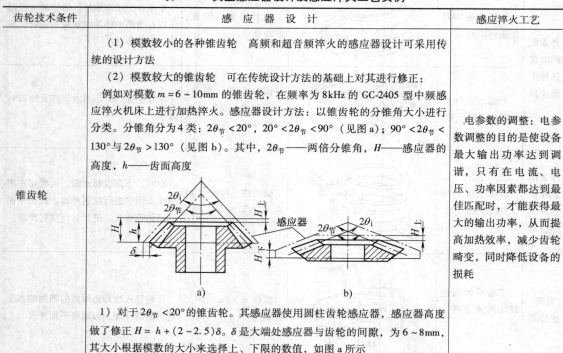 a)　　　　　　　b) 1）对于 $2\theta_节 < 20°$ 的锥齿轮。其感应器使用圆柱齿轮感应器，感应器高度做了修正 $H = h + (2 \sim 2.5)\delta$。$\delta$ 是大端处感应器与齿轮的间隙，为 $6 \sim 8mm$，其大小根据模数的大小来选择上、下限的数值，如图 a 所示	电参数的调整：电参数调整的目的是使设备最大输出功率达到调谐，只有在电流、电压、功率因素都达到最佳匹配时，才能获得最大的输出功率，从而提高加热效率，减少齿轮畸变，同时降低设备的损耗

（续）

齿轮技术条件	感 应 器 设 计	感应淬火工艺
锥齿轮	2）对于$20° < 2\theta_节 < 90°$锥齿轮。感应器为锥形，感应器的圆锥角$\theta_i \approx \theta_根$，如图 a 所示。齿轮应处于感应器中间部位，即感应器的上、下端都应高出齿轮的高度，高出部分为上端$H_上 = (1 \sim 1.5)\delta$，下端$H_下 = (1 \sim 2)\delta$，模数大的取上限，其感应器尺寸为$\phi160mm \times \phi120mm \times 82mm$，如图 c 所示。如果$2\theta_节 > 70°$以上的，也可在感应器的下端补接一直边，如图 d 所示，感应器尺寸为$\phi362mm \times \phi256mm \times 94mm$ 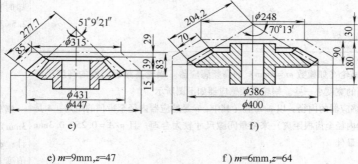 c）$m=6mm, z=23$　　　d）$m=8mm, z=23$ 3）对于$90° < 2\theta_节 < 130°$与$2\theta_节 > 130°$的锥齿轮。感应器圆锥角$\theta_i \approx \theta_根 - \theta_修正$，$\theta_修正$为$2° \sim 6°$，分锥角$> 130°$时，或者齿轮的下端结构很厚，取上限，$\theta_修正$为$6° \sim 8°$，感应器上端高出部分$H_上 = (1.5 \sim 2)\delta$，感应器在大端补接的直边$H_下 = (2 \sim 2.5)\delta$，如图 e、f 所示。其感应器尺寸分别为$\phi447mm \times \phi315mm \times 83mm$（见图 e）和$\phi400mm \times \phi248mm \times 90mm$（图 f） e）$m=9mm, z=47$　　　f）$m=6mm, z=64$	电参数的调整：电参数调整的目的是使设备最大输出功率达到调谐，只有在电流、电压、功率因素都达到最佳匹配时，才能获得最大的输出功率，从而提高加热效率，减少齿轮畸变，同时降低设备的损耗
大模数齿轮，外径$\phi760mm$，模数5mm，要求齿部中频感应淬火	采用 BPS-100/8000 型中频设备，大模数齿轮多齿沟连续淬火感应器设计：有效圈厚度为1.2mm。感应器主要由感应器主体、仿形牙、喷水孔及导向装置组成，其主体部分是用$10mm \times 10mm$方形铜管按齿轮外圆制作的一个弧形平面感应器，结构如下图所示。齿根与感应器牙顶间隙1.5mm；齿顶与感应器牙根间隙2mm；感应器两端与齿根间隙为1mm。选用Π形可加工铁氧体中频导磁体，嵌镶在感应器弧形有效齿圈上 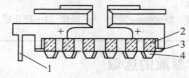 1—导向装置　2—导磁体　3—感应器主体　4—仿形牙	1）感应淬火工艺参数。电压620V，电流80A，功率30kW，功率因素0.95，感应器行走速度3mm/s，加热温度$860 \sim 880℃$ 2）淬火效果。表面硬度$53 \sim 55HRC$；淬硬层深度：齿顶与齿面分别为$3 \sim 3.5mm$和$1.5 \sim 2.0mm$，齿根1mm

（续）

齿轮技术条件	感 应 器 设 计	感应淬火工艺
双联齿轮，20CrMnTi 钢，渗碳后表面淬火硬度要求 56 ~ 62HRC	高频感应淬火感应器设计：制作双圈串联感应器（见下图） 1—齿轮　2—感应器	采取一次加热淬火工艺：加热时间 $t = 22s$；$b = 3$ mm，$a = b + 1.5$mm（a 是小齿轮与感应器间隙，b 是大齿轮与感应器间隙，单位为 mm）
S195 柴油机调速齿轮(见右图)，45 钢，技术要求：M 面 6 处局部淬火，淬火范围为 $\phi17 \sim \phi20$mm，淬火硬度为 40 ~ 45HRC，淬硬层深为 1 ~ 3mm	齿轮端面局部感应器设计：采用 $\phi4$mm 纯铜管制作多匝感应器，匝间距为 1 ~ 1.5mm，在感应器背面加热表面的一侧涂刷泥糊状的导磁体 	1）高频设备型号为 GP100-2，采用同时加热法，用辅助喷头喷水冷却。齿轮的 6 个淬火处单独完成。自回火 2）高频感应加热电参数。阳极电压 11 ~ 13kV；阳极电流及栅极电流分别为 4.5 ~ 5.5A 和 1 ~ 1.5A；电流频率 250kHz；加热时间及冷却时间分别为 1.8 ~ 2.5s 和 1 ~ 1.5s
蜗轮与蜗杆	1）蜗轮（如模数 $m = 3$mm）的高频感应器。蜗轮高频感应器的高度最好比齿部的宽度小一些。蜗轮高频感应器如下图所示 2）感应器的内径。以 a/A 值（其中，a 是感应器内径至齿顶的距离；A 是感应器内径至齿根距离）来度量间隙尺寸较为合理，且 $a/A = 0.25 \sim 0.3$mm 时效果最佳 1—$\phi12$mm 铜管　2—$\phi6$mm 铜管　3—蜗轮　4—硬化层	蜗轮（如模数 $m = 3$mm）的高频感应器设计：$\phi6$mm 铜管，a/A 值变小，当加热到 4s 时，大约 800℃，加热到 6s 时，温度高于 900℃，随即淬火。此感应器直径为齿宽的 40%，a/A 值为 1/3 左右。合格率 100%

6.3.12　感应淬火机床的基本参数的选取

感应淬火机床的基本参数的选取见表 6-78。

表 6-78　感应淬火机床的基本参数的选取

基本参数	内　　容
淬火工作台（或顶尖）转速的选取	为了使齿轮加热及冷却均匀，在加热淬火过程中，最好能使齿轮旋转，齿轮旋转速度根据以下原则选取： 1）圆柱齿轮等零件同时加热时，一般按 $1 \sim 6r/s$。对直径大、加热时间长的齿轮，转速可取下限 2）圆柱齿轮等零件连续加热时，当齿轮每移动 1mm 并同时回转一次时，能避免齿轮在淬火时产生螺旋状的托氏体带。如果托架移动 v 已确定，则齿轮转速为 $$n = 60v(r/min)$$ 式中，v 是齿轮移动速度（mm/s）；n 是齿轮旋转速度（r/min）。 3）当进行齿轮及花键轴淬火时，齿轮及花键轴转速应按外圆线速度计算，其圆周线速 $v \leqslant 500mm/s$ 是合适的
托架移动速度的选取	中、小型淬火机床的托架用以装夹淬火齿轮等零件，而大型淬火机床的托架则用以固定变压器。连续淬火时： 1）250kHz 电源时，v 应在 $0.28 \sim 15mm/s$ 2）8000Hz 电源时，v 应在 $1.4 \sim 17mm/s$ 3）2500Hz 电源时，v 应在 $1 \sim 10mm/s$ 对于淬硬层深度在 $1 \sim 5mm$，直径在 $20 \sim 160mm$ 的淬火齿轮等零件，v 在 $1 \sim 18mm/s$ 已能满足使用要求，故感应淬火机床的工作行程 v 大都为 $2 \sim 30mm/s$，个别为 $2 \sim 60mm/s$

6.3.13　主动齿轮尾部螺纹的感应软化处理技术

采用感应加热对渗碳淬火主动齿轮尾部螺纹进行软化处理（即退火处理），其处理部位一致性好，产品质量比较稳定，生产效率高，适合于大批量生产。

图 6-19 所示为美国某汽车公司一种变速器的主动齿轮，材料为 SQM-IA9451-A20H（相当于 20CrH）钢，要求渗碳淬火处理，渗层硬度 58 ~ 63HRC，有效硬化层深 0.6 ~ 0.9mm。其中尾部螺纹性能要求如图 6-19 所示。

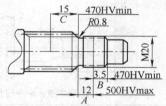

图 6-19　主动齿轮尾部螺纹性能要求

图 6-19 中规定了 A 区的最高硬度 500HV，目的是为了减小退刀区域（R 处）的应力集中，降低乃至消除螺纹紧固部分的脆性，保证在使用过程中不断轴、不崩齿，同时规定了 B 区的最低硬度 470HV，以减小螺纹松紧时的磨损，并提高螺栓对螺母中毛刺及脏物的清理能力，有利于装配。当采用渗碳淬火后感应加热退火的方法降低 A 区硬度时，C 区同 B 区一样，规定了感应热影响区的最低硬度 470HV。

主动齿轮尾部螺纹感应软化处理实例见表 6-79。

表 6-79　主动齿轮尾部螺纹感应软化处理实例

齿轮技术条件与设备	工　艺
主传动齿轮轴，20CrMnMoH 钢，技术要求：渗碳淬火有效硬化层深 1.2 ~ 1.6mm，表面与心部硬度分别为 58 ~ 64HRC 和 33 ~ 48HRC，螺纹部位（L）硬度为 30 ~ 38HRC 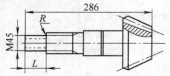	螺纹部位高频退火工艺： 1）采用较低的屏极电压，增大齿轮轴与感应器之间的间隙至 5 ~ 10mm，延长加热时间，以减慢加热速度 2）采用间断加热法，采用两次加热方式，20CrMnMoH 钢的 Ac_1 为 710℃，Ac_3 为 830℃，采用不完全退火工艺，退火温度介于 Ac_1 与 Ac_3 之间，第一次采取预热方式，加热温度选择 820℃，屏极电压选用 5 ~ 6kV（间隙大可选择 6kV；间隙小选择 5kV）。加热到温后断开加热，让热量向里传递，约 1min 后进行第二次加热退火，温度选择 680 ~ 700℃，以不超过 Ac_1 为好 3）感应加热退火后立即放入盛有石墨粉的保温箱内缓冷

（续）

齿轮技术条件与设备	工 艺
1）载货汽车后桥主动弧齿锥齿轮，22CrMoH 钢，材料淬透性能 J15 = 36 ~ 42HRC；技术要求：渗碳淬火有效硬化层深 1.70 ~ 2.10mm，齿轮表面与心部硬度分别为 59 ~ 63HRC 和 35 ~ 45HRC。尾部螺纹要求：L 为尾部螺纹，热处理后硬度为 28 ~ 38HRC；S 为热处理后硬度转变区，长度为 20 ~ 30mm，硬度为 38 ~ 48HRC；R 为机加圆角，为 $R1$ ~ $R2$mm，此处对机械加工表面粗糙度有要求；P 为花键轴长度，硬度≥55HRC 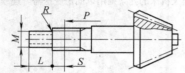 2）高频退火设备为 GP-C3 型高频炉和 GCT10120 型淬火机床。中频退火设备为 KG-PS100 型中频炉和 GCT10120 型淬火机床	1）感应器为纯铜管制成的圆环形状。其退火工艺参数为阳极电压 700 ~ 750V、阳极电流 5A、栅极电流 1A。工艺操作如下：齿轮在机床上以一定的速度旋转，先进行尾部螺纹预热，短时加热后断开；尾部螺纹一次加热（温度约 820℃）；约 1min 后进行二次感应加热退火，短时加热后断开，此时尾部螺纹温度在 650 ~ 700℃，然后空冷，要避免因急速冷却而造成的二次淬火（可入缓冷箱） 2）中频退火工艺。感应器为纯铜管制成的圆环状。其退火工艺参数为电压 550 ~ 600V、电流 120 ~ 150A、频率 2500Hz、功率 50 ~ 55kW。工艺操作要求：齿轮在淬火机床上以一定的速度旋转，尾部螺纹先进行预热；然后进行一次短时的加热，温度约 820℃；再进行一次短时加热退火，齿轮尾部螺纹温度在 650 ~ 700℃，即可出炉进行空冷，要避免因急速冷却而造成的二次淬火（可入缓冷箱）
STR 重型汽车主动弧齿锥齿轮，尾部螺纹硬度要求 30 ~ 38HRC。采用 GCYP100/35 型超音频电源和 GCT10120 型淬火机床。主动弧齿锥齿轮及其尾部螺纹如下图所示 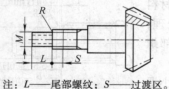 注：L——尾部螺纹；S——过渡区。	1）超音频脉动连续加热退火工艺。超音频直流电流 80 ~ 100A、直流电压 200 ~ 220V、加热时间 4s、循环 20 ~ 22 次 2）对尾部螺纹等进行局部脉动连续循环加热退火处理，因加热速度缓慢，退火部位温度均匀，螺纹、R 处和 S 区有良好的硬度梯度分布，尾部硬度为 31 ~ 37HRC

6.3.14 齿轮感应淬火技术应用实例

齿轮感应淬火技术应用实例见表 6-80。

表 6-80 齿轮感应淬火技术应用实例

齿轮技术条件	工 艺	结果
齿轮，外径 ϕ450mm，模数 6mm，42CrMo 钢，要求感应淬火	1）采用单频、大功率晶体管逆变电源 2）单频整体冲击加热淬火。通过不同加热阶段的比功率调节以达到基本沿齿廓分布的硬化效果 3）感应加热工艺参数。频率 f = 9.1kHz；功率 P_1 = 61kW，加热 94s，加热温度约 600℃；功率 P_2 = 400kW，加热时间 4.2s，加热温度约 950℃	得到了硬化层基本沿齿廓分布的效果
齿轮，40Cr 钢，要求感应淬火	齿轮高频加热后采用自来水淬火冷却。加热温度 880 ~ 900℃，齿轮淬火冷却到 Ms 点（稍高于 250℃）以后，即出水空冷。小模数齿轮齿形较小，易造成齿根淬不透而开裂。淬火时应选用较低的频率，增加感应器和齿轮的间隙，以保证齿根能淬硬	解决了齿轮开裂问题

（续）

齿轮技术条件	工　艺	结果
重载机床用大模数齿圈，模数 10mm，45 钢，要求感应淬火	1）感应器。将感应器按渐开线齿形设计制作，制作单齿感应器（见下图） 2）电加热参数。电压 0.6kV，电流 102A，功率 61kW，与齿根间隙 1～1.5mm 1—两侧为齿廓形铜板，中间夹硅钢片　2—铜管	齿轮感应淬火后硬度 50～55HRC，淬硬层深度 1.5～2mm，齿根部得到了较理想的淬火硬化层和硬度

6.3.15　齿条的高频感应电阻加热表面淬火技术

1. 高频感应电阻加热表面淬火

其是通高频电流时，工件表层的一部分直接通电，由自身的电阻加热。与此同时，感应器附近的工件表面产生感应电流，如图 6-20 所示。两种作用加热工件的表层和表面，达到淬火温度后，切断电源。由于加热速度极快，加热部分仅限于某一范围，周围及深处冷的部分迅速导热，使加热区激冷，实现自冷淬火。

通过更换不同的感应器，可以加热不同形状的工件表面。用这种方法加热工件表面的比功率是传统感应加热的数倍，可对工件表面实施高能率热处理。感应电源通常为 50～250kHz，功率为 70～200kW，加热时间为 6～14.5s。

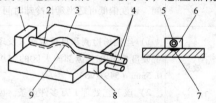

图 6-20　高频感应电阻加热原理

1、6、8—电触头　2、5—感应器　3—试样 4—高频电源　7—高频加热区　9—电流

2. 齿条的高频感应电阻加热表面淬火举例（见表 6-81）

表 6-81　齿条的高频感应电阻加热表面淬火举例

零件名称	齿条（见下图），模数为 2mm 齿槽中心位置 在此范围检查淬硬层深度　50 2-M14×1.5　φ21 88.5　555
齿条技术条件	45 钢，技术要求：调质硬度为 18～25HRC，齿面高频感应淬火与回火后硬度 45～58HRC，齿根淬硬层深度 0.5～2.0mm；矫直后，全部经磁粉检测，应无裂纹等缺陷
设备与工艺	1）设备。齿条高频感应电阻加热表面淬火装置如下图所示。采用 GP100-C-TGP 型转向高频感应加热装置，振荡频率为 200～250kHz。淬火机床使用 GCJ-ZH/1 型齿条淬火机床。电极采用高温力学强度高的铜铬（Cu-Cr）合金制造。齿面与感应器的间隙为 2～3mm

（续）

| 设备与工艺 | 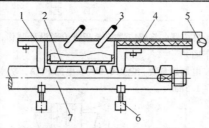
1—电极　2—感应器　3—冷却水入口　4—绝缘板　5—高频电源　6—夹紧液压缸　7—齿条
2）感应淬火工艺参数： |

灯丝电压 /V	槽路电压 /kV	阳极电压 /kV	阳极电流 /A	栅极电流 /A	加热时间 /s	冷却时间 /s	淬火冷却介质	液温控制 /℃	出口压力 /MPa	淬火喷水压力/MPa
33 ~ 34	9 ~ 10	10.5 ~ 11.5	6.5 ~ 8.3	1.4 ~ 1.6	4	4	w（AQ251）5% ~ 15% 水溶液	≤50	≥0.3	≥0.25

设备与工艺	齿条感应淬火自回火后每 100 件检测硬度一次，根据硬度情况调整冷却时间，硬度偏高可适当缩短冷却时间；硬度偏低可适当延长冷却时间
效果	1）经磁粉检测和目视观察未发现裂纹和烧伤现象；齿面的平均硬度为 57.5HRC，淬硬层深 0.9mm，齿心部硬度 54HRC；齿部淬火区的组织为回火马氏体，马氏体为 5 ~ 6 级，合格。齿根处有效硬化层深度为 0.5mm（549HV5） 2）该工艺处理 1 万多件齿条。齿条淬火周期仅为 20s；齿条可进行自回火，无须再回火

3. 齿条的高频感应电阻加热表面淬火实例（见表 6-82）

表 6-82　齿条的高频感应电阻加热表面淬火实例

齿轮技术条件与设备	工　艺	结果
1）轿车转向齿条，37CrS4 钢，调质后心部 R_m =780 ~ 930MPa，技术要求：感应淬火硬度 54 ~ 63HRC，硬化层深 0.1 ~ 1.0mm 2）采用德国 EFD 公司的 Conductive-HV 高频感应电阻淬火机，能量发生器为 80kW/250kHz	1）感应淬火冷却介质。德润宝公司的 w（BW）为 10% ~ 12% 水溶液 2）工艺流程。功率系数为 80% ~ 90%。第一次加热与停止时间分别为 1 ~ 1.8s 和 0.5s；第二次加热与停止时间分别为 4 ~ 5s 和 0.5s；第三次加热时间与停止时间分别为 5 ~ 6s 和 0.5s。淬火喷液时间 10s 3）齿条齿部高频电阻感应淬火见下图 1—接触头　2—齿条齿部　3—感应器	齿条齿部硬化层深度 0.25mm 以下，通常齿条淬火裂纹报废率占 0.2% 左右
捷达轿车转向齿条，齿数 26，模数 1.94mm，35 钢，技术要求：调质硬度 215 ~ 244HV，感应淬火硬度（50 +6）HRC，齿面最大硬化层深度 0.35mm	采用高频感应电阻加热表面淬火工艺，电源频率 200 ~ 250kHz，100kW 的高频电源，淬火冷却时在齿条加热体的另一侧辅助喷淋，以加强齿条的硬化与减小畸变，淬火时在齿条背部采用 3 点支撑，以减小畸变，感应器与齿条的间隙控制在 3 ~ 4mm	齿条淬火畸变控制在 1mm 以内，硬度合格

第7章 先进的齿轮热处理技术

7.1 齿轮的激光热处理技术

齿轮激光表面强化是一种新型的表面强化技术,通过多年的发展和成功实践,克服了传统热处理的一些缺点,达到齿轮成本与表面高性能的最佳组合。目前,已广泛应用于军工、矿山、冶金、港口、船舶、风能发电、工程车辆、重型机械等行业各类齿轮等零件的表面激光硬化处理,尤其适合大型和特种齿轮的热处理,最大处理齿轮直径达3m以上。

7.1.1 激光淬火及其特点和应用

1. 激光淬火

激光淬火可以获得十分细小的马氏体组织,具有比常规淬火更高的组织缺陷密度,由于冷速极快$[(1\times10^4)\sim(1\times10^9)℃/s]$,碳原子来不及扩散,因此马氏体碳含量较高,残留奥氏体也获得较高的位错密度,使材料具有畸变强化效果,从而显著提高了零件表面的耐磨性能,同时硬化层内残留有相当大的压应力,又显著增加了零件表面的抗疲劳性能。激光淬火畸变微小,可基本保持原用精度。

图7-1所示为齿面激光淬火形貌。图7-2所示为齿轮的激光热处理过程示意图。

图7-1 齿面激光淬火形貌

图7-2 齿轮的激光热处理过程示意图

与常规热处理工艺方法(高中频感应淬火、渗碳或碳氮共渗、渗氮等)相比,齿轮经激光淬火后具有很强的优势,其对比优势见表7-1。

表7-1 齿轮激光淬火与常规热处理的对比

工艺方法	渗碳、渗氮等	感应淬火	激光淬火
处理材料	碳素钢、低合金钢	中碳钢、中碳合金钢	各种钢材(铸钢)等
淬硬层组织及硬度	马氏体+碳化物+残留奥氏体,硬度56~62HRC	马氏体,硬度45~60HRC	隐针马氏体,硬度提高15%~20%
心部组织及硬度	回火马氏体,硬度为35~45HRC	正火或调质,硬度<30HRC	正火或调质,硬度<30HRC

（续）

工艺方法	渗碳、渗氮等	感应淬火	激光淬火
齿面硬化层形状	沿齿廓分布均匀	分布不均匀	沿齿廓分布均匀
硬化层的可控性	易控制	不易控制	可精确控制
淬硬层残余应力	压应力，分布均匀，小	随硬化形状分布不均，较大	压应力，分布均匀，大
热处理畸变	较大	较小	极小
工艺周期及成本	周期长，成本高	周期短，成本低	周期短，成本低

2. 激光淬火材料

激光淬火常用材料见表7-2。供齿轮激光淬火时选用。

表7-2　激光淬火常用材料

钢铁材料	钢 铁 牌 号
碳素结构钢	20、30、35、40、45、50、55、60
合金结构钢	20CrMnTi、30CrMnTi、40Cr、50Cr、35CrMo、42CrMo、40CrMnMo、50CrNi
灰铸铁	HT200、HT250、HT300、HT350
球墨铸铁	QT400-17、QT450-10、QT500-7、QT600-3、QT700-2、QT800-2、QT900-2
可锻铸铁	KTH300-06、KTH350-10、KTZ450-06、KTZ550-04、KTZ650-02、KTZ700-02
蠕墨铸铁	RuT250、RuT300、RuT340、RuT380、RuT420

3. 激光淬火工艺

（1）激光淬火工艺参数　激光淬火的硬化指标主要是硬化层深度、宽度和硬度等。影响上述指标的基本工艺参数：光斑直径 d，激光器输出功率 P，扫描速度 v，其次还有材料对光的吸收率。此外，也可直接用功率密度作为控制工艺的参数。激光淬火工艺参数的确定见表7-3。

表7-3　激光淬火工艺参数的确定

项目	内 容
工作电流 I	通过调节激光器放电管的工作电流 I 来调节激光器输出功率 P。其关系式： $$P = KI + C$$ 式中　P——激光器输出功率（W）； 　　　I——激光器工作电流（mA）； 　　　C——常数（W）； 　　　K——常数（W/mA） 根据实测数据，上式应为 $P = 6I + 100$，因此工作电流可代替输出功率，作为激光淬火工艺参数
离焦量 X	其指从淬火工件表面至光导管输出端之间的距离。实际上它比真实的离焦量 X 增加约 0.5cm。离焦量 X 与光斑尺寸 d 之间有线性关系：$d = \alpha X/\mathrm{ctg}\alpha$。离焦量 X 可代替光斑直径 d，作为另一个激光工艺参数
扫描速度 v	加热时间与扫描速度 v 有关。v 影响淬火的最高加热温度及温度分布。非熔化临界方程式： $$v = [1.77(6I + 100)] \times 10^{-2}/(X - 0.5) - 0.11/(X - 0.5)$$ 式中　I——激光器工作电流（mA）； 　　　X——离焦量（cm） 利用上式可做出非熔化临界面，它把熔化区与非熔化区明确地分开

（续）

项目	内　容
激光作用时的表面温度、时间和硬化层深度	其简便估算：激光光束垂直照射到金属表面上，t 时刻照射在工件表面上光斑中心 Z 轴上一点的温度用 $T_{0,t}$ 表示： $$T_{0,t} = 2(1-r)P/\pi\alpha k \sqrt{kt/\pi}$$ 式中　r——金属表面的发射率； 　　　P——激光器输出功率（W）； 　　　α——激光光斑半径（m）； 　　　k——系数； 　　　t——激光作用时间（s） 对于碳素钢或合金结构钢，其硬化层深度（金属加热到900℃的深度）$H \approx 8.3 \times 10^4 \times \sqrt{t}$ 若已知激光硬化层深度 H，也可以近似地估算出激光作用时间 t
主要工艺参数与硬化层深度关系	1）为了在钢材表面不发生熔化，要求加热功率密度一般小于 $10^4\,W/cm^2$。激光器输出功率 P、扫描速度 v 和作用在工件表面上光斑直径 d 三个工艺参数对激光硬化层深度 H 的影响作用如下： 　激光硬化层深度 $H \propto P/v$，故在制定激光淬火工艺参数时，首先应确定激光器输出功率 P、光斑直径 d 和扫描速度 v 2）应用2kW连续 CO_2 气体激光器对40钢进行激光淬火，得到的硬化层深度与功率、光斑直径、扫描速度呈比例关系，其关系如下： $$H = -0.1097 + 3.02Q/(dv)$$ 式中　H——硬化层深度（mm）； 　　　Q——加热功率密度（W/cm^2）； 　　　d——光斑直径（mm）； 　　　v——扫描速度（mm/min）

（2）激光淬火工艺规范（见表7-4）

表7-4　激光淬火工艺规范

序号	项目	要　求
1	激光淬火用的激光器功率	一般为 0.1~10kW
2	光斑功率密度	一般为 1000~10000W/cm^2，常用 1000~6000W/cm^2
3	扫描速度	一般为 300~750mm/min
4	光束摆动宽度	一般为 5~20mm
5	光束射入角度	小于45°

（3）齿轮激光淬火的扫描方式及其应用

齿轮激光淬火的扫描方式主要有轴向分齿扫描和周向连续扫描两种。轴向分齿扫描示意图如图7-3所示。齿轮激光淬火的扫描方式及其应用见表7-5。

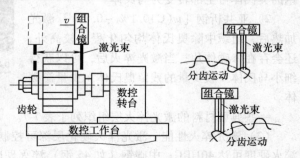

图7-3　轴向分齿扫描示意图

表 7-5　齿轮激光淬火的扫描方式及其应用

扫描方式及其要求	周向连续扫描	齿轮连续转动，激光束轴向移动，在齿面上形成螺旋形间隔硬化带，适合于中、小模数（5mm 以下）齿轮
	轴向分齿扫描	激光沿齿轮做轴向往复运动，齿轮轮齿同一侧的扫描工作完成后，激光束移到另一选定位置，重复上述运动。适合于中、大模数齿轮
	扫描方式要求	为获得均匀一致的硬化层，对不同部位可采取变速扫描方式；对于模数较小齿轮，为满足激光处理自淬火的要求，必须采用辅助冷却技术，以提高硬化层厚度
应用举例	某军工厂齿圈1，采取周向连续扫描方式	硬化层深度约 0.70mm 左右，表面硬度达 57HRC。齿圈畸变量测量值：激光淬火后直径变化量 0.031~0.12mm，平均 0.076mm；激光淬火后端面翘曲度在 0.005mm 以内，其变化量在 -0.001~0.002mm，平均 0.0017mm。齿圈热畸变极小，满足了 8 级精度要求
	某军工厂齿圈2，采取轴向分齿扫描方式	激光淬火后直径变化量在 -0.010~0.057mm，平均 0.0214mm；激光淬火后端面翘曲度在 0.01mm 以内，其变化量在 0~0.005mm，平均 0.0017mm。齿圈精度保持了原加工精度，齿圈满足了 8 级精度要求

（4）几种材料激光淬火工艺参数及效果（见表 7-6）

表 7-6　几种材料激光淬火工艺参数及效果

牌号	功率密度/(kW/cm²)	激光功率/W	扫描速度/(mm/s)	硬化层深度/mm	硬度 HV
20	4.4	700	19	0.3	476.8
45	2	1000	14.7	0.45	770.8
40Cr	3.2	1000	18	0.28~0.6	770~776
40CrNiMoA	2	1000	14.7	0.29	617.5
20CrMnTi	4.5	1000	25	0.32~0.39	462~535

4. 激光淬火层组织与性能

（1）激光淬火层组织　钢件经激光淬火后，表层分为硬化区、热影响区（过渡区）和基体三个区域（见图 7-4）。图 7-4 中白亮色的月牙形为硬化区，其组织与常规淬火相似；白亮区周围为过渡区，是部分马氏体转变的区域；过渡区之外为基体材料。

1）激光加热速度为 (1×10^3) ~ (1×10^4)℃/s，甚至可高达 (1×10^5) ~ (1×10^6)℃/s，自激淬火冷却速度为 1×10^3℃/s，钢的奥氏体可全部转变为马氏体。

2）亚共析钢 $[w(C)0.1\%~0.8\%]$ 激光加热后，组织中除奥氏体均匀化程度较高外，还会存在渗碳体片；当激光淬火后，可以获得细小马氏体 + 较少量的残留奥氏体 + 少量渗碳体。

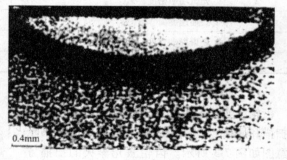

图 7-4　45 钢激光淬火区的横截面金相组织

一些典型材料的激光淬火层组织列于表 7-7。

（2）激光淬火性能　激光淬火硬化层深可控制在 0.4~1.2mm。对于低碳钢、低碳合金钢，淬火硬度可达 40HRC；中碳钢（如 45 钢）淬火硬度可达 57HRC；中碳合金钢（如 42CrMo）可达 58~62HRC。

表 7-7　典型材料的激光淬火层组织

材料		硬化区	过渡区	基体	表层硬度 HV
钢铁种类	钢铁牌号				
碳素钢	20	板条马氏体	马氏体 + 细珠光体	珠光体 + 铁素体	420 ~ 465
	45	细小板条马氏体	马氏体 + 托氏体(调质态);隐晶马氏体 + 托氏体 + 铁素体(退火态)	珠光体 + 铁素体	650 ~ 780 (调质态)
合金钢	42CrMo	隐晶马氏体	马氏体 + 回火索氏体 + 珠光体	珠光体 + 铁素体	
	40Cr 40CrNiMo	马氏体 + 残留奥氏体	马氏体 + α 基体上分布着回火析出的碳化物混合组织	回火索氏体	670 ~ 780
铸铁	HT200	马氏体 + 残留奥氏体 + 未溶石墨带	马氏体 + 珠光体 + 片状石墨	珠光体 + 片状石墨 + 少量磷共晶	
	QT600-3	马氏体 + 残留奥氏体 + 球状石墨	马氏体 + 珠光体 + 球状石墨	珠光体 + 球状石墨	

　　激光淬火后齿轮的疲劳强度比调质齿轮的高得多,寿命可提高几倍乃至十几倍。虽然激光淬火的硬化层硬度很高,耐磨性极好,但仍能保持良好的韧性。激光淬火与常规热处理方法处理的齿轮性能对比见表 7-8。

表 7-8　激光淬火与常规热处理方法处理的齿轮性能对比

项目	结果
激光淬火与高频及渗碳淬火的硬度与硬度梯度变化对比	图 a、b 所示为激光淬火与高频、渗碳淬火的硬度变化曲线。图 a、b 表明,齿轮经激光淬火后的表面硬度高于高频及渗碳淬火,采用 CNC 控制技术用激光扫描齿面,易于实现全齿仿形淬火,硬化层的厚度及硬度均匀,且硬度高 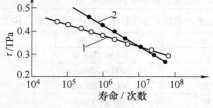 1—激光淬火　2—高频淬火　　　1—8620 钢气体渗碳　2—DA6C 钢激光硬化 a)　　　　　　　　　　　b)
激光淬火与渗碳淬火的(点蚀)疲劳寿命比较	下图为(点蚀)疲劳寿命比较。齿轮经激光硬化后可在齿面和齿根都产生约 640MPa 的残余压应力,且只分布在有限的层深内,它对提高齿轮的疲劳强度及寿命将起到较大的作用 1—9310 钢,$w(C) = 0.52\%$,渗碳处理　2—8650 钢激光硬化

（续）

项目	结　　果
激光淬火前后的畸变实测值对比	见表7-9。齿轮经激光淬火后的畸变极小，不影响齿面粗糙度，可作为最后工序。对于大多数精度等级为6~8级的机械传动齿轮，经激光淬火后，其畸变量极小，未使原精度等级下降。因此，无须磨齿加工，可直接装机使用

表 7-9　激光淬火前后齿轮的畸变实测值对比　（μm）

编号	模数/齿数	状态	齿形误差 Δf_f	齿向误差 ΔF_β	齿距累计误差 ΔF_p	基节极限偏差 ΔF_{pb}	公法线长度变动 ΔF_ω
1	5/17	激光淬火前	左36/右39	左2/右2	21	−40	35
		激光淬火后	左41/右45	左4/右3	17	−38	30
2	5/18	激光淬火前	左84/右78	左3/右2	31	−35	20
		激光淬火后	左88/右77	左2/右3	28	−30	15

5. 齿轮激光热处理技术经济指标对比情况

某精轧机机座减速器低速齿轮轴渗碳、中频和激光处理的技术经济指标对比见表7-10。

表 7-10　减速器低速齿轮轴渗碳、中频和激光处理的技术经济指标对比

项　　目	渗碳淬火处理	中频感应淬火处理	激光淬火处理
淬火装机容量/kVA	300	300	100
实际消耗功率/kW	250	100	60
齿轮材料	20CrMnTi 钢	42CrMo 钢	42CrMo 钢
毛坯成本/元	≈72000	≈80000	≈80000
淬火前齿厚加工余量/mm	2.1	0.9	0.05~0.08
淬火+超硬滚+磨齿成本/元	109750	72280	10705
生产工艺	毛坯锻造+退火+粗车+精车+滚齿		
	+渗碳淬火+超硬滚+磨齿	+中频感应淬火+磨齿	+磨齿+激光淬火
淬火硬度 HRC	58~62	50~55	58~62
淬硬层深度/mm	2.2~2.8	2.2~2.8	0.8~1.2

6. 齿轮激光热处理成套设备型号及其主要性能指标

齿轮激光热处理成套设备型号及其主要性能指标见表7-11。

表 7-11　齿轮激光热处理成套设备型号及其主要性能指标

项目	内　　容			
产品名称	如武汉金石凯激光技术有限公司生产的 GS-RC 型系列齿轮激光热处理成套设备			
型号	齿轮激光热处理成套设备型号为 GS-RC 型			
成套设备组成、主要技术性能	其由激光器、水冷机组和加工机床及光路系统组成，其主要技术性能：			
	名　称	参　数	名　称	参　数
	控制方式	六轴四联动	A2 轴回转直径	1000mm
	X 轴行程	1000~2000mm	C 轴摆动角度	−90°~90°
	Y 轴行程	500~1200mm	淬硬层深度	0.4~1.2mm
	Z 轴行程	50~300mm	表面淬火硬度	(58±3) HRC
	A1 轴回转直径	≤1500mm		

7.1.2 齿轮激光淬火技术应用实例

齿轮激光淬火技术应用实例见表7-12。

表 7-12 齿轮激光淬火技术应用实例

齿轮技术条件	工 艺	检验结果
德国金属丝编织机用编织齿轮，非标准少齿数渐开线齿轮，齿体上有开槽，45钢	原采用合金钢42CrMo4制造，渗氮处理后，使用寿命较低。现采用45钢与激光淬火技术	齿面经激光硬化处理，硬化层深度0.3mm，表面硬度60HRC，性能和质量完全达到进口齿轮水平
某钢厂线轧机减速器人字齿轮，模数 $m_n=16mm$，齿数 $z=22$，34CrNiMo钢	原齿轮经调质处理后，表面硬度为300~320HBW，使用寿命1~1.5月。现改用激光淬火，表面硬度为55~60HRC，齿面硬化层深度达0.80mm左右	经激光处理后，大大提高了大模数齿轮的疲劳强度和耐磨性能，使用寿命大于6个月以上
船用大齿轮，模数20mm，直径3m，45钢	大齿轮经激光淬火后，齿面硬化层深度达0.5mm左右	大模数齿轮激光淬火后实际使用效果很好
外齿套、花键齿套，激光淬火	作为联接部件，其结构特点是薄壁、异型。采用常规热处理畸变大、节圆圆度误差增加，严重影响啮合精度，因而多采用齿轮不淬火，而是提高齿轮整体调质硬度（250~280HBW）的办法，以保证几何公差和啮合精度，但结果导致使用寿命低。现改用激光淬火	采用激光热处理技术后，使用寿命均提高4~5倍
齿轮，30CrMnTi钢，齿面激光淬火后要求：齿面畸变小、表面光洁、不需磨齿	齿面激光淬火工艺参数： 	工艺参数	强化齿顶部	强化齿根部
激光输出功率/W	1000	1020
光斑直径/mm	4.2	4.2
光斑移动速度/（mm/s）	20	20
入射角/（°）	80	62
透镜焦距/mm	112	112
齿面离焦量/mm	8	8
激光器真空度/kPa	13.33	13.33		齿面激光淬火后，表层组织由索氏体转变为细密的针状马氏体，硬度在870HV左右。硬化层深度0.6~0.7mm。齿面接触疲劳极限由淬火前的1024MPa提高至1323MPa，强化效果明显
风力发电齿轮箱大型内齿圈，直径 $\phi>1500mm$，42CrMoA、34Cr2Ni2MoA钢等	1）采用激光淬火进行齿面强化处理，如采用HAN-SGS-RC型齿轮激光热处理成套设备 2）激光淬火好于感应淬火，特别是能较好地解决齿根圆的强化问题，并且齿圈淬火后的畸变程度也大大优于感应淬火	激光淬火与感应淬火的抗冲击能力接近，数据的离散性较感应淬火的小。虽然激光淬火的硬化层深度较浅，但比渗氮淬火的渗层要深一些

7.2 齿轮的稀土化学热处理技术

稀土催渗碳热处理技术与传统渗碳工艺相比，在渗碳温度不降低情况下，可提高渗碳速度20%以上；在渗碳温度降低40~60℃条件下，渗碳速度不降低，可显著减少齿轮畸变，还可以明显改善渗层金相组织并提高使用性能。

稀土催渗氮热处理技术可有效提高渗氮速度，在同样温度下可提高渗速15%~20%；渗氮温度高出传统温度 10～20℃时，稀土催渗氮速度显著提高。

稀土催渗热处理技术经过 30 多年的生产实践，现广泛应用于汽车、拖拉机、工程机械等零部件（如齿轮）等的渗碳、碳氮共渗、渗氮及氮碳共渗等。

7.2.1　生产现场化学热处理用稀土催渗剂的配制

1. 稀土催渗剂原料制备

稀土催渗剂大都以稀土氯化物为原料，其是一种白色块状结晶，极易吸潮，其大致的化学成分见表 7-13。

表 7-13　混合稀土氯化物中稀土元素的含量（质量分数）　（%）

元素	Ce	La	Pr	Nd	Sm	Gd	Y_b 及其他
含量	26.6	13.8	3.4	11.4	1.3	0.32	0.32

注：混合稀土氯化物中稀土元素占 57%（质量分数）。

稀土催渗剂的形式可以是液态或固态。在气体渗碳、碳氮共渗、氮碳共渗等热处理工艺中，液态催渗剂应用较为普遍。

在稀土气体渗碳中常采用稀土化合物或混合稀土化合物作为供稀土剂。如氯化稀土、氟化稀土、碳酸稀土、硝酸稀土、环烷酸稀土、稀土氧化物、稀土氮化物或稀土铵盐等。稀土元素的种类最常用的镧和铈，或以它们为主的混合物。

稀土催渗剂通常是将供稀土剂配入相应的有机溶剂（甲醇、乙醇、异丙醇等）中配置而成。对于滴注式渗碳，有机溶剂可选择甲醇。在工艺过程中，稀土催渗剂可直接注入（或滴入）渗碳炉内；对于吸热式气氛，可将稀土溶液的分解气与稀释气混合以后一起导入炉内。

2. 稀土催渗剂的配方（见表 7-14）

表 7-14　稀土催渗剂的配方

种类	配方
稀土、碳二元共渗剂的配方	采用少铈氯化稀土和氯化铵按 1∶1（质量比）形成稀土络合物。以 RQ3-75-9 型井式渗碳炉应用为例，用甲醇溶解 8g/L 的少铈稀土络合物作为稀土渗剂，和煤油一起作为渗剂，即可实现稀土、碳共渗
稀土、碳、氮三元渗剂配方	以 RQ3-90-9 型井式渗碳炉为例。先用甲醇溶解 16g/L 的稀土络合物，测 pH，并保持在 4.5，然后按 21%（质量比）加入甲酰胺，作为稀土、氮共渗剂，煤油作为渗碳剂，即可实现稀土、碳、氮三元共渗
	稀土碳氮共渗最佳质量比：甲醇∶甲酰胺∶尿素∶稀土 = 1000g∶（160±30）g∶（130±10）g∶（7±3）g
含稀土碳氮共渗剂的配制	含稀土碳氮共渗剂的配制。在常规碳氮共渗中添加适量稀土即可。稀土原料如氯化稀土、氟化稀土、碳酸稀土、硝酸稀土、环烷酸稀土、稀土氧化物、稀土氮化物或稀土铵盐等 1）固体稀土渗剂配方。氯化镧或氯化铈稀土盐（也可用镧、铈单质或混合的氟化盐、硝酸盐、碳酸盐替代）（质量分数）10%～40%，碳酸钠和碳酸钡 50%～60%，尿素 10%～20%，醋酸钠 15%～20%。该渗剂可用糖浆、淀粉做黏合剂，将其与该催渗剂中各组成物均匀混合后，挤压成直径为 4～8mm 的颗粒以方便使用 2）液态稀土渗剂（注入炉内用于气体碳氮共渗）。在 1000mL 甲醇中加氯化镧或氯化铈稀土盐（也可用镧、铈单质或混合的氟化盐、硝酸盐、碳酸盐替代）5～80g，氯化铵 3～8g，尿素 5～200g。其中的溶剂甲醇可用乙醇或异丙醇来替代。上述渗剂中所用的尿素（NH_2）$_2CO$ 既是供碳源又是供氮源 3）RQ3-105-9 型井式渗碳炉用稀土催渗剂配方。甲醇∶甲酰胺∶尿素∶稀土 = 1000g∶（160±30）g∶（130±30）g∶（7±3）g

（续）

种类	配方
稀土的加入量的选择	在渗剂中添加稀土，其加入量有一个最佳值，可通过试验来确定。当稀土含量少时对渗速影响较小；随着加入量的增加，渗速提高明显；当加入量达到一定值时，催渗效果最大，故应根据实际中所选用的材料、渗剂、设备和工艺过程找出这个最佳范围值，以指导生产

7.2.2　稀土渗碳（碳氮共渗）工艺

1. 连续式渗碳炉中稀土快速渗碳工艺

连续式渗碳炉中稀土快速渗碳工艺举例见表 7-15。

表 7-15　连续式渗碳炉中稀土快速渗碳工艺举例

齿轮名称	CA-457 型"解放"牌重载汽车后桥从动弧齿锥齿轮，外形尺寸为 ϕ457mm × 62mm
技术条件	20CrMnTiH3 钢，技术要求：渗碳淬火有效硬化层深度为 1.7 ~ 2.1mm；表面与心部硬度分别为 60 ~ 64HRC 和 35 ~ 40HRC；碳化物为 1 ~ 5 级；马氏体、残留奥氏体为 1 ~ 5 级
工艺流程	450 ~ 500℃预处理→880 ~ 900℃预热（1 区）→920 ~ 925℃预渗碳（2 区）→925 ~ 930℃渗碳（3 区）→890 ~ 910℃扩散（4 区）→840 ~ 850℃预冷（5 区）→870℃保温室出炉、压床淬火→60 ~ 70℃清洗→180℃ ×6h 回火→喷丸清理→交检
稀土快速渗碳工艺与设备	1）稀土渗碳淬火及回火采用双排连续式渗碳炉（5 个区），每盘装 6 件齿轮。渗碳富化气采用丙烷，载体气为氮气，采用 YF - Ⅲ型稀土催渗剂，以 2.5:200（体积比）溶解于甲醇中使用 2）原渗碳工艺与稀土快速渗碳工艺参数对比见表 7-16

表 7-15 中"稀土渗碳效果"行：

1）通过表 7-16 可以看出，采用稀土渗碳工艺后，推料周期由原工艺 38min 缩短至 30min，提高渗碳速度 20%

2）按同比产品产量 2000t/年计算，每年可降低能耗约 65 万 kW·h，同时减少了渗碳剂的消耗，稀土渗碳工艺应用前后单位物料及用电消耗情况：

原渗碳工艺	消耗物	电能/kW·h	丙烷气/kg	甲醇/kg	稀土/L
	每公斤单耗	2.04	0.0065	0.038	0
	费用/元	1.43	0.041	0.145	0

稀土快速渗碳工艺	消耗物	电能/kW·h	丙烷气/kg	甲醇/kg	稀土/L
	每公斤单耗	1.73	0.0058	0.033	0.0004
	费用/元	1.21	0.037	0.128	200

表 7-16　原渗碳工艺与稀土快速渗碳工艺参数对比

工艺	原渗碳工艺					稀土快速渗碳工艺				
加热区段	1	2	3	4	5	1	2	3	4	5
炉温/℃	880	920	930	900	860	880	920	930	890	860
设定碳势 $w(C)$（%）	—	1.05	1.20	1.05 ~ 1.10	0.95 ~ 1.00	—	1.25	1.30	1.00 ~ 1.05	0.95 ~ 1.00
甲醇/(mL/min)	20	20	20	25	30	0	20	20	20	0
稀土甲醇/(mL/min)	0	0	0	0	0	0	20	30	10	0
氮气/(m³/h)	1.2	1.4	1.6	1.8	2.0	2	2	2	2	3
丙烷气/(m³/h)	0	0.3	0.4	0	0	0	0.5	0.4	0.05	0
推料周期/min	38					30				

2. 在连续式渗碳炉上采用稀土渗碳技术改善齿轮非马氏体组织（见表7-17）

表 7-17　采用稀土渗碳技术改善齿轮非马氏体组织

项目	内　　　　容					
稀土渗碳 工艺方案	一汽公司在连续式渗碳炉上不同温度、不同推料周期有无稀土渗碳工艺方案：					
	区　　段	1 区	2 区	3 区	4 区	5 区
	温度/℃	900	930	930	910	840
	RX 保护气/（m^3/h）	12	10	8	10	10
	碳势 $w(C)$（%）	—	1.00	1.15	1.05	0.90
	稀土流量/（mL/min）	0	20	25	15	0
	推料周期/min	30、40、50				
	齿轮材料	20CrMnTi、20CrMoH、20CrNiMo 钢				
稀土催渗剂	采用 YF-Ⅲ型复合稀土催渗剂，以 2.5∶200（体积比）溶解于甲醇中使用					
稀土抑制 马氏体组织 产生的原因	由于稀土的加入可以引起炉内气体成分的变化，使炉气中的含氧量降低，还原性气氛更强，从外界上降低了 O 的含量，导致"内氧化"的降低。同时，稀土作为比较活泼的元素，并且可以渗入钢体表面，当微量 O 沿着奥氏体晶界渗入钢体并对 Fe 及合金元素产生作用时，优先氧化稀土，并生成如 RE_2O_3 稀土氧化物，从而抑制了 O 对合金元素以及 Fe 的氧化，即可抑制非马氏体组织的生成					
	能谱点分析同一试样产生非马氏体组织的晶界和晶内处进行点扫描，测定 C、O 以及 Fe 元素。结果是非马氏体的晶界与晶内分别为 3.67% 和 2.13%，即非马氏体组织的晶界处 O 含量比晶内高出 50% 以上。C 含量变化不大。因此，"非马氏体组织是由于内氧化造成的"理论是正确的					
稀土渗碳 效果	当正确执行稀土渗碳工艺时可获得典型的金相组织，即过共析区沉淀析出细小弥散颗粒状碳化物，此时的表面硬度一般都能保证达到 62～64HRC，较好地解决了表面硬度因内氧化导致低头的现象					
	由于稀土的加入，炉内碳势均有所提高，提高幅度为 3.3%～13%					

3. 稀土固体渗碳工艺

在固体渗碳中，稀土的催渗效果也是明显的。采用 $w($木炭$)75\% + w(CaCO_3)12\% + w($混合稀土化合物$)10\% + w($稀土活化添加剂$)3\%$ 的固体渗碳剂的优化配方，与常规配方 $w(CaCO_3)10\% + w($木炭$)90\%$ 作为对比试验。对 20Cr 钢，在 930℃ 时，在相同的渗碳时间内，加稀土的渗剂比常规渗剂渗碳速度提高 25%～32%。

7.2.3　齿轮的稀土渗碳（碳氮共渗）技术应用实例

齿轮的稀土渗碳（碳氮共渗）技术应用实例见表7-18。

表 7-18　齿轮的稀土渗碳（碳氮共渗）技术应用实例

齿轮技术条件与设备	工　　艺						检验结果
一汽解放汽车变速器同步器带齿滑套，20CrMoH 钢，渗碳层深度 0.8～1.5mm	在 920℃ 渗碳淬火后因畸变较大，须在转底式气氛炉中重新加热并进行压淬。改用下表所示连续式渗碳炉稀土渗碳工艺参数，解决了畸变问题						采用 900℃ 稀土渗碳工艺后，不仅实现了渗碳后直淬，而且取消了压淬，简化了生产工序，降低了成本
	区　　段	1 区	2 区	3 区	4 区	5 区	
	温度/℃	880	900	900	880	820	
	RX 气体/（m^3/h）	12	10	8	10	10	
	碳势 $w(C)$（%）	—	1.2	1.2	1.0	0.90	
	稀土/（mL/min）	0	5～10	10～25	5～10	0	

（续）

齿轮技术条件与设备	工　艺	检验结果
"705Z" 产品中齿轮轴，17CrNi2MoA 钢，技术要求渗碳淬火，马氏体和残留奥氏体≤3 级；碳化物细小弥散≤3 级；渗碳层深度 1.70 ～ 2.10mm	减小畸变的稀土低温渗碳工艺： 采用稀土渗碳时，渗碳温度采用 900℃，仅用 8 ～ 9h。强渗期的碳势 $w(C)$ 1.25% ～ 1.35%；扩散期的碳势 $w(C)$ 0.95% ～ 1.05%。渗碳炉加热至 900℃，把齿轮轴放入炉内封闭，暂不升温，用炉体蓄热来加热工件。工件温度缓慢上升，与炉体温度逐步趋于平衡时（约 40min）开始送电升温至渗碳温度 900℃，即进行预热与均温过程，利于减少齿轮轴畸变	采用稀土渗碳工艺后，渗碳速度提高 20% 以上；表面硬度提高 2 ～ 3HRC，改善了渗层组织，在渗碳层过共析区有细小弥散碳化物析出，3 级左右，残留奥氏体与马氏体≤3 级
两种推土机变速器齿轮，20CrMnTi 钢，一种模数为 7mm，渗碳层深度 1.3 ～ 1.8mm，另一种模数为 5mm，渗碳层深度 1.0 ～ 1.5mm 采用 RJJ-90-9T 型井式渗碳炉	稀土渗剂为甲醇稀土混合物，渗碳剂为煤油。渗碳 860℃ × 12h，采用碳控仪进行碳势控制，齿轮稀土高浓度渗碳工艺曲线： 温度 /℃：排气|强渗 I $\varphi(CO_2)$= 0.2% ～ 0.25%|强渗 II $\varphi(CO_2)$= 0.3% ～ 0.35%|扩散|淬火（860） 时间 /h：2 4 6 8 10 12	稀土渗碳后马氏体控制在 2 ～ 5 级，残留奥氏体控制在 2 ～ 5 级。由于渗碳温度降低 60℃ 左右，使齿轮热处理畸变大大减小，齿轮尺寸变化大的绝对值均减小约 1/2
齿轮，20Cr2Ni4A 钢，要求渗碳淬火处理 采用 RJJ-105-9T 型井式气体渗碳炉，其配有 KH-02A 型红外线 CO_2 仪，以检测炉内碳势	1）渗碳剂为煤油，稀释剂为甲醇，其中溶入稀土催渗剂 2）稀土渗碳（860 ± 5）℃ × 8h，碳势 $w(C)$ 1.2%，渗碳出炉后直接在油中淬火，最后进行低温回火 180℃ × 3h。稀土低温高浓度气体渗碳直淬工艺如下图所示 温度 /℃：排气|渗碳 8 碳势 C_p=1.2%（860 ± 5）|油冷|回火 180 3|空冷 时间 /h	在渗碳层的过共析区沉淀析出细小颗粒状弥散分布的碳化物，齿轮表面硬度达到 58HRC 以上，因渗碳温度从原来 920℃ 降至现在 860℃，使齿轮畸变明显减小

7.2.4　稀土气体渗氮技术

1. 稀土气体渗氮及其特点

稀土气体渗氮是在气体渗氮过程中通过加入一种稀土催渗剂来活化工件表面，加快氮原子吸收速度，不但缩短可以渗氮周期，还能够在工件表面形成细小弥散的氮化物，改善氮化组织，其中脆性级别、氮化物级别和疏松级别都可控制到 1 级，并提高表面硬度 30 ～ 100HV（与常规渗氮工艺相比）。

由于气体渗氮温度较低，应尽量选取容易分解的有机液体渗剂。对于气体法稀土渗氮来说，最常见的渗剂组成为液氨和甲醇，稀土原料则配入甲醇中。

2. 稀土气体氮碳共渗工艺举例

1）齿轮材料为 40Cr 钢，渗剂由乙醇、液氨和氯化稀土（以镧、铈为主）组成，渗剂中稀土的质量浓度（g/mL）以每升乙醇中所含氯化稀土的质量来表示。

2）氮碳共渗工艺。共渗温度为 560℃，保温 4h，炉冷至 400℃，然后油冷。通过试验可知，当稀土质量浓度为 0.005g/mL 左右时，渗层深度最大。渗剂中加入稀土能使渗层中白亮层加宽，当稀土质量浓度在 0.005g/mL 左右时，白亮层最宽，即，稀土使渗层中化合物数量增多，这说明稀土的加入有利于 C、N 原子向材料内部扩散。

3. 应用实例

稀土渗氮工艺应用实例见表 7-19。

表 7-19　稀土渗氮工艺应用实例

齿轮技术条件	工　艺					检验结果
风电增速器内齿圈，外径φ2300mm，齿宽420mm，模数16mm，42CrMo钢，渗氮层深度要求≥0.6mm	内齿圈稀土催渗氮与常规渗氮的比较：					1）稀土催渗氮达到相同层深的时间比常规渗氮缩短30h。生产效率提高30%以上 2）稀土催渗氮获得的硬度均比常规渗氮表面硬度高出约200HV，如左图所示

内齿圈稀土催渗氮与常规渗氮的比较：

工艺	材料	渗氮温度/℃	氨分解率（%）	渗氮层深度/mm	工艺时间/h
常规渗氮	42CrMo 钢	520	30~50	0.542	70
稀土催渗氮	42CrMo 钢	520	30~50	0.547	45

常规渗氮与稀土气体渗氮的渗氮速度对比：

渗氮工艺	渗氮层深度/mm	渗氮时间/h	渗氮层硬度/HV0.1	脆性级别/级
常规两段式气体渗氮	0.40~0.42	40	900~1030	I
稀土催渗氮	0.32~0.34	12	920~1040	0~I
稀土催渗氮	0.37~0.38	15	920~1040	0~I
稀土催渗氮	0.42~0.45	18	920~1040	0~I

齿轮，30CrMoAl 钢，要求渗氮处理

当渗氮层深度为 0.40mm 左右时，稀土渗氮仅需 18h（常规渗氮 40h）就可达到技术要求，每炉即可缩短工时 22h

1）常规两段式渗氮工艺（见图 a）与稀土催渗氮工艺（见图 b）

齿轮，40Cr、18Cr2Ni4W 钢，要求渗氮处理

采用稀土渗氮工艺后，对于渗氮层在 0.6mm 以上的齿轮，加入催渗剂后，保温时间由原来 90h 缩短到 50h，保温时间缩短 44.4%，节电 32% 以上

（续）

齿轮技术条件	工　　艺							检验结果

2）稀土渗氮工艺与结果：

齿轮，40Cr、18Cr2Ni4W 钢，要求渗氮处理	材料	工艺	渗氮层深度/mm	渗氮层硬度/HV0.5	脆性级别/级	氮化物形态/级	疏松级别/级	采用稀土渗氮工艺后，对于渗氮层在 0.6mm 以上的齿轮，加入催渗剂后，保温时间由原来90h缩短到50h，保温时间缩短 44.4%，节电 32%以上
	40Cr 钢	常规两段式渗氮工艺 $t_1 + t_2 = 27 \sim 30h$	0.32 ~ 0.35	≥550	I	2 ~ 3	2	
		稀土催渗氮工艺 $t_1 + t_2 + t_3 + t_4 = 15 \sim 17h$	0.32 ~ 0.35	≥600	I	1 ~ 2	1	
	18Cr2Ni4W 钢	常规两段式渗氮工艺 $t_1 + t_2 = 27 \sim 30h$	0.35 ~ 0.38	≥550	I	2 ~ 3	2	
		稀土催渗氮工艺 $t_1 + t_2 + t_3 + t_4 = 15 \sim 17h$	0.38 ~ 0.42	≥620	I	1 ~ 2	1	

7.2.5　齿轮的 BH 催渗技术

　　BH 催渗技术是通过在渗碳或碳氮共渗介质（如甲醇、丙酮、煤油、RX 气体或天然气）中添加 BH 催渗剂并调整工艺，从而达到提高渗速20%以上，或降低工艺温度40℃以上时保持原工艺渗速不降低的新型节能降耗工艺。目前，在连续炉、多用炉和井式炉等都得到成功应用，适合于浅渗碳层（0.3 ~ 0.7mm）、中渗碳层（0.8 ~ 1.5mm）和深渗碳层（2.0 ~ 6.0mm）的齿轮渗碳热处理。齿轮 BH 催渗技术应用实例见表7-20。

表 7-20　齿轮 BH 催渗技术应用实例

齿轮技术条件与设备	工　　艺							检验结果
东风汽车 EQ-145 后桥从动弧齿锥齿轮，20CrMoH 钢，技术要求：渗碳层深度 1.5 ~ 1.9mm，表面与心部硬度分别为 58 ~ 64HRC 和 30 ~ 40HRC 采用 LSX15 型连续式渗碳自动生产线	装炉方式为齿面向上平放，每盘两摞，每摞6件。原渗碳工艺及快速 BH 催渗工艺：							1）采用快速 BH 催渗工艺后推料周期由原来50 ~ 52min 缩短至 37 ~ 38min，提高渗碳速度25%以上，碳化物和马氏体及残留奥氏体级别都降低了一级 2）采用快速 BH 催渗工艺后，从动齿轮的一次合格率达 91%以上，比原工艺提高10%
	参　数		1 区	2 区	3 区	4 区	5 区	
	温度/℃	用 BH 前	860	900	930	910	820	
		用 BH 后	860	900	930	910	820	
	碳势 $w(C)$（%）	用 BH 前	—	1.05	1.30	1.05	0.95	
		用 BH 后		1.20	1.30	1.00	0.85	
	甲醇 /(mL/min)	用 BH 前	0	60	50	60	0	
		用 BH 后	18	0	16	20	20	
	丙酮 /(mL/min)	用 BH 前	0	10	25	0 ~ 10	0	
		用 BH 后	0	18	18	0	0	
	空气 /(m/h)	用 BH 前	0	0	0 ~ 0.35	0 ~ 0.3	0 ~ 0.25	
		用 BH 后	0	0	0 ~ 0.6	0 ~ 0.6	0 ~ 0.25	

（续）

齿轮技术条件与设备	工艺						检验结果

第一行块：东风汽车变速器

东风汽车变速器 148 中心距变速器中间常啮合齿轮，20CrMnTi 钢，技术要求：渗碳淬火有效硬化深度 0.7～1.1mm，表面与心部硬度分别为 58～63HRC 和 35～45HRC，金相组织符合 EQY-125-2001 标准
采用推杆式连续渗碳炉

齿轮采用芯轴挂装方式，每盘三串，每串五件，合计每盘十五件。BH 渗碳工艺参数：

参　　数		1 区	2 区	3 区	4 区	5 区
温度/℃	用 BH 后	890	890	900	890	820
	用 BH 前	880	920	940	920	850
RX 气体 /(m³/h)	用 BH 后	3	3	4	5	6
	用 BH 前	7	6	4	5	6
碳势 $w(C)$ (%)	用 BH 后		1.25	1.25	1.0	0.90
	用 BH 前		1.05	1.20	1.10	1.00
时间/min	用 BH 后		3	3	3	
	用 BH 前	100	75	150	100	75

检验结果：
1）硬化层深度 1.00～1.05mm，碳化物 0 级，马氏体＋残留奥氏体 3 级，表面与心部硬度分别为 60～62HRC 和 34～38HRC
2）内孔、齿形、齿向和中心距变化均明显低于未采用 BH 技术前

第二行块：从动弧齿锥齿轮

从动弧齿锥齿轮，HT1090、HT6471、HT1020 和 HT130 等铸铁，20CrMnTi 钢，热处理后畸变要求：内孔圆度误差≤0.08mm，内缘平面度误差≤0.15mm，外缘平面度误差≤0.08mm
采用 VKES4/2-70/85/130 型爱协林多用炉

常规及 BH 渗碳工艺参数：

参数		均温	强渗	扩散	淬火
温度 /℃	用 BH 前	920	920	920	830
	用 BH 后	880	880	880	820
碳势 $w(C)$ (%)	用 BH 前	—	1.10	0.85	0.85
	用 BH 后	—	1.15	0.8	0.8
每炉周期 /h	用 BH 前	8			
	用 BH 后	7			

采用降温 BH 技术后，由于渗碳温度降低 40℃，其内孔圆度和内、外缘平面度的误差值全部低于允许值，齿轮畸变大为减少，一次配对合格率达 90% 以上。齿轮噪声下降至 75～78dB

7.3　先进的齿轮感应热处理技术

近年来，国内外感应加热技术在提高产品质量、改善设备性能、增加淬火装置的容量、发展淬火机床、提高机械化和自动化程度等方面都有了很大进展。其在机床、汽车、拖拉机、机车、工程机械及航空等行业将得到广泛应用。

在齿轮感应热处理过程中，通常需要沿整个齿廓淬火以获得必需的耐磨性以及疲劳强度，以及较小的畸变，而这样的淬硬层轮廓很难通过常规感应淬火方法获得，对此可采用先进的双频感应淬火、同时双频感应淬火及单频整体冲击加热淬火等技术，以得到沿齿廓均匀分布的淬硬层。

7.3.1　齿轮双频感应淬火技术

1. 双频感应加热原理

常规（传统）双频感应淬火是将两种频率的电源分别施加到两个感应器，齿轮需要从低频感应器（如中频）预热之后快速移到另一高频感应器加热并进行淬火，如图 7-5 所示。双频感应淬火是采用低频加热向里（面）进行热能量扩散，最后高频加热向表（层）进行热能量扩散，其加热原理如图 7-6 所示。

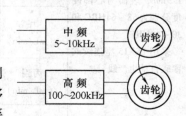

图 7-5　常规（传统）的齿轮双频感应淬火示意图

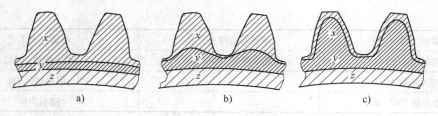

图 7-6　双频感应加热原理

a）低频加热　b）热扩散　c）高频加热

x—齿部　y—预热区　z—心部（冷态）

双频感应淬火是增加淬硬层深度并使硬度分布更为合理的感应淬火方法。即用中频 – 高频依次加热方法可获得沿齿廓分布的硬化层，而且齿轮热处理畸变小。图 7-7 所示为双频感应淬火的几种齿轮仿形硬化层分布。

图 7-7　双频感应淬火的几种齿轮仿形硬化层分布

例如，模数为 4mm 的齿轮先用中频电流加热（2.5～3s）齿沟和接近齿根的齿侧，然后再用 250kHz 高频电流加热（0.6～0.7s）齿顶和接近齿顶的齿侧，然后淬火。

东风汽车公司对材料为 45 钢、模数为 3mm 的齿轮进行双频感应淬火时，能够得到沿齿廓均匀分布的淬硬层，淬硬层深为 0.8mm 时具有最佳弯曲疲劳性能，与 SCM420 钢（相当于 20CrMo 钢）渗碳齿轮疲劳性能基本相当，疲劳极限可以达到 1450MPa。

2. 双频感应加热工艺及效果

日本电气兴业公司通过对齿轮双频淬火法进行试验，可得到比齿轮单频淬火法和渗碳淬火法小的畸变。渐开线圆柱齿轮（见图 7-8）模数 2mm，全齿高 4.7mm，齿数 36，齿宽 20mm，材料为 S45C 钢（相当于 45 钢）。齿面经剃齿精加工，预备热处理为调质。

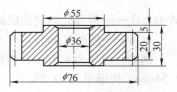

图 7-8　试验齿轮形状

（1）双频感应淬火、单频感应淬火及渗碳淬火的主要热处理工艺参数（见表 7-21）

表 7-21　双频感应淬火、单频感应淬火及渗碳淬火的主要工艺参数

双频感应淬火工艺	单频感应淬火工艺	渗碳淬火工艺
预热功率 100kW	加热功率 90kW	渗碳 950℃
预热频率 3kHz	频率 90kHz	950℃保温 2.5h
预热时间 3.65s	加热时间 3.8s	预冷降温至 850℃
空冷时间 3.85s	预热时间 0s	850℃保温 20min
高频输入功率 900kW		
高频频率 140kHz	喷水时间 15s	淬火冷却介质为油

（续）

双频感应淬火工艺	单频感应淬火工艺	渗碳淬火工艺
加热时间 0.14s	喷水流量 100L/min	回火温度 180℃
喷水时间 10s	—	回火时间 2h
喷水流量 100L/min	—	随后空冷

注：表中渗碳齿轮材料为 SCM420H 钢（相当于 20CrMoH 钢）。

（2）三种工艺处理后的齿轮畸变、残余压应力及沿齿廓仿形率的检测结果（见表 7-22）通过表 7-22 可知，双频淬火后的齿轮热处理畸变最小，精度最高，残余压应力最高。

表 7-22　渗碳淬火、单频感应淬火及双频感应淬火后的热畸变结果　　（单位：μm）

项　　目	渗碳淬火 + 回火	单频感应淬火	双频感应淬火	备　　注
平均齿形误差	4.26 ~ 4.8	2.2 ~ 3.3	3.1 ~ 3.08	—
齿形偏移	16	8.4	6.0	—
齿形跳动	5.867	3.103	2.198	—
齿向误差平均值	6.91	3.7 ~ 4.1	3.7 ~ 4.1	—
齿向误差偏移	20	4.4	4.4	—
齿向跳动	7.51	1.855	1.584	—
齿根中间残余应力/MPa	-27.7	-51.3	-778	—
齿顶硬化层深度/mm	0.87	4.69	1.54	当齿根硬化层深度为 0.55mm 时
硬化层仿形率（%）	81.5	0.2	67.2	—

（3）淬火硬化层的仿形率
淬火硬化层仿形率如下：

$$仿形率 = [100 - (D_s/h) \times 100] \times \%$$

式中　D_s——齿顶处的硬化层深度（测至 HV450 处）（mm）；

　　　　h——齿高（mm）。

例如，齿高为 4.7mm，当齿根硬化层深度为 0.55mm 时，双频感应淬火的齿顶硬化层深度为 1.54mm，仿形率为 67.2%。

7.3.2　齿轮的同时双频感应淬火技术（SDF 法）

对齿轮进行"轮廓状淬硬层"感应淬火，以获得仿形硬化层分布和齿面的高耐磨性和齿根部承受残余压应力下的高疲劳抗力。美国 ELECTROHEAT 公司和德国 ELDEC 公司等提出的同时双频感应淬火，才真正使齿轮的轮廓淬火获得成功。

（1）同时双频感应淬火技术　现代化的双频感应淬火技术是在一个感应圈上同时输出高频（如 200 ~ 400kHz）和中频（如 10 ~ 15kHz）两种不同频率对一个工件进行快速热处理，即同时双频感应淬火（见图 7-9）。如 SDF 发生器包括正常功率输出的一个 HF（高频）和一个 MF（中频），采用 IGBT 技术，在中频振荡基础上叠加高频振荡。HF 和 MF 功率元件能够从 2% ~ 100% 进行连续调整，采用集成 PLC 控制，具有多个程序时间和功率设定，可获得沿齿廓分布的硬化层，特别适合处理类似齿轮等复杂表面的零件。

锥齿轮齿顶形状复杂，在渗碳淬火后不容易进行磨齿以校正其畸变，而采用 SDF 同时双频感应淬火的处理时间［加热时间 200ms，功率 580kW（MF + HF），10kHz 和 230kHz］与传统渗碳淬火相比，仅为其 40% 左右，加上感应热处理为表面局部加热淬火，故畸变很小，完全可以达到畸变公差要求，齿轮不需磨齿。目前，SDF 同时双频感应加热设备功率达到 3MW 以上，可以满足大中型齿轮的表面热处理需求。图 7-10 所示为齿轮同时双频感应加热及其硬化层分布。

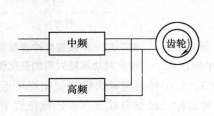

图 7-9　现代化齿轮同时双频
感应淬火示意图

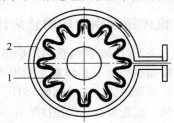

图 7-10　齿轮同时双频感应加热及其硬化层分布
1—齿轮　2—感应圈

（2）SDF 法优点与用途

1）优点。同时双频感应加热，易于集成在现有机加工生产线上。德国 ELDEC 公司与德国 EMA 公司合作开发的拾取式（即工装在固定的位置上，齿轮是移动的，由机械手抓取并进行淬火）的齿轮感应淬火机床，实现了齿轮感应淬火加工的全自动化。

SDF 法具有极小的畸变量，以行星齿轮（见图 7-11）为例，SDF 与中频感应淬火畸变量的对比情况如图 7-12 所示。图 7-12 中行星齿轮在 3 个不同的横向位置 A、B、C 和不同的纵向位置 L_1、L_2、L_3 进行畸变量和硬化层深度的比较。纵坐标左边表示畸变量，右边表示硬化层深度；横坐标为测试点的位置。黑点代表硬化层深度，折线代表畸变量。很显然，SDF 同步双频感应淬火具有更小的畸变量和更均一的轮廓硬化层。

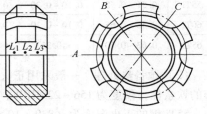

图 7-11　行星齿轮简图

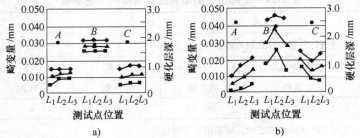

a)

b)

图 7-12　行星齿轮感应淬火畸变量对比
a）SDF 同时双频感应淬火　b）中频感应淬火

2）应用。SDF 感应加热设备还可以用于锥齿轮、从动行星齿轮、蜗杆、齿条等感应淬火。

7.3.3　单频整体冲击加热淬火技术

该工艺是采用单频、大功率晶体管逆变电源，通过不同加热阶段的比功率调节来达到基本沿齿廓分布的硬化效果。其功率随时间的变化情况如图 7-13 所示。

工艺举例：

（1）技术条件　模数 $m = 6mm$，齿轮外径为 450mm，材料为 42CrMo 钢。

（2）工艺参数　频率 $f = 9.1kHz$；功率 $P_1 = 61kW$，加热时间 94s，加热温度约 600℃；功率 $P_2 = 400kW$，加热时间 $t = 4.2s$，加热温度约 950℃。

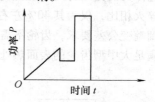

图 7-13　单频整体冲击加热淬火时功率随时间的变化图

7.3.4　低淬透性钢齿轮的感应淬火技术

　　模数为 2.5 ~ 6mm 的齿轮采用单齿沿齿沟加热淬火较困难，而用感应圈加热淬火不是将整个轮齿淬透，就是只能淬到齿根以上部位。而采用低淬透性钢如 55Ti、60Ti、65Ti 及 70Ti，经中频感应淬火后其硬化层可近似达到轮廓硬化、而轮齿心部仍保持原有强韧性的要求。这种齿轮已经部分代替汽车、拖拉机中承受较重载荷的合金渗碳钢齿轮。国外如俄罗斯等有成熟低淬透性钢种与应用技术。

　　（1）我国的低淬透性钢　低淬透性钢齿轮的材质选用低淬透性含钛优质碳素结构钢。我国低淬透性钢的牌号和化学成分见表 7-23。

表 7-23　我国的低淬透性钢

牌号	化学成分（质量分数）（%）						齿轮模数 /mm
	C	Si	Mn	P	S	Ti	
55Ti	0.51 ~ 0.58	0.10 ~ 0.20	0.10 ~ 0.20	≤0.04	≤0.04	0.04 ~ 0.10	≤5
60Ti	0.58 ~ 0.65	0.10 ~ 0.20	0.10 ~ 0.20	≤0.04	≤0.04	0.04 ~ 0.10	5 ~ 8
65Ti	0.63 ~ 0.70	≤0.25	≤0.25	≤0.04	≤0.04	0.02 ~ 0.09	>8

　　（2）预备热处理　一般采用正火，正火温度通常为 810 ~ 830℃，其组织为珠光体 + 均匀分布的铁素体，硬度为 156 ~ 229HBW，晶粒度 5 ~ 8 级。

　　55Ti 钢的正火温度为（830 ± 10）℃；60Ti 钢的正火温度为（820 ± 10）℃；70Ti 钢的正火温度为（810 ±10）℃。

　　（3）感应淬火工艺参数　低淬透性钢齿轮的感应淬火工艺参数见表 7-24。

表 7-24　低淬透性钢齿轮的感应淬火工艺参数

序号	参数	内　　容			
1	感应淬火加热频率	低淬透性钢感应淬火频率的选择：			
		模数/mm	3 ~ 4	5 ~ 6	7 ~ 8	9 ~ 12
		适合钢种	55Ti 钢	60Ti 钢	65Ti 钢	70Ti 钢
		推荐频率/kHz	30 ~ 40	8	4	2.5
		当现场频率匹配困难时，可采用以下措施： 1）用低的比功率、间断加热的方法，使齿根部位能获得足够的加热深度而齿顶部又不至于过热 2）当加热到齿根部位接近淬火温度的一瞬间，快速接通自动附加电容，强化齿根部加热，当加热深度达到要求时，立即进行淬火冷却			
2	淬火温度及加热速度	1）低淬透性钢的上临界点较低，淬火温度一般在 830 ~ 850℃ 2）加热速度不宜过大，以避免齿顶与齿根部温差过大，一般采用 0.3 ~ 0.5kW/cm² 的比功率			
3	淬火冷却	可采取表 7-25 推荐的加强冷却能力的喷水圈结构。低淬透性钢的临界冷却速度高达 400 ~ 1000℃/s（45 钢仅为 150 ~ 400℃/s），故要求淬火冷却速度很高。但为了避免开裂，淬火可采用聚合物（PAG）水溶液，选择适当的配比浓度。淬火冷却介质压力通常选择 $7 \times 10^5 Pa$，单位面积流量 ≥0.12L/cm²			

（4）加强冷却能力的喷水圈结构（见表 7-25）

表 7-25　加强冷却能力的喷水圈结构

喷水圈结构	说　明
	上室 A 较下室 B 空间大，以保证下室有更高的喷射压力，以此防止上部冷却液沿齿面流下形成水帘，影响冷却效果
	内侧上部装有与齿数相等的扁嘴喷管，喷管出口处上下压力均匀，淬火后能使齿底与齿根处充分淬火成马氏体，并增加淬硬层深度，使齿顶与齿根硬化层均匀
	喷水圈的内侧带有凸台，并正对齿顶，喷水孔直对齿底，从而使轮齿的冷却均匀。结构关键：槽长等于齿宽，内槽宽 $d = m/2$（m 为模数），外槽宽 $D = m/2 + 2mm$，槽数 = 齿数，凸台宽 $a = K$（齿顶宽）$+ 3mm$

（5）应用实例　俄罗斯生产的载重汽车的最终传动齿轮等零件（见表 7-26）采用渗碳淬火、回火工艺处理，不仅生产周期长，能源消耗大，生产效率低，而且淬火畸变大。而采用低淬透性钢并进行感应淬火后，可以获得良好的综合效益：①提高零件使用寿命；②取消渗碳工艺；③节省贵重的合金元素 Cr、Ni、Mo 等，降低材料成本。低淬透性钢齿轮感应淬火实例见表 7-27。

表 7-26　低淬透性钢齿轮在载货汽车上的应用

零件类型	牌　号	
	原工艺	新工艺
后桥圆柱及锥齿轮	30ХГТ（30CrMnTi）、20ХНМ（20CrNiMo）、25ХНМ（25CrNiMo）等	55ПП(58)或ППХ4
模数 >5mm 的传动箱及变速器常用啮合圆柱齿轮	30ХГТ、20ХНМ、25ХНМ、15ХГНТА（15CrMnNiTiA）等	55ПП(58)或ППХ4

表 7-27　低淬透性钢齿轮感应淬火实例

齿轮技术条件	热处理工艺	效　果
传动从动齿轮，外径 $\phi 412.5mm$，全齿高 13.625mm，齿宽 68mm，模数 6.5mm，齿数 63，材料为 60Ti 低淬透性钢，要求感应淬火处理	1）预备热处理。采用正火，920℃ ×192min 2）感应淬火工艺。负载电压 700V，功率 280～380kW，电压比 12/2，加热时间 37.8s，喷水冷却 2s，水压 0.5MPa	可获得含位错无孪晶的板条马氏体淬火组织，提高了钢的强韧性。残余应力 −686MPa，提高了齿轮的疲劳性能

7.3.5 齿轮渗碳后感应淬火、感应渗碳及渗氮技术

1. 齿轮渗碳后感应淬火技术

它是在渗碳之后进行感应淬火的热处理技术。其目的是为了更多地提高齿轮表面硬度、耐磨性与疲劳抗力，同时改善硬化层分布并减少齿轮的畸变与开裂，降低能耗。例如用 20Cr、20CrMnTi、20CrMnMoVB 等钢制作的齿轮，在渗碳（渗碳层深度 0.9～1.6mm）之后，可采用比功率较小、加热速度较为缓慢的齿部透热高频感应淬火，必要时还可以辅以断续加热方法，使淬硬层深度大于渗碳层，以得到沿齿廓分布的硬化层，同时使轮齿心部也得到强化。

对渗碳齿轮进行感应淬火，还能够免除局部渗碳时的镀铜或涂覆防渗涂料的工序。由于感应淬火可只在要求高硬度的表面进行，对在渗碳后普通淬火时残留奥氏体较多的钢种（如18CrNiW、20Cr2Ni4A 钢等），采用感应淬火时（因溶入奥氏体的碳化物数量不多），不仅可以起到减少残留奥氏体的作用，而且还可以减小齿轮热处理畸变。

齿轮渗碳后感应淬火技术应用实例见表 7-28。

表 7-28 齿轮渗碳后感应淬火技术应用实例

齿轮技术条件	工　艺	效果
美国约翰迪尔公司 Waterloo 拖拉机厂生产的拖拉机变速器齿轮，SAE8620 钢（相当于20CrNiMo 钢），要求渗碳淬火处理	1）原 SAE8620 钢制齿轮采用渗碳后直接淬火工艺，不仅齿轮内花键孔畸变超差，而且工艺周期长 2）改进后采用价格低廉的碳素结构钢 SAE1022 钢（相当于22 钢），渗碳后进行感应淬火处理。得到了较好的尺寸稳定性与使用性能，齿轮的内花键可在渗碳缓冷后用拉刀加工，然后进行感应淬火。解决了齿轮内花键孔畸变问题	改进后，采用碳素钢，虽然增加了热处理费用，但节约的含镍合金钢费用却大大高于所增加的热处理费用。原四川轮厂对拖拉机末端传动齿轮，也采用渗碳后感应淬火工艺，取得了较好的效果
减速机花键齿轮轴，20CrNi2MoA 钢，技术要求：轮齿与花键部位渗碳淬火有效硬化层深分别为 2.8～3.5mm 和1.1～1.7mm；轮齿及花键部位齿面与心部硬度分别为 57～61HRC 和35～40HRC，齿/键同轴度误差≤1.0mm，齿面无磨削裂纹	渗碳后感应淬火工艺参数：	1）渗碳后齿轮轴的花键部分经过感应淬火＋回火后，齿轮轴花键畸变较小，合格率达到了 100% 2）花键处：表面硬度 43～45HRC，淬硬层深度 1.5～2.5mm。同原来的差值渗碳＋淬火工艺相比，生产效率提高了近 30%，生产成本降低了37.5%
汽车、农机用从动弧齿锥齿轮，经渗碳处理后，再进行感应淬火	1）采用感应加热自动生产线，其主要由感应加热设备、中频电源、上下料机器人及淬火压床等组成 2）采用渗碳缓冷、感应保护加热、压床压淬的热处理工艺	保证了压淬后齿轮的畸变要求，提高了生产效率，降低了劳动强度和成本

工艺参数表：

感应淬火						回火
电源频率/kHz	负载电压/V	负载电流/A	功率因数	适载功率/kW	淬火方式	温度/℃
10	750	168	0.95	120	连续式喷水冷却	330

2. 感应加热气体渗碳及渗氮技术

（1）感应加热气体渗碳技术　与常规气体渗碳相比，利用感应加热直流放电进行渗碳，可显著缩短生产周期，降低能耗。

齿轮感应加热气体渗碳技术应用实例见表 7-29。

表 7-29　齿轮感应加热气体渗碳技术应用实例

序号	工　艺	效果
1	高频感应加热气体渗碳。利用高频感应加热直流放电进行渗碳，可获得 0.35 ~ 0.45mm 渗碳层，渗碳层表面碳含量 0.9% ~ 1.05%（质量分数）	与常规气体渗碳相比，高频感应加热气体渗碳技术可缩短生产周期至原来的 1/2 ~ 1/10，因此节能降耗效果显著
2	高频电参数：升温电压为 10 ~ 13kV，温度为 1150℃ 以下，全波、半波断续加热 1min 左右，保温时阳极电压是 6.5kV，断续通电加热，使温度控制在（1220 ± 20）℃，保温 10 ~ 15min。用粉末做渗碳剂时，层深达 0.5 ~ 1mm，用膏剂渗碳时，层深达 0.8 ~ 1.2mm	
3	1）中频感应加热气体渗碳。在如下图所示的中频感应加热装置中，将齿轮以 2 ~ 8kHz（50kW）中频电流加热到 1050 ~ 1080℃，同时通入渗碳气体（天然气与吸热式气氛的混合气）。渗碳过程持续 40 ~ 45min，可以得到 0.8 ~ 1.2mm 深的渗碳层 2）在该装置中，每 1.5 ~ 3min 可推出一个渗碳后的齿轮，经预冷至 820℃ ~ 870℃，然后淬火 1—油槽　2—油缸　3—感应圈　4—齿轮	常规气体渗碳时，要获得 0.8 ~ 1.2mm 渗碳层深度，需要渗碳时间 5 ~ 6h；而中频感应加热气体渗碳时间为 40 ~ 45min。与常规气体渗碳相比，采用中频感应加热气体渗碳，可缩短渗碳周期 80% 以上

（2）感应加热气体渗氮及氮碳共渗技术　其是将需要渗氮或氮碳共渗的零件感应加热到 520 ~ 560℃，保温一定时间。加热过程通入 NH_3 进行渗氮。利用高频电流感应加热，加速了 NH_3 的分解，加快了吸附过程，形成了大的浓度梯度，可缩短工艺过程 4/5 ~ 5/6。所用频率为 0.8 ~ 300kHz，感应加热用比功率一般为 0.11kW/cm²。渗氮结束断电即可，工件自行冷却。

通过改变加热温度、时间和通入的 NH_3 流量可得到不同的渗层深度和渗层硬度。感应加热气体渗氮升温速度快，能在选定部位进行局部渗氮、供给渗氮的活性氮原子充足，具有脉冲渗氮和磁场渗氮特点，生产周期短、渗氮层脆性低。高频感应加热气体渗氮工艺应用见表 7-30。

表 7-30　高频感应加热气体渗氮工艺应用

钢号	工　艺	结　果
40Cr	感应加热通 NH_3 渗氮，（520 ~ 540）℃ ×3h	渗氮层深 0.18 ~ 0.20mm，表面硬度 582 ~ 621HV，脆性级别 I 级
38CrMoAl	感应加热通 NH_3 渗氮，（520 ~ 540）℃ ×3h	渗氮层深 0.29 ~ 0.30mm，表面硬度 1070 ~ 1100HV，脆性级别 I 级

7.3.6　先进的齿轮感应热处理技术应用实例

先进的齿轮感应热处理技术应用实例见表 7-31。

表 7-31　先进的齿轮感应热处理技术应用实例

技术名称	工艺	应用
美国 INDUCTOHEAT 公司双频感应淬火技术	1）使用一个感应器，两套感应加热电源，其中一套频率为 10~15kHz，功率根据齿轮的尺寸和模数大小确定，用于齿根部分的加热；另外一套电源的频率为 200~400kHz，功率根据齿轮的尺寸和模数大小确定，但该功率是较低频率电源的 2~3 倍 2）采用分时段加热的方式，首先使用较低频率电源，比功率 2~4kW/cm²，将齿轮加热至低于奥氏体化温度 50~100℃上立即停止加热，改用另外一个频率较高的电源给感应器供电，比功率 6~10 kW/cm² 用于加热齿顶，瞬间使加热温度达到高于奥氏体化温度 80~100℃，停止加热，并立即喷水冷却	齿轮经双频感应淬火后，可以得到有效硬化层仿形分布的效果
德国 ELDEC 公司同时双频感应淬火技术	使用一个感应器，一套频率分别为 10~15kHz 和 200~400kHz 的双频感应加热电源，功率根据齿轮的尺寸和模数大小确定，采用同时加热的方式，即在同一个感应器内通有上述两种频率的交变电流，两种低高频率电流功率的比例为 3/7 左右，比功率一般在 15~20kW/cm²，具体数值根据齿轮的尺寸和模数大小通过试验确定，在极短的时间内（0.2~1.5s）完成齿面和齿根的加热过程，并立即喷水冷却	汽车齿轮等经同时双频感应淬火，可以得到有效硬化层仿形分布的效果
渗碳后感应淬火	对于心部强度要求不高，而表面主要承受接触应力、磨损以及转矩或弯矩作用的齿轮，可在渗碳缓冷后进行高频或中频感应淬火。齿轮渗碳后感应淬火低温回火工艺曲线： 温度/℃　——————————　Ac_1 　　　　　160~200 O　　　　　　　　时间/h	可以细化渗碳层及渗碳层附近区域的组织，故具有较好的韧性，齿轮淬火畸变小，非硬化部位不必预先做防渗处理（如齿轮的轴孔、键槽等），并解决了齿轮内孔畸变问题
感应加热保护气氛的应用	在感应热处理中使用保护气体，如 N_2、$N_2 + H_2$ 加热，可避免齿轮表面氧化、脱碳	获得高的表面质量，可以免除打磨、抛光或喷砂处理工序

7.3.7　新的模压式感应淬火技术

目前，国外（如德国 EMA 感应科技开发公司）开发了一种新的模压式感应淬火技术，该技术综合了感应淬火和压床淬火工艺的优点，其工艺流程：齿轮感应淬火→直接采用模具淬火→原位感应加热回火。其主要装备是具有模压式淬火装置以及感应加热系统的新型淬火机床。它适用于高精度圆环形工件（如齿圈、锥齿轮和同步器齿套等）的批量生产。该工艺不仅适合于中碳钢的直接压床淬火，也适合于渗碳后的齿轮压床淬火。

锥齿轮模压式感应淬火如图 7-14 所示，压床淬火采用 4 个独立可控的淬火回路，即通过上

上压模
复合淬火头
校正芯轴
复合淬火头

外淬火头

下压模
复合淬火头

图 7-14　锥齿轮模压式感应淬火示意图

压模、下压模、校正芯轴和外淬火头共同喷液淬火；调整各部分的冷却方式如流速和通断时间、延续时间等，以使齿轮畸变最小。可减少或取消后序工序。由于该项技术是以渗碳后的齿轮为基础，故无须更换齿轮材料，表面硬度和硬化层深度也不变。因此，该工艺生产设备和工序大大简化。

（1）模压式感应淬火　锥齿轮模压式感应淬火工艺参数及其效果见表 7-32。

表 7-32　锥齿轮模压式感应淬火工艺参数及其效果

齿轮状态	渗碳后变形的锥齿轮	
齿轮技术条件	16MnCrS5 钢，要求淬火处理	
感应淬火参数	功率/ kW	250
	频率/ kHz	10
	工艺时间/min	4
模压式感应淬火工艺过程	下图为锥齿轮模压式感应淬火示意图，先将渗碳后的锥齿轮固定到非导磁性的定心和夹持装置上（步骤1），通过电磁感应（线圈）将齿轮加热到约900℃（步骤2）。保温一定时间后，齿轮达到一个相同或均匀的温度，芯轴、压模到位（步骤3），（压模施压状态下）立即用淬火冷却介质喷淋齿轮（步骤4）。校正芯轴可有效地防止齿轮收缩。在步骤4淬火结束后，压模不再需要，直接进入感应回火阶段 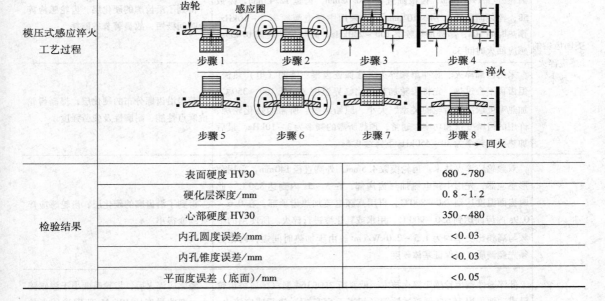	
检验结果	表面硬度 HV30	680 ~ 780
	硬化层深度/mm	0.8 ~ 1.2
	心部硬度 HV30	350 ~ 480
	内孔圆度误差/mm	< 0.03
	内孔锥度误差/mm	< 0.03
	平面度误差（底面）/mm	< 0.05

（2）齿轮模压式感应淬火、回火及其生产线（见图 7-15）　其只有转底式渗碳炉和感应压淬机床。感应淬火采用水溶性淬火冷却介质（如 PAG），热处理后的齿轮不需要清洗，同时可省去专门配备回火炉。

（3）应用　德国 EMA 感应淬火技术集成了间隙控制技术、能量控制技术、淬火冷却控制技术，能够很好地保证淬硬层质量。此项技术在三峡大坝升船机大模数齿条的感应淬火、风电大型齿轮（圈）的感应淬火、戚墅堰（南车）的大型齿圈卧式感应淬火系统等

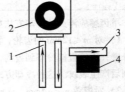

图 7-15　齿轮模压式感应淬火回火生产线
1—上下料机构　2—转底式渗碳炉
3—转移机构　4—感应模压淬火回火机床

的应用效果极佳。

7.3.8 国外先进齿轮感应热处理技术与应用

国外先进齿轮感应热处理技术与应用见表 7-33。

表 7-33 国外先进齿轮感应热处理技术与应用

技术名称	工 艺	应用与效果
德国齿轮感应淬火技术	同时双频感应淬火技术。采用 CF53 钢（相当于 50 钢）制造的齿轮，外径为 φ24.8mm，采用 140kW/MF（中频）和 70kW/HF（高频）同步双频感应淬火	取得了硬化层沿齿廓分布的满意效果
	SDF 同时双频感应淬火技术。美国波音公司部分齿轮如直齿轮、锥齿轮使用 SDF 同时双频感应淬火技术替代原渗碳淬火工艺。直齿轮、锥齿轮加热时间为 200ms，功率 580kW（MF + HF），频率 10kHz/MF + 230kHz/HF	可得到最小的畸变量，满足最终的公差要求，简化了渗碳淬火后的磨齿工序。该类齿轮的 SDF 同时双频感应淬火的处理时间与传统渗碳淬火比较，仅为其 40%，降低能耗 3 倍
美国齿轮的感应淬火技术	双频感应淬火技术。齿轮材料 SAE5150 钢（相当于 50CrMn 钢），齿轮外径 190.5mm，齿根圆直径 176.02mm，齿宽 12.45mm，齿数 58，淬硬面积约 $1.74 \times 10^4 mm^2$，先采用中频电源频率 3~10kHz，预热时间 10s，高频加热频率 100~230kHz，高频加热时间 0.455s，感应回火时间 3s	得到了沿齿廓的硬化层，齿轮感应淬火时间极短，故显著节省能耗
	采用齿廓淬火、脉冲单频淬火方法保证齿根所需的（电）热流，但齿顶不会过热，先将齿轮加热到比临界温度 Ac_1 低 100~350℃，加热温度取决于齿轮的类型、大小、原始组织、所需的强化轮廓、许用的齿畸变量和功率。通常，预热所需的频率为 3~10kHz，最后加热要在频率为 30~450kHz 下持续 0.5s	获得沿齿廓分布的硬化层，提高齿轮抗麻点性能、耐磨性及疲劳强度
俄罗斯感应淬火技术	双频感应淬火技术。齿轮模数 4.5mm，外圆直径 140mm，采用环形感应器，先用中频电流加热齿沟部，在 3~5s 内到达 850℃，此时齿面温度达到 780~800℃，再用高频电流加热齿顶部，在 0.6~0.9s 内齿面达到 850~900℃，用水或乳化液进行淬火。所使用的中频与高频比功率均为 1.5~2.0kW/cm²。由于加热时间短，齿轮必须先经调质，以保证基体硬度	得到了沿齿廓的硬化层，齿轮感应淬火畸变很小
	低淬透性钢齿轮感应淬火技术。俄罗斯 ЗИЛ-164 型汽车后桥齿轮已成功地采用 55ПП 低淬透性钢（相当于 55Ti 钢）进行感应淬火，又在 T25A 型拖拉机差动齿圈上采用了 54ПП 低淬透性钢进行感应淬火	经感应淬火后，齿轮畸变小于渗碳淬火，弯曲强度比 18CrMnTi 钢渗碳齿轮高 40%。台架及批量试验结果证明具有很高的工作性能
	单齿感应淬火的冷却方法如下： 1）对 m≤12mm 的齿轮，淬火冷却方式可采用只喷液到相邻齿的外壁，而不直接冷却到齿沟，这样可预防齿沟裂纹，并避免齿沟磨削后产生裂纹。这种冷却方式仍可得到 54~56HRC 的硬度 2）对模数 m=14mm、m=16mm 的单齿，必须对齿沟直接喷淬火液 3）对 45XH 钢（相当于 45CrNi 钢）、45XHM 钢（相当于 45CrNiMo 钢）及类似钢材的单齿可用喷压缩空气来进行淬火	解决齿轮感应淬火开裂与表面硬度低问题

（续）

技术名称	工艺	应用与效果
俄罗斯感应淬火技术	采用第二代低淬透性钢及其感应淬火技术：其淬透性范围更窄、更稳定。在感应加热条件下，晶粒度可达 11～12 级。已成功应用于汽车后桥 5 种齿轮，后桥圆柱齿轮副和锥齿轮副，以及中桥的主动齿轮，其均采用 60ΠΠ 与 80ΠΠ 钢替代批量生产的 20ΧΓΗΤΜΑ 渗碳合金钢（相当于 20CrMnNiTiMoA 钢）。齿圈及主、从动圆柱齿轮，用中频电源进行整体加热，用高压泵进行喷射冷却	用第二代低淬透性钢整体感应淬火制造汽车重载齿轮，其强度和性能与 20ΧΗ3Α 钢（相当于 20CrNi3A 钢）渗碳齿轮相当

7.4　齿轮的真空热处理技术
7.4.1　齿轮的真空淬火技术

1. 真空加热工艺参数

（1）加热温度　真空淬火的加热温度一般取盐浴炉或空气炉加热温度的下限。表 7-34 为常用材料的预热和加热温度。

表 7-34　常用材料的预热和加热温度

牌号	预热温度/℃	加热温度/℃
40Cr	650	840～860
35CrMo	650	840～860

（2）保温时间　真空淬火加热保温时间一般比盐浴炉加热时间长 3～5 倍，比空气炉长 1 倍。加热保温时间 T 可参考下式计算来确定：

$$T_1 = 30 + (1.5 \sim 2)D$$
$$T_2 = 20 + (0.25 \sim 0.5)D$$

式中　D——工件有效厚度（mm）；

　　　T_1——预热时间（min）；

　　　T_2——最终保温时间（min）。

（3）真空加热方式　各温度段能满足工艺要求的可供实际操作的工艺参数见表 7-35 和表 7-36。

表 7-35　真空加热工艺数据（一）

钢种	加热温度/℃	处理工艺	
碳素钢、合金钢	300～600	真空回火	
		去应力退火	
	600～950	真空淬火	油冷、水冷、气冷

表 7-36　真空加热工艺数据（二）　　　　（真空度）

钢种	600℃以下	600～800℃	800～950℃
碳素钢	0.00133～1.33Pa	0.00133～1.33Pa	1～600Pa（充氩气）
合金钢	0.0133～1.33Pa	0.133～1.33Pa	1～600Pa（充氩气）

（4）淬火冷却　淬火时应充气（高纯度氮气或氩气）到 5.3×10^4 Pa 左右，淬油时要进行搅拌。

2. 真空淬火、回火工艺

常用结构钢的真空淬火、回火工艺见表 7-37，供齿轮真空淬火、回火时参考。

表 7-37　常用结构钢的真空淬火、回火工艺

牌号	淬　火			回　火		
	温度/℃	真空度/Pa	冷却	温度/℃	真空度/Pa	冷却
45Mn2	840	1.333	油	550	400 ~ (500 × 133.32)	油，空冷
40CrMn	840	1.333	油	520	400 ~ 500 N_2	快冷
35CrMo	850	0.1333 ~ 1.333	油	550	0.133 或 N_2，400	快冷
40CrMnMo	850	1.333	油	600	0.133 或 N_2，400	快冷
40Cr	850	0.1333 ~ 1.333	油	500	N_2，400	强冷，N_2，Ar
40CrNi	820	0.1333 ~ 1.333	油	500	N_2，400	强冷，N_2，Ar
37CrNi3	820	0.1333 ~ 1.333	N_2，油	500	0.133 或 N_2，400	强冷
40CrNiMo	850	0.1333 ~ 1.333	N_2，油	600	0.133 或 N_2，400	强冷
45CrNiMoV	850	0.1333 ~ 1.333	N_2，油	450	N_2，400	强冷

注：1. 低温回火在空气炉中进行，中高温回火如不在真空中进行，则应向炉内通 N_2 保护。

2. 40Mn2、40CrMn 等铬锰钢加热时应向炉内通高纯度惰性气体，使真空度在 13.33Pa，以防元素挥发。

3. 表中回火温度供参考。

3. 齿轮真空淬火技术实例（见表 7-38）

表 7-38　齿轮真空淬火技术实例

齿轮名称	高精度数控铣床立轴箱滑移齿轮
技术条件	材料为 40CrNi 钢，技术要求：经热处理后应达到 5 级精度要求，齿轮整体淬硬，硬度 47 ~ 50HRC，其内孔畸变量 ≤ 0.07mm，内孔圆度误差 ≤ 0.02mm，键槽宽度变化 ≤ 0.015mm
加工流程	锻造→退火→粗车→正火 + 高温回火→精车→滚齿→粗拉键槽→去应力退火→精拉键槽→真空淬火→低温回火→磨削内孔→成品
热处理工艺	1）退火。(880 ± 10)℃ × 2h，随炉冷却 2）正火 + 高温回火。正火：(860 ± 10)℃ × 1.5h，出炉空冷。高温回火：(650 ± 10)℃ × 2h，缓慢冷却 3）去应力退火。(200 ± 10)℃ × 24h，出炉空冷 4）真空淬火。在真空度 133Pa 下加热至 650℃ 适度保温后，再升温至 790℃ 保温，淬油冷却（回充氮气，在低真空度 66.6Pa 下油冷） 5）低温回火。(160 ~ 180)℃ × (3 ~ 4) h，出炉空冷
检验	表面硬度 47 ~ 49HRC；金相组织为马氏体；内孔畸变量 0.01 ~ 0.06mm（盐浴炉淬火内孔胀量达 0.2mm），内孔圆度误差 ≤ 0.015mm（盐浴炉淬火达 0.02mm），键槽宽度变化 ≤ 0.015mm，以上均达到技术要求

7.4.2 齿轮的真空渗碳技术

低压真空渗碳易于实现 1000～1050℃ 的高温渗碳，从而提高渗碳速度，通常缩短工艺时间近 50%，同时大大降低渗碳气体的消耗。

真空渗碳工艺方式主要有一段式、脉冲式和摆动式三种。齿轮真空渗碳多采用一段式，对渗碳质量要求较严（如对内孔表面的渗碳层深度、浓度和均匀性有要求）时，可采用脉动式或摆动式的渗碳方式。

为了改善齿轮齿面和齿根渗碳均匀性，进一步采用了一种"小脉冲强渗 + 扩散"的模式（见图 7-16），一般每一个小脉冲强渗时间为 50s 左右，脉冲间隔时间为 10s 左右，渗碳效果很好，如图 7-17 所示。

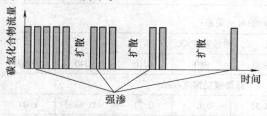

图 7-16 小脉冲强渗 + 扩散低压
真空渗碳示意图

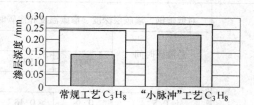

图 7-17 齿轮小脉冲强渗 + 扩散
低压真空渗碳效果

□—齿面深度 ▨—齿根深度

美国双环公司（Twin Disc Corporation）生产实践证明，由于气体渗碳齿轮齿根的渗层浅以及油淬的影响，一般会导致气体渗碳加油淬的齿根硬化层深只能达到节圆处的 50%，而低压真空渗碳加油淬齿轮具有更深的有效硬化层深，其齿根处的有效硬化层深可以达到节圆处的 70%。使用低压渗碳和气淬处理的齿轮，测得的齿根处有效硬化层深可达齿顶节圆处的 90%，几乎接近齿顶节圆处的有效硬化层深。

1. 齿轮低压真空渗碳用材料

真空渗碳齿轮用钢必须采用 Al 脱氧的镇静细晶粒钢，一般能够在传统渗碳炉上进行渗碳的材料均可用于低压真空渗碳炉，如国外牌号 16MC5、20MC5、27MC5、16NCD13、18NCD6 等。国产牌号 20CrMnTi、20CrMnMo、20CrNiMo、12Cr2Ni4A、12CrNi3A 等。

2. 真空渗碳设备

对于批量较小的齿轮可采用单室、双室及三室真空炉配以低压渗碳工艺，并进行高压气淬；对于批量较大的齿轮可采用多室真空炉进行半连续式及连续式低压渗碳高压气淬。淬火室可把许多不同形状、不同厚度的齿轮进行气压淬火，利用 1～2MPa 高压 N_2 或 He 的冷却压力可以保证齿轮的心部硬度要求。

特别是采用高压惰性气体冷却淬火可大大减小齿轮畸变。国内摩托车齿轮利用连续式真空炉渗碳淬火已取得明显效果。

目前，该工艺广泛应用于重型汽车的齿圈和齿轮、航空齿轮、重型机车齿轮等。

3. 真空渗碳介质

真空渗碳介质常用丙烷（C_3H_8）、乙炔（C_2H_2）、甲烷（CH_4）等，纯度（体积分数）大于 96%，其工艺特点为介质分解快、渗透性强、渗层均匀及硬度均匀等。为防止炭黑可适当混入 N_2。

4. 真空渗碳工艺参数

真空渗碳工艺参数见 7-39。

表 7-39　真空渗碳工艺参数

工艺参数	说　　　明			
渗碳温度	一般为 900 ~ 1100℃，渗碳温度的选择：			

渗碳温度/℃	适宜渗碳层深度	渗碳气氛	适宜工件
<980	较浅	C_3H_8、C_2H_2、$N_2 + C_3H_8$	形状复杂、畸变要求严格、渗层要求较浅的工件，如齿轮、齿轮轴
980	一般	C_3H_8、C_2H_2、$N_2 + C_3H_8$	一般工件
1040	深	CH_4、C_2H_2、$N_2 + C_3H_8$	形状简单、畸变要求不严格、渗碳层较深的工件，如齿轮等

对低碳钢，渗碳层深度、渗碳温度和渗碳时间之间的对应关系：

总渗碳时间 /h	渗碳温度/℃						
	900	930	950	980	1010	1040	1080
	总渗碳层深度/mm						
0.5	0.38	0.46	0.51	0.61	0.71	0.83	1.01
1.0	0.54	0.65	0.73	0.86	1.01	1.18	1.43
1.5	0.66	0.79	0.89	1.05	1.24	1.44	1.75
2.0	0.76	0.92	1.03	1.22	1.43	1.66	2.02
3.0	0.93	1.12	1.26	1.49	1.75	2.04	2.47
4.0	1.08	1.30	1.46	1.72	2.02	2.35	2.85
5.0	1.21	1.45	1.63	1.9	2.26	2.63	3.19
6.0	1.32	1.59	1.78	2.11	2.48	2.88	3.50
8.0	1.53	1.83	2.06	2.44	2.86	3.33	4.04
10.0	1.71	2.05	2.30	2.72	3.20	3.72	4.52
12.0	1.87	2.25	2.52	2.98	3.50	4.08	4.95
16.0	2.16	2.59	2.91	3.45	4.04	4.71	5.71
20.0	2.42	2.90	3.85	4.52	5.27	6.39	
25.0	2.70	3.24	3.64	4.31	5.06	5.89	7.14

（续表）

渗碳时间和扩散时间

当总渗碳时间为 t 时，按下式（哈里斯公式）求出渗碳时间和扩散时间

$$t_c = t[(C_d - C_0)/(C_c - C_0)]^2$$

$$t_d = t - t_c$$

式中，t 是总渗碳时间（h）；t_c 是渗碳时间（h）；t_d 是扩散时间（h）；C_c 是渗碳期结束后表面碳的质量分数（%）（渗碳温度下，奥氏体最大碳溶解度）；C_d 是扩散期后表面碳的质量分数（%）（技术要求质量分数）；C_0 为钢材原始碳的质量分数（%）

炉内压力

采用一段式渗碳工艺，以甲烷（CH_4）做渗碳气体时，炉内压力为 26.6 ~ 46.6kPa；以丙烷（C_3H_8）做渗碳气体时，炉内压力为 13.3 ~ 23.3kPa

采用脉冲式渗碳工艺参数时，渗碳气的压力一般为 19.95kPa

（续）

工艺参数	说　　　明
渗碳介质流量	根据渗碳温度，按下图中曲线（渗碳介质流量与渗碳温度的关系）选取 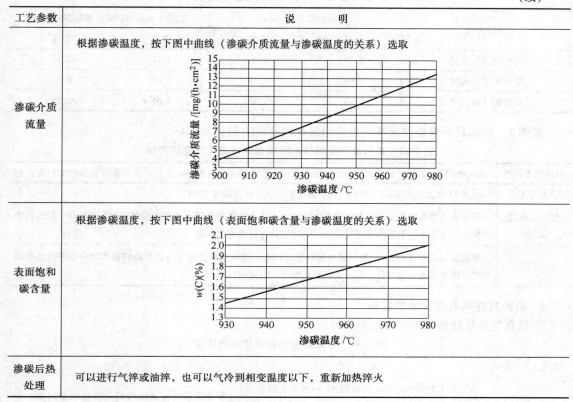
表面饱和碳含量	根据渗碳温度，按下图中曲线（表面饱和碳含量与渗碳温度的关系）选取
渗碳后热处理	可以进行气淬或油淬，也可以气冷到相变温度以下，重新加热淬火

实例 1　采用真空渗碳技术提高齿轮渗碳速度和热处理质量的实例见表 7-40。

表 7-40　采用真空渗碳技术提高齿轮渗速和热处理质量的实例

齿轮技术条件	重型传动齿轮，AISI 8620 钢（相当于 20CrNiMo 钢），技术要求：渗碳淬火有效硬化层深 1.37mm 左右				
渗碳工艺	1) 在获得有效硬化层深度均为 1.37mm 时的气体渗碳与真空渗碳工艺参数：				
	渗碳方法	渗碳温度/℃	渗碳时间/min	扩散时间/min	淬火温度/℃	淬火方法
	气体渗碳	940	300	120	845	油淬 60℃
	真空渗碳	940	32	314	845	气淬 20×10^5 Pa 氮气
	2) 实际应用表明，低压真空渗碳技术应用于深层渗碳的工件，可以大幅度缩短工艺过程所用的时间，工艺温度每提高 50℃相当于减少 1/2 工艺时间				
效果	通过表 7-41 与表 7-42 可以看出，真空渗碳试件比气体渗碳试件具有更高的表面硬度，更大的高硬度渗层深度和表面残余压应力。在低压真空渗碳条件下，热处理畸变可以控制到最低程度，保证最佳渗层分布，提高齿轮的疲劳强度。由于在真空低压条件下渗碳，避免了内氧化产生，保证渗碳层的高质量要求				

表 7-41　试件气体渗碳与真空渗碳结果的比较

渗碳方法	表面硬度 HRC（打磨前）	表面硬度 HRC（打磨后）	高硬度（≥58HRC）渗层深度/mm	表面残余压应力/MPa
真空渗碳	60	62	0.58	135
气体渗碳	59	58	0.20	98

表 7-42　实际齿轮气体渗碳与真空渗碳的结果比较

渗碳方法	有效渗层深度/mm		高硬度（≥58HRC）渗层深度/mm	
	齿根	节线	齿根	节线
气体渗碳 + 油淬	0.76	1.33	0.35	0.35
真空渗碳 + 油淬	1.00	1.33	0.80	0.80
真空渗碳 + 高压气淬	1.19	1.35	0.61	0.76

实例 2　采用真空渗碳技术解决齿轮内氧化问题的实例见表 7-43。

表 7-43　采用真空渗碳技术解决齿轮内氧化问题的实例

齿轮技术条件	20CrMnMo、20Cr、20Cr2Ni4A 钢，技术要求：渗碳层深度 0.80mm 左右，表面碳质量分数 0.84% 左右
设备与工艺	法国 ECM 公司的 ICBP – 966 型真空渗碳炉；真空渗碳温度 980℃
解决内氧化原理	低压真空渗碳的典型气压范围是 400 ~ 667Pa。真空条件使得碳原子更容易向钢材表面转移，同时因为不存在气体渗碳工艺中的水煤气反应，因而也就没有内氧化现象
效果	渗碳层深度为 0.82mm；表面碳质量分数 0.85%；碳浓度梯度分布与模拟曲线基本吻合。经过渗碳淬火的齿轮表面为金属原色，渗层无内氧化情况，组织细而均匀

5. 齿轮真空热处理技术与应用

齿轮真空热处理技术与应用见表 7-44。

表 7-44　齿轮真空热处理技术与应用

名称	分类	工　艺	应　用
真空淬火技术	真空油淬	真空油淬时允许油温可达 55 ~ 190℃。带有多个搅拌器、导流板和热交换器的大容量油槽，可保证整盘齿轮的油循环均匀一致，并且淬火整盘齿轮时油的温升 <4℃。保证了齿轮畸变的降低。用 920℃ 真空油淬表面无氧化脱碳，性能均匀	解决了结构复杂的精密件淬火畸变问题。如 XT754 型数控铣床主轴箱 40Cr 钢齿轮，采用降低温度（Ac_3 + 10℃）加热微畸变真空油淬，达到了 5 级精度
	高压气淬	采用 N_2、He、H_2 及 He + N_2 等进行高压（如 20×10^5 Pa）气淬。先进的气淬技术还实现了按程序断续淬火、控制冷却、气体分级和等温操作。用继电器、电磁阀控制系统，在珠光体区临界风量激冷，马氏体区小风量缓冷，避免齿轮畸变开裂，甚至实现了三段冷却操作	广泛用于合金结构钢齿轮淬火，减小畸变与开裂倾向
	真空硝盐等温淬火	真空硝盐等温淬火	获得下贝氏体组织，综合性能更高且畸变微小
真空化学热处理技术	真空渗碳	1）采用丙烷裂解气（$CH_4 – H_2$）和脉冲工艺。用氧探头测控滴入乙醇渗剂气氛 2）高温真空渗碳，渗碳温度 950 ~ 1050℃	对离合器齿轮进行真空渗碳，有效硬化层深度 0.64mm，硬度 900HV0.1，表面银灰色无炭黑；与常规渗碳相比，可缩短工艺周期 1/2 左右
	真空碳氮共渗	1）向真空炉内通入含有碳、氮原子的介质，可实现真空碳氮共渗 2）共渗介质可采用 NH_3 + C_3H_8 或 NH_3 + CH_4 的混合气。气体的比例：$CH_4 : NH_3 = 1 : 1$；而 $C_3H_8 : NH_3$ 则为 0.25 ~ 0.5 : 1；气体介质的压力为 13 ~ 33 × 10^3 Pa	1）由于真空的净化作用，活化了工件表面；与常规气体碳氮共渗相比，真空碳氮共渗的渗速快，共渗层的质量优良 2）真空碳氮共渗可进一步减少齿轮畸变，提高齿轮耐磨及耐腐蚀性能，从而极大地提高齿轮质量

(续)

名称	分类	工艺	应用
真空化学热处理技术	真空离子热处理技术	离子渗氮：利用高压电场在稀薄的含氮气体中引起的辉光放电进行渗氮 离子渗氮时，渗剂可用纯 NH_3、N_2 或两者的混合物	由于渗氮温度（520 ~ 570℃）较低，齿轮畸变小。为了进一步提高渗氮速度，在气氛中加入适量稀土有机溶液，可提高渗氮速度，缩短工艺周期
		1）常规离子渗碳，渗碳温度 900 ~ 950℃ 2）真空高温离子渗碳，渗碳温度 >1000℃	1）如航空齿轮，离子渗碳渗层比气体渗碳均匀得多，齿根处的有效硬化层深为节圆处的 86%。这种工艺得到的均匀渗层的盲孔长度/半径值近似于气体渗碳的两倍 2）高温离子渗碳可显著提高渗碳速度
		离子碳氮共渗：渗碳气氛中加入适量 N_2 或 NH_3，进行 780 ~ 860℃离子碳氮共渗	齿轮离子碳氮共渗可提高耐磨性，减少齿轮畸变，获得良好的表层质量

7.4.3 齿轮真空渗碳技术应用实例

齿轮真空渗碳技术应用实例见表 7-45。

表 7-45 齿轮真空渗碳技术应用实例

齿轮技术条件与设备	工艺	检验结果
风力发电机增速器的输出齿轮和水泥磨减速器内的输入齿轮轴，两齿轮所用材料分别为 18CrNiMo7-6 钢和 20CrNi2Mo 钢，技术要求：渗碳层深度 2.4 ~ 3.0mm（550HV），齿面硬度 58 ~ 63HRC，齿面碳化物 1 ~ 3 级 采用 WZST 系列双室真空高温低压渗碳炉	1）设备。WZST 型真空渗碳设备冷却室具有气冷与油冷两种功能；充气系统采用乙炔圆周喷嘴式 2）高温真空低压渗碳工艺。渗碳温度 980℃，充气压力 1000Pa，渗碳时间 12.8h，渗碳与扩散时间比 12.2，气冷后二次加热温度 850℃，保温后油冷。高温渗碳工艺见下图 温度/℃ 650 980 12.8 气冷 850 油淬 O 时间/h	渗碳层深度平均为 2.72mm（550HV0.5），齿面硬度为 62HRC，齿面碳化物为 2 级，渗层表面获得弥散分布的颗粒状碳化物，表面碳含量为 0.8%（质量分数）。和采用传统渗碳工艺达到 2.7mm 渗层深度需要 25h 相比，节省近 50% 时间
载货汽车齿轮、齿轮轴，材料 18NCr3 钢（质量分数：0.16% ~ 0.20% C，0.5% ~ 1.0% Cr，3.0% ~ 3.5% Ni） 采用法国 ECM 公司 Infra-carb 型低压真空渗碳工艺软件及低压真空渗碳炉	渗碳通 C_3H_8，扩散通 N_2。采用低压真空渗碳加气淬，其工艺参数和处理结果： | 工艺参数及结果	低压真空渗碳加气淬工艺
---	---
渗碳温度/℃	960
总时间/min	385
渗碳时间/min	26
扩散时间/min	359
渗碳脉冲次数	11
扩散脉冲次数	11
淬火方法	1.2kPa 氮气淬火		与采用连续式渗碳炉的渗碳和扩散时间 720min 相比。采用低压真空渗碳工艺可节约时间近 50%，并且表面不存在晶间氧化和非马氏体组织，表面与心部硬度分别为 64.8HRC 和 350HV，渗层深度 1.6mm，层深偏差 ±0.1mm

（续）

齿轮技术条件与设备	工　艺		检验结果
载货汽车 5 档齿轮，8620H 钢（相当于 20CrNiMo 钢），要求真空渗碳热处理	齿轮真空渗碳工艺：		齿轮表面与心部硬度分别为 64.8HRC 和 32HRC，有效硬化层深度 0.79mm，层深偏差 ±0.05mm
	参　数	数　值	
	渗碳温度/℃	960	
	渗碳总时间/min	215	
	强渗时间/min	13	
	渗碳脉冲（个）	7	
	扩散时间/min	107	
	淬火方法	1.8×10^6 Pa 氮气淬火	
	回火温度/℃	175	
	回火时间/min	120	

7.4.4　齿轮的离子渗碳技术

　　由于离子渗碳比一般热扩散渗速快，可节约时间 50% 左右；热效率高，工作气体消耗量少，一般可节能 30% 以上，节省工艺气体 70% 以上；热处理畸变小。

　　真空离子渗碳已应用于 20CrMnTi、20Cr 等钢制齿轮的渗碳生产，效果良好。与其他渗碳方法的主要技术指标的对比见表 7-46。由表中数据可见，离子渗碳的主要技术指标均优于气体渗碳与常规真空渗碳。

表 7-46　20CrMnTi 钢经不同渗碳方法主要技术指标的对比

项　目	在离子渗氮炉中进行离子渗碳	气体渗碳	真空渗碳	有外热源的离子渗碳
渗碳速度（920~940℃，渗层 1mm）/h	1.5~2	≥8	4.0	3.5
渗碳效率（扩散渗入碳量/渗剂耗碳量）（%）	>55	5~20	47	55
直接耗电量/(kW·h/kg)	0.6~0.8	2.4	1.5	1.1
耗气量（以炉内气压为准）/L	5~15	≥760	150~575	15~20
生产成本比值（气体渗碳为1）	0.3	1	0.8	0.5

1. 几种材料在不同离子渗碳条件下的渗碳层深度

　　几种材料在不同离子渗碳条件下的渗碳层深度见表 7-47。可供齿轮离子渗碳时选择。

表 7-47　几种材料在不同离子渗碳条件下的渗碳层深度

渗碳温度/℃	渗碳时间/h	20 钢	30CrMo 钢	20CrMnTi 钢
		渗碳层深度/mm		
900	0.5	0.40	0.55	0.69
	1.0	0.60	0.85	0.99
	2.0	0.91	1.11	1.26
	4.0	1.11	1.76	—

（续）

渗碳温度/℃	渗碳时间/h	20 钢	30CrMo 钢	20CrMnTi 钢
		渗碳层深度/mm		
1000	0.5	0.55	0.84	0.95
	1.0	0.69	0.98	1.08
	2.0	1.01	1.37	1.56
	4.0	1.61	1.99	2.15
1050	0.5	0.75	0.94	1.04
	1.0	0.91	1.24	1.37
	2.0	1.43	1.82	2.08
	4.0	—	2.73	2.86

2. 高温离子渗碳技术

提高离子渗碳温度（1000～1050℃）可加快渗碳速度，易获得较深渗碳层，缩短工艺周期，节约能源。

例如，采用如下工艺规程：辉光电流密度 0.25～0.50mA/cm²；渗碳介质 N_2：C_3H_8 = 860mL：140mL；炉压 267～533Pa；渗碳时间：扩散时间 = 1:1，对 20Cr2Ni4A、20CrNi2Mo、20CrMnTi、20CrMnMo、15CrNi3Mo、17CrNiMo6 等钢进行 1050℃高温离子渗碳，不同时间所得渗层深度见表 7-48。与表 7-46 中的数据相比较，可见渗碳速度显著增大。

表 7-48 不同钢材高温离子渗碳的渗层深度 （单位：mm）

牌号 \ 工艺参数	1050℃×1h	1050℃×2h	1050℃×4h	1050℃×8h	1050℃×16h
20Cr2Ni4A	0.80	1.47	2.02	3.11	5.20
20CrNi2Mo	0.73	1.50	2.08	3.23	5.28
20CrMnTi	0.74	1.62	2.08	3.32	5.32
20CrMnMo	0.76	1.48	2.05	3.22	5.20
15CrNi3Mo	0.75	1.43	2.04	3.12	5.15
17CrNiMo6	0.82	1.52	2.13	3.18	—

3. 齿轮的离子渗碳技术应用实例

齿轮的离子渗碳技术应用实例见表 7-49。

表 7-49 齿轮的离子渗碳技术应用实例

齿轮技术条件	工 艺	检验结果
重载齿轮轴，20Cr2Ni4 钢，要求渗碳淬火热处理	1）原渗碳采用 RJJ-60-9 型井式气体渗碳炉，采用常规气体渗碳工艺 2）离子渗碳采用（30+60）kW 离子渗碳炉，其离子渗碳工艺如下图所示 945±10 温度/℃ 2　4.5　3.5　4.5　3.5　炉冷 时间/h <table><tr><td>电压/V</td><td>600</td><td>600</td><td>570</td><td>550</td></tr><tr><td>电流/A</td><td>16</td><td>15</td><td>17</td><td>16</td></tr><tr><td>炉压/Pa</td><td>399.9</td><td>319.97</td><td>453.3</td><td>333.3</td></tr><tr><td>丙烷/(mL/min)</td><td>150</td><td>25</td><td>150</td><td>25</td></tr></table>	原工艺采用气体渗碳，成本约为 0.87 元/kg，而离子渗碳成本约为 0.48 元/kg，与气体渗碳工艺相比，离子渗碳可降低成本近 50%，同时还可以获得满意的渗层质量

（续）

齿轮技术条件	工　艺	检验结果
载货汽车后桥从动弧齿锥齿轮，模数 9.8947mm，20CrMnTi 钢，技术要求：渗碳层深度 1.2～1.6mm，表面硬度 58～63HRC	1）原工艺采用 920℃ 气体渗碳 + 850℃ 碳氮共渗，需要 11h 左右，出炉后压床喷油淬火，由于畸变及金相组织超差，产品合格率低，返修率高 2）采用离子碳氮共渗后直接淬火工艺，强渗 880℃ × 3h（气氛为丙烷气/氮气 = 8%）+ 扩散 880℃ × 4h（丙烷气/氮气 = 2%）	渗层深度 1.19mm，淬火后表面硬度 64HRC，回火后硬度 60.5～61HRC；金相组织达到图样技术要求。由于离子碳氮共渗工艺温度低，且时间短，热处理畸变小，合格率高，均达到技术要求。新工艺较原工艺缩短时间 4h

7.4.5　齿轮的真空热处理实例

齿轮的真空热处理实例见表 7-50。

表 7-50　齿轮的真空热处理实例

齿轮技术条件与设备	工　艺	检　验　结　果
精密齿轮（电机齿轮、离合器齿轮、蜗杆），20CrMo 钢，技术要求：齿轮畸变量 ≤0.05mm 采用 WZST 系列双室真空渗碳淬火炉	乙炔真空渗碳：930℃ 渗碳 2.5h，扩散 4.0h，降温后油淬气冷	有效硬化层深度 0.15～0.30mm，表面硬度 550HV0.5，齿轮内孔直径畸变量 ≤0.01mm，且无喇叭口，齿轮畸变量控制在 0.05mm 以内，可直接装配使用
精密级齿轮（5 级），20CrMo 钢，技术要求：硬化层深度 0.15～0.30mm；硬度（550±50）HV；内孔畸变量 ≤0.01mm，不能形成喇叭口	由于在真空（低压）碳氮共渗的渗剂（碳氢化合物 + 氨气）中没有含氧介质，深层组织中可以避免晶界氧化层。真空碳氮共渗后的冷却可采用油淬气冷	渗层深度 0.18～0.20mm，淬火硬度 728～731HV，畸变量在 −0.008mm～0.008mm，均符合技术要求，无喇叭口
齿轮，SCM415 钢（相当于 15CrMo 钢），技术要求：真空渗碳淬火 日本真空渗碳渗氮炉型号有 VCQ-200、400、600、1000	采用丙烷气作为渗碳剂，高温渗碳工艺：1050℃ × 45min 真空渗碳气冷 + 850℃ 二次淬火	有效硬化层深度为 0.81mm（550HV），采用"气冷 + 二次淬火"工艺可得到更细的显微组织
汽车变速器输出轴，20MnCr5 钢，技术要求：表面与心部硬度分别为 680～780HV30 和 350～480HV30，有效硬化层深度为 0.7～1.0mm（550HV1） 采用 ICBP-400 型低压真空渗碳炉	采用低压真空渗碳与高压气淬技术，渗碳温度为 950℃，加热和均温时间为 50min，渗碳时间为 10.13min；扩散时间为 78.87min；淬火冷却介质为高纯度 N_2，淬火压力为 2MPa，淬火时间为 10min；富化率为 13.81mg/h·cm^2；回火 150℃ × 2.5h	表面与心部硬度分别为 725～727HV30 和 434～442 HV30；齿面有效硬化层深度为 0.788mm（550HV1）；齿面金相组织为碳化物（1 级）+ 残留奥氏体（2 级）+ 马氏体（2 级），无明显非马氏体组织；检查三处轴颈畸变（径向圆跳动量）分别为 0.021～0.045mm、0.029～0.089mm 和 0.041～0.054mm，均达到技术要求
从动锥齿轮，16MnCr5 钢，技术要求：表面与心部硬度分别为 680～780HV30 和 320～480HV30，有效硬化层深度为 0.5～0.8mm（510HV1） 采用 ICBP-400 型低压真空渗碳炉	采用低压真空渗碳与高压气淬技术，渗碳温度为 950℃，加热和均温时间 50min，渗碳时间为 9.25min；扩散时间为 49.75min；淬火冷却介质为高纯度 N_2，淬火压力为 1.5MPa，淬火时间为 15min；回火 150℃ × 3h	表面与心部硬度分别为 720～729HV30 和 350～356 HV30；齿面有效硬化层深度为 0.64mm（550HV1）；齿面金相组织为碳化物（1 级）+ 残留奥氏体（2 级）+ 马氏体（2 级），无明显非马氏体组织；热处理畸变量：外平面平面度误差 <0.05mm，内平面平面度误差 <0.10mm，内孔圆度误差 <0.05mm，均达到技术要求

7.4.6　齿轮的低压真空渗碳与高压气体淬火技术

1. 高压气体淬火及其优点

工件在奥氏体化温度加热后施加 0.5~2MPa 高压气体淬火可达到静止油或高速循环油甚至水的淬火效果。工件的气体淬火有别于液态介质淬冷机理，在气体中冷却比在液体中冷却得均匀，可实现自表面向内层的均匀冷却，故气体淬火畸变很小，可实现少无磨削。高压气体淬火采用中性气体 N_2、还原性气体 H_2 和惰性气体 Ar、He 等，处理后的零件表面清洁度高，无须后序清洗和清理抛丸工序。

高压气淬时可以通过计算机控制高压气体的压力、流量，改变气体的冷却特性，与钢的过冷奥氏体转变相图相结合，实现最理想的淬火冷却，获得理想的金相组织、有效硬化层深度及热处理畸变。

2. 齿轮的低压真空渗碳与高压气淬设备、技术及其应用（见表7-51）

表 7-51　齿轮的低压真空渗碳与高压气淬设备、技术及其应用

项目	内　　容
高压气淬密封箱式炉与工艺	1）密封箱式多用炉气体渗碳后在 1~2MPa 高压的惰性气体中施行气淬以代替常规油淬 2）高压气淬密封箱式炉后室为密封箱式炉结构，前室进行高压气淬。工件在后室保护气氛中无氧化加热或在渗碳气氛中渗碳，在前室进行无氧化光亮淬火；前室中部为工件气淬室，下部为进气管道，上部为冷却回风热交换器。前室外侧安装变频调速大功率风机，通过气态 N_2 或 He 的快速循环使工件冷却淬火
高压气淬推杆式炉气体渗碳生产线与工艺	爱协林生产的可控连续式气体渗碳炉，配以气体淬火室使气淬技术的优点得到发挥，使得气体渗碳生产线有高的生产能力和合理热处理成本 1）设备。高压气淬系统应用于推杆式连续气体渗碳生产线。在生产线上高压气淬室和加热炉之间采用了两道密封（热密封和真空密封），在气体渗碳室与供气淬压力室之间有一带有滚动转移系统的中间室，可以以 10s 以下的速度平稳地转移到气淬室，中间室的入口制作的很小，以使炉子内的 O_2 和气淬室的 N_2 相互干扰减小到最低程度 2）工艺流程。400℃预热→925℃渗碳→860℃扩散→2MPa 氮气高压气淬→170~190℃回火 3）应用。该生产线综合了连续式气体渗碳生产线和高压气淬优势：生产能力大；以高压氮气淬火代替传统油淬火，省去了淬火油和清洗剂的消耗，避免了油淬时产生的油气污染，省去了后清洗工序，生产成本降低 20%；减小了工件淬火畸变
低压真空渗碳 + 高压气淬应用	1）在汽车工业，高压气淬可以采用单室、双室、三室的低压渗碳高压气淬真空周期式炉及多室低压渗碳和高压气淬组成的生产线等。汽车变速器的同步器齿套、自动变速器的主减速太阳轮轴等采用此设备与工艺处理后，因其热畸变控制在非常窄的范围，合格率大大提高，并显著提高了零件的尺寸精度 2）在摩托车小模数齿轮也得到了很好应用
采用气体等温淬火工艺解决畸变问题	1）通过优化淬火冷却工艺来减少齿圈淬火畸变。ECM 低压真空渗碳生产线的气体淬火室配备了变频电动机来带动气体淬火搅拌风扇，可在不同的时间段，通过程序设置达到不同的转速，从而实现淬火冷却速度的调节与控制 2）采用氮气淬火的等温气体淬火工艺。在原有的淬火工艺上，增加淬火搅拌停留时间 18s，相当于淬火搅拌风扇停止运转，冷却速度会有一个较快的下降，18s 后重新起动淬火搅拌风机，完成淬火冷却过程。使淬火冷却曲线远离贝氏体转变开始线，相当于等温气体淬火，最终获得了较为理想的畸变结果和金相组织 3）应用见表 7-52

3. 工艺举例

采用氮气等温气体淬火工艺解决轿车变速器齿圈畸变见表7-52。

表7-52　采用氮气等温气体淬火工艺解决轿车变速器齿圈畸变

齿轮名称	长安福特轿车自动变速器齿圈	
技术条件	20CrMo 钢，要求渗碳淬火，齿圈畸变要求：	
	参　数	热处理前后畸变量要求
	DOB 中径跨棒距/mm	0.100
	齿顶圆直径/mm	0.100
	齿根圆直径/mm	0.100
设备与真空渗碳软件	采用法国 ECM 低压真空渗碳自动生产线与 CBPWIN 真空渗碳软件	
渗碳温度/℃	920	
加热和均温时间/min	80	
真空度/Pa	1000 ~ 2000	
强渗和扩散时间/min	48	
富化气流量/(NL/h)	2000	

真空淬火工艺：

参　数	数值	参　数	数值
淬火温度/℃	920	输出时间/s	110
淬火冷却介质	高纯度 N₂	风扇转速输出比（%）	85
风扇转速输出比（%）	50	输出时间/s	200
输出时间/s	11	风扇转速输出比（%）	100
风扇转速输出比（%）	50	输出时间/s	159

齿圈畸变检查结果：

项目	DOB 中径跨棒距/mm	齿顶圆直径/mm	齿根圆直径/mm
最大	0.126	0.110	0.077
最小	0.053	0.055	0.010
均值	0.080	0.0732	0.035

4. 低压真空渗碳高压气淬实例（见表7-53）

表7-53　低压真空渗碳高压气淬实例

齿轮技术条件	工　艺	检验结果
齿轮轴，18CrNiMo7-6 钢，技术要求：有效硬化层深度 0.80 ~ 1.00mm，表面硬度 690 ~790HV30	采用 RVHT-QGP 型新双室真空炉进行低压乙炔直生式渗碳；低压渗碳后，在 2MPa 氮气中淬火，180℃回火	采用高压气淬后消除内氧化和减小畸变。有效硬化层深度 0.88mm，表面硬度 745HV30，心部硬度 370HV30
大斜角驱动齿轮，16MnCr5 钢，4.0kg/件，技术要求：渗碳淬火有效硬化层深度 0.60 ~ 0.80mm，心部强度 >1000MPa（相当于 311HV）	采用 RVHT-QGP 型新双室真空炉进行低压真空渗碳，采用氮气进行高压气淬。渗碳 + 扩散时间共计 184min	有效硬化层深度 0.70mm，表面 w(C) 为 0.76%，表面硬度 740HV1，心部硬度 330HV1

7.4.7　齿轮的离子渗氮技术

离子渗氮速度快，渗氮层深 0.30 ~ 0.60mm，渗氮时间仅为普通气体渗氮的 1/5 ~ 1/3，有良好的综合性能，齿轮畸变小，可用于一般机械用齿轮、军械齿轮、航空发动机齿轮、机床齿轮、汽车及拖拉机齿轮等。

球磨机和轧齿机齿轮、重型机械齿轮、蜗杆等只要设计合理，选材适当，经离子渗氮后的渗氮层就能够承受较大的载荷。例如 30CrMoAl 钢冷轧机下蜗杆副蜗杆、中小型磨削蜗杆副蜗杆（35CrMo、42CrMo 钢）、连轧机的差速器的 40CrMo 钢传动齿轮等经离子渗氮，渗氮层深 0.40 ~ 0.60mm，硬度 550 ~ 700HV，效果良好。齿轮剃齿后进行离子渗氮，减少了磨齿工序，优于高频感应淬火齿轮，降低噪声 1 ~ 2dB。

1. 采用离子渗氮工艺的齿轮加工流程

一种流程：下料→粗车→调质→半精车→拉花键→精车→插齿→剃齿→离子渗氮→检验→入库。另一种加工流程：下料→粗车→调质→精车→滚齿→磨齿→渗氮→检验→入库。

2. 预备热处理

一般结构钢应采用调质处理，调质回火温度应高于渗氮温度。

易畸变或精度要求较高的齿轮，在机械加工过程中应进行一次或几次去应力退火，其温度应比调质回火温度低，比渗氮温度高。

3. 齿轮的离子渗氮工艺

离子渗氮工艺应根据齿轮的使用性能要求、工作条件、材料和具体齿轮来制定。

（1）齿轮离子渗氮工艺参数的选择（见表 7-54）

表 7-54　齿轮离子渗氮工艺参数的选择

工艺参数	选择范围	说　　明
辉光电压	一般保温阶段保持在 500 ~ 700V。其表面功率为 0.2 ~ 0.5W/cm²	与气体电离电压，炉内真空度，以及工件与阳极间的距离有关
电流密度	辉光电流密度 2 ~ 15mA/cm²	电流密度大，加热速度快，但电流密度过大将使辉光不稳定，容易打弧
炉内真空度	133.322 ~ 1333.22Pa，生产上常用 266 ~ 533Pa（辉光层厚度为 0.5 ~ 5mm）	当炉内压力低于 133.322Pa 时达不到加热目的，而当压力高于 1333.22Pa 时，辉光将受到破坏而产生打弧现象，造成工件局部烧熔
气体压力、气体流量与真空泵的抽气率	气压选择（1 ~ 10）×133Pa 范围	在气压一定的条件下，真空泵的抽气率越大，NH₃ 的消耗量越大。气压增加，电流密度加大，同时又影响升温速度和保温温度
阴、阳两极距离	两极间的距离以 30 ~ 70mm 为宜，常用 60mm	两者之间的距离大于辉光厚度就可以维持辉光放电
渗氮用气体	液氨挥发气，热分解 NH₃ 或氮氢混合气	液氨虽使用简单，但渗层脆性大；NH₃ 热分解后得到 1:3 的氨氢（气）混合气可改善渗层性能；氮氢混合气（9:1 最好）可调整炉气氮势，从而控制渗层相成分
渗氮温度	含 Al 钢宜采用二段渗氮法：第一阶段 520 ~ 530℃；第二阶段 560 ~ 580℃	对某些精度要求较高的齿轮，为减少畸变，也可采用等温（一段）渗氮工艺，一段 510 ~ 530℃，但渗氮时间较长

（续）

工艺参数	选择范围	说　明
渗氮温度	不含 Al 钢一般采用等温（一段）渗氮工艺，520 ~ 550℃	当渗氮温度高于 550℃时，易破坏合金氮化物与基体的共格结合，还会使氮化物发生集聚，导致渗层硬度下降
渗氮时间	渗氮层深度为 0.2 ~ 0.6mm 时，渗氮时间通常为 8 ~ 30h	渗氮层深度与时间的关系：$$\delta = K \cdot (D\tau)^{-1/2}$$式中，δ 是渗氮层深度（mm）；τ 是渗氮时间（h）；D 是扩散系数；K 是常数

（2）常用材料的离子渗氮温度、表面硬度和渗氮层深度范围（见表 7-55）

表 7-55　常用材料的离子渗氮温度、表面硬度和渗氮层深度范围（JB/T 6956—2007）

材料		预备热处理		离子渗氮技术要求		常用渗氮温度 /℃
类别	牌号	工艺	硬度 ≥	表面硬度 HV ≥	渗氮层深度 /mm	
碳素钢	45	正火	215HBW	250	0.20 ~ 0.60	550 ~ 570
合金结构钢	20Cr	调质	215HBW	550	0.20 ~ 0.50	510 ~ 540
	40Cr	调质	235HBW	500		
	20CrMnTi	调质	215HBW	600		
	35CrMo	调质	28HRC	550		
	42CrMo	调质	28HRC	550		
	35CrMoV	调质	28HRC	550		
	40CrNiMo	调质	28HRC	550		
渗氮钢	38CrMoAl	调质	255HBW	850	0.30 ~ 0.60	等温渗氮：510 ~ 560；二段渗氮：（480 ~ 530）+（550 ~ 570）
灰铸铁	HT200、HT250	退火	200HBW	300	0.10 ~ 0.30	540 ~ 570
球墨铸铁	QT600-3 QT700-2	正火	235HBW	450	0.10 ~ 0.30	540 ~ 570

（3）常见离子渗氮热处理工艺规范和效果（见表 7-56）

表 7-56　常见离子渗氮热处理工艺规范和效果

牌　号	工艺规范		效　果	
	温度/℃	时间/h	硬度 HV	总渗氮层深度/mm
20Cr	520 ~ 560	10	524 ~ 633	0.40
40Cr	480	8	613 ~ 633	0.35
	500	8	566 ~ 593	0.35 ~ 0.40
	520	8	613 ~ 633	0.35 ~ 0.40
	560	8	566	0.40 ~ 0.45
35CrMo	510 ~ 540	6 ~ 8	700 ~ 800	0.30 ~ 0.45

（续）

牌 号	工艺规范		效 果	
	温度/℃	时间/h	硬度 HV	总渗氮层深度/mm
42CrMo	520 ~ 540	6 ~ 8	750 ~ 900	0. 35 ~ 0. 40
45	520	8	260 ~ 280	0. 15
38CrMoAlA	520	8	1164	0. 32
	540	8	998 ~ 1006	0. 32
	560	8	968 ~ 988	0. 35
	580	8	896 ~ 914	0. 35
20CrMnTi	520 ~ 550	4 ~ 9	672 ~ 900	0. 20 ~ 0. 50
HT250	520 ~ 550	5	500	0. 05 ~ 0. 10
QT600-3	570	8	750 ~ 900	0. 30

（4）离子渗氮温度和渗氮时间对各种处理态的齿轮钢材渗氮层深度和表面硬度的关系曲线（见表 7-57）

表 7-57　离子渗氮温度和渗氮时间对各种处理态的齿轮钢材渗氮层深度和表面硬度的关系曲线

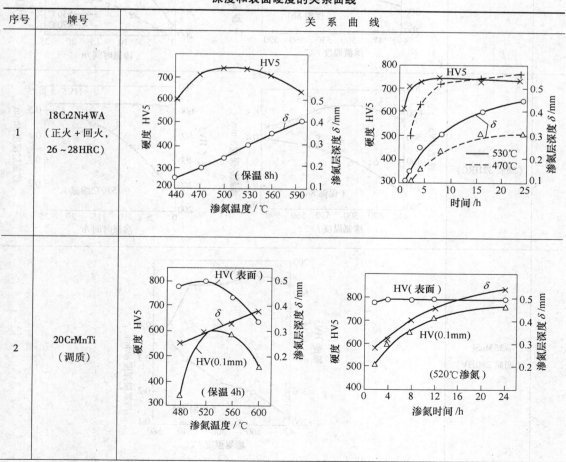

序号	牌号	关 系 曲 线
1	18Cr2Ni4WA（正火 + 回火，26 ~ 28HRC）	
2	20CrMnTi（调质）	

（续）

序号	牌号	关 系 曲 线
3	30CrMoAl、30CrMoAl（正火）	
4	30CrNi	
5	35CrMo（调质 32HRC）	
6	35MnSi（调质 280HV）	

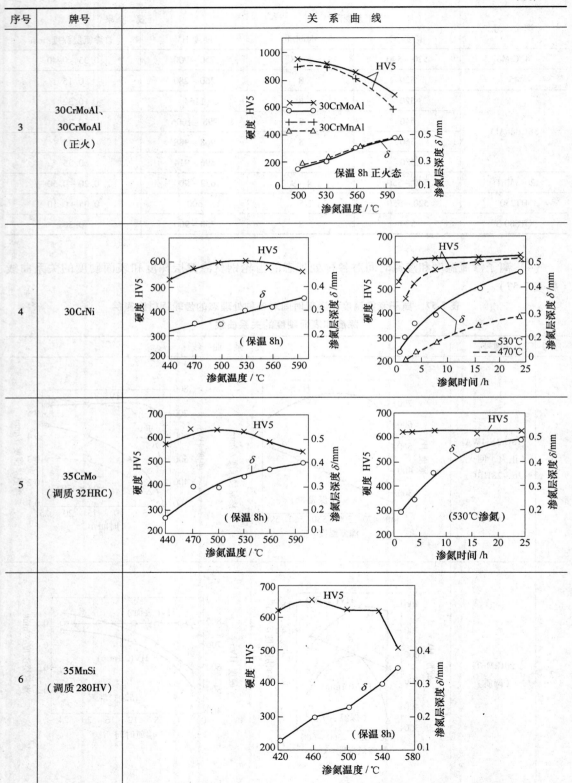

（续）

序号	牌号	关 系 曲 线
7	38CrMoAlA （调质）	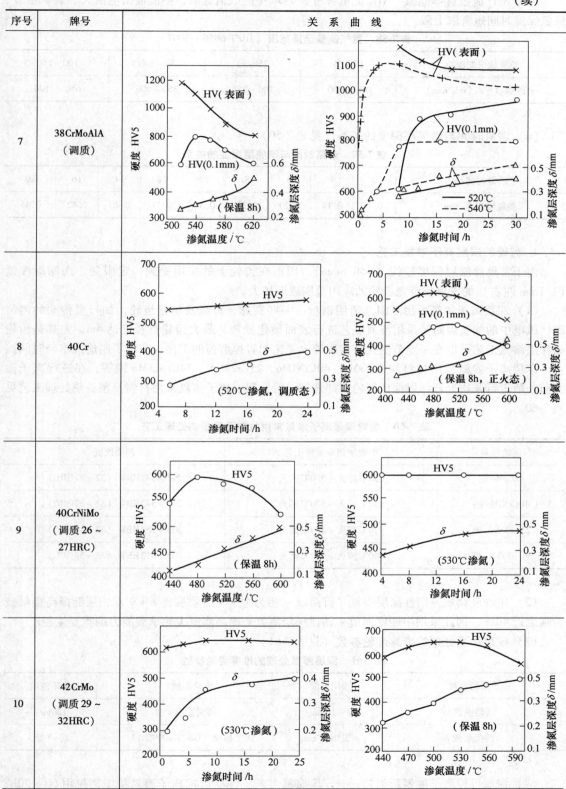
8	40Cr	
9	40CrNiMo （调质 26 ~ 27HRC）	
10	42CrMo （调质 29 ~ 32HRC）	

（5）NH_3 流量选择范围　　NH_3 流量参考表 7-58 中的数值选取，整流输出电流大、装炉量多、渗氮保温时间短者取上限。

表 7-58　　氨气流量选择范围（JB/T 6956—2007）

整流输出电流/A	10~25	25~50	50~100	100~150
合理供氨量/（mL/min）	100~200	200~350	350~650	650~1100

（6）渗氮时间与渗氮层深度的关系（见表 7-59）

表 7-59　　渗氮时间与渗氮层深度的关系

渗氮时间/h	2	4	6	8	10	12	14	16	20
渗氮层深度/mm	0.1	0.14	0.20	0.30	0.34	0.37	0.40	0.42	0.45

4. 齿轮的深层离子渗氮工艺

由于常规渗氮层深度较浅（<0.6mm），因而在齿轮上的应用受到一定限制，而深层渗氮（1.1mm 左右）的发展使渗氮齿轮的应用范围逐渐扩大。

（1）深层离子渗氮适用范围及适用钢材　　一些高速、重载及精密齿轮，如行星传动的内齿圈、风电中的偏航齿圈等采用渗氮工艺进行表面硬化处理，最大齿轮直径已达 4m，尤其是齿轮的深层渗氮工艺可以在一定范围代替渗碳淬火工艺而省掉磨齿的工序，节约了制造成本与时间。

深层离子渗氮常用材料如 42CrMo、40CrNiMo、25Cr2MoV、34CrNi3Mo 钢等，在进行离子渗氮前一般进行调质处理，以保证齿轮心部强度。齿轮深层离子渗氮常用材料及预备热处理工艺见表 7-60。

表 7-60　　齿轮深层离子渗氮常用材料及预备热处理工艺

齿轮材料	中硬度调质处理工艺	调质硬度
42CrMo 钢	850℃淬火 + 550℃回火	297~342HBW（32~37HRC）
40CrNiMo 钢	850℃淬火 + 570℃回火	297~342HBW（32~37HRC）
25Cr2MoV 钢	940℃淬火 + 650℃回火	305~352HBW（33~38HRC）
34CrNi3Mo 钢	860℃淬火 + 600℃回火	305~352HBW（33~38HRC）

（2）中硬度调质 + 韧性深层渗氮　　齿面以 γ' 相为主的化合物层比 $\varepsilon + \gamma'$ 双相层能提高接触疲劳强度近 40%，因此采用中硬度调质 + 韧性深层渗氮是提高渗氮齿轮承载能力的重要途径。

（3）深层渗氮处理的推荐齿轮参数（见表 7-61）

表 7-61　　深层渗氮处理的推荐齿轮参数

齿轮参数	选用范围	齿轮参数	选用范围
齿轮模数 m	2~10mm	圆周速度 v	120m/s
载荷系数 K	≤3.0kN/mm	加工精度（GB/T 10095.1）	6~7 级

（4）深层可控离子渗氮新工艺——三段渗氮工艺　　深层可控离子渗氮新工艺仅用 60~70h，

就可使渗氮层达0.8~1.2mm，表面获得以γ′相为主单相的化合物层组织，而不需磨掉白亮层。

深层可控离子渗氮新工艺——三段渗氮工艺及其应用见表7-62。

表7-62 深层可控离子渗氮新工艺——三段渗氮工艺及其应用

项目	内　　容
三段渗氮工艺	1）第一阶段强渗，温度520~530℃，时间12~15h，尽可能在短的时间内施以较高的氮势，以获得较大的氮浓度梯度 2）第二阶段扩散，需加强氮原子在钢内部的扩散，温度稍高一些，570~580℃，时间40h左右 3）第三阶段补渗，经扩散之后在表层0.3mm深度范围内，显微硬度有不同程度的下降，为此采用与第一阶段强渗基本相同的工艺进行补渗，以提高渗层硬化效果 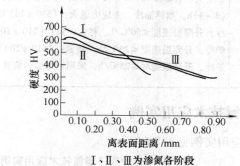
检验结果	1）表面获得以γ′相为主或单相的化合物层组织，其他检验结果： 试样材料 / 表面硬度HV5 / 渗层深度/mm / 白亮层深度/μm / 脆性级别/级 2）三段渗氮过程中各阶段完成后的显微硬度梯度情况如下图所示

（检验结果 1）表）

试样材料	表面硬度 HV5	渗层深度/mm	白亮层深度/μm	脆性级别/级
25Cr2MoV 钢	600~700	0.95	24	I
42CrMo 钢	566~593	1.0	19	I
40CrNiMo 钢	524~558	0.95	22	I

I、II、III为渗氮各阶段

项目	内　　容
齿轮深层离子渗氮设备及其应用范围	郑州机械研究所的计算机控制离子渗氮设备，主要是采用脉冲电源技术+计算机控制技术，针对齿圈、蜗杆和齿轮等进行设计开发的。可实现自动化精密测量和控制N_2、H_2，分解NH_3和C_3H_8，以满足工艺要求。其应用范围，涉及齿轮模数为2.5~10mm，精度5~7级，形状有直齿轮、斜齿轮、双圆弧齿轮、弧齿锥齿轮、内齿圈、非圆齿轮等

（5）齿轮的深层离子渗碳工艺应用实例（见表7-63）

表 7-63　齿轮的深层离子渗碳工艺应用实例

齿轮技术条件与设备	工　艺	检验结果
石油钻机齿轮(或齿圈)，工作条件为重负荷，25Cr2MoVA 钢，要求渗氮深度≥0.70mm 采用 LD-150A 型离子渗氮炉	在快速深层离子渗氮保温阶段的工艺参数：温度 520℃、电流 35A、电压 650V。经不同时间快速深层离子渗氮后的渗层深度、表面硬度见下表，为了进行对比，下表中还列入了常规离子渗氮的所得数据 见下表	经装车使用 1 年多检验，齿轮完好无损，故齿轮经深层离子渗氮处理可代替渗碳热处理。快速深层离子渗氮渗速为常规离子渗氮渗速的 1 倍以上，缩短工艺周期 50% 以上

零件名称	渗氮时间/h	硬度 HV	渗层深度/mm
内齿圈	30	798	0.75 ~ 0.80
外齿圈	30	696	0.75 ~ 0.80
外齿圈	20	771	0.90 ~ 1.00
外齿圈	22	885	0.68
锥齿轮	27	635	0.80 ~ 0.85
锥齿轮[①]	60	633	0.72

① 为常规离子渗氮。

齿轮技术条件与设备	工　艺	检验结果
大型矿车减速器内齿圈，左端模数 11.7mm，右端模数 8.7mm，40CrNiMo 钢，技术要求：调质硬度 280 ~ 310HBW；渗氮层深 0.3 ~ 0.5mm，白亮层深 < 0.01mm，表面硬度 53.5HRC	 正火：(880 ± 10)℃ × (3 ~ 4)h，空冷。调质：(850 ± 10)℃ × (3 ~ 4)h，水淬油冷。去应力退火：(530 ± 10)℃ × (3 ~ 4)h，炉冷，升降温速度≤50℃/h。稳定时效：(510 ± 10)℃ × (3 ~ 4)h，炉冷，升降温速度≤25℃/h。渗氮：(510 ± 10)℃ × (10 ~ 12)h，炉冷，升降温速度≤25℃/h，采用辅助加热装置	调质硬度 295 ~ 298HBW；去应力退火后内齿圈圆度误差 0.05mm；稳定时效后精度等级都小于 7 级；渗氮处理后，齿圈精度均满足要求。其他项目检验结果均满足技术要求

7.4.8　齿轮离子渗氮技术应用实例

齿轮离子渗氮技术应用实例见表 7-64。

表 7-64　齿轮离子渗氮技术应用实例

齿轮技术条件与设备	工　艺	检验结果
汽车泵齿轮，外形尺寸为 φ63mm × 37mm，42CrMo 钢，技术要求：渗氮后表面硬度≥650HV1，渗氮层深度≥0.5mm 采用 LD3-100A 型辉光离子氮化炉渗氮	1) 调质。淬火加热 (840 ± 10)℃ × 15min、L - AN15 全耗损系统用油淬火；回火温度 580℃ × 2h 2) 离子渗氮。渗氮气氛采用 600℃ 热分解氨，炉内压力控制在 600 ~ 800Pa，电压控制在 550 ~ 750V。离子渗氮工艺为 (480 ~ 500)℃ × 30h	调质硬度 31 ~ 34HRC；渗氮后表面硬度 670 ~ 728HV1，渗氮层深度 0.55 ~ 0.6mm

（续）

齿轮技术条件与设备	工　　艺	检验结果
渐开线圆柱齿轮，模数 5mm，齿数 35，精度 7~8 级，SCM435 钢（相当于 35CrMo 钢），要求渗氮处理 采用 LD-50 型离子渗氮炉	1）渗氮气氛。采用纯度为体积分数 99.99% 的 N_2、H_2 混合气（$N_2:H_2=1:9$） 2）离子渗氮工艺。520℃×30h	可获得具有 γ′单相化合物层、较宽的无脉网状组织区，表层硬度 681HV0.1、有效硬化层深度 0.29mm。总渗层深度 0.70mm。可减小齿轮热处理畸变，齿轮精度不变
机床齿轮，模数 3mm，38CrMoAl 钢，要求渗氮层深度 0.25~0.40mm	离子渗氮工艺流程：（530~550）℃×（18~20）h，热分解氨→炉冷至 150℃ 以下出炉	检验结果符合技术要求
大型重载高速精密齿轮，20CrNi3Mn2Al 时效硬化钢，渗氮层深度 >0.7mm	1）毛坯预备热处理。经（850~900）℃×3h 空冷固溶处理，硬度为 283~332HBW，可直接进行切削加工，省去常规调质工序 2）深层离子渗氮。（520~540）℃×50h	化合物层以单相 γ′为主，化合物层厚度 <5μm，表面下 0.1mm 处硬度 >900HV，0.4mm 处硬度 600HV，渗氮层深 >0.7mm，基体硬度为 400~450HV
行星大齿圈，外径 φ1225mm，内径 φ990mm，宽度 205mm，42CrMo 钢，技术要求：调质后齿面硬度 262~292HBW；渗氮层深 ≥0.5mm，表面硬度 ≥600HV	常规气体渗氮后，在使用中齿面出现点蚀和剥落。对此，采用离子渗氮工艺，离子渗氮温度 500~560℃	硬化层深 0.5~0.6mm；化合物层厚度 15μm；表面硬度 600~700HV；心部硬度 220~290HBW；表面脆性级别 Ⅰ 级
195 型拖拉机齿轮，采用球墨铸铁制造，要求离子渗氮处理	离子渗氮工艺。离子渗氮温度 540~550℃，处理时间 6~8h。电压 750~850V，电流 25A，氨气压力 133~266Pa，真空度 13.3Pa	齿轮硬化层深度 0.2mm，渗氮后内孔尺寸基本不变，不需要再磨削内孔。使用试验表明齿轮耐磨性较好
轿车发动机曲轴平衡箱齿轮，小模数 1.5mm，27MnCr5 钢，技术要求：齿轮形状和渗氮质量要求如右图所示。渗氮后齿顶硬度 >600HV1，在距齿底 2.5mm 处的白亮层深度为 3~10μm，距齿底 1.5mm 处硬化层深度 EC_{400} > 0.1mm（EC_{400} 为表层下硬度为 400HV1 处距离表面的连续硬化层深度）	1）采用 LDMC-150ZF 型全自动带辅助加热离子脉冲渗氮炉。每炉装炉量约 750 件 2）离子渗氮工艺。渗氮温度 535℃×240min，压力 100Pa，电压 810V，电流 60A 	齿顶硬度 632~686HV1；EC_{400} = 0.127mm；2.5mm 处白亮层深度 5.6μm。很好地解决了齿轮根部小间隙处的渗氮问题

7.4.9　活性屏离子渗氮技术

活性屏离子渗氮技术、设备及其应用见表 7-65，供齿轮渗氮时参考。

表 7-65　活性屏离子渗氮技术、设备及其应用

项目	内　　容
活性屏离子渗氮技术（简称 ASPN）与特点	其是在普通的离子渗氮炉内安装了一个铁制的笼子（被称为活性屏），被处理的工件罩在笼子内，将原本接在工件上的直流负高压接在笼子上，笼子产生辉光放电，被处理的工件则处于电悬浮状态或接 -200 ~ -100V 的直流负偏压
	特点：具有渗氮层均匀、渗氮周期短、节省能源、提高生产效率等优点，比常规水冷式离子渗氮炉可节电 25% 以上；并解决了常规离子渗氮技术中存在的一些技术难题
活性屏离子渗氮装置	图 7-18 所示为 ASPN 装置的示意图。该设备的笼子尺寸为 ϕ1300mm × 1500mm，工作台直径为 ϕ1200mm。这套装置采用了保温式的炉体、双测温控温系统、炉内压力双闭环自动控制系统、框式炉体升降移动系统、快速充氮冷却系统等多项技术
	在渗氮处理过程中笼子主要作用：一是在离子的轰击下笼子被加热，通过热辐射将工件加热到渗氮的温度，即起到一个加热源的作用；二是笼子上溅射下来的一些纳米尺度的粒子沉积在待渗工件的表面，释放出来活性氮原子对工件进行渗氮，即溅射粒子起到渗氮载体的作用。由于在活性屏离子渗氮处理过程中，离子轰击的是笼子，而不是直接轰击工件的表面，所以解决了常规离子渗氮技术中存在的一些技术难题
ASPN 设备与常规离子渗氮炉工艺比较	1）为了比较活性屏离子渗氮设备与常规的离子炉渗氮效果，分别在保温式活性屏离子渗氮炉和 LDMC-100F 型常规水冷式离子渗氮炉内摆放了 8 个 42CrMo 钢内齿圈，齿圈外形尺寸为 ϕ500mm × 500mm，每个齿圈重约 70kg，在 8 个大齿圈的不同部位摆放了 11 个 42CrMo 钢试样，摆放的位置如图 7-19 所示。图 7-20 和图 7-21 所示分别为这两个炉子渗氮处理后的位置上试样的表面硬度和渗氮层深度的分布
	2）试验结果表明，用保温式 ASPN 设备处理的试样表面硬度和渗层深度的均匀性均好于水冷式离子渗氮炉，这说明保温式 ASPN 炉内工件的温度均匀性优于水冷式离子渗氮炉。同时，也可以看出 ASPN 设备处理的试样硬度与渗层深度均高于或厚于常规水冷式离子渗氮炉

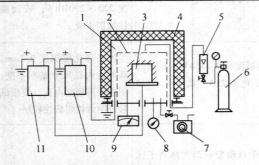

图 7-18　活性屏离子渗氮装置示意图
1—真空室　2—活性屏　3—工件　4—保温层
5—流量计　6—气体　7—真空泵　8—真空计
9—温控仪　10—主电源　11—偏压电源

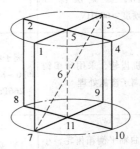

图 7-19　试样摆放位置示意图

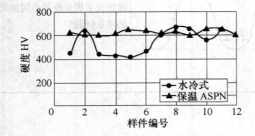

图 7-20　渗层的表面硬度

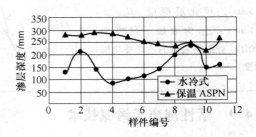

图 7-21　渗层的厚度

7.4.10　齿轮的低真空变压快速化学热处理技术

1. 低真空变压热处理技术（包括 WLV-Ⅰ 型设备）

它是在真空度为 $(1\sim2)\times10^4$ Pa 的低真空下，通入中性气体（N_2）自动换气 $2\sim3$ 次，再注入适量有机体或渗入介质，通过变（炉内）压（力）工艺去除炉内残余氧和水分，随后通入工作气体进行真空低压快速渗氮或氮碳共渗。在加热下的变压抽气不但对钢件表面有脱气和净化作用，提高了工件表面活性和对所渗元素的吸附能力，而且在炉内低真空状态下，气体分子的平均自由程增加，扩散速度加快，提高渗速 15% 以上。

配制的抽真空装置可迅速抽出炉内的空气及老化气氛，换气时间比常规缩短 60% 以上。

由于排气阶段借助于抽真空系统，且在共渗处理过程中气体渗剂为间断通入（每一变压周期，供气时间所占比例约为 60%），可大幅度降低工艺材料（如 NH_3）消耗，与常规炉相比，可节约工艺材料 30% 左右。

2. 技术特点

低真空变压快速渗氮（氮碳共渗）工艺（包括设备）可大幅度缩短渗氮过程的换气、保温、降温等时间，减少了渗剂消耗，节能达 30% 以上。

3. 应用实例

（1）38CrMoAl 钢主驱动齿轮低真空变压快速气体渗氮工艺（见表 7-66）。

表 7-66　主驱动齿轮低真空变压快速气体渗氮工艺应用实例

齿轮名称	摩托车主驱动齿轮
技术条件	38CrMoAl 钢，技术要求：渗氮层深度 $0.38\sim0.50$ mm，表层硬度 ≥90.5HR15N，表面脆性级别 ≤Ⅱ 级，公法线偏差 <30μm；齿形齿向偏差 ≤30μm
设备	WLV-75 Ⅰ 型低真空变压多用炉，设备额定功率 75kW，额定温度 700℃，工作区尺寸 ϕ800mm × 1200mm，最大装炉量 1200kg，极限真空度 −0.08MPa，炉温均匀性 ±3℃
加工流程	下料→锻造→正火→粗车→调质→精车→滚齿→剃齿→渗氮→精加工
渗氮工艺流程	清洗→烘干→装炉→预氧化→排气→渗氮→降温→换气→出炉

工　艺　参　数												
预氧化		渗　　氮							满载（降温）			
温度 /℃	时间 /h	温度 /℃	时间 /h	NH_3 流量 /（L/h）		真空压力 /MPa		上压保持时间 /s	每周期供气时间 /min	温度 /℃	时间 /h	炉压 /MPa	NH_3 流量 /L·h⁻¹
				前 16h	后 12h	上限	下限						
380	1.0	540±5	28.0	>2.2	>1.80	+0.02	−0.07	>28	4.0~5.0	<180	<5.0	+0.01	<0.5

齿轮渗氮工艺曲线	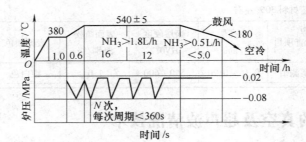

（续）

工 艺 参 数						

| 检验结果 | 各批齿轮渗氮检验结果见下表，各项检测项目均满足技术要求。该工艺处理时间28h，而采用普通气体渗氮工艺，渗氮层深度≥0.40mm时则需要70h，故可缩短时间60%，相应节省能源30%以上，减少氨气消耗约30% | | | | | |

检查项目	渗层 /mm	表层硬度 HR15N	表面脆性 级别/级	表面颜色	畸变量	
					公法线/μm	齿形齿向/μm
实测值	0.40 ~ 0.42	91 ~ 92.5	≤ I	银白色	< 20	< 30

（2）40Cr钢主驱动齿轮低真空变压快速氮碳共渗工艺（见表7-67）。

表7-67　主驱动齿轮低真空变压快速氮碳共渗工艺应用实例

齿轮名称	摩托车主驱动齿轮
技术条件	40Cr钢，技术要求：白亮层深度≥10μm，表层硬度≥450HV0.3，表面疏松级别≤2级；公法线变形<30μm，齿形齿向变形≤30μm
设备	采用WLV-45 I型低真空变压表面处理多用炉，设备额定功率为45kW，装炉量400kg
加工流程	下料→锻造→正火→粗车→调质（24～28HRC）→精车→滚齿→剃齿→氮碳共渗→精加工
渗氮工艺流程	清洗→烘干→装炉→预氧化→排气→氮碳共渗→鼓风降温→换气→出炉

工 艺 参 数											

预氧化		渗 氮							满载（降温）		
温度 /℃	时间 /h	温度 /℃	时间 /h	NH₃ 流量 /（L/h）		真空压力 /MPa		上压保 持时间 /s	每周期供 气时间 /min	温度 /℃	时间 /h	炉压 /MPa	NH₃ 流量 /L·h⁻¹
				NH_3	CO_2	上限	下限						
350	1.0	570±10	5.0	>1.80	<0.50	+0.02	-0.07	>30	2.5 ~ 3.0	<150	<3.0	+0.01	<0.3

齿轮气体氮碳 共渗工艺曲线	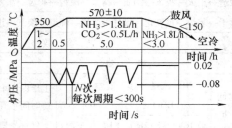

| 检验结果 | 批量齿轮氮碳共渗检验结果如下表所示，各项检测项目均满足技术要求。经5h低真空变压氮碳共渗，而常规气体氮碳共渗则需8h。大幅度降低工艺材料（如NH₃、CO₂等）消耗，与常规炉相比，可节约工艺材料30%左右 | | | | | |

检查项目	白亮层 /mm	表层硬度 HV0.3	表面疏松 级别/级	表面颜色	畸变	
					公法线/μm	齿形齿向/μm
实测值	0.15 ~ 0.20	550 ~ 600	1.0	银白色	< 25	< 30

7.5　齿轮的真空及超声波清洗技术

精密齿轮采用真空及超声波清洗技术，可获得清洁的齿轮表面，满足精密齿轮高的热处理质量要求。同时，部分齿轮（如航空发动机、轿车变速器及发动机齿轮）在装配过程中，也要求高的清洗质量。

先进的齿轮超声波与真空清洗技术实例见表 7-68。

表 7-68　先进的齿轮超声波与真空清洗技术实例

技术名称	特　点	设备、工艺流程	应　用
超声波清洗技术	超声波清洗技术是一种高效、环保表面清洗技术。超声波清洗介质采用化学溶剂和水基清洗剂，清洗介质的化学作用可加速超声波清洗效果，超声波清洗是物理作用，两种作用相结合，可达到充分、彻底的清洗	1）超声波清洗设备主要由清洗槽、换能器、电源、控制机构、传动机构等组成 　　2）一般工艺流程：超声波清洗→超声波漂洗→喷淋漂洗→烘干等工序	目前应用已相当成熟、广泛，发达国家已超过 90% 的相关企业采用此项技术。如 TEA-7096T 型全自动超声波清洗系统，可用于飞机发动机等精密齿轮等零件的清洗。又如 TSQX 型汽车摩托车齿轮等零件专用超声波清洗机
真空溶剂清洗技术	因采用碳氢化合物溶剂作为清洗剂，具有高效、稳定的清洗能力和极佳的清洗效果，更加节能环保，设备安全性好，生产效率高	清洗工艺流程：装入工件→抽真空→预洗喷淋→快速蒸汽清洗→循环喷淋→真空干燥→取出工件	如 VCH 型真空溶剂清洗机，特别适合于需要真空热处理、渗氮及表面涂层等对于高端清洗有要求的工艺的零件。如汽车发动机零件、商用车变速器同步环套、轿车变速器零件及航空发动机齿轮等精密零件
真空水系清洗技术	真空水系清洗机不使用有机溶剂，故对环境无污染。并能够实施真空干燥，而且清洗温度较高，对渗碳淬火后需进行低温回火的零件可实现清洗、回火一并完成，属于清洁环保的清洗技术	真空水系清洗机是利用真空清洗和真空干燥的原理进行设计的，属于高级清洗设备	如 VCM 型真空水系清洗机，由于是（真空）减压清洗，对杯状或盲孔状零件清洗效果好。克服了浸泡、喷淋清洗方式清洗效果差的缺陷，可用于齿轮等零件的高级清洗

7.6　齿轮的先进计算机模拟与智能控制和精密热处理技术

在热处理全过程中每一环节都要做到有效控制，实现产品"零"缺陷，保证机械产品的精密、可靠、节能、环保和低成本。计算机模拟、智能化及软件技术摆脱依赖于经验的"技艺型"状态，向知识密集型的工程技术转化。应用热处理计算机辅助技术，进行计算机模拟和虚拟生产，以实现齿轮的热处理计算机智能化控制与生产。

1. 齿轮的先进计算机模拟与智能控制和精密热处理技术及其应用

齿轮的先进计算机模拟与智能控制和精密热处理技术及其应用见表 7-69。

表 7-69　齿轮的先进计算机模拟与智能控制和精密热处理技术及其应用

技术名称	内　容	应　用
热处理计算机模拟技术（HTCS）	它是在建立热处理工艺过程中温度、相变、应力/应变等多场量耦合数学模型基础上，发展基于有限元/有限体积/有限查分等的数值计算方法，开发相应模拟软件，进而通过高性能计算来获得工艺过程中各类场量演变过程的详细信息，实现温度场、应力场、浓度场、微观组织场、甚至性能场的精确预测	天津天海同步器厂和钢厂合作，采用计算机模拟技术准确地测量了各种零件在各种热处理条件下，根据零件结构的不同而选定的不同淬透性区间。齿圈等零件的心部硬度、平面度、圆度、M 值的合格率大幅度提高

（续）

技术名称	内　　容	应　　用
热处理计算机模拟技术（HTCS）	以计算机模拟为基础的热处理 CAD 技术：伴随计算机模拟技术、数据库和专家系统、计算传热学图形技术的发展，热处理工艺 CAD 和热处理设备 CAD 技术迅速发展，几乎伸向热处理技术的所有领域 应用计算传热数值模拟技术和热处理设备主要参数计算的数学模型以及元器件、材料等选择系统软件等，构成了热处理设备 CAD 技术	如工件淬火冷却过程 CAD 设计，热处理生产在线控制与质量管理的 CAD 技术，推杆式连续气体渗碳自动线渗碳工艺 CAD 设计及控制系统，热处理电炉 CAD 技术等
智能热处理技术	它是通过使用数学建模（数值模拟）、物理模拟、实验测试相结合的方法，在准确预测材料组织性能变化规律的基础上优化热处理生产工艺的多学科交叉集成技术。智能热处理基本要素包括热处理工艺的设计与优化、热处理装备的设计与优化、热处理工艺过程的智能控制，其核心技术是热处理计算机数值模拟	例如耦合电磁场的齿轮感应热处理模拟技术
以计算机模拟为基础的气体渗碳（渗氮）智能控制技术	1）用计算机模拟最优气体渗碳工艺，不仅是为了获得理想的渗层碳浓度分布，而且是为了加快渗碳速度，减小能耗 2）国内外几种知名的碳势控制系统或商品化软件都具有计算渗层碳浓度分布的功能。在数学模型中包括了渗碳温度、炉气碳势、扩散系数、活度系数和传递系数等参数，能考虑钢的成分和炉气成分等因素的影响，预测渗层浓度分布曲线达到相当高的精确度 3）又发展了称为"动态控制"或"专家系统在线决策"的碳势控制技术。只要输入温度、钢的成分和要求的有效硬化层深度，即可由计算机自动控制整个渗碳过程，获得最佳的浓度分布曲线，重现性好，并明显节省电能和渗碳介质的消耗	1）上海交通大学开发的 SJTU-560 工业微机可控渗碳系统，重载齿轮深层渗碳计算机模拟控制系统，HT9800A 气体渗碳计算机控制系统等 2）上海交通大学与江苏丰东热技术股份有限公司合作开发出的采用智能控制技术的智能型密封多用炉自动生产线，已在浙江汽车齿轮厂运行 3000 炉次，质量全部合格
齿轮精密渗碳热处理技术	精密渗碳热处理技术： 1）控制精度要求。炉控温精度为 ±1℃，有效加热区的多点温度均匀度为 ±5℃，碳势控制精度为 ±0.05%，渗碳层深波动 ±0.1mm，在连续生产条件下，每年至少两次按 GB/T 9452 进行炉温均匀性和有效加热区测量 2）质量在线控制。可利用精确灵敏的传感控制系统对热处理工件质量进行精确的在线控制，从而做到 100% 的合格率 1）渗碳精密控制系统：温度与碳势精密控制、集成式智能控制器、计算机渗碳专家系统软件 2）常规渗碳控制和渗碳精密控制的性能参数比较： 表格见下	1）渗碳工艺。以 17CrNiMo6 钢为例，不同控制系统渗碳工艺对比见表 7-70。可见精密控制比常规控制渗碳工艺周期平均缩短了 20% 2）渗碳工件质量。不同控制技术渗碳工件处理质量对比见表 7-71。可以看出精密控制比常规控制渗碳产品的渗层和表面硬度偏差小，金相组织优良，且工艺质量重现性很好

参　数　项　目	常规控制	精密控制
控温精度/℃	±2	±0.5
炉温稳定度/℃	±5	±1
工作区温度均匀度/℃	±10	±5
碳势 $w(C)$ 控制精度（%）	±0.05	±0.01
碳势 $w(C)$ 稳定度（%）	±0.1	±0.04

表 7-70　不同控制系统 17CrNiMo6 钢渗碳工艺对比

参数项目		精密控制	常规控制	比　　较
渗碳温度/℃		930	920	高 10
强渗碳势 $w(C)$(%)		智能	1.1	智能确定
扩散碳势 $w(C)$(%)		0.75	0.75	相同
渗层深度 /mm	2	15h00min	19h	79%
	3	31h37min	40h	79%
	4	54h16min	68h	80%
	5	82h57min	104h	80%
	6	117h37min	148h	79%

表 7-71　不同控制技术渗碳工件处理质量对比

项　　目	精密控制	常规控制	项　　目	精密控制	常规控制
渗碳层深度偏差(%)	5	≥10	残留奥氏体/级	≤2	2 ~ 4
渗碳层表面硬度偏差 HRC	≤1.5	3 ~ 4	马氏体/级	≤2	3 ~ 5
碳化物/级	≤2	3 ~ 5	铁素体/级	≤2	3 ~ 4

2. 齿轮的计算机热处理技术应用

（1）渗碳过程专家系统（如 Carb-O-Prfo-Expert 系统）　它主要由专家系统软件、数据输入系统、数据库（材料数据、炉子数据、热处理数据、淬火数据）、计算机处理系统、程序设置系统等组成。

在渗碳炉装入零件后，输入以下数据：钢种、化学成分（含量）、零件质量、零件几何尺寸、淬冷烈度 H 值、炉子类型、渗碳淬火有效硬化层深度设定值、淬火模式等。这样系统就可自动地生成一个完整的渗碳和淬火工艺，该系统即所谓的渗碳过程专家系统（Carb-O-Prfo-Expert 系统），其软件的结构如图 7-22 所示。

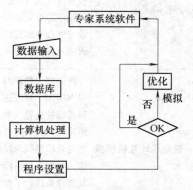

图 7-22　渗碳过程专家系统的软件结构图

（2）齿轮的计算机热处理技术应用实例（见表 7-72）

表 7-72　齿轮的计算机热处理技术应用实例

技术名称	技 术 特 点	技术指标与应用
德国 PMA KS Carbon——气氛炉在线碳势控制专家	采用先进的扩散及控制计算方法，可实时精确地计算出碳在钢材中的扩散分布，并自动调整碳势、炉温、强渗时间以及扩散时间，从而迅速高效地完成渗碳或碳氮共渗处理	温控精度为 ±1℃；碳势控制精度为 ±0.02%；渗层深度为 0.1 ~ 5mm；层深精度为 ±0.05mm。可用于可控气氛渗碳炉、多用炉、连续式炉、渗氮炉、真空渗氮炉等

（续）

技术名称	技 术 特 点	技术指标与应用
美国赛科/沃克（SECO/WARWICK）Fine Carb™——低压真空渗碳高压气淬控制专家系统	1）根据产品形状，调配不同成分的渗碳气体（乙烯和乙炔）混合气，大大改善齿轮的渗碳效果，根据气体输入量及渗碳阶段，脉冲控制渗碳气体流量，不仅避免产品表面产生炭黑，而且节省了渗碳气体的消耗 2）渗碳阶段将氮气冲入渗碳气氛，抑制工件的晶粒长大，提高渗碳温度，缩短周期30% ~ 40% 3）不需清洗（不产生煤烟、树脂、焦油等碳氢化合物），齿轮渗层深均匀，产品性能稳定，重复性好	1）SECO/WARWICK 公司研发的 Fine Carb™。该专家系统自动选择工艺参数，不仅控制炉内气氛、碳势，而且可以自动选择炉内最佳参数，精确高速地控制高压气淬阶段冷却工艺，是一种综合计算机软件系统 2）可确保齿轮在 800 ~ 1100℃、50 ~ 1000Pa 条件下进行精确渗碳 3）FineCard™ 广泛用于飞行控制设备中的齿轮等及其他高合金钢或特殊钢部件的精确渗碳处理
德国 STANGE 渗氮专家系统	德国 STANGE 渗氮专家系统由氢探头、渗氮指数模块、渗氮层深模块等组成。通过氢探头直接在线检测炉内氢含量，同时由专门的功能模块计算出氮势，通过 MFC 精确控制 NH_3 的流量，使整个渗氮工艺过程得到精确控制，实现全自动化	1）可用于渗氮齿轮钢如 42CrMo、40CrNiMo、25Cr2MoV（31CrMoV9） 2）已在南京高精齿轮集团、比利时汉森机械传动有限公司，德国 Carl Gommann 有限公司的渗氮中应用
法国 ECM 公司 Infracarb 工艺软件——脉冲渗碳工艺	工艺的编制过程只需在 Infacarb 工艺软件中输入渗碳工件特性（工件材料、渗碳温度、渗碳层深度、表面碳浓度等），即可通过模拟程序，计算出要求的各段渗碳工艺时间及碳浓度曲线，模拟精度可达 ±5%。按照要求输入到计算机，启动程序即可完成整个渗碳过程，获得要求的表面碳浓度和渗碳层深度；或者完成渗碳后降温并淬火的过程，获得要求的硬化层和心部高强韧性	1）与传统的可控渗碳工艺方式不同，低压真空渗碳采用渗碳气氛和采用中性扩散气氛是以脉冲方式交替进行的，脉冲循环时间根据渗碳要求由 Infacarb 工艺软件计算确定 2）该工艺使表面碳浓度梯度分布与模拟曲线基本吻合。经过渗碳淬火的零件表面为金属原色，无任何氧化现象，渗层内无内氧化现象发生，组织细小而均匀。该工艺显著缩短渗碳周期
热处理计算机模拟技术	陕西理工学院与中信重工股份公司齿轮箱厂，以 MGF355 型减速器的传动部件——N1908-1 型斜齿圆柱齿轮（模数 28mm，20CrNi2MoA 钢，齿面渗碳淬火硬度要求 56 ~ 60HRC）为例，采用实测与数值模拟来预测和控制热处理偏差的具体方法，对单个轮齿淬火过程中温度及应力-畸变间的复合现象进行了模拟，对其淬火过程进行瞬态热分析，获得温度场随时间的分布，然后进行热力耦合分析。计算机仿真得到的数据与实测数据基本一致，反映了大模数齿轮的淬火畸变规律	1）图 7-23 所示为 N1908-1 型斜齿圆柱齿轮二次加热淬火、回火工艺曲线。淬火使用 L - AN32 全损耗系统用油 2）表 7-73 所列为分度圆齿厚增量、内孔及齿顶径向增量范围对比，从表 7-73 可以看出，仿真计算的结果与实测数值基本一致

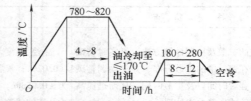

图 7-23　N1908-1 型斜齿圆柱齿轮二次加热淬火、回火工艺曲线

表 7-73　分度圆齿厚增量、内孔及齿顶径向增量范围对比　　（单位：mm）

数据来源	内孔增量	齿顶圆增量	内孔至齿顶圆高度增量	分度圆齿厚增量
模拟数据	3.8~4.4	3.6~4.2	−0.17~−0.1	0.01~0.05
实测数据	2.4~8.2	1.1~8.3	−1.65~0.4	0.06~0.11

7.7　齿轮的其他先进热处理技术

7.7.1　一种全新的 HybridCarb 渗碳方法

将工艺气体催化再生后，再送回热处理炉中，渗碳淬火炉的工艺气体消耗量可节省高达90%，这种渗碳方法即工艺气体消耗近于零的气体渗碳法——HybirdCarb，现已应用于实际热处理生产。

1. 常规气体渗碳方法缺点

常规气体渗碳方法应称为换气渗碳，也就是说这种方法要向炉内不断通入一定量的保护气氛，再从排气口排出烧掉。这种方法的缺点：一是保护气氛燃烧导致的热损耗大；二是排气口烧掉的气氛要通入新的保护气补充。

连续换气的载体气一般从炉子的淬火室排除烧掉，这就导致碳的利用率极低。比如由载体气和富化气通入炉内的碳为100g，而实际渗入工件表面的碳只有2g，即2%，也就是说98%的碳流经炉子最后在排气口白白地烧掉了。

2. 一种全新的渗碳方法——HybridCarb 渗碳法

1）Ipsen 公司研发的新的渗碳方法，其工艺特点之一是，保护气氛不会以废气的形式烧掉，而是由气氛循环系统将废气经过一个中间调节室（准备室），低碳势气氛在这里通过添加极少量富化气（如天然气）使碳势升高到所需值（降低碳势采用加入空气的方式），再送回加热室内供渗碳使用，如图 7-24 所示。

2）工业应用及其效果。图 7-25 所示为 RTQ-17 型多用炉和再生单元实例。典型的 RTQ-17 型多用炉的装料实例为装炉量 2t，渗碳层深度 2.5mm。

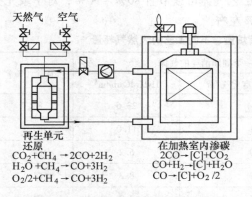

再生单元
还原
$CO_2+CH_4 \rightarrow 2CO+2H_2$
$H_2O+CH_4 \rightarrow CO+3H_2$
$O_2/2+CH_4 \rightarrow CO+3H_2$

在加热室内渗碳
$2CO \rightarrow [C]+CO_2$
$CO+H_2 \rightarrow [C]+H_2O$
$CO \rightarrow [C]+O_2/2$

图 7-24　再生单元与渗碳炉连接简图　　　图 7-25　与 RTQ-17 炉相连的再生单元

图 7-26 所示为 RTQ-17 型多用炉的工艺曲线，其温度、碳势及 CO 值与常规的吸热式气氛渗碳无差异。32.5h 的工艺周期对 2.5mm 的渗层来说也在正常范围内。

可以看出，尽管在整个工艺过程中长时间没有烧掉的排气，但所处理的工件却无大的差异。

在 32.5h 的处理周期中，其中 29h 无排气，也就是说 89% 的时间内气氛再生系统都在工作，从而节省了大量的气体。

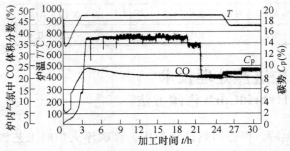

图 7-26　2t 的炉料及 2.5mm 渗层深度打印出的工艺曲线

同时，渗碳结果如表面碳含量、碳浓度梯度、渗碳层深度、有效硬化层深度、表面硬度以及显微组织都与设定值相同。

再生系统最大的优点是省气。在整个 32.5h 的工艺过程中仅消耗了 19.76m³ 天然气来用于排气阶段的载体气制备以及再生阶段维持炉压；此外消耗了 3.9m³ 天然气来作为富化气用于炉内碳势控制，这样整个工艺周期共消耗了 23.66m³ 的天然气，见表 7-74。

表 7-74　渗层深 2.5mm 采用再生法所消耗的天然气

工艺时间/h	再生室消耗量/m³	炉子消耗量/m³	总消耗量/m³
32.5	19.76	3.9	23.66

若采用吸热式气氛，则载体气消耗约 18.8m³/h，32.5h 共消耗 611m³ 的吸热式气氛。制备这些吸热式气氛以及富化气的消耗总共约 154.4m³ 的天然气，也就是说相当于再生法耗量的 6 倍，或者说对这种渗层的渗碳周期，再生法可节约 84.7% 的工艺气体。

表 7-75 汇总了不同装炉量、不同硬化层深度的渗碳及光亮淬火工艺的气体消耗数据。从表 7-75 中可以看出，与吸热式气氛相比，对渗碳来说工艺气体可以节省 80%~90%；对于象光亮淬火这样极短的热处理周期，工艺气体也可节省 75% 左右。

表 7-75　在 TQ/RTQ-17 型炉中不同装炉量、不同工艺的天然气耗量

工艺	硬化层深度 /mm	装炉量 /kg	处理时间 /h	一个周期消耗的气体		节省（%）
				吸热式气体和富化气/m³	HybirdCarb/m³	
渗碳	2.5	2000	32.5	154.4	23.6	84.7
渗碳	1.7	1500	18.7	89.1	11.0	87.7
渗碳	1.0	450	9.5	52.0	6.2	88.1
渗碳	0.7	1850	9.1	43.9	8.3	81.1
淬火	—	615	2.3	10.5	2.7	74.3
淬火	—	1000	3.1	14.6	3.4	76.7

7.7.2　齿轮的微波热处理技术

美国 Dana Corp 公司开创了 Atmoplsa 微波大气等离子加工技术，在大气下引发和保持气体的

等离子状态，高度吸收微波能（达 95%）后使等离子体在数秒钟内达到 1200℃ 高温。与常规工艺相比可大大缩短工艺过程，甚至优于低压渗碳（见表 7-76）。图 7-27 所示为金属零件热处理和涂敷用微波大气等离子加工系统示意图。

Atmoplsa 技术可使热处理工艺实现快速加热、更精确控制加热和达到更高温度，从而缩短工艺周期和减少能耗，比电热辐射可降低 30% 的成本。由美国 Dana Corp 公司德国 ALD 公司合作开发已商品化的微波渗碳技术，该技术还可以控制残留奥氏体量和获得细晶粒组织。用 AISI 8620 钢（相当于 20CrNiMo 钢）齿轮进行的渗碳试验表明，微波渗碳的周期和渗层深度都比真空渗碳的效果好（见表 7-76）。

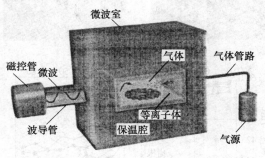

图 7-27　金属零件热处理和涂敷用微波大气等离子加工系统示意图

（1）微波渗碳工艺过程　如把齿轮装入加工室中，通入氩气，用特殊方法激发等离子，温度迅速升高。当齿轮温度达到 930℃ 时，向加工室内通入乙炔气体（作为供碳源）。调节微波功率，使温度保持在固定水准。乙炔在等离子体内易裂解，调整乙炔量、微波能量和维持等离子体的容器尺寸可使在一定体积内的沉积碳量得到精确控制。将渗碳温度提高到 980℃ 可进一步加速渗碳，缩短渗碳周期。齿轮经规定时间渗碳处理后，进行淬火和回火。

（2）微波渗碳与传统气体渗碳及真空渗碳的结果比较　AISI 8620 钢齿轮渗碳结果比较见表 7-76。通过表 7-76 可知，同传统气体渗碳相比，在渗碳层深度增加 20% 的情况下，渗碳时间仍可缩短 20% 以上；同真空渗碳工艺相比，在渗碳时间接近相同情况下，渗碳层深度仍可以增加 20%，降低生产成本 30% 以上。因此，微波渗碳技术节能效果显著。

表 7-76　AISI 8620 钢齿轮渗碳结果比较

工艺	传统气体渗碳	真空渗碳	微波渗碳
总渗碳时间	142min 强渗 + 110min 扩散 + 20min 降温	渗碳段时间 205min	112min 强渗 + 80min 扩散 + 20min 降温
有效硬化层深度	~0.9mm	~0.9mm	~1.14mm
金相组织（残留奥氏体）（体积分数）			
齿角金相组织	15% ~30%	10% ~15%	5% ~20%
齿面金相组织	10% ~20%	5% ~15%	5% ~20%
ASTME112—1996 晶粒等级（比较法）/级			
渗层	8~10（22.5~11.2μm）	8~9（22.5~15.9μm）	10~12（11.2~5.6μm）
心部	8~9（22.5~15.9μm）	9~10（15.9~11.2μm）	10~12（11.2~5.6μm）

图 7-28 所示为 AISI8620 钢齿轮普通气体渗碳（930℃ ×272min）和 Atmoplsa 渗碳（212min）结果的比较。

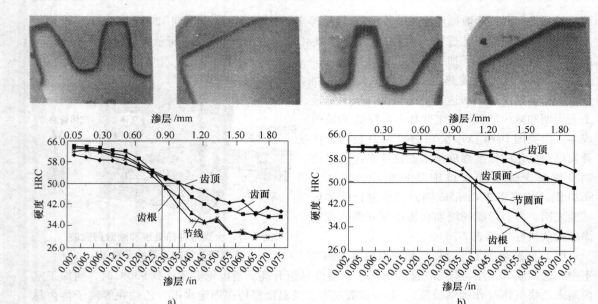

图 7-28 AISI8620 钢齿轮渗碳结果比较

a）普通气体渗碳（930℃×272min）　　b）Atmoplsa 渗碳（212min）

注：1in=25.4mm。

第8章　齿轮热处理质量控制与检验

8.1　齿轮热处理质量控制要求

要获得高质量的齿轮产品，从热处理方面应认真执行 JB/T 10175—2008《热处理质量控制要求》的规定，从人员、设备、工艺材料、工艺等方面加以控制。同时，参考表 8-1 所列标准的规定。

表 8-1　齿轮热处理工艺及其质量控制标准

序号	标准编号	标 准 名 称
1	JB/T 6077—1992	齿轮调质工艺及质量控制
2	JB/T 9173—1999	齿轮碳氮共渗工艺及其质量控制
3	JB/T 7516—1994	齿轮气体渗碳热处理工艺及其质量控制
4	JB/T 5078—1991	高速齿轮材料选择及热处理质量控制的一般规定
5	JB/T 9172—1999	齿轮渗氮、氮碳共渗工艺及质量控制
6	JB/T 9171—1999	齿轮火焰及感应淬火工艺及其质量控制

8.2　齿轮的材料热处理质量控制与疲劳强度等级

8.2.1　齿轮用钢冶金质量的检验项目及技术要求

齿轮原材料的冶金质量主要是保证材料的纯净度、均匀性及淬透性。具体指化学成分、低倍组织、非金属夹杂物、带状组织、晶粒度、纯净度及淬透性等。齿轮用钢冶金质量的检验项目及技术要求见表 8-2。

表 8-2　齿轮用钢冶金质量的检验项目及技术要求

项目名称	检 验 标 准		技 术 要 求							
疏松和偏析	GB/T 1979—2001《结构钢低倍组织缺陷评级图》		合金结构钢按 GB/T 3077—1999《合金结构钢》规定不得超过表中数字							
	缺 陷 名 称	级 数	钢种		一般疏松级别		中心疏松级别		锭型偏析	
	一般疏松级别和中心疏松级别	4 级	优质钢		3 级		3 级		3 级	
	一般点状偏析和边缘点状偏析 锭型偏析	4 级	高级优质钢		2 级		2 级		2 级	
非金属夹杂	GB/T 10561—2005《钢中非金属夹杂物含量的测定　标准评级图显微组织检验法》		A		B		C		D	
			细系	粗系	细系	粗系	细系	粗系	细系	粗系
			3.0	3.0	2.5	1.5	2.5	1.5	2.0	1.5
带状组织	GB/T 13299—1991《钢的显微组织评定方法》共 5 级		齿轮渗碳钢要求不大于 3 级							

（续）

项目名称	检 验 标 准	技 术 要 求
晶粒度	GB/T 6394—2002《金属平均晶粒度测定方法》	按 GB/T 3077—1999 要求钢的本质晶粒度不小于 5 级
淬透性	GB/T 5216—2004《保证淬透性结构钢》	根据用户产品要求，按 A、B、C、D 四种方法订货

8.2.2　齿轮材料热处理质量等级的选择

　　GB/T 3480.5—2008《直齿轮和斜齿轮承载能力计算　第 5 部分：材料的强度和质量》对齿轮用铸铁、调质钢、渗碳齿轮钢、渗氮齿轮钢、感应淬火齿轮钢材料及热处理质量项目及相应等级按齿轮的承载能力分为 ML（低级）、MQ（中级）、ME（高级）三个级别，其齿轮材料质量主要是对化学成分、毛坯力学性能、冶金方法、纯（净）度、淬透性、低倍组织、晶粒度等分别做出规定，见表 8-3。

表 8-3　齿轮材料的检验项目及质量等级

序号	检验项目	质 量 等 级		
		ML[1]	MQ[2]	ME[3]
1	化学成分	低级	中级	高级
2	毛坯力学性能	低级	中级	高级
3	冶炼方法	低级	中级	高级
4	淬透性	低级	中级	高级
5	低倍组织	低级	中级	高级
6	晶粒度	低级	中级	高级
7	纯（净）度	低级	中级	高级

①　ML 表示对齿轮加工过程中材料质量及热处理工艺的一般要求。
②　MQ 表示对有经验的制造者在一般成本下可以达到的等级。
③　ME 表示必须具有高可靠度制造过程控制才能达到的等级。

8.2.3　齿轮的材料热处理质量控制和疲劳强度

　　齿轮的选材和热处理工艺的设计应保证满足齿轮的疲劳强度与使用性能以及良好的加工性能要求。齿轮的疲劳强度与其材料冶金质量、显微组织、力学性能与表面状态等诸多因素有关，因此不同的齿轮材料与热处理质量控制水平将相应得到不同的齿轮疲劳强度等级。齿轮的材料热处理质量按齿轮不同的承载能力要求分为高、中及低三个级别进行控制与检验，分别用 ME、MQ 和 ML 表示。

　　1. 铸铁齿轮的材料热处理质量控制和疲劳强度

　　（1）铸铁齿轮的材料热处理质量控制　铸铁齿轮的材料热处理质量分级控制与检验项目及规定见表 8-4。

　　灰铸铁齿轮金相检验参考 GB/T 7216—2009《灰铸铁金相检验》的规定进行，球墨铸铁齿轮金相检验参考 GB/T 9441—2009《球墨铸铁金相检验》的规定进行。

表 8-4　铸铁齿轮材料（灰铸铁和球墨铸铁）

序号	项目	灰 铸 铁		球 墨 铸 铁	
		ML，MQ	ME	ML，MQ	ME
1	化学成分	不检验	100% 检验提交铸造合格证	不检验	100% 检验提交铸造合格证
2	冶炼	不规定	电炉或相当设备	不规定	电炉或相当设备
3	力学性能	只提供 HBW 值	R_m 值，针对同炉号独立的试样做检验报告	只提供 HBW 值	按 ISO 10474 的规定检验 R_{eL}（$R_{p0.2}$）、R_m、A、Z；由铸锭切割代表性试样，切割前同炉热处理；靠近实际轮齿部位检验 HBW
4	石墨形态	规定但不必检验	限制	不检验	限制
	基体组织	不规定（对于灰铸铁，铁素体的体积分数 = 5%）	铁素体的体积分数 = 5%	不规定	不规定
5	内部缩孔（裂纹）	不检验	检验气孔、裂纹、砂眼，限制缺陷	不检验	检验气孔、裂纹、砂眼，限制缺陷
6	消除应力	不规定	推荐(500~530)℃×2h，对灰口合金铸铁(530~560)℃×2h	不规定	推荐(500~560)℃×2h
7	补焊	在轮齿部位不允许补焊，其他部位只能在认可工艺下进行		在轮齿部位不允许补焊，其他部位只能在认可工艺下进行	
8	表面裂纹	不检验	供需双方同意时做着色检测	不检验	不允许有裂纹，100% 经磁粉检测或着色检测，大批量产品可抽样检查

（2）铸铁齿轮的疲劳强度等级　按表 8-4 进行分级质量控制的铸铁齿轮相应的接触疲劳强度与弯曲疲劳强度等级如图 8-1 和图 8-2 所示。

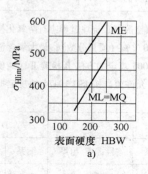
a)

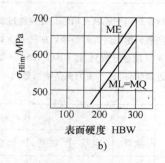
b)

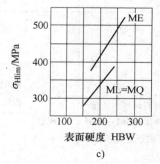
c)

图 8-1　铸铁齿轮的接触疲劳强度 σ_{Hlim}

a) 可锻铸铁　b) 球墨铸铁　c) 灰铸铁

注：当硬度 <180HBW 时，表明组织中存在较多的铁素体，不推荐作为齿轮材料

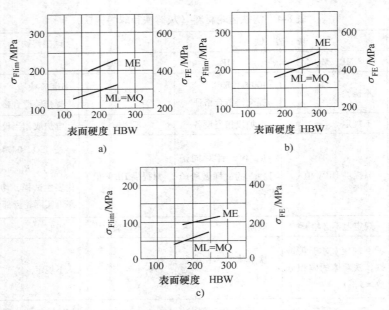

图 8-2　铸铁齿轮的弯曲疲劳强度 σ_{Flim} 和 σ_{FE}

a) 可锻铸铁　b) 球墨铸铁　c) 灰铸铁

注：当硬度 <180HBW 时，表明组织中存在较多的铁素体，不推荐作为齿轮材料。

2. 调质齿轮的材料热处理质量控制和疲劳强度

（1）调质齿轮的材料热处理质量控制　调质齿轮的材料热处理质量分级控制与检验项目及规定见表 8-5 和表 8-6。

表 8-5　非表面硬化调质齿轮钢（锻造或轧制）

序号	项目	ML	MQ	ME
1	化学成分[①②]	不检验	100% 跟踪原始锻件，按 ISO 10474 的规定提供检验报告	
2	热处理后力学性能	HBW 值	建议提供 HBW 值和力学性能或淬透性数据	按 ISO 10474 的规定对同炉号切割试样检验 R_{eL}（$R_{p0.2}$）、R_m、A 及 Z；试样同工件一同热处理，全部工件须检验表面硬度 HBW，也可按供需双方协议进行；关键截面实例列于 GB/T 3480.5—2008 中附录 A
3	材料纯度[③]（按 GB/T 10561—2005 的规定检验）	不规定	钢材在钢包中脱氧及精炼，并应经过真空脱气；浇注过程应有防氧化措施，经用户同意，钢在熔炼时最多可加钙 $15 \times 10^{-4}\%$（质量分数）；最大氧含量为 $25 \times 10^{-4}\%$（质量分数），按 GB/T 10561—2005 规定的方法 B 检验 II 区纯度，检验面积近 $200mm^2$，下表为夹杂物当量尺寸允许值。按 ISO 10474 的规定提供检验报告	

	A		B		C		D	
	细系	粗系	细系	粗系	细系	粗系	细系	粗系
MQ	3.0	3.0	2.5	1.5	2.5	1.5	2.0	1.5
ME	3.0	2.0	2.5	1.5	1.0	1.0	1.5	1.0

（续）

序号	项目	ML	MQ	ME
4	晶粒度（按 ISO 643 的规定检验）	不规定	细晶粒，以 5 级或更细晶粒为主，按 ISO 10474 的规定提供检验报告	
5	无损检测			
5.1	超声检测（粗加工后）	不规定	锻后检测，按 ISO 10474 的规定提供检验报告，对于大直径工件，建议在切齿前检查缺陷，按 ASTM A388 中背反射或参考块 8－0400 检测，3.2mm 平底孔进行无损检测 ［按 GB/T 13304（所有部分）的规定］；无损检测时由外圆至中径 360°扫描，不指定距离大小的修正曲线（单点 DAC）；在保证同等质量前提下允许采用供需双方协议的检测方法	
5.2	表面裂纹检测（喷丸前精加工后）	不允许存在锻造或淬火裂纹，按 ASTM E1444 的规定进行荧光磁粉检测或着色检测	不允许存在锻造及淬火裂纹，磨削齿轮应检查表面裂纹，按 ASTM E1444 的规定进行，检查方法由供需双方协商	
6	锻造比④	不规定	至少 3 倍	
7	显微组织	不规定	不规定，对于强度大于 800MPa（硬度 240HBW）的齿轮要经淬火和回火	最低回火温度 480℃，齿根硬度应满足图样要求；轮缘部位显微组织应以回火马氏体为主⑤

注：采纳本表数据时，建议大轮、小轮硬度差不大于 40HV。

① 选材时可参照 ISO 683-1、ISO 683-9、ISO 683-10 或 ISO 683-11 推荐资料或相关国家标准规定。

② 0℃以下工作的齿轮：考虑低温夏比（冲击）性能的要求；考虑断口形貌转化温度或无塑性转变温度性能的要求；考虑采用高镍合金钢；考虑将碳含量降至 0.4%（质量分数）以下；考虑加热元件提高润滑剂温度。

③ 材料纯度检验只针对切齿部位，位于最终齿顶圆下 2 倍齿高以上的深度。对于外齿轮，齿坯的这段区域通常不超过半径的 25%。

④ 只针对由铸锭锻件，对于连铸材料，最小锻造比为 5∶1。

⑤ 在齿轮截面上，至 1.2 齿高深处的显微组织以回火马氏体为主，允许混有少量共析铁素体、上贝氏体、细小珠光体，不允许存在未溶块状铁素体。对于控制截面 =250mm 的齿轮，非马氏体相变产物不可超过 10%（体积分数）；控制截面 >250mm 齿轮，不可超过 20%（体积分数）。

表 8-6　非表面硬化调质齿轮铸钢

序号	项目	ML, MQ	ME
1	化学成分	不检验	100% 跟踪原始铸件，按 ISO 10474 的规定提供检验报告
2	热处理后的力学性能	HBW	检验 R_{eL}（$R_{p0.2}$）、R_m、Z，100% 跟踪原始铸件，按 ISO 10474 的规定提供检验报告；检验 HBW；可按供需双方协议进行
3	按 ISO 643 的规定检验晶粒度	不规定	5 级或更细晶粒，按 ISO 10474 的规定提供检验报告；可按供需双方协议进行
4	无损检测		
4.1	按 ISO 9443 的规定进行超声检测（粗车状态）	不规定	只检查轮齿及齿根部位，按 ISO 10474 的规定提供检验报告，推荐但不要求，对于大直径工件，在切齿前检查发裂；按 ASTM A609 的规定采用 3.2mm 平底孔法，合格标准：Ⅰ区（外圆至齿根以下 25mm 处）为 1 级，Ⅱ区（轮缘其余部位）为 2 级，或采用背反射法的相当标准

（续）

序号	项目	ML，MQ	ME
4.2	表面裂纹检测（喷丸前精加工状态）	不允许存在裂纹，按	ASTM E1444 的规定 100% 经磁粉检测或着色检测，对于大批量产品可抽查
5	补焊	可按规定工艺进行	只允许在热处理前的粗车状态进行，切齿后不能补焊

注：当铸钢件质量达到锻钢件（锻造或轧制）质量标准时，对与锻钢小齿轮配对的铸钢齿轮，也可采用锻钢的许用应力值计算其承载能力，但这种情况需经试验数据或应用实例验证。

锻钢纯度及锻造比标准不可用于铸钢，夹杂物含量与形状应控制为以球状硫化锰夹杂物（Ⅰ型）为主，但不允许存在晶界硫化锰夹杂物（Ⅱ型）。

（2）齿轮的疲劳强度等级　按表 8-5 和表 8-6 进行分级质量控制的调质齿轮相应的接触疲劳强度与弯曲疲劳强度等级如图 8-3 和图 8-4 所示。

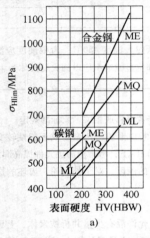
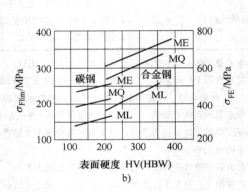

图 8-3　调质处理锻钢齿轮的疲劳强度 σ_{Hlim} 和 σ_{Flim}

a）接触疲劳强度 σ_{Hlim}　b）弯曲疲劳强度 σ_{Flim} 和 σ_{EF}

注：名义 $w(C) \geqslant 0.20\%$

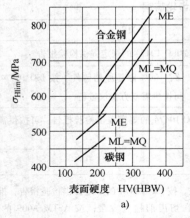
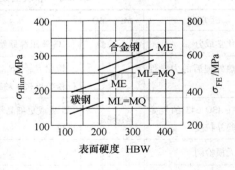

图 8-4　调质处理铸钢齿轮的疲劳强度 σ_{Hlim} 和 σ_{Flim}

a）接触疲劳强度 σ_{Hlim}　b）弯曲疲劳强度 σ_{Flim} 和 σ_{FE}

3. 表面淬火（感应或火焰淬火）**齿轮的材料热处理质量控制和疲劳强度**

（1）表面淬火（感应或火焰淬火）齿轮的材料热处理质量控制　表面淬火（感应或火焰淬火）齿轮的材料热处理质量控制分级与检验项目及规定见表 8-7。

表 8-7　感应或火焰淬火齿轮锻钢和铸钢

序号	项目	ML	MQ	ME
1	化学成分	不规定	同表 8-5 中第 1～6 项或表 8-6 中第 1～3 项	
2	调质后力学性能			
3	纯度			
4	晶粒度			
5	超声检测			
6	锻造比			
7	表面硬度（所有感应淬火齿轮均须经回火）	485～615HV 或 48～56HRC	500～615HV 或 50～56HRC	
8	硬化层深度[1]（按 GB/T 5617—2005 的规定检验）	硬化层深度是指从表面至相当于最低表面硬度规定值 80% 的硬度处的距离，要对每件齿轮经验性认定硬化层深度		
9	表层组织	不规定	抽查，以细针马氏体为主	严格抽查，细针马氏体，≤10% 非马氏体组织，不允许游离态铁素体存在
10	无损检测			
10.1	不允许表面裂纹（ASTM E1444）	抽查首批工件（磁粉检测或干粉渗析方法）	全部检查（磁粉检测或干粉渗析方法）	
10.2	齿部磁粉检测[2]（ASTM E1444）	不规定	模数 m/mm　缺陷最大尺寸/mm；$m \leqslant 2.5$　1.6；$2.5 < m \leqslant 8$　2.4；$m > 8$　3.0	
11	预备组织	淬火及回火态组织		
12	过热现象(尤其是齿顶)	禁止	严格禁止（<1000℃）	

注：本表用于套圈式火焰淬火、套圈式或逐齿感应淬火工艺，齿根部位经过硬化，硬化层形状如表 6-3 中齿根淬硬图 b 和图 d 所示。

[1] 为了得到稳定的硬化效果，对硬度分布、硬化层深、设备参数及工艺方法应该建档，并定时检查，另外用一个与工件形状及材料相同的代表性试样来修正工艺。设备及工艺参数应足以保证硬化效果的良好复现性，硬化层应布满全齿宽和齿廓，包括双侧齿面、双侧齿根和齿根拐角。

[2] 最终加工后的齿轮轮齿区域内，任何质量级别的材料都不允许存在裂纹、爆裂、折皱。一般性缺陷限制：25mm 齿宽内不超过 1 个，一侧齿面内不超过 5 个，在工作齿高中线以下不允许存在。对于超标缺陷，在不影响齿轮完整性并征得用户同意情况下可以修复。

（2）表面淬火（感应或火焰淬火）齿轮的疲劳强度等级　按表 8-7 进行分级质量控制的表面淬火齿轮相应的接触疲劳强度与弯曲疲劳强度等级如图 8-5 和图 8-6 所示。

4. 渗碳齿轮的材料热处理质量控制和疲劳强度

（1）渗碳齿轮的材料热处理质量控制　渗碳齿轮的材料热处理质量分级控制与检验项目及规定见表 8-8。

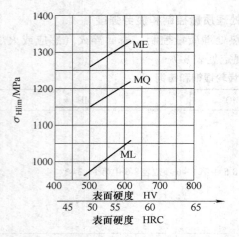

图 8-5　表面淬火（火焰或感应淬火）
铸、锻钢齿轮的接触疲劳强度 σ_{Hlim}

注：要求有合适的硬化层深度。

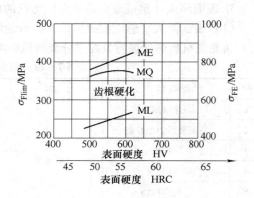

图 8-6　表面淬火（火焰或感应淬火）铸、
锻钢齿轮的弯曲疲劳强度 σ_{Flim} 和 σ_{FE}

注：仅适用于齿根圆角处硬化的齿轮，未提供齿根
圆角处未硬化的数据。要求有适当的硬化层深度。

表 8-8　渗碳齿轮的材料（锻造或轧制）

序号	项目	ML	MQ	ME
1	化学成分[①]	不检验	100% 跟踪原始铸件，按 ISO 10474 的规定提供检验报告	对同一钢坯切割试样检验，按 ISO 10474 的规定提供检验报告
2	端淬淬透性（按 GB/T 225—2006 的规定）	不检验		
3	纯度及冶炼[②]	不规定	钢材在钢包中脱氧及精炼，并经真空脱气，浇注过程应有防氧化措施，经用户同意，钢在熔炼时最多可加钙 $15 \times 10^{-4}\%$（质量分数）；最大氧含量为 $25 \times 10^{-4}\%$（质量分数），按 GB/T 10561—2005 规定的方法 B 检验 Ⅱ 区纯度，检验面积近 $200mm^2$，允许采用满足相当洁净度的其他规范，按 ISO 10474 的规定提供检验报告；下表为夹杂物当量尺寸允许值：	

	A		B		C		D	
	细系	粗系	细系	粗系	细系	粗系	细系	粗系
MQ	3.0	3.0	2.5	1.5	2.5	1.5	2.0	1.5
ME	3.0	2.0	2.5	1.5	1.0	1.0	1.5	1.0

序号	项目	ML	MQ	ME
4	锻造比[③]	不规定	至少 3 倍	
5	晶粒度按 ISO 643 的规定	不规定	细晶粒，以 5 级或更细组织为主，按 ISO 10474 的规定提供检验报告	
6	粗车状态超声检测，按 ASTM A388 的规定	不规定	推荐，对于大直径工件在切齿前检查缺陷	要求，5 件以上产品可抽查
			按 ASTM A388 中背反射或参考块 8 - 0400 检测；3.2mm 平底孔进行无损检测 [按 GB/T 13304（所有部分）的规定]；无损检测时由外圆至中径 360° 扫描，不指定距离大小的修正曲线（单点 DAC）；在保证同等质量前提下允许采用供需双方协议的检测方法	

（续）

序号	项目	ML	MQ	ME
7	表面硬度			
7.1	工件代表性表面硬度^④（见 GB/T 3480.5 中附录 B：维-洛氏硬度换算）	最低 55HRC 或 600HV，抽查	58 ~ 64HRC 或 660 ~ 800HV，抽查	58 ~ 64HRC 或 660 ~ 800HV，同炉热处理件数≤5 时全部检查，否则抽查，检查方法要与工件尺寸相称
7.2	模数≥12mm 时齿宽中部齿根区域的表面硬度^④	不规定	满足图样要求，抽查代表性试样	满足图样要求，每件小齿轮或大齿轮均须检验，或检查代表性试棒
8	心部硬度	检验但不规定≥21HRC 以上	≥25HRC，按淬透性曲线计算或按 GB/T 3480.5 中 6.5 的规定检查代表性试棒	≥30HRC，检查工件或按 GB/T 3480.5 中 6.5 的规定检查代表性试棒
		测量位置：齿宽中部处齿根 30°切线的法向上，深度为 5 倍硬化层深，但不小于 1 倍模数，或按 GB/T 3480.5 中 6.5 的规定检查代表性试棒 		
9	按 GB/T 9450 的规定检查精加工态硬化层深度，按 GB/T 3480.5 中 6.5 的规定检查代表性试棒或在齿宽中部位于齿顶圆以下的齿顶高上检查	有效硬化层深度是指表面到 550HV 或 52HRC 硬度处的垂直距离； 最小值和最大值应在图样上标出，在规定硬化层深度时，应注意到对于弯曲疲劳强度和接触疲劳强度而言最佳值是不一样的^⑤		
10	各种显微组织检查均可按 GB/T 3480.5 中 6.5 的规定检查代表性试棒，这种检查对 MQ 为任选，对 ME 为必须检查（对 ML 不要求）			
10.1	表面碳含量限制	不规定	合金元素总含量（质量分数）≤1.5% 时，建议 $w(C)$ 为 0.7% ~ 1.0%；合金元素总含量（质量分数）>1.5% 时，建议 $w(C)$ 为 0.65% ~ 0.90%	
10.2	表层显微组织，比较理想的显微组织中贝氏体含量 <10%（体积分数）	不规定	推荐，代表性试棒中以细针状马氏体为主	要求，代表性试棒中为细针状马氏体
10.3	齿根以外部位表层 0.1mm 范围内的硬度降低（由于脱碳、残留奥氏体及非马氏体组织）	不规定	对于工件或代表性试棒，硬度降低不超过 40HV	
10.4	碳化物析出	允许有半连续状碳化物网；如果需要，在代表性试棒上检查	允许不连续的碳化物，所有碳化物长度不超过 0.02mm（如果需要，在代表性试棒上检查）	允许弥散状碳化物，按 GB/T 3480.5 中 6.5 的规定检验代表性试棒

（续）

序号	项目	ML	MQ		ME	
10.5	金相法检查残留奥氏体	不规定	检查随炉试样，25%以下		按 GB/T 3480.5 中 6.5 的规定检查代表性试棒，25%以下且细小弥散	
			若超差，可同用户协商采用控制喷丸或其他合适的措施进行补救			
10.6	对非磨削面晶界内氧化（IGO）要求，对未腐蚀试样金相法检查，允许深度（μm）与渗层深度有关	不规定	渗层深度 e/mm	IGO/μm	渗层深度 e/mm	IGO/μm
			$e \leqslant 0.75$	17	$e \leqslant 0.75$	12
			$0.75 < e \leqslant 1.50$	25	$0.75 < e \leqslant 1.50$	20
			$1.50 < e \leqslant 2.25$	38	$1.50 < e \leqslant 2.25$	20
			$2.25 < e \leqslant 3.00$	50	$2.25 < e \leqslant 3.00$	25
			$e > 3.00$	60	$e > 3.00$	30
			若超差，可与用户协调采用控制喷丸或其他合适措施进行补救			
11	表面裂纹，在不影响齿轮完整性并经用户同意时可去除表面缺陷[⑥]	不允许有裂纹，用磁粉检测或干粉渗析法抽样检查	不允许有裂纹，按 ASTM E1444 的规定对 50% 工件进行磁粉检测，根据批量进行抽查		不允许有裂纹，按 ASTM E1444 的规定对 100% 工件进行磁粉检测，批量≥5件可抽查	
12	齿部磁粉检测，按 ASTM E1444[⑥] 的规定	不规定	模数 m/mm	缺陷最大尺寸/mm	模数 m/mm	缺陷最大尺寸/mm
			$m \leqslant 2.5$	1.6	$m \leqslant 2.5$	0.8
			$2.5 < m \leqslant 8$	2.4	$2.5 < m \leqslant 8$	1.6
			$m > 8$	3.0	$m > 8$	2.4
13	磨削回火控制，按 GB/T 17879 规定的硝酸溶液腐蚀[⑦]	所有功能部位（FB3）允许 B 级回火，建议不要求抽查	25% 功能部位（FB2）允许 B 级回火，要求抽查		10% 功能部位（FB2）允许 B 级回火，要求抽查	
			若超差，可与用户协调采用控制喷丸进行补救			
14	心部显微组织（位置同第 8 项）	不规定	马氏体，针状铁素体及贝氏体，不允许有块状铁素体（见第 8 项）		马氏体，针状铁素体及贝氏体，不允许有块状铁素体，按 GB/T 3480.5 中 6.5 的规定检查代表性试棒	

注：对于碳氮共渗钢目前在标准中还未给出。

① 选材时可参照 ISO 683-1、ISO 683-9、ISO 683-10 或 ISO 683-11 推荐资料或相关国家标准规定。

② 洁净度规定只针对齿坯的两倍齿高区域内，对于外齿轮，该区域一般小于半径的 25%。

③ 锻造比是指总的锻造比，而与方法无关，对于连铸材料，最小锻造比为 5:1。

④ 有时齿根硬度与齿面硬度有差别，这与齿轮大小与工艺有关，该差值可由供需双方协商。

⑤ 其他硬化层深度规定可参考 GB/T 3480.5 中文献 [10] 等资料。

⑥ 任何级别齿轮的轮齿部位不能存在裂纹、破损、疤痕及桔皮；对于一般性缺陷每 25mm 齿宽最多只有一个，每个齿面不能超过 5 个，半齿高以下部位不能允许存在；对于超标缺陷，在不影响齿轮完整性并征得用户同意情况下可以去除。

⑦ 经供需双方同意，可采用其他磨削回火控制方法。

（2）渗碳的疲劳强度等级　按表 8-8 进行分级质量控制的渗碳齿轮相应的接触疲劳强度与弯曲疲劳强度等级如图 8-7 和图 8-8 所示。

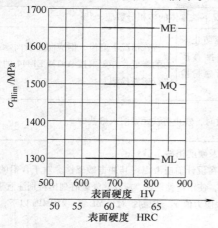

图 8-7　渗碳锻钢齿轮的接触疲劳强度 σ_{Hlim}
注：要求有合适的硬化层深度。

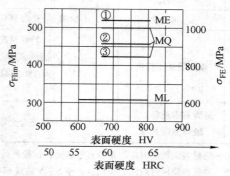

图 8-8　渗碳锻钢齿轮的弯曲疲劳强度 σ_{Flim} 和 σ_{FE}
注：要求有合适的硬化层深度。
①心部硬度≥30HRC。
②心部硬度≥25HRC，淬透性 $J=12mm$ 处≥28HRC。
③心部硬度≥25HRC，淬透性 $J=12mm$ 处<28HRC。

5. 渗氮齿轮的材料热处理质量控制和疲劳强度

（1）渗氮齿轮的材料热处理质量控制　渗氮齿轮的材料热处理质量分级控制与检验项目及规定见表 8-9。

表 8-9　渗氮齿轮的材料

序号	项目		ML	MQ	ME
1	化学成分				
2	调质后力学性能				
3	纯度		同表 8-5（调质钢 1～6 项）		
4	晶粒度				
5	超声检测				
6	锻造比				
7	渗氮层深		有效渗氮层深度是指从表面到 400HV 或 40.8HRC 硬度处的垂直距离；如果心部硬度超过 380HV，则心部硬度 +50HV 可作为界限硬度		
8	表面硬度				
8.1	渗氮	渗氮钢①②③	最低 650HV，最高 900HV④		
8.2		调质钢①	最低 450HV		
8.3	氮碳共渗	合金钢①	>500HV		
8.4		非合金钢①	>300HV		
9	预备热处理		在无表面脱碳情况下淬火、回火，其中回火温度要超过后续渗氮（氮碳共渗）温度		
10	表面要求（白亮层）	渗氮	≤25μm	白亮层≤25μm，且以 ε 相为主，含少量 γ 氮化物	白亮层≤25μm，且 ε/γ' 氮化物比率 >8，若渗氮后磨齿，应考核抗点蚀能力
		氮碳共渗	不规定，仔细检查	白亮层 5～30μm，基本上为 ε 相	

（续）

序号	项目	ML	MQ	ME
11	心部要求	R_m，不检验	$R_m > 900\mathrm{MPa}$；一般情况下铁素体的体积分数应 <5%	
12	渗氮后加工精度		特殊情况下磨齿，但应防止表面承载能力的降低，并推荐按 ASTM E1444 的规定进行磁粉检测	特殊情况下磨齿，但应防止表面承载能力的降低，并要求按 ASTM E1444 的规定进行磁粉检测
13	氮碳共渗设备：如液体氮碳共渗		带有风冷的镍铬合金坩埚或钝化炉衬时，禁止将铁元素溶入熔盐中	

① 测量表面硬度时应注意垂直于表面，试验载荷应同渗层深度及硬度相称。
② 渗氮齿轮抗过载能力较低，由于 $S - N$ 曲线形状平缓，因此在设计前应考虑好其冲击敏感性。对于含铝的合金钢，当渗氮周期较长时，晶界有形成连续网状氮化物的可能，使用这种钢材，应在热处理时列出特别注意事项。
③ 含铝渗氮钢或类似钢材，只限于 ML 与 MQ。这类材料的齿根应力值 σ_{Flim} 限制：对于 ML 级，250MPa 以下；对于 MQ 级，340MPa 以下。
④ 当由于白亮层（$>10\mu m$）而使硬度增加时，疲劳强度反而由于脆性原因而降低。

（2）渗氮齿轮的疲劳强度等级　按表 8-9 进行质量分级控制的渗氮齿轮相应的接触疲劳强度与弯曲疲劳强度等级如图 8-9 和图 8-10 所示。

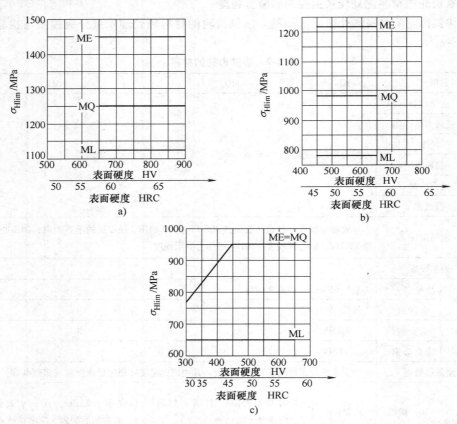

图 8-9　渗氮及氮碳共渗钢齿轮的接触疲劳强度 σ_{Hlim}

a）渗氮钢：调质后气体渗氮　b）调质钢：调质后气体渗氮　c）氮碳共渗钢：氮碳共渗
注：建议进行工艺可靠性试验。要求有适当的硬化层深度。

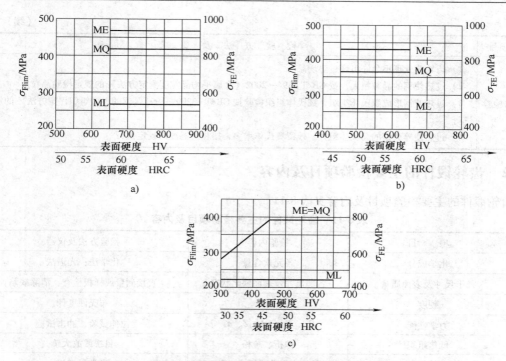

图 8-10　渗氮及氮碳共渗钢齿轮的弯曲疲劳强度 σ_{Flim} 和 σ_{FE}

a) 渗氮钢：调质后气体渗氮　　b) 调质钢：调质后气体渗氮　　c) 氮碳共渗钢：氮碳共渗

注：建议进行工艺可靠性试验。对齿面硬度 >750HV1，当白亮层厚度超过 10μm 时，

由于脆性，许用弯曲强度 σ_{FE} 会减低。要求有合适的硬化层深度

8.3　齿轮的一般热处理检验

齿轮轮齿基本术语及检测位置如图 8-11 所示。

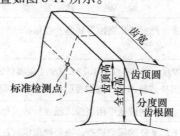

图 8-11　齿轮轮齿基本术语及检测位置

8.3.1　齿轮脱碳、过热的检验

齿轮脱碳、过热的检验见表 8-10。

表 8-10　齿轮脱碳、过热的检验

检验项目	检 验 方 法 及 要 求
脱碳的检验	表面脱碳层深度应小于单面加工余量的 1/3。按 GB/T 224—2008《钢的脱碳层深度测定方法》的规定进行测量

（续）

检验项目	检 验 方 法 及 要 求
过热的检验	1）齿轮热处理不允许出现过热现象 2）过热使钢的晶粒粗大，按 GB/T 6394—2002《金属平均晶粒度测定方法》的规定检验晶粒度 3）过热使钢形成魏氏体组织，魏氏体组织检验按 GB/T 13299—1991《钢的显微组织评定方法》的规定进行 4）过热使淬火钢的马氏体粗大、残留奥氏体增多，按相关标准的规定执行

8.3.2　齿轮锻件的主要检验项目及内容

齿轮锻件的主要检验项目及内容见表8-11。

表 8-11　齿轮锻件的主要检验项目及内容

序号	项　　目	检验内容	检验方法及仪器
1	化学成分	各元素含量	化学法：光谱法
2	外形尺寸及表面质量	各部尺寸及表面缺陷状况	直接测量或样板检查，清除缺陷
3	硬度	HBW	布氏硬度计
4	力学性能	R_m、R_{eL}、A、Z、a_K	拉伸试验、冲击试验
5	低倍组织	偏析、疏松	目视或放大镜
6	高倍组织	晶粒度、非金属夹杂物	光学显微镜
7	超声检测	内部缺陷	超声波检测仪

8.4　齿轮退火与正火的质量检验

齿轮退火与正火的质量检验项目及要求见表8-12。

表 8-12　齿轮退火与正火的质量检验项目及要求

检验项目	检 验 方 法 及 要 求
表面质量	表面不得有裂纹、有害的伤痕、严重氧化腐蚀等缺陷。在保护气氛或真空炉中处理的齿轮表面应光洁、无氧化皮
表面硬度	磨去表面氧化脱碳层后检测硬度，按 GB/T 231.1—2009《金属材料　布氏硬度试验　第 1 部分：试验方法》的规定检验。硬度值应在图样或技术文件规定范围内，硬度检测位置应是图样规定位置或工作面
	一般用布氏硬度计检验，尺寸较大的齿轮可用便携式硬度计或其他硬度计检验
	表面硬度检验按图样要求或工艺文件的规定进行。表面硬度值应达到技术文件规定的要求
	表面硬度偏差的允许值应符合 GB/T 16923—2008《钢件的正火与退火》中的相关规定，或按行业规定、合同双方规定执行
	图样只注明单一硬度值时，布氏硬度是标准硬度范围的平均值，最大误差为 ±15HBW
畸变量	1）齿轮的畸变应不影响其后的机械加工及使用 2）齿轮的畸变量应在工艺的允许范围内，通常不大于直径或厚度加工余量的 1/3，细长轴齿轮的直线度误差应不大于 0.5mm/m 3）轴类及管类工件用 V 形架支撑两端或用顶尖顶住两端，用百分表测量其径向圆跳动量；套类及环类齿轮用游标卡尺、内径百分表等测量其圆柱度误差；盘类及细小的轴齿轮在专用平台上用塞尺检验其平面度或直线度误差

（续）

检验项目	检 验 方 法 及 要 求
裂纹	1）规定要无损检测的工件应进行磁粉、渗透或超声检测 2）一般件目测检查裂纹，齿轮锻件允许酸洗后目测检查裂纹
显微组织检验	1）一般采用显微镜检验，检验按 GB/T 13298—1991《金相显微组织检验方法》的规定进行 2）碳素结构钢、合金结构钢正火后应为均匀分布的铁素体＋片状珠光体，晶粒度为 5～8 级，大型铸锻件为 4～8 级。退火件晶粒度细于 5 级。晶粒度检验按 GB/T 6394—2002 的规定进行。齿轮毛坯正火后的带状组织≤3 级。魏氏体组织 0 级，魏氏体组织检验按 GB/T 13299—1991《钢的显微组织评定方法》的规定进行 3）锻件正火后的金相组织检验按 GB/T 13320—2007《钢质模锻件 金相组织评级图及评定方法》的规定进行，按第一、第二级图评定，1～3 级合格，心部允许 3～4 级合格 4）显微组织检验应达到合同双方协商确定的要求
脱碳检验	1）表面脱碳层检验按 GB/T 224—2008《钢的脱碳层深度测定方法》的规定进行。脱碳层深度一般小于毛坯或齿轮单面加工余量的 1/2 或 2/3 2）锻件不加工部位脱碳层深度按有关技术文件的规定执行 3）脱碳检验应达到合同双方协商确定的要求

8.5 齿轮整体淬火与回火的质量检验

齿轮整体淬火与回火的质量检验项目与要求见表 8-13。

表 8-13 齿轮整体淬火与回火的质量检验项目与要求

检验项目	检 验 方 法 及 要 求
外观检查	表面应清理干净，无残盐、锈斑，不通孔里无残油、盐等物
	不应有裂纹、碰伤、烧伤、麻点、折叠、氧化皮等。可采用目测或着色检测来鉴定裂纹及伤痕，必要时按有关标准的规定进行超声检测、磁粉检测或其他无损检测
表面硬度	应根据图样要求和工艺规定的百分率进行抽检
	应用洛氏硬度计检验（执行 GB/T 230.1—2009），如无法用洛氏硬度计检验时，允许用肖氏硬度计（执行 GB/T 4341—2001）或其他便携式硬度计检验
	1）表面硬度检验部位应是图样或技术文件规定的部位，未明确规定者以工作面硬度为准，检验位置为 1～3 处，各处不少于 3 点，取其平均值 2）表面硬度范围应符合图样或技术文件的规定，图样或技术文件中未规定硬度值的波动范围时，只允许上下波动 5HRC。对于只有 1 个硬度值的，则按上极限偏差 3HRC、下极限偏差 −2HRC 的范围波动 3）表面硬度必须满足相关工艺技术文件的要求。根据相关方协商的工件分类，其表面硬度差范围不得超过 GB/T 16924—2008 规定的范围。不同类型工件淬火与回火后表面硬度的误差范围不得超过下表的规定（供参考）：

工件类型	表面硬度误差范围 HRC					
	单 件			同一批		
	<35	35～50	>50	<35	35～50	>50
特殊重要件	3	3	3	5	5	5
重要件	4	4	4	7	6	6
一般件	6	5	5	9	7	7

（续）

检验项目	检 验 方 法 及 要 求		
表面硬度	齿轮检验部位的表面粗糙度值应尽可能降低		
	齿轮淬火后、回火前的硬度值应大于或等于技术要求中的下限值（回火时有二次硬化现象的钢件除外）		
	淬火后、回火前的中间检查数应根据工艺文件的规定执行，但不得低于3%（标准件除外）		
	成批生产，按比例抽检时，发现有一件硬度不合格，必须加倍抽检，还有一件不合格，再加倍抽检，再有一件不合格，则该批件不合格，不得验收入库，应全数检验或返工处理		
	在工件上若存在 16mm² 以上的区域，其硬度低于图样规定的下限值，则这个区域称为软块，一般工件工作面不允许有软块		
	硬度检验报告中，洛氏硬度的精确度应为 0.5HRC		
显微组织检验	1）金相组织应达到相关方认可的工件技术文件的要求。检验按 GB/T 13298—1991 的规定进行，金相组织的评定按有关标准的规定进行，如晶粒度按 GB/T 6394—2002 的规定进行，表层脱碳按 GB/T 224—2008 的规定进行		
	2）淬火前齿轮材质和显微组织应按原材料出厂时的规定检验，原材料已经做过预备热处理的，按预备热处理后的显微组织的规定检验		
	3）一般淬火件不做金相组织检验，必要时可在工艺文件中注明。主要检验项目有淬火与回火的组织名称、组织评级、残留奥氏体级别、脱碳层深度等		
	4）中碳钢和中碳合金结构钢淬火马氏体等级按 JB/T 9211—2008《中碳钢与中碳合金结构钢马氏体等级》的规定检验，正常淬火时控制在 2~4 级，其组织为细小的条板马氏体 + 片状马氏体		
畸变	轴类件弯曲度应按图样或工艺文件的规定执行，一般其全长径向圆跳动量应小于直径磨削余量的 1/2		
	套类及环类件应保持每边实际磨量不小于 0.10mm		
	盘类件的平面度误差应小于单面留磨量的 2/3		
	淬火、回火工件允许弯曲的最大值不得超过下表的规定：		
	类型	每米允许弯曲的最大值/mm	备注
	1 类	0.5	以成品为主
	2 类	5	以毛坯为主
	3 类	不要求	成品或毛坯
	注：1）1 类为成品原样使用，或者只进行研磨或进行部分磨削；2 类为毛坯进行切削加工或部分切削加工；3 类为除 1 类和 2 类以外的工件。2）表中允许弯曲的最大值系指淬火、回火花键经校正后的值。		
裂纹检查	1）图样或技术文件规定要无损检测的齿轮，应该用磁粉检测、荧光检测和超声检测。图样无规定的，可目测检查 2）裂纹深度大于磨削余量的齿轮应报废		

8.6 齿轮调质处理的质量检验

齿轮调质处理的检验项目与内容见表 8-14。齿轮调质处理检验方法及要求见表 8-15。

表 8-14　齿轮调质处理的检验项目与内容

检验项目	检　验　内　容
钢材质量	1）用试样检验：化学成分、低倍组织、晶粒度、非金属夹杂物 2）调质锻钢纯度检验只针对切齿部位，位于最终齿顶圆下两倍齿高以上的深度。对于外齿轮，齿坯的这段区域通常不超过半径的 25%
力学性能	用试样检查：一般检查布氏硬度，要求严格者按比例图样检查 R_m、R_{eL}、A、Z、a_K
无损检测	用齿轮检验：对要求较高的齿轮应在机械加工后检查齿部裂纹、气孔、缩孔、白点等
显微组织	用试样检验：齿部基体上应为回火索氏体
脱碳层	用试样检验：脱碳层一般不超过加工余量的 1/3

表 8-15　齿轮调质处理检验方法及要求

检验项目	检　验　方　法　及　要　求
外观检查	齿轮毛坯调质后，外观表面不得有裂纹及伤痕等缺陷
化学成分检验	化学成分应符合 GB/T 699—1999《优质碳素结构钢》或 GB/T 3077—1999《合金结构钢》、GB/T 5216—2004《保证淬透性结构钢》及有关行业标准的规定
原材料力学性能检验	应符合 GB/T 699—1999、GB/T 3077—1999 或 GB/T 5216—2004 及有关行业标准的规定
高低倍组织检验	利用目视或在 10 倍以下的放大镜下观察金属材料内部组织及缺陷。常用的方法有断口检验、低倍检验、塔形车削发纹检验和硫印试验等。高低倍组织应符合 GB/T 699—1999、GB/T 3077—1999 或 GB/T 5216—2004 标准及有关行业标准的规定
晶粒度、钢锭结构	按 GB/T 3480.5—2008、GB/T 6394—2002 的有关规定

（1）齿轮调质处理的力学性能及淬透性检验（见表 8-16）

表 8-16　齿轮调质处理的力学性能及淬透性检验

检验项目	检　验　方　法　及　要　求
表面硬度检验	1）调质后应进行硬度检验 2）调质齿轮硬度用布氏硬度标注，符号为 HBW，并按 GB/T 231.1—2009 的规定测定。若用其他硬度计测量时，其硬度换算应符合 GB/T 1172—1999 的规定。当用洛氏硬度计测出的硬度低于 25HRC 时，则应重新用布氏硬度计测定 3）对批量生产件，应按热处理炉次抽检，其抽检数按各行业技术文件规定或合同规定进行 4）工序硬度检测部位与点数检验： ①齿轮毛坯调质处理后在其外圆表面或端面，用砂轮磨削一小平台，用硬度计测定，其测定值应以工艺硬度为准。几种钢工艺硬度与图样要求硬度差值参见 JB/T 6077—1992 中附录 B（参考件） ②铸造齿轮毛坯、锻造齿轮轴与盘形齿轮、锻造环形齿轮的硬度检测部位及点数检验分别按 JB/T 6077—1992 中表 1、表 2 和表 3 的规定 5）碳素钢调质大件（$\phi > 40mm$）淬火后，表面硬度应大于 40HRC，中小件淬火后硬度应大于 45HRC；合金钢调质件（$\phi \geq 40mm$）淬火后硬度为 45HRC 6）成品齿轮硬度检测部位与点数检验：应在齿面或轮缘面上半径方向二分之一厚度处用无损检测硬度计测定。暂无条件时，也允许在齿顶面或端面上测定，测定结果应考虑材料淬透性的影响 7）硬度均匀性检验，单件硬度差 30～40HBW，批量硬度差 40～50HBW

（续）

检验项目	检 验 方 法 及 要 求
力学性能检查	1）力学性能检验项目与数量按 GB/T 3480.5—2008 规定或按合同规定进行 2）齿轮轴取样部位在轴的加长部位距表面 1/3 半径处，盘形齿轮、环形齿轮在齿宽方向加长部位取切向试样 3）对于齿轮部位与轴颈部位直径相差悬殊的齿轮轴，其力学性能的要求应考虑断面影响差值
无损检测	对设计要求无损检测的齿轮，应进行超声、磁粉、荧光等任一种方式检测。检验裂纹、气孔、缩孔等缺陷，按 GB/T 3480.5—2008 有关规定或按合同规定执行
铸钢齿轮补焊检验	铸钢齿轮的补焊应符合 JB/ZQ 4000.6—1986《铸钢件补焊通用技术要求》的规定，补焊部位应符合 GB/T 3480.5—2008 的规定

（2）齿轮调质处理的金相组织检验（见表 8-17）

表 8-17　齿轮调质处理的金相组织检验

检验项目	检 验 方 法 及 要 求
原材料组织检验	调质齿轮在淬火前的理想组织应为细小均匀的铁素体 + 珠光体，按预备热处理后的显微组织的规定检验
脱碳层检验	调质齿轮淬火后不允许有超过加工余量的脱碳层。脱碳层按 GB/T 224—2008 的规定进行测量
锻造的过热和过烧检验	1）调质齿轮不允许出现过热与过烧现象 2）过热时会出现粗大的奥氏体晶粒并产生魏氏体组织。晶粒度检验按 GB/T 6394—2002 的规定进行，魏氏体组织检验按 GB/T 13299—1991 的规定进行。过热使淬火钢的马氏体粗大、残留奥氏体增多 3）过烧特征是钢的粗大晶界被氧化和熔化，锻造时产生沿晶裂纹，在锻件表面出现龟裂状裂纹
调质齿轮的金相组织检验	1）根据技术条件要求进行金相组织检验。对于预备调质热处理毛坯，调质后金相组织应为回火索氏体，齿面处铁素体的体积分数 <10%；对于最终调质热处理齿轮的金相组织按 GB/T 3480.5—2008 规定或按各行业规定执行 2）调质齿轮表面硬度合格而淬硬层不是回火索氏体时，应判为不合格 3）检验方法。可在随炉试样或锻件加长部位取样，磨制成金相试样后，经腐蚀在显微镜下放大 400 倍观察，或根据用户与制造厂协议，用小型或手提式金相显微镜检验 4）调质钢正常淬火组织为板条状马氏体和针片状马氏体。在其正常高温回火后，则得到的是均匀且弥散分布的回火索氏体，见下图（500 倍）： 

8.7　齿轮渗碳热处理的质量检验

齿轮渗碳热处理的检验包括外观质量、原材料质量、金相组织、有效硬化层深度、表面与心部硬度、畸变等，一般在齿轮本体上进行无损检测，而其他许多项目则是通过工艺试样来检查。工艺试样的种类及要求见表 8-18。

表 8-18　工艺试样的种类及要求

试样种类	用　途	技术要求	数　量
中间（过程）试样	调整工艺参数，决定停炉降温时间等	试样材料与齿轮材料相同	按不同工艺及操作水平确定
最终试样（圆形或方形试样及齿块）	质量评定：表面及心部硬度、显微组织、表面碳（氮）含量、渗层深度及硬度梯度等	1）与齿轮同批材料，并在相同条件下预备热处理 2）试样的结果用来说明同炉质量的质量时，必须有试样依据 3）试块试样不得少于 3 个齿	1）间歇式炉：1～2 个/炉 2）连续式炉：1～2 件齿轮/批，定期检查

用作渗碳层深度测定的试样，其组织应是平衡态；如果试样已经过淬火处理，可参考表 8-19 所列的工艺规范进行处理。齿轮渗碳热处理的检验项目、内容及方法见表 8-20。

表 8-19　经淬火的渗碳试样做渗碳层深度检查前的热处理规范

钢号	加　热		等　温		冷却
	温度/℃	时间/min	温度/℃	时间/min	
10、20	850	20	—	—	空冷
15Cr、20Cr	850	15～20	650	10～20	
20CrMnTi	850	15～20	640	30～60	
12Cr2Ni4	840	15～20	620	180～240	

表 8-20　齿轮渗碳热处理的检验项目、内容及方法

检验项目	检验内容及方法
原材料质量	用试样检查：化学成分、低倍组织、晶粒度、非金属夹杂物、淬透性及带状组织
毛坯力学性能	用试样检查：一般检查布氏硬度，要求严格者按比例图样要求检查 R_m、R_{eL}、A、Z、a_K
外观质量	用齿轮检查：渗碳淬火后 100% 检查表面有无腐蚀、氧化、裂纹及碰伤
有效硬化层深度和渗碳层总深度	用试样检查： 1）有效硬化层深度测量：从表面测至 550HV1 深度处 2）渗碳层总深度，碳素钢为过共析＋共析＋1/2 过渡区；合金钢为过共析＋共析＋全部过渡区，过共析＋共析应占总深度的 50%～70% 3）有效硬化层深度检测应在渗碳淬火后进行；渗层总深度检测应取渗碳后缓冷试样
表面碳浓度	用试样检查：按图样要求，一般碳的质量分数为 0.8%～1.0%
碳浓度梯度	1）日常生产检验，可用碳浓度（质量分数）梯度和硬度的梯度检验互补，但质量仲裁应以硬度梯度（至心部硬度降）为准 2）常用剥层法，剥层检验交界处的碳的质量分数为 0.4%，剥层在表层 0.1mm 内，碳质量分数应达到图样要求，一般以 0.8%～1.0% 为合格，碳浓度梯度过渡应平缓，不得出现陡坡，浅层渗碳允许表面碳的质量分数低于 0.8%

（续）

检验项目	检 验 内 容 及 方 法
金相组织	（1）按技术要求及标准进行，一般在显微镜下放大 400 倍观察 （2）用试样检查 1）汽车齿轮按 QC/T 262—1999 的规定检查渗层碳化物的形态及分布，残留奥氏体数量及马氏体级别，有无反常组织 表层组织：细针状马氏体 + 分散细小碳化物颗粒 + 少量残留奥氏体为佳，按标准图评级 心部组织：板条状马氏体 + 少量铁素体。检查心部组织是否粗大，铁素体是否超出技术要求等 2）重载齿轮渗碳金相检验按 JB/T 6141—1992 的规定进行 3）薄层渗碳钢件显微组织检测按 JB/T 7710—2007 的规定进行
硬度	1）在淬火后检查 2）用试样检查：包括渗碳层表面、防渗部位及心部硬度，一般用洛氏硬度 HRC 标尺测量
齿轮畸变	1）根据图样技术要求 2）用齿轮检查：检查齿轮的挠曲畸变尺寸及几何形状的变化

（1）原材料的冶金质量及化学成分检测　渗碳齿轮用钢的冶金质量要求见表 8-21。

表 8-21　渗碳齿轮用钢的冶金质量要求

项目名称	检验标准	技 术 要 求			
疏松和偏析	GB/T 1979—2001《结构钢低倍组织缺陷评级图》	合金钢按 GB/T 3077—1999 规定：			
		钢种	一般所示	中心疏松级别	锭型偏析
		优质钢	3 级	3 级	3 级
		高级优质钢	2 级	2 级	2 级
非金属夹杂物	GB/T 10561—2005《钢中非金属夹杂物含量的测定　标准评级图显微检验法》	保证淬透性钢按 GB/T 5216—2004 规定：			
		类型	A	B	C	D
			级别　≤			
		粗系	2.5	2.5	2.0	2.0
		细系	3.0	3.0	2.0	2.0
带状组织	GB/T 13299—1991《钢的显微组织评定方法》	齿轮渗碳钢要求不大于 3 级			
晶粒度	GB/T 6394—2002《金属平均晶粒度测定方法》	通常要求钢的晶粒度不小于 5 级			
淬透性	GB/T 225—2006《钢　淬透性的末端淬火试验方法（Jominy 试验）》	钢材的淬透性带应在 GB/T 5216 规定的范围内。根据用户要求，按 A、B、C、D 四种方法订货			

（2）外观检验　齿轮渗碳热处理外观检验见表 8-22。

表 8-22　齿轮渗碳热处理外观检验

序号	要 求
1	渗碳热处理后齿轮的表面应光滑，不得有裂纹、碰伤、剥落、锈蚀等缺陷
2	按工艺文件或双方合同规定文件检查表面裂纹、发裂等缺陷，表面裂纹等可通过目视判别，也可以采用磁粉或渗透检测等方法鉴别，后者应符合 GB/T 15822.1—2005《无损检测　磁粉检测　第 1 部分：总则》、JB/T 9218—2007《无损检测　渗透检测》标准的规定

（3）渗碳层金相组织检验 金相组织试样应于淬火状况下进行检验，一般在光学显微镜下放大 400 倍观察、评级。对于齿轮评级部位：马氏体和残留奥氏体应在节圆附近的齿面评定；碳化物应在齿顶角与工作面处评定；心部铁素体通常在距齿顶 2/3 全齿高 H 处评定。如图 8-12 所示。

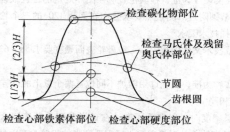

图 8-12 渗碳齿轮经淬火、回火后金相及硬度检查部位

1）几种典型齿轮的渗碳层组织检验标准与要求见表 8-23。

表 8-23 几种典型齿轮的渗碳层组织检验标准与要求

齿轮名称	执行标准	要 求
汽车渗碳齿轮	QC/T 262—1999	碳化物级别的评定。在放大 400 倍下，检查部位以齿顶尖角处及工作面为准。按其标准中碳化物级别图评级。常啮合齿轮（即无冲击负荷齿轮）1~5 级合格，换档齿轮（即承受冲击负荷齿轮）1~4 级合格
		马氏体和残留奥氏体级别的评定。在放大 400 倍下检查，检查部位以节圆附近表面及齿根处为准（见图 8-12）。按其标准中马氏体级别图和残留奥氏体级别图分别评定，其级别主要根据马氏体针的大小和残留奥氏体量的多少而定。马氏体和残留奥氏体一般 1~5 级合格
		心部铁素体级别的评定。心部铁素体检验部位如图 8-12 所示。心部铁素体级别分为 8 级，其标准是根据铁素体的大小、形状和数量而定。对模数 $m \leqslant 5mm$ 的齿轮，1~4 级合格；模数 $m > 5mm$ 的齿轮，1~5 级合格
重载渗碳齿轮	JB/T 6141.3—1992	渗碳层碳化物级别的评定。以网状碳化物为主的碳化物级别图分为 6 级，1~3 级合格。以粒状、块状为主的碳化物级别图分为 6 级，1~3 级合格
		马氏体和残留奥氏体级别的评定。检验位置为距表面 0.05~0.15mm 处。共分 6 级，1~4 级为合格
		心部铁素体级别。分为两类：分散型铁素体为 6 个级别，1~4 级合格；集中型铁素体也可以分为 6 个级别，1~4 级为合格
其他行业渗碳齿轮	TB/T 2254—1991、HB 5492—1991、JB/T 8491.4—2008、NJ 251—1981	按各行业标准并对照技术要求和有关金相图谱检验

2）表层非马氏体检验。试样经 4%（体积分数）酒精溶液轻度腐蚀后，置于显微镜下放大 400 倍观察，对于齿形试样检测节圆及齿根圆角处，按 GB/T 3480.5—2008 的规定分档控制。

（4）齿轮渗碳的硬度检查 齿轮渗碳淬火、回火后的硬度检验见表 8-24。

表 8-24　齿轮渗碳淬火、回火后的硬度检验

硬度类别	检 验 要 求
表面硬度	1）表面硬度检测一般用洛氏硬度计，渗碳层较薄件应采用维氏硬度计测量 2）表面硬度应以齿面的硬度为准，检验位置应在图样规定的位置或齿轮受力最大位置，汽车渗碳齿轮表面硬度检验在齿宽中部节圆附近。测量点要求分布在间隔120°的三个轮齿上，每个轮齿上一般不得小于2点，其硬度值应符合图样技术要求 3）硬度应符合图样或技术文件的规定。一般齿轮表面硬度要求58～63HRC，重载齿轮表面硬度要求56～60HRC 4）硬度最终检验以实物为准，但允许用随炉不同位置两个以上的试样代替实物检验。试样材质、预备热处理、工艺过程与齿轮相同 5）当图样要求测表层硬度时，用维氏硬度计在试样截面上距表面0.05～0.10mm外测定，测定方法按GB/T 4340.1—2009的规定执行。对渗碳淬火后需要磨齿的齿轮，表面硬度的测定部位应为从试样表面至轮齿单侧加工余量深度之处 6）硬度检验应根据齿轮重要程度、批量及炉型规定抽检数量，但一般间歇式炉，每炉应抽检1～2个实物，连续式炉每生产4～6盘或1～2个节拍应检验实物1～2件 7）当硬度不符合技术要求时，应加倍抽检，若仍不合格则应根据具体情况进行返修或判废 8）表面硬度应符合图样技术要求的硬度范围。同一批渗碳齿轮表面硬度波动范围应≤5HRC，同一只渗碳齿轮波动应≤3HRC 9）渗碳齿轮齿面出现软点、软块为不合格品
心部硬度	1）图样或技术文件未规定检验心部硬度的一般不检验 2）心部硬度检测部位可根据相关技术要求来确定，或采用供需双方协议的检查方法进行检测。如汽车渗碳齿轮检测部位为齿宽中部横截面上，轮齿中心线与齿根圆相交处。推荐心部硬度测量位置见表8-8 3）汽车、拖拉机齿轮心部硬度推荐值：模数 $m \leqslant 8mm$ 的齿轮心部硬度33～48HRC；模数 $m > 8mm$ 的齿轮心部硬度30～45HRC；重载齿轮的心部硬度30～40HRC 4）为了较准确测量齿轮心部硬度，可将齿形试块（或实物解剖件）制成镶嵌式试样，采用维氏硬度计或洛氏硬度计检测，其检测值可作为仲裁之用
其他硬度	不渗碳位置(镀铜、防渗部位、切削加工部位)的硬度检验。在去除涂层淬火、回火后，按图样规定检验

（5）渗碳层深度检测　常见的渗碳层深度检测方法见表8-25。

表 8-25　常见的渗碳层深度检测方法

序号	方 法	
1	断口目测法	其是将渗碳试样淬火后打断，目视观察试样断口，渗碳层呈白色瓷状，未渗碳部分为暗灰色纤维状，交界处的碳的质量分数约0.4%，此处至表面的垂直距离即定为渗碳层下限深度，可用读数显微镜测量深度
2	金相测量法	1）日常生产中渗碳层总深度一般用金相测量法检验，试样应是退火的平衡状态。试样磨制后用硝酸酒精溶液浸蚀，吹干，在100倍显微镜下观察 　　低碳钢的渗碳层总深度：过共析层＋共析层＋1/2过渡层（相当于碳含量为0.4%）之和，一般要求过共析层与共析层之和不得小于总深度的75%。低碳合金钢的渗碳层总深度：过共析层＋共析层＋全部过渡层，即从表面测至出现心部原始组织的垂直距离，一般要求过共析层与共析层之和应为总深度的50%以上 2）同一批齿轮，渗碳层的波动必须在图样规定的范围内，同一齿轮渗碳深度的波动范围是图样规定波动范围的1/2 3）用金相测量法、断口目测法检测渗层深度时，应预先找出与硬度法测定有效硬化层深度的关系，以保证产品齿轮满足图样技术要求 4）如果渗碳后仍需进行磨削加工，则渗层深度应为图样技术要求的渗层深度加磨削余量

（续）

序号		方　　　法
3	剥层化学分析法（即渗碳层的碳浓度和碳浓度梯度的检测法）	1) 通常采用圆柱渗碳试样剥层化学分析的方法，确定试样由渗层向内沿径向的碳浓度分布。常用剥层化学分析法检验交界处的碳的质量分数为 0.4%，剥层在表层 0.10mm 内，碳的质量分数应达到图样要求，一般以 0.8%～1.0% 为合格 2) 通常试棒规格为 φ20mm×120mm，渗碳缓冷后采用车床由表及里逐层车削，每层厚度为 0.05mm 或 0.10mm，然后对每层铁屑分别测量碳含量，做出碳含量与表层距离的曲线，即渗层碳浓度分布曲线，最后确定渗碳层深度 3) 当新产品试制或工艺调整时，应检验表层碳含量
4	硬度法	1) 渗碳淬火有效硬化层深由产品图样规定，测试方法按 GB/T 9450—2005 的规定，用负荷为 9.807N（1kgf）的维氏硬度计从表面沿法向方向向心部测量至 550HV 处的垂直距离。通常渗碳淬火有效硬化层深度误差不得超过下表的规定（供参考）： 硬化层深度表 2) 有效硬化层深 0.3mm 的齿轮按 GB/T 9451—2005 的规定进行检验 3) 用代表性试样检查或用类似齿轮的同模数齿块检测 4) 当图样要求测定至表面硬度降和心部硬度降时，参见 GB/T 3480.5—2008 规定或按各行业规定执行。至心部硬度降测试方法按 GB/T 9450—2005 的规定进行 5) 当图样要求测定齿根有效硬化层深度时，应在齿形试样的法截面上向内测定 6) 若随炉试样有效硬化层深不符合技术要求，则从该批中至少再抽取一件齿轮解剖测定，并以测定结果为准

硬化层深度表（序号4内表格）：

硬化层深度/mm	单件误差/mm	同一批误差/mm
<0.50	0.10	0.20
>0.50～1.50	0.20	0.30
>1.50～2.50	0.30	0.40
>2.50	0.50	0.60

（6）渗碳淬火、回火后齿轮畸变与裂纹的检验（见表 8-26）

表 8-26　渗碳淬火、回火后齿轮畸变与裂纹的检验

序号	检　验　要　求
1	图样规定要无损检测的齿轮（包括渗碳热处理和磨齿后），最终应 100% 进行无损检测，如磁粉检测、超声检测、荧光浸透检测等，一般齿轮应进行抽检
2	畸变量应控制在有关技术要求的范围内。批量生产时，抽检项目和件数按产品图样的技术要求
3	齿轮轴应 100% 进行径向圆跳动检验，并矫直到图样规定的范围，最终检查按技术文件或合同规定进行抽检
4	内孔齿轮（环形、盘形）应 100% 进行内孔圆度检验，同时应进行内孔胀、缩畸变量检验
5	盘形、环套形齿轮应 100% 进行端面平面度检验，并校正到图样规定的范围
6	按齿轮图样和工艺文件要求检验畸变量。渗碳后有磨削加工时，其畸变量一般不得超过预留加工量的 1/3，或冷、热加工共同配合确定

8.8　齿轮碳氮共渗的质量检验

齿轮碳氮共渗的质量检验项目、内容和要求见表 8-27，具体可以参考齿轮渗碳的质量检验项目、内容及要求，以及 JB/T 9173—1999、QC/T 29018—1991 的规定等。

表 8-27　齿轮碳氮共渗的质量检验项目、内容和要求

检验项目	检验内容及要求
原材料质量	用试样检查：化学成分、低倍组织、晶粒度、淬透性、非金属夹杂物及带状组织
毛坯力学性能	用试样检查：一般检查布氏硬度，要求严格者按比例图样检查 R_m、R_{eL}、A、Z、a_K
外观质量	用齿轮检查：碳氮共渗淬火后 100% 检查表面有无氧化、裂纹及碰伤
碳氮共渗层深度	用试样检查：按图样要求，硬度法从表面测至 550HV 深度处；金相测量法测至心部
表层显微组织	用试样检查：汽车渗碳齿轮按 QC/T 29018—1991 的规定检查渗层碳氮化物的形态及分布，残留奥氏体数量及马氏体级别，有无反常组织
表面硬度	用齿轮检查：按图样要求，一般为 56~63HRC，汽车齿轮 58~63HRC
齿轮畸变	用齿轮检查：按图样及工艺要求检查
心部硬度、组织	用试样检查：齿部硬度按图样规定。心部组织按 QC/T 262—1999 的规定检查

齿轮碳氮共渗的质量检验见表 8-28。

表 8-28　齿轮碳氮共渗的质量检验

项目	检验内容
外观	目视检查表面，应光洁、色泽均匀，不得有裂纹、碰伤、剥落、锈蚀、氧化皮等缺陷
表面和心部硬度	1）根据共渗层深确定检验方法（供参考）： | 层深/mm	<0.2	0.2~0.4	0.4~0.6	>0.6
硬度检查方法	HV	HV、HR15N、HRA	HV、HRA、HRC	HRC、HV	 注：质量仲裁以维氏硬度为准。 2）表面硬度。以图样和技术文件规定值为准，在齿宽中部节圆附近表面处检验，如有困难，若齿顶处组织和齿面处相近，允许在齿顶面检验。齿轮表面硬度一般应不低于 56HRC，汽车齿轮为 58~64HRC 3）齿轮表面硬度检验。在约相隔 120° 的三个轮齿上检查三处，同一齿轮上三处的硬度差应不大于 3HRC。测定方法按 GB/T 230.1—2009 的规定 4）心部硬度。按图样或技术文件的规定，一般应不低于 30HRC。检测部位在齿宽中部横截面上，轮齿中心线与齿根圆相交处
共渗层深度	1）用金相测量法检验时，试样须经退火在平衡状态下放大 100 倍进行检验 2）齿轮共渗层包括齿顶、齿根、节圆附近 3 处均应达到图样或技术文件规定深度，节圆附近层深不合格判为不合格 3）共渗层深度是从齿轮表面测到明显出现铁素体为止的垂直距离，一般层深允许波动 0.03mm，但层深要求在 0.10mm 以下者除外 4）共渗层中，过共析层 + 共析层为总层深的 60%~75% 5）共渗层中，碳、氮的质量分数一般在 0.1mm 内检验，经剥层分析后，面层碳的质量分数推荐为 0.75%~0.95%（平均值）；面层氮的质量分数推荐为 0.15%~0.30%（平均值）

（续）

项目	检验内容
有效硬化层深度	1）汽车齿轮轮齿有效硬化层深度由成品图样规定。测定部位以齿面及齿根处为准，测试方法按 GB/T 9450—2005 的规定。当图样要求测定有效硬化层深度的硬度分布曲线时，其间隔 0.1mm 的硬度差不得大于 45HV 2）有效硬化层深度用维氏硬度法按 GB/T 9450—2005 的规定检测，从轮齿工作面起，在其垂直方向上，在 9.81N（1kgf）负荷下测至 550HV 处的深度，或者 49.03N（55kgf）负荷下测到 515HV 处的距离 3）用代表性试样检查或用类似齿轮的同模数齿块检测 4）有效硬化层内的内氧化组织不经腐蚀检验时，不允许有黑带。黑点和黑网深度不大于 0.02mm 5）有效硬化层内的托氏体组织经腐蚀后检验，黑网宽度不大于 0.04mm 6）硬化层过渡区不允许有带状托氏体组织 7）硬化层内不允许有网状或断续网状碳氮化物 8）至表面硬度降。在有效硬化层深范围内，共渗层横截面上维氏硬度峰值与表面维氏硬度之差不可过陡，参见 GB/T 3480.5—2008 规定或按各行业规定执行 9）至心部硬度降。在有效硬化层深范围内，共渗层横截面上自表面向心部方向的维氏硬度梯度 $\Delta HV/\Delta EHt$ 不可过陡，参见 GB/T 3480.5—2008 规定或按各行业规定执行
金相组织	1）碳氮化合物在放大 400 倍下检验，检查部位以齿顶及工作面为准，不允许聚集断续或连续网状分布。按 QC/T 29018—1991 中碳氮化合物级别图评定时，常啮合齿轮 1~5 级合格，换档齿轮 1~4 级合格 2）残留奥氏体及马氏体在放大 400 倍下检验，检查部位以工作面及齿根为准，共渗层中马氏体针长不允许大于 0.02mm，残留奥氏体的体积分数不允许高于 40%。按 QC/T 29018—1991 中残留奥氏体级别图及马氏体级别图分别评定时，1~5 级合格 3）心部组织。在齿宽中部法向截面上，齿轮中心线与齿根圆交点附近，模数 <3.5mm 的齿轮，心部铁素体的体积分数应控制在不大于 4%；模数为 3.5~5mm 的齿轮，不大于 8%（体积分数）。按 QC/T 292—1999 的规定检验，齿轮模数 $m \le 5$mm 时 1~4 级合格；模数 $m > 5$mm 时 1~5 级合格 4）表层出现壳状化合物（白亮层）为不合格 5）共渗层淬火、回火后的组织应为含氮的回火马氏体 + 颗粒状含碳氮化合物 + 少量残留奥氏体
畸变	1）按图样技术要求进行检验 2）热处理畸变应稳定，应和冷加工相互配合达到规定的精度要求

8.9　齿轮气体渗氮、离子渗氮及氮碳共渗的质量检验

1. 齿轮渗氮的质量检验项目、内容和要求

齿轮渗氮（包括气体渗氮、离子渗氮及氮碳共渗）的质量检查项目主要包括渗氮层深度、硬度、脆性、金相组织、渗氮后的畸变以及表面状态，见表 8-29。

表 8-29　齿轮渗氮的检验项目、内容和要求

检验项目		检验内容及要求
原材料质量		用试样检查：化学成分、低倍组织、非金属夹杂物、晶粒度、带状组织，应符合 GB/T 3077—1999、GB/T 699—1999 的规定
齿轮毛坯	力学性能	用试样检查：一般检查布氏硬度，要求严格者按图样要求检查 R_m、R_{eL}、A、Z、a_K 力学性能指标不得低于 GB/T 3077—1999、GB/T 699—1999、GB/T 1348—2009 的规定值
	显微组织	用试样检查：参照 GB/T 11354—2005 的规定进行检验，调质后距离表面 10mm 内应为回火索氏体，齿层不允许出现脱碳层或粗大的回火索氏体组织

（续）

检验项目	检 验 内 容 及 要 求
表面质量	用齿轮检查：目测 100% 检查表面有无裂纹及剥落
渗氮层深度	用试样检查：参照 GB/T 11354—2005 的规定以金相测量法为主，硬度梯度测量为仲裁。深度允许误差为 −0.05～0.10mm 范围内
渗层显微组织	用试样检查：不允许有网状或鱼骨状氮化物，允许有少量脉状组织；扩散层氮化物按金相标准检查。不耐磨件化合物层深度一般不大于 0.03mm
表面硬度	用试样检验：按图样要求，用 HV10（层深 < 0.2mm 者用 HV0.5）检测
齿轮畸变	用齿轮检查：按图样及工艺要求检查
防渗	用齿轮检查：防渗部位渗氮后应保持原有金属光泽；漏渗者应检查硬度，不能影响加工

2. 齿轮渗氮外观检测（见表 8-30）

表 8-30　齿轮渗氮外观检验

序号	要　求
1	正常的渗氮齿轮表面色泽均匀，表面不得有亮点、亮块或软点、软块，颜色应为银灰色或暗灰色、无光泽，具有防锈能力。表面不允许有氧化皮、裂纹、剥落、碰伤、锈迹、花斑、（离子渗氮）电弧烧伤等
2	按技术文件或合同规定方法检查表面裂纹、发裂等缺陷，表面裂纹等可通过目视判别，也可以采用磁粉或渗透检测等方法鉴别，后者应符合 GB/T 15822.1—2005《无损检测　磁粉检测　第 1 部分：总则》、JB/T 9218—2007《无损检测　渗透检测》的规定

3. 齿轮渗氮硬度检测（见表 8-31）

表 8-31　齿轮渗氮硬度检验

硬度类别	要　求
	（1）随炉试样检验表面硬度　按 GB/T 4340.1—2009、GB/T 230.1—2009 的规定测量；对渗氮后要磨削的齿轮，应将试样表面磨去加工余量后测量，硬度应符合技术条件规定，推荐测试负荷：
表面硬度	有效硬化层深度/mm：≤0.15 | >0.15～0.3 | >0.3；维氏硬度（HV）测试负荷 N：9.806 | 49.03 | 98.06，也可用 HR15N（2）齿轮表面硬度检验1）抽检批量生产的齿轮，当随炉试样合格时，每批抽检 1 件，约在相隔 120° 的三个轮齿上，在齿高中部的齿面各测 1～3 点，也可用维氏硬度计或表面洛氏硬度计（HR15N）测量端面或齿顶硬度2）当随炉试样检查不合格时，应取同炉的齿轮 3 件，每件测 3 个轮齿，每个轮齿测 1～3 点3）检验部位。成品齿轮检验轮齿工作高度中间部位的表面硬度。对无法用硬度计检查的齿轮，一般以随炉试样的测量值为准4）渗氮齿轮表面硬度应符合图样或工艺中的技术要求，硬度偏差可参考 GB/T 18177—2008 的规定：类型：单件（硬度范围 HV10 ≤600 最大偏差 45；>600 最大偏差 60）同一批（≤600 最大偏差 70；>600 最大偏差 100）5）硬度不符合技术条件要求时，应根据具体情况进行返修处理或判废6）防渗部位检验。目视检查局部防渗部位，一般基本保持原有金属色，若发现有渗氮色，可用硬度计进行检验，以不影响后续加工为准

（续）

硬度类别	要 求
心部硬度	（1）随炉试样心部硬度检验　随炉试样磨制后，在大于渗层两倍处测量 3 点硬度，取其平均值作为心部硬度。测定方法按 GB/T 4340.1—2009 或 GB/T 230.1—2009 的规定，测量结果应达到技术要求 （2）齿轮轮齿心部硬度 1）批量生产的齿轮在随炉试样检验合格情况下应定期抽检。若随炉试样不合格，则该批至少抽检 1 件齿轮。制取试样后，在大于渗层两倍处测定 3 点硬度，取其平均值作为心部硬度。测定方法按 GB/T 4340.1—2009 或 GB/T 230.1—2009 的规定，测量结果应达到技术要求 2）单件重要的齿轮一般以随炉试样测量为准。用肖氏硬度计检测轮齿中心的硬度，测量结果应达到产品图样和技术文件的规定值

4. 渗氮层深度检测

渗氮层深度检测方法可以采用金相测量法、硬度法和断口目测法，以金相测量法为辅，硬度法为主，并以硬度法作为仲裁方法。常用渗氮层深度检测方法见表 8-32。

表 8-32　常用渗氮层深度检测方法

序号	方　　法
金相测量法	（1）随炉试样检验渗层深度 1）用金相显微镜按 GB/T 11354—2005 的规定，从试样表面垂直测至与基体组织有明显分界处的距离。当基体组织界限不明显，无法正确判断时，应以硬度法为准 2）渗氮层深度应符合技术要求，渗氮层深度偏差参考 GB/T 18177—2008 的规定：

渗氮层深度范围/mm	深度偏差/mm	
	单件	同一批
≤0.30	0.05	0.10
0.30～0.60	0.10	0.15
>0.60	0.15	0.20

金相测量法	（2）齿轮渗层深度检验 1）批量生产的齿轮在随炉试样检验合格情况下应定期抽检。若随炉试样不合格，则该批至少抽检 1 件齿轮，制取试样后，用金相显微镜按 GB/T 11354—2005 的规定，从试样表面垂直测至与基体组织有明显分界的深度处。当基体组织界限不明显，无法正确判断时，应以硬度法为准 2）单件重要的齿轮一般以随炉试样测量为准。经协商可将一个轮齿的末端沿一个角度磨削抛光并腐蚀，用带有刻度的放大镜测量渗层深度。用肖氏硬度计检测轮齿中心的硬度，测量结果应达到产品图样和技术文件的规定值 3）渗氮层、氮碳共渗层深度的均匀度为技术要求值的 ±15%
硬度法	（1）随炉试样测定有效硬化层深度 1）选用 4.9N 负荷，从试样表面垂直测至界限硬度处的距离。测试负荷只能在 1.96～19.6N 范围内选取。渗层深度在 0.3mm 以下时，按 GB/T 9451—2005 的规定进行测定 2）界限硬度值：为确定渗氮、氮碳共渗后齿轮的有效硬化层深度而规定的最低硬度值 界限硬度值 = 实际中心硬度 +50HV ①齿轮渗氮、氮碳共渗后，于齿宽中部轮齿法向截面上，在齿高中部沿垂直于齿面方向，自表面测至界限硬度值的深度处 ②试样渗氮、氮碳共渗后，于垂直于渗氮表面的横截面上，自表面测至界限硬度值的深度处 （2）齿轮渗氮、氮碳共渗有效硬化层深度检测 1）批量生产的齿轮在随炉试样检验合格情况下应定期抽检。若随炉试样不合格，则该批至少抽检 1 件齿轮，检验方法同（1） 2）齿轮渗氮、氮碳共渗后，于齿宽中部轮齿法向截面上，在齿高中部沿垂直于齿面方向，自表面测至界限硬度值的深度处
断口目测法	断口目测法是将带缺口的试样打断，根据渗氮层组织较细且呈现瓷状断口，而心部组织较粗且呈现塑性破断的特征，用 25 倍放大镜进行测量

5. 渗氮层脆性检查（见表 8-33）

表 8-33　渗氮层脆性检查

项目	要　　求
脆性检验	1）按 GB/T 11354—2005 的规定检验，其渗氮层脆性级别按维氏硬度压痕边角破碎程度分为 5 级。维氏硬度压痕在放大 100 倍下进行检验，每件至少测 3 点，其中 2 点以上处于相同级别时，才能定级，否则，需要重复测定 1 次 2）应在齿轮工作部位的表面检验渗氮层脆性 3）气体渗氮件必须进行脆性检验 4）随炉试样脆性检验按 GB/T 11354—2005 的规定进行，一般件 1~3 级合格，重要件 1~2 级合格。对留有磨量的齿轮，可磨去加工余量后测量，测量结果应符合技术要求。对要求高的齿轮，经双方协商可对试样采用声发射法检验 5）齿轮渗氮、氮碳共渗脆性检验。抽检齿轮的渗氮、氮碳共渗层脆性，按 GB/T 11354—2005 的规定进行，一般件 1~3 级合格，重要件 1~2 级合格

6. 金相组织检验

渗氮齿轮金相检验见表 8-34。

表 8-34　渗氮齿轮金相检验

项目	要　　求
渗氮层氮化物	（1）渗氮层氮化物按 GB/T 11354—2005 的规定检验，其渗氮层中氮化物级别按扩散层中氮化物的形态、数量和分布情况分为 5 级。在放大 500 倍下进行检验，取其组织最差的部位，参照渗氮层级别图进行评定 （2）随炉试样渗氮层氮化物检验 1）渗层扩散层中氮化物形态按 GB/T 11354—2005 的规定评定，一般件 1~3 级合格，重要件 1~2 级合格 2）随炉试样渗氮化合物层、氮碳共渗化合物层厚度与硬度应符合产品图样技术条件，厚度用金相显微镜测定；硬度使用显微硬度计测定，负荷采用 0.49~0.98N （3）齿轮渗氮层、氮碳共渗层氮化物检验 1）抽检齿轮的渗氮层、氮碳共渗层氮化物形态。渗层扩散层中氮化物形态按 GB/T 11354—2005 中渗氮层级别图和下表规定进行评定，一般件 1~3 级合格，重要件 1~2 级合格 （见下表） 2）渗氮层中的白层厚度应 <0.03mm（渗氮后精磨的工件除外），且以 ε 相为主；渗氮层中不允许有粗大的网状、连续的波纹状或鱼骨状氮化物存在

级别	氮化物级别说明
1	扩散层中有极少量呈脉状分布的氮化物
2	扩散层中有少量呈脉状分布的氮化物
3	扩散层中有较多呈脉状分布的氮化物
4	扩散层中有较严重脉状和少量断续网状分布的氮化物
5	扩散层中有连续网状分布的氮化物

项目	要　　求
渗氮层疏松检测	（1）渗氮层疏松按 GB/T 11354—2005 的规定检测，其渗氮层疏松级别按表面化合物层内微孔的形状、数量及密集程度分为 5 级。在放大 500 倍下进行检验，取其组织最差的部位，参照渗氮层级别图进行评定 （2）随炉试样渗层疏松检验。按 GB/T 11354—2005 的规定评定，一般件 1~3 级合格，重要件 1~2 级合格 （3）齿轮渗氮层、氮碳共渗层疏松检测 1）抽检齿轮的渗氮层、氮碳共渗层脆性。按 GB/T 11354—2005 的规定评定，一般件 1~3 级合格，重要件 1~2 级合格 2）经氮碳共渗处理的齿轮必须进行疏松检验。检查渗氮层脆性的试样表面粗糙度要求 Ra 为 0.25~0.63μm，但不允许把化合物层磨掉

（续）

项目	要　　　求
原始组织的检验	1）对不同服役条件的渗氮件和不同的渗氮钢材，在渗氮前可采取不同的预备热处理获得相应的原始组织。渗氮前经调质处理的工件，组织应为细小索氏体和少量游离铁素体。GB/T 11354—2005 所规定的渗氮前原始组织级别按索氏体中游离铁素体数量分为 5 级，见图 8-13 和下表： 表见下 2）原始组织在渗氮前进行检验（对大件可在表面 2mm 深度范围内检查），在金相显微镜下放大 500 倍，参照 GB/T 11354—2005 中原始组织级别图进行评定，一般工件 1～3 级合格，重要件 1～2 级合格。渗氮件的工作面不允许有脱碳层或粗大的索氏体组织

级别	渗氮前原始组织级别说明	图号
1	均匀细针状索氏体，游离铁素体量极少	图 8-13a
2	均匀细针状索氏体，游离铁素体量 <5%	图 8-13b
3	细针状索氏体，游离铁素体量 <15%	图 8-13c
4	细针状索氏体，游离铁素体来 <25%	图 8-13d
5	索氏体（正火），游离铁素体来 >25%	图 8-13e

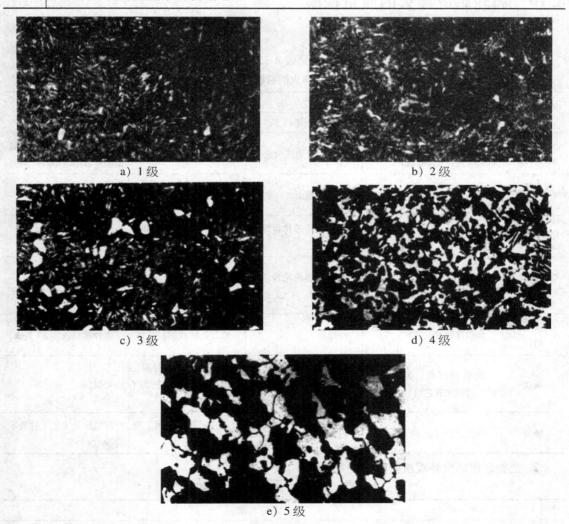

a) 1 级   b) 2 级

c) 3 级   d) 4 级

e) 5 级

图 8-13　渗氮前原始组织级别图（体积分数为 4% 的硝酸酒精溶液浸蚀）　500 ×

7. 畸变检验

齿轮渗氮畸变检验见表 8-35。

表 8-35　齿轮渗氮畸变检验

序号	内　　　容
1	对精度要求的齿轮，抽检 1 ~ 3 件，用相应量具检查齿轮几何精度，其结果应符合技术条件要求
2	齿轮的弯曲、翘曲、圆度，胀缩量符合图样和技术要求，应允许磨削后畸变量达到图样规定要求，但应保证渗氮层深度要求
3	因氮化物层薄而脆、易剥落，渗氮件一般不用校正法解决畸变问题，但在工艺允许不影响质量的前提下，可进行冷压矫直或热矫直，但矫直后应进行去应力和无损检测
4	渗氮后需精磨的工件，其最大畸变处的磨削量不得 >0.15mm，或按齿轮技术要求决定。对于弯曲畸变量超过磨削余量的工件，在不影响工件质量的前提下，可以进行冷压校正或热点校正

8.10　齿轮感应淬火的质量检验

1. 齿轮感应淬火的质量检验项目及要求

齿轮感应淬火的检验项目、方法及要求见表 8-36。

表 8-36　齿轮感应淬火的检验项目、方法及要求

项目	检　验　方　法			技术要求
	检查仪器	检查部位	检查方法	
齿面硬度	齿面硬度计（一般模数）、肖氏硬度计（大模数）	节圆处齿面或齿顶	每隔 120°测一齿顶	按图样技术要求，硬度偏差 ≤5HRC(6HS)
齿根底面硬度	维氏硬度计	齿根处截面	用维氏硬度计检测齿根部横截面	按行业的不同规定
硬化层分布	金相显微镜	轮齿中部的轮齿法向截面	宏观腐蚀，从表面测至 50% 马氏体处	按行业的不同规定
有效硬化层深度	维氏硬度计	轮齿中部的轮齿法向截面	节圆处垂直向里测量，按 GB/T 5617 的规定进行	按行业的不同规定
表层金相组织	金相显微镜	淬硬层	节圆处横截面制试样	细针状马氏体 3 ~ 7 级
裂纹	磁粉检测机、荧光检测机、目测或着色检验	齿部	1）仪器显示、目测 2）渗透检测按 JB/T 9218 的规定进行	无裂纹
畸变	内径百分尺、卡尺等	内孔、公法线等	首件、巡回、完工检验	按图样及工艺文件要求检验

2. 齿轮感应淬火外观质量检验（见表 8-37）

表 8-37　齿轮感应淬火外观质量检验

序号	要　　　求
1	表面不得有裂纹、崩齿、锈蚀、烧伤、烧熔、未加热表面等影响使用性能的缺陷

（续）

序号	要　　　求
2	一般件 100% 目视检验，重要件及易淬裂件在单件或小批量生产时应 100% 无损检测。成批生产时，按工艺规定要求进行无损检测
3	可根据 GB/T 15822.1—2005《无损检测　磁粉检测　第 1 部分：总则》、JB/ 9218—2007《无损检测　渗透检测》规定的任一方法检查表面裂纹

3. 齿轮感应淬火（回火）表面硬度检查（见表 8-38）

表 8-38　齿轮感应淬火（回火）表面硬度检查

序号	内　　　容					
1	1）单件或小批量齿轮生产时，应 100% 检查表面硬度；大批量生产时，可根据工艺规定的比例检查硬度，但每批不得小于 5% ~10% 2）淬火（含自回火）后齿轮表面硬度应大于图样规定硬度下限值					
2	一般用洛氏硬度计按 GB/T 230.1—2009 的规定进行检验，可采用笔式硬度计与内孔硬度计进行表面硬度检测。必要时对实物用金相解剖法测定齿面硬度以进行核对，质量仲裁以维氏硬度检验为准，维氏硬度按 GB/T 4340.1—2009 的规定执行					
3	1）回火后的硬度检验比例不得小于 5%，硬度检验位置是工艺文件规定位置或主要工作面，硬化区边缘不作为检验部位 2）表面硬度应满足图样技术要求，一般为 48 ~56HRC，洛氏硬度偏差范围可参考 JB/T 9201—2007 的规定：					
		硬度　HRC				
	工件类型	单　　件			同一批件		
		≤50	>50 ~60（含 60）	>60	≤50	>50 ~60（含 60）	>60
	重要件	≤5	≤4.5	≤4	≤6	≤5.5	≤5
	一般件	≤6	≤5.5	≤5	≤7	≤6.5	≤6
4	淬火硬化区域的范围根据硬度确定，也可对齿轮用强酸浸蚀淬火表面来使硬化区显示白色，再用卡尺等测量					
5	1）硬度一般在齿轮上检验或在齿轮上取样检验，大型齿轮允许用肖式硬度计和里氏硬度计检验，执行 GB/T 4341—2001《金属肖氏硬度试验方法》和 GB/T 17394—1998《金属里氏硬度试验方法》 2）齿轮应测不同圆周位置工作面的硬度及齿根硬度，结果都应符合图样要求 3）形状复杂者或难于用硬度计检验硬度值和硬化区位置的齿轮，可切割实物齿轮取样，用硬度计复检					
6	感应淬火齿轮心部硬度按图样规定进行检测					

4. 有效硬化层深度的测定

感应淬火齿轮的硬化层深度（若无特殊说明，图样要求的硬化层深度可认为是有效硬化层深度），目前绝大多数是通过切割样件规定的检验部位来测量。齿轮有效硬化层深度的检验见表 8-39。

表 8-39　齿轮有效硬化层深度的检验

方法	内　　容						
硬度法	1) 根据 GB/T 5617—2005《钢的感应淬火或火焰淬火后有效硬化层深度的测定》所规定的以极限硬度（HV_{HL}）为基准的硬化层深度的测量方法。它是采用测量工件断面硬度的方法来确定硬化层深度，即用负荷为 9.8N（1kgf），在垂直于工件表面的横截面上的指定部位进行测量。从工件表面开始，测量硬度值到 0.8 倍图样或技术文件要求的硬度下限值（HV_{MS}）处距离，作为有效硬化层深度（DS）						

有效硬化层深度/mm	有效硬化层深度波动范围/mm		有效硬化层深度/mm	有效硬化层深度波动范围/mm	
	单件	同一批		单件	同一批
≤1.5	0.2	0.4	>3.5~5.0	0.8	1.0
>1.5~2.5	0.4	0.6	>5.0	1.0	1.5
>2.5~3.5	0.6	0.8			

注：1. 同一批指同一班次 8h 内处理的材质、尺寸及工艺相同的工件。当同一批的不同部位要求的硬化层深度不同时，深度波动是指要求深度相同部位的波动。
　　2. 硬化层深度测定位置应按检验规范的规定执行。

3) 对于形状复杂和大型的齿轮，有效硬化层深度波动范围可进行协商处理。硬化区的范围应满足技术要求所规定的偏差值

4) 花键、模数 m≤4mm 的齿轮类工件，其硬化层深度应从花键、轮齿底部起测量，深度应为 0.5~1.0mm

5) 硬化层深度波动值在同一零件上应平缓过渡，不许突变，过渡长度应大于 150mm，同一横截面过渡长度应大于 90°弧长

6) 有效硬化层深度检验法同样适用于球墨铸铁齿轮感应淬火层深度的测定

显微组织观察法	该方法是在 100 倍的金相显微镜下，观察从淬火状态或淬火后低温回火（回火温度低于 200℃）状态的工件表面至规定的界限金相组织位置的距离。界限金相组织的规定如下： 1) 先经调质处理的工件，其硬化层深度由表面测至明显（体积分数为 20%）索氏体组织处，硬化层内不允许有铁素体存在 2) 预先经正火处理的工件，表面硬度≥55HRC 时，其硬化层深度由表面测至 50%（体积分数）马氏体组织处。当马氏体处铁素体的体积分数大于 20% 时，应测至体积分数为 20% 的铁素体处 3) 预先经正火处理的工件表面硬度 <55HRC 时，其硬化层深度由表面测至心部组织之半（试样放大 100倍） 4) 珠光体的体积分数高于 60% 的球墨铸铁工件，其硬化层深度由表面测至 20% 珠光体组织处

5. 齿轮感应淬火硬化层位置和尺寸的检验（见表 8-40）

表 8-40　齿轮感应淬火硬化层位置和尺寸的检验

序号	内　　容				
1	日常生产时，硬化区尺寸可根据淬火区的颜色用钢直尺或游标卡尺量得。质量仲裁应以打硬度测定为准				
2	1) 硬度法测量：碳素钢根据碳含量，其硬化区终点的硬度值可参考下表：				

钢中碳的质量分数（%）	硬化层终点硬度值		钢中碳的质量分数（%）	硬化层终点硬度值	
	维氏硬度 HV	洛氏硬度 HRC		维氏硬度 HV	洛氏硬度 HRC
0.27~0.35	332	35	0.42~0.50	461	45
0.32~0.40	392	40	>0.50	509	48
0.37~0.45	413	42			

2) 45 钢的硬化区测到 45HRC 左右为止；合金钢边界硬度值应是图样规定的下限硬度值，两边界之间的距离即为硬化区尺寸

（续）

序号	内　　　容
3	显微法测量：将试样放大 100 倍的显微镜下，测至硬化区边缘的半马氏体处，硬化部位两端半马氏体点之间的距离即为硬化区尺寸
4	硬化区位置误差参阅以下： 1）齿轮硬化区及局部硬化层深度与齿轮形状的关系如图 8-14 所示 2）模数 $m < 4mm$ 的非渗碳齿轮，允许全齿淬硬，齿底要求有大于或等于 0.5mm 的淬硬层（见图 8-14a），轮齿中间剖面时，允许淬硬层在节圆以下 3）模数 $m \geqslant 4mm$ 的齿轮采用同时加热淬火时，齿根允许有 1/3 的齿高不淬硬（见图 8-14b）；在单齿连续加热淬火时，齿根允许有 ≤1/4 齿高不淬硬 4）模数 $m = 4.5 \sim 6mm$ 的齿轮采用同时加热淬火时，其轮齿纵剖面的中心硬化层深度大于端面硬化层深度的 2/3（见图 8-14c）。受重载荷的模数为 4 ~ 6mm 的齿轮应采用超音频淬火 5）双联齿轮或多联齿轮，其两联间的距离应大于或等于 8mm。当两联的距离小于或等于 16mm 时，允许较小齿轮的硬化层稍带斜度（见图 8-14d） 6）内齿轮模数 $m \leqslant 6mm$ 时，允许其硬化层稍带斜度（见图 8-14e）

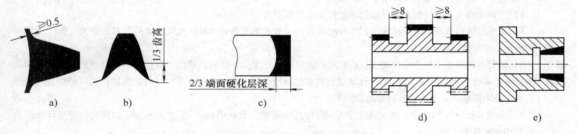

图 8-14　不同模数齿轮的硬化层深度

a）模数 $m < 4mm$ 的非渗碳齿轮的硬化层　b）模数 $m \geqslant 4mm$ 的齿轮的硬化层　c）模数 $m = 4.5 \sim 6mm$ 齿轮的轮齿纵剖面的中心硬化层深度　d）双联齿轮或多联齿轮的硬化层　e）模数 $m \leqslant 6mm$ 的内齿轮的硬化层

6. 齿轮感应淬火硬化层金相组织检验（见表 8-41）

表 8-41　齿轮感应淬火硬化层金相组织检验

项目	内　　　容
感应淬火钢件金相组织检验	1）按 JB/T 9204—2008《钢件感应淬火金相检验》的规定进行检验 2）硬化层金相组织的检验与评定。在放大 400 倍的金相显微镜下观察，其组织应为 100% 马氏体组织。由工件表面到 0.50mm 处进行马氏体评级。感应淬火后的金相组织 3 ~ 7 级为合格（按 JB/T 9204—2008 的规定） 3）成批生产时，首件必检，只有首件金相组织合格，才能按工艺正常生产 4）日常生产，每批至少解剖 1 ~ 2 件实物进行检验，实物解剖数应控制在总数的 1/1000 ~ 1/500 为宜，或按技术要求进行 5）图样规定下限硬度 ≥55HRC 时，显微组织 3 ~ 7 级合格；图样规定下限硬度 <55HRC 时，显微组织 3 ~ 8 级合格，重要件 4 ~ 7 级合格，蜗杆允许 3 ~ 8 级合格 6）经预先调质件、正火件，表里金相组织都应符合工艺要求 7）表面硬度要求 ≥55HRC 的工件，硬化层中不允许出现铁素体、托氏体。硬度 <55HRC 的工件，预先调质处理者，其硬化层内不允许有铁素体，预先经正火或退火者，其硬化层中允许有少量铁素体 8）仲裁时，显微组织以在 400 倍的金相显微镜下检验为准，在有效硬化层表层处检验

（续）

项目	内　　容
珠光体球墨铸铁齿轮感应淬火金相组织检验	1）珠光体球墨铸铁齿轮感应淬火金相组织检验按 JB/T 9205—2008《珠光体球墨铸铁零件感应淬火金相检验》的规定进行。一般 3～6 级为合格组织 2）此标准适用于珠光体含量的体积分数不低于 65% 的球墨铸铁工件经高、中频感应淬火低温回火（回火温度≤200℃）后的硬化层金相组织的检验

7. 齿轮感应淬火畸变与裂纹检验（见表 8-42）

表 8-42　齿轮感应淬火畸变与裂纹检验

项目	内　　容
齿轮畸变检验	1）由于齿轮的结构、淬火范围、区域的不同，齿轮淬火后的畸变（包括内孔、花键等）倾向是多种多样的，如内孔的胀大、缩小或形成锥孔等。这些齿轮必须按图样技术要求或工艺文件的规定，使用专用检具检查。在没有具体畸变要求时，也可按常用的规定来检查 2）感应淬火、回火后不进行磨削加工的工件，其畸变量按技术要求进行检验 3）扁平、盘形件的翘曲量应小于预留磨量的 2/3 4）齿轮类畸变量应控制在图样或技术文件要求的范围内 5）畸变检验的数量根据图样或工艺文件的规定，一般长轴杆件应 100% 检验，超差者需要矫直。同一批淬火的齿轮，抽检数每批不得少于 3 件 6）轴类件的畸变主要为弯曲畸变。根据图样规定检验直线度和径向圆跳动，图样未明确规定的，允许径向圆跳动量是单边磨削余量的 1/2。有具体畸变量要求的齿轮可根据技术要求检查；一般轴类件淬火后经矫直和低温回火，径向圆跳动量允许为直径留磨量的 1/2 7）模数 $m≤5mm$ 的齿轮，高频感应淬火后齿向允许畸变量为 0.01mm；模数 $m>5mm$ 的齿轮，感应淬火后齿向允许畸变量为 0.015mm 8）齿轮内花键孔畸变量按壁厚的要求：齿轮最小外径超过最大孔径的值≤2mm 时，允许缩小量≤0.05mm；齿轮最小外径超过最大孔径的值 >2mm，允许缩小量≤0.03mm 9）环套类齿轮的感应淬火畸变主要是内孔（内孔的胀大和缩小、圆度）和端面的平面度等，一般在专用检具上检查
齿轮裂纹检验	1）齿轮感应淬火后，应进行裂纹检查。对淬火裂纹的检查有特殊要求的齿轮，必须按齿轮的技术要求进行 2）一般采用磁粉检测和荧光检测进行检查。经磁粉检测的齿轮应经过退磁处理后再进入下道工序

8. 齿轮感应淬火返修质量检验（见表 8-43）

表 8-43　齿轮感应淬火返修质量检验

项目	内　　容
返修齿轮的质量检查	1）硬度比图样规定的低 2HRC 或 20HV 时，硬化区尺寸偏差 2mm 以上（中小件），硬化层深度比图样规定低 0.5mm 以上，或金相组织欠热（9～10 级）、过热，允许经低温退火后，按原工艺感应淬火、回火 2）返修齿轮的检验数量是原规定的 2～3 倍，必要时全数检验 3）感应淬火齿轮只允许返工感应淬火一次 4）凡经过返修的齿轮应严格进行检查。一般形状简单、不易产生裂纹的齿轮，返修后必须 100% 进行目测检查裂纹。易于产生裂纹、形状复杂或重要的齿轮，返修后必须 100% 经磁粉检测等无损检测法检查裂纹，并对齿部硬度、硬化层深度进行检测

8.11 齿轮火焰淬火的质量检验

齿轮火焰淬火的质量检验项目与要求见表 8-44。

表 8-44 齿轮火焰淬火的质量检验项目与要求

项目	检 验 内 容
原始组织	应符合技术要求，即应具有正火（细珠光体 + 铁素体）或调质（回火索氏体）组织
表面质量	1）表面不应有过烧、熔化、裂纹等缺陷 2）采用放大镜目视检查，或按 JB/T 4009—1999《接触式超声纵波直射探伤方法》的规定进行超声检测

硬度

1）表面硬度按 GB/T 230.1—2009、GB/T 4340.1—2009、GB/T 4341—2001 的规定执行。对大型工件可采用超声硬度计或便携式里氏硬度计检验

2）表面硬度应按图样、工艺文件的规定进行检查。在不同位置测量硬度应不少于 3 处，取其平均值，一般硬度值均匀度不大于 5HRC

3）硬度应符合图样和工艺文件的要求，表面硬度一般要求为 50 ~ 56HRC

4）表面洛氏硬度的波动范围可参考 JB/T 9200—2008 的规定：

工件类型	表面硬度 HRC			
	单 件		同 一 批	
	≤50	>50	≤50	>50
重要件	≤5	≤4	≤5	≤5
一般件	≤6	≤5	≤7	≤6

注：1. 表中硬度值均为实测数值，其波动范围没有直接换算关系。
2. 同一批指在相同工艺条件下处理的一批相同工件。

有效硬化层深度

1）根据 GB/T 5617—2005 所规定的以极限硬度（HV_{HL}）为基准的硬化层深度的测量方法。采用负荷为 9.8N（1kgf），在垂直于工件表面的横截面上的指定部位进行测量。从工件表面开始，测量硬度值到 0.8 倍图样或技术文件要求的硬度下限值（HV_{MS}）处距离，作为有效硬化层深度（DS）

2）有效硬化层深度按 GB/T 5617—2005 的规定执行，有效硬化层深度应大于 0.3mm

3）齿轮模数 $m > 8mm$ 时，齿部淬硬层深度应为模数的 1.7 倍；$m ≤ 8$ 时，应有 2/3 齿高淬硬

4）一般火焰淬火齿轮不允许有回火软带产生

5）有效硬化层深度波动范围不允许超过 JB/T 9200—2008 的规定（参考执行）：

有效硬化层深度/mm	硬化层深度波动范围/mm	
	单 件	同 一 批
≤1.5	0.2	0.4
>1.5 ~ 2.5	0.4	0.6
>2.5 ~ 3.5	0.6	0.8
>3.5 ~ 5.0	0.8	1.0
>5.0	1.0	1.5

6）在有争议的情况下，按 GB/T 5617—2005 的规定测量火焰淬火后有效硬化层深度的方法是唯一的仲裁方法

（续）

项目	检 验 内 容
淬硬区位置 范围与偏差	硬化区范围按图样或有关技术文件规定的表面硬化区而定，必须规定合理的允许偏差
	轴类件的淬火长度允许偏差为 ±5mm，大件允许偏差为 ±8mm
金相检查	1）晶粒度、脱碳、马氏体级别等的检验应符合 GB/T 6394—2002、GB/T 224—2008、JB/T 9204—2008 等的规定 2）齿轮火焰淬火时，如果需要金相检查，则必须在工艺文件上注明 3）淬火部位的金相组织，根据齿轮的材料和性能要求应为正常的淬火组织（如细针状马氏体）或淬火回火组织
畸变量	1）可用百分表、直尺、塞尺或其他适当仪器、仪表进行检测 2）处理后齿轮的畸变量应低于图样技术要求 3）轴类件畸变量应低于工艺规定值，超过规定值应矫直；盘形件应校平 4）火焰淬火机床齿轮一般节圆误差不超过 0.04mm，外圆胀大不超过 0.02mm；环形齿轮畸变圆度公差为 0.03mm，齿轮内孔畸变圆度公差为 0.02mm

8.12　齿轮热处理畸变与裂纹的检测

8.12.1　齿轮热处理畸变的检测

齿轮热处理畸变包括：一是体积变化，热处理前后各种组织比体积不同是引起体积变化的主要原因；二是形状畸变，即齿轮各部位相对位置或尺寸发生改变；三是淬火冷却时的不同时性所形成的热应力和组织应力使齿轮局部产生塑性畸变。

在热处理生产现场，对热处理齿轮畸变的检测，应根据齿轮图样技术要求及工艺文件规定和齿轮的长短、大小、形状和畸变特征，使用不同规格型号的游标卡尺、千分表、百分表、塞尺等量具及检验平台、中心架、偏摆检测仪及专用检具等进行畸变检测。

蜗杆淬火（包括渗碳淬火）畸变允许误差见表 8-45。

表 8-45　蜗杆淬火（包括渗碳淬火）畸变允许误差　　　　　（单位：mm）

畸变	模　　数		
	< 3	3 ~ 4.5	> 4.5
蜗线双面留量	0.30 ~ 0.40	0.40 ~ 0.50	0.50 ~ 0.60
淬硬前的振摆	0.07	0.1	0.12
淬硬后的振摆	0.15	0.2	0.25

8.12.2　齿轮热处理裂纹的检测

1. 齿轮裂纹的宏观检查

裂纹宏观检查的目的是确定是否存在裂纹以及裂纹的宏观形态与分布。裂纹宏观检查可以初步判断裂纹的类别与性质。齿轮裂纹的宏观检查方法见表 8-46。

表 8-46　齿轮裂纹的宏观检查方法

种类	内　　容
目视检查法	生产现场最简单、最常用的方法是将热处理后的齿轮经喷砂（喷丸）后目视检查，或使用放大镜观察齿轮的表面即可

（续）

种类	内　　容
浸油检测法	将齿轮浸入煤油或汽油中 5～10min，然后取出齿轮用棉纱擦拭干净，再涂以石灰粉或其他白粉，如果有裂纹，则在白色部分有油渗出
敲击检查方法	用小锤等轻轻敲击齿轮，如果发出清晰的金属声音，尾声比较长，即可判断为没有裂纹；如果发出重浊的声音，即可判断有裂纹存在
无损检测方法	磁粉检测、超声检测、着色检测等，其是比较准确的无损检测方法

2. 齿轮裂纹的微观检查与分析

为了确定裂纹的性质和产生的原因，需要用光学显微镜或电子显微镜进行裂纹及其周边组织的微观分析。此时，首先要对齿轮进行解剖并确定观察面，原则上金相组织的磨面应垂直于裂纹并且平行于裂纹的扩展方向，以便于在观察面上可以观察到裂纹的源区（起裂部位）和裂纹的末端。裂纹的微观观察与分析的主要内容见表 8-47。

表 8-47　齿轮裂纹的微观观察与分析的主要内容

分析方法	内　　容
裂纹产生部位的分析	1）尖角、缺口、截面尺寸突变或台阶等结构上的缺陷，导致在制造和使用过程中因应力集中而产生裂纹 2）夹杂、斑疤、划痕、折叠、氧化、脱碳、粗晶以及气泡、疏松、白点、过热、过烧等材料缺陷不仅降低了材料强度，而且往往因这些缺陷的尖锐的前沿而产生很大的应力集中，使得在很低的平均应力下就产生裂纹并得以扩展 3）表面存在加工硬化层或回火软化层
裂纹走向的观察与分析	原则上裂纹扩展的方向取决于应力与材料强度两个因素。应力原则是指在脆性断裂、疲劳断裂、应力腐蚀断裂时，裂纹的扩展通常都是垂直于主应力的方向，而韧性金属受扭转载荷或在平面应力的情况下，其裂纹的走向一般都平行于切应力方向；材料强度原则是指裂纹总是倾向于沿着最小阻力的路线，即材料强度最低的薄弱环节或缺陷处 1）一般情况下，如应力腐蚀裂纹、氢脆、回火脆性、磨削裂纹、过热与过烧引起的锻造裂纹、蠕变裂纹、铸造热裂纹、热脆等情况，晶界是薄弱环节，故其裂纹是沿晶形成的 2）疲劳裂纹、解理裂纹、淬火裂纹以及其他韧性断裂的情况下，晶界强度一般大于晶内材料强度，故裂纹是穿晶的 3）在裂纹遇到晶界、亚晶界、第二相硬质点或者其他组织和性能不均匀区时，往往会受到阻碍而改变方向
裂纹末端的观察与分析	一般情况下，淬火裂纹、疲劳裂纹的末端是尖锐的，而铸造热裂纹、折叠裂纹和发纹等末端呈圆秃状。图 a 是因铸造缺陷而产生的裂纹，裂纹末端粗而秃。图 b 是淬火裂纹，裂纹细而曲折，而且裂纹末端尖锐  a)　　　　　　　　　　　　　　b)

（续）

分析方法	内　　　容
热处理淬火裂纹与非淬火裂纹的特征	在热处理过程中产生的裂纹是多种多样的，其形成的机理也不相同，因此热处理裂纹有淬火裂纹和非淬火裂纹两种，为了便于区分，现将两者的差异列于表 8-48 中

表 8-48　热处理淬火裂纹与非淬火裂纹的特征

裂纹类型	裂纹形成的原因	宏观特征	显微组织特征
淬火裂纹	出现在淬火冷却后期或冷却后，因工件的内外存在温差，引起了不均匀的胀缩而产生热应力和组织应力的综合作用，当拉应力超过材料的断裂强度时即产生脆性断裂	1）总是显现瘦直而刚健的曲线，棱角线较强 2）裂纹深度不超过淬硬层深度，有断续串裂分布现象 3）裂纹端面有可能渗入水、油的痕迹	1）沿奥氏体晶界或马氏体晶界出现，有时穿过马氏体针或绕过马氏体针，或出现在马氏体针中间等 2）存在沿晶分布的小裂纹 3）裂纹两侧的显微组织与其他组织无明显区别，表面无氧化、脱碳现象
非淬火裂纹	工件原材料表面和内部存在冶金和上道工序存在的内部裂纹和缺陷，在淬火前没有暴露，淬火冷却时因内应力的作用而扩大显现出来	1）一般都显得软弱无力。尾部粗而圆钝 2）若裂纹为锯齿形，则是非金属夹杂物引起的裂纹	1）裂纹两侧的显微组织与其他区域不同，有脱碳层存在 2）因夹杂物引起的裂纹两侧和尾部有夹杂物分布，但无脱碳现象

8.13　齿轮的台架疲劳寿命试验

8.13.1　汽车弧齿锥齿轮技术要求及其疲劳寿命试验要求

1. 汽车弧齿锥齿轮技术要求及其疲劳寿命试验技术要求

1）中国齿轮专业协会标准 CGMA 3001. C01—2009《中型及中型以下汽车驱动桥螺旋锥齿轮技术条件》适用于重载质量小于 8t 的中、轻、微型汽车驱动桥弧齿锥齿轮和准双曲面齿轮，齿轮疲劳寿命按 QC/T 533—1999 的规定方法进行试验，未失效最低循环次数应 ≥50 万次。

2）CGMA 3001. B01—2009《重型汽车驱动桥螺旋锥齿轮　技术条件》适用于重载质量 8t 以上载货汽车和大型客车驱动桥弧齿锥齿轮，其疲劳寿命以主动齿轮在当量转矩下的平均疲劳寿命为评价指标，应达到 50×10^4 次以上，最低不低于 30×10^4 次。齿轮达到规定的疲劳寿命指标后，不应出现轮齿断裂、齿面压碎、齿面严重剥落和齿面严重点蚀等现象。

2. 汽车弧齿锥齿轮疲劳寿命试验

（1）试验目的　检验弧齿锥齿轮或准双曲面齿轮的疲劳寿命。

（2）试验样品　可供做试验结果依据的数量不得少于 3 件。

（3）试验方法

1）试验装置。闭式齿轮试验台或开式齿轮试验台，转矩转速仪/传感器，有条件的还有微机监控系统。

2）试验条件。

润滑油：被试齿轮应按技术条件规定的型号加注。

油温：正式试验时，油温控制在 85 ~ 115℃。

被试齿轮转速：≤200r/min。

3）重型汽车驱动桥齿轮疲劳寿命试验的试验计算转矩及对试验负荷的规定。根据不同工况和使用条件选择当量转矩。

4）试验程序。记录啮合印痕：按 0、$M_p/4$、$M_p/2$、$3M_p/4$、及 M_p 满负荷加载，记录各种载荷下正车和倒车的啮合印痕。磨合：按 0、$M_p/4$、$M_p/2$、$3M_p/4$、及 M_p 载荷各磨合 30min 后，即进行 M_p 满载试验并开始计时。正式试验：磨合后按 M_p 加载，按规定进行试验，直到齿轮失效为止。计数方法：按主动齿轮每转 1 周为 1 个循环次数。

3. 汽车驱动桥台架试验标准

QC/T 534—1999《汽车驱动桥台架试验评价指标》、QC/T 533—1999《汽车驱动桥台架试验方法》。

8.13.2　载货汽车驱动桥总成试验机及其技术参数、特点

1. 台架试验及台架试验机

齿轮的疲劳寿命试验以总成形式在电封闭式驱动桥总成试验台（如 QKT7-1 型，不需要陪衬齿轮）上采取超大载荷方式进行。试验过程中先磨合逐渐加载荷，最后满载荷，具体按 QC/T 533—1999《汽车驱动桥台架试验方法》的规定进行。

2. 齿轮台架试验输入转速与输入扭矩

（1）试验输入转速　一般按发动机最大扭矩点/变速器 1 档速比得出。如试验输入转速为 198r/min、200r/min、246r/min 等。

（2）试验输入扭矩　一般按输出扭矩/驱动桥主减速比得出，应考虑驱动桥的效率。如解放载货汽车 457 驱动桥最初试验输入扭矩为 6006N·m，经改进后试验输入扭矩加大到 7000N·m，甚至 8000N·m。

3. 试验功率

如 124.5kW、145kW、166kW 等。

4. 试验方法

按 QC/T 533—1999《汽车驱动桥台架试验方法》的规定进行。台架试验齿轮的疲劳寿命应满足齿轮设计要求，一般不低于 30 万次。

5. 试验机特点

如 QKT7-1 型，由一个 570kW 的测功机作为动力源，实现驱动，满足输入转速的要求；由两个 150kW 的测功机来实现加载，满足输入扭矩的要求。570kW 测功机作为电动机，两个 150kW 发动机。

6. 典型齿轮台架试验参数

一般情况下，如解放载货汽车 457 驱动桥总成，试验输出扭矩 36000～40000N·m；东风载货汽车 435 驱动桥总成，试验输出扭矩 30000～35000N·m。

1）斯太尔载货汽车驱动桥总成：速比 4.8，试验输出扭矩 44000N·m，试验输入扭矩 9167N·m，试验输入转速 200r/min，试验油温（80±10）℃。

2）东风载货汽车 435 驱动桥总成：速比 6.5，试验输出扭矩 31740N·m，试验输入扭矩 4883N·m，试验输入转速 246/min，试验油温（80±10）℃。

3）解放载货汽车 457-6/38 驱动桥总成：试验输出扭矩 36000N·m，试验输入转速 200r/min，试验油温（80±10）℃。

8.13.3　13t 载货汽车单级减速器驱动桥总成疲劳试验

1. 试验相关数据的计算

1）输入轴循环次数的确定。

2）试验中转速的确定。

2. 台架试验装置（见图 8-15）

3. 试验过程

1）将驱动桥安装到试验台上，并用专用的锁紧支架固定到相应的支架上，将输入轴与驱动头相连接，中间连接一个扭矩仪或力矩测量装置，而轮毂通过专用联轴器与测功机连接。

2）试验前驱动桥总成的磨合。以逐渐增加的方式施加扭矩。在磨合过程中，应保证没有不正常的噪声和振动。如有异常应及时停止试验，分析原因，并进行排除。

3）进行驱动桥总成试验。在被试驱动桥的输入轴上施加一个最大扭矩，按转速要求转动，一直到试验驱动桥出现可感觉到的异常现象为止，如噪声和振动等。

4）试验结束。从试验台架上拆下驱动桥，并检验主减速器的主、从动齿轮总成的各个部件，记录其失效情况和循环次数。

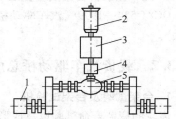

图 8-15　台架试验装置
1—制动器或测功机　2—电动机
3—变速器　4—扭矩仪　5—驱动桥

8.13.4　齿轮弯曲疲劳试验

　　渐开线圆柱齿轮的轮齿弯曲疲劳试验可在专用的齿轮试验台上进行，也可在脉动加载试验台上进行。齿轮的脉动加载试验可分为单齿加载、双齿加载或多齿加载，但应用最多的还是单齿加载或双齿加载。

　　试验可在通用的高频疲劳试验机上进行，参照 GB/T 3480.5—2008《直齿轮和斜齿轮承载能力计算　第 5 部分：材料的强度和质量》的规定计算出载荷与齿根应力之间的对应关系（也可在齿根贴应变片直接进行测验）。如在 PW-10 型 10t 高频疲劳试验机进行双齿脉冲弯曲疲劳试验。

8.13.5　齿轮接触疲劳性能试验的实例

　　齿轮接触疲劳性能试验的实例见表 8-49。

表 8-49　齿轮接触疲劳性能试验的实例

项目	内　　　　容
试验齿轮及其状态	试验齿轮有两种：20CrMoH 渗碳淬火齿轮（未喷丸）和 20CrMoH 渗碳淬火后强化喷丸齿轮。齿轮渗碳层深度均为 1.2~1.6mm。渗碳淬火后齿面硬度为 61.0~62.0HRC，心部硬度为 44.0~45.3HRC，有效硬化层深度为 1.6mm。喷丸处理后的齿面硬度为 62.5~63.5HRC，残余压应力为 980MPa
齿轮喷丸主要参数	丸粒直径 0.7mm，丸粒速度 80m/s，覆盖率 200%（100% 覆盖率时间为 7min）
试验条件	试验机油温 70℃；转速 1500~1600r/min；润滑油为 80W/90GL-5 型长城重负荷车辆齿轮油
试验设备	德国 STRAMA 公司生产的中心距为 160mm 的标准齿轮疲劳试验机。该试验机是背靠背布置的，具有高转速、高扭矩及高功率等特点，配有测试齿轮箱（2 个）及液压伺服扭矩加载器

（续）

项目	内　　　容
试验规范	选用 M8 标准齿轮（M8 代表模数为 7~8mm 的齿轮）。当齿面出现接触疲劳失效或应力循环次数达到循环基数 5×10^7 次时，试验终止并获得在该试验应力下的 1 个寿命数据，即 1 个试验点。要完成一条齿轮接触疲劳 S-N 曲线，至少应选择 3 个应力水平，最高应力及中应力循环次数不少于 1×10^6 次，应力增量一般取 5%~10%，每个应力水平取 2~4 个试验点。齿轮接触疲劳试验至少需要 6 对齿轮，每个齿轮有两个试验面，共可获得 12 个数据点。通过了解试验用齿轮的材料、工艺、结构参数等，估算可能的试验载荷范围
试验结果	20CrMoH 渗碳淬火齿轮（未喷丸）试验转速 1600r/min，扭矩 1900N·m。当齿轮工作扭矩增加到 2300 N·m 时齿轮发生断齿，即在高应力区没等发生齿轮接触疲劳失效时就先发生了齿轮弯曲疲劳失效。用升降法求出齿轮接触疲劳强度为 1791MPa，相当于 ISO 6336 规定的 ME 级 20CrMoH 渗碳淬火后喷丸强化齿轮试验转速 1500r/min，扭矩 2500N·m。用升降法求出喷丸强化齿轮接触疲劳强度为 2069MPa，比未喷丸齿轮接触疲劳强度提高约 13%

8.14　齿轮硬度检验

8.14.1　经不同工艺热处理后的零件表面硬度测试方法及选用原则

经不同工艺热处理后的零件表面硬度测试方法及选用原则见表 8-50，供齿轮热处理后硬度检测时选择。

表 8-50　经不同工艺热处理后的零件表面硬度测试方法及选用原则（摘自 JB/T 6050—2006）

热处理件通用类别	表面硬度测试方法标准	选　用　原　则
正火件与退火件	GB/T 230.1、GB/T 231.1、GB/ 4340.1、GB/ 17394	一般按 GB/ 231.1 的规定测试，或用 GB/ 17394 规定的 D 型装置测试
淬火件与调质件	GB/T 230.1、GB/ 231.1、GB/T 4340.1、GB/ 17394、GB/T 4341、GB/T 13313	一般用 GB/ 230.1 规定的 C 标尺测试；调质件按 GB/T 231.1 的规定测试；小件、薄件用 GB/ 230.1 规定的 A 标尺、15N 标尺或按 GB/T 4340.1 的规定测试
表面淬火件	GB/T 230.1、GB/T 231.1、GB/T 4340.1、GB/T 17394、GB/T 4341、GB/T 13313	一般用 GB/T 230.1 规定的 C 标尺测试。硬化层较浅时，可按 GB/T 4340.1 的规定或用 GB/T 230.1 规定的 15N 标尺、30 标尺测试；生产现场测试可用 GB/T 17394 规定的 D 型冲击装置
渗碳件与碳氮共渗件	GB/T 230.1、GB/T 4340.1、GB/T 17394、GB/T 4341	一般按 GB/T 230.1 的规定测试（有效硬化深度 >0.6mm 时可用 A 标尺或 C 标尺）；硬化层深度较浅（<0.4mm）时，可用 GB/T 4340.1、GB/T 230.1 规定的 15N 标尺或 30 标尺测试
渗氮件	GB/T 230.1、GB/T 4340.1、GB/T 17394、GB/T 4341、GB/T 18449.1	一般按 GB/T 4340.1 的规定测试（试验力一般选用 98.07N，如果渗氮层深度 ≤0.2mm 时，试验力一般不超过 49.03N）；渗氮层深度 >0.3mm 时，也可选用 GB/T 230.1 规定的 15N 标尺测试，化合物层硬度按 GB/T 4340.1 的规定测试（试验力一般选用 <1.961N）
氮碳共渗件	GB/T 230.1、GB/T 4340.1、GB/T 17394、GB/T 18449.1	一般按 GB/T 4340.1 的规定测试（试验力一般为 0.4903~0.9807N）；渗层深度 ≥0.2mm 时可用 GB/T 17394 规定的 C 型装置测试

8.14.2　常用硬度测试方法的适用范围

常用硬度测试方法的适用范围见表 8-51。

表 8-51 常用硬度测试方法的适用范围

硬度测试方法	适用范围
布氏硬度 (GB/T 231.1)	统一规定用不同直径的硬质合金球做测试用球,不再使用钢球做测试球。布氏硬度测试上限值可达 650HBW。一般情况下适用于测试退火件、正火件及调质件的硬度值,特殊条件下也可测试钢铁零件其他热处理后的硬度值。对于铸铁件,硬质合金球直径一般为 2.5mm、5mm 和 10mm(现场测试可用携带式硬度计或锤击式硬度计,对成品件不宜采用布氏硬度的测定方法)
洛氏硬度 (GB/T 230.1)	批量、成品及半成品件的硬度测定,有 A、B、C、D、…、N 等多种标尺: A 标尺适用于测试高硬度淬火件、较小与较薄件的硬度,以及具有中等厚度硬化层零件的表面硬度 B 标尺适用于测试硬度较低退火件、正火件及调质件的硬度 C 标尺适用于测试经淬火回火等热处理后零件的硬度,以及具有较厚硬化层零件的表面硬度 …… N 标尺适用于测试小与薄件的硬度,以及具有浅或中等厚度硬化层零件的表面硬度。对晶粒粗大且组织不均匀的零件不宜采用
维氏硬度 (GB/T 4340.1)	1)维氏硬度测试试验力范围为 49.03 ~ 980.7N,主要适用于测试小件、薄件的硬度以及具有浅或中等硬化层零件的表面硬度,现场测试可用超声硬度计 2)小负荷维氏硬度测试试验力范围为 1.961 ~ 29.42N,主要适用于测试小件、薄件的硬度以及具有浅硬化层零件的表面硬度 3)显微维氏硬度测试试验力范围为 0.09807 ~ 0.9807N,主要适用于测试微小件、极薄件和显微组织的硬度以及具有极薄或极硬化层零件的表面硬度
里氏硬度 (GB/T 17394)	1)金属里氏硬度测试方法适用于大型金属产品及部件里氏硬度的测定 2)该试验方法具有多种测试冲击装置,也适用于零件热处理后现场的硬度测试

8.14.3 不同硬化层深度和硬度测量方法选用原则

不同硬化层深度和硬度测量方法选用原则见表 8-52。

表 8-52 不同硬化层深度和硬度测量方法选用原则

有效硬化层深度 /mm	表面硬度测量方法	
	采用标准	试验力/N
≤0.1	GB/T 4340.1	≤9.807
>0.1 ~ 0.2	GB/T 4340.1	≤9.807 ~ 49.03
>0.2 ~ 0.4	GB/T 4340.1	>49.03 ~ 98.07
	GB/T 230.1(15N 或 30N 标尺)	147.1 或 294.2
>0.4 ~ 0.6	GB/T 4340.1	>98.07 ~ 294.2
	GB/T 230.1(A 标尺)	588.4
>0.6 ~ 0.8	GB/T 230.1(A 或 C 标尺)	588.4 或 1471.0
>0.8	GB/T 230.1(C 标尺)	1471.0

8.14.4 硬度符号与表示及举例说明

硬度符号与表示及举例说明见表 8-53。

表 8-53　硬度符号与表示及举例说明

硬度名称	硬度符号与表示	示　例　说　明
布氏硬度 （GB/T 231.1）	350HBW5/750	表示用直径 5mm 的硬质合金球在 7.355kN 试验力下保持 10～15s 测定的布氏硬度值为 350
	600HBW10/30/20	表示用直径 10mm 的硬质合金球在 29.42kN 试验力下保持 10～15s 测定的布氏硬度值为 600
洛氏硬度 （GB/ 230.1）	90HRB	表示用直径 1.5875mm 的钢球在 980.7N 总试验力下以 B 标尺测定的洛氏硬度值为 90
	62HRC	表示用金刚石圆锥（120°）压头在 1471N 总试验力下以 C 标尺测定的洛氏硬度值为 62
	70HRN30	表示用金刚石圆锥（120°）压头在 294.2N 总试验力下以 N 标尺测定的洛氏硬度值为 70
维式硬度 （GB/T 4340.1）	620HV30	表示在试验力为 294.2N 下保持 10～15s 时测定的维式硬度值为 620
	660HV0.5/20	表示在试验力为 4.903N 下保持 20s 时测定的小负荷维式硬度值为 660
	860HV/0.02/30	表示在试验力为 0.1961N 下保持 30s 时测定的显微维式硬度值为 860
里氏硬度 （GB/T 17394）	700HLD	表示用 D 型冲击装置测定的里氏硬度值为 700
	600HLDC	表示用 DC 型冲击装置测定的里氏硬度值为 600
	550HLG	表示用 G 型冲击装置测定的里氏硬度值为 550

第9章　齿轮热处理常见缺陷与对策

9.1　齿轮热处理加热、冷却与力学性能缺陷与对策

9.1.1　齿轮热处理加热缺陷与对策

齿轮在锻造、铸造及热处理时要进行加热；为了改善齿轮锻件、铸件组织及消除其形成的内应力，在进行正火或退火预备热处理时也要加热。由加热所造成的缺陷主要有两个方面，即加热后齿轮的表面缺陷和显微组织缺陷，主要有氧化、脱碳、过热、欠热、过烧、晶粒粗化、腐蚀、畸变及开裂等。针对以上加热缺陷应进行多方面分析，找出原因并制定相应改进措施，以提高齿轮热处理质量，降低损失。

1. 齿轮氧化与脱碳缺陷与对策

齿轮在退火、正火、淬火等热处理过程中，如果在没有保护性的介质（气氛）中加热，齿轮表面的铁和合金原子将会与加热介质中的氧化性物质起化学反应，生成氧化物，造成表面脱碳和变质等现象。氧化使金属的表面粗糙度值升高，精度下降，并失去金属光泽，导致脱碳，造成淬火硬度降低，容易出现软点，使综合力学性能降低，钢材消耗增加。脱碳会降低钢的淬火硬度和耐磨性，同时脱碳后任何热处理状态的钢的疲劳强度都降低，甚至容易造成淬火裂纹。

（1）齿轮氧化与脱碳缺陷（见表9-1）

表9-1　齿轮氧化与脱碳缺陷

缺陷	定　　　义
氧化	指齿轮在含有空气等的氧化性气氛中加热，其表面产生氧化层，氧化层由三氧化二铁（Fe_2O_3）、四氧化三铁（Fe_3O_4）及氧化铁（FeO）三种化合物组成
脱碳	指齿轮用钢铁材料在加热过程中表面的碳与加热介质中脱碳气体（氧、氢气、二氧化碳、水蒸气等）相互作用而发生烧损的现象。一般情况下，氧化必然导致脱碳，但是脱碳不一定氧化

（2）对策　氧化与脱碳是齿轮表面和周围介质作用的结果。控制氧化与脱碳的方法，一是改变加热时与齿轮表面接触的介质性质；二是将加热齿轮与介质隔离。

1）防止或减少加热齿轮氧化脱碳的方法见表9-2。

表9-2　防止或减少加热齿轮氧化脱碳的方法

序号	加热介质	方　　法	适用工艺
1	真空	采用一定的压升率，即不大于 0.67Pa/h	能实现完全无脱碳加热。成本较高，一般用于要求热处理光亮、畸变小的齿轮
		充入高纯度氮气、氢气、氩气等，使保护气体得到净化	
2	保护气氛或可控气氛	通入一定纯度的惰性气体或保护气体，如氢气、氩气或纯度为98%（体积分数）以上的干燥氮气等	可进行大批量的热处理作业，进行连续化生产，齿轮表面状态较好
		制备气氛可控碳势，滴入酒精或甲醇等，使碳势接近或达到钢的碳含量	

（续）

序号	加热介质	方　　法	适用工艺
3	盐浴（氯盐、硝盐）	严格按照要求脱氧	进行批量生产，操作灵活，但辅助工作复杂
		中性盐添加木炭粉、碳化钙、碳化硅等活性组分	
		使用长效盐	
4	空气	齿轮埋入石英砂、铸铁屑装箱或添加木炭粉加热	多用于齿轮的加热处理，对表面的状态要求不严，多半在热处理后进行表面抛丸、喷砂或表面加工
		采用密封罐抽真空或通入保护气氛	
		采用感应加热、激光加热等	
		齿轮表面涂覆防氧化脱碳涂料	

2）控制与补救齿轮氧化与脱碳的方法见表 9-3。

表 9-3　控制与补救齿轮氧化与脱碳的方法

方法与措施		适　用　工　艺					
控制方法	改变加热时与齿轮表面接触的介质性质	可采用盐浴炉、可控气氛（如放热式气氛、吸热式气氛和滴注式气氛）炉或真空加热炉等。通常的保护气氛的成分：					
		类型	空气与气体的比例	成分的组成比（体积分数）（%）				露点/℃
				CO	H₂	CH₄	N₂	
		Ⅰ	6:1	10.5	15.5	1.0	73	-40
		Ⅱ	24:1	20	38	0.5	41.5	-23
	将加热齿轮与介质隔离	可采用防氧化脱碳涂料［如 MP120 型（850~1250℃）、KO-101 型（500~1000℃）、KO-950D 型（800~1000℃）等］涂覆保护加热、采用铸铁屑或添加木炭装箱加热，或钢箔包装加热处理等					
补救措施		一旦出现缺陷需要采用磨削、车削的加工方法及抛丸、喷砂方法去除；也可采用化学的方法如硫酸或盐酸进行清理，但须注意防止氢脆现象的发生					
		对于脱碳层超过加工余量的齿轮，可在渗碳气氛中进行复碳处理，以补救表面碳量的损失					

2. 齿轮过热、过烧和欠热缺陷与对策

1）过热的钢材淬火处理容易产生畸变或者开裂，并使材料的力学性能变坏，特别是冲击韧性显著下降。退火处理容易形成粗晶粒，正火处理极易形成魏氏体组织。

2）过烧使齿轮性能恶化，淬火时必然产生开裂，是不允许的热处理缺陷，对于过烧齿轮只能报废。

3）欠热使亚共析钢淬火组织中出现铁素体，造成淬火硬度不足。欠热使退火或正火组织硬度偏高，淬火时形成软点，淬硬层深度不均匀或偏浅，甚至形成淬火开裂。

齿轮过热、过烧和欠热缺陷与对策见表 9-4。

表 9-4　齿轮过热、过烧和欠热原因与对策

项目		内　　容
过热与过烧	形成原因	过热形成原因： 1）加热温度过高或保温时间过长，使奥氏体晶粒显著粗化 2）装炉量过多，炉温均匀性差，或在正常工艺下，仍有部分齿轮加热温度过高，保温时间长
		过烧形成原因：过烧是钢件在过高的温度下加热，晶界氧化和开始晶界局部熔化的现象

（续）

项目		内　　容
过热与过烧	对策	根据钢的化学成分及齿轮几何形状，制订正确的加热规范并严格执行，尤其应注意薄壁齿轮
		改善炉温均匀度
		齿轮几何形状复杂时，如有薄壁边缘时，应采取必要的保护措施
		装炉量合理，摆放均匀；厚度相差过大的齿轮避免采用热炉加热方式
		同炉加热的不同厚度的齿轮应根据炉温的均匀情况，把薄壁件装在不易产生过热的部位，或按薄厚进行分类装炉
		使用经过校正的控温仪表，并保证其指示温度的准确性，定期进行校验和监督
		控制加热炉的气氛，使之不具有过于强烈的氧化性
		为防止齿轮过烧，最高加热温度应比钢的熔点至少低100℃。几种钢材产生过烧的加热温度：

牌　　号	产生过烧的加热温度/℃
20	>1350
45	1350
40CrNiMo、12CrNi3A、12Cr2Ni4A	1350
18Cr2Ni4W	>1350

项目		内　　容
过热与过烧	补救措施	对于形成过热的齿轮，可采用正确的热处理规范进行一次或多次正火或退火，以重新细化晶粒。例如对于普通碳素钢，用一次正火（约950℃）即可；对于出现粗大贝氏体或马氏体的合金结构钢，最后采用退火方法
欠热	形成原因	欠热是指加热温度偏低，保温时间不足；或者装炉量过大，炉子的均温性差；在正常工艺下，还有部分（局部位置）齿轮加热不足；或保温时间不足
	对策	调整热处理工艺并严格执行，适当提高加热温度，或延长保温加热时间
		严格执行热处理规范，合理装炉，摆放均匀，防止齿轮装炉量过多
		对炉温控制仪表进行校验，现场进行监督
		改善炉温均匀度
	补救措施	按正常工艺重新加热并进行冷却

3. 齿轮晶粒粗化与混晶缺陷与对策

（1）齿轮晶粒粗化缺陷与对策　晶粒粗化存在于转变温度以上的奥氏体中，其晶粒大小是影响钢的性能的一种重要因素。因此，晶粒的显著粗大被看成是组织上的缺陷。淬火、回火后，钢的冲击韧性随着奥氏体晶粒的粗化而降低。晶粒粗化包括奥氏体晶粒的粗化及铁素体晶粒的粗化。

齿轮晶粒粗化形成原因与对策见表9-5。

表9-5　齿轮晶粒粗化形成原因与对策

项目	内　　容
形成原因	加热温度高，高温停留时间长。如温度超过钢的Ac_3点以上很多时，即会使晶粒粗化，当钢中碳的质量分数达到0.35%或0.4%以上而锰（Mn）的质量分数在1.8%时，晶粒粗化倾向大
	增高晶粒长大倾向的元素 Mn、P、C 等含量高，或减小晶粒长大倾向的元素 V、Ti、Al、W、Mo、Cr、Si、Ni 等含量少，将加大钢材晶粒粗化倾向

（续）

项目	内　　容
对策	合理选择和控制加热温度及加热时间。低温下保温时间的影响较小。加热温度高时，保温时间相应缩短
	合理选择加热速度。加热速度越大，过热度越大。在保证奥氏体成分较为均匀的前提下，必须快速加热并短时保温
	选择细的钢的原始组织。原始组织为非平衡组织时，某些钢采用较快速度加热到 $Ac_1 \sim Ac_3$ 的高温区域或者高于 Ac_1 点时，非平衡组织有可能得到比平衡组织更为细小的起始奥氏体晶粒
	适当控制第二相颗粒的形态。第二相颗粒尺寸越小，阻碍晶粒长大的效果越大；单位体积中第二相颗粒数目越多，阻碍晶粒长大的阻力也越大。要控制奥氏体的晶粒度，还要适当控制第二相颗粒的形态
	退火、正火、淬火及渗碳等热处理中，应选用粗化温度高的本质细晶粒钢，不选用沸腾钢，并避免加热到粗化温度以上

（2）钢制齿轮中的混晶及组织遗传缺陷与对策　钢制齿轮组织中如果存在较严重混晶缺陷，则淬火时混晶中的粗大晶粒形成粗大针状马氏体 + 大量残留奥氏体，因成分偏析引起膨胀系数和相变前后比体积差异增大，使齿轮淬火畸变增大。

钢制齿轮中的混晶及组织遗传缺陷与对策见表 9-6。

表 9-6　钢制齿轮中的混晶及组织遗传缺陷与对策

工艺名称	产生原因	对　　策
消除 40Cr 钢件混晶的工艺	低品质 40Cr 齿轮钢件混晶的出现是由于存在沿晶分布、大体积的长条状 α-MnS 夹杂物，这些夹杂系铸造偏析所产生的。若 α-MnS 与新相能很好地润湿，则其夹杂物体积越大，新相长大驱动力越大，混晶越严重	混晶件采用高温固溶，即 1250℃ ×70min 油冷后组织明显粗大，形成典型的由 MnS 夹杂粒子引起的石状断口。对此，采取 850℃ ×1h 空冷，及 850℃ ×20min 油冷后组织均匀细小，混晶消除。采取增加锻造比方法，使 MnS 细碎程度增加，在采用锻造余热淬火法加工处理低品质钢时，齿轮钢件混晶概率减少
消除 18Cr2Ni4WA 钢混晶工艺	18Cr2Ni4WA 钢组织遗传倾向较大，其晶粒一旦粗化，就难以通过一次正火彻底消除。粗大晶粒组织会降低钢的强度和韧性	采用 750℃ ×3h 空冷 +640℃ ×3h 空冷 +850℃ ×1h 空冷 +220℃ ×2h 回火，混晶消除，强韧性配合最佳，R_m = 1321.04MPa，A = 15.8%，Z = 62.5%，a_K = 135.2J/cm^2，硬度为 40.5HRC
消除 20CrMnMo 及 17Cr2Ni2Mo 钢的晶粒长大及组织遗传工艺	17Cr2Ni2Mo 钢粒状贝氏体 + 粒状组织的遗传倾向大于马氏体组织，这与混合组织（粒状贝氏体 + 粒状组织 + 铁素体）和奥氏体岛在组织遗传中的作用有关	采用 950℃ 一次正火对消除 17Cr2Ni2Mo 钢组织遗传具有明显作用。这可能是由于相变重结晶和相变硬化再结晶双重作用的结果
	20CrMnMo 钢以粒状贝氏体 + 粒状组织为主的混合组织（粒状贝氏体 + 粒状组织 + 铁素体）具有一定遗传性，且组织中奥氏体岛稳定性差	用一次高温回火可彻底消除。增加一次 950℃ 正火，对消除 20CrMnMo 钢的组织遗传也有较好的作用，这与相变重结晶和相变硬化再结晶的作用有关外，还与正火后组织中先共析铁素体增多有关

（3）消除渗碳钢齿坯带状组织工艺（见表 9-7）

表 9-7　消除渗碳钢齿坯带状组织工艺

序号	工艺方法	内　　　容
1	消除渗碳钢齿坯带状组织的固溶细化工艺	固溶细化即"高温固溶＋球化"，其工艺曲线如下：
2	采用热轧坯料预备热处理＋锻造成形＋正火＋回火工艺	例如 20CrMnTi 钢风电轴齿轮消除带状组织工艺流程：下料→热轧坯料→预备热处理→锻造成形→正火→回火。下料后的热轧坯料（原始带状组织）随炉升温到 900℃，在该温度下保温 1.5h，再从 900℃ 升温到 1050℃，在此区间的升温速度控制在 100℃/h，在 1050℃ 保温 3.5h，出炉空冷至室温。在进行锻造齿坯时按正常的锻造工艺进行。齿坯正火工艺为 910℃ 保温 4.5h，出炉风冷至约 550℃ 进行回火，回火工艺为 620℃ 保温 5.5h，出炉空冷至室温。其工艺曲线如下：

9.1.2　齿轮热处理冷却缺陷与对策

在齿轮冷却过程中，伴随齿轮自身温度的急剧下降及组织转变，将会产生很大的组织应力及热应力，如果遇到齿轮原材料、热处理加热与冷却规范、设备及人为操作等方面的不良影响，会产生较多的缺陷，如淬火硬度及淬硬层深度达不到要求、齿轮畸变及开裂等。

1. 齿轮淬火硬度及淬硬层深度缺陷与对策

齿轮淬火硬度及淬硬层深度缺陷与对策见表 9-8。

2. 齿轮热处理畸变缺陷与对策

齿轮热处理畸变缺陷与对策详见第 10 章有关内容。

表 9-8　齿轮淬火硬度及淬硬层深度缺陷与对策

产　生　原　因			对策
原材料质量不良	化学成分及淬透性不合格	碳含量偏高或偏低是造成硬度偏差的主要原因。主要合金元素等的含量不够造成淬硬层深度达不到要求。材料淬透性不足，不能够充分淬火，则硬度不足	保证齿轮原材料质量，检测原材料碳含量及主要合金元素的成分，检验材料淬透性能。带状组织及原始组织应达到技术要求
	原材料组织状态不合格	原材料中所存在的较严重的带状组织、成分偏析以及大块状铁素体等，造成齿轮淬火硬度及淬硬层深度达不到要求。这些缺陷常被认为是热处理加热不足等欠热原因造成的	

（续）

产 生 原 因		对策
热处理工艺不当	加热温度、保温时间不合理 例如 45 钢，保温时间不足，淬火硬度合格，但是淬火后的淬硬层深度就会很薄	根据齿轮的材料及技术要求，制订合理的热处理加热与冷却规范，保证热处理质量
	淬火冷却介质、冷却时间及冷却方式不合理 淬火冷却介质（主要是淬冷烈度 H）选择不合理就会形成淬火硬度偏低或偏高，或淬硬层深度偏浅；冷却时间不合理，例如冷却时间不足时，将会造成淬硬层深度偏浅；淬火冷却介质未搅拌，冷却深度不够，淬火冷却介质的成分失效及杂质的影响，会使齿轮出现淬火软点	
	热处理前后工序安排不当 如果热处理前后工序安排不合理，也会影响齿轮淬火硬度及淬硬层深度。例如，正火齿轮未去除氧化皮或去除氧化皮不够就直接进行淬火，氧化皮会影响齿轮的淬火硬度及淬硬层深度。低中淬透性钢材进行调质处理时，淬火前的加工余量太多，齿轮调质后的硬度会偏低，淬硬层深度会偏浅	
操作失误		操作不认真，甚至盲目操作，将会造成齿轮淬火硬度及淬硬层深度达不到要求，有时会使齿轮报废	提高操作者技能水平。生产中应认真执行热处理操作规程，进行现场检验与控制
设备状态不良		热处理设备的类型，炉温的均匀性、控制精度等影响齿轮的加热效果，从而对齿轮淬火硬度及淬硬层深度产生影响。例如齿轮在空气炉中加热容易产生氧化和脱碳，使齿轮淬火硬度降低	热处理设备状态应达到相关要求，保证炉温的均匀性与控制精度要求，使其处于良好的运行状态

3.　齿轮热处理裂纹缺陷与对策

齿轮热处理裂纹缺陷的形成原因与对策详见第 10 章 10.7 有关内容。

9.1.3　齿轮热处理力学性能缺陷与对策

齿轮热处理的力学性能包括硬度、抗拉强度、疲劳强度等。这些性能的合格与否除了与齿轮材料的冶金质量等有关外，与热处理质量也密切相关。

硬度不合格是齿轮最常见的热处理缺陷之一。主要表现为硬度低、硬度不均、硬度高、硬度梯度太陡等。齿轮的硬度缺陷与对策在本章中都进行了详细介绍，可阅读相关内容。

1.　齿轮抗拉强度 R_m 缺陷与对策

齿轮抗拉强度 R_m 缺陷与对策见表 9-9。

表 9-9　齿轮抗拉强度 R_m 缺陷与对策

原因	对 策
齿轮抗拉强度 R_m 缺陷主要是由于齿轮表面存在脱碳、硬化层深度不足、淬火不充分等原因造成的	齿轮热处理过程中产生的氧化与脱碳层将使其实际承载的截面相对减少，会造成齿轮的抗拉强度 R_m 降低。因此，齿轮在热处理时应在保护性气氛或盐浴中加热；进行复碳处理；在机械加工中必须彻底去除掉氧化与脱碳层
	通过加强热处理工艺过程控制，确保硬化层合格。如采取选择合适的装炉量与装炉方式、保证淬火温度、保证淬火加热时间、保证淬火时足够的冷却速度等措施

（续）

原因	对策
齿轮抗拉强度 R_m 缺陷主要是由于齿轮表面存在脱碳、硬化层深度不足、淬火不充分等原因造成的	严格执行齿轮热处理工艺，实现完全淬火，以获得要求的硬度和组织。淬火程度不同的齿轮，通过改变回火温度的方法，可以获得相同的硬度，例如某些热处理厂中的调质处理采用满足最终硬度的方法，而不是通过控制热处理整个工艺过程来达到硬度要求，故造成力学性能不合格。淬火不充分或淬硬层深度不足，均会使齿轮的抗拉强度 R_m 降低
	齿轮淬火与回火后的热处理质量通常采用硬度与组织来控制，但即使得到相同的最终硬度也不能表明力学性能相同。例如对 40Cr 钢试样，经 830℃ 加热在不同的淬火冷却速度下冷却而获得不同的淬火硬度后，通过不同温度回火可得到不同的回火硬度。进行拉伸试验的结果表明，抗拉强度 R_m 取决于最后的回火硬度，几乎不受淬火硬度的影响；而屈服强度 R_{eL}、伸长率 A 和断面收缩率 Z 不仅取决于回火硬度，而且与淬火硬度有很大的关系，在回火后达到相同硬度的条件下，这些性能指标会随淬火硬度的升高而提高

2. 齿轮的疲劳强度缺陷与对策

齿轮的疲劳强度缺陷与对策见表 9-10。

表 9-10　齿轮的疲劳强度缺陷与对策

产 生 原 因		对策
材料中存在较多非金属夹杂物	钢中的非金属夹杂物破坏了基体的连续性，容易产生应力集中，是齿轮疲劳裂纹易于发生的部位	严格控制原材料质量，按 GB/T 10561—2005 的规定进行检验。A、B、D 类非金属夹杂物均应≤2.5 级，C 类非金属夹杂物应≤2.0 级
化学成分不合格	影响结构钢疲劳强度的主要因素是钢中碳含量。例如 40Cr 钢件，当热处理硬度大于 40HRC 时，不同成分低合金结构钢随着碳含量增加，淬火、回火后的硬度及强度会提高，其疲劳强度也会提高。但如果硬度过高，则材料的脆性增加，其疲劳强度会降低。硬度在 40~55HRC 时，化学成分对低合金结构钢疲劳强度没有明显的影响。合金元素是通过提高钢的淬透性来提高疲劳强度的。固溶在奥氏体中的合金元素可以提高钢的淬透性，改善钢的韧性，从而提高疲劳强度	碳素结构钢及合金结构钢的齿轮材料化学成分分别按 GB/T 699—1999《优质碳素结构钢》和 GB/T 3077—1999《合金结构钢》的规定检验，并应符合相应规定
淬火不充分	一般对于淬火后中温回火或调质状态下使用的中碳结构钢和低、中合金结构钢，在因淬火加热温度低、齿轮尺寸过大或淬火冷却速度慢等原因导致淬火不充分或未淬上火时，即使回火后硬度达到技术要求，其疲劳强度也往往不能满足使用要求而造成齿轮早期损坏	严格执行齿轮热处理工艺，实现完全淬火，获得要求的硬度、组织及硬化层深度
金相组织不合格	由于加热温度低或保温时间短导致淬火组织中残留有未溶解的铁素体，或热处理不当而存在过多的残留奥氏体，这些都会使齿轮的疲劳强度降低。这是因为未溶铁素体和残留奥氏体在交变应力下集中滑移的部位易过早形成疲劳裂纹	调整热处理工艺，提高齿轮加热温度，或延长保温时间，使铁素体充分溶入奥氏体中。适当降低淬火温度及采取措施降低淬火冷却介质温度，以减少残留奥氏体量
渗层存在内氧化及较多残留奥氏体	化学热处理不良，表层产生较深（如＞0.02mm）内氧化层，这会使齿轮表面存在硬度低头的现象，表面形成残余拉应力，大幅度降低了齿轮的疲劳强度 渗层中过多的残留奥氏体将会降低表面硬度，从而对疲劳强度产生不利的影响	化学热处理时，采取措施减少表面内氧化层深度，如选择含 Ni、Mo 合金元素材料，降低炉中氧化性气体含量等 残留奥氏体量不要超过 25%（体积分数）

3. 冲击韧性缺陷与对策

因原始组织不良，晶粒粗大，出现魏氏体组织，经常规调质处理后冲击韧性不合格。

举例：内齿套，毛坯尺寸外径 353mm，内径 210mm，宽度 245mm，35CrMoA 钢，调质后力学性能要求：$R_{eL} = 510$MPa，$R_m = 657$MPa，$A \geqslant 11\%$，$Z \geqslant 28\%$，$KV_2 = 59$J。

1）加工流程：锻造→退火→调质→力学性能检验→精车→去应力退火→加工键槽→铣齿等。

2）调质后冲击韧性达不到要求原因。经分析，内齿套毛坯经二火锻造而成，而第二次停锻温度较高，晶粒度 1～2 级，并出现魏氏体组织。在后续调质时因魏氏体组织遗传，导致冲击韧性较低，$KV_2 = 25.7$J，不合格。

3）对策。通过采用双重淬火回火工艺，可以消除珠光体类型具有组织遗传性的锻坯缺陷。其工艺与常规相同，即盐浴淬火加热（860 ± 10）℃ × 30min，淬油；高温回火（600 ± 10）℃ × 120min，油冷。

4）效果。调质处理后明显提高了冲击韧性。经检验，$R_{eL} = 810$ ～ 811MPa，$R_m = 911$ ～ 962MPa，$A = 13.2$ ～ 16.8%，$Z = 31.1$ ～ 56.4%，$KV_2 = 59$J，各项力学性能均合格。

9.1.4　防止齿轮热处理加热、冷却缺陷的实例

防止齿轮热处理加热、冷却缺陷的实例见 9-11。

表 9-11　防止齿轮热处理加热、冷却缺陷的实例

齿轮材料与要求	缺陷	对　　策
齿轮，材料为 40 钢，要求正火处理	粗晶组织	采用 1000 ～ 1100℃正火后再在 800 ～ 850℃正火，正火加热时间均为 1h，可使齿轮正火组织明显细化，达到了 6 级以上。而采用常规工艺后晶粒粗大，容易导致 40 钢制齿轮报废
齿轮，材料为 17Cr2Ni2 钢，要求渗碳淬火	混晶问题	在锻造及锻造毛坯的预备热处理（正火 + 高温回火）保持现有工艺不变的情况下，在齿轮毛坯粗车后进行一次亚温调质预处理，即（800 ± 10）℃加热后油淬，然后进行高温回火，可以明显改善和消除 17Cr2Ni2 钢齿轮最终热处理后存在的混晶现象。并在渗碳淬火后可以获得较好的金相组织

9.2　齿轮的整体热处理缺陷与对策

齿轮采用常规热处理（退火、正火、整体淬火与回火等）时，常因原始组织状态、热处理规范、机械加工规范、操作、设备等方面原因，出现表面氧化脱碳、过烧、过热、硬度过高或过低、魏氏体组织、带状组织、晶粒粗大、畸变与开裂等缺陷。

9.2.1　齿轮的退火、正火缺陷与对策

1. 齿轮的退火缺陷分析与对策

齿轮常见退火的缺陷、产生原因及其对策见表 9-12。

2. 齿轮的正火缺陷分析与对策

齿轮常见正火的缺陷、产生原因及其对策见表 9-13。

表 9-12　齿轮常见退火的缺陷、产生原因及其对策

缺陷	产生原因	对　策	补救措施
硬度过高	中碳钢退火时加热温度过高、冷却速度太快、等温温度过低所致	严格执行退火工艺规范	重新退火
	高合金钢等温退火时，等温时间不足，随后冷至室温的速度过快，部分产生贝氏体和马氏体转变	控制冷却速度	
过烧	参见表 9-4	参见表 9-4	报废
过热	参见表 9-4	参见表 9-4	完全退火或正火
粗大魏氏体组织	加热温度过高和冷却速度较快时，在退火组织中容易产生粗大魏氏体组织	严格控制加热温度和冷却速度	通过完全退火或重新正火，将针状铁素体完全溶解于奥氏体中，再进行正确的冷却，使晶粒细化，加以消除
残余应力大	出炉温度偏高	随炉冷至 350℃ 以下出炉空冷	重新退火
氧化与脱碳	在空气炉等氧化性气氛中退火加热	在制订工艺流程时应综合考虑机械加工切削余量，保证能够加工除去	对于脱碳层超过加工余量的齿轮，应在渗碳气氛中进行复碳处理
		采用保护气氛炉、真空炉、盐浴炉等加热	
		采用空气炉加热时，采取保护措施，如涂覆保护涂料等	

表 9-13　齿轮常见正火的缺陷、产生原因及其对策

缺陷	产生原因	对　策	补救措施
表面脱碳严重	在氧化性气氛中长时间加热或重复加热	采用保护气氛或涂覆保护涂料等保护方法加热	无加工余量的齿轮进行复碳处理；对有加工余量的齿轮则采用机械加工方法去掉脱碳层
		适当增加齿轮的加工余量	
硬度高	加热温度偏低，保温时间短	改进热处理工艺并严格执行	如果组织符合要求，仅硬度偏高，则重新正火
	正火后的冷却速度过快	合理控制正火冷却速度	
魏氏体组织	过热造成奥氏体晶粒粗大，随后冷却速度又较快	严格执行正火工艺规范，防止产生过热现象	按照正火工艺重新进行正火处理，对于低碳钢严重的魏氏体组织常用两次正火消除
网状组织	加热温度过高冷却速度缓慢	适当降低加热温度及提高冷却速度	进行一次高温回火，随后迅速冷却
过热	见表 9-4	见表 9-4	重新正火
过烧	见表 9-4	见表 9-4	报废

（1）常用低碳合金结构钢齿轮锻坯正火后异常组织、成因（见表 9-14）

表 9-14　常用低碳合金结构钢齿轮锻坯正火后异常组织与成因

异常组织名称	异常组织形貌	成　因	硬度 HBW
带状组织	珠光体和铁素体呈带状交替按层分布的"二次带状"的组织形式	在合金元素偏析严重的钢材中易出现。钢材"一次带状"的存在是不可避免的。正火时锻坯在双相区（$A_1 \sim A_3$）冷速缓慢将形成"二次带状"组织，"二次带状"组织是"一次带状"组织的再现	—
粗大晶粒与混晶	珠光体晶粒粗大，奥氏体晶粒大小不一	粗大的珠光体晶粒产生原因：一是混晶成分偏析和锻造时严重过热；二是正火时，在双相区缓慢加热造成的	—
魏氏体组织	针状铁素体分布在珠光体上，并由铁素体网所包围	形成粗大的奥氏体晶粒后，在连续冷却曲线上先共析铁素体区的下部形成的。在正火过程中，通常是在锻坯存在魏氏体组织或无碳贝氏体的情况下缓慢加热，出炉后冷却速度较快形成的。在合金元素偏析严重的钢材中容易出现	200
无碳贝氏体（或称上贝氏体）	无碳贝氏体的铁素体呈长条状较密的成束平行分布。晶界无网状铁素体，铁素体片之间通常为珠光体，有时存在析出碳化物	无碳贝氏体与魏氏体组织相比，是在同样形成粗晶的条件下，在较快的冷却速度下，于较低温度时形成的	240 ~ 250
粒状贝氏体	粒状贝氏体是在大块铁素体基体上分布着的一些第二相小岛	粒状贝氏体是在正常珠光体转变温度以下，上贝氏体转变以上的区域内形成的。在齿轮锻坯正火风冷且钢材淬透性较高时，易于出现粒状贝氏体	240 ~ 380

（2）预防低碳合金结构钢齿轮锻坯正火后出现异常组织的工艺措施（见表 9-15）

表 9-15　预防低碳合金结构钢齿轮锻坯正火后出现异常组织的工艺措施

工艺名称	工　艺　措　施	适合钢材
等温正火	连续式等温正火生产线高温区 $[A_3 + (80 \sim 120)℃]$ 具有较大功率，以实现在 $A_1 \sim A_3$ 范围内快速加热达到细化晶粒、切断奥氏体的遗传性、预防魏氏体组织的目的；在风冷区，经过充分奥氏体化的齿轮通过风冷实现在 A_1 以上温度区快速冷却，达到预防带状组织的目的；在等温区，根据奥氏体等温转变曲线确定等温的温度和时间，达到在 A_1 以下 $[A_1 - (20 \sim 30)℃]$ 温度区缓冷的目的，从而得到正常的正火组织	1）用于淬透性较高、易产生粒状贝氏体的钢材，如 16MnCr5、20MnCr5、22CrMoH 钢等 2）硬度为 160 ~ 190HBW，金相组织为均匀块状铁素体 + 均匀片状珠光体
正火 + 高温回火	1）正火。高温加热温度为 $A_3 + (80 \sim 120)℃$，空冷；高温回火温度为 $A_1 - (15 \sim 30)℃$ 2）金相组织。铁素体 + 铁素体基体上分布的回火索氏体	用于淬透性很高的低碳中合金钢，如 22CrMo、20CrNiMo、18CrNiWA、20CrNi3 钢等
等温退火	用二台台车炉。齿轮在 1 号炉进行高温加热 $[A_3 + (80 \sim 120)℃]$ 保温后，直接装入 2 号炉进行等温。等温温度和时间根据齿轮用钢的奥氏体等温转变曲线确定，达到在 A_1 以下温度区缓冷的目的	1）用于淬透性高、易于产生粒状贝氏体钢材，如 18Cr2Ni4Mo、20Cr2Ni4、22CrMoH 钢等 2）齿坯硬度为 156 ~ 200HBW

(续)

工艺名称	工 艺 措 施	适合钢材
其他方法	采用电渣重熔，增大钢液结晶速度、增大锻造比、提高终轧（锻）温度和扩散退火等技术来避免或减轻。或在正火后冷却时采用较快的冷却速度，使过冷奥氏体在较低温度下转变	低碳合金钢，易产生带状组织及混晶，如 20CrMnTi、20CrMnMo、22CrMo、20CrNiMo 钢等

9.2.2 齿轮的整体淬火、回火缺陷与对策

1. 齿轮常见淬火缺陷分析与对策（见表 9-16）

表 9-16 齿轮常见淬火缺陷、产生原因与对策

缺陷名称	产生原因	对 策
淬火畸变	齿轮的形状不对称或薄厚悬殊	改进齿轮的结构，合理选材，调整加工余量等
	机械加工应力大，淬火前未消除	增加预热或去应力退火工艺，进行合理的预备热处理
	加热和冷却不均匀	采用多次预热，以及预冷淬火、双液淬火、分级淬火、等温淬火等多种淬火方式
	齿轮的加热夹持方式或冷却不当	正确操作、合理支撑与放置齿轮、分散冷却
	伴随淬火组织转变所产生的组织应力导致齿轮畸变	对产生畸变齿轮进行校正
硬度偏低	原材料有混料情况	对钢材进行化学成分鉴别
	冷却速度太慢，出现珠光体或贝氏体组织	以大于临界冷却速度的速度进行快速冷却
	加热时齿轮表面脱碳	采用保护气氛加热，对盐浴炉进行脱氧捞渣
	淬火加热温度低，或预冷时间长，淬火冷却速度低，出现非马氏体组织	确保淬火加热温度正常。减少预冷时间，提高淬火冷却速度
	亚共析钢加热不足，有未溶铁素体	严格控制加热温度、保温时间和炉温均匀性
	碳素钢或低合金钢采用水-油双介质淬火时，在水中停留时间不足，或从水中取出齿轮后，在空气中停留时间过长	严格控制齿轮在水中停留时间及操作规范
	钢的淬透性差，且齿轮截面尺寸大，不能淬硬	采用淬透性高的钢材
	等温时间过长，引起奥氏体稳定化	严格控制分级或等温时间
	硝盐或碱浴中水分含量过少，分级冷却时有托氏体等非马氏体形成	严格控制盐浴和碱浴中的水分
	合金元素内氧化，表层淬透性下降，出现托氏体等非马氏体，而内部则为马氏体组织	降低炉内气氛中氧化性组分含量。选用冷却速度快的淬火冷却介质

（续）

缺陷名称		产生原因	对　策
开裂	1）淬火前的裂纹在淬火后可见到其两侧有氧化脱碳情况，断口发黑 2）冷却引起的淬火裂纹断口色泽红锈，透油或发紫色 3）脆性引起的裂纹	因锻造或轧制不当，有缩孔、夹层或白点等缺陷	严格控制锻造、铸造或轧制坯料质量，确保原材料合格
		原材料存在非金属夹杂物、偏析、带状、网状组织等	保证原材料质量并进行相关检查，用锻造降低原材料缺陷
		原材料有混料情况	对材料进行化学成分鉴别
		冷却不均匀，应力集中，齿轮形状复杂、截面薄厚不均，有尖角、锐边、拐角及加工刀痕	改进齿轮设计，确保薄厚均匀，无引起淬火开裂的缺陷因素
		冷却不当，淬火冷却介质选择不当	选用合适的淬火冷却介质和淬火方法
		重复淬火中间未退火处理；未及时回火	重新淬火前应进行退火处理；及时充分回火
		淬火温度过高，引起组织过热，断口有白亮光，晶粒粗大	严格控制加热温度，认真执行工艺，加强工艺过程的（金相）检验
淬火软点		齿轮表面局部脱碳、锈蚀或附着有脏物（如涂料），淬火时未脱落，导致局部冷却速度太慢	采用机械加工去掉脱碳层，清洗干净齿轮表面，对要求部位认真涂覆防渗涂料
		淬火冷却介质不净（有杂质）或使用温度过高	保持淬火冷却介质的清洁，合理降温
		淬火冷却介质能力差	更换淬冷烈度高的淬火冷却介质
		齿轮的冷却方法不当，齿轮间相互接触，冷却不均	齿轮装炉应合理，要分散冷却
		原材料有缺陷或预备热处理不当，在钢中保留了大量的大块铁素体或带状组织；表面有脱碳现象	重新淬火，但应先进行正火或退火处理；防止齿轮表面脱碳
		加热温度低或保温时间短	严格执行热处理工艺
		原始组织不均匀，有较严重的带状组织或碳化物偏析	对原材料进行充分锻造和预备热处理，使组织均匀化
氧化和脱碳		在氧化性气氛中加热	采用保护气氛加热、可控气氛加热、表面涂覆涂料保护等措施
		盐浴脱氧捞渣不良	定期对盐浴脱氧捞渣
		加热温度过高，保温时间过长	严格执行工艺规范，控制加热温度和时间
		重新加热，加大氧化倾向	做好防护措施，减少加热次数
过热和过烧		加热温度过高或加热时间过长	正确选择淬火加热温度及保温时间；对测温仪表定期校温，防止出现仪表失灵而超温；合理装炉，防止齿轮与加热体过近
			补救措施：对出现过热的齿轮进行 1~2 次的正火或退火细化晶粒后，再按正常的工艺重新退火

（续）

缺陷名称	产生原因	对　　策
腐蚀	盐浴中硫酸盐含量过高，使齿轮基体遭受腐蚀；硝酸盐温度偏高或高温淬火加热齿轮未经预冷浸入硝盐，致使硝盐发生分解，产生的原子态氧与齿轮表面作用，形成点蚀或均匀腐蚀	选择符合技术要求的加热用盐；用镁铝合金或木炭去除盐浴中的硫酸盐；及时脱氧和捞渣
		补救措施：对非加热部位进行浸盐处理，使之包裹一层固态盐壳，可防止点蚀

2. 齿轮的回火缺陷与对策

齿轮常见回火缺陷、产生原因与对策见表 9-17。

表 9-17　齿轮常见回火缺陷、产生原因与对策

缺陷名称		产生原因	对　　策	补救措施
硬度偏低		回火温度过高	选择合适的回火温度，并进行充分回火	采取保护性措施，对硬度偏低件重新淬火和回火处理
		亚共析钢的淬火温度偏低	改进淬火工艺，提高淬火硬度	
		淬火组织中有较严重非马氏体组织	采取保护措施减少非马氏体组织	
硬度偏高		回火温度低	提高回火温度	对回火硬度偏高件补充回火
		回火保温时间短	延长回火保温时间	
回火畸变		淬火应力在回火时释放而引起齿轮畸变	加压回火或趁热矫直	
硬度不均匀		回火温度不均匀，装炉量过多，炉气循环不良	炉内应有气流循环风扇，减少装炉量	采取保护措施，退火后重新加热淬火、回火
回火脆性	第一类回火脆性	有害杂质元素过多导致	降低钢中杂质元素含量	
		奥氏体晶粒越大，残留奥氏体就越多，第一类回火脆性就越严重	细化奥氏体晶粒	
		在第一类回火脆性温度区内回火	避免在第一类回火脆性温度区回火（200～350℃）	
	第二类回火脆性	杂质元素过多导致	降低钢中杂质元素含量	
		回火后未快冷，引起第二类回火脆性	在第二类回火脆性区回火后快冷，如在油中或水中冷却	
		奥氏体晶粒粗大	细化奥氏体晶粒	
		在第二类回火脆性温度区内回火	避免在 450～650℃ 回火，在此温度回火后应快冷	
回火开裂		淬火后未及时回火形成显微裂纹，在回火时裂纹发展至断裂	减少淬火应力，淬火后应及时回火	
表面腐蚀		盐浴炉加热后，带有残盐的齿轮回火前未及时清洗	回火前应及时清洗干净齿轮表面的残盐	

9.2.3　中碳钢和中碳合金钢齿轮整体淬火、回火硬度缺陷与对策

中碳钢和中碳合金钢齿轮整体淬火、回火硬度缺陷主要有淬火硬度过低、淬火与回火硬度过

高、淬火软点等。中碳钢和中碳合金钢齿轮整体淬火、回火硬度缺陷与对策见表 9-18。

表 9-18 中碳钢和中碳合金钢齿轮整体淬火、回火硬度缺陷与对策

缺陷名称	产 生 原 因	对 策
淬火硬度过低	齿轮原材料碳含量偏低，不合格；主要合金元素含量偏低，不合格；原材料淬透性偏低等	严格控制齿轮的原材料质量，检查其材料主要化学成分及淬透性
	1）如淬火冷却方法与淬火冷却介质选择不当、淬火冷却介质老化或淬火冷却介质中杂质太多、或淬火冷却介质温度太高等 2）图 9-1 所示主要为索氏体（黑色），显微硬度 265HV；白色条、网状为铁素体；局部出现少量灰白色块状分布的淬火马氏体组织及极少量残留奥氏体。这是因冷却不足、淬透性差而出现的混合组织 3）图 9-2 所示为齿轮油淬后细马氏体组织，其上分布有黑色针状物的托氏体组织。这是由于齿轮淬火冷却不足，过冷奥氏体在转变过程中析出托氏体，使齿轮的硬度下降（齿面硬度 46~46.5HRC）。此外，根据马氏体的针叶不明显情况以及采用的淬火温度进行分析，可判定齿轮的淬火加热温度偏于下限，奥氏体的合金化不够充分	根据齿轮尺寸大小及材料情况选择适当的冷却方式及淬火冷却介质；按 JB/T 6955—2008 的规定检验淬火冷却介质（如检测淬火冷却介质冷却特性曲线等），以保证淬火冷却介质的冷却能力。常用淬火冷却介质使用温度范围不得超过 JB/T 6955—2008 的规定。淬火槽应有循环搅拌和冷却装置，以保证齿轮表面各部位冷却均匀
	淬火操作不当。预冷时间过长；双液淬火时水中停留时间太短；分级淬火时，分级淬火温度太高且停留时间太长，奥氏体分解为非马氏体组织，从而使齿轮硬度降低	1）严格执行齿轮的热处理淬火规范。参见表 3-38 内容 2）补救措施。对于淬火硬度过低齿轮，应重新加热淬火处理，但是在淬火前必须采取保护措施进行退火或高温回火处理
淬火与回火硬度过高	原材料不良。齿轮材料的碳含量或合金元素的含量高于标准的上限要求，淬火后硬度明显偏高，按照正常的温度回火则出现硬度高的情况；齿轮原材料淬透性过高	严格控制齿轮的原材料质量，检验其材料主要化学成分及材料淬透性
	回火不足。一方面可能是由于回火温度太低，另一方面可能是由于保温时间太短，淬火马氏体未完全转变为回火马氏体，造成硬度过高	1）认真执行齿轮的热处理规范，保证回火质量 2）补救措施。对于因回火时间太短造成的硬度太高齿轮，可再次进行回火，延长回火保温时间
淬火软点	齿轮材质问题，存在成分偏析，如果成分不均匀，贫碳区也会出现软点	应严格控制原材料质量，防止出现较严重的成分偏析等。齿轮钢材应进行锻造及退火处理，以均匀材料成分与显微组织，防止淬火硬度不均，出现软点
	齿轮局部冷速太低	齿轮加热淬火时，应保证表面清洁，尤其不能有氧化皮存在
	局部氧化脱碳	空气炉中淬火加热时采取保护性措施，避免氧化脱碳；高温出炉时间避免过长
	淬火加热工艺不当	淬火温度及保温时间制定应合理，以保证相变均匀，防止因加热温度偏低及保温时间不足而造成软点

（续）

缺陷名称	产　生　原　因	对　　策
淬火软点	淬火冷却不均匀，在水中冷却时最为明显。油槽中的淬火油混入少量水是尤其有害的，会造成淬火软点或畸变，其水的体积分数应 <0.05%	淬火过程中，齿轮在淬火冷却介质中应进行适当移动，以保证齿轮冷却均匀，从而防止局部软点出现。淬火冷却介质选择（JB/T 6955—2008）应合理。按 JB/T 6955 规定的要求检验淬火冷却介质，老化的淬火冷却介质及杂质过多的淬火冷却介质应及时更换
	碳素结构钢和低合金结构钢由于淬透性差，通常易出现淬火软点	采用质量分数为 10% 盐水淬火及喷液淬火可有效地防止软点

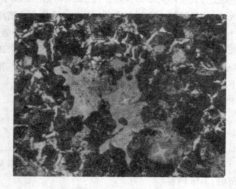

图 9-1　45 钢齿轮在 850℃ 水淬后
心部组织　500×

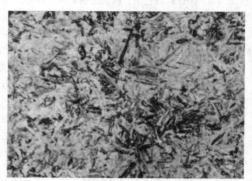

图 9-2　42CrMo 钢齿轮在 820℃ 油淬后
细马氏体组织　500×

9.2.4　中碳钢和中碳合金钢齿轮淬火、回火金相组织缺陷与对策

中碳钢和中碳合金钢齿轮淬火、回火金相组织缺陷主要有表层氧化与脱碳、淬火组织粗大、淬火时产生马氏体 + 部分铁素体等，其形成原因与对策见表 9-19。

表 9-19　中碳钢和中碳合金钢齿轮淬火、回火金相组织缺陷与对策

缺陷名称	产生原因	对　　策
在空气加热介质、盐浴中加热的氧化与脱碳	在空气加热介质中加热。齿轮淬火加热采用箱式炉、井式炉时，其加热介质有时为空气。齿轮与炉气接触，而炉气中常含有氧气、二氧化碳和水等有害气体，在高温下和齿轮表面铁元素发生化学反应，使其表面氧化，严重时生成氧化皮。钢中的碳元素与炉气中的氧和水汽反应，使齿轮表面碳含量下降，造成脱碳	齿轮装炉前，在其表面涂覆防氧化脱碳保护涂料，这种方法简单方便
		采用可控气氛（如氮-甲醇气氛、RX 气氛等）或保护气氛（如氮气等）加热。可控气氛加热防氧化脱碳效果最好
	在盐浴中加热。 1）空气中的氧溶入盐浴，并与熔盐作用，生成氧化物。在高温加热条件下，氧和氧化物与齿轮表面的碳元素反应，使齿轮表面氧化、脱碳。图 9-3 所示为齿廓面的显微组织，表面为脱碳层，深度约 0.35mm，组织为铁素体 + 索氏体，晶粒极为细小；次层为片状珠光体及沿晶界分布的铁素体。图 9-4 所示为齿根部分的显微组织，表面为脱碳层，总深度 0.15～0.30mm；最表面为全脱碳层，组织为铁素体；次层为铁素体 + 珠光体；心部为细珠光体	定期在盐浴炉中加入脱氧剂。脱氧剂的作用如下： 1）还原作用。脱氧剂加入后，通过发生还原反应来清除盐浴中的氧化物。此类脱氧剂有碳化硅、木炭等 2）结渣作用。脱氧剂与盐浴中的氧化物作用，生成熔点高、密度大的盐渣，沉入炉底，从而消除盐浴中的氧化物。此类脱氧剂有钛白粉、硅胶、硅钙合金、硼砂等

（续）

缺陷名称	产生原因	对　　策
在空气加热介质、盐浴中加热的氧化与脱碳	2）盐浴炉用盐未经烘干或烘干不充分时，含有结晶水，或盐从空气中吸附水分，水与齿轮表面的碳元素反应，使齿轮表面氧化、脱碳 3）盐浴中如果含有少量碳酸盐，也会分解出氧化物，这些氧化物与齿轮表面的碳元素反应，也使齿轮表面氧化、脱碳 4）工业用氯化钠中会含有少量的硫酸盐，硫酸盐使齿轮表面脱碳，甚至腐蚀	定期在盐浴炉中加入脱氧剂。脱氧剂的作用如下： 1）还原作用。脱氧剂加入后，通过发生还原反应来清除盐浴中的氧化物。此类脱氧剂有碳化硅、木炭等 2）结渣作用。脱氧剂与盐浴中的氧化物作用，生成熔点高、密度大的盐渣，沉入炉底，从而消除盐浴中的氧化物。此类脱氧剂有钛白粉、硅胶、硅钙合金、硼砂等
淬火组织粗大	淬火加热温度过高，或在高温下保温时间过长，引起奥氏体晶粒粗化，淬火后得到粗针状马氏体（见下图，放大 500 倍），即达到过热情况 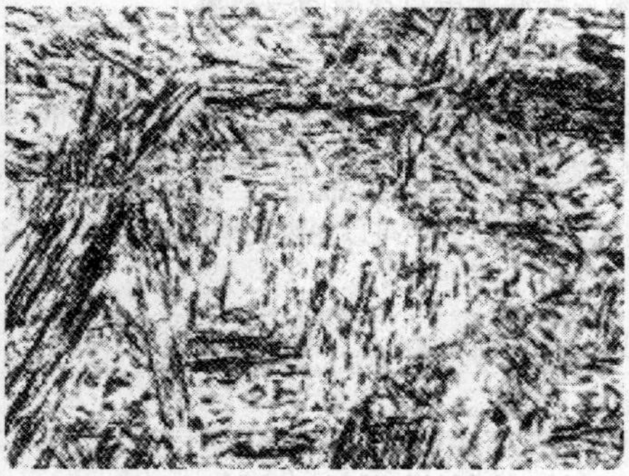 	1）检查齿轮材料是否正确 2）按照材料的牌号合理选择加热温度，确定保温时间。中碳钢的淬火加热温度一般为 $Ac_3 + (30 \sim 50)℃$，中碳合金钢为 $Ac_3 + (50 \sim 80)℃$。在此温度下淬火加热，并按照要求时间进行保温，按工艺要求淬火后便能够获得细化的马氏体组织 3）操作中严格保证加热温度与加热时间。不得随意提高淬火加热温度和延长保温时间 4）校正控温仪表；检查热电偶安装位置是否正确 5）齿轮加热时不得靠近炉丝或电极 补救措施：对于轻微过热的齿轮，可在回火时将回火时间延长；对于严重过热的齿轮，应进行一次细化晶粒的正火或退火处理，如果一次正火仍不能使晶粒细化，可采用两次正火处理，然后再按照常规工艺重新淬火与回火
淬火时产生马氏体＋部分铁素体	齿轮淬火加热温度低，如在 $Ac_1 \sim Ac_3$ 加热，将会有部分铁素体不能溶入奥氏体中，因而淬火组织中除了马氏体之外，还有未溶铁素体残存下来，故达不到淬火的要求。例如 35CrMo 钢齿轮经 820℃ 加热后油淬，经检验表面硬度为 $46 \sim 47$HRC，硬度低。右图为淬火组织（放大 500 倍），基体为淬火马氏体，其上分布有少量托氏体（黑色）和白色细条状铁素体。这是由于淬火加热温度偏低，致使高温时存在奥氏体和未溶铁素体的两相组织。淬火时又因冷速不快，致使在未溶铁素体周围析出托氏体，最后过冷奥氏体转变为马氏体，从而获得三相共存的显微组织	调整淬火加热温度，中碳钢的淬火加热温度一般为 $Ac_3 + (30 \sim 50)℃$，中碳合金钢为 $Ac_3 + (50 \sim 80)℃$，并保证保温时间，使齿轮原始组织中的铁素体充分溶入奥氏体中，并采用适当冷却速度进行淬火 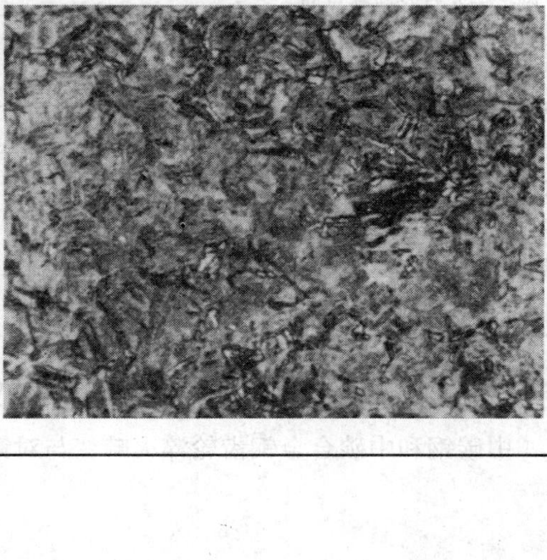

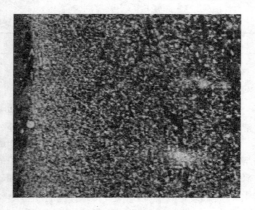

图 9-3　45 钢小型锥齿轮入油淬火后
齿廓面的显微组织　100 ×

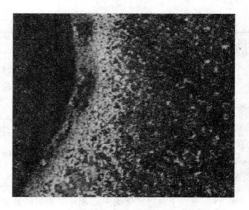

图 9-4　45 钢小型锥齿轮入油淬火后
齿根部分的显微组织　100 ×

9.2.5　中碳钢和中碳合金钢齿轮淬硬层缺陷与对策

中碳钢和中碳合金钢齿轮淬硬层过浅原因与对策见表 9-20。

表 9-20　中碳钢和中碳合金钢齿轮淬硬层过浅原因与对策

产生原因	对　　策
1）齿轮材料选择不当，钢材碳含量偏低，主要合金元素含量偏低；材料淬透性偏低 2）淬火冷却能力不足 3）淬火工艺规范不当等	检查钢材碳含量及主要化学元素含量；齿轮材料淬透性应与其尺寸大小相匹配
	保证淬火冷却速度，在采用双介质淬火时防止齿轮在水中冷却时间过短即转入油中冷却
	制订合适的淬火工艺规范。齿轮在淬火过程中可以在淬火槽中进行适当移动，以保证充分、均匀冷却
	防止碱浴或硝盐浴因长期使用而老化或混入氯化盐，造成其冷却能力降低
	淬火槽应有循环搅拌和冷却装置

9.2.6　中碳钢和中碳合金钢齿轮淬火、回火其他缺陷与对策

中碳钢和中碳合金钢齿轮淬火后表面出现麻点原因与对策见表 9-21。

表 9-21　中碳钢和中碳合金钢齿轮淬火后表面出现麻点原因与对策

产生原因	对　　策
齿轮淬火后表面麻点即表面腐蚀，是指齿轮淬火后经喷砂、喷丸，表面显现出密度较大的点状凹坑。它是由于齿轮在高温状态下受介质腐蚀而形成的。麻点影响齿轮表面质量	在采用盐浴炉加热齿轮时，要定期脱氧，盐浴炉用盐中硫酸盐的含量不得过高，最好使用脱硫的盐作为加热用盐
	在采用箱式炉或井式炉加热的齿轮使用防氧化剂进行保护时，防氧化剂与齿轮表面均应保持清洁，防氧化剂中不得混入硝酸盐等化学物质
	严格控制齿轮淬火预冷时间，如果预冷时间过长，容易造成齿轮表面氧化腐蚀
	齿轮在采用硝盐浴冷却时，硝盐浴温度不得过高，因为在高温加热条件下，硝酸盐对齿轮会产生强烈腐蚀作用
	用盐浴炉加热并采用油淬的齿轮，油淬时残盐不易崩掉，油淬后应及时清洗，因为附着在齿轮表面的残盐会腐蚀齿轮

9.2.7　中碳钢和中碳合金钢齿轮淬火畸变与对策

中碳钢和中碳合金钢齿轮淬火畸变与对策见表 9-22。

表 9-22　中碳钢和中碳合金钢齿轮淬火畸变与对策

原　因	对　策
原材料存在较严重冶金质量缺陷	保证齿轮原材料质量。低倍组织、晶粒度、非金属夹杂物等按 GB/T 3077—1999《合金钢结构钢》的规定执行
材料选择不当，材料淬透性过高	1）合理选择齿轮材料，包括淬透性等。采用优质碳素结构钢，如选用 40Cr、42CrMo 等钢后，就可以采用油冷或硝盐冷却的方法来减小畸变 2）为了提高齿轮强度，减少畸变，齿轮调质钢可采用保证淬透性能的结构钢（GB/T 5216—2004），如 45H、40CrH、45CrH、40MnBH、45MnBH 钢
齿轮结构设计不合理，如幅板厚度偏薄、抗热变形强度低；齿轮结构对称性差	合理设计齿轮结构，截面尽量均匀、对称
齿轮毛坯预备热处理不良，显微组织不均匀，严重混晶，内部残余应力大	控制齿轮毛坯预备热处理质量；采取预备热处理如退火、正火、调质等，以充分消除残余应力，改善带状组织等
机械加工车削和铣齿时，吃刀量过大，造成加工应力偏大	消除热处理前的残余应力。一般是把齿轮加热到 550℃ 左右，保温一定时间。例如中碳结构钢齿轮需要在切削加工或最终热处理之前进行 500～650℃ 的去应力退火；合金结构钢及尺寸较大的齿轮应选用较高的温度；对切削量大、形状复杂而要求严格的齿轮，在粗加工及半精加工之间，淬火前常进行（600～700）℃ ×（2～4）h 的去应力退火；各类铸铁齿轮在加工前应进行去应力退火
热处理装炉不当，齿轮间相互挤压，导致加热时齿轮畸变过大	采用合适工装夹具并进行合理装炉，避免齿轮间相互挤压
淬火温度过高，齿轮淬火时热应力较大，导致齿轮畸变增加	选择适当的淬火加热温度、加热速度及保温时间。应根据齿轮材料、尺寸和形状、加热设备、装炉量、装炉方式、原材料组织状态、加热方式等，多方面考虑加热温度、加热速度及保温时间
淬火冷却介质与淬火方式选择不当，齿轮淬火时，冷却速度过快，热应力增加，导致齿轮畸变偏大	合理选择淬火冷却介质（JB/T 6955—2008）及淬火方式
淬火后，齿轮回火不够及时，导致其畸变增大	及时充分回火，消除或减少残余应力
冷、热加工工序不当	掌握齿轮热处理畸变规律，做好冷、热加工配合，对机械加工工序提出预留加工余量以备淬火后尺寸胀大，或进行反向预变形

9.2.8　中碳钢和中碳合金钢齿轮淬火裂纹与对策

中碳钢和中碳合金钢齿轮淬火裂纹与对策见表 9-23。

表 9-23　中碳钢和中碳合金钢齿轮淬火裂纹与对策

原　因	对　策
齿轮原材料冶金及锻造质量不良	保证齿轮原材料和铸造、锻造质量
齿轮结构设计不合理。齿轮截面设计不均匀、齿轮上有尖角、棱角、凹槽、孔洞等	合理设计齿轮结构。结构设计尽量均匀，减少应力集中；适当增大孔间距离

（续）

原　　因	对　　策
淬火前齿轮的原始组织不良	齿轮毛坯进行预备热处理，如采用正火、退火，以均匀显微组织和细化晶粒，降低齿轮毛坯硬度，减少铸造、锻造残余应力
未合理控制齿轮尺寸。由于齿轮尺寸较大，为了保证精车后齿轮的调质硬度（280~300HBW），必须将齿轮原材料棒料经粗车加工后再进行调质处理，而此时有的钢材（如45钢）淬火尺寸刚好在盐水淬火易裂范围之内（8~14mm）	机械加工时，降低齿轮表面粗糙度值，防止加工刀痕过深，保证过渡区圆角要求。对于45钢齿轮，应避免加工尺寸落在盐水淬火易裂范围之内
未进行去应力退火。由于粗车齿轮未进行去应力退火，这增大了齿轮淬裂的倾向	齿轮机械加工后进行去应力退火。尤其对于铸造材料齿轮及大型齿轮
热处理淬火加热不当，产生过热，导致晶粒长大，淬火后得到粗大马氏体，在淬火冷却过程中易出现裂纹	1）在热处理过程中，操作者应认真操作，严格执行热处理规范 2）一般尺寸较大的铸造齿轮，由于存在铸造应力，宜选用随炉升温方式加热。大截面齿轮内部容易存在偏析、非金属夹杂物及组织不均等缺陷，内应力也大，宜选用分段预热方式加热 3）根据齿轮技术要求，制定合适的热处理工艺规范，选择合适的热处理工艺装备，采用下限淬火温度，采用适当的保温时间
冷却方式不当。在齿轮原材料质量、设备、热处理工艺等条件一定的前提下，淬火齿轮入水时的加热温度过高、冷却时间过长是导致齿轮产生淬火裂纹的重要原因	制定合理的淬火冷却规范，选择合适的淬火冷却介质及淬火方式，优先采用分级淬火、等温淬火、双介质淬火等方法，以减少淬火应力并获得较小畸变
未及时回火和未充分回火	淬火后的齿轮应及时充分回火，通常室温停留时间不超过4h。对具有第二类回火脆性的钢种，在回火脆性温度范围内回火时，应采用油冷或水冷

9.3　齿轮调质处理缺陷与对策

9.3.1　齿轮调质处理常见缺陷与对策

在齿轮调质过程中，常出现硬度低、硬度不均、调质深度不足、畸变与开裂等问题。其形成原因与对策见表9-24。

表9-24　齿轮调质处理缺陷与对策

缺陷名称	产生原因	对　　策
硬度低	齿轮钢材的碳含量或主要合金元素含量偏低；材料淬透性低	检查齿轮钢材的碳含量及主要合金元素含量，保证其符合GB/T 699—1999、GB/T 3077—1999、GB/T 5216—2004的规定；材料淬透性应符合技术要求
	淬火加热工艺不当，如淬火加热温度低或保温时间短，致使钢中的部分铁素体未完全转变而保留下来	调整淬火加热工艺，如适当提高淬火加热温度或延长保温时间，以使钢中先共析铁素体完全转变为奥氏体，淬火后全部转变为马氏体，从而使硬度提高

（续）

缺陷名称	产生原因	对　策
硬度低	齿轮表面脱碳	齿轮加热过程中应采取保护措施，避免产生脱碳
	淬火冷却不足	提高淬火冷却速度，如更换冷却速度较快的淬火冷却介质（如快速淬火油、PAG 水溶液）；对淬火冷却介质进行搅拌；对介质温度进行控制；定期检测与更换淬火冷却介质，以防其老化而导致齿轮畸变大及使用性能下降
	回火温度偏高	适当降低回火温度
	齿轮材料选择不当	更换合适齿轮钢材，选择淬透性高一些材料
	淬火操作不当	改进淬火操作，如加快齿轮出炉淬火转移速度；在齿轮淬火过程中，可以在淬火冷却介质中进行上下及左右移动；对于多件（尤其是大件）连续进行淬火时，应控制其淬火时间间隔，防止因介质温度提高而降低冷却速度
硬度不均	齿轮钢材原始组织不良，存在较严重的带状组织及成分偏析	检查材料质量，控制原材料成分偏析和组织偏析，进行适当锻造以改善缺陷
	淬火冷却不均	淬火槽安装循环搅拌和冷却装置，使淬火齿轮均匀冷却
	淬火与回火加热温度不均	保证淬火与回火温度均匀性，检测炉温均匀性，淬火、回火加热设备有效加热区的温度偏差应符合下表要求。对有回火脆性倾向材料的齿轮，在回火后应立即快速冷却以避开回火脆性温度区域，采用浸水或浸油冷却

允许温度偏差/℃	适用范围
±10	特殊重要性
±15	重要件
±20	一般件

缺陷名称	产生原因	对　策
	齿轮表面氧化皮未除净。锻造毛坯或棒料表面有不同程度的氧化皮，它会影响淬火冷却速度，使齿轮淬火后组织、硬度不均匀	除净齿轮表面氧化皮
	一次装夹量太多，并同时淬火	合理控制齿轮装炉量，以利于淬火冷却介质的流动
调质深度不足	齿轮选材不当，材料淬透性偏低	应根据齿轮模数大小和尺寸选择合适的淬透性钢材
	钢材碳含量偏低，或合金元素含量偏低	检查齿轮材料主要元素的含量，并保证符合相关标准；检测材料淬透性，并满足技术要求
	淬火工艺与操作不当	调整加热、冷却规范；提高淬火冷却速度。齿轮在淬火冷却介质中应根据其形状，沿不同方向做适当移动，以提高介质的冷却速度和减少齿轮畸变
		对大模数齿轮采用开齿调质工艺

（续）

缺陷名称	产生原因	对　　　策
调质金相组织不良	淬火加热温度过低或保温时间不足，或淬火前预备热处理不当，都将导致齿轮淬火后的组织为马氏体＋未溶铁素体，高温回火后也不能消除，如图9-6所示	保证齿轮淬火温度正常，保温时间充足，且冷却速度较大，则淬火后得到的组织应为板条状马氏体或针片状马氏体。在高温回火后，则得到的是均匀且弥散分布的回火索氏体，如图9-7所示
淬火裂纹	参见10.7.7有关内容	参见10.7.7有关内容

　　齿轮经过调质处理后，如果齿面硬度低，在使用过程中容易在齿面出现点蚀小凹坑的缺陷，其进一步发展，表现为（剥落）坑增多和扩大，如图9-5所示。

　　齿轮调质时应当保证齿根以下一定深度范围内的硬度都要达到技术要求，因此应考虑钢材的淬透性、齿轮毛坯尺寸及冷却条件等因素，否则将会影响齿轮的调质深度，进而影响到齿轮的使用寿命。

图9-5　调质齿轮因硬度低而失效形态

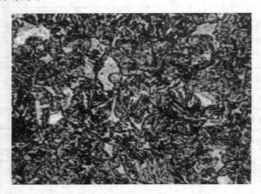

图9-6　中碳结构钢回火马氏体＋铁素体　500×

图9-7　中碳结构钢调质处理后的组织　500×

9.3.2　防止齿轮调质处理缺陷的实例

　　防止齿轮调质处理缺陷的实例见表9-25。

表9-25　防止齿轮调质处理缺陷的实例

齿轮技术条件	缺陷产生原因与工艺	对　　　策
大齿圈，外形尺寸为φ800mm（外径）×50mm（宽度），45钢，要求调质处理	1）齿坯经830℃×2h正火，机械加工粗车削后进行调质处理860℃×1h水淬＋540℃×1h回火。齿圈硬度偏低，为15～30HRC 2）检查发现，炉内温度与炉门温度差为60～70℃，实际齿圈温度比仪表指示温度低40～50℃。大齿圈正火温度为830℃，实际上齿圈温度仅为790℃。齿圈硬度低是由于加热温度低和时间不足引起的，同时也是由于淬火出炉转移速度慢、淬火冷却介质冷却能力差等原因所致	1）对热处理炉进行维修，使炉内有效加热区温度与仪表指示温度一致；同时，齿圈间增加隔垫，以避免因叠加放置而造成下边齿轮畸变 2）改进后的加工流程：淬火加热860℃×1.5h→淬入$w(NaCl)$为10%的水溶液→高温回火520℃×2h→矫直→去应力退火480℃×4h。淬火时竖直入水。调质硬度为28～32HRC

（续）

齿轮技术条件	缺陷产生原因与工艺	对　策
2MW 风力发电机组增速器内齿圈，毛坯尺寸 ϕ1900mm（外径）× 410mm（齿宽）× 120mm（壁厚），42CrMoA 钢，调质硬度要求 270 ~ 300HBW	1）原采用常规调质处理，齿圈硬度与显微组织不合格 2）现采用大型可控气氛井式加热炉，使用氮气作为保护气氛，并采用快速淬火油（冷却速度超过100℃/s）进行淬火冷却 正火工艺：先在 650℃ ×1h 进行预热，然后在870℃ ×3.5h 加热，出炉空冷 淬火工艺：先在 650℃ ×1h 进行预热，然后在860℃ ×4h 加热淬火，出炉油冷（油温 <80℃）	金相组织为较细小的回火索氏体，硬度均匀，同一截面硬度波动范围可控制在 10HBW 以内，力学性能检验合格
大型齿轮毛坯，45 钢，要求调质处理	经(860 ~ 880)℃ ×3h 加热后水淬，600℃ ×4.5h 高温回火后空冷。齿坯心部组织（放大 500 倍）为片状珠光体及呈白色网状、针状和块状分布的铁素体；晶粒大小不均匀，有轻微的魏氏体组织，如下图所示 	对大型齿轮毛坯可更换为淬透性较高的合金钢材料；齿坯经机械加工粗铣齿（即开齿）后再进行调质处理

9.4　齿轮的化学热处理缺陷与对策

齿轮的化学热处理常采渗碳、碳氮共渗、渗氮、氮碳共渗等。在齿轮的化学热处理过程中，因诸多因素的影响常出现力学性能（如硬度等）、金相组织、渗层深度、畸变及开裂等方面缺陷。

9.4.1　齿轮的渗碳（碳氮共渗）热处理缺陷与对策

齿轮渗碳热处理周期较长，温度高，工艺过程复杂，因其原材料、工艺、设备、渗碳介质、淬火冷却规范等方面原因，常产生表面硬度偏低或不均匀、心部硬度偏低或过高、硬度梯度太陡、渗碳层不均匀、渗碳层过深或过浅、硬化层分布不合理、金相组织不良、畸变及裂纹等缺陷。

1. 齿轮的气体和固体渗碳热处理缺陷与对策

渗碳和碳氮共渗齿轮表面碳（氮）含量、表面硬度、表层组织及心部硬度的一般要求见表5-11。

（1）气体和固体渗碳齿轮硬度缺陷与对策　气体和固体渗碳齿轮硬度方面缺陷主要有表面硬度偏低或不均匀、心部硬度过高或过低、心部硬度时高时低等。其形成原因与对策见表9-26。

表 9-26　气体和固体渗碳齿轮硬度缺陷与对策

缺陷名称	产生原因	对策	补救措施
硬度偏低或不均匀	齿轮经渗碳淬火后表面碳浓度低；渗碳剂浓度偏低	提高炉内渗碳气氛碳势，重新标定氧探头；提高渗碳剂浓度	1）对表面碳浓度低的齿轮，可进行复碳处理 2）对表面有托氏体的齿轮，在可控气氛下重新加热淬火 3）对残留奥氏体过多的齿轮，可进行冷处理，或者在高温回火后在保护气氛下重新加热淬火 4）对因回火温度过高造成硬度低的齿轮，可重新加热淬火，采用适当的温度和时间再进行回火 5）对淬火时形成的氧化脱碳及渗碳浓度不足的齿轮，也可用旧渗碳剂装箱复碳（新渗碳剂：旧渗碳剂 = 2:1），复碳温度为（870 ± 10）℃，保温时间为 3 ~ 4h。复碳后预冷至（820 ± 10）℃，出炉后直接淬火
	齿轮表面有脱碳现象	防止齿轮表面氧化脱碳，如检查渗碳炉密封及搅拌风扇用冷却水套漏水情况，缩短出炉淬火前的预冷时间等	
	齿轮经渗碳淬火后表层残留奥氏体过多	调整渗碳工艺参数，如降低碳势，延长扩散时间等。控制渗碳层表面的碳浓度，高合金渗碳钢渗碳后，在 680℃ 左右进行长时间的高温回火，然后低温（780℃ 左右）淬火，可明显降低残留奥氏体的含量	
	齿轮表面出现内氧化，经渗碳淬火后表面形成托氏体组织	严格控制渗碳过程中炉内 H_2O 和 CO_2 的含量；在渗碳能够满足要求的前提下，缩短渗碳时间	
	回火温度过高，时间过长，导致硬度降低	调整回火工艺参数，降低回火温度。回火温度根据渗碳齿轮性能（如硬度）要求，一般为 160 ~ 200℃，保温时间 2h 左右；检测回火炉温度	
	齿轮表面的油污在渗碳前未彻底清洗干净，影响渗碳效果	齿轮渗碳装炉前，采用清洗剂清洗干净表面油污、脏物，并进行干燥处理	
	齿轮装炉量过大，渗碳时碳势偏低，淬火时冷却速度降低	合理控制齿轮装炉量，以保证均匀加热与冷却，以及渗碳气氛流动畅通	
	渗碳过程中有漏气现象，或炉内炭黑过多	检查渗碳炉漏气情况。为了保持炉内气氛成分不受外界空气干扰，保证齿轮渗碳质量，可控气氛渗碳需要维持正压力，如井式渗碳炉压不低于 200Pa，箱式炉和连续式渗碳炉压应不低于 20Pa。同时，应定期清理炉内炭黑	
	二次淬火加热时产生氧化脱碳	在采取保护气氛下进行二次加热淬火，避免表面氧化脱碳	
	渗碳淬火齿轮硬度不均匀多由渗碳不均匀造成的。这可能是加热不均匀、气体渗碳时炉气循环不畅，以及固体渗碳时渗碳箱选择不当或渗碳剂及装填不当造成的	应经常检查风扇运转情况，渗碳炉温度均匀性应控制在 ±5℃ 以内，碳势 $w(C)$ 均匀性 ± 0.05%；注意固体渗碳箱的大小、渗碳剂及其填充方法等符合相关要求（如 JB/T 9203—2008 的规定），以保证均匀加热	
	淬火冷却速度慢和冷却不均匀，造成表面硬度不足及不均匀	检查淬火冷却介质中杂质含量及浓度，必要时更换淬冷烈度大的淬火冷却介质；合理进行搅拌	
	淬火温度偏高或过低，保温时间太长，油温过高，造成渗碳层保留大量的残留奥氏体，导致表面硬度降低	严格控制淬火温度，以及淬火加热时间；淬火冷却介质槽应安装热交换及搅拌系统	

（续）

缺陷名称	产生原因	对　　　策	补救措施
心部硬度过高	齿轮材料碳含量及合金元素含量过高；材料淬透性过高	检验原材料碳含量及合金元素含量；根据齿轮模数及技术要求等选择合适的淬透性	为了适当降低齿轮心部硬度并减小畸变，可采用分级淬火方法进行补救，加热温度为（830±10）℃，分级温度为（320±10）℃，停留时间为 10min 左右，然后入油冷至室温
	淬火温度过高，这种情况多发生在模数小、壁薄的齿轮。这种缺陷也常出现在合金元素含量较高的合金渗碳钢中，如 12Cr2Ni4A、18Cr2Ni4WA 钢等。淬火温度高，钢材的淬透性能好，形成的马氏体数量多，得到的心部硬度就高	严格控制淬火温度	
心部硬度偏低	渗碳淬火齿轮心部硬度低主要与淬火温度过低或保温时间过短，齿轮渗碳淬火后轮齿心部保留着过多的大块状铁素体有关，这种缺陷常出现在低合金渗碳钢中	提高淬火温度，或延长保温时间，确保心部组织完全奥氏体化	1）对心部硬度偏低的齿轮。先进行高温回火，然后再在保护气氛下进行一次加热淬火，并适当提高淬火加热温度 2）对心部硬度过高的齿轮。先进行高温回火，再在保护气氛下进行一次加热淬火，淬火时采用碱浴分级方法、等温淬火方法，可减小齿轮畸变
	淬火冷却介质温度偏高	淬火槽安装热交换及搅拌系统，以降低淬火冷却介质温度	
	淬火冷却介质冷却能力差，导致齿轮心部游离铁素体过多	更换淬火冷却介质，选用淬冷烈度大的淬火冷却介质（JB/T 6955—2008）	
	装炉过于密集，齿轮间相互叠加或挤压等，影响淬火冷却速度	按渗碳热处理操作规范要求，装炉量适当，齿轮间留有适当间隙，以利于淬火冷却	
	齿轮渗碳后出炉淬火转移时间过长，使轮齿表面温度降低，造成心部出现块状铁素体	齿轮出炉淬火过程中，应缩短转移时间，降低轮齿降温速度	
	大模数齿轮材料淬透性低，或碳含量及合金元素含量低	更换齿轮材料，根据齿轮模数大小及技术要求选择合适的钢材（包括淬透性）；检查原材料碳含量及合金元素含量	
心部硬度时高时低	原材料化学成分不稳定，钢的淬透性带宽度大	要严格控制材料的化学成分，检查原材料的碳含量及主要合金元素含量，其化学成分应符合 GB/T 699—1999 或 GB/T 3077—1999，或 GB/T 5216—2004 要求，化学成分允许偏差应符合 GB/T 222—2006。对要求严格的齿轮，应控制钢的淬透性带宽，选用保证淬透性钢材	对于因热处理工艺与设备原因造成的心部硬度时高时低的齿轮，可在工艺与设备改进后重新加热淬火
	淬火温度时高时低，造成心部硬度时高时低	检查测温系统（包括测温仪表，热电偶），控温精度应达到 ±5.0℃	
	淬火冷却介质的流动速度、温度、杂质含量等均能影响淬火硬度的稳定性	应使淬火冷却介质流速、温度等尽可能保持稳定，减少淬火冷却介质杂质含量	

（2）气体和固体渗碳齿轮金相组织缺陷与对策

1）气体和固体渗碳齿轮表面碳化物过多原因分析与对策。齿轮经渗碳淬火后，表层碳化物过多（见图9-8和图9-9），极易形成裂纹和剥落（见图9-10）。

　　　　　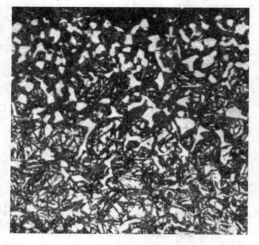

图9-8　渗碳淬火齿轮齿角碳化物形貌　400×　　　　图9-9　渗碳淬火齿轮节圆碳化物形貌　400×

图9-10　渗碳淬火主动弧齿锥齿轮的失效形态

气体和固体渗碳齿轮表面碳化物过多原因与对策见表9-27。

表9-27　气体和固体渗碳齿轮表面碳化物过多原因与对策

产 生 原 因	对 策	补救措施
气体渗碳时碳势过高，强渗期时间过长，或扩散期时间过短，造成表面碳浓度过高	适当降低炉内碳势，缩短强渗期时间，或延长扩散阶段时间，或适当提高扩散期温度，将气氛的碳势调整到要求的浓度	1）在渗碳层深度允许情况下，可在较低碳势的渗碳炉中进行高温加热扩散处理（如920℃×2h）后再淬火，并适当提高淬火温度，延长保温时间 2）对因直接淬火和一次淬火温度过低而造成碳化物过多的情况，可进行一次较高温度下的正火处理，以消除表层网状碳化物，然后再在稍高的温度（高于正常温度，保护气氛下）下淬火
采用渗碳直接淬火时，预冷时间过长，淬火温度过低。在预冷时间内，碳化物沿奥氏体晶界析出，形成了块状或网状碳化物	采用渗碳后直接淬火时，预冷时间控制应适当，不得过长，以免沿奥氏体晶界析出网状碳化物	
采用一次淬火工艺时，淬火温度太低，渗碳预冷后所形成的网状、块状碳化物在重新加热时没有消除掉	适当提高一次淬火温度及出炉冷却速度	
齿轮原材料中Cr、Mo等与C的亲和力强的元素多，容易产生过多碳化物	控制原材料中Cr、Mo等元素含量，检查其化学成分，防止这些元素含量超标	

（续）

产　生　原　因	对　　策	补救措施
固体渗碳时，渗碳剂的活性太强。由颗粒状木炭加氯化钡等催渗剂配制而成的固体渗碳剂，在通常的渗碳温度下，具有高于该温度奥氏体饱和碳量的碳势。由于固体渗碳中不能随意调整碳势，故渗碳温度越高，过共析的程度就越大。对于含有强碳化物形成元素 Cr 的渗碳钢，由于碳的扩散较慢，渗碳表面的碳浓度就更高。达到过共析成分的渗碳层，在冷却时从奥氏体晶界上析出渗碳体而呈网状分布	为了防止固体渗碳中产生过多的碳化物，应采用使奥氏体中碳固溶度小的较低渗碳温度，或者降低渗碳剂活性，使用缓和的渗碳剂，也可以使用部分旧的渗碳剂，并加入焦炭或石灰缓和渗碳能力	1）在渗碳层深度允许情况下，可在较低碳势的渗碳炉中进行高温加热扩散处理（如 920℃ ×2h）后再淬火，并适当提高淬火温度，延长保温时间 2）对因直接淬火和一次淬火温度过低而造成碳化物过多的情况，可进行一次较高温度下的正火处理，以消除表层网状碳化物，然后再在稍高的温度（高于正常温度，保护气氛下）下淬火

2）渗碳淬火齿轮表面出现内氧化和非马氏体组织原因与对策。齿轮渗碳时，由于内氧化而导致合金元素的迁移和碳的浓度下降，结果使该层的淬透性相应下降。在常规淬火时，就会导致非马氏体组织的形成，这些组织包括表面脱碳形成的铁素体，表层沿晶界形成的托氏体（连成一片称黑带，未连成一片称黑网），部分钢种出现的贝氏体，如图 9-11 所示。

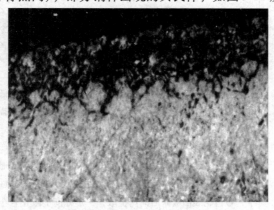

图 9-11　20CrMnTi 钢齿轮渗碳淬火后表层非马氏体组织形态（轻度腐蚀）100 ×

德国波尔舍、奔驰、宝马公司要求非马氏体层厚度必须控制在 3μm 以下，具体见表 9-28。内氧化的检测用光学显微镜在未浸蚀状态下进行。渗层组织采用辉光放电分光仪测定。

表 9-28　非马氏体组织的相关标准

GB/T 3480.5—2008：ME 级		德国大众		德国波尔舍、奔驰、宝马	
58HRC 以上	渗层 <0.75mm 时，非马氏体 <12μm；渗层 0.75 ~ 2.25mm 时，非马氏体 <20μm	60HRC 以上	非马氏体≤10μm	61HRC 以上	非马氏体≤3μm
		HV1 转换	金相浅腐蚀	HV1 转换	金相浅腐蚀

渗碳淬火齿轮表面出现内氧化和非马氏体组织原因与对策见表 9-29。

表 9-29   渗碳淬火齿轮表面出现内氧化和非马氏体组织原因与对策

产生原因	对　　　策	补救措施
齿轮材料选择不当，或 Si 等元素含量超标	合理选择钢材。尽可能选用含 Cr、Ti、V、Mo、Nb 等的较高淬透性合金渗碳钢，因为含这些元素钢内氧化倾向小。同时，控制 Si 元素含量。也可采用优质渗碳钢 [如 DSG1 钢，通过将 $w(Si)$ 降至 0.15% 以下而使内氧化现象及非马氏体量大为减少]	
炉气中含有较多水蒸气和二氧化碳成分，其是促使内氧化的主要成分	改善炉气的成分，控制并降低气氛中氧、二氧化碳和水蒸气的含量	
齿轮加热升温时排气不充分	升温排气阶段加大渗剂介质（如甲醇）量，尽快恢复炉气碳势。缩短排气时间也有利于减少非马氏体组织的产生。增加炉内气氛置换量也有利于减少非马氏体组织的产生。载体气供应量与炉膛容积及炉门开启频率等有关	
炉子密封不良，进入较多空气，使齿轮表层合金元素氧化；炉气循环风扇轴承用冷却水套系统漏水，使水进入炉内	检查渗碳炉密封情况，保证炉内气压正常，井式气体渗碳炉、多用炉和连续式渗碳炉压分别不低于 200Pa 和 20Pa；检查炉气循环风扇轴承用冷却水套系统漏水情况	1）齿轮经渗碳淬火、回火后，表层非马氏体层深 ≤ 0.02mm 时，可进行喷丸处理 2）重新加热淬火，加快冷却速度。在淬火前应进行一次高温回火或正火处理，加热时采取保护气氛以防止齿轮表面发生氧化 3）在 RX 气体中添加一定数量的 NH_3，用增加氮的方式来弥补淬透性的恶化
淬火冷却速度低	尽可能采用较激烈的淬火冷却介质和冷却方式。在不导致开裂和畸变大的前提下尽量采用淬冷烈度大的淬火冷却介质，对减少非马氏体组织有利。采用 PAG 水溶液比用淬火油效果好，用快速淬火油比用普通淬火油有利	
渗碳剂中含水量及有害杂质（如硫）偏高	1）严格控制渗剂中含水量及含硫量，尽可能使用低碳烃和高纯度气体制备渗碳气体的原料气。渗碳气源的选择依次为天然气→丙烷气→丙酮 2）在渗碳末期通入适量干燥的 NH_3（如多用炉，淬火前 10min 通入氨气 0.40～0.50m³/h，或者淬火前 30min 通入氨气 0.10～0.20m³/h），NH_3 在较高温度下分解出的活性氮原子，被齿轮表面吸附后向内扩散，一定程度上阻止合金元素的氧化析出，提高了淬透性，从而减少了非马氏体组织	
新炉或渗碳炉长期停用后，重新起动时，升温烘炉时间不足，炉气中水蒸气和二氧化碳残存偏多	新炉或渗碳炉长期停用后，重新起动时，应严格按渗碳炉升温烘炉规程进行分阶段升温保温，800℃ 以上时可向炉内通入载体气（包括 RX 气体、氮-甲醇等），以便排除炉内空气及水分等，最后升温至渗碳工作温度 930℃ 后，对炉罐进行预渗碳	
对于要求较高的齿轮，可以采用低压真空渗碳技术		
采用较高碳势，降低渗碳气氛中的氧分压，则钢件表面至内部氧浓度梯度降低，有助于减轻内氧化程度		
采用氮-甲醇工艺减少表层非马氏体组织		

3）气体和固体渗碳淬火齿轮晶粒或马氏体粗大原因与对策。齿轮原材料奥氏体晶粒尺寸粗大时，其转变产物如马氏体、残留奥氏体以及非马氏体组织相应也粗化。渗碳淬火齿轮表层形成的粗大马氏体形貌如图 9-12 所示。

图 9-12　渗碳淬火齿轮表层粗大马氏体组织　400 ×

气体和固体渗碳淬火齿轮晶粒或马氏体粗大原因与对策见表 9-30。

表 9-30　气体和固体渗碳淬火齿轮晶粒或马氏体粗大原因与对策

产生原因	对　策	补救措施
钢的化学成分不合格。合金钢齿轮中合金元素含量低。在合金元素中，除了 Mn 以外，其他元素均有阻碍奥氏体晶粒长大的作用	选用完全脱氧的合金钢，检验原材料碳含量及主要合金元素含量。合金钢中的合金元素如 Cr、Mo、Ti、V、W、Ni、Nb 等，均能阻止奥氏体晶粒长大	1）对渗层中含有粗大晶粒与马氏体、大量残留奥氏体的齿轮。可采用重新加热至 Ac_1 以上稍高的温度下淬火，或者以快速加热方式进行表面处理（如感应淬火），均能达到细化表层马氏体和减少残留奥氏体量的效果
淬火前原始组织不良。齿轮原始组织成分越均匀，奥氏体晶粒长大的倾向越小。如果齿轮未进行正火、调质处理等，就很难保证原始组织质量	渗碳前的齿坯预备热处理最好在高温下进行。如采用 950℃ 以上的正火处理，以获得均匀组织与晶粒。优先采用等温正火工艺，加快奥氏体化后的冷却速度，以获得较细均匀的组织及晶粒度	2）对心部的晶粒粗大的齿轮。可采用重新加热至 Ac_3 以上稍高的温度，以达到细化心部晶粒和组织的目的
渗碳温度偏高或保温时间长。渗碳温度越高，奥氏体晶粒越易长大；渗碳保温时间越长，奥氏体晶粒也越易长大，不过温度的影响远比时间影响大	调整渗碳热处理工艺参数，适当降低渗碳和淬火温度，或缩短保温时间，并加强金相组织的检验	3）对渗碳层和相变晶粒均粗大的齿轮。必须采用两次淬火方法才能达到细化晶粒的效果
渗碳后的热处理方法不当	根据齿轮材料等正确选用渗碳后的热处理方法。渗碳过程引起奥氏体晶粒粗大，但如果通过正确的冷却方式以及淬火前的预处理，如渗碳后淬火前进行高温回火，或渗碳后进行两次淬火，均可使表层和心部获得细小晶粒组织	
炉内的碳势过高	适当降低炉内碳势，或延长扩散时间	

4）气体和固体渗碳淬火齿轮表面残留奥氏体过多原因与对策。齿轮渗碳淬火、回火后，适量的残留奥氏体（通常认为体积分数小于 25%），能够提高渗碳层的韧性、接触疲劳强度及改善

齿轮啮合条件，扩大接触面积，但残留奥氏体过量（见图9-13），常会伴随马氏体针粗大。

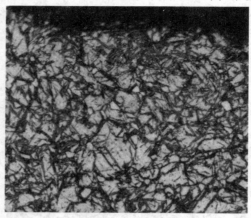

图 9-13　20CrMnTi 钢齿轮渗碳淬火后表层残留奥氏体形态　400 ×

气体和固体渗碳淬火齿轮表面残留奥氏体过多原因与对策见表9-31。

表 9-31　气体和固体渗碳淬火齿轮表面残留奥氏体过多原因与对策

产生原因	对　　策	补救措施
齿轮材料不当，碳含量及合金元素含量偏高	为了获得适当的残留奥氏体量，而又不使马氏体针粗大，必须合理选择齿轮钢材。根据钢材对炉温、碳势、淬火温度、冷却方式、淬火冷却介质温度、回火温度、是否进行冷处理等主要因素，进行适当的调整和严格控制	
渗碳炉内碳势高，渗碳温度高，溶入奥氏体中的碳及合金元素含量过高，使材料的 Ms 点低，残留奥氏体量增加	调整渗碳工艺，适当降低渗碳温度及强渗期或扩散期碳势，控制表层碳含量	
淬火温度偏高，溶入奥氏体中的碳及合金元素来不及析出，使奥氏体中碳及合金元素含量过高，以致淬火后残留奥氏体量过高	从渗碳炉中出炉的温度不宜过高，以齿轮心部铁素体级别不致超过规定为限，以降低表面残留奥氏体量	1）在保护气氛条件下，经高温回火后重新加热淬火和回火，并适当控制淬火温度及淬火冷却介质温度
淬火冷却介质温度过高	适当降低淬火冷却介质温度，淬火槽安装热交换及搅拌系统	
淬火冷却停止温度高	合理控制淬火冷却停止温度。淬火冷却停止温度 T 和残留奥氏体 Ar 的关系可按照下式计算：$Ar = \exp\{0.011(Ms - T)\}$ 材料的 Ms 点（℃）的计算式：$Ms = 499 - 300w(\mathrm{C}) - 33w(\mathrm{Mn}) - 22w(\mathrm{Cr}) - 17w(\mathrm{Ni}) - 11w(\mathrm{Si}) - 11w(\mathrm{Mo}) - 250w(\mathrm{N})$	2）进行冷处理等
	高合金渗碳钢（如20Cr2Ni4、18Cr2Ni4W 钢等）齿轮采用渗碳后直接淬火，往往残留奥氏体超标，对此可采用渗碳后感应（如高频、中频）淬火工艺	
	合理选择渗碳淬火齿轮残留奥氏体量：①对于类似蜗杆这类要求高的滑动抗力和重载并以滑动为主的零件，以体积分数20%定为最大值；②对于以弯曲和冲击疲劳为主的齿轮，以体积分数25% ~30% 定为最大值为宜；③对于以接触疲劳（点蚀）为损坏形式的齿轮，最佳的残留奥氏体量的体积分数为50%；④在任何工作条件下的渗碳淬火齿轮，其表面最小残留奥氏体量的体积分数规定为10% ~15% 较为合理	

5）气体和固体渗碳淬火齿轮表面碳含量过低原因与对策。图 9-14 所示为 20CrMnTi 钢齿轮经 920℃渗碳后缓冷表面出现贫碳情况。图 9-14 中渗碳层表面无共析和过共析层，仅出现亚共析层。渗碳层表面基体为细珠光体和少量铁素体。

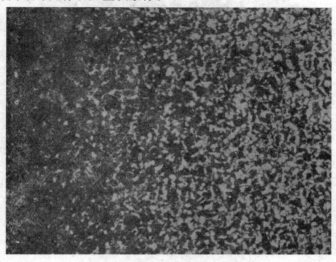

图 9-14　20CrMnTi 钢齿轮渗碳后缓冷表面出现贫碳情况　100×

气体和固体渗碳淬火齿轮表面碳含量过低原因与对策见表 9-32。

表 9-32　气体和固体渗碳淬火齿轮表面碳含量过低原因与对策

产生原因	对　　　策	补救措施
渗碳气氛碳势过低	提高炉内碳势；重新标定氧探头（JB/T 10312—2011）	在渗碳气氛中重新加热，适当复碳后再进行淬火、回火处理
渗碳炉温偏高，渗碳剂流量低	检查炉温、仪表，调整渗碳剂流量	
扩散时间过长，使表层碳含量降低	调整强渗时间与扩散时间比例，适当提高强渗时间或缩短扩散时间	
渗碳炉密封性差，造成炉内进入空气	检查渗碳炉密封情况，检查炉气循环风扇轴承用冷却水套系统漏水情况。保证渗碳时井式渗碳炉、多用炉和连续式渗碳炉炉压分别不低于 200Pa、200Pa 和 20Pa	
齿轮表面形成炭黑或被炭黑覆盖，装炉量太多	定期清理炉内炭黑，按工艺要求合理装炉	
炉子气氛不均匀，炉压太低，使炉子局部造成死角	齿轮间距离大于 10mm，保证一定的炉压且风扇旋转正常	

6）齿轮气体和固体渗碳后表面脱碳原因与对策。渗碳齿轮表面脱碳与氧化一样，都是由于钢中的元素与 O_2、CO_2 和 H_2O 等氧化性气氛相互作用的结果，从而使齿轮钢材表面脱碳。在实际生产中，氧化与脱碳现象总是同时出现在同一齿轮上，但两者是有区别的。

图 9-15 所示为 20 钢齿轮经 930℃渗碳后空冷表面形成的脱碳层。图中渗碳层最表面为全脱碳层，金相组织为铁素体；次表层为半脱碳层，靠近全脱碳层处为片状珠光体及少量呈白色条块状分布的铁素体，稍向里为片状珠光体。

图 9-15　20 钢齿轮渗碳后空冷表面形成的脱碳层　200 ×

气体和固体渗碳齿轮表面脱碳原因与对策见表 9-33。

表 9-33　气体和固体渗碳齿轮表面脱碳原因与对策

形成原因	对　　策	补救措施
渗碳齿轮表面脱碳，表层出现托氏体，甚至形成铁素体网，其产生原因主要有：渗碳过程中，如果在扩散期把炉内碳势降得过低时，易产生表面脱碳情况；或渗碳后期渗碳剂浓度过分降低，造成炉内碳势过低	渗碳过程中，应合理控制扩散期碳势及渗碳剂的流量，避免因碳势及渗碳剂流量降低导致碳势降低	1）对于表面脱碳齿轮应在适宜的碳势中进行短时间复碳后重新淬火、回火处理 2）脱碳层 ≤0.02mm 时，可进行表面喷丸处理
渗碳炉严重漏气，炉内压力出现负压	检查渗碳炉密封情况，检查炉气循环风扇轴承用冷却水套系统漏水情况。保证渗碳时井式渗碳炉、多用炉和连续式渗碳炉炉压分别不低于 200Pa、200Pa 和 20Pa	
固体或气体渗碳后出炉温度过高，空气中冷却时间过长；在冷却坑（井）冷却及二次淬火加热时保护不当，导致产生氧化与脱碳	适当降低出炉温度，渗碳后应以较快的速度冷却或直接进行淬火，避免在空气中冷却时间过长，导致齿轮与空气接触时间过长，造成表面脱碳；齿轮在冷却坑（井）冷却及二次淬火加热时应在保护（气氛）下进行	
淬火加热时，盐浴脱氧不彻底，或无保护性气氛加热，均易造成齿轮表面脱碳和内氧化。若表层以脱碳为主，则淬火后，表层出现铁素体；若表层以氧化为主，则淬火后，表层出现托氏体	采用盐浴炉淬火加热时脱氧应充分；二次淬火加热时应在保护性气氛下进行	
固体渗碳时密封不严，或者固体渗碳后冷却过慢，特别是在固体渗碳剂粗大的情况下，因温度的降低，渗碳剂不再产生活性碳原子，而空气又有进入渗碳箱的可能，从而造成表面脱碳	固体渗碳时检查渗碳箱的密封情况，防止高温加热时空气进入，适当加快渗碳后的冷却速度	

7）气体和固体渗碳淬火齿轮心部组织不良（铁素体过多、晶粒粗大）原因与对策。渗碳淬火齿轮心部铁素体过多（见图 9-16）时，将会降低齿轮的疲劳强度，并使齿面硬化层抗剥落性能及齿根弯曲疲劳强度下降，齿轮在承受较大负荷时容易压溃而发生早期损坏。如果心部晶粒粗大，将会降低齿轮的韧性和弯曲疲劳强度，减小最大冲击值。

气体和固体渗碳淬火齿轮心部组织不良原因与对策见表 9-34。

（3）气体和固体渗碳齿轮渗层深度缺陷与对策

渗碳层深度不足和渗碳层碳浓度过低，容易引起轮齿硬化层剥落，并容易产生点蚀现象，从而导致齿轮早期失效。

图 9-16　渗碳淬火齿轮心部铁素体过多情况　400×

表 9-34　气体和固体渗碳淬火齿轮心部组织不良原因与对策

缺陷名称	产生原因	对　策	补救措施
心部铁素体过多	淬火加热温度低	提高淬火加热温度；检查炉温仪表是否准确	按照正常工艺重新加热淬火、回火
	重新淬火加热保温时间不足，心部铁素体未全部溶解	延长淬火加热保温时间，使心部铁素体全部溶解	
	渗碳结束后淬火预冷时间过长，心部析出铁素体组织	缩短淬火预冷时间，防止心部析出铁素体组织	
	淬火冷却时间不足，或者淬火冷却不足	保证淬火冷却时间，使奥氏体组织完全转变，或提高淬火冷却介质冷却能力	
心部晶粒粗大	渗碳温度过高	严格控制渗碳温度；检查测温仪表及热电偶	按照正常工艺重新进行加热淬火和回火，使晶粒细化
	渗碳时间过长，晶粒长大并粗化	调整渗碳工艺，缩短渗碳时间	
	原材料存在偏析、气泡、缩孔等缺陷	严格控制原材料质量，按 GB/T 1979—2001、GB/T 226—1991 及 GB/T 10561—2005 的规定进行检查	
	预备热处理不良，使奥氏体晶粒粗大	保证预备热处理质量，按 GB/T 6394—2002《金属平均晶粒度测定方法》的规定检查晶粒度	

通常，渗碳淬火齿轮过共析及共析层深度之和为总渗层深度的 50% ~ 75% 比较适宜。大于其上限，过渡层太陡，使过渡区残余应力变化太大，性能变化太剧烈，而且在表层容易出现拉应力，因而在磨削、使用中，甚至在放置时，出现硬化层开裂和剥落现象；而小于其下限，则表面表层碳含量太低，高硬度层太薄，也影响齿轮的使用寿命。

图 9-17 所示为 20CrNi 钢齿轮经 920℃ 渗碳空冷后渗碳过共析层 + 共析层比例过大情况，其占渗碳层总深度的 80%。这种组织易使齿轮在淬火冷却时，在共析层与心部的交界处发生开裂。

图 9-17　20CrNi 钢齿轮渗碳空冷后渗碳过共析层 + 共析层比例过大情况

　　齿轮经渗碳淬火后，如果渗碳层碳浓度梯度太陡，在使用过程中很容易使齿面产生剥落，并导致失效。

　　气体和固体渗碳齿轮渗层深度缺陷与对策见表 9-35。

表 9-35　气体和固体渗碳齿轮渗层深度缺陷与对策

缺陷名称	产生原因	对　策	补救措施
渗碳层不足和渗碳层的碳浓度过低	实际渗碳炉炉温低于仪表显示温度	加强对测温仪表的检查及渗碳炉温的校对	在正常的温度下，重新入炉返修处理，以达到渗碳层深度要求。渗层过薄，可以复碳处理，复碳速度是正常渗速的 1/2，约为 0.1mm/h
	渗碳齿轮装炉量过多，或更换了新渗碳罐、夹具、吊具等，未进行预先渗碳	合理安排齿轮装炉量，以利于渗碳气氛及淬火冷却介质的流动；对新的渗碳炉罐及工装进行预渗碳	
	齿轮表面有氧化皮，或被炭黑覆盖	齿坯预备热处理后应清理干净表面氧化皮，机械加工时应车削掉表面的脱碳氧化层；定期烧炭黑并清理炉内炭黑	
	气体渗碳时，渗碳剂供给量不足，或渗碳剂浓度低	校对渗碳剂用流量计，并按需要供给足够的渗碳剂，调整渗碳剂浓度	
	炉内碳势低	调整炉内碳势	
	渗碳时间不足	延长渗碳时间	
	渗碳炉漏气，炉压低	检查渗碳炉密封情况，及时进行维修，保证炉压正常	
	渗碳炉风扇轴承用冷却水套渗漏水	修复水套，防止漏水	

（续）

缺陷名称	产生原因	对　　策	补救措施
渗碳层不足和渗碳层的碳浓度过低	固体渗碳剂的活性差	固体渗碳时，采用活性较强的渗碳剂，即在固体渗碳剂中添加质量分数为 30%～40% 新的渗碳剂，以保证渗碳剂具有足够的活性	在正常的温度下，重新入炉返修处理，以达到渗碳层深度要求。渗层过薄，可以复碳处理，复碳速度是正常渗速的 1/2，约为 0.1mm/h
	原材料碳含量偏低，合金元素含量偏低，淬透性偏低	选用化学成分合格及淬透性较高的钢材	
渗碳层过深及渗碳层碳浓度过高	气体渗碳时炉内碳势过高。固体渗碳时采用过分强烈的渗碳剂（催渗剂过多）	适当降低炉气碳势；重新标定氧探头（JB/T 9203—2008）。固体渗碳时采用适当地加入旧的渗碳剂（催渗剂）	1）若渗碳层过深，而齿轮的尺寸又小，轮齿可能被渗透，只好报废
	渗碳温度偏高	适当降低渗碳温度；对控温仪表进行校对	2）对于仅是碳浓度过高，而渗碳层深度并未超过规定要求的齿轮。可将其在中性介质中进行正火处理，以降低表面碳浓度，然后在油中或空气中冷却，最后在 760℃ 左右温度加热淬火
	渗碳时间过长	调整渗碳工艺，缩短渗碳周期，渗碳保温时间取决于渗碳层深度，其实际深度为要求的渗碳层深度外加齿轮的单边磨量的两倍，渗碳时间可参考公式执行：$t = X^2 / 0.63^2$。式中，X 是渗碳层深度（mm）；t 是渗碳时间（h）	
	扩散时间不足	适当延长扩散时间，或降低扩散期碳势，使表层的碳浓度达到要求	
	试样检验不准	重新校正试样，选用要求齿形试块（JB/T 7516—1994）	
渗碳层薄厚不均	原材料带状组织严重	渗碳齿轮原材料带状组织应 ≤3 级	1）在进行复碳时，为了避免渗碳层增加过多，可适当降低渗碳温度，这样在厚的部位渗碳层深度增加得少一些，而薄的部位可以增加得多一些
	装炉量过多，或齿轮装炉位置不当。齿轮间相互接触，气体流通不畅	按操作规程合理装炉，齿轮间保持适当距离，以利于渗碳气氛流动及加热均匀	
	气体渗碳时，若用黏附了含硫切削液的齿轮去直接装炉、渗碳，不仅会影响炉内渗碳气氛，还会在齿轮表面附着残渣，引起渗碳不均。采用一些清洗剂（如三氯乙烯）脱脂洗涤时，有时也会附着残渣，易在齿轮表面引起明显的腐蚀	采用清洗剂对齿轮表面清洗后，进行漂洗和烘干，装炉时应防止二次油污	2）固体渗碳后渗碳层厚薄相差较多时，可采用较缓和的渗碳剂重新渗碳，使渗碳层扩散均匀。可采用的固体渗碳剂是 90% 木炭 + 10% $BaCO_3$（质量分数）。其他情况时可采用的渗碳剂是 98% 木炭 + 2% $BaCO_3$（质量分数）。保证渗碳后不超过技术要求。即符合渗碳层深度和碳浓度要求
	渗碳时炉气恢复太慢，排气时间过长，有空气进入炉内，导致齿轮表面氧化	排气期应加大渗碳剂（如甲醇等）流量，使炉气尽快恢复正常	
	渗碳炉内各部分温度不均	保证渗碳炉内有效加热区温度均匀性在 ±5℃ 范围内	
	炉内渗碳气氛不均，渗碳气氛的搅拌作用低，炉气循环不良	保证渗碳炉搅拌风扇正常运转，以利于炉气循环畅通，并保证渗碳气氛及加热均匀	

（续）

缺陷名称	产生原因	对　策	补救措施
渗碳层薄厚不均	渗碳剂中不饱和碳氢化合物超标，渗碳剂在高温裂解时易析出游离碳而变成炭黑，对炉膛和齿轮表面造成污染。当齿轮表面被炭黑、结焦物覆盖时，容易产生渗碳层不均现象	严格控制渗碳剂中不饱和碳氢化合物，以减少炭黑；定期进行烧炭黑，并清理炉内炭黑	1) 在进行复碳时，为了避免渗碳层增加过多，可适当降低渗碳温度，这样在厚的部位渗碳层深度增加得少一些，而薄的部位可以增加得多一些 2) 固体渗碳后渗碳层厚薄相差较多时，可采用较缓和的渗碳剂重新渗碳，使渗碳层扩散均匀。可采用的固体渗碳剂是90% 木炭 + 10% $BaCO_3$（质量分数）。其他情况时可采用的渗碳剂是98% 木炭 + 2% $BaCO_3$（质量分数）。保证渗碳后不超过技术要求。即符合渗碳层深度和碳浓度要求
	固体渗碳中引起渗碳不均的基本原因是作为渗碳剂的木炭导热率太低，这在一定程度上是不易避免的缺陷。此外，固体渗碳时渗碳剂搅拌不均匀，或渗碳箱的尺寸太大、装填方式不当及渗碳时的升温速度过快等因素，均会影响渗碳层的均匀性	固体渗碳时将渗碳剂搅拌均匀，控制渗碳箱的尺寸及齿轮间摆放距离（参见下表），采取适当的渗碳升温速度 | 项　目	保持间距/mm
---	---
工件与箱底	30~40
工件与箱壁	20~30
工件与工件	10~15
工件与箱盖	40~50		
	气体渗碳时供给的富化气不足。特别是连续式气体渗碳炉，富化气流量过低时，很容易产生渗碳不均	保证供给的富化气充足	
	齿轮表面的氧化皮、锈迹等未清理干净	车削加工时应将齿坯表面氧化皮加工掉，并清除掉齿轮表面锈斑	
	气体渗碳炉内气体换气率较小时，容易产生渗碳不均匀情况	适当加大载体气的供应量，以提高炉内气体换气率，增加炉内渗碳气氛活性，以利于均匀、快速渗碳	
过共析层 + 共析层比例过大	在强渗阶段，炉内碳势过高	合理控制炉内碳势，将强渗期的碳势适当降低	如果渗碳层深度允许，可以进行返修处理，即在中性介质中加热至正火温度并保温以进行适当的扩散处理，然后在油中或空气中冷却
	强渗时间与扩散时间的比例选择不当，如强渗时间过长，而扩散时间太短	调整强渗时间与扩散时间的比例，适当减少强渗时间，增加扩散时间	
过共析层 + 共析层比例过小	强渗期炉气碳势过低	合理控制炉内碳势，将强渗期碳势提高	可以在碳势较高的渗碳炉中进行返修处理
	强渗时间与扩散时间的比例选择不当，如强渗时间过短，而扩散时间太长	调整强渗时间与扩散时间的比例，增加强渗时间，缩短扩散时间	
渗碳层碳浓度梯度过陡	齿轮材料中含有 Cr、Mo 等强碳化物形成元素	选择合适的渗碳齿轮钢材，或适当降低碳势	在中性介质（如氮气）中加热至正火温度并保温适当时间，在油中或空气中冷却，即可减小碳浓度梯度
	渗碳温度过高，或保温时间过长	调整渗碳工艺，适当降低渗碳温度，或缩短保温时间	
	固体渗碳的渗碳剂活性过分强烈，或气体渗碳碳势高	固体渗碳采用新渗碳剂时，应加入质量分数为60%~70%旧的渗碳剂。降低扩散期碳势，或延长扩散时间，将有利于表层碳浓度向内部扩散，使表层的碳浓度梯度降低	

（4）气体和固体渗碳齿轮其他热处理缺陷与对策

1）气体和固体渗碳齿轮表面麻点腐蚀和氧化等热处理缺陷与对策见表9-36。

表 9-36 气体和固体渗碳齿轮表面麻点腐蚀和氧化等热处理缺陷与对策

缺陷名称	产生原因	对策
表面麻点腐蚀和氧化	渗碳剂中含有质量分数为 0.3% 以上的硫或硫酸盐、渗剂不良。固体渗碳时，在渗碳剂内加入的催渗剂（碳酸盐）中，如果有低熔点杂质存在，则这些杂质将在渗碳时发生熔化并附着在齿轮表面上，阻碍渗碳，并容易产生腐蚀现象。此外，还有木炭中的硫和渗碳剂中的水分均易引起腐蚀	控制渗碳剂中硫酸盐的含量，选用合格的渗碳剂
	渗碳齿轮采用盐浴炉淬火加热时盐浴脱氧不良	采用盐浴炉淬火加热时，应及时进行脱氧处理，确保盐浴炉内氧化物的含量符合工艺规定
	渗碳齿轮高温出炉后冷却时保护不良或进行等温淬火	齿轮渗碳后要在炉内进行适当预冷，然后出炉，避免高温出炉
	渗碳炉严重漏气，或风扇轴承采用冷却水套漏水	检查渗碳炉密封情况，保证炉内正常压力；修复漏水水套
	输送渗碳剂管路堵塞，造成炉内碳势降低太多	疏通输送渗剂管路，按要求保证渗碳剂的正常供给量
	齿轮切削加工后表面上的锈蚀未清除掉；机械加工切削液有含有一定量的硫杂质，热处理时未清洗而直接装炉渗碳淬火	渗碳装炉前，应清理掉表面锈迹，对表面残存的切削液进行清洗并进行干燥处理
表面出现玻璃状凸瘤	1）在固体渗碳时，渗碳剂中含有质量分数为 2%以上二氧化硅（砂、石）所致 2）二氧化硅在高温下与碳酸盐（如碳酸钠）作用，生成玻璃状物质（$CaSiO_3$，Na_2SiO_3 等）而粘附在齿轮表面上，形成凸瘤	1）必须保证渗碳剂的纯净度 2）利用旧的渗碳剂时，必须彻底筛去尘埃 3）彻底清除渗剂中的砂石及封口用的耐火黏土
渗碳淬火后表层剥落	1）固体渗碳剂活性过分强烈 2）渗碳温度过高。这使大量的碳原子渗入到齿轮表面，来不及扩散到内层，因而造成渗碳层浓度过高，浓度梯度过陡，致使渗碳淬火后齿轮表层剥落 3）淬火时淬火冷却介质选择不当，淬冷烈度过大	1）将高碳势渗碳齿轮在保护气氛中［碳势 $w(C)$0.8%］加热 2~4h，使碳原子向里面扩散 2）将齿轮装入质量分数为 3%~5% 的苏打和木炭中加热到 920~940℃，并在这个温度下保温 2~4h，以降低其表层的碳浓度 3）采用合适淬冷烈度的淬火冷却介质
渗碳齿轮畸变与开裂	参见第 10 章有关内容	参见第 10 章有关内容

2）渗碳齿轮内氧化主要影响因素及对策见表9-37。

表 9-37　渗碳齿轮内氧化主要影响因素及对策

项目		原因	对策
影响因素	渗碳工艺(外因)对内氧化的影响	渗碳气氛中氧化物	在真空条件下在不含氧的碳氢化合物(如乙炔或甲烷)中渗碳；或者在氨气裂解气或氮中添加甲烷等的气氛中渗碳
			在加热阶段迅速排出进入炉内的空气或把其中的氧消耗掉，从而缩短加热阶段的时间。通过低合金钢的内氧化层生长方程式 $X^2 = bte^{-Q/RT}$ 可知，在其他条件给定的情况下，内氧化深度 X 与处理时间 t 的平方根成正比，即 $X^2 = K_p' t$。因此，减少齿轮在渗碳气氛中的时间将相应地降低内氧化深度
		内氧化程度取决于气氛的氧势或碳势及渗碳介质中含水量、温度、加热和排气方式、渗碳时间等	由于齿轮装炉而进入大量空气，增加了炉气氧势，故应尽快通过大量送入可以迅速充分裂解的含碳气体或在气氛中加入裂解催化剂(如 BH 催渗剂、稀土渗剂)，来使碳势(包括温度)尽快达到设定值，以有利于减少内氧化
			在强渗阶段，在不产生明显炭黑沉积的前提下，尽可能采用高的碳势[如 BH 催渗渗碳和稀土渗碳在同样温度下采用比正常碳势高 0.2%~0.5%]，不仅具有更高的渗速和短的渗碳时间，而且有利于减小内氧化
			内氧化的大部分是在强渗和扩散阶段期间发生的，因此应采用所有能够提高渗碳速度和缩短渗碳总时间的措施(不包括温度)
	钢件化学成分(内因)对内氧化的影响	Si 是主因，其次是 Mn	Si 作为炼钢中的脱氧剂而残留在钢中，通常质量分数为 0.367%。对此，可采用真空脱氧方法加以控制，尽量减少其含量
对策	从钢材合金元素方面考虑		钢中的 Si 有大的氧化势系数，是决定钢内氧化程度的重要因素之一，因此应尽可能采用低的 Si 含量；钢中的 Mn 是影响内氧化程度的重要因素，应适当控制 Mn 含量
			在满足钢件力学性能和淬透性的前提下，采用含 Ni 和 Mo 的低合金渗碳钢，将有利于降低钢的总氧势
	改进渗碳工艺		适当加大渗碳载体气供给量，提高炉内压力，从而提高渗碳速度，缩短渗碳周期
	从原料气纯度控制		尽可能采用高纯度的原料气作为热处理气源
			对杂质(如 S 等)含量偏高的天然气采用净化装置
	对设备维护保养		保证渗碳炉的密封性，减少空气、水分渗入炉内的含量
	采用真空渗碳设备与工艺方法		在真空(低压)下或以氮、氨分解气为载体气并添加不含氧的乙炔、甲烷等渗碳剂的条件下，可实现无内氧化渗碳
	提高冷却速度		在考虑齿轮畸变的前提下采用强力淬火，如采用高速淬火油、快速淬火油和较高速度搅拌等，将可能抑制表层非马氏体转变而得到马氏体组织，因而显著减小内氧化
	改善利用氮		添加氮以补偿淬透性恶化的方法：在渗碳扩散终了，进行淬火之前，将 NH₃ 添加在 RX 气氛内的一种与氮碳共渗相同的方法，即通过氮从钢表面的渗入，恢复由于内氧化引起的淬透性的降低，表层形成氮碳化合物，将有利于提高包含内氧化物的表层的淬透性，抑制非马氏体组织的形成。这样，即使进行油淬，也能获得马氏体组织。可通过试验来确定合适工艺参数(包括通 NH₃ 量与时间)。例如多用炉，淬火前 10min 通入氨气 0.40~0.50m³/h，或者淬火前 30min 通入氨气 0.10~0.20m³/h
	采用 BH 催渗渗碳技术及稀土渗碳技术		BH 催渗渗碳技术和稀土渗碳技术可采用比普通气体渗碳更高的碳势进行渗碳，降低钢的总氧化势和氧含量，可缩短渗碳总时间 20% 以上

2. 齿轮的气体碳氮共渗缺陷与对策

气体碳氮共渗齿轮常见缺陷有表层粗大块状或网状化合物、过多的残留奥氏体、表面脱碳与脱氮、表面非马氏体组织、心部铁素体量过多、渗层深度不足或不均匀及表面硬度低等。

(1) 气体碳氮共渗齿轮硬度缺陷与对策　气体碳氮共渗齿轮硬度缺陷与对策见表 9-38。

表 9-38　气体碳氮共渗齿轮硬度缺陷与对策

缺陷名称	产生原因	对　策	补救措施
表面硬度不足	渗层碳浓度偏低，淬火后马氏体中碳的过饱和度小，甚至很难获得马氏体组织	合理控制炉气中的碳势及氮势；定期校正炉温，确保正常的共渗温度；随时检查炉内的压力和渗剂的流量和 NH_3 的通入量，防止炉子漏气。根据装炉量大小、材质合理控制共渗介质的流量，保证炉内气体循环畅通，防止出现积炭；适当缩短扩散时间	对表面硬度不足的齿轮可以采用复碳处理；对于因表面残留奥氏体高而造成表面硬度低的齿轮，可在淬火后进行冷处理，或高温回火后重新进行加热淬火处理
	碳氮共渗后冷却或淬火时，表面发生脱碳现象，淬火后出现非马氏体组织。网状托氏体或黑色组织使其周围基体中碳和合金元素的浓度不足，淬透性降低，造成表面硬度的降低	碳氮共渗后冷却时在缓冷罐（坑、井）中加入少量的渗剂（如甲醇等），以防止表面出现氧化脱碳；淬火加热时要采取保护措施或在盐浴炉中加热	
	淬火加热温度过高或过低；淬火冷却介质选择不当，冷却速度慢，或介质温度太高	合理制订碳氮共渗热处理工艺；选择淬冷烈度较大的淬火冷却介质（JB/T 6955）；淬火槽应安装热交换及搅拌系统，以防淬火冷却介质温度过高	
	由于表面碳浓度过高或淬火温度过高，造成表面的残留奥氏体数量增多	适当降低炉内碳势，降低淬火加热温度	
心部硬度超差	心部硬度高是淬火温度偏高造成的。淬火温度高时奥氏体晶粒及组织易于粗大，其淬透性相应增加，导致心部硬度高。材料淬透性偏高	根据齿轮硬度的要求适当降低淬火加热温度；校对温控仪表；检查原材料淬透性	制订合理的返修工艺，重新加热淬火和回火处理
	心部硬度偏低是钢的淬透性低造成的，淬火时出现游离的铁素体	选择要求的碳氮共渗钢种，选择保证淬透性结构钢；适当提高淬火加热温度	
	淬火加热温度太低，造成铁素体未溶入奥氏体中；淬火冷却介质的冷却速度低	适当提高淬火加热温度；选择淬冷烈度较大的淬火冷却介质，并合理控制淬火冷却介质温度	

(2) 气体碳氮共渗齿轮金相组织缺陷与对策　碳氮共渗常见金相组织缺陷有表面脱碳与脱氮、表面出现非马氏体组织、心部铁素体量过多等。

1) 黑色组织是指钢在碳氮共渗后抛光、未浸蚀或经浸蚀后试样表层出现的黑色网、黑色斑点及黑色带状组织的总称。图 9-18 所示为 20CrMnTi 钢齿轮碳氮共渗后表层黑色组织形态。

黑色组织将使弯曲疲劳强度下降约 50%，接触疲劳强度下降约 5/6，耐磨性降低。

①内氧化黑色网状组织是由合金元素氧化物、托氏体、贝氏体等组成的混合组织。碳氮共渗层中的黑色网状组织如图 9-19 所示。

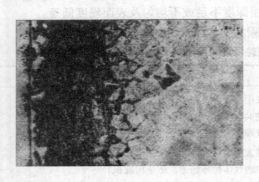

图 9-18　20CrMnTi 钢齿轮碳氮共渗后
表层黑色组织形态　400×

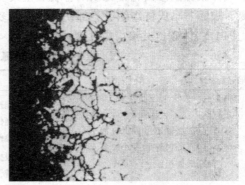

图 9-19　碳氮共渗层中的黑色网状（加带状）
组织　400×

②表面黑色带状组织是指通常在距渗层表面 0～30μm 范围内，形成的合金元素的氧化物、氮化物和碳化物等小颗粒；由于奥氏体中合金元素贫化而使淬透性降低，形成的托氏体、贝氏体组织。碳氮共渗层中的表面黑色带状（加网状）组织如图 9-20 所示。

③过渡区黑色带状组织出现在过渡区。主要是由于过渡区的 Mn 生成碳氮共渗化合物后在奥氏体中含量减少，淬透性降低，从而出现铁素体组织。碳氮共渗层中的过渡区黑色带状组织如图 9-21 所示。

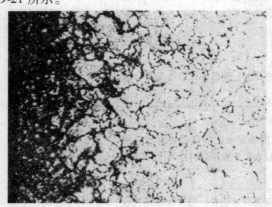

图 9-20　碳氮共渗层中的表面黑色带状
（加网状）组织　400×

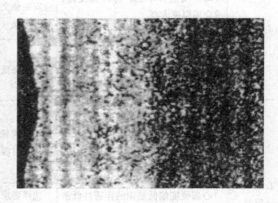

图 9-21　碳氮共渗层中的过渡区黑色带状
组织　400×

④斑点状黑色组织通常出现在 0.1mm 的表层内，呈斑点状分布，有时呈网状分布，如图 9-22 所示。黑色斑点主要是由大小不等的孔洞组成，其是因脱氮过程，原子氮变成分子氮而形成孔洞。

2）齿轮气体碳氮共渗时，表层过量残留奥氏体的存在会降低齿轮表面硬度、耐磨性、疲劳强度等，在使用过程中会发生组织转变与体积膨胀等，进而引起齿轮畸变，导致齿轮使用寿命降低。

3）表面形成壳状化合物时将降低齿轮的承载能力。图 9-23 所示为 20 钢齿轮经 840℃气体碳氮共渗（通 NH_3、滴煤油）后直接淬火，180℃回火处理后的金相组织，图中最表面有一层壳状白色碳氮化合物，次层为含氮马氏体及多量残留奥氏体。

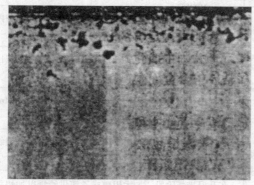

图9-22　碳氮共渗层中的斑点状黑色
组织　400×

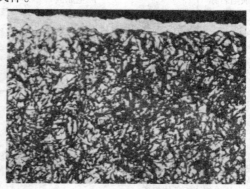

图9-23　20 钢齿轮碳氮共渗后表层出现
壳状碳氮化合物　500×

4）气体碳氮共渗齿轮表面出现的网状组织是指经硝酸酒精溶液浸蚀后，在渗层内化合物周围及原奥氏体晶界上呈现网状或花纹状的黑色网带。

气体碳氮共渗齿轮金相组织缺陷与对策见表9-39。

表 9-39　气体碳氮共渗齿轮金相组织缺陷与对策

缺陷名称		产生原因	对　　　策
表层黑色组织	黑色网状组织	液 NH_3 中经常含有一定量的水分，当 NH_3 干燥不充分时，水分被带入炉内，导致齿轮氧化	增加一个 NH_3 干燥罐，充分干燥 NH_3，使其水的质量分数控制在 ≤0.2%
		NH_3 与炉内 CO、CO_2 及 O_2 等发生化学反应，生成水蒸气，进一步提高了炉内氧势。随着供氨量增加，特别是在排气阶段，将使炉内氧势升高，氧化加剧	选用产气量大的甲醇或乙醇和氨气共同加速排气，并适当减少排气时的供氨量，降低炉内氧势
		碳氮共渗温度比渗碳低，渗碳介质（如煤油、丙酮）产气量少，排气速度相对减慢，炉内氧化性气体消失速度也慢，因此氧化较高。且炉内炭黑增多	适当提高碳氮共渗温度、留有足够磨量等，其是减轻内氧化黑色网状组织最为有效的措施与方法
		齿轮选材不当	选用二次精炼含 W、Mo、、Ni、Co、Nb 的合金结构钢。由于它们氧化倾向较小，增加淬透性、特别是推延珠光体转变的作用很强烈，有利于表层淬成马氏体，故生成黑色组织的倾向较小
		淬火温度低；淬火冷却速度低，尤其在齿轮的齿根附近，由于冷却速度较慢，容易产生此类缺陷	适当提高淬火加热温度；采用冷却能力高的淬火冷却介质
		炉子密封性差，有漏气现象，有空气进入炉内造成氧化	保证炉子不漏气，保温阶段应保证（周期式炉）炉压 >200Pa
	黑色带状组织	共渗温度低，炉气活性差，则表面碳氮含量不足，奥氏体不够稳定	适当提高共渗温度，增加炉气活性，使表面碳氮含量提高
		共渗后冷却缓慢、淬火加热过程中表面脱碳或脱氮	提高共渗后的冷却速度；淬火加热过程中做好气氛保护，防止齿轮表层产生氧化与脱碳、脱氮

（续）

缺陷名称		产生原因	对　　策
表层黑色组织	黑色带状组织	炉子漏气，空气进入炉内	提高炉子的密封性，防止发生漏气现象，保证炉内气压 > 200Pa
		氨供给量大	氨的加入量要适中，氨量过高，会促使黑色组织出现
	过渡区黑色带状组织	主要是由于过渡区的 Mn 生成碳氮化合物后，使奥氏体中 Mn、C、N 减少，淬透性降低，从而出现托氏体组织	严格控制原材料中 Mn、Cr 等元素含量。由于 Mn、Cr 等元素的内氧化是形成黑色组织的重要因素
			通过控制炉内气氛来减少内氧化，是控制黑色组织形成的重要方法
			在升温排气阶段，加大甲醇或乙醇供给量以加快排气；充分干燥氨气，使其水的质量分数 ≤ 0.2%；适当减少供氨量
			补救措施：重新加热淬火
	斑点状黑色组织	共渗初期炉气氮势过高	减少共渗初期炉气氨气量，以降低氮势
		NH_3 共渗介质中氨气量过多，共渗层表面含氮量过高，氮的质量分数 > 0.5%	低的 NH_3 通入量，以降低炉内氮势。渗层中氮的含量不宜过高，一般渗层中氮的质量分数超过 0.5% 时，就容易出现斑点状黑色组织。渗层中氮含量也不宜过低，否则渗层淬透性降低，也容易出现托氏体网。表层中的氮的质量分数以 0.3% ~ 0.4% 为宜
		共渗温度低，共渗时间长，碳浓度增高，发生氮化物分解	提高共渗温度（不宜低于 820℃），或缩短共渗时间
表层形成过量残留奥氏体		气体碳氮共渗时，因材料和工艺不同或共渗时碳氮含量过高、淬火加热温度偏高、共渗后冷却速度过快等原因，致使碳氮化合物析出量不够，都会导致残留奥氏体过量地保留在使用状态	调整碳氮共渗工艺参数，控制齿轮表层碳氮含量。齿轮表面 $w(C)$、$w(N)$ 分别控制在 0.80% ~ 0.95% 和 0.30% ~ 0.40%
			要适当降低淬火加热温度。采用中温预回火和多次高温回火，促使残留奥氏体发生马氏体相变。或者淬火后经短时低温回火，继而进行冷处理
表层出现网状或壳状化合物		主要是在碳氮共渗的升温阶段供 NH_3 量太低，在晶界处富碳先形成碳化物质点，然后在高温增供氨量，碳化物则以其为核心沿晶界生成并连接成网	适当增加升温阶段的供氨量，并控制高温下的供氨量
		碳氮共渗时碳（氮）势过高，共渗时间长，扩散时间短，造成碳氮浓度过高，使碳氮原子在金属表面富集，共渗层化合物过量集中于表层壳状化合物中	控制炉内碳（氮）势，调整碳氮共渗时间与扩散时间的比例，延长扩散时间
		碳氮共渗后的冷却速度过慢或直接淬火时预冷时间过长，致使碳氮化合物沿奥氏体晶界析出	适当增加冷却速度。对于直接淬火的齿轮，要适当缩短预冷时间
		共渗温度偏低，NH_3 的供给量过大，过早形成化合物，碳氮元素难以向内层扩散	适当提高共渗温度，调整 NH_3 流量、分解率和炉内压力。氨分解率控制在 30% ~ 50% 为宜

（续）

缺陷名称	产生原因	对策
表层出现网状或壳状化合物	对于原材料，表层有较深的脱碳层未加工掉；机械加工表面粗糙度值高	减少齿轮原材料及预备热处理时脱碳层的深度；齿坯加工时，车削加工掉脱碳层；降低机械加工表面粗糙度值
表层贫碳或脱碳	渗碳炉密封性差	检查渗碳炉密封情况，保证（周期式炉）炉内气压 >200Pa
	液氨中含水量过多	经常更换干燥剂，或增加一个干燥罐；控制液氨含水量，使氨中水的质量分数≤0.2%
	碳（氮）势过低	适当调整碳（氮）势，适当提高共渗期的渗剂流量，以提高表面碳氮浓度，避免齿轮氧化与脱碳
	碳氮共渗时因炉内压力过低而造成炉外空气倒灌炉内，导致齿轮氧化与脱碳	齿轮装炉后升温时，应加大渗剂（如甲醇等）流量，充分排出氧化性气氛
	排气不够充分，炉内仍有大量氧气存在	充分排除氧化性气体
表层出现网状托氏体	主要是由于齿轮表层合金元素（如 Cr、Mn、Si 等）产生内氧化，导致奥氏体边界区合金元素贫化，使奥氏体稳定性下降，加速了奥氏体分解，从而导致了表层形成网状托氏体组织	采用不含或少含氧化倾向大元素（如 Cr、Mn、Ti 等）的钢材
	碳氮共渗温度低，炉气不足或活性差，造成表面碳氮含量的不足，也可能出现这种组织	尽可能提高碳氮共渗温度，提高渗剂供给量，增加气氛活性
	碳氮共渗后冷却缓慢，淬火加热过程中发生脱碳和氧化，造成黑色网状组织的产生	加快碳氮共渗后冷却速度，减少在空气中的时间；重新淬火加热过程中采取保护措施，以防脱碳和氧化。提高重新加热淬火温度，使部分氧化物溶入奥氏体中，增加其稳定性
	炉子漏气，空气进入炉内	提高炉子密封性，保证（周期式炉）炉压 >200Pa
	NH_3 含水量大	将 NH_3 充分干燥，及时更换干燥剂，保证氨气中水的质量分数≤0.2%
	升温排气不够充分，炉内残留较多氧化性气氛；共渗前 NH_3 的供给量过大	应加快排气速度，适当减少共渗前 NH_3 的供给量，增加后期的供氨量，共渗时间较长时应减少供氨量
	淬火冷却速度慢	提高淬火冷却速度；如果表层网状组织深度 <0.02mm，可以采用磨削的方法或进行喷丸处理去掉网状组织
表层出现反常组织	其是指原奥氏体晶界上存在的网状化合物不直接与片状珠光体相连，其中间隔着一层较宽的铁素体区。这种碳氮共渗后的齿轮常伴有表面硬度不均现象。反常组织产生的原因主要是钢中氧含量较高或因共渗介质的滴入量控制不当所引起的	选用氧含量低的钢材。重要渗碳齿轮（如汽车齿轮等）钢材中氧的质量分数控制在≤20×10^{-4}%
		按碳氮共渗工艺要求，严格控制共渗介质的滴注量，并保证共渗介质滴注量精确和平稳
		适当提高淬火温度或适当延长加热的保温时间，以便使组织均匀化，在满足齿轮畸变的前提下选用淬冷烈度较大的淬火冷却介质进行淬火

（3）气体碳氮共渗齿轮渗层深度缺陷与对策　气体碳氮共渗齿轮渗层深度缺陷与对策见表 9-40。

表 9-40　气体碳氮共渗齿轮渗层深度缺陷与对策

缺陷名称	产生原因	对　　策
渗层过深	共渗温度过高，或保温时间过长，则共渗速度加快，或扩散速度加快	1）合理调整碳氮共渗的工艺参数，适当降低共渗温度，或缩短保温时间；校对控温仪表 2）共渗温度的确定。当共渗层深度要求≥1mm 时，共渗温度宜选择 780~880℃；共渗层深度要求≥1.2mm 时，宜选择 900~920℃ 3）共渗时间的选择。当共渗温度和共渗介质一定时，共渗时间与共渗层深度的关系式如下：$x = K\sqrt[2]{\tau}$。式中，x 是共渗层深度（mm）；τ 是共渗时间（h）；K 是共渗系数。常用钢材的 K 值见表 5-77
	碳（氮）势控制过高，渗剂供给量过大，则表面碳（氮）浓度梯度大，齿轮表面对碳（氮）原子的吸附加快	适当降低碳（氮）势，重新标定氧探头（JB/T 10312—2011）；控制渗剂供给量
有效硬化层偏浅及表面硬度偏低	渗层碳浓度偏低，淬火后马氏体中碳的过饱和度小，甚至很难获得马氏体组织	合理控制炉气中的碳势和氮势；定期校正炉温，确保正常的共渗温度；随时检查炉内的压力、渗剂的流量和 NH_3 的通入量，防止炉子漏气；根据装炉量大小调节共渗介质的滴量和流量，保证炉内气体循环畅通，防止出现积炭
	碳氮共渗后冷却或加热淬火时，表面发生脱碳现象，淬火后出现非马氏体组织	碳氮共渗后冷却时在缓冷罐（坑、井）中加入少量的渗剂（如甲醇等），以防止出现氧化脱碳；淬火加热时要采取保护措施或在盐浴炉中加热
	淬火加热温度过高或过低；淬火冷却介质选择不当；淬火冷却介质温度太高	制订正确的碳氮共渗后的热处理工艺；选择淬冷烈度大的淬火冷却介质；淬火槽安装热交换及搅拌系统
	因表面碳浓度过高或淬火温度过高，导致表面的残留奥氏体数量增多	控制好炉内的碳势，降低淬火的加热温度，可在淬火后进行冷处理，或高温回火重新进行淬火处理
	碳氮共渗温度偏低、碳势设定低是导致齿轮有效硬化层深度浅的主要原因	调整工艺参数，适当提高共渗温度及碳势

3. 齿轮渗碳（碳氮共渗）热处理缺陷与对策的实例

齿轮渗碳（碳氮共渗）热处理缺陷与对策的实例见表 9-41。

表 9-41　齿轮渗碳（碳氮共渗）热处理缺陷与对策的实例

齿轮技术条件	缺陷原因分析	对策与效果
一汽载货汽车后桥主动弧齿锥齿轮，20CrMnTi 钢，技术要求：渗碳淬火有效硬化层深度 1.70~2.10mm，表面硬度为 58~62HRC	齿轮经连续式渗碳自动生产线渗碳淬火、回火处理后，齿轮表面硬度 56~57HRC，表面硬度低，不合格	1）双排连续式炉复碳处理工艺：1~5 区温度分别为 800℃、880℃、900℃、880℃ 和 850℃；2~5 区碳势 $w(C)$ 分别为 0.95%、1.05%、0.95% 和 0.90%；单排推料周期 20min，富化气为甲烷，载体气为 RX 气体 2）渗碳淬火后齿轮表面硬度、层深均合格

（续）

齿轮技术条件	缺陷原因分析	对策与效果
汽车变速器二轴五档齿轮，模数 1.587~2.5mm，20CrMoH 钢，渗碳淬火后心部硬度要求：片形齿轮为 28~40HRC，轴齿轮为 33~42HRC	1）在齿轮使用过程中，出现断齿现象。经检验，片形齿轮心部硬度 42~46HRC，超差 2~6HRC；轴齿轮心部硬度 44~48HRC，超差 2~6HRC 2）经分析，齿轮厂家 J5 范围为 40~41HRC，J9 范围为 32.5~36HRC，齿轮厂家数据值平均高出钢材质保书 J5 值 3.67HRC、J9 值 3.91HRC	齿轮生产厂家改进后的钢材端淬值：J5 = 32~38HRC，J9 = 28~34HRC。渗碳淬火心部硬度已经严格控制在工艺要求范围内
载货汽车后桥弧齿锥齿轮，模数 10mm，20CrMo 钢，要求渗碳淬火	齿轮渗碳淬火后心部硬度仅为 30HRC 左右。按照 20CrMo 钢的淬透性曲线，J9 = 28~42HRC，J11 = 25~39HRC，模数 10mm 齿轮轮齿心部的冷却速度在 J9~J11 之间，因此较大模数齿轮选用 20CrMo 钢很难保证心部硬度达到较高要求	改用材料为 22CrMoH（J9 = 36~48HRC，J11 = 32~46HRC）钢，即可解决较大模数渗碳淬火齿轮心部硬度低的问题
齿轮材料采用低碳合金钢，要求渗碳淬火	齿轮渗碳淬火表面碳化物过多	渗碳总时间 T_T 为 4h，强渗期的碳的质量分数 C_C 为 1.0%，扩散期的碳的质量分数 C_D 为 0.8%，原材料碳的质量分数 C_O 为 0.15%，要求计算扩散时间 T_D，按 $T_C = T_T (C_D - C_O / C_C - C_O)^2$ 和 $T_D = T_T - T_C$，求得扩散时间为 1.7h
片形圆柱齿轮，20CrMnTi 钢，技术要求：碳化物、马氏体及残留奥氏体≤5 级；渗碳层深度 0.80~1.40mm	采用爱协林多用炉对齿轮进行渗碳时，发生氧探头中毒失效情况。碳化物达到 6~7 级，马氏体、残留奥氏体达到 6 级，金相组织超标	采用碳化物超级返修工艺。加热：900℃×60min，碳势 w(C)0.90%。预冷淬火：840℃×30min，碳势 w(C)0.90%，油冷。检验结果合格
载货汽车后桥主动弧齿锥齿轮，20CrMnTi 钢，渗碳淬火有效硬化层深度 1.70~2.10mm，碳化物、马氏体及残留奥氏体≤5 级	齿轮经双排连续式渗碳炉渗碳淬火、回火后，碳化物达到 6 级	采用连续式渗碳炉对碳化物超级齿轮进行返修处理的工艺：1~5 区温度分别为 850℃、880℃、920℃、870℃和 850℃；3~5 区碳势 w(C) 分别为 0.95%、0.95% 和 0.90%；单排推料周期 15min，富化气为甲烷，载体气为 RX 气体，检验结果合格
自由轮内齿圈，20CrMnTi 钢，渗碳表层黑色组织（内氧化）层深度要求 <0.05mm	采用多用炉渗碳淬火后齿轮表面个别区域黑色组织层深甚至达 0.10mm。用钢箔定碳法对炉内碳势进行检测，设定强渗期碳势 w(C) 为 1.05%，检测结果为 0.98%，炉中实际碳势 w(C) 低 0.07%。这可能是造成齿圈产生严重黑色组织的原因	采用具有较高淬冷烈度的淬火冷却介质。提高各区碳势，重新标定氧探头。大多数黑色组织层深为 0.02mm，达到了 <0.05mm 的要求

（续）

齿轮技术条件	缺陷原因分析	对策与效果
依顿公司齿圈，$\phi156.30$mm（外径）×$\phi60.93$mm（内径）×58mm（齿宽），8620H钢，技术要求：齿面及内孔磨削后硬化层深为$0.84\sim1.34$mm（513HV）和≥0.67mm，非马氏体层深≤0.02mm	为减少表面非马氏体组织，采用ECM真空炉进行低压渗碳：渗碳温度950℃，富化气为C_3H_8，N_2作为稀释气体，渗碳后空冷，在Ipsen连续式炉中加热淬火及回火	齿圈表面与心部硬度分别为61～62HRC和39～40HRC，齿面及内孔硬化层深为1.31mm和1.04mm（513HV），非马氏体层深<0.01mm，完全满足技术要求
载货汽车后桥主动弧齿锥齿轮，22CrMoH钢，技术要求：渗碳淬火后碳化物、马氏体及残留奥氏体≤5级	采用双排连续式渗碳自动生产线进行渗碳淬火、回火，载体气及富化气分别为RX气体和甲烷（CH_4）。经检验齿轮表层马氏体及残留奥氏体达到6级	采用连续式渗碳炉对马氏体、残留奥氏体超级齿轮进行返修处理的工艺：1～5区温度分别为800℃、880℃、890℃、880℃和850℃；2～5区碳势$w(C)$分别为0.90%、1.00%、0.95%和0.90%；单排推料周期15min，富化气甲烷，载体气为RX气体
齿轮，20CrMnTi钢，技术要求：碳氮共渗处理，表层内氧化层深度≤0.02mm	1）碳氮共渗采用连续式渗碳炉，渗碳主炉为4个区，2、3区通氮气和甲醇，其体积比为1:2左右，2、3区通入丙烷作为渗碳富化气氛，在4区通入氨气作为渗氮的富化气氛，齿轮内氧化严重 2）氮气与甲醇比例不当，甲醇量偏小	理论上甲醇裂解气氛的含量越大，越有利于防止表面氧化。为此，调整氮气与甲醇裂解气氛的体积比为氮气:甲醇裂解气氛=2:8，但氮气总量不变。碳氮共渗齿轮表层内氧化层深度≤0.02mm，合格
汽车主动弧齿锥齿轮，20CrMnTi钢，要求碳氮共渗处理	1）齿轮经860℃气体碳氮共渗（滴注三乙醇胺）后出炉坑冷，再经860℃加热保温后油淬，180℃回火处理。齿轮经台架疲劳试验后，发现在齿面上有剥落现象 2）经分析齿轮表层碳氮浓度偏高，在晶界处有较多的碳氮化合物	齿轮在气体碳氮共渗时，应降低炉内碳势、氮势，即减少三乙醇胺滴注量，适当延长扩散时间。重新加热淬火时，应提高淬火冷却介质的冷却速度

9.4.2 齿轮的渗氮（氮碳共渗）热处理缺陷与对策

齿轮常用的渗氮工艺有气体渗氮、离子渗氮、气体氮碳共渗等。渗氮齿轮热处理缺陷主要有表面硬度、渗氮层、金相组织方面缺陷，以及畸变、裂纹等。

1. 齿轮的气体渗氮硬度缺陷与对策

齿轮的气体渗氮硬度缺陷主要有表面硬度低、表面硬度不均或出现软点、心部硬度低等方面的缺陷。

齿轮的心部硬度直接影响渗氮层的支承能力。试验表明，当心部硬度由240～260HBW提高到310～330HBW时，接触疲劳强度可以提高30%左右。同时，心部硬度的高低还通过影响渗氮层的表面硬度来影响齿轮的承载能力。渗氮齿轮的心部硬度规定参见表5-100。

渗氮齿轮预备热处理调质时，若淬火温度过低，则影响淬火效果，导致心部出现游离铁素体，降低心部强度（硬度）。

齿轮的气体渗氮硬度缺陷与对策见表9-42。

表 9-42 齿轮的气体渗氮硬度缺陷与对策

缺陷名称	产生原因	对　策	补救措施
表面硬度低	使用的新的渗氮罐及夹具未进行预渗氮	对新的渗氮罐及夹具进行预渗（氮）处理；长久使用的夹具和渗氮罐要进行退氮处理，一般在使用 10～15 次后做一次退氮处理，以保证氨分解率正常	如果不是长时间超温，或分解率过高，或长时间的中断供氨，则允许渗氮齿轮重新渗氮处理，即到温前将氨的分解率控制在 18% 以下，到温后温度在 500～510℃ 处理 15～20h，氨的分解率为 18%～21%，最后在 540～550℃ 退氮 2～3h，此时氨的分解率为 70% 以上
	装炉不当或装炉量过多，炉内气氛循环不良	齿轮装炉摆放应合理，应有利于减少畸变和渗氮气氛的流动，装炉齿轮的总体积最好不超过渗氮罐有效容积的 50%，齿轮的高度应低于排气管 50～100mm；炉壁处可以适当摆密，中间留的空间要大，以利于渗氮气氛循环；装炉时齿轮之间不能相互接触。在用氯化铵渗氮时，炉底部必须采用网状底盘，以利于炉内气体的流动	
	渗氮温度低或保温时间短，则渗氮层浅，合金氮化物形成太少；氨分解率过低（＜10%），则因提供的活性氮原子数量不足，使齿轮表面吸收氮的能力下降	严格执行渗氮工艺，使渗氮温度及时间达到工艺要求；适当提高氨分解率	
	原材料的组织不均匀	改进渗氮前齿轮的预备热处理质量，保证显微组织与晶粒均匀、细密	
	渗氮炉密封差，有漏气地方	更换石棉、石墨垫，并保证无损，无缺口；检查炉体，保证无漏气情况。渗氮保温时，炉内压力保持在 400～600Pa	
	装炉不当或装炉量过多，炉内气氛循环不良	装炉齿轮的总体积最好不超过渗氮罐有效容积的 50%，齿轮的高度应低于排气管 50～100mm；炉子中间留有的空间要大，以利于渗氮气氛流动；装炉时齿轮之间不能相互接触。在用氯化铵渗氮时，炉底部必须采用网状底盘，以利于炉内气体的循环	
	齿轮未调质或预备热处理（调质）后的硬度太低。调质处理回火温度越高，索氏体中碳化物颗粒越粗大，渗氮速度越快，渗氮层硬度越低。而且钢中碳含量越高，回火温度对渗氮层硬度影响越大	适当提高齿轮调质硬度，渗氮层表面硬度也会随之提高，渗氮层硬度梯度明显改善。对此，可适当降低调质时回火温度，以提高调质后的硬度	
	齿轮清洗不净，表面有油污等	渗氮前应仔细清洗齿轮，同时防止二次油的污染。重要齿轮入炉前进行"预氧化"处理	
	升温速度过快；渗氮罐内温差大	升温阶段将氨气流量调至 15～100L/h，使进气压力达到 200～400Pa。然后将炉温升至 200～250℃，保温 1～3h，用氨气将渗氮罐和管道中的空气排出。当氨分解率为零，表明渗氮罐内空气已被排净时，才允许继续升温。这时便可把氨气流量调整到维持炉内有一定正压的水平	
	齿轮预备热处理后表面脱碳层未除净；预备热处理不良，组织与晶粒粗大	机械加工时去掉脱碳层；对显微组织及晶粒粗大齿轮进行正火处理	
	局部防渗镀锡时，发生流锡现象	合理控制镀锡厚度	

（续）

缺陷名称	产生原因	对　　策	补救措施
表面硬度 不均或 出现软点	齿轮渗氮加热过程中，炉温温差大，导致齿轮加热温度不均	经常检查渗氮炉炉温均匀性，渗氮炉炉温均匀性控制在 ±5℃；校对控温仪表	—
	进氨管道局部有堵塞情况，氨气进入渗氮炉内困难	定期清理氨气管道，保证通氨畅通	
	渗氮层出现软点主要是由于齿轮表面有污物，如防渗镀锡层过厚，渗氮时锡熔化流至渗氮齿轮表面，以及渗氮前齿轮沾有油污等，这些污物妨碍齿轮表面氮的吸收	用金属清洗剂、汽油等仔细清洗齿轮，去除齿轮上的油污、乳化液及脏物，对有锈迹齿轮进行喷砂处理，然后清洗、漂洗与干燥，并防止二次油的污染，以保证氮原子的有效吸附	
	齿轮装炉量大、吊挂不当，造成炉内气体循环不良	按要求合理装炉，齿轮间距控制在 5mm 以上，并将其平稳牢固地装在渗氮罐的有效加热区内，齿轮穿杆、轴齿轮吊挂；炉壁处可适当摆密，中间留的空间要大，以利于气体的流动	
	渗氮气氛不均匀	检查炉内搅拌风扇完好情况，以保证炉气正常循环。同样，气氛的强烈搅动也有利于炉温的均匀	
	原材料组织不均匀，带状组织严重	控制原材料质量，检查带状组织、偏析等情况；提高预备热处理质量，保证获得均匀及细小的显微组织及晶粒	
心部硬度 偏低	渗氮齿轮钢材碳含量低，主要合金元素化学成分含量偏低，淬透性低	检查齿轮钢材碳含量及主要合金元素化学成分，根据齿轮大小及材料选择适当的淬透性	—
	预备热处理（调质）时淬火温度偏低，出现游离铁素体	调整预备热处理工艺，适当提高预备热处理（调质）的淬火温度	
	调质时的回火温度偏高	调质高温回火时要充分保温，回火温度不宜超过渗氮温度过多。否则，将导致渗氮齿轮心部硬度降低	
	调质时的淬火冷却速度不够	提高调质时的淬火冷却速度，如更换冷却速度快的淬火冷却介质、淬火时进行适当搅拌等	
局部有 软点	齿轮表面有氧化皮，未清理干净	机械加工时应将齿坯表面氧化皮加工掉	—
	齿轮清洗不干净，表面有油、乳化液等污物	清洗干净齿轮表面，除净表面附着的油污、锈迹、乳化液等。操作者必须戴干净的手套装炉，防止齿轮二次污染	
	在进行防渗镀涂时齿轮表面受到污染等	按操作规程要求仔细进行防渗镀涂，防止齿轮非防渗表面受到污染等	

2. 齿轮的气体渗氮金相组织缺陷与对策

正常的渗氮层组织特征：化合物层致密、较薄，扩散层无不良氮化物形态出现，渗层组织均匀，渗层厚度均匀一致。例如典型的 38CrMoAl 钢齿轮经气体渗氮后的金相组织：表面是化合物层，在金相显微镜下呈白色，也称之为白亮层，主要为 ε 相；次层是基体上弥散分布的 γ 相，呈黑色；与中心索氏体组织有明显交界的是 $\gamma' + \alpha$ 组织。

常见的金相组织缺陷有渗层出现网状及脉状氮化物、渗层出现鱼骨状氮化物、表面有氧化色等。

（1）气体渗氮齿轮表面出现氧化色原因与对策（见表 9-43）

表 9-43　气体渗氮齿轮表面出现氧化色原因与对策

产生原因	对　策	补救措施
退氮或降温过程中，供氨量不足，造成炉内压力降低，冷却时形成负压，空气进入炉内导致齿轮表面氧化，出现氧化颜色	适当增加氨流量；经常用压力计检查炉气压力，防止出现负压，退氮或冷却时保持炉压 >200Pa	1）重新渗氮处理。对质量要求较严格的齿轮，可以再进行(500～520)℃×(2～4)h 的渗氮处理，将氧化色还原。但必须注意在冷却过程中保持炉内压力为正压 2）对留有磨削量的齿轮，将氧化色研磨或磨削加工掉，或者采用低压喷细砂清除表面氧化色
齿轮的出炉温度过高，在空气中容易氧化	避免齿轮高温出炉，应随炉冷却到 150℃ 以下再出炉，冷却时继续向炉内通氨，并保持正压	
渗氮炉密封性差，有漏气情况，空气进入炉内	检查渗氮炉的密封性，保证炉罐内压力正常，渗氮保温时，炉内压力保持在 400～600Pa	
NH₃ 中含水量过高；通氨管道中存在积水	对其水量大的 NH₃ 进行干燥处理，使其水的质量分数控制在 <0.2%，并及时清理通氨管道内的积水	
NH₃ 使用的干燥剂失效	更换干燥剂，干燥剂可用硅胶、生石灰、无水氯化钙等，其中用氯化钙效果较好，并应保证有足够的体积（量），脱水效果要好；每开 2～3 次炉拆开干燥器，烘干或更换干燥剂	

（2）气体渗氮齿轮表层出现亮块或白点及硬度不均原因与对策（见表 9-44）

表 9-44　气体渗氮齿轮表层出现亮块或白点及硬度不均原因与对策

产　生　原　因	对　策
齿轮材料存在质量缺陷，如组织不均匀、带状组织、非金属夹杂物超标	控制原材料质量，按 GB/T 1979—2001 的规定检查疏松和偏析等，按 GB/T 10561—2005 的规定检查非金属夹杂物，按 GB/T 13298—1991 的规定检验带状组织等缺陷。碳素结构钢应达到 GB/T 699—1999 规定的要求，合金结构钢应达到 GB/T 3077—1999 规定的要求
渗氮炉内温差太大；炉气不均匀	改进渗氮设备，减小有效加热区温差，使其误差控制在 ±5℃；加强炉气循环，检查风扇运转情况
进氨气管道局部堵塞，氨气流动不畅	清理、疏通进气管道，保证氨气正常供给
齿轮表面清洗不净或未清洗，表面产生沾污（粘附有铅、砂子、油、脏物等）	使用金属清洗剂、汽油等仔细清洗齿轮表面，并进行烘干或擦拭，主动齿轮顶尖孔内的油污要洗净晾干。对有锈迹的齿轮应进行喷砂处理，然后清洗。齿轮清洗干燥后尽快装炉，防止再次污染和生锈。工装夹具也应无锈、无油和无污物，并注意经常清理马弗罐表面的脏物
非渗氮部位的镀锡保护层过厚，因镀锡层熔化流淌而影响其他渗氮部位的渗氮效果	按工艺要求控制镀锡层的厚度，镀锡层应控制在 ≤0.01mm。通氨管道不用镀锌管
装炉量过多，造成炉内气体流动不畅，加热不均；吊挂不合理	合理装炉，避免装炉量过多；按操作规程合理吊挂装夹

（3）气体渗氮齿轮表层网状、波纹状或鱼骨状、针状氮化物和厚的白色脆化层形成原因与对策　　在齿轮进行气体渗氮处理时，表层容易产生网状、波纹状或鱼骨状、针状氮化物和厚的白色脆化层，导致表面层脆性增加。

图 9-24 所示为 38CrMoAl 钢齿轮经 550℃ 气体渗氮后表层形成的网状氮化物。图 9-24 中白色表面层为 ε 相，随后的白色氮化物沿晶界呈网状分布。采用双程渗氮、真空低压渗氮及氮势门槛值计算机控制渗氮等技术均能获得满意的效果。

气体渗氮齿轮表层网状、波纹状或鱼骨状、针状氮化物和厚的白色脆化层形成原因与对策见表 9-45。

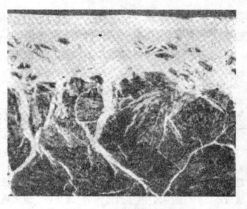

图 9-24　38CrMoAl 钢齿轮渗氮后表层
形成的网状氮化物　　500 ×

表 9-45　气体渗氮齿轮表层网状、波纹状或鱼骨状、针状氮化物和
厚的白色脆化层形成原因与对策

产生原因	对　　　策	补救措施
渗氮温度过高，或长时间高温渗氮。当渗氮温度超过 595℃ 时，则氮化物强烈聚集长大，形成的氮化物较粗，例如对 38CrMoAl 钢来说，渗氮温度越提高，越易在晶界上形成高氮 ε 相的氮化物网，或形成波纹状氮化物；气氛中氮势较高；退氮不良，表层氮浓度过高	1）严格执行渗氮工艺，确保渗氮温度及其时间符合要求；适当降低炉内气氛氮势；在渗氮结束前 2～3h 进行退氮处理，采用阶梯升温法，可降低表面的氮浓度。可采用高的分解率（如 70%～90%）。但退氮的温度不允许超过通常渗氮的最高温度，否则会使齿轮畸变量增加和表面硬度降低。如果在 NH_3 和 N_2 的混合物中渗氮，可以起到减低渗氮件表面脆性的目的。用 N_2 稀释 NH_3 可以降低氮化物的脆性，并使它的厚度减少达到 80%～90%，与纯氨渗氮相比仍可以保持相同的扩散层深度或稍有增加 2）对白色脆化层合理控制，渗氮时间 < 45h，氮势 $w(N)$ < 0.44%	对于渗氮表层出现网状（即波纹状）氮化物齿轮，可在渗氮炉中进行（520～560）℃ ×（10～20）h 扩散处理
液氨中含水量高	液氨中水的质量分数应 ≤0.2%（GB/T 536—1988 规定的一级品，纯度为体积分数 >95%）。氨气应进行干燥处理，干燥罐每开炉 2～3 次清理一次，烘干或更换干燥剂，或再加一个干燥器	
齿轮预备热处理调质时淬火温度过高，导致奥氏体晶粒粗大，在渗氮过程中形成的氮化物首先向晶界伸展，氮化物呈明显的波纹状或网状组织，使氮化层脆性增大	齿轮正火后再进行调质处理，使晶粒均匀、细小，并检查晶粒度与金相组织。同时，应严控调质的淬火温度，防止调质处理过程中产生脱碳；调质处理前齿坯应留有足够的加工余量，或在保护气氛中加热	
齿轮有尖角、锐边、凹槽；加工表面的表面粗糙度值高、内应力大	齿轮机械加工时要进行倒角，去掉飞边和尖角，留有足够的加工余量；降低齿轮表面粗糙度值，并保证机械加工时齿轮表面切削均匀；齿轮渗氮前应进行回火处理，以消除机加工应力	

（续）

产生原因	对　　策	补救措施
未控制好分解率，氮势过高，出现 ε 相	当表层形成 ε 相后，宜采用较高的分解率，即较低的氮势。在某一渗氮温度下，氨的分解率有一个合适范围，参见下表： 表格见下	对于渗氮表层出现网状（即波纹状）氮化物齿轮，可在渗氮炉中进行（520～560）℃×（10～20）h 扩散处理
齿轮在调质时所产生的表面脱碳层，在机械加工时未能够完全去掉，或原始组织中存在游离的铁素体，渗氮时氮在铁素体中有较大的扩散速度，齿轮表面脱碳层铁素体中含有较高含量的氮，得到较厚的鱼骨状、针状氮化物	严格执行调质工艺，淬火加热时要防止产生氧化脱碳。如果齿坯已经产生了氧化脱碳，必须要在调质处理后、渗氮前的车削和磨削加工中将其除掉；确保原材料组织合格，对于38CrMoAl钢调质后在表面5mm内，不允许有块状的铁素体，一般渗氮钢5mm内的游离铁素体的体积分数应<5%；渗氮时缓慢升温，排净炉内空气，以防产生脱碳情况	
渗氮炉的密封性差，漏气，有空气进入	检查渗氮炉密封性，保持炉压为正压力。渗氮保温时，炉内压力保持在 400～600Pa	
由于渗氮过程中渗氮温度的波动易形成波纹氮化物	渗氮炉有效加热区炉温均匀性保证在±5℃范围内，控温精度不超过±1.5℃，控温仪表准确度0.3级	

表（在第一行对策单元格内）：

渗氮温度/℃	500	510	525	540	600
氨气分解率（%）	15～25	20～30	25～35	35～50	45～60

3. 气体渗氮齿轮渗层深度缺陷与对策

气体渗氮齿轮的渗氮层深度包括化合物层（白亮层）和扩散层。渗氮层深度缺陷主要有渗氮层浅、渗氮层深度不均及渗氮层硬度分布不合理等。其形成原因与对策见表9-46。

表9-46　气体渗氮齿轮渗层深度缺陷与对策

缺陷名称	产生原因	对　　策	补救措施
渗氮层浅	新的渗氮夹具及渗氮罐未做预渗氮处理	对新的渗氮夹具和渗氮罐进行预渗氮处理	对渗氮层浅的齿轮，可以在正常的扩散温度下再渗氮几小时
	渗氮温度偏低。在生产中，如果炉温仪表控制不当，未能达到工艺要求的温度，而保温时间却仍按工艺文件执行；或渗氮温度是正确的，而渗氮时间小于工艺文件规定的时间，均可能造成渗氮层不足	校正控温仪表，保证工艺要求的渗氮温度。根据渗氮温度和渗氮层深度确定合理的保温时间。提高渗氮温度时，可使渗氮速度显著加快，渗层增厚	
	第一阶段氨分解率过高或过低，扩散温度过低。氨分解率过高，会使渗氮层深度减小；如果分解率过低，也会使渗氮层深度减小。分解率不稳定也会造成渗氮层不足	按照渗氮工艺要求调整分解率，使其符合工艺要求	
	装炉不当，齿轮间相互接触，渗氮气氛流动不畅，从而降低了渗氮速度	合理装炉，齿轮间保持适当的距离（如5mm以上），以加强炉内气氛的循环	

（续）

缺陷名称	产生原因	对　　策	补救措施
渗氮层浅	渗氮炉密封性差，炉压低，降低了渗氮速度	检查炉盖及盘根的密封情况，防止漏气，渗氮保温时，炉内压力保持在 400～600Pa，以提高渗氮速度；清除内壁污垢	对渗氮层浅的齿轮，可以在正常的扩散温度下再渗氮几小时
	齿轮基体未经调质处理，或调质回火温度低	渗氮齿轮渗氮前应进行调质处理，以获得细密的回火索氏体组织，必须选用适当的调质回火温度，使齿轮表面渗氮层深度达到技术要求	
	渗氮罐及夹具使用过久而未退氮或更新	在 650～700℃进行退氮处理，或使用陶瓷罐	
	齿轮表面有油污、切削液、乳化液等	清洗齿轮，并进行干燥处理。严格要求的齿轮入炉前须进行"预氧化"处理	
渗氮层深度不均	渗氮温度不均匀，渗氮炉的温差过大，如井式渗氮炉的上下炉温相差大，氨分解率变化大，造成渗层不均匀	渗氮炉温上、下偏差应控制在±5℃以内，以保证加热均匀，渗氮均匀	采用补充渗氮处理方法加以解决
	装炉量过多，降低了氨的流动速度；齿轮间相互接触，有渗氮气氛接触不到的死角	合理装炉，避免齿轮相互接触，相互距离保持在 5mm 以上，以利于气体流动	
	NH₃ 流速过大，或者氨分解率不稳定等	调节氨流量计，降低氨气流速；保证渗氮炉内的气体压力稳定在一个范围内，以稳定氨分解率	
	齿轮表面有油污、乳化液或锈迹	渗氮前采用金属清洗剂、酒精等，清洗干净齿轮表面油污、乳化液等，去掉锈迹	
	渗氮工艺不当，渗氮温度和氨气分解率过高，或者氨气供应中断	调整渗氮工艺，适当降低渗氮温度和氨气分解率。检查氨气罐（或氨气瓶）储量、供氨系统的进气管路堵塞情况，以及各接口处的连接情况，防止氨气供给中断	
硬度梯度过陡	齿轮渗氮时，第一段渗氮温度过低，或时间过短，导致渗氮速度降低	适当提高第一段渗氮温度，或延长其保温时间，提高渗氮速度	—
	第二段渗氮温度过高，使氮化物聚集、长大并粗化，导致表层硬度下降	调整第二段渗氮温度、适当降低第二段渗氮温度等	

　　气体渗氮齿轮表层高硬度区太薄，在齿轮使用时，容易造成表层压碎，从而使齿轮早期失效。

4. 气体渗氮齿轮其他热处理缺陷与对策

　　气体渗氮齿轮的其他热处理缺陷主要有表面出现光亮花斑、渗氮层不致密和耐蚀性差、渗氮层脆性大、表面腐蚀等。其形成原因与对策见表 9-47。

表 9-47　气体渗氮齿轮其他热处理缺陷与对策

缺陷名称	产生原因	对　　策	补救措施
表面出现光亮花斑	渗氮炉温不均，局部温度低于 480℃	检测渗氮炉有效加热区温度均匀性，炉温均匀性控制在 ±5℃ 范围内，并严格控制渗氮炉内温度	抛光、复氮处理
	氨分解率过低	调节氨气流量计，适当提高氨气分解率	
	NH_3 的流量和管道分布不均匀	合理布置氨气管道，及时清理管道，保证氨气的供给均匀	
	渗氮炉马弗罐中有污物，渗氮时吸附在齿轮表面	及时清理渗氮炉马弗罐内脏污	
渗氮层不致密和耐蚀性差	渗氮齿轮表面氮浓度过低，化合物层偏薄，使 ε 相太薄或不连续、不致密	第一阶段氨分解率不能过低，第二阶段氨分解率不宜过高	将齿轮进行重新渗氮处理
	齿轮表面有锈蚀，或清洗不净，有油污等	齿轮入炉前除掉表面锈蚀，仔细清洗齿轮，并防止二次污染	
	冷却速度过慢，氮化物的分解导致疏松层偏厚	按照工艺要求，适当调整冷却速度	
渗氮层脆性大	渗氮层脆性大和剥落在大多数情况下是由于表层氮浓度过大引起的。或退氮时间不足，渗氮层与心部含氮量突然过渡	渗氮初期采用较低的分解率，以便在较短时间内建立起必要的浓度梯度。当表层形成 ε 相后，宜采用较高的分解率，即较低的氮势，这将有助于减少渗氮层的脆性。确保退氮彻底（或在 570 ~ 580℃ 保温 4 ~ 5h），即将氨分解率提高至 80% 以上，降低氮势。如果齿轮畸变要求不严，可将退氮温度适当提高，在退氮过程的同时进行扩散，以降低表层氮浓度	对于脆性过高的齿轮，可以将其放在渗氮炉中在原渗氮温度下进行退氮处理，保温 2 ~ 4h
	渗氮炉密封差、液氨中水的质量分数超过 1%，导致齿轮表面脱碳	提高渗氮罐密封性；更换干燥剂或使干燥剂再生，降低氨中含水量，使其质量分数 ≤ 0.2%	
	预备调质处理时淬火温度高，出现过热，晶粒与组织粗大；合金结构钢预备热处理不当（如未获得完全的索氏体组织）；调质淬火温度低或保温时间短，铁素体没有完全转变，碳化物未溶解，调质后会出现游离铁素体，尤其是表层（> 渗氮层深）切忌出现块状铁素体，否则渗氮后脆性大，会引起渗氮层脆性脱落；预备热处理时的脱碳层未加工掉，渗氮时脱碳层铁素体得到较厚脆性的针状或鱼骨状氮化物	在预备热处理调质淬火加热时，要采取预防氧化与脱碳的措施，不允许产生过热或欠热现象。去掉脱碳层或锈迹。提高预备热处理的质量，防止过热	
	原材料的冶金质量不合格，原材料有严重的带状组织和非金属夹杂物等缺陷	选用杂质少、晶粒细、碳化物小、化学成分和组织均匀、无显微和宏观冶金缺陷的精炼钢	

（续）

缺陷名称	产生原因	对　策	补救措施
渗氮层脆性大	渗氮工艺不当。氨分解率过低，强渗期温度过高，时间过长；对于二段渗氮法来说，第一阶段的炉气氮势过高，第二阶段温度低，分解率低	在渗氮时应控制气氛氮势，避免氮浓度过高而产生 ε 脆性相。在制定渗氮工艺时采用缩短强渗期时间，或延长扩散期时间的方法，降低渗氮层氮浓度，使渗氮层均匀，氮浓度和硬度梯度由表至内平缓，这样就可消除 ε 脆性相和渗氮层的剥落与裂纹，增强渗氮层韧性，提高渗氮层与基体的结合力	对于脆性过高的齿轮，可以将其放在渗氮炉中在原渗氮温度下进行退氮处理，保温 2~4h
	当齿轮薄厚不均，有较多尖角、锐边和表面积过大时，活性氮原子可从多方面同时渗入，使氮浓度升高，形成 ε 脆性相。若渗氮介质活性太强，表面吸收大于扩散，过量活性氮原子则堆积在齿轮表面，导致表层氮含量过高，当氮的质量分数超过 11% 时，就形成 ε 脆性相，大大削弱了渗氮层与基体的结合力，使渗氮层容易起泡。这样，在外力和渗氮后因冷却速度过快所产生的较大内应力的共同作用下，引起渗氮层剥落和产生裂纹	减少齿轮尖角、锐边；如果在 NH_3 和 N_2 的混合物中渗氮，可起到降低渗氮齿轮表面脆性的目的。用 N_2 稀释 NH_3 可降低氮化物层的脆性。一般采用二段氮化工艺来调整氮化物组织和成分，在第一阶段采用合理的供氮量和氨的分解率，第二阶段提高分解率，使炉内氨气分解完全，或向炉内通入 N_2 或 $90\% N_2 + 10\% NH_3$（体积分数），以降低渗氮齿轮表面的脆性。对于结构钢，可采用以下两段渗氮工艺：第一段在 NH_3 中 645~655℃下保温 90~120min，此阶段形成氮化物；第二段在 N_2 气氛中 555~565℃下渗氮 90~120min，可提高扩散层的厚度	
	渗氮齿轮表面粗糙度值高或有锈蚀；表面脱碳层未去除掉	降低齿轮表面粗糙度值，采取喷砂等方法除净表面锈蚀，并清洗与干燥；加大调质齿轮加工余量，表面不得有脱碳、贫碳	
	渗氮前磨削量过大，出现局部退火	控制齿轮磨削量，采取小磨削量分几次磨削，采取切削液冷却	
	冷却速度过慢	适当加快渗氮齿轮的切削速度	
表面腐蚀	NH_4Cl（或 CCl_4）加入量太多	按渗氮罐容积严格控制加入 NH_4Cl（或 CCl_4）的数量，一般 NH_4Cl 加入量以 360g/m^3 效果最好。此时，不仅没有发生腐蚀，而且渗氮速度也加快，在保持相同氨分解率的情况下，NH_3 消耗量可比普通气体渗氮节省 50% 左右	—
	NH_4Cl（或 CCl_4）挥发太快	用干燥的石英砂压实 NH_4Cl，或均匀混合后装在不锈钢盒内加盖，放在渗氮罐底上使用，以降低挥发速度	
表面气泡剥落或尖角剥落	原材料带状组织及非金属夹杂物严重；尖角处氮浓度太高	使用合格的原材料，并进行高倍组织检验	—
		尽量采用圆角或倒角	
畸变大	参见第 10 章有关内容	参见第 10 章有关内容	热校正 + 去应力退火

9.4.3　齿轮的离子渗氮缺陷与对策

齿轮的离子氮化常见缺陷有局部烧伤、颜色发蓝、颜色发黑或有黑色粉末、银灰色过浅或发亮、硬度低、硬度和渗层不均、局部软点及软区、硬度梯度过陡、表层高硬度区太薄、渗氮层浅、显微组织出现网状或鱼骨状氮化物及畸变超差等。

1. 离子渗氮齿轮表面硬度缺陷与对策

离子渗氮齿轮表面硬度低原因与对策见表 9-48。

表 9-48　离子渗氮齿轮表面硬度低原因与对策

缺陷名称	产生原因	对　　　策
表面硬度低	温度太低,硬化层浅;随着温度的升高,氮原子的扩散系数增加,扩散速度加快,造成表面氮原子浓度减小,因此硬度降低	正确制订离子渗氮工艺并严格执行。通常渗氮温度要低于钢的调质回火温度 30~50℃
	温度太高,超过590℃,渗层中的氮化物粗化,致使硬度下降	
	保温时间短,渗氮层太薄。但保温时间增加,引起氮化物组织粗化,也导致表面硬度下降	
	真空度低、漏气,则意味有空气进入,空气在渗氮过程中会使金属表面氧化	检查渗氮炉漏气原因,检查炉体、观察孔、阴极、真空规管、进气管、热电偶等处密封圈损坏情况,以及因通氨而导致真空泵老化情况。真空度一般抽至 $133 \times 10^{-2} \sim 5 \times 133 \times 10^{-1}$ Pa 才能送电起辉。渗氮时炉内气压在 $(1 \sim 10) \times 133$Pa 范围内,对渗氮层的质量基本无影响
	齿轮表面氧化	供氨量应适当。不同功率离子渗氮炉的合理供氨量可参考下表: 炉子功率/kW: 10, 25, 50, 100 合理供氨量/(mL/min) 短时间渗氮: 200, 365, 551, 1110 合理供氨量/(mL/min) 长时间渗氮: 100, 215, 375, 750
	齿轮制造材料用错	更换渗氮齿轮钢材
	氮势不足	NH₃ 流量小,则氮势低,齿轮表面硬度低,因此应调整氨供给量 注意:对因渗氮温度过高(超过590℃)所引起的氮化物积聚而造成的硬度明显降低,齿轮较难补救
表面硬度和渗层不均	齿轮装炉不当,齿轮间相互接触,装炉量太大,降低了氨的流动速度,影响了渗氮效果	合理装炉。在多种齿轮混装时,应当调整齿轮与阳极之间的距离;同一种齿轮间隙、齿轮与阳极距离要一致,可将齿轮沿阴极摆放一圈;对于截面差距较大的齿轮,一般采取增大齿轮与阳极间距的方法;对同种齿轮,若尺寸相差较大的凹槽、内孔部位的温度高于平面、突起部位时,可采取以下措施:利用渗氮炉在各个通氨口改变通入冷氨及分解氨的方法,改变炉温均匀性;利用渗氮炉各位置散热条件不同来弥补尺寸差别大的缺点;利用设置辅助电极或辅助阳极的方法;采用辅助热源;增设热容量小、热传递系数小、辐射能力强的材料制成的封闭绝热环,以减少齿轮的热量损失

注:炉子功率/kW 对应合理供氨量表中,"短时间渗氮"行数值为 200、365、551、1110;"长时间渗氮"行数值为 100、215、375、750。

（续）

缺陷名称	产生原因	对　策
表面硬度和渗层不均	渗氮温度不均	用分解 NH₃ 来改善渗氮温度的均匀性。同炉处理的齿轮，渗氮表面的温度与工艺要求温度之差应控制在 ±15℃ 范围内。当温度均匀性超出该数值时，可采用调整气压、改用分解氨及氮氢混合气等方法
	NH₃ 流量过大或过小。氨流量过小，则表面硬度低，齿轮内孔及凹槽等处由于辉光较弱，呈现出低硬度，同时渗层也不均匀	合理调整供氨流量
	狭缝、小孔没有屏蔽，造成局部过热等。$\phi 4 \sim \phi 10$mm 的孔会造成温度不均匀	屏蔽小孔、狭缝。对于齿轮等带槽零件，应限制气体流量。发现凹槽部位的渗氮层、硬度不均匀时，应减少抽气速率，提高气压或同时减少供气流量和抽气速率，并延长保温时间，以降低气体在炉内的流速，改善渗氮不均匀的情况
		所有齿轮的装炉方式都必须考虑到能够保证气体流动的均匀性
	升温速度过快。电流密度越大，升温速度越快。升温速度过快，则影响齿轮温度的均匀性	升温速度主要取决于齿轮表面的电流密度、齿轮体积与产生辉光的表面积之比以及齿轮的散热条件等。升温速度不宜过快，应合理控制电流密度
	离子渗氮炉真空度低	检查炉子漏气情况，并进行维修。渗氮时炉内气压在（1～10）×133Pa 范围内，对渗氮层的质量基本无影响。对于不同形状的齿轮，应选择合适的气压，以获得均匀的渗层
局部软点、软区	齿轮表面氧化皮未清理干净	机械加工时应将齿坯表面氧化皮除净
	屏蔽物或齿轮上带有非铁物质，如锡、铜、锌及水玻璃等溅射在渗氮面上等	对不需渗氮的部位绝不允许用水玻璃、涂锡或镀锡、其他涂料，可采用机械屏蔽方法，在不需渗氮部位旋入、套上或盖上形状尺寸适合的钢件等屏蔽件，或者用齿轮不需渗氮的部位相互屏蔽，如直齿轮端面，由于其与屏蔽件处于同一电位，在工作状态下起辉，其间隙一般为 0.3～0.5mm。屏蔽的部位用 Q235 钢制作，钢件厚度 2～5mm

2. 齿轮的离子渗氮金相组织缺陷与对策

　　齿轮的离子渗氮表层出现网状或鱼骨状氮化物，会使齿轮的韧性、疲劳强度、耐磨性降低，其形成原因与对策见表 9-49。

表 9-49　齿轮的离子渗氮金相组织缺陷与对策

产生原因	对　策
渗氮温度过高，则容易使渗氮层中的氮化物粗化	调整工艺，控制渗氮温度
炉内氮势过高	调整炉气氮势，适当降低炉气氮势
齿轮有尖角、锐边；表面脱碳层未加工掉	齿轮加工时应去掉尖角、锐边；对锻坯或调质前的齿坯都应规定合理的加工余量，并应检查淬火后的脱碳情况，以保证在其后的切削加工过程中，完全去除锻造和调质处理加热时产生的脱碳层

（续）

产生原因	对　　策
原始组织及晶粒粗大。由于调质淬火温度太高以至组织与晶粒粗大，渗氮时容易产生粗大网状氮化物	齿坯调质时，严格控制加热温度和保温时间，避免淬火加热时产生过热，使游离铁素体的体积分数控制在 5% 以下，获得回火索氏体

3. 离子渗氮齿轮渗层深度缺陷与对策

离子渗氮齿轮渗层深度缺陷主要有渗氮层深度浅、表层高硬度区太薄、渗氮层硬度梯度过陡等。其形成原因与对策见表 9-50。

表 9-50　离子渗氮齿轮渗层深度缺陷与对策

缺陷名称	产生原因	对　　策
渗氮层深度浅	渗氮温度低，则渗氮速度降低。渗氮时间短，则渗氮层薄	严格执行渗氮工艺，保证渗氮温度及保温时间；测温应准确
	离子渗氮炉真空度低，则炉内含氧量大，阻碍渗氮过程，严重时将导致齿轮无法渗氮，并造成表面氧化。渗氮时炉内气压降低，氮在齿轮表面的吸附速度减慢，使渗氮层和氮化物层减薄	检查离子渗氮炉漏气原因，如检查炉体、观察孔、阴极、真空规管、进气管、热电偶等处密封圈损坏情况，以及因通氨而导致真空泵老化情况。真空度一般抽至 $133 \times 10^{-2} \sim 5 \times 133 \times 10^{-1}$ Pa 才能送电起辉。渗氮时炉内气压在 $(1 \sim 10) \times 133$ Pa 范围内，对渗氮层的质量基本无影响
	炉内氮势低，降低了渗氮速度	调整氮势，适当提高炉内氮势
表层高硬度区太薄	第一阶段温度低，时间过短，则渗氮速度低，渗层薄	延长第一阶段保温时间，并严格控制渗氮温度等
	第一阶段渗氮温度过高	
渗氮层硬度梯度过陡	第一阶段温度偏高	调整工艺，降低第一阶段温度
	离子渗氮的第二阶段温度偏低，时间过短，则氮原子的扩散速度低	适当提高第二阶段渗氮温度，或延长保温时间，即增加了氮原子的扩散速度，使硬度梯度变得平缓

4. 离子渗氮齿轮其他热处理缺陷与对策

离子渗氮齿轮其他热处理缺陷与对策见表 9-51。

表 9-51　离子渗氮齿轮其他热处理缺陷与对策

缺陷名称	产生原因	对　　策	补救措施
齿轮局部烧伤	齿轮清洗不净或未烘干处理，容易使辉光放电转为电弧放电，就可能使齿轮表面烧熔	清洗油污时可用汽油浸泡（对锈迹要用砂纸去掉），清洗过的齿轮用布擦干净，然后在 180℃ 温度下烘干。大量的齿轮可用高效清洗液或超声波清洗，再用清水漂洗多次，并烘干。装炉时应带好干净手套，以防止二次污染。汽油清洗适用于零星件和大件，工业清洗剂（除油剂）适用于清洗大批量的中、小件	—
	小孔、缝隙屏蔽不良	小孔、细缝处按照要求做好屏蔽。屏蔽物和被屏蔽处并不要求紧密配合。只要屏蔽边缝隙不大于 0.5mm，使辉光放电不能进入缝隙即可	

（续）

缺陷名称	产生原因	对　策	补救措施
齿轮局部烧伤	操作中局部集中打电弧所致	对于形状复杂易出现辉光集中的齿轮，以适当少装为宜，一般齿轮之间间隙为15mm左右	—
齿轮表面颜色发蓝	离子渗氮炉炉体漏气超标，则意味有空气进入，使炉内氧含量过大，导致齿轮表面氧化	检查漏气原因，调整离子渗氮炉，漏气率要符合要求	如果表面有蓝色、紫色等氧化色，则可重新抽气，再用小电流、低气压、高电压使表面产生阴极溅射，几十分钟后氧化色可消除。对要求高的齿轮可以再进行一次渗氮处理，使氧化颜色消失
	NH$_3$ 中含水量大，造成轻微氧化	NH$_3$ 应进行干燥处理，增设干燥罐，使水的质量分数控制在≤0.2%	
	冷却阶段操作不当造成齿轮表面氧化	渗氮结束后，切断电源，继续向炉内通气或在真空状态下随炉冷却到 100~150℃出炉，冷却过程中必须保证齿轮表面不被氧化。保温结束后 0.5~1h 内用高电压、小电流使工件维持阴极溅射，防止由于炉内漏气而使工件表面有氧化色的倾向	
齿轮表面颜色发黑或有黑色粉末	齿轮清洗不净，油污过多	仔细清洗齿轮，保证表面无油污	—
	漏气率超标过大，则炉内含氧量过大，阻碍了渗氮速度，严重时将导致齿轮无法渗氮，使表面沉积一层黑色粉末，即 Fe$_3$O$_4$ 和 Fe$_4$N 的混合物	检查漏气原因，调整漏气率。测量符合要求后才允许升温	
	NH$_3$ 中含水量大等	NH$_3$ 应进行干燥处理，增设干燥罐	
齿轮表面银灰色过浅或发亮	离子渗氮温度过低	按照工艺要求准确测温	—
	渗氮时间短	延长渗氮时间	
	通氨量过小，造成氮势不足等	按工艺要求，保证充足的供氨量等	

9.4.4　齿轮的气体氮碳共渗缺陷与对策

　　齿轮气体氮碳共渗常见缺陷有表面硬度低、渗层浅、表面呈红色或锈蚀、表面出现花斑、渗层脆性大、渗层残留奥氏体过多、表面出现托氏体组织、表面疏松大、畸变大等。

　　齿轮在进行气体氮碳共渗处理时，有时表面产生疏松情况，这不但降低了表面硬度和耐磨性，而且在使用中容易脱落，使齿轮发生早期损坏。图 9-25 所示为 45 钢齿轮经气体氮碳共渗，再经300℃回火1h 后，表层产生疏松状况。图9-25 中最表面有一薄层疏松孔隙，其次层为白色氮化物层。

　　（1）齿轮的气体氮碳共渗常见缺陷与对策（见表 9-52）

图 9-25　45 钢齿轮氮碳共渗后表层产生疏松状况　100×

表9-52　齿轮的气体氮碳共渗常见缺陷与对策

缺　陷	产　生　原　因	对　　策	补救措施
齿轮表面硬度低	齿轮渗氮材料选择不当	更换合适渗氮钢材，确保氮碳共渗质量符合技术要求，如选用合金结构钢可获得比碳素结构钢更高的表面硬度	重新按正常氮碳共渗工艺进行处理
	齿轮表面油污、切削液（或乳化液）清洗不净黏附在表面上，或表面有锈蚀、脱碳情况	用清洗剂仔细清洗齿轮，保证齿轮表面无残留污物；通过喷砂方法去掉表面铁锈；车削加工去除脱碳层，以保证氮原子的有效吸附	
	齿轮的表面粗糙度值高	降低齿轮表面粗糙度值	
	齿轮的截面尺寸过大或装炉不合理	改变齿轮设计；合理装炉，以提高炉内气氛流动性	
	炉罐、炉盖漏气，或炉内压力小，降低了共渗速度及表层碳氮浓度，使表面硬度降低	炉内压力对表面硬度及渗层深度有明显影响。要定期检查设备，确保炉子密封性能，炉内压力要≥0.2kPa	
	炉气氮势和碳势低，则共渗速度低，使渗层氮含量降低，从而导致表面硬度低	增加渗剂（包括氨）的供给量或提高渗剂浓度，使表层中碳、氮的质量分数分别达到0.7%以上和0.2%~0.4%	
	1）共渗温度或保温时间不当。共渗温度低，造成共渗层变薄，表面硬度降低，但当共渗温度高于共析温度时，共渗工件的表面会出现疏松层，化合物变粗，硬度下降 2）共渗时间短，则渗氮层硬度降低。共渗时间过长，则可能造成表层组织疏松，表面硬度显著下降	1）调整共渗温度和时间：适当提高共渗温度，并控制共渗保温时间。在一定的氮碳共渗温度范围内，随着温度的提高氮碳共渗剂的反应加快，氮、碳原子的扩散速度加快，形成化合物层的速度也加快，扩散层的厚度增加，使齿轮的表面硬度明显提高 2）对碳素钢、球墨铸铁和一般结构钢，保温时间为3~4h	
	氮碳共渗结束后冷却速度低，则齿轮表面硬度低	氮碳共渗后进行水冷或油冷，提高冷却速度，以保证齿轮表面硬度	
渗层硬度不均，层深不均	齿轮未清洗干净，装炉过多，进气、出气口位置不合理或堵塞，气氛温度不均匀	齿轮清洗干净，合理装炉，调整渗氮炉进气口、出气口位置，改善气氛和温度均匀性	—
	防渗层覆盖不均匀，或镀锡层淌流	严格按防渗工艺操作	
齿轮金相组织缺陷	氮碳共渗温度过高，碳浓度过高	适当降低氮碳共渗温度和丙酮（或乙醇、煤油、甲烷、丙烷等）量	—
	氮碳共渗温度过低，氮浓度过高	适当提高共渗温度，降低供氨（或甲酰胺、乙酰胺、三乙醇胺、尿素等）量	
化合物层脆	NH₃分解率低，氨气含水量过多	合理供给氨气，烘干或更换干燥剂	—
表面出现托氏体等组织	主要是由于齿轮的表层合金元素被氧化等原因	采用含有氧化性倾向小的W、Mo的钢材	—
		改善炉子的密封性；加速排气；控制炉气成分的含量，确保渗层的氮浓度	
		加快淬火冷却介质搅拌速度，或更换淬火冷却介质，提高冷却速度等	

（续）

缺　陷	产 生 原 因	对　　策	补救措施
齿轮表面疏松	氨分解率低，渗剂加入量多，氮的含量过高（主要原因）	要严格控制供氨量和氨分解率	在齿轮表层留有磨量较大的情况下，可采取磨去疏松层方法。严重疏松齿轮不能返修
	氮碳共渗温度过高，高于共析温度，齿轮表面会出现疏松层，化合物变得粗大	执行正确的渗氮工艺，适当降低氮碳共渗温度	
	氮碳共渗时间过长。随着保温时间的延长，化合物层 ε 相与 γ′ 相的相对含量由增加变为维持一稳定值。保温时间过长还可能造成表层组织疏松，表面硬度显著降低	合理控制共渗的时间	
	采用 Al 脱氧的钢材制造齿轮时，容易产生表面疏松	选择符合要求的齿轮钢材	
表面呈红色、金黄色、蓝色	所用的渗剂中水分过多，主要是因为所用的液氨干燥剂失效	对渗剂进行脱水处理，更换新的干燥剂，使液氨中水的质量分数控制在 ≤0.2%	将齿轮表面铁锈除净后清洗干净
	出炉温度过高，在空气中冷却造成氧化	氮碳共渗齿轮随炉降温到200℃出炉冷却或进行油冷，以防因温度过高而氧化	
	炉罐密封性差，提罐冷却时供气不足	提罐冷却时可适当加大流量	
表面颜色不均匀	表面原有锈斑、氧化皮、严重油污	严格清洗齿轮表面	—
	未清洗干净或局部有防渗剂覆盖	防渗剂涂覆部位要准确，不得沾污要渗氮的表面，镀锌层不得过厚	
齿轮表层产生黑色组织	炉气中有较多氧化性气氛	尽可能采用无水和无氧参与下的氮碳共渗工艺，以氧催渗的工艺一般黑色组织较厚	—
	氮碳共渗剂中含水量、含硫量过高	气源中的氨气应充分脱水和脱有机硫、无机硫（H_2S、SO_2）	
	氮碳共渗后冷却慢	氮碳共渗结束后应快冷，使 ξ 相不析出，保持 ε 相单一组织，以增加防腐和耐磨性能	
	回火不及时，未进行去氢回火	及时回火和去氢回火同时进行	
齿轮共渗层深度不足	氮碳共渗温度低或保温时间不足。氮碳共渗温度低，其吸附强度减小，造成共渗层变薄，硬度降低。共渗时间不足，则获得的共渗层较薄，使共渗层的硬度和使用寿命降低	调整渗氮工艺，适当提高共渗温度或延长保温时间，可加快氮、碳原子的扩散速度，形成的化合物层增加很快，扩散层的厚度增厚，并使齿轮的表面硬度明显提高。共渗温度一般选用 530～580℃	对于层深不足的齿轮，可按正常工艺重新处理
	共渗介质浓度低或供给量少	提高共渗介质浓度或增加供给量，以提高炉内气氛碳势、氮势	
	装炉不当，齿轮相互重叠或与炉底、炉壁接触，影响气氛流动	按照齿轮氮碳共渗操作规程的要求合理装炉，齿轮之间应留有适当距离并避免与炉底、炉壁接触，以利于气氛流动	

（2）齿轮渗氮缺陷对策的实例（见表9-53）

表9-53 齿轮渗氮缺陷对策的实例

齿轮技术条件	热处理工艺	对策或效果
齿轮，38CrMoAl 钢，要求渗氮处理	齿坯调质处理→车削→铣齿→清洗→渗氮处理（气体渗氮 540℃ ×30h）	齿坯在调质时，采取有效措施（如保护气氛、氮气等）防止其表面脱碳；同时严格控制调质齿轮的残留铁素体含量，表层 5mm 内不允许有体积分数为 5%的游离铁素体存在，原始组织中铁素体的体积分数不得超过 15%
圆柱齿轮，SCM435 钢（相当于 35CrMo 钢），要求渗氮处理	解决渗氮齿轮表面硬度低的工艺：采用 LD-50 型离子渗氮炉进行渗氮处理，采用体积分数为 99.99% 的 N_2、H_2 混合气（其体积比 N_2:H_2 = 1:9）进行 520℃×30h 的离子渗氮处理	获得具有 γ' 单相化合物层、较宽的无脉网状组织区、表层硬度 681HV0.1、有效硬化层深度 0.29mm 且具有良好韧性的离子渗氮层，总渗氮层深度 0.70mm
SD7 型高驱动履带式推土机上齿圈，42CrMo 钢，技术要求：渗氮层 ≥ 0.5mm，表面硬度 ≥ 550HV，预先调质硬度 248 ~ 302HBW，机械加工后再进行渗氮处理	为获得均匀的硬度、组织、渗层深度，装炉采取垛装方式，共三垛均匀布置，渗氮工艺为（520 ~ 540）℃ ×（35 ~ 40）h，随炉冷却至 150℃ 出炉空冷	在阴极盘中心放一垛，每垛 5 件。每件的间距从上到下分别为 30mm、80mm、100mm 和 50mm。同时，在炉子顶部设置圆盘状的辅助阴极，再在炉子中部增设一处进水口，并新增加一个不锈钢隔热屏，成为双层隔热屏
大型装载机械（推土机、起重机、重型汽车等）用内齿圈和齿轮，直径为 $\phi150$ ~ $\phi400$mm 不等，40Cr 钢，技术要求：氮碳共渗深 0.25 ~ 0.40mm，硬度 550 ~ 700HV，直径畸变量 <0.10mm	采用 RQ3-36-9 型井式渗碳炉，齿轮清洗干净后装在十字架上，齿轮叠加错落有序，保证气氛循环良好，将 50 ~200g 的氯化铵放在密封的罐底部，罐高应超过 150mm，上面用石英砂覆盖并压实，扣上密封盖，随炉升温至 570℃ 保温 6.5h，此时氨流量 0.8 ~ 1.0m^3/h，酒精滴量 140 ~ 160 滴/min	渗氮层深 0.30 ~ 0.37mm，表面硬度为 595 ~ 680HV，齿轮畸变量 0.08mm，均符合技术要求

9.5 齿轮的感应热处理缺陷与对策

由于齿轮感应淬火加热速度快，时间短，加热温度较难控制，加上表面局部淬火及其他方面的影响，其质量控制比较困难，稳定性有时还较差，常出现表面硬度不足、表面硬度不均匀、软点、软带、硬化层深度不均、硬化层深度过深或过浅、表面局部烧熔、畸变超差及淬火裂纹等缺陷。

9.5.1 齿轮的感应淬火硬度缺陷与对策

齿轮感应淬火常见硬度缺陷有表面硬度不足、软点、软带、硬度不均匀等。对此，可以从齿轮原材料成分（主要是碳含量）、原始组织状态、工艺及操作规程、感应器、冷却器、设备等方面入手加以解决。

如果感应加热温度不够高或时间不足，将会导致奥氏体相变及其均匀化都不充分，奥氏体中固溶的碳含量减少，因而在硬化层的组织中除马氏体外，还将有托氏体或铁素体存在，从而降低表面硬度。图 9-26 所示为感应加热不足的金相组织。

在金相检验时，如果发现马氏体晶界周围有托氏体析出，形成马氏体加托氏体组织，即可证明淬火冷却速度不够或冷却不良。如果冷却速度更为缓慢，还将有铁素体析出，形成马氏体、托氏体和铁素体组织。图 9-27 所示为感应淬火冷却不足的金相组织。

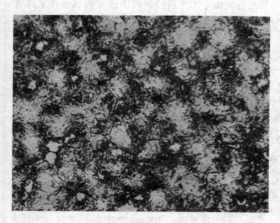

图 9-26　感应淬火加热不足的金相组织　400×

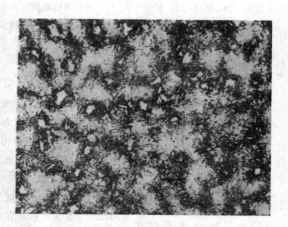

图 9-27　感应淬火冷却不足的金相组织　400×

感应淬火齿轮表面硬度不足和出现软点或软带原因与对策见表 9-54。

表 9-54　感应淬火齿轮表面硬度不足和出现软点或软带原因与对策

产生原因		对　策	补救措施
齿轮材料选择不当、原材料质量不良	原材料含碳量低（质量分数 ≤0.3%），感应淬火后形成了低碳马氏体组织	首先检验材料化学成分，保证感应淬火齿轮中碳的质量分数 >0.4%。即适当提高钢材碳含量。例如美国采用碳含量很高的钢材，如 SAE1550、SAE5150 钢 [w（C）0.48%~0.53%]、SAE5160 钢 [w（C）0.56%~0.64%]。日本推荐 S50C（相当于 50 钢）、S55C（相当于 55 钢）等钢。日本小松制作所对 ϕ600mm、模数 15mm 和 ϕ800mm、模数 17mm 的齿轮采用 70Mn 钢进行单齿沿齿沟感应淬火。前苏联采用 w（C）0.55%~0.70% 的低淬透性钢制造齿轮	齿轮可先采用感应器加热至 700~750℃ 一段时间，或在 550~600℃ 炉中加热 60~90min，然后在空气中或其他介质中冷却，即先进行退火或高温回火，然后再重新进行感应淬火处理
	材料的化学成分不符合技术要求，或者主要成分偏差大。钢中的成分偏析也可能造成原始组织的不均匀，如有大块状的铁素体存在，淬火后自然会出现软点和软带		
	原始组织晶粒粗大。球墨铸铁件原始组织中的珠光体太少	控制原始组织晶粒度。球墨铸铁感应淬火前需经正火处理，使珠光体体积分数 >70%	
	钢中有网状碳化物、碳化物尺寸过大且分布不均匀	保证原材料质量，进行适当预备热处理	
	齿轮的材料选用不当或错误，导致淬透性差	检查并更换齿轮材料，保证钢材淬透性	

（续）

产　生　原　因	对　　策	补救措施
加热比功率较小，且加热时间较短，或齿轮的旋转速度和移动速度不匹配，容易出现暗紫色条带，呈螺旋状	适当提高感应加热温度。正确调整电参数（如提高比功率）和感应器与齿轮间的相对运动速度，以提高加热温度和延长保温时间；减小感应器与齿轮表面距离	齿轮可先采用感应器加热至 700～750℃一段时间，或在550～600℃炉中加热 60～90min，然后在空气中或其他介质中冷却，即先进行退火或高温回火，然后再重新进行感应淬火处理
感应器与齿轮表面间隙太大，造成淬火加热温度偏低，使得淬火组织有未溶铁素体且组织不均匀，严重时将出现网状托氏体，或感应圈形状设计不合理，感应器内径与齿轮不一致，造成加热、冷却不均匀		
加热温度过低或加热时间太短	适当提高淬火温度，使钢中铁素体充分溶解，得到单一奥氏体组织；或适当延长淬火加热时间	
感应器内有存水，加热时存水流出，附在齿轮表面上，使该处淬火温度降低，淬火后形成软点	有效控制感应器内存水，以免影响加热温度	
感应加热与淬火操作不当，出现了人为因素的影响，造成加热温度不均匀	对于具有内、外齿的齿轮淬火时，应先淬内齿，后淬外齿。必要时，在加热外齿的同时，用水冷却内齿，防止其因过回火而降低内齿硬度。对于端面有离合器卡爪的齿轮淬火时，应先淬卡爪，后淬齿轮	
齿轮旋转速度和齿轮（或感应器）移动速度不协调而形成软带	可调整齿轮旋转速度和齿轮（或感应器）移动速度	
感应器高度不够，感应器中有氧化皮	适当增加感应器高度，及时清理感应器中氧化皮	
齿轮在感应器中位置偏心或齿轮轴弯曲较大	制造合理工装，保证齿轮在感应器中的位置精度；调整好淬火机床上下顶尖位置，或减小齿轮轴转速，或在齿轮轴中间位置增加支撑环，以防加热时齿轮轴弯曲	
淬火冷却介质喷射压力太低	调整喷水量或压力等，提高淬火冷却能力，检查淬火冷却介质浓度，并及时调整淬火冷却介质浓度，更换淬火冷却介质，均可以有效避免硬度不足。并经常清理喷水孔	
淬火冷却介质流量太小或冷却条件差，不符合感应淬火热处理规范		
淬火冷却介质温度太高。如用热水（>50℃），淬火硬度就会降低，产生软点。采用冷油淬火也容易产生软点		
冷却器水孔堵塞或弥死。如有面积较大的水孔堵塞或弥死，可能造成成片的软带		
冷却器设计或制造不良，喷水孔的大小、数量及位置不当，喷水角小，喷水孔角度不一致，冷却器喷水孔与感应加热区的距离过大，使冷却速度减小	合理设计与制造冷却器喷水孔，减小冷却器喷水孔与感应加热区的距离	

左侧第一行组："加热温度不够或不均，或时间不足（见图9-26）"；下部组："淬火冷却速度不够或冷却不良（见图9-2）"

（续）

产生原因		对　策	补救措施
淬火冷却速度不够或冷却不良（见图 9-2）	感应圈高度不够，感应器中有氧化皮	适当增加感应器高度，经常清理感应器氧化皮	齿轮可先采用感应器加热至 700～750℃ 一段时间，或在 550～600℃ 炉中加热 60～90min，然后在空气中或其他介质中冷却，即先进行退火或高温回火，然后再重新进行感应淬火处理
	汇流条之间距离太大	将汇流条之间的距离调整至 1～3mm	
	感应加热结束到冷却开始的时间间隔太长、喷冷却液时间过短及淬火冷却速度低等均会造成冷却不足，使淬火组织中出现托氏体等非马氏体组织	按齿轮感应淬火工艺认真执行	
	淬火冷却介质中杂质较多	对淬火冷却介质中杂质进行过滤	
齿轮钢材中晶粒粗大并出现带状组织	如果齿轮材料中组织粗化，必然有粗大的铁素体晶粒；如果组织偏析，必然有带状分布的铁素体晶粒集团。这两种组织状态需要更高的加热温度和更长的加热时间，才有可能转变为均匀化的奥氏体，淬火后才能得到高硬度的马氏体。如果采用正常的感应加热温度和时间，粗大的铁素体晶粒或带状分布的铁素体晶粒集团来不及转变成奥氏体，淬火后保留下来，自然造成淬火的表面硬度不足或软点、软带	保证齿轮原材料质量并进行相关检查；感应淬火前进行调质处理，使其原始组织细密、均匀，同时应避免脱碳情况发生。齿轮表面应无油污等	
齿轮表面脱碳	1）钢件淬火后的硬度取决于碳含量，碳的质量分数在 0.4% 以下时，淬火硬度与碳含量呈直线关系。因表面脱碳，其碳的质量分数可能降到 0.3% 以下，从而造成表面硬度不足 2）通常感应淬火后表面硬度低，而磨去 0.5mm 左右后里边硬度反而高时，一般是由于表面脱碳或贫碳造成的。感应淬火齿轮表面脱碳的原因一般有两个：一是原材料脱碳；二是齿坯在预备热处理过程中脱碳。原材料脱碳层太深，往往影响感应淬火硬度，通常用于感应淬火的钢材，其单边脱碳层总深度应不大于钢棒直径的 1% 3）齿轮感应淬火前要经过正火或调质处理，然而在其热处理过程中可能发生脱碳情况，在后来的机械加工中又没将脱碳层除掉，从而造成感应淬火后齿轮表面硬度不足	1）检查冷拔钢等表面脱碳层或贫碳层，保证锻件的加工表面层深度，去掉表面脱碳层或更换钢材 2）补救措施：发生因脱碳造成的表面硬度不足时，如果齿轮还允许返修，可在渗碳炉中进行复碳处理，之后重新进行感应淬火。但应控制齿轮表面碳含量不能超过材料规定的碳含量，同时还要注意齿轮畸变情况等	

9.5.2　感应淬火齿轮表面硬度过高或过低原因与对策

感应淬火齿轮表面硬度过高或过低原因与对策见表 9-55。

表 9-55　感应淬火齿轮表面硬度过高或过低原因与对策

产 生 原 因	对 策
齿轮材料碳含量偏高或偏低	检查齿轮材料碳含量。碳含量偏差应符合 GB/T 222—2006 规定
预备热处理组织不良	保证预备热处理组织细小、均匀
齿轮表面有脱碳现象	预备热处理后，机械加工时应加工去掉脱碳层；调质时防止产生脱碳现象
感应淬火加热温度不当，如淬火加热温度低，组织尚未转变	改进感应淬火加热规范，提高感应淬火加热温度
淬火冷却不合理，如淬火冷却介质成分、压力、温度选择不当	调整感应淬火规范，喷液淬火应能够调节压力、流量、温度。浸液淬火应具有良好的循环及热交换系统
回火温度偏高或偏低且保温时间不当	保证回火炉温的均匀性，检查回火炉内搅拌风扇的运转情况；调整回火保温时间
回火工艺制订不合理	应合理设定回火工艺。参见 6.3.4 中有关回火工艺的内容

9.5.3　齿轮的感应淬火表面硬度不均原因与对策

齿轮的感应淬火表面硬度不均原因与对策见表 9-56。

表 9-56　齿轮的感应淬火表面硬度不均原因与对策

产 生 原 因	对 策
感应器结构设计不合理，或制造不良，感应器的内径与齿轮不一致，造成加热和冷却不均匀	应根据齿轮结构及技术要求，合理设计感应器及选择设备的功率，确保齿轮表面得到充分加热和冷却；改进冷却器的设计，喷水孔分布应均匀，应无堵塞情况
齿轮材料原始组织中有较严重带状组织、成分偏析，有粗大的块状铁素体存在。由于带状的铁素体和珠光体在感应加热时不容易转变为均匀的奥氏体，淬火后经常发现有未溶铁素体存在，淬火组织不均匀，淬火硬度也不均匀	改善原材料质量，采用调质等预备热处理，以获得均匀而细小的组织及晶粒
原材料表面脱碳，预备热处理时脱碳	机械加工去掉齿轮表面脱碳层或更换钢材；预备热处理时采用保护性气氛。可进行复碳处理
感应加热和冷却不均匀；淬火冷却介质杂质超标；齿轮表面不净	合理选择感应器及设备的功率，确保齿轮表面得到充分及均匀加热；改进冷却器的设计，喷水孔分布应均匀，应无堵塞情况。淬火冷却介质应清洁。淬火前齿轮表面应清洗干净
材料的碳含量偏差大	检查齿轮材料质量，碳含量偏差应符合 GB/T 222—2006 规定的要求
加热比功率小，加热时间短	适当提高加热比功率，或适当延长加热时间。齿轮连续淬火时，如果齿轮直径及齿宽较大或设备功率不足时，可利用感应器或齿轮反向移动加热（即预热），然后立即正向移动连续淬火
感应器内存有水，其附在齿轮上造成淬火后表面出现软点	避免该类情况出现
淬火冷却介质的压力小、淬火冷却介质的流量小、喷水孔堵塞	按要求调整淬火冷却介质的压力和流量，并清理喷水孔

（续）

产 生 原 因	对　策
齿轮全齿加热淬火，采用淬火机床时，与定位心轴的间隙过大	齿轮与淬火机床上定位心轴的间隙应为 0.20～0.30mm，在淬火冷却介质中的转速不得大于 30r/min，定位心轴的台阶为 5～10mm，过大对齿轮加热有影响
	大模数齿轮采用单齿连续淬火时，为了保证感应器与齿部间隙的一致性，以获得均匀的硬度及硬化层深，可采用靠模对齿沟定位

9.5.4　齿轮的感应淬火显微组织缺陷与对策

齿轮感应淬火不当时，容易出现组织过热，并伴随硬化层过深，其形成原因与对策见表 9-57。

表 9-57　齿轮的感应淬火组织过热和硬化层过深原因与对策

产 生 原 因	对　策
原材料的过热倾向大；在预备热处理时就已产生过热组织	选择过热倾向较小的齿轮钢材；齿轮预备热处理（正火、调质）时应严格执行热处理工艺，保证加热温度及保温时间符合工艺要求；检查其测温仪表准确度
感应加热温度过高，或感应加热时间过长，使热量传递时间加长，导致加热深度增加、组织粗大	严格控制感应淬火工艺，并及时进行检验
感应加热的电参数选择不当，如加热频率过低，使加热深度增加；加热比功率选择过低，使加热速度减慢；热量传递时间加长，造成加热深度增加	合理选择感应加热频率、比功率
尖角过热是由于感应圈的高度过高所致	合理设计与制作齿轮淬火用感应器，适当降低感应器高度
淬火冷却介质、冷却方法选择不当，或冷却器的形状不当	选择合适的淬火冷却介质（JB/T 6955—2008）及冷却方式，重新设计冷却器
感应器与齿轮间间隙大，容易使硬化层过深	合理调整感应器与齿轮之间的间隙

图 9-28 所示为 42CrMo 钢齿轮经（调质）高频感应淬火后，由于高频感应淬火操作不当，加热温度过高，淬火冷却后在表面形成粗大马氏体和残留奥氏体层。

9.5.5　齿轮的感应淬火硬化层缺陷与对策

硬化层是指从表面全部（100%）马氏体到半（50%）马氏体的这一段距离，而过渡层是指半马氏体到出现原始组织的这一段区间。过渡层在感应淬火后呈现拉应力状态。一旦过渡层过宽，会使表面层的压应力减小，导致齿轮的疲劳强度降低。一般要求过渡层是硬化层深度的 25%～30%。过渡层的大小与感应加热速度、原始组织有关。

在齿轮感应淬火过程中，常出现硬化层过深、

图 9-28　42CrMo 钢齿轮经高频感应淬火后形成的过热组织　500×

硬化层过浅及硬化层不均等缺陷。其形成原因与对策见表9-58。

表 9-58 齿轮的感应淬火硬化层缺陷与对策

缺陷名称	产 生 原 因	对　　　策
硬化层过浅或过深	齿轮材料淬透性过低或过高，碳含量过高或过低	1）根据齿轮尺寸大小及技术要求选择适合的淬透性钢材 2）齿轮碳含量应符合 GB/T 699—1999、GB/T 3077—1999 的规定，其成分偏差应符合 GB/T 222—2006 的规定
	感应加热频率选择不当，过高或过低，并且在此情况下又没有选择合理的比功率与加热时间，电流透入深度过薄或过深，直接影响了加热层的深度，导致硬化层深度不符合技术要求	（1）根据淬硬层深度要求合理选择感应加热频率，参见表6-21 中各种硬化层深度与电流频率的关系 （2）当要求硬化层深度大于现有设备频率所能达到的电流透入深度时，在保证表面不过热的条件下，可采用以下方法获得较深的硬化层 1）降低比功率，延长加热时间。如果是连续加热淬火，可降低感应器和齿轮之间的相对运动速度 2）适当增大齿轮与感应器之间的间隙，延长加热时间，或在同时加热时采用间断加热法，以增加热传导时间 3）在感应加热前，齿轮在感应器中先进行预热 4）连续加热时，采用双匝或多匝感应器 5）齿轮尺寸大而设备功率不足时，应采用连续、顺序加热淬火，使感应器内加热的表面积尽量减小，以提高比功率，并同时采取预热措施
	感应加热时间过短或过长对齿轮表面加热温度和加热深度有较大的作用，决定着硬化层深度	根据齿轮淬硬层深度要求合理制定感应加热时间
	单位功率过高或过低、加热时间长短会影响到表面加热温度和加热速度以及材料的奥氏体化温度	根据齿轮淬硬层深度要求合理选择单位功率
	感应器与齿轮的间隙过小或过大会造成加热的深度不同，因此硬化层深度明显不同	根据齿轮大小及其淬硬层深度要求选择适合的感应器与齿轮间的间隙，并通过试验确定其最佳的间隙，参见表6-26
	连续淬火时齿轮（或感应器）移动速度过快或过慢	齿轮采用连续淬火方式时，可以通过试验确定合适的移动速度
	淬火冷却工艺不当，如淬火冷却介质的温度、压力及其成分选择不当	改进淬火冷却工艺，提高冷却速度，并采取预热方式
硬化层不均	齿轮在采用同时加热方式时，其放置位置偏心	在采用同时加热方式时，齿轮位置应放正
	感应器的喷水孔不均匀	感应器设计与制作时，均应使喷水孔均匀分布，保证淬硬部位能够得到均匀冷却
	淬火机床的上下顶尖不同心	淬火机床的上下顶尖同心度误差应 <0.05mm
	齿轮原材料内部组织不合格（如出现严重的带状组织、网状碳化物）	保证原材料质量，并进行高倍组织等检验；齿轮在感应淬火前，应进行正火或调质处理

（续）

缺陷名称	产 生 原 因	对 策
硬化层深度变化超过要求范围	齿轮材料因素影响。除了由于含 C、Mn 量变化而引起的影响之外，其他合金元素特别是 Mo、Cr 等元素对材料淬透性影响很大，如果切割齿轮检验发现加热层深度相似，但淬硬性深度变化很大时，可能是材料因素的影响所致	保证原材料质量，检查影响淬透性的化学元素成分，其主要化学成分偏差应符合 GB/T 222—2006 的规定
	淬火冷却介质压力、流量、液温、浓度均会影响淬硬层深度，必须进行核对	严格执行淬火冷却规范。检查淬火冷却介质压力、流量、液温及浓度是否符合要求
	感应加热电规范有大的变化，连续淬火齿轮托架移动速度有变化	检查感应加热电规范变化是否很大，连续淬火齿轮应保证托架移动速度平稳

9.5.6 感应淬火齿轮其他热处理缺陷与对策

感应淬火齿轮其他热处理缺陷主要有淬硬区域不符合要求、局部烧熔麻点、硬化层或尖角剥落、硬化区分布不合理及硬度低、感应淬火加热不均匀、畸变超差及裂纹等。其形成原因与对策见表 9-59。

表 9-59 感应淬火齿轮其他热处理缺陷与对策

缺陷名称	缺 陷	对 策
淬硬区域不符合要求	感应淬火齿轮淬硬区域不符合要求，如淬硬区未达到要求位置或超出要求位置等	采用同时淬火方式时，应保证定位基准、感应器与齿轮之间相对位置的精度。例如大模数齿轮采用单齿连续淬火时，为了保证感应器与齿部间隙的一致性，一般采用靠模对齿沟定位
		对于变形或过多磨损的感应器，进行及时修整；对于变形或磨损严重的感应器可更换新的
		采用连续淬火方式时，应保证淬火机床限位开关或控制淬硬区的有关部件（如光电控制板、程序控制器等）正常
局部烧熔麻点	感应器结构设计与制造不良，如感应器与齿轮的间隙过小、加热时感应器变形等。加热时间过长	根据齿轮形状及技术要求设计与制作合适的感应器。严格控制淬火加热温度，以防温度过高
	齿轮带有尖角、槽、孔、薄壁、端部等时，因感应电流集中而引起局部过热，甚至烧伤。齿轮表面有飞边、毛刺、铁屑和油污等	对于容易造成局部烧熔的部位采取屏蔽或保护措施。此外，感应淬火前齿轮应去除飞边、毛刺、铁屑和油污
	感应器固定不牢，使用中与齿轮接触，使齿轮表面打电弧留下烧伤痕迹和蚀坑	加固感应器。注意齿轮内应力、淬火机床精度及感应器的刚性
	感应设备性能与齿轮的要求不匹配	保证感应设备性能与齿轮的要求相匹配
	连续加热或半圈旋转加热时，移动或旋转过程中有突然停止现象，以及移动或旋转不均，均容易产生过热	连续加热或半圈旋转加热时，移动或旋转过程中要保证连续及均匀加热淬火，防止突然停断和加热不均匀

（续）

缺陷名称	缺　陷	对　策
局部烧熔麻点	感应器与齿轮的间隙选择不合理	控制感应器与齿轮的间隙，以防因间隙过小而造成齿轮与感应器接触
	感应电流频率选择不当，容易引起过热，有时会造成齿轮的烧伤	根据齿轮的硬度和淬硬层深度要求，选用合理的感应加热频率、功率，以及加热和冷却的工艺参数
	由于绝缘程度不高，使感应器短路，造成齿轮接触熔化	做好绝缘工作，防止感应器短路
	由于感应器中冷却水流速不足或输入功率太大，造成齿轮感应熔化	加大感应器内供水量，或适当降低输入功率，以防止齿轮感应熔化
	由于齿轮形状不良，或支持齿轮的胎具不合适（如齿轮与胎具间隙过大，加热时产生晃动）等，使加热齿轮变形，导致齿轮接触熔化	合理设计与制造齿轮，或选择合适的齿轮用加热胎具等，以防止齿轮接触熔化
硬化层或尖角剥落	齿轮感应淬火硬化层硬度梯度太大，或硬化层太浅，表层马氏体组织导致体积膨胀，易产生硬化层剥落	改进感应器的设计。正确调整电气参数，增加过渡层厚度。采用预热-感应淬火
	齿轮原始组织过热，晶粒与组织粗大	采用正火或调质处理等预备热处理，细化与均匀组织、晶粒；预备热处理时严格执行工艺，防止出现过热现象
	尖角过热	齿轮设计尽可能将尖角变成圆角
硬化区分布不合理及硬度低	淬硬区与非淬硬区的交接部位恰在齿轮的应力集中处，如花键轴的花键末端、齿轮的齿面与齿根的交接处等。由于这些地方存在残余拉应力峰值，同时服役中又是结构上的脆弱部位，因此容易产生断裂	采取一些措施，使齿轮的硬化区离开应力集中的危险断面 $6\sim8mm$，或对齿轮截面过渡的圆角也实施感应淬火
	感应淬火设备的功率选择不当	合理选择感应淬火设备
	齿轮用感应器设计不合理	改进齿轮感应器结构的设计
	齿轮感应加热和冷却工艺不合理	调整齿轮感应热处理工艺
	齿轮加热时功率大和加热时间长	调整齿轮感应加热电参数
	齿轮材料的淬透性过高或过低	更换齿轮制造材料，选择合适的淬透性材料，或选用合适的淬火冷却介质
	齿轮回火温度或时间选择不当	调整回火工艺参数
	齿轮淬火温度低	严格控制齿轮感应加热温度
	齿轮表面脱碳，晶粒粗大、不均匀	提高预备热处理质量，严格按要求控制原材料的成分和组织
感应淬火加热不均匀	感应器与淬火齿轮表面的间隙不均匀	将齿轮与感应器间隙调整均匀后再进行加热
	感应淬火机床心轴的同轴度差	调整淬火机床或更换心轴等，同轴度误差 $<0.05mm$
畸变超差	详见第 10 章相关内容	详见第 10 章相关内容
裂纹	详见第 10 章相关内容	详见第 10 章相关内容

9.5.7 齿轮感应热处理缺陷对策的实例

齿轮感应热处理缺陷对策的实例见表 9-60。

表 9-60 齿轮感应热处理缺陷对策的实例

齿轮技术条件	缺 陷 分 析	对 策
齿轮，45 钢，齿部高频感应淬火硬度要求 55～58HRC	1）45 钢齿轮调质处理后，再进行表面高频感应淬火。表面硬度低且不均，硬度为 31～42HRC 2）齿部高频感应淬火组织（见图 9-29）为托氏体及白色亮点、网状分布的铁素体，灰白色块状为淬火马氏体。这是由于高频感应淬火加热温度及冷却不足，致使齿轮表面硬度低且不均，出现软点	提高高频感应淬火温度及淬火冷却速度
齿轮，外径 φ115mm，齿宽 40mm，45 钢，齿面淬火硬度要求 48～55HRC	采用 60kW 高频设备，感应器尺寸 φ162mm×16mm，感应加热电参数：P_V 为 10.5～11kV，P_A 为 2.5～2.8A，G_A 为 0.4～0.6A。进行全齿同时加热，淬火结果：产生齿顶沿齿宽方向硬度不均（45～58HRC），且有软带现象。齿沟硬度部分区域≤20HRC，淬火不合格	将感应器改为 φ163～φ164mm、高 12mm 的斜椭圆状，使感应器高侧比齿宽上端低 1～2mm，对面低侧比齿宽下端高 1～2mm。在原电参数下进行加热，全齿面同时加热均匀。再配以 2～3 次的间断加热，齿顶达到 880～900℃时，齿沟达 820～850℃，淬火硬度达到要求
拖拉机用锥齿轮，45 钢，调质硬度要求 25～30HRC，齿部感应淬火硬度要求 40～50HRC	齿坯经调质处理后进行铣齿，然后对齿部进行高频感应淬火，感应器采用圆柱形。经感应淬火处理后齿轮表面硬度不均，不能满足技术要求	1）在 100kW 盐浴炉中进行调质处理，测得硬度均在 25～30HRC 2）用 GP100 型高频电炉，采用同时加热、喷水冷却方式进行淬火。感应器设计为锥形，感应器与齿部大端之间间隙为 2mm 3）高频加热频率为 250kHz，阳极电压为 11～13kV，阳极电流为 4～5A，栅极电流为 1～1.5A，加热时间为 5～6s；220℃ 回火，齿部表面硬度合格，且均匀
工程机械变速器传动大齿圈，外径 690mm，内径 455mm，齿宽 115mm，模数 12mm，齿数 55，42CrMo 钢，技术要求：调质后的心部硬度 229～277HBW，中频感应淬火后齿面与齿根硬度分别为 56～63HRC 和≥45HRC，齿面与齿根淬硬层深分别为 2.5～3.0mm 和 1.5～2.5mm	1）齿轮在使用过程中，出现齿面剥落、点蚀及打齿等现象。经检验发现，齿面硬度不均。齿根硬度有时偏低，导致齿部强度不够；有时偏高，导致齿根与齿面出现微裂纹，最终造成上述现象的发生 2）对于 42CrMo 钢（属于中等淬透性钢），淬火冷却介质一般选择 L-AN32 全损耗系统用油或好富顿 G 淬火油。但因中频加热时间短（约 30s），加热速度快，温度高（约 860℃），采用单齿齿面、沿齿沟加热淬火方式，油淬时未达到工艺要求有关	1）改进淬火冷却介质，选用 w（AQ225）8%～10% 水溶液时，可达到工艺要求 2）采用 GCLWS-1200 型卧式单齿淬火机床。其输出直流电压 180V、直流电流 170A、功率 30kW。当感应器的行走速度为 F500（子程序 220.500F500），距离齿面为 X3.4（子程序 G04X3.5）时，齿面、齿根的淬火工艺性能达到最佳。检验结果均合格

（续）

齿轮技术条件	缺 陷 分 析	对　策
齿轮，45 钢，齿部要求高频感应淬火处理	45 钢齿轮（调质后）进行高频感应淬火后，齿轮表面淬火组织产生过热，如图 9-30 所示，其基体为成排分布的粗大中碳钢淬火马氏体组织。这是由于高频加热温度过高，致使奥氏体晶粒迅速长大，淬火后得到成排分布的粗大针状马氏体，其为过热组织	调整高频感应淬火工艺参数，降低感应淬火温度
电力机车牵引从动齿轮，42CrMo 钢，预备调质处理，最终进行中频感应淬火	1）从动齿轮端面齿底处有裂纹，其已正常运行 30km。经分析，裂纹所在轮齿的感应淬火入端产生了严重的欠热现象，导致齿底部产生了回火软化和附加拉应力，严重降低了齿底部疲劳极限，从而在运行中萌生疲劳裂纹，并产生了疲劳扩展 2）距感应淬火入端 17mm 的横截面经抛光，侵蚀后的宏观形貌如下： 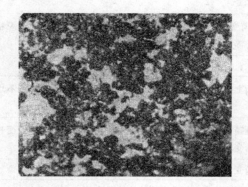	1）调整感应器与齿底间隙，避免出现感应加热过程中的间隙差异 2）适当增加感应器在入端停留时间，消除尖角效应，将齿端面与齿面过渡处倒成一个大的钝角

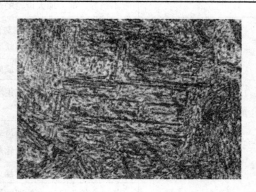

图 9-29　45 钢齿轮齿部高频感应淬火组织　500 ×　　　图 9-30　45 钢齿轮高频感应淬火过热组织　500 ×

第10章 齿轮的热处理畸变、裂纹与控制技术

齿轮热处理畸变有两种类型：其一是尺寸的变化，这是由于热处理后材料的体积发生变化，是热处理，尤其是相变热处理所必然产生的结果；另一种是齿轮几何形状的变化，其主要是由于热处理加热和淬火时发生的热应力和相变应力引起的，它可以通过各种技术加以改善。

10.1 影响齿轮热处理畸变的因素

影响齿轮热处理畸变的因素见表10-1。

表10-1 影响齿轮热处理畸变的因素

影响畸变因素	畸变原因
钢中碳含量	碳含量对齿轮淬火时翘曲畸变和体积畸变的影响最大
钢中合金元素	钢中合金元素对齿轮的畸变影响很大，如合金元素 C、Mn、Ni、Cr、Mo 等增大淬透性，增加畸变倾向；而合金元素如 Cr、Mn、Mo、Si、Ni、Ti 等，可减小畸变
钢的淬透性	钢材淬透性越高，淬火畸变越大；淬透性越低，淬火畸变也就越小
齿轮形状、截面尺寸	齿轮设计的形状不对称，截面均匀性差；齿轮设计的轮辐刚度差；齿轮设计的工艺孔位置不当等，都会加大齿轮的热处理畸变
钢的原始组织	钢的显微组织不均匀性对热处理畸变影响很大。此外，钢中显微组织不均匀，组织粗大，存在较大的偏析、网状组织等，淬火后畸变加大
	由于带状组织和偏析等缺陷的存在，成为导致齿轮畸变的重要因素之一
	钢锭的宏观偏析常造成钢料横截面上的方形偏析，这种偏析往往造成圆盘形齿轮的不均匀淬火畸变
	正方形连铸坯形生产的齿轮热处理畸变均匀；长方形连铸坯形生产的齿轮热处理畸变具有明显的方向性，其对齿轮热处理畸变影响很大
	本质晶粒度越细，齿轮淬火后的畸变量越小
	如果齿轮毛坯正火处理的原始组织不均，将会导致齿轮的热处理畸变
锻造	充分锻造有助于减小畸变。特别是锻造后形成合理的金属流线结构，能够降低热处理畸变。合理的锻造还可以使锻坯减少偏析，均匀组织，改善带状组织，从而有利于减小热处理畸变
	金属未充满模腔时会造成最终热处理畸变不一致
	齿轮毛坯锻造时，因高温加热、变形度不均和终锻温度较高，将使齿轮热处理畸变增大
毛坯预备热处理	齿轮毛坯预备热处理能够减小最终热处理畸变。采用普通正火时，热处理畸变相对等温正火要大
	齿轮毛坯在淬火前经过调质处理，淬火后畸变的规律性强，绝对畸变量会有所减小

（续）

影响畸变因素		畸变原因
残余应力		齿轮的机械加工可造成容易引起金属畸变的应力，在齿轮加热过程中，不仅会产生热应力引起的畸变，而且也会产生释放内应力引起的畸变
淬火加热过程		较大直径或厚度的齿轮在加热温度下可能产生最大应力，从而引起较大畸变
		许多生产情况下装夹的齿轮，在入炉初期，其各部位存在的温差较大，所产生的热应力足以使首先达到高温的部位发生塑变而引起局部畸变
		加热不均匀（包括快速加热）对细长轴齿轮和薄片状齿轮的翘曲畸变影响特别大
		一般情况下，加热不均匀（如用加热元件直射加热时），齿轮内部温度高的一侧，在冷却后往往显现凹陷并产生弯曲畸变
		加热速度将直接影响加热过程中热应力的形成，并由此引起齿轮畸变
冷却	淬火冷却速度与淬火冷却介质	冷却能力越大，淬冷烈度 H 越强，齿轮内外（或厚薄不同处）温差越大，由此产生的应力越大
		畸变与淬火冷却介质的种类、冷却性能、淬硬性等有关
	冷却不均	齿轮结构引起的畸变，齿轮装夹引起的畸变，淬火冷却介质特性引起的畸变
	淬火冷却介质温度	一般情况下，适当提高淬火冷却介质（如淬火油）温度时，齿轮热处理畸变减小
淬火操作	齿轮装夹及支承方式	在齿轮装炉时，装夹及吊挂方式、吊具及其支承方式，对齿轮的畸变也有很大关系。特别是内径、外径都比较大的薄壁环形齿轮，除了内径、外径胀缩外，往往圆度还会超差。如果装炉不当，极易产生较大的高温蠕变，同时在淬火时会影响淬火冷却介质的流动和齿轮冷却的均匀性，从而影响畸变量和畸变的均匀性
	淬火加热温度及加热均匀性	淬火加热温度对翘曲畸变的影响程度要远超过对体积畸变的影响程度。提高淬火温度一般均使齿轮畸变增大
		加热不均匀引起的畸变
	重复淬火	对于热处理质量超差的齿轮，在返修过程中，如果重复淬火时，畸变量将随着淬火次数的增加而叠加
	淬火冷却的影响	齿轮的冷却速度大，同时还发生体积膨胀，如果冷却不均匀必将造成更大的畸变
		双介质淬火或分级淬火在第一介质中停留时间长；淬火冷却介质流动性过强，对齿轮产生了冲击等因素，均会对齿轮热处理畸变产生一定的影响
	操作因素	这往往同操作过程中违反工艺规定有关。例如齿轮在出炉过程中彼此相互挤撞；出炉时齿轮与炉膛、炉体、炉门或其他硬物撞击等，均会造成齿轮畸变；在齿轮出炉淬火时，操作不平稳，晃动大，将增加齿轮畸变，尤其对细长齿轮轴、薄片形齿轮影响更大
回火、冷处理及时效处理	回火	回火对齿轮的尺寸变化主要是由于组织转变而引起的
	冷处理	对于合金元素含量较高或精密齿轮，一般进行零下温度的冷处理，使残留奥氏体进一步转变为马氏体，因而显现尺寸增大的畸变趋势。淬火温度越高，冷处理后显现的尺寸膨胀也越大
	时效处理	齿轮淬火组织中，残留奥氏体数量是引起时效畸变的主要原因。自然时效过程中由于氢的逸出，应力松弛，而伴随着应力的松弛释放，可能引起极少量残留奥氏体的相变

10.2　齿轮的整体热处理畸变控制技术

10.2.1　轴类齿轮的热处理畸变控制技术

在细长轴类齿轮（如细长齿轮轴、蜗杆、齿条等）淬火、回火过程中，常常发生弯曲或翘曲畸变，这是最常见的热处理畸变。

1. 轴类齿轮的热处理畸变影响因素及其控制措施

（1）轴类齿轮的热处理畸变影响因素及其控制措施（见表 10-2）

表 10-2　轴类齿轮的热处理畸变影响因素及其控制措施

影 响 因 素	对 策
轴的单面上有不对称的短键槽，这将会影响轴类齿轮的整体冷却速度，引起轴类齿轮弯曲畸变，其畸变特征是实际轴线与理论轴线的偏差，还有齿形偏差、齿向偏差以及径向圆跳动偏差等，这些偏差是影响轴类齿轮畸变的主要因素。对于单面上有轮齿的齿条（见图 10-1）和齿套（见图 10-2），由于有齿的一面冷却速度快，其翘曲畸变是向有齿的一面（图 10-1、10-2 中虚线）凸出 同时，还有以下影响轴类齿轮热处理畸变的因素： 1）加热时如果轴的两侧受热不均匀，受热快的一面胀大得多，先凸起来，产生塑性畸变，使受热快的一面凹入 2）大多数轴类件在热处理前没有消除应力。因此，将会造成轴类件加热时的翘曲畸变 3）轴类件若在装炉时放置不当，例如平放，在高温状态下发生高温蠕变，将会因自重作用而下垂，产生弯曲或翘曲畸变	齿轮轴的截面形状设计应尽量均匀对称，必要时，可开工艺槽
	反向压弯方法。根据轴的热处理畸变规律，可在淬火前预加一个应力，即在轴弯曲方向的反向压弯，以补偿淬火后所产生的弯曲畸变。这种方法适用于截面明显不均匀、畸变严重的轴类件
	淬火前消除应力。对于精密齿轮轴，在淬火前进行一次消除应力处理，以减小加热时产生的弯曲畸变
	静态淬火法。要求淬火冷却介质温度均匀，并且在淬火前保持淬火冷却介质处于静止状态
	采用专用淬火夹具淬火。在齿轮轴出炉淬火时，采用专用夹具，以保证其垂直淬火
	采用齿条专用淬火机床，如 GCQK1460 型汽车（转向器）齿条专用淬火机床，淬火后的齿条畸变量（径向圆跳动量）≤0.4mm

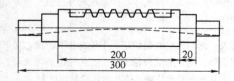

图 10-1　齿条淬火后畸变情况
——热处理前　－－－热处理后

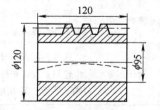

图 10-2　齿套淬火后畸变情况
——热处理前　－－－热处理后

（2）轴类齿轮热处理畸变控制的实例（见表 10-3）

2. 中碳钢和中碳合金钢带键槽齿轮轴的热处理畸变与控制

中碳钢和中碳合金钢带键槽齿轮轴的热处理畸变与控制见表 10-4。

表 10-3　轴类齿轮热处理畸变控制的实例

齿轮技术条件	热处理工艺	畸变控制
机床用齿条，模数为 2mm，齿数为 12，40Cr 钢，调质硬度要求 18～22HRC 	调质淬火加热 850℃ × 30s/mm，入油淬火；高温回火 650℃ × 2h；补充回火 430℃ × (4～6) h，空冷	铣齿后 Δab 值达到 0.006～0.010mm，满足了齿条较高精度的要求
齿条，T10A 钢，硬度要求 ≥55HRC，齿条畸变要求 ≤0.25mm 	将齿条在盐浴炉中垂直加热 810℃ × 7min→硝盐炉冷却 (160～18)℃ × (5～6) s→迅速淬入水中 1min 左右→取出放在平台检查畸变	大部分齿条畸变合格。畸变超差齿条经回火后采用高频加热进行热点校，即可达到技术要求
矿用 4m³ 电铲设备上用齿条，ZG35Cr1Mo 钢，调质硬度要求 210～255HBW 	对齿条进行调质处理	将两个齿条背靠背一起定位焊在一起。再进行调质处理，然后将点焊分开，齿条畸变量符合技术要求

表 10-4　中碳钢和中碳合金钢带键槽齿轮轴的热处理畸变与控制

技 术 条 件	热 处 理 工 艺	畸 变 控 制
齿轮轴，40Cr 钢，齿面硬度要求 40～45HRC 	齿轮轴在 830℃ 加热，油冷	热处理前键槽宽为 5mm，淬火后胀大 0.05mm 左右
齿轮轴，40Cr 钢，齿面硬度要求 45～50HRC 	齿轮轴在 830℃ 加热，油冷，中温回火。淬火前，螺纹与 $\phi22$mm 外圆处用石棉绳包扎后再进行加热及冷却	热处理前键槽宽 5mm，淬火后胀大 0.020～0.025mm

（续）

技　术　条　件	热处理工艺	畸　变　控　制
带键齿轮轴，要求淬火处理 保护涂料	采用涂覆保护涂料淬火法控制畸变。在细长轴淬火冷却快的键槽部位涂覆保护涂料	先将耐火泥或耐火石棉与水玻璃均匀混合，然后涂覆在键槽口上，待自然阴干后，装入加热炉中随炉缓慢升温

10.2.2　环、套类齿轮的热处理畸变控制技术

　　环、套类齿轮在整体热处理淬火过程中，外表面冷却较快，而内孔处于淬火冷却介质对流不充分的缓冷状态，由此引起热处理应力和淬硬层分布不均匀，致使有较大的淬火畸变。主要畸变方式表现在圆度畸变和出现锥度，还有齿形、齿向等畸变。环、套类齿轮的畸变与钢材、齿轮尺寸、热处理规范等因素有关。

　　中碳钢和中碳低合金钢环、套类齿轮热处理畸变控制的实例见表10-5。

表 10-5　中碳钢和中碳低合金钢环、套类齿轮热处理畸变控制的实例

齿轮技术条件	热处理工艺	畸　变　控　制
小齿轮，45钢，淬火硬度要求40~45HRC ——热处理前　---- 热处理后	齿轮在810℃加热，水淬（1.5~2）s后转入油冷	畸变检测，内孔（φ25mm）为0.12~0.14mm，外圆（φ57mm）为0.14~0.16mm，高度（16mm）为-0.04~-0.02mm
油泵齿轮，45钢，硬度要求40~50HRC ——热处理前　---- 热处理后	齿轮在840℃加热，200℃硝盐淬火，空冷，未回火	内孔（φ18mm）为-0.07~-0.05mm，齿轮外径（φ54mm）缩小很多，键槽处收缩，其他部分基本无变化
小齿轮，40Cr钢，淬火回火后硬度要求40~45HRC ——热处理前　---- 热处理后	齿轮在830℃加热，160℃硝盐淬火，400℃回火	外圆（φ40mm）为0.005~0.01mm，内孔（φ15mm）为0.01mm，高度（15mm）为0.005~0.02mm

（续）

齿轮技术条件	热处理工艺	畸变控制
油泵齿轮，40Cr 钢，淬火硬度要求 40 ~ 45HRC ——热处理前　----热处理后	齿轮在 830℃ 加热，油中淬火	内孔（ϕ25mm）为 0.05 ~ 0.07mm（圆度畸变），键槽（6mm）为 0.02 ~ 0.04mm，高度（27mm）为 0.025 ~ 0.03mm
工程机械用内齿圈，40Cr 钢，调质硬度要求 229 ~ 285HBW，金相组织 ≤4 级，ϕ361mm 和 ϕ95mm 处尺寸调质后分别控制在 $\phi 361^{+0.40}_{-0.40}$ 和 $\phi 95^{+0.30}_{-0.30}$mm	预热 650℃ × 20min → 加热 840℃ × 2.5h → 出炉后内齿圈侧立垂直浸入 w（PAG）为 7% ~ 9% 的水溶液中冷却至 100℃ 左右取出 → 回火 580℃ × 3h → 出炉水冷	调质硬度 237 ~ 263HBW，金相组织 3 级。调质后内齿圈（ϕ361mm）径向畸变量为 0.20 ~ 0.40mm，圆度误差 0.01 ~ 0.05mm；ϕ95mm 处胀大量 0.18 ~ 0.33mm，圆度误差 0.01 ~ 0.04mm，均符合技术要求，合格率 96.2%
盘形锥齿轮，45 钢，要求齿部淬火回火后硬度 45 ~ 55HRC，齿圈跳动量 ≤0.10mm，齿轮底面跳动量 ≤0.05mm 1—螺母　2—压紧套　3—锥齿轮　4—定位工装	1）加工流程：锻造 → 正火 → 制坯 → 铣齿 → 齿部淬火、回火 → 修孔 → 拉键 → 成品 2）以齿轮中心孔定位，定位工装、压紧套用螺母见左图	齿轮齿部淬火后，硬度合格，齿圈跳动量 <0.10mm，齿轮底面跳动量 <0.05mm，满足图样技术要求

10.3　齿轮的化学热处理畸变与控制技术

齿轮的化学热处理主要包括渗碳、渗氮、氮碳共渗、碳氮共渗等。在化学热处理过程中，由于诸多原因的影响而产生不同程度的热处理畸变。对此，应进行具体分析，找出影响畸变的主要原因，并采取相应措施与方法控制并减少畸变。

10.3.1　齿轮的渗碳（碳氮共渗）热处理畸变与控制技术

通过渗碳齿轮的热处理畸变试验，掌握畸变规律，采取减小畸变的方法与措施，使其热处理畸变能够稳定在一定的尺寸范围，并预先考虑因畸变而需要修正机械加工的余量（公差范围）。通过冷、热加工配合，减小与控制齿轮的渗碳热处理畸变，最终使齿轮达到热处理畸变要求。

渗碳齿轮的畸变规律和大小取决于渗碳钢的化学成分、渗碳层深度，同时与齿轮的几何形状和尺寸，以及渗碳中制定的热处理工艺参数等有关。

齿轮公法线变动量的大小是考核齿轮运动精度的一项重要指标，通过对公法线长度的测量，可以看出齿轮在热处理过程中的胀缩规律，反映齿形的变化。

1. 齿轮的渗碳热处理畸变控制技术

齿轮渗碳时畸变的主要表现形式有两种：一是收缩或胀大畸变；二是不对称齿轮渗碳后的弯曲、圆度畸变等。齿轮的渗碳热处理畸变形式见表10-6。

表10-6　齿轮的渗碳热处理畸变形式

齿轮种类	齿轮参数变化	热处理畸变趋势
直齿圆柱齿轮	直径变化	盘形齿轮的齿顶圆直径一般胀大，轴类齿轮齿顶圆直径一般缩小
	齿顶圆及内孔的不均匀变化	由于齿轮材料质量不均匀、几何形状不均匀及加工不当，热处理时引起不均匀胀缩，从而形成圆度畸变
	平面翘曲及齿圈锥度	外径较大的盘形齿轮，其端面容易产生翘曲畸变，齿圈形成锥度
	轮齿尺寸变化	靠近两端面处齿厚胀大得较多，齿宽中部呈凹形
齿轮轴	轴向变化	由于材料、几何形状及工艺等原因造成齿轮弯曲畸变
锥齿轮	齿轮端面及内孔畸变	端面翘曲，内孔呈圆度畸变
弧齿锥齿轮	螺旋角变化	螺旋角变小，斜齿盘齿轮角度变化较大；斜齿轴齿轮角度变化较小；弧齿锥齿圈、锥齿轮、主动齿轮角度改变较大
带内花键齿轮	内孔胀缩	低合金钢齿轮渗碳后，内孔一般缩小；钢材淬透性越高，渗层越厚，则收缩越大；内孔经防渗处理的齿轮微胀；40Cr钢浅层碳氮共渗淬火后，内孔一般胀大
	内孔锥度	一般截面较小处，内孔收缩较大；截面较厚处，内孔收缩较小或微胀

2. 控制与减小齿轮渗碳热处理畸变的措施

渗碳齿轮热处理畸变包括由体积变化引起的畸变和由应力引起的畸变两类。体积变化引起的畸变是不可避免的，但却有规律性。而应力引起的畸变虽然是复杂的，但也是可以减小和控制的。

从零件机能方面可将齿轮分为两种：一是以热处理畸变的绝对值为控制指标的锥齿轮和内花键齿轮等，从磨削工序的加工成本和方法等考虑，应控制绝对畸变量；二是以齿厚、齿形、螺旋角等热处理畸变的偏差为主要控制指标的齿轮，从对齿轮强度和噪声方面影响来看，应控制齿厚尺寸（包括齿厚偏差）、齿形、齿向偏差、齿槽偏差及轮毂宽度的畸变量。要掌握热处理畸变规律，并据此确定机械加工尺寸与公差。

（1）控制与减小齿轮渗碳热处理畸变的措施与方法（见表10-7）

表10-7　控制与减小齿轮渗碳热处理畸变的措施与方法

措施与方法	内容与举例
合理选择渗碳齿轮用钢	低碳钢渗碳齿轮，特别是截面尺寸大的高精度齿轮，应尽量选用低碳合金钢来制造
	1）优先采用保证淬透性钢（在GB/T 5216—2004中有24种钢材牌号），淬透性带宽≤7HRC。同时，对精度要求较高的渗碳齿轮，同一批材料淬透性带宽分散度要控制在4HRC以内
	2）根据齿轮类别选用不同的淬透性带宽。对选定的钢材，应合理选用淬透性区间，对轻载、小模数齿轮应选用HL下区（下2/3带），而对重载、大模数齿轮则应选用HH上区（上2/3带）

（续）

措施与方法	内容与举例
合理的装夹和装炉方式	对于薄片形齿轮采用横梁成串装夹方式（见图 a），可减少其偏摆翘曲，减少齿轮公法线偏差。而平放装炉方式适用于质量较大、内孔圆度要求高的齿轮，如图 b 中齿轮采用平放装炉加热与淬火时畸变较小 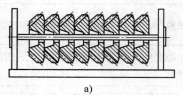 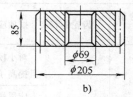 a)　　　　　　　　　　b) 平放齿轮采用专用夹具（包括垫块、支承环、补偿垫圈等）时，畸变控制效果更佳，如图 c 所示。图 d 为齿轮叠加装夹时所采用的工装。齿轮在夹具上单层放置时，其热处理畸变更小 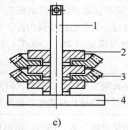 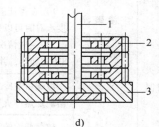 c)　　　　　　　　　　d) 1—吊杆　2—垫块　3—齿轮　4—托盘　　　1—吊杆　2—齿轮　3—托盘 齿轮轴采用图 e 所示的竖直装夹工装时，可以最大限度地减少齿轮轴的轴颈弯曲畸变 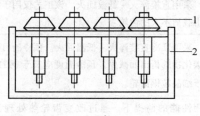 e) 1—齿轮轴　2—夹具
采用补偿夹具	1) 补偿垫圈适合于局部薄壁结构的齿轮，能够减少孔的锥度。图 f 为支承垫圈使用情况 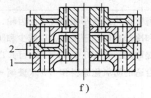 f) 1—支承垫圈　2—齿轮 2) 齿轮内花键孔热处理后出现锥度，在截面较小处加补偿垫圈可减小齿轮畸变的不均匀性

对一些内花键或内孔收缩的齿轮，可采取在渗碳后加芯轴淬火方法，通过控制芯轴与花键、内径的间隙，从而控制齿轮畸变。通过试验优选出最适合的芯轴直径。一般是芯轴直径越粗大，内孔收缩的倾向越小，孔的锥度也明显减小。芯轴可采用低碳钢，一般为圆柱形时与内孔有 2mm 左右间隙为宜

（续）

措施与方法		内容与举例
合理调节淬火油循环流量		合理调节淬火油循环流量，以达到均匀冷却的目的，减少了热应力，即相应减小了齿轮热处理畸变
合理的吊装摆放		齿轮的装夹、摆放应力求使齿轮加热和冷却均匀，以减小畸变或确保畸变的规律性
渗碳淬火工艺的控制与选择	渗碳淬火工艺的控制	对小模数齿轮可以采用碳氮共渗工艺取代高温渗碳工艺，不仅减小了热处理畸变，而且提高了齿轮的耐磨性能
		应尽量缩短渗碳周期，可根据齿轮使用的具体要求，选择下限渗碳层深度
		渗碳齿轮的表面碳含量根据选用的材料及技术要求可在 $w(C)$ 为 0.85% ~ 1.00% 范围进行合理选择。适当增加渗层中残留奥氏体量，会减小体积效应
		1）在保证渗层不产生非马氏体组织和保证齿轮硬度的前提下，尽量选择下限淬火温度。有时可以采用亚温淬火，可有效减小齿轮公法线及内孔、平面的畸变
		2）一般情况下，低碳钢淬火加热温度选择 780 ~ 800℃，较薄截面的齿轮在 810 ~ 830℃加热，并进行硝盐浴冷却
		渗碳后空冷二次加热淬火比直接淬火畸变量要大。对此，可采取快速加热淬火（如盐浴炉加热淬火）及感应、火焰淬火，对一些薄片结构的锥齿轮采用压床淬火
		较薄截面的渗碳齿轮采用热油与硝盐分级淬火；同时，用硝盐分级淬火得到马氏体 + 贝氏体复相组织，可减小组织应力与畸变
		应保证渗碳温度、渗碳气氛及渗层的均匀性
	渗碳后热处理工艺的选择	采用直接淬火 + 低温回火。该工艺仅用于本质细晶粒钢，多用于处理畸变小和承受冲击载荷不大的齿轮
		采用预冷直接淬火 + 低温回火。预冷的目的是减少淬火畸变，使表面的残留奥氏体因碳化物的析出而减少。预冷温度应高于钢的 Ar_3，以防止心部析出铁素体。该工艺多用于细晶粒钢齿轮
改变热处理工艺		在不改变使用性能的前提下，通过改变齿轮热处理工艺，可解决齿轮畸变问题。例如，采用 12CrNi3A 钢制造的齿轮，经渗碳→缓冷→高温回火→淬火→低温回火后，齿轮热处理畸变较大，改用 25Cr2MoV 钢进行渗氮处理后，解决了齿轮畸变问题
预加反向畸变方法		根据齿轮热处理后畸变规律，热处理前施以与热处理后畸变反向变形方法，以达到减少齿轮热处理畸变的目的
涂覆隔热涂料方法		对于复杂齿轮、薄壁齿轮或壁厚相差过大的齿轮，可采用隔热涂料涂覆在齿轮的薄壁或拐角处，使齿轮各部位的加热和冷却速度趋于接近，以减少和防止畸变和开裂。可采取两种涂料填料，一种是从火力发电厂煤渣中提取的，具有 0.1mm（150 目）以下空心玻璃微珠；另一种是 $\phi2 ~ \phi4mm$ 硅酸铝纤维。通过试验选择合适的防氧化涂料和 1/3 水玻璃 + 浆糊做黏结剂 举例： 1）图 g 为一种舰船用大型齿轮，渗碳淬火后齿轮中部出现向上挠曲畸变（图 g 中虚线所示），采用齿轮下部涂覆适当厚度的空心玻璃微珠或硅酸铝纤维涂料，然后再进行淬火 2）对于图 h 所示的齿轮，淬火后薄壁 A 端轴孔处产生较大喇叭状畸变。采用硅酸铝纤维涂料涂覆后，畸变问题得到了解决。由于该工件形状较为简单，甚至只需将硅酸铝纤维毡用细铁丝捆在齿轮 A 部，即可达到减小畸变的目的

（续）

措施与方法	内容与举例
涂覆隔热 涂料方法	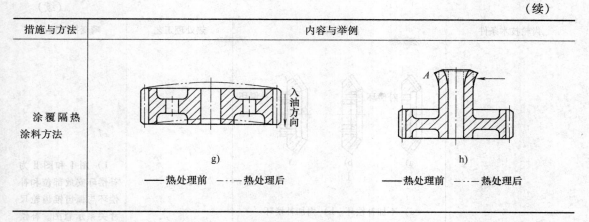 g)　　　　　　　　　　　　　　　h) ——热处理前　––––热处理后　　　——热处理前　––––热处理后

（2）控制与减小齿轮渗碳热处理畸变措施的实例（见表 10-8）

表 10-8　控制与减小齿轮渗碳热处理畸变措施的实例

齿轮技术条件	齿轮简图	热处理工艺	畸变控制情况
摩托车发动机变速器主轴齿轮，20CrMo 钢，技术要求：碳氮共渗层深 0.5~0.7mm，表面与心部硬度分别为 78~83HRA 和 25~45HRC	（齿轮轴简图：$\phi 8$，$\phi 20$，17，$\phi 9$，169）	齿轮轴加工流程：下料→镦粗→冷挤压→钻孔→车外圆→滚齿→碳氮共渗→研磨中心孔→矫直→磨外圆→珩齿	使用温度为 120℃ 的 No1189 分级淬火油，碳氮共渗温度 830℃，淬火温度 810℃。使主轴齿轮齿向跳动量控制在 0.005~0.06mm，达到产品技术要求
齿轮（见图 a），要求渗碳淬火	a)（$\phi 190$，36，15，$\phi 133$，$\phi 224$） b)（$\phi 133$，$\phi 188$，25）	渗碳、淬火处理	采用补偿环（见图 b）后，渗碳淬火后的畸变量大为减小，全部畸变都能满足要求
薄壁齿轮（见图 a），要求渗碳淬火	a)　　　b)（标注 1、2） 1—补偿套　2—齿轮	渗碳淬火处理	用补偿套塞进内孔并使其保持一个较小的间隙，可有效地抑制齿轮内孔及齿面的畸变

（续）

齿轮技术条件	齿轮简图	热处理工艺	畸变控制情况
弧齿锥齿轮（见图Ⅰa），要求渗碳淬火	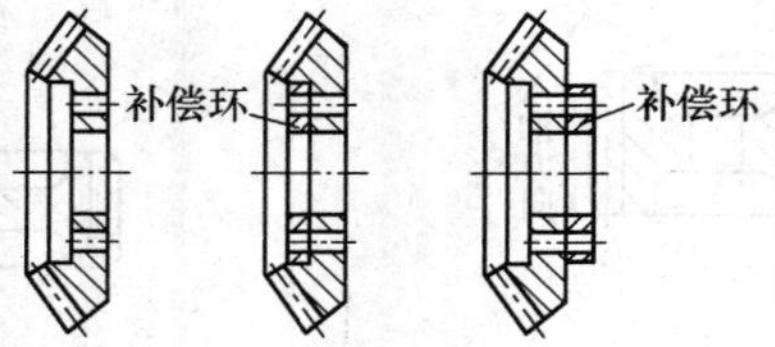 a）不加补偿环 b）内加补偿环 c）外加补偿环 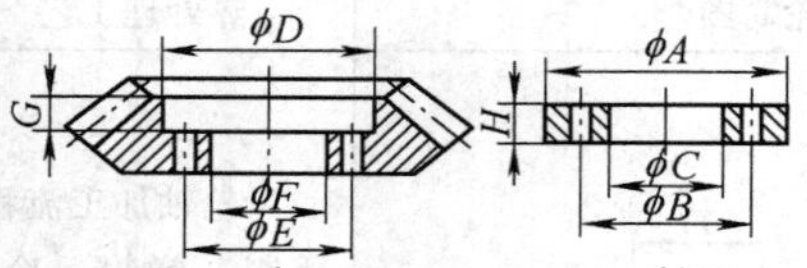 Ⅰ） Ⅱ） a）弧齿锥齿轮 b）补偿环	渗碳淬火	1）图Ⅰ和图Ⅱ为补偿环安放部位和补偿环与弧齿锥齿轮尺寸关系示意图。补偿环适用尺寸：$A=D+30\text{mm}$，$B=E$，$C=F$，$H\approx G\pm（0\sim4）\text{mm}$ 2）采用图Ⅱb所示补偿环后，齿轮畸变减小
锥齿轮，20CrMnTi 钢，要求渗碳淬火	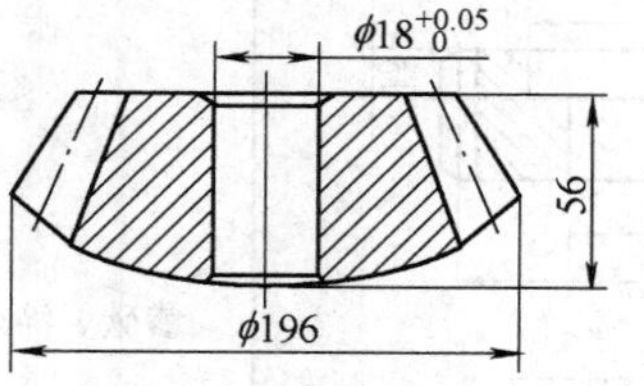	渗碳淬火	热处理前齿轮内孔（$\phi18.7\text{mm}$）塞入芯轴（$\phi17.79\text{mm}$），渗碳淬火后，内孔尺寸为 $\phi18^{+0.030}_{+0.045}\text{mm}$，符合产品技术要求
齿轮，要求渗碳淬火	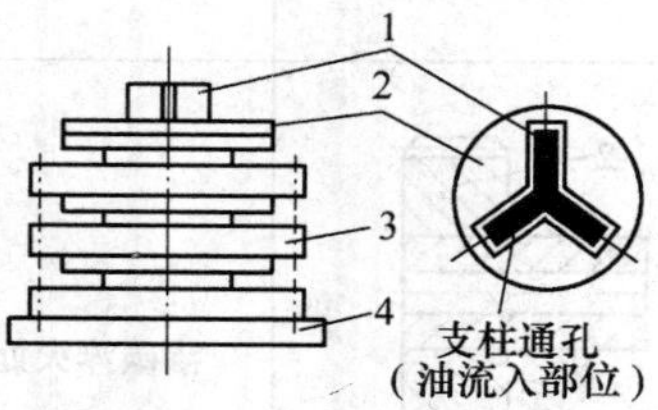 1—支柱 2—盖板 3—齿轮 4—托盘	1）齿轮进行渗碳淬火 2）左图为渗碳夹具安装图和盖板使用情况	1）在齿轮淬火时，外缘应比内缘多5倍左右的淬火油流量才能达到热平衡 2）通过使用盖板，调整淬火时流入齿轮内孔的油量，减小了锥度畸变和圆度畸变，淬火畸变的合格率达到93%

（续）

齿轮技术条件	齿轮简图	热处理工艺	畸变控制情况
主减速齿轮（见右图），20CrMo 钢，渗碳淬火有效硬化层深度 0.5 ~ 0.7mm，ϕ108mm 内孔畸变量要求 ≤ 0.03mm，端面 B 畸变量 ≤ 0.05mm		渗碳（920 ± 10）℃ × 50min，强渗期碳势 w（C） 1.08%；扩散期碳势 w（C） 1.08%，时间 30 ~ 120min；降温及预冷淬火时碳势 w（C） 0.85%，830℃ × 20min 出炉在德润宝 729 分级淬火油中淬火	将平放装炉改为等分三点支撑方式；降低渗碳温度至 880℃；提高淬火油温度至 130℃；齿轮内孔及端面畸变合格率 100%
154t 电动轮自卸车大行星齿轮，20Cr2Ni4A 钢，技术要求：渗碳层深度 1.9 ~ 2.3mm，齿面硬度 58 ~ 63HRC，心部及其他表面硬度 35 ~ 45HRC，端面平面度误差 ≤ 0.6mm		1）齿轮进行渗碳淬火 2）左图为行星齿轮渗碳淬火的装挂方式，图 a 为改进前，图 b 为改进后	按左图 b 所示方法，在两齿轮之间加一个垫圈，增大间隔，使齿轮两面冷却速度接近一致，渗碳后直接淬火，使端面平面度误差缩小到 0.4mm 以下，结果畸变大大降低
齿轮（见图 a），要求渗碳淬火	1—螺栓　2—垫铁　3—齿轮	1）齿轮进行渗碳淬火 2）左图为不对称齿轮采用组合一体式示意图	用螺栓和螺母连接、压紧，使其成为对称体（见图 b），改善其工艺性。这样一来热处理过程中本来产生的偏置应力可相互抵消，以达到减小畸变的目的
铣床传动机构用弧齿锥齿轮（见右图），20Cr 钢，技术要求：渗碳层深度 0.5 ~ 0.7mm，齿圈跳动量 ≤ 0.04mm，齿距累计偏差 ≤ 0.032mm（齿轮模数 3.63mm，齿数 15，精度 7 级）		860℃ × 170min 渗碳，820℃ × 0.5h 出炉坑冷；820℃ × 6min 盐浴炉加热油冷；180℃ × 2h 回火	采用 120℃ 热油进行淬火冷却。齿轮畸变量明显减小（齿圈圆跳动量 0.015 ~ 0.04mm，齿距累计偏差 0.025 ~ 0.05mm），满足了技术要求

3. 环形齿轮（盘形齿轮、齿圈）的渗碳热处理畸变控制技术

由于环形齿轮（盘形齿轮、齿圈）形状特点，对于外径与内径较小而外径与厚度相差悬殊的盘形齿轮，渗碳畸变主要表现在安装端面的翘曲畸变，而对于齿圈渗碳畸变主要表现在圆度畸变、锥度畸变。

对于盘形齿轮，直径越大，轮辐越薄，畸变就越严重。盘形齿轮的畸变主要表现为椭圆状、端面翘曲。

齿圈在淬火过程中，由于其内部缺少支撑、热容量小、淬火面积大等，所以易造成大的形状和尺寸的变化，增大了机械加工的难度和后续的磨削量。

对于内齿圈，其内外径比 >1/2，壁较薄时，淬火容易产生圆度畸变，对此应采用碳氮共渗，降低加热温度；装炉时应防止因齿圈放置不平、倾斜等因素而造成的畸变。应避免重叠堆放，减少重力影响。齿圈间应有间距，确保周围冷却均匀；采用内撑式淬火模具以减少内孔畸变。

（1）齿圈材料及其热处理工艺的选择　　（行星）齿圈是汽车（如轿车、载货汽车、工程车）变速器中的关键部件，其壁厚极薄且尺寸要求严格、热处理畸变难以控制。当前国内生产齿圈的主要材料与热处理工艺方法见表 10-9。一般来讲，对转速高的齿圈常选用渗碳或渗氮工艺，而对转速相对较低但载荷较大的零件，往往使用感应淬火或渗碳工艺作为最终热处理。根据使用工况的不同要求，并考虑畸变因素，齿圈最终热处理工艺方案见表 10-10。

表 10-9　国内生产齿圈的主要材料与热处理工艺方法

序号	材料牌号	材料标准	预备热处理	最终热处理
1	16MnCr5	EN 10084	等温正火	渗碳淬火
2	20MnCr5	EN 10084	等温正火	渗碳淬火
3	SCr420H	JIS G4052	等温正火	渗碳淬火或渗氮
4	SCM420H	JIS G4052	等温正火	渗碳淬火
5	SAE8620H	SAE J1268	等温正火或调质	渗碳淬火或渗氮
6	SAE 4120H	SAE J1268	等温正火	渗碳淬火
7	20CrMnTiH	GB/T 5216	等温正火	渗碳淬火
8	20CrMoH	GB/T 5216	等温正火	渗碳淬火
9	42CrMoH 或 42CrMo	GB/T 5216 或 GB/T 3077	调质	渗氮处理
10	40CrH 或 40Cr	GB/T 5216 或 GB/T 3077	调质或正火	渗氮或齿部感应淬火
11	45	GB/T 699	调质或正火	渗氮或齿部感应淬火
12	50Mn2	GB/T 3077	正火	齿部感应淬火

表 10-10　不同领域齿圈的钢材分类及最终热处理

序号	应用领域	钢材分类	最终热处理
1	乘用车	低碳合金钢	碳氮共渗或渗碳空冷 + 压淬
			气体氮碳共渗
2	载货汽车	低碳合金钢	渗碳空冷 + 压淬
		中碳合金钢	气体渗氮或气体氮碳共渗，或盐浴渗氮
3	工程车或农用机械	低碳合金钢	渗碳空冷 + 压淬
		中碳钢或中碳合金钢	齿部中频感应淬火

（2）环形齿轮（盘形齿轮、齿圈）的渗碳热处理畸变控制措施　　环形齿轮（盘形齿轮、齿圈）的渗碳热处理畸变控制措施见表 10-11。

表 10-11　环形齿轮（盘形齿轮、齿圈）的渗碳热处理畸变控制措施

控 制 措 施		内　　容
淬火压床的压力淬火		目前，大部分环形齿轮在渗碳后采用淬火压床进行压力淬火。在齿轮淬火过程中通过脉动方式反复加压、卸压，使淬火应力不断重新分布和减小，而且压力施加在齿轮不同部位，可以进一步减小畸变
其他措施	增加减重孔法	在一些情况下，采用增加减重孔法可以减少齿轮畸变
	改进工艺与装炉方式	改进工艺与装炉方式，采用增加锥形轴衬套方法，可以减少齿轮畸变
	采用装夹具淬火方法	在某些情况下，采用装夹具淬火方法可以减少齿轮热处理畸变
采用碳氮共渗工艺		采用碳氮共渗工艺降低温度，减少齿轮畸变

（3）环形齿轮（盘形齿轮、齿圈）的渗碳热处理畸变控制的实例　　环形齿轮（盘形齿轮、齿圈）的渗碳热处理畸变控制的实例见表 10-12。

表 10-12　环形齿轮（盘形齿轮、齿圈）的渗碳热处理畸变控制的实例

齿轮技术条件	齿轮简图	热处理工艺	畸变情况
轿车用行星内齿圈，SAE 8620H 钢，要求渗碳淬火，畸变较小		加工流程：锻造→等温正火→毛坯粗车→精车→插内斜齿→渗碳空冷→压淬→回火→抛丸→机械加工	设计并制造精良的加工机床夹具；淬火采用压淬方式；畸变小
环形齿轮（见图 a），模数 5mm，齿数 69，键槽宽度 20mm，SCM420 钢（相当于 20CrMo 钢），要求渗碳淬火		1）920℃渗碳，850℃出炉后油中淬火，180℃回火 2）图 a 中双点画线为环形齿轮的淬火畸变情况	在齿轮上加工出减重孔（见图 b）或容易使淬火油通过的工艺孔以改变齿轮形状，可以使热应力均匀分布，则能将畸变减小很多

（续）

齿轮技术条件	齿轮简图	热处理工艺	畸变情况
变速器传动斜齿轮（见图 a），模数 6mm，SCM420 钢（相当于 20CrMo 钢），技术要求：表面硬度 60～64HRC，渗碳层深度 1.2～1.5mm	 a) b) 1—花键　2—锥形轴衬套	1）预备热处理：锻坯退火→粗加工→调质（淬火加热 940℃×1.2min/mm；高温回火 700℃×2.4min/mm） 2）预热 750℃×40min→渗碳 900℃×6h→预冷淬火 810℃×30min→油淬，油温 150℃→回火 170℃×2h	按图 b 所示，将锥形轴衬套压入内花键孔内后，一同加热。齿轮竖装。内径收缩减小 1/2，收缩量满足了要求。外径、公法线、齿厚及齿宽的变动量和偏差变小，齿轮畸变合格
混凝土搅拌车减速器二级内齿轮（见图 a、b），20CrMnMo 钢，技术要求：内孔圆度误差≤0.20mm，渗碳层深度 0.6～0.7mm，表面硬度 55～60HRC	 a)　　　b) c)　　　d)	1）图 a、b 分别为一级内齿轮和二级内齿轮 2）齿轮加工流程：下料→锻造→正火→粗车削→精车→磨端面→滚、剃内齿→滚外花键→渗碳淬火→回火→喷丸→检验	在齿轮渗碳、淬火与回火过程中采用钢环（图 c、d 分别为一级内齿轮支撑环及二级内齿轮支撑环）支撑住内孔后，内孔圆度误差≤0.20mm，齿轮畸变合格
汽车变速器前输出齿轮（见图 a），20CrMoH 钢，技术要求：渗碳淬火有效硬化层深度 0.5～0.8mm，表面与心部硬度分别为 58～63HRC 和 28～40HRC	 a) b) 1—定位销　2—齿轮 3—支撑环　4—挡板	采用多用炉，渗碳采用丙酮＋空气，其热处理工艺流程：强渗 920℃×185min，碳势 w（C）1.05%→扩散 920℃×45min，碳势 w（C）0.90%→预冷淬火 840℃×30min→120℃×30min 油淬	在下层齿轮底端面的支撑环下加一个挡板（见图 b）后，上、下层齿轮的畸变规律基本一致，齿形与齿向畸变减小。变速器因齿轮畸变导致的噪声不合格率由 20% 以上下降到 2% 以下

（续）

齿轮技术条件	齿轮简图	热处理工艺	畸变情况
重载自卸车转向传动机构中内齿圈（见右图），20CrMnTi 钢，渗碳层深度 1.1～1.5mm，表面与心部硬度分别为 58～65HRC 和 30～45HRC，圆度误差 ≤0.5mm		碳氮共渗：强渗 870℃×6h，碳势 w（C）0.95%；扩散 870℃×2h，碳势 w（C）0.65%；预冷淬火 840℃×0.5h，碳势 w（C）0.65%，出炉缓冷。二次加热淬火：使用内撑式模具，830℃×40min，淬入 w（PM）10%～15% 水溶液中	1）热处理工艺流程：锻造→粗车加工→正火→精加工→碳氮共渗、二次加热淬火、回火 2）采用碳氮共渗与内撑式模具淬火后，内孔圆度误差为 0.13～0.30mm
工程车轮边减速器内齿圈，20CrMoH3 钢，要求渗碳淬火后畸变较小	1）等温正火硬度及调质硬度分别为 156～207HBW 和 251～283HBW 2）采用连续式渗碳炉，渗碳热处理工艺如下，渗碳：1 区 900℃×5h；2 区预渗碳（920～930）℃×4h，碳势 w（C）1.10%～1.20%；3 区强渗（920～930）℃×6h，碳势同 2 区。扩散（880～900）℃×4h。低温扩散（830～840）℃×3h，空冷 3）转底式炉加热压淬。（860～880）℃×1h，碳势 w（C）0.80%～1.00%	齿轮加工流程：锻坯→等温正火→粗车→调质→精车→拉齿→渗碳（BH 催渗渗碳）→压床淬火→产品检验	1）内齿圈畸变可以得到有效控制，90% 的齿圈跨棒距跳动量不大于 0.20mm，满足了装车要求；马氏体与残留奥氏体 2～4 级 2）在齿圈冷态校正时，利用淬火后内部奥氏体未充分转变、心部存在一定余热时校正外圆

4. 内花键齿轮的渗碳淬火畸变与控制技术

由于带内花键齿轮的结构特点，在渗碳淬火过程中齿轮内孔容易产生收缩、胀大、锥形及腰鼓形，并影响到轮齿畸变。因此，应根据齿轮的结构特点，采取相应措施进行控制。

（1）控制与减小渗碳齿轮内花键孔畸变的方法　在所有情况下，齿轮内花键孔的热处理前尺寸均应通过冷、热加工配合来确定，这是控制内花键孔畸变的基本措施。控制与减小渗碳齿轮内花键孔畸变的方法见表 10-13。

表 10-13　控制与减小渗碳齿轮内花键孔畸变的方法

措施与方法		内　　容	
冷、热加工配合控制与减小内花键孔畸变	热处理后用挤刀将键槽挤大及磨削内孔	1）加工流程：机械加工→渗碳淬火、回火→挤刀挤键槽→磨内孔 2）适用范围：适用于热处理时对畸变的控制要求不太严格、仅用小径定位的齿轮	小径定位
	热处理后用推刀精整内花键	1）加工流程：机械加工→内孔防渗→渗碳淬火、回火→清理防渗涂料→推刀精整内花键 2）适用范围：适用于工序复杂、内花键硬度较低、耐磨性差、但精度要求较高的齿轮	大径或齿侧定位

（续）

措施与方法		内　　容	
冷、热加工配合控制与减小内花键孔畸变	热处理后用推刀精整内花键	1）加工流程：机械加工→渗碳（渗碳后空冷、缓冷或再加高温回火）→齿部感应淬火→回火→推刀精整内花键 2）适用范围：省去防渗工序，但需要再次感应加热，齿轮其他方面精度也较高，内花键硬度低，耐磨性差	大径或齿侧定位
	渗碳后再加热，塞入芯轴淬火	1）加工流程：机械加工→渗碳（渗碳后空冷、缓冷或再加高温回火）→再加热后塞入芯轴淬火→回火 2）适用范围：适用于淬火时内孔收缩的齿轮，尤其是渗碳齿轮	
	热处理后用挤刀挤内花键	1）加工流程：机械加工→渗碳后预冷直接淬火→回火→用挤刀挤内花键 2）适用范围：工序简单，但用挤刀挤内花键所能校正的畸变有限。应在原材料质量稳定及工艺控制较严格的情况下应用 3）对内花键孔出现锥度的齿轮可采用补偿垫圈	
	热处理前对缩孔较大的一端施行预胀大内孔	1）加工流程：机械加工→端顶预胀大内孔→渗碳淬火、回火 2）适用范围：适用于热处理时内花键孔出现锥度的齿轮	
	采用花键拉刀冷、热配合	1）根据内花键孔的缩小畸变规律，不能采用标准花键拉刀，应采用非标准热缩型花键拉刀。通过试验可以确定，内花键渗碳淬火后其孔平均收缩 0.05mm，则拉刀外径就要增加 0.05mm 2）在花键拉刀尺寸确定之后，因齿轮的形状尺寸的差异，其内花键孔还会有不同程度的锥度、腰鼓形畸变，对此必须采取相应措施减小内花键孔的畸变	
	调整拉刀进刀方向	改变拉刀进刀方向，减少内花键孔畸变。例如下图所示的齿轮，如果改变拉刀进刀方向，拉刀从内花键孔小端方向进刀，大端出刀，则可避免或减小其拉削时产生的锥度。该方法对有凸台的齿轮有效，但对于对称的齿轮作用不大 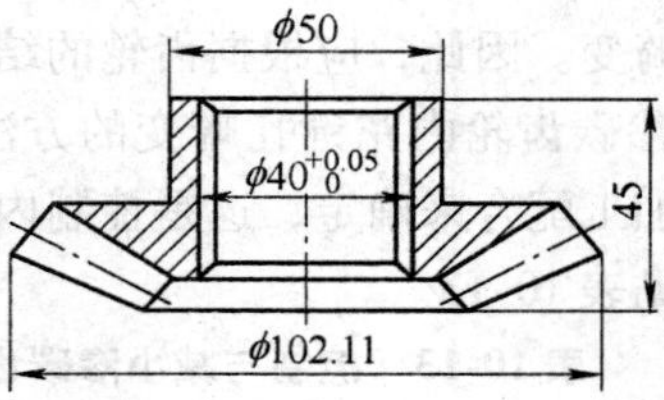 	
	根据内花键长度采取改进措施	对内花键长度短，渗碳淬火后锥度小的齿轮，可对其收缩端的内花键孔加大倒角（见下图）。例如 II、V 档齿轮原来倒角要求 $0.9\text{mm} \times 15°$，加大倒角后为 $1.2\text{mm} \times 15°$ 	

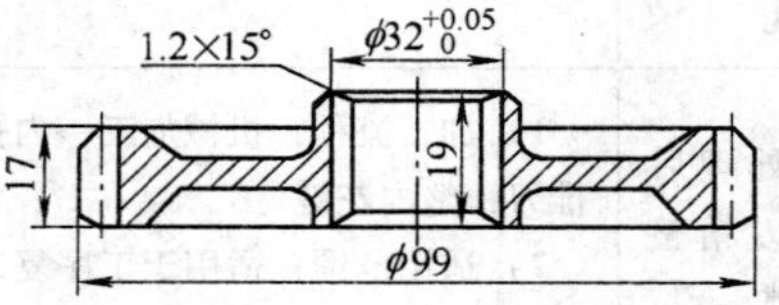

（续）

措施与方法		内　　容
冷、热加工配合控制与减小内花键孔畸变	根据内花键长度采取改进措施	对呈腰鼓形畸变齿轮，则内花键两端均要加大倒角。对有凸台的齿轮，可加大凸台厚度［如下图所示，将副变速高速齿轮的凸台由 $\phi45mm$（下图中虚线部分）改为 $\phi50mm$］ 对内花键较长、渗碳淬火后锥度大的齿轮，可将凸台端的内花键长度减小一些（如下图所示，减小 4mm），或把畸变较大端花键切除一部分 对内花键较长、渗碳淬火后呈反腰鼓形（两端大，中间小）的齿轮，可在内花键中间加工出一道沟槽（如下图所示，在齿轮内花键孔中间加工出宽度 8mm 沟槽） 对内花键较长的齿轮，当采用上述方法仍然不能解决内花键锥度大的问题时，可采用预先胀大（即预涨）内花键的方法。根据小端收缩值 0.08mm，确定预先胀大量为 0.12mm
增大加工余量，加强薄弱环节		在一些情况下，通过增大机械加工余量、加强薄弱环节方法，可以减少内花键孔畸变
热处理前预先胀大内孔		它是针对齿轮热处理后内孔锥度较大所采取的方法，根据畸变规律测出锥度，并加工出尺寸适合的芯轴及胀簧，采用油压机对缩孔部位进行胀孔（一般扩大 0.2mm 左右），可减小热处理后内花键孔锥度。胀孔工装见下图 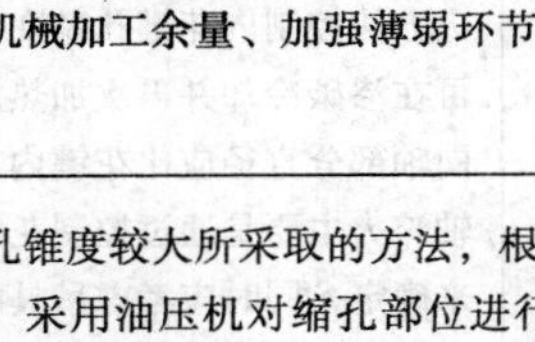 1—芯轴　2—胀簧　3—齿轮　4—底座

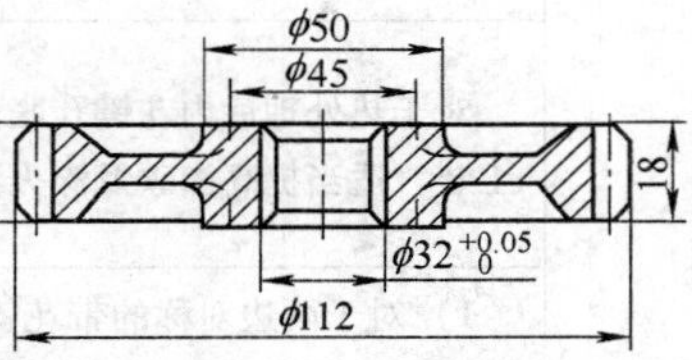

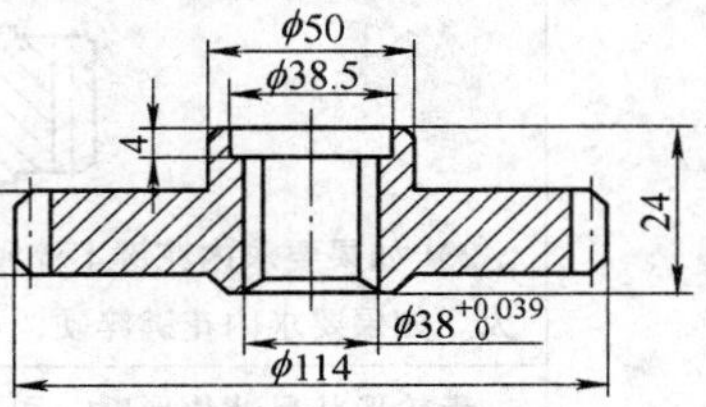

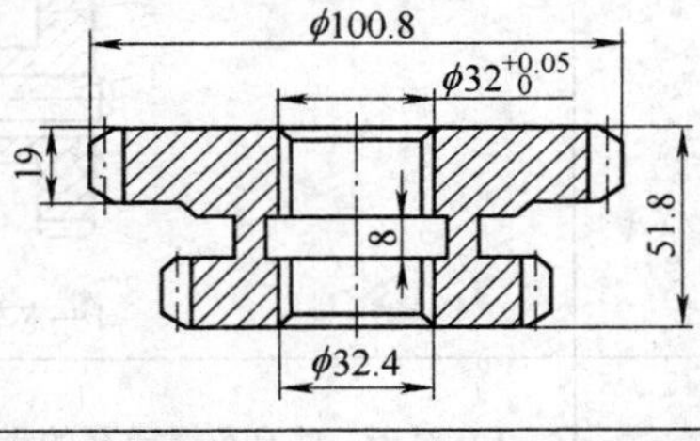

（续）

措施与方法	内　容
	对于热处理后内花键孔收缩的齿轮，可采用蓄热量较多的工装、宽大及接触面大的工装（减小圆度畸变），以及降低渗碳及淬火温度，减少硬化层深度，提高油温等方法
	对于热处理后内花键孔胀大的齿轮，可采用蓄热量较少的工装、狭窄及接触面小的工装，适当提高渗碳及淬火温度，增加硬化层深度，适当降低淬火油温等方法
改进装夹方式	1）对于两边对称的带花键齿轮（见下图），最好在齿顶圆上加工出标识沟（槽），这样可以保证拉刀按照一个方向进刀，按照一个方向剃齿。采用穿串后横放装夹，花键锥度大及圆度畸变大时，可改用平放，将易收缩的部位朝下。花键出刀口要朝下，保证花键畸变合格 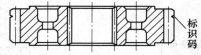 2）如果要求内花键不淬硬，可先在渗碳后缓冷，再拉削花键和对齿部进行感应淬火。如果要求内花键淬硬，可采用穿入芯轴来解决缩孔问题，但费时
	齿轮形状呈薄片形时，可采用挂放装夹方式。有大小头的齿轮，应将大头向外装夹，如下图所示 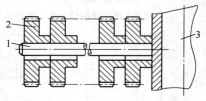 1—芯轴　2—薄片形齿轮　3—料筐
采用芯轴、补偿垫圈、支承垫圈	1）对于一些有花键或孔的齿轮，可在内花键孔中装入适当的芯轴进行渗碳淬火。通过试验，确定芯轴与花键、内孔的间隙，使花键或内孔尺寸达到要求。芯轴最好做成花键芯轴，这样内花键畸变控制效果较好 2）低碳钢齿轮渗碳淬火后，内花键孔通常都收缩，可采用套花键轴形状芯轴的淬火方法控制内花键孔畸变，即控制其绝对尺寸。图 a 和图 b 为常用带花键齿轮芯轴。可在渗碳冷却并再次加热后，快速套上芯轴进行淬火。图 c 为带内花键齿轮吊具，导向轴部分直径应比花键内径小 0.10～0.20mm，以方便齿轮顺利套上花键轴。通常芯轴淬火主要是通过控制花键底径的方法来控制畸变，其吊具的花键轴外径要通过试验来确定，同时应考虑吊具的花键轴齿侧应与内花键齿侧有一定间隙 ①内花键畸变收缩量较小时，芯轴直径可比齿轮内花键小径小 3～4mm ②内花键畸变收缩量小时，可适当加粗芯轴，芯轴直径比齿轮内花键小径小 1～2mm ③内花键畸变收缩量大时，可采用外花键芯轴，外花键芯轴的外径及其齿侧比齿轮内花键的大径及其齿侧小 0.15～0.20mm ④对于淬火后内花键孔出现锥度的齿轮，在其芯轴设计时，应采取相应的对策。如对淬火后内花键孔出现大小端的齿轮，在淬火时芯轴应从容易插入端插入，只插进一半左右的高度即可

（续）

措施与方法	内　　容
采用芯轴、补偿垫圈、支承垫圈	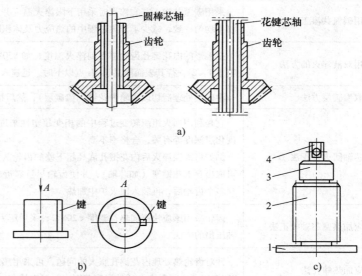 a) 1—托盘　2—花键轴　3—导向轴　4—吊杆 ⑤对于淬火后两端内花键孔收缩，中部出现鼓形的齿轮，可将芯轴中间部分减小尺寸，淬火时只控制齿轮两端内花键孔外径尺寸 ⑥采用补偿垫圈、支承垫圈、补偿套（环）等的方法。例如对带有拨叉槽的内花键齿轮或有薄壁端的齿轮，加补偿套（环）能够减小其内花键的畸变，如图 d、图 e 和图 f 所示 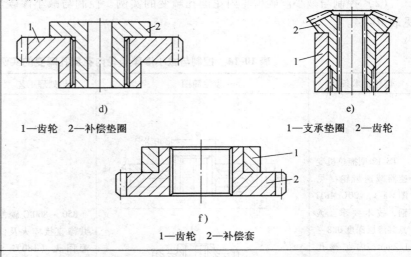 1—齿轮　2—补偿垫圈　　　　　　　　　　　　1—支承垫圈　2—齿轮 f) 1—齿轮　2—补偿套
利用渗碳淬火有效硬化层深	1）对渗碳淬火后对内花键孔胀大的齿轮，可通过适当增加齿轮渗碳淬火有效硬化层深的方法，使其内花键孔合格 2）在实际生产中，由于对内花键孔检测不及时，使用中的拉刀尺寸变小，热处理后齿轮内花键孔收缩。对此，可适当减少渗碳层深度，降低心部硬度 3）有的齿轮花键热处理后表面硬度≤50HRC，对两个端面的硬度没有要求。通过热处理后精整，即对内花键硬度低的齿轮可以采用拉刀重新对刀，使花键大径合格。对于此种齿轮先采用热处理后再切去渗碳层，最后拉削花键效果会更好

（续）

措施与方法	内　容
采用碳氮共渗工艺	采用碳氮共渗工艺。淬火时采用下限淬火温度并进行保温，可使齿轮表层与心部的温度均匀一致，减少了淬火过程中的热应力及体积胀缩效应，从而减小了齿轮畸变
采用双液淬火的方法	把锥形的内花键孔齿轮加热到淬火温度，如850℃，然后向收缩量大的薄壁端内孔喷水1~2s，待其表面降温至M_s点以下时，迅速入油冷却
切取渗碳层方法	渗碳热处理后切取齿轮内花键（渗碳层），然后拉内花键孔
塞芯轴回火校正法	它是利用回火组织转变过程中的相变超塑性来进行校正的。其效果与齿轮的形状、硬化层深度等有关，合格率不高 例如将渗碳淬火后内花键孔底径超下差的齿轮放入回火炉内加热，达到回火温度即可取出穿上花键塞（如芯轴），并使齿轮尽量靠近芯轴大端，可根据情况将一个芯轴穿多个齿轮后，再装入回火炉中加热
感应加热塞芯轴校正法	齿轮采用感应快速加热，温度<200℃，采用压力机快速把芯轴压入，冷却后再把芯轴压出的方法
感应加热缩孔法	针对齿轮热处理内花键孔胀大的问题，可采用感应加热缩孔法来解决。加热温度在750℃以下，但是在合适的温度范围内，温度越高，缩孔量越大
感应正火改善花键畸变	对有凸台、带内花键的齿轮，渗碳淬火后花键小端收缩。对此，在齿坯粗车后，对收缩端进行感应正火，硬度在160~255HBW，然后精车制齿，再进行渗碳淬火、低温回火，即可减小花键小端收缩量

（2）控制与减小渗碳齿轮内花键孔畸变的实例　控制与减小渗碳齿轮内花键孔畸变的实例见表10-14。

表10-14　控制与减小渗碳齿轮内花键孔畸变的实例

齿轮技术条件	齿轮简图	热处理工艺	畸变情况
TS-12型拖拉机变速器减速齿轮（见图a），20CrMnTi钢，技术要求：碳氮共渗层深度0.8~1.2mm，内花键孔$\phi 40^{+0.05}_{0}$mm，公法线长度变动公差0.05mm，齿向公差0.02mm		850~860℃碳氮共渗直接淬火及低温回火（180℃×2h）	将热处理前齿轮两端轮毂的外径由55mm加大至60mm，内花键孔尺寸控制在$\phi 40^{+0.14}_{+0.12}$mm，轮辐厚度由10mm加大至15mm，热处理后内花键孔合格，轮辐不再翘曲；采用图b所示的挂放方式后，公法线长度变动公差和齿向公差均满足技术要求

（续）

齿轮技术条件	齿轮简图	热处理工艺	畸变情况
齿轮（见右图），20CrMnTi 钢，热处理畸变要求：内花键孔大径为 $\phi 55^{+0.10}_{-0.02}$ mm，其热处理前尺寸要求为 $\phi 55^{+0.13}_{+0.09}$ mm	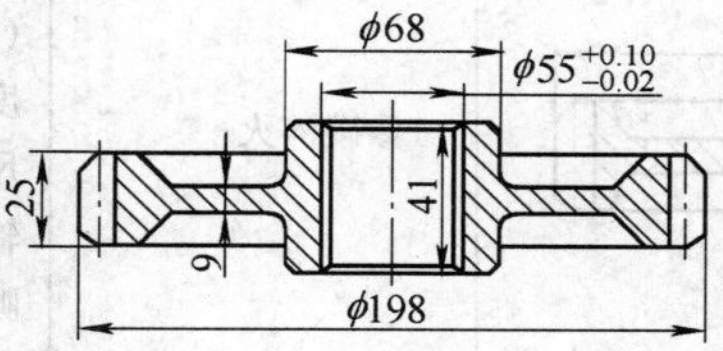	渗碳 920～925℃ →降温 840℃→出炉入热油(80～120℃)淬火	1) 齿坯等温正火处理 2) 热处理前将小端内花键孔大径预先胀大到 $\phi 55^{+0.30}_{+0.15}$ mm，胀孔深度 17mm。在热处理后内花键孔畸变大部分达到要求
凸台齿轮（见右图），要求渗碳淬火，热处理前：内花键孔要求 $\phi 31^{+0.135}_{+0.120}$ mm；内孔锥度误差 <0.02mm	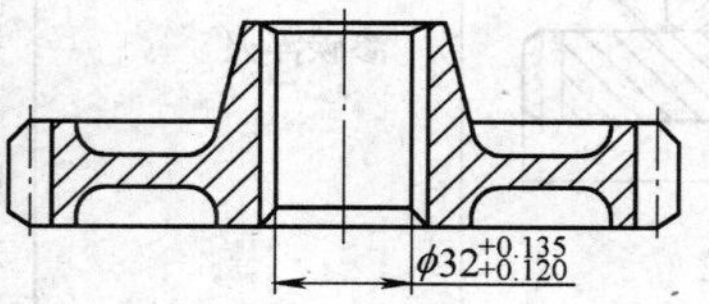	渗碳淬火	原材料淬透性合格，正常齿轮装夹时凸台朝上。在淬透性比要求高 2HRC 时，采用平放，凸台朝下。热处理后锥度误差为 0.016～0.030mm，齿轮畸变合格
内花键齿轮，要求渗碳淬火	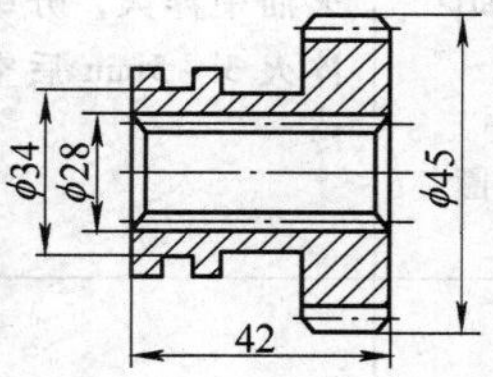	渗碳淬火	用 $\phi 28^{+0.070}_{+0.045}$ mm（大径）×$\phi 23^{+0.30}_{+0.05}$ mm（小径）×6mm（键槽宽度）的花键芯轴后，齿轮花键畸变全部达到要求
汽车动力输出齿轮（见图 a），要求渗碳淬火	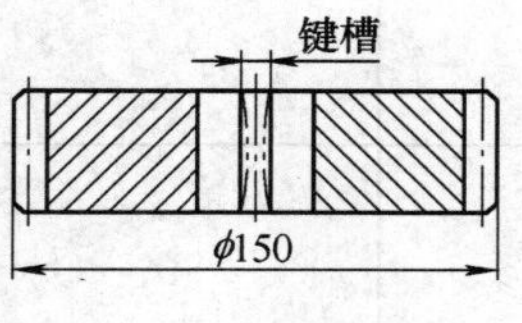 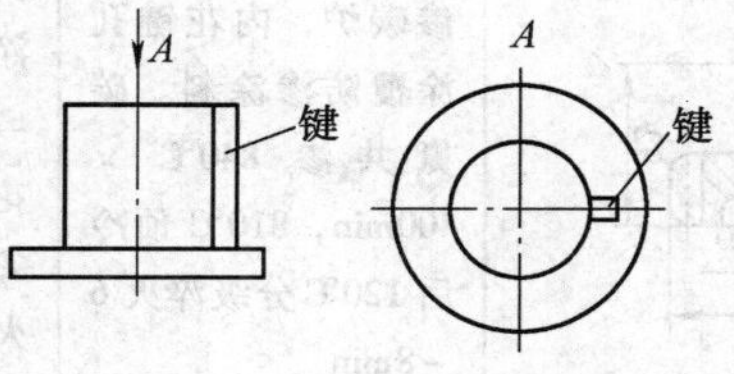	渗碳淬火	在原来圆形芯轴上安装键（见图 b），并在键、槽的上、下端涂覆防渗涂料后，齿轮畸变得到有效控制

（续）

齿轮技术条件	齿轮简图	热处理工艺	畸变情况
四、六档齿轮（见右图），要求渗碳淬火	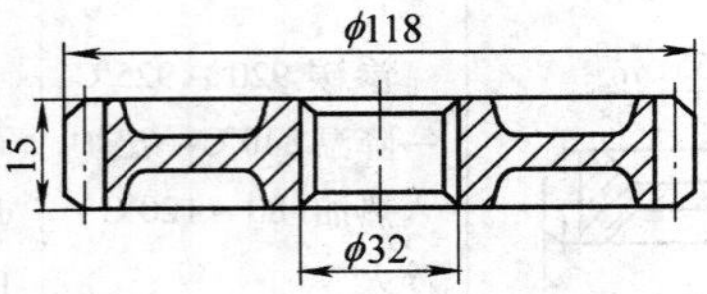 $\phi118$　15　$\phi32$	渗碳淬火	花键尺寸为 $\phi32^{+0.075}_{0}$ mm（大径）$\times\phi26$mm（小径）$\times6$mm（键槽宽度），根据临界畸变间隙尺寸，制成 $\phi12.5$mm 的芯轴，控制芯轴与内花键间隙在 $4\sim5$mm，齿轮内花键孔尺寸可达到要求
带有拨叉齿轮（见右图），要求渗碳淬火	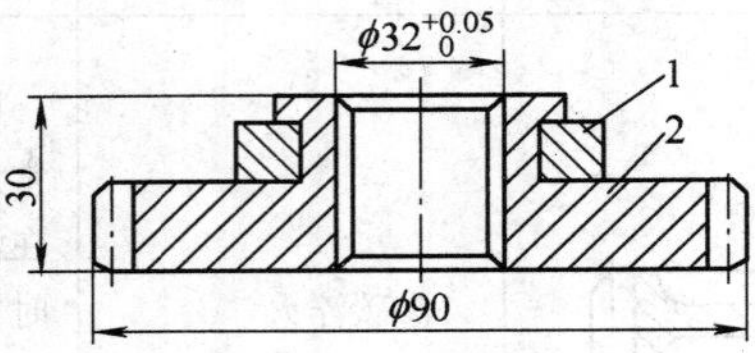 $\phi32^{+0.05}_{0}$　1　2　30　$\phi90$ 1—半圆环　2—齿轮	渗碳淬火	在拨叉槽处加两个半圆环并对称成为补偿圆环（见左图）。半圆环厚度比拨叉槽宽度小 1mm，外径与小端齿轮节圆直径相同，内径比拨叉槽外径略大，淬火后畸变合格
齿轮，40Cr 钢，渐开线内花键，大径及齿侧定位，碳氮共渗层深要求 $0.25\sim0.35$mm	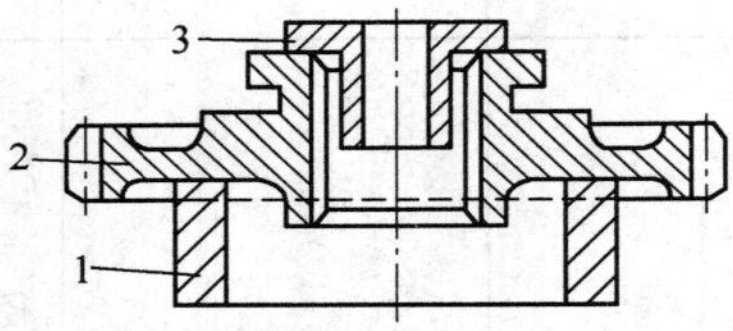 3　2　1 1—支承垫圈　2—齿轮　3—补偿垫圈	碳氮共渗 850℃→出炉后入 130℃的淬火油中淬火，分级淬火 $3\sim5$min 后空冷	采用左图所示的补偿垫圈，并将各齿轮间用支承垫圈隔开，淬火后内花键孔公差尺寸合格
试制齿轮（见右图），渗碳淬火有效硬化层深度要求 $0.50\sim0.90$mm（513HV）	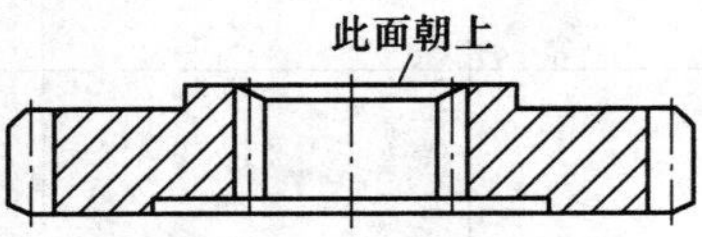 此面朝上	齿轮采用多用炉渗碳淬火	批量生产齿轮有效硬化层深为 0.594mm 时，偏下差，花键胀大，不合格。对此，把不合格齿轮的有效硬化层深做到中上尺寸公差，渗碳淬火后内花键合格
采矿机械设备中的内花键双联齿轮（见右图），20CrMnTiA 钢，技术要求：碳氮共渗层深度 $0.6\sim1.0$mm，表面与心部硬度分别为 $58\sim63$HRC 和 $30\sim35$HRC	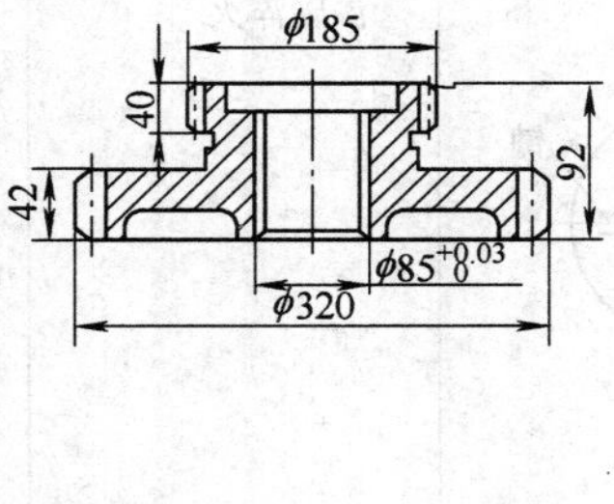 $\phi185$　40　42　92　$\phi85^{+0.03}_{0}$　$\phi320$	采用 75kW 井式渗碳炉，内花键孔涂覆防渗涂料。碳氮共渗 840℃×400min，810℃预冷后 120℃分级淬火 $6\sim8$min	加工流程：下料→锻造→正火→粗车削→不完全淬火→半精车→拉削花键→精车以 $\phi85^{+0.03}_{0}$mm 内花键孔定位、插齿→齿部尖端倒圆角→碳氮共渗火→推刀推花键，内花键孔畸变合格

（续）

齿轮技术条件	齿轮简图	热处理工艺	畸变情况
起重机变速器双联齿轮（见右图），20CrMnTi 钢，技术要求：渗碳层深度 0.7～1.0mm，齿轮精度要求较高，为 8－7－7D 级（GB/T 10095.1）	φ108 φ82 53 φ71 40 109.5 φ190 （模数为 4.25～4.5mm）	860℃×6.5h 碳氮共渗，降温至 840℃×30min 后，出炉油淬	内孔加芯套（与内孔间隙 0.4～0.6mm），轮毂加垫圈，并采用碳氮共渗处理，使齿轮精度满足 8-7-7D 级要求
汽车变速器齿轮（见右图），要求渗碳淬火有效硬化层深 0.4～0.7mm，内花键孔的大径公差为 0.03mm		对花键小端收缩的齿轮，在毛坯粗车后，对收缩端进行感应正火，然后精车制齿，再进行渗碳淬火，渗碳装炉时，采用支撑环	渗碳淬火、低温回火后，硬化层深度 0.52～0.63mm，内花键孔收缩 0.005～0.02mm，齿轮内花键孔畸变合格

5. 双联齿轮的渗碳淬火畸变控制技术

双联齿轮由于其结构特点，在热处理过程中，两个齿轮畸变趋势与畸变量不同。应根据齿轮结构特点，采取不同措施控制畸变。例如采用降低渗碳淬火温度、对畸变较大齿轮进行预先胀大内孔、增加补偿垫圈及采用合理的装夹（或装炉）方式等措施。

双联齿轮的渗碳淬火畸变控制的实例见表 10-5。

表 10-15　双联齿轮的渗碳淬火畸变控制的实例

齿轮技术条件	齿轮简图	热处理工艺	畸变控制情况
YB1601 型变速器中 4 种双联齿轮（见右图），20CrMnTi 钢，技术要求：齿面及 φ100mm 内孔表面渗碳淬火：渗碳层深度 1.0～1.3mm	φ134 φ105 h₁ φ112 Ⅰ齿 Ⅱ齿 h₂ φ100 φ	渗碳淬火采用多用炉，渗碳：850℃×60min，915℃×195min，扩散 915℃×30min，840℃预冷淬火；回火 180℃×30min	齿轮在粗车削后正火 940℃×2h→渗碳前预热 200℃×4h→装炉前在Ⅰ齿内孔装入芯轴［φ104.5mm（外径）×φ35mm（内径）×H（高度）］→渗碳淬火，在 100～110℃ 热油中延迟 10s 慢速搅拌，齿轮畸变合格率达 95%

（续）

齿轮技术条件	齿轮简图	热处理工艺	畸变控制情况
双联齿轮（见图a），20CrMnTi 钢，技术要求：渗碳淬火有效硬化层深0.6~1.0mm，齿轮两端的盲孔尺寸要求 $\phi 15_{0}^{+0.027}$ mm	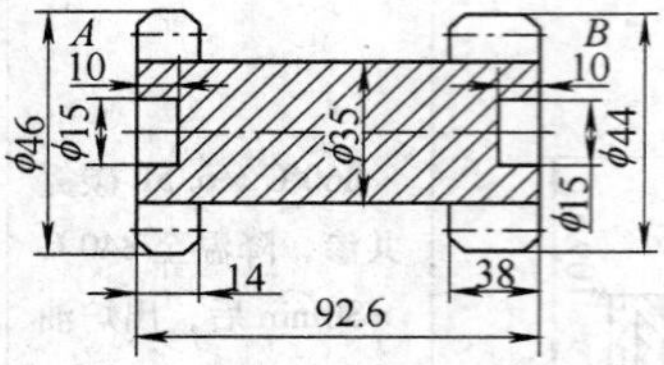 a) 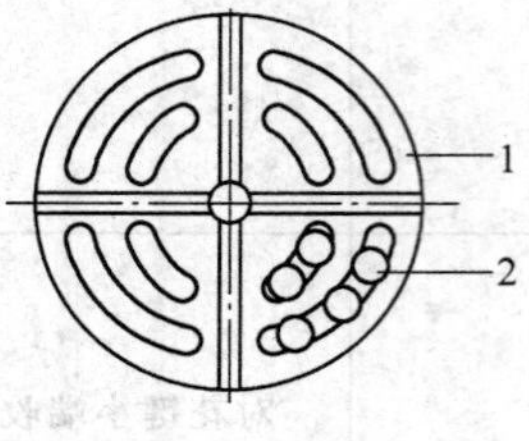 a) 1—料盘　2—齿轮 B 端	渗碳采用井式渗碳炉，齿轮装炉采取立式摆放，880℃渗碳→840℃×0.5h出炉油淬→190℃×2h 回火	对料筐进行改进，由圆孔改为长圆弧形孔（见图b）。齿轮 B 端向上立放，以增加 B 端盲孔的冷却能力。合格率由原来68%提高到90%
副变速滑移双联齿轮（见右图），20CrMnTi 钢，要求渗碳淬火	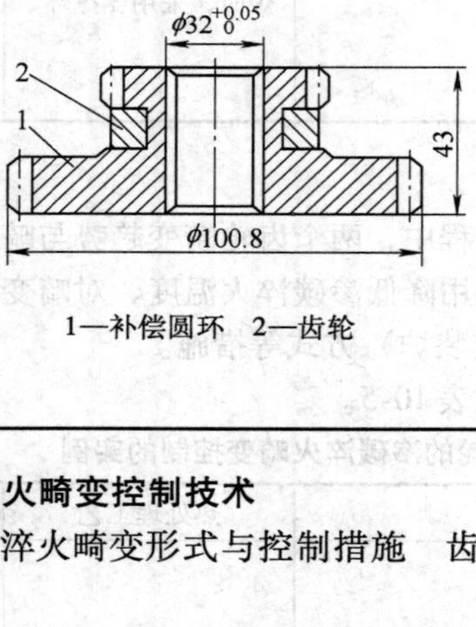 1—补偿圆环　2—齿轮	渗碳淬火	在齿轮空槽处加两个半圆环并对称成为补偿圆环（见左图）。半圆环厚度比空槽宽度小 1mm，外径与小端齿轮节圆直径相同，内径比空槽外径略大

6. 齿轮轴的渗碳淬火畸变控制技术

（1）齿轮轴的渗碳淬火畸变形式与控制措施　齿轮轴的渗碳淬火畸变形式与控制措施见表10-16。

表 10-16　齿轮轴的渗碳淬火畸变形式与控制措施

畸变形式		控制措施
一是轮齿及轴颈的径向圆跳动；二是齿形、齿向的变化	主动弧齿锥齿轮因热处理畸变，在其直径变化的同时其齿厚也发生变化	1）对径向圆跳动量超差的齿轮轴进行矫直后，低温回火消除应力 2）热处理后应对齿轮轴进行磨削精加工并配对，及时了解其接触印痕情况，以掌握齿形、齿向、螺旋角的畸变规律，在机械加工时提前予以修正，即可满足大批量齿轮生产需要
	对斜齿轮来说，其螺旋角发生变化，压力角减小	

（2）齿轮轴的渗碳淬火畸变控制的实例　齿轮轴的渗碳淬火畸变控制的实例见表10-17。

表 10-17 齿轮轴的渗碳淬火畸变控制的实例

齿轮技术条件	齿轮简图	热处理工艺	畸变控制情况
装载机驱动桥半轴齿轮（见图 a），30CrMnTi 钢，技术要求：渗碳层深度 0.8 ~ 1.2mm，齿表面硬度 58 ~ 63HRC，两处螺纹硬度 33 ~ 45HRC，畸变要求如图 a 所示	a) b) 1—球形底面螺钉 2—吊板 3—支承块 4—上螺套 5—半轴齿轮 6—马弗罐	采用井式气体渗碳炉进行渗碳淬火	装夹方式如图 b 所示。三块支承用耐热钢板水平均布并焊接在马弗罐内壁上。将耐热钢螺栓的底部加工成球面。吊板采用耐热钢，各装夹孔应沿着板面圆周均布，孔口加工成球面，各装夹孔周围应加工出一些通孔。渗碳淬火后半轴齿轮畸变微小
316kW 推土机变速器输入轴，20CrNiMoH 钢，技术要求：碳氮共渗，齿部硬度要求 48 ~ 55HRC，径向圆跳动量≤0.15mm	1—输入轴 2—吊钩 3—吊具	对齿轮轴毛坯进行高温正火处理。热处理采用碳氮共渗淬火，其热处理工艺流程：碳氮共渗 880℃ ×360min→油冷→回火 180℃ ×150min	装炉前在输入轴端面加工一个 M16 工艺孔，以便于垂直吊装，如左图所示。碳氮共渗淬火后，心部硬度 35 ~ 40HRC，畸变量在 2mm 以内，经校正后合格

7. 大型齿轮（轴）的渗碳淬火畸变与控制技术

现代机械工业中的大型齿轮（轴）承受载荷高，结构尺寸大，要求渗碳层较深，一般为 3 ~ 8mm，单件齿轮质量从几吨到几十吨，相应渗碳周期达到数十小时，最长可达 150 ~ 200h。齿轮在自重及高温蠕变的作用下，将产生严重的畸变。为了减少齿轮畸变，其热处理工艺控制的关键是既要快速渗碳以尽量缩短工艺周期，又要限制渗层碳含量过高，以避免产生过多的碳化物及过多残留奥氏体。对此，要优先采用大型井式气体渗碳炉生产线、大型可控气氛多用炉生产线，并正确装炉（支承），合理制定渗碳、淬火工艺规范。

大型弧齿锥齿轮（轴）渗碳淬火后的螺旋角往往发生变化，并且每个齿的变化方向相同，变化量也基本相同。对此，可根据热处理后螺旋角变化规律，调整机加工的螺旋角，使其热处理后达到技术要求。

（1）减小与控制大型渗碳齿轮（轴）热处理畸变措施 大型齿轮的畸变控制措施与方法见表 10-18。

表 10-18　大型齿轮的畸变控制措施与方法

方　法	内　容
选择合适的预备热处理	对于齿轮和齿轮轴，采用正火（或正火＋高温回火）作为预备热处理；对于齿圈则采用调质处理，对控制畸变有利
合理的装炉方式	应选择合理的装炉及支撑方式。大型齿轮无法垂直挂放装炉而需要平放时，应放在平整且能使淬火冷却介质流动畅通的工装上（尤其对于直接淬火齿轮） 大型齿圈渗碳淬火装炉时，可放置在浇注成 6 条以上放射状悬臂梁的底座上。在底座与齿轮之间用等高平垫圈隔开，并支承齿轮 对于大型盘形齿轮，在渗碳淬火过程中也要考虑自重及装垫支承的位置。一般支承块应当均匀分布并垫在各扇形区域的重心处，即大约 2/3 半径处，或者内外圈均加垫块
合理的加热方式	为减少大型渗碳齿轮热处理畸变，在渗碳过程中应进行分段加热。一般最好在 600～650℃ 的温度范围内保温，使齿轮均温后再升至渗碳温度
采用合适的渗碳工艺	大型重载齿轮（含镍渗碳钢）深层渗碳工艺：图 a 为变温度、变碳势深层渗碳工艺，图 b 为球化退火工艺，图 c 为淬火回火工艺
合理控制渗碳工艺参数	尽量采用较低渗碳温度与淬火温度。渗碳温度选择 920～930℃，渗碳层深度可按以下公式计算：$\delta = K/\sqrt{\tau}$。式中，δ 是渗碳层深度（mm）；K 是渗碳系数；τ 是渗碳时间（h） K 一般规定为 0.22～0.26（930℃）和 0.26～0.30（950℃）。强渗时间与扩散时间根据强渗气相碳势 $w(C)$ 来确定，在变温度、变碳势深层渗碳时碳势 $w(C)$ 为 1.6%～1.8%，强渗时间（τ_1）：扩散时间（τ_2）选为 1:4 对于大型重载齿轮（轴），其表面碳含量以 0.75%～0.95%（质量分数）为宜，且宜控制在下限。碳化物平均粒度控制在 1μm 以下。同时应避免出现针状或大块状碳化物 渗碳应尽可能均匀。避免和减少因不均匀渗碳而引起组织不均和应力不均，从而减小畸变
选择合适的淬火冷却介质与方法	选择合适的淬火冷却介质，控制油温（>100℃），控制最终冷却时间与温度，在高温时应快速冷却，在低温马氏体转变区域应缓慢冷却 低碳合金钢渗碳后表面马氏体转变温度为 130～140℃，因此将最终淬火油温度控制在 160～180℃ 为宜。将渗碳齿轮油冷一段时间后，转入 180℃ 炉中，保温数小时后，再冷至室温

（续）

方　法	内　容
选择合适的淬火冷却介质与方法	冷却应均匀，可采取以下措施： 1）改善齿轮中下部位冷却的均匀性，使组织转变趋于同步。可以采用在齿轮轴中段喷油加速冷却等措施，也可以在齿轮上下端面安装加热圈以改善端面和中段的冷速不均匀，这都会收到明显的效果 2）为防止环形齿轮淬火后出现喇叭口畸变，可用冷端加盖板的方法改变冷却条件。为了减少大型环形齿轮淬火后外圆胀大，可采用将中心孔和轮辐进行预包装封闭的淬火方法。如在齿轮上下端加盖密封，中心填充物料，控制淬火终冷温度至160～180℃出油槽空冷，借助密封填充物的蓄热使齿轮处于"等温马氏体转变"区域，从而减小齿轮热处理畸变
采用机械加工预先修正方法	冷、热加工进行配合，根据齿轮热处理畸变规律，调整机械加工预留畸变量，胀的部位少留余量，缩的部位多留余量，使热处理后的齿轮尺寸符合技术要求。例如大型渗碳齿轮淬火后"左旋向左、右旋向右"，这是斜齿轮渗碳淬火后齿向的畸变规律，对此在渗碳前机械加工时应有意将螺旋角偏离一定角度（与畸变相反方向） 齿轮轴螺旋角总是在渗碳后增大，对此可在铣齿时将螺旋角减小一定角度，淬火畸变后正好恢复到要求的角度，使热处理后的螺旋角得到修正。一般对深层渗碳淬火的大型齿轮轴，在齿宽全长方向上螺旋角要偏离1mm左右。大型齿轮螺旋角畸变及预修正如下图所示： 1—双点画线表示淬火后齿顶圆及螺旋角的畸变　2—齿轮

（2）大型齿轮轴的渗碳淬火畸变控制

1）大型齿轮轴的渗碳淬火畸变控制措施与方法见表10-19。

表10-19　大型齿轮轴的渗碳淬火畸变控制措施与方法

控制措施与方法	举　例
大型齿轮轴畸变常规控制方法	采取合理装炉方式
	加热及降温均应采用阶梯方式，以减少热应力
	加热淬火温度采用下限
	淬火采用等温淬火方法
	对于不可避免的组织转变引起的直径缩小，采取预留收缩量的方法进行预修正
大型齿轮轴微畸变、快速加热淬火工艺	采取微畸变、快速加热淬火工艺可以减少齿轮热处理畸变

2）大型齿轮轴的渗碳淬火畸变控制的实例见表10-20

表 10-20 大型齿轮轴的渗碳淬火畸变控制的实例

齿轮技术条件	齿轮简图	热处理工艺	畸变控制情况
大齿轮箱齿轮轴（见右图），20CrMnMo 或 17CrNiMo6 钢，技术要求：齿面渗碳层深度 5.0 ~ 5.5mm。畸变要求：齿顶中部凹陷 < 1.5mm，翘曲 < 1.5mm	φ500~φ600，φ600，（齿轮轴质量 4 ~ 5t，模数 22mm）畸变倾向	渗碳 930℃ × 120h；高温回火 680℃；淬火加热并阶梯式升温：2 ~ 3h 升温至 650℃ → 均温 650℃ × （3 ~ 5）h → 淬火加热 （810 ~ 830）℃ × 9h → 硝盐淬火 （180 ~ 204）℃ × （2 ~ 2.5）h；回火 200℃ × 16h + 180℃ × 16h	采取 1.5mm 预留收缩余量的方法进行预修正。渗碳淬火后齿轮轴中部凹陷控制在 1.5mm 以内，翘曲控制在 1.2 ~ 1.5mm，符合技术要求
大型齿轮轴（见右图），单件质量 5t 左右，17CrNi2Mo 钢，技术要求：渗碳层深度要求 2.8 ~ 3.2mm，淬火后硬度 55 ~ 60HRC	φ577，3860	1）齿轮轴固体渗碳。预热 400℃ × 3h + 850℃ × 5h，渗碳 930℃ × 72h，600℃ 出炉空冷 2）淬火。预热 400℃ × 2h + 600℃ × 2h，淬火加热 850℃ × 9h；回火 200℃ × 14h	渗碳淬火、回火后，齿轮轴畸变满足技术要求

（3）大型齿圈的渗碳淬火畸变控制技术 大型齿圈由于其体积大，且属于薄壁结构，畸变更不容易控制。在渗碳淬火过程中，如果加热或者冷却不合理会造成齿圈不均匀胀缩，致使齿圈产生较大畸变。

1）大型齿圈的主要畸变特征与规律。大型齿圈在渗碳淬火后，产生内外直径的胀缩、端面翘曲、锥度及圆度畸变等。例如，通常外径（齿顶圆）明显胀大，且上下不均匀，呈锥形；对于单个平放齿圈，畸变呈腰鼓形，即两端膨胀量大，中间膨胀量小；如果在吊具上叠加装夹，则上下两端呈锥度畸变。

2）大型齿圈的渗碳淬火畸变原因与控制措施见表 10-21。

表 10-21 大型齿圈的渗碳淬火畸变原因与控制措施

畸变形式	原　　因	措　　施
锥度畸变	1）大型齿圈锥度畸变是由于渗碳温度较高。此时齿圈强度较低，且渗碳时间较长，加上其自重及高温蠕变影响，导致齿圈产生上小、下大的锥状畸变 2）齿轮淬火时上下面冷却差异易造成锥度畸变	保证齿轮原材料质量；合理装炉（支撑方式）；采用催渗碳技术缩短工艺周期；选择合理淬火冷却方式等
圆度畸变	大型齿圈圆度畸变是在渗碳淬火过程中，因材质不均匀、装夹方式不当、加热或冷却不均，造成齿圈的不均匀胀缩或不对称畸变，从而产生不对称的圆度畸变	应保证材料的均匀性，即保证材料化学成分均匀性、晶粒度（5 ~ 8 级）均匀，较小的带状组织（≤3 级）；可采用下限淬火温度、在 M_s 点以下温度降低冷却速度的方法、等温淬火工艺、合理装夹方式等，使畸变得到较好控制

（续）

畸变形式	原　因	措　施
内外直径的胀缩（即膨胀畸变）及端面翘曲	其畸变主要是在渗碳淬火过程中产生的，影响因素有三点：一是齿圈表层发生马氏体转变而使体积胀大；二是齿圈内外圆面积和曲率不同，而且齿圈畸变热收缩方向和相变膨胀方向相反，复合作用使齿圈产生向外膨胀的径向力和切向力；三是渗碳使齿面 Ms 点温度降低，齿圈外表面滞后于内表面发生马氏体转变。回火时，淬火马氏体转变为回火低碳马氏体 $+\varepsilon-$ 碳化物，使齿圈收缩，而残留奥氏体转变为马氏体，产生体积膨胀，两者有相互抵消作用，总体畸变很小。大型齿圈渗碳淬火和回火处理产生的畸变是上述三种畸变综合作用的结果	保证齿圈原材料质量；合理装炉方式；优化渗碳淬火工艺；按操作工艺认真操作；采用等温淬火工艺；选用合适的支撑方式
	齿圈在高温下渗碳时，其自重使得端面蠕变且淬火冷却不均，从而导致端面翘曲	

3）控制大型齿圈热处理畸变的措施与方法见表 10-22。

表 10-22　控制大型齿圈热处理畸变的措施与方法

方　法	畸变原因与控制措施
渗碳工艺控制	由于大齿轮长时间渗碳，晶粒易于长大，不宜直接淬火。可采用炉内强制吹风向外散热冷却方法（如采用悬挂马弗罐的大型井式渗碳炉，对马弗罐外壁采取鼓风机强制吹风冷却），类似空冷处理，以消除渗碳层网状碳化物，使金相组织正常
渗碳后高温回火	渗碳后进行高温回火，以消除网状碳化物及正火应力，使残留奥氏体转变及含铬碳化物析出，为齿圈淬火做好组织准备
合理加热与淬火	采用阶梯升温方式，使其随炉升温至淬火温度，并进行保温，然后在 180~200℃ 硝盐浴中进行等温淬火
低温回火	进行两次低温回火，以完全消除残余应力
保证炉温均匀性	注意监测炉温，保证大型齿圈各部位温度均匀一致，同时注意齿圈加热时装炉水平一致。这对组织均匀和减少畸变十分重要
装炉方式及淬火要求	渗碳时齿圈有时采用叠放方式，对要求精度或质量轻的齿轮应放在上部。采用井式炉渗碳时齿圈的装炉必须与环形加热元件同心
	如果出炉淬火时齿圈转移时间长，应对淬火齿轮加保温罩后淬火，或提高淬火温度 10~20℃，以保证淬入淬火冷却介质时温度符合工艺要求
淬火及淬火槽要求	齿圈淬火时应（中心轴线）垂直进入淬火冷却介质中，以减少工件畸变
	为了保证齿圈内外淬火畸变小、应力小且均匀，设计的淬火硝盐槽应满足工件淬火均匀、畸变小的要求，硝盐槽容积充足，并使硝盐浴充分进行循环，以保证齿圈冷却均匀，减少齿圈畸变，淬火时使用内撑式工装
保证齿坯的锻造质量	较低温度淬火时易发生成分偏析，使齿圈强度降低。齿坯采用锻造加工时可改善成分均匀性。另外，锻造时注意使大齿圈显微组织一致，这有助于减少齿圈膨胀量，并使畸变均匀且有规律性

4）大型齿圈热处理畸变控制的实例见表 10-23。

表 10-23　大型齿圈热处理畸变控制的实例

齿轮技术条件	齿轮简图	热处理工艺	畸变控制情况
热轧机减速器双联齿圈（见右图），模数 10mm，质量约 3t，20CrMnMo 钢，技术要求：渗碳淬火有效硬化层深 2.50 ~ 2.80mm，表面硬度 58 ~ 62HRC	φ1694，>600，<100	装夹时采用多点支撑方式，以确保齿圈水平放置。在齿圈内孔分别放置间隙不等的辅助工装。采用阶梯升温、控制升温速度及降温速度；采用下限淬火温度及适当的搅拌速度、控制淬火冷却介质温度等	齿圈畸变满足技术要求
大型传动齿轮箱内齿圈（见图 a），质量 550kg，17CrNiMo6 钢，渗碳淬火畸变要求：锥度误差 ≤1.35mm，圆度误差 ≤1.35mm，公法线变动量 ≯ 0.7‰，齿顶圆缩小量 ≯1.5‰	φ944，φ1120，260　a) φ，φ1250，400　b) 1—校正模具　2—内齿圈	1）加工流程：齿坯锻造→粗车削→钻孔→插齿→渗碳淬火 + 回火→喷丸→精车→磨齿 2）采用图 b 所示淬火模具进行校正	采用模具校正淬火方法，齿圈畸变控制非常理想：预热 400℃、650℃、850℃；渗碳 900℃；预冷 830℃后空冷；二次加热淬火：预热 650℃，淬火加热 810℃，齿轮校正硝盐分级淬火 160℃；210℃回火二次
大型齿圈（见右图），质量 4 ~ 5t，20CrMnMo、17CrNiMo6 钢，技术要求：渗碳层深度 5.0 ~ 5.5mm	φ2000~2500，240	渗碳→2 ~ 3h 升温至 650℃→均温 650℃ × (3 ~ 5) h→淬火加热 810℃ × 9h→硝盐分级淬火 (180 ~ 205)℃ × (2 ~ 2.5) h→680℃高温回火→回火 200℃ × 16h + 180℃ × 16h	采取预留 4 ~ 5mm 的膨胀余量进行预修正；930℃ × 120h 渗碳；二次加热时阶梯式升温；硝盐分级淬火；高温回火；二次低温回火，齿圈畸变合格
矿用轧机减速器齿轮（见图 a），单件质量 1434kg，法向模数 20mm，齿数 78，公法线长度 584.05mm，20CrNi2MoA 钢。技术要求：渗碳前先进行调质处理，调质硬度 217 ~ 255HBW。渗碳淬火有效硬化层深度 3.90 ~ 5.10mm	φ1364，φ1631，300　a) 1，2，3　b) 1—上压盖　2—齿圈　3—支承垫	加工流程：齿轮毛坯锻造→正火 + 高温回火→粗车削→无损检测→调质→精车铣齿→渗碳→球化退火→淬火、回火→抛丸→精车削内孔及两端平面→磨内孔及两端平面→磨齿→插键槽→无损检测→成品	设计上压盖与支承垫（见图 b）后，齿圈畸变等均达到技术要求

（续）

齿轮技术条件	齿轮简图	热处理工艺	畸变控制情况
大型变速器齿轮（见图 a），质量 3795kg，17CrMiMo6 钢，技术要求：渗碳淬火有效硬化层深 2.85 ~ 3.25mm，单边余量 0.45mm，金相组织符合 JB/T 6141.3 规定要求，晶粒度不低于 6.5 级，淬火畸变量要求：圆度误差 ≤ 0.9mm，锥度误差 ≤ 0.9mm	渗碳装炉前，选用耐热钢底盘及垫块，将内轮毂处三点均布垫实；将外轮毂缘截面中心位置八点均布，利用 0.2mm 垫片进行调整以预留 0.8 ~ 1mm 间隙。图 b 为齿轮渗碳淬火工艺。低温回火 180℃ × 12h，空冷		1）渗碳前采取阶梯升温，升温速度 ≤ 60℃/h。淬火时提前对油槽开起搅拌，齿轮入油时停止搅拌，30s 后再开起搅拌。淬火、回火时把齿轮上下端面进行翻转后，将内轮毂处三点均布垫实，将外轮毂部进行支垫 2）齿轮圆度误差为 0.16 ~ 0.28mm，锥度误差 0.12 ~ 0.28mm，其他项目均满足要求

10.3.2　齿轮的渗氮（氮碳共渗）热处理畸变与控制技术

齿轮渗氮多采用气体及离子渗氮工艺。

齿轮渗氮前一般要经过调质、粗加工、半精加工等一系列工序，所以齿轮内部都存在一定的加工应力、淬火应力等，这些应力在齿轮加热时将得到一定程度的释放，由此导致齿轮产生畸变；另一方面，由于氮的渗入，使得渗氮层表面产生压应力，这些应力也使得齿轮发生不同程度的畸变。

1. 齿轮的气体渗氮热处理畸变与控制技术

（1）齿轮的气体渗氮热处理畸变与控制方法（见表 10-24）。

表 10-24　齿轮的气体渗氮热处理畸变与控制方法

原　因	控　制　方　法
结构和形状设计不合理（如渗氮面不对称或局部渗氮、薄壁）	1）尽可能设计成对称结构。如对设计有单键的长轴齿轮，可在该键槽的对侧增加一个辅助键槽，这样可抵消单键槽对渗氮畸变的不利影响 2）对于齿套的壁厚不要设计得太薄，如果壁厚尺寸能略大于临界壁厚，渗氮后内径尺寸就不会胀大超差。对于长套形齿轮，壁厚设计尽量一致
材料选择不合理	主要应保证使用性能的要求。但如能选用在渗氮时屈服强度较高而渗层氮浓度又不致过高的钢材，将有利于减小渗氮畸变
渗氮技术要求及工艺制订不合理	1）对于结构对称的齿轮，技术要求应全部渗氮；对于结构不对称的齿轮，如果允许在表面积较大的侧面进行局部屏蔽或保护，以平衡和抵消结构不对称的影响，将有利于减少渗氮畸变 2）渗氮工艺制订时，选择低温、短时间和低氮势，将有利于减少渗氮畸变。在能够保证使用性能的前提下，齿轮渗氮层深度要求尽可能采取下限

（续）

原　　因	控　制　方　法
原材料晶粒粗大	进行正火或调质处理，细化晶粒
预备热处理不良	1）锻造齿轮必须进行预先退火（或正火）处理。对于渗氮齿轮常用的38CrMoAl钢，可将锻坯退火加热到880～900℃保温2～4h，炉冷至500℃以下出炉空冷，硬度应≤229HBW 2）制坯前，先进行调质处理，以获得均匀的索氏体组织，为渗氮做好组织准备，减小机械加工应力 3）齿轮在车削、铣齿加工后，一般还要进行一次去应力退火，即（550～600）℃×（3～10）h，出炉空冷。然后经过校正（矫直）处理，再进行去应力处理（550～600）℃×（2～3）h
机械加工齿轮表面粗糙度值高，存在尖角和棱角	降低齿轮表面粗糙度值，消除尖角和棱角
机械加工残余应力大，未进行去应力退火或退火不充分	齿轮粗加工后进行去应力退火，以消除内应力
齿轮形状复杂或细长，吊挂或放置不垂直	缓慢升温，在300℃以上时每升温100℃保温1h，保证吊挂或放置垂直
齿轮大，形状复杂	缓慢升温，在300℃以上时每升温100℃保温1h，控制加热和冷却速度
渗氮罐内温度不均匀	尽量采用低的渗氮温度，风扇转动应正常，确保炉温均匀性
加热或冷却速度太快	采用分段升温，并控制冷却速度，缓冷到150～200℃出炉
装炉不当，NH₃流通不畅	合理装炉，保持气氛流通，避免叠加放置或相互挤压，保证风扇运转正常
齿轮自重的影响	设计专用夹具及工装
对于畸变要求较高的渗氮齿轮未制定合适的加工流程	制订合适的加工流程：齿坯锻造→正火或退火→粗车削→调质→半精滚齿→去应力退火→精滚齿→剃齿→渗氮→珩齿。其中，预备热处理为正火或调质
渗氮工艺选择不佳	40Cr、42CrMo及38CrMoAl钢齿轮采用传统的渗氮工艺需要40h左右，生产周期长，齿轮畸变大。可以采用预氧化两段快速渗氮工艺，渗氮时间缩短将近一半，齿轮热处理畸变进一步减小
未采用局部防渗和保护措施	对有些渗氮齿轮，可根据齿轮形状尺寸，将允许不渗氮的部位，预先进行局部防渗和保护后再渗氮处理，可以达到控制畸变的效果

（2）齿轮气体渗氮畸变控制的实例（见表10-25）

表10-25　齿轮气体渗氮畸变控制的实例

齿轮技术条件	热处理工艺	畸变控制情况
车床薄片型齿轮，40Cr钢，要求采用热处理畸变较小的渗氮工艺	1）齿轮清洗、干燥后穿入钢杆，两端用螺母加石棉垫圈紧固，以保护齿轮内孔不渗氮。齿轮入炉时垂直或吊挂放置 2）渗氮加热时采用阶梯式升温，并采用两段渗氮法，其工艺见下图： 	1）加工流程：齿轮毛坯→正火→粗车削，预留余量1～1.5mm→调质（硬度260HBW）→精车→去应力退火（300～400）℃×（2～4）h→渗氮处理 2）齿轮内孔尺寸变化<0.005mm，公法线尺寸变化<0.005mm，齿轮装配噪声<83dB，保证了机床7级精度要求

（续）

齿轮技术条件	热处理工艺	畸变控制情况
薄片齿轮，模数 2mm，齿数 40，40Cr 钢，要求渗氮处理	采取穿入钢杆措施，以保护内孔不渗氮，同时采用常规的两段渗氮工艺	1）在机械加工后采取去应力退火 2）渗氮后内径尺寸变化<0.005mm，公法线尺寸变化<0.006mm，试车噪声降低到 83dB，保证了机床 7 级精度要求

2. 环、套类齿轮的渗氮热处理畸变与控制

（1）环、套类齿轮的渗氮热处理畸变与控制措施（见表 10-26）

表 10-26　环、套类齿轮的渗氮热处理畸变与控制措施

畸变原因	控制措施
经渗氮后的环、套类齿轮内、外径胀缩是由于表层的压应力引起的。如果环、套类齿轮壁较薄，表层的应力值超过了环、套壁截面的屈服强度，则内、外径将会同时胀大；若环、套截面较厚，甚至屈服强度高于内应力，环、套内径会缩小，但外径仍略有胀大	一般畸变要求渗氮齿轮的加工流程：锻造→调质（或正火）→滚齿→剃齿→渗氮
	对于薄壁环、套类齿轮的渗氮，最好采用箱式渗氮炉，但炉底必须平整，齿轮间不能相互挤压，以保证加热均匀
	采用等温渗氮工艺的齿轮畸变量大于采用两段渗氮工艺的齿轮畸变量。渗氮温度越高，时间越长，则渗层深度越深，畸变量越大
	采用离子渗氮工艺，以减小环、套类齿轮畸变

（2）环、套类齿轮渗氮热处理畸变控制的实例（见表 10-27）

表 10-27　环、套类齿轮渗氮热处理畸变控制的实例

齿轮技术条件	工艺或加工流程	畸变控制效果
高速柴油机凸轮轴双联齿轮，40Cr 钢，技术要求：表面硬度≥500HV0.3，化合物层厚度 25~35μm，齿轮装配孔精度要求 φ140 $^{+0.025}_{0}$ mm φ189　φ140　φ263	齿坯正火→粗加工端面→车外形、粗加工内孔→调质→半精车外形→稳定回火→精车外形、磨内孔→滚齿→钻、铰定位孔、粗插齿→低温时效→加工大端面、小端精插齿→盐浴氮碳共渗（570℃×5h，空冷）	热处理后基本无形状畸变，仅沿直径方向胀大 0.005~0.010mm，畸变合格率 90% 以上。心部强度、心部组织、表面硬度及化合物层均符合技术要求
LC280A 型车床齿轮，模数 2mm，齿数 40，40Cr 钢，技术要求：渗氮后硬度 0.15DN500HV1，精度等级要求为 7FH（GB/T 10095.1） 6　34.8　φ84　7　φ32	1）增加毛坯正火、调质，精车铣齿后，消除加工应力退火 2）渗氮加热时采用阶梯式升温，并采用两段渗氮工艺：在 200℃、300℃、400℃各预热 1h，一段渗氮 500℃×5h，二段渗氮 520℃×5h，200℃以下出炉空冷	齿轮清洗后穿入钢杆，两端用螺母加石棉垫紧固，保护内孔不渗氮。内孔尺寸变化在 0.005mm 以内；公法线尺寸变化在 0.006mm 以内；噪声<83dB，达到机床 7 级精度要求

（续）

齿轮技术条件	工艺或加工流程	畸变控制效果
薄壁齿轮，40Cr 钢，技术要求：外齿齿面渗氮，允许整体渗氮，渗层深度 0.2 ~ 0.4mm，表面硬度 ≥ 550HV，最大畸变量 < 0.05mm 	1）原采用两段渗氮工艺，外径畸变超差，这是因两段渗氮温度高（510℃），畸变大 2）现改变为一段渗氮工艺：490℃ × （40 ~ 50）h，氨分解率 30% 左右。采取内孔穿杆措施，以保护内孔不渗氮	不仅外径畸变量控制在 0.05mm 以内，而且其他各项指标均符合技术要求

3. 轴类齿轮的渗氮热处理畸变与控制技术

（1）轴类齿轮渗氮热处理畸变与控制措施　轴类齿轮主要包括齿轮轴、蜗杆、齿条等，渗氮后的轴类齿轮畸变主要是指其表层的膨胀和其形状的弯曲和翘曲。轴类齿轮渗氮热处理畸变与控制措施见表 10-28。

表 10-28　轴类齿轮渗氮热处理畸变与控制措施

项　目	影响因素	畸变原因	畸变规律与对策
截面形状对称性的影响	例如，齿轮轴上单面有一个长键槽，经过渗氮后，有键槽的一面将会凸起	1）一般情况下最大的畸变量在 0.05mm 以内，机械加工时必须控制加工余量，渗氮后需精密加工的齿轮，其最大畸变处的磨削量不得大于 0.15mm 2）渗氮后齿轮表面的膨胀畸变是由于氮原子的渗入，使齿轮基体的晶格常数增加，导致齿轮的表层膨胀。同时，因表层受到压应力作用，使轴类齿轮在轴向产生伸长的倾向 3）渗氮后轴类齿轮的弯曲和翘曲畸变也是因氮原子的渗入，使齿轮基体的晶格常数增加，容易使表层受压应力作用，心部受拉应力作用。此应力加上齿轮在渗氮前的残余应力，就组成了引起形状变化的应力源。如果在渗氮过程中受到其他因素的影响，如炉温不均匀，将使齿轮内部的应力分布失去平衡，便会产生弯曲或翘曲畸变	1）轴类齿轮经渗氮后，其尺寸变化较小，外径虽然胀大，但膨胀量很小，而长度伸长较多 2）等温渗氮后的畸变量大于两段渗氮，渗氮温度越高，时间越长，则渗层深度越深，畸变量越大 3）渗氮时缓慢升温是控制渗氮后畸变的重要环节。细长轴齿轮必须采用阶段升温的方法。如先在 250 ~ 300℃ 保温 1 ~ 2h，然后在 400℃ 保温 1 ~ 2h，再升温到渗氮温度（如 510℃）进行渗氮
渗氮前应力消除情况的影响	轴类件在渗氮前的应力消除是否彻底，对渗氮件的畸变量影响极大 应力消除温度一般不高于调质时的高温回火温度		
渗氮装炉时吊挂和放置位置的影响	轴类件尽量垂直自由吊挂。在必须平放时，可借助多个螺旋小千斤顶（尤其对较大的长轴齿轮），把轴支撑好，并使其轴心在一个水平面上，以保证受力均匀；或放在一层较粗、干燥及干净的砂粒上，一般情况下，与砂粒接触的部分不会影响渗氮效果		
渗氮工艺对畸变的影响	渗氮工艺优先采用两段渗氮法。同时，要求炉子温差 ≤5℃。炉温不均匀，成为畸变的主要因素之一，也增加了附加的热应力，最终增大了应力不平衡性，即增加了畸变趋势		

（2）轴类齿轮渗氮热处理畸变与控制的实例（见表 10-29）

表 10-29　轴类齿轮渗氮热处理畸变与控制的实例

齿轮技术条件	热处理工艺	畸变控制情况
蜗轮、蜗杆，40Cr 钢，技术要求：渗氮层深度 > 0.3mm，硬度 500 ~ 650HV	采用缓慢升温渗氮工艺：预热 300℃ × 2h + 480℃ × 2h，并预先调整氨气分解率。渗氮：(510 ~ 520)℃ × 10h + (510 ~ 520)℃ × 30h，其氨分解率分别为 18% ~ 25% 和 30% ~ 50%	采用缓慢升温渗氮工艺，减小了蜗杆、蜗轮的热处理畸变
剑杆织机传剑齿条，模数 2.5mm，齿数 31，QT700-2 铸铁，技术要求：离子渗氮，表面硬度 52HRC 以上，要求畸变较小	齿条加工流程：铸造 → 石墨化退火 → 高温正火 → 粗加工 → 去应力退火 → 粗插齿 → 去应力退火 → 精插齿 → 离子渗氮（520℃ × 24h）	齿条导轨直线度、齿顶直线度热处理畸变量分别为 0.04mm 和 0.02mm，完全达到技术要求

10.4　齿轮的感应热处理畸变与控制技术

齿轮感应淬火的方法很多，如高频感应淬火、中频感应淬火、超音频感应淬火、双频感应淬火等。齿轮感应淬火时，通常内孔、外圆、齿形、齿向与螺旋角等均要产生一定的畸变，严重时会造成齿轮报废。

齿轮感应淬火产生的畸变与诸多因素有关，因此防止畸变的措施各异，但有些措施是普遍性的，对减小各类齿轮的畸变都有效。

10.4.1　减小与控制齿轮感应淬火畸变的措施

齿轮采用感应淬火时也会产生热畸变（凹陷）和相变畸变（凸起）的综合畸变，一般热畸变大于相变畸变。由于产生畸变的方向是相互抵消的，所以通过控制热处理条件使之相互抵消以减小畸变，这是非常重要的。

减小与控制齿轮感应淬火畸变的一般性措施见表 10-30。

表 10-30　减小与控制齿轮感应淬火畸变的一般性措施

措施	工艺方法
消除毛坯内应力，均匀与细化组织	齿轮毛坯正火，尤其等温正火对改善畸变效果好
采用预先调质处理	感应淬火前进行调质处理以获得均匀、细小的索氏体组织，可减小畸变
消除机械加工应力	感应淬火前进行一次 600 ~ 650℃ 消除应力退火处理
正确选择感应淬火工艺参数	感应加热频率选择适当；感应器与齿轮之间距离不要过大；淬火前预热，尤其对于大模数齿轮
加热均匀	齿轮轴偏摆要小；感应器形状均匀；套圈加热时齿轮旋转；感应圈与齿形间距均匀

（续）

措　施	工　艺　方　法
适当冷却	采用合适浓度的淬火冷却介质，如各类聚合物（PAG）水溶液
增加齿轮本体强度	合理设计齿轮结构
合理安排加工工序	如齿轮上某些沟槽及减重孔安排在感应淬火后进行加工
合理操作	对多联齿轮，一般先淬小齿轮，后淬大齿轮

合理设计齿轮结构、正确制定感应淬火工艺、及时与充分回火等，以减小齿轮感应淬火畸变，具体措施如下。

1. 合理设计齿轮结构

合理设计齿轮结构，尽量使齿轮结构对称、均匀，提高结构强度等，以减少感应淬火应力，进而减小齿轮热处理畸变。为减小齿轮畸变，对齿轮结构的合理设计要求见表 10-31。

表 10-31　齿轮结构的合理设计

序号	齿轮结构	作用
1	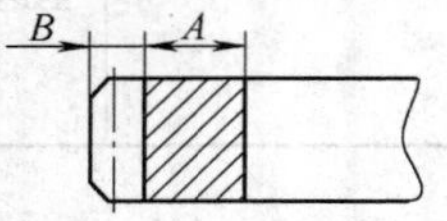	对左图所示齿轮进行合理设计，使 $A \geq 2B$，以增加轮毂部分的强度，减小齿轮热处理畸变
2	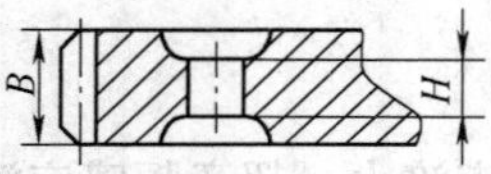	对左图所示齿轮进行合理设计，使 $H \approx B/3$，且轮辐位于齿轮中心对称位置，以减小齿轮热处理畸变
3	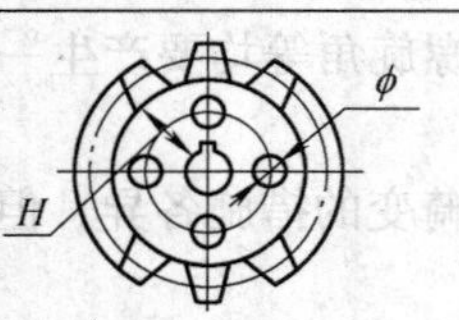	对左图所示齿轮进行合理设计，使工艺孔 $\phi \approx H/3$，且均匀分布，以减少齿轮热处理畸变。否则，工艺孔过大会增大齿部的畸变
4	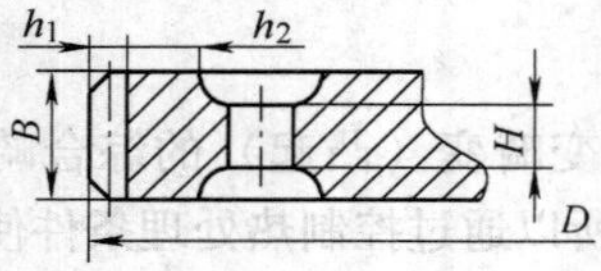	对左图所示齿轮进行合理设计，使 $h_2/D = 0.1 \sim 0.2$，且轮毂厚度与齿轮大小要相适应，以保证有足够的强度，减小齿轮热处理畸变
5	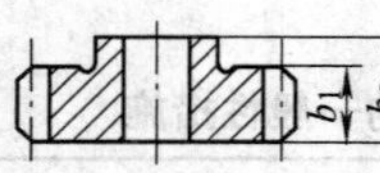	双联或三联齿轮高频感应淬火时，齿部两端面间距离 $b_2 \geq 8mm$，b_1 和 b_2 相近，可减小畸变
6	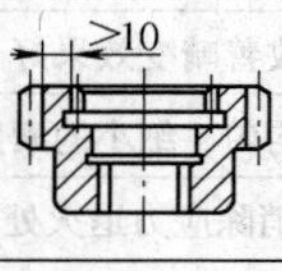	内外齿均需要高频感应淬火时，两齿根圆间的距离应大于 10mm，以加强薄壁厚度，减少畸变
7	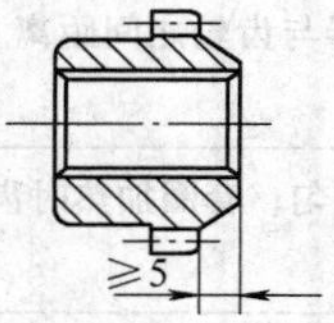	齿部与端面均要求淬火时，端面与齿部距离不应小于 5mm

（续）

序号	齿轮结构	作用
8		齿部淬火后，再加工出 6 个孔，可以减少畸变
9	G48	对圆断面齿条，当齿顶平面到圆柱表面的距离小于 10mm 时，可采用高频感应淬火
10		对圆断面齿条，当齿顶平面到圆柱表面的距离大于 10mm 时，最好采用渗氮处理代替感应淬火，但离子渗氮对畸变控制效果更好
11		塔形齿轮轮辐有孔槽时，则孔在圆周上应分布均匀，孔槽上下力求对称，否则淬火后将有复杂畸变

2. 选择合适的感应淬火方法

在实际生产中，齿轮的大小、形状是多种多样的，淬硬层分布、技术要求也各有不同，为了满足各种齿轮的技术要求，必须采用多种工艺和操作方法。感应淬火原则上分为两大类，即同时加热淬火和连续加热淬火。选择合适的感应淬火方法控制齿轮畸变见表 10-32。

表 10-32　选择合适的感应淬火方法控制齿轮畸变

方　　法	适用范围与畸变控制方法
同时加热淬火	这种方法常用于：模数 $m < 5mm$ 且齿部不宽的齿轮齿面淬火；具有多个不同位置的淬硬区，且各淬硬区淬火面积都不大时，进行的逐个或几个淬硬区的同时加热淬火；齿轮的直径不太大、且硬化区不很长的各种形状的淬硬区
	同时加热淬火时可将圆柱形定位套放在齿轮内孔中，再把定位套放在淬火机床的转轴上，然后把感应器套在齿轮外面，旋转齿轮加热淬火
连续加热淬火	可实现同时加热淬火无法实现的过程（如大模数齿轮的单齿连续加热淬火）；用于直径大、淬硬区长、淬硬区面积大的齿轮；用于现有电源功率小、无法实行大面积同时加热淬火的情况等
	大模数齿轮采用单齿连续加热淬火时，为了保证感应器与齿面间隙一致，采用靠模装置，对斜齿轮和人字齿轮则必须设有靠模装置
不同模数齿轮的感应淬火方法的确定原则	模数 $m = 2.5 \sim 4.5mm$ 的齿轮，可以采用 30kW 或 60kW 的感应加热设备进行加热淬火
	模数 $m = 4mm$ 或 $m = 5mm$ 的大直径（如 500mm）齿轮，其齿宽又较大者，则可以按照齿宽部分一段一段加热淬火（当允许有适当软带时）

（续）

方　法	适用范围与畸变控制方法
不同模数齿轮的感应淬火方法的确定原则	1）模数 $m<5mm$ 的齿轮，一般均可采用同时加热淬火方法；如果齿宽太大（60～80mm）时，则可采用整体连续加热淬火方法，当模数 $m=3～5mm$ 的圆柱形齿轮采用此方法时，则加热前应先预热一次，以使温度均匀、畸变减小 　2）模数 $m<5mm$ 的锥形齿轮，通常采用同时加热淬火方法
	1）模数 $m≥6mm$ 的齿轮采用逐齿淬火时，为了避免邻近轮齿的加热回火软化，可采用厚度 $0.5～1.5mm$ 的纯铜板弯成屏蔽套，放置在邻近的齿上加以保护 　2）模数 $m≥6mm$ 的锥形齿轮，可采用逐齿加热淬火方法，如果齿尖端容易过热，则可以在齿尖端加铜片，以吸去其多余的热量
	模数 $m>6mm$ 的齿轮，可采用单齿淬火方法；如果齿宽大，则采用逐齿连续淬火方法
	大模数齿轮采用逐齿加热淬火时，一般按顺序先淬1、3、5、7等轮齿，再回火，然后按2、4、6、8等顺序淬完余下的一半轮齿，再回火

3. 选择合适的感应加热速度与淬火加热温度

感应加热时，由于加热速度快，持续时间短，所以在达到高温（淬火温度）的整个持续时间内，不会发生晶粒长大现象。因此，感应加热的温度可以比普通加热的淬火温度要高一些。钢的原始组织及晶粒大小不同时，其最佳淬火规范也不同。钢的原始组织越细，加热时相变就越易在较低温度下完成，这对畸变控制有利。

感应淬火加热温度与钢的成分、原始组织状态及加热速度等因素有关。感应淬火温度的选择主要根据钢的成分、原始组织状态，并结合金相组织、硬度及畸变要求来加以调整。

4. 选用合适的感应淬火冷却介质及冷却方式

图 10-3 所示为感应淬火常用的冷却方式和淬火冷却介质。

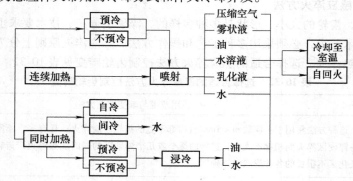

图 10-3　感应淬火常用的冷却方式和淬火冷却介质

（1）感应淬火冷却方式　感应加热时，常用的冷却方式有浸液冷却、喷射冷却和埋液冷却。感应淬火冷却方式及其特点和适用范围见表 10-33。

表 10-33　感应淬火冷却方式及其特点和适用范围

冷却方式	特点与适用范围
喷射冷却	1）它既适合于同时加热淬火，也适合于连续加热淬火。喷射冷却方式可以通过调节淬火冷却介质压力（通常为 $0.15～0.3MPa$）及其温度、喷射时间来控制冷却速度 　2）喷射冷却方式中，使用最多的是喷水冷却方式。碳素钢及低合金钢齿轮大多数采用喷水冷却方式

（续）

冷却方式	特点与适用范围
喷射冷却	3）为减小淬火畸变、避免开裂，同时加热淬火后可以采用预冷后淬火或间断冷却。同时加热时喷水冷却时间一般取加热时间的 1/3 ~ 1/2 4）在连续加热淬火时，可以改变喷水孔与齿轮轴向间的夹角或喷水孔与齿轮之间的距离、齿轮移动速度等来调整预冷时间
浸液冷却	同时感应加热后的齿轮整体浸入油或水中冷却，对于复杂的齿轮，可以采用加热后预冷（使表面温度均匀）淬火的方法，以避免产生裂纹
埋液冷却	埋油淬火冷却多用于淬透性好的合金结构齿轮的中频连续加热淬火

（2）淬火冷却介质　齿轮感应淬火冷却介质的选择见表 10-34。感应淬火常用的淬火冷却介质及其冷却方式见表 10-35。

表 10-34　齿轮感应淬火冷却介质的选择

淬火冷却介质	特点与适用范围
自来水	1）当齿轮冷却到较低温度时，由于水的冷却速度过快，这使其只适于形状简单的低淬透性钢（如碳素结构钢）齿轮的冷却。对于淬透性稍高的合金结构钢齿轮和碳含量更高的碳素结构钢齿轮，若采用自来水淬火冷却，则形成淬火裂纹倾向较大 2）自来水适用于喷淋淬火及浸液淬火。用于喷射冷却时，一般水温控制在 15 ~ 40℃，水压控制在 0.1 ~ 0.3MPa，水压高时，虽然易淬硬，但也易出现淬火裂纹
普通机械油	1）普通机械油的冷却速度不快，可用于淬透性较好的合金钢的浸液淬火和埋油淬火 2）使用油淬火时，必须具有良好的通风和灭火条件。采用埋油淬火时，一般在油中设有喷油装置或油搅拌器，以便对淬火油进行强制冷却
专用快速淬火油	专用快速淬火油具有远低于自来水而又比普通机械油高得多的冷却速度，适于大多数合金结构钢齿轮和截面小的碳素结构钢齿轮的淬火冷却。但淬火油易燃，不适于喷淋淬火，一般只用于高、中频同时加热后的浸液淬火
PAG 水溶液	1）PAG 水溶液既可用于喷淋淬火，也可用于浸液淬火。喷淋淬火时，不会堵塞感应器的喷水孔，很好地解决了齿轮感应淬火开裂问题和硬化层深度不足问题 2）PAG 水溶液不仅在一般结构钢齿轮的感应淬火中得到很好的应用，而且在淬硬层要求特别深的铸钢齿轮或者铸铁齿轮的感应淬火中也取得了满意效果
聚乙烯醇水溶液	1）聚乙烯醇水溶液用于喷射冷却，其冷却能力随浓度的增高而降低，通常生产上使用的质量分数为 0.05% ~ 0.3%；若质量分数大于 0.3%，则使用温度最好为 32 ~ 43℃，一般不宜低于 15℃ 2）聚乙烯醇水溶液的冷却能力较低，适用于低合金钢齿轮及形状复杂的碳素钢齿轮，对防止这些齿轮的畸变、开裂效果良好
乳化液	乳化液（通常采用质量分数为 3% 的乳化液）用于喷射冷却时，其冷却能力较低，适用于低合金钢齿轮及形状复杂的碳素钢齿轮，用来减少与防止这些齿轮的畸变与开裂

表 10-35　感应淬火常用的淬火冷却介质及其冷却方式

淬火冷却介质	介质温度/℃	齿轮用钢牌号	
		喷射冷却（压力 0.15 ~ 0.4MPa）	浸液冷却
水	20 ~ 50	45	45
5% ~ 15%（质量分数）的乳化液	<50	40Cr、45Cr、42SiMn、35CrMo	—

（续）

淬火冷却介质	介质温度/℃	齿轮用钢牌号	
		喷射冷却（压力 0.15～0.4MPa）	浸液冷却
淬火油	40～80	55	40Cr、45Cr、42SiMn
5%～15%（质量分数）的聚合物（PAG）水溶液	10～40	35CrMo、42CrMo、42SiMn、55Ti、60Ti、70Ti	

5. 感应淬火后齿轮的及时、充分回火

齿轮经过感应淬火后，应及时、充分回火，以消除热处理应力，并降低齿轮畸变与开裂倾向。几种典型回火方式、特点见表 10-36。

表 10-36　几种典型回火方式、特点

回火方式	特　点
炉中回火	感应淬火齿轮的炉中回火温度比普通淬火齿轮的高一些。回火时间一般为 1～2h，与感应加热回火相比其周期偏长
自行回火	对于形状简单或大批量生产的齿轮可以采用自行回火。自行回火可减少淬火开裂的倾向，在达到同样硬度的条件下，自行回火的回火温度要比炉中回火温度高，具体可参见 6.3.4 内容
感应加热回火	齿轮通过感应淬火冷却后，接着在回火感应器内进行回火。感应加热回火同样可以消除齿轮内的残余拉应力，因而可以减少畸变与开裂倾向，但感应加热回火时加热层必须大于硬化层深度，具体参见 6.3.4 内容

6. 其他感应淬火工艺参数的选择

其他感应淬火工艺参数，如感应加热设备频率、感应器与齿轮淬火表面之间的间隙和比功率等的合理选择有利于获得满意的淬硬层形状及较小的畸变等。具体可参见 6.3.4 内容。

7. 感应器的选择

通过合理设计和选择齿轮感应淬火用感应器，不仅可以获得较理想的淬硬层分布、硬度及显微组织，而且还可以得到较小的畸变，并避免裂纹的产生。齿轮高频、中频感应淬火感应器的种类与选择参见 6.3.11 内容。

10.4.2　齿轮的高频感应淬火畸变与控制技术

影响齿轮高频感应淬火畸变的因素主要有齿轮的形状、热处理工艺规范、冷却方式、感应器结构设计、机械加工的残余应力情况等。齿轮形状不同，所表现的感应淬火畸变规律也不同。对此，应通过相应工艺、材料、感应器等方面试验，找出齿轮热处理畸变规律，并确定最佳畸变控制方案。

1. 齿轮的高频感应淬火畸变特点

（1）一般高频感应淬火齿轮畸变要求（见表 10-37）

表 10-37　一般高频感应淬火齿轮畸变要求

序　号	畸　变　要　求
1	模数 $m \leqslant 5mm$、齿宽 $<40mm$ 的齿轮高频感应淬火后，齿向允许畸变量为 0.01mm
2	模数 $m > 5mm$、齿宽 $<40mm$ 的齿轮高频感应淬火后，齿向允许畸变量为 0.015mm
3	齿轮内花键孔畸变按照壁厚分为 1）齿轮最小外径/最大孔径 $\leqslant 2mm$ 时，允许缩小量 $\leqslant 0.05mm$ 2）齿轮最小外径/最大孔径 $> 2mm$ 时，允许缩小 $\leqslant 0.03mm$

（2）不同高频感应淬火方法及其畸变特点（见表 10-38）

表 10-38　不同高频感应淬火方法及其畸变特点

淬火方法	畸变特点	淬火状况（见相应图 a）与硬化层形状（见相应图 b）
单齿沿齿面连续加热淬火法	使用沿齿形（齿宽方向）制成的单匝感应圈每次加热淬火一个轮齿。其特点是，适用于齿面硬化和齿面、齿顶的硬化；容易发生圆度畸变；齿轮的大小变化 0.1～0.3mm。图 a 为单齿沿齿面连续加热淬火法示意图，图 b 为单齿沿齿面连续加热淬火法获得的硬化层分布。齿轮材料为 40 钢、45 钢	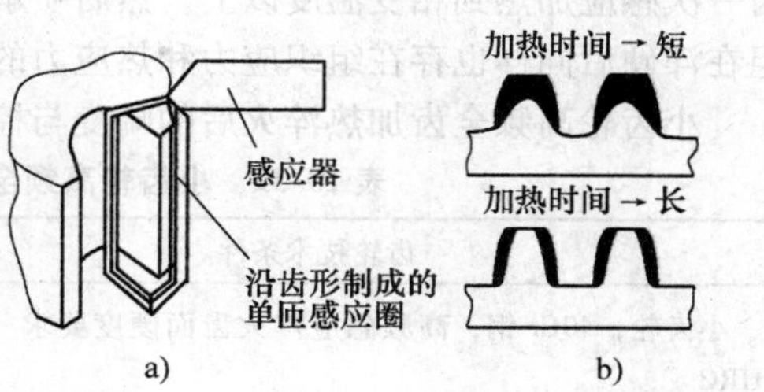
单齿沿齿沟连续加热淬火法	感应器为仿齿槽（轮齿的横截面方向）形状，加热淬火方向由下往上。其特点是，适用于齿面和齿根的硬化；淬火畸变使单个齿面歪斜 0.05mm 左右；易发生圆度畸变（0.1～0.3mm）。齿面硬化层深度为 3～3.5mm，如图 b 所示。图 a 为单齿沿齿沟连续淬火法示意图。齿轮材料为 40 钢、45 钢	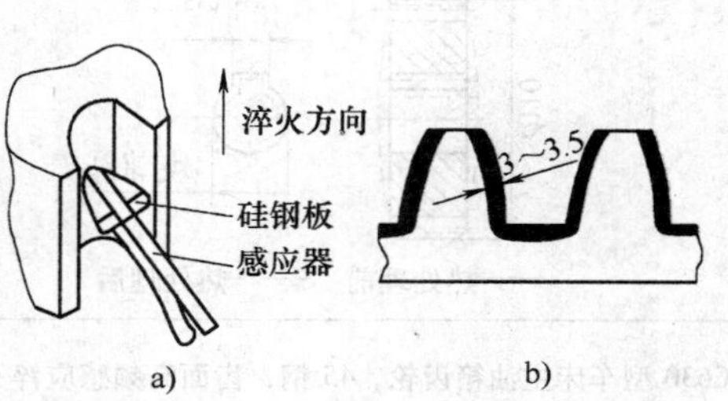
全齿连续加热淬火法	感应圈高度低于齿轮宽度，加热淬火方向由下往上。其特点是，齿面、齿根和齿顶同时硬化；一般适用于模数小而齿宽大的齿轮；容易发生锥形畸变（约 0.3mm），齿根硬化层深度为 1～2mm，如图 b 所示。图 a 为全齿连续加热淬火法示意图。齿轮材料为 40 钢、45 钢	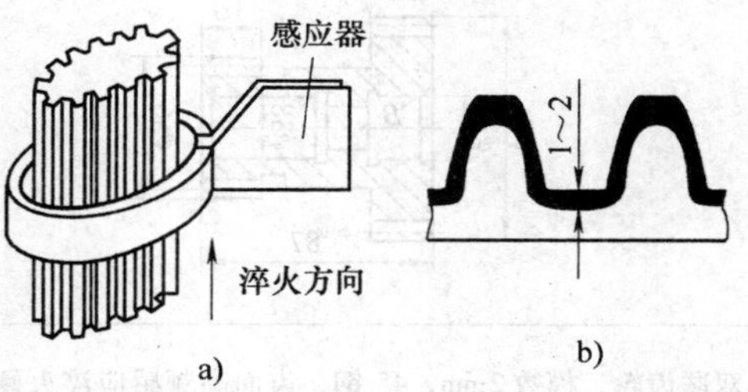
全齿同时加热淬火法	制成与齿宽基本相同宽度的感应圈（见图 a）。其特点是，齿面、齿根和齿顶同时硬化；一般适用于较小模数、齿面小的齿轮；每个轮齿畸变均匀，但齿轮形状会产生畸变。齿根硬化层深度为 3～4mm，如图 b 所示。齿轮材料为 40 钢、45 钢	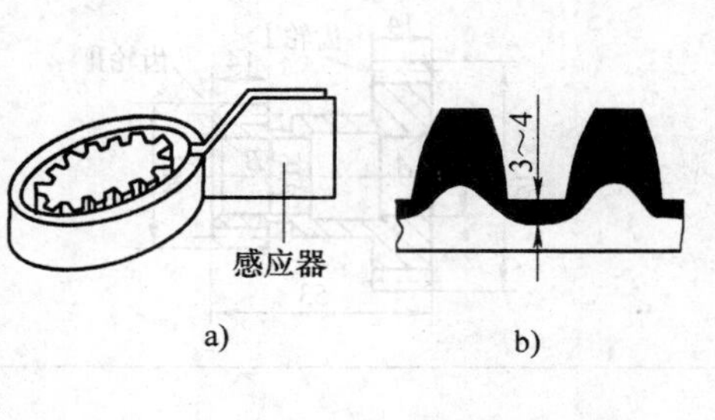

2. 齿轮高频感应淬火畸变与控制技术

（1）轴类齿轮的高频感应淬火畸变与控制方法　　高频加热时，表层受热膨胀，轴类件沿轴向伸长。此时心部还处在冷的刚性状态，表层受压应力作用，心部受拉应力作用。随着加热温度的升高，在压应力的作用下，发生塑性畸变，使轴类件的直径胀大，两端面呈圆弧形，长度缩短。

轴类齿轮在高频感应淬火时的弯曲畸变，主要是由于加热温度不均匀而引起的。因此，高频感应淬火的感应圈内孔必须与轴类齿轮外圆同心，轴类齿轮自身的偏摆也要保持一定的公差范围，以消除或减小轴类齿轮的弯曲畸变。

（2）小齿轮高频全齿加热淬火后的畸变与控制　对于模数在 3.5mm 的小齿轮，一般采用全齿一次感应加热到相变温度以上，然后喷水冷却。虽然这种情况仅是齿部加热，加热时间很短，但在淬硬后同样也存在组织应力和热应力的影响，不仅齿部会产生畸变，而且内孔也受到影响。

小齿轮高频全齿加热淬火后的畸变与控制的实例见表 10-39。

表 10-39　小齿轮高频全齿加热淬火后的畸变与控制的实例

齿轮技术条件	热处理工艺	畸变控制效果
小齿轮，40Cr 钢，高频感应淬火齿面硬度要求（50 ± 3）HRC ——热处理前　– – –热处理后	高频全齿加热→油冷→中温回火	齿轮畸变表现为内孔（$\phi36$mm）及键槽宽度（10mm）缩小。其内孔缩小量 $-0.04 \sim -0.03$mm，键宽缩小量 $-0.04 \sim -0.03$mm
C630 型车床主油箱齿轮，45 钢，齿面高频感应淬火硬度要求 40～45HRC 	齿轮毛坯调质→车削加工→加工齿形→高频感应淬火	检测内孔 $\phi38$mm 的 A 处和 $\phi38$mm 的 B 处尺寸变化情况。在壁厚较厚的 B 处，内孔平均缩小 0.027mm；在壁厚较薄的 A 处，内孔平均胀大 0.013mm
双联齿轮，模数 2mm，45 钢，齿面高频感应淬火硬度要求 40～45HRC 	齿轮毛坯调质→车削→铣齿→高频感应淬火	1）双联齿轮 A 处内孔（$\phi38$mm）平均收缩 0.02mm，B 处内孔（$\phi38$mm）平均收缩 0.008mm 2）高频感应淬火后，齿轮 I 和齿轮 II 的公法线长度缩小，公法线变动量增加
行星齿轮，40Cr 钢，齿表面感应淬火硬度要求 50～55HRC 	齿轮毛坯调质→车削→铣齿→高频感应淬火	淬火后检验齿轮内孔（$\phi22$mm）A 处（壁厚 4.5mm）平均胀大 0.025mm；B 处（壁厚 7mm）平均胀大 0.018mm；C 处（壁厚 12.76mm）平均缩小 0.02mm

（续）

齿轮技术条件	热处理工艺	畸变控制效果
渔具齿轮，模数 1mm，45 钢，调质后硬度 20 ~ 26HRC，齿部表面高频感应淬火硬度 48 ~ 52HRC 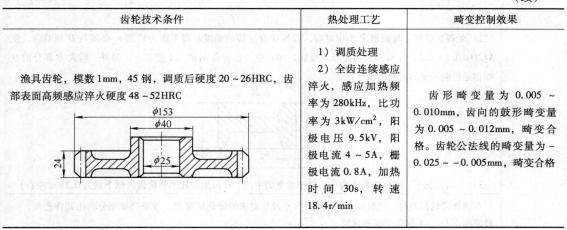	1）调质处理 2）全齿连续感应淬火，感应加热频率为 280kHz，比功率为 3kW/cm^2，阳极电压 9.5kV，阳极电流 4 ~ 5A，栅极电流 0.8A，加热时间 30s，转速 18.4r/min	齿形畸变量为 0.005 ~ 0.010mm，齿向的鼓形畸变量为 0.005 ~ 0.012mm，畸变合格。齿轮公法线的畸变量为 - 0.025 ~ - 0.005mm，畸变合格

（3）圆柱齿轮或圆盘形齿轮高频感应淬火的畸变与控制方法（见表 10-40）

表 10-40　圆柱齿轮或圆盘形齿轮高频感应淬火的畸变与控制方法

畸变趋势	畸变控制
对于一般直齿轮（圆柱形或圆盘形直齿轮），高频感应淬火后，内孔缩小 0.01 ~ 0.05mm，外径不变或减小 0.01 ~ 0.03mm 当外径与内径之比 < 1.5 时，内孔略有胀大， 当齿轮有键槽时，高频感应淬火后内径向键槽方向胀大，形成圆度畸变，轮齿间稍有畸变，齿形变化较小，一般表现为中间凹入 0.002 ~ 0.005mm	根据齿轮形状采取合理加热工艺，如果对多联齿轮小端进行小功率较长时间加热，内径可胀大 0.02 ~ 0.04mm；对大端淬火时，内径缩小，因此形成喇叭形。如果采用较大单位功率，缩短加热时间，即可避免内径胀大
汽车齿轮上开有六孔，直径大，畸变严重，如图 a 所示	将其孔径减小到 1/3 左右，畸变得到改善，如图 b 所示

（4）减小与控制齿轮高频感应淬火畸变的措施与方法（见表 10-41）

表 10-41　减小与控制齿轮高频感应淬火畸变的措施与方法

方　法	内　容
常用方法	从齿轮设计和加工方面控制高频感应淬火畸变的方法如下： 1）齿轮轮辐应大于齿宽的 1/3，大约位于齿宽中间的对称位置上。理想的齿轮设计形状如下图：

（续）

方　法	内　　　容
	2）轮毂的壁厚要与齿形大小相对应，以保证有足够的强度。即下图齿轮的 h_2 必须与 D 相对应，使 $h_2/D = 0.1 \sim 0.2$，且 h_2 必须与齿形（模数）相对应，是齿高 h_1 的 1.1 倍以上。另外，增大 H 部分的壁厚也是控制畸变的有效措施 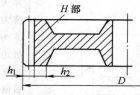 3）一般情况下，要把齿轮啮合中心置于齿宽的中间，尽可能做成凹形轮齿（凹下量为 0.1mm 左右）
	在选择齿轮材料时，应根据齿轮形状、大小及所要求的硬化层深度，考虑到要充分利用其淬透性，一般使用 40Cr、45 钢等中碳钢材料
	齿坯的锻造、压延应当充分，毛坯纤维无方向性，晶粒均匀，非金属夹杂物少且均匀
常用方法	1）高频感应淬火前，应进行预备热处理，如调质或正火 2）为了减小高频感应淬火后内孔的收缩，可将齿轮毛坯粗车后，在铣齿外圆处进行一次与淬火时所采用的工艺基本相同的高频正火，再将齿轮毛坯精车到要求尺寸，可使后序淬火时齿轮的内孔收缩量大为减少，内径尺寸不超出公差范围 举例：为防止下图所示带凸台齿轮内孔感应淬火畸变超差，可先在凸台的小端（A 端）进行高频正火，铣齿后再进行齿面淬火，即可减小齿轮畸变 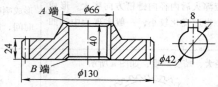
	选定适当的硬化层深度和形状。特别是当硬化层深度超过一定的需要深度时，将会成为畸变的主要原因。一般情况下，当模数在 6 ~ 12mm 时，可采用以下硬化层深度： 齿面深度（mm）=（0.20 ~ 0.30）×模数 m；齿根深度（mm）=（0.16 ~ 0.28）×模数 m
	采用单齿同时加热淬火时，在齿宽大（200mm）的情况下，必须要考虑冷却水对整个齿宽是否能够起到均匀冷却的效果
	齿宽两端部容易淬透。但从齿轮功能上看，将齿宽两端部的硬度降低一些，可能更好一些。可缩短感应圈的高度，或将齿轮和感应圈的间隙加大
控制齿轮高频感应淬火特有畸变的措施与方法	在进行全齿连续加热淬火和同时加热淬火时，应使齿轮旋转。其旋转速度可根据齿轮大小（模数）和加热装置的频率来选择，但一般在 15 ~ 40r/min 范围内
	在淬火冷却期间，水温一般在 20 ~ 30℃，在淬火冷却一个齿轮时，从冷却开始到结束，温差要在 ±5℃以内，水槽容量应满足这一要求
	降低高频加热温度，可减小齿轮感应淬火畸变
	当轮齿顶端发生膨胀，与其相啮合的齿根部分发生硬性接触时（即相互干涉，加大噪声），就要通过研磨等方法修复齿顶，以提高精度，降低噪声
	齿轮轴调质处理后进行矫直处理，结束时应进行一次去应力退火，然后再进行高频感应淬火，以减小齿轮轴畸变

（续）

方　法	内　容
控制齿轮高频感应淬火特有畸变的措施与方法	对于全齿同时加热淬火的小齿轮，由于内孔带键槽，在齿轮感应淬火过程中，齿轮内孔容易发生畸变。可采用高频预热法以减小内孔的收缩
	齿轮高频预热工艺流程：锻坯正火→粗车削→高频预热（大约700℃，较小功率缓慢加热）→精车（内孔、端面及外圆）→滚、剃齿→高频感应淬火→低温回火
	薄壁齿轮采用内孔喷水冷却以减少内孔胀大畸变
	采用齿轮的高频自冷淬火方法
	合理设计感应器。如果感应器的设计不合理，喷水淬火不能使齿面达到均匀冷却效果，将会造成齿面弯曲和公法线变化超差
稳定尺寸的塞芯轴感应淬火	对于内孔精度要求高（指9级以上）、截面变化又较大的齿轮，处理前用芯轴堵塞精度要求高的内孔，然后进行高频感应淬火。被堵塞的内孔淬火后几乎不变形。芯轴的工作部分，须经过表面淬火，再精磨到被堵内孔公差尺寸的下极限偏差。塞芯轴淬火后，再将芯轴从工件中压出

（5）减小与控制高频感应淬火畸变的实例（见表10-42）

表10-42 减小与控制高频感应淬火畸变的实例

齿轮技术条件	齿轮简图	热处理工艺	畸变情况
齿轮（见右图），40Cr钢，要求高频感应淬火	 φ252 φ70 φ90 52 25	高频预热700℃×（20±3）s；高频感应淬火920℃×（24±1）s	1）未经高频预热时，高频感应淬火后齿轮内孔一般收缩0.04～0.05mm 2）经高频预热及淬火后，齿轮内孔收缩仅为0.01～0.02mm
薄壁齿轮，模数分别为3mm和1.5mm，外径分别为75mm和45mm，40Cr钢，要求齿部高频感应淬火	 1—淬火机床 2—底座 3—感应器 4—入水口 5—喷水管 6—齿轮 7—排水管	高频感应淬火	对薄壁内花键齿轮淬火时，在淬火加热内孔的同时进行喷水冷却，可减小内孔的胀大。左图为防内孔收缩感应淬火喷水冷却示意图
工程机械减速器齿轮，外径132mm，内径65mm，模数6mm，40Cr钢，要求齿部高频感应淬火	 齿轮移动方向 1—水管 2、5—上下胎具 3—齿轮 4—感应圈 6—泄水孔	灯丝电压32～33V，阳极电压10～12kV，槽路电压8～10kV，阳极电流7～8A，栅极电流1.4～1.6A	采用双匝感应圈对齿轮进行连续加热淬火后，内孔呈鼓形收缩。对此，在齿面高频感应淬火时内孔通循环水，则畸变减小

（续）

齿轮技术条件	齿轮简图	热处理工艺	畸变情况
标准渐开线直齿轮（见图 a），齿数 24，压力角 20°，45 钢，要求高频感应淬火	$\phi35$ 17 $\phi66$ a) 喷水方向 1 2 齿轮旋转方向 20° b) 1—齿轮　2—感应器	高频感应淬火	为了防止轮齿的弯曲和倾斜畸变，将感应器进行改进，调整喷水孔角度，如图 b 所示
齿轮（见右图），模数 3mm，齿坯要求调质处理，齿表面高频感应淬火硬度 45～50HRC，齿根硬度 ≥35HRC，内花键孔缩小量 <0.03mm	$\phi32$ $\phi60$ $\phi28$ 8 30	高频加热电参数：阳极电压为 11.5～12kV，阳极电流为 2.2～2.5A，栅极电流为 0.3～0.5A	1）用 10mm×8mm 矩形纯铜管加工成 $\phi65$mm 的双匝感应圈，全齿同时加热到淬火温度 2）淬火回火后内花键孔收缩量为 0.02～0.03mm，畸变等达到技术要求

10.4.3　齿轮的中频感应淬火畸变与控制技术

1. 轴类齿轮的中频感应淬火畸变与控制技术

1）轴类件（齿条、齿轮轴、蜗杆等）中频感应加热时，其淬硬层深度比高频感应加热时要深一些，若操作不当也容易引起弯曲等畸变，其畸变原因及对策见表 10-43。

表 10-43　轴类齿轮中频感应淬火畸变原因与控制措施

序号	畸变原因	对　　策
1	当轴类齿轮进行感应加热时，虽然只是局部表面加热，但由于其受热后仍会膨胀，使长度伸长，若轴的尾部用顶尖定位，则因长度伸长受阻而使轴产生弯曲畸变	若轴类齿轮经中频感应淬火后弯曲，可在淬火后立即矫直。因为此时轴的心部还是热的，矫直比较容易
2	轴类齿轮矫直后应力未予以消除	为消除矫直引起的应力，矫直后应立即进行一次回火处理
3	中频加热不当将会造成加热不均匀，冷却不均匀，从而使淬硬层深度也不均匀，最终导致轴类齿轮的弯曲畸变	轴类齿轮在感应加热时，轴心和感应器的中心必须保持同心

（续）

序号	畸变原因	对　策
4	淬火夹具问题	淬火机床顶尖采用弹性顶尖，两顶尖同心度误差应 < 0.05mm
5	感应器及喷水器设计、制造与使用问题	感应器及喷水器设计、制造及使用应保证加热或冷却均匀
6	齿条在单面加热淬火时，也存在不对称的淬硬层，因而会引起弯曲或翘曲	若齿条较大，而淬硬层较浅，畸变会较小；若齿条单薄，采用单面淬火时，其畸变量较大，而且很难校正

2）轴类齿轮的中频感应淬火畸变与控制的实例见表 10-44。

表 10-44　轴类齿轮的中频感应淬火畸变与控制的实例

齿轮技术条件	齿轮简图	热处理工艺	畸变控制情况
大型齿条（见右图），模数 62.67mm，宽度 810mm，G42CrMo4 钢（相当于 ZG42Cr1Mo 钢），齿条技术要求：齿面硬度（610 ± 20）HV，齿面淬硬层深度 6 ~ 9mm		1）铸钢齿条整体预先调质处理 2）采用单齿沿齿廓连续淬火法，对齿面、齿根同时加热淬火	采用感应淬火方法，其热处理畸变较小，齿面与齿根硬度分别为 594 ~ 603HV 和 530 ~ 548HV，齿面与齿根淬硬层深度分别为 6.9 ~ 7.7mm 和 4.7 ~ 5.2mm，马氏体组织 5 级，畸变小，均达到技术要求

2. 环、套类齿轮的中频感应淬火畸变与控制技术

（1）环、套类齿轮的中频感应淬火畸变与控制措施（见表 10-45）

表 10-45　环、套类齿轮的中频感应淬火畸变与控制措施

序号	畸变原因	对策
1	加热不均匀	除调整好齿轮在感应圈及喷水圈中的相对位置外，还应保证加热温度均匀
2	冷却不均匀	调整好齿轮在感应圈及喷水圈中的相对位置，保证冷却水压力足够大，大水量、短时间冷却比低水压、长时间冷却的畸变小
3	对于长套类齿轮，其套筒本身的壁厚不均匀，无论采用固定加热或旋转加热，都会造成严重的弯曲或圆度畸变，并且很难校正	改进齿轮的结构设计
4	感应淬火操作不当，淬硬层深度不均匀或过深。齿轮齿面中频感应淬火后，公法线平均长度一般呈缩小趋势。淬硬层过深时，公法线长度反而胀大	充分考虑淬硬层深度的有效控制，使淬硬层合理分布，并避免过深，则可最大限度地减少畸变，避免裂纹产生

（2）环、套类齿轮的中频感应淬火畸变与控制的实例（见表10-46）

表10-46　环、套类齿轮的中频感应淬火畸变与控制的实例

齿轮技术条件	齿轮简图	热处理工艺	畸变控制情况
ZL30 装载机大齿轮（见图a），模数5mm，齿数为57，45 钢，要求齿部中频感应淬火	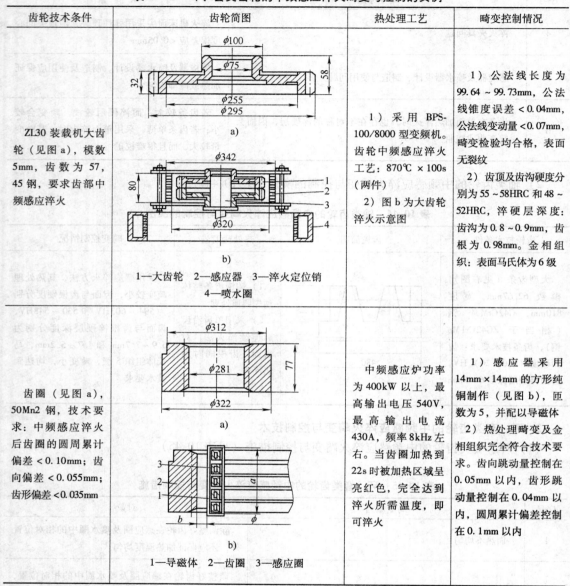 a) b) 1—大齿轮　2—感应器　3—淬火定位销　4—喷水圈	1）采用 BPS-100/8000 型变频机。齿轮中频感应淬火工艺：870℃ × 100s（两件） 2）图 b 为大齿轮淬火示意图	1）公法线长度为99.64 ~ 99.73mm，公法线锥度误差 < 0.04mm，公法线变动量 <0.07mm，畸变检验均合格，表面无裂纹 2）齿顶及齿沟硬度分别为 55 ~ 58HRC 和 48 ~ 52HRC，淬硬层深度：齿沟为 0.8 ~ 0.9mm，齿根为 0.98mm。金相组织：表面马氏体为6级
齿圈（见图a），50Mn2 钢，技术要求：中频感应淬火后齿圈的圆周累计偏差 < 0.10mm；齿向偏差 < 0.055mm；齿形偏差 <0.035mm	a) b) 1—导磁体　2—齿圈　3—感应圈	中频感应炉功率为400kW 以上，最高输出电压 540V，最高输出电流430A，频率8kHz 左右。当齿圈加热到22s 时被加热区域呈亮红色，完全达到淬火所需温度，即可淬火	1）感应器采用14mm × 14mm 的方形纯铜制作（见图b），匝数为5，并配以导磁体 2）热处理畸变及金相组织完全符合技术要求。齿向跳动量控制在0.05mm 以内，齿形跳动量控制在 0.04mm 以内，圆周累计偏差控制在 0.1mm 以内

10.5　减小与控制齿轮热处理畸变的方法与措施

　　齿轮在加热和冷却过程中会产生热应力，在组织转变时要产生组织应力，由这两种应力综合作用所引起的齿轮形状和尺寸的变化是不可避免的。但是，由于这两种应力及组织转变所引起的体积变化，还受到其他因素的影响，如果能够改变或者控制这些因素，就有可能减小以上两种应力，即有可能把齿轮热处理畸变控制在最小的范围内。

　　要研究与控制齿轮热处理畸变，就需在实际生产中进行多方面试验，总结其畸变规律，以便提出改进方法与措施，从而最大限度地减小热处理畸变。

10.5.1　合理选材和正确设计

1. 合理选材

（1）通过合理选材控制齿轮畸变的措施（见表 10-47）

表 10-47　通过合理选材控制齿轮畸变的措施

项　目	内　容
原材料质量的选择	高低倍组织按 GB/T 3077—1999、GB/T 699—1999、GB/T 5216—2004 的规定执行
材料成分的选择	在齿轮选材方面，应以齿轮的形状大小、技术要求、使用性能要求及其成本作为基础，对于易产生畸变齿轮，可选用强度较高、临界淬火冷却速度较慢、淬透性较好的低合金钢制造。另外，通过添加某些元素（如 Mo）可提高抗蠕变性能，从而减小齿轮畸变 在齿轮制造过程中，常采用优质碳素结构钢，尤其是较多采用 45 钢。在要求其硬度和其他力学性能相同的情况下，可改用淬透性能相对较好的 40Cr、42CrMo 或 42MnVB 钢等。由于 45 钢多采用水淬油冷，淬火后畸变较大，如改用以上钢材后，就完全可以采用油冷或 160℃硝盐冷却的方法来减小畸变
材料淬透性的选择	1）优先采用保证淬透性钢材（GB/T 5216—2004）。同时，对精度要求较高的渗碳齿轮，同一批材料淬透性带宽分散度要控制在 4HRC 以内，并应根据齿轮类别选用不同的淬透性带宽 2）对选定的钢材，应合理选用淬透性区间，对轻载、小模数齿轮应选用 HL 下区（下 2/3 带），而对重载、大模数齿轮则应选用 HH 上区（上 2/3 带）。20CrMnTiH 钢淬透性分档情况：

子牌号	末端淬透性 HRC		适用范围
	J9	J15	
20CrMnTiH1	30 ~ 36	≤35	小模数，容易畸变齿轮
20CrMnTiH2	35 ~ 42	≤37	大模数从动齿轮
20CrMnTiH3	32 ~ 39	≤35	半轴齿轮、行星齿轮
20CrMnTiH4	37 ~ 43	≤38	大模数主动齿轮

3）选用缩窄淬透性钢。即淬透性带更窄的限制淬透性钢，如美国新制订标准《SAEJ1868——限制淬透性（RH）钢》，其提供了最常用的 12 种热处理用钢的系列 RH 带。下图示出了保证淬透性的 4120H 和限制淬透性的 4120RH 的淬透性曲线。通过该图可以看出，SAE4120RH 淬透性带比 SAE4120H 更狭窄，故其热处理畸变规律性强，热处理畸变更小。现一汽公司也开始应用

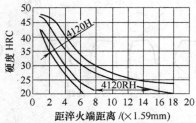

（2）通过合理选材控制齿轮畸变的实例（见表10-48）

表10-48　通过合理选材控制齿轮畸变的实例

齿轮技术条件	热处理工艺	畸变控制情况
三种农用车齿轮（见图10-4a、b、c），20CrMoH钢及20CrMnTi钢，要求渗碳淬火或碳氮共渗，精度等级9FJ（GB/T 10095.1）	1）渗碳920℃→淬火840℃→出炉油淬 2）碳氮共渗860℃→淬火840℃→出炉油淬	三种齿轮渗碳淬火、碳氮共渗淬火前后均检测了齿形、齿向及齿距的变化，结果发现，经渗碳淬火及碳氮共渗淬火的20CrMoH钢比20CrMnTi钢的齿形、齿向畸变及齿距累计误差、齿距偏差均更小，均更具有规律
一汽公司依顿FS10209变速器齿轮，材料为SAE8620RH钢（缩窄淬透性钢），要求渗碳淬火	渗碳淬火采用双排连续式渗碳炉。渗碳装炉每盘4串，每串装6件齿轮。渗碳气氛采用保护气RX+天然气	限制淬透性的SAE8620RH钢种纯净度高，不同批次淬透性差别小，不仅热处理畸变小、稳定性高、规律性强，而且提高了齿轮硬化层深度和心部硬度的稳定性

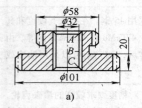
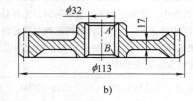
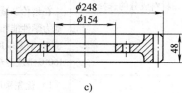

图10-4　三种农用车齿轮

2. 正确设计齿轮结构

（1）正确设计齿轮结构的方法（见表10-49）

表10-49　正确设计齿轮结构的方法

序号	方　　法
1	1）应尽量避免尖角、薄台、台阶等结构设计。对齿轮结构中不可缺少的孔、槽、加强筋等要素，则应要求分布对称与均匀。在截面大小急剧变化的地方，应考虑均匀过渡，如设置倒角、斜角等结构，通过减小应力集中来减少齿轮畸变与开裂。应尽可能力求结构对称、截面均匀，应优先采用辐板结构，避免采用无支撑的凹形结构，以减小回缩量 2）齿轮应具有足够的刚度，以增加高温强度，减少热处理畸变
2	1）在齿轮结构设计方面，可加大圆角（见图a）、打孔（即增加减重孔，见图b）、挖槽（见图c），以求均衡冷却；应力求简单、均匀、形状对称（见图d）、截面对称，合理安排键槽（见图e），使其截面均匀；同时，应合理设计轮毂厚度，使其与齿部厚度均匀，如图f所示 2）单面的内键槽会使齿套内径畸变增大。对此，设计时可在键槽对面另开一条工艺键槽，使两条键槽对称，结构均匀，以利于有效地减小齿套畸变 3）尽量减小齿轮轴长度与直径的比值；对于大型齿轮采用组合结构制造

（续）

序号	方　法

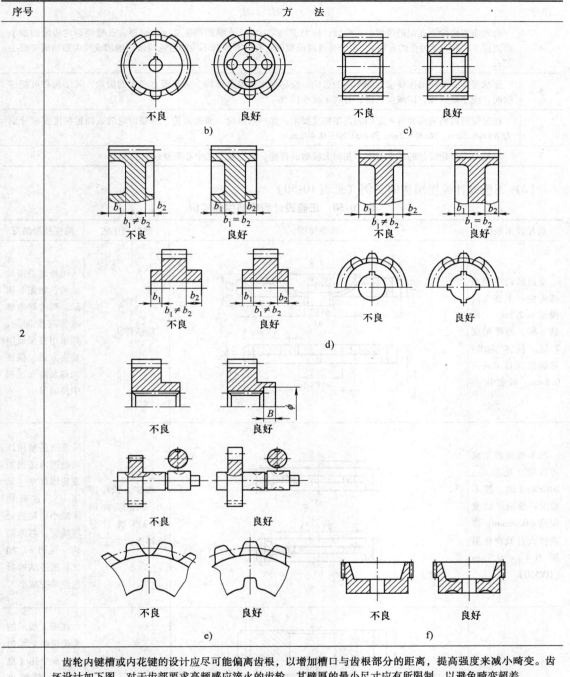

b)

c)

d)

e)

f)

2

齿轮内键槽或内花键的设计应尽可能偏离齿根，以增加槽口与齿根部分的距离，提高强度来减小畸变。齿坯设计如下图。对于齿部要求高频感应淬火的齿轮，其壁厚的最小尺寸应有所限制，以避免畸变超差

3

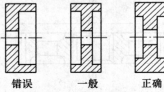

错误　　一般　　正确

（续）

序号	方　　法
4	合理布置齿轮上孔洞的位置。齿轮设计应力求均匀对称，孔洞的间距要大于壁厚，孔壁到齿轮边缘的最小距离应 > 1.5d（d 为孔的直径），不应有过薄的截面；有时对厚薄不均的齿轮应适当增加或减少影响畸变的工艺孔
5	形状复杂、不同部位要求性能不同的齿轮，应尽量采用组合结构。对薄而直径大的齿轮，其结构有可能拼接时，应尽量拼接，以减少长度，有利于减小畸变
6	热处理前齿轮表面要有一定的表面粗糙度要求。如一般齿轮、渗碳齿轮、渗氮齿轮的表面粗糙度要求分别为 Ra≤6.3μm、Ra≤3.2μm 和 Ra0.80～0.40μm
7	马格公司齿轮设计的基本要点：相对大模数的齿轮，采用较小的中心距及较窄的齿宽

（2）正确设计齿轮结构的实例（见表 10-50）

表 10-50　正确设计齿轮结构的实例

齿轮技术条件	齿轮简图	热处理工艺	畸变控制情况
变速器的主减速器齿轮（见图 a），模数 ≤2.5mm，齿数 >80，齿轮精度 7 级。技术要求：渗碳层深度 0.4～0.8mm，畸变小		渗碳淬火	国外改进齿轮结构，如图 b 所示，其较好地解决了畸变问题。并采用横梁成串装夹方式，保证加热及淬火过程中晃动很小
汽车变速器主减速齿轮（见图 a），20CrMoH 钢，技术要求：端面平面度误差 <0.08mm，渗碳淬火有效硬化层深 0.4～0.7mm（HV550）		渗碳，预冷淬火采用好富顿 MT-355 牌号分级淬火油	在产品使用许可范围内适当加宽轮辐尺寸（见图 b），这有利于减小齿轮热处理畸变，与原结构（见图 a）相比，改进结构后齿轮畸变减小
齿轮（见图 a），要求渗碳淬火		渗碳淬火	在图 a 所示的齿轮轮毂上均匀地开 6 个孔（见图 b），使淬火冷却介质能够在齿根下部畅通流动，并增大齿厚，即可防止齿面倾斜畸变

（续）

齿轮技术条件	齿轮简图	热处理工艺	畸变控制情况
锥齿轮（见右图），模数 5mm，齿数 34，40Cr 钢，高频感应淬火后齿部硬度要求 45～50HRC		高频感应淬火	按照左图所示虚线修改设计，宽度 24mm 键槽在齿部高频感应淬火后再进行加工，此时减小了轮齿畸变，保证了齿轮精度要求
大型养路机械车辆轴齿轮箱内花键双联齿轮，模数 5mm，17CrNiMo6 钢，技术要求：渗碳淬火有效硬化层深 0.8～1.2mm，齿面与心部硬度分别为 58～62HRC 和 35～45HRC，精度等级 6 级	经过计算和校核，双联齿轮在满足传递动力性能的基础上采用分体加工、过盈配合组装，其组合结构如下图：	1）预备热处理。采用调质 2）渗碳工艺。渗碳：880℃，碳势 $w(C)0.80\%～0.85\%$。淬火：500℃预热，790℃加热淬火	采取分体加工、过盈配合组装，并优化热处理工艺，有效地减小了内花键双联齿轮的畸变，提高了合格率

3. 合理设计齿轮硬度

在齿轮技术条件方面，一般情况下，要求硬度越低，越易于减小淬火后的畸变。采用局部硬化和表面处理方法比采用整体硬化处理方法畸变小且易于校正。因此，在设计时，应优先考虑采用局部硬化和表面处理方法。

表 10-51 为合理设计齿轮硬度的实例。

表 10-51　合理设计齿轮硬度的实例

齿轮技术条件	齿轮简图	热处理工艺	畸变控制情况
汽车发动机曲轴齿轮，20CrMnTiH 钢，要求渗碳淬火		采用密封箱式多用炉进行渗碳淬火	齿轮渗碳淬火后，随着心部硬度由低到高，曲轴齿轮内孔由微胀到严重收缩，键槽宽度也收缩。因此，应控制齿轮心部硬度。通常控制心部硬度≤40HRC

10.5.2　优化锻造

齿轮的锻造质量对热处理畸变也有较大影响，良好的锻造可以改善冶金质量，如减少偏析、提高致密度、均匀显微组织、减轻带状组织等，因此有利于减小热处理畸变。优化锻造的措施见表 10-52。

表 10-52　优化锻造的措施

措　施	畸变原因与控制
下料时截面垂直于轴线	钢材应采用锯床下料，防止剪切下料，否则锻造时容易使坯料放歪，使锻坯金属流线变化不能够呈对称分布，造成畸变量不均匀
锻坯金属流线对称分布	在锻造过程中，要使锻坯充满模腔，确保齿坯锻造后金属流线沿毛坯外部对称分布，在纵剖面上金属流线应呈封闭状。由这种流线形状毛坯加工后的齿轮热处理畸变规律性好，容易控制畸变。尤其在批量生产中，为了获得轮齿的接触均匀性，每个齿轮的锻造金属流线都应均匀
保证一定的锻造比	1）在锻造过程中，应注意齿轮锻坯各方向的镦粗与拔长，并保证一定的锻造比 2）根据 GB/T 3480.5—2008 的规定，对于中等以上承载能力的调质齿轮钢材、表面淬火钢材、渗碳钢材及渗氮钢材，其锻造比至少 3 倍
采用中频感应加热方法	中频感应加热均匀、加热效率高、氧化脱碳轻微，使齿轮毛坯硬度与显微组织均匀，热处理畸变小

10.5.3　采用预备热处理

　　齿轮的预备热处理包括退火、普通正火、等温正火及调质处理等。预备热处理工序可以根据需要安排在机械加工前、机械加工中间等。

　　锻造后齿轮毛坯的正火对内应力的消除并不彻底，这部分内应力将在淬火时释放。对此，在毛坯粗车后再进行一次正火，然后进行精加工，可进一步减小齿轮热处理畸变。调质用于改善齿轮的心部强度与韧性，以及减少淬火畸变。

1. 齿轮的预备热处理方法及其特点与适用范围（见表 10-53）

表 10-53　齿轮的预备热处理方法及其特点与适用范围

名　称	特　点
预备退火与正火处理	1）齿坯锻造后一般都应经过退火处理，以消除或改善锻造时所造成的各种组织缺陷，消除锻造应力，获得有利于切削加工的组织和硬度，减小机加工产生的应力 2）锻造后退火时的奥氏体化温度必须高于以后进行的热处理温度，如在 920℃ 渗碳的齿轮，锻造后退火时的奥氏体化温度为 940~950℃。其次，为了避免过共析铁素体的大量析出，应对退火周期予以固定和严格控制，冷却速度要比较快些
	1）大型锻件常采用正火作为最终热处理，可避免淬火时较大的畸变及开裂倾向。正火后需进行高达 700℃ 的高温回火，以消除应力，得到良好的力学性能组合 2）大型齿轮锻件采用二次正火工艺可以有效地细化晶粒和消除混晶，有利于畸变控制，第一次正火温度为 Ac_3 + （100~300）℃，第二次正火温度为 Ac_3 + （25~50）℃
齿轮半成品的预备热处理	1）齿轮半成品的预备热处理——正火、调质和高温回火等可以消除或降低内应力，以减小后序加工引起的畸变 2）调质处理可安排粗加工后进行，对于精度要求较高的低合金钢齿轮，采用机加工后的调质处理，提高了原始组织的比体积。而且，显微组织改善后，既能提高材料的力学性能，又有利于减小畸变
铸钢齿轮的预备热处理	铸钢齿轮一般是在铸造后进行退火、正火或正火回火处理，以消除铸造中出现的粗大晶粒、网状铁素体和魏氏体等组织缺陷和应力，改善铸钢齿轮的切削加工性，并细化组织，减小畸变与开裂 1）铸造碳素钢齿轮退火规范、正火工艺、正火回火规范和调质规范分别参见表 3-10、图 3-8、表 3-20 和表 4-20~表 4-21 2）铸造低合金钢齿轮退火规范、正火规范、正火回火规范和调质规范分别参见表 3-12、表 3-22、表 3-23~表 3-24 和表 4-24~表 4-26

（续）

名　称	特　点
渗碳齿轮毛坯的预备热处理	渗碳齿轮毛坯经正火（或加高温回火）改善了显微组织，细化了晶粒，并使显微组织及晶粒度得到均匀化处理，齿轮渗碳淬火后畸变减小。渗碳齿轮毛坯的正火工艺参见 3.1.2 内容
	渗碳齿轮毛坯等温正火后硬度和组织的均匀性大大改善，渗碳淬火后齿轮畸变合格率显著提高。渗碳齿轮毛坯的等温正火工艺参见 3.1.3 内容
预先调质处理	1）预备热处理采用调质处理比正火效果更佳，不仅组织均匀细密，而且基体强度比正火、退火高，因而提高了畸变抗力。尤其适合于感应热处理、渗氮及碳氮共渗齿轮的预备热处理。调质后的索氏体组织的比体积比退火大，淬火后比体积的变化最小 2）调质处理多在毛坯或粗加工后的齿轮上进行。常用齿轮钢材的调质热处理工艺参见 4.2.2 内容

2. 通过采用预备热处理控制齿轮畸变的实例（见表 10-54）

表 10-54　通过采用预备热处理控制齿轮畸变的实例

工艺名称	齿轮技术条件	热处理工艺	畸变控制情况
预备退火热处理	油泵齿轮，40Cr 钢，技术要求：硬度 45~50HRC，ϕ16mm 内孔畸变量要求控制在 0.03mm 以内	淬火处理	在坯料加工前先进行一次 850℃ 退火处理，铣齿后进行分级淬火，可使内孔淬火畸变量控制在 0.03mm 范围之内
大型锻件采用正火作为最终热处理	船舶用齿轮轴锻坯，直径 ϕ200~ϕ500mm，长度 800~1000mm，20CrMnMo 钢	第一次正火温度选择为 980~1000℃，第二次正火温度为 860~880℃	齿轮轴锻坯经两次正火后，晶粒度达到 7.5~8 级，不同视场中晶粒度级别差小于 3 级，晶粒度和混晶级别符合船舶制造规范要求，有利于畸变控制
齿轮半成品的预备热处理	二级精度齿轮，40Cr 钢，要求高频感应淬火	高频感应淬火	对齿轮（ϕ55mm）粗车后进行一次与淬火规范相同的高频正火，然后再精加工到要求尺寸，可使最后的高频感应淬火内孔畸变量大为减小
	S195 柴油机齿轮毛坯，45 钢，齿坯要求调质处理	热处理工艺流程：中频透热加热至 860~870℃ →水淬→井式炉 600℃ 回火→空冷	采用中频加热调质处理时，因中频感应加热均匀、加热效率高、碳素钢件氧化脱碳减轻，使齿轮毛坯硬度均匀，开裂倾向小，故对齿轮畸变的控制有利

（续）

工艺名称	齿轮技术条件	热处理工艺	畸变控制情况
渗碳齿坯的预备热处理	渗碳钢齿轮毛坯，20CrMnTi 钢，要求预备热处理	采用固溶与球化工艺相结合，利用 Ac_3 +（150 ~ 200）℃ 的高温，得到化学成分均匀的单相奥氏体，随后以极快的速度冷却到下贝氏体、马氏体转变温度，抑制铁素体作为领先相析出，用这种非平衡组织进行等温正火，可望得到细小均匀的珠光体，处理后齿轮的硬度均匀，在随后的渗碳淬火后畸变更小	1）德国奔驰汽车公司要求正火后铁素体的含量少一些，这对减小齿轮渗碳淬火畸变有利 2）将具有带状组织的 20CrMnTi 钢经过这种固溶细化处理后，其组织明显均匀、细化
预先调质处理	大型齿圈，外径 φ2180mm，内径 φ1750mm，齿宽 550mm，17CrNiMo6 钢，要求渗碳淬火，对热处理畸变要求较严格	1）齿圈调质后，实体趋于马鞍形，其直径方向的尺寸增大，两端的尺寸将增大更多。这与随后的渗碳淬火产生畸变的趋势一致 2）要在调质时产生足够的膨胀量，再由半精车将其切削掉，以减少随后渗碳淬火的膨胀量 3）调质工艺为 860℃ 淬火（比最终淬火温度高 20 ~ 30℃）；650℃ 高温回火。将内孔直径膨胀量控制在 8 ~ 10mm，较为理想	齿圈经调质处理后，按正常的工序，经渗碳降温空冷，入 170℃ 的硝盐浴中淬火，再经 210℃ 两次回火，其齿顶圆直径仅比渗碳淬火前胀大了 2mm 左右。满足了预期的膨胀量，并且齿轮的圆度、上下锥度等均满足了要求

10.5.4　消除机械加工残余应力

1. 齿轮热处理前的残余应力消除方法与措施（见表 10-55）

表 10-55　齿轮热处理前的残余应力消除方法与措施

方　　法	措　　施	适 用 范 围
合理选择切削量和切削速度	齿轮机械加工（包括车削、铣齿等）时，应选择合理的切削量和切削速度，以减小加工应力	对热处理畸变要求较为严格的各种齿轮
热处理前的残余应力消除方法	淬火前的去应力退火一般在半精加工之后进行，即将齿轮以 100 ~ 150℃ 的加热速度加热到 550 ~ 650℃（尽可能接近调质的回火温度），保温 4 ~ 8h 后，随炉缓冷（冷速 50 ~ 100℃/h）到 200 ~ 250℃ 出炉	形状复杂的齿轮，特别是细长轴类齿轮
	在调质处理及最终磨削加工后，进行一次低于调质温度的去应力退火，以防止齿轮在渗氮时的畸变	需要渗氮的精密齿轮

（续）

方　法	措　　　施	适用范围
热处理前的残余应力消除方法	消除应力是必不可少的。否则，齿轮轴一经加热淬火，必定再次发生较大的弯曲畸变	齿轮轴在淬火前弯曲而经过矫直处理
	1）各类铸铁齿轮在加工前应进行去应力退火，参见表 3-7 ~ 表 3-8 内容 2）铸铁齿轮去应力退火温度不应过高，否则会产生珠光体的石墨化，破坏力学性能。需要进行表面淬火的铸铁件应预先进行一次去应力退火，以免产生畸变与开裂	铸造后的铸铁齿轮
	可进行低温回火，以消除或减少加工应力，即相应减小畸变来提高齿轮的尺寸稳定性	对加工过程或精加工后的齿轮
	在返修淬火之前也需进行去应力退火（如 550℃ 左右），以减少淬火畸变与开裂	热处理后性能（如硬度不足）达不到要求的齿轮

2. 通过消除机械加工残余应力控制齿轮畸变的实例（见表 10-56）

表 10-56　通过消除机械加工残余应力控制齿轮畸变的实例

齿轮技术条件	齿轮简图	加工流程	畸变控制情况
变速器两种齿圈（图 a 为 JT001，图 b 为 ST-069），42CrMo 钢，调质硬度 262 ~ 302HBW，渗氮处理：0.3mm 处硬度 ≥400HV，$\Delta M \leqslant 0.10$mm	$\phi 252^{-0.248}_{-0.300}$　51.5　$\phi 318^{+0.100}_{+0.043}$　a)　$\phi 224^{-0.248}_{-0.300}$　43.2　$\phi 318^{+0.100}_{+0.043}$　b)	齿圈加工流程：齿坯正火（880℃ × 3h）→粗车削→校正→调质（盐浴炉 820℃ × 0.5h 油淬 + 回火）→精车→去应力退火（300℃ × 5h）→插齿→离子渗氮	两种齿圈离子渗氮后圆棒跨距最大值与最小值之差 ΔM 值变动量合格率达到 98% 以上
汽车内齿轮，要求渗碳淬火	$\phi 250$	毛坯预备热处理→机械加工→去应力退火→机械加工→渗碳淬火、回火	这是一种壁厚极薄的套形齿轮，增加去应力退火工序，可使内齿轮圆度畸变减少约 1/2

10.5.5　冷、热加工配合

1. 通过冷、热加工配合控制畸变齿轮的方法（见表 10-57）

表 10-57　通过冷、热加工配合控制畸变齿轮的方法

方　法	内　　　容
合理调整冷、热加工公差	可根据齿轮的热处理畸变规律及其特点，预测热处理畸变趋向，合理分配冷、热加工公差。一般要求公差带的 1/3、最多不得超过 1/2 作为机械加工公差，其余作为热处理畸变公差。同时，冷、热加工应根据畸变具体情况进行及时协调，制订合理的冷、热加工工艺流程

（续）

方　法	内　容
预留加工余量	掌握齿轮热处理畸变规律，做好冷、热加工配合，对机械加工工序提出预留加工余量以备淬火后尺寸胀大，或进行反向预变形。当然，对于不同尺寸齿轮，采用不同的材料时，其预留加工余量是不同的，对此应通过多次工艺试验来获得
进行预先修正	预先修正是把齿轮齿厚、齿向、齿形等畸变量考虑进去，机械加工时预先加以修正，淬火后获得所需形状、公差的方法。在一定的现场作业管理基础上，畸变量数据的积累是预先修正的必要条件 　　例如，齿轮经渗碳淬火后，公法线长度会胀大，冷加工时把公法线控制在中下差，以便热处理后公法线在公差范围内。因此，热处理前公法线长度公差应在冷加工和热处理之间合理分配（一般可取4∶6）
采用预先胀大内花键孔方法	有些带内花键齿轮（如薄壁齿轮），虽然采用加套、加芯轴等方法，但内花键孔畸变控制仍不够理想，如热处理后内花键孔呈锥形缩孔等缺陷。对此，采用预先胀大（或称预涨）一端内花键孔（缩孔严重的部位）的方法，可获得较为理想的畸变控制效果
感应加热预先收缩内孔方法	带内花键齿轮渗碳后进行内孔（畸变大的部位）高频感应淬火，使齿轮预先缩孔，然后再进行加热淬火，使内花键孔尺寸达到技术要求
合理安排冷、热加工工序	合理安排齿轮冷、热加工工序，不仅有利于齿轮畸变控制，而且可以简化生产程序，降低成本
采用"去渗碳层→二次加热淬火"方法	对一些渗碳淬火齿轮，为解决畸变问题，可采用渗碳后去渗碳层，然后进行二次加热淬火的工艺方法

2. 通过冷、热加工配合控制齿轮畸变的实例（见表10-58）

表10-58　通过冷、热加工配合控制齿轮畸变的实例

方　法	齿轮技术条件	热处理工艺措施	畸变控制情况
预留加工余量	双联齿轮，20CrMnTi 钢，要求碳氮共渗处理 	在内孔加一仿形套筒，其与内孔的间隙为0.50mm，使齿轮在淬火时冷却均匀。齿面在热处理后再经过磨削加工。在热处理前公法线长度减小0.05mm，内孔预留余量0.05~0.10mm	碳氮共渗后基本可以达到加工精度要求
进行预先修整	高压齿轮泵齿轮，技术要求：碳氮共渗层深度0.8~1.2mm，$\phi30$mm 轴颈上平键部分的硬度<45HRC，键槽宽要求 $8_{-0.045}^{\ 0}$ mm 	该齿轮平键键宽尺寸一般胀大 120~140μm。通过冷、热加工配合，采取机械加工预留出键槽宽度胀大量的方法，将热处理前键槽宽度控制在$8_{-0.120}^{-0.080}$mm	碳氮共渗处理后，该齿轮的键槽宽度控制在$8_{-0.015}^{\ 0}$mm，满足了产品技术要求

（续）

方　　法	齿轮技术条件				热处理工艺措施	畸变控制情况
进行预先修整	汽车变速器齿轮（三种齿轮参数见下表），20CrMnTi 钢，技术要求：渗碳淬火有效硬化层深度 0.6～0.9mm，齿面硬度 60～64HRC				采用多用炉渗碳淬火后，斜齿轮齿向偏差增大，螺旋角有拉直（即螺旋角变小）的趋势。为了修正轮齿齿形顶凸的部分，使剃齿刀压力角增大值为 0.006～0.010mm，齿形压力角比标准压力角要增大 0.6°左右	渗碳淬火后，齿轮畸变达到要求
	名称（图号）	模数/mm	压力角	齿数		
	一档齿轮（1701211）	2	25°	43		
	三档齿轮（1701231）	1.75	34°	32		
	传动齿轮（1701310）	2.75	30°17″	28		

（表格中齿宽列）
	齿宽/mm
	12
	10.7
	20

方　　法	齿轮技术条件	热处理工艺措施	畸变控制情况
进行预先修整	时风集团的变速器中间轴（SF530-1701211），斜齿部分参数：法向模数 $m_n = 3.5$mm，齿数 $z = 13$，压力角 $α = 20°$，螺旋角为右旋 $β = 11°$，齿宽 $B = 95$mm，20CrMnTi 钢，技术要求：碳氮共渗层深 0.6～0.9mm，表面硬度为 58～64HRC	采取畸变补偿方法：使用 3 种不同淬火油淬火后螺旋角均有变小的畸变规律，采用调整热处理前螺旋角大小的方法，热处理前适当增大螺旋角，预留畸变量	碳氮共渗及其淬火后，齿轮轴斜齿齿向畸变均符合产品图样要求
采用预先胀大内花键孔方法	薄壁半轴齿轮，20CrMnTi 钢，要求渗碳或碳氮共渗处理 $φ50$　$φ40^{+0.10}_{0}$　21　45　$φ101$	1）930～940℃渗碳，预冷至 800℃ 直接淬火 2）930～940℃渗碳缓冷后，820℃盐浴加热淬火 3）870～880℃碳氮共渗，预冷至 810℃ 直接淬火	热处理前齿轮采用预先胀大内花键孔方法。使齿轮内花键孔底径胀孔部位尺寸一致，或者锥度微小（1/100～2/200），满足了技术要求
采用感应加热预先收缩内孔方法	齿轮（见图 a），20CrMnTi 钢，技术要求：渗碳层深度 0.8～1.2mm $φ80$　$φ60$　31　45　$φ188$ a) $φ25$　$φ82$　14　24　$φ102$ b)	在齿轮渗碳后，先对内花键进行高频感应淬火，以达到缩孔目的，然后再进行加热后淬火，淬火时采用专用淬火挂具，如图 b 所示	齿轮预先收缩内孔用感应器尺寸为 $φ48$mm×10mm，在感应器使用时，其顶部低于内孔 1.5～2.5mm，内孔部位温度达到 840～870℃ 时，即可进行淬火冷却。再加热淬火采用专用挂具，即可满足畸变要求

（续）

方　法	齿轮技术条件	热处理工艺措施	畸变控制情况
	齿轮，模数为 4mm，齿数为 91，要求齿部淬火	齿部淬火	辐板处 25mm 深槽在齿部淬火后再加工出来，齿形精度得以提高，否则当齿部淬火时，节圆直径将变成锥形
	结合子齿轮，要求齿部淬火处理	齿部淬火处理	为了保证齿轮精度，先将结合子爪加工出来后，再进行齿部淬火处理
合理安排冷、热加工工序	齿轮，45 钢，技术要求：调质硬度 28～32HRC，齿部高频感应淬火 48～52HRC，齿圈跳动量 <0.048mm	高频感应淬火工艺参数：阳极与栅极电流分别为 7.5A 和 1.5～1.7A，频率 250Hz，加热时间 30s，冷却水压 0.25MPa	解决了因齿轮辐板壁太薄并有 3 个 φ30mm 的孔而造成的畸变，齿圈跳动合格
	三轮车变速器从动齿圈，20CrMnTi 钢，碳氮共渗层深度 0.6～1.0mm，螺纹孔与单键槽位置度公差为 0.05mm	加工流程：齿坯正火→车加工→铣齿→850～860℃碳氮共渗后缓冷→车削渗碳层、拉削键槽、钻孔、攻螺纹→850～860℃淬火→低温回火→抛丸→磨削辐板→检验	由于碳氮共渗后车削掉辐板渗碳层，然后再拉削键槽、钻孔、攻螺纹、抛丸、磨削辐板，减小了畸变，合格率达到 95% 以上
采用"去渗碳层→二次加热淬火"方法	转盘锥齿轮，20CrMnTi 钢，渗碳层深度 1.2～1.8mm，花键底径尺寸 φ62mm 精度要求较高	齿轮加工流程：齿坯锻造→正火→粗加工→机加工（内花键孔及两端面预留去渗碳层余量约为最大渗碳层深度的 1.5 倍）→渗碳，空冷→去渗碳层→二次加热淬火→回火→机加工（如拉削花键）→成品	采用该工艺流程后，产品畸变合格率达 99%

（续）

方　法	齿轮技术条件	热处理工艺措施	畸变控制情况
采用"去渗碳层→二次加热淬火"方法	齿圈（厚薄相差大），要求渗碳淬火后畸变小 加厚放余量处	渗碳淬火	由于齿圈厚薄相差大，按左图所示形状渗碳，淬火后齿圈畸变严重。采用齿圈两侧加厚渗碳层、车削渗碳层后再进行淬火解决了齿圈畸变问题

10.5.6　合理选择装炉及支撑方式

正确选择装炉夹具及支撑方式，合理装料，不仅可以保证齿轮加热均匀，而且对渗碳齿轮而言可以使渗碳气氛循环畅通，提高渗碳层的均匀性。同时，在齿轮淬火时在淬火槽中的淬火冷却介质流向合理、流速均匀，这是保证齿轮硬度和渗碳层均匀并减小畸变的前提之一。

1. 通过合理选择装炉及支撑方式减小齿轮畸变的措施（见表 10-59）

表 10-59　通过合理选择装炉及支撑方式减小齿轮畸变的措施

序号	方　　法
1	工件加热到 500℃ 以上，就具有足够大的塑性。尤其是大型齿轮，如果在炉中放置和支承不当，就会因自重作用而造成翘曲畸变。一般情况下，水平支承点间距应≤齿轮有效直径的 3 倍。形状复杂的齿轮加热时，应当在凸凹部分之间加以支承
2	为了均匀加热与冷却，齿套装炉前可在齿套薄壁处增加合适的钢套进行补偿
3	为使齿轮加热与冷却均匀，齿轮装炉时彼此应保持一定的距离
4	对于长的轴类件及齿套，在装炉时应配置专用工装，以保证工件在自由状态下垂直进入淬火冷却介质中，并上下移动，从而减小翘曲或弯曲畸变
5	按表 10-60 合理选择装炉方式

2. 常用齿轮装炉方式（见表 10-60）

表 10-60　常用齿轮装炉方式

方式	内　　容
吊装式	常用于周期式渗碳炉（如井式渗碳炉）。吊装挂具一般由吊杆、托盘（底座）、支承垫圈（或垫块、补偿环）组成
平放式	一般用于内孔精度要求较高、质量较大的齿轮。平放一般是将齿轮整齐叠加放置在工装料盘上。最好的方法是将每个齿轮之间通过隔离垫或支架隔离开后平放
平放式	对于一些环形齿轮，挂放能够减小公法线跳动及翘曲畸变。一般情况下对于中小尺寸齿轮可采用横梁成串装夹方式，其平面度控制较好，内孔圆度可通过（两个）横梁间距的调节来控制，参见表 10-61
竖直式	主要适用于径向圆跳动量较小的齿轮轴等。其是将齿轮轴竖直放在工装上，减少齿轮轴因自重及炉底不平造成的弯曲畸变
竖直式	齿轮轴最好是截面大的部分向下而首先得到冷却。可用（支架上）隔离套来保证齿轮轴颈部的垂直度，并减小齿轮轴在加热或淬火过程中的晃动
竖直式	对于有凸台的齿轮，可将凸台相对放置，尽量不将凸台暴露在最外边（参见表 10-61），以防止凸台处淬火后收缩量过大，形成超差锥度。如果齿轮两端都有凸台，可在凸台的上方加放补偿垫圈。对于支撑面较薄的齿轮，应加放支承垫

3. 通过合理选择装炉及支撑方式控制齿轮畸变的实例（见表 10-61）

表 10-61　通过合理选择装炉及支撑方式控制齿轮畸变的实例

齿轮技术条件	齿轮简图	畸变控制情况
BJ121 型汽车后桥从动弧齿锥齿轮（见图 a），20CrMnTi 钢，技术要求：渗碳层深度 1.1 ~ 1.5mm，内孔圆度误差 ≤ 0.075mm，底平面的平面度要求：内缘误差 ≤ 0.10mm，外缘误差 ≤ 0.06mm	 a) b) c) 1—齿轮　2—横梁	采用图 b 所示的工装和图 c 所示的吊挂方式时，平面的翘曲畸变最小。内孔圆度通过调整横梁之间的距离 L 来保证，只要选择适当，可保证内孔圆度 100% 合格。齿轮内缘平面度误差 ≤ 0.10mm 的占 98%，外缘平面度误差 ≤ 0.06mm 的占 96%；内孔圆度误差 ≤ 0.075mm 的占 100%
齿轮，20CrMnTi 钢，要求渗碳淬火，齿轮花键齿侧精度要求较高	 齿轮	将两个齿轮小端相对进行挂放装筐，渗碳后缓冷，机加工拉削单键，经二次加热淬火后，齿轮花键齿侧精度基本合格。齿轮装筐方式如左图所示

10.5.7　减小热应力

实践证明，热应力是导致齿轮淬火畸变的主要原因之一。因此要尽可能采取措施减小热应力，将其影响控制在最小范围之内。

淬火时产生畸变和残余应力的根本原因在于齿轮的心部与表面之间存在温差，或表面存在不同的温度区。通过减少温差和不同的温度区，就可能大大减少齿轮畸变。对淬火时产生过大温差的最大影响因素有温度、搅拌、淬火冷却介质类型以及其污染程度等。

1. 通过减小热应力减少与控制齿轮畸变的方法（见表 10-62）

表 10-62　通过减小热应力减少与控制齿轮畸变的方法

方　　法	内　　容
选择合适的加热方法	一般对截面悬殊的齿轮，为了防止截面尺寸小的部位过热，有时在加热过程中将齿轮从炉内提出，稍微空冷后再进行加热，此种方法称为间断加热法

（续）

方　法	内　　容
选择合适的加热方法	对于薄片、细长轴类齿轮，在盐浴炉加热时，盐浴翻滚将会造成齿轮发生扭曲畸变，对此可提高加热温度 30～50℃后，断电后将齿轮放入炉内进行静止加热
	对环形齿轮，为了确保各部位加热的均匀性，进行快速旋转加热，一般对齿轮齿部加热后，整体冷却以减小畸变。例如感应淬火加热、火焰淬火加热及盐浴炉加热等
选择适当的淬火加热温度、加热速度及保温时间	淬火加热温度。亚共析钢的加热温度为 Ac_3 +（30～50）℃，共析钢加热温度为 Ac_1 +（40～60）℃
	淬火加热时间。保证齿轮内外截面的温度均达到淬火加热温度，完成奥氏体的相变过程，确保奥氏体成分的均匀化、晶粒不会长大等
	加热速度。对于严格要求畸变的齿轮，或者高合金钢材及大型结构钢锻坯，可根据不同的钢材和齿轮形状结构，选择不同的加热速度或预热等措施。一般盐浴炉的加热速度高于电阻炉
	1）生产中所应用的预热温度大多是：一次预热为 500～650℃以及 Ac_1 附近；二次预热为 800～850℃。一般一次预热在空气介质炉中进行，二次预热在盐浴炉或中性介质炉中进行。在各炉中的保温时间，如以最终加热时的保温时间为 1，则二次预热、一次预热时的保温时间分别为 2 及 4
	2）阶梯式的加热方式，一般是齿轮随炉升温到不同温度做适当时间的等温停留，以使温度沿齿轮截面分布均匀化，减少热应力与畸变
提高淬火油温度	采用热油（分级）淬火法，增加淬火油的使用温度能够有效降低齿轮的畸变和残余应力。当油的温度升高时，齿轮的温差就会相对较小，这就是等温淬火降低畸变的基本原理
采用分级淬火工艺	借助奥氏体等温转变来进行各种类型的分级淬火和等温淬火可以减小齿轮畸变。一般情况下，分级淬火工件的热应力比普通淬火小 1/4 左右，又因冷却过程分两步进行，齿轮各部位组织转变的时差小，所以齿轮的热处理畸变较小。分级淬火工艺参见 3.2.1 内容
采用等温淬火工艺	马氏体等温淬火。其冷却速度较分级淬火快，因此其适用于淬透性低钢种制造的齿轮，同时也可以起到减小淬火畸变和防止淬火裂纹产生的作用，参见 3.2.1 内容
	贝氏体等温淬火（参见 3.2.1 内容）。由于等温淬火可以缩小温差，减小热应力；加上组织转变成下贝氏体，减小了比体积的变化，即减小了由于体积膨胀而产生的组织应力。因此，淬火后的齿轮畸变量大为减小，比分级淬火后的畸变量小。可应用于合金钢制造的精密齿轮及球墨铸铁制造的齿轮等
采用亚温淬火（临界温度淬火）工艺	1）亚温淬火时淬火温度降低到钢材（亚共析钢）的 Ac_3 以下，高于 Ac_1，由于加热温度低，淬火温差小，淬火后的热应力也就减小，从而使齿轮畸变相应减小

2）采用亚温淬火一般可明显减小中合金钢齿轮和碳素钢齿轮的畸变，另外可控制畸变的各向异性，减少翘曲畸变，也是使内孔缩小的方法。几种常用中碳钢临界点温度：

牌号	临界点/℃	
	Ac_1	Ac_3
35CrMo	755	800
40Cr	743	782
42CrMo	730	780
45	724	780

（续）

方　法	内　容
采用喷液淬火方法	1）喷液淬火是指工件奥氏体化后，在喷射的液流（或雾）中进行冷却的热处理工艺。例如大多数齿轮感应加热后采用喷液淬火方式，热处理畸变小。受到此方法启发，部分情况下可采用喷液淬火方法，以解决齿轮热处理畸变问题 2）喷液淬火可以是单面喷射冷却、双面喷射冷却或多面喷射冷却。喷射冷却时间可长可短，通过目视观察可直接控制淬火质量。齿轮或喷液装置均可随意移动。以往齿根部分采用一般方法冷却，淬硬层和硬度的均匀性很难保证。而采用喷液淬火方法能够得到较为满意的结果，而且畸变小

2. 通过减小热应力减少与控制齿轮畸变的实例（见表 10-63）

表 10-63　通过减小热应力减少与控制齿轮畸变的实例

方法	齿轮技术条件	热处理工艺	畸变控制情况
选择适当的淬火加热温度、加热速度及保温时间	微型汽车变速器一档从动齿轮，20CrMoH 钢，技术要求：渗碳淬火有效硬化层深度 0.5～0.7mm，热处理后齿轮齿距累计偏差≤0.04mm 	采用多用炉，渗碳 880℃ × 170min，预冷 830℃ 后淬入 MT355 分级淬火油（120℃）	渗碳装炉采用 3 点支撑摆放。通过采用阶梯式升温和降温方法，以及分级淬火油冷却，齿轮畸变 100% 合格，不需磨齿加工
	矿山球磨机半齿轮，齿圈质量 6938t，材料为 ZG310-570 钢，调质硬度要求 217～255HBW 	调质：淬火加热时，350℃ 和 650℃ 预热，850℃ 加热淬火；回火时，350℃ 预热，540℃ 回火，炉冷至 400℃ 后空冷	在齿轮内部增加支撑拉筋。齿轮加工流程：齿坯锻造→去应力退火→正火→粗车削→无损检测→调质→精加工→去应力退火。畸变合格
提高淬火油温度	汽车 SH78Z 主动轴五档齿轮，16MnCr5 钢，技术要求：渗碳淬火有效硬化层深 0.65～0.95mm（550HV1） 	采用多用炉进行渗碳淬火，900℃ 渗碳，835℃ 淬火，采用好富顿 355 分级淬火油，油温 160℃	齿轮（内花键孔、齿向变动量）热处理畸变合格率达到 95% 以上
	主轴齿轮，20CrMnTi 钢，要求渗碳淬火 	齿轮渗碳淬火，采用 110～130℃ 热油	内花键孔收缩量仅为冷油淬火的 60%，收缩量的平均值比冷油淬火小约 0.02mm，产品内花键 100% 合格，保证了齿轮内花键的互换性

（续）

方法	齿轮技术条件	热处理工艺	畸变控制情况
采用分级淬火工艺	太阳（齿）轮，20Cr2Ni4A 钢，技术要求：碳氮共渗层深度≥0.60mm，心部硬度≥57HRC（图示：φ99、φ100、φ146、183.5） 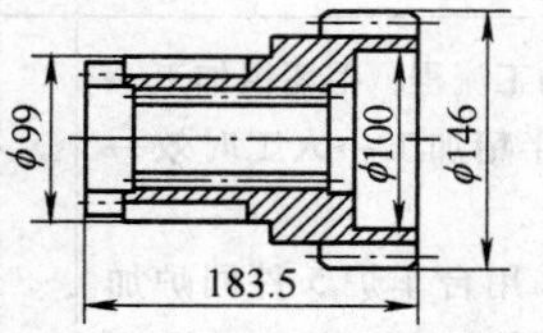	采用 840℃×7.5h 碳氮共渗后，在硝盐炉中分级淬火（250~260）℃×（5~10）min，出炉空冷，最后进行（140~150）℃×（60~90）min 回火	经碳氮共渗处理及分级淬火后，花键内孔收缩量为 0.04~0.08mm，圆度误差 0.02mm，均小于热油淬火后的畸变量，满足技术要求
	SH78Z 主动轴五档齿轮，16MnCr5 钢，技术要求：渗碳淬火（图示：φ41.1、φ98） 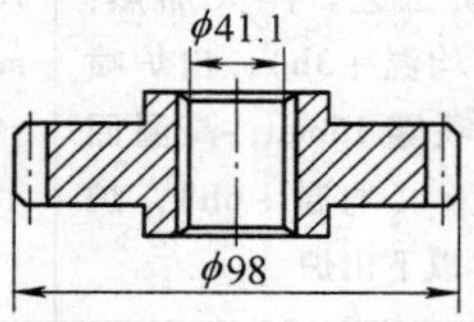	渗碳淬火采用多用炉。其热处理工艺流程：渗碳 900℃×2h→预冷淬火 845℃×0.5h→好富顿 355 等温分级淬火油淬火冷却（油温 160℃）	齿轮花键畸变合格率达 95% 以上
采用等温淬火工艺	ZH1105 型柴油机齿轮，材料为球墨铸铁，要求淬火处理	采用等温淬火工艺：淬火加热（830~950）℃×（0.5~2）h；260~280℃硝盐浴等温淬火	整体噪声为 87.7dB（A），比 45 钢氮碳共渗后整体噪声〔88.3dB（A）〕小，故球墨铸铁齿轮采用等温淬火工艺后畸变减小
	齿轮，外键槽 $14^{-0.035}_{-0.070}$ mm，内键槽 $10^{+0.03}_{0}$ mm，40CrNiMo 钢，要求淬火硬度 40~45HRC（图示：φ40、$10^{+0.05}_{0}$、$14^{-0.035}_{-0.070}$、键槽、80、φ90） 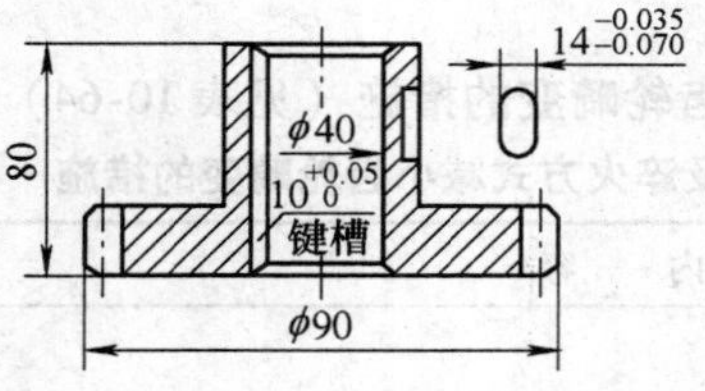	采用等温淬火工艺：810℃加热，淬入 310℃硝盐等温冷却 20min 后空冷	齿轮材料由 45 钢改为 40CrNiMo 钢，并等温淬火，使齿轮键槽淬火畸变得到有效控制
采用亚温淬火工艺	微型汽车转向器小齿轮轴，20CrMnMo 钢，技术要求：渗碳层深度 0.3~0.6mm，热处理后齿轮节圆及外圆的径向圆跳动量≯0.05mm（图示：A、0.05、A、φ14、φ18、φ17、127、235） 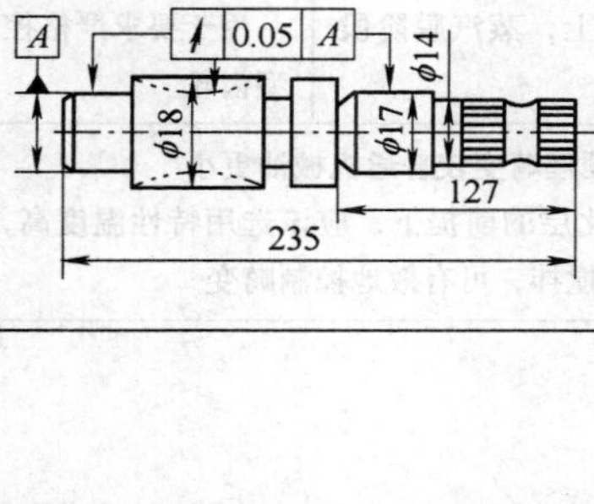	采用多用炉碳氮共渗（860℃），二次加热采用亚温（780℃）淬火工艺，采用好富顿 G 型淬火油（100℃）。采用立式插入装夹。淬火初期搅拌速度最大，在接近马氏体转变 Ms 点时，搅拌速度降至最小	齿轮轴（齿轮节圆及外圆的径向圆跳动）畸变大为减小

（续）

方法	齿轮技术条件	热处理工艺	畸变控制情况
采用喷液淬火方法	齿轮，外径 ϕ576mm，齿宽 260mm，模数 24，ZG310-570 钢，齿轮硬度要求 40～45HRC	齿轮加热采用 RQ3-90-9 型井式渗碳炉，采取保护气氛加热后进行喷水冷却	齿面硬度满足要求，热处理畸变小
	超长齿条，总长度 41m（共分 5 段），宽度 350mm，高 300mm，齿高 65mm，42CrMo 钢，技术要求：调质处理后畸变量 ≤30mm（即 ≤3mm/m），调质硬度 280～320HBW	1) 加工流程：毛坯粗加工→调质→半精加工→人工时效→精加工 2) 采用台车炉 5 件同炉加热，垫铁高度 500mm，间距 1500mm，淬火采用喷水 + 喷雾淬火 3) 调质工艺。淬火加热：860℃×（均温 + 3h），出炉喷水 5min + 喷雾 15min；高温回火：580℃×（均温 + 6h），炉冷至 300℃以下出炉	调质硬度 309～315HBW，合格；齿条弯曲量平均 12～18mm（即 1.2～1.8mm/m），尺寸检验满足 ≤30mm/m 粗加工留量尺寸

10.5.8　合理选择淬火冷却介质及淬火方式

齿轮热处理常用的淬火冷却介质有水、碱或盐的水溶液、油、PAG 水溶性淬火冷却介质、熔盐、熔碱及空气、氮气、氩气等。

在确保齿轮硬度和力学性能的前提下，尽可能减小冷却速度。如选择分级淬火或等温淬火，可使热应力和组织应力明显降低。采用调整淬火油的冷却温度，采用热油进行冷却等，均可获得较小畸变效果。

对导热性差、淬透性好的齿轮，选用较为缓和的淬火冷却介质。冷油淬火用于精度要求不高的齿轮；采用热油淬火，在 120～180℃停留一定的时间，可以减少齿轮的畸变与开裂倾向；可在 300～350℃硝盐浴中进行一次分级淬火。

1. 通过合理选择淬火冷却介质及淬火方式减小齿轮畸变的措施（见表 10-64）

表 10-64　通过合理选择淬火冷却介质及淬火方式减小齿轮畸变的措施

项　目	内　　容		
合理选择淬火油	不同淬火油的特性和用途：		
	油　品	特　性	用　途
	中快速淬火	蒸汽膜阶段短，冷却速度快，对流温度低	壁厚稍大的合金结构钢齿轮
	快速淬火油	冷却速度高于中快速淬火油	壁厚较大的中低合金结构钢或壁厚较小的碳素结构钢齿轮
	热油	使用温度一般在 80℃以上，蒸汽膜阶段短，冷却速度中等	用于要求严格控制畸变的中小型齿轮
	1) 对于小模数齿轮采用分级淬火油，其热处理畸变较普通机械油更小 2) 对于齿形、齿向的畸变，在保证有效硬化层的前提下，应该选用特性温度高，黏度大的淬火油。如采用等温分级淬火油，若辅以较强烈的搅拌，可有效地控制畸变		

（续）

项　目	内　容
水溶性淬火冷却介质的选择	水溶性淬火冷却介质（如 PAG）冷却特性可调，浓度容易检测和控制，可以适应不同钢种和齿轮的需要，较好地解决了众多合金结构钢齿轮的感应加热连续淬火以及整体浸液淬火畸变与开裂问题，还可以用于部分渗碳齿轮的淬火，参见 2.2.3 内容
选择合适的淬火方法	1）硝盐淬火与传统油淬火相比，具有淬火冷却介质温度高、齿轮畸变小、硝盐不易老化等特点，常见盐浴配方及使用温度参见 2.2.4 内容 2）齿轮加热奥氏体化并进行渗碳后，先进行盐浴冷却，心部将在盐浴中发生马氏体转变，而渗碳表层材料的马氏体转变将在空冷时进行。由于空气是缓和的冷却介质，因此可以减少齿轮的淬火畸变。统计结果表明，在其他参数相同条件下，相对于淬火油，渗碳齿轮采用盐浴淬火可降低 30% 左右的淬火畸变。盐浴淬火比较适合于淬透性波动较大的渗碳钢齿轮淬火 3）渗碳齿轮的盐浴淬火工艺流程：渗碳（包括扩散及降温）→硝盐浴淬火→空冷→低温回火。盐浴温度设定稍高于材料的 Ms 点（该 Ms 点是齿轮渗碳后表层材料的 Ms 点，一般在 145 ~ 170℃）。表 10-65 所列为几种典型渗碳齿轮钢的 Ms 点及盐浴温度。常用渗碳齿轮钢盐浴的熔点和常用温度：

盐浴成分（质量分数）	熔点/℃	常用温度/℃
50% KNO₃ + 50% NaNO₂	140	150 ~ 550
55% KNO₃ + 45% NaNO₂	137	150 ~ 360

项　目	内　容
	4）通过调整盐浴的冷却能力来控制齿轮的淬火胀缩。淬火盐浴温度设定在 145 ~ 170℃，在此温度下，盐浴中的水含量可在 0 ~ 3%（质量分数）变化。而含 1%（质量分数）水的盐浴的冷却能力与淬火油接近，可在接近该水含量的盐浴中进行淬火试验，检验畸变情况，以确定适合的盐浴水含量
进行合理的淬火操作	细长轴类齿轮应轴向垂直淬入静止的淬火冷却介质。质量大的端头部要首先淬入淬火冷却介质 对于环、套类齿轮，内孔的尺寸要求严格者要轴向垂直淬入淬火冷却介质；壁薄而内孔无要求者则径向淬入淬火冷却介质 对于截面尺寸悬殊较大的齿轮，截面厚的部位首先淬入淬火冷却介质，薄的部位最后冷却 轮辐较大的盘形齿轮（或薄片齿轮）适宜沿轴线方向水平淬入淬火冷却介质，以免产生平面翘曲 如果在工装、夹具或淬火装置中冷却，其前提条件是确保齿轮表面均应冷却到，避免齿轮的堆积和彼此的紧密接触 壁厚较薄的大齿圈适宜沿轴线方向垂直淬入淬火冷却介质，以免产生圆度畸变 双介质淬火或分级淬火在第一介质中停留时间长，淬火冷却介质流动性过强，或对齿轮产生冲击等，这些情况均对齿轮热处理畸变产生一定的影响 根据实际情况为淬火槽配置机械搅拌装置或使淬火冷却介质循环，必要时为淬火槽配置温控，通过冷却或加热，对淬火冷却介质温度进行控制，以减小齿轮在冷却过程中产生较大畸变 根据齿轮形状和畸变的趋势，要选择合理的冷却方式。静止冷却多用于薄壁或细长齿轮轴的淬火；对于某些截面不均的齿轮，可改变齿轮在淬火槽内的位置，在冷却时使冷却速度大的部位贴近淬火槽壁，以减小该部位的冷却速度，使整体的畸变量减小 改变齿轮各部位的冷却速度（或冷却条件）或进行机械方式的强制校正，这些都可起到减小冷却过程中畸变的作用。具体指：一是使用合适的淬火夹具，二是采用专用工装，三是配置特定的淬火装置

表 10-65　几种典型渗碳齿轮钢的 Ms 点及盐浴温度

牌号	Ms 点/℃			盐浴温度/℃
	表面		心部 (Ms 点)	
	$w(C)$ (%)	对应 Ms 点		
20CrNi2Mo	0.7	214	65 ~ 390	160 ~ 180
	0.75	203		
	0.8	193		
	0.85	185		
	0.9	178		
20CrMnMo	0.7	174	63 ~ 394	150 ~ 170
	0.75	159		
	0.8	145		
	0.85	145		
	0.9	122		
17CrNiMo6	0.7	149	53 ~ 380	150 ~ 170
	0.75	135		
	0.8	122		
	0.85	110		

2. 通过合理选择淬火冷却介质及淬火方式减小齿轮畸变的实例（见表 10-66）

表 10-66　通过合理选择淬火冷却介质及淬火方式减小齿轮畸变的实例

方　法	齿轮技术条件	齿轮简图与工艺	畸变控制情况
合理选择淬火油	上海·桑塔纳轿车变速器输入轴及输入三档齿轮： 1）输入轴，齿数 18，28MnCr5 钢，技术要求：齿面硬化层深度 0.4 ~ 0.65mm（680HV），齿形、齿向及弯曲度畸变要求分别为 ± 0.007mm、± 0.007mm 和 0.04mm 2）输入三档齿轮，25MnCr5 钢，技术要求：齿面硬化层深度 0.3 ~ 0.5mm（600HV），齿形、齿向及弯曲度畸变要求分别为 ± 0.009mm、± 0.009mm 和 0.04mm	齿轮加工流程：齿轮清洗→预热→渗碳淬火→清洗→回火→强力喷丸 齿轮渗碳淬火、回火均采用密封式多用炉	渗碳后淬火采用好富顿 G 油后，齿轮不仅具有合格的表面硬度和硬化层深度，而且齿形、齿向的畸变量和均匀性均良好，完全符合图样的设计要求
	精密锻造半轴齿轮，20CrMnTi 钢，技术要求：内花键锥度公差 0.06mm，渗碳层深度 0.5 ~ 1.0mm	 采用多用炉进行渗碳淬火，齿轮渗碳工艺：强渗 910℃ × 150min，碳势 $w(C)$ 1.05%→扩散 910℃ × 50min，碳势 $w(C)$ 0.95%→淬火 810℃ × 30min→油淬	使用 KR468C 等温分级淬火油后，齿轮既具有较小的畸变同时畸变散差也很小。可解决变截面齿轮的内花键喇叭口畸变问题

（续）

方　法	齿轮技术条件	齿轮简图与工艺	畸变控制情况
选择水溶性淬火冷却介质	精密锻造 581 半轴齿轮，20CrMnTi 钢，要求渗碳淬火	在井式渗碳炉中渗碳后直接淬火，淬火采用美国联合碳化公司生产的 UCON E 型水溶性淬火冷却介质	齿轮畸变均匀，花键内孔（$\phi 35^{+0.18}_{0}$）尺寸均匀收缩，圆度畸变微小。键槽（$6^{+0.12}_{0}$）宽度的变化一致，均匀性优于油淬的齿轮。硬度均匀，而且比油淬高 2~3HRC
	4 种齿轮，20Cr 和 20CrMnTi 钢，均要求碳氮共渗或渗碳淬火，渗层深度 0.6~0.9mm	采用井式渗碳炉进行渗碳淬火，各种热处理工艺参数： （见下表）	小模数齿轮渗碳后，采用 UconE 淬火的畸变量与油淬的相当。采用 UconE 淬火的齿轮切向综合偏差 $\Delta F_i'$ 和接触线偏差 ΔF_b 的变化值要比油淬的小得多。齿轮精度偏差达到了图样的技术要求
采用硝盐浴淬火	渗碳淬火齿轮，模数 4.5mm，17CrNiMo6 钢，为了保证磨削量，要求齿轮经渗碳淬火后的齿顶圆胀大量在 2~3mm	 齿轮渗碳后进行盐浴淬火	确定将盐浴中的水含量控制在 0.65% ~0.85%（质量分数），可满足该齿轮畸变要求
	齿轮，模数 2mm，45 钢，齿部硬度要求 40~45HRC	 齿轮在盐浴炉中 810℃加热，在 160℃硝盐浴中分级淬火冷却	孔畸变量仅为 ±0.02mm。齿部硬度 51~53HRC（齿顶部）；平面硬度 38~43HRC。由于是淬硬齿部，故回火后齿轮畸变合格

渗碳淬火各种热处理工艺参数：

齿轮名称	热处理工艺	淬火冷却介质（质量分数）
齿轮轴	880℃气体碳氮共渗，840℃直接淬火	10% UconE L-AN32 机械油
减速齿轮	880℃气体碳氮共渗，840℃直接淬火	10% UconE L-AN32 机械油
滑动齿轮	920℃气体碳氮，860℃直接淬火	20% UconE L-AN32 机械油
半轴齿轮	920℃气体碳氮，860℃直接淬火	20% UconE L-AN32 机械油

10.5.9　改进热处理工艺与齿轮材料

在齿轮加工过程中，热处理工艺与齿轮材料是影响畸变的重要因素。对此，可根据各类齿轮的畸变规律，通过改进热处理工艺与齿轮材料，达到预防和控制齿轮畸变的目的。

1. 通过改进热处理工艺与齿轮材料减小齿轮畸变的方法 （见表 10-67）

表 10-67　通过改进热处理工艺与齿轮材料减小齿轮畸变的方法

名　称	方　法
采用渗氮（或氮碳共渗）工艺代替渗碳淬火	由于渗碳加热温度高，渗碳后直接淬火，尤其是渗碳后空冷（或缓冷）再进行二次加热淬火，增加了热处理畸变。对于细长轴类齿轮、薄壁齿套、薄盘形齿轮等来说，其热处理畸变难以控制。对此，采用低温的渗氮（或氮碳共渗）工艺代替高温的渗碳淬火
采用"中碳钢调质 + 感应淬火"代替渗碳淬火	中碳钢齿坯粗车削加工后进行预备热处理——调质处理，以提高心部强度，减小残余应力，并做好组织准备；精加工铣齿后采用感应淬火方法，与高温度下的渗碳淬火相比，其热处理畸变小。因此，在某些情况下可以代替渗碳淬火
采用局部感应淬火代替整体加热淬火	采用感应淬火方法代替整体加热淬火，对轮齿局部进行加热淬火，不仅加热速度快，效率高，而且加热时间短，因此很好地解决了齿轮热处理畸变问题
采用盐浴快速加热淬火工艺	盐浴快速加热淬火由于加热时间短，齿轮表面的奥氏体晶粒没有长大，淬火后表面的热量没有传递到内部，因此仅仅是表面发生了组织的转变，齿轮畸变明显减小
	精度要求不高的齿轮、模数 >4mm 的齿轮以及齿宽 >60mm 的齿轮等均可采用盐浴快速加热方法，只对齿部进行加热并淬火，以代替整体淬火来减小淬火畸变
采用碳氮共渗工艺代替渗碳淬火	采用碳氮共渗工艺，一方面可以使齿面兼有渗碳和渗氮的效果，增加耐磨性；另一方面，由于共渗温度低（830 ~ 860℃）、渗入速度较快，所以齿轮畸变小。因此，在较多情况下，可以采用碳氮共渗工艺代替较高温的渗碳淬火。齿轮在碳氮共渗后，可采用分级淬火工艺进行处理，以获得更小畸变
采用"正火 + 回火"代替调质处理	正火后既可以直接使用，也可以根据强度和硬度的关系，在正火后再进行回火（540 ~ 700℃），这称为正火 + 回火处理，它可减少大型齿轮因淬火而引起的淬火畸变及淬火裂纹等缺陷
	为了减小齿轮热处理畸变，在满足齿轮使用性能的前提下，有时采用粗开齿（槽）后进行正火 + 回火代替调质工艺
改变齿轮材料	在某些情况下，渗碳钢完全可以取代中碳钢（如 45 钢或 40Cr 钢）制造齿轮，而不影响齿轮使用性能。渗碳钢在渗碳淬火后的畸变量比 40Cr、45 钢直接淬火后的畸变量要小一些。在一些情况下，可在淬火后需要加工的部位先涂覆防渗碳涂料，再进行渗碳及淬火后机械加工，这样可保证其尺寸精度要求
	为了减少齿轮畸变，在一些情况下，还可以把要求整体淬火或整体渗碳淬火的齿轮材料改为 45 钢或 40Cr 钢等中碳钢，先进行调质后机械加工，最后再进行感应淬火
采用减少齿轮畸变的热处理装备	齿轮热处理设备应保证对热处理工艺参数进行精确控制。（渗碳、渗氮）加热和保温过程中，影响齿轮畸变的重要因素是热处理设备的炉温均匀性、碳（氮）势均匀性、程序控制的可靠性。冷却过程也是影响齿轮畸变的重要环节，冷却装备的配置也很重要
	为了减小和控制齿轮（如盘形从动弧齿锥齿轮、离合器齿套等）畸变，常采用压床淬火
预冷均热淬火	预冷是为了减小温差，达到减小热应力与畸变的目的。预冷的温度设置应当以保证淬火后能够达到要求的硬度和淬硬层深度为原则。部分钢材的预冷温度： | 牌　号	预冷温度/℃
45	770 ~ 790
40Cr	750 ~ 770	

2. 通过改进热处理工艺与齿轮材料减小齿轮畸变的实例（见表 10-68）

表 10-68　通过改进热处理工艺与齿轮材料减小齿轮畸变的实例

方　法	技　术　条　件	热处理工艺	畸变控制情况
采用"中碳钢调质 + 感应淬火"代替渗碳淬火	联合收割机内齿圈，模数 4mm，40Cr 钢，技术要求：平面 A 的平面度误差 <0.2mm；内孔圆度误差 ≤ 0.30mm；感应淬火硬化硬层深 1～1.5mm，齿部硬度 50～54HRC 	齿圈加工流程：锻坯→粗车削→调质（硬度 269～289HBW）→精加工→高频感应淬火	热处理后平面度、内孔圆度及圆棒跨距 M 值均合格，装配内齿圈钻稳钉孔时，其硬度也得到了保证
采用局部感应淬火代替整体加热淬火	轿车方向盘操纵转向机构中的小齿轮，模数 1.75mm，齿数 74，20CrMo 钢，技术要求：表面与心部硬度分别为 55～61HRC 和 20～27HRC，齿轮节圆、外圆径向圆跳动量 <0.05mm 	齿坯整体调质；高频感应淬火硬化层深度：外圆部位（φ20mm、φ12mm 处）0.8～1.5mm，齿部及齿根 0.6～1.2mm；淬火采用 w(AQ251) 5%～11% 水溶液	基体调质 + 表面高频感应淬火后，小齿轮节圆及外圆的径向圆跳动量 <0.05mm，合格
采用盐浴快速加热淬火工艺	齿轮，模数 4mm，45 钢，要求淬火处理 	将齿轮内孔穿入一根轴后放在支架上，然后在 950～980℃ 的盐浴炉中旋转，对齿部进行均匀加热，取出后预冷，淬入水中预冷 5s 后转入油中冷却至室温	盐浴快速淬火、330～350℃ 回火后，齿面硬度 40～45HRC。节圆径向圆跳动量 0.03～0.07mm，齿向误差 0.02mm，内孔畸变量 -0.05～-0.01mm，满足了齿轮技术要求
	双联齿轮，40Cr 钢，要求淬火处理 	采用 1000℃ 盐浴快速加热工艺，用淬火夹具淬油冷却	齿轮热处理畸变微小，内孔花键可不再加工而直接使用

(续)

方法	技术条件	热处理工艺	畸变控制情况
采用碳氮共渗工艺代替渗碳淬火	齿轮,模数 7mm,齿数 19,20Cr2Ni4A 钢,技术要求:渗层深度 >0.60mm,齿部硬度 >57HRC	840℃碳氮共渗 7.5h 后,在 250~260℃硝盐中分级冷却 5~10min,然后取出空冷,低温回火 1~1.5h	在齿轮热处理前,内花键底径为 (76.2±0.01)mm,圆度误差为 0.01~0.02mm。经碳氮共渗及分级淬火后,与油淬相比,齿轮畸变量小,而且稳定
采用"正火+回火"代替调质处理	二、三次制粒机传动装置用大齿轮,采取两半齿轮分体式组合结构,大齿轮 φ6390mm(外径)×φ5440mm(内径)×830mm(宽度),模数 45mm,齿数 140,净质量 27700kg,ZG35Cr1Mo 钢。技术要求:调质处理,齿面硬度 200~255HBW	大齿轮粗开齿(槽)后采用正火+回火工艺。正火:650℃×4h(预热)+880℃×8h;回火 350℃×2h(预热)+550℃×12h	大齿轮经正火+回火后畸变量不大。硬度为 210~265HBW,齿轮精加工后检测齿顶及齿侧面硬度为 200~240HBW,可满足技术要求
改变齿轮材料	齿轮(图 a 所示为半精车齿轮,图 b 所示为精车齿轮),选用 45 钢或 40Cr 钢,要求齿部高频感应淬火	1)采用调质+高频感应淬火工艺 2)齿轮加工流程:锻坯调质→粗车→半精车(内孔加工到尺寸,端面预留 1~2mm)→滚齿→齿面高频感应淬火→用拉刀修整高频感应淬火缩小的内孔→精车端面到尺寸	齿轮热处理畸变合格

10.5.10 采用淬火压床淬火

压床淬火是在一种能够限制齿轮畸变方向、公差固定的夹具上进行淬火的一种特殊工艺,它能够使齿轮的畸变和胀缩最小。如对薄壁大圆盘形锥齿轮及汽车同步器齿套之类齿轮,采用淬火压床后可以将材料在机械加工及热处理生产中存在的各种潜在畸变因素的影响,在强压作用下消除或减小。

在设计与调整好压床淬火工艺的条件下,经过压床压力淬火后,齿轮内径圆度及其(安装)端面平面度均可达到技术要求。

1. 淬火压床

图 10-5 和图 10-6 所示(图中 p 为施压部位)为德国全自动齿轮淬火压床,可以用于各种内齿轮、锥齿轮等的淬火。采用这种设备加压淬火后,可以有效地控制齿轮的翘曲和圆度畸变。加压的芯轴是光滑的,有的是锥形的。

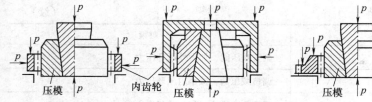

图 10-5　内齿轮的压床淬火

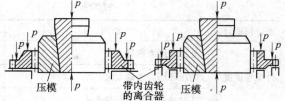

图 10-6　带内齿轮的离合器体的压床淬火

图 10-7 所示为美国格里森生产的及国产的典型的齿轮淬火压床用压模结构图。

2. 压床（压力）淬火工艺参数

目前，齿轮的压床淬火多为采用脉动式淬火压床所进行的三阶段压力淬火方式，可根据齿轮的结构、材料淬透性等确定内压环压力、外压环压力及三阶段的喷油流量等工艺参数。通常，第一阶段应采用短时间大流量淬火油，使齿轮快速越过奥氏体不稳定区，进入马氏体转变稳定区；第二阶段减少淬火油流量，适当增加冷却时间，使齿轮在较小的冷却速度下完成马氏体转变，以减小畸变；第三阶段应采用大流量淬火油，使齿轮冷却到低温状态，进一步减小应力，以稳定齿轮畸变。

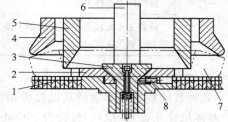

图 10-7　典型的齿轮淬火压床用压模结构图

1—底模圈　2—涨块　3—压头　4—外压环
5—内压环　6—压力杆　7—齿轮　8—螺钉

合理制定压床淬火工艺参数很重要。例如，表 10-69 为东风汽车公司对载货汽车后桥从动弧齿锥齿轮采用压床淬火来减小畸变的正交工艺试验方案。结果表明，对压床淬火畸变影响由大到小的顺序为 C≥D≥B≥A，即外压环压力≥扩张器压力≥内压环压力≥冷却油流量；采用优化正交工艺后压床淬火取得明显效果，见表 10-70。

表 10-69　汽车后桥从动弧齿锥齿轮压床淬火正交试验因数和水平

水平	A 冷却油流量/（L/min）	B 内压环压力/MPa	C 外压环压力/MPa	D 扩张器压力/MPa
1	1140	1.38	0.97	1.03
2	680	1.45	1.03	1.10
3	410	1.52	1.10	1.17

表 10-70　优化工艺参数后的压床淬火合格率

检测项目	内缘平面度	外缘平面度	内孔圆度	平均畸变
合格率（%）	100	98	98	97

常见齿轮压床淬火畸变超差原因及对策见表 10-71。

表 10-71　常见齿轮压床淬火畸变超差原因及对策

不合格项目	原因	对策
内缘平面度	涨块压力太大或涨块外径太大	调整减压阀，减小涨块压力或重新制造涨块
	内压环压力选择太小	调整减压阀，加大内压环压力
	外压环压力选择太大	调整减压阀，减小外压环压力
	凸凹选择不当，凸起太大	调整凸凹机构，减小凸起量

（续）

不合格项目	原因	对策
外缘平面度	外压环压力选择太小	调整减压阀，加大外压环压力
	内压环压力选择太大	调整减压阀，减小内压环压力
	凸凹选择不当，凸起太小	调整凸凹机构，加大凸起量
内孔圆度	锥形压头与涨块的锥面配合差	按图样要求对两件进行配置，锥面进行研磨
	涨块尺寸设计不当或精度不够	重新设计，提高精度
	涨块压力选择太小	调整减压阀，加大涨块压力
	涨块工作面或齿轮内孔表面不净，如有铁屑、氧化皮等	清理铁屑、氧化皮等

3. 齿轮压淬举例

几种解放载货汽车后桥从动弧齿锥齿轮（见图10-8，具体尺寸见表10-72），材料为20CrMnTiH3钢，渗碳淬火有效硬化层深度均为1.7～2.1mm，表面与心部硬度分别为58～63HRC和30～45HRC，热处理畸变要求见表10-72。

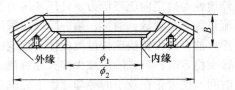

图10-8 后桥从动弧齿锥齿轮简图

表10-72 几种齿轮的主要尺寸及淬火畸变要求

齿轮编号	几何尺寸/mm			端面平面度误差/mm		内孔圆度误差/mm	车 型
	内孔 ϕ_2	外径 ϕ_1	厚度 B	外缘	内缘		
1	260	390	48	<0.10	<0.15	≤0.08	"CA150K2" 9t 货车
2	260	420	56	<0.10	<0.15	≤0.08	"CA148K212" 7t 货车
3	260	457	64	<0.10	<0.15	≤0.08	"CA4260P2K1CT1" 16t 货车

从动弧齿锥齿轮渗碳淬火后压床淬火的关键是控制平面度和内孔圆度。淬火压床精度和模具精度、压床淬火工艺参数以及现场调整是影响齿轮压床淬火畸变的主要因素。几种齿轮压床淬火工艺参数见表10-73。

表10-73 几种齿轮压床淬火工艺参数

齿轮编号	压力/MPa			冷却条件（单位时间淬火油流量）/(L/min)			工作台底模圈凸凹量/mm
	外压环	内压环	扩张器	第一阶段	第二阶段	第三阶段	
1	1.2	1.7	0.5	1140/15	600/60	1140/60	-0.28
2	2.2	1.4	0.5	1140/15	600/60	1140/60	-0.21
3	4.0	1.5	0.5	1140/15	600/60	1140/60	-0.21

4. 通过采用淬火压床淬火减小齿轮畸变的实例（见表 10-74）

表 10-74 通过采用淬火压床淬火减小齿轮畸变的实例

齿轮技术条件	齿轮简图	热处理工艺	畸变控制效果
载重自卸车转向机构内齿轮（见右图），20CrMnTi 钢，技术要求：渗层深度 1.1 ~ 1.5mm，外圆圆度误差 ≤0.25mm	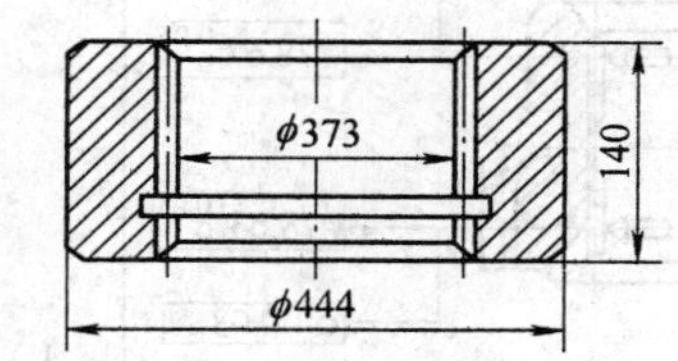	870℃ 进行气体碳氮共渗；保护气氛下 830℃ 二次加热 + 压床淬火［在 $w(PM)$10% ~ 15% 水溶液中冷却 10s，出液温度控制在 150 ~ 180℃］	齿圈畸变检验合格（圆度误差 < 0.15mm）。对于圆度超差齿圈采用专用工装定型回火
载货汽车单级减速器大直径圆盘形弧齿锥齿轮，模数 13mm，齿数 36，SAE8822H 钢。渗碳淬火有效硬化层深 1.778 ~ 2.285mm，表面非马氏体组织层深 ≤0.025mm；畸变要求：内孔圆度误差 ≤0.15mm，外缘平面度误差 ≤0.10mm，内缘平面度误差 ≤0.20mm	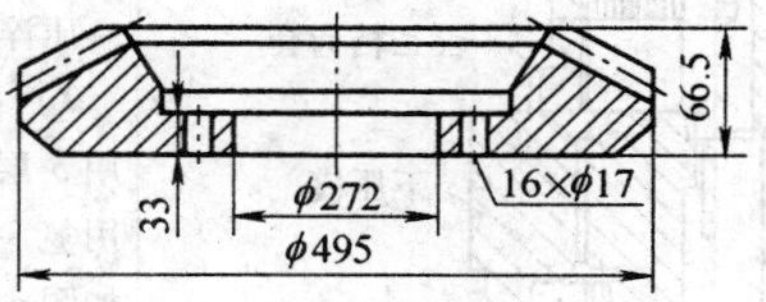 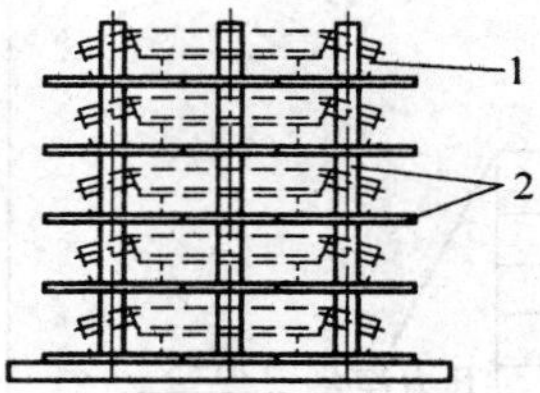 1—齿轮 2—组合料架	1）渗碳淬火采用双排渗碳连续生产线，该齿轮渗碳完成、进入保温室后上压床进行压力淬火 2）利用组合料架水平单独摆放齿轮（见图 b）	齿轮畸变控制在合格范围内，基本消除表面脱碳现象
重型载货汽车变速器中同步器结合齿套（见图 a），20CrH 钢，技术要求：渗碳淬火有效硬化层深度为0.7 ~ 1.5mm（513HV1），内孔圆度误差 ≤0.10mm，内孔锥度误差 ≤0.05mm	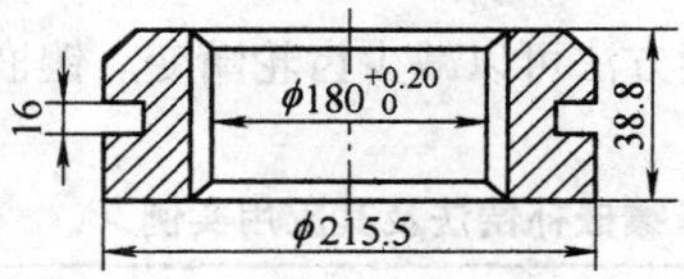 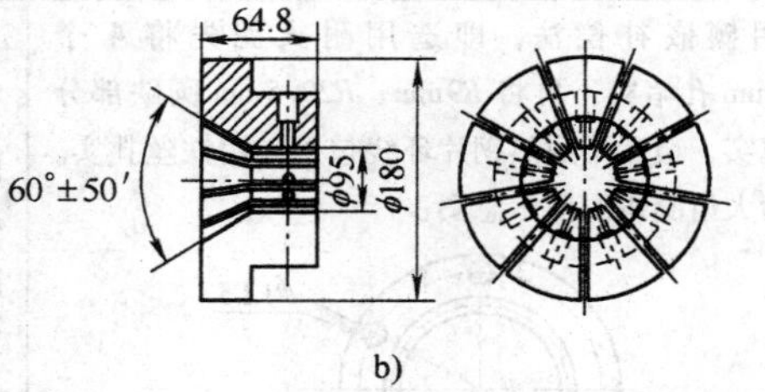	1）齿套渗碳空冷→二次加热→压床淬火→低温回火→喷丸清理 2）渗碳采用可控气氛多用炉，二次加热使用转底炉	齿套装炉采用一层一层平放方式。设计扩张器涨块（见图 b）。齿套经压床压力淬火后，畸变均合格

（续）

齿轮技术条件	齿 轮 简 图	热处理工艺	畸变控制效果
某轿车变速器一、二档齿套（见图 a），19MnCr5G（FIAT 52423）钢，技术要求：等温正火 硬度 160 ~ 190HBW，碳氮共渗后有效硬化层（525HV）深 0.4 ~ 0.6mm，表面硬度与心部硬度分别为 690 ~ 790HV 和 360 ~ 470HV，畸变要求如图 a 所示	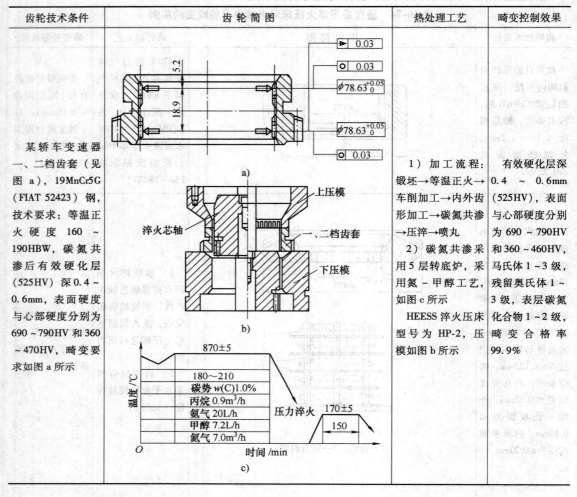	1）加工流程：锻坯→等温正火→车削加工→内外齿形加工→碳氮共渗→压淬→喷丸 2）碳氮共渗采用 5 层转底炉，采用氮－甲醇工艺，如图 c 所示 HEESS 淬火压床型号为 HP-2，压模如图 b 所示	有效硬化层深 0.4 ~ 0.6mm（525HV），表面与心部硬度分别为 690 ~ 790HV 和 360 ~ 460HV，马氏体 1 ~ 3 级，残留奥氏体 1 ~ 3 级，表层碳氮化合物 1 ~ 2 级，畸变合格率 99.9%

10.5.11 采用镶嵌补偿法

对于不规则圆盘齿轮，采用镶嵌补偿方法可以减少齿轮畸变。镶嵌补偿法及其应用实例见表 10-75。

表 10-75 镶嵌补偿法及其应用实例

齿轮技术条件	工 艺	畸变控制效果
东风农机 DF200 大齿圈，外径 162mm，内径 ϕ114.4mm，为渐开线花键，大径 121.22$^{+0.030}_{0}$ mm，跨棒距 $d = 4m$（m 为模数）= 110.52$^{+0.060}_{0}$ mm。齿轮外圆有一个钻孔 R9mm 及一个铣半圆 R22.5mm、内壁厚 40mm、且端面有 4 个 ϕ12.5mm 的孔	采用镶嵌补偿法，即选用耐火泥先将 4 个 ϕ12.5mm 孔堵实，再将 R9mm、R22.5mm 圆缺部分镶补填实，最后用耐热钢片环绕包上，用铁丝扎实。下图为大齿圈镶嵌前示意图：	热处理时配合装炉方式的调整，采用底面垫平、叠加平放、利用自重压实减少畸变，同时选择德润宝 729 分级淬火油作为淬火冷却介质，缺口处畸变量减少 0.03mm 左右

（续）

齿轮技术条件	工　艺	畸变控制效果
五征 WZ38P10 大齿圈，外径 245.99mm，内径 167.4mm，内孔壁厚 15mm，齿圈安装平面上有 10 个 φ12mm 螺纹孔，两个 φ12mm 销孔，要求渗碳热处理	1）采用 φ12mm×30mm 内六角圆柱头螺钉，旋紧 10 个螺纹孔，用 φ10mm×35mm 外六角螺钉沾防渗涂料塞住两个 φ12mm 销孔。下图为大齿圈螺纹孔保护前后对比情况 2）渗碳热处理 	大齿圈经渗碳淬火、回火后，使得平面度误差控制在 0.10mm 以内

10.5.12　采用先进的热处理工艺与装备

随着科学技术的快速发展，涌现出大量先进的热处理工艺与装备，采用先进的工艺与装备可以显著减少与控制齿轮畸变，并降低齿轮制造成本。

1. 通过采用先进的热处理工艺与装备减少与控制齿轮畸变的措施（见表 10-76）

表 10-76　通过采用先进的热处理工艺与装备减少与控制齿轮畸变的措施

工艺与装备名称	方　法
采用激光热处理技术与装备	激光热处理畸变量极小，可进行选择性精确加工以获得理想的硬化层分布。热处理后齿轮基本上无须进行后续机械加工，可直接装机使用。对于大多数精度等级为 6、7、8 级齿轮，激光淬火未使原加工精度等级下降
采用稀土渗碳（碳氮共渗）技术及 BH 催渗渗碳技术	稀土催渗剂和 BH 催渗剂在渗碳淬火工艺中的应用，可细化显微组织，减小齿轮畸变。在不降低渗碳温度的情况下，可减少 1/3 左右的渗碳周期；在保持相同渗碳层深度的情况下，可降低渗碳温度 30～50℃，从而获得很好的畸变控制效果
采用双频感应淬火技术与装备	双频感应淬火方法能够得到沿齿廓分布的硬化层，与单频率（高频、中频等）淬火法相比，齿轮淬火畸变小。齿轮感应淬火与渗碳淬火相比，齿轮畸变更小
采用渗碳后感应淬火技术	渗碳后感应淬火目的是为了更多地提高齿轮表面硬度、耐磨性与疲劳抗力，同时改善硬化层分布并减少齿轮的畸变与开裂倾向
采用新的模压式感应淬火技术与装备	模压式感应淬火技术综合了感应淬火和压床淬火工艺的优点，齿轮感应淬火后直接采用模具淬火，然后进行原位感应加热回火，不仅简化工序、提高生产效率，而且减小了齿轮畸变
采用同时双频感应淬火技术	同时双频感应淬火技术（如 SDF 法）可获得沿齿廓分布的硬化层，SDF 法处理时间与传统渗碳淬火相比，仅为其 40% 左右，加上感应热处理为表面局部加热淬火，因此热处理畸变很小，完全可以达到畸变公差要求，齿轮不需磨齿
采用微小畸变钢材	选用微畸变钢种（如 18CrMnNiMoA 钢）制造的重载齿轮热处理畸变小于 20CrMnTi 钢齿轮
	为解决淬火畸变问题，使用低淬透性钢（如 55Ti、60Ti 及 65Ti 等）制造齿轮，经中频加热、喷水冷却后，只在其表面形成马氏体组织，得到沿齿廓分布的硬化层。由于齿轮采用感应淬火，同渗碳淬火相比齿轮畸变较小

（续）

工艺与装备名称		方　　法
采用低压真空热处理炉与高压气淬设备及其工艺	真空加热淬火	齿轮采用真空加热淬火工艺可以明显减小热处理畸变，配合分级淬火能够减少畸变量50%左右（与直接油淬相比）。该项技术已广泛应用于精密齿轮等的淬火处理
	低压真空渗碳技术	低压真空渗碳过程通过计算机对渗碳温度、渗碳时间、丙烷（或甲烷、乙炔等）及氮气的流量和压力进行精确控制，可获得均匀的渗碳层、表面硬度、良好的显微组织及较小的热处理畸变。与盐浴加热淬火比较，其畸变量仅为后者的1/10～1/3
	高压气淬技术	齿轮加热后在气体中冷却比在液体中冷却得均匀，因此淬火畸变小。高压气淬减小畸变，一方面是由于冷却速度低，热应力和组织应力小；另一方面，由于不存在蒸汽膜沸腾，因此冷却比较均匀。目前，多用压力低于1.5MPa的氮气做淬火冷却介质

2. 通过采用先进的热处理工艺与装备减少与控制齿轮畸变的实例（见表10-77）

表10-77　通过采用先进的热处理工艺与装备减少与控制齿轮畸变的实例

齿轮技术条件	热处理工艺	畸变控制情况
数控机床、高精度机床环形齿轮，40CrNi钢，精度等级要求5级（GB/T 10095.1）	齿轮微小畸变真空热处理工艺如下图所示 	1）齿轮加工流程：齿坯锻造→退火［（880～900℃）×2h，炉冷］→粗车削→正火（860℃×1.5h，空冷）→高温回火（650℃×2h，缓冷）→滚齿→粗拉键槽→消除应力（200℃×24h）→精拉削键槽→真空加热淬火、回火→磨内孔 2）内孔畸变量＜0.06mm，内孔圆度误差≤0.015mm，键槽宽度变化量≤0.015mm，达到5级精度要求
轿车变速器齿套，28MnCr5钢，技术要求：渗碳淬火有效硬化层深度0.25～0.4mm（630HV1）；平面度误差＜0.05mm，圆度误差＜0.05mm	采用ICBP型低压真空渗碳炉及真空渗碳工艺（Infracarb渗碳专家系统＋高压气淬技术）	齿套可获得很小的畸变量，保证圆度误差＜0.03mm，平面误差0.03～0.05mm
BJ121型汽车后桥从动弧齿锥齿轮，20CrMnTi钢，技术要求：渗碳层深度1.1～1.5mm，内孔圆度误差≤0.15mm，底平面内缘平面度误差≤0.10mm，底平面外缘平面度误差≤0.06mm	渗碳淬火采用密封箱式多用炉，温度与碳势自动控制，并采用"稀土低温渗碳工艺"： 	1）采用两个齿轮背对背紧配合，穿入两个横梁水平放置，通过调整两个横梁间距来保证圆度畸变合格率 2）底平面内缘平面度误差≤0.10mm的占98%，底平面外缘平面度误差≤0.06mm的占96%，内孔圆度误差≤0.075mm的占100%

（续）

齿轮技术条件	热处理工艺	畸变控制情况
一汽变速器分厂同步器滑套（带内外齿），20CrMoH 钢，要求渗碳淬火	渗碳淬火采用连续式渗碳炉，1~5 区温度分别为 840~890℃、840~890℃、840~890℃、840~890℃和 840~850℃，2~5 区碳势 $w(C)$ 分别为 1.15%~1.25%、1.15%~1.25%、0.85%~1.05%和 0.85%~1.05%	采用稀土渗碳工艺后，渗碳温度由 920℃降至 890℃，同步器滑套畸变合格率达到 96%以上
齿轮轴，20CrNi2MoA 钢，技术要求：轮齿与花键渗碳淬火有效硬化层深度分别为 2.8~3.5mm 和 1.1~1.7mm；齿/花键同轴度误差≤1.0mm	（轮齿与花键：法向模数分别为 20mm 和 6mm；齿数分别为 26 和 55）	1）采用一次渗碳+感应淬火工艺：电源频率 10kHz，电压 750A，电流 168A，连续式加热淬火，水冷， 2）齿轮轴畸变检验合格
齿轮，材料为微畸变钢 18CrMnNiMoA 钢，要求渗碳淬火		齿轮经 830℃碳氮共渗淬火处理后畸变微小
传动从动齿轮，外径 412.4mm，模数 6.5mm，齿数 63，全齿高 13.625mm，齿宽 68mm，60Ti 低淬透性钢，齿部要求感应淬火	齿轮毛坯正火为 920℃×192min；感应淬火工艺参数：感应负载电压 700V，功率 280~380kW，电压比 12/2，加热时间 37.8s，预冷时间 2s，喷水冷却，水压 0.5MPa	经检验齿面残余应力 -686MPa，齿轮畸变达到要求
一汽公司轮边减速桥行星齿轮，采用新开发的 FAS3218H 钢，氧质量分数≤15×10⁻⁴%，淬透性带 6HRC，带状组织≤3 级，晶粒度细于 6 级，技术要求：锻坯硬度 156~195HBW，齿轮渗碳淬火有效硬化层深 0.6~1mm，表面与心部硬度分别为 58~63HRC 和 320~450HV30，马氏体与残留奥氏体≤3 级	1）锻坯预备热处理采用等温正火工艺。940℃×90min 风冷至 700℃，进入 650℃等温炉进行等温 180min，齿坯硬度 165HBW 2）采用多用炉渗碳淬火、回火。渗碳：920℃×350min，860℃×30min 出炉直接淬火，淬火油温 120℃。回火：190℃×150min	1）内径的畸变。行星齿轮内径要求 46.142~46.167mm。热处理后最大畸变量 0.0215mm，在公差范围内。普遍规律为收缩，内孔可预留磨削量 0.1mm 左右 2）齿轮内孔圆度公差要求 0.005mm。热处理后内孔圆度变化幅度小，变化量最大为 0.005mm 3）热处理后公法线长度变化幅度很小，最大变化量为 0.09mm 4）表面与心部硬度分别为 61.5HRC 和 380HV30，有效硬化层深 1mm，马氏体与残留奥氏体 2 级

10.6　齿轮热处理畸变的校正技术

齿轮校正实际上是通过给齿轮施加外部力，使齿轮内在局部发生塑性畸变，从而也使其内部的晶体结构产生畸变，以达到恢复技术要求的尺寸或形状的目的。但同时也产生了额外应力，对此应通过低温回火将校正应力消除。

10.6.1　齿轮热处理畸变的校正方法

齿轮热处理畸变的校正，根据处理时间，可分为热处理前校正与热处理后校正；根据校正时齿轮所处的温度，可分为热态校正和冷态校正等。具体有矫直机冷态矫直、热态矫直、淬火压床校正、硬齿面的冷态切削加工校正等方法。

齿轮的校正方法应根据齿轮的具体畸变情况而定，有时可以采用几种方法并用，依次达到校正的目的。

常见热处理畸变的校正方法，供齿轮校正时选择见表 10-78。

表 10-78　常见热处理畸变的校正方法

类别	方　法	操 作 类 别	类别	方　法	操 作 类 别
冷态校正	冷压校正法	正向冷压校正	淬火状态校正	淬火趁热校正法	趁热正向加压校正
		偏向冷压校正			趁热镶嵌校正
		S弯形轴冷压校正		残留奥氏体稳定化校正法	淬火时残留奥氏体稳定化校正
热态校正	热压校正法	局部热压校正			回火时残留奥氏体稳定化校正
	局部烘热校正法	局部烘热校正	回火状态校正	局部速冷校正法	正向局部速冷校正
	热点校正法	热点校正			反向局部速冷校正
		热点校正+加压校正			内孔收缩校正
				回火校正法	回火加压校正
					回火定形校正
					偶件配合回火校正

一般的校正方法有机械校正法和热处理校正法，可以根据齿轮具体的畸变特征和状态合理选择校正的方法。

1）机械校正法是指利用机械外力或局部加热的方法使畸变后的工件产生局部的微量塑性畸变，同时残余应力释放后重新分布，达到校正的目的。

常用的机械校正法有冷压校正、淬火冷却到室温前的热压校正、加压回火校正、使用氧乙炔火焰或高频对畸变工件进行局部加热的热点校正等。

2）热处理校正法是利用热应力实现校正，如利用相变进行压力回火、残留奥氏体的马氏体化、压床淬火、模压回火等。

齿轮常用畸变校正方法及适用范围见表 10-79。

表 10-79　齿轮常用畸变校正方法及适用范围

名　称	方　法	适 用 范 围
冷态校正方法	S弯形轴类件的校正方法：对畸变呈现S弯形的轴类件，如其已产生两个弯，应分两步矫直，先校正一段弯曲部分，将整个轴校正成一个大弯（呈现大C字形状）后，再找最高点进行矫直	中碳钢及合金结构钢的退火齿轮轴、调质齿轮轴或淬火回火后硬度<35HRC的轴类齿轮。同样适用于表面硬而心部较软
	"矫枉过正"方法：在矫直过程中，把轴的畸变状态的中心线压至正常状态的中心线以下一定距离，去除压力后，依靠其弹性畸变把此超出的反弯抵消	

（续）

名　称	方　法	适用范围
冷态校正方法	"预压弯"方法：可以根据轴类件畸变规律，在其淬火前施以外力，预先压成与轴类件变形相反的畸变，淬火后在反向应力的作用下即可得到较小的畸变	的渗碳齿轮轴和感应淬火齿轮轴等
热态校正方法	热压校正法：通过对齿轮整体加热，或者对受压最大部位进行局部加热（如用氧乙炔或丙烷火焰加热、感应加热等），然后施加外力来校正工件畸变的方法	如用于齿轮（轴）校正
热态校正方法	热点校正法：是指通过采用氧乙炔火焰小面积加热（如温度 600 ~ 800℃）畸变齿轮（室温状态）凸起部位的一点或几点，然后急速冷却（如碳素钢用水，合金钢用油或空冷），使畸变校正过来的方法。热点校正后用棉纱沾油或水覆盖冷却	硬度要求在 35HRC 以上的齿轮（轴）。$w(C)$ 为 0.35% ~ 1.3% 的碳素钢，经淬火和低温回火后的齿轮（轴）；低碳钢及低合金钢的渗碳齿轮（轴）
淬火状态校正方法	1）是指利用工件淬火过程相变时的高塑性，进行"淬火＋校正"联合操作的方法。如趁热校正法是在淬火过程中，将工件冷却到 Ms 点附近，但奥氏体未完全发生马氏体转变，利用奥氏体塑性好特点，趁热进行校正 2）淬火压力机或脉动淬火压床按校正工艺规范进行	易畸变且硬度较高、难以校正的齿轮（轴）
回火状态校正方法	1）齿轮在回火过程中，淬火马氏体转变为回火马氏体，使工件的硬度下降，消除了部分淬火应力，高合金钢淬火后存在大量的残留奥氏体，在回火温度下又具有高塑性，此时对畸变工件施加外力，容易起到校正的作用 2）回火校正还包括回火加压校正、回火定形校正及偶件配合回火校正等	较多用于齿圈的校正

10.6.2　轴类齿轮热处理畸变的矫直技术

1. 冷态矫直方法

采用矫直机对径向畸变超差的轴类齿轮进行手动、液压或自动矫直。

（1）几种齿轮常用冷态矫直方法与装备（见表 10-80）

表 10-80　几种齿轮常用冷态矫直方法与装备

名　称	方　法
手动矫直	采用手动压力机，如齿杆式压力机和螺杆式压力机，工作压力分别为 1 ~ 5t 和 2 ~ 25t，可矫直直径分别为 5 ~ 10mm 和 10 ~ 30mm 的轴类齿轮
快速矫直方法（一是通过控制压下量的方法进行矫直；二是通过控制垫块高度的方法进行矫直）	常规的矫直方法：利用百分表测出齿轮轴颈的弯曲跳动量和弯曲方向，并做上记号，然后将齿轮轴放在压力机上反压矫直（一般在齿轮轴两端进行支撑），压下量根据弯曲量凭经验估计，反压后再将矫直过的齿轮轴采用百分表进行测量，测量后不合格件再进行反压矫直，直到合格
快速矫直方法（一是通过控制压下量的方法进行矫直；二是通过控制垫块高度的方法进行矫直）	快速矫直方法：设弯轴的初始弯曲跳动量为 J_o，初始弯曲量为 f_o，则 $f_o = J_o/2$；在该弯曲轴 $L/2$ 处（L 为支撑面的距离）放一个高度为 H_1 的垫块后对该弯曲轴加压（其垫块高度可使弯曲轴产生适当的塑性畸变），压到该轴接触到垫块后就去掉压力，再测得该轴的弯曲跳动量 J，此时该弯曲轴的弯曲量 $f = J/2$，为了使该轴件矫直，必须将原垫块高度调整为 $H_1 - f$，计算再次矫直时垫块的调整高度 $\Delta H = -f = -J/2$，当经过第一次压下并卸载后，如果轴和原弯曲方向相同，则 J 取正值，反之该轴件反弯，

（续）

名　称	方　法
快速矫直方法（一是通过控制压下量的方法进行矫直；二是通过控制垫块高度的方法进行矫直）	则 J 取负值。因此，通过计算畸变量的方法，制作一个高度连续可调的垫铁块（V 形架），垫块 C 的高度 = A 或 B（V 形架）的高度 $-f$。此方法可广泛应用于渗碳、淬火和调质轴类件的矫直。下图为弯曲轴快速矫直原理示意图
液压矫直	对于直径在 50mm 以上轴类齿轮，采用液压机进行矫直，液压机工作压力一般为 5～200t。当矫直直径为 30mm 的轴类齿轮时，可选用 8～12t 液压机；矫直直径为 30～40mm 的轴类齿轮时，可选用 12～40t 液压机；矫直直径为 50～70mm 的轴类齿轮时，可选用 40t 液压机，液压机选用参见 2-31
自动矫直机	1）例如国产 JEC 系列（齿轮）轴类产品自动矫直机。该系列自动矫直机是针对轴类产品在热处理后发生弯曲畸变而设计的自动检测矫直装置，适用于在热处理后发生弯曲畸变的齿轮轴、小齿轮、转向器齿条、蜗杆等矫直处理 2）在自动矫直过程中，操作者只需操作"装卸"以及"自动启动"按钮，工件的弯曲度测量、矫直点定位、加压矫直以及弯曲度检查等动作全部由矫直机自动完成。矫直效率高，矫直准确且效果好

（2）齿轮冷态矫直方法应用实例（见表 10-81）

表 10-81　齿轮冷态矫直方法应用实例

齿轮技术条件	齿轮简图	热处理工艺	畸变控制情况
载货汽车后桥主动弧齿锥齿轮（见右图），22CrMoH 钢，要求渗碳淬火，轴颈径向圆跳动量 ≤0.08mm		主动齿轮矫直采用 YH41-63C 型 63t 单柱液压机，矫直压力为 1.10～1.20MPa，矫直后的主动齿轮进行低温去应力回火 180℃×1h	对于畸变不合格但畸变量相对较小（如轴颈径向圆跳动量 <0.20mm）的主动弧齿锥齿轮，可采用冷态矫直法

2. 热态矫直方法

（1）齿轮热态矫直方法（见表 10-82）

表 10-82　齿轮热态矫直方法

名　称	方　法
淬火过程的整体加热矫直	轴类齿轮在 160～180℃硝盐中分级淬火时，虽然已经冷却到硝盐浴的温度，但此时因奥氏体组织尚未转变为马氏体，材料塑性仍很好，因此应趁热对已弯曲的轴类齿轮快速进行矫直 对于冷却后畸变仍然超差的轴类齿轮，应先经过高温回火软化处理后，再进行矫直，然后重新加热淬火。否则，容易出现压断情况

（续）

名　　称	方　　法
淬火过程的整体加热矫直	淬火过程的整体加热矫直也可以将齿轮轴从等温淬火槽取出或在淬火冷却介质中不完全淬透时即取出，利用过冷奥氏体的塑性施以机械压力加以矫直
	热压矫直的温度应控制在 $Ms \pm 50℃$ 范围内
热点校正法	对一些已发生畸变的齿轮（轴）采用氧乙炔火焰进行热点校正，可以获得较好的校正效果
局部高频加热施压校正方法	局部高频加热施压校正方法：在已产生弯曲畸变的齿轮轴颈局部进行高频快速加热，然后采用压力机进行矫直

（2）齿轮热态矫直方法应用实例（见表 10-83）

表 10-83　齿轮热态矫直方法应用实例

齿轮技术条件	热处理工艺	畸变控制情况
载货汽车后桥主动弧齿锥齿轮，22CrMoH 钢。要求渗碳淬火，轴颈径向圆跳动量 ≤ 0.08mm 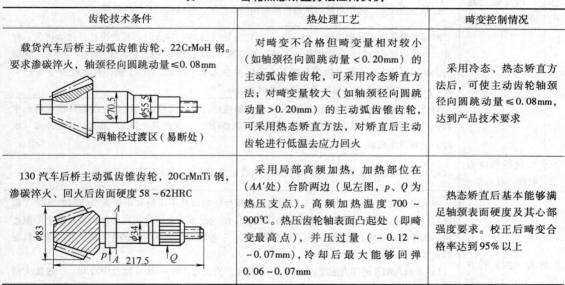 两轴径过渡区（易断处）	对畸变不合格但畸变量相对较小（如轴颈径向圆跳动量 < 0.20mm）的主动弧齿锥齿轮，可采用冷态矫直方法；对畸变量较大（如轴颈径向圆跳动量 > 0.20mm）的主动弧齿锥齿轮，可采用热态矫直方法，对矫直后主动齿轮进行低温去应力回火	采用冷态、热态矫直方法后，可使主动齿轮轴颈径向圆跳动量 ≤ 0.08mm，达到产品技术要求
130 汽车后桥主动弧齿锥齿轮，20CrMnTi 钢，渗碳淬火、回火后齿面硬度 58 ~ 62HRC	采用局部高频加热，加热部位在（AA′处）台阶两边（见左图，p、Q 为热压支点）。高频加热温度 700 ~ 900℃。热压齿轮轴表面凸起处（即畸变最高点），并压过量（－0.12 ~ －0.07mm），冷却后最大能够回弹 0.06 ~ 0.07mm	热态矫直后基本能够满足轴颈表面硬度及其心部强度要求。校正后畸变合格率达到 95% 以上

10.6.3　环、套类齿轮热处理畸变的校正技术

环、套类齿轮畸变特点是易于产生孔径的胀缩和圆度畸变。高度较大、内孔较小的齿套淬火时，易产生鼓形或凹形畸变。环类齿轮外径和内孔均较大时，淬火过程易于产生翘曲畸变。

1. 环、套类齿轮热处理畸变的校正技术（见表 10-84）

表 10-84　环、套类齿轮热处理畸变的校正技术

方　法		举　　例
收缩（内）孔方法	Ac_1 温度下的收缩内孔方法	对于要收缩内孔的齿轮，可在 Ac_1 温度下加热后快速冷却。此时，齿轮无组织应力产生，只存在热应力作用。齿轮在热收缩应力作用下沿主导应力方向即产生塑性收缩畸变
		碳素钢和低合金钢收缩量明显，而碳含量高的合金钢则收缩小
		加热温度应根据 Ac_1 选择，确保不能发生组织转变，即在水中冷却时不允许淬硬。碳素钢加热温度为（$Ac_1 - 20℃$）~（$Ac_1 + 20℃$）；低合金钢为（$Ac_1 - 20℃$）~（$Ac_1 + 10℃$）；低碳高合金钢为（$Ac_1 - 30℃$）~（$Ac_1 + 10℃$）

（续）

方　法	举　例
收缩（内）孔方法　　Ac_1 温度下的收缩内孔方法	增强内孔收缩效果的方法以加速外表面层的冷却为主，必要时可用铁皮或耐火石棉保护齿轮内孔
	要注意调换收缩处理时的入水方向，沿着轴向入水冷却收缩内孔时，每处理一次入水方向要调换一次，否则两端口的收缩量不等
	收缩处理前齿轮处于淬硬状态时，应按钢种的不同区分对待。一般碳素钢和低合金钢可直接加热至 Ac_1 温度以下水冷
冷水冲击法	对热处理后内孔超差齿轮，可采用冷水冲击法收缩内孔。其是将齿轮加热到 Ac_3 以上 30～50℃，保温出炉后，用冷水快速向内孔冲击，直到齿轮全部降至 600℃ 左右，再将齿轮入油中或水中冷却。因为用冷水冲击内孔时，内孔收缩并固定，而其他部位温度仍较高，塑性好，便向内孔方向收缩，从而使内孔缩小
内花键孔高频加热收缩法	在某些情况下，采用齿轮内花键孔高频加热收缩法，可以收到很好的效果
填充内孔缩孔法	对薄壁齿套或环形中碳钢（45 钢、40Cr）齿轮（齿坯）淬火时，易产生孔径胀大现象。对此，可采用缩孔方法。即将齿轮（齿坯）加热到 Ac_1 以下30℃ 左右（45 钢为 650～700℃）保温后出炉，塞住内孔两端（防止水进入内孔）并放入水中冷却，对 45 钢，每次收缩量 0.15～0.25mm，可多次收缩。对缩孔齿轮应及时回火
	对低碳合金钢齿轮渗碳后内孔胀大件缩孔加热前，先将齿轮内孔填塞硅酸铝纤维或耐火水泥，再采用低于 Ac_1 温度进行加热（在保护气氛条件下）。此时其外侧尺寸胀大，齿轮冷却（水冷）时将发生收缩，使齿轮内孔缩小
利用热应力收缩内孔方法	对一些内孔已经胀大的齿轮，采用热应力收缩内孔方法，可以获得较好效果
胀大（内）孔方法	淬火胀大（内）孔方法多用于低碳钢和低合金钢以及中碳钢和中碳低合金钢的齿轮（齿坯）。这些齿轮在淬透或能够淬透截面厚度 1/2 的情况下，采用常规淬火加热温度的上限温度加热水淬时，可沿主导应力方向有明显的胀大，一般胀大 0.20%～0.50%。淬火后应进行低温回火 1）采取与缩孔同样方法加热到 Ac_1 以下温度，直接在 150～160℃ 硝盐中冷却。一般胀大量 0.25～0.35mm 2）对热处理后内花键不合格品中花键塞规及止规止不住的齿轮，进行再次淬火处理，通过淬火方法，胀大内孔 3）对某些形状简单的齿轮，可以在稍高于 Ac_1 温度加热正火后，重复淬火 1～2 次
使用胎具回火定形校正方法	对于淬火后圆度畸变的环形齿轮，一般采用回火过程的定形校正方法。即将齿轮压入外径尺寸和形状与齿轮内孔要求的尺寸和形状完全一致的胎具（如下图中芯轴 1）上，一同进行回火、保温和冷却。等待齿轮冷却到室温后取下来，圆度畸变即可校正过来。回火定形温度不得超过回火温度。此种方法对于 300℃ 以上回火的齿轮可以获得较明显效果。否则，回火温度过低，就不能改变其弹性畸变。下图为回火校正环形齿轮使用芯轴示意图 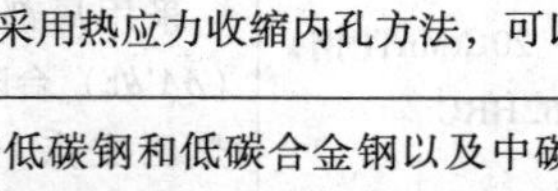 1—芯轴　2—圆环齿轮

（续）

方　法	举　例
利用回火校正内花键孔方法	在齿轮回火前，将适合芯轴压入内花键孔，然后一同加热回火，出炉后趁热将芯轴压出，就可以控制并减少内花键孔畸变
采取喷砂校正方法	利用压缩空气使石英砂冲击齿轮内孔表面来扩大内孔。对于畸变偏差较小的齿轮可以采用喷砂方法，通过喷砂减薄缩小量，该方法用于精度要求不高的齿轮
环形齿轮圆度畸变的热点校正法	采用在圆度畸变环形齿轮凸起部位局部加热（如采用氧乙炔火焰等），并立即快冷，利用冷缩作用使凸起变小的原理进行校正。此方法常用于（渗碳）淬火后圆度畸变超差环形（盘形）齿轮的校正，经热点校齿轮要进行一次低温回火处理
采用淬火压床的校正方法	采用淬火压床对环类、套类、盘形齿轮畸变超差件进行校正，不仅可以达到批量校正效果，而且校正效果很好
采用圆度校正机校正圆度畸变方法	国产圆度校正机（见下图）是针对齿圈、齿套零部件在热处理后所需要的校正工序而设计的自动检测圆度校正装置。操作者只需操作"装卸"以及"自动运行"按钮，齿轮的圆度测量、圆度校正点定位、修正量以及圆度校正完成后的圆度检查等动作全部自动完成，校正效率高、校正效果好、精度高
采用翻面装夹方式校正畸变方法	在一些情况下，采用翻面装夹方法，可以达到校正畸变的目的。此方法简便易行 例如，齿轮渗碳后入缓冷坑，二次加热淬火装炉时，进行翻面装炉，以达到抵消（或减小）畸变的效果

齿轮内花键孔的校正方法	齿轮热处理后针对花键畸变采取的措施与方法：

措施与方法	校正过程	校正特点
挤压刀修正法	对于内花键孔热处理后收缩的齿轮，少量畸变可采用高速钢挤压刀修整	效果与齿轮的形状、硬度有关
推刀修正法	对于内花键孔热处理后收缩的齿轮，畸变较小时可采用金刚石推刀修整	对于以花键大径定位的齿轮作用不大
插入芯轴淬火方法	对于畸变较大的齿轮可以重新加热（如采用盐浴炉）到淬火温度，快速插进经试验确定的芯轴，然后进行淬火	效率低，劳动量大
内花键孔的珩磨方法	采用专用的设备与工装	效率低
插入芯轴回火校正法	利用回火组织转变过程中的相变超塑性来进行校正	合格率不高
感应加热塞芯轴校正法	齿轮采用感应快速加热，温度 <200℃，采用压力机快速把芯轴压入，冷后将芯轴压出	对于薄壁齿轮效果差
感应加热缩孔方法	对于齿轮热处理后内花键孔胀大情况，可采用感应加热缩孔。加热温度在 750℃ 以下	在合适的温度范围内，温度越高，收缩量越大

（续）

方　法	举　例
感应加热应力校正法	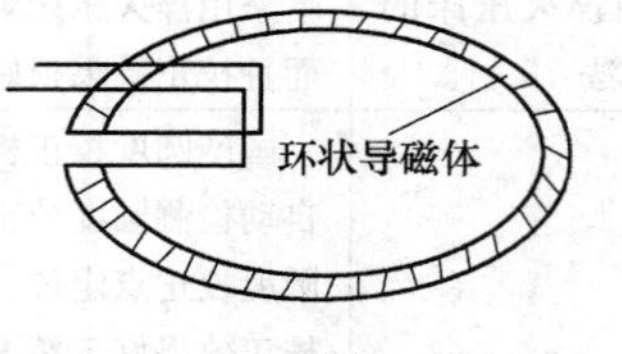 1）它是利用感应加热所产生的局部应力来修正环形齿轮畸变的。例如对中间输出齿轮渗碳后采用淬火压床进行压力淬火，解决了端面平面度和齿轮内孔圆度畸变问题，但有部分齿轮齿向超差。对周边均匀产生锥形畸变（如图 a 中虚线所示），对此可制作带有导磁体的内孔感应器（见图 b），用高频加热齿轮上端内侧（对硬度没有要求部位，应避开轮齿），产生一个与淬火畸变应力反向的应力，将齿部向内拉，使齿部畸变减少。因为加热程度不同，拉（应）力大小也不同，所以应根据畸变量的大小通过试验采用不同的加热时间进行加热校正 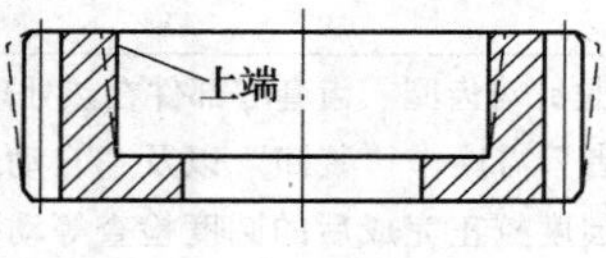 2）对于少量局部齿向畸变的齿轮可采用导磁体偏置（见图 c）的方法，使热应力分布与畸变位置相适应，以达到校正的目的 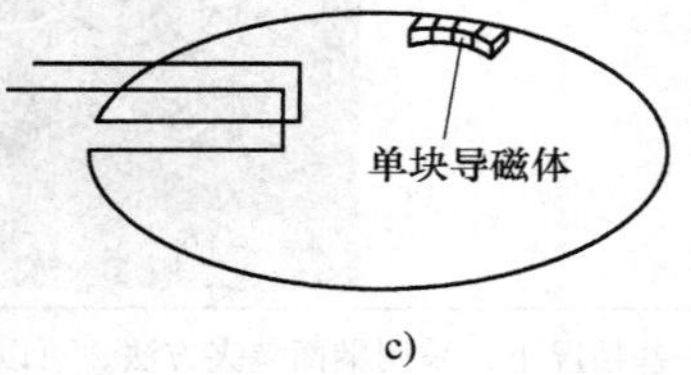
齿轮的双液淬火收缩内孔方法	采用双液淬火工艺方法对畸变超差齿轮进行返修处理，将内花键孔呈鼓形、锥形缩孔的齿轮加热至淬火温度，随后向齿轮内孔壁喷水冷却，冷却时间为 1～2s，使齿轮内表面温度降至 Ms 点以下，随即急速将齿轮淬入油中淬火冷却，内孔得到收缩，效果良好
齿轮的淬火校正方法	对畸变超差齿轮采用二次加热淬火校正法可以获得较好的校正效果
缩孔齿轮的化学酸蚀挽救法	1）对于渗碳淬火后内花键孔缩小的齿轮，采用化学酸蚀法成功地解决了缩孔问题，且齿廓精度基本不变，成本较盐浴加热法大为降低 2）该法是将需要返修的齿轮用铁丝穿成一串，放入盛有工业盐酸的耐酸（塑料）桶（或槽）内腐蚀 20h 左右取出，用流动冷水冲洗去附在齿轮上的残留盐酸后，投入到烧碱溶液中进行中和，以防残留盐酸对齿轮进一步腐蚀而引起生锈。中和 15min 左右后取出，在流动的清水中冲洗 2～3min，用验收塞规对各齿轮内花键孔进行检验。合格后，将这些齿轮在回火炉中进行低温回火（100～150）℃ × 30min，以去掉渗入或残留在内花键孔及轮辐内的盐酸，再进行喷丸处理 3）如果齿轮上有要求较高的部分（即不允许腐蚀的表面）时，可采用涂覆防护漆保护，防护漆可用聚酰亚胺漆，由于这种漆不仅耐酸能力强，而且又溶于碱液，便于去掉
渗碳齿轮的旋转校正方法	掌握齿轮畸变规律，采用旋转校正方法可以明显减小齿轮畸变。此方法既减少了工装的使用，降低了成本，又方便实用，齿轮畸变控制效果显著

2. 环、套类齿轮热处理畸变的校正技术应用实例（见表 10-85）

表 10-85 环、套类齿轮热处理畸变的校正技术应用实例

齿轮技术条件	热处理工艺与措施	畸变控制情况
齿轮，20CrMnTi 钢，要求渗碳淬火	加热后喷水冷却缩孔 a) 1—托架　2—齿轮　3—感应器 加热后喷水冷却内孔 b) 1—托架　2—齿轮　3—感应器	采用高频加热的方法，将"孔大"的部位加热到预定温度，然后喷水冷却加热面，在热应力的作用下，使"孔大"部位收缩，从而达到修正的目的。如图 a 和图 b 所示 1）止规刚进入内花键孔头部时，高频加热温度为 600 ~ 700℃ 2）止规通过内花键孔一半时，高频加热温度为 700 ~ 800℃ 3）止规全通过内花键孔时，高频加热温度为 800 ~ 900℃
带内花键齿轮，30CrMnTi 钢，要求渗碳淬火	齿轮渗碳淬火后，内花键孔胀大 0.10 ~ 0.76mm。采用高频加热收缩法，加热温度 700 ~ 750℃；加热方式采用间断式加热，加热次数根据齿轮所需的收缩量而定	对于齿轮渗碳后内花键孔形成锥形孔，一端有磨削量，而另一端无磨削量的情况，则只加热其孔大没有磨量一端，加热后整体入油冷却后达到缩孔效果
锥齿轮，内孔直径为 80mm，30CrMnTi 钢，要求渗碳淬火	采用填充内孔缩孔法：采用自制夹具，上、下放置两块 10mm 厚的圆盘垫片，上面用斜形铁压紧，内孔充填硅酸铝纤维或耐火水泥。采用 750℃加热，其外侧尺寸胀大，齿轮冷却（水冷）时将发生收缩，使内孔缩小。水冷时，先使齿轮上面和水面持平并冷却 3 ~ 5min，再整体入水，冷透后取出	齿轮内孔收缩到技术要求的公差范围内
变速器倒档双联齿轮（见图 a），20CrMnTi 钢，要求渗碳淬火	$\phi106$　$\phi42$　$\phi102$　78.5 a) $\phi45$　$\phi41.6$　78.5　85 b)	1）采用热应力收缩内孔方法：将内孔胀大齿轮在 500 ~ 600℃充分预热后，在盐浴炉 720 ~ 730℃加热，并保温 15min 后取出，立即往齿轮内孔塞入芯轴（见图 b），然后迅速投入 w(NaCl) 10% 水溶液中冷却。每次内孔可收缩 0.10 ~ 0.15mm 2）除一件外，其余内孔均达到了要求（$\phi41.80 ~ \phi41.86$mm）

10.6.4　齿轮热处理畸变的校正技术应用实例

齿轮热处理畸变的校正技术应用实例见表 10-86。

表 10-86　齿轮热处理畸变的校正技术应用实例

齿轮技术条件	齿轮简图	热处理工艺与措施	畸变控制情况
"解放"牌 7t 载货汽车后桥从动弧齿锥齿轮，20CrMnTiH 钢。技术要求：热处理后内孔圆度误差 ≤0.10mm，安装端面平面度误差 <0.10mm；成品内孔技术要求：$\phi 260^{+0.052}_{0}$ mm	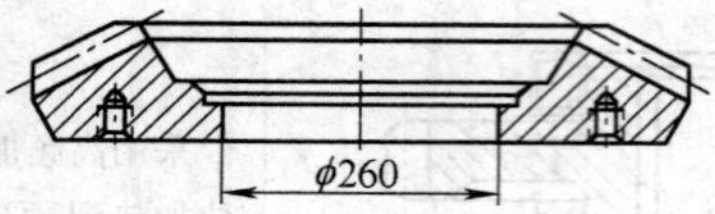 $\phi 260$	缩孔工艺流程：920℃装入 105kW 井式气体渗碳炉加热，滴入甲醇与煤油进行保护→降温 880℃ × 30min→出炉后快速入缓冷罐	缩孔处理后齿轮内孔尺寸基本合格。压床淬火后的齿轮内孔加工余量平均在 0.30~0.40mm，内孔圆度误差 ≤0.10mm，符合工艺要求
从动弧齿锥齿轮，20CrMnTiH3 钢，要求渗碳后压力淬火	 外缘　内缘　鼓起处	同批次的热处理前齿轮在易普森炉中渗碳，温度 920℃，关闭两个风扇，缓冷 180min 后出炉，再进行压床压力淬火	齿轮内孔收缩量较小，平均在 0.05mm 左右。随后进行压床淬火，配对接触区的变化等各项指标均较好，合格率 95%以上
飞轮齿圈（见图 a），模数为 2.5mm，齿数 115，45 钢，技术要求：调质硬度 211~229HBW；齿部高频感应淬火硬度 48~53HRC，淬硬层深度 1mm	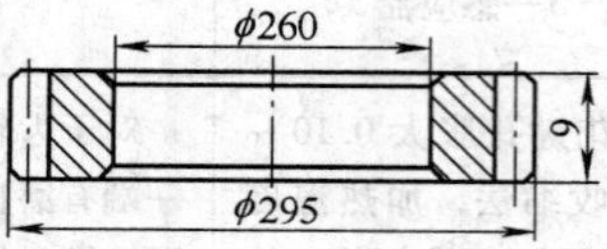 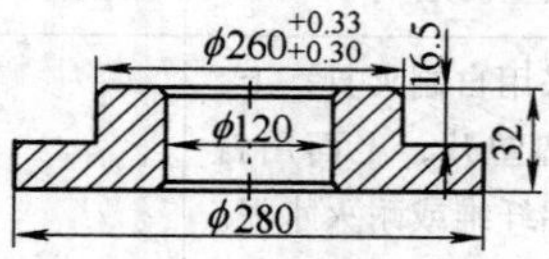 $\phi 260$　$\phi 295$　9　a) $\phi 260^{+0.33}_{+0.30}$　16.5　$\phi 120$　32　$\phi 280$　b)	用 HT300 铸铁制作一个校正胎具（见图 b）后，将齿圈加热到 200℃，趁热将齿圈装到校正胎具的外圈上，随后进行 200℃ × 1h 回火，出炉后空冷至室温取下	齿圈畸变可达到合格要求
大型齿圈，外径 6159mm，内径 5030mm，模数 28mm，ZG35Cr1Mo 钢。齿顶圆表面硬度要求 190~240HBW	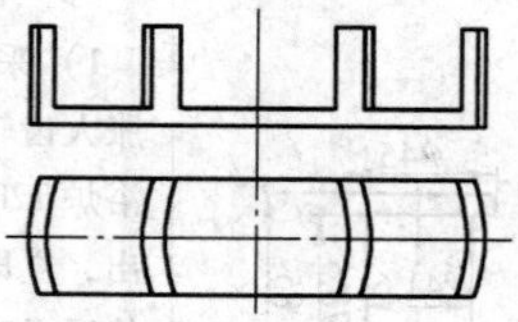	大齿圈毛坯正火 880℃，530℃ 回火。机械初步校正外形。对已初步校正外形的齿圈进行 460℃ × 6h 定形回火。左图为热定形工装示意图	冷至室温后去掉铸钢定形工装，测量尺寸基本没有变化。硬度 190~239HBW。最后精加工外圆
汽车发动机燃油泵齿轮，20CrMnTiH 钢，要求渗碳淬火	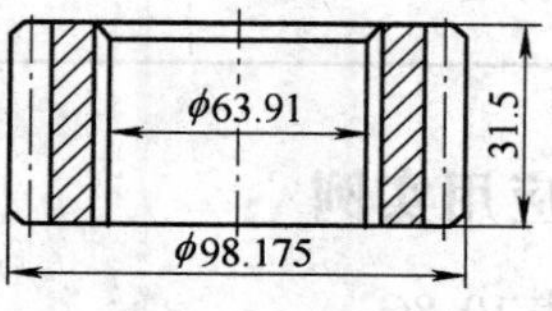 $\phi 63.91$　31.5　$\phi 98.175$	将返修齿轮翻面后再装夹加热淬火，在保证心部组织合格的前提下，采用低的返修加热温度 830℃	改变装夹顺序后，齿轮畸变明显减小

（续）

齿轮技术条件	齿 轮 简 图	热处理工艺与措施	畸变控制情况
"东风"牌机车重载齿轮，模数 6mm，20CrMnTi 钢，要求渗碳淬火	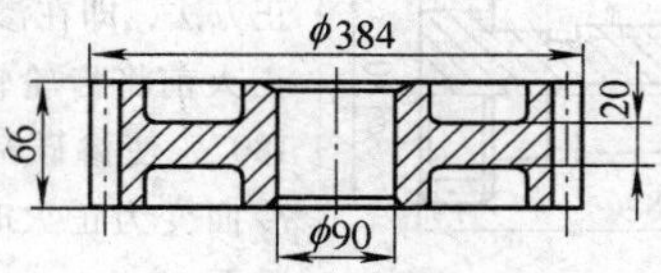 φ384, 66, 20, φ90	热处理工艺流程：齿坯正火→齿轮正向摆放渗碳 920℃→反向摆放正火 880℃→二次加热淬火（820℃）→静止油中淬火→回火（180℃）	齿轮的公法线变动量≤0.01mm，齿轮畸变合格
ZL40/50 型轮式装载机的后桥从动弧齿锥齿轮（见图 a），20CrMnTi 钢，齿部硬度要求 56~62HRC	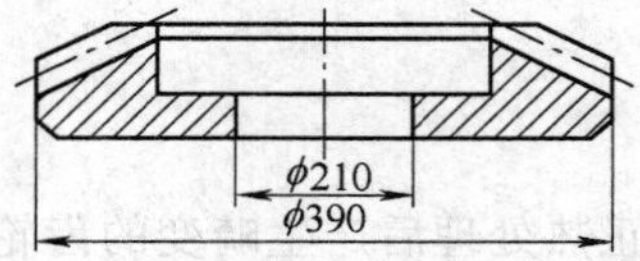 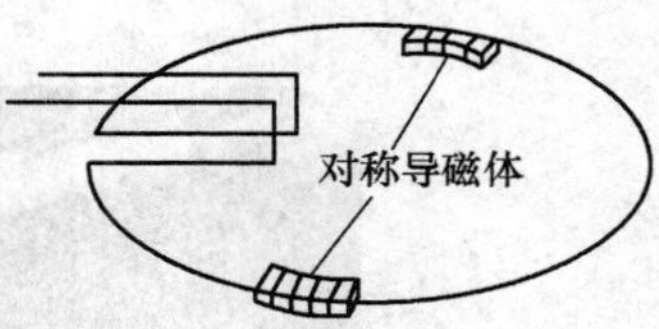 φ210, φ390 a) 对称导磁体 b)	对压床淬火后有少量 φ210mm 内孔产生圆度超差的从动弧齿锥齿轮，将局部带导磁体的内孔感应器（见图 b）上有导磁体的部位对准内孔短轴进行高频加热校正	齿轮圆度超差迅速得到恢复，并达到技术要求
DF 型拖拉机内花键齿轮，20CrMnTi 钢，要求渗碳淬火	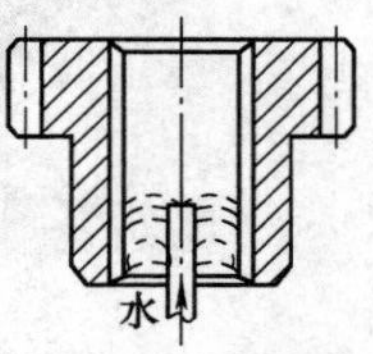 水 （齿轮花键内孔喷水冷却缩孔示意图）	采用双液淬火法对渗碳淬火后部分内花键孔胀大齿轮进行缩孔处理。将返修齿轮加热至 820℃，随后向内孔壁喷水冷却	齿轮内花键孔缩孔效果良好
汽车后桥从动锥齿轮（见图 a），20CrMnTi 钢，技术要求：渗碳层深度 1.4~1.8mm，齿轮热处理畸变要求：φ98mm 内孔圆度误差≤0.075mm；T 平面平面度误差≤0.10mm	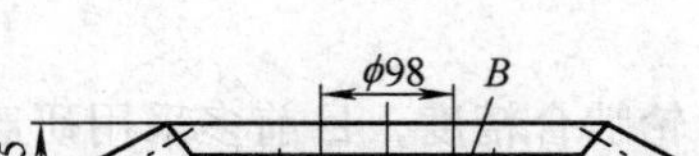 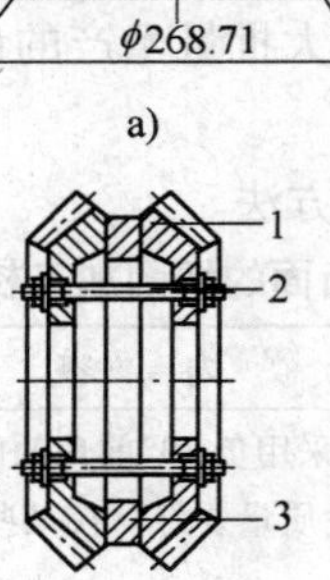 φ98, B, 46.5, T, φ268.71, A a) 1, 2, 3 b) 1—从动锥齿轮 2—螺栓 3—钢板	对 T 平面平面度超差齿轮，采用淬火校正法，将两个 A 面相对，中间放一个厚度为 10mm 定形钢板（平整），用螺钉穿过两齿轮法兰孔固定，如图 b 所示。将此一对齿轮竖放，在 860℃ 盐浴炉中加热后油淬	采用淬火校正法（见图 b）后，齿轮平面度和内孔圆度均达到技术要求

（续）

齿轮技术条件	齿轮简图	热处理工艺与措施	畸变控制情况
齿轮轴，20CrMnTi 钢，技术要求：渗碳层深度 1.2～1.5mm，齿轮轴径向圆跳动量＜0.10mm	M20 ϕ100 ϕ180 378	采用渗碳后正火校正方法，即在渗碳后、正火前将齿轮轴旋转 180°，使渗碳后的快冷面变为正火时的慢冷面	利用正火时的冷却效应矫直工件。正火后齿轮轴弯曲量在 0.10mm，不需要矫直

10.6.5　齿轮齿形畸变的校正技术

1. 齿轮齿部校正方法

通过高硬度标准偶件（齿轮）可以校正热处理后产生畸变的齿轮齿部，提高其精度。当然需校正齿部的硬度不能太高，适合于调质、正火硬度等齿轮，螺旋齿轮齿部和直齿齿轮轴齿部的校正方式分别如图 10-9a 和图 10-9b 所示。

a)

b)

图 10-9　齿轮齿部校正方式
a) 螺旋齿轮齿部的校正方式　b) 直齿齿轮轴齿部的校正方式

2. 硬齿面的切削加工校正方法

为了校正齿轮淬火后的畸变，改进齿轮啮合精度，目前多采用研磨齿面或磨削齿面修正方法。但研磨齿面对修正齿形作用甚微，尤其在齿轮畸变较大情况下，但对改善齿面表面质量有利；而磨削齿面则因磨齿效率较低，无法解决较大批量生产的齿轮的畸变问题。对此，在某些情况下，可采用硬齿面切削加工方法。

表 10-87 为几种齿轮硬齿面的切削加工校正方法。

表 10-87　几种齿轮硬齿面的切削加工校正方法

方　　法	内　　容
采用硬质合金滚刀加工法	1）国外常使用的硬齿面切削刀具是采用负 30°前角的硬质合金镶片滚刀。采用这种刀具加工的淬硬齿轮，比剃齿加工后再淬硬的齿轮质量要好。在某些情况下，还可以用刮削滚刀滚齿加工来代替磨齿 2）刮削滚刀滚齿加工不需用切削液，可容易加工齿面硬度为 58～62HRC 的齿轮，加工后的齿面粗糙度 Ra 为 0.25～0.50μm。齿轮模数 2～8mm、具有 15 或 12 个硬质合金刀片的国外刮削滚刀的有关尺寸：

（续）

方　法	内　容				

采用硬质合金滚刀加工法					

项目	国外刮削滚刀尺寸/mm				
	齿轮模数	刀具外径	切削长度	加工总长度	孔径
具有 15 个硬质合金刀片	2	115	90	115	40/50
	3	119	90	115	40/50
	4	124	90	115	40/50
	5	129	90	115	40/50
具有 12 个硬质合金刀片	6	156	130	160	50
	7	166	130	160	50
	8	175	160	160	50

3）表 10-88 为国外采用刮削滚刀滚齿加工的实例

高速钢氮化钛涂层滚刀加工　对于中等硬度（如 40 ~ 45HRC）的齿轮，采用高速钢氮化钛涂层滚刀加工，不但可以提高齿形加工精度，改善啮合印痕，而且还有利于改善齿面的表面质量

超硬硬质合金刀具　国内超硬硬质合金刀具如 YH1、YH2 和 726 牌号等，可对淬硬的齿轮进行半精车和精车、铣削加工，效果较好。部分超硬硬质合金刀具的性能及用途：

牌　号	物理性能		适用范围
	硬度 HRA	强度/MPa	
YH1	≥93	≥1800	淬火钢
YH2	≥93	≥1700	淬火钢
726	≥92	≥1400	淬火钢
YT15	≥91	≥1500	碳素钢、合金钢

表 10-88　国外采用刮削滚刀滚齿加工的实例

钢号	齿面硬度 HRC	模数/mm	齿数/个	齿宽/mm	螺旋角 β	转数/(r/min)	切削速度/(m/min)	加工总长度/mm	进给量/(mm/r)
15CrNi6	60 ± 2	8	113	78	20°	135	70	44	2
16MnCr5	60 + 2	6	15	137	10°	143	70	100	1.34
16MnCrV	62 + 1	8	41	160	0°	135	70	60	2
17CrNiMo6	60 + 2	8	51	98	9°	135	70	41	2
20MnCr5	60	6	50	66	0°	143	70	100	1.2
42CrMo4	60 + 3	6	16	86	0°	143	70	100	1

3. 齿轮的磨齿校正方法

1）对于部分精度要求较高齿轮，通常在渗碳淬火、回火后采用磨齿机进行磨齿加工以校正齿形畸变。齿轮的磨齿余量参见表 10-89。齿轮轴磨齿余量见表 10-90。

表 10-89　齿轮的磨齿余量　　　　（单位：mm）

齿轮直径	内孔单面余量	轮齿单面余量	齿轮直径	内孔单面余量	轮齿单面余量
<φ500	2~3	0.20~0.30	φ1000~φ1300	4~5	0.35~0.45
φ500~φ800	3~4	0.25~0.35	φ1300~φ1600	5~6	0.40~0.50
φ800~φ1000	4~5	0.30~0.40	φ1600~φ1900	6~7	0.50~0.60

表 10-90　齿轮轴磨齿余量　　　　（单位：mm）

长度	轴颈余量（单面）	齿面余量（单面）	
		齿顶圆直径	余量
≤600	2~3	≤φ250	0.20~0.30
		>φ250	0.25~0.35
600~1000	3~4	≤φ250	0.20~0.30
		>φ250	0.25~0.35
1000~1500	4~5	≤φ250	0.25~0.35
		>φ250	0.30~0.40
>1500	5~6	≤φ250	0.25~0.35
		>φ250	0.30~0.40

2）渗碳与非渗碳（调质、表面淬火）机床齿轮磨齿加工余量见表 10-91。

表 10-91　渗碳与非渗碳机床齿轮磨齿加工余量　　　　（单位：mm）

模数 m	2	3	4	5	6~10
加工余量	0.1~0.15	0.12~0.18	0.18~0.22	0.2~0.25	0.25~0.35

注：表中的数据考虑到热处理因素还必须乘以 1.2~1.4 的系数。

10.7　齿轮的热处理裂纹与对策

　　齿轮在热处理加热和冷却过程中，将受到热应力和组织应力的综合作用。由于齿轮的加热和冷却速度过快，导致齿轮各部分的温度存在差异（即温差），加上其他方面因素的影响，容易造成齿轮的畸变、裂纹等热处理缺陷。而当热应力和组织应力之和超过齿轮材料的断裂强度时，还会导致齿轮的开裂。由于其成因复杂、影响因素众多，使其成为一个难题。对此，应分析、研究齿轮热处理裂纹的成因、规律，并提出预防措施。

10.7.1　热处理裂纹的分类、类型与特征

1. 热处理裂纹分类

　　热处理裂纹一般产生于加热、冷却和再加热过程。大部分裂纹发生在淬火及淬火后的磨削和工件服役期内。热处理裂纹的分类见表 10-92。

表 10-92　热处理裂纹的分类

分类方法	形成裂纹条件
加热时产生的裂纹	大型工件在快速加热条件下，才有开裂的倾向

（续）

分类方法	形成裂纹条件
冷却时产生的裂纹	淬火工序产生的裂纹，包括纵向裂纹、弧形裂纹、大型非淬透件中的纵向劈开裂纹和横向断裂裂纹等。只有在特定条件下，淬火件中才能形成马氏体中的显微裂纹
	非淬火工序产生的裂纹，只在一些合金钢渗碳件中发现表面剥离裂纹和鳞裂（起泡）
再加热时产生的裂纹	淬火或淬火 + 低温回火件再次受到局部的加热作用后，在特定的位置上形成的裂纹，如磨削裂纹等
按照传统的综合性分类方法	宏观裂纹，又分为纵向裂纹、横向裂纹、弧形裂纹、表面裂纹及剥离裂纹等
	显微裂纹，常在高碳钢针状马氏体中出现，或在奥氏体晶界、晶内组织缺陷处出现

2. 热处理裂纹的类型、特征、形成原因与对策

热处理裂纹的类型、特征、形成原因与对策见表 10-93，供分析齿轮裂纹时参考。

表 10-93　热处理裂纹的类型、特征、形成原因与对策

裂纹类型	特征	形成原因	对策
纵向裂纹	又称轴向裂纹，裂纹产生于工件表面最大拉应力处，并向心部较大深度方向扩展，走向一般平行于轴向，并且长度较长。在工件上一条或几条裂纹分布，一般情况下，淬火裂纹的断面上无氧化色，裂纹四周没有脱碳现象	常发生于淬透的工件。它是工件表面存在较大的切向拉应力引起的，与钢的碳含量、工件尺寸与形状、淬火温度及原材料缺陷（如带状偏析严重处、非金属夹杂物纵向延伸）等有关	可采用等温淬火、分级淬火等冷却方法，使工件不被完全淬透，减少拉应力的产生；避开淬火裂纹敏感尺寸区；严格控制原材料质量；合理设计齿轮结构等
横向裂纹	横向裂纹的特点是在垂直于轴向的方向上产生裂纹	常发生于未淬透的工件，因淬透与未淬透的过渡区有一个大的压力峰值，而且轴向应力大于切向应力，当内应力重新分布或钢的脆性进一步增加时才扩展至工件表面	采用减少内应力的加热与淬火方法（如预热、阶梯升温、预冷淬火、分级淬火及等温淬火等）；严格控制工件的冶金质量；选择合适的硬化层分布等
弧形裂纹	弧形裂纹的开裂面通常为形状各异的曲（弧）面，最典型的从几个不同的方向观察时均呈弧形	常发生于未淬透的或经过渗碳淬火的工件。多产生于工件内部，或轮齿、尖角、轴肩及孔洞附近，这些部位即弧形裂纹形成的敏感区	合理设计齿轮结构；采用减少内应力淬火方法（如预冷淬火、分级淬火及等温淬火等）
网状裂纹（表面裂纹）	它是分布在工件表面深度较浅的裂纹，也称表面龟裂，其深度一般为 0.01 ~ 1.5mm	易发生在化学热处理、高频感应淬火或脱碳的工件表面上。工件过热或过烧时，也易形成表面裂纹	采用无氧化、无脱碳加热设备与介质；采用充分脱氧的盐浴炉加热齿轮；渗碳后避免空冷；严格执行淬火工艺，防止出现过热或过烧
剥落裂纹（剥离裂纹）	表面淬火工件淬硬层的剥落，以及渗碳后沿扩散层出现的表面剥落均属于剥落裂纹（剥离裂纹）	表面淬火和化学热处理工件的裂纹大多出现在硬化层或扩散层附近，此类裂纹均与硬化层内组织不均匀有关，高频或火焰淬火时，也容易形成此类裂纹	加快或减慢高频感应淬火、火焰淬火和渗碳等的冷却速度；使硬化层、渗层或表面组织与基体组织过渡区均匀

3. 热处理裂纹辨别方法

齿轮在热处理过程中产生的裂纹一般可以通过表 10-94 所列几种方法加以辨别。

表 10-94 热处理裂纹辨别方法

方 法	内 容
浸油法	将工件浸入油中（如机械油等）一定时间，取出后用棉纱擦干，再撒上白粉（粉笔末），如果工件表面有油渍线渗出，则表示该处有裂纹存在
磁粉检测法	将工件放在磁粉检测机上，表面撒上铁粉后通电，如有吸附铁粉处，则表明该处存在裂纹
其他无损检测法	如超声检测、荧光检测等方法

10.7.2 淬火裂纹的特点及其与非淬火裂纹的区别

1. 淬火裂纹的一般特点

如果工件在淬火冷却过程中出现开裂，则应具有表 10-95 所列的特点。

表 10-95 淬火裂纹的一般特点

序 号	特点与形成原因
1	断面裂纹处有少许红色锈迹、呈梨黄色或出现新的裂纹，则是冷却过程中发生的
2	如果断面出现黑色的硬化层，则是锻造过程中形成的
3	裂纹处晶粒粗大，发白亮光，则是过热和温度过高引起的
4	凸起或粗细不均匀部位出现裂纹，则是加热与冷却不均，或是设计上的原因造成的
5	尖角、凹槽、刻印部位出现裂纹，则是应力集中造成的
6	淬火温度高引起的裂纹由粗变细，周围呈现过热特征，如粗大的晶粒或粗大的马氏体
7	冷却速度过快引起的裂纹穿晶分布，比较直，没有分支的小裂纹

2. 淬火裂纹的宏观与微观特征

淬火裂纹的宏观与微观特征见表 10-96。

表 10-96 淬火裂纹的宏观与微观特征

淬火裂纹	裂纹特征
	淬火裂纹多起源于工件的棱角、截面突变、凹槽、孔洞等应力集中处。有时因工件本身的几何形状、特殊的部位和具体的技术要求等受冷却速度的影响，淬火裂纹也会产生在非应力集中的部位，对此应当具体分析和判断
宏观特征	淬火裂纹一般开始端粗大，尾部细小，方向和分布没有一定的规律性，在工件的纵向与横向上均能出现，如果加热温度高则局部位置会出现龟裂
	裂纹深度和宽度与工件的内部残余应力的大小有直接的关系，而且残余应力越大，则淬火裂纹越深和越宽。当淬火应力过大，超过了材料的脆断强度时，将导致工件的开裂
微观特征	淬火裂纹沿着奥氏体的晶界扩展，有时在裂纹的两侧还有细小的裂纹，因此裂纹为曲折状，晶粒越大则裂纹扩展越大。工件的应力过大则造成穿晶断裂
	裂纹两侧的金相组织没有变化，即无氧化、脱碳现象。如果进行高温回火，裂纹两侧可能出现轻微的氧化现象

3. 淬火裂纹与非淬火裂纹的区别

在热处理过程中产生的裂纹是多种多样的，其形成的机理也不相同，因此热处理裂纹有淬火裂纹和非淬火裂纹两种，为了便于区分，现将两者的差异列于表 10-97 中。

表 10-97　热处理淬火裂纹与非淬火裂纹的特征

类　型	形成的原因	宏观特征	显微组织特征
淬火裂纹	出现在淬火冷却后期或冷却后，由于工件的内外存在温差，引起了由不均匀胀缩所产生的热应力和组织应力的综合作用，当拉应力超过材料的脆断强度时即产生脆性断裂	1）总是显现细小而刚健的曲线，棱角线较强 2）裂纹深度不超过淬硬层深度，裂纹有断续成串分布现象 3）裂纹端面可能有渗入水、油的痕迹	1）沿奥氏体晶界或马氏体晶界出现，有时穿过马氏体针或绕过马氏体针，或出现在马氏体针中间等 2）存在沿晶分布的小裂纹 3）裂纹两侧的显微组织与其他组织无明显区别，表面无氧化、脱碳现象
非淬火裂纹	工件原材料表面和内部存在冶金和上道工序遗留的内部裂纹和缺陷，在淬火前没有暴露，淬火冷却时因内应力的作用而扩大显现出来	1）一般都显得软弱无力。尾部粗而圆钝 2）裂纹为锯齿形时，则是由非金属夹杂物引起的裂纹	1）裂纹两侧的显微组织与其他区域不同，有脱碳层存在 2）由夹杂物引起的裂纹两侧和尾部有夹杂物分布，但无脱碳现象

10.7.3　形成齿轮淬火裂纹的影响因素

齿轮在热处理过程中产生的裂纹，主要是在淬火冷却时形成的，由于齿轮自高温快速冷却时的热应力和组织应力可达到很高的数值，当这些应力超过钢的屈服强度时，则引起淬火齿轮的畸变，当这些应力超过钢的断裂强度时，即导致齿轮的开裂。齿轮的淬火裂纹的形成原因包括内部因素和外部因素。内部因素主要是由马氏体的成分、组织结构等决定的本质脆性；外部因素主要是各种各样条件，如由齿轮尺寸、形状等引起的宏观内应力的大小、方向、分布状态等。

1）形成齿轮淬火裂纹的主要影响因素见表 10-98。

表 10-98　形成齿轮淬火裂纹的主要影响因素

影响因素	内　　容
钢的化学成分	碳元素是决定齿轮淬火硬度的重要元素。在钢中含有的所有元素中，碳元素对齿轮力学性能的影响最大。淬火裂纹倾向将随着碳含量的增多而加大
	1）钢中的其他常存元素，如 Mn、Si、P、S、Cu、B、O 及 H 等易产生冶金缺陷，如夹杂物、气孔和白点等，导致应力集中。因此，当钢材中夹杂物数量较多，呈条状、网状分布时，往往在正常淬火条件下形成裂纹 2）对某些含 Si 量较高的齿轮加热易造成其表面脱碳，使其形成淬火裂纹的倾向增大
锻造质量	由于锻造、轧制等不当所造成的缺陷（如锻造折叠、斑及疤缺陷）都会加大或造成后序淬火时形成裂纹的倾向
原材料缺陷	冶金缺陷、钢中非金属夹杂物、内部裂纹、白点、带状组织、偏析等
齿轮结构	齿轮的几何形状复杂，截面变化较多，壁薄厚相差悬殊，以及设计制造时带有尖角、缺口时，常因此而引起淬火裂纹
	在机械加工过程中，产生在齿轮上的刀痕、划痕、毛刺、钢印以及粗糙表面等，可能会造成齿轮的淬火开裂

（续）

影响因素	内　　容
淬火前原始组织及应力状态	淬火前的原始组织结构，如粗片状珠光体、马氏体和贝氏体等非平衡组织，不均匀、网状碳化物，非金属夹杂物，锻造过热组织等均可能导致或诱发淬火裂纹
	齿轮的反复淬火使表面层受到极大拉应力作用，使其形成裂纹
	齿轮在切削加工时，也会产生很大的内应力。这种内应力如果不经过消除，在淬火加热过程中，可能与因加热速度过快产生的内应力发生叠加而导致齿轮开裂
加热因素	采用提高淬火加热温度或在淬火温度下长时间加热，很容易造成奥氏体晶粒长大和组织变粗，增大了齿轮开裂的概率
	过热是产生淬火裂纹的第一级原因。加热温度过高使钢件产生过烧时，产生裂纹则是不可避免的
冷却因素	淬火冷却速度对形成淬火裂纹的影响较大。在钢的马氏体转变点 $Ms \sim Mz$ 之间，冷速过快易使齿轮产生裂纹甚至开裂
	淬火操作对齿轮形成淬火裂纹的影响也较大。如果操作不当，没有根据齿轮热处理工艺规范要求认真操作，也会产生淬火裂纹
齿轮表面脱碳	齿轮在加热过程中，如果脱碳层深在 $1.5 \sim 2mm$，则淬火后因内外组织成分的差异表面将产生拉应力的作用，这也会成为淬火裂纹的成因
回火	如果回火不充分（如温度低、时间短、淬火后未及时回火等）、回火加热速度快或冷却速度快等，组织的转变没有完成，则不仅尺寸难以保障，更有可能造成齿轮的畸变与开裂

2）淬火裂纹的形成往往与内应力有关，淬火裂纹类型与内应力的关系如图 10-10 所示。

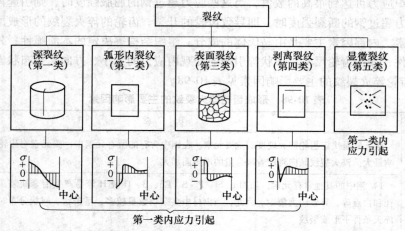

图 10-10　淬火裂纹类型与形成裂纹的内应力

10.7.4　防止齿轮形成裂纹的方法与措施

热处理过程中，齿轮一旦出现裂纹，首先应检查断口（宏观和微观）以及热处理工艺及操作，再检查其他事项。综合相关检查结果，最后找出造成齿轮裂纹是主因及辅因，以便制定措施防止裂纹产生。

通过对影响齿轮热处理过程形成裂纹的因素分析，可以从表 10-99 所列几个方面采取措施，以防止齿轮热处理时形成裂纹。

表 10-99　防止齿轮形成裂纹的方法与措施

项 目	方法与措施
保证原材料质量	保证冶金质量，减少钢中的非金属夹杂物、内部裂纹、白点、带状组织、偏析等缺陷
合理设计齿轮结构	齿轮设计时，各部分的截面应尽量均匀，减少截面尺寸的急剧变化。对此，可将盲孔改为通孔，以便于淬火冷却介质的流动；壁厚不均匀处尽可能改为均匀对称；使截面的变化均匀，壁薄处加筋，或做成斜坡等。下图 a、b 为有关齿轮截面设计的正误对比的实例 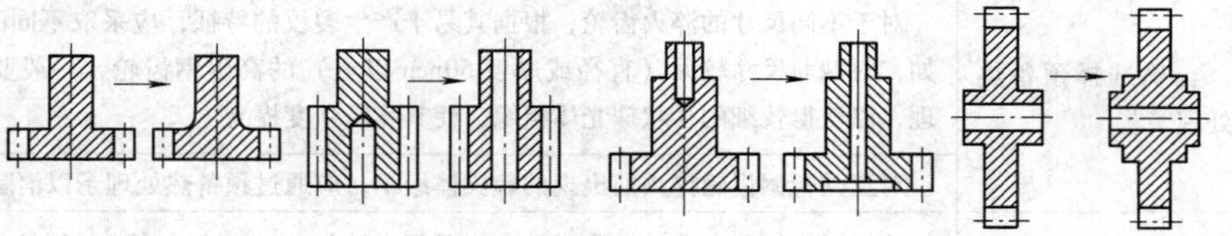 1）设计结构应避免有尖角，阶梯轴截面变化处应圆滑过渡。例如，采用半径为 5mm 的圆角时，尖角的影响减半；如果采用半径为 15mm 的圆角，则可以完全消除尖角的影响。下图为齿轮尖角及阶梯轴设计的正误对照 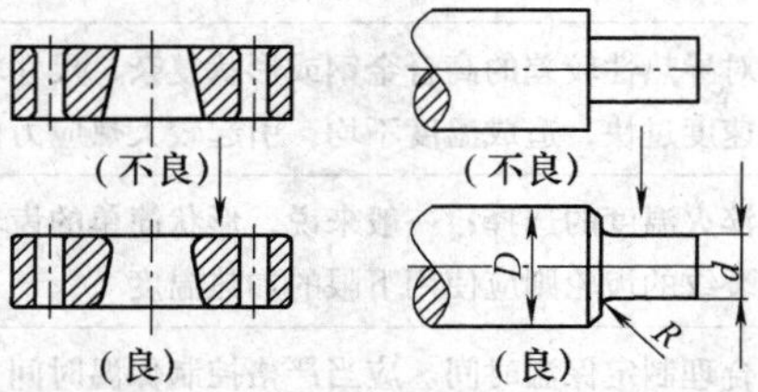 2）按一般规定，需淬火的阶梯轴截面变化处的曲率半径 R 应不小于 10mm，具体应根据两个相邻的阶梯的轴径差来决定。阶梯轴热处理前粗加工截面变化处的曲率半径见下表 表见下方 注：表中 D 为阶梯轴中大径；d 为阶梯轴中小径；R 为阶梯轴截面变化处的曲率半径。 适当开出调整壁厚的工艺孔，可以使齿轮的冷却均匀
优选齿轮钢材	优选合金钢。对于形状极复杂的齿轮优先选用合金钢制造，则淬火时可选择较缓和的淬火冷却介质
	材料淬透性的选择。在齿轮选择材料时，还应考虑钢材的淬透性指标。一方面，淬透性指标可以供设计时考核齿轮热处理后的硬化深度能否满足使用性能要求；另一方面，淬透性指标也可作为钢材淬火过程形成裂纹可能性的参考
合理确定齿轮的技术条件	尽量采用局部硬化或表面硬化来代替整体淬火；对于整体淬火齿轮，局部可以放宽要求的，尽量不要求硬度一致；对于所选定的钢种，不能以它所能达到的最高硬度值作为技术条件。由于其最高硬度值往往是用尺寸有限的小试样测得的。否则，为获得最高硬度值而提高淬火冷却速度，极易在淬火时形成裂纹

$(D-d)$ /mm	R/mm	$(D-d)$ /mm	R/mm
<10	2	51～125	15
11～25	5	126～300	20
26～50	10	301～500	30

（续）

项　目	方法与措施
改善齿轮锻造质量	严格控制齿轮锻坯的加热温度，防止局部过热、温度过低或加热不均，优先采用感应加热方式。严格控制锻造折叠、斑、疤及内部裂纹等缺陷
	保证适当的锻造比来改善组织的不均匀性，从而减少齿轮热处理时的开裂倾向
适当安排冷、热加工工序	合理安排冷、热加工工序是减少齿轮热处理裂纹的有效途径之一
正确选择预备热处理工艺	对于不同尺寸的淬火齿轮，根据其易于产生裂纹的特征，应采取不同的预备热处理工艺。例如，对截面尺寸较大（直径或厚度 50mm 以上）的高碳钢齿轮，一般要在淬火前进行正火处理，以获得较细的片状珠光体组织，使其脆断强度提高
	对亚共析钢齿轮淬火前出现的魏氏体组织，应通过预备热处理予以消除
正确选择加热介质、加热温度及保温时间	选择适当加热介质，以防脱碳。可采用中性气氛（如氮气等）、保护气氛（如氮-甲醇气氛、RX 吸热式气氛等）及盐浴等加热介质加热
	正确选择加热速度和加热温度。对于碳素钢和低合金钢，甚至中碳合金钢，可采用高温（960～980℃）快速加热方法
	在淬透的情况下，尽可能降低淬火温度，以防止纵向裂纹；而在淬不透的情况下，通过提高淬火温度，可以防止弧形裂纹
	对导热性较差的高合金钢或形状复杂、尺寸较大的齿轮，要充分预热或分段加热，防止因加热速度过快，造成温度不均，引起较大热应力而形成裂纹
	淬火温度的选择：一般来说，形状简单的齿轮可使用上限的加热温度；形状复杂、易形成淬火裂纹的齿轮则应使用下限的加热温度
	合理制定保温时间。应当严格控制保温时间，以防齿轮过热而形成淬火裂纹。同时，加热温度越高，保温时间越长，对齿轮的氧化、脱碳影响越大，进而影响淬火裂纹
消除齿轮的残余应力	对于机械加工残余应力的消除，需进行高温（500℃以上）回火或去除应力退火处理
合理选用淬火冷却介质	对齿轮进行分级淬火、等温淬火就是减少开裂的有效方法之一，常用的淬火冷却介质有硝盐浴、碱浴、硝盐和碱的混合液以及热油等
	在采用水作为淬火冷却介质时，既要考虑淬火裂纹的问题，也要考虑由于水温升高使淬火冷却不足的问题；盐水与碱水具有较大的冷却能力，所以在获得较高的淬硬层深度与硬度的同时，引起裂纹的倾向也最大；矿物油虽然因冷却速度小，引起淬火裂纹的倾向小，但所得的淬硬层深度及硬度相对也小
	目前，较多情况下采用 PAG、PVA、PEG 等水溶性淬火冷却介质代替盐水来淬火，较好地解决了众多合金结构钢齿轮的感应淬火畸变、开裂和淬硬层深度不足问题
	单介质淬火时易产生裂纹的齿轮可采用二硝盐淬火冷却介质和三硝盐淬火冷却介质等 1）二硝盐淬火冷却介质：成分为 $w(NaNO_3)$ 31.2% $+ w(NaNO_2)$ 20.8% + 余量 H_2O 2）三硝盐淬火冷却介质：成分为 $w(NaNO_3)$ 25% $+ w(NaNO_2)$ 20% $+ w(KNO_3)$ 20% + 余量 H_2O
	双介质淬火时可供选择的淬火冷却介质的种类很多，如水-油、水-空（气）、盐水-油、油-空、硝盐-空、碱液-空、水-硝盐、油-硝盐及硝盐-油等。可以根据钢的淬透性、齿轮形状、尺寸及对畸变的要求来选定

（续）

项　目	方法与措施
合理选用淬火方法	水淬比油淬危险，盐水比油冷危险，盐浴（包括碱浴、硝盐浴等）的开裂倾向较小
	有些大型齿轮不宜采用水淬冷却。截面尺寸较大、形状复杂的齿轮有时采用油淬也不能避免淬火裂纹，而必须采用其他的淬火方法，如水-油双介质淬火、分级淬火、等温淬火等
	目前，较多使用的是水-油双介质淬火方法。此方法适用于碳素钢、形状简单以及尺寸较大的一些低合金钢齿轮

10.7.5　防止齿轮形成裂纹的实例

防止齿轮形成裂纹的实例见表 10-100。

表 10-100　防止齿轮形成裂纹的实例

齿轮技术条件	齿轮简图与裂纹形成原因	改进热处理工艺	裂纹控制效果
传动齿轮轴，45钢，调质硬度要求30～35HRC		调质处理，即淬火＋高温回火	若淬火前将键槽铣出，淬火时在键槽端部薄壁处极易开裂。由于硬度要求不高（30～35HRC），可安排调质后再进行机械加工来铣出键槽，即可避免其淬火开裂
齿轮毛坯，45钢，要求正火热处理		45 钢齿坯经 840～870℃正火处理，其保温时间按齿轮有效厚度以每毫米 1.0～1.5min 计算，保温后出炉空冷，硬度≤226HBW	由于热处理在 Ac_3 以上温度（钢的重结晶温度）进行，可以细化晶粒和组织，消除应力与降低硬度，并得到一定的力学性能，减少齿轮形成淬火裂纹倾向
采煤掘进机齿轮轴，18Cr2Ni4A 钢，要求渗碳淬火	1）此批齿轮轴全部出现轴向裂纹（见下图），长度贯穿全轴长 2）原因。渗碳温度偏高，18Cr2Ni4A 是高合金渗碳钢，渗碳后直接淬火会使大量奥氏体保留下来。同时，渗碳淬火后回火不足	严格控制渗碳温度，并改进热处理工艺：渗碳（920±10）℃→随炉降温至 650℃ 出炉空冷→三次高温回火（650～670）℃×4h→二次加热淬火→低温回火	渗碳层中残留奥氏体得到降低，硬度合格，无裂纹产生
齿轮，材料为粉末冶金，要求淬火处理	由于齿根与轮辐孔的距离较小，当采用水淬冷却时该处出现裂纹，浸水淬火时齿部还有软点。当采用喷水淬火时，大部分开裂	改用 w(UconA) 8%～9%聚合物水溶液，同时增加预热工序	齿轮淬火后，不仅硬度合格，而且解决了开裂问题

10.7.6 防止齿轮淬火裂纹的其他方法

1. 防止齿轮淬火裂纹的其他方法（见表 10-101）

表 10-101 防止齿轮淬火裂纹的其他方法

方　　法	效　　果
防止时效裂纹方法	有许多淬火齿轮的开裂不是在淬火冷却后立即出现的，而是当齿轮从淬火冷却介质中取出经过一定时间以后才显现出来的，这就是时效裂纹。这种裂纹是由于较大的淬火应力所引起的。如果齿轮淬火后能够立即回火降低淬火应力，并显著提高马氏体的强度与塑性，即可有效防止时效裂纹的产生
预冷淬火法（延时淬火、降温淬火、延迟淬火）	1）预冷淬火法是为了减少淬火冷却产生的热应力，将齿轮加热奥氏体化后，首先将其在冷速较缓慢的介质（空气、油、热浴或渗碳气氛）中冷却到略高于钢的 Ar_3（或 Ar_1）点的温度，然后再急速置于冷速较快的淬火冷却介质中淬火的方法 2）该工艺主要适用于形状较复杂、各部分截面相差较悬殊、易产生淬火裂纹和畸变的齿轮。可对整体齿轮预冷，然后淬火；也可以只预冷尺寸较大的某些局部，然后整体投入淬火冷却介质中 3）齿轮在盐浴炉或箱式炉中按常规淬火温度加热和保温后，将炉温降至所用钢允许的预冷温度范围并保温，随后按常规淬火冷却。常用 45 钢及 40Cr 钢推荐预冷温度分别为 770~790℃ 和 750~770℃ 4）在通常情况下，预冷时间不超过 1~1.5min，以免影响淬火后硬度
局部预冷和包扎方法	局部预冷法。齿轮加热后，采用在其薄壁处喷淋淬火冷却介质（如油或水）等方法进行预冷。使薄壁处温度降低至接近 Ac_1 点，甚至更低些，并允许发生珠光体转变，然后再进行齿轮整体淬火。若齿轮产生较大内应力时，则因薄壁经过事先的预冷已形成了细小的珠光体组织，具有较好塑性，就可以避免开裂。当内孔需要进行淬火时，可以在孔的内壁喷射淬火冷却介质，以加快冷却
	包扎及堵塞法。为了减少形状复杂齿轮的薄壁处加热时过热，或淬火时冷速过快，常采用铁皮包扎或石棉绳包扎的方法来减缓薄壁处的加热和冷却速度，以防薄壁处过热并降低其冷却时的热应力，从而防止淬火裂纹产生。对于带孔的齿轮，在孔不需要淬火时，可用黏土、石棉等将孔堵上
亚温淬火法（临界温度淬火法）	采用较低的淬火加热温度（钢材临界点温度）、较短的保温时间加热后，进行淬火冷却，这既可减小热应力，又可减小组织应力，从而有效地防止齿轮形成淬火裂纹。亚温淬火具有使齿轮性能强韧化的效果
零保温加热淬火法	对 45 钢等齿轮，采用零保温加热淬火工艺之所以没有出现淬火裂纹，而且硬度也合格，这是由于齿轮在加热时，齿表面快速升温，轮齿心部还处于相变点以下温度，此时淬火避开了 45 钢淬火裂纹的危险尺寸，且畸变小。其次由于水淬油冷减小了淬火应力，即相应减少了淬火开裂倾向。零保温加热淬火时，齿表面保温时间几乎为零，因而晶粒细小

2. 防止齿轮淬火裂纹的其他方法的实例（见表 10-102）

表 10-102 防止齿轮淬火裂纹的其他方法的实例

齿轮技术条件	裂纹分析	改进热处理工艺	裂纹控制
小模数齿轮轴，45 钢，要求加工精度高，粗车削后、精加工车削前进行调质处理	调质淬火时，100% 齿轮轴产生淬火裂纹，齿轮轴上裂纹一般平行于轴向，裂纹较深处达到直径的 1/3 附近	对 φ11mm 以上 45 钢齿轮，按常规工艺淬火，但必须采用预冷方法，控制水冷时间，并及时、充分回火	采用改进热处理工艺可避免齿轮淬火开裂

(续)

齿轮技术条件	裂纹分析	改进热处理工艺	裂纹控制
齿轮，ZG35Cr1Mo 钢，热处理后力学性能要求达到 JB/ZQ 4297—1986 的规定	齿轮（见下图）采取常规加热淬火工艺时易产生裂纹 80~120 25~40 ϕ321~648	齿轮加工流程及亚温淬火：齿轮铸造→870℃正火，空冷→560℃高温回火，空冷→亚温淬火加热 800℃×2h→淬火，5%～10%（质量分数）盐水→650℃高温回火→空冷	采用亚温淬火工艺后齿轮无淬火裂纹。力学性能指标均满足标准要求。金相组织为回火索氏体＋极少量均匀分布铁素体
健身器材中的锥齿轮，模数 1.5mm，齿数 20，齿厚 2.0～2.5mm，45 钢，齿面淬火硬度 40～46HRC	用目视观察发现，表面有微小裂纹的齿轮占 10%，裂纹皆在轮齿与端面交界处，这里正处在 45 钢常规淬火危险尺寸范围内 32.93 ϕ18 ϕ10 20	采用零保温加热淬火工艺：盐浴炉加热（840±10）℃×2min，水淬油冷；回火（320±10）℃×1h	采用零保温加热淬火工艺后，用磁粉检测法检查 3000余件，未发现淬火裂纹

10.7.7 调质齿轮淬火裂纹形成原因与对策

调质齿轮淬火裂纹形成原因与对策见表 10-103。

表 10-103 调质齿轮淬火裂纹形成原因与对策

影响因素	形成原因	对策
齿轮原材料质量不良	齿轮钢材质量（如晶粒、组织及成分等）稳定性较差，每批来料成分波动范围较大，原材料组织不良（材料中存在严重带状组织、非金属夹杂物及发纹、白点等缺陷），这些都容易导致齿轮形成淬火裂纹	提高齿轮原材料质量，对其钢材进行高倍组织检查及化学成分分析，保证质量合格
齿轮尺寸因素	由于齿轮较大，为了保证精车后齿轮的调质硬度（280～300HBW），必须将齿轮原材料棒料先粗加工车削后再进行调质处理，而此时有的钢材（如 45 钢）淬火尺寸刚好在盐水淬火易开裂范围之内（8～14mm）。由于组织应力与热应力的综合作用，在淬透齿轮中极易出现淬火裂纹	对于 45 钢齿轮，应避免加工尺寸落在盐水淬火易开裂范围。通常对于普通钢而言，水淬时淬裂的危险尺寸在 8～14mm，油淬时的危险尺寸在 25～39mm。还应降低淬火加热温度，以防齿轮淬裂，但同时要能够保证钢的淬透性和力学性能
表面状态不佳	表面粗糙度值高。齿坯在热处理前机械加工保留下来大于 $Ra3.2\mu m$ 的粗糙的刀痕时，可能形成无数的小应力集中场，容易产生淬火裂纹	降低表面粗糙度值；清除粗糙的加工刀痕
	表面形状不良。齿坯表面有缺口、尖锐的凸凹和尖角等，容易产生淬火裂纹	将尖角处改为圆角

（续）

影响因素	形　成　原　因	对　　策
表面状态不佳	表面存在缺陷。机械加工后表面存在黑皮，在这些黑皮部位存在的脱碳层和各种表面缺陷，如锻造产生的重叠、夹层、疤痕等都易形成应力集中	尽量避免产生脱碳层和各种表面缺陷，对已产生的缺陷在机械加工中去除掉
未进行去应力退火	由于粗车齿轮未进行去应力退火，这增大了齿轮形成淬火裂纹的倾向	齿坯粗车削后进行去应力退火
加热温度过高或保温时间过长	提高淬火温度时，容易形成淬火裂纹	在淬透的情况下，尽可能降低淬火温度，以防止纵向裂纹；而在淬不透的情况下，通过提高淬火温度，可以防止弧形裂纹
	淬火加热温度过高，齿坯过热，奥氏体晶粒粗化，生成的马氏体针亦粗化，易诱发裂纹形成	淬火操作中不应在过高温度下进行淬火；保温时间不应过长
加热速度快	直径或有效厚度超过150mm的大型锻坯或齿轮在淬火加热时升温速度快，对其未进行预热，造成齿轮内外温差加大，在淬火过程中容易在薄弱处（如应力集中区）产生较大内应力，导致淬火裂纹的形成	大型齿轮淬火加热的升温阶段应采用分段式，并控制升温速度。装炉温度一般小于450℃，在装炉后保温1~3h。升温至600~650℃（预热）时升温速度控制在30~70℃/h。升温至淬火温度时升温速度要小于200℃/h
冷却方式不良	在齿轮原材料质量、使用设备、热处理工艺等条件一定的前提下，淬火齿轮入水时的温度过高、冷却时间过长是导致齿轮产生淬火裂纹的重要原因	1）采用合理的淬火冷却方式；采用PAG水溶液；采用亚温淬火温度加热淬火；控制淬火水温 2）齿轮在水中淬火冷至室温的时间一般是0.2~0.3s/mm；大型轴类齿轮是1.5~2s/mm；在油中冷却一般是9~13s/mm
回火问题	对有回火脆性的齿轮钢材回火后未进行快冷	对有回火脆性的齿轮钢材，回火后应采用油冷或水冷，然后再在400~450℃进行补充回火，以消除残余应力
	淬火转变完成之后未及时回火，回火的加热速度过快	淬火后应及时回火，一般间隔时间不超过4h。对于大截面水冷后的中、低合金结构钢及铸造齿轮，回火间隔时间不得超过2~3h。回火加热保温系数一般为1.5~2.0min/mm，中小件的保温系数取上限，大齿轮的保温系数取下限
重复淬火	由于重复淬火使钢的晶粒粗化，从而增加了材料的淬透性与开裂倾向	重复淬火次数（包括最初一次）不能超过3次；重复淬火时，齿坯要经过高温回火或正火后才能进行；重复淬火时要适当降低淬火温度

10.7.8　防止调质齿轮淬火裂纹的实例

防止调质齿轮淬火裂纹的实例见表10-104。

表 10-104　防止调质齿轮淬火裂纹的实例

齿轮技术条件	裂纹分析	改进热处理工艺	裂纹控制
某减速器齿轮，模数 5mm，材料牌号 ZG310-570，要求调质硬度 217~248HBW	齿轮（原设计见下图 a，$D_1/D_2/b/\delta_0/d_h/R/c/D_0 =$ 150mm/435mm/119mm/25.4mm/100mm/12mm/25mm/90mm）调质淬火时发生淬裂现象（从轮缘延伸至辐板），废品率高 a)　　　　b)	在 ≤650℃ 装炉；加热淬火（840~860）℃×150min，淬入 40~50℃ 水中，齿轮温度在 230℃ 左右从水中取出（只要齿轮心部温度达到 Ms 点即可）；在 250~300℃ 入炉回火，（550~620）℃×110min，随炉缓冷至 400℃，然后出炉空冷	改进齿轮结构（见左图 b），使轮缘与轮毂处的厚度更均匀，解决了齿轮淬火裂纹问题
大齿轮外径 ϕ3165mm，宽度 920mm，材料牌号 ZG45，先进行正火+高温回火，再进行调质处理	1）大齿轮铸造后先经一次正火+高温回火，再进行调质处理（880℃ 淬火，560℃ 回火），切削加工时，发现有的部位硬度偏高，再进行二次回火（580℃），齿轮回火出炉后发现开裂。开裂部位从外圆截面 920mm×160mm（裂透）一直扩展到 70mm 厚筋板处 2）截面处金相组织为珠光体+铁素体，奥氏体晶粒度 5~6 级，断口为完全脆性断口，断口处发现有气泡微裂纹，化学成分分析氢含量为 $3.4×10^{-4}$%（质量分数），故为典型氢脆断口	1）减少炉内气氛所含水气，耐火材料中的有机化合物、水分等 2）增加预备热处理（正火+高温回火）保温时间，进一步降低氢含量	较完全消除了氢含量，避免了氢脆的产生

10.7.9　齿轮的感应淬火裂纹与对策

1. 概述

（1）齿轮在感应淬火时产生裂纹的原因（见表 10-105）

表 10-105　齿轮在感应淬火时产生裂纹的原因

项　　目	形成裂纹原因
原材料	齿轮原材料有缺陷，如成分偏析严重、含过量非金属夹杂物；原材料含碳、锰量偏高；材料淬透性偏高等
原始组织	感应淬火前的原始组织对齿轮感应淬火的结果有很大的影响，粗粒的球化体组织或大块铁素体组织导致形成感应淬火裂纹的倾向加大

（续）

项　目	形成裂纹原因
齿轮设计	齿轮结构设计不合理，技术要求（如硬度、硬化层深度、热处理畸变等）不当，齿轮材料选择不当等
机械加工	机械加工不当，如齿根圆角过小、表面粗糙度高等
热处理工艺与操作	感应淬火温度过高、温度不均、时间过长、局部（齿顶、齿端面）过热，例如由于过热造成轴端裂纹，齿面弧形裂纹，齿顶延伸到齿面裂纹；加热功率过大、频率过高；冷却速度过大且不均；淬火冷却介质及淬火温度、压力选择不当；回火不及时、回火不充分等
工艺装备	感应器结构、喷水冷却器设计不合理等，容易使齿轮加热与冷却不均、局部产生过热及裂纹
感应淬火返修	感应淬火返修件未经退火或正火处理直接进行感应淬火，使热应力加大，易产生裂纹

（2）齿轮的感应淬火裂纹与对策（见表 10-106）

表 10-106　齿轮的感应淬火裂纹与对策

项　目	形成裂纹原因	对　策
齿轮结构或表面质量	齿轮壁厚太薄、壁厚差太大、有不对称截面、有尖角、有孔、台阶大等。齿轮的淬火区域处形状复杂、尺寸突变时，普通淬火就容易引发淬火裂纹。在感应淬火区域中如存在台阶、端头、尖角、键槽、孔洞等结构，感应加热时就会导致感应电流集中，使该部位过热、硬化层过深而产生淬火裂纹	齿轮尖角处因涡流集中而过热，应加大倒角，如加大齿根圆角
		对齿轮壁厚相差太大等，应在设计上加以改进，使其壁厚均匀
		对孔洞、键槽处，应打入销、键或塞入软木、石棉绳，或在孔洞处倒角
	在齿轮制造时，经常加工减重孔以减轻质量，包括直齿轮和双联齿轮在内。对有减轻质量孔齿轮进行感应淬火时，其在减轻质量孔区的有效硬化层深度范围内可能形成裂纹	适当选择材料，提高感应淬火技术，在齿轮设计时对结构进行修正，或获得符合要求的硬化层形状，均能防止减重孔区的裂纹产生
	齿轮表面粗糙度值高，残留的加工刀痕可能引发淬火裂纹	降低齿轮表面粗糙度值
齿轮材料因素	（1）齿轮钢材中一些元素对中碳钢和中碳合金钢的淬裂敏感性的影响如下 1）C 元素。若 $w(C) > 0.5\%$，就将明显增加畸变与形成淬火裂纹倾向 2）Mn 元素能够提高钢的淬透性。感应淬火常用钢种是 40MnB，当 $w(Mn) > 1.5\%$ 时，则容易形成淬火裂纹 3）Cr 元素能够增加钢的淬透性，淬火裂纹敏感性强 4）Mo 元素在钢中即便是微量，如 $w(Mo) \geqslant 0.01\%$，也能够强烈地增加钢的淬火裂纹敏感性 （2）齿轮原材料淬透性偏高将增加感应淬火开裂倾向。同时，如果原材料有较严重的偏析、夹杂物及带状组织等缺陷时，也将会加大感应淬火裂纹的倾向	选择不易产生裂纹的齿轮钢材，碳含量可选择适当低一些。用 Mn、Cr、Mo 这些合金元素来提高钢材的淬透性，用精选碳量的方法来缩小碳量的上、下限。例如在采用 45 钢高频感应淬火时，优先选用 $w(C)$ 在 $0.42\% \sim 0.47\%$ 较窄范围的 45 钢，并要求晶粒度在 6～8 级
		齿轮材料的晶粒度可选定较细的 5～8 级
		保证原材料质量并进行高低倍组织检查，避免齿轮钢材中非金属夹杂物、带状组织、晶粒度、偏析、疏松等超标
		严格控制齿轮原材料成分（包括杂质元素 P、S 等），其化学成分应符合 GB/T 699—1999、GB/T 5216—2004、GB/T 3077—1999 的规定，成分偏差应符合 GB/T 222—2006 的规定

（续）

项　目	形成裂纹原因	对　策
齿轮加热温度过高或加热不均	1）由于所用感应电源频率太高、功率过大、淬火夹具偏置、淬火机床上下顶尖不同心、感应器与齿轮间隙不均等造成感应淬火裂纹 2）对模数大的齿轮单齿加热时，由于没有对邻近轮齿进行屏蔽，因而使邻近齿顶部位及齿面受到热的影响，当加热的单齿冷却时，受热的齿顶部位及齿面也进行冷却而导致淬火裂纹	根据齿轮模数大小、淬硬层深度，选择合适的感应加热电流频率与比功率，防止过热及淬硬层深度过深
		感应淬火夹具应调整合适，感应淬火机床上下顶尖应同心，同心度误差应 < 0.05mm
		提高感应器的强度与制造精度，并经常进行维修
		对模数大的齿轮单齿加热时，应对邻近轮齿进行屏蔽，以防其受热影响而产生淬火裂纹
		对大截面齿轮采用预热，降低感应加热频率或采用双频加热方法来减少单位面积上所施加的功率（即比功率），降低截面上的温度梯度来改变拉应力的大小和位置
冷却条件不良	1）感应淬火时，如果冷却速度太大、冷却不均、淬火冷却介质的冷却性能不良和喷水器设计、制造不良，均能引起感应淬火裂纹 2）感应淬火多采用喷射冷却方式，淬火冷却介质多采用自来水，由于其在 M_s 点以下时冷却速度过快，经常造成齿轮的淬火裂纹	齿轮感应淬火时，淬硬区的冷却速度应维持在临界冷却速度，不用过高的冷却速度，以减轻齿顶及端面的冷却强度
		1）喷水器在设计与制造上均要保证淬硬部位能够得到均匀的冷却，特别是对壁厚不同或质量差别大的齿轮要保证不产生大的内外温差 2）合理设计感应器喷水孔大小与分布形式。自行喷射式的感应器都带有喷水孔，可对齿轮进行淬火冷却。喷水孔直径大小参见表 6-74
		适当增加感应器有效圈内表面与齿轮表面之间的距离（即间隙），这能够显著减少淬火裂纹，参见表 6-26
		适当降低喷射水压对减少淬火裂纹有利，控制淬火冷却介质温度与浓度均对减少淬火裂纹有利
		齿轮旋转可以防止淬火裂纹的产生。齿轮在感应加热和淬火冷却过程中一直旋转，能够消除齿轮轴颈淬火裂纹
		淬火冷却介质、冷却方式的选用，应根据齿轮材料、形状而确定
		沿齿沟淬火采用隔齿淬火方法
		采用埋油淬火方法

（3）齿轮感应淬火裂纹对策的实例（见表 10-107）

表 10-107　齿轮感应淬火裂纹对策的实例

齿轮技术条件	裂纹分析	改进工艺	裂纹控制效果
斯太尔重型汽车中、后桥主动弧齿锥齿轮（见图 a），22CrMoH 钢。技术要求：渗碳淬火后，A 区（包括尾部螺纹、R 处及花键端面）、B 区及 C 区硬度要求分别为 30～37HRC、38～48HRC 和 ≥52HRC 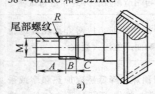尾部螺纹 a)	原工艺要求在软化部位涂覆防渗剂，但在渗碳淬火后，A 区硬度偏高，达到 26～48HRC，并且在 R 处常发生脆性断裂 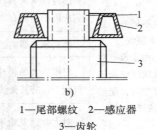 b) 1—尾部螺纹　2—感应器 3—齿轮	超音频直流电流 80～100A，直流电压为 200～220V，输出功率为 20kW，加热时间为 4s，循环 20～22 次，进行冷却	1）根据工件局部软化部位的形状，设计单匝感应器，如图 b 所示。 2）尾部螺纹、R 处及 B、C 热影响区有良好的硬度梯度分布，符合产品技术要求 3）无裂纹
Y10T 输出齿轮轴（见图 a），42CrMo 钢，花键、齿轮处的表面硬度 53～58HRC，硬化层深度 2.1～3.8mm（450HV1） 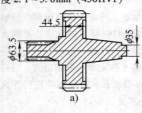 a)	无损检测时，发现少数齿轮花键处开裂方向与齿轮表面的切削刀痕方向一致。其原因：花键表面切削刀痕较深（见图 b），淬火时导致应力增大，沿着刀痕方向扩展并最终开裂；原材料的调质组织不正常，含有一定量的索氏体和贝氏体 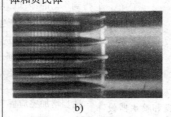 b)	花键处感应淬火工艺参数：频率 10kHz，电压 405V，电流 210～220A，连续式冷却方式，选用 w（AQ251）8% 水溶液	1）降低齿轮轴表面粗糙度值；调整调质工艺，保证金相组织合格；淬火前，进行 500℃去应力退火；采用圆形感应器加热齿轮轴，使硬化层和硬度均匀 2）感应淬火后硬化层深 2.86mm，表面硬度 54～57HRC，未发现开裂情况

2. 齿轮高频感应淬火裂纹特征、形成原因与对策

（1）齿轮高频感应淬火裂纹的特征　齿轮在高频感应淬火时容易出现淬火裂纹，其裂纹形式的一些共同特点见表 10-108。图 10-11 所示为小模数齿轮高频感应淬火后齿面弧形裂纹的截面形态。

（2）齿轮高频感应淬火裂纹形成原因　齿轮高频感应淬火裂纹形成原因可以具体归纳为表 10-109 所列几个方面。

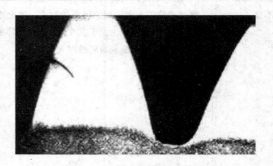

图 10-11　小模数齿轮高频感应淬火后齿面弧形裂纹的截面形态

表 10-108　齿轮高频感应淬火裂纹的特征

序　号	特　　征
1	淬火裂纹一般产生在棱角处

（续）

序　号	特　征
2	淬火裂纹的深度通常约为淬硬层的厚度，并且可能产生剥离裂纹
3	在淬硬层内部到中心处一般不产生裂纹

表 10-109　齿轮高频感应淬火裂纹形成原因

产生裂纹因素	形 成 原 因
齿轮的原材料质量不良	碳含量高于上限要求或含有较多的 Mn，$w(C)$ 为 0.30% 左右的钢很少产生淬火裂纹，而 $w(C)$ 为 0.50% 左右的钢很容易产生淬火裂纹
	原材料有严重的成分偏析和方向性，在加热和淬火过程中出现局部淬火裂纹
	晶粒粗大、粗细不均，加热冷却时产生不规则的热应力和组织应力，造成感应淬火裂纹
	材料选择不当，原材料内部存在质量缺陷（如组织不均，晶粒粗大，成分偏析，存在有害杂质、大量的非金属夹杂物及内部裂纹等），材料淬透性过高，均会形成感应淬火裂纹与开裂
	材料的淬透性过高或冷却速度过快，造成齿轮在 Ms 点温度区间迅速发生组织的转变，而齿轮的内外存在较大的温差，出现组织转变的不等时性，导致齿轮的内应力过大，造成淬火裂纹
机加工质量不良	齿轮表面的脱碳层未加工除掉
	机械加工面粗糙度值高，存在严重的加工刀痕，尖角未倒圆，过渡圆角太小
结构不合理	齿轮本身的结构设计不良，截面变化大，形状尺寸不均匀，淬火部位设计有凹槽、孔、台阶、尖角及键槽等
齿轮加热温度不均匀等	高频电加热参数选择不当，导致齿轮的加热温度过高或出现过热现象，造成晶粒粗大
	齿轮的预备热处理质量不合格，出现过热组织等缺陷
	感应器设计有缺陷或制造不良、感应器不对称或与齿轮间隙不均匀，造成加热不均匀或局部过热等
	感应加热时间过长，造成硬化层深度过深
	高频感应淬火时由于过热而造成齿轮淬火裂纹的现象经常发生，其原因在于局部的急速冷却和急速加热及组织转变等都会形成很大的内应力。过热不仅使淬火的内应力增加，而且使材料本身变脆，容易造成淬火裂纹。在齿轮的尖角、键槽、圆孔的边缘处等最容易过热，导致应力集中
淬火冷却不当	淬火冷却介质选择不当，导致冷却速度过大；淬火冷却介质的成分含量、温度及压力等选择不当
	淬火冷却操作规程不合理、冷却速度大等，造成齿轮冷却不均匀
	冷却时间过长或水温过低
	喷水孔堵塞或水压过大
	淬火冷却器的喷水孔设计不合理
回火不良	感应淬火后未及时回火，或回火不充分等，回火保温时间短，冷却过快，均造成表面应力过大
	回火时加热速度过快
返修不当	对于硬度不合格齿轮，返修前没有进行退火或正火处理而直接重新淬火，造成奥氏体晶粒粗大，残余应力加大，当内应力超过材料的断裂强度时，形成淬火裂纹

（3）齿轮高频感应淬火裂纹的对策（见表 10-110）

表 10-110　齿轮高频感应淬火裂纹的对策

序　号	对　　　策
1	应合理制订高频感应加热规范。严格控制感应淬火温度，防止加热温度过高或不均匀
2	根据试验情况修正感应器，保证均匀加热，均匀喷射冷却。改进感应器和冷却系统的设计，使喷水孔布置合理
3	调整感应淬火电参数，防止加热温度过高，加热时间过长
4	应加强原材料的检验，严格控制钢材质量，保证原材料无冶金缺陷
5	根据钢材及技术要求选择合适的淬火冷却介质，控制淬火冷却介质的各项技术要求以符合工艺的规定，避免因淬火冷却剧烈而产生淬火裂纹
6	采用合理的淬火冷却规范，避免不均匀冷却或淬火冷却速度过快。对齿轮上的孔洞用铜或铁棒堵塞，而棱角处用铜板或铁板贴附
7	减轻齿顶或齿端面的冷却速度
8	保证机械加工质量，降低齿轮表面粗糙度值，加大齿根圆角。改进齿轮结构形式，淬火前各部位不允许有飞边毛刺。在感应淬火前应进行去应力退火处理
9	沿齿沟淬火时采用隔齿淬火方法
10	高频感应淬火中由于过热或硬度不足而需返修，或因某种原因导致淬火加热中断时，均应进行一次正火处理，然后重新淬火，以免发生开裂或产生低硬度带
11	高频感应淬火后应及时回火，可采用炉内或自回火方式，自行回火温度应比炉中回火高 50～100℃。感应回火时，为了降低过渡层的拉应力，以防开裂，加热深度应较淬火深度大一些。由于感应回火时间较短，回火加热温度应适当提高。同时，应注意进行快速感应回火时易发生表面龟裂的问题
12	齿轮毛坯经过正火及铣齿后，再进行感应淬火
13	要严格执行工艺规定，加强表面裂纹、金相组织、硬度及淬硬层检验
14	合理设计齿轮结构。例如，塔形齿轮的齿槽、拨叉部位如需感应淬火，则应使齿槽部位的宽度不小于 12mm，端台部位的厚度不小于 5mm（见下图），以免淬火时端部开裂

（4）常见齿轮高频感应淬火裂纹与对策（见表 10-111）

表 10-111　常见齿轮高频感应淬火裂纹与对策

齿轮裂纹形式	产生裂纹原因	对　　策
 淬火裂纹	全齿高频感应淬火时，由于齿顶加热温度过高、冷却过于激烈而产生裂纹	改进高频感应淬火工艺参数，控制加热温度；采用缓和的淬火冷却介质；控制齿轮淬火时出水或停喷的温度；采用自回火或及时回火
 淬火裂纹	全齿高频感应淬火时，由于齿顶加热温度过高、冷却过于激烈而产生裂纹	改进高频感应淬火工艺参数，控制加热温度；采用缓和的淬火冷却介质；控制齿轮淬火时出水或停喷的温度；采用自回火或及时回火

（续）

齿轮裂纹形式	产生裂纹原因	对　　策
淬火裂纹	齿轮高频感应淬火时，由于轮齿端面过热及急速冷却而产生裂纹	改进高频感应淬火工艺参数，控制加热温度；采用缓和的淬火冷却介质；控制齿轮淬火时出水或停喷的温度；采用自回火或及时回火，防止轮齿端面过热
淬火裂纹	齿轮高频感应淬火时，由于轮齿端面过热及急速冷却而产生裂纹	改进高频感应淬火工艺参数，控制加热温度；采用缓和的淬火冷却介质；控制齿轮淬火时出水或停喷的温度；采用自回火或及时回火，防止轮齿端面过热
淬火裂纹	沿齿面同时淬火时，由于加热温度过高并急速冷却而使齿轮表面产生龟裂	改进高频感应淬火工艺参数，控制加热温度；采用缓和的淬火冷却介质；控制齿轮淬火时出水或停喷的温度；采用自回火或及时回火
淬火裂纹	沿齿面连续淬火时，由于齿顶温度过高并急速冷却而产生裂纹	增大感应器与齿顶圆间隙；控制好齿顶与齿面温度均匀性，其余同上

3. 齿轮中频感应淬火裂纹与对策

（1）齿轮中频感应淬火裂纹的影响因素与对策（见表 10-112）

表 10-112　齿轮中频感应淬火裂纹的影响因素与对策

影响因素	对　　策
影响齿轮中频感应淬火裂纹的因素很多，如齿轮的结构、原材料质量、机械加工质量、中频感应加热电参数的选择、淬火冷却介质的选择与配比、冷却方式、感应器设计与制造等	合理设计齿轮结构，避免尖角与孔洞、截面不均、阶梯轴截面变化过渡不够圆滑等
	选择合适的钢材牌号（包括碳含量、主要合金元素、淬透性等）
	保证原材料质量，无冶金缺陷（如非金属夹杂物、偏析、晶粒度粗大、疏松、白点、内裂）
	保证齿轮表面机械加工粗糙度要求，降低表面粗糙度值
	合理制定中频感应淬火工艺参数，防止淬火温度过高、加热不均、加热时间过长等
	选择合适的淬火冷却介质及冷却方式，避免急速冷却造成的硬度梯度过陡
	通过试验确定适合的感应器、（喷液）冷却器等
	可采用中频埋油淬火工艺，以解决一些大型齿轮感应加热连续淬火开裂问题，此工艺可有效地防止合金钢及复杂形状碳素钢齿轮淬火畸变与开裂，适合于一些碳含量较高和淬透性较好的钢材

（2）齿轮中频感应淬火裂纹对策的实例（见表 10-113）

表 10-113　齿轮中频感应淬火裂纹对策的实例

齿轮技术条件	裂纹与分析	裂纹控制效果
齿轮，模数 5mm，齿数 36，40Cr 钢，技术要求：齿轮整体调质处理；齿部中频感应淬火硬度 50～55HRC，心部硬度 33～46HRC，硬化层深度 0.5～2.5mm 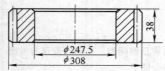	采用 300kW 中频感应电源，淬火用水溶性淬火冷却介质，感应器连续加热喷水。10 件齿轮中有 2 件齿面出现裂纹 裂纹处分析。回火马氏体粗大 2 级（要求 3～7 级合格），不合格。分析是由于加热与冷却不均而造成的裂纹	1）将硬化层深度由原来 0.5～2.5mm 调整为 1.5～3.0mm。同时，将水溶液冷却改为浸油冷却 2）中频感应淬火工艺流程：齿轮整体加热并旋转→加热至淬火温度后浸入油中冷却 60s→提出油面。经检验，齿表面与心部硬度分别为 53～55HRC 和 42～44HRC，有效硬化层深度 23～25HRC，齿轮表面无裂纹
联合收割机差速器总成中 H32058 从动齿圈，齿数 70，模数 4.2333mm，45 钢，基体调质处理后齿部中频感应淬火硬度为 50～60HRC 	采用 BPSD160/8000 型中频电源，感应器内孔尺寸为 φ318mm×42mm。经常出现淬硬层分布不均匀和齿顶淬火裂纹等缺陷，最高时批量不合格率超过 80%	采用齿部预热后中频感应淬火方式，电压 560V，电流 220A，功率 100kW，循环加热两次。感应器改为 φ316mm×36mm。齿圈淬火后自回火温度 200～250℃。中频感应淬火齿轮经 100% 荧光、磁粉检测，未发现淬火裂纹，单批合格率达到 100%
1.65M 风电齿轮箱一级内齿圈，外径 1635mm，齿顶圆直径 1359，齿宽 400mm，模数 14mm，质量 1700kg，42CrMoH 钢，经中频感应淬火处理	采用 EFD 公司的感应淬火机床沿齿扫描淬火，功率 45～55kW，频率 7.5～8.5kHz，移动速度 240mm/min，淬火采用 PAG 水溶液，质量分数为 8%～10%。磨齿前后均发现裂纹，裂纹出现在齿圈圆周 1/3 区域内同一齿侧与齿顶交接处，沿齿形方向分布，裂纹尾部向齿端方向倾斜	1）感应淬火前增加去应力退火工序：300℃×3h，并且重新调配质量分数 w（PAG）为 12%～13%，严格控制喷淋速度 2）改进后均未发现裂纹
齿圈，42CrMo 钢，硬化层深度要求齿根下 2.3～3.8mm，中频感应淬火硬度达 425HV R 中频感应淬火时此面朝上	1）采用 EFD 公司的 VM1000 型中频感应淬火机床，最大输出功率 200kW，频率 4～8kHz，经扫描淬火后，齿圈拐角 R 处出现裂纹，感应淬火采用 AQ251 水溶液，质量分数控制在 10%～13% 2）分析发现，淬火裂纹是在正常生产数月后才出现的，原因可能是淬火冷却介质使用时间较长，被切削油、切削液类物质污染，使得实际淬火冷却介质的有效浓度不够，造成淬火冷却介质的冷却能力增强	将淬火冷却介质的质量分数调整到 15%～18% 后，解决了齿圈淬火裂纹问题

（续）

齿轮技术条件	裂纹与分析	裂纹控制效果
齿圈，42CrMo 钢，要求先渗氮处理，后进行感应淬火 	1）采用 EFD 公司的 VM1000 型中频感应淬火机床，最大输出功率 200kW，频率 4～8kHz，经感应淬火后，在齿圈感应热影响区的表面出现裂纹（见左图），感应淬火采用 AQ251 水溶液 2）分析认为，表面渗氮后再进行中频感应淬火，由于渗氮层与基体的膨胀系数不同，容易导致齿圈开裂	把加热功率降低，增加感应加热时间，采用 w（AQ251）为 15%～18% 水溶液，增加延时喷液时间，减少喷淋时间，提高淬火后的余温。若渗氮时对易裂区域进行防渗，则可以完全避免裂纹产生

（3）球墨铸铁齿轮中频感应淬火裂纹与对策　球墨铸铁牌号有 QT400-18、QT400-15、QT450-10、QT500-7、QT600-3、QT700-2、QT800-2 及 QT900-2，同 45 钢、40Cr 钢等中碳钢相比，球墨铸铁齿轮感应淬火更容易形成淬火裂纹。

1）球墨铸铁齿轮中频感应淬火裂纹形成原因与对策见表 10-114。

表 10-114　球墨铸铁齿轮中频感应淬火裂纹形成原因与对策

形成原因	对　　策
齿轮几何形状复杂	合理设计球墨铸铁齿轮结构，截面变化应平缓，避免尖角、凸台、凹处、缺口等
球墨铸铁中的夹杂物	改进球墨铸铁铸造工艺，减少其中夹杂物数量
球化不良	球墨铸铁齿轮在感应淬火前可采用预先正火、回火处理，获得较好的显微组织，这样控制淬火裂纹效果会更好
热处理不良（主要有加热温度高和淬火冷却剧烈等）	球墨铸铁加热到 1000～1100℃淬火的 Ms 点在 180～190℃。球墨铸铁齿轮在通用淬火机床上淬火时，如果能够采取适当措施有效地控制喷水冷却时间，使球墨铸铁齿轮冷却到 180～250℃后空冷，即可避开其在马氏体转变区冷速大的问题
	由于球墨铸铁的导热性较钢铁差，在满足硬化层要求的前提下，应选取较小的比功率，如 0.008～0.016kW/mm²。由于淬火裂纹发生在马氏体转变的过程或末期，因此，淬火喷水冷却时间对淬火裂纹产生的影响很大。喷水冷却时间越长，淬火的组织应力就越大。因此，应通过工艺试验确定合适的淬火冷却时间

2）球墨铸铁齿轮中频感应淬火裂纹对策的实例见表 10-115。

表 10-115　球墨铸铁齿轮中频感应淬火裂纹对策的实例

齿轮技术条件	热处理工艺	裂纹控制
蒸汽轨道起重机用齿轮，模数 18mm，材料为球墨铸铁，热处理技术要求：齿面硬度≥35HRC，硬化层深度 2～3mm	1）齿轮加工流程：齿轮铸造→正火（880℃×2.5h）→车削→铣齿→中频感应淬火→380℃×1h 回火→精加工 2）中频感应淬火参数：比功率 0.008 kW/cm²，加热时间 35s，喷水时间 10s	采用 BPSD100/8000 型中频机组进行单齿感应淬火。球墨铸铁中频感应淬火的加热温度选择下限，在 980～1030℃。喷水淬火后的表面余温在 150～200℃，余热使已经转变的马氏体得到自回火。磁粉检测表明球墨铸铁齿轮无淬火裂纹

10.7.10　齿轮的化学热处理裂纹与对策

齿轮的化学热处理主要包括渗碳、碳氮共渗、渗氮、氮碳共渗等。由于经化学热处理的齿轮表面与心部碳、氮等元素的含量不同，其热应力和组织应力的作用复杂，容易产生裂纹。化学热处理齿轮的大小、形状、结构、缺口和尖角等对其开裂与畸变都有着直接影响。

1. 渗碳齿轮的表面裂纹与对策

低碳钢和低碳合金钢齿轮渗碳以后，因为齿轮表层碳含量改变，导致由表至里的应力分布变化极大。因此，其在热处理的各个时期（如渗碳空冷、渗碳淬火、喷丸、冷处理）以及随后的磨削加工过程中，都容易在表层形成微裂纹和宏观裂纹。

（1）常见渗碳齿轮裂纹的种类　常见的渗碳齿轮裂纹有四种，即显微裂纹、宏观裂纹、淬火裂纹和磨削裂纹。常见渗碳齿轮裂纹的种类、特征与原因见表 10-116。

表 10-116　常见渗碳齿轮裂纹的种类、特征与形成原因

裂纹种类	裂纹特征与形成原因
显微裂纹	1）显微裂纹是由显微应力或组织应力的作用造成的，往往产生在原奥氏体晶界处或马氏体针的交界处，有的裂纹穿过马氏体针 2）一些淬火齿轮在渗碳淬火时往往因过热引起奥氏体晶粒长大而导致开裂，如果对其不及时回火，钢中存在的显微裂纹会不断扩展。因此，应严格控制炉内的淬火加热温度和保温时间等。对此类齿轮可先进行正火处理，起到细化晶粒的作用，然后进行最终的热处理，同时要及时回火
宏观裂纹	1）宏观裂纹表现形式为表面龟裂或剥落等。一些渗碳齿轮在 10～15h 冷却到室温后，由于长时间缓慢冷却，导致外层产生托氏体和碳化物，即渗层组织转变不均匀，造成宏观开裂，而在极慢或极快冷却时不会出现此类裂纹 2）引起宏观裂纹的另一个原因是材料内部存在"白点"
淬火裂纹	此类裂纹多出现在 20CrMnTi、20CrMo 等低合金钢中，这些材料在渗碳淬火、冷却、回火及冷处理等过程中，因热应力和组织应力的综合作用超过了其断裂强度而出现裂纹，下列因素直接影响到淬火裂纹的产生： 1）材料的淬透性过高，淬火冷却过程中导致淬火应力增大 2）渗碳齿轮截面变化太大，有尖角、凸台、凹处、缺口等，淬火冷却过程中容易造成应力集中 3）表面粗糙度值高，有较深的机械加工刀痕等，在渗碳淬火冷却过程中容易造成应力集中 4）对结构复杂的齿轮没有缓慢加热，而直接加热，因此加热速度快，造成热应力增大 5）渗碳层中的碳浓度和渗层薄厚不均，或碳浓度过高，形成网状碳化物 6）淬火温度过高或冷却速度太快 7）淬火后未及时回火，内应力过大 8）冷处理不当，未进行一次回火而直接冷处理，造成残余应力增大
磨削裂纹	1）齿轮在渗碳后，组织粗大，碳化物不良（网状、块状），残留奥氏体多均容易诱发磨削裂纹的产生 2）在齿轮磨削过程中，磨削进给量大，磨削时冷却不良，砂轮粒度不合适等均容易诱发磨削裂纹的产生

（2）渗碳齿轮表面裂纹产生的原因　对 20CrMnMo、18Cr2Ni4WA、12Cr2Ni4A、12CrNi3 及 20Cr2Ni4A 等低碳铬钢与铬镍钢渗碳齿轮，渗碳后在一定的冷却速度下冷却时，齿轮表面经常出现龟裂或剥离裂纹，裂纹深度相当于渗碳层的深度。此种裂纹也有称为"⊥"裂。渗碳齿轮表面龟裂或剥离裂纹形成原因见表 10-117。

表 10-117 渗碳齿轮表面龟裂或剥离裂纹形成原因

项 目	内 容
形成裂纹的主要原因	齿轮经渗碳后，渗碳层的碳含量远高于心部的碳含量，同时因渗碳温度较高，沿着渗碳层分布的奥氏体也具有不同的饱和碳量，表面饱和碳量高而向渗碳层的内部逐渐减少，因而渗碳层中不同区域内的奥氏体的稳定性和转变结构也不一致，这就造成齿轮冷却后沿渗碳层深度上获得不均匀的组织结构。因此，导致渗碳后齿轮的内应力产生。若在一定的冷却速度下，渗碳层表面的过共析层先冷却并转变为托氏体 + 碳化物。在随后的冷却过程中，内层较稳定的奥氏体转变为马氏体，导致体积膨胀。渗碳层到心部的过渡层又得到索氏体或托氏体。从而使表面的托氏体与碳化物层受到很大的拉应力的作用。由于马氏体层具有最大的比体积，因膨胀而使托氏体的表层产生无规则的表面裂纹。若马氏体层在很大的压应力作用下，就可能形成剥离裂纹 举例：下图为合金钢齿轮轴渗碳后空冷时表面产生的裂纹形态，其为较长的网状裂纹，深度 0.6 ~ 0.7mm。经金相组织分析，其表面至内部的组织依次为珠光体层、马氏体层和贝氏体层。在表面裂纹的末端及皮下马氏体层中央处萌生剥离裂纹，并且发现齿轮表面形成块状碳化物 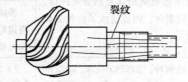 裂纹
其他因素	由于渗碳后的冷却速度过快，齿轮在冷却过程中因热应力及组织应力作用而引起裂纹，这种情况多见于合金元素含量较多的渗碳钢齿轮。合金钢由于渗碳后的冷却速度太快，或渗碳以后至淬火间隔时间过久，在组织应力作用下而引起的裂纹多见于齿轮表面，并且裂纹的深度一般不超过渗碳层深度
	由于渗碳层中碳浓度不均匀，淬火时发生不同的组织转变而引起裂纹。如裂纹发生于渗碳层的过共析层与共析层的分界处，还有的裂纹发生于共析层与亚共析层的分界处
	导致部分钢种（如 18Cr2Ni4WA、20Cr2Ni4A、12CrNi3A 钢）渗碳层表面出现裂纹的另一原因是"白点"，在渗碳的温度范围下，钢的组织处于奥氏体状态，其中可以溶解大量的氢。在渗碳后的冷却过程中，由于温度的降低，氢在钢中的溶解度减少，自钢中析出并结合成分子状态的氢，加上合金钢渗碳后，渗碳层组织发生马氏体转变，在其形成的组织应力与分子氢析出的压力共同作用下，使齿轮表面产生裂纹

（3）渗碳齿轮表面裂纹形成原因与对策　渗碳齿轮表面裂纹形成原因与对策见表 10-118。

表 10-118 渗碳齿轮表面裂纹形成原因与对策

裂纹类型	形成原因	对 策
渗碳齿轮表面鳞状裂纹	只在渗碳后以（3 ~ 8℃）/min 的平均速率（650 ~ 150℃）冷却的 12CrNi3A 和 20Cr2Ni4A 钢制的较大尺寸渗碳件里发现了鳞状裂纹。淬火后，因剥离裂纹从开裂处翘起，使弧形裂纹包围的金属表面区呈泡状隆起状态，故又称之为"气泡"（鼓泡）	1）因鳞状裂纹形成的工艺条件同通常的剥离裂纹相似，因此可以采用相似的工艺措施加以控制 2）对 12CrNi3A 钢齿轮，如果能将渗碳层的碳含量控制在 0.6% ~ 0.7%（质量分数），其一般不会发生鳞裂
		空冷易形成裂纹的齿轮可在缓冷坑内缓慢冷却
		在缓冷坑内冷却易形成裂纹的齿轮可改用空冷或风冷等。采用 550℃ × 5h 等温冷却的方法是最安全可靠的方法。等温冷却温度和保温时间应根据各牌号钢的（渗碳层）等温转变曲线上珠光体转变"鼻尖"来确定

（续）

裂纹类型	形成原因	对　　策
渗碳齿轮表面裂纹	渗碳后空冷时表面形成裂纹的齿轮，其渗碳层内最外层为细珠光体＋碳化物，中间层为马氏体＋残留奥氏体及部分贝氏体，里层为细珠光体＋铁素体。裂纹是渗碳空冷时形成的，这是由于渗碳后冷却时转变组织的比体积差所致。相变时两种组织交接处内应力最大，因此在此开裂 　　举例：20CrMnMo 钢齿轮经气体渗碳后，在空气中冷却时，表面产生裂纹。由于这种钢从 920～930℃渗碳温度上空冷时，不能使渗碳层全部转变成珠光体组织，而在最外层形成托氏体＋碳化物，中间层得到马氏体＋残留奥氏体及部分贝氏体，里层为细珠光体＋铁素体，因此造成了齿轮表面开裂	齿轮渗碳后缓慢冷却，以保证沿整个渗碳层深度内获得均匀的珠光体组织。如渗碳后的齿轮采取入缓冷罐（或缓冷坑、缓冷井）冷却。20CrMnMo 钢齿轮在固体渗碳后，在渗碳箱中随炉冷却时也未有裂纹出现。这是因为随炉冷却时，渗碳层全部得到珠光体组织
		齿轮渗碳后快速冷却（如出炉后直接淬火），使渗碳层得到马氏体＋残留奥氏体组织，也能够防止裂纹的出现，如 20CrMnMo 钢齿轮轴渗碳后直接油淬，油冷的表面无裂纹产生，其渗层为马氏体＋残留奥氏体＋碳化物
		渗碳后较快地冷却到 150～200℃或 450～500℃，将齿轮转入到 650℃炉中进行高温回火，使其形成珠光体组织，也可以防止裂纹
渗碳淬火齿轮裂纹	渗碳后直接淬火的钢种，如 20CrMnTi、20CrMo 等钢，在正常热处理的情况下，一般不易形成淬火裂纹。但在以下条件下，有可能形成淬火裂纹： 　　1）渗碳层中碳浓度和渗层厚薄不均匀；碳浓度过高，形成严重的网状碳化物，在淬火时易引起裂纹 　　2）淬火温度太高，或者冷却速度太快，易引起裂纹 　　3）由于渗碳齿轮存在截面尺寸悬殊、尖角、凸台等不合理结构，极易形成应力集中，从而易引起淬火裂纹 　　4）渗碳前的齿轮表面加工质量，特别是有无刀痕及其形状、深浅等对裂纹形成及扩展影响很大	1）20CrMnTi、20CrMnMo 钢齿轮渗碳时，应适当控制碳势，防止表面碳含量过高，渗碳温度宜选择在 900～920℃，出炉油淬 　　2）渗碳层表面碳含量控制既要考虑齿轮的疲劳强度、弯曲强度及韧性等，还要考虑防止后序磨削加工时出现磨削裂纹。对 20CrMnTi 钢齿轮，从疲劳强度综合方面考虑，渗碳表面碳含量以 0.84%～0.97%（质量分数）为好 　　3）渗碳层理想组织应为细针状马氏体＋细小而均匀分布的颗粒状碳化物（2～3 级）＋残留奥氏体（2～4 级）（QC/T262—1999）。马氏体碳含量过高，也会使马氏体针粗大，脆性增加，从而使齿轮在马氏体形成过程中易产生显微裂纹
齿轮渗碳后重新加热淬火裂纹	加热速度、加热温度及保温时间的选择不当	对低碳合金渗碳钢（尤其是合金元素含量较高的渗碳钢）齿轮重新加热淬火时，应采用较慢的加热速度和较长的保温时间
	淬火后不及时回火	对低碳合金渗碳钢（尤其是低碳高合金渗碳钢）齿轮重新淬火时，其表层往往有较高的残留奥氏体，有时残留奥氏体的体积分数高达 60%～80%。因此，当这些渗碳件从淬火冷却介质中取出一段时间后，裂纹就将显现出来，即产生时效裂纹。如果淬火后及时回火，因内应力及时消除，即可防止裂纹产生
	冷处理前后未进行回火处理	低碳高合金渗碳钢齿轮重新加热淬火后，渗层中往往有大量的残留奥氏体。为了提高表面硬度和尺寸稳定性，有时在淬火后进行冷处理。此时，残留奥氏体继续发生向马氏体的转变，使组织应力加大，从而导致裂纹的发生和扩展。对此，可在冷处理前先进行一次回火处理，或者在冷处理后再进行一次回火处理

（续）

裂纹类型	形成原因	对　　策
大型齿轮深层渗碳淬火裂纹	齿轮如果长时间停留在较高渗碳温度下，会使奥氏体晶粒粗化，畸变加大，甚至容易形成淬火裂纹。尤其含 Mn 钢（如20CrMnMo 钢），高温长时间渗碳后，晶粒容易粗化，产生裂纹倾向明显加大	大型齿轮渗碳温度选择以 920～930℃为宜
	对于铬锰渗碳钢，由于 Cr 和 Mn 都是促进渗碳的元素，使表面碳含量增加，渗碳时使渗碳层中的碳容易过饱和，而且扩散困难，容易形成网状碳化物，渗碳淬火后表面形成淬火裂纹倾向较大	宜用较缓和渗碳剂和适当的渗碳温度。大型齿轮强渗与扩散时间的选择参见 5.1.11 内容

（4）渗碳齿轮表面裂纹对策的实例（见表10-119）

表 10-119　渗碳齿轮表面裂纹对策的实例

齿轮技术条件	裂纹与分析	裂纹控制效果
8M、9M 型风机斜齿轮，20CrMnTi 钢（或 20CrMnMo 钢），要求渗碳淬火	1）齿轮 910℃ 渗碳后进行空冷，在轴颈 ϕ106mm 和 ϕ101mm 处表面出现纵向裂纹（见下图），齿部未发现裂纹 2）经对裂纹齿轮轴切块检验后发现，其表层为托氏体＋碳化物，次表层为马氏体组织（距表面 0.7mm 处开始），次表层向里为索氏体组织。正是由于珠光体转变孕育期不同而会造成齿轮表层出现托氏体组织、次表层出现马氏体组织，并因马氏体相变使表面产生的拉应力大于材料的断裂强度，最终导致齿轮表面形成裂纹	为了避免产生表面裂纹，采用 910℃ 渗碳并预冷后出炉，在无循环水冷却的缓冷坑内缓慢冷却
内燃机车中传动机构用齿轮，20CrMnMo 钢，要求碳氮共渗	20CrMnMo 钢碳氮共渗后在空气中冷却时，表面易生成裂纹，主要是由于此钢材含合金元素较多，在空气中冷却期间，当在 600～690℃ 温度范围内停留的时间不足时，渗碳层最外层部分易分解为托氏体，而中间部分比较稳定来不及分解，在冷却后转变为马氏体，故易引起裂纹的生成	1）为了避免产生表面裂纹，采用 850℃ 碳氮共渗预冷至 820℃后出炉，在无循环水冷却的缓冷坑内冷却，以避免因在 600～690℃ 温度范围停留不足而导致表面产生裂纹 2）齿轮性能满足了设计要求，渗层硬度 56～62HRC，齿轮表面无裂纹产生
大型齿轮，模数 20mm，质量 2100kg，20CrMnTi 钢，要求渗碳淬火	1）采用井式渗碳炉，每炉装 3 件。渗碳淬火后发现下面两件在内孔附近出现表面淬火裂纹。如下图所示： 2）在淬火过程中会在齿轮内孔附近产生巨大的热应力，并最终导致齿轮开裂，开裂应在薄弱处（如带状组织较严重处）产生	大型齿轮渗碳后从渗碳温度炉冷到淬火温度以下的某一温度并保温 2h，随后升温到淬火温度，并在此温度保温 1.5h 后再入油淬火；对一串齿轮渗碳淬火时，在齿轮间应加放间隔垫，以利于内孔附近淬火油流动，降低齿轮内外冷却速度的差异，减小热应力，从而避免齿轮开裂

（续）

齿轮技术条件	裂纹与分析	裂纹控制效果
重载减速器齿轮，18CrMnNiMo 钢，要求渗碳淬火	1）热处理工艺流程：930℃渗碳→860℃均温后空冷→560℃高温回火→830℃淬火→180～240℃两次回火。在渗碳淬火后发现，齿轮表面大面积出现裂纹 2）由于渗碳时碳势过高，首先在晶粒中形成块状碳化物，随炉冷却过程中沿晶析出的碳化物呈网状分布，导致了渗层表面脆性增大。齿轮出炉后冷却收缩，表面受到拉应力的作用时沿着脆性的碳化物边界形成裂纹，裂纹扩展至接近渗碳层深度时，因产生塑性畸变而释放了部分应力，导致裂纹终止，从而形成的裂纹深度较渗碳层薄	加强现场工艺管理，严格控制煤油滴注量；加强炉前金相检查
采煤掘进机用齿轮轴，18Cr2Ni4WA 钢，要求渗碳淬火处理	1）采用渗碳后直接淬火 + 低温回火处理后，一批齿轮轴全部在轴向出现开裂，如下图所示 2）高合金渗碳钢渗碳后直接淬火；渗碳温度偏高；回火不够充分	采用（920±10）℃进行渗碳，渗碳后降温至 650℃出炉空冷，并进行（650～670）℃三次高温回火，淬火后及时回火。齿轮淬火、回火后硬度符合技术要求，消除了淬火裂纹
风电机齿轮轴，18CrNiMo7-6 钢，要求渗碳淬火、回火	渗碳齿轮轴颈在最终热处理后的贮存期间出现纵向开裂（见下图），经分析，齿轮轴因在热处理残余应力作用下形成纵向氢致开裂而失效，齿根下方拉应力区存在大尺寸外源性非金属夹杂物，热处理残余应力偏大是导致齿轮轴开裂的主要原因 （箭头所指为裂纹源位置）	提高原材料冶金质量，在原材料检验中加强对大尺寸非金属夹杂物的检查，适当提高回火温度以降低热处理残余应力和材料的氢致延迟开裂敏感性

2. 渗氮齿轮表面裂纹与对策

渗氮齿轮的裂纹一般是由于渗氮层的脆性引起的，而渗氮层的脆性与钢的化学成分、渗氮工艺、渗氮层深度、渗氮硬度、渗氮前的热处理及机械加工等有关。例如晶粒过于粗大，含氮量超过允许范围，脆性过大，未及时回火等，都容易使渗氮齿轮表面形成裂纹。

评价渗氮层脆性的三个指标：开裂强度；畸变位移量；渗氮层开裂所需的能量。

（1）渗氮齿轮表面剥落和脆性大原因与对策（见表 10-120）

表 10-120 渗氮齿轮表面剥落和脆性大原因与对策

原　　因	对　　策
齿轮原材料冶金质量不合格，如 38CrMoAl 钢中有较多 Al_2O_3 夹杂物	保证原材料的冶金质量，并进行原材料质量检验
锻造质量不合格。齿轮毛坯预备热处理（正火、退火）不良	保证锻造质量，避免产生过热组织。在毛坯正火或退火时，加热温度不得过高，以避免晶粒、组织粗化

（续）

原　因	对　策
齿轮调质处理不良，如淬火冷却速度过快；淬火温度高，出现过热	齿轮预备热处理采用调质处理时，在满足淬透性的前提下，尽量采用缓和的淬火冷却介质。对于调质时因淬火温度高造成的过热，可采用正火后重新调质处理
渗氮处理温度偏低；退氮时间不足，渗氮层与心部含氮量过渡太陡	为了防止齿轮表面发脆，可在渗氮后把炉温升高，在封闭的残留氨气中进行退氮处理。但在退氮过程中，表面有可能产生微小的细条状裂纹。这主要是因为渗氮铁素体和氮化物的比体积不同所引起的。这种裂纹可以在渗氮后的精磨或研磨时去除
渗氮层最表面 ε 相十分脆弱，当其含氮量超过允许的范围时，就可能产生表面裂纹	为了减少因氮量过高而产生的脆性，应在渗氮的后半阶段时间内适当减少氨气的流量，以使齿轮表面氮浓度降低，从而减小齿轮脆性。或通过增加氨分解率的方法，降低表面氮的含量
齿轮渗氮工艺不当	严格控制氨分解率和确保退氮彻底，或在 570～580℃ 保温 4～5h
渗氮罐密封不良；液氨的含水量超过1%（质量分数）；齿轮表面脱碳（多见于 38CrMoAl 钢）；表面粗糙或锈蚀	提高渗氮罐的密封性，降低液氨的含水量，去掉脱碳层或锈蚀，更换干燥剂。对于因表面脱碳引起的脆性，允许重新退氮处理
冷却速度过慢	适当加速渗氮齿轮的冷却速度
齿轮有尖角、锐边等，渗氮后也容易产生脆性裂纹	对薄壁齿轮不宜采用气体渗氮工艺，或者限制其渗氮层深度，以免因渗氮层穿透截面而引起脆性裂纹。避免齿轮设计与加工时出现尖角与应力集中现象。渗氮齿轮的截面变化处应加工成圆弧，一般 $R \geqslant 0.5\,mm$
磨削加工不良，如渗氮后磨削量过大；磨削冷却不充分，其裂纹只见于表面，并呈网状分布	减小磨削量，分几次磨削

（2）防止渗氮齿轮表面剥落和脆性大的实例（见表 10-121）

表 10-121　防止渗氮齿轮表面剥落和脆性大的实例

齿轮技术条件	热处理工艺	裂纹控制效果
齿轮，38CrMoAl 钢，要求渗氮处理	1）预备处理工艺。齿轮采用的调质工艺流程：加热 890℃ ×20min→出炉油淬→高温回火 670℃ ×2h 2）控制渗氮层脆性渗氮工艺。采用二段气体渗氮工艺，即一段渗氮 520℃ ×20h，升温至 560℃ 保温 20h（即二段渗氮），氨分解率 35%～40%	经检验，化合物层深度 15～27μm，硬度 1004～1098HV0.1，扩散层深度 0.58mm。保留化合物（层）时的断裂强度 1492.93MPa，脆性级别 Ⅰ 级，齿轮边角完整无缺

10.7.11　齿轮的喷丸（抛丸）处理裂纹形成原因与对策

齿轮的喷丸（抛丸）处理裂纹形成原因与对策见表 10-122。

表 10-122　齿轮的喷丸（抛丸）处理裂纹形成原因与对策

形成原因	对　策
齿轮在（渗碳）淬火及回火后往往因存在内氧化层而在喷丸（抛丸）强化处理后易产生应力集中区，该应力集中区极易成为疲劳裂纹源，尤其在内氧化严重情况下	只有采取有效措施，减少内氧化层，才能使强化喷丸真正提高齿轮的疲劳强度并预防喷丸（抛丸）裂纹的产生

（续）

形成原因	对　　策
喷丸（抛丸）操作不良，过度喷丸；喷丸（抛丸）用钢丸直径偏大	按照喷丸（抛丸）工艺规程认真进行操作，防止因长时间过度喷丸而导致齿轮表面产生微裂纹；选用合适的钢丸直径
当渗碳淬火后，表层有严重的网状碳化物、粗大马氏体组织时，喷丸（抛丸）处理后，表面容易出现微裂纹。	应严格执行齿轮（渗碳）热处理工艺，以获得合格的显微组织，并及时充分回火
整体淬火时，在马氏体组织粗大超标的情况下，喷丸（抛丸）清理时容易产生崩齿、掉齿角情况	

10.7.12　齿轮的磨削裂纹与对策

齿轮常因热处理不当及磨削加工不当而造成表面产生磨削裂纹。如果齿轮在热处理过程中，淬火后应力过大或未及时回火，以及回火不充分（不足），或残留奥氏体过多，碳化物形成粗大网状等，即使在正常条件下进行磨削，也容易产生磨削裂纹。对此，应从热处理与机械加工方面采取措施，以防齿轮在热处理后的磨削过程中产生表面裂纹。

1. 齿轮磨削裂纹的特征

磨削裂纹通常有三种类型：一是呈细小网络状分布的裂纹；二是呈细小长条状分布的裂纹，并与砂轮进给方向呈交叉分布；三是呈细小点状分布的裂纹，类似蠕虫等。垂直于裂纹切开后进行金相分析，一般会发现表面有一层黑色的回火层，如果磨削压力过大会产生一层白色硬化层，裂纹的深度在回火层内，与表面裂纹垂直，在尖角处呈交叉状。

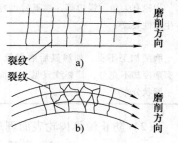

图 10-12　常见磨削裂纹的形态

磨削裂纹是处于淬火状态的齿轮或残留奥氏体较多的齿轮经磨削后，停留时间不长即产生的。其特征是裂纹总垂直于磨削方向或呈龟裂状，图 10-12 所示为常见磨削裂纹的形态。一般情况下裂纹的深度为 0.1 ~ 0.2mm。

磨削裂纹、热处理裂纹和锻造裂纹的特征对比见表 10-123。

表 10-123　磨削裂纹、热处理裂纹和锻造裂纹的特征对比

裂纹名称		宏观形态	裂纹源位置	裂纹的走向	裂纹周边情况
磨削裂纹		龟裂、辐射状、直线状、与磨削方向垂直	磨削的表层	沿晶界	有时有微弱的氧化和色彩
热处理裂纹	淬火龟裂	龟裂	表面脱碳	沿晶界	一般没有或很少氧化
	淬火直裂纹	纵向直线	应力集中或夹杂物处	穿晶粒	—
	过热过烧裂纹	—	应力集中处	沿晶界	—
	弧形裂纹	一般呈弧形	凹槽、缺口处或组织过渡区	穿晶粒	一般很少氧化
	回火裂纹	—	一般在应力集中处	沿晶	—

（续）

裂纹名称		宏观形态	裂纹源位置	裂纹的走向	裂纹周边情况
锻造裂纹	折叠	单色分布	与表面呈锐夹角	轧材呈纵向	有氧化和脱碳
	过热过烧裂纹	龟裂或鱼鳞状	表面或畸变最大区	沿晶扩展	严重氧化和脱碳
	半成品发纹	纵向、直线	发纹处	沿轧制方向	—
	加热不足锻造裂纹	一般呈辐射状	锻件心部	穿晶粒	有氧化和脱碳
	终锻温度过低裂纹	有时呈扇形	应力集中处	沿晶界或穿晶粒	略有氧化、脱碳
	铜脆	龟裂或鱼鳞状	表面或渗铜处	沿晶	有铜相
	热脆	—	硫化物夹杂聚集处	沿晶	晶界有硫化物夹杂

2. 齿轮的磨齿裂纹与齿轮花键的磨削裂纹特征

齿轮的磨齿裂纹与齿轮花键的磨削裂纹特征见表 10-124。

表 10-124　齿轮的磨齿裂纹与齿轮花键的磨削裂纹特征

裂纹形式	裂 纹 特 征
磨齿裂纹	通过对大量磨削裂纹齿轮齿面进行磁粉检测分析，发现裂纹呈线状分布，其分布形式一般有三种： 1）第一种是裂纹自齿顶沿齿高呈短线型或长短线交替型分布，长度在 1 ~ 5mm 2）第二种是裂纹在节圆上部沿齿高呈短线型分布 3）第三种是裂纹自齿顶至节圆上部呈龟裂状分布
齿轮花键的磨削裂纹	齿轮轴经渗碳直接淬火、回火后，在磨削花键侧面时出现沿花键齿高度方向延伸、在键长方向呈平行状分布的裂纹

3. 齿轮磨削裂纹与淬火裂纹的区别

齿轮磨削裂纹与淬火裂纹的主要区别见表 10-125。

表 10-125　齿轮磨削裂纹与淬火裂纹的主要区别

序号	内　　容
1	磨削裂纹的方向与砂轮运动方向垂直，而淬火裂纹的方向与砂轮运动方向无关
2	磨削裂纹细而浅，一般在 0.1 ~ 0.2mm，而淬火裂纹大多粗而深
3	磨削主裂纹出现在磨削力分力最大的地方，而淬火裂纹往往是孤立、不规则地分布在应力集中处

4. 齿轮的磨削裂纹产生原因

磨削裂纹的产生与磨削时齿面、花键侧面是否处于拉应力状态及渗碳热处理后的渗碳层显微组织和由磨削热引起的组织变化有关。齿轮磨削裂纹产生的原因见表 10-126。

表 10-126　齿轮磨削裂纹产生的原因

影响因素		产生原因
热处理方面	碳化物的大小、数量、分布及形态	渗碳层碳化物颗粒大、数量多、分布不均匀，特别是形成粗大网状或角状形态，将会导致材质的脆性增加。齿轮渗层组织中形成的网状碳化物或过多的游离碳化物硬度都极高，在磨削过程中，砂轮和齿面或花键侧面接触的瞬间，磨削区的温度很高，可能出现局部过热和发生表面回火，使金相组织发生变化，此时比体积减小，硬度下降，并在表面形成拉应力，增加了裂纹出现的概率，尤其在砂轮太硬情况下，表面拉应力增加，会加剧磨削裂纹的产生

（续）

影响因素		产生原因
热处理方面	残留奥氏体量和马氏体粗细	1）粗大马氏体在形成过程中将会导致晶界产生微裂纹。残留奥氏体也会在磨削加工中，在磨削热和由磨削力产生的冷硬化的共同作用下发生分解，并引起相变，从而形成较大的组织应力，这些因素都增加了磨削裂纹的出现概率 2）渗碳齿轮齿面的磨削裂纹深度相当于残留奥氏体含量最多的位置。裂纹处的金相组织为回火马氏体＋淬火马氏体＋少量残留奥氏体，而没有磨削裂纹的地方的金相组织为回火马氏体＋较多量残留奥氏体（体积分数一般大于20%），这说明在磨削过程中，由残留奥氏体转变所产生的相变组织应力是产生磨削裂纹主要原因之一
	低温回火组织	如果回火温度低和回火时间不足，即没有充分消除淬火残余拉应力，就会在后序的磨削加工中在磨削热的作用下使表层马氏体继续分解，使面层体积收缩而产生表面拉应力。当总的拉应力一旦超过材料的断裂强度，就会产生磨削裂纹
	渗碳硬化层（尤其是表层）中的应力集中程度	渗碳硬化层中的应力集中程度高必然导致材料的断裂强度和断裂韧性降低，此时，磨削裂纹就容易萌生和扩散。渗碳硬化层中的应力集中程度主要取决于以下两个方面： 1）若渗碳硬化层中形成粗大连续网状、断续网状和粗颗粒聚集形碳化物，则易造成大的应力集中，缺口敏感性高，易产生磨削裂纹 2）渗碳表面淬火后，过冷奥氏体主要转变为孪晶马氏体。由于在形成粗大的孪晶马氏体时，容易产生显微裂纹，显然，形成的孪晶马氏体片（或马氏体针）越粗大，显微裂纹的数量就越多，裂纹的总长度越长，脆断强度就越小，所以磨削时裂纹就容易萌生和扩展。同时，在形成显微裂纹时，容易释放渗碳硬化层中的局部压应力
	表面质量	脱碳层的硬度低造成齿轮和砂轮的摩擦力加大，增加了磨削热量，促使磨削开裂
磨削加工方面		磨削加工产生的热应力是造成磨削裂纹的外部因素。在磨削加工中，被加工表面层所承受的磨削力将使表面产生冷塑性畸变，而磨削加工所产生的磨削热会使齿轮表面产生热塑性畸变和显微组织变化。通常，热塑性畸变占主导地位时表面产生拉应力，而显微组织变化产生的组织应力则根据磨削区的温度和冷却速度将呈现拉应力或压应力状态。例如，磨削时进给量越大，产生的磨削热越多，磨削温度就越高（瞬时温度可达到800～1000℃），被磨削齿轮表面冷却收缩所产生的拉应力也就越大。还有砂轮的软硬程度、砂粒粒度、砂轮砂粒间距以及磨削切削液、冷却条件等均影响磨削裂纹的形成

5. 齿轮磨削裂纹的对策

磨削裂纹的产生一方面与磨削加工中由磨削力所引起的表层冷塑性畸变以及由磨削热所引起的表层热塑性畸变和显微组织变化有关；另一方面与材料本身的热处理质量有关。当齿轮在磨削过程中产生了表面拉应力并且超过其材料表面的断裂强度时，就会出现磨削裂纹。因此，主要应从热处理（内因）及磨削条件（外因）两方面进行考虑，并采取相应预防措施。

（1）热处理方面对策　热处理方面防止齿轮磨削裂纹的对策见表10-127。

表10-127　热处理方面防止齿轮磨削裂纹的对策

序号		对　　策
1	渗碳后采用重新加热淬火	渗碳后二次加热淬火温度应适当低一些，以获得隐晶马氏体或细针状马氏体，从而提高齿轮渗碳层断裂强度
2	回火应充分、均匀	对于渗碳淬火齿轮，回火应充分、均匀，在保证技术要求的前提下，尽量使齿轮表面硬度降低，以消除淬火后的组织应力。生产实践证明，若把出现磨削裂纹的齿轮重新回火、充分保温后，再进行磨削，磨削裂纹即可消除

（续）

序号		对　策
3	控制齿轮表面碳浓度	应严格控制渗碳过程中的碳势，根据齿轮材质要求使表面 $w(C)$ 降到 0.80% ~ 1.00%，相应使碳化物控制在 3 级以下，从而有效地改善显微组织状态，减少磨削裂纹出现概率
4	控制碳化物分布形态	控制好齿轮的终锻温度，防止碳化物沿晶界析出；反复锻造和进行扩散退火；热处理淬火前进行高温正火
5	控制齿轮表面残留奥氏体量	采取合理的热处理工艺，控制残留奥氏体的数量；采用多次回火或进行冷处理。使残留奥氏体都控制在 3 级以下
6	控制奥氏体晶粒度	可降低渗碳温度及淬火温度，以获得细小或隐晶的马氏体组织。同时要求齿轮原材料和锻坯的晶粒应细小（如 5 ~ 8 级）
7	降低淬火应力	生产实践证明，通过增加回火次数（如回火次数在 2 次以上）使淬火马氏体充分转变，提高残留奥氏体稳定性，可以避免或减轻磨削裂纹的产生。例如，对 18Cr2Ni4WA 钢齿轮，渗碳后必须在 640℃ 回火 3 ~ 5 次（每次 3 ~ 4h），回火后空冷。12CrNi3A、20CrMo、20CrMnTi 等钢制齿轮也要在进行 1 ~ 2 次高温回火后再加热淬火
		淬火冷却时采用等温淬火、分级淬火、预冷等措施，以降低应力，减少畸变与开裂倾向
8	提高表面质量	采用保护气氛、可控气氛、真空以及进行充分脱氧的盐浴加热，以防氧化脱碳

（2）磨削加工方面对策　淬火齿轮在磨削过程中产生磨削裂纹的因素、磨削裂纹的发展倾向与对策见表 10-128。

表 10-128　淬火齿轮在磨削过程中产生磨削裂纹的因素、磨削裂纹的发展倾向与对策

产生磨削裂纹的因素	磨削裂纹的发展倾向	对　策
砂轮粒度	粒度越细，则越容易产生磨削裂纹	适当更换粒度粗的砂轮
砂轮硬度	砂轮硬度越高，砂粒粘结就越牢，磨削时就越易被磨削物黏着，从而使磨削阻力加大，容易导致齿轮开裂	降低砂轮粒度，改用中软或软砂轮。对于齿面硬度大于 60HRC 的齿轮，可选用 R3 中硬度砂轮
砂轮锋利度	磨削时产生的金属屑堵塞砂轮的间隙，造成其锋利度差，磨削性能降低，摩擦力增大，产生热量增大，容易造成表面裂纹	定期用金刚石笔修整砂轮的切削面，以形成新的锋利的刃口
冷却情况	砂轮磨削时冷却效果不佳，切削液的性能低、流动量小，造成磨削热急剧上升，产生磨削裂纹	选用冷却性能好、流动性好的切削液，加大冷却流量，将油质改为水质，以提高冷却性能
磨削加工面积	砂轮磨削齿轮时，两者的接触面积越大，冷却性能就越差，此时热量增大，并在短时间内迅速上升，造成齿轮表面裂纹	根据齿轮的具体要求，尽可能减少磨削的接触面积
砂轮的进给量	进给磨削量越大，产生的热量就越高，就越容易造成表面出现磨削裂纹	适当减少砂轮的进给量
相对线速度	在同样切削量的情况下，相对线速度越小，就越容易产生磨削裂纹	在确保齿轮的精度和表面粗糙度的前提下，提高砂轮的线速度与齿轮的转速

6. 防止齿轮磨削裂纹的实例

防止齿轮磨削裂纹的实例见表 10-129。

表 10-129　防止齿轮磨削裂纹的实例

齿轮技术条件或状态	防止措施与效果
机车主动齿轮，材料为 20CrMnMoA 钢，采用甲醇和煤油作为渗碳剂，进行常规渗碳淬火。在磨削过程中，磨裂率高达 9.6%，磨裂废品率达 7.09%	改进工艺：860℃进行渗碳，在 80~110℃的 L-AN46 全损耗系统用油中淬火；盐浴炉中预热 600℃×2h，淬火加热 850℃×0.5h，油冷时间 20~30min
	效果：马氏体、残留奥氏体及碳化物均为 1 级；表面无氧化现象；齿轮表面与心部硬度分别为 63~65HRC 和 38~40HRC，均达到技术要求；最容易产生磨削裂纹的齿轮中，首批 117 件未产生磨削裂纹，第二批 580 件中仅有 4 件产生磨削裂纹
20CrMnTi、20CrMnMo 钢齿轮，经渗碳、淬火及回火	1）采用控制碳势方法进行渗碳，避免因渗碳齿轮表面碳势过高而引起残留奥氏体量过多及淬火马氏体组织粗大。最终，将齿轮表面碳含量控制在 0.90%（质量分数）左右为佳 2）经渗碳、淬火后，采用 3 次 180~190℃的低温回火，每次保温时间在 3h 以上，磨削裂纹出现概率可达到零 3）粗磨后增加回火工序，对避免精磨时产生裂纹有显著效果
17Cr2Ni2MoA 钢齿轮。加工流程：下料→毛坯锻造→正火→滚齿→渗碳淬火、回火→磨齿	1）选用软一点的砂轮（如中硬 R3 砂轮），及时修整砂轮，并在修整时适当加快行程，降低砂轮的线速度，减少进给量 2）由于齿轮磨削量过大时易产生裂纹，因此应适当减少磨削量。经过多次低温回火或冷处理后可以大大降低磨削裂纹出现概率

第 11 章 齿轮的失效分析与对策

齿轮工作时，通过齿面的接触传递动力。两个齿面在相对运动中，既有滚动又有滑动，因此齿面受到脉动相互接触应力及摩擦力的作用，而齿根部则受到脉动弯曲应力的作用。此外，由于运转过程中的过载、偏载、啮入冲击等，以及制造误差、安装误差、轴承间隙或齿轮、轴、箱体的弹性变形和热变形等引起齿面的接触不良，外来尘埃和硬质点的进入，换档齿轮换档时的齿端部冲击等因素，都对齿轮的传动性能、承载能力和使用寿命产生很大影响，容易导致齿轮折断、齿面点蚀、齿面胶合、齿面磨损、齿面塑性变形等失效。

齿轮失效分析就是找出失效的主要原因，并以此制定改进措施与对策，以提高齿轮的使用寿命。

11.1 齿轮的服役条件与失效形式

11.1.1 齿轮的服役条件

图 11-1 所示为渐开线齿轮的轮齿在工作运转中的工作情况，在驱动力矩 T_1 作用下，主动齿轮以转速 n_1 沿逆时针方向回转，轮齿 1 将受到法向压力 F_n 和摩擦力 f_{Fn} 的作用。在 F_n 作用下，轮齿在表面接触处产生接触应力 σ_H，齿根产生弯曲应力 σ_F。在轮齿啮合过程中其接触点的位置是变化的，且啮合时轮齿才受力，脱离啮合时轮齿不受力，故齿面接触应力 σ_H 和齿根弯曲应力 σ_F 都是变化的。交变应力过大就会产生疲劳破坏。

交变应力是轮齿失效的主要原因，接触应力过大，齿面会产生疲劳点蚀；弯曲应力过大，齿根会发生折断。齿面摩擦力是引起齿面磨损和胶合的主要原因。另外，由于运转过程中的换档、起动或啮合不均匀，齿轮的齿部还会承受一定的冲击力作用；齿面有相互滚动和滑动摩擦的摩擦力作用等。

由于齿轮的服役条件和受载情况是相当复杂、繁重的，因而其失效形式也是多种多样的。

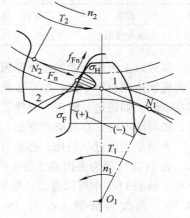

图 11-1 轮齿啮合工作情况

11.1.2 齿轮的失效形式

齿轮是用于传递动力、改变运动速度或运动方向的重要零件。齿轮在复杂的工作条件下，常因以下原因而报废：①齿轮啮合面严重磨损；②由于接触疲劳引起齿面的麻点剥落及硬化层剥落；③由于装配或润滑不良，或严重过载及运转速度过高，齿面产生擦伤拉毛或胶合；④齿根因弯曲疲劳而产生裂纹或折断；⑤其他如齿端崩角和严重磨损，以及齿面产生失效变形等。

美国齿轮制造商协会 AGMA 关于齿轮失效的分类见表 11-1。其中点蚀、剥落、磨损和齿根折断是由疲劳失效引起的损伤。

表 11-1　AGMA（美国）关于齿轮失效的分类

（Ⅰ）齿面的失效					（Ⅱ）轮齿的折断
磨损	塑性屈服	焊合	齿面疲劳	其他	过载折断、疲劳折断、开裂、淬火裂纹
正常磨损、磨粒磨损、刮痕磨损、过载磨损	起脊磨损、碾击屈服、锤击屈服、鳞状屈服	轻微胶合、严重胶合	初期点蚀、破坏性点蚀、剥落	腐蚀磨损、烧伤、干涉磨损、磨损裂纹	

GB/T 3481—1997《齿轮轮齿磨损和损伤术语》将齿轮磨损和损伤的基本类型分为六大类，见表 11-2。

表 11-2　齿轮磨损和损伤的基本类型（GB/T 3481—1997）

	齿轮磨损和损伤的类别	齿轮磨损和损伤的基本模式
1	裂纹	淬火裂纹、磨削裂纹、疲劳裂纹、轮缘和幅板裂纹
2	轮齿折断	过载折断、脆性断裂、韧性断裂、半脆性断裂、轮齿剪断、塑性变形后折断、疲劳折断、弯曲疲劳、齿端折断
3	齿面疲劳现象	点蚀、初期点蚀、扩展性点蚀、微点蚀、片蚀、剥落、表层压碎
4	齿面耗损的迹象	滑动磨损、正常磨损（磨合磨损）、中等磨损、磨光、磨料磨损、过度磨损、中等擦伤、严重擦伤、干涉磨损、腐蚀、化学腐蚀、微动腐蚀、鳞蚀、过热、侵蚀、气蚀、冲蚀、电蚀
5	胶合	冷胶合、热胶合
6	永久变形	压痕、塑性变形、滚压塑变、轮齿锤击塑变、起皱、起脊、飞边

导致以上齿轮失效的主要原因：①齿轮设计不当，如强度核算、几何形状设计、选材不当；②齿轮制造原材料不良，如非金属夹杂物含量高，存在严重偏析、疏松等缺陷；③齿轮加工工艺存在缺陷，如铸造、锻造、焊接、机械加工、热处理缺陷；④齿轮总成装配不当；⑤服役条件不良，如润滑不良、存在磨粒磨损、腐蚀、超载使用、高温等；⑥操作与运行维护不当等。

为避免轮齿过早损伤，必须对具体轮齿的损伤做具体的分析，找出原因并制订对策。

表 11-3 所列为美国某主要生产齿轮的工厂在 35 年间发生的 931 起齿轮失效分析事例的统计分析。从表 11-3 中可以看出，断裂所占齿轮失效的比例最大，为 61.2%；其次为表面疲劳，占 20.3%；再次为磨损，占 13.2%；最后为塑性变形，占 5.3%。而其中疲劳引起的断裂（32.8%）又比过载引起的断裂（19.5%）更为普遍。

表 11-3　美国某厂关于 931 起齿轮失效类型统计

失效类型		百分比（%）		失效类型		百分比（%）	
类别	细分	小计	合计	类别	细分	小计	合计
断裂	疲劳断裂，齿	32.8	61.2	表面疲劳	点蚀	7.2	20.3
	疲劳断裂，内孔	4.0			剥落	6.8	
	过载断裂，齿	19.5			点蚀-剥落	6.3	
	过载断裂，内孔	0.6		磨损	磨粒磨损	10.3	13.2
	碎裂，齿	4.3			黏着磨损	2.9	
塑性变形		5.3					

近年来调查发现，造成齿轮失效的原因中，设计和制造加工方面的问题占56%以上，因此设计和制造加工方面是否存在问题是齿轮失效分析中需要考虑的重要方面。

通过齿轮失效原因的分析与研究可以看出，齿轮应具有优良的耐磨性、接触疲劳及弯曲疲劳性能，以及耐高温、耐腐蚀性能等。优良的热处理及其相关加工质量是齿轮获得以上优良性能的保证，齿轮经热处理后应实现表面硬度高、强度高、耐热、耐蚀、心部韧性好、硬化层显微组织优良及硬化层分布合理的技术要求。

11.2　齿轮的接触及弯曲疲劳失效原因、形式及其影响因素

齿轮的接触及弯曲疲劳失效原因、形式及其影响因素见表11-4。

表 11-4　齿轮的接触及弯曲疲劳失效原因、形式及其影响因素

疲劳形式	失效原因	影响因素
接触疲劳失效	它是因作用在齿面上的接触应力超过了材料的疲劳极限而产生的。在齿轮的使用过程中，软齿面齿轮的接触疲劳失效往往以麻点损坏为主，硬齿面齿轮的接触疲劳失效则以疲劳剥落为主	钢中非金属夹杂物。通常塑性夹杂物影响较小，脆性夹杂物（如Al_2O_3）危害最大，球形夹杂物的影响介于两者之间。采用净化冶炼（如真空脱氧精炼等）降低钢中非金属夹杂物含量是提高齿轮接触疲劳寿命的有效方法
		钢材的纤维流向。齿轮工作面与纤维流向夹角成0°时寿命最高，反之，成90°时寿命最低
		齿面脱碳。当齿面贫碳层为0.2mm、表面$w(C)$为0.3%~0.6%时，70%左右的疲劳裂纹起源于贫碳层
		黑色组织。它是齿轮在渗碳或碳氮共渗时容易产生的一种缺陷组织，当其深度达到一定程度（如深度>20μm）时，就会对接触疲劳寿命产生不利的影响
		碳化物。大块状、粗粒状及网状碳化物使用寿命较低，而分散的颗粒状碳化物使用寿命较高
弯曲疲劳失效	它是齿根部受到的最大振幅的脉动或交变弯曲应力超过了材料的弯曲疲劳极限而产生的。提高齿轮弯曲疲劳强度的基本途径是提高齿根部材料的强度（硬度）、硬化层深及改善应力状态	非金属夹杂物。非金属夹杂物（如Al_2O_3）作为微形缺口，易引起应力集中而使弯曲疲劳强度降低
		表面脱碳。表面脱碳将使弯曲疲劳极限降低，特别对于表面硬度高的齿轮，可使其弯曲疲劳极限降低1/2~2/3
		金相组织。淬火钢表层含有5%（体积分数）的非马氏体组织时，弯曲疲劳强度降低10%，为提高弯曲疲劳强度，尤其应减少齿根部非马氏体组织。对马氏体组织，只有经过适当回火后，其才有良好的疲劳性能
		残余压应力。当材料中已存在微细裂纹时，残余压应力可抑制裂纹的扩展。齿根部喷丸强化可有效地提高弯曲疲劳强度，这与表层形成有利的残余压应力有密切关系
		心部硬度。提高齿根部强度（硬度）有利于弯曲疲劳强度的提高
		齿根部有效硬化层深。有效硬化层深对齿轮弯曲疲劳寿命的影响最为明显。提高齿根部有效硬化层深可提高弯曲疲劳寿命

11.3　齿面的失效与对策

齿轮在工作过程中，主、从动齿轮齿面相互接触，因此经常发生齿面磨损、齿面塑性变形、

齿面胶合、齿面点蚀、硬化层剥落（即深层剥落、硬化层压碎）、轮齿折断等失效形式，对此应进行具体分析，找出齿轮失效的主要原因，并采取相应措施，以提高齿轮使用寿命。

　　齿轮表面疲劳是非常普遍的齿轮损坏形式，它的特征是轮齿工作表面出现不同程度的点状剥落，有时点状剥落相互联结成一条带子。

　　和磨损的情况不同，表面疲劳（点状剥落）在润滑正常时也会发生，它主要是由于交变应力引起的。

11.3.1　齿面磨损与对策

　　齿轮齿面磨损一般定义为轮齿接触表面材料的耗损。齿面磨损后，齿面将失去正确齿形（见图11-2），影响传动的平稳性，严重时将导致轮齿太薄而折断。齿面磨损种类、受力及破坏特征见表11-5。齿轮齿面磨损原因分析与对策见表11-6。

图 11-2　齿面过度磨损示意图

表 11-5　齿面磨损种类、受力及破坏特征

磨损类型	载荷及运行情况	表面破坏特征	齿轮类型
氧化磨损	各种大小载荷及各种滑行速度	氧化膜不断形成，又不断剥落，但磨损速度小，一般为 $0.1 \sim 0.5 \mu m/h$；齿面均匀分布细致磨痕	各类齿轮
冷咬合磨损	高载荷、低滑行速度 $v < 1m/s$	局部金属直接接触、黏着，不断从齿面撕离；磨损速度较大，一般为 $10 \sim 15 \mu m/h$；齿面有严重伤痕	低速重载齿轮
热咬合磨损	高载荷、高滑行速度 $v \geqslant 1m/s$	高的摩擦热使润滑油膜失效，金属间相接触，发生黏着和撕离，磨损速度一般为 $1 \sim 5 \mu m/h$；齿面伤痕严重	高速重载齿轮
磨粒磨损	各种大小载荷及各种滑行速度	各种磨粒进入啮合面，嵌入形成切韧或直接切割齿面，磨损速度为 $0.5 \sim 5 \mu m/h$；齿面有磨粒刮伤痕	矿山、水泥、农机等齿轮，各类开式齿轮

表 11-6　齿轮齿面磨损原因分析与对策

失效原因	对策
齿轮使用中的磨损，是在低速、重载荷、高温、表面粗糙度值高（如齿面呈波纹状）、供油不足或使用黏度太低的润滑油、配对齿轮间隙不够、润滑油不洁等条件下发生的 　1）磨粒磨损（即磨料磨损）与擦伤。当润滑剂含有杂质颗粒、外来颗粒（在敞开式的齿轮传动中）时，或者在摩擦过程中金属相互作用产生磨屑时，都可以产生磨粒磨损 　2）黏着磨损。在除了节圆之外的大部分轮齿齿面上发生。在低速、重载、极端温度、表面粗糙度值高、供油不足和油黏度太低的情况下，油膜可能被破坏而发生磨损 　3）齿轮表面烧伤。其是由于过载、超速或不充分的润滑所产生的过度摩擦，引起局部温度过高造成的。所达到的高温足以引起淬火钢变色和过时效，或使齿面表层重新淬火，出现白层，这均会加速表面疲劳（裂纹）失效	通过正确设计齿轮结构及技术要求、用相关计算式计算抗磨损强度来防止磨损
	合理选择齿轮材料，根据齿轮技术要求及材料制订合适的热处理工艺，以减少齿轮热处理畸变，提高齿轮精度
	提高机械加工质量，降低齿面粗糙度值，提高齿轮加工精度
	提高齿面硬度，减少表面非马氏体组织。对于渗碳淬火齿轮，渗碳淬火后金相组织最好为细致马氏体＋均匀分布细小颗粒状碳化物＋适量的残留奥氏体。碳氮共渗比气体渗碳可得到更好的耐磨性能
	气体氮碳共渗层及盐浴硫氮碳共渗层具有良好的抗黏着磨损、抗弯曲疲劳及减摩、抗胶合性能，共渗层深度通常不超过 0.3mm（不包括过渡层），对于承受较轻或中等载荷，因黏着磨损和疲劳断裂或剥落而失效的齿轮有良好的强化效果
	做好齿轮安装总成密封，以防外界灰尘、杂质等进入内部。为解决恶劣环境中工作齿轮的严重磨粒磨损，可采用封闭式结构。采用合适的正变位齿轮传动，以降低齿面滑动率和比压
	按照齿轮使用条件，正确选择润滑油（添加剂）和润滑方式；定期更换润滑油

11.3.2　齿面塑性变形与对策

　　齿轮工作面塑性变形是指齿轮工作面金属在重载荷作用下因屈服而产生的塑性变形。图 11-3 所示为齿面塑性变形示意图，在主动齿轮齿面上节线附近形成凹沟，从动齿轮齿面上形成凸脊，从而使轮齿失去正确齿形。齿轮齿面塑性变形原因分析与对策见表 11-7。

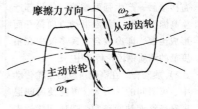

图 11-3　齿面塑性变形示意图

　　塑性变形可以和点蚀、剥落同时发生。如渗碳后磨削量过量，使驱动轮齿表面上的渗碳层太薄，以至承受不了作用载荷，结果驱动面上既产生塑性变形又产生点蚀。另外，当轮齿心部硬度太低（如 22～27HRC），不足以支承渗碳层时，在载荷作用下，齿轮基体变形，导致同时发生塑性变形和剥落失效。

表 11-7　齿轮齿面塑性变形原因分析与对策

失效原因	对策
齿轮齿面塑性变形是由于在齿轮接触区域承载的应力超过金属屈服强度而造成的结果。其比较普遍地发生在软齿面（如调质齿轮）上，但也可发生在完全淬硬和表面淬火的齿面上	提高齿轮表面硬度，防止齿轮表面贫碳、脱碳情况发生
1）压塌和飞边变形。如果压缩载荷很高、振动引起高峰值载荷或齿轮不适当的动作产生高冲击载荷，则齿轮轮齿工作面可能产生压塌和飞边变形。渗碳淬火齿轮在齿面硬度低于技术要求时，将可能发生此种缺陷。常见的齿面硬度低的原因有表面脱碳、渗碳层贫碳以及渗碳后淬火操作不当等	在齿轮使用中，保证能够得到充分润滑
2）波纹（状）变形。波纹变形是齿轮工作表面呈现的与滑动方向成直角的波浪形变形。它是由金属表面的切应力引起的，有时这种应力可通过改用摩擦系数较低的润滑油加以清除。波纹变形大多发生在表面硬化的准双曲面齿轮的齿面上。振动也被认为是引起波纹变形的原因之一	可通过降低齿轮的载荷来减轻外加的冲击载荷，或采用黏度较高的润滑油来缓冲外加的冲击载荷
3）起脊变形（脊状延伸）。它可能发生于经表面硬化处理的双曲线主动齿轮上。通常，它表现为横过轮齿表面的一些斜线或脊线，其特征是按滑动方向取向的人字形或鱼尾形花样。如果起脊变形进一步发展，表面金属将继续损伤并最终导致疲劳失效。起脊变形一般都伴随着过载或不当润滑情况，或者两者都有	在齿轮工作中，杜绝大负荷的过载行为

11.3.3　齿面胶合与对策

　　齿面胶合是由于齿面接触应力过高或（和）滑动速度过高而引起的啮合齿面材料出现的粘附［"冷焊"或（和）"热焊"］，并随后因两啮合齿面的相对运动而撕伤。图 11-4 所示为齿面胶合示意图。齿轮齿面胶合原因分析与对策见表 11-8。

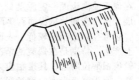

图 11-4　齿面胶合示意图

表 11-8　齿轮齿面胶合原因分析与对策

失效原因	对策
1）冷胶合。在低速（<4m/s）的齿轮传动中，由于轮齿接触不良或齿面几何形状不规则，使正常齿面间局部压力过大，不能形成完好的润滑油膜，或由于润滑油黏度太低，不能形	根据 GB/Z 6413.1—2003《圆柱齿轮、锥齿轮和准双曲面齿轮　胶合承载能力计算方法　第 1 部分：闪温法》等规定的计算式计算胶合承载能力来防止齿轮产生胶合
	大小齿轮采用不同钢种，并适当提高主动齿轮齿面硬度
	提高制造精度，降低表面粗糙度值

（续）

失 效 原 因	对 策
成足够的油膜厚度，导致齿面间金属直接接触，产生强烈摩擦，使局部产生高温而熔焊，并沿滑动方向撕开而形成沟痕，即冷胶合。其多发生在精度低的调质钢齿轮传动中	表面碳含量越高，对防止胶合越有效，为了防止胶合和提高耐磨性，齿面硬度应 >60HRC
	对于渗碳淬火齿轮，其碳含量应从渗碳层向心部逐渐地降低，其减少的比率以深度每增加 0.25mm 碳含量最少降低 10%（质量分数）为宜。但是，这仅对重载齿轮、渗碳层深度大于 1.25mm 齿轮而言
2）热胶合。在高速重载的齿轮传动中，齿面间的压力大，可能使瞬间温度升高致使油膜破裂，造成两接触表面的金属熔焊并沿滑动方向撕裂而形成沟痕，即热胶合	抗胶合性能优良的热处理工艺顺序：盐浴硫氮共渗、气体氮碳共渗、气体渗氮、离子渗氮。前三种工艺的抗胶合性能优良。齿轮调质后的抗胶合性能最差
	低速传动时，采用黏度大的润滑油（或润滑脂）；高速传动时，设法降低油温，并采用活化性润滑油（如硫化油及加有其他化学添加剂的抗胶合润滑油）
	提高齿轮装配质量

11.3.4　齿面点蚀与对策

齿面点蚀是指由于齿表面的交变应力超过材料的疲劳极限而引起的损坏。图 11-5 所示为齿面点蚀示意图。齿轮齿面点蚀原因分析与对策见表 11-9。齿轮点蚀与剥落的比较见表 11-10。

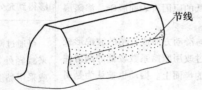
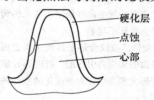

节线

硬化层
点蚀
心部

图 11-5　齿面点蚀（麻点）示意图

表 11-9　齿轮齿面点蚀原因分析与对策

失 效 原 因	对 策
当齿面的循环接触应力超过材料的接触疲劳极限时，在齿面或离齿面一定深度处产生微细裂纹，裂纹逐渐扩展，微小金属片从齿面剥落形成凹坑，造成点蚀	根据 GB/T 10062.2—2003《锥齿轮承载能力计算方法 第 2 部分：齿面接触疲劳（点蚀）强度计算》等规定的计算式计算齿面接触疲劳强度来防止产生点蚀
它常在制造精度较低、表面粗糙度值大的软齿面齿轮上产生，特别是在偏载的情况下更容易发生。在主动齿轮齿根部位附近，其接触应力比其他任何区域的应力都高，因为这里齿面曲率半径较短，所以点蚀常发生在此处	改进齿轮设计。为了降低接触齿面压力，可以加大齿宽，但加大量毕竟是有限的。除此之外，增加压力角也具有降低接触齿面压力的效果。采用变位齿轮，由于压力角大，则接触齿面压力降低，因此防止点蚀是有效的
1）非扩展性点蚀。齿面经磨合后接触面积增大，使载荷分布趋于均匀，应力降到疲劳极限以下，点蚀就停止发展，这种点蚀的凹坑一般很小，齿轮仍可正常工作	提高钢材质量。采用真空脱气方法减少钢中粗大夹杂物，对防止点蚀具有很大效果
	齿面点蚀还与其工艺表面状态有关。应严格控制齿轮的表面质量，提高表面机加工质量，降低表面粗糙度值
2）扩展性点蚀。它通常在节线的齿根部分出现。初始点蚀后虽经齿面磨合，但齿面应力仍超过材料的疲劳极限，点蚀凹坑的数量和大小不断扩大。它使齿面磨损加剧，齿形变坏，振动和噪声明显增多，严重时从点蚀凹坑开始开裂，引起断齿。硬齿面齿轮通常出现扩展性点蚀。齿轮表面硬度偏低，如表面碳含量偏低、脱碳、内氧化等造成表面硬度偏低	提高齿轮工作面硬度。一般情况下，表面越硬，抗点蚀性能越好
	为了提高齿轮抗点蚀能力，可以对齿顶进行适当修正，以降低正压力
	适当增加硬化层深度
	选择合适的润滑方式

表 11-10 齿轮点蚀与剥落的比较

特 征	点 蚀	剥 落
外观	浅	深，波形起伏
发生	缓慢	突然
形状	V 形（箭头形）	沿齿向方向剥落
分布	在很多轮齿上发生	仅在一个或两个轮齿上发生
表面裂纹的方向	与表面成锐角	与表面成直角

11.3.5 齿轮硬化层剥落与对策

齿轮硬化层剥落（或称深层剥落、硬化层压碎）常见于经表面淬硬的重载荷齿轮（特别是大型齿轮）上，表现为沿齿宽方向的大块沟状剥落，沟的深度约等于硬化层深度。齿轮的硬化层剥落一般只在一个轮齿或少数几个轮齿齿面上出现，其他齿面上存在塑性变形压坑痕迹或齿宽方向的表面裂纹。表面裂纹或剥落沟的两侧与齿表面垂直，而沟底部大致平行于表面，并有明显塑性变形的痕迹。

一般认为，硬化层剥落（或称深层剥落、硬化层压碎）主要是由于硬化层以下的过渡区金属在高接触应力作用下产生塑性变形，进而使表面的硬化层承压能力降低，在长期的脉动接触负荷作用下开裂，形成垂直于表面的表面裂纹，最后发展到过渡区，形成剥落；也可能在过渡层中形成"皮下裂纹"，再发展到表面，最终导致剥落。严重时导致振动、噪声增大，甚至断齿。

图 11-6 所示为硬化层剥落（或称深层剥落、硬化层压碎）示意图。

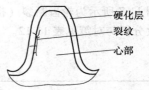

图 11-6 齿轮硬化层剥落（或称深层剥落、硬化层压碎）示意图

齿轮的硬化层深层剥落多见于火焰淬火或感应淬火齿轮中。当渗碳淬火齿轮热处理不当时，也会出现此种缺陷。齿轮硬化层剥落（或称深层剥落、硬化层压碎）原因分析与对策见表 11-11。

表 11-11 齿轮硬化层剥落（或称深层剥落、硬化层压碎）原因分析与对策

失 效 原 因	对 策
齿轮表面硬化层深度不足。如果硬化层偏浅，则薄弱的过渡区很可能在外加载荷所形成的最大剪切应力与高的残余拉应力共同作用下而产生疲劳裂纹，最终导致硬化层剥落	增加齿轮表面硬化层厚度，以提高齿轮抗深层剥落能力。具有足够深的硬化层是齿轮接触疲劳强度的基本保证。例如某厂生产的一种起重机齿轮，原来感应淬火硬化层深度为 3mm 左右，运行中总产生剥落，后来逐渐增加层深直到 15～20mm，最终克服了剥落。美国生产的大型挖掘机齿轮和日本生产的轧钢机齿轮，其中有的渗碳层深度要求达到 8mm
齿轮心部硬度过低或心部存在低硬度的组织（如游离铁素体）	提高轮齿心部硬度，避免出现游离铁素体
齿轮齿面硬化层与心部的过渡区过陡	在热处理操作过程中，应保证齿轮表面硬化层与心部平缓过渡。例如对于渗碳淬火齿轮，可以适当延长扩散期时间，以保证表面硬化层与心部过渡平缓
热处理畸变导致轮齿接触局部严重过载	采取措施减少齿轮热处理畸变，以提高齿轮接触区质量，降低局部应力集中现象

（续）

失 效 原 因	对　策
热处理及热处理后磨削过程中齿面存在裂纹	严格执行齿轮的热处理及磨削加工规范，防止出现表面裂纹
严重的集中超载而造成的，多发生在齿顶刃部和轮齿的边缘部位，剥落深度较深	提高齿轮的装配质量；防止超载使用齿轮

11.4　齿轮断裂与对策

　　齿轮轮齿断裂是齿轮使用过程中最严重而且危险很大的损坏形式，将立刻就会使齿轮无法工作而报废。同时，一个轮齿断裂后很容易引起邻近的轮齿断裂。

　　齿轮轮齿断裂主要分为因短时间过载或冲击过载引起的断裂和多次重复交变应力引起的疲劳断裂两种。图 11-7 所示为轮齿断裂（折断）示意图。齿轮断裂失效分析与对策见表 11-12。

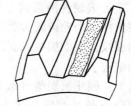

图 11-7　轮齿断裂（折断）示意图

表 11-12　齿轮断裂失效分析与对策

	失 效 原 因	对　策
过载折断	1）有短时间过载或冲击超载现象，或沿接触线有严重的载荷集中现象，这都可能使轮齿发生过载折断。过载可以有以下 4 种情况，均能引起轮齿断裂：突然的冲击过载；由于轴承损坏引起的轮齿过载；由于轴的弯曲引起的过载；由于在两个配对齿轮间有大块异物引起的过载 2）过载引起的齿轮轮齿断裂多发生于高速行驶时的高速档齿轮，其在工作时经常出现短时间的过载现象。当短时间过载引起的应力大于齿轮硬化层的强度时，就会引起硬化层出现裂纹而导致整个轮齿断裂，因此可以认为短时间过载是齿轮轮齿断裂的主要原因之一 3）对于渗碳淬火齿轮，当其心部硬度低时，首先在渗碳层容易出现裂纹，这是由于过渡层塑性变形会引起渗碳层产生过高应力，因而导致其形成裂纹，最后使整个轮齿断裂 4）过载折断的断面呈粗晶粒组织，这种情况常发生于高硬度的钢制齿轮或铸铁齿轮。对于渗碳或碳氮共渗齿轮，当齿轮轮齿心部硬度低时在渗层也容易出现裂纹，最后使整个轮齿断裂。淬火裂纹、磨削裂纹和严重磨损也会使轮齿发生折断	1）用相关计算式计算弯曲静强度和齿根弯曲疲劳强度来防止齿轮齿断裂。例如根据 GB/T 3480—1997《渐开线圆柱齿轮承载能力计算方法》及 HB/Z 89.3—1985《航空锥齿轮轮齿弯曲疲劳强度计算》等的规定进行计算 2）改善齿根几何形状，加大齿根圆角；降低轮齿根部的表面粗糙度值，减少因应力集中产生的轮齿断裂 3）保证齿轮技术要求的轮齿心部硬度；增加齿轮残余压应力 4）减少齿轮热处理畸变，提高齿轮接触区质量，降低局部应力集中现象 5）对齿轮根部采用强化喷丸工艺，以提高根部疲劳强度 6）正确装配齿轮总成等
疲劳折断	1）因为齿轮轮齿的受载荷情况像一个悬臂梁，所以外加载荷使轮齿根部承受的弯曲应力最大。当轮齿根部危险截面处的交变应力超过齿轮材料的疲劳极限时，齿轮将会发生轮齿疲劳折断现象 2）轮齿根部断裂大部分是由于热处理过程中轮齿根部晶界氧化引起的不完全淬火使齿轮表面硬度降低、残余应力减小、因而使齿轮材料的疲劳强度降低所造成的 3）轮齿疲劳断裂也受其他一些因素的影响，如因设计不当、装配不好、热处理畸变而导致的轮齿接触不良、因齿根部位加工表面粗糙度值高而引起的应力集中、钢材内部非金属夹杂和热处理质量（如心部硬度偏低）、使用中短时期的低速高载荷作用的积累结果等	

11.5　齿轮的其他失效与对策

齿轮的其他失效形式有轮齿崩齿、轮齿的末端损坏等。

11.5.1　齿轮轮齿崩齿与对策

崩齿即整个轮齿从齿根处崩裂或轮齿被打掉一块。如斜齿圆柱齿轮和人字齿轮，由于轮齿接触线与齿向倾斜，齿根裂纹往往从齿根向齿顶方向扩展，从而发生局部断裂（见图11-8）。

当齿轮原材料存在缺陷、热处理质量不良时，其在使用过程中、甚至在淬火回火后喷丸过程中即可能产生崩齿现象；当齿轮齿宽较大时，因齿轮及齿轮轴的扭转－弯曲变形而加重了轮齿搭接过程中的冲击，齿端也容易发生崩齿角现象。齿轮轮齿崩齿产生的具体原因与对策见表11-13。

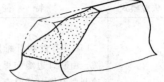

图 11-8　轮齿局部断裂示意图

表 11-13　齿轮轮齿崩齿的原因与对策

失效原因	对　策
齿轮原材料存在缺陷，如非金属夹杂物、偏析、内部裂纹等	保证齿轮原材料质量，严格控制非金属夹杂物、微裂纹、偏析等缺陷，并加强检验
齿轮毛坯预备热处理不良，或未进行预备热处理，显微组织与晶粒粗大	调整预备热处理工艺。齿轮毛坯进行预备热处理，以均匀与细化显微组织和晶粒，消除残余应力
齿轮渗碳、碳氮共渗或渗氮时，齿角积聚多量脆性化合物，且化合物呈网状或大块状分布，使齿轮在使用时易产生崩齿损坏	改进化学热处理工艺，保证齿角及其他部位金相组织、渗层深度、硬度等合格
齿轮在感应淬火或火焰淬火时，齿角过热，使奥氏体晶粒粗大，最终得到粗大的显微组织	合理制订齿轮热处理规范，认真操作，做好检验工作，防止齿轮过热。感应淬火时，针对因尖角过热造成的崩齿，可改进感应器的设计
	采用较大尺寸倒角，并对齿端锐角齿面进行修磨

11.5.2　齿轮轮齿的末端损坏与对策

齿轮轮齿的末端损坏与对策见表11-14。

表 11-14　齿轮轮齿的末端损坏与对策

失效原因	对　策
1）在没有同步器的变速器中，齿轮在换档时，因冲击载荷而引起轮齿末端部损坏。齿轮轮齿末端部损坏和其使用条件有关，例如汽车挂有拖车、道路条件差、汽车行驶时频繁换档，均会使齿轮轮齿末端因磨损而损坏。除了与齿轮使用条件有关外，还与齿轮加工情况有关，如机械加工时，轮齿末端部加工表面粗糙度值高，或没有倒成圆角，均会加速末端磨损	机械加工时，降低轮齿末端部表面粗糙度值，并适当倒成圆角；采用大尺寸倒角，并对齿端锐角齿面进行修磨
	适当提高齿轮轮齿硬度来减少齿轮末端磨损，可采用表面热处理工艺方法
2）轮齿末端损坏也与齿轮的热处理质量有关。例如渗碳齿轮，如果在表层形成网状或大块状碳化物，增加了脆性，在换档时的冲击载荷作用下，易于脆裂，促使齿轮末端部向损坏的方向发展	采用化学热处理工艺时，应保证齿轮尖角处及其他部位的金相组织、硬度、渗层深度等符合技术要求

11.6　齿轮轮齿常见失效模式的特征、原因及对策

齿轮由轮齿与轮体（轮缘、轮辐及轮毂）两大部分组成，经常发生失效的部位是轮齿。齿轮损伤的基本类型可分为六大类（见表11-16），齿轮轮齿常见失效模式的特征、原因及对策见表11-15。

表 11-15　齿轮轮齿常见失效模式的特征、原因及对策

失效模式	特　征	原　因	对　策
过载折断	1）具有丝状纤维断口，常多源，由断口边缘向里呈放射状高速开裂痕迹，但没有疲劳断口的典型特征（如贝纹线） 2）韧断或混合断裂的过载断口具有明显塑变，在断口终了处呈现平滑韧断区（微隆起或凹陷）；脆断断口在整个横截面无变形、较粗糙，但断口副可很好吻合	1）主要由于轮齿的应力超过其极限应力所造成 2）短时意外的严重过载 3）载荷的严重集中（偏载） 4）动载荷过大 5）较大硬质异物进入啮合处，引起有关轴承损坏（如卡住）、轴畸变以及有关传动件失效等意外事故发生	1）设计者应对产生严重过载的因素有充分估计，并采取相应的监控与安全装置，如扭矩检测仪、安全联轴器等 2）从安装、使用方面保证齿轮精度，特别是接触精度，并注意排除异物进入啮合处 3）对相关轴承及零部件也应注意监测，并及时更换已损坏零部件
轮齿剪断	轮齿剪断的断口面类似于机械加工过的表面	与过载折断的原因大体相同，但绝大多数发生在齿轮副中材料强度相对较低的齿轮轮齿上	同过载折断的对策，但应特别注意啮合齿轮副轮齿材料的优化组合，避免强度相差过多
疲劳折断	具有包括三个区的疲劳断口：断裂源（区）是断口的起始处，常是轮齿应力集中最严重处（如渐开线齿轮轮齿齿根部断面的受拉侧），有单源与多源之分；疲劳扩展区呈现有由源向外扩展的"贝纹线"，有时也可见放射台阶，贝纹线的"焦"点和放射台阶的中心就是疲劳源；瞬断区的特点类同于过载折断，轮齿过载越大，瞬断区占断口的比例越大	根本原因是轮齿在过高的交变应力多次作用下，从疲劳源起始的疲劳裂纹不断扩展，使轮齿剩余截面上的应力超过其极限应力 具体因素：传动系统中的动载荷，轮齿接触不良，齿根圆角半径过小，齿根表面粗糙度值过高，滚齿时的拉伤，材料中的夹杂物，热处理产生的微裂纹，磨削烧伤，有害残余应力等	修改齿轮的几何参数（如动态修形），降低齿根表面粗糙度值，对齿根进行正确的喷丸处理，增大齿根圆角半径并对齿根圆角区进行调整以降低齿根危险截面的弯曲疲劳应力，对材料进行适当的热处理以获得较好的金相组织，尽可能降低有害的残余应力，对整个加工过程严格执行全面质量控制（TQC）等
扩展性点蚀	常首先出现在节线附近的下齿面上，并不断扩展而导致齿面严重损伤（点蚀面积不断增大，有的点蚀坑加深），噪声大增，运转失常，甚至引起断齿	齿面过高的接触应力长期作用，齿面硬度过低；偏载、动载严重；硬齿面条件下，齿面表面粗糙度值过高；润滑不良等	保持接触应力低于材质的疲劳极限。提高齿面硬度（改善材质，采用硬齿面）；降低硬齿面轮齿的齿面粗糙度值；改善润滑等

（续）

失效模式	特　征	原　因	对　策
表层压碎	裂纹产生于表层，特别常产生于硬软层过渡区；裂纹平行于表面扩展并向齿面伸展时，呈现为片状剥落；裂纹向齿体内扩展时，可引起局部齿断裂；齿面金属被压碎而剥落坑处于边缘，具有淬裂性，坑底有时可见层状结构；常发生于硬齿面齿轮	齿表层或硬软层过渡区的应力超过该处材料的极限应力而导致该处萌生裂纹 材料缺陷，热处理（包括化学热处理）问题（如硬化表层组织结构不良、淬硬层厚度不够、心部硬度过低、表层硬度梯度过大等），磨削过热，接触不良，载荷过大等	1）改善材质及热处理工艺，使表层和心部硬度足够、组织结构优良，降低表层的硬度梯度与硬度分布不均匀程度，保证足够而适合的硬化层厚度；在保证强度条件下使材料具有较好的韧性 2）控制不发生严重过载，提高接触精度（修形、研磨膏磨合等）
过度磨损	工作面材料大量磨损，齿廓形状严重破坏，磨损率很高，伴随有点蚀，常导致严重噪声和系统振动	润滑系统和密封装置不良，油膜建立不起来，系统有严重振动、冲击载荷	采用合适的润滑和密封装置、改善润滑方式和润滑剂，如有可能，也可提高工作速度、减轻载荷（如振动载荷）；改进设计；改善材质、精度、几何参数等
磨粒磨损	齿面沿滑动方向呈现较均匀的条痕，大量磨粒进入啮合区并多次摩擦使条痕具有重叠性，是一种典型的三体磨损	落在工作齿面间的外部颗粒起着磨粒作用，引起磨粒磨损。磨粒来源：对开式传动主要为外界尘、砂，对闭式传动主要为零件损伤产生的颗粒	齿轮传动磨合时注意清洗，适时换油；提高润滑油黏度（对于磨粒较细的情况）；对开式传动应采取适当保护措施
腐蚀磨损	化学腐蚀作用为主，并伴有机械磨损。齿面沿滑动方向呈现均匀分布的腐蚀坑，并伴有磨蚀	润滑剂中的活性成分以及其他腐蚀介质和轮齿材料发生化学和电化学反应，引起齿面腐蚀；又由于摩擦或冲刷作用而形成腐蚀磨损	为防止润滑剂被外界水、酸等有害介质污染，应选用优良密封；选用极压添加剂时，应调整到最小腐蚀影响
破坏性胶合	沿滑动方向呈现明显的黏附撕伤沟痕；全工作齿面，特别是齿顶部材料移失严重，在相对滑动速度为零的工作节线处移失明显；齿廓几乎完全毁坏，振动噪声增大，甚至出现完全咬死的严重现象	润滑不良，齿面接触应力过高或（和）滑动速度过高而引起啮合齿面材料出现黏附——"冷焊"或（和）"热焊"，并随后由于两啮合齿面的相对运动而撕伤；材料副选配不当（如材质硬度完全相同的材料副、软钢对软钢等）	保证在一定载荷、速度、温度等条件下具有良好润滑；采用极压添加剂以及特殊高黏度的合成齿轮油，或采用含抗胶合添加剂的合成油；选用不易胶合的材料副作为齿轮副材料
轮齿锤击塑变	在齿顶棱和齿端面上出现飞边，有时齿顶被严重滚圆；常在主动齿轮上沿节线被碾出沟槽，而在从动齿轮上被挤出脊棱	在相互滚碾冲击作用下，接触应力过高、轮齿材料硬度过低、传动啮合不良、动载荷太大以及润滑不良等造成这种齿面塑性变形	减小接触应力，增加材料（轮齿表层）硬度；提高齿距精度、减小齿形误差以降低动载；改善润滑条件；保证安装精度以控制齿向误差等
压痕	在齿面上压出浅平凹痕，严重时伴有局部齿体变形	外界异物或轮齿上掉下的金属碎片进入啮合处	严防外界异物等掉入啮合处；出现轻度压痕的齿轮经修整后仍可使用

（续）

失效模式	特　征	原　因	对　策
齿体塑变	一个（或多个）轮齿的齿体或其部分发生塑性变形。轮齿呈现歪扭、齿形剧变；硬齿面轮齿还常伴有变色现象	1）热塑变。常因润滑失常所造成的剧烈温升降低了齿体材料的屈服强度而发生 　2）冷塑变。对于强度低的塑性材料，常由于载荷过大而发生	1）热塑变。防止润滑供油不足和中断 　2）冷塑变。提高材料的屈服强度，控制、避免严重过载

11.7　防止齿轮早期失效的实例

　　防止齿轮早期失效的实例见表11-16。

表 11-16　防止齿轮早期失效的实例

失效类型	齿轮技术条件	失效原因	对　策
齿面磨损	"东风"载货汽车中桥主动、从动圆柱齿轮，20CrMnTiH2 钢，技术要求：渗碳淬火有效硬化层深 1.00～1.40mm，表面与心部硬度分别为 58～64HRC 和 30～40HRC，残留奥氏体 1～5 级，碳化物 1～5 级	1）新车运行六七千公里，两齿轮齿面存在严重磨损而损坏，一面完好，齿轮大部分表面已经出现回火色，齿根部分堆积移失材料和润滑油炭化产物，端部已经产生失效变形 　2）主、从动齿轮渗碳金相检验符合技术要求，齿轮失效与热处理无关；齿轮表面硬度低是其在箱体中啮合运转时遭受过回火现象所致；齿轮的过度磨损与箱体内润滑不良有关	齿轮运行中应保持良好的润滑状态；并定期进行检查与更换润滑油；保证齿轮的装配质量
齿面塑性变形	C616 型车床变速箱传动齿轮，型号为 M2.5-28，系标准渐开线直齿圆柱齿轮，45 钢，基体调质处理，齿部高频感应淬火	1）齿轮在使用过程中早期失效，齿部磨损严重，齿顶塑性变形后产生飞边，齿形已经变尖，一侧磨损严重。齿面有明显的冲击后的小坑 　2）经检验与分析，金相组织为回火索氏体＋少量铁素体；硬度为240HBW，齿部边缘硬度在 25～30HRC，齿根及 1/2 齿厚处硬度在 17HRC 左右，硬度偏低。因此，齿轮表面及心部硬度低，硬化层浅是齿轮产生早期失效的原因	1）采用淬透性和力学性能比 45 钢好的合金钢，如 40Cr、42CrMo 钢 　2）对合金结构钢齿坯粗车削后进行调质处理，硬度为 200～240HBW，提高其综合力学性能 　3）制齿后齿部高频感应淬火硬度 45～55HRC，并进行不低于 2h 的回火处理。表面进行喷砂处理，以增强表面应力及耐磨性

（续）

失效类型	齿轮技术条件	失效原因	对　策
齿面点蚀	柴油机用小圆柱齿轮，外形尺寸为 φ140mm × 23mm，模数 3mm，40Cr 钢，技术要求：基体调质处理，硬度为 28 ~ 32HRC；表面渗氮硬度 ≥500HV，硬化层深度 ≥0.2mm	1）齿轮装机磨合试验，经过 500h 后，齿面产生严重磨损，早期报废 2）在齿轮轮齿受力一侧的节圆处，沿齿宽方向形成了连绵不断且大小不一的麻点、痘状凹坑和成片的浅层剥落凹痕，其深度在 0.2 ~ 0.3mm，许多凹坑截面形状都呈 V 字形，分析是由于接触疲劳坏而造成的；在齿轮平面上各区域的基体硬度皆较低且不均匀（17.0 ~ 25.2HRC）；基体组织为均匀的片状珠光体 + 铁素体，是退火组织，而不是调质后的回火索氏体 3）经现场检查发现，因该批齿轮在渗氮前在炉内经历了短时超温，致使调质后的基体组织又被重新退火，从而导致齿轮基体强度和硬度过低，受载后造成齿表面渗氮层被压陷而剥落	在热处理过程中，必须严格检测和控制各个工艺阶段的炉内温度变化，认真执行操作规程。同时，可以考虑适当增加表面渗氮层的深度
齿轮硬化层剥落	齿圈，φ570mm（外径）× φ335mm（内径）×310mm（齿宽），模数 18mm，齿数 29，20CrMnMo 钢，技术要求：渗碳淬火有效硬化层深度 2.6 ~ 3.2mm（外齿）/3.0 ~ 3.6mm（内齿），表面与心部硬度分别为 57 ~ 62HRC 和 ≥ 25HRC	1）在使用 2 个月后，12 个轮齿的齿面出现了程度不同的剥落现象。剥落集中于轮齿的工作面上，剥落深度在 0.5 ~ 2mm，剥落范围接近齿宽的 100% 2）在齿圈渗碳、淬火、回火过程中，经无损检测均未发现裂纹。齿面与齿根处出现大量的贝氏体和托氏体等非马氏体组织；齿面与心部硬度分别为 53.5HRC 和 120HBW，有效硬化层深度为 1.1mm 3）渗碳淬火齿轮硬度梯度不合理、硬化层深度不足以及渗层硬度和心部硬度不足都有可能引发剥落	1）改进渗碳淬火工艺，改善金相组织，避免非马氏体组织的产生 2）提高渗碳炉内碳势控制精度；提高齿轮渗碳淬火温度或延长保温时间；提高淬火油冷却速度
齿轮断裂	汽车发动机曲轴齿轮，模数 2.54mm，SCM420H 钢，技术要求：渗碳淬火有效硬化层深 0.41 ~ 1.00mm，表面与心部硬度分别为 58 ~ 62HRC 和 25 ~ 45HRC。马氏体（或残留奥氏体）≤3 级，碳化物≤3 级	齿轮使用中发生断齿。经分析，表面硬度偏低（57.0 ~ 57.5HRC），心部硬度偏高（44 ~ 45.5HRC）。表面硬度偏低易出现早期疲劳及表面剥落现象。当心部硬度超高时抗弯疲劳强度会再次降低，致使表面剥落后又从齿根处发生断裂；材料淬透性要求为 J9 = 28 ~ 42HRC，J15 = 23 ~ 35HRC（带宽 13 ~ 14HRC），原材料淬透性带太宽；齿轮装炉过于密集，导致淬火硬度不均	适当降低齿轮心部硬度；将原材料的淬透性带宽由 13 ~ 14HRC 限制在 7HRC，并将淬透性带宽控制在下半区以降低心部硬度；改进齿轮装夹方式，以利于淬火均匀，硬度均匀，表面硬度控制在 60.0 ~ 61.5HRC；将预冷淬火温度由 830℃降至 820℃后心部硬度降低至 39 ~ 41HRC

（续）

失效类型	齿轮技术条件	失效原因	对　　策
齿轮轮齿崩齿	齿轮轴，20CrMnTi 钢，技术要求：渗碳淬火有效硬化层深度 0.8 ~ 1.2mm，表面与心部硬度分别为 58 ~ 64HRC 和 35 ~ 48HRC	1）渗碳淬火、回火及喷丸后，个别齿轮轴菱角有轻微掉齿角现象 2）经检验，渗碳层中存在贝氏体组织，心部硬度偏低。检查发现，齿轮轴在淬火时，淬火冷却介质温度偏高，降低了齿轮轴的冷却速度，加上 L-AN32 全损耗系统用油冷却速度低，因此导致渗碳层出现贝氏体组织，心部硬度偏低	1）对模数较大的齿轮轴采用 20CrMnTiH 钢制造，以保证齿轮材料淬透性；将 L-AN32 机械油更换为 Y15- I 快速光亮淬火油，提高其淬火冷却速度 2）改进后消除了渗碳层组织中的贝氏体。心部硬度提高并达到 38 ~ 43HRC

11.8　中重型载货汽车弧齿锥齿轮失效与对策

中重型载货汽车主、从动弧齿锥齿轮是安装在驱动桥上的一对齿轮副，是汽车齿轮中受力最复杂及工作条件最恶劣的一对传动齿轮，加上汽车行驶过程中经常遇到道路不平及超载情况等，常常发生早期失效情况（如轮齿折断、齿面点蚀、齿面胶合、齿面磨损、齿面塑性变形等）。这里既有齿轮安装、使用方面问题，又有齿轮制造方面问题。

中重型载货汽车弧齿锥齿轮热处理采用渗碳淬火、回火工艺。主动和从动弧齿锥齿轮渗碳淬火有效硬化层深度要求 1.70 ~ 2.10mm；表面与心部硬度分别为 58 ~ 63HRC 和 35 ~ 45HRC；碳化物、马氏体及残留奥氏体均≤5 级（QC/T 262—1999）。

11.8.1　因主、从动弧齿锥齿轮制造问题造成失效的原因与对策

主、从动弧齿锥齿轮的制造质量对其使用寿命影响很大，因此应严格保证其制造质量。

1. 主、从动弧齿锥齿轮齿面点蚀、剥落失效原因与对策

主、从动弧齿锥齿轮工作时齿面在高接触应力反复作用下,由于局部金属剥落而造成损坏,其损坏形式有点蚀(麻点)、浅层剥落和硬化层剥落(深层剥落,硬化层压碎)三种,图 11-9 所示为麻点失效;图 11-10 所示为浅层剥落,伴有硬化层剥落;图 11-11 所示为硬化层压碎。

图 11-9　麻点（伴有浅层剥落）

图 11-10　浅层剥落（伴有硬化层剥落）

图 11-11　渗层压溃

导致以上失效原因主要是齿轮机械加工误差大、渗碳淬火畸变大、齿面硬度偏低、渗碳层深度偏薄、渗碳层过渡区太陡及心部硬度偏低等，其失效原因与对策见表11-17。

表 11-17　弧齿锥齿轮齿面点蚀、剥落失效原因与对策

失效原因	对策
机械加工铣齿时造成齿面加工误差大，导致主动弧齿锥齿轮和从动弧齿锥齿轮接触不良，使齿面产生麻点（点蚀）	改进机械加工工艺，提高齿轮机械加工精度，并降低齿轮表面粗糙度值
因主、从动齿轮接触不良而造成齿面接触应力局部过大，引起微裂纹，造成麻点或浅层剥落	减少齿轮热处理畸变，提高齿轮接触区质量，降低局部应力集中的产生
齿轮材料本身缺陷（如淬透性过低），心部硬度过低，导致主、从动弧齿锥齿轮产生麻点、浅层剥落和硬化层剥落	根据齿轮大小及技术要求选用淬透性较高的材料，提高齿轮心部硬度
热处理不当，表面硬化层不合格，过渡区组织与性能变化大，降低材料剪切强度，或过渡区硬度变化太陡，导致主、从动弧齿锥齿轮齿面产生麻点、浅层剥落及硬化层剥落	改进热处理（渗碳淬火）工艺，并认真执行。保证渗碳淬火有效硬化层深度，过渡区硬度变化应平缓，提高齿面与心部硬度等

2. 主、从动弧齿锥齿轮裂纹或断裂失效原因与对策

主、从动弧齿锥齿轮齿面出现裂纹，影响齿轮的正常使用，严重时导致开裂或断裂，其失效原因与对策见表11-18。主、从动弧齿锥齿轮断裂或裂纹情况如图11-12 ~ 图11-14 所示。

表 11-18　主、从动弧齿锥齿轮裂纹或断裂失效原因与对策

失效原因	对策
矫直过程中主动弧齿锥齿轮产生微裂纹，在使用过程中在交变载荷作用下裂纹扩展，导致齿轮开裂或断裂。如图11-12 所示	改进主动弧齿锥齿轮矫直规范，矫直后及时回火，并进行表面裂纹磁粉检测
齿轮原材料中带状组织及成分偏析严重超标，热处理后组织应力过大，造成齿轮开裂。如图11-13 所示	严格控制齿轮原材料质量，并认真检验，避免成分偏析、带状组织严重的原材料流入下道工序
齿坯锻造时因生产工艺不当产生折叠或飞边，造成裂纹，一般出现在多个齿面的相同部位。如图11-14 所示	改进齿轮锻造规范，并认真执行，避免折叠、飞边及微裂纹缺陷的产生，并及时进行检查
齿轮原材料中存在较大的非金属夹杂物。齿轮工作时，在交变载荷作用下，因夹杂物破坏齿轮基体连续性，易产生应力集中，萌生微裂纹，微裂纹沿夹杂物的分布和应力方向扩展，导致齿轮开裂或断裂	严格控制齿轮原材料冶金质量，并按照 GB/T 10561—2005《钢中非金属夹杂物含量的测定　标准评级图显微检验法》的规定检验原材料的非金属夹杂物等

图 11-12　主动弧齿锥齿轮轴颈断裂

图 11-13　主动弧齿锥齿轮轴颈纵向裂纹

11.8.2　因主、从动弧齿锥齿轮装配及使用问题造成失效的原因与对策

1. 主、从动弧齿锥齿轮崩齿原因与对策

　　主、从动弧齿锥齿轮工作时产生崩齿失效，通过目视观察可以发现，崩齿断口呈细瓷状，有明显的快速扩展棱线，在心部常常可以观察到自表面开裂处扩展的纤维状或贝壳状解理花纹，其他部位齿面无异常裂纹，具体如图 11-15 ~ 图 11-17 所示。其失效原因与对策见表 11-19。

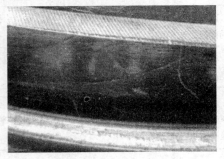

图 11-14　从动齿轮多个轮齿同一部位裂纹

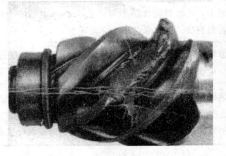

图 11-15　主动弧齿锥齿轮崩齿情况

图 11-16　从动弧齿锥齿轮齿顶掉块情况

图 11-17　从动弧齿锥齿轮断齿情况

表 11-19　主、从动弧齿锥齿轮崩齿原因与对策

失效原因	对　策
齿轮副安装不良，齿顶端因局部接触应力集中而造成脆性断裂；差减壳干涉，引起齿轮断裂	按照齿轮差减总成装配要求，仔细进行装配
主动弧齿锥齿轮用锁紧螺母松动，导致其非常规窜动，使轮齿接触不正常，局部载荷过大而引起断裂	检查主动弧齿锥齿轮用锁紧螺母，保证其在锁紧状态，以防主动弧齿锥齿轮非常规窜动
陷车时加大油门，行进、倒车时操作不当或减速器总成其他部位损坏卡死，导致主、从动弧齿锥齿轮啮合处的轮齿瞬间受到巨大冲击载荷，引起齿轮断裂	行车操作应正常，注意观察路况
齿轮工作时因轴承破碎，轴承滚珠或碎块掉入差减壳内，进入齿轮啮合处引起轮齿齿顶崩齿	在齿轮差减总成装配时，严格保证轴承质量，选用正规大型轴承厂制造的轴承产品
在严重超载和偏载的情况下，因驱动桥壳、差减壳及轮齿超载和偏载形成过大的应力集中、轮齿接触应力超过齿轮材料的断裂强度而造成过载断齿	控制汽车装载量，防止超载、偏载

2. 主、从动弧齿锥齿轮齿面胶合原因与对策

齿轮胶合的宏观特征是齿面沿滑动速度方向呈现深、宽不等的放射条状粗糙沟纹，此时齿轮副噪声明显增大。在一定应力下由于润滑油油膜破裂，啮合面直接接触"焊合"后又有相对运动，金属从齿面上撕裂，在齿面发生位移而引起损伤（拉伤），如图 11-18 ~ 图 11-26 所示。

齿轮胶合分一般为冷胶合和热胶合。

（1）冷胶合　冷胶合是在重载低速传动的情况下，因齿面局部压力过高，表面油膜破裂，造成金属面直接接触，在受压力作用产生塑形变形时，接触点发生黏合，当齿轮副齿面滑动时黏合点被撕裂而形成的拉伤。冷胶合的沟纹较清晰可见。

图 11-18　主动弧齿锥齿轮齿面胶合

图 11-19　从动弧齿锥齿轮齿面胶合

图 11-20　齿侧间隙过小导致齿面胶合

图 11-21　用油不当导致齿面出现沟槽

图 11-22　接触区变化（点蚀、胶合）

图 11-23　异常磨损台阶，齿根点蚀、剥落

图 11-24　接触区调整不当导致胶合

图 11-25　润滑不良导致齿面胶合而发蓝（色）

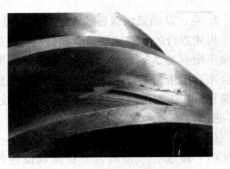

图 11-26　齿面胶合、齿根点蚀

（2）热胶合　热胶合是在高速或重载中速传动中，因齿面接触点局部温度升高，油膜及其他表面破裂，表面金属熔合面在滑动时被撕裂而形成的拉伤。热胶合常常伴随有高温烧伤引起的变色，齿面、齿顶发黑或发蓝，如图 11-25 所示。

主、从动弧齿锥齿轮齿面胶合原因与对策见表 11-20。

表 11-20　主、从动弧齿锥齿轮齿面胶合原因与对策

失 效 原 因	对 策
在齿轮副装配时，主动弧齿锥齿轮和从动弧齿锥齿轮齿侧间隙调整过小，导致润滑油油膜不能形成，使齿面发生胶合，常常伴随有齿根点蚀、剥落、异常磨损台阶的情况	在齿轮副装配时，按照齿轮差减总成装配要求合理调整主动弧齿锥齿轮和从动弧齿锥齿轮齿侧间隙，防止间隙过小
主动弧齿锥齿轮调整轴承间的间隙过大；严重超载导致驱动桥壳、差减壳、轮齿微量变形，造成齿轮运行时不规则的啮合	通过调整垫片，合理调整主动弧齿锥齿轮与轴承间的间隙，以防止间隙过大
由于差减壳内的其他零件毛刺、细小掉块、硬质砂粒混进齿轮油中，或使用的劣质润滑油中杂质进入啮合处，刺穿油膜，使齿面发生胶合	在齿轮差减总成装配前，首先清理掉差减壳等毛刺、飞边等，然后仔细清洗干净。按照要求使用合格的润滑油
润滑油黏稠度过高或过低，导致润滑油油膜不易形成，使齿面发生胶合	使用差速器弧齿锥齿轮专用润滑油，并保证润滑油质量
润滑油油量不足、齿面直接摩擦、温度急剧升高，使齿面回火、齿面硬度降低而形成热胶合。常常伴随有点蚀、剥落现象	经常检查润滑油量情况，以防止油量不足
由于过载和偏载，造成主动弧齿锥齿轮和从动弧齿锥齿轮齿侧间隙变小，导致润滑油油膜不能形成，使齿面发生胶合	在汽车装货时，防止严重超载与偏载情况发生

3. 主、从动弧齿锥齿轮齿面磨损和塑性变形原因与对策

主、从动弧齿锥齿轮齿面磨损是齿轮在啮合过程中，由于掉落在工作齿面上的外来微小颗粒引起齿面磨损或因装配不当造成表面摩擦，导致工作齿面金属材料被磨削掉，齿廓遭到破坏，齿厚减薄，齿顶变尖，齿根有明显磨损台阶，齿面发暗，啮合间隙增大，传动噪声增大。伴随着齿面磨损进一步发展，会相继引起弯曲疲劳断齿。

齿轮齿面塑性变形是由于过载、接触应力过大或装配不当而造成齿面摩擦，在摩擦力的作用下导致齿面金属因屈服而产生塑性流动（即变形）。在齿顶边缘会出现飞边，或齿面呈鱼鳞状褶皱、"鳞波"，在齿面上会出现凸起、凹沟。严重的鳞波会造成硬化层破坏，从而引起点蚀、剥落。齿轮齿面磨损及塑性变形失效形式如图 11-27 ~ 图 11-31 所示。

图 11-27　齿面异常磨损后打齿

图 11-28　齿面出现鳞纹

图 11-29　齿面磨损、塑性变形

图 11-30　齿顶卷边情况

图 11-31　齿面异常磨损情况

主、从动弧齿锥齿轮齿面磨损和塑性变形原因与对策见表 11-21。

表 11-21　主、从动弧齿锥齿轮齿面磨损和塑性变形原因与对策

失效原因	对策
主动弧齿锥齿轮所用轴承本身质量存在问题，如轴承窜动、跳动、走内圆、啮合位置变移、啮合间隙变化等，使齿轮齿面产生磨损或塑性变形	齿轮差减总成装配用轴承的质量有时很关键，往往因其先失效而影响整个齿轮副的使用寿命。对此，应严格保证轴承质量，使用专业厂家生产的正规产品，并进行相关质量复检
齿轮装配不当，如主动弧齿锥齿轮用轴承预紧力不够、凸缘螺母扭力不足或松动、主动弧齿锥齿轮用螺母扭力不足或松动、主动弧齿锥齿轮用螺母垫片间隙过大及主动弧齿锥齿轮产生轴向窜动等，造成齿轮齿面磨损或塑性变形	严格控制齿轮差减总成的装配质量，按操作规程进行装配，按检验规程进行检验
差减壳或其他零件上毛刺、细小掉块、杂质、硬质砂粒混进齿轮油中	在齿轮差减总成装配前，清理掉差减壳等上边的毛刺、飞边等，然后认真将其清洗干净，干燥，放在封闭处
润滑油本身含有杂质，引起轮齿齿面磨粒磨损	按要求更换润滑油
齿轮在磨合期间高速运转，磨合期过后没有对其及时更换润滑油或长期没有更换润滑油，引起轮齿齿面磨粒磨损	齿轮在磨合期间高速运转，磨合期过后对其及时更换上新的润滑油

第 12 章　提高齿轮性能与寿命的途径

影响齿轮性能与使用寿命的因素很多，例如：设计应力的高低；齿轮制造与装配精度及啮合状况；材料选择与热处理工艺的合理性与正确性；润滑油的选择、质量及润滑条件；齿轮的工作条件及实际操作、维护保养等。但其中最主要的因素仍然是材料选择与热处理工艺。

根据齿轮的工作条件、技术要求等，应选择优质的齿轮材料并制订最佳的热处理工艺，以达到提高齿轮性能、延长齿轮使用寿命的目的。

12.1　齿轮的强度设计

齿轮受载运行中会产生多种形式的失效，齿轮强度设计就是要保证齿轮在规定的使用时间内不发生早期失效。在目前的齿轮强度设计中主要是对齿面接触疲劳强度、齿根弯曲疲劳强度及齿面胶合承载能力进行计算。齿轮承载能力计算是建立在试验齿轮强度的基础之上的，而且主要基于齿轮的硬度。

表 11-2 所列六大类、26 种失效形式，除有些属于工艺、材质、装配和使用、管理方面的原因造成的损伤外，都应该有各自的承载能力计算方法。根据损伤出现的频率、严重程度以及人们对各种损伤机理的认识和研究的深入程度，有下列计算方法：

1）齿根弯曲强度计算式（断裂）。

2）齿面接触强度计算式（点蚀）。

3）抗胶合强度计算式。

4）抗磨损强度计算式。

这四种失效形式对齿轮承载能力的限制关系如图 12-1 所示。

由图 12-1 可知，除线速度极低（$v <$ 1m/s）的齿轮有时需要计算其抗磨损强度之外，其他齿轮损伤的主要形式为断齿、点蚀、胶合三种，因此，在目前的齿轮承载能力计算方法中，就以齿根弯曲强度计算式、齿面接触强度计算式和抗胶合强度计算式这三种较为成熟。

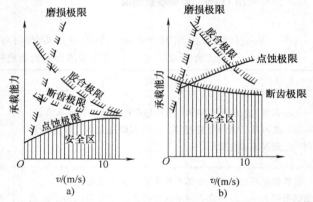

图 12-1　四种失效形式对齿轮承载能力的限制关系

a）软齿面齿轮　b）硬齿面齿轮

国际上通用的齿轮接触疲劳和弯曲疲劳承载能力计算方法有 ISO 和 AGMA 两大体系。近年来我国相应颁布了表 12-1 所列标准。

表 12-1　我国有关齿轮承载能力计算方法的标准

序　号	标 准 名 称	标 准 编 号
1	渐开线直齿和斜齿圆柱齿轮承载能力计算方法　工业齿轮应用	GB/T 19406—2003
2	锥齿轮承载能力计算方法　第 2 部分：齿面接触疲劳（点蚀）强度计算	GB/T 10062.2—2003
3	锥齿轮承载能力计算方法　第 3 部分：齿根弯曲强度计算	GB/T 10062.3—2003

（续）

序　号	标 准 名 称	标 准 编 号
4	圆柱齿轮、锥齿轮和准双曲面齿轮胶合承载能力计算方法　第 1 部分：闪温法	GB/Z 6413.1—2003
5	圆柱齿轮、锥齿轮和准双曲面齿轮胶合承载能力计算方法　第 2 部分：积分温度法	GB/Z 6413.2—2003
6	直齿轮和斜齿轮承载能力计算　第 5 部分：材料的强度和质量	GB/T 3480.5—2008
7	双圆弧圆柱齿轮承载能力计算方法	GB/T 13799—1992

12.2　齿轮延寿与提高性能的途径

齿轮的弯疲劳强度、接触疲劳强度及精度三大要素决定了齿轮的使用寿命。对此，可通过选用优质齿轮材料、优化齿轮热处理工艺、选用先进热处理技术等措施来实现延长齿轮使用寿命的目的。

12.2.1　高精度长寿命渗碳齿轮对钢材的要求

齿轮材料是齿轮承载能力的基础，也是切削加工和热处理的基本对象，所以它是齿轮制造中的最重要因素之一。优质的齿轮材料是齿轮获得高性能与长使用寿命的前提。高精度长寿命渗碳齿轮对钢材的要求见表 12-2。

表 12-2　高精度长寿命渗碳齿轮对钢材的要求

项　　目	要求与举例
对钢材的要求	（1）高的纯净度　钢中的氧是以氧化物的形式存在于钢材中，氧化物是齿轮发生疲劳损坏的疲劳源 1）采用真空脱气冶炼。高精度高寿命渗碳齿轮钢材氧含量要求 $w([O]) \leqslant 15 \times 10^{-4}\%$ 2）采用泡沫渣技术，降低钢中的含氮量；采用无渣出钢技术，全保护浇注，防止钢液二次氧化。钢的纯净度（质量分数）可达到：$w([O]) \leqslant 1.0 \times 10^{-3}\%$、$w([H]) \leqslant 2 \times 10^{-3}\%$、$w([N]) \leqslant 5 \times 10^{-3}\%$、$w([P]) \leqslant 1.0 \times 10^{-3}\%$、$w([S]) \leqslant 1.0 \times 10^{-3}\%$ 3）举例。河南某齿轮厂中型载货汽车后桥弧齿锥齿轮选用不同氧含量的钢材进行台架寿命试验的情况见下表。可以看出，原材料氧含量 $w([O])$ 从 $(4 \sim 5) \times 10^{-3}\%$ 降低到 $1.6 \times 10^{-3}\%$ 以后，齿轮台架疲劳寿命明显提高

序号	材　料	台架要求	台架结果	备　注
1	GB/T 3077 规定的 20CrMnTi，钢中氧含量 $w([O])$ 为 $(4 \sim 5) \times 10^{-3}\%$	合格 50 万次	30 万次 不合格	
2	GB/T 5216 规定的 20CrMnTiH2，钢中氧含量 $w([O])$ 为 $1.6 \times 10^{-3}\%$	优良 100 万次	110 万次 优良	试验 6 套齿轮，除一对齿轮被飞出的轴承打坏外，其他 5 对齿轮均达到 110 万次

台架试验条件：试验扭矩 2714N·m，试验转速 100r/min，二汽试验中心按日产汽车标准。

（2）淬透性　材料的淬透性包括：淬透性值的高低，淬透性带的宽度

1）按 GB/T 5216—2004 的规定将钢材的淬透性带由一个宽带分为 H、HH、HL 三个带。生产中对钢材按材料淬透性分档标准投料，对于轻载、小模数齿轮应选用 HL 下区；而对于重载、大模数齿轮则应选用 HH 上区

2）国内高精度长寿命渗碳齿轮淬透性带宽控制在 ≤5HRC，如一汽公司与国内钢厂开发了 FAS 系列齿轮材料，即 FAS3225H 及 FAS3226H 钢，其淬透性带宽 5HRC。国外高标准要求可达 3～4HRC

（续）

项　目	要求与举例
对钢材的要求	非金属夹杂物。高精度齿轮要求：A≤2 级、B≤1.5 级、C≤0.5 级、D≤0.5 级
	低倍组织。一般疏松级别≤2 级，中心疏松级别≤2 级，锭型偏析≤2 级
	晶粒度。高精度齿轮钢要求晶粒度优于 7 级
	带状组织。高精度齿轮要求≤2 级

钢材标准的质量分类可分为 A 类、B 类及 C 类，具体分类及应用：

钢材标准的质量分类及应用情况	分类	分类要求	应用情况
	A 类	氧含量 $w([O])≤15×10^{-4}\%$，淬透性带宽 3~5HRC	日本五十铃"庆铃"、三菱公司"航天三菱"的 SCr420H、SCM420H、SCM822ZH 钢；德国 ZF7B 钢
	B 类	氧含量 $w([O])≤20×10^{-4}\%$，淬透性带宽 6~7HRC	我国 CGMA001-1：2012 和 CGMA001-2 规定的钢；德国大众 16MnCr5、20MnCr5、25MnCr5、28MnCr5 钢；德国 ZF 公司的 ZF6、ZF7、ZF1A 钢；意大利 19CN5 钢；美国卡特彼勒公司的渗碳硼钢和美国福特和伊顿公司的 SAE8620H 和 SAE4820H 钢；法国标致公司的 20CD4、27CD4、30CD4 钢
	C 类	氧含量 $w([O])(30~50)×10^{-4}\%$，淬透性带宽 12~25HRC	中国 GB/T 3077 规定的钢，对氧含量和淬透性不要求或要求很低

12.2.2　采用新型钢材提高重型载货汽车驱动桥弧齿锥齿轮性能与寿命

为提高齿轮性能与寿命，重型载货汽车驱动桥弧齿锥齿轮广泛采用新型钢材（如保证淬透性钢），表 12-3 所列为重型载货汽车驱动桥弧齿锥齿轮用新型钢材，供齿轮设计与生产时参考。

表 12-3　重型载货汽车驱动桥弧齿锥齿轮用新型钢材

序号	钢　种	性能与特征
1	高淬透性 22CrMoH 钢	选用淬透性能高的 Cr-Mo 钢，如国产 22CrMoH 钢（SCM822H 钢），其淬透性能指标 J15 = 36~42HRC，较好地满足了齿轮使用要求
		为满足齿轮的更高要求，一汽集团公司与国内钢厂又开发了 FAS 系列齿轮材料，即 FAS3225H 及 FAS3226H 钢，其淬透性带宽 5HRC，保证了渗碳层强度和稳定了热处理畸变，晶粒度优于 7 级，以提高渗碳层的疲劳强度
2	高韧性镍钢	目前，广泛采用 Cr-Ni 或 Cr-Ni-Mo 系列含 Ni 的保证淬透性渗碳钢种： 1）17CrNiMo6H 钢，属于 Cr-Ni-Mo 系列齿轮钢，也属于强度 >1400MPa 的高强度渗碳钢。其材料的淬透性能指标 J10 =42HRC，J15 =41HRC。晶粒度 7~8 级。力学性能分别为 R_m =1290MPa，R_{eL} =945MPa，A =15%，Z =60%，KV_2 =112J。其冲击吸收能量优于 22CrMoH 钢 2）20CrNiMoH 钢（SAE8620H）。一汽集团公司生产的重型载货汽车驱动桥主动弧齿锥齿轮广泛采用 20CrNiMoH 钢。在热处理金相组织控制方面，碳化物 0~1 级，马氏体、残留奥氏体 1~3 级，齿轮渗碳淬火有效硬化层深 1.70~2.10mm，保证了后桥弧齿锥齿轮对弯曲疲劳性能和接触疲劳性能的较高要求

（续）

<table>
<tr><th>序号</th><th>钢　　种</th><th>性能与特征</th></tr>
<tr><td>3</td><td>17Cr2Mn2TiH 钢</td><td>由国内研制成功的价格低廉的 17Cr2Mn2TiH 钢，通过了一系列齿轮的台架试验，并有部分产品投入装车使用（如 153、457 等弧齿锥齿轮）。其淬透性能要求：
<table>
<tr><th>牌　　号</th><th>J9 HRC</th><th>J15 HRC</th><th>J25 HRC</th></tr>
<tr><td>17Cr2Mn2TiH1</td><td>39 ~ 45</td><td>35 ~ 40</td><td>32 ~ 39</td></tr>
<tr><td>17Cr2Mn2TiH2</td><td>40 ~ 46</td><td>37 ~ 43</td><td>34 ~ 40</td></tr>
</table></td></tr>
<tr><td>4</td><td>重型载货汽车驱动桥弧齿锥齿轮用钢的材料淬透性能要求</td><td>重型载货汽车驱动桥弧齿锥齿轮用钢的材料淬透性能要求：
<table>
<tr><th>牌　　号</th><th>J15 HRC</th><th>J25 HRC</th></tr>
<tr><td>22CrMoH</td><td>36 ~ 42</td><td>25 ~ 35</td></tr>
<tr><td>FAS3225H</td><td>35 ~ 40</td><td>—</td></tr>
<tr><td>FAS3226H</td><td>36 ~ 41</td><td>J30 = 30 ~ 36</td></tr>
<tr><td>20CrNiMoH</td><td>J10 = 30 ~ 36</td><td>34 ~ 41</td></tr>
<tr><td>17CrNiMo6H</td><td>35 ~ 45</td><td>34 ~ 41</td></tr>
<tr><td>17Cr2Mn2TiH</td><td>35 ~ 41</td><td>34 ~ 40</td></tr>
</table></td></tr>
</table>

12.2.3　提高载货汽车变速器齿轮性能与寿命的途径

为了提高载货汽车变速器齿轮的使用寿命，可以根据表 12-4 所示内容采用措施与方法。

表 12-4　提高载货汽车变速器齿轮性能与寿命的途径

<table>
<tr><th colspan="2">项　　目</th><th>措　　施</th></tr>
<tr><td rowspan="7">高的钢材质量</td><td>化学成分</td><td>采用保证淬透性结构钢，其化学成分应符合 GB/T 5216—2004 的有关规定</td></tr>
<tr><td>纯净度</td><td>采用真空脱气冶炼。钢材氧含量一般要求 $w([O]) \leq 2 \times 10^{-3}\%$，较严格要求 $w([O]) \leq 1.5 \times 10^{-3}\%$</td></tr>
<tr><td>低倍组织</td><td>一般要求疏松级别≤2 级，中心疏松级别≤2 级，锭型偏析≤2 级</td></tr>
<tr><td>非金属夹杂物</td><td>保证淬透性结构钢按 GB/T 5216—2004 的规定执行：
<table>
<tr><th rowspan="2">夹杂物类型</th><th>A</th><th>B</th><th>C</th><th>D</th></tr>
<tr><th colspan="4">级别　≤</th></tr>
<tr><td>粗系</td><td>2.5</td><td>2.5</td><td>2.0</td><td>2.0</td></tr>
<tr><td>细系</td><td>3.0</td><td>3.0</td><td>2.0</td><td>2.0</td></tr>
</table></td></tr>
<tr><td>带状组织</td><td>一般要求≤3 级，较严格要求≤2 级</td></tr>
<tr><td>晶粒度</td><td>一般要求优于或等于 5 级，更高要求优于 7 级</td></tr>
<tr><td>淬透性</td><td>1）按 GB/T 5216 的规定，生产中对钢材按材料淬透性分档标准投料，对于轻载、小模数齿轮应选用 HL 下区；而对于重载、大模数齿轮则应选用 HH 上区
2）国内一般要求齿轮的淬透性带宽控制在≤7HRC，严格要求的≤5HRC。国外高标准要求可达 3 ~ 4HRC。重型汽车变速器（如 HC75 ~ 120 型）齿轮选用 6 个带宽的高级优质钢，如 20CrMnTiHA 钢。重型载货汽车大转矩（如 1500 ~ 2200N · m 转矩）变速器齿轮可采用 Cr-Mo 系列、Cr-Ni-Mo 系列、Mn-Cr-B 系列等保证淬透性齿轮钢制造</td></tr>
</table>

（续）

项　目		措　施

变速器齿轮用 20CrMnTiHA 钢的淬透性选择：

零件名称	图号	牌号	J9 HRC	J15 HRC	模数/mm
一、二速齿套	1701321—4E	20CrMnTiHA2	30～36	24～31	6
四速齿轮	1701351—7H	20CrMnTiHA3	32～38	26～33	6
二轴	17013101—7H	20CrMnTiHA4	35～41	28～35	6

国外代表性重型汽车变速器齿轮用钢的淬透性选择：

钢　材	牌　号	变速器	标准	淬透性
Cr-Mo 系列	SCM420H（相当于 20CrMoH）	日本日产	日本 JIS	J9 = 30～36HRC
Cr-Ni-Mo 系列	SAE8620H（相当于 20CrNiMoH）	美国伊顿（EATON）富勒	美国 SAE	J6 = 32～42HRC J9 = 27～35HRC J24≥18HRC
Mn-Cr-B 系列	ZF6（相当于 15CrMnBH）、ZF7（相当于 17CrMnBH）	德国 ZF 公司的斯太尔	德国 DIN	见下表（渗碳硼钢的淬透性选择）

渗碳硼钢的淬透性选择：

牌　号	淬透性 HRC		
	J5	J10	J15
ZF6	34～41	28～35	18～25
ZF7	36～43	31～39	23～30
ZF7B	39～43	35～39	27～31

高的钢材质量 · 淬透性

齿坯预备热处理 · 采用等温正火生产线对齿坯进行等温正火处理

等温正火技术要求。①硬度：锻坯表面硬度控制在 160～190HBW；硬度散差，一批次≤15HBW，单件≤5HBW。②金相组织：均匀分布的块状先共析铁素体 + 片状珠光体；魏氏体组织 0 级；无粒状贝氏体组织；带状组织 < 3 级；晶粒度优于或等于 6 级，控制混晶现象。下表中两钢种变速器齿轮毛坯等温正火检验结果：

材　料	硬度 HBW	晶粒度/级	金相组织
SAE8620H（20CrNiMoH）	160～165	8	（均匀分布的）块状 F + 片状 P
SCM420H（20CrMoH）	175～180	7	（均匀分布的）块状 F + 片状 P

注：F——铁素体；P——珠光体。

采用碳氮共渗工艺 · 用多用炉

在 860～880℃进行中温碳氮共渗，不仅渗碳温度较低，有利于减少齿轮畸变、提高精度，而且增加了变速器齿轮的耐磨性与接触疲劳性能。如采用密封箱式多用炉在 860～870℃进行碳氮共渗，其热处理工艺流程：碳氮共渗（860～870）℃×（160～200）min→扩散（860～870）℃×（30～40）min→淬火 830℃×（20～30）min →低温回火 180℃×120min

---

采用新的渗碳工艺 · 采用 BH 催渗碳工艺和稀土渗碳、稀土碳氮共渗工艺

可降低渗碳温度或在原渗碳温度下缩短加热时间 20% 左右，并且金相组织、渗碳层深度、硬度等指标均达到产品技术要求。由于渗碳温度低、时间短，对减少渗碳齿轮畸变、提高精度具有良好的效果

（续）

项　目		措　施
举例	实例1	哈尔滨变速器厂生产的载货汽车变速器齿轮采用20CrMnTiH及20CrMoH钢，渗碳淬火有效硬化层深度为0.9~1.3mm，渗碳设备采用密封箱式多用炉，通过50余炉次的生产试验证明，加稀土880℃渗碳速度与原920℃不加稀土的相当。由于渗碳温度降低40℃，减少畸变量40%左右，并且明显改善金相组织，大幅度提高齿轮使用寿命
	实例2	1) 东风汽车变速箱有限公司采用BH催渗碳工艺生产148中心距变速器中的齿轮——中间常啮合齿轮，材料为20CrMnTiH钢，其技术要求：有效硬化层深度0.7~1.1mm；表面与心部硬度分别为58~63HRC和35~45HRC；金相组织符合EQY-125-2001的规定 　2) 渗碳设备为推杆连续式渗碳炉。结果表明，同原渗碳工艺相比，采用BH催渗碳工艺后，虽然渗碳温度降低了40℃，但经过相同时间处理后，两者得到的渗碳层深度相当，即保持了原来工艺的渗碳速度，而且齿轮渗碳淬火畸变明显减小，金相组织得到改善，寿命延长

12.2.4　提高重型载货汽车驱动桥弧齿锥齿轮性能与疲劳寿命的途径

提高重型载货汽车驱动桥弧齿锥齿轮性能与疲劳寿命的途径见表12-5。

表 12-5　提高重型载货汽车驱动桥弧齿锥齿轮性能与疲劳寿命的途径

项　目	途　径
材料的选择	对于13t及以上承载质量的主动弧齿锥齿轮（模数 $m>11mm$）用钢，可根据齿轮产品技术要求选择含Ni渗碳钢，如20CrNiMoH、17CrNiMo6H、20CrNi2MoH、21NiCrMo5H及20CrNi3H钢等，二汽公司采用17CrNiMo6H钢制造的重型驱动桥齿轮的台架试验平均寿命为40万次（产品设计要求的疲劳寿命不低于30万次）。下表为一汽公司用3种钢制造的同一齿轮的弯曲疲劳试验结果。可以看出，含Ni钢齿轮具有较高的疲劳寿命

牌　号	硬度 HRC		渗碳层深度 /mm	弯曲疲劳试验破坏时经历的应力周次/（×10⁴）
	表　面	心　部		
12Cr2Ni4	61~63	37~38	1.15~1.25	14.70
20MnTiB	60~62	41	1.00~1.15	5.84
20CrMnTi	60~62	35~37	1.20~1.25	3.42

项　目	途　径
原材料质量的控制	纯净度。选用渗碳钢的氧含量最好控制在 $w([O])<20\times10^{-4}$% 。非金属夹杂物按GB/T 10561—2005的规定检验，A≤2.0级，B≤1.5级，C≤1.0级，D≤1.0级
	带状组织。带状组织控制在<3级，更高级控制在≤2级
	淬透性包括淬透性能和淬透性带宽。淬透性能可参考CGMA001-1：2012《车辆渗碳齿轮用钢技术条件》的规定进行选择。如20CrMnTiH钢淬透性能由高向低分为4种，即20CrMnTiH1~20CrMnTiH4；20CrNiMoH钢分为两种，即20CrNiMoH1及20CrNiMoH2。或者参照一汽、二汽等大厂相关钢材技术标准及产品技术要求进行选择
	淬透性带宽。较高要求的淬透性带≤7HRC，更高要求的≤5HRC。保证同一批钢材的淬透性能最大离散度≤4HRC
	晶粒度。晶粒度优于或等于6级
锻造质量的控制	锻造质量的控制。锻件棒材采用中频感应加热均匀；严格控制始锻、终锻温度，可采用远红外测温仪进行监控；齿轮锻造比一般选择3~5

（续）

项　目	途　径
锻造质量的控制	1) 锻件预备热处理的控制。采用等温正火生产线，所制定的奥氏体化温度应高于以后进行的渗碳温度 2) 等温正火技术要求。①硬度：锻件硬度控制在 160～190HBW；硬度散差，一批次 ≤15HBW，单件≤5HBW。②金相组织：均匀块状先共析铁素体 + 均匀片状珠光体；魏氏体组织 0 级；无粒状贝氏体组织；带状组织 <3 级；晶粒度优于或等于 6 级，控制混晶现象
渗碳淬火的控制	优先采用连续式渗碳自动生产线和密封箱式渗碳炉及其自动生产线，实现渗碳过程的自动化控制 热处理指标。齿轮代表性表面硬度 60～63HRC；轮齿心部硬度 35～45HRC（一汽进行的试验结果表明，心部硬度为 41HRC 时弯曲疲劳寿命最高）；渗碳淬火有效硬化层深度 1.8～2.2mm；金相组织为碳化物 2～3 级，马氏体 2～3 级，残留奥氏体 10%～25%（体积分数），表面非马氏体深度 <20μm，心部组织为低碳马氏体组织、无块状铁素体组织
先进设备与工艺的应用	1) 当主动齿轮采用含 Ni 量较高材料进行渗碳淬火时，可采用中冷连续式渗碳炉，通过二次加热淬火工艺减少渗碳层组织中的残留奥氏体含量，并使奥氏体晶粒得到细化，以获得更加细小的晶粒度和显微组织。二汽公司试验证明，20CrNi2MoH 钢经二次加热处理后，晶粒度由 7～9 级提高至 9 级，弯曲疲劳强度由 560MPa 提高至 800MPa，马氏体为 2 级，残留奥氏体为 1～2 级，心部硬度为 45HRC 2) 当材料出现混晶时，可采用中冷连续式渗碳炉，通过二次加热淬火工艺细化晶粒，消除混晶现象，最终得到合格的马氏体组织 稀土渗碳技术的应用。采用稀土渗碳技术，在高碳势 [w(C) 1.25%～1.4%] 下渗碳，表面碳浓度即使达到很高，但表层的碳化物形态和分布也十分良好——细小而均匀，并且减少齿轮表面非马氏体层，增加渗碳齿轮表面残余压应力。稀土渗碳齿轮疲劳强度试验结果表明，稀土渗碳可以大大提高齿轮疲劳强度，具体见表 12-7

1) 采用喷丸强化来提高齿轮弯曲疲劳强度时，尤其是齿根附近采用强化处理时，应确保弹丸直径小于齿根半径的一半。某一试验中 SCM420 钢齿轮的渗碳检验结果及喷丸处理参数：

喷丸强度 /mmA	表面硬度 HV	硬化层深 /mm	残留奥氏体 （%）	内氧化层深 /μm	残余应力/MPa	
					表面	0.05mm 处
喷丸前	720	1.00	18.6	15	−254	−242
0.45	720	0.90	6.9	15	−353	−503
0.70	778	1.15	3.1	8	−569	−1040

2) 试验证明，当采用硬度为 53～55HRC、喷射速度为 90～100m/s 的丸粒进行强化喷丸时，残余应力峰值达到 1080MPa。与渗碳淬火后不进行喷丸的齿轮相比，实施强化喷丸的齿轮在破坏概率为 10% 时的弯曲疲劳强度提高了 48%

12.2.5　通过增加渗层深度或提高心部强度方法提高齿轮渗层接触疲劳剥落抗力

齿轮渗碳件承受接触压应力时，会出现渗层剥落形式的接触疲劳破坏。这种裂纹往往起源于渗层的过渡区，其形成原因是相啮合的齿轮所产生的最大切应力作用于表层下一定的深处，如果渗层过薄、心部硬度不足，就容易引起接触疲劳破坏。对此，可采取表 12-6 所列方法。

表 12-6   提高齿轮渗层接触疲劳剥落抗力方法

方　法	内　容
增加渗层深度或提高心部强度	对车辆后桥齿轮及工业用大齿轮，由于其模数较大，承受载荷也大，可增加硬化层深度。例如对大型轧钢机及矿山机械齿轮承载力低、寿命短的问题，采用深层渗碳淬火工艺后得到了有效解决。如日本、美国大齿轮渗碳层深度可达 8～10mm。在齿轮感应淬火时，通过增加层深也显著提高了使用寿命；齿轮深层渗氮，特别是离子渗氮，其深度已达 0.8～1.1mm
增加渗层深度 +提高心部强度	采用两种方法同时并举的方式，可以达到加强渗层接触疲劳抗力的目的
中、硬调质 + 韧性深层渗氮	它是提高渗氮齿轮承载能力的重要途径。渗氮齿面以 γ' 相为主的化合物层比 $\varepsilon + \gamma'$ 双相层能提高接触疲劳强度近 40%

12.2.6　采用稀土渗碳技术提高齿轮性能与使用寿命

稀土渗碳可以在高碳势 [$w(C)$ 为 1.2%～1.5%] 下进行，此时齿轮表面碳浓度即使达到很高，但表层的碳化物形态和分布也十分良好——细小而均匀，从而大大提高了齿轮的接触疲劳强度和弯曲疲劳强度，具体见表 12-7。在常规渗碳温度（935℃）条件下采用稀土渗碳技术可以提高渗碳速度 15%～30%，从而缩短了渗碳周期，减小了齿轮畸变。齿轮稀土渗碳工艺及其实例见 7.2 内容。

表 12-7   稀土渗碳齿轮的弯曲疲劳与接触疲劳寿命试验

弯曲疲劳寿命			接触疲劳寿命		
应力水平/MPa	稀土渗碳寿命	常规渗碳寿命	应力水平/MPa	稀土渗碳寿命	常规渗碳寿命
693	0.60×10^5	0.25×10^5	2300	1.357×10^6	3.005×10^5
	0.77×10^5	0.35×10^5		3.516×10^6	3.877×10^5
	1.03×10^5	0.40×10^5		4.57×10^6	6.002×10^5
	1.07×10^5	0.44×10^5		6.343×10^6	6.857×10^5
	1.62×10^5	0.45×10^5		7.896×10^6	2.265×10^5
	—	0.50×10^5		8.133×10^6	—
564	6.29×10^5	0.77×10^5	2100	5.37×10^6	1.067×10^6
	7.24×10^5	0.79×10^5		8.111×10^6	1.116×10^6
	7.53×10^5	0.98×10^5		1.005×10^7	1.158×10^6
	17.65×10^5	1.10×10^5		1.031×10^7	2.006×10^6
	$>30.00 \times 10^5$	1.29×10^5		19.30×10^7	3.067×10^6
	$>30.00 \times 10^5$	2.29×10^5		20.04×10^7	—

注：1）弯曲疲劳试验齿轮模数 $m = 5mm$，齿数 $z = 30$，材料为 20Cr2Ni4A 钢；接触疲劳试验齿轮模数 $m = 6mm$，大齿轮齿数 $z = 30$，小齿轮齿数 $z = 20$，材料均为 20Cr2Ni4A 钢。

2）稀土渗碳工艺：870℃稀土渗碳后直接油淬，180℃回火。

12.2.7　选用合适的低温化学热处理工艺提高齿轮的疲劳强度

对于承受较大荷的中档、高档的齿轮（如 25Cr2MoV 钢齿轮），推荐的低温化学热处理工艺见表 12-8，可采用深层（0.65mm 以上）离子渗氮或采用渗层深度不低于 0.5mm 的常规离子渗氮和气体渗氮。其中，经深层离子渗氮工艺处理的齿轮接触疲劳性能最高，提高幅度高达73%~91%。

低温化学热处理工艺也适用于合金结构钢（如38CrMoAl、42CrMo钢）齿轮等承受较大载荷的零件。

表 12-8　适用于齿轮的低温化学热处理工艺

齿面负荷	材料	模数范围/mm	推荐的强化工艺	渗层主要特性	齿轮达到的疲劳极限	
					齿面接触疲劳极限/MPa	齿根弯曲疲劳极限/MPa
低负荷齿轮 <500MPa	碳素结构钢，合金结构钢等	<3	盐浴硫氮碳共渗；气体氮碳共渗；渗氮（气体、离子）等	渗层深度<0.3mm，表层以 ε 相为主	<600	<200
中负荷齿轮为 500~1000MPa	合金结构钢	4~8	常规离子渗氮；深层离子渗氮，气体渗氮	表层以 γ′化合物为主，渗层深度0.3~0.5mm	600~1200	200~250
高负荷齿轮 >1000MPa	合金结构钢	9~12	深层离子渗氮	表层为 γ′化合物，渗层深度>0.6mm	1200~1500	250~330

12.2.8　采用喷丸强化技术提高渗碳齿轮疲劳强度

喷丸强化不同于喷丸清理，是一种受控喷丸技术，其主要是借助于高速运动的弹丸冲击零件的表面，使其发生弹性、塑性变形，从而产生残余压应力、加工硬化和组织细化等有利的变化，以提高齿轮的弯曲疲劳强度和接触疲劳强度（齿根喷丸可有效地提高疲劳强度，尤其是弯曲疲劳强度），是改善齿轮抗咬合能力、提高齿轮使用寿命的重要途径之一。喷丸强化使渗碳齿轮表面加工硬化，并减轻了非马氏体组织的不良影响，显著提高了齿轮表面的残余压应力，从而提高了齿轮的疲劳寿命。

1）采用喷丸强化技术与装备提高渗碳齿轮疲劳强度见表12-9。

表 12-9　采用喷丸强化技术与装备提高渗碳齿轮疲劳强度

技术与装备	工 艺 措 施
喷丸强化新技术	齿轮的硬喷丸技术。硬喷丸不同于常规喷丸，而是采用700HV高硬度钢丸进行高强度喷丸，并使A型试片产生0.6mm以上的弧高，形成较大的残余应力，得到高的疲劳强度。它在消除内氧化等渗碳缺陷及保证渗层韧性方面效果较好
	二次喷丸（双喷丸）技术。对于渗碳淬火硬度在600HV以上的齿轮，较难通过正常喷丸达到较高压应力。为此，采用二次喷丸硬化以提高疲劳强度，即首先采用700HV高硬弹丸（如0.6mm钢丸）进行高强度喷丸，并使A型试片产生0.6mm以上的弧高，获得一定深度的表面强化层，然后再用细小的低强度小弹丸（如0.08mm钢丸）进行一次低强度喷丸，可在齿轮表面和次表面形成残余压应力。第二次喷丸的目的是减轻表面加工硬化，改善齿轮表面质量，提高表面压应力，即进一步提高齿轮的疲劳性能
硬喷丸新工艺应用	直齿轮，材料为DSG1［化学成分：$w(C)$为0.20%、$w(Si)$<0.15%、$w(Mo)$为0.70%、$w(P)$<0.015%、$w(S)$为0.015%、$w(Cr)$为1.00%、$w(Mo)$为0.40%］和SCM420钢，经渗碳淬火、回火处理。最后采用离心式喷丸机及0.8mm铸钢丸进行喷丸，喷丸强度分别为0.45mmA和0.7mmA，前者属于常规喷丸，后者属于硬喷丸

（续）

技术与装备	工 艺 措 施

1）试验齿轮的渗碳结果及喷丸处理参数见下表。可以看出，硬喷丸齿轮的齿根疲劳强度高于常规喷丸的。硬喷丸齿轮表面硬度和残余应力提高，而残留奥氏体和内氧化程度低

牌　号	喷丸强度/mmA	表面硬度 HV	有效硬化层深度/mm	残留奥氏体（体积分数）（%）	内氧化层深度/μm	残余应力/MPa	
						表面	0.05mm 处
DSG1	—	744	0.95	25.85	5	-271	-285
	0.45	786	0.90	11.6	3	-451	-632
	0.70	810	0.90	8.4	3	-596	-1199
SCM420	—	720	1.00	18.6	15	-254	-242
	0.45	720	0.90	6.9	15	-353	-503
	0.70	778	1.15	3.1	8	-569	-1040

硬喷丸新工艺应用

注：齿轮疲劳试验采用电流消耗式齿轮疲劳试验机。

2）硬喷丸、小弹丸喷丸及二次喷丸的比较。经过喷丸处理的工件，其最大残余压应力位于表面下面约 0.05mm 处，而表面应力却小于这个应力，为解决此缺陷，采用细小弹丸（直径 < 0.1mm）进行低强度喷丸处理，三种喷丸工艺参数：

喷丸工艺	弹丸直径/mm	弹丸硬度 HV	喷丸强度/mmA	喷丸时间/s
硬喷丸	0.8	700	1.0	90
小弹丸喷丸	0.1	800	0.05	15
二次喷丸	0.8 + 0.1	700 + 800	1.0 + 0.05	90 + 15

硬喷丸处理得到最高表面硬度，其次是二次喷丸处理和小弹丸喷丸处理。小弹丸喷丸处理使齿轮表面得到非常高的压应力，达到 1.2GPa。而二次喷丸处理得到最高的疲劳强度，同渗碳淬火处理相比较齿轮疲劳强度提高到 1.5 倍

强韧性弹丸	用于喷丸的弹丸一般采用铸钢型或切线型，铸钢弹丸一般用水雾化方法生产，并调质到硬度为 392 ~513HV，对于硬喷丸处理，要求弹丸硬度达到 700HV 左右 新型钢丸要求 $w(C)$ 为 0.5%，其 Mn、S、P 含量也均有降低。喷丸处理时，弹丸流率为 0.75kg/s，喷射速度为 106m/s，喷丸强度为 1.0mmA。针对高强韧性弹丸，可供的第二选择是高碳预处理过的高强度切线弹丸，其尺寸为 ϕ0.8mm，为了得到 700HV 左右的高硬度，其 $w(C)$ 应增至 0.8%
陶瓷弹丸	1）在处理高硬度的渗碳、渗氮零件（如齿轮）时，采用陶瓷弹丸（如圣戈班陶瓷弹丸）在喷丸强化中有显著优势：稳定的阿尔门强度；更有利的残余压应力分布；更高效的处理速度；更低的生产成本；能够同时消除齿轮磨齿痕迹；更加环保 2）陶瓷弹丸用于齿轮的齿根强化时，可显著提高齿轮疲劳寿命。目前，陶瓷弹丸已被意大利菲亚特汽车集团和美国一些汽车制造商采用。
先进的齿轮用数控喷丸机	齿轮数控喷丸机是实现高精度强化的专用机械，包括数控机械手喷丸机和数控机器人喷丸机。如"吉田"牌 JCK 型数控喷丸设备

2）采用喷丸强化技术提高渗碳齿轮疲劳强度的实例见表12-10。

表 12-10　采用喷丸强化技术提高渗碳齿轮疲劳强度的实例

齿轮技术条件	喷丸技术	效　果
"解放"牌载货汽车后桥主、从动弧齿锥齿轮，材料为22CrMoH 钢，经渗碳淬火及回火处理	1）一汽公司采用德国产 TR5SVR-1 型应力喷丸设备 2）喷丸工艺。采用直径为 0.80mm 钢丸，喷丸时间为 9min，喷丸速度为 2800r/min	喷丸强化处理后齿轮表层组织得到了细化，表层的残留奥氏体含量比未经喷丸处理工件的残留奥氏体含量要低 10% 左右，在距离表面 0.15mm 范围内，变化量比较明显；经强化喷丸处理后的齿轮表面硬度提高了 0.5～2HRC
"解放"牌载货汽车变速器一档齿轮	一汽采用强化喷丸工艺对"解放"牌汽车变速器一档齿轮进行疲劳寿命试验，显著提高了齿轮的疲劳寿命，见下表： （见下方附表）	与未经喷丸处理相比，采用强化喷丸处理后齿轮弯曲疲劳寿命提高 78%，而接触疲劳寿命提高 24%
汽车用自动变速器 AIT 渗碳齿轮，SCM420H 钢，碳氮共渗处理	1）近几年汽车用自动变速器 AIT 渗碳齿轮的齿面在工作中的实际温度约达 300℃，远高于正常的回火温度（150～200℃），这种表面温度将导致硬度降低，引发点蚀的产生，因此应提高齿轮耐回火软化性能 2）齿轮采用碳氮共渗后喷丸强化，提高了接触疲劳强度	采用碳氮共渗后喷丸硬化来提高疲劳强度。对变速器齿轮经通氨气等进行碳氮共渗，随着含氮量的增加 ΔHV（硬度降）提高，即耐回火性能提高。回火温度 300℃
重载机车牵引齿轮，18CrNiMo7-6（EN10084）钢；技术要求：齿面硬度为 58～62HRC；喷丸喷射部位为齿面及齿根	1）喷丸设备为 KX-2220P 型气压式喷丸机；弹丸采用高硬度钝化钢丝丸 2）齿轮喷丸工艺参数。喷丸气压 0.30MPa，喷射距离 125mm，喷射角度 ≥40°，喷丸覆盖率 200%，再加一次 0.10MPa 弱喷丸	1）借助 X 射线应力仪，结合电化剥层技术，测量喷丸残余应力及其分布，测试按 ASTM E915—2002 和 GB/T 7704—2008 的规定执行 2）齿根与齿面的表面残余应力分别为 -958.3MPa 和 -847.4MPa，与 100% 覆盖率相比，齿根的表面残余压应力增加了 8%。增加一次弱喷丸后，其表面残余压应力增加了 6%，表面粗糙度值减小了 18.4%

附表（"解放"牌载货汽车变速器一档齿轮）：

处理状态	转矩为 450N·m 接触疲劳寿命		转矩为 370N·m 接触疲劳寿命	
	平均值/次	相对值（%）	平均值/次	相对值（%）
未喷丸	0.75×10^6	100	3.85×10^6	100
强化喷丸	3.42×10^6	456	$>5.06 \times 10^6$	>131

12.2.9　齿轮的其他延寿热处理技术

齿轮的其他延寿热处理技术及其应用的实例见表12-11。

表 12-11　齿轮的其他延寿热处理技术及其应用的实例

技术名称	齿轮与技术要求	设备与工艺	效　果
脉冲式气体渗碳技术	斯太尔载货汽车主动弧齿锥齿轮，模数 10mm，质量 18kg，22CrMoH 钢，要求渗碳热处理	1) 工艺特点。具有渗碳速度快、工艺稳定性高、可控性强、生产效率高等优点，并能够获得平缓的渗碳层碳浓度梯度、硬度梯度和渗层组织，有利于提高齿轮的使用寿命 2) 设备与工艺。渗碳采用 UBE-1000 型可控气氛密封箱式多用炉。渗碳剂为甲醇和丙烷，流量分别为 2200ml/h 和 4～6L/min。脉冲渗碳工艺如下 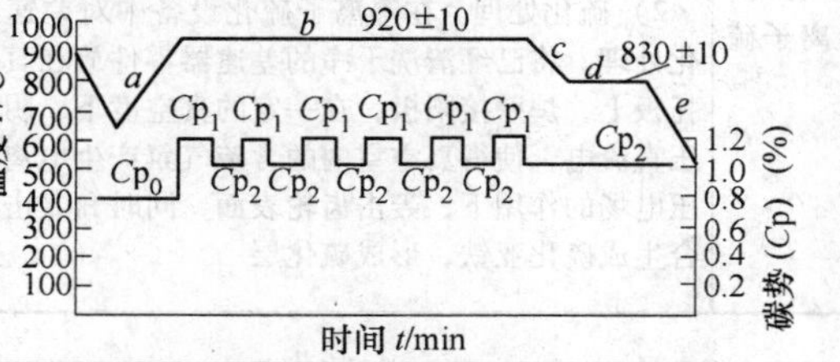 	有效硬化层深度 1.2mm，齿轮表面与心部硬度分别为 59～60HRC 和 34～40HRC，金相组织：碳化物 2～4 级，马氏体 4 级，残留奥氏体 4 级。以上结果表明，齿轮获得了较好的渗碳质量
中硬（度）调质 + 深层渗氮技术	高速重载齿轮，25Cr2MoV 钢，技术要求：调质后进行深层渗氮	1) 工艺特点。可显著提高渗氮齿轮齿面承载能力。在 1533MPa 应力作用下，经 5×10^7 次运转不出现点蚀、剥落、折断齿及磨损疲劳 2) 调质处理。均温 $(600～650)℃ \times 180min$；淬火 $(920～930)℃ \times 145min$（大齿轮 220min），淬油至 145℃ 出炉；高温回火 640℃ ×5h（大齿轮 8h）；出炉空冷 3) 去应力退火。$(550～560)℃ \times (6～8)$ h，炉冷至 150℃ 以下，空冷 4) 气体渗氮工艺。如下图所示 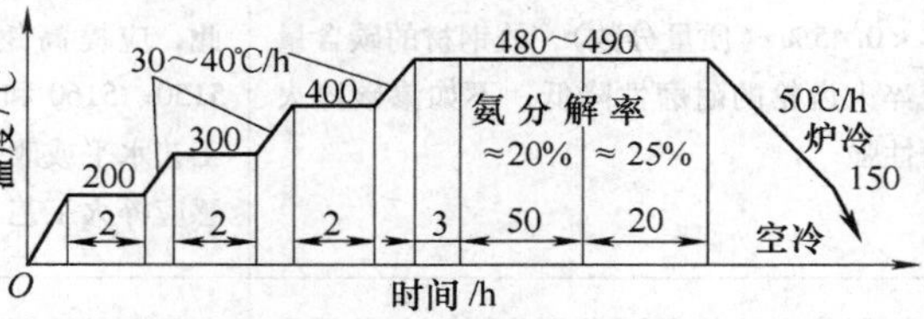 	调质硬度 291～306HBW；渗氮层深度 0.47～0.50mm，硬度 688～713HV，脆性级别 I 级，齿轮精度 5 级。$R_m > 833MPa$，$R_{eL} \geqslant 735MPa$，$A \geqslant 15\%$，$Z \geqslant 50\%$，$a_K \geqslant 58.8J/cm^2$
等离子化学沉积（PECVD）工艺	齿轮泵齿轮，材料为 40Cr 钢	1) 工艺特点。具有热处理畸变小，沉积速度快，质量高，沉积层结合力强，耐磨性高（表面硬度 1500～2000HV0.1，与钢的摩擦系数为 0.15），耐蚀性好和高温氧化性好等优点 2) 等离子化学沉积（PECVD）工艺参数。沉积温度 450～650℃，气压 266.64～1066.56Pa，氩气 15～25L/h，氢气 50～70 L/h，氮气 28～40 L/h，TiC_{14} 水浴的加热温度 40～80℃，电压 2000～3500V，电流 5～12A 3) 经 PECVD 处理后齿轮的使用寿命： 表格如下： | 处理工艺	表面硬度	超载台架耐久试验时间/h	失效形式
高频感应淬火 + 低温回火	50～55HRC	208	黏合、拉伤、噪声增加 8dB
高频感应淬火 + 离子渗氮	820HV	490	拉毛、磨损、噪声增加 8dB（A）
淬火 + 沉积 TiN	1682HV	640	磨损、噪声增加 2dB(A)，仍可使用		左下表为 40Cr 钢齿轮泵齿轮不同工艺处理后的使用寿命。可以看出，同常规热处理工艺相比，采用化学沉积处理后的齿轮使用寿命明显提高

（续）

技术名称	齿轮与技术要求	设备与工艺	效　果
矿用自卸汽车差速器零件（主从动锥齿轮、斜齿轮、行星齿轮、半轴齿轮等）	齿轮经渗碳淬火、回火处理，要求进行离子硫化处理	1）离子硫化处理特点。可直接在摩擦表面获得较厚的硫化亚铁固体润滑层；硫化温度低，在200℃左右，因此不影响工件的原始硬度、形状和精度；真空处理，不影响工件原始表面粗糙度和成分，硫化后无须清洗，无污染；可方便、准确地控制硫化层的质量 2）硫化处理。在等离子硫化设备中对差速器齿轮进行硫化处理。将已经清洗干净的差速器零件放在真空室内的阴极托板上，炉壁接阳极，在一定的真空度下，阴阳两极施以高压直流电，使真空室内的含硫气氛产生电离，硫离子在高压电场的作用下，轰击齿轮表面，同时和轰击出的铁离子结合生成硫化亚铁，形成硫化层	经真空等温离子硫化处理后的齿轮在恶劣工况条件下使用寿命得到很大提高，齿轮的耐磨性能和抗咬合性能明显提高。经装车使用，齿轮没有出现点蚀和剥落现象

12.2.10　感应淬火齿轮使用寿命低的原因与对策

感应淬火齿轮使用寿命低的原因与对策见表12-12。

表 12-12　感应淬火齿轮使用寿命低的原因与对策

原　　因	对　　策
齿面硬度低	由于受淬火开裂的限制，国产感应淬火齿轮钢材碳含量基本 <0.45%（质量分数），故钢材的碳含量偏低使感应淬火齿轮的耐磨性降低，不如渗碳淬火齿轮的耐磨性强	根据硬度和钢材碳含量关系，只有当碳含量 >0.6%（质量分数）时才能获得高硬度水平。对此，应提高钢材碳含量，如美国的 SAE1550、5150、5160 和日本的 S50、S55 等钢；提高淬火工艺水平或改变感应淬火工艺方法，如采用双频感应淬火工艺
齿轮的硬化层深度偏浅	通过对齿轮剥落失效的原因进行分析，发现硬化层深度偏浅占有很大比例。对美国 35 年间 931 件齿轮失效原因的统计表明，在 16.2% 的热处理因素中齿面硬化层深度太薄占 4.8%	具有足够深的硬化层深度，这是齿轮接触疲劳强度的基本保证。推荐深度 $D = (0.15 \sim 0.3) m$（m 为齿轮模数，单位为 mm），由公式可以看出：其范围很宽，需要按各自经验再行确定
硬化层与心部的过渡区薄弱	由于感应加热层温度梯度很陡，往往在过渡区造成很大的残余拉应力。另外，对于调质预备热处理齿轮，在感应加热时，过渡区中存在一个高于调质回火温度而低于 Ac_1 的过渡回火带，此处最终成为一个薄弱区。该薄弱的过渡区可能在外加载荷所形成的最大剪切应力与高的残余拉应力共同作用下而产生疲劳裂纹，最终导致硬化层剥落而降低齿轮寿命	1）通常采用增加感应淬火硬化层深度的办法，即将薄弱的过渡区向心部推移 2）改进感应淬火操作，以使硬化层与轮齿心部硬度过渡平缓，即提高齿轮抗硬化层剥落能力
齿根部的强度薄弱	在齿轮感应淬火时，无论是小模数齿轮套圈淬火还是大模数齿轮的单齿淬火，为了避免齿根淬裂，往往齿根处得不到有效的硬化，致使齿根弯曲疲劳强度降低	1）根据 AGMA 齿轮强度计算标准，当齿根部得到硬化时的许用弯曲应力为 310MPa，而齿根部未予硬化时的许用弯曲应力仅为 150MPa，相差一倍以上 2）采用双频感应淬火等工艺，以强化齿根处强度

（续）

	原　因	对　策
不利的齿根残余应力	通过对齿根疲劳失效及淬火过程中齿根的开裂分析，发现感应淬火时齿根处易产生残余拉应力，从而降低了弯曲疲劳强度。齿轮沿齿沟淬火时在齿根处所形成的拉应力与其几何因素密切相关	采用微线段齿廓设计来改善齿根几何形状，即加大齿根圆角，可以有效降低齿根处的最大拉应力，从而提高齿轮弯曲疲劳寿命
原始组织不良	感应淬火齿轮原始组织不良，出现异常组织，如带状组织、魏氏体组织、粗大组织、粗大晶粒等	改善原始组织状态。感应淬火齿轮钢材原始组织对工艺和性能的影响较大，可优先采用调质处理，以获得细小、均匀的显微组织
硬化层分布不良	感应淬火硬化层分布不良，如轮齿整体淬火硬化、齿根处未淬硬等，未获得沿齿廓分布的硬化层	提高感应淬火工艺水平，以使感应淬火齿轮获得沿齿廓分布的硬化层。如采用双频感应淬火以获得沿齿廓分布的硬化层。按美国的工业应用推荐：模数 <8mm、直径 <600mm 的齿轮通常采用"一发法"淬火，而对于模数 >8mm、直径 >600mm 的齿轮则采用单齿逐齿加热淬火法。国内采用单齿沿齿沟埋液淬火，而单齿沿齿沟喷液淬火采用 PAG 水溶液

第 13 章　典型齿轮热处理及其实例

目前，齿轮广泛应用于机床、车辆、能源、航空、轨道交通、冶金与矿山、石油化工、船舶与海洋工程等行业。由于各行业对齿轮技术要求、用途等有所不同，对此应根据齿轮材料、形状与尺寸、技术要求制定合理的热处理工艺，以得到要求的组织、性能及畸变等。

13.1　机床齿轮热处理及其实例

机床齿轮热处理的特点：基本需要经过预备热处理；大多只需局部淬硬及表面淬硬；广泛采用表面淬火或低温化学热处理；精密齿轮还需要求具有高的尺寸稳定性等。

13.1.1　机床齿轮的热处理

机床齿轮用材料及其热处理见 1.2.3 内容。

（1）预备热处理　机床齿轮毛坯在机械加工前需经预备热处理，通常采用调质或高温正火、退火等。

1）高温正火（或退火）。主要用于降低机床齿轮加工的表面粗糙度值。

2）调质。主要用来改善机床齿轮的心部强度和韧性。

3）正火、高频正火或调质。用于减少机床齿轮淬火畸变。

（2）最终热处理　机床齿轮的最终热处理，按使用性能要求及设备条件采用渗碳、碳氮共渗、渗氮、氮碳共渗、火焰淬火及感应淬火等。机床蜗杆用钢及热处理技术要求见表 13-1。

表 13-1　机床蜗杆用钢及热处理技术要求

热处理类别	牌　　号	热处理技术要求
渗碳	20Cr、15CrMo、20CrMo、20CrMnTi、20CrMnMo	正火；渗碳淬火（硬度 58HRC）；或渗碳后感应淬火（硬度 58HRC）；分度蜗杆需低温时效
渗氮（或氮碳共渗、硫氮碳共渗）	38CrMoAl	调质（硬度 265HBW）；渗氮（层深 0.4~0.5mm，硬度 900HV）
	40Cr、35CrMo、42CrMo	调质（硬度 235HBW），或正火；渗氮（层深 0.4mm，硬度 500HV）；或氮碳共渗、硫氮碳共渗
淬火（或表面淬火）	CrWMn、9Mn2V	球化退火；淬火（硬度 56HRC）；低温时效
	45、40Cr、42CrMo	调质（硬度 235HBW）；淬火或感应淬火（硬度 48HRC，齿面淬硬层深 ≥1mm）
调质	45、40Cr、42CrMo、30Cr2MoV	调质：硬度 235HBW

（3）典型机床齿轮的加工流程（见表 13-2）

表 13-2　典型机床齿轮的加工流程

序号	工艺流程分类	加工流程	适用范围
1	调质类机床齿轮	下料→锻造→正火→机械粗加工→调质→齿形加工→成品	一般精度要求齿轮

（续）

序号	工艺流程分类	加工流程	适用范围
2	渗碳类机床齿轮	下料→锻造→正火→机械粗、半精加工→制齿→渗碳淬火 + 低温回火→磨齿	6 级精度以上的磨齿齿轮
		下料→锻造→正火→机械粗、精加工→剃齿→渗碳→（推刀）推内孔与齿→淬火 + 低温回火→滚光	7 级精度剃齿齿轮
3	表面淬硬类机床齿轮	下料→锻造→正火或调质→机械粗、精加工→制齿→剃齿→表面淬火 + 低温回火→（拉刀）拉内花键孔→滚光	有内花键的齿轮
		下料→锻造→正火或调质→机械粗、半精加工→对外圆高频感应正火→机械精加工→制齿→剃齿→高频感应淬火 + 低温回火→（推刀）推内孔→滚光	为减少内孔畸变量而增加高频感应正火的齿轮
		下料→锻造→正火→机械粗加工→调质→机械精加工→制齿→淬火 + 低温回火→机械加工	为提高齿轮心部强度而需调质的齿轮
		下料→锻造→正火或调质→机械粗加工→去应力退火→机械精加工（拉、插、铣、剃、磨齿等工序）→渗氮	渗氮（或氮碳共渗）齿轮
		下料→锻造→正火或退火→机械粗加工→正火或调质→剃齿→渗氮	

13.1.2　机床齿轮的热处理典型实例

机床齿轮的热处理典型实例见表 13-3。

表 13-3　机床齿轮的热处理典型实例

齿轮技术条件	工　艺	检验结果
车床主轴箱直齿圆柱齿轮，45 钢，技术要求：齿轮整体调质硬度为 200 ~ 250HBW，齿面高频感应淬火硬度为 52 ~ 56HRC	1）正火。840 ~ 860℃，硬度 156 ~ 217HBW 2）调质。淬火加热 820 ~ 840℃，淬水；高温回火（520 ~ 550)℃ × 2h，空冷，硬度 200 ~ 250HBW 3）齿部高频感应淬火。860 ~ 900℃，喷水冷却 4）低温回火。180 ~ 220℃	均达到技术要求
车床变速箱拨叉齿轮，模数 6mm，38CrMoAl 钢，技术要求：调质硬度 250 ~ 280HBW，齿部渗氮，渗氮层深 0.40 ~ 0.50mm，渗层硬度 850 ~ 950HV，渗层脆性级别Ⅱ级	1）调质。淬火加热(930 ~ 950)℃ × (4 ~ 5)h，淬油 2）高温回火。(630 ~ 650)℃ × (4 ~ 5)h，油冷 3）去应力退火。560℃ × 4.5h，随炉冷至 200℃ 出炉空冷 4）气体渗氮。其工艺曲线如下	齿轮表面硬度为 980 ~ 1000HV，渗氮层深 0.40 ~ 0.48mm，脆性级别Ⅱ级，完全符合技术要求

（续）

齿轮技术条件	工艺	检验结果
机床主轴箱花键齿轮，模数 6mm，齿数 24，40Cr 钢，技术要求：高频感应淬火、回火后硬度 45～55HRC；内花键孔缩孔量 < 0.2mm；精度等级为 7FL（GB/T 10095.1）；齿距累计公差 F_p 为 0.063mm；齿形公差 f_i 为 0.016mm；齿向公差 F_β 为 0.016mm 	1）齿坯整体正火。硬度为 179～229HBW，金相组织为等轴状珠光体 + 铁素体，金相等级 3 级 2）高频感应淬火采用 GCSK 型高频数控淬火机床。电源输入功率为 100kW，输出功率为 100 kW，振荡频率为 250kHz 3）工艺参数。电压 11.5kV，槽路电压 9.5kV，阳极电流 4.8A，栅极电流 0.8A，采用连续加热方式，加热速度为 5mm/s，淬火采用 w(AQ251) 为 4%～6% 的水溶液	齿面硬度及热处理畸变均满足技术要求
机床蜗杆，42CrMo 钢，要求调质硬度为 250～280HBW 	1）调质。箱式炉，淬火加热（860～880）℃ ×（4.5～5）h，油冷；高温回火（660～680）℃ ×（3～4）h，空冷 2）时效。箱式炉，加热（600～620）℃ ×（4～5）h，降温至 350℃ 以下空冷 3）稳定化处理。100～110℃ 油浴炉加热 24h	检验结果符合技术要求
机床蜗杆，20CrMnTi 钢，技术要求：齿部 S1-C60，心部硬度为 30～42HRC；L、C 轴颈表面 S0.6-C60；蜗杆齿单侧留磨量 0.25～0.3mm，L、C 轴颈表面留磨量 0.6～0.7mm，渗碳层深度为 1.2～1.3mm 	1）加工流程。机械加工→渗碳→φ55、φ45 处车渗碳层→淬火→机械加工→稳定化处理→精加工 2）渗碳工艺。渗碳温度 920℃，强渗时间与扩散时间分别为 4.5h 和 2.5h，降温至 800℃ 出炉坑冷 3）淬火。盐浴炉加热，（820～840）℃ ×（25～30）min 4）回火。（180～200）℃ ×（2～2.5）h 5）稳定化处理。油浴炉（150～160）℃ × 10h	测齿部及轴颈处硬度为 60～65HRC，测试样淬火、回火硬度为 60～65HRC，试样渗碳层深 1.3mm

13.2　车辆齿轮热处理及其实例

车辆齿轮主要包括汽车、拖拉机、摩托车及工程车辆等所使用的各种齿轮。

13.2.1　车辆齿轮的热处理

车辆齿轮用钢及其热处理见 1.2.3 节。

（1）预备热处理　对于大量生产的汽车、拖拉机、摩托车等渗碳齿轮，为改善其可加工性及热处理畸变的稳定性，国内外广泛采用锻造后的等温正火工艺。通过采用该工艺，齿轮可以获得均匀的显微组织、较佳的硬度，为后续机械加工、热处理做好硬度、组织方面的准备，从而获得较好的渗碳热处理质量和较小的热处理畸变。

等温正火的加热温度一般为 930 ~ 950℃，具体参见 3.1.3 内容。

（2）最终热处理　用于不同车辆中的齿轮，由于受力条件、工作环境上的区别，其材质和热处理也有较大的差别，具体见表 13-4。

表 13-4　高变应力作用下车辆齿轮的选材及热处理工艺

工作条件	钢种	热处理工艺	畸变	零件形状
传递功率大，转矩大，速度较高，冲击大	低合金钢	渗碳（或碳氮共渗）	较小	简单、复杂均可
	低碳钢		大	
传递功率大，摩擦力大，速度不高，冲击较大	中碳钢	感应淬火	小	简单
传递功率大，转矩较大，速度高，冲击小	中碳合金钢	渗氮处理	极小	简单、复杂均可

目前，车辆齿轮大都采用渗碳（或碳氮共渗）热处理工艺。车辆齿轮采用渗碳（或碳氮共渗）作为最终热处理时，根据不同钢材、技术要求的不同，可以选择不同的热处理工艺。

（3）典型车辆齿轮的加工流程（见表 13-5）

表 13-5　典型车辆齿轮的加工流程

齿轮名称	加工流程
汽车变速齿轮	下料→锻造→等温正火→机械粗、半精加工（内孔及端面留磨量）→渗碳（内花键孔防渗）→淬火 + 低温回火→喷丸→校正内花键孔→珩（或磨）齿部→成品
载货汽车驱动桥主动弧齿锥齿轮	下料→锻造→等温正火→机械粗、精加工→制齿→渗碳、淬火 + 低温回火→喷丸→矫直→磨削轴颈→齿部研磨→配对→磷化处理→成品
农用车变速齿轮	下料→锻造→正火→机械加工→渗碳→预冷淬火→低温回火→喷丸→磨齿
工程机械装载机中的输入齿轮轴	下料→锻造→正火→粗车→精车→粗、精滚齿→铣花键→去毛刺→渗碳、淬火→矫直→去应力退火→研磨中心孔→磨削重要外圆表面及端面→车削凹槽附近外圆等重要表面→磨齿→检验入库

13.2.2　车辆齿轮的热处理典型实例

车辆齿轮的热处理典型实例见表 13-6。

表 13-6　车辆齿轮的热处理典型实例

齿轮技术条件	工艺	检验结果
水泥搅拌车驱动桥主动锥齿轮，22CrMoH 钢，技术要求：等温正火硬度 163 ~ 187HBW，金相组织应为均匀的铁素体 + 珠光体，晶粒度 6 ~ 8 级。渗碳淬火、回火处理后表面与心部硬度分别为 33 ~ 45HRC 和 58 ~ 63HHRC $\phi 180$　$\phi 75$ 60　305.3	1）等温正火。采用等温正火生产线。高温炉加热温度为 1 区 860℃，2 区 940℃，3 区 940℃，高温保温时间为 23min；（速冷室）速冷（空气鼓风）至 650℃，保温 234min，再空冷 2）渗碳采用连续式渗碳炉。渗碳工艺：预热 480℃ ×50min；（1 区）加热 915℃ × 60min；（2 ~ 3 区）渗碳 925℃ × 300min，碳势 $w(C)$ 1.1% ~ 1.5%；（4 区）扩散 910℃ ×300min，碳势 $w(C)$ 0.9%；（5 区）预冷淬火：830℃ ×90min，淬火 3）低温回火：190℃ ×3h	渗碳层深度、齿轮表面与心部硬度、畸变均满足技术要求

（续）

齿轮技术条件	工　艺	检验结果
"解放"牌载货汽车变速器三速-二轴齿轮，SAE8620RH 钢（相当于 20CrNiMoRH）。淬透性：J4.8 = 35～41HRC，J8 = 26～34HRC，J12.8 = 21～28HRC。渗碳层深要求：节圆 0.84～1.34mm，齿根≥0.59mm，内孔≥0.66mm（磨内孔后）。表面、心部及内孔硬度要求分别为 58～63HRC、≥25HRC 和≥58HRC（磨后）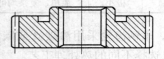	1）齿坯等温正火硬度 159～197HBW 2）渗碳采用双排连续式渗碳炉，渗碳工艺：1～5 区温度（℃）分别为 900、930、930、910 和 840；1～5 区 RX 气氛（m³/h）分别为 12、10、8、10 和 10；3～5 区碳势 $w(C)$ 分别为 1.10%、0.95% 和 0.90%；推料周期 22.5min；低温回火 170℃	1）有效硬化层深：节圆 1.29mm，齿根 0.97mm，磨削后内孔 0.85mm，均符合产品要求 2）回火后硬度：齿面 60HRC，内孔 59HRC，心部 27HRC，均符合要求 3）金相组织：节圆与齿根处非马氏体层深分别为 0.019mm 和 0.020mm，均符合要求
"解放"牌 1t 轻型车从动锥齿轮，8620H 钢，技术要求：渗碳淬火有效硬化层深 0.8～1.2mm，残留奥氏体≤3 级，碳化物≤4 级，表面与心部硬度分别为≥60HRC 和 30～45HRC。端面平面度误差≤0.05mm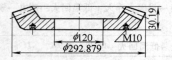	1）渗碳采用单排连续式渗碳炉；装炉采用平装方式 2）渗碳热处理工艺：1～5 区温度（℃）分别为 820、890、910、890 和 850；1～5 区 RX 气氛（m³/h）分别为 6、4、10、6 和 10；3～5 区碳势 $w(C)$ 分别为 1.15%、0.85% 和 0.8%；推料周期 42min；淬火采用高温淬火油，油温 100℃左右	采用高温油比快速油淬火畸变一次合格率提高 9.61%～15.38%；采用低温（910℃）渗碳工艺比高温（930℃）工艺畸变合格率提高 11.54%～24.48%；采用平装方式比串装方式畸变合格率提高 26.4%
推土机终传动内齿圈（见下图），45 钢，技术要求：感应淬火表面硬度 52～60HRC，基体硬度 248～293HBW，齿顶、节圆与齿根硬化层深分别为 1.9～12.4mm、2.4～5.0mm 和 1.5～3.0mm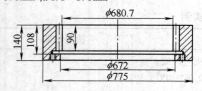	1）齿圈正火为 850℃×2h，空冷；调质为淬火（820℃×2h）+ 高温回火（650℃×3h，水冷） 2）中频感应淬火使用 1200kW 大型齿轮感应淬火机床，电源选用 IGBT 晶体管中频电源，感应器采用自带喷液装置的集中加热感应器，齿圈经 840～910℃感应加热结束后，直接喷液淬火，淬火选用 $w(AQ251)$ 为 5%～7% 的水溶液，回火为 160℃×4h	齿顶：表面硬度 58.3HRC，硬化层深 7.8mm。节圆：表面硬度 57.8HRC，硬化层深 4.5mm。齿根：表面硬度 57.8HRC，硬化层深 1.8mm。圆棒跨距 M 值变动量≤0.4mm，以上均合格
125 摩托车 7 种齿轮，材料均为 20CrMnTi 钢，技术要求见表 13-7，要求碳氮共渗处理	1）调质。淬火加热 870℃，机械油中冷却；高温回火 660℃，硬度 24～38HRC 2）共渗设备为 RQZ-60-9 型井式渗碳炉。碳氮共渗剂采用煤油 + 三乙醇胺，其滴注比例为 1:2.5；共渗温度 860℃，出炉后油中直淬 3）回火。180℃×2h，空冷	碳氮共渗后渗层深度、心部硬度、表面硬度和圆跳动均合格，具体见表 13-8

表 13-7　125 摩托车 7 种齿轮的技术要求

齿轮名称	渗层深度/mm	表面硬度 HRC	心部硬度 HRC	圆跳动量/mm
主动齿轮	0.4 ~ 0.6	≥55	24 ~ 38	≤0.06
Ⅰ 轴 Ⅱ 速齿轮	0.4 ~ 0.6	≥58	24 ~ 38	≤0.06
起动齿轮	0.2 ~ 0.35	≥55	24 ~ 38	≤0.06
Ⅱ 轴 Ⅲ 速齿轮	0.4 ~ 0.7	≥58	24 ~ 38	≤0.063
Ⅰ 轴 Ⅰ 速齿轮	0.4 ~ 0.6	≥58	24 ~ 38	≤0.063
Ⅱ 轴 Ⅰ 速齿轮	0.4 ~ 0.6	≥58	24 ~ 38	≤0.06
Ⅱ 轴 Ⅱ 速齿轮	0.4 ~ 0.7	≥58	24 ~ 38	≤0.063

表 13-8　批量生产检验结果

齿轮名称	渗层深度/mm	心部硬度 HRC	表面硬度 HRC	圆跳动量/mm
主动齿轮	0.42 ~ 0.45	24 ~ 38	56 ~ 59	0.036 ~ 0.045
Ⅰ 轴 Ⅱ 速齿轮	0.42 ~ 0.45	24 ~ 34	58 ~ 61	0.041 ~ 0.056
起动齿轮	0.30 ~ 0.35	22 ~ 32	56 ~ 58	0.043 ~ 0.054
Ⅱ 轴 Ⅲ 速齿轮	0.42 ~ 0.45	23 ~ 35	58 ~ 63	0.041 ~ 0.056
Ⅰ 轴 Ⅰ 速齿轮	0.42 ~ 0.45	24 ~ 36	58 ~ 61	0.042 ~ 0.057
Ⅱ 轴 Ⅰ 速齿轮	0.42 ~ 0.45	25 ~ 37	58 ~ 61	0.041 ~ 0.054
Ⅱ 轴 Ⅱ 速齿轮	0.42 ~ 0.46	24 ~ 36	58 ~ 62	0.045 ~ 0.058

13.3　能源装备齿轮热处理及其实例

能源装备齿轮主要包括风电、火电、核电及其他发电装备用齿轮。

13.3.1　风电齿轮热处理及其实例

风电齿轮用钢及其热处理见 1.2.3 内容。

（1）风电齿轮热处理工艺

1）预备热处理。低碳合金钢渗碳齿轮毛坯采用（等温）正火，或正火 + 高温回火；中碳钢、中碳合金钢采用调质处理。

2）最终热处理。目前，国内外风电齿轮箱外（啮合）齿轮均采用渗碳热处理工艺。行星传动的内齿圈中，国外的主要采用渗碳热处理工艺，国内的多采用渗氮工艺，少数采用感应淬火工艺。激光淬火是解决风电内齿圈齿根强化与畸变问题的一个有效工艺措施。

几种硬齿面齿轮常用热处理工艺对比见表 13-9。供风电齿轮热处理时参考。

表 13-9　几种硬齿面齿轮常用热处理工艺对比

热处理方法	有效硬化层深/mm	表面硬度 HV	接触应力极限值/MPa	弯曲应力极限值/MPa	特　点
渗碳淬火	0.4 ~ 8.0	57 ~ 63 HRC	1500	500	适用范围宽、承载能力高，工艺复杂、畸变大、成本高
渗氮	0.2 ~ 1.1	800 ~ 1200	1250	420	畸变小，大于 1 mm 的深层渗氮难度大、层深和心部硬度影响大
感应淬火	1 ~ 2（高频）3 ~ 6（中频）	600 ~ 850	1150	360	适用范围较宽、成本较低，易淬火开裂，工艺稳定性较差

（2）典型风电齿轮的加工流程

1）20CrNi2MoA 钢渗碳淬火风电外齿轮的加工流程：锻坯→正火 + 高温回火→机械加工制（齿）坯→滚齿及清理毛刺→渗碳、淬火及低温回火→喷丸→磨齿。

2）42CrMoA 钢渗氮内齿圈的加工流程：锻坯→调质→机械加工制齿坯→插齿及清理毛刺→渗氮→机械精加工。

（3）风电齿轮材料与热处理质量控制　为了提高风电齿轮的疲劳强度，保证 20 年的可靠寿命，齿轮生产厂应当按 GB/T 3480.5—2008 中渗碳齿轮最高级别 ME 规定的要求来控制材料的热处理质量。

（4）风电齿轮的热处理典型实例（见表 13-10）

表 13-10　风电齿轮的热处理典型实例

齿轮技术条件	工　艺	强化效果
2MW 风力发电机组中增速器内齿圈，其调质毛坯质量 2700kg，42CrMoA 钢，技术要求：调质硬度 270 ~ 300HBW，$R_m = 800 ~ 950$MPa，$R_{p0.2} \geq 550$MPa，$A \geq 13\%$，$Z \geq 50\%$，$KV_2 \geq 30$J；齿面感应淬火硬度 54 ~ 58HRC，齿面有效硬化层深度 3.3 ~ 4.0mm，齿根有效硬化层深度 2.5 ~ 3.2mm，表层金相组织要求 4 ~ 6 级细针状马氏体（参照 JB/T 9204—2008）合格，无未溶铁素体，表面无裂纹 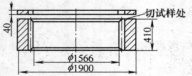	正火及调质采用井式炉氮气保护加热 1）正火。先在 650℃ × 1h 进行预热，然后在 870℃ × 3.5h 加热，出炉空冷 2）调质。淬火加热：先在 650℃ × 1h 进行预热，然后在 860℃ × 4h 加热淬火，出炉油冷（油温 < 80℃）。采用快速淬火油（冷却速度超过 100℃/s）淬火冷却。高温回火：先在 350℃ × 1h 进行预热，然后在 510℃ × 9h 加热回火，出炉空冷 3）中频感应淬火	1）调质金相组织为较均匀细小的回火索氏体，力学性能检验合格，硬度 285 ~ 293HBW，硬度均匀，同一截面硬度波动范围可控制在 10HBW 以内，经对近百件检查，其合格率达 100% 2）中频感应淬火后表面硬度、有效硬化层深度合格
1.5kW 风电设备中偏航齿圈，42CrMo 钢，技术要求：调质后 $R_m = 800 ~ 950$MPa；表面渗氮层深 0.4mm，硬度 > 700HV1，平面度误差 ≤ 0.100mm 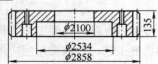	1）调质处理。调质硬度 280 ~ 320HBW 2）离子渗氮。（490 ~ 510）℃ ×（48 ~ 56）h，氨气压力 300 ~ 400Pa	调质后硬度为 296 ~ 334HBW；渗氮齿轮表面硬度 724 ~ 734HV1；渗氮层深 0.41 ~ 0.50mm；畸变合格
风电齿轮箱太阳轮，轮齿模数 14mm，花键模数 8mm，18CrNiMo7-6 钢，技术要求：轮齿和花键渗碳淬火有效硬化层深 2.0 ~ 2.8mm（550HV1），轮齿和花键表面硬度 58 ~ 62HRC，轮齿心部硬度 ≥ 25HRC，弯曲度误差 < 0.1% 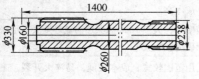	1）装炉采用的重心（φ330mm）朝上焊接悬挂方式、渗碳前镗孔的空心体结构都有利于减小弯曲畸变 2）渗碳工艺：650℃ 预热；800℃ 预热，碳势 $w(C)$ 0.5%；920℃ 强渗碳势 $w(C)$ 1.15%，920℃ 扩散碳势 $w(C)$ 0.85%；炉内快冷至 760℃ 保温 1h，出炉入缓冷坑至 300℃ 空冷 3）淬火、回火。预热 640℃，升温至 820℃ 并保温，入 180℃ 硝盐槽淬火后出炉风冷；回火 170℃，空冷	1）轮齿及花键有效硬化层深、表面与心部硬度、弯曲度均满足技术要求 2）当轮齿留磨量 0.7mm，花键留磨量 0.6 ~ 0.7mm 时，即可满足畸变要求

（续）

齿轮技术条件	工艺	强化效果
风力发电机增速器内的输出齿轮，18CrNiMo7-6 钢，技术要求：渗碳层深度 2.4 ~ 3.0mm（550HV），齿面硬度 58 ~ 63HRC，齿面碳化物 1 ~ 3 级	1）采用 VKEs5/2 型可控气氛箱式多用炉 　2）渗碳热处理工艺如图 13-1 所示	渗碳层深度为 2.8mm（550HV），齿面硬度为 61.2HRC，齿面碳化物为弥散分布颗粒状 1 级

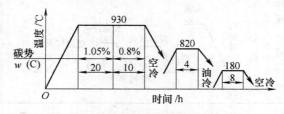

图 13-1　输出齿轮渗碳热处理工艺

13.3.2　火电及其他发电装备齿轮热处理及其实例

　　（1）火电及其他发电装备齿轮材料及其热处理　火电及其他发电装备齿轮因传递载荷大，故多采用含镍低碳、中碳合金结构钢，如 12CrNi3、17Cr2Ni2MoA、20Cr2Ni4A、25Cr2MoV、45CrNiMoVA、40CrNiMo 等，并进行渗碳或渗氮热处理。

　　1）预备热处理。低碳合金结构钢渗碳齿轮采用正火 + 高温回火；中碳合金结构钢渗碳齿轮主要采用调质处理。

　　2）最终热处理。低碳合金结构钢齿轮采用渗碳热处理；中碳合金结构钢齿轮采用渗氮热处理。

　　（2）火电及其他发电装备齿轮的热处理典型实例（见表 13-11）

表 13-11　火电及其他发电装备齿轮的热处理典型实例

齿轮技术条件	工艺	强化效果
主汽轮机减速器齿轮，17Cr2Ni2MoA 钢，最大尺寸 φ800mm 多，最小尺寸 φ200mm；技术要求：齿面渗碳层深分别为 1.5 ~ 2.0mm（大尺寸）和 1.0 ~ 1.5mm（小尺寸），经机械加工后齿顶和齿面单面留余量（0.30 ~ 0.35mm），渗碳淬火	1）采用合理装夹方式减少和控制齿轮畸变。齿轮渗碳时法兰端朝上装炉，二次淬火加热时反向装炉 　2）渗碳温度 930℃，碳势自动控制；二次淬火温度 830℃	热处理畸变及其他热处理指标均合格
257kW（360 马力）涡轮发动机减速器齿轮，模数 2.5mm，齿数 256，精度 6 级，线速度 105.8m/s，40CrNiMo 钢，要求离子渗氮	采用深层离子渗氮工艺。如下图所示	表面硬度 590 ~ 600HV5；渗层深度 0.75 ~ 0.8mm；表面相结构 γ' 单相；脆性级别 I 级

（续）

齿轮技术条件	工　艺	强化效果
发电机组 YOTF450 系列的大齿轮，分度圆直径 890mm，厚度 160mm，模数 8mm，质量 750kg，20Cr2Ni4A 钢，技术要求：渗碳淬火有效硬化层深 1.8～2.0mm，表面与心部硬度要求分别为 58～62HRC 和 35～40HRC，碳化物 1～2 级，残留奥氏体 1～3 级，心部组织 1～3 级	1）采用易普森多用炉，渗剂为丙酮，淬火采用好富顿中速淬火油，油温 80℃。 2）预备热处理。正火 + 高温回火 3）渗碳热处理。如下图所示 （渗碳 930，三次高温回火，加热淬火 790，低温回火 180，空冷/油冷/空冷 工艺曲线图，横轴为时间/h，纵轴为温度/℃）	有效硬化层深 1.89mm。齿轮表面与心部硬度分别为 60～61HRC 和 36～39.5HRC。金相组织：碳化物 1 级，残留奥氏体 2 级，心部铁素体 2 级。齿轮几何公差和齿形公差均符合图样要求

13.4　航空齿轮热处理及其实例

13.4.1　航空齿轮的热处理

航空齿轮用钢及其热处理见 1.2.3 内容。

（1）航空齿轮热处理工艺

1）预备热处理。低碳合金钢渗碳齿轮毛坯采用正火，或正火 + 高温回火；中碳合金钢采用调质处理。

2）最终热处理。航空齿轮常采用渗碳、碳氮共渗或渗氮工艺。为了提高接触疲劳强度，应保证一定渗层深度，渗碳层深度可取模数的 15%～20%，或取节圆处齿厚的 10%～20%，同时还应控制渗层碳化物的形态、大小和分布状况。提高轮齿弯曲疲劳强度的基本途径是提高齿根处材料的强度。因此，一般采用碳含量为 0.10%～0.20%（质量分数）的高淬透性钢，进行渗碳淬火、低温回火。

（2）典型航空齿轮的加工流程　载荷大的航空齿轮采用锻造毛坯加工，而小模数、小载荷的齿轮则采用棒材加工。其加工流程见表 13-12，供齿轮机械加工与热处理时参考。

表 13-12　典型航空齿轮的加工流程

工艺方法	工　艺　流　程
渗碳直淬或二次加热淬火	锻造→毛坯正火或调质→机械加工→渗碳及渗碳后处理（淬火 + 低温回火）→机械加工至成品
渗碳（防渗）+ 二次加热淬火	锻造→毛坯正火或调质→机械加工→镀铜（非渗碳表面）渗碳→除铜→淬火 + 低温回火→机械加工至成品。
渗碳（缓冷）+ 二次加热淬火	锻造→毛坯正火或调质→机械加工→渗碳（缓冷）→机械加工→淬火 + 低温回火→机械加工至成品
渗氮	锻造→毛坯正火 + 调质→机械加工→镀锡或镀铜→渗氮→机械加工至成品
渗碳（渗氮或碳氮共渗）	举例：航空发动机齿轮棒料经锻造→粗车→调质→半精车→粗磨基准→开齿（包括插齿、刨齿、滚齿、铣齿等）→磨齿→局部渗碳（渗氮或碳氮共渗）→高温回火（渗碳后扩散处理）→淬火→精磨基准→磨齿

13.4.2 航空齿轮的热处理典型实例

航空齿轮的热处理典型实例见表 13-13。

表 13-13 航空齿轮的热处理典型实例

齿轮技术条件	工　艺	强化效果
航空齿轮泵上的传动齿轮，12Cr2Ni4A 钢，技术要求：有效硬化层深 0.55 ~ 0.80mm，表面与心部硬度为 59 ~ 65HRC 和 40 ~ 45.5HRC，碳氮共渗的金相组织按 HB 5492—1991 中Ⅱc 规定的要求执行	1）去应力退火。（650 ~ 680）℃×（1 ~ 2）h 2）碳氮共渗后再加工内花键 3）淬火加热。采用真空油淬炉，预热（700 ~ 750）℃×（30 ~ 50）min 后再升至淬火温度 800 ~ 810℃，淬火油温控制在 70℃ 左右	机械加工时内花键的圆棒跨距 M 值的变化在 0.04mm 以内，热处理后圆棒跨距 M 值均有所缩小（0.007 ~ 0.022mm），合格率提高 90% 以上
航空环形齿轮，16CrNi4MoA 钢，技术要求：齿面与心部硬度分别为 58 ~ 62HRC 和 36 ~ 45HRC，有效硬化层深 0.70 ~ 0.95mm，其渗碳层及非渗层的金相组织按 HB 5492—1991 中Ⅱc 规定的要求执行	1）加工流程。锻造→正火 + 高温回火→粗加工→半精加工→调质处理→整体镀铜→插内花键→去应力→插内齿→去应力→插外齿→去应力→热处理（淬火油温 80℃）→精加工 2）渗碳热处理工艺。如下图所示	1）环形齿轮的内花键及内齿轮、外齿轮这三个部位畸变的合格率分别为 82%、87% 和 96% 2）其他检验项目均符合技术要求
航空发动机主动锥齿轮（见图 a）和从动锥齿轮（见图 b），12Cr2Ni4A 钢，技术要求：渗碳层深度分别为 0.85 ~ 1.05mm 和 0.9 ~ 1.2mm，表面与心部硬度分别为≥61HRC 和 31 ~ 42HRC	采用三段气体渗碳工艺：渗碳 870℃×1h，渗碳 900℃×1.5h，渗碳 920℃×（2 ~ 4）h，出炉空冷；再进行淬火加热（810±10）℃×（40 ~ 60）min，出炉在 160 ~ 220℃ 硝盐浴中分级冷却 7 ~ 12min，空冷至室温，随后进行冷处理和低温回火	1）渗碳时齿部向下吊挂装炉，芯轴定位，齿轮下部放置支垫块以减小畸变 2）B 面平面度合格，内孔圆度误差和内孔收缩量均在控制技术要求范围内 3）经磨齿后精度达 5 ~ 6 级。完全达到了高精度质量的要求

13.5 轨道交通装备齿轮热处理及其实例

轨道交通机车齿轮主要包括电力机车齿轮和电传动内燃机车齿轮。

13.5.1 轨道交通装备齿轮的热处理

轨道交通机车牵引齿轮用钢及其热处理见1.2.3内容。

（1）预备热处理 齿轮锻件通常采用正火或正火+高温回火的热处理工艺，回火温度一般要求在550℃以上，这样才能保证在后续加工过程中的组织稳定性和尺寸精度。

（2）最终热处理——渗碳、淬火+低温回火 目前，世界上牵引机车齿轮一般均采用高可靠性的渗碳淬火后磨齿的工艺。渗碳主要是采用气体渗碳工艺。

（3）热处理技术要求 一般要求渗碳淬火有效硬化层深2~4mm，表面硬度58~63HRC，心部硬度的最佳值为30~45HRC。渗层的理想组织应为隐针或细针状马氏体+少量残留奥氏体+细而均匀分布的粒状碳化物。

例如法国阿尔斯通（ALSTOM）公司对HXD2大功率电力机车牵引齿轮要求渗碳热处理，渗碳层的碳化物要求呈弥散状，不接受半断续状及断续状碳化物，表面非马氏体组织≤20μm，残留奥氏体含量≤25%（体积分数），执行标准ISO 6336-5，有效硬化层深≥1.4mm，表面硬度58~64HRC，非硬化区硬度330~470HBW。

13.5.2 轨道交通装备齿轮的热处理典型实例

轨道交通装备齿轮的热处理典型实例见表13-14。

表 13-14 轨道交通装备齿轮的热处理典型实例

齿轮技术条件	工 艺	强 化 效 果
HXD2型电力机车牵引主动齿轮，外圆φ205.9mm，长度252.5mm，模数8mm，齿数23，18CrNiMo7-6钢，技术要求：渗碳淬火有效硬化层深1.9~2.5mm，硬化区与非硬化区表面硬度分别为58~64HRC和36~47HRC，碳化物为点状或粒状弥散分布，残留奥氏体体积分数不大于25%	 采用TQF-25-ERM型箱式多用炉。淬火采用Y15-Ⅱ型快速光亮淬火油 1）渗碳。强渗930℃，碳势w(C) 1.10%；扩散930℃，碳势w(C) 0.82%，扩散时间与强渗时间比例为2:1；预冷淬火880℃×2h，入油淬火 2）高温回火。630℃×3h，空冷 3）二次加热淬火。825℃×1h，油冷 4）低温回火。180℃×8h	1）节圆处：有效硬化层深2.00mm，碳化物1级，马氏体2级，残留奥氏体<10%（体积分数），表面与心部硬度分别为59.5HRC和42HRC 2）齿根处：有效硬化层深1.70mm，碳化物1级，马氏体2级，残留奥氏体<10%（体积分数），表面与心部硬度分别为59.5HRC和40HRC

（续）

齿轮技术条件	工　艺	强化效果
201 型、203 型 15t 蒸汽轨道起重机，模数 m_n = 18mm，材料为球墨铸铁（质量分数：3.48% C，2.85% Si，0.65% Mn，0.064% P，0.039% S），齿轮的铸态性能：R_m = 600MPa，A = 7.8%。技术要求：中频感应淬火，齿面硬度 ≥35HRC，硬化层深度 2～3mm	1）齿轮预备热处理。正火 880℃ ×2.5h 2）设备与中频感应淬火工艺。采用 BPSD100/8000 型中频机组进行单齿淬火。球墨铸铁加热到 1000～1100℃淬火的 Ms 点在 180～190℃，选择喷水淬火。中频感应喷水淬火后的表面余温在 150～200℃，余热使转变的马氏体得到自回火。中频感应淬火与回火工艺： 中频感应淬火工艺参数 / 回火 比功率/kW·mm^{-2}：0.008；加热温度/℃：980～1030；加热时间/s：35；喷水冷却时间/s：10；温度/℃：380；时间/h：1	齿面硬度为 42～45HRC，硬化层深度 2～3mm，经磁粉检测齿轮表面无裂纹
ND1 型内燃机车牵引从动齿轮（见右图），模数 10mm，42CrMo 钢，齿轮调质后进行高频感应淬火，齿面硬度要求 ≥52HRC，硬化层深度 1.5～2.0mm	ϕ777.52　140 沿齿廓进行高频感应淬火。感应加热频率为 2.5～3.0kW，高频功率为 60kW	1）采用高频自冷淬火使齿轮畸变减小，基本上可以保持原来的精度等级，并能够消除合金钢齿轮在高频感应淬火时产生裂纹隐患 2）齿面硬度与硬化层深度均满足技术要求

13.6　冶金、矿山、石油化工及建材设备齿轮热处理及其实例

冶金、矿山、石油化工及建材设备等主机配套的齿轮和通用减速器中的齿轮，均属于重载齿轮。根据其结构不同可分为锻造齿轮、铸造齿轮、焊接齿轮及镶圈式齿轮。

13.6.1　冶金、矿山、石油化工及建材设备齿轮的热处理

1）现代大型冶金设备中重要的齿轮传动装置的齿轮轴、齿轮和焊接齿轮齿圈的材料全部选用优质合金钢。其中，感应淬火齿轮的材料为 38SiMnMo、35CrMo 和 42CrMo 钢等，调质后硬度一般为 280～360HBW；渗碳淬火齿轮的材料为 20CrMnMo、20Cr2Ni4、20CrNi2Mo、15CrNi3Mo、17CrNiMo6 和 16NCD13 钢等，磨齿后齿面硬度为 58～62HRC。

2）矿山机械设备齿轮的预备热处理采用退火、正火、调质。由于齿轮外形比较庞大，以调质工艺最为复杂，淬火时畸变量大和开裂倾向大。因此，大件齿轮调质用阶梯升温加热方式，淬火冷却可采用水冷、双介质淬火等方式，淬火应及时回火，并控制其升温速度及冷却方式。

矿山机械设备齿轮的最终热处理多采用渗碳、渗氮、碳氮共渗等化学热处理。

3）石油化工齿轮热处理。如石油钻机弧齿锥齿轮是石油钻机中的主要传动零件，具有较高的传动速度，受重载冲击载荷，其热处理方法有渗碳或沿齿沟中频感应淬火等。

13.6.2　冶金、矿山、石油化工及建材设备齿轮的热处理典型实例

冶金、矿山、石油化工及建材设备齿轮的热处理典型实例见表 13-15。

表 13-15　冶金、矿山、石油化工及建材设备齿轮的热处理典型实例

齿轮技术条件	工　艺	强 化 效 果
650 轧钢机锥齿轮轴，锻坯长度 3200mm，最大轴径 ϕ680mm，最小轴径 ϕ460mm，37SiMn2MoV 钢，技术要求：调质硬度 241 ~ 286HBW；力学性能 $R_m \geq 750$MPa，$R_{eL} \geq 600$MPa，$A \geq 14\%$，$Z \geq 40\%$；最大弯曲量 < 15mm	1）加工流程。锻坯→退火→机械加工→粗加工（粗开齿等）→调质→精加工→成品 2）退火。870℃ × （10 ~ 12）h，炉冷 3）调质。为防止粗开齿齿面氧化脱碳，需在齿面涂覆防脱碳剂。调质淬火时，用水 – 空（气）间歇冷却淬火代替油冷淬火，调质工艺如下 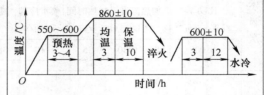	调质后齿轮轴的力学性能与弯曲畸变均满足技术要求
采煤机械重载齿轮（双联齿轮），A、B 齿轮模数均为 9mm；A、B 齿轮齿数均为 20；A、B 齿轮公法线长度分别为 $69^{+0.90}_{+0.70}$mm（跨三齿）和 $96^{+0.51}_{+0.31}$mm（跨四齿）；花键外径 $102^{+0.22}_{0}$mm，内径 $92^{+0.035}_{0}$mm，齿槽宽 $14^{+0.086}_{+0.016}$mm，20Cr2Ni4A 钢，技术要求：真空离子碳氮共渗层深 1.75 ~ 2.00mm，表面硬度 58 ~ 62HRC 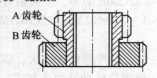	真空离子碳氮共渗（见图 a）、真空高温回火（见图 b）及真空淬火 + 空气炉低温回火（见图 c）工艺曲线： 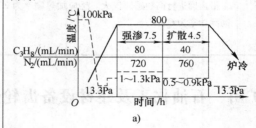 a) 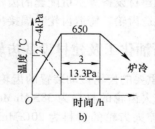 b) 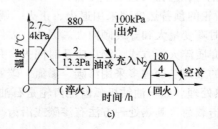 c)	渗层表面硬度为 58.5 ~ 61HRC；渗层深度 1.90mm；渗层碳化物级别 1 级；残留奥氏体为 1 级；热处理畸变满足技术要求

（续）

齿轮技术条件	工　艺	强化效果
主风机高速双圆弧齿轮，模数 4.5mm，线速度 118m/s，负荷系数 1.63kPa，34CrNi3Mo 钢，技术要求：表面硬度 620～650HV，有效硬化层深 0.8mm，脆性级别 I 级 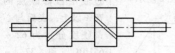	深层离子渗氮工艺如下 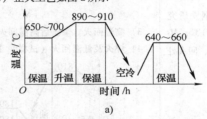	渗氮层深度 0.8～1.2mm，表面硬度 550～570HV，表面获得以 γ′相为主组织
大模数齿轮轴（见下图），法向模数为 24mm，齿数为 20，17Cr2Ni2Mo 钢，技术要求：渗碳淬火后表面硬度与心部硬度分别为 56～60HRC 和 310～350HBW，有效硬化层深 3.2～4.0mm 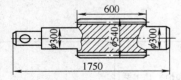	1）正火工艺如图 a 所示 2）渗碳采用微机控制的 1.6m×5m 井式气体渗碳炉。渗碳工艺：930℃渗碳与扩散结束后，出炉限速冷却 3）淬火与回火工艺如图 b 所示。淬火时采用热油冷却，齿轮轴冷却到 180℃（表面温度）左右转入等温炉中进行长时间保温（4h 左右） 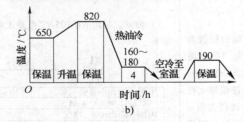	齿轮轴渗碳层深为 3.85mm，渗层硬度为 56～57HRC。渗碳层组织为回火马氏体 + 贝氏体 + 残留奥氏体（体积分数 30%），心部组织为马氏体 + 贝氏体 + 少量游离铁素体。心部硬度为 335HBW
球磨机用半齿轮，ZG310-570 铸钢，质量为 6938kg，要求调质硬度 217～255HBW 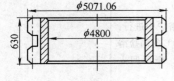	由于半齿轮尺寸大、壁薄，加热淬火过程中易畸变，为此在齿轮内部增加支承拉筋。其调质工艺如下 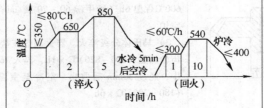	加热采用阶梯式升温方式；淬火后齿轮表面冷却至 200℃时立即回火；回火时采取低温装炉，升温速度比淬火慢。齿轮畸变与硬度均达到要求

（续）

齿轮技术条件	工　艺	强化效果
采煤机重载齿轮，15CrNi3MoA 钢（代替 18Cr2Ni4WA 钢），其力学性能（上海五钢厂）：$R_m = 1350\text{MPa}$，$R_{eL} = 1085\text{MPa}$，$A = 13\%$，$Z = 63\%$，$a_K = 9.5\text{J/cm}^2$。其临界点（上海钢铁研究所）：Ac_1 为 700℃，Ac_3 为 771℃，Ms 为 361℃。齿轮要求渗碳淬火、回火处理	1）预备热处理。正火（950℃，空冷）+ 高温回火（650 ~ 670℃，空冷），硬度≤269HBW 2）气体渗碳工艺（试样）。齿形模数 10mm；其平均渗速 0.2 ~ 0.25mm/h，渗碳工艺如图 a 所示 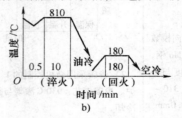 a) 3）高温回火。渗碳后高温回火：650℃ × 4h 4）淬火及低温回火（试样）工艺如图 b 所示 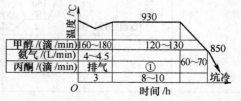 b)	渗碳层深 1.7mm，过渡层占渗碳层的 70% 以上；表面与心部硬度分别为 62 ~ 65HRC 和 37 ~ 40HRC；金相组织为回火马氏体（<3 级）+ 颗粒均布碳化物（<2 级）+ 少量残留奥氏体（<3 级）；心部组织为低碳马氏体，力学性能为：$R_m = 848.4\text{MPa}$，$A = 23\%$，$Z = 59\%$，$a_K = 14\text{J/cm}^2$
石油钻机弧齿锥齿轮，端面模数为 12mm，齿数 41，精度为 7-7-6 级（GB/T 10095.1），20Cr2Ni4A、22CrMnMo 钢，技术要求：渗碳淬火有效硬化层深 1.8 ~ 2.3mm，渗层表面 w(C) 为 0.85% ~ 1%，表面与心部硬度分别为 58 ~ 62HRC 和 36HRC；金相组织为碳化物≤1 级，马氏体、残留奥氏体≤2 级，表面脱碳层深度≤0.05mm。热处理后畸变量为大背面翘曲≤0.20mm，振摆≤0.02mm 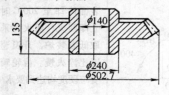	1）渗碳。采用 RJJ-105-9T 型井式渗碳炉，其工艺如下 ①根据平衡温度用丙酮滴量来调整渗碳期 　注：20Cr2Ni4A 与 22CrMnMo 平衡温度 　　分别为 37.5 ~ 39℃和 40 ~ 42℃ 2）高温回火。在 RJJ-105-9T 型炉中于 580 ~ 600℃ 保温 6h（滴甲醇 60 ~ 70 滴/min），随后出炉空炉 3）马氏体分级淬火。淬火加热在盐浴炉中进行，齿轮加热（800 ~ 820）℃ × 1h，淬入 160℃ 的硝盐浴中，经过 30min 后取出，空冷至室温，最后回火（180 ~ 200）℃ × 6h	渗碳层深度、表面硬度、心部硬度以及显微组织、畸变均合格

（续）

齿轮技术条件	工　艺	强化效果
石油钻机 2P-520 转盘从动齿轮，法向模数 $m_n = 20\text{mm}$，齿数 58，35CrMo 钢，技术要求：调质硬度 180 ~ 220HBW，离子渗氮层深 0.4 ~ 0.5mm，表面硬度 ≥500HV10，脆性级别 ≤ Ⅱ 级，按 GB/T 11354—2005 的规定执行	1）预备热处理。正火采用箱式电炉：（880 ~ 890）℃×3h，空冷 2）离子渗氮。采用 LD-500BZ 型离子渗氮炉，其工艺曲线如下	正火硬度符合技术要求；离子渗氮硬度符合技术要求；渗氮层深及脆性均符合要求

13.7　船舶与海洋工程装备齿轮热处理及其实例

13.7.1　船舶与海洋工程装备齿轮的热处理

大多重载荷齿轮采用渗碳热处理工艺，少量载荷较小的齿轮采用氮碳共渗等热处理。

13.7.2　船舶与海洋工程装备齿轮的热处理典型实例

船舶与海洋工程装备齿轮的热处理典型实例见表 13-16。

表 13-16　船舶与海洋工程装备齿轮的热处理典型实例

齿轮技术条件	工　艺	强化效果
MWM 系列高速柴油机凸轮轴齿轮，左右轮齿端面模数均为 4.141mm，40Cr 钢，技术要求：心部强度 750 ~ 900MPa，表面硬度 550HV0.2，氮碳共渗化合物层深度 $25\mu\text{m} + 10\mu\text{m}$，总深度 0.45mm + 0.15mm	1）调质。淬火加热 820℃，淬火采用三硝过饱和水溶液；高温回火 620℃，回火后水冷 2）去应力退火。590℃×4h，随炉冷至 300℃ 以下出炉空冷 3）氮碳共渗。液体氮碳共渗采用 RYJ-20-8 型坩埚炉。工艺：预热 350℃×2h；液体氮碳共渗 570℃×260min ［w（CNO⁻）为 34% 的盐浴］，空冷	化合物层深 0.026 ~ 0.028mm；表面硬度 580HV0.2；共渗层总深 0.46 ~ 0.48mm
海洋工程用大型人字齿轮，直径 > $\phi2.5\text{m}$，模数 28 ~ 36mm，34CrNi1Mo 钢，技术要求：齿面调质硬度 240 ~ 280HBW；左右齿轮公法线误差 ≤0.10mm	1）采用大型井式炉（一次最大装炉量 45t） 2）预备热处理。锻坯采用正火处理 3）调质。淬火加热（860±5）℃×6h，淬火采用水溶性淬火冷却介质；回火（630±5）℃×12h，空冷	齿轮硬度 240 ~ 280HBW；力学性能和畸变满足技术要求

（续）

齿轮技术条件	工　　艺	强 化 效 果
船舶锚机减速器输出齿轮，模数为 11mm，齿数 16，单件质量 27.5kg，20CrMnTi 钢，技术要求：渗碳淬火有效硬化层深度 1.9 ~ 2.4mm，齿轮表面硬度 58 ~ 63HRC	采用 ZLSC-30/20 型双室卧式真空离子渗碳炉。共渗剂采用丙烷气，稀释、冷却气体采用 N₂，真空离子渗碳工艺如下图所示 （温度/℃ — 时间/h 曲线：1050 离子渗碳 5.5；N₂冷却到550℃；860 0.5；840 0.5；油冷；180~220 回火 2）	齿轮表面与心部硬度分别为 60.5HRC 和 40HRC，渗碳淬火有效硬化层深度为 2.3mm。真空离子渗碳工艺周期仅为常规气体渗碳工艺周期的 1/4 ~ 1/3

13.8　液压齿轮泵齿轮热处理及其实例

13.8.1　液压齿轮泵齿轮的热处理

　　齿轮泵齿轮中，中、高压齿轮泵齿轮，多采用低碳合金钢制造，如 20CrMnTi，20CrMo 钢等；低压齿轮泵齿轮则采用 40Cr 钢等制造。

　　（1）预备热处理　低碳合金钢齿轮采用正火，或等温正火；中碳合金钢齿轮采用正火处理。

　　（2）最终热处理　低碳合金钢齿轮采用渗碳热处理工艺。在进行渗碳热处理过程中，严格控制表层 $w(C)$ 在 0.8% ~ 0.9%，残留奥氏体应 <4 级（GB/T 25744—2010）。

　　中碳合金钢齿轮则采用整体淬火或感应淬火热处理工艺。

13.8.2　液压齿轮泵齿轮的热处理典型实例

　　液压齿轮泵齿轮的热处理典型实例见表 13-17。

表 13-17　液压齿轮泵齿轮的热处理典型实例

齿轮技术条件	加工流程	工　　艺
CB-H 型齿轮泵齿轮，20CrMnTi 钢，技术要求：全渗碳层深度为 0.8 ~ 1.1mm，ϕ30mm 处表面不渗碳；表面与心部硬度分别为 58 ~ 63HRC 和 32 ~ 45HRC；同轴度误差 ≤0.03mm （齿轮图：46，ϕ71.12，ϕ32，ϕ30，196）	锻造→正火→机械加工（车、滚、剃齿）→渗碳淬火、回火→矫直→机械加工	1）锻件正火。采用箱式炉，（940 ± 10）℃ × 2.5h，出炉散开空冷 　　2）渗碳、淬火、回火。ϕ30mm 处表面涂覆防渗碳涂料。渗碳时载体气为吸热式气氛 RX，富化气为 C_3H_8（丙烷），其工艺如下 （温度/℃ — 时间曲线：930，840，油冷，140，空冷） RX/(m³/h)：4~5；丙烷/(m³/h)：①、0；时间/h：0.5、1、0.5、0.5 露点 a、b、c ①通 C_3H_8，其量为载体气的 1%（体积分数） 　　虚线为露点变化曲线，a、b、c 分别为 −11 ~ −9、−8 ~ −6 和 −4

（续）

齿轮技术条件	加工流程	工　艺
CBF 型齿轮泵齿轮，20CrMnTi 钢，技术要求：全渗碳层深度为 0.8~1.1mm，键槽处表面不渗碳；表面与心部硬度分别为 58~63HRC 和 32~45HRC；同轴度误差 ≤ 0.05mm 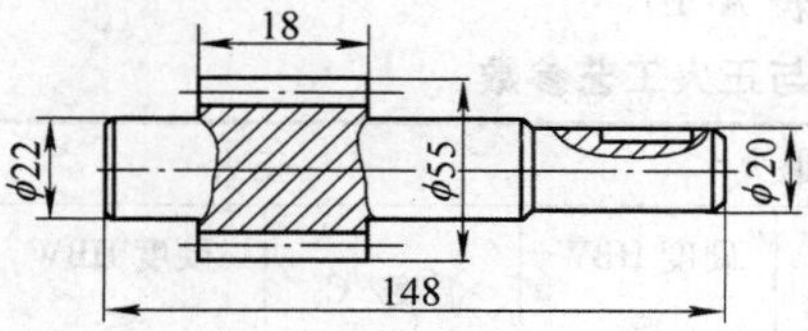	锻造→正火→机械加工（车、滚）→渗碳淬火、回火→矫直→机械加工（珩齿）	1）锻件正火。采用箱式炉，（940±10）℃×2.5h，出炉散开空冷　2）渗碳淬火、回火。键槽处涂覆防渗碳涂料。在 GS050/80 型井式炉中进行渗碳淬火，其工艺曲线如下图所示　3）回火。（180±10）℃×（1~2）h 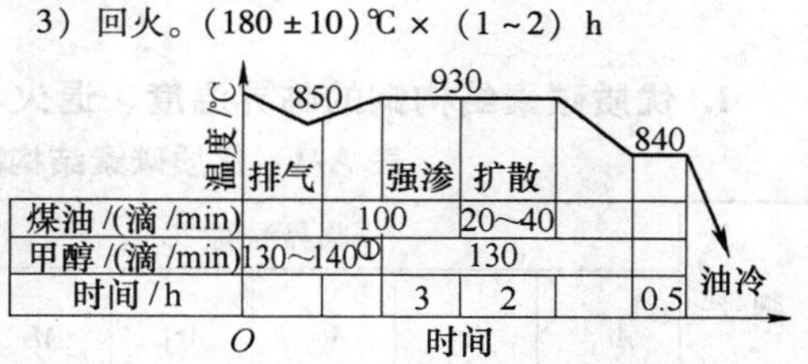

图中 CBF 齿轮尺寸标注：φ22、18、φ55、148、φ20

温度/℃工艺曲线表：

	排气	强渗	扩散	
煤油/（滴/min）		100	20~40	
甲醇/（滴/min）	130~140①		130	
时间/h		3	2	0.5

工艺曲线温度节点：850、930、840，油冷

①装炉排气时，滴甲醇 3~5min 后，调整至 130~140 滴/min

附　　录

附录 A　齿轮用钢热处理工艺参数

1. 优质碳素结构钢的临界温度、退火与正火工艺参数（表 A-1）

表 A-1　优质碳素结构钢的临界温度、退火与正火工艺参数

牌号	临界温度/℃						退火		正火	
	Ac_1	Ar_1	Ac_3	Ar_3	Ms	Mf	温度/℃	硬度 HBW ≤	温度/℃	硬度 HBW ≤
25	735	680	840	824	—	—	860～880	—	870～910	170
30	732	677	813	796	380	—	850～900	—	850～900	179
35	724	680	802	774	350	190	850～880	187	850～870	187
40	724	680	790	760	310	65	840～870	187	840～860	207
45	724	682	780	751	330	50	800～840	197	850～870	217
50	725	690	760	720	300	50	820～840	229	820～870	229
55	727	690	774	755	—	—	770～810	229	810～860	255
60	727	690	766	743	265	-20	800～820	229	800～820	255
25Mn	—	—	—	—	—	—			870～920	207
30Mn	734	675	812	796	345	—	890～900	187	900～950	217
35Mn	734	675	812	796	345	—	830～880	197	850～900	229
40Mn	726	689	790	768	—	—	820～860	207	850～900	229
45Mn	726	689	790	768	—	—	820～850	217	830～860	241
50Mn	720	660	760	754	304	—	800～840	217	840～870	255

注：退火冷却方式为炉冷，正火冷却方式为空冷。

2. 合金结构钢的临界温度、退火与正火工艺参数（表 A-2）

表 A-2　合金结构钢的临界温度、退火与正火工艺参数

牌号	临界温度/℃						退火		正火	
	Ac_1	Ar_1	Ac_3	Ar_3	Ms	Mf	温度/℃	硬度 HBW	温度/℃	硬度 HBW
30Mn2	718	627	804	727	—	—	830～860	≤207	840～880	—
35Mn2	713	630	793	710	—	—	830～880	≤207	840～860	≤241
40Mn2	713	627	766	704	340	—	820～850	≤217	830～870	—
45Mn2	711	640	765	704	320	—	810～840	≤217	820～860	187～242
50Mn2	710	596	760	680	—	—	810～840	≤229	820～860	206～241
20MnV	715	630	825	750	—	—	670～700	≤187	880～900	≤207
27SiMn	750	—	880	750	355	—	850～870	≤217	930	≤229

（续）

牌　号	临界温度/℃						退　火		正　火	
	Ac_1	Ar_1	Ac_3	Ar_3	Ms	Mf	温度/℃	硬度 HBW	温度/℃	硬度 HBW
35SiMn	750	645	830	—	330	—	850~870	≤229	880~920	—
42SiMn	765	645	820	—	—	—	830~850	≤229	860~890	≤244
20SiMn2MoV	830	740	877	816	312	—	710±20	≤269	920~950	—
25SiMn2MoV	830	740	877	816	312	—	680~700	≤255	920~950	—
37SiMn2MoV	729	—	823	—	314	—	870	≤269	880~900	—
40B	730	690	790	727	—	—	840~870	≤207	850~900	—
45B	725	690	770	720	—	—	780~800	≤217	840~890	—
50B	725	690	755	719	253	—	800~820	≤207	880~950	≤20HRC
40MnB	730	650	780	700	—	—	820~860	≤207	860~920	≤229
45MnB	727	—	780	—	—	—	820~910	≤217	840~900	≤229
20Mn2B	730	613	853	736	—	—	—	—	880~900	≤183
20MnMoB	740	690	850	750	—	—	680	≤207	900~950	≤217
20MnVB	720	635	840	770	—	—	700±10	≤207	880~900	≤207
40MnVB	740	645	786	720	300	—	830~900	≤207	860~900	≤229
20MnTiB	720	625	843	795	—	—	—	—	900~920	143~149
25MnTiBRE	708	605	810	705	391	—	670~690	≤229	920~960	≤217
20Cr	766	702	838	799	—	—	860~890	≤179	870~900	≤197
30Cr	740	670	815	—	355	—	80~850	≤187	850~870	≤197
35Cr	740	670	815	—	365	—	830~850	≤207	850~870	—
40Cr	743	693	782	730	355	—	825~845	≤207	850~870	≤250
45Cr	721	660	771	693	—	—	840~850	≤217	830~850	≤320
50Cr	721	660	771	692	250	—	840~850	≤217	830~850	≤320
38CrSi	763	680	810	755	330	—	860~880	≤255	900~920	≤350
15CrMo	745	—	845	—	435	—	600~650	—	910~940	—
20CrMo	743	504	818	746	400	—	850~860	≤197	880~920	—
30CrMo	757	693	807	763	345	—	830~850	≤229	870~900	≤400
30CrMoA										
35CrMo	755	695	800	750	371	—	820~840	≤229	830~870	242~286
42CrMo	730	—	800	—	310	—	820~840	≤241	850~900	—
12CrMoV	820	—	945	—	—	—	960~980	≤156	960~980	—
35CrMoV	755	600	835	—	—	—	870~900	≤229	880~920	—
25Cr2MoVA	760	680~690	840	760~780	—	—	—	—	980~1000	—
25Cr2Mo1VA	780	700	870	790	—	—	—	—	1030~1050	—
38CrMoAl	760	675	885	740	360	—	840~870	≤229	930~970	—
40CrV	755	700	790	745	281	—	830~850	≤241	850~880	—

（续）

牌 号	临界温度/℃						退 火		正 火	
	Ac_1	Ar_1	Ac_3	Ar_3	Ms	Mf	温度/℃	硬度 HBW	温度/℃	硬度 HBW
20CrMn	765	700	838	798	360	—	850~870	≤187	870~900	≤350
40CrMn	740	—	775		350	170	820~840	≤229	850~870	
20CrMnSi	755	690	840	—	—	—	860~870	≤207	880~920	
25CrMnSi	760	680	880		305		840~860	≤217	860~880	
30CrMnSi	760	670	830	705			840~860	≤217	880~900	
30CrMnSiA										
35CrMnSiA	775	700	830	755	330		840~860	≤229	890~910	≤218
20CrMnMo	710	620	830	740			850~870	≤217	880~930	190~228
40CrMnMo	735	680	780				820~850	≤241	850~880	≤321
20CrMnTi	715	625	843	795	—		680~720	≤217	950~970	156~217
30CrMnTi	765	660	790	740			—		950~970	156~216
20CrNi	733	666	804	790	410	—	860~890	≤197	880~930	≤197
40CrNi	731	660	769	702			820~840	≤207	840~860	≤250
45CrNi	725	680	775	—	—		840~850	≤217	850~880	≤219
50CrNi	735	657	750	690			820~850	≤207	870~900	
12CrNi2	732	671	794	763	—		840~880	≤207	880~940	≤207
12CrNi3	720	600	810	715	409		870~900	≤217	885~940	—
20CrNi3	700	500	760	630			840~860	≤217	860~890	
30CrNi3	699	621	749	649			810~830	≤241	840~860	
37CrNi3	710	640	770	—	310		790~820	170~241	840~860	
12Cr2Ni4	720	605	800	660	390	245	650~680	≤269	890~940	187~255
20Cr2Ni4	705	580	765	640	395		650~670	≤229	860~900	
20CrNiMo	725	—	810	—	396		660	≤197	900	—
40CrNiMoA	760	—	790	680	308		840~880	≤269	860~920	
45CrNiMoVA	740	650	770	—	250		840~860	20~23HRC	870~890	23~33HRC
18Cr2Ni4WA	700	—	810	—	310		—		900~980	≤415
25Cr2Ni4WA	700	—	720	—	180~200		—		900~950	≤415

3. 优质碳素结构钢的淬火与回火工艺参数（表 A-3）

表 A-3 优质碳素结构钢的淬火与回火工艺参数

牌号	淬 火			回 火							
	温度/℃	冷却介质	硬度 HRC	不同温度回火后的硬度 HRC							
				150℃	200℃	300℃	400℃	500℃	550℃	600℃	650℃
30	860	水或盐水	≤44	43	42	40	30	20	18	—	—
35	860	水或盐水	≥50	49	48	43	35	26	22	20	—
40	840	水	≥55	55	53	48	42	34	29	23	20

（续）

牌号	淬火			回火							
	温度/℃	冷却介质	硬度HRC	不同温度回火后的硬度 HRC							
				150℃	200℃	300℃	400℃	500℃	550℃	600℃	650℃
45	840	水或油	≥59	58	55	50	41	33	26	22	—
50	830	水或油	≥59	58	55	50	41	33	26	22	—
55	820	水或油	≥63	63	56	50	45	34	30	24	21
60	820	水或油	≥63	63	56	50	45	34	30	24	21
30Mn	850~900	水	49~53	—	—	—	—	—	—	—	—
35Mn	850~880	油或水	50~55	—	—	—	—	—	—	—	—
40Mn	800~850	油或水	53~58	—	—	—	—	—	—	—	—
45Mn	810~840	油或水	54~60	—	—	—	—	—	—	—	—
50Mn	780~840	油或水	54~60	—	—	—	—	—	—	—	—

4. 合金结构钢的淬火与回火工艺参数（表 A-4）

表 A-4　合金结构钢的淬火与回火工艺参数

牌号	淬火			回火							
	温度/℃	冷却介质	硬度HRC	不同温度回火后的硬度 HRC							
				150℃	200℃	300℃	400℃	500℃	550℃	600℃	650℃
30Mn2	820~850	油	≥49	48	47	45	36	26	24	18	11
35Mn2	820~850	油	≥57	57	56	48	38	34	23	17	15
40Mn2	810~850	油	≥58	58	56	48	41	33	29	25	23
45Mn2	810~850	油	≥58	58	56	48	43	35	1	27	19
50Mn2	810~840	油	≥58	58	56	49	44	35	31	27	20
20MnV	880	油	—	—	—	—	—	—	—	—	—
27SiMn	900~920	油	≥52	52	50	45	42	33	28	24	20
35SiMn	880~900	油	≥55	55	53	49	40	31	27	23	20
42SiMn	840~900	油	≥55	55	50	47	45	35	30	27	22
20SiMn2MoV	890~920	油或水	≥45	—	—	—	—	—	—	—	—
25SiMn2MoV	880~910	油或水	≥46	—	200~250℃ 45	—	—	—	—	—	—
37SiMn2MoV	850~870	油或水	≥56	—	—	—	—	—	44	40	33	24
40B	840~860	盐水或油	—	—	—	—	48	40	30	28	25	22
45B	840~870	盐水或油	—	—	—	—	50	42	37	34	31	29
50B	840~860	油	52~58	56	55	48	41	31	28	25	20
40MnB	820~860	油	≥55	55	54	48	38	31	29	28	27
45MnB	840~860	油	≥55	54	52	44	38	34	31	26	23
20Mn2B	860~880	油	≥46	46	45	41	40	38	35	31	22
20MnVB	860~880	油	—	—	—	—	—	—	—	—	—

（续）

牌号	淬火			回火							
	温度/℃	冷却介质	硬度 HRC	不同温度回火后的硬度 HRC							
				150℃	200℃	300℃	400℃	500℃	550℃	600℃	650℃
40MnVB	840~880	油或水	>55	54	52	45	35	31	30	27	22
20MnTiB	860~890	油	≥47	47	47	46	42	40	39	38	—
25MnTiBRE	840~870	油	≥43	—	—	—	—	—	—	—	—
20Cr	860~880	油或水	>28	28	26	25	24	22	20	18	15
30Cr	840~860	油	>50	50	48	45	35	25	21	14	—
35Cr	860	油	48~56								
40Cr	830~860	油	>55	55	53	51	43	34	32	28	24
45Cr	820~850	油	>55	55	53	49	45	33	31	29	21
50Cr	820~840	油	>56	56	55	54	52	40	37	28	18
38CrSi	880~920	油或水	57~60	57	56	54	48	40	37	35	29
15CrMo	910~940	油	—	—	—	—	—	—	—	—	—
20CrMo	860~880	水或油	≥33	33	32	28	28	23	20	18	16
30CrMo / 30CrMoA	850~880	水或油	>52	52	51	49	44	36	32	27	25
35CrMo	850	油	>55	55	53	51	43	34	32	28	24
42CrMo	840	油	>55	55	54	53	46	40	38	35	31
12CrMoV	900~940	油	—	—	—	—	—	—	—	—	—
35CrMoV	880	油	>50	50	49	47	43	39	37	33	25
25Cr2MoVA	910~90	油	—	—	—	—	—	41	40	37	32
25Cr2Mo1VA	1040	空气	—	—	—	—	—	—	—	—	—
38CrMoAl	940	油	>56	56	55	51	45	39	35	31	28
40CrV	850~880	油	≥56	56	54	50	45	35	30	28	25
20CrMn	850~920	油或水淬油冷	≥45								
40CrMn	820~840	油	52~60	—	—	—	—	—	34	28	—
20CrMnSi	880~910	油或水	≥44	44	43	44	40	35	31	27	20
25CrMnSi	850~870	油	—	—	—	—	—	—	—	—	—
30CrMnSi / 30CrMnSiA	860~880	油	≥55	55	54	49	44	38	34	30	27
35CrMnSiA	860~890	油	≥55	54	53	45	42	40	35	32	28
20CrMnMo	850	油	>46	45	44	43	35	—	—	—	—
40CrMnMo	840~860	油	>57	57	55	50	45	41	37	33	30
20CrMnTi	880	油	42~46	43	41	40	39	35	30	25	17
30CrMnTi	880	油	>50	49	48	46	44	37	32	26	23
20CrNi	855~885	油	>43	43	42	40	26	16	13	10	8

（续）

牌号	淬火			回火							
	温度/℃	冷却介质	硬度 HRC	不同温度回火后的硬度 HRC							
				150℃	200℃	300℃	400℃	500℃	550℃	600℃	650℃
40CrNi	820~840	油	>53	53	50	47	42	33	29	26	23
45CrNi	820	油	>55	55	52	48	38	35	30	25	—
50CrNi	820~840	油	57~59	—	—	—	—	—	—	—	—
12CrNi2	850~870	油	>33	33	32	30	28	23	20	18	12
12CrNi3	860	油	>43	43	42	41	39	31	28	24	20
20CrNi3	820~860	油	>48	48	47	42	38	34	30	25	—
30CrNi3	820~840	油	>52	52	50	45	42	35	29	26	22
37CrNi3	830~860	油	>53	53	51	47	42	36	33	30	25
12Cr2Ni4	760~800	油	>46	46	45	41	38	35	33	30	
20Cr2Ni4	840~860	油	—	—	—	—	—	—	—	—	
40CrNiMoA	840~860	油	>55	55	54	49	44	38	34	30	27
45CrNiMoVA	860~880	油	55~58	—	55	53	51	45	43	38	32
18Cr2Ni4WA	850	油	>46	42	41	40	39	37	28	24	22
25Cr2Ni4WA	850	油	>49	48	47	42	39	34	31	27	25

5. 优质碳素结构钢渗碳及渗碳后的热处理工艺参数（表 A-5）

表 A-5　优质碳素结构钢渗碳及渗碳后的热处理工艺参数

牌号	渗碳温度/℃	淬火温度/℃	淬火冷却介质	回火温度/℃	硬度 HRC
20	900~920	780~800	水或盐水	150~200	58~62
25	900~920	790~810	水或盐水	150~200	56~62
15Mn	880~920	780~800	油	180~200	58~65
20Mn	880~920	780~800	油	180~200	58~62

6. 合金结构钢渗碳及渗碳后的热处理工艺参数（表 A-6）

表 A-6　合金结构钢渗碳及渗碳后的热处理工艺参数

牌号	渗碳温度/℃	淬火				回火温度/℃	表面硬度 HRC
		一次淬火温度/℃	二次淬火温度/℃	降温淬火温度/℃	冷却介质		
20Mn2	910~930	850~870	770~800	770~800	水或油	150~175	54~59
20MnV	930	880			油	180~200	56~60
20MnMoB	920~950	860~890	860~840	830~850	油	180~200	≥58
20MnVB	900~930	860~880	780~800	800~830	油	180~200	56~62
20MnTiB	930~970	860~890		830~840	油	200	52~56
25MnTiBRE	920~940	790~850		800~830	油	180~200	≥58
20Cr	890~910	860~890	780~820		油或水	170~190	56~62
20CrMn	900~930	820~840			油	180~200	56~62

（续）

牌号	渗碳温度/℃	淬　火				回火温度/℃	表面硬度HRC
		一次淬火温度/℃	二次淬火温度/℃	降温淬火温度/℃	冷却介质		
20CrMnMo	880~950	830~860			油或碱浴	180~220	≥58
20CrMnTi	920~940	870~890	860~880	830~850	油	180~200	56~62
30CrMnTi	920~960	870~890	800~840	800~820	油	180~200	≥56
20CrNi	900~930	860	760~810	810~830	油或水	180~200	56~63
12CrNi2	900~930	860	760~810	760~800	油或水	180~200	≥58
12CrNi3	900~930	860	780~810		油	150~200	≥58
20CrNi3	900~940	860	780~80		油	180~200	≥58
12Cr2Ni4	900~930	840~860	770~790		油	150~200	≥58
20Cr2Ni4	900~950	880	780		油	180~200	≥58
20CrNiMo	930	820~840			油	150~180	≥56
18Cr2Ni4WA	900~920			840~860	空气或油	180~200	56~62
25Cr2Ni4WA	900~920			840~860	空气或油	180~200	56~62

7. 常用钢的气体渗氮工艺参数及效果（表 A-7）

表 A-7　常用钢的气体渗氮工艺参数及效果

牌　号	渗氮工艺参数				渗层深度/mm	表面硬度 HV
	阶段	温度/℃	时间/h	氨分解率（%）		
	—	510±10	17~20	15~35	0.2~0.3	>550
	—	530±10	≥60	20~30	0.45	65~70HRC
	—	540±10	10~14	30~50	0.15~0.30	≥88HR15N
	—	510±10	35	20~40	0.3~0.35	1000~1100
	—	510±10	80	30~50	0.50~0.60	≥1000
	—	535±10	35	30~50	0.45~0.55	950~1100
	—	510±10	35~55	20~40	0.3~0.55	850~950
	—	500±10	50	15~30	0.45~0.50	550~650
38CrMoAl	1	515±10	25	18~25	0.40~0.60	850~1000
	2	550±10	45	50~60		
	1	510±10	10~12	15~30	0.50~0.80	≥80HR30N
	2	550±10	48~58	35~65		
	1	510±10	10~12	15~35	0.5~0.8	≥80HR30N
	2	550±10	48~58	35~65		
	1	510±10	20	15~35	0.5~0.75	>750
	2	560±10	34	35~65		
	3	560±10	3	100		
	1	525±5	20	25~35	0.35~0.55	≥90HR15N
	2	540±5	10~15	35~50		

（续）

牌 号	渗氮工艺参数				渗层深度/mm	表面硬度 HV
	阶段	温度/℃	时间/h	氨分解率（%）		
38CrMoAl	1	520 ± 5	19	25 ~ 45	0.35 ~ 0.55	87 ~ 93HR15N
	2	600	3	100		
	1	510 ± 10	8 ~ 10	15 ~ 35	0.3 ~ 0.4	> 700
	2	550 ± 10	12 ~ 14	35 ~ 65		
	3	550 ± 10	3	100		
40CrNiMoA	—	510 ± 10	25	25 ~ 35	0.35 ~ 0.55	≥68HR30N
	1	520 ± 10	20	25 ~ 35	0.40 ~ 0.70	≥83HR15N
	2	545 ± 10	10 ~ 15	35 ~ 50		
30CrMnSiA	—	500 ± 10	25 ~ 30	20 ~ 30	0.20 ~ 0.30	≥58HRC
35CrMo	1	505 ± 10	25	18 ~ 30	0.5 ~ 0.6	650 ~ 700
	2	520 ± 10	25	30 ~ 50		
40Cr	—	490 ± 10	24	15 ~ 35	0.20 ~ 0.30	≥550
	1	520 ± 10	10 ~ 15	25 ~ 35	0.50 ~ 0.70	≥50HRC
	2	540 ± 10	52	35 ~ 50		
18Cr2Ni4A	—	500 ± 10	35	15 ~ 30	0.25 ~ 0.30	650 ~ 750

附录 B　齿轮渗碳钢末端淬透性（CGMA001-1：2012）

序号	牌号	正火温度/℃	淬火温度/℃	J5 HRC	J6 HRC	J9 HRC	J10 HRC	J15 HRC	J25 HRC	J30 HRC	J40 HRC	J50[①] HRC
1	16CrMnTiH	920 ± 10	880 ± 10	32 ~ 38		25 ~ 31						
2	20CrMnTiH1	920 ± 10	880 ± 10	35 ~ 41		28 ~ 34						
3	20CrMnTiH2	920 ± 10	880 ± 10		35 ~ 41	30 ~ 36						
4	20CrMnTiH3	920 ± 10	880 ± 10			32 ~ 38	26 ~ 32					
5	20CrMnTiH4	920 ± 10	880 ± 10			35 ~ 41	28 ~ 34					
6	17Cr2Mn2TiH1	920 ± 10	880 ± 10				35 ~ 41	30 ~ 36				
7	17Cr2Mn2TiH2	920 ± 10	880 ± 10					35 ~ 41	30 ~ 36			
8	17Cr2Mn2TiH3	920 ± 10	880 ± 10						35 ~ 41		31 ~ 37	
9	17Cr2Mn2TiH4	920 ± 10	880 ± 10							35 ~ 41	33 ~ 39	
10	16MnCrH	920 ± 10	920 ± 10			29 ~ 35						
11	20MnCrH	920 ± 10	920 ± 10			32 ~ 38						
12	25MnCrH	920 ± 10	900 ± 10			24 ~ 30						
13	27MnCrH	920 ± 10	900 ± 10					35 ~ 41	29 ~ 35			
14	28MnCrH	920 ± 10	900 ± 10				28 ~ 34					
15	16CrMnBH	930 ± 10	870 ± 10	34 ~ 40			28 ~ 34		18 ~ 24			16 ~ 22

（续）

序号	牌号	正火温度/℃	淬火温度/℃	J5 HRC	J6 HRC	J9 HRC	J10 HRC	J15 HRC	J25 HRC	J30 HRC	J40 HRC	J50[①] HRC
16	18CrMnBH	930 ± 10	870 ± 10	36 ~ 42			32 ~ 38		23 ~ 29			20 ~ 26
17	17CrMnBH	930 ± 10	870 ± 10	39 ~ 43			35 ~ 39		27 ~ 31			24 ~ 30
18	17Cr2Ni2H	910 ± 10	830 ± 10	39 ~ 45			35 ~ 41		28 ~ 34			25 ~ 31
19	16CrNiH	910 ± 10	870 ± 5		34. 5 ~ 40. 5	31 ~ 37		25 ~ 31				
20	17CrNi3H	910 ± 10	870 ± 5					36 ~ 42		29 ~ 35		
21	20CrNi3H	910 ± 10	910 ± 10					35 ~ 40	30 ~ 36			
22	20Cr2Ni4H	910 ± 10	910 ± 10							36 ~ 42	34 ~ 40	
23	19CrNiH	910 ± 10	880 ± 5		37. 5 ~ 43. 5	35 ~ 41		30 ~ 36				
24	17Cr2Ni2MoH	910 ± 10	830 ± 10	41 ~ 47			39 ~ 45		34 ~ 40		30 ~ 36	
25	22CrNiMoH	930 ± 10	930 ± 10					34 ~ 40	29 ~ 35			
26	20CrNiMoH1	930 ± 10	930 ± 10	33 ~ 39		25 ~ 31						
27	20CrNiMoH2	925 ± 10	925 ± 10		35 ~ 41	28 ~ 34						
28	20CrNi2MoH	925 ± 10	925 ± 10				37 ~ 43	33 ~ 39				
29	15CrMoH	925 ± 10	925 ± 5	31 ~ 37		24 ~ 30						
30	20CrMoH1	925 ± 10	925 ± 10	34 ~ 40		26 ~ 32						
31	20CrMoH2	925 ± 10	925 ± 5		34 ~ 40	29 ~ 35		24 ~ 30				
32	20CrMoH3	925 ± 10	925 ± 5			34 ~ 40		28 ~ 34				
33	22CrMoH1	925 ± 10	925 ± 5				35 ~ 41	30 ~ 36				
34	22CrMoH2	925 ± 10	925 ± 5					33 ~ 39	28 ~ 34			
35	22CrMoH3	925 ± 10	925 ± 5					35 ~ 41	30 ~ 36			
36	25CrMoH	920 ± 10	900 ± 10				36 ~ 42	30 ~ 36				
37	20CrH1	925 ± 10	925 ± 5	30 ~ 36		22 ~ 28						
38	20CrH2	925 ± 10	925 ± 5	40 ~ 44		31 ~ 35						

① 数据供参考。

附录 C　国内外常用结构钢对照表

钢种	中国 GB	美国 AISI/SAE	英国 BS	俄罗斯 ГОСТ	日本 JIS	德国 DIN	法国 NF
	15	1015	040A15	15	S15C	C15	C12
	20	1020	050A20	20	S20C	C22	C20
	35	1035	060A35	35	S35C	C35	C35
碳素钢	40	1040	060A40	40	S40C	C40	C40
	45	1045	060A47	45	S45C	C45	C45
	50	1050	060A52	50	S50C	C50	XC50
	60	1060	060A62	60	—	C60	XC60

（续）

钢种	中国 GB	美国 AISI/SAE	英国 BS	俄罗斯 ГOCT	日本 JIS	德国 DIN	法国 NF
锰钢	20Mn2	1320	150M19	20Г2	SMn420	20Mn5	20Mn5
	30Mn2	1330	150M28	30Г2	—	30Mn5	32Mn5
	45Mn	1046	080A47	45Г	—	—	45Mn5
	50Mn2	—	—	50Г2	—	50Mn7	55Mn5
	65Mn	1066	080A67	65Г	—	—	—
硅锰钢	35SiMn	—	En46	35СГ	—	37MnSi5	38MS5
	42SiMn	—	—	42СГ	—	46MnSi4	41S7
	60Si2Mn	—	—	60С2Г	SUP6	60Si7	60S7
铬钢	15Cr	5115	523A14	15X	SCr415	15Cr3	12C3
	20Cr	5120	527A20	20X	SCr420	17Cr3	18C3
	40Cr	5140	530A40	40X	SCr440	41Cr4	42C4
	45Cr	5145	—	45X	SCr445	—	45C45
铬钼钢	35CrMo	4135	708A37	35XM	SCM435	34CrMo4	35CD4
	42CrMo	4140/6382H	708M40	—	SCM440	42CrMo4	42CD4
铬锰钢	20CrMn	5120	—	20XГ	SMnC420	20MnCr5	20MC5
	50CrMn	9261H	—	—	SUP7	—	—
铬钒钢	50CrVA	6150	735A50	50XФA	SUP10	50CrV4	50CrV4
铬锰钼钢	20CrMnMo	4119	—	18XГM	—	—	—
	40CrNiMo	4142	708A42	40XГM	—	—	—
铬锰钛钢	20CrMnTi	—	—	18XГT	—	—	—
	30CrMnTi	—	—	30XГT	—	30MnCrTi4	—
铬锰硅钢	20CrMnSi	—	—	20XГC	—	—	—
	30CrMnSi	—	—	30XГC	—	—	—
铬硅钢	38CrSi	—	—	38XC	—	—	—
铬镍钢	12CrNi2	3415	—	12XH2A	SNC415	14NiCr10	14NC11
	12CrNi3	2515/6250G	665A12	12XH3A	SNC815	14NiCr14	14NC12
	20CrNi3	—	—	20XH3A	—	22NiCr14	20NC11
	30CrNi3	3435	653M31	30XH3A	SNC836	31NiCr14	30NC11
	12Cr2Ni4A	3310	659M15	12X2H4A	—	14NiCr18	12NC15
	20Cr2Ni4	3316	~665M13	20X2H4A	~SNC815	~14NiCr14	18NC13
	40CrNi	3140	640M40	40XH	—	40NiCr6	—
铬镍钨钢	18Cr2Ni4WA	—	—	18X2H4BA	—	—	—
铬镍钼钢	20CrNiMo	8620	805M20	20XHM	SNC220	21NiCrMo2	20NCD2
	20CrNi2Mo	4320	—	—	—	—	—
	40CrNiMo	4340/6414B	816M40	40XHM	SNCM439	36NiCrMo4	40NCD3
	17Cr2Ni2Mo	—	—	—	—	17CrNiMo6	—

（续）

钢种	中国 GB	美国 AISI/SAE	英国 BS	俄罗斯 ГОСТ	日本 JIS	德国 DIN	法国 NF
铬镍钼钒钢	30CrNi2MoVA	—	—	30ХН2МФА	—	—	—
	45CrNiMoVA	—	—	45ХНМФА	—	—	—

附录 D 齿轮热处理相关标准目录

序号	标 准 号	标 准 名 称
1	GB/T 222—2006	钢的成品化学成分允许偏差
2	GB/T 224—2008	钢的脱碳层深度测定方法
3	GB/T 225—2006	钢 淬透性的末端淬火试验方法（Jominy 试验）
4	GB/T 226—1991	钢的低倍组织及缺陷酸蚀检验法
5	GB/T 230.1—2009	金属材料 洛氏硬度试验 第1部分：试验方法（A、B、C、D、E、F、G、H、K、N、T 标尺）
6	GB/T 231.1—2009	金属材料 布氏硬度试验 第1部分：试验方法
7	GB/T 260—1977	石油产品水分测定法
8	GB 265—1988	石油产品运动粘度测定法和动力粘度计算法
9	GB 338—2011	工业用甲醇
10	GB 536—1988	液体无水氨
11	GB/T 699—1999	优质碳素结构钢
12	GB/T 1172—1999	黑色金属硬度及强度换算值
13	GB/T 1979—2001	结构钢低倍组织缺陷评级图
14	GB/T 3077—1999	合金结构钢
15	GB/T 3480—1997	渐开线圆柱齿轮承载能力计算方法
16	GB/T 3480.5—2008	直齿轮和斜齿轮承载能力计算 第5部分：材料的强度和质量
17	GB/T 3481—1997	齿轮轮齿磨损和损伤术语
18	GB/T 3536—2008	石油产品 闪点和燃点测定 克利夫兰开口杯法
19	GBT 3728—2007	工业用乙酸乙酯
20	GB/T 4236—1984	钢的硫印检验方法
21	GB/T 4340.1—2009	金属材料 维氏硬度试验 第1部分：试验方法
22	GB/T 4341—2001	金属肖氏硬度试验方法
23	GB/T 5216—2004	保证淬透性结构钢
24	GB/T 5617—2005	钢的感应淬火或火焰淬火后有效硬化层深度的测定
25	GB/T 6026—2013	工业用丙酮
26	GB/T 6394—2002	金属平均晶粒度测定方法
27	GB/T 7216—2009	灰铸铁金相检验
28	GB/T 7232—2012	金属热处理工艺 术语

（续）

序号	标 准 号	标 准 名 称
29	GB/T 8121—2012	热处理工艺材料　术语
30	GB/T 9441—2009	球墨铸铁金相检验
31	GB/T 9450—2005	钢件渗碳淬火硬化层深度的测定和校核
32	GB/T 9451—2005	钢件薄表面总硬化层深度或有效硬化层深度的测定
33	GB/T 9452—2012	热处理炉有效加热区测定方法
34	GB/T 10561—2005	钢中非金属夹杂物含量的测定　标准评级图显微检验法
35	GB/T 11354—2005	钢铁零件　渗氮层深度测定和金相组织检验
36	GB/T 12603—2005	金属热处理工艺分类及代号
37	GB/T 13298—1991	金相显微组织检验方法
38	GB/T 13299—1991	钢的显微组织评定方法
39	GB/T 13320—2007	钢质模锻件　金相组织评级图及评定方法
40	GB/T 13324—2006	热处理设备术语
41	GB/T 15749—2008	定量金相测定方法
42	GB/T 15822.1—2005	无损检测　磁粉检测　第1部分：总则
43	GB/T 16923—2008	钢件的正火与退火
44	GB/T 16924—2008	钢件的淬火与回火
45	GB/T 17394—1998	金属里氏硬度试验方法
46	GB/T 17879—1999	齿轮磨削后表面回火的浸蚀检验
47	GB/T 18177—2008	钢件的气体渗氮
48	GB/T 18449.1—2009	金属材料　努氏硬度试验　第1部分：试验方法
49	GB/T 18683—2002	钢铁件激光表面淬火
50	GB/T 21736—2008	节能热处理燃烧加热设备技术条件
51	GB/T 22560—2008	钢铁件的气体氮碳共渗
52	GB/T 22561—2008	真空热处理
53	GB/T 25744—2010	钢件渗碳淬火回火金相检验
54	JB/T 3999—2007	钢件的渗碳与碳氮共渗淬火回火
55	JB/T 4202—2008	钢的锻造余热淬火回火处理
56	JB/T 4390—2008	高、中温热处理盐浴校正剂
57	JB/T 4392—2011	聚合物水溶性淬火介质测定方法
58	JB/T 4393—2011	聚乙烯醇合成淬火剂
59	JB/T 5072—2007	热处理保护涂料一般技术要求
60	JB/T 5074—2007	低、中碳钢球化体评级
61	JB/T 5078—1991	高速齿轮材料选择与热处理质量控制的一般规定
62	JB/T 5664—2007	重载齿轮　失效判据
63	JB/T 6048—2004	金属制件在盐浴中的加热和冷却
64	JB/T 6050—2006	钢铁热处理零件硬度测试通则
65	JB/T 6051—2007	球墨铸铁热处理工艺及质量检验

（续）

序号	标 准 号	标 准 名 称
66	JB/T 6077—1992	齿轮调质工艺及其质量控制
67	JB/T 6141.1—1992	重载齿轮 渗碳层球化处理后金相检验
68	JB/T 6141.2—1992	重载齿轮 渗碳质量检验
69	JB/T 6141.3—1992	重载齿轮 渗碳金相检验
70	JB/T 6141.4—1992	重载齿轮 渗碳表面碳含量金相判别法
71	JB/T 6954—2007	灰铸铁接触电阻加热淬火质量检验和评级
72	JB/T 6955—2008	热处理常用淬火介质 技术要求
73	JB/T 6956—2007	钢铁件的离子渗氮
74	JB/T 7500—2007	低温化学热处理工艺方法选择通则
75	JB/T 7516—1994	齿轮气体渗碳热处理工艺及其质量控制
76	JB/T 7529—2007	可锻铸铁热处理
77	JB/T 7530—2007	热处理用氩气、氮气、氢气 一般技术条件
78	JB/T 7710—2007	薄层碳氮共渗或薄层渗碳钢件 显微组织检测
79	JB/T 7711—2007	灰铸铁件热处理
80	JB/T 7951—2004	测定工业淬火油冷却性能的镍合金探头实验方法
81	JB/T 8419—2008	热处理工艺材料分类及代号
82	JB/T 8491.1—2008	机床零件热处理技术条件 第1部分：退火、正火、调质
83	JB/T 8491.2—2008	机床零件热处理技术条件 第2部分：淬火、回火
84	JB/T 8491.3—2008	机床零件热处理技术条件 第3部分：感应淬火、回火
85	JB/T 8491.4—2008	机床零件热处理技术条件 第4部分：渗碳与碳氮共渗、淬火、回火
86	JB/T 8491.5—2008	机床零件热处理技术条件 第5部分：渗氮、氮碳共渗
87	JB/T 8929—2008	深层渗碳
88	JB/T 9172—1999	齿轮渗氮、氮碳共渗工艺及质量控制
89	JB/T 9173—1999	齿轮碳氮共渗工艺及质量控制
90	JB/T 9198—2008	盐浴硫氮碳共渗
91	JB/T 9199—2008	防渗涂料 技术条件
92	JB/T 9200—2008	钢铁件的火焰淬火回火处理
93	JB/T 9201—2007	钢铁件的感应淬火回火
94	JB/T 9202—2004	热处理用盐
95	JB/T 9203—2008	固体渗碳剂
96	JB/T 9204—2008	钢件感应淬火金相检验
97	JB/T 9205—2008	珠光体球墨铸铁零件感应淬火金相检验
98	JB/T 9207—2008	钢件在吸热式气氛中的热处理
99	JB/T 9208—2008	可控气氛分类及代号
100	JB/T 9209—2008	化学热处理渗剂 技术条件
101	JB/T 9211—2008	中碳钢与中碳合金结构钢马氏体等级
102	JB/T 9218—2007	无损检测 渗透检测

（续）

序号	标　准　号	标　准　名　称
103	JB/T 10174—2008	钢铁零件强化喷丸的质量检验方法
104	JB/T 10175—2008	热处理质量控制要求
105	JB/T 10312—2011	钢箔测定碳势法
106	JBT 10424—2004	摩托车齿轮材料及热处理质量检验的一般规定
107	JB/T 10457—2004	液态淬火冷却设备　技术条件
108	JB/T 10895—2008	可控气氛密封多用炉生产线热处理技术要求
109	JB/T 10896—2008	推杆式可控气氛渗碳线　热处理技术要求
110	JB/T 10897—2008	网带炉生产线热处理　技术要求
111	QC/T 262—1999	汽车渗碳齿轮金相检验
112	QC/T 29018—1991	汽车碳氮共渗齿轮金相检验
113	SH/T 0220—1992	热处理油冷却性能测定法
114	SH 0553—1993	工业丙烷、丁烷
115	HB 5022—1994	航空钢制件渗氮、氮碳共渗金相组织检验标准
116	HB 5354—1994	热处理工艺质量控制
117	HB 5492—1991	航空钢制件渗碳、碳氮共渗金相组织检验标准
118	TB/T 2254—1991	机车牵引用渗碳淬硬齿轮金相检验标准
119	TB/T 2989—2000	机车车辆用齿轮供货技术条件
120	GJB 509A—1995	热处理工艺质量控制要求
121	CGMA 001-1—2012	车辆渗碳齿轮钢技术条件
122	CGMA 001-2—2004	车辆齿轮用钢市场准入条件
123	CGMA 3001. A01—2009	车辆驱动桥锥齿轮　市场准入条件
124	CGMA 3001. B01—2009	重型汽车驱动桥螺旋锥齿轮　技术条件
125	CGMA 3001. C01—2009	中型及中型以下汽车驱动桥螺旋锥齿轮　技术条件
126	CGMA3001. D01—2008	工程车辆驱动桥螺旋锥齿轮　技术条件

参 考 文 献

[1] 金荣植. 齿轮的热处理畸变、裂纹与控制方法 [M]. 北京：机械工业出版社，2013.

[2] 金荣植. 齿轮热处理常见缺陷分析与对策 [M]. 北京：化学工业出版社，2013.

[3] 金荣植. 齿轮热处理实用技术 500 问 [M]. 北京：化学工业出版社，2012.

[4] 中国机械工程学会热处理学会. 热处理手册：第 2 卷典型零件热处理 [M]. 4 版（修订版）. 北京：机械工业出版社，2013.

[5] 张玉庭. 简明热处理工手册 [M]. 3 版. 北京：机械工业出版社，2013.

[6] 林信智，杨涟第. 汽车零部件感应热处理工艺与设备 [M]. 北京：北京理工大学出版社，2000.

[7] 沈庆同. 感应热处理问答 [M]. 北京：机械工业出版社，1990.

[8] 陆同理，曾昭义，李国彬，等. 热处理工考工题解 [M]. 北京：兵器工业出版社，1993.

[9] 齐宝森，陈路宾，王忠诚. 化学热处理技术 [M]. 北京：化学工业出版社，2006.

[10] 机械工业职业技能鉴定指导中心. 高级热处理工技术 [M]. 北京：机械工业出版社，2000.

[11] 姚贵升. 汽车金属材料应用手册 [M]. 北京：北京理工大学出版社，2000.

[12] 李泉华. 热处理技术 400 问解析 [M]. 北京：机械工业出版社，2002.

[13] 雷廷权，傅家骐. 热处理工艺方法 500 种 [M]. 北京：机械工业出版社，1998.

[14] 劳动部培训司. 物理金相实验工 [M]. 北京：中国劳动出版社，1994.

[15] 王忠诚. 热处理常见缺陷分析与对策 [M]. 北京：化学工业出版社，2008.

[16] 刘宗昌. 钢件的淬火开裂及防止方法 [M]. 北京：冶金工业出版社，1991.

[17] 阎承沛. 典型零件热处理缺陷分析及对策 [M]. 北京：机械工业出版社，2008.

[18] 许天已. 钢铁热处理实用技术 [M]. 北京：化学工业出版社，2003.

[19] 中国机械工程学会热处理分会. 热处理工程师手册 [M]. 北京：机械工业出版社，1999.

[20] 许天已，王忠诚. 钢铁零件制造与热处理 100 例 [M]. 北京：化学工业出版社，2006.

[21] 潘邻. 化学热处理应用技术 [M]. 北京：机械工业出版社，2004.

[22] 黄守伦. 实用化学热处理与表面强化技术 [M]. 北京：机械工业出版社，2002.

[23] 熊剑. 国外热处理新技术 [M]. 北京：冶金工业出版社，1990.

[24] 王广生，等. 金属热处理缺陷分析及案例 [M]. 北京：机械工业出版社，2002.

[25] 大和久重雄. JIS 热处理技术 [M]. 栾淑芳，译. 北京：国防工业出版社，1990.

[26] 大和久重雄. 热处理 108 招秘诀 [M]. 杨义雄，译. 北京：机械工业出版社，1991.

[27] 孙盛玉，戴亚康. 热处理裂纹分析图谱 [M]. 大连：大连人民出版社，2002.

[28] 姜江，彭其凤. 表面淬火技术 [M]. 北京：化学工业出版社，2006.

[29] 潘邻. 表面改性热处理技术与应用 [M]. 北京：化学工业出版社，2006.

[30] 邵红红，吴晶. 热处理检验与质量控制 [M]. 北京：机械工业出版社，2011.

[31] 纪嘉明，苗润生. 热处理实用技术 [M]. 北京：机械工业出版社，2011.

[32] 张展. 齿轮传动的失效及其对策 [M]. 北京：机械工业出版社，2011.

[33] 陈琦，彭兆弟. 铸件热处理应用手册 [M]. 北京：机械工业出版社，2011.

[34] 汪庆华. 热处理工程师指南 [M]. 北京：机械工业出版社，2011.

[35] 马伯龙，王健林. 实用热处理技术及应用 [M]. 北京：机械工业出版社，2009.

[36] 张展，温成珍，曾建峰. 齿轮检测技术 [M]. 北京：机械工业出版社，2012.

[37] 成大先，王德夫，姬奎生，等. 机械设计手册：第 3 卷第 14 篇齿轮传动 [M]. 4 版. 北京：化学工业出版社，2002.

[38] 程乃士，王铁，王延忠，等. 减速器和变速器设计与选用 [M]. 北京：机械工业出版社，2007.

[39] 樊东黎. 热处理技术数据手册 [M]. 北京：机械工业出版社，2003.

[40] 朱培瑜. 常见零件热处理变形与控制 [M]. 北京：机械工业出版社，1993.

[41] 黄拿灿，胡社军. 稀土表面改性及其应用 [M]. 北京：国防工业出版社，2007.

[42] 中国热处理行业协会，机械工业技术交易中心. 当代热处理技术与工艺装备精品集 [M]. 北京：机械工业出版社，2002.

[43] 阎承沛. 真空热处理工艺与设备设计 [M]. 北京：机械工业出版社，1998.

[44] 阎承沛. 真空与可控气氛热处理 [M]. 北京：化学工业出版，2006.

[45] 李泉华. 实用热处理技术 [M]. 北京：机械工业出版社，2008.

[46] 赵宝荣，史洪刚，陈学军，等. 热处理工工作手册 [M]. 北京：化学工业出版社，2012.

[47] 马伯龙. 热处理设备及其使用与维护 [M]. 北京：机械工业出版社，2011.

[48] 周孝重，陈大凯. 等离子体热处理技术 [M]. 北京：机械工业出版社，1990.

[49] 齐宝森，于新友. 齿轮热处理200例 [M]. 北京：化学工业出版社，2013.

[50] 金荣植. 提高从动锥齿轮压淬合格率的措施 [J]. 金属热处理，2008，33（11）：104-108.

[51] 朱文明. VCH真空溶剂清洗机及其在热处理生产线上的应用 [J]. 金属热处理，2008，33（11）：119-123.

[52] 闫满刚. 模压式感应淬火和回火技术 [J]. 金属热处理，2010，35（3）：95-97.

[53] 金荣植. 载重汽车后桥圆锥齿轮早期失效原因及改进措施 [J]. 金属热处理，2010，35（3）：108-111.

[54] 金荣植，刘志儒. 稀土快速渗碳工艺 [J]. 金属热处理，2004，29（4）：44-46.

[55] 李爱云，纪莲清. 双联齿轮高频感应淬火感应器 [J]. 金属热处理，2004，29（4）：59-61.

[56] 金荣植. 重型载货汽车后桥主动锥齿轮断裂原因分析及改进措施 [J]. 金属热处理，2007，32（2）：97-99.

[57] 金荣植. 22CrMoH钢齿轮淬火畸变与开裂原因分析及对策 [J]. 金属热处理，2005，30（5）：86-89.

[58] 陈希原. 38CrMoAl钢齿轮低真空变压氮碳共渗 [J]. 金属加工（热加工），2009（23）：21-23.

[59] 金荣植. 22CrMoH钢齿轮锻件等温退火工艺改进 [J]. 金属热处理，2003，28（12）：61-62.

[60] 陈国民. 对齿轮热处理畸变控制技术的评述 [J]. 金属热处理，2012，37（2）：1-13.

[61] 金荣植. 圆锥齿轮热处理畸变原因分析及改进措施 [J]. 金属热处理，2012，37（2）：140-143.

[62] 黄锦财，吴荣明，梅军炎. 传动套渗碳淬火畸变及工艺控制 [J]. 金属热处理，2012，37（2）：144-146.

[63] 姚春臣，刘赞辉，彭德康，等. 增压气体氮碳共渗工艺及原因 [J]. 金属热处理，2012，37（2）：149-151.

[64] 金荣植. 齿轮的精密渗碳热处理控制技术 [J]. 金属加工（热加工），2012（19）：18-20.

[65] 顾晓明，姜维杰，丁盛. 大模数重载人字齿轮轴硝盐淬火工艺研究 [J]. 金属加工（热加工），2012（19）：25-27.

[66] 金荣植. 非马氏体组织的控制方法 [J]. 金属加工（热加工），2011（11）：43-47.

[67] 闫保秋. 变速箱输入轴热处理工艺 [J]. 金属加工（热加工），2011（11）：52.

[68] 魏理林，刘志峰. 中频感应淬火工艺对齿圈内在性能影响 [J]. 金属加工（热加工），2013（5）：63-64.

[69] 金荣植. 主动齿轮裂纹原因分析及改进措施 [J]. 金属加工（热加工），2012（17）：28-30.

[70] 石天振，吴思良. 齿轮热处理变形及预防 [J]. 金属加工（热加工），2010（17）：12-13.

[71] 胡明霞. 材料淬透性对从动锥齿轮端面平面度的影响 [J]. 金属加工（热加工），2010（17）：16-18.

[72] 金荣植. 齿轮连续式渗碳炉稀土快速渗碳工艺 [J]. 金属加工（热加工），2010（17）：19-21.

[73] 莫贵疆，汤虎，李福勇，等. 齿轮毛坯等温正火冷却均匀的控制 [J]. 金属加工（热加工），2011 (17)：21-22.

[74] 金荣植. 齿轮的防渗技术及防渗涂料的清理方法 [J]. 金属加工（热加工），2012 (5)：41-44.

[75] 姚继洪. 齿轮热处理淬火冷却介质选择及应用 [J]. 金属加工（热加工），2013 (9)：16-17.

[76] 金荣植. 齿轮热处理常用淬火冷却介质的选择及应用 [J]. 金属加工（热加工），2013 (9)：20-26.

[77] 姚亚俊，陆建修，魏锋，等. 大型薄辐板重载齿轮的渗碳淬火变形控制 [J]. 金属加工（热加工），2013 (9)：30-32.

[78] 李云亭，薛建博. 42CrMo 超长齿条热处理淬火工艺 [J]. 金属加工（热加工），2013 (9)：68-69.

[79] 陈国民. 论我国渗碳齿轮制造中的若干问题（中）[J]. 机械工人（热加工），2007 (11)：41-47.

[80] 李军. 重型车从动锥齿轮压淬变形控制的研究 [J]. 机械工人（热加工），2007 (11)：50-53.

[81] 金荣植. 20CrMnTi 钢从动圆锥齿轮内孔超差补救措施 [J]. 机械工人（热加工），2006 (12)：59-60.

[82] 吴玉枝. 主减速器齿轮类零件热处理变形分析 [J]. 机械工人（热加工），2006 (12)：67-68.

[83] 刘志峰，黄宝宏. 热处理工艺的调质对氮化齿圈变形的影响 [J]. 机械工人（热加工），2007 (8)：56-57.

[84] 毛先礼. 激光表面处理技术在齿轮加工中的应用 [J]. 机械工人（热加工），2006 (4)：45-47.

[85] 金荣植. 几种齿圈的热处理畸变控制方法 [J]. 金属加工（热加工），2014 (7)：100-104.

[86] 金荣植. 汽车从动锥齿轮热处理畸变的控制 [J]. 现代零部件，2012 (2)：64-67.

[87] 常曙光，许威夷，王春光，等. 重载驱动桥齿轮抗弯曲疲劳寿命试验 [J]. 现代零部件，2009 (12)：28-31.

[88] 李红革. 风电增速箱零件的材料及其热处理 [J]. 热处理技术与装备，2010，31 (2)：9-14.

[89] 李绍忠，王柏昕，唐宏伟. 17CrNi2MoA 齿轮轴稀土渗碳新工艺的研究 [J]. 热处理技术与装备，2010，31 (2)：45-47.

[90] 王鸿春，王冶. 稀土催共渗与高浓度渗碳技术 [J]. 热处理技术与装备，2006，27 (2)：22-24.

[91] 金付鑫，刘凯. 重载齿轮深层渗碳的工艺控制 [J]. 热处理技术与装备，2006，27 (2)：33-35.

[92] 于铁生，曹明宇. 采用高温密封多用炉进行快速深层渗碳和合金模具钢的热处理 [J]. 热处理技术与装备，2006，27 (2)：36-39.

[93] 张国良，王鸿春，吴德斌. 采用稀土共渗技术改善非马氏体组织 [J]. 热处理技术与装备，2006，27 (2)：68-70.

[94] 金荣植. 我国中重型载货汽车齿轮材料与热处理的发展概况 [J]. 国外金属热处理，2005，26 (1)：1-5.

[95] 袁建霞，尹雪峰. 碳氮共渗"三段控制"工艺 [J]. 国外金属热处理，2005，26 (1)：34-37.

[96] 金荣植. 先进的齿轮感应热处理工艺与装备 [J]. 汽车工艺与材料，2011 (11)：21-29.

[97] 金荣植. 齿轮的激光热处理技术与应用 [J]. 汽车工艺与材料，2012 (4)：49-53.

[98] 金荣植. 载货汽车变速器齿轮材料与热处理质量的改进 [J]. 汽车工艺与材料，2008 (4)：51-55.

[99] 金荣植. 重型汽车驱动桥齿轮材料与工艺对疲劳性能影响的探讨 [J]. 汽车工艺与材料，2009 (11)：41-46.

[100] 刘云旭，王淮，展鹏. 等温淬火奥贝制造汽车重要齿轮存在的问题及对策 [J]. 汽车工艺与材料，2009 (7)：43-47.

[101] 吴长浩. 大型齿轮、齿轮轴渗碳淬火的变形及控制 [J]. 热处理技术与装备，2008，29 (6)：59-60.

[102] 金荣植. 中冷连续式炉的应用 [J]. 热处理技术与装备，2008，29 (6)：68-74.

[103] 金荣植. 主动圆锥齿轮尾部螺纹热处理工艺的研究 [J]. 汽车工艺与材料，2005 (12)：22-24.

[104] 朱连光, 王砚军, 李庆见. 脉冲式气体渗碳技术研究和应用 [J]. 汽车工艺与材料, 2005 (6): 21-23.

[105] 金荣植, 刘志儒. 重型汽车后桥台架试验失效分析及改进 [J]. 汽车工艺与材料, 2005 (6): 16-18.

[106] 金荣植, 宗振华. 新箱式多用炉氮基气氛渗碳淬火工艺的设计与调试 [J]. 汽车工艺与材料, 2006 (12): 18-20.

[107] 黄勇, 肖建强. 螺纹退火零件断裂失效分析及控制方法 [J]. 热处理技术与装备, 2010, 31 (6): 7-10.

[108] 金荣植, 刘志儒, 向文明. 螺旋伞齿轮稀土渗碳技术的应用 [J]. 热处理技术与装备, 2010, 31 (6): 11-17.

[109] 陈希原, 曾国屏. 分级淬火油用于齿轮碳氮共渗的淬火 [J]. 热处理技术与装备, 2010, 31 (6): 18-22.

[110] 金荣植. 汽车行星和半轴齿轮热处理工艺的改进 [J]. 汽车工艺与材料, 2006 (7): 23-25.

[111] 金荣植. 新型重型汽车驱动桥锥齿轮材料 17Cr2Mn2TiH 钢 [J]. 汽车工艺与材料, 2008 (9): 46-49.

[112] 刘宝昌, 胡本洋, 曹宝军. 变速器齿轴渗碳淬火畸变的控制 [J]. 汽车工艺与材料, 2010 (7): 27-29.

[113] 金荣植, 刘志儒, 刘成友. 稀土渗碳技术在连续式渗碳炉上的应用 [J]. 汽车工艺与材料, 2010 (7): 18-23.

[114] 韩树, 宋新风, 王树韬, 等. 大直径盘式锥齿轮渗碳淬火畸变的控制 [J]. 金属热处理, 2008, 33 (8): 183-186.

[115] 金荣植. 渗碳齿轮的磨削裂纹分析及对策 [J]. 汽车工艺与材料, 2013 (1): 30-35.

[116] 金荣植. "EQ-153" 汽车后桥圆锥齿轮主动齿轮裂纹分析 [J]. 热加工工艺, 2003 (5): 52-54.

[117] 金荣植. 联合收割机内齿轮工艺的改进 [J]. 热加工工艺, 2000 (1): 61.

[118] 陈希原. 40Cr 钢材料低真空变压氮碳共渗 [J]. 金属热处理, 2008, 33 (8): 142-145.

[119] 远立贤. 稀土快速渗氮催渗技术 [J]. 热处理技术与装备, 2009, 30 (5): 63-65.

[120] 金荣植. 热处理清洗方法及其环保控制技术 [J]. 热处理技术与装备, 2011, 32 (5): 47-52.

[121] 金荣植. EQ-153 载货后桥齿轮失效分析 [J]. 理化检验 (物理分册), 2008, 44 (1): 44-47.

[122] 金荣植. 载货车主动弧齿锥齿轮失效分析与对策 [J]. 现代零部件, 2014 (9): 68-70.

[123] 金荣植. 汽车零部件热处理工艺与装备 [J]. 现代零部件, 2013 (8): 48-53.

[124] 王孟, 王忠, 冯显磊, 等. 大型内齿圈感应热处理工艺 [J]. 金属加工 (热加工), 2014 (11): 40-42.

[125] 陈凤艳, 张常青, 曹凤角, 等. 大型矿车双联内齿圈离子渗氮的变形控制 [J]. 金属加工 (热加工), 2014 (11) 38-39.

[126] 刘敏, 茆亮, 李威, 等. 大型焊接材料渗碳淬火工艺 [J]. 金属加工 (热加工), 2014 (11): 36-37.

[127] 顾晓明, 姜维杰. 风电渗碳花键太阳轮变形控制研究 [J]. 金属加工 (热加工), 2014 (11): 31-33.

[128] 单永昕, 刘志儒. 稀土高浓度渗碳在推土机齿轮上的应用 [J]. 金属热处理, 1996 (7): 21-22.

[129] 金荣植. 主动齿轮裂纹原因分析及改进措施 [J]. 金属加工 (热加工), 2012 (17): 28-30.

[130] 赖福贵. 预氧化两段快速渗氮 [J]. 金属热处理, 1996 (7): 23.

[131] 金荣植. 常用 Cr-Ni-Mo 系钢齿轮的热处理工艺 [J]. 金属加工 (热加工), 2014 (5): 20-26.

[132] 赵萍. 快速渗氮工艺 [J]. 金属热处理, 1996 (7): 32.

[133] 贾庆雪. 常用铸造齿轮材料及其热处理工艺方法 [J]. 金属加工 (热加工), 2014 (15): 51-55.

[134]　陈国民. 关注风电齿轮技术　推动企业技术进步 [J]. 金属加工（热加工），2009（17）：8-10.

[135]　田卫华. 感应加热在风力发电中的应用 [J]. 金属加工（热加工），2009（17）：11-12.

[136]　薛元强. 热处理设备在风力发电变速箱齿轮热处理中的应用 [J]. 金属加工（热加工），2009（17）：12-13.

[137]　邢大志. 风电齿轮箱内齿圈的强化途径 [J]. 金属加工（热加工），2009（17）：14.

[138]　牛万斌，卢金生. 常用齿轮钢材气体深层渗氮工艺特性研究 [J]. 金属加工（热加工），2009（17）：19-20.

[139]　王清宇. 齿轮铸件的选材、结构设计与制造 [J]. 金属加工（热加工），2009（17）：21-25.

[140]　张珀. 同步双频感应淬火技术——SDF [J]. 金属加工（热加工），2014（5）：4-5.

[141]　严亮，郝丰林，赵俊飞. 保证花键合格的一种办法 [J]. 金属加工（热加工），2014（5）：16-18.

[142]　陈国民. 论我国渗碳齿轮制造中的若干问题（下）[J]. 机械工人（热加工），2007（12）：41-48.

[143]　李瑞彬. 20CrMnTi 钢齿轮固体渗碳工艺研究 [J]. 热处理技术与装备. 2006，27（5）：45-46.

[144]　张国良，向文明，刘志儒，等. 稀土催渗技术与工艺 [J]. 热处理技术与装备，2006，30（4）：15-21.

[145]　孙美容. QPQ 盐浴复合技术及应用 [J]. 热处理技术与装备，2011，32（2）：12-13.

[146]　黄勇. 大轮辐非对称齿轮热处理变形的控制 [J]. 热处理技术与装备，2011，32（4）：15-18.

[147]　雷海娇. 传动渗碳齿轮断裂失效分析 [J]. 热处理技术与装备，2011，32（4）：52-54.

[148]　陈希原，沈长安. 激光表面硬化的特点及在齿轮和模具中的应用优势 [J]. 热处理技术与装备，2012，33（2）：4-9.

[149]　郭玉松，赵红. 小齿轮渗碳层剥落原因分析 [J]. 热处理技术与装备，2011，32（6）：42-43.

[150]　李玉奎，王爱香，顾敏. 渗碳淬火齿轮畸变控制技术的研究现状 [J]. 金属热处理，2006，31（12）：6-11.

[151]　景晖，王鑫，刘薇. 先进渗氮专家系统的应用 [J]. 金属热处理，2009，34（3）：96-100.

[152]　郑长进，吴中亮，王世成. 风电内齿圈感应淬火工艺的过程控制 [J]. 金属热处理，2013，38（3）：100-103.

[153]　张长英. 16CrNi4MoA 钢环形齿轮渗碳淬火畸变的控制 [J]. 金属热处理，2011，36（3）：99-102.

[154]　孟羽，谢付英，周小明，等. 20CrMnTi 钢齿轮渗碳淬火空冷原因分析 [J]. 金属热处理，2011，36（3）：109-110.

[155]　樊东黎. 热处理技术进展 [J]. 金属热处理，2007，32（4）：1-2.

[156]　陆伯昌，裴凤琴. 内齿圈碳氮共渗和淬火的变形控制 [J]. 热处理技术与装备，2010，31（3）：39-41.

[157]　陈国民，闫满刚. 对我国齿轮感应淬火技术的评述 [J]. 金属热处理，2004，29（1）：32-35.

[158]　罗德福，李惠友. QPQ 技术的现状和展望 [J]. 金属热处理，2004，29（1）：39-43.

[159]　徐跃明，邵周俊，贾洪艳. 欧洲热处理技术考察报告 [J]. 金属热处理，2003，29（1）：88-93.

[160]　孔繁宇. 轧机类重载圆柱齿轮（轴）渗碳淬火过程中的畸变 [J]. 金属热处理，2005（10）：80.

[161]　张钦亮，冯正华，冯敏华，等. 42CrMoA 钢内齿圈的热处理工艺改进 [J]. 2010，35（8）：70-71.

[162]　张建国，王景晖，刘俊祥，等. 薄层真空碳氮共渗技术及应用 [J]. 金属热处理，2010，35（8）：79-82.

[163]　黄福祥，程里，唐丽文，等. 20CrMnMo 钢渗碳重载齿轮表面裂纹分析 [J]. 金属热处理，2010，35（9）：104-107.

[164]　任伟霞，文九巴，高一新. 盐浴氮碳共渗 40Cr 钢凸轮轴双联齿轮的变形控制 [J]. 金属热处理，2009，34（12）：90-92.

[165]　胡明霞，谭崇凯，毛孝彬，等. 从动锥齿轮渗碳淬火后异常畸变分析 [J]. 金属热处理，2009，34

(12)：94-96.

[166] 张凌志，高秋梅，赵瑾. 减少20CrMnTi钢渗碳淬火黑色组织的方法［J］. 金属热处理，2009，34（10）：76-77.

[167] 王红梅，胡本洋，曹阳. 变速器从动齿轮的热处理工艺改进［J］. 金属热处理，2009，34（10）：78-79.

[168] 孙盛玉. 热处理裂纹若干问题的初步探讨［J］. 金属热处理，2009，34（10）：109-114.

[169] 李常民，胡本洋. 主减速齿轮渗碳淬火畸变的控制［J］. 金属热处理，2006，31（1）：86-87.

[170] 朱会文，陈枝钧. UCON A型淬火冷却介质在粉末冶金件感应淬火中的应用［J］. 金属热处理，2006，31（9）：91-94.

[171] 吴中延. 减小薄壁内齿轮热处理畸变的措施［J］. 金属热处理，2007，32（3）：102-103.

[172] 尚方，曹炜洲，陈凯敏，等. 风电内齿圈裂纹分析［J］. 金属热处理，2013，38（5）：129-130.

[173] 许春青，刘岩. 38CrMoAl钢齿轮离子渗氮的畸变控制［J］. 金属热处理，2010，35（7）：103-104.

[174] 刘宝昌，胡本洋，秦云杰. 20CrMoH钢主减从动齿轮渗碳淬火畸变控制［J］. 金属热处理，2010，35（4）：102-103.

[175] 任伟霞，文九巴，高一新. 柴油机齿轮和销轴盐浴氮碳共渗畸变控制［J］. 金属热处理，2010，35（4）：104-107.

[176] 马广锋，王宝奇. 螺旋伞齿从动轮渗碳淬火畸变及控制［J］. 金属热处理，2010，35（4）：108-109.

[177] 柯美武，郭十奇，杨有才，等. 内齿圈调质处理畸变控制［J］. 金属热处理，2011，36（11）：125-127.

[178] 刘云旭，王淮，季长涛，等. 正火——影响渗碳齿轮热处理畸变的一个重要因素［J］. 金属热处理，2005，30（3）：46-48.

[179] 吴淑贤. 主动锥齿轮的热处理工艺改进［J］. 金属热处理，2005，30（3）：59-61.

[180] 程里，程方. 大型渗碳齿轮圈热处理畸变与控制［J］. 金属热处理，2005，30（3）：88-90.

[181] 王志明. 齿轮双频感应淬火技术［J］. 金属热处理，2012，37（10）：122-124.

[182] 杨春，朱衍勇，钟振前，等. 齿轮轴纵向延迟开裂原因分析［J］. 金属热处理，2013，38（8）：131-134.

[183] 杜永军，周学勇. 齿轮小间隙表面离子渗氮新工艺［J］. 金属热处理，2011，36（1）：94-96.

[184] 汪亮周. 小模数齿轮的离子渗氮［J］. 金属热处理，2011，36（2）：97-99.

[185] 崔红娟，李俏，王景晖，等. WZST系列三室真空高温低压渗碳炉的研制和应用［J］. 金属热处理，2012，37（12）：128-133.

[186] 马峰刚. SAE8620RH钢等温正火工艺［J］. 金属热处理，2010，35（12）：120-123.

[187] 胡月娣，沈介国. 节能高效渗碳复合热处理工艺［J］. 金属热处理，2010，35（11）：76-78.

[188] 张建国，丛培武，王景晖，等. 真空碳氮共渗新技术［J］. 金属热处理，2006，31（3）：59-61.

[189] 卢国辉，揭晓华，黄慧平，等. 变速器中间轴断裂原因分析［J］. 金属热处理，2005，30（9）：76-78.

[190] 陈国民. 对我国齿轮渗碳淬火技术的评述［J］. 金属热处理，2008，33（1）：25-33.

[191] 朱伟恒. 800kW风力发电机变速箱输出轴断裂失效分析［J］. 金属热处理，2013，38（6）：118-123.

[192] 安峻崎，刘新继，何鹏. 渗碳与碳氮共渗催渗技术的发展与现状［J］. 金属热处理，2007，32（5）：78-82.

[193] 赵清林. 减少行星齿轮渗碳淬火畸变的工艺措施［J］. 金属热处理，2004，29（2）：70.

[194] 彭庚翠. 20CrMnMo钢重载齿轮轴磨削裂纹控制与热处理工艺改进［J］. 金属热处理，2011，36

　　　　　　（4）：93-95.

[195]　施加山，肖结良，施文静，等. 减速机齿轮、齿轴渗碳淬火畸变的控制及校正 [J]. 金属热处理，
　　　　　2011，36（4）：98-99.

[196]　张万红，方亮. 奥贝球铁齿轮的等温淬火热处理 [J]. 金属热处理，2005，30（2）：83-87.

[197]　刘晔东. HybridCarb———一种新的可控气氛渗碳方法 [J]. 金属热处理，2010，35（6）：124-126.

[198]　张珀，马柏辉. 齿轮齿廓淬火与同步双频感应技术 [J]. 金属热处理，2010，35（6）：127-129.

[199]　李广宇，王中一，陈琳，等. 活性屏等离子体源渗氮技术原理及应用 [J]. 金属热处理，2013，38
　　　　　（2）：9-14.

[200]　赖辉，吕德富，董加坤. 二次正火法在 20CrMnMo 钢齿轮轴晶粒细化中的应用 [J]. 金属热处理，
　　　　　2010，35（2）：111.

[201]　薛婷婷. 大型机械齿轮轴类零件的热处理工艺 [J]. 金属热处理，2011，36（7）：74-76.

[202]　陈金荣. 小齿轮氮-甲醇气氛碳氮共渗工艺 [J]. 金属热处理，2004，29（5）：55-56.

[203]　黄健斌，张连宝，王从曾. 18CrMnMo 钢螺旋伞齿轮表面产生裂纹的原因分析 [J]. 金属热处理，
　　　　　2006，31（6）：82-84.

[204]　汪敏. H3208 从动齿圈中频感应加热预热淬火 [J]. 金属热处理，2006，31（10）：74-75.

[205]　刘晓荣，黄丽荣，石海莲. 大型齿圈的热处理工艺及畸变控制 [J]. 金属热处理，2008，33（4）：
　　　　　55-57.

[206]　朱连光，冯克伟，李庆见. STR 重型汽车主动锥齿轮局部软化工艺研究与应用 [J]. 金属热处理，
　　　　　2005，30（4）：52-54.

[207]　王新社，徐则华，陈顺平. 快速矫直方法及应用 [J]. 金属热处理，2004，29（7）：68-70.

[208]　王金元，姬朝阳，惠宇. N1908-1 斜齿圆柱齿轮淬火过程的畸变仿真 [J]. 金属热处理，2012，37
　　　　　（5）：122-125.

[209]　黄锦财，吴荣明，梅军炎. 渔具齿轮淬火工艺及其质量控制 [J]. 金属热处理，2012，37（5）：
　　　　　129-130.

[210]　华公平，刘荣焱，陈德义，等. 渗碳齿轮的盐浴淬火 [J]. 热处理技术与装备，2010，31（5）：
　　　　　28-31.

[211]　于铁生，翟秋明，曹明宇，等. 高温可控气氛多用炉及生产实践 [J]. 金属热处理，2007，32
　　　　　（12）：112-114.

[212]　马录，李鲜琴. 氮-甲醇和吸热式渗碳气氛的应用和比较 [J]. 热处理技术与装备，2012，33
　　　　　（1）：18-19.

[213]　宗国良，俞建新，白辉，等. 精密控制渗碳技术 [J]. 热处理技术与装备，2012，33（4）：15-
　　　　　17.

[214]　王忠培，左永平，孙清汝. 如何选用淬火油控制渗碳齿轮变形 [J]. 热处理技术与装备，2011，32
　　　　　（1）：50-54.

[215]　陈希原，沈长安. 38CrMoAl 主驱动齿轮低真空变压气体渗氮 [J]. 热处理技术与装备，2012，33
　　　　　（3）：30-34.

[216]　周海，曾少鹏，袁石根. 感应加热淬火技术的发展及应用 [J]. 热处理技术与装备，2008，29
　　　　　（3）：9-15.

[217]　秦朝伟，谷建芬. 不对称薄壁内齿圈化学热处理变形的控制 [J]. 热处理技术与装备，2008，29
　　　　　（3）：63-65.

[218]　孙少权，池建华，张玉平，等. 从动锥齿轮一次淬火平面度变形的控制 [J]. 金属加工（热加
　　　　　工），2011（5）：11-13.

[219]　彭坤，陈枝钧. Y10T 输出齿轮轴的感应淬火 [J]. 金属加工（热加工），2011（5）：14-15.

[220]　于铁生，李学东，闫均，等. 高温可控气氛循环渗碳工艺实践 [J]. 热处理技术与装备，2012，33

(6)：25-31.

[221] 马春英. 影响机车牵引齿轮制造质量的因素 [J]. 金属加工（热加工），2008 (15)：35-36.

[222] 卢金生，顾敏. 深层离子渗氮工艺及设备的开发 [J]. 金属加工（热加工），2009 (1)：29-32.

[223] 朱百智，王正兵，钮堂松，等. 深层渗碳工艺——缓冲渗碳 [J]. 金属加工（热加工），2012
(7)：7-8.

[224] 陈贺，叶小飞，刘臻. 快速气体渗氮工艺：高温渗氮和稀土催渗 [J]. 金属加工（热加工），2012
(7)：9-10.

[225] 钟翔山，钟礼耀. 摩托车齿轮的气体碳氮共渗工艺 [J]. 金属加工（热加工），2012 (7)：30-31.

[226] 牛万斌，张建华. 花键齿轮轴热处理工艺优化 [J]. 金属加工（热加工），2012 (7)：31-33.

[227] 苏松根，郝丰林，徐青春. 保证齿轮花键孔合格的各种方法 [J]. 金属加工（热加工），2012
(7)：39-41.

[228] 黄宝宏，蔡伟. 终传动齿轮中频感应淬火工艺改进 [J]. 金属加工（热加工），2012 (9)：42-44.

[229] 杨凯. FN-0205 材料内花键齿环感应热处理工艺 [J]. 金属加工（热加工），2012 (11)：42-45.

[230] 齐永丰，李萍. ZG35CrMo 大齿轮粗开齿正火代替调质工艺 [J]. 金属加工（热加工），2012
(11)：50-51.

[231] 刘怀军. 减少车床薄片型齿轮的渗氮变形 [J]. 金属热处理，1995 (9)：33.

[232] 王向龙，刘玉珠. ZG35CrMo 铸钢齿轮水淬调质 [J]. 金属热处理，1997 (3)：35-37.

[233] 何均安，陈瑞忠. 喷液淬火的应用 [J]. 金属热处理，1997 (3)：42.

[234] 崔海东，陈福义，贾道玉. 大型齿轮轴的固体渗碳淬火 [J]. 金属热处理，1997 (5)：43.

[235] 肖龙，庞国平. 球铁齿轮等温淬火 [J]. 金属热处理，1999 (4)：43-44.

[236] 肇君，邱铭智. 大模数球铁齿轮中频感应喷水淬火 [J]. 金属热处理，1998 (3)：42-55.

[237] 肖志瑜，李元元，温利平. 粉末冶金摩托车齿轮的高频处理裂纹分析及其改进措施 [J]. 金属热
处理，1997 (3)：55.

[238] 翟钟秀. 中模数齿轮的中频加热淬火 [J]. 金属热处理，1998 (4)：38-39.

[239] 姚中柱，林建，郭志强. 齿轮畸变的感应加热应力校正法 [J]. 金属热处理，1997 (12)：27-28.

[240] 张爱民，李俊英，王涛. 减少渗碳齿轮花键孔变形的方法 [J]. 金属热处理，1999 (12)：33-34.

[241] 常玉敏，程根发，杨红梅. 中频感应加热装置的改进 [J]. 金属热处理，1998 (1)：46.

[242] 曾广忠. 渗碳齿轮磨裂原因及对策 [J]. 金属热处理，1995 (6)：29-32.

[243] 徐力. 直生式气氛丙烷＋空气渗碳工艺在推杆式双排渗碳炉中的应用 [J]. 机械工人（热加工），
2006 (9)：35-39.

[244] 孙国栋，徐英黎. 机械方法预防齿轮渗碳变形 [J]. 机械工人（热加工），2006 (10)：61.

[245] 田荣华. 采用新材料、新结构、新工艺技术，攻克零件变形关 [J]. 热处理技术与装备，2006, 27
(2)：56-60.

[246] 王平，邢大志. 矫正淬火在大型传动齿轮箱内齿圈渗碳淬火变形控制中的应用 [J]. 热处理技术
与装备，2006, 27 (2)：64-67.

[247] 刘继全. 齿圈的沿齿沟淬火工艺 [J]. 机械工人（热加工），2006 (11)：16-20.

[248] 陆纪龙，佴文健. 薄壁齿轮的超音频感应加热淬火 [J]. 机械工人（热加工），2000 (10)：34-
35.

[249] 肖家幸. 轴类工件热处理微变形装夹方法 [J]. 机械工人（热加工），2000 (12)：31.

[250] 吕永顺. 锻造对齿轮热处理变形的影响 [J]. 机械工人（热加工），2000 (3)：30.

[251] 王成进. 螺旋伞齿轮渗碳淬火变形的控制 [J]. 金属热处理，2000 (6)：26.

[252] 孙成波，丁元涛，严立勃，等. 齿轮与蜗轮高频感应淬火用感应圈 [J]. 金属热处理，2000 (6)：
36-37.

[253] 樊东黎. 热处理工艺材料的现状与展望（三）[J]. 国外金属热处理，2004, 25 (1)：1-6.

[254]　李玉婕. 齿部高频感应淬火齿圈跳动超差的工艺改进 [J]. 机械工人（热加工），2004（3）：58.

[255]　罗学军，熊宜清，黄勇. 20CrMoH 钢淬透性带宽对心部硬度的影响 [J]. 国外金属热处理，2004，25（2）：32-34.

[256]　远立贤. 气体渗氮催渗工艺研究 [J]. 国外金属热处理，2004，25（4）：34-36.

[257]　沈庆同. 齿轮感应淬火进展 [J]. 机械工人（热加工），2004（11）：14-17.

[258]　邢大志. 自重对大型齿轮畸变的影响 [J]. 机械工人（热加工），2007（10）：18.

[259]　彭俊，周述积，楼芬丽. 汽车渗碳齿轮用钢及热处理工艺的现状和发展趋势 [J]. 热处理技术与装备，2007，28（1）：3-6.

[260]　刘敏娜，洪玲玲. 滴注式气氛在连续式气体渗碳工艺中的应用 [J]. 机械工人（热加工），2007（9）：52-53.

[261]　杨桂生，刘麦秋，胡邵文. 淬火油概述 [J]. 热处理技术与装备，2007，28（2）：20-21.

[262]　刘建明. 汽车齿轮渗碳淬火热处理异常变形的研究 [J]. 机械工人（热加工），2005（11）：40-42.

[263]　沈庆同. 齿轮双频感应淬火 [J]. 机械工人（热加工），2005（11）：27-29.

[264]　张连宝，黄健斌，高东海. 18Cr2Ni4W 钢热处理工艺的改进 [J]. 机械工人（热加工），2005（1）：64-66.

[265]　樊思华. 铰轴矫直工艺研究 [J]. 金属加工（热加工），2010（11）：29-30.

[266]　王爱香，李宝奎，顾敏，等. 大齿宽双联齿圈渗碳淬火畸变控制研究 [J]. 金属加工（热加工），2010（3）：41-43.

[267]　陈钰，潘晓松. 大直径重载齿轮渗碳淬火变形的有效控制 [J]. 金属加工（热加工），2010（7）：22-23.

[268]　黄济群，林育杨. 低温离子硫化技术在汽车后桥差速器上的应用 [J]. 金属加工（热加工），2010（5）：21-23.

[269]　许春青. 大模数齿轮、齿条单齿淬火质量改进 [J]. 金属加工（热加工），2010（1）：35-36.

[270]　刘英. SH78Z 主动轴五档齿轮渗碳淬火热变形的控制 [J]. 汽车工艺与材料，2009（1）：57-58.

[271]　刘继武，宋庆东. 齿圈的中频感应淬火技术 [J]. 汽车工艺与材料，2009（2）：51-52.

[272]　崔炳清. 内单齿淬火感应器设计及研究 [J]. 金属加工（热加工），2009（15）：37-39.

[273]　秦兰祥. 机车牵引主动齿轮的渗碳热处理工艺研究 [J]. 金属加工（热加工），2009（9）：36-38.

[274]　方晓华. 浅谈变速箱齿轮表面"非马"组织 [J]. 金属加工（热加工），2009（15）：44-45.

[275]　谢耀东，雷克干，张俊杰，等. 17Cr2Mn2TiH 钢在重载弧齿锥齿轮上的应用 [J]. 汽车工艺与材料，2009（6）：57-60.

[276]　让·莫林，阿福德·哈罗. 低压真空渗碳炉 ICBPH600TG 的应用和运行成本 [J]. 金属热处理，2001，26（8）：49-50.

[277]　陈金荣. 齿条齿面高频感应电阻加热淬火 [J]. 金属热处理，2001，26（8）：43-44.

[278]　李玉婕. 齿轮端面局部淬火感应器的设计 [J]. 机械工人（热加工），2001（7）：41.

[279]　穆静，陈亚东. 渗碳钢的淬透性与热处理畸变 [J]. 金属热处理，2001（3）：33-35.

[280]　匡红，王亮洲. 氮基气氛碳氮共渗工艺在推杆式连续热处理炉上的应用 [J]. 金属热处理，2001，26（8）：38-41.

[281]　商茹，马建培. 改进热处理工艺，提高齿轮接触精度 [J]. 金属热处理，2001（4）：41-42.

[282]　王培忠. 贝氏体球墨铸铁齿轮 [J]. 机械工人（热加工），2001（3）：48.

[283]　朱蕴策. 我国汽车用钢的几点思考 [J]. 金属加工（热加工），2008（17）：8-10.

[284]　吕瑞明. 汽车同步器结合齿套热处理畸变控制 [J]. 机械制造，2008，46（7）：45-46.

[285]　胡明霞. 氮碳共渗在变速器齿圈上的应用 [J]. 热处理技术与装备，2008，29（2）：56-59.

[286]　陈希原. 低真空变压热处理技术在 40Cr 钢齿轮氮碳共渗中的应用 [J]. 热处理技术与装备，2008，

29（2）：48-52.

[287] 李贞子，何才，王云龙，等. 20CrMoH 齿轮弯曲疲劳强度研究［J］. 汽车工艺与材料，2011（9）：21-24.

[288] 李永军，张森林，鲁非. 回转大齿圈变形的热矫正［J］. 金属加工（热加工），2011（13）：36-37.

[289] 于梅，刘旭东. 矿山设备与热处理［J］. 金属加工（热加工），2011（15）：17-18.

[290] 陈国民. 齿轮化学热处理表面硬化技术［J］. 机械工人（热加工），2001（11）：16-23.

[291] 张兴奎. 我国热处理保护涂料的发展与应用现状［J］. 国外金属热处理，2003，24（4）：1-4.

[292] 胡国财，凌国平，宋敏华. 摩托车发动机变速器主轴热处理畸变的控制［J］. 金属热处理，2003，28（10）：64-66.

[293] 任玉锁，刘俊英，王振亭. 18Cr2Ni4WA 钢制渗碳齿轮轴纵裂原因分析［J］. 金属热处理，2003，28（6）：60-62.

[294] 吕永顺. 减小双联齿轮盲孔变形的方法［J］. 机械工人（热加工），2003（6）：58.

[295] 孙晓辉，谢伟. 齿轮激光表面淬火［J］. 机械工人（热加工），2003（7）：12-13.

[296] 陈志远. 氮基气氛热处理的技术进展［J］. 国外热处理，2003，24（4）：39-43.

[297] 丁德刚. 国内外大模数齿轮表面淬火系统发展概况［J］. 机械工人（热加工），2003（9）：44-47.

[298] 谭文理，黄伟能. 单齿埋油淬火感应器的设计［J］. 金属热处理，2003，28（4）：65-67.

[299] 余建宏，吴汉香. 锥齿轮感应器的设计方法与电参数调整［J］. 金属热处理，2003，28（9）：53-55.

[300] 张连进. 一种快速深层渗碳技术［J］. 金属热处理，2003，28（10）：56-58.

[301] 崔凯，陆宛其，杨连弟，等. 转向齿条接触式感应淬火技术［J］. 金属热处理，2003，28（10）：58-60.

[302] 李玉婕. 锥齿轮高频感应加热淬火工艺［J］. 机械工人（热加工），2002（8）：48.

[303] 孙炳超，朱文明. 真空清洗技术的研发［J］. 金属热处理，2002，27（2）：36-38.

[304] 谢浪. 浅析渗碳淬火齿轮的变形与控制［J］. 机械工人（热加工），2002（3）：24-25.

[305] 呈歧成，刘露琼，龚瑞峰. 从动齿圈的热处理工艺改进［J］. 机械工人（热加工），2002（11）：60.

[306] 曹芬，黄根良. 齿轮的热处理畸变与控制［J］. 金属热处理，2002，27（11）：51-53.

[307] 程建康. 渗碳齿轮畸变控制与修正措施［J］. 金属热处理，2002，27（11）：53-54.

[308] 冯琴，张先鸣. 渗碳热油淬火减少齿轮畸变的体会［J］. 机械工人（热加工），1999（7）：33-34.

[309] 冯琴，张先鸣. 双联齿轮的热处理［J］. 机械工人（热加工），1999（6）：30.

[310] 蒋立军，王冰，张业军. 控制 K90 初级从动齿轮热处理变形的措施［J］. 机械工人（热加工），1999（12）：32-33.

[311] 陆纪龙. 韶齿轴超音频淬火裂纹分析及改进措施［J］. 机械工人（热加工），1999（9）：37-38.

[312] 赵萍，秦良福. 快速渗氮工艺与渗氮脆性［J］. 机械工人（热加工），1999（1）：25-27.

[313] 李志明，李志，佟小军. 快速渗氮工艺的最新进展［J］. 热处理技术与装备，2007，28（2）：11-15.

[314] 张恒华，徐璐萍. 钢的感应加热回火［J］. 国外金属热处理，2000，21（5）：35-38.

[315] 钟贤荣. BH 催渗剂在爱协林箱式炉上的应用［J］. 国外金属热处理，2002，23（4）：40-41.

[316] 郭均高，张爱萍，罗肖邦. 美国感应热处理的最新发展趋势［J］. 国外金属热处理，2002，23（6）：1-3.

[317] 阎承沛. 计算机技术在我国热处理工业领域的应用和发展［J］. 金属热处理，2000（10）：26-29.

[318] 谢浪. 螺纹的防渗碳与漏渗碳处理［J］. 金属热处理，2000（12）：29-30.

[319] 朱蕴策. 汽车零件感应热处理技术的发展［J］. 机械工人（热加工），2003（4）：17-18.

[320]　涂小龙. 等温退火工艺优化 [J]. 机械工人（热加工），2001（10）：16-17.

[321]　邓乾奎. 井式炉的天然气渗碳实践 [J]. 机械工人（热加工），2001（8）：45.

[322]　周恒湘，张进. 等温淬火球墨铸铁的应用及其发展 [J]. 金属加工（热加工），2009（7）：34-37.

[323]　姜波，崔凯，李航宇. 感应加热新技术、新工艺在汽车制造中的应用 [J]. 金属加工（热加工），2010（21）：27-29.

[324]　袁强，刘臻. 感应淬火技术在风电增速齿轮箱内齿圈上的应用 [J]. 金属加工（热加工），2012（13）：44-45.

[325]　魏占伟. 减小盘式锥齿轮齿部淬火畸变的工艺措施 [J]. 机械工人（热加工），2007（2）：52.

[326]　刘泽郡. 控制齿轮淬火变形的高频热处理 [J]. 机械工人（热加工），2003（3）：19-20.

[327]　张伟，刘红枫. ZG35CrMo 大齿圈粗开齿热处理工艺的研制 [J]. 金属加工（热加工），2012（增刊2）：88-89.

[328]　宋庆东，夏德江. 行星齿圈的制造与热处理工艺 [J]. 金属加工（热加工），2012（增刊2）：90-92.

[329]　郝丰林，苏松根. 中频感应加热案例分析 [J]. 金属加工（热加工），2012（增刊2）：112-114.

[330]　李章芬. 20CrMnMoH 高频退火裂纹的原因及防止措施 [J]. 金属加工（热加工），2012（增刊2）：136-138.

[331]　张文泉. 齿轮淬火变形控制实例 [J]. 金属加工（热加工），2012（增刊2）：149-151.

[332]　程里，程方. 大齿轮轴热处理畸变的控制 [J]. 金属热处理，2005，30（12）：96-97.

[333]　艾明平. 风电齿轮轴带状组织的消除及工艺改进 [J]. 金属热处理，2008，33（11）：99-100.

[334]　孙庆和，韩宝刚，陈翠娥，等. 大型焊接齿轮的渗碳淬火 [C] //第六届全国热处理大会论文集. 北京：兵器工业出版社，1995：287-293.